Springer-Lehrbuch

T0192081

Dieter Landers Lothar Rogge

Nichtstandard Analysis

Mit 204 Übungsaufgaben

Springer-Verlag
Berlin Heidelberg New York
London Paris Tokyo
Hong Kong Barcelona
Budapest

Professor Dr. Dieter Landers
Mathematisches Institut
Universität Köln
Weyertal 86-90
D-50931 Köln

Professor Dr. Lothar Rogge
Universität-GH-Duisburg
Fachbereich Mathematik
Lotharstraße 65
D-47057 Duisburg

Mathematics Subject Classification (1991): 26E35, 54J05, 28E05, 03H05

ISBN 3-540-57115-9 Springer-Verlag Berlin Heidelberg New York

Die Deutsche Bibliothek - CIP-Einheitsaufnahme
Landers, Dieter: Nichtstandard Analysis: mit 204 Übungsaufgaben
Dieter Landers; Lothar Rogge.
- Berlin; Heidelberg; New York; London; Paris; Tokyo; Hong Kong; Barcelona; Budapest: Springer, 1994
(Springer-Lehrbuch)
ISBN 3-540-57115-9
NE: Rogge, Lothar:

Dieses Werk ist urheberrechtlich geschützt. Die dadurch begründeten Rechte, insbesondere die der Übersetzung, des Nachdrucks, des Vortrags, der Entnahme von Abbildungen und Tabellen, der Funksendung, der Mikroverfilmung oder der Vervielfältigung auf anderen Wegen und der Speicherung in Datenverarbeitungsanlagen, bleiben, auch bei nur auszugsweiser Verwertung, vorbehalten. Eine Vervielfältigung dieses Werkes oder von Teilen dieses Werkes ist auch im Einzelfall nur in den Grenzen der gesetzlichen Bestimmungen des Urheberrechtsgesetzes der Bundesrepublik Deutschland vom 9. September 1965 in der jeweils geltenden Fassung zulässig. Sie ist grundsätzlich vergütungspflichtig. Zuwiderhandlungen unterliegen den Strafbestimmungen des Urheberrechtsgesetzes.

© Springer-Verlag Berlin Heidelberg 1994
Printed in Germany

Satz: Reproduktionsfertige Vorlage von den Autoren
SPIN 10075730 44/3140 – 5 4 3 2 1 0 – Gedruckt auf säurefreiem Papier

Vorwort

Dieses Buch soll eine leicht verständliche Einführung in die Nichtstandard-Analysis geben, die gut zum Selbststudium für alle diejenigen geeignet ist, die Grundkenntnisse in Analysis und Linearer Algebra besitzen. Es ist aus Vorlesungen entstanden, die wir mehrfach an den Universitäten Duisburg und Köln vor Studenten ab dem dritten Fachsemester gehalten haben und profitiert daher von vielen Kommentaren und Anregungen seitens der Studenten und Mitarbeiter. Beide Autoren stammen aus dem Bereich der Stochastik; in das Gebiet der Nichtstandard-Mathematik haben wir uns über unsere Vorlesungen eingearbeitet. Wir geben freimütig zu, daß uns daher vieles einer Erklärung und Ausführung bedurfte, was einem Experten auf diesem Gebiet als evident erscheinen mag. Wir denken jedoch, daß dieses Buch gerade dadurch lesbarer und verständlicher wurde.

Durch neue Formen der Darstellung wollen wir die Ergebnisse übersichtlich und intuitiv präsentieren und meinen, daß auch dieses die Lesbarkeit und Verständlichkeit positiv beeinflußt. Vor allem aber haben wir versucht, in Beweisen die Grundsätze der Durchsichtigkeit und hinreichenden Ausführlichkeit zu beachten: Gegen den Grundsatz der Durchsichtigkeit wird selbst in den meisten Lehrbüchern fast schon mit System verstoßen. Wie oft werden Beweise von hinten aufgerollt. Die Beweisführung folgt dabei nicht dem Weg des Entdekkens. Vielmehr wird nach dem Auffinden des Beweises der gesamte Beweisweg umorientiert und dann die Behauptung per formaler Deduktion erschlossen. Der mathematischen Ästhetik wird so offenbar entsprochen, aber die Intuition bleibt dabei oft auf der Strecke. Wir haben uns vorgenommen, die Beweise so aufzubauen, daß die Beweisidee erkennbar wird und man fast an jeder Stelle des Beweisweges noch den gesamten Weg vor Augen hat. Ob dieses gelungen ist, kann nur der Leser entscheiden. Ferner führen wir Beweise zumeist so ausführlich durch, daß Zwischenschritte nicht mehr erforderlich sind. Viele Beweise müßten daher ohne Zuhilfenahme von Bleistift und Papier nachvollziehbar sein, werden allerdings hierdurch gelegentlich etwas länger als in der gängigen Literatur.

Die Nichtstandard-Mathematik hat in den letzten Jahrzehnten einen großen Aufschwung erfahren. Sie hat die Entwicklungen in den verschiedenartigsten Gebieten beeinflußt und befruchtet. Da die Nichtstandard-Analysis in der von

A. Robinson entwickelten Form aus der Modelltheorie, einem Teilgebiet der mathematischen Logik, abgeleitet wurde, war sie selbst vielen Mathematikern nur schwer zugänglich. Die Benutzung von unendlich kleinen und unendlich großen Zahlen sowie eines neuen Begriffs der „Endlichkeit", mit dem man zum Beispiel die Menge der reellen Zahlen in eine „endliche" Menge einbetten konnte, erschien unheimlich und mystisch. Vieles klang wie Berichte aus einer zwar verlockenden, aber fremden neuen Welt, in der geradezu paradiesische Zustände herrschen: Viele Verbote waren plötzlich aufgehoben. Man durfte unbekümmert mit infinitesimalen Größen arbeiten, das dx der Differential- und Integralrechnung wurde eine reale Größe, mit der man numerisch rechnen konnte, Flächen und Rauminhalte gewann man durch einfaches „Abzählen", Integrieren entpuppte sich als bloßes Summieren. Der Weg in dieses Paradies war jedoch mit vielen ungewohnten Steinen der Mathematischen Logik gepflastert.

Es war daher das Ziel vieler Autoren, den Anteil der Mathematischen Logik zu reduzieren, um so die Nichtstandard-Mathematik einem größeren Kreis zugänglich zu machen. Auch wir verfolgen dieses Ziel. Die wenigen von uns benötigten Begriffe der Mathematischen Logik sollen jedoch dabei so herausgearbeitet werden, daß man mit ihnen leicht und sicher umgehen kann.

Dieses Buch soll einerseits einen einfachen Einstieg in die Nichtstandard-Mathematik ermöglichen, andererseits jedoch so weit führen, daß der Leser Nichtstandard-Methoden in den verschiedensten Bereichen selbständig anwenden kann.

Wir hoffen, daß unsere Leser beim Studium dieses Buches den Enthusiasmus der Autoren für die Schönheit, Eleganz und Wirksamkeit der Nichtstandard-Methoden teilen werden.

Wir danken allen, die uns bei der Arbeit an diesem Buch geholfen haben. Hilfreiche Bemerkungen und detaillierte Verbesserungsvorschläge kamen insbesondere von Frau Dr. Cottin, den Herren Dipl.-Math. Gaul, Dr. Hoch, Dr. Mattar, Dr. Render, Dipl.-Math. Schröder und Dr. Zhou sowie von den Studenten Herrn van Gemmeren und Herrn Verhoeven.
Frau Baumgarten in Köln hat mit Einsatz und Kompetenz die ersten Versionen von § 1 – § 15 in TEX geschrieben. Durch den Weggang von Frau Baumgarten, der wohlgemerkt nicht allein durch die Beschäftigung mit unseren Textvorlagen verursacht wurde, war die Fertigstellung des Buches stark gefährdet. Diese Gefahr wurde dadurch gebannt, daß sich Frau Schmitz in Duisburg sehr zügig und gründlich in dieses für sie neue Textverarbeitungssystem einarbeitete. Mit großer Zuverlässigkeit, Schnelligkeit und Geduld schrieb sie die weiteren immer wieder überarbeiteten Versionen von § 1 bis § 15 sowie sämtliche Versionen der restlichen Paragraphen. Sie löste dabei die schwierige Aufgabe, aus unlesbaren Vorlagen zweier Autoren druckfertige Texte zu erstellen.
Die TEX-Makros für unser spezielles Layout schrieb Dr. Hoch.

Hinweise für den Benutzer

Wir halten dieses Buch sowohl für Studenten der Mathematik und Physik als auch für Oberstufenlehrer dieser Fächer geeignet; es könnte für alle diese Gruppen zu einem vertieften und intuitiveren Verständnis der Analysis beitragen.

Teile des Buches - wie z.B. § 3 und § 4 - könnten auch in einem Leistungskurs Mathematik behandelt werden.

Ferner kann dieses Buch als Grundlage für ein- oder mehrsemestrige Vorlesungen dienen. Wir geben drei Möglichkeiten für einsemestrige Vorlesungen mit vier Wochenstunden an, wobei Kursus III ein Wintersemester erfordert:

I Kursus über Nichtstandard-Analysis:

§ 5 – § 20.

II Kursus über Nichtstandard-Topologie:

§ 5 – § 9, Def. 2.1 und 15.2, § 21 – § 29.

III Kursus über Nichtstandard-Topologie und Nichtstandard-Stochastik:

§ 5 – § 9, § 13 – § 16, Def. 2.1, § 21 – § 24, § 28, § 30 – § 35.

In allen drei Kursen werden Kenntnisse aus den jeweils restlichen Paragraphen nicht benötigt.

Der Kursus II setzt keine Kenntnisse der Topologie voraus. Er eignet sich daher für Leser, die sich gleichzeitig in die Nichtstandard-Topologie und die Topologie einarbeiten wollen.

Kursus III setzt zudem bis auf § 34 und § 35 keine Kenntnisse der Stochastik voraus.

Zur Einführung und Motivierung sind für alle drei Kurse § 2 – § 4 zu empfehlen, sie sind jedoch nicht notwendig.

Zur Konstruktion der Nichtstandard-Welten in § 36 werden § 2 und § 5 – § 8 benötigt. Für die Konstruktion von starken bzw. $\widehat{S}$-kompakten Nichtstandard-Welten werden zusätzlich Definition 15.2 bzw. Definition 28.1 gebraucht.

Der in § 37 und § 38 gegebene Vergleich der Robinsonschen mit der Nelsonschen Nichtstandard-Analysis setzt Kenntnisse über § 5 – § 9, § 13 – § 15 und Definition 28.1 voraus.

Zu § 2 – § 36 sind Übungsaufgaben angegeben, deren Lösungen im Anhang zu finden sind.

Köln und Duisburg, *Dieter Landers*
Februar 1994 *Lothar Rogge*

Inhaltsverzeichnis

Teil IV Nichtstandard-Topologie

Teil V Nichtstandard-Stochastik

Teil VI Die Existenz von Nichtstandard-Einbettungen und die interne Mengenlehre

Teil VII Anhang

§ 1 Einleitung

1.1 Historische Bemerkungen

Die Nichtstandard-Mathematik hat sich aus dem Bestreben entwickelt, infinitesimale, also unendlich kleine Größen nicht nur als heuristische Hilfsmittel, sondern als wohldefinierte mathematische Objekte zur Verfügung zu haben.

Infinitesimale Größen traten schon bei den Griechen, insbesondere in der Geometrie des Euklid, auf. Vor allem aber seit Leibniz (1646–1716) haben sie Eingang in die Mathematik gefunden. Nicht umsonst ist die von ihm mitentwickelte Differential- und Integralrechnung, in der er infinitesimale Größen mit Erfolg verwandte, noch heute unter dem Begriff der Infinitesimalrechnung bekannt. Obwohl weder Leibniz noch seine Nachfolger über eine hieb- und stichfeste Theorie des Infinitesimalen verfügten, behielt man den Gebrauch infinitesimaler Größen im 18. und teilweise noch bis ins 19. Jahrhundert bei. Das Fehlen einer sicheren mathematischen Grundlage führte jedoch schließlich zur Abkehr von der Benutzung infinitesimaler Größen und mündete in die von Weierstraß (1815–1897) entwickelten ε, δ -Methoden („Epsilontik") zur Behandlung von Grenzprozessen. Die Physiker konnten sich jedoch nie von den intuitiven und nützlichen infinitesimalen Größen trennen, und auch die Sehnsucht der Mathematiker nach einer Theorie des Infinitesimalen blieb ungebrochen.

In diesem Jahrhundert erhielt die Theorie der infinitesimalen Größen entscheidende neue Impulse. Schon Leibniz hatte angeregt, ein erweitertes Zahlensystem zu schaffen, welches infinitesimale Größen enthält, mit denen man wie mit reellen Zahlen rechnen kann. Zudem sollte dieses erweiterte Zahlensystem für die Analysis nutzbringend verwendet werden können. Durch die Entwicklung der Algebra wurde klar, daß angeordnete, nichtarchimedische Körper (zur Definition siehe 3.2 und 3.10 (ii)) existieren, die die reellen Zahlen umfassen. Solche Körper enthalten automatisch nicht-triviale infinitesimale Elemente, d.h. Elemente x mit $0 < |x| \leq 1/n$ für alle natürlichen Zahlen n. Aufbauend hierauf gab Hahn (1907) eine geschlossene Theorie des Infinitesimalen. Jedoch erschien es nicht möglich, dieses für die Analysis fruchtbar zu machen und damit auch die zweite Forderung von Leibniz zu erfüllen.

Ca. 50 Jahre später entwickelten Laugwitz und Schmieden (1958) eine Theorie des Infinitesimalen und wandten diese auf Fragen der Analysis an. Der von ihnen benutzte Erweiterungsbereich der reellen Zahlen war jedoch kein angeordneter Körper, sondern nur ein partiell geordneter Ring. Dennoch können diese von Laugwitz und Schmieden begonnenen und später von Laugwitz weitergeführten Untersuchungen als der eigentliche Beginn der Nichtstandard-Mathematik angesehen werden.

Ein wichtiger Durchbruch in der Theorie des Infinitesimalen erfolgte, als es Robinson (1961) gelang, beide Forderungen von Leibniz in eindrucksvoller Weise zu erfüllen. Mit Mitteln der Mathematischen Logik konstruierte Robinson einen angeordneten Zahlkörper ${}^*\mathbb{R}$, der den Körper $\mathbb{R}$ der reellen Zahlen umfaßt, der infinitesimale und unendliche Elemente enthält, und der für die reelle Analysis verwendbar ist. Das grundlegend Neue war das sogenannte Transfer-Prinzip, welches besagt, daß über ${}^*\mathbb{R}$ genau diejenigen formalen Aussagen gelten, die über $\mathbb{R}$ gelten. Da ${}^*\mathbb{R}$ von Null verschiedene infinitesimale Elemente enthält, $\mathbb{R}$ jedoch nicht, erscheint das Transfer-Prinzip auf den ersten Blick als Antinomie. Dieser scheinbare Widerspruch löst sich jedoch durch die Präzisierung des Begriffes der formalen Aussage auf.

Es wurde bald klar, daß die Methoden von Robinson nicht nur auf die reelle Analysis beschränkt sind, sondern in fast jedem Bereich der Mathematik angewendet werden können. Aus der Nichtstandard-Analysis wurde so die Nichtstandard-Mathematik. Ein weiterer bedeutender Beitrag für die Entwicklung und Verbreitung der Nichtstandard-Theorie wurde durch Arbeiten von Luxemburg (1962, 1969) geleistet. Die Nichtstandard-Stochastik erhielt durch Arbeiten von Loeb (1975–1979) einen entscheidenden Aufschwung.

Es hat sich gezeigt, daß Nichtstandard-Methoden ein mächtiges Instrument zur Behandlung von mathematischen Fragestellungen sind. Nichtstandard-Methoden wurden seit Robinson dazu eingesetzt, um einerseits bekannte Ergebnisse durchsichtiger und natürlicher zu beweisen und andererseits neue mathematische Einsichten zu gewinnen sowie offene Probleme der klassischen Mathematik zu lösen. Sehr erfolgreich eingesetzt wurden Nichtstandard-Methoden bisher in der Topologie, Funktionalanalysis, Stochastik sowie in der Mathematischen Physik und der Mathematischen Ökonomie. Gerade in den angewandten Wissenschaften hat sich gezeigt, daß der Nichtstandard-Bereich ${}^*\mathbb{R}$ zur Modellbildung häufig besser geeignet ist als der klassische Bereich $\mathbb{R}$ der reellen Zahlen.

1.2 Inhaltsübersicht

Dieses Buch ist in sechs Teile gegliedert. Teil I gibt einen sehr schnellen Einstieg in einen elementar behandelbaren Bereich der Nichtstandard-Analysis. Trotzdem können schon auf dieser Stufe wichtige Begriffe und Aspekte der Nichtstandard-Analysis verdeutlicht werden. In Teil II werden die Grundprinzipien einer allgemeinen Nichtstandard-Theorie entwickelt. In Teil III wird die Nichtstandard-Theorie auf die reelle Analysis, in Teil IV auf die Topologie und in Teil V auf die Stochastik angewandt. In Teil VI des Buches wird die Konstruktion von Nichtstandard-Welten durchgeführt und ein Zusammenhang mit dem Nelsonschen Ansatz der Nichtstandard-Analysis hergestellt.

Teil I (§ 2 bis § 4): Einfache reelle Analysis beschäftigt sich mit Aussagen über reelle Zahlen und reelle Funktionen. Um solche Aussagen mit Nichtstandard-Methoden behandeln zu können, wird erstens der Körper $\mathbb{R}$ der reellen Zahlen zu einem Körper ${}^*\mathbb{R}$ erweitert, der unendliche und nicht-triviale infinitesimale Elemente enthält, und zweitens jede Funktion $f : \mathbb{R} \longrightarrow \mathbb{R}$ zu einer Funktion ${}^*f : {}^*\mathbb{R} \longrightarrow {}^*\mathbb{R}$ fortgesetzt. Mathematische Grundlage für diese Erweiterungsschritte ist die Existenz von Ultrafiltern, die darüber hinaus auch für die allgemeine Konstruktion in Teil VI zentral ist. In § 2 werden daher zunächst Filter und Ultrafilter untersucht. In § 3 wird die benötigte Erweiterung ${}^*\mathbb{R}$ von $\mathbb{R}$ konstruiert. Diese spezielle Konstruktion eines Erweiterungskörpers ${}^*\mathbb{R}$ ermöglicht es in § 4, auf kanonische Weise die Fortsetzungen ${}^*f : {}^*\mathbb{R} \longrightarrow {}^*\mathbb{R}$ der Funktionen f zu gewinnen. Mit diesen Hilfsmitteln lassen sich schon die intuitiven Vorstellungen von Stetigkeit, gleichmäßiger Stetigkeit und Differenzierbarkeit formal exakt fassen. Wir nennen hierzu x, $y \in {}^*\mathbb{R}$ infinitesimal benachbart, in Zeichen $x \approx y$, wenn $x - y$ infinitesimal ist, d.h. wenn $|x - y| \leq 1/n$ für alle natürlichen Zahlen n ist. Dann erweist sich

- f genau dann als stetig in x_0, wenn gilt:
  $$x \approx x_0 \Longrightarrow {}^*f(x) \approx f(x_0),$$
  d.h. wenn zu x_0 infinitesimal benachbarte Elemente $x \in {}^*\mathbb{R}$ durch ${}^*f$ auf zu $f(x_0)$ infinitesimal benachbarte Elemente ${}^*f(x)$ abgebildet werden;
- f genau dann als gleichmäßig stetig, wenn gilt:
  $$x \approx y \Longrightarrow {}^*f(x) \approx {}^*f(y);$$
- f genau dann als differenzierbar in x_0 mit der Ableitung $c \in \mathbb{R}$, wenn gilt:
  $$\frac{{}^*f(x_0 + dx) - f(x_0)}{dx} \approx c \quad \text{für jedes infinitesimale } dx \neq 0.$$

Teil I setzt nur Kenntnisse aus Analysis I voraus und vermittelt schon eine recht gute Vorstellung über die Nichtstandard-Analysis.

Teil II (§ 5 bis § 8): Mit den Methoden von Teil I lassen sich nur elementare Aussagen über reelle Zahlen und reelle Funktionen mit Nichtstandard-Methoden behandeln. Will man auch weiterreichende Aussagen der Analysis und der Mathematik untersuchen, muß man eine allgemeinere Nichtstandard-Theorie entwickeln. Dieses geschieht in § 5 bis § 8 in axiomatischer Weise.

Teil III (§ 9 bis § 20): In § 9 bis § 12 wird die allgemeine Nichtstandard-Theorie benutzt zur Herleitung von Resultaten über: Konvergenz von Folgen und Reihen, Stetigkeit, Differenzierbarkeit und Integrierbarkeit von Funktionen, gewöhnliche Differentialgleichungen, Konvergenz von Funktionenfolgen.

Für viele Anwendungen der Nichtstandard-Theorie ist das Konzept der in § 14 definierten $*$-endlich oder auch hyperendlich genannten Mengen von grundlegender Bedeutung. $*$-Endliche Mengen besitzen analoge Eigenschaften wie endliche Mengen. Unter geeigneten Annahmen ist gewährleistet, daß hinreichend viele $*$-endliche Mengen existieren. Hierdurch wird es zum Beispiel

möglich, Inhalte durch Zählmaße mit Hilfe von * -endlichen Mengen zu repräsentieren (§ 15).
Ein weiteres wichtiges Konzept der Nichtstandard-Theorie bilden die * -endlichen Summen, die sich formal analog wie die endlichen Summen verhalten. * -Endliche Summen sind ein wertvolles Instrument für die Nichtstandard-Behandlung von vielen Problemen der Analysis und Stochastik; sie ermöglichen es unter anderem, Integration durch Summation zu ersetzen (§ 16) und Funktionen durch *-endliche Polynome zu gewinnen (§ 17). § 18 gibt eine Darstellung von δ-Funktionen als Abbildungen von $^*\mathbb{R}$ nach $^*\mathbb{R}$; § 20 leistet ähnliches für Distributionen.

Teil IV (§ 21 bis § 29): Es werden die grundlegenden Begriffe der Topologie in Standard- und Nichtstandard-Formulierung dargestellt. Die Nichtstandard-Formulierungen, die in der Regel intuitiver sind, werden z.B. benutzt, um einfache und durchsichtige Beweise für den Satz von Tychonoff, den Satz von Banach-Alaoglu und den allgemeinen Satz von Arzelà-Ascoli zu erhalten. In mehreren Paragraphen werden zudem uniforme Räume untersucht; uniforme Räume erweisen sich dabei als besonders geeignet für die Behandlung mit Nichtstandard-Methoden.

Teil V (§ 30 bis § 35): § 30 führt einige Begriffe der klassischen Maßtheorie, wie Maß, reguläres Maß, τ-stetiges Maß und Radon-Maß ein. § 31 beginnt mit einem Nichtstandard-Konzept, dem Loeb-Maß. Mit Hilfe des Loeb-Maßes werden Zerlegungssätze für Borel-Maße gewonnen. Die allgemeinen Kompaktheitssätze von Topsœ und Kolmogorov für die schwache Topologie über einem Raum von Wahrscheinlichkeitsmaßen werden ebenfalls mit Hilfe von Nichtstandard-Methoden sehr durchsichtig beweisbar. Der Brownsche Prozeß wird dann mit Hilfe von *-endlichen Summen von unabhängigen Bernoulli-verteilten Zufallsvariablen eingeführt. Dieser Teil schließt mit einem Nichtstandard-Beweis für ein Invarianzprinzip der Wahrscheinlichkeitstheorie. Für § 34 und § 35 sind neben Grundkenntnissen der Analysis auch Grundkenntnisse der Stochastik notwendig.

Teil VI (§ 36 bis § 38): In § 36 wird die Nichtstandard-Welt konstruiert.
Ein anderer Ansatz der Nichtstandard-Analysis, der auf einer Erweiterung der Mengenlehre beruht, wurde von Nelson (1977) entwickelt. Abschließend wird in § 37 und § 38 die Nelsonsche Theorie, die sogenannte IST (= Internal Set Theory) kurz dargestellt und mit der hier präsentierten Theorie verglichen.

1.3 Bemerkungen zur Darstellung

Sätze und *Definitionen* sind mit Überschriften versehen, die stichwortartig den Inhalt beschreiben. Bei Ergebnissen, die sich nicht prägnant in einer solchen Kurzform beschreiben lassen, werden die üblichen (wenig informativen) Namen „Satz“ oder „Lemma“ gewählt. Durch die Art der Einrahmung ist kenntlich gemacht, ob es sich um einen Satz, eine Definition oder um eine Mischform handelt, in der sowohl Begriffe definiert als auch Ergebnisse gebracht werden:

Einrahmung für Satz

Einrahmung für Hauptsatz

Einrahmung für Definition

Einrahmung für Definition und Satz

In den Sätzen sind die Voraussetzungen zumeist vollständig aufgeführt, um jedes Ergebnis für sich lesbar zu machen und so dem Leser unnötige Sucharbeit beim Nachschlagen zu ersparen.

Die Voraussetzungen an die Nichtstandard-Welt werden ab § 9 jeweils zu Beginn des Paragraphen notiert. Es wird von § 9 bis § 18 immer eine Nichtstandard-Einbettung, von § 19 bis § 27 eine starke Nichtstandard-Einbettung und in § 28 und § 29 sowie in § 31 bis § 35 immer eine $\widehat{S}$-kompakte Nichtstandard-Einbettung vorausgesetzt.

In *Beweisen* werden benötigte Formeln stets neu mit (1) beginnend durchnumeriert. Bei Implikationsketten wie zum Beispiel $(A) \underset{5.7}{\Longrightarrow} (B) \underset{2.2}{\Longrightarrow} (C) \underset{(3)}{\Longrightarrow} (D)$ stehen unter dem Implikationszeichen $\Longrightarrow$ die Nummern der zur Durchführung verwandten Sätze bzw. Formeln des Beweises; so ist bei der Implikation $(A) \underset{5.7}{\Longrightarrow} (B)$ der Satz 5.7 (aus § 5) und bei der Implikation $(C) \underset{(3)}{\Longrightarrow} (D)$ die Formel (3) des aktuellen Beweises zu verwenden. Analoges gilt für Gleichungs- und Ungleichungsketten. Werden für einen Beweisschritt mehrere Ergebnisse zitiert, so sind diese für den Beweis in der angegebenen Reihenfolge zu benutzen. Sagen wir also, daß ein Ergebnis aus 5.7, 2.2 und (3) folgt, so ist als erstes 5.7, dann 2.2 und als letztes die Nummer (3) des Beweises zu benutzen.

Wir weichen gelegentlich von in der Literatur gebräuchlichen *Bezeichnungen* ab, falls diese uns nicht informativ und suggestiv genug erscheinen. So werden wir zum Beispiel eine Einbettung, durch die gültige Aussagen wieder in gültige Aussagen (d.h. Sätze) überführt werden, eine satztreue Einbettung nennen und nicht wie üblich eine elementare Einbettung. Abweichungen werden jedoch oft unter Nennung der gebräuchlichen Bezeichnungen kenntlich gemacht. Es wird versucht, so weit wie möglich eine konsistente Bezeichnungsweise durchzuhalten, um so beim Leser gewisse Buchstaben und Symbole direkt mit gewissen Begriffen zu assoziieren. So wird zum Beispiel der Buchstabe H fast immer eine hyperendliche Menge bezeichnen und der Buchstabe h eine hypernatürliche Zahl, die keine natürliche Zahl ist. Am Ende des Buches findet sich eine

Übersicht aller wichtigen benutzten Symbole. Die üblichen Symbole $\in$, $\subset$, $\cup$, $\cap$ werden jedoch ohne weiteren Hinweis benutzt für die Bezeichnung von „Element von“, „Teilmenge von“, „Mengenvereinigung“ und „Durchschnitt“. In Definitionsgleichungen wird das Zeichen „ $:=$ “ bzw. „ $=:$ “ benutzt, wobei der Doppelpunkt bei dem zu definierenden Symbol steht. Die Schreibweise $A := B$ bedeutet also, daß der rechtsstehende Ausdruck B mit A bezeichnet wird.

Am Anfang eines jeden Paragraphen werden die Überschriften der wichtigsten Definitionen und Ergebnisse dieses Paragraphen notiert. Am Ende eines jeden Paragraphen werden Übungsaufgaben bereitgestellt. Zu den Aufgaben werden im Anhang Lösungsanleitungen oder Lösungen gegeben.

Teil I

Ein erster Zugang zur Nichtstandard-Analysis

§ 2 Filter und Ultrafilter

Ultrafilter sind grundlegend für die Konstruktion von Nichtstandard-Modellen; sie werden sowohl bei der speziellen Konstruktion in § 3 als auch bei den allgemeinen Konstruktionen des § 36 verwandt. In diesem Paragraphen werden die Begriffe und Ergebnisse aus der inzwischen recht weit entwickelten Filtertheorie bereitgestellt, die für diese Konstruktionen benötigt werden. Dies sind lediglich die Begriffe Filter und Ultrafilter, sowie zwei Ergebnisse über Existenz und Charakterisierung von Ultrafiltern. Wer über dieses elementare Rüstzeug der Filtertheorie schon verfügt, kann diesen Paragraphen überspringen.

In diesem gesamten Paragraphen sei I eine fest vorgegebene nicht-leere Menge. Es bezeichne

- $\mathcal{P}(I) := \{A : A \subset I\}$

die *Potenzmenge* von I, d.h. die Menge aller Teilmengen von I.

2.1 Filter und Ultrafilter

Ein System $\mathcal{F} \subset \mathcal{P}(I)$ heißt *Filter* (über I), falls gilt:

(i) $\mathcal{F} \neq \emptyset$ und $\emptyset \notin \mathcal{F}$;

(ii) $A, B \in \mathcal{F} \Longrightarrow A \cap B \in \mathcal{F}$;

(iii) $A \in \mathcal{F}, A \subset B \subset I \Longrightarrow B \in \mathcal{F}$.

Ein Filter $\mathcal{F}$, zu dem es keinen echten Oberfilter gibt (d.h. für den gilt: $\mathcal{G}$ Filter und $\mathcal{F} \subset \mathcal{G} \Longrightarrow \mathcal{F} = \mathcal{G}$), heißt *Ultrafilter*.

Ein System $\mathcal{F} \subset \mathcal{P}(I)$, d.h. ein System von Teilmengen der festen Menge I, ist somit genau dann ein Filter, wenn:

(i) mindestens eine Teilmenge von I zu $\mathcal{F}$ gehört, nicht aber die leere Menge $\emptyset$;

(ii) mit zwei Teilmengen von I, die zu $\mathcal{F}$ gehören, auch deren Durchschnitt zu $\mathcal{F}$ gehört;

(iii) jede Teilmenge von I, die Obermenge einer zu $\mathcal{F}$ gehörenden Menge ist, ebenfalls zu $\mathcal{F}$ gehört.

Wie man leicht per Induktion sieht, gehört mit endlich vielen Elementen eines Filters $\mathcal{F}$ auch deren Durchschnitt zu $\mathcal{F}$ (d.h. mit $A_1, \ldots, A_n \in \mathcal{F}$ ist auch $A_1 \cap \ldots \cap A_n \in \mathcal{F}$). Ferner folgt aus (i) und (iii), daß $I \in \mathcal{F}$ ist.

Mengen, deren Elemente Mengen sind, werden wir - wie bisher auch schon geschehen - im folgenden häufig Systeme oder Mengensysteme nennen.

Wir wollen zunächst ein einfaches Beispiel für einen Filter und einen Ultrafilter geben. Der Filter der *koendlichen Mengen* (d.h. aller Mengen, deren *Ko*mplement eine *endliche* Menge ist) aus 2.2 (i) wird in § 3 benötigt und ist einer der wichtigsten Filter, die man explizit angeben kann. Wir werden später sehen, daß er kein Ultrafilter ist. Der in 2.2 (ii) vorgestellte Ultrafilter ist von geringerer Bedeutung für die Theorie. Unter den Ultrafiltern besitzt er jedoch insofern eine Sonderstellung, als man ihn explizit angeben kann; Ultrafilter „leben" in der Regel nur über Existenzaussagen.

2.2 Der Filter der koendlichen Mengen und ein Ultrafilter

(i) Sei I eine unendliche Menge. Dann ist

$$\mathcal{F} := \{A \subset I : I - A \text{ endlich}\}$$

ein Filter über I. $\mathcal{F}$ heißt der *Filter der koendlichen Teilmengen von I.*

(ii) Sei $i_0 \in I$ fest und $\mathcal{F} := \{A \subset I : i_0 \in A\}$. Dann ist $\mathcal{F}$ ein Ultrafilter.

Beweis. *(i)* Es ist $\mathcal{F} \neq \emptyset$ wegen $I \in \mathcal{F}$. Es ist $\emptyset \notin \mathcal{F}$, da $I = I - \emptyset$ nach Voraussetzung unendlich ist. Damit ist 2.1(i) gezeigt.
Seien $A, B \in \mathcal{F}$. Dann sind $I - A$ und $I - B$ endlich. Somit ist $I-(A \cap B) = (I - A) \cup (I - B)$ endlich, d.h. es ist $A \cap B \in \mathcal{F}$. Damit ist 2.1(ii) gezeigt.
Sei $A \in \mathcal{F}$ und $A \subset B \subset I$. Dann ist $I - A$ endlich, und wegen $I - B \subset I - A$ ist auch $I - B$ endlich. Folglich ist $B \in \mathcal{F}$. Damit ist 2.1(iii) gezeigt.

(ii) Die Filtereigenschaften von $\mathcal{F}$ sind unmittelbar einzusehen. Sei indirekt $\mathcal{F}$ kein Ultrafilter. Dann existiert ein Filter $\mathcal{G} \neq \mathcal{F}$ mit $\mathcal{F} \subset \mathcal{G}$ und folglich existiert ein $A \in \mathcal{G} - \mathcal{F}$. Da $A \notin \mathcal{F}$ ist, folgt $i_0 \notin A$, d.h. es ist

$$A \cap \{i_0\} = \emptyset. \tag{1}$$

Da $A \in \mathcal{G}, \{i_0\} \in \mathcal{F} \subset \mathcal{G}$ und da $\mathcal{G}$ ein Filter ist, folgt $A \cap \{i_0\} \in \mathcal{G}$. Wegen (1) ist somit $\emptyset \in \mathcal{G}$ im Widerspruch zur Filtereigenschaft 2.1 (i) für $\mathcal{G}$. □

Wegen $A = I - (I - A)$ ist der Filter $\mathcal{F}$ der koendlichen Teilmengen von I auch gegeben durch

- $\mathcal{F} = \{I - A : A \subset I \text{ endlich}\}$.

Wir werden als nächstes zeigen, daß es zu jedem Filter $\mathcal{F}$ einen Ultrafilter $\mathcal{G}$ mit $\mathcal{F} \subset \mathcal{G}$ gibt. Hierzu benötigen wir das Zornsche Lemma und für dieses einige grundlegende, den meisten Lesern sicher wohlbekannte Begriffe. Sowohl der Vollständigkeit halber, als auch, weil die Begriffe in der Literatur nicht immer einheitlich verwendet werden, wollen wir alle benutzten Begriffe mit einer zitierbaren Definition einführen.

2.3 Geordnete Menge, obere Schranke, maximales Element

(i) Eine *partiell geordnete Menge* ist ein Paar $\langle X, \leq \rangle$, wobei X eine nicht-leere Menge und $\leq$ eine Relation über X ist, die für $x, y, z \in X$ die folgenden drei Eigenschaften besitzt:

(a) *Reflexivität,* d.h. $x \leq x$;

(b) *Antisymmetrie,* d.h. $x \leq y$ und $y \leq x \Longrightarrow x = y$;

(c) *Transitivität,* d.h. $x \leq y$ und $y \leq z \Longrightarrow x \leq z$.

Sei $\langle X, \leq \rangle$ eine partiell geordnete Menge und $K \subset X$. Dann heißt

(ii) $y \in X$ *obere Schranke* von K, falls gilt:
$x \leq y$ für alle $x \in K$;

(iii) $m \in X$ ein *maximales Element*, falls für alle $x \in X$ gilt:
$m \leq x \Longrightarrow m = x$;

(iv) K *total geordnet*, falls für alle $x, y \in K$ gilt:
$x \leq y$ oder $y \leq x$.

Ist $\langle X, \leq \rangle$ eine partiell bzw. total geordnete Menge, so heißt $\leq$ eine *partielle* bzw. *totale Ordnung* über X.

Der Begriff Relation wird in 2.3 in gewohnter und naiver Weise verwendet; formal wird er in 5.9 definiert.

Die Menge $X := \mathbb{R}$ der reellen Zahlen, versehen mit der üblichen Relation $\leq$, bildet eine total geordnete Menge, die kein maximales Element besitzt. Das System $X := \mathcal{P}(I)$ mit der Relation $\leq$, definiert durch $A \leq B \Longleftrightarrow A \subset B$, bildet eine partiell geordnete Menge, die I als einziges maximales Element enthält. Partiell geordnete Mengen können auch mehrere maximale Elemente besitzen; ist z. B. $X := \mathbb{R}$ mit der partiellen Ordnung $=$, so ist jedes Element von $\mathbb{R}$ ein maximales Element.

Das folgende Zornsche Lemma (welches äquivalent zum Auswahlaxiom ist, siehe z.B. Friedrichsdorf und Prestel (1985), Seite 62) gibt eine hinreichende Bedingung für die Existenz von maximalen Elementen in partiell geordneten Mengen an. Es ist ein wichtiges Beweisprinzip der Mathematik.

2.4 Zornsches Lemma

Sei $\langle X, \leq \rangle$ eine partiell geordnete Menge, so daß jede nicht-leere total geordnete Menge $K \subset X$ eine obere Schranke hat. Dann besitzt X ein maximales Element.

Den meisten Lesern dürfte das Zornsche Lemma schon aus der Linearen Algebra vertraut sein. Dort wird es zum Beispiel benutzt, um zu zeigen, daß jeder Vektorraum eine Basis besitzt (siehe Friedrichsdorf und Prestel (1985), Seite 66; dort werden auch noch weitere Anwendungen des Zornschen Lemmas gegeben).

Mit Hilfe des Zornschen Lemmas beweisen wir nun den für die Konstruktion von Nichtstandard-Modellen entscheidenden Existenzsatz für Ultrafilter. Er besagt, daß es zu jedem Filter $\mathcal{F}_0$ über I einen Ultrafilter $\mathcal{F}$ über I mit $\mathcal{F}_0 \subset \mathcal{F}$ gibt.

2.5 Existenz von Ultrafiltern

Zu jedem Filter über I existiert ein diesen Filter umfassender Ultrafilter über I.

Beweis. Sei $\mathcal{F}_0$ ein Filter über I und setze

$$X := \{\mathcal{F} \subset \mathcal{P}(I) : \mathcal{F}_0 \subset \mathcal{F},\ \mathcal{F} \text{ Filter}\}.$$

Wegen $\mathcal{F}_0 \in X$ ist $X \neq \emptyset$. Sind $\mathcal{F}_1, \mathcal{F}_2 \in X$, so setzen wir

$$\mathcal{F}_1 \leq \mathcal{F}_2 \Longleftrightarrow \mathcal{F}_1 \subset \mathcal{F}_2.$$

Dann ist $\langle X, \leq \rangle$ eine partiell geordnete Menge. Wir werden zeigen:

(1) Jede nicht-leere total geordnete Menge $K \subset X$ besitzt eine obere Schranke.

(2) Jedes maximale Element von X ist ein $\mathcal{F}_0$ umfassender Ultrafilter.

Wegen (1) besitzt X ein maximales Element (siehe 2.4), und aus (2) folgt dann die Behauptung.

Zu (1): Es genügt zu zeigen:

$$\mathcal{H} := \bigcup_{\mathcal{F} \in K} \mathcal{F} \ (= \{A : A \in \mathcal{F} \text{ für ein } \mathcal{F} \in K\}) \text{ ist ein Filter;}$$

wegen $\mathcal{F}_0 \subset \mathcal{H}$ ist dann $\mathcal{H} \in X$ mit $\mathcal{F} \leq \mathcal{H}$ für alle $\mathcal{F} \in K$, d.h. $\mathcal{H}$ ist obere Schranke von K. Wir haben also 2.1 (i) – (iii) für $\mathcal{H}$ zu zeigen:

Es gilt $\mathcal{H} \neq \emptyset$ wegen $I \in \mathcal{F}_0 \subset \mathcal{H}$. Es gilt $\emptyset \notin \mathcal{H}$, da $\emptyset \notin \mathcal{F}$ für alle $\mathcal{F} \in K$ ist.

Seien $A, B \in \mathcal{H}$. Dann existieren $\mathcal{F}_1, \mathcal{F}_2 \in K$ mit $A \in \mathcal{F}_1$ und $B \in \mathcal{F}_2$. Da K total geordnet ist, folgt $\mathcal{F}_2 \subset \mathcal{F}_1$ oder $\mathcal{F}_1 \subset \mathcal{F}_2$ und somit $A, B \in \mathcal{F}_1$ oder $A, B \in \mathcal{F}_2$. Da $\mathcal{F}_1, \mathcal{F}_2$ Filter sind, folgt $A \cap B \in \mathcal{F}_1$ oder $A \cap B \in \mathcal{F}_2$, und damit ist $A \cap B \in \mathcal{H}$.

Sei $A \in \mathcal{H}$ und $A \subset B \subset I$. Dann ist $A \in \mathcal{F}$ für ein $\mathcal{F} \in K$. Da $\mathcal{F} \in K$ ein Filter über I ist, folgt $B \in \mathcal{F} \subset \mathcal{H}$.

Zu (2): Sei $\widehat{\mathcal{F}}$ ein maximales Element von X. Da $\widehat{\mathcal{F}} \in X$ ist, ist $\widehat{\mathcal{F}}$ ein $\mathcal{F}_0$ umfassender Filter. Sei nun $\widehat{\mathcal{F}} \subset \mathcal{G}$ für einen Filter $\mathcal{G}$ über I. Dann ist $\mathcal{G} \in X$, und da $\widehat{\mathcal{F}}$ ein maximales Element von X ist, folgt $\widehat{\mathcal{F}} = \mathcal{G}$. Somit ist $\widehat{\mathcal{F}}$ ein Ultrafilter. Also gilt (2). □

In einem Filter können nie gleichzeitig A und $I - A$ liegen, da sonst $\emptyset = A \cap (I - A) \in \mathcal{F}$ wäre. Für jeden Filter $\mathcal{F}$ gilt also: $A \in \mathcal{F} \Rightarrow I - A \notin \mathcal{F}$. Ein Ultrafilter ist nach dem folgenden Satz dadurch gekennzeichnet, daß für jedes $A \subset I$ *mindestens eine* der beiden Mengen $A, I - A$ in $\mathcal{F}$ liegt, d.h. $I - A \notin \mathcal{F} \Rightarrow A \in \mathcal{F}$. Somit liegt in einem Ultrafilter $\mathcal{F}$ *genau eine* der beiden Mengen $A, I - A$.

2.6 Charakterisierung von Ultrafiltern

Sei $\mathcal{F}$ ein Filter über I. Dann sind äquivalent:

(i) $\mathcal{F}$ ist ein Ultrafilter.

(ii) Für alle $A \subset I$ ist $A \in \mathcal{F}$ oder $I - A \in \mathcal{F}$.

Beweis. *(i) ⇒ (ii)* Sei $\mathcal{F}$ ein Ultrafilter und $I - A \notin \mathcal{F}$; nachzuweisen ist $A \in \mathcal{F}$. Wir konstruieren hierzu ein $\mathcal{G} \subset \mathcal{P}(I)$ mit

(1) $\quad \mathcal{G}$ ist ein Filter über I, $\mathcal{F} \subset \mathcal{G}$ und $A \in \mathcal{G}$.

Da $\mathcal{F}$ ein Ultrafilter ist, folgt aus (1) zunächst $\mathcal{F} = \mathcal{G}$ und daher dann auch $A \in \mathcal{F}$.

Ein Filter $\mathcal{G}$, der (1) erfüllt, muß mit $F \in \mathcal{F}$ auch jedes $C \subset I$ mit $A \cap F \subset C$ enthalten (benutze 2.1 (ii) + (iii) für $\mathcal{G}$). Setzt man daher

$$\mathcal{G} := \{C \subset I : A \cap F \subset C \text{ für ein } F \in \mathcal{F}\},$$

so ist $\mathcal{F} \subset \mathcal{G}$ und $A \in \mathcal{G}$, und zum Nachweis von (1) bleibt zu zeigen:

(2) $\quad \mathcal{G}$ ist ein Filter.

Zu (2): Es ist $\mathcal{G} \neq \emptyset$ wegen $\emptyset \neq \mathcal{F} \subset \mathcal{G}$. Ferner gilt $\emptyset \notin \mathcal{G}$: Hierfür ist $A \cap F \neq \emptyset$ für alle $F \in \mathcal{F}$ zu zeigen. Sei also $F \in \mathcal{F}$; wegen $I - A \notin \mathcal{F}$ kann dann nicht $F \subset I - A$ gelten (beachte 2.1 (iii)), und somit ist $A \cap F \neq \emptyset$. Damit ist 2.1 (i) für $\mathcal{G}$ gezeigt.

Seien $C_1, C_2 \in \mathcal{G}$. Dann gibt es $F_1, F_2 \in \mathcal{F}$ mit $A \cap F_i \subset C_i$ (für $i = 1, 2$) und daher ist $A \cap (F_1 \cap F_2) \subset C_1 \cap C_2$. Da $\mathcal{F}$ ein Filter ist, gilt $F_1 \cap F_2 \in \mathcal{F}$, und somit folgt $C_1 \cap C_2 \in \mathcal{G}$. Also ist 2.1 (ii) für $\mathcal{G}$ gezeigt; 2.1 (iii) ist für $\mathcal{G}$ trivial.

(ii) ⇒ (i) $\mathcal{F}$ erfülle die Bedingung (ii). Wäre $\mathcal{F}$ kein Ultrafilter, dann gäbe es einen Filter $\mathcal{G}$ mit $\mathcal{F} \subset \mathcal{G}$ und ein $A \in \mathcal{G}$ mit $A \notin \mathcal{F}$. Also ist nach Voraussetzung $I - A \in \mathcal{F} \subset \mathcal{G}$ und somit $\emptyset = A \cap (I - A) \in \mathcal{G}$ im Widerspruch zu $\emptyset \notin \mathcal{G}$. □

Sei I eine unendliche Menge. Aus 2.6 folgt nun direkt, daß der Filter

$$\mathcal{F} = \{A \subset I : I - A \text{ endlich}\}$$

der koendlichen Teilmengen von I (siehe 2.2 (i)) kein Ultrafilter ist:
Da I unendlich ist, existiert ein $A \subset I$, so daß A und $I - A$ unendliche Mengen sind. Dann ist $A \notin \mathcal{F}$, da $I - A$ unendlich ist, und es ist $I - A \notin \mathcal{F}$, da $I - (I - A) = A$ unendlich ist. Nach 2.6 ist damit $\mathcal{F}$ kein Ultrafilter.

Nach 2.5 gibt es $\mathcal{F}$ umfassende Ultrafilter. Man kann zeigen, daß es ungeheuer viele (genauer soviele, wie $\mathcal{P}(\mathcal{P}(I))$ Elemente besitzt) solcher Ultrafilter gibt; bisher konnte jedoch keiner explizit angegeben werden. Wir werden im folgenden sehen, daß man „konkrete" Ultrafilter auch gar nicht benötigt, man benötigt nur ihre Existenz und ihre Eigenschaften.

Das folgende Ergebnis bringt unter anderem eine nützliche Verschärfung der Eigenschaft 2.6 (ii) eines Ultrafilters.

2.7 Eigenschaften von Filtern und Ultrafiltern

(i) Sei $\mathcal{F}$ ein Filter über I. Dann gilt für $A \subset I$:

$$A_1, \ldots, A_n \in \mathcal{F} \text{ und } A_1 \cap \ldots \cap A_n \subset A \Longrightarrow A \in \mathcal{F}.$$

(ii) Sei $\mathcal{F}$ ein Ultrafilter über I. Dann gilt für $A_1, \ldots, A_n \subset I$:

$$A_1 \cup \ldots \cup A_n \in \mathcal{F} \Longrightarrow A_k \in \mathcal{F} \text{ für ein } k \in \{1, \ldots, n\}.$$

Beweis. ***(i)*** Da $\mathcal{F}$ ein Filter mit $A_1, \ldots, A_n \in \mathcal{F}$ ist, folgt $A_1 \cap \ldots \cap A_n \in \mathcal{F}$ nach 2.1 (ii). Wegen $A_1 \cap \ldots \cap A_n \subset A \subset I$ folgt dann $A \in \mathcal{F}$ nach 2.1 (iii).
(ii) Seien indirekt $A_k \notin \mathcal{F}$ für $k = 1, \ldots, n$. Da $\mathcal{F}$ ein Ultrafilter ist, folgt nach 2.6, daß $I - A_k \in \mathcal{F}$ für $k = 1, \ldots, n$ sind. Da $\mathcal{F}$ ein Filter ist, erhalten wir $I - \bigcup_{k=1}^n A_k = \bigcap_{k=1}^n (I - A_k) \in \mathcal{F}$. Da nach Voraussetzung $\bigcup_{k=1}^n A_k \in \mathcal{F}$ ist, folgt $\emptyset = \bigcup_{k=1}^n A_k \cap (I - \bigcup_{k=1}^n A_k) \in \mathcal{F}$ im Widerspruch zu $\emptyset \notin \mathcal{F}$. □

Das wichtigste Ergebnis dieses Paragraphen ist Hauptsatz 2.5, der garantiert, daß es zu jedem Filter einen diesen Filter umfassenden Ultrafilter gibt. Bei der Benutzung von Ultrafiltern wird jedoch nur selten die ursprüngliche Definition des Ultrafilters benutzt, sondern zumeist die charakterisierende Eigenschaft aus 2.6 verwandt, daß nämlich das Komplement jeder nicht im Ultrafilter liegenden Menge im Ultrafilter liegen muß.

Filter werden später außer bei der Konstruktion von Nichtstandard-Modellen auch in der Topologie eine Rolle spielen (siehe z.B. § 21, § 25 und § 27).

Zu den Aufgaben gibt es am Ende des Buches Lösungsanleitungen oder Lösungen.

Aufgaben

1 Sei $\mathcal{F}$ das System aller $A \subset \mathbf{R}^n$, die Umgebung eines festen Punktes $x_0 \in \mathbf{R}^n$ sind (d.h. A enthält eine Kugel mit Mittelpunkt x_0). Man zeige: $\mathcal{F}$ ist ein Filter über $\mathbf{R}^n$.

2 Seien $\mathcal{F}$ und $\mathcal{G}$ Filter über I mit $\mathcal{F} \not\subset \mathcal{G}$. Man zeige, daß $\mathcal{H} := \{B \subset I : A \cup B \in \mathcal{G}$ für alle $A \in \mathcal{F}\}$ ein $\mathcal{G}$ umfassender Filter ist.

3 Sei $\mathcal{F}$ ein Ultrafilter über I . Man zeige: Entweder ist $\cap_{A \in \mathcal{F}} A = \emptyset$ oder es existiert ein $i_0 \in I$, so daß $\mathcal{F} = \{A \subset I : i_0 \in A\}$ ist.

4 Ein Filter $\mathcal{F}$ heißt *frei*, falls $\cap_{A \in \mathcal{F}} A = \emptyset$ ist. Sei I eine unendliche Menge. Man zeige, daß für einen Filter $\mathcal{F}$ über I äquivalent sind:

(i) $\mathcal{F}$ ist frei.

(ii) $\mathcal{F}$ umfaßt den Filter der koendlichen Teilmengen von I.

5 Sei $\mathcal{F}$ ein Ultrafilter über I. Setze für $A \subset I$

$$P_{\mathcal{F}}(A) := \begin{cases} 1 & \text{für } A \in \mathcal{F} \\ 0 & \text{für } A \notin \mathcal{F}. \end{cases}$$

Man zeige:

(i) $P_{\mathcal{F}}$ ist ein Wahrscheinlichkeitsinhalt auf $\mathcal{P}(I)$, d.h.:

$P = P_{\mathcal{F}} : \mathcal{P}(I) \to [0,1]$ erfüllt $P(A \cup B) = P(A) + P(B)$ für disjunkte $A, B \in \mathcal{P}(I)$ und $P(I) = 1$.

Ferner nimmt $P_{\mathcal{F}}$ nur die Werte 0 und 1 an.

(ii) Ist $P : \mathcal{P}(I) \to \{0,1\}$ ein Wahrscheinlichkeitsinhalt, so gibt es genau einen Ultrafilter $\mathcal{F}$ mit $P = P_{\mathcal{F}}$.

Auf Grund von (i) und (ii) kann die Menge aller Ultrafilter über I bijektiv auf die Menge aller Wahrscheinlichkeitsinhalte $P : \mathcal{P}(I) \to \{0,1\}$ abgebildet werden.

6 Sei $A \subset \mathbf{N}$ unendlich. Man zeige, daß es einen Ultrafilter gibt, der A und alle koendlichen Mengen enthält.

§ 3 Der Erweiterungskörper *ℝ von ℝ

Wie schon in der Einleitung erwähnt, war es seit Leibniz ein Ziel der Mathematik, einen Erweiterungskörper *ℝ des Körpers ℝ der reellen Zahlen zu finden, der nicht-triviale infinitesimale Elemente enthält und den man darüber hinaus für die Analysis fruchtbringend verwenden kann. Die Erweiterung von ℝ zu *ℝ verläuft formal ähnlich wie die Erweiterung von ℚ zu ℝ. Die Konstruktion von ℝ aus ℚ kann in der Weise durchgeführt werden, daß man in einer Klasse von ℚ-wertigen Folgen eine Äquivalenzrelation erklärt. Die zugehörigen Äquivalenzklassen ergeben dann ℝ. Die Konstruktion von *ℝ aus ℝ erfolgt entsprechend mit Hilfe einer geeigneten Äquivalenzrelation in der Klasse aller ℝ-wertigen Folgen; die Äquivalenzrelation wird dabei mit Hilfe eines Ultrafilters über ℕ eingeführt. Die zugehörigen Äquivalenzklassen werden *ℝ liefern.

Zur Konstruktion von *ℝ benötigen wir noch einige Bezeichnungen. Es sei

- ℕ die Menge der natürlichen Zahlen $1, 2, 3, \ldots$

und $\mathbb{R}^{\mathbb{N}}$ die Menge aller Abbildungen $\alpha : \mathbb{N} \to \mathbb{R}$, d.h. die Menge aller ℝ-wertigen Folgen. Elemente von $\mathbb{R}^{\mathbb{N}}$ werden in diesem Paragraphen mit α, β, γ bezeichnet. Wir wenden jetzt Ergebnisse aus § 2 auf $I := \mathbb{N}$ an. Nach Beispiel 2.2 (i) ist das System der koendlichen Teilmengen von ℕ ein Filter; nach Hauptsatz 2.5 existiert ein Ultrafilter $\mathcal{F}$ über ℕ, der diesen Filter umfaßt. Ein solcher Ultrafilter $\mathcal{F}$ sei in diesem Paragraphen fest gewählt. Es sei also ab jetzt:

- $\mathcal{F}$ Ultrafilter über $\mathbb{N}$ mit $\mathbb{N} - A \in \mathcal{F}$ für endliche $A \subset \mathbb{N}$.

Mit Hilfe dieses Ultrafilters $\mathcal{F}$ definieren wir eine Äquivalenzrelation $\sim$ in $\mathbb{R}^{\mathbb{N}}$, die im wesentlichen durch zugehörige Äquivalenzklassenbildung ein System ${}^*\mathbb{R}$ liefert, das sich später als ein geeigneter Erweiterungskörper von $\mathbb{R}$ herausstellen wird. Dabei wird gewissen $\alpha \in \mathbb{R}^{\mathbb{N}}$ - nämlich all denen, die äquivalent zu einer konstanten Abbildung sind - nicht die zu α gehörige Äquivalenzklasse, sondern diese Konstante aus $\mathbb{R}$ zugeordnet. Hiermit erzwingen wir direkt $\mathbb{R} \subset {}^*\mathbb{R}$ und vermeiden so sonst nötige, eventuell verwirrende Identifizierungen von Äquivalenzklassen mit Elementen aus $\mathbb{R}$. Andererseits sind dadurch Eigenschaften wie 3.1 (i) noch zu zeigen, die sonst evident sind.

3.1 Einführung von ${}^*\mathbb{R}$

Für $\alpha, \beta \in \mathbb{R}^{\mathbb{N}}$ schreiben wir

$$\alpha \sim \beta, \text{ falls } \{i \in \mathbb{N} : \alpha(i) = \beta(i)\} \in \mathcal{F} \text{ ist.}$$

Dann ist $\sim$ eine Äquivalenzrelation in $\mathbb{R}^{\mathbb{N}}$.

Für $r \in \mathbb{R}$ sei $r_{\mathbb{N}} \in \mathbb{R}^{\mathbb{N}}$ die konstante Abbildung, definiert durch

$$r_{\mathbb{N}}(i) := r \quad \text{für } i \in \mathbb{N}.$$

Für $\alpha \in \mathbb{R}^{\mathbb{N}}$ setze

$$\overline{\alpha} := \begin{cases} r, & \text{falls } \alpha \sim r_{\mathbb{N}} \text{ für ein } r \in \mathbb{R} \text{ ist;} \\ \{\beta \in \mathbb{R}^{\mathbb{N}} : \beta \sim \alpha\} & \text{sonst.} \end{cases}$$

Es sei

$${}^*\mathbb{R} := \{\overline{\alpha} : \alpha \in \mathbb{R}^{\mathbb{N}}\}.$$

Es gilt:

(i) $\overline{\alpha} = \overline{\beta} \Longleftrightarrow \alpha \sim \beta$ für $\alpha, \beta \in \mathbb{R}^{\mathbb{N}}$;

(ii) $\overline{r_{\mathbb{N}}} = r$ für $r \in \mathbb{R}$;

(iii) $\mathbb{R} \subset {}^*\mathbb{R}$.

Beweis. Es ist $\sim$ eine Äquivalenzrelation, denn es gilt:
$\alpha \sim \alpha$ wegen $\{i \in \mathbb{N} : \alpha(i) = \alpha(i)\} = \mathbb{N} \in \mathcal{F}$;
$\alpha \sim \beta \Rightarrow \beta \sim \alpha$ wegen $\{i \in \mathbb{N} : \beta(i) = \alpha(i)\} = \{i \in \mathbb{N} : \alpha(i) = \beta(i)\}$;
$\alpha \sim \beta$ und $\beta \sim \gamma \Rightarrow \alpha \sim \gamma$ wegen $\{i \in \mathbb{N} : \alpha(i) = \beta(i)\} \cap \{i \in \mathbb{N} : \beta(i) = \gamma(i)\} \subset \{i \in \mathbb{N} : \alpha(i) = \gamma(i)\}$ und 2.7 (i).
Wir zeigen nun, daß $\overline{\alpha}$ eindeutig definiert ist: Seien hierzu $\alpha \in \mathbb{R}^{\mathbb{N}}$ und $r, s \in \mathbb{R}$ mit $\alpha \sim r_{\mathbb{N}}$ und $\alpha \sim s_{\mathbb{N}}$. Dann ist $r_{\mathbb{N}} \sim s_{\mathbb{N}}$, und es ist $\{i \in \mathbb{N} : r_{\mathbb{N}}(i) = s_{\mathbb{N}}(i)\} \in \mathcal{F}$. Daher gibt es ein $i_0 \in \mathbb{N}$ mit $r_{\mathbb{N}}(i_0) = s_{\mathbb{N}}(i_0)$, d.h. es ist $r = s$.
Es bleiben (i) bis (iii) zu zeigen.
(i) „$\Rightarrow$“: Sei $\overline{\alpha} = \overline{\beta}$. Ist $\alpha \sim r_{\mathbb{N}}$ für ein $r \in \mathbb{R}$, so ist $\overline{\alpha} = r$. Daher ist auch $\overline{\beta} = r$, d.h. es ist $\beta \sim r_{\mathbb{N}}$, und somit ist $\alpha \sim \beta$. Ist $\alpha \sim r_{\mathbb{N}}$ für kein

$r \in \mathbb{R}$, so ist nach Definition $\overline{\alpha}$ eine Äquivalenzklasse. Daher ist $\alpha \in \overline{\alpha} = \overline{\beta}$, d.h. es ist $\alpha \sim \beta$.
„ $\Leftarrow$ ": Sei $\alpha \sim \beta$. Ist $\alpha \sim r_{\mathbb{N}}$ für ein $r \in \mathbb{R}$, so folgt $\beta \sim r_{\mathbb{N}}$, und somit ist $\overline{\alpha} = r = \overline{\beta}$. Ist $\alpha \sim r_{\mathbb{N}}$ für kein $r \in \mathbb{R}$, so ist $\beta \sim r_{\mathbb{N}}$ für kein $r \in \mathbb{R}$. Daher sind $\overline{\alpha}, \overline{\beta}$ Äquivalenzklassen, und wegen $\alpha \sim \beta$ gilt daher $\overline{\alpha} = \overline{\beta}$.

(ii) Wegen $r_{\mathbb{N}} \sim r_{\mathbb{N}}$ ist $\overline{r_{\mathbb{N}}} = r$.

(iii) folgt aus (ii). □

Wir werden in diesem Paragraphen sehen, daß ${}^*\mathbb{R}$ ein angeordneter Körper mit den gesuchten Eigenschaften ist. Der Vollständigkeit halber wollen wir zunächst den Begriff des angeordneten Körpers definieren.

3.2 Angeordneter Körper und Ordnungsvollständigkeit

Sei K eine Menge, die mindestens zwei Elemente besitzt. Seien $+, \cdot$ Operationen in K. Dann heißt $\langle K, +, \cdot \rangle$ ein *Körper* mit *Nullelement* 0 und *Einselement* 1, wenn für alle $x, y, z \in K$ gilt:

(i) $x + y = y + x$;

(ii) $x + (y + z) = (x + y) + z$;

(iii) $x + 0 = x$;

(iv) $x + (-x) = 0$ für ein $-x \in K$;

(v) $x \cdot y = y \cdot x$;

(vi) $x \cdot (y \cdot z) = (x \cdot y) \cdot z$;

(vii) $x \cdot 1 = x$;

(viii) $x \cdot x^{-1} = 1$ für ein $x^{-1} \in K$, falls $x \neq 0$ ist;

(ix) $(x + y) \cdot z = x \cdot z + y \cdot z$.

Ist $\leq$ eine totale Ordnung über dem Körper K, so heißt $\langle K, +, \cdot, \leq \rangle$ ein *angeordneter Körper*, falls zusätzlich gilt:

(x) $x \leq y \Rightarrow x + z \leq y + z$;

(xi) $(x \leq y$ und $0 \leq z) \Rightarrow x \cdot z \leq y \cdot z$.

Ein angeordneter Körper K heißt *ordnungsvollständig*, falls jede nicht-leere Teilmenge von K, die eine obere Schranke besitzt, eine kleinste obere Schranke besitzt.

Das Element $-x$ aus 3.2 (iv) ist eindeutig bestimmt und heißt das bezüglich der Addition inverse Element von x. Ist $x \neq 0$, so ist das Element x^{-1} aus 3.2 (viii) eindeutig bestimmt und heißt das bezüglich der Multiplikation inverse Element von x; wir schreiben auch $1/x$ an Stelle von x^{-1}. Statt $x + (-y)$ bzw. $x \cdot 1/y$ schreiben wir auch $x - y$ bzw. x/y.

Um ${}^*\mathbb{R}$ zu einem angeordneten Körper zu machen, muß man in ${}^*\mathbb{R}$ Operationen der Addition und der Multiplikation sowie eine Ordnungsrelation einführen. Die folgenden Überlegungen dienen hierzu als Vorbereitung.

Sind $\alpha, \beta \in \mathbb{R}^{\mathbb{N}}$, d.h. Abbildungen von $\mathbb{N}$ nach $\mathbb{R}$, so sind auch $\alpha+\beta$ und $\alpha \cdot \beta$ Abbildungen von $\mathbb{N}$ nach $\mathbb{R}$, d.h. Elemente von $\mathbb{R}^{\mathbb{N}}$. Dabei sind diese Abbildungen punktweise erklärt, z.B.

$$(\alpha \cdot \beta)(i) := \alpha(i)\beta(i) \text{ für } i \in \mathbb{N}.$$

Daher sind $\overline{\alpha+\beta}$ und $\overline{\alpha \cdot \beta}$ Elemente aus ${}^*\mathbb{R}$. Es ist nun naheliegend, wie man in ${}^*\mathbb{R}$ zum Beispiel eine Addition gewinnen kann. Als Summe von $\overline{\alpha}, \overline{\beta} \in {}^*\mathbb{R}$ wird man das Element $\overline{\alpha+\beta} \in {}^*\mathbb{R}$ definieren, welches sich dann als unabhängig von der speziellen Darstellung von $\overline{\alpha}$ und $\overline{\beta}$ erweist, d.h.

$$\overline{\alpha} = \overline{\alpha'}, \overline{\beta} = \overline{\beta'} \Longrightarrow \overline{\alpha+\beta} = \overline{\alpha'+\beta'}.$$

Um die Addition in ${}^*\mathbb{R}$ von der Addition in $\mathbb{R}$ zu unterscheiden, werden wir sie zunächst mit ${}^*{+}$ bezeichnen; analog werden dann ${}^*{\cdot}$ und ${}^*{\leq}$ festgesetzt. Über der Menge $\mathbb{R}$, die nach 3.1 (iii) eine Teilmenge von ${}^*\mathbb{R}$ ist, werden ${}^*{+}$, ${}^*{\cdot}$ und ${}^*{\leq}$ mit den in $\mathbb{R}$ gegebenen $+$, $\cdot$ und $\leq$ übereinstimmen.

3.3 ${}^*{+}$, ${}^*{\cdot}$ und ${}^*{\leq}$ in ${}^*\mathbb{R}$

(i) Seien $\alpha, \beta \in \mathbb{R}^{\mathbb{N}}$. Setze

$$\overline{\alpha} \,{}^*{+}\, \overline{\beta} := \overline{\alpha+\beta}, \quad \overline{\alpha} \,{}^*{\cdot}\, \overline{\beta} := \overline{\alpha \cdot \beta}$$

und schreibe

$$\overline{\alpha} \,{}^*{\leq}\, \overline{\beta}, \text{ falls } \{i \in \mathbb{N} : \alpha(i) \leq \beta(i)\} \in \mathcal{F} \text{ ist.}$$

Dann sind $\overline{\alpha} \,{}^*{+}\, \overline{\beta}$, $\overline{\alpha} \,{}^*{\cdot}\, \overline{\beta}$ und die Gültigkeit von $\overline{\alpha} \,{}^*{\leq}\, \overline{\beta}$ unabhängig von den speziellen Darstellungen von $\overline{\alpha}$ und $\overline{\beta}$.

(ii) Für $r, s \in \mathbb{R}$ gilt:

$$r + s = r \,{}^*{+}\, s, \quad r \cdot s = r \,{}^*{\cdot}\, s \text{ sowie } r \leq s \Longleftrightarrow r \,{}^*{\leq}\, s.$$

Beweis. ***(i)*** Seien $\overline{\alpha} = \overline{\alpha'}$ und $\overline{\beta} = \overline{\beta'}$, d.h. nach 3.1 (i):

(1) $A_1 := \{i \in \mathbb{N} : \alpha(i) = \alpha'(i)\} \in \mathcal{F}$ und $A_2 := \{i \in \mathbb{N} : \beta(i) = \beta'(i)\} \in \mathcal{F}$.

Dann ist

$$A_1 \cap A_2 \underset{(1)}{\subset} A := \{i \in \mathbb{N} : \alpha(i) + \beta(i) = \alpha'(i) + \beta'(i)\},$$

und wegen $A_1, A_2 \underset{(1)}{\in} \mathcal{F}$ folgt $A \in \mathcal{F}$ nach 2.7 (i). Somit gilt $\overline{\alpha+\beta} = \overline{\alpha'+\beta'}$ nach 3.1 (i). Der Beweis von $\overline{\alpha \cdot \beta} = \overline{\alpha' \cdot \beta'}$ verläuft analog.

Für die Behauptung über ${}^*{\leq}$ muß man nachweisen:

$$A_3 := \{i \in \mathbb{N} : \alpha(i) \leq \beta(i)\} \in \mathcal{F} \Longrightarrow A := \{i \in \mathbb{N} : \alpha'(i) \leq \beta'(i)\} \in \mathcal{F}.$$

Dieses folgt aus $A_1 \cap A_2 \cap A_3 \underset{(1)}{\subset} A$ und $A_1, A_2, A_3 \underset{(1)}{\in} \mathcal{F}$ nach 2.7 (i).

(ii) Seien hierzu $r, s \in \mathbb{R}$. Dann gilt $\overline{r_{\mathbb{N}}} = r$, $\overline{s_{\mathbb{N}}} = s$, $\overline{(r+s)_{\mathbb{N}}} = r + s$ (siehe 3.1), und es folgt:

$$r + s = \overline{(r+s)_{\mathbb{N}}} = \overline{r_{\mathbb{N}} + s_{\mathbb{N}}} \underset{(i)}{=} \overline{r_{\mathbb{N}}} \,{}^*{+}\, \overline{s_{\mathbb{N}}} = r \,{}^*{+}\, s.$$

Die Gleichung $r \cdot s = r \,^*\!\cdot\, s$ folgt analog. Schließlich gilt:

$$r \leq s \iff \{i \in \mathbb{N} : r_{\mathbb{N}}(i) \leq s_{\mathbb{N}}(i)\} \in \mathcal{F} \underset{(i)}{\iff} \overline{r_{\mathbb{N}}} \,^*\!\leq \overline{s_{\mathbb{N}}} \underset{3.1}{\iff} r \,^*\!\leq s. \qquad \square$$

Da $^*\!+, ^*\!\cdot, ^*\!\leq$ in $^*\mathbb{R}$ Fortsetzungen von $+, \cdot, \leq$ in $\mathbb{R}$ sind (siehe 3.3 (ii)), werden wir sie ab jetzt, wie es in der Mathematik üblich ist, wieder mit $+, \cdot, \leq$ bezeichnen. Somit ist also für $\alpha, \beta \in \mathbb{R}^{\mathbb{N}}$:

$$\overline{\alpha} + \overline{\beta} = \overline{\alpha + \beta}, \quad \overline{\alpha} \cdot \overline{\beta} = \overline{\alpha \cdot \beta}.$$

3.4 $^*\mathbb{R}$ ist ein Körper

$\langle ^*\mathbb{R}, +, \cdot \rangle$ ist ein Körper mit demselben Nullelement wie $\mathbb{R}$ und demselben Einselement wie $\mathbb{R}$.

Das Element $\overline{-\alpha}$ ist das inverse Element von $\overline{\alpha}$ bzgl. der Addition, und es gilt:

$$\overline{\alpha} - \overline{\beta} = \overline{\alpha - \beta} \text{ für alle } \overline{\alpha}, \overline{\beta} \in {}^*\mathbb{R}.$$

Beweis. Wir zeigen 3.2 (i) - (ix) für $K := {}^*\mathbb{R} = \{\overline{\alpha} : \alpha \in \mathbb{R}^{\mathbb{N}}\}$. Es ergeben sich 3.2 (i), (ii), (v), (vi), (ix) unmittelbar aus der Definition der Addition und Multiplikation in $^*\mathbb{R}$ und aus dem Rechnen mit Funktionen $\alpha : \mathbb{N} \longrightarrow \mathbb{R}$. Exemplarisch beweisen wir 3.2 (ix):

$$\begin{aligned}(\overline{\alpha} + \overline{\beta}) \cdot \overline{\gamma} &\underset{3.3\,(i)}{=} \overline{\alpha + \beta} \cdot \overline{\gamma} \underset{3.3\,(i)}{=} \overline{(\alpha + \beta) \cdot \gamma} = \overline{\alpha \cdot \gamma + \beta \cdot \gamma} \\ &\underset{3.3\,(i)}{=} \overline{\alpha \cdot \gamma} + \overline{\beta \cdot \gamma} \underset{3.3\,(i)}{=} \overline{\alpha} \cdot \overline{\gamma} + \overline{\beta} \cdot \overline{\gamma}\,.\end{aligned}$$

Ferner gilt:

$$\begin{aligned}\overline{\alpha} + 0 &\underset{3.1(ii)}{=} \overline{\alpha} + \overline{0_{\mathbb{N}}} \underset{3.3\,(i)}{=} \overline{\alpha + 0_{\mathbb{N}}} = \overline{\alpha}; \\ \overline{\alpha} \cdot 1 &\underset{3.1\,(ii)}{=} \overline{\alpha} \cdot \overline{1_{\mathbb{N}}} \underset{3.3\,(i)}{=} \overline{\alpha \cdot 1_{\mathbb{N}}} = \overline{\alpha}; \\ \overline{\alpha} + \overline{-\alpha} &\underset{3.3(i)}{=} \overline{\alpha + (-\alpha)} = \overline{0_{\mathbb{N}}} \underset{3.1(ii)}{=} 0.\end{aligned}$$

Damit sind alle Körperaxiome bis auf 3.2 (viii) für $^*\mathbb{R}$ bewiesen. Es bleibt also zu zeigen:

(1) $$\overline{\alpha} \neq 0 \Rightarrow \overline{\alpha} \cdot \overline{\beta} = 1 \text{ für ein } \overline{\beta} \in {}^*\mathbb{R}.$$

Wegen $\overline{\alpha} \neq 0$ ist $\{i \in \mathbb{N} : \alpha(i) \neq 0\} \in \mathcal{F}$, da sonst $\{i \in \mathbb{N} : \alpha(i) = 0\} \in \mathcal{F}$ (siehe 2.6) und damit $\overline{\alpha} = 0$ wäre. Setze nun $\beta(i) := \frac{1}{\alpha(i)}$, falls $\alpha(i) \neq 0$ und $\beta(i) := 0$ sonst. Dann ist

(2) $$\{i \in \mathbb{N} : (\alpha \cdot \beta)(i) = 1_{\mathbb{N}}(i)\} = \{i \in \mathbb{N} : \alpha(i) \neq 0\} \in \mathcal{F},$$

und es folgt $\overline{\alpha} \cdot \overline{\beta} = \overline{\alpha \cdot \beta} \underset{(2)}{=} \overline{1_{\mathbb{N}}} = 1$. Damit ist (1) gezeigt. Insgesamt ist somit $^*\mathbb{R}$ ein Körper mit demselben Nullelement wie $\mathbb{R}$ und demselben Einselement wie $\mathbb{R}$.

Wegen $\overline{\alpha} + \overline{-\alpha} = 0$ ist $\overline{-\alpha}$ das inverse Element von $\overline{\alpha}$ bzgl. der Addition, und es gilt daher

$$\overline{\alpha} - \overline{\beta} = \overline{\alpha} + (-\overline{\beta}) = \overline{\alpha} + \overline{-\beta} \underset{3.3(i)}{=} \overline{\alpha - \beta}. \qquad \square$$

3.5 $\langle {}^*\mathbb{R}, +, \cdot, \leq \rangle$ **ist ein angeordneter Körper.**

Beweis. Da ${}^*\mathbb{R}$ nach 3.4 ein Körper ist, ist noch zu zeigen, daß $\leq$ eine totale Ordnung über ${}^*\mathbb{R}$ ist (siehe hierzu 2.3), und daß 3.2 (x) und 3.2 (xi) gelten. Da $\overline{\alpha} \leq \overline{\alpha}$ ist, verbleibt für $\overline{\alpha}, \overline{\beta}, \overline{\gamma} \in {}^*\mathbb{R}$ zu zeigen:

(1) $\overline{\alpha} \leq \overline{\beta}$ und $\overline{\beta} \leq \overline{\alpha} \Rightarrow \overline{\alpha} = \overline{\beta}$;

(2) $\overline{\alpha} \leq \overline{\beta}$ und $\overline{\beta} \leq \overline{\gamma} \Rightarrow \overline{\alpha} \leq \overline{\gamma}$;

(3) $\overline{\alpha} \leq \overline{\beta}$ oder $\overline{\beta} \leq \overline{\alpha}$;

(4) $\overline{\alpha} \leq \overline{\beta} \Rightarrow \overline{\alpha} + \overline{\gamma} \leq \overline{\beta} + \overline{\gamma}$;

(5) $\overline{\alpha} \leq \overline{\beta}$ und $0 \leq \overline{\gamma} \Rightarrow \overline{\alpha} \cdot \overline{\gamma} \leq \overline{\beta} \cdot \overline{\gamma}$.

Zu (1): Nach Definition von $\leq$ in ${}^*\mathbb{R}$ (siehe 3.3 (i)) gilt nach Voraussetzung:

$$A_1 := \{i \in \mathbb{N} : \alpha(i) \leq \beta(i)\} \in \mathcal{F} \text{ und } A_2 := \{i \in \mathbb{N} : \beta(i) \leq \alpha(i)\} \in \mathcal{F}.$$

Daher ist $\{i \in \mathbb{N} : \alpha(i) = \beta(i)\} = A_1 \cap A_2 \in \mathcal{F}$, d.h. es ist $\overline{\alpha} = \overline{\beta}$ (siehe 3.1 (i)).

Zu (2): Nach Voraussetzung sind $A_1 := \{i \in \mathbb{N} : \alpha(i) \leq \beta(i)\} \in \mathcal{F}$ und $A_2 := \{i \in \mathbb{N} : \beta(i) \leq \gamma(i)\} \in \mathcal{F}$. Wegen $A_1 \cap A_2 \subset A := \{i \in \mathbb{N} : \alpha(i) \leq \gamma(i)\}$ folgt $A \in \mathcal{F}$ (siehe 2.7 (i)), d.h. es ist $\overline{\alpha} \leq \overline{\gamma}$.

Zu (3): Setze $A_1 := \{i \in \mathbb{N} : \alpha(i) \leq \beta(i)\}$ und $A_2 := \{i \in \mathbb{N} : \beta(i) \leq \alpha(i)\}$. Dann ist $A_1 \cup A_2 = \mathbb{N} \in \mathcal{F}$, und es folgt $A_1 \in \mathcal{F}$ oder $A_2 \in \mathcal{F}$ nach 2.7 (ii). Also ist $\overline{\alpha} \leq \overline{\beta}$ oder $\overline{\beta} \leq \overline{\alpha}$.

Zu (4): Nach Voraussetzung ist $A := \{i \in \mathbb{N} : \alpha(i) \leq \beta(i)\} \in \mathcal{F}$. Damit ist $\{i \in \mathbb{N} : (\alpha + \gamma)(i) \leq (\beta + \gamma)(i)\} = A \in \mathcal{F}$, und es folgt

$$\overline{\alpha} + \overline{\gamma} \underset{3.3(\mathrm{i})}{=} \overline{\alpha + \gamma} \leq \overline{\beta + \gamma} \underset{3.3(\mathrm{i})}{=} \overline{\beta} + \overline{\gamma}.$$

Zu (5): Nach Voraussetzung sind $A_1 := \{i \in \mathbb{N} : \alpha(i) \leq \beta(i)\} \in \mathcal{F}$ und $A_2 := \{i \in \mathbb{N} : 0 \leq \gamma(i)\} \in \mathcal{F}$. Wegen

$$A_1 \cap A_2 \subset A := \{i \in \mathbb{N} : (\alpha \cdot \gamma)(i) \leq (\beta \cdot \gamma)(i)\}$$

folgt $A \in \mathcal{F}$, und somit gilt:

$$\overline{\alpha} \cdot \overline{\gamma} \underset{3.3(\mathrm{i})}{=} \overline{\alpha \cdot \gamma} \leq \overline{\beta \cdot \gamma} \underset{3.3(\mathrm{i})}{=} \overline{\beta} \cdot \overline{\gamma}.$$ □

Die Konstruktion von ${}^*\mathbb{R}$ hängt ganz wesentlich von dem vorgegebenen Ultrafilter $\mathcal{F}$ ab, da die Äquivalenzklassenbildung aus 3.1 durch $\mathcal{F}$ bestimmt wird. Ist zum Beispiel $\alpha \in \mathbb{R}^{\mathbb{N}}$ gegeben durch $\alpha(2i) := 0$, $\alpha(2i-1) := 1$ für $i \in \mathbb{N}$, so kann $\overline{\alpha}$ - welches natürlich von $\mathcal{F}$ abhängt - das Nullelement oder das Einselement von ${}^*\mathbb{R}$ sein, je nachdem, ob die Menge der geraden Zahlen in $\mathcal{F}$ oder nicht in $\mathcal{F}$ liegt; beide Fälle sind möglich (benutze Aufgabe 2.6). Da unendlich viele Ultrafilter existieren, die den Filter der koendlichen Mengen umfassen, wir aber keinen dieser Ultrafilter explizit angeben können, erscheint der Einblick in ${}^*\mathbb{R}$ nur sehr vage zu sein. Wir haben es hier mit einem für die Mathematik typischen Fall zu tun. Russell formulierte es sehr pointiert: „Mathematics is the subject in which we do not know what we are talking about." Eigentlich kennen wir ${}^*\mathbb{R}$

nicht konkret, wir haben nur den Existenzbeweis für ein Objekt ${}^*\mathbb{R}$ geführt, das die geforderten Eigenschaften besitzt. ${}^*\mathbb{R}$ lebt durch diese Eigenschaften; wir können in ${}^*\mathbb{R}$ formal wie in $\mathbb{R}$ rechnen und haben darüber hinaus noch weitere nützliche Elemente in ${}^*\mathbb{R}$, die uns in $\mathbb{R}$ nicht zur Verfügung stehen. Nach einiger Zeit des Umgangs wird man sich an ${}^*\mathbb{R}$ gewöhnt haben, so wie man sich an $\mathbb{R}$ gewöhnt hat. Auch die Konstruktion von $\mathbb{R}$ über Äquivalenzklassen von Cauchy-Folgen oder über Dedekindsche Schnitte ist nicht übermäßig konkret, und man hat bei der Benutzung der reellen Zahlen diese Konstruktionen nicht vor Augen. Man benutzt von $\mathbb{R}$ nur seine Eigenschaften. Die intuitive Vorstellung von $\mathbb{R}$ ist durch diese Eigenschaften geprägt und entstanden. Dieses ist auch für ${}^*\mathbb{R}$ zu erwarten. Vielen Lesern wird ${}^*\mathbb{R}$ später genauso „natürlich" und konkret wie $\mathbb{R}$ erscheinen. Vielleicht werden sie sogar besser in ${}^*\mathbb{R}$ als in $\mathbb{R}$ mathematische Intuition entwickeln können.

Für Leser, die sich in der Algebra auskennen, sei erwähnt, daß die angegebene Konstruktion von ${}^*\mathbb{R}$ nichts anderes ist als die Quotientenbildung des Ringes $\mathbb{R}^{\mathbb{N}}$ nach dem maximalen Ideal $\{\alpha \in \mathbb{R}^{\mathbb{N}} : \alpha \sim 0_{\mathbb{N}}\}$ und anschließender Identifizierung von r mit $\{\alpha \in \mathbb{R}^{\mathbb{N}} : \alpha \sim r_{\mathbb{N}}\}$. Aus Ergebnissen der Algebra kann man dann auch erschließen, daß ${}^*\mathbb{R}$ ein Körper ist.

Wie in jedem angeordneten Körper läßt sich nun im angeordneten Körper ${}^*\mathbb{R}$ der Betrag erklären. Man definiert

- $|\overline{\alpha}| := \overline{\alpha}$ für $\overline{\alpha} \geq 0$ und $|\overline{\alpha}| := -\overline{\alpha}$ für $\overline{\alpha} \leq 0$.

Für $r \in \mathbb{R}$ liefert dies wegen $r = \overline{r_{\mathbb{N}}}$ (siehe 3.1 (ii)) natürlich den wohlbekannten Betrag der reellen Zahl r.

Auf Grund der Definition von $|\overline{\alpha}|$ gilt für jedes $\varepsilon \in \mathbb{R}$ mit $\varepsilon \geq 0$:

$$|\overline{\alpha}| \leq \varepsilon \iff -\varepsilon \leq \overline{\alpha} \leq \varepsilon.$$

Bevor wir weitere Eigenschaften von ${}^*\mathbb{R}$ untersuchen, führen wir noch eine nützliche Sprechweise ein, mit der sich viele Überlegungen prägnanter beschreiben lassen. Diese Sprechweise werden wir in § 36 auch bei der allgemeinen Konstruktion von Nichtstandard-Modellen verwenden.

3.6 Die Sprechweise fast überall (= f.ü.)

Seien $\alpha, \beta \in \mathbb{R}^{\mathbb{N}}$. Wir schreiben

$$\alpha(i) = \beta(i) \text{ f.ü., falls } \{i \in \mathbb{N} : \alpha(i) = \beta(i)\} \in \mathcal{F} \text{ ist;}$$

$$\alpha(i) \leq \beta(i) \text{ f.ü., falls } \{i \in \mathbb{N} : \alpha(i) \leq \beta(i)\} \in \mathcal{F} \text{ ist,}$$

und analog $\alpha(i) \geq \beta(i)$ f.ü..

Damit sind für $r \in \mathbb{R}$ z.B. auch folgende Schreibweisen definiert:

$$\alpha(i) = r \text{ f.ü. bzw. } \alpha(i) \geq r \text{ f.ü.;}$$

wähle hierzu $\beta(i) := r$ für alle $i \in \mathbb{N}$. Ferner ist z.B. für $\alpha, \beta \in \mathbb{R}^{\mathbb{N}}, \varepsilon \in \mathbb{R}$ die Schreibweise

$$|\alpha(i) - \beta(i)| \leq \varepsilon \text{ f.ü.}$$

definiert; wähle hierzu $\alpha'(i) := |\alpha(i) - \beta(i)|$ und $\beta'(i) := \varepsilon$ für alle $i \in \mathbb{N}$.

Die Sprechweise fast überall ist in der Stochastik üblich. Sie drückt dort aus, daß eine Eigenschaft fast sicher, d.h. mit Wahrscheinlichkeit 1 gilt. Aufgabe 2.5 zeigt die Konsistenz der Sprechweise aus 3.6 mit der stochastischen Sprechweise. Jedem Ultrafilter kann nämlich nach Aufgabe 2.5 ein Wahrscheinlichkeitsinhalt $P_{\mathcal{F}}$ zugeordnet werden, so daß Eigenschaften genau dann f.ü. gelten, wenn sie mit Wahrscheinlichkeit 1 gelten. So ist dann z.B.:

$$\alpha(i) \leq \beta(i) \text{ f.ü.} \iff P_{\mathcal{F}}(\{i \in \mathbb{N} : \alpha(i) \leq \beta(i)\}) = 1.$$

Das folgende Ergebnis zeigt, wie man das Rechnen in ${}^*\mathbb{R}$ mit Hilfe von f.ü. auf das Rechnen in $\mathbb{R}$ zurückführen kann.

3.7 Rechnen in ${}^*\mathbb{R}$ ist f.ü.-Rechnen in $\mathbb{R}$

Seien $\alpha, \beta \in \mathbb{R}^{\mathbb{N}}$ und $r, \varepsilon \in \mathbb{R}$ mit $\varepsilon > 0$. Dann gilt:

(i) $\overline{\alpha} = \overline{\beta} \iff \alpha(i) = \beta(i)$ f.ü. ;

(ii) $\overline{\alpha} \leq \overline{\beta} \iff \alpha(i) \leq \beta(i)$ f.ü. ;

(iii) $|\overline{\alpha} - \overline{\beta}| \leq \varepsilon \iff |\alpha(i) - \beta(i)| \leq \varepsilon$ f.ü. ;

(iv) $|\overline{\alpha} - r| \leq \varepsilon \iff |\alpha(i) - r| \leq \varepsilon$ f.ü. .

Es gelten (ii) - (iv) entsprechend mit $\geq$.

Beweis. *(i)* folgt aus 3.1 und 3.6. *(ii)* folgt aus 3.3 (i) und 3.6.
(iii) Mit $\gamma := \alpha - \beta$ ist $\overline{\gamma} \underset{3.4}{=} \overline{\alpha} - \overline{\beta}$ und (iii) folgt aus:

$$\begin{aligned} |\overline{\gamma}| \leq \varepsilon &\iff -\overline{\varepsilon_{\mathbb{N}}} \leq \overline{\gamma} \text{ und } \overline{\gamma} \leq \overline{\varepsilon_{\mathbb{N}}} \\ &\iff -\varepsilon \leq \gamma(i) \text{ f.ü. und } \gamma(i) \leq \varepsilon \text{ f.ü.} \\ &\iff |\gamma(i)| \leq \varepsilon \text{ f.ü..} \end{aligned}$$

(iv) folgt aus (iii) wegen $r = \overline{r_{\mathbb{N}}}$. □

Das folgende Lemma zeigt, daß im Körper ${}^*\mathbb{R}$ sehr ungewöhnliche Elemente liegen. Es wird unendliche und von 0 verschiedene infinitesimale Elemente recht „konkret“ liefern (siehe 3.10).

In 3.8 wird zum ersten Mal verwandt, daß der vorgegebene Ultrafilter $\mathcal{F}$ das System der koendlichen Mengen von $\mathbb{N}$ umfaßt. Ferner weisen wir darauf hin, daß Elemente $\alpha \in \mathbb{R}^{\mathbb{N}}$ nichts anderes als Folgen reeller Zahlen sind. Unter $\lim_{i\to\infty} \alpha(i)$ verstehen wir daher, falls existent, den eigentlichen oder uneigentlichen Grenzwert der Folge $\alpha(i)$, $i \in \mathbb{N}$.

3.8 Lemma

Sei $\alpha \in \mathbb{R}^{\mathbb{N}}$. Dann gilt:

(i) $\lim_{i\to\infty} \alpha(i) = r \in \mathbb{R} \Rightarrow |\overline{\alpha} - r| \leq 1/n$ für alle $n \in \mathbb{N}$;

(ii) $\lim_{i\to\infty} \alpha(i) = +\infty \Rightarrow \overline{\alpha} \geq n$ für alle $n \in \mathbb{N}$;

(iii) $\lim_{i\to\infty} \alpha(i) = -\infty \Rightarrow \overline{\alpha} \leq -n$ für alle $n \in \mathbb{N}$.

Die Umkehrung der Aussagen in (i) bis (iii) ist i.a. nicht richtig.

Beweis. ***(i)*** Sei $n \in \mathbb{N}$ gegeben. Dann gilt $|\alpha(i) - r| \leq 1/n$ bis auf endlich viele $i \in \mathbb{N}$. Da $\mathcal{F}$ alle koendlichen Mengen von $\mathbb{N}$ enthält, folgt $|\alpha(i) - r| \leq 1/n$ f.ü. und somit $|\overline{\alpha} - r| \leq 1/n$ nach 3.7 (iv).

(ii) folgt wegen $\alpha(i) \geq n$ f.ü. und ***(iii)*** wegen $\alpha(i) \leq -n$ f.ü. mit 3.7 (ii).

Um zu zeigen, daß die Umkehrungen nicht gelten, wähle $A \subset \mathbb{N}$ so, daß A und $\mathbb{N} - A$ unendlich sind. Da $\mathcal{F}$ ein Ultrafilter ist, gilt nach 2.6, daß $A \in \mathcal{F}$ oder $\mathbb{N} - A \in \mathcal{F}$ ist; o.B.d.A. sei $A \in \mathcal{F}$. Setze

$$\alpha(i) := 1, \text{ falls } i \in A \text{ bzw. } 0, \text{ falls } i \notin A.$$

Dann ist $\overline{\alpha} = \overline{1_{\mathbb{N}}} = 1$ und damit $|\overline{\alpha} - 1| \leq 1/n$ für alle $n \in \mathbb{N}$, aber $\alpha(i)$, $i \in \mathbb{N}$, ist keine konvergente Folge. In (i) gilt also nicht die Umkehrung. Wir zeigen jetzt, daß in (ii) die Umkehrung nicht gilt. Wähle hierzu

$$\alpha(i) := i, \text{ falls } i \in A \text{ bzw. } 0, \text{ falls } i \notin A.$$

Da $\mathcal{F}$ alle koendlichen Mengen enthält, gilt:

$$\{i \in \mathbb{N} : \alpha(i) \geq n\} = A - \{1, \ldots, n-1\} = A \cap (\mathbb{N} - \{1, \ldots, n-1\}) \in \mathcal{F}.$$

Damit ist $\overline{\alpha} \geq n$ für alle $n \in \mathbb{N}$; jedoch gilt nicht $\lim_{i \to \infty} \alpha(i) = +\infty$.
Daß in (iii) die Umkehrung nicht gilt, sieht man analog mit Hilfe von $\alpha(i) := -i$, falls $i \in A$ bzw. 0, falls $i \notin A$. □

Wir kommen nun zur exakten Definition der Begriffe, die zu den zentralen Konzepten der Nichtstandard-Analysis gehören.

3.9 Endlich, unendlich, infinitesimal und $\approx$

Seien $\overline{\alpha}, \overline{\beta} \in {}^*\mathbb{R}$. Dann heißt :

(i) $\overline{\alpha}$ *endlich* oder *finit*, falls $|\overline{\alpha}| \leq n$ für ein $n \in \mathbb{N}$ ist;

(ii) $\overline{\alpha}$ *unendlich*, falls $|\overline{\alpha}| \geq n$ für alle $n \in \mathbb{N}$ ist;

(iii) $\overline{\alpha}$ *infinitesimal*, falls $|\overline{\alpha}| \leq 1/n$ für alle $n \in \mathbb{N}$ ist;

(iv) $\overline{\alpha}$ *unendlich nahe bei* $\overline{\beta}$ oder $\overline{\alpha}$ *infinitesimal benachbart zu* $\overline{\beta}$, in Zeichen $\overline{\alpha} \approx \overline{\beta}$, falls $\overline{\alpha} - \overline{\beta}$ infinitesimal ist.

Der Betrag eines unendlichen Elements aus ${}^*\mathbb{R}$ ist also größer als jede reelle Zahl, der Betrag eines infinitesimalen Elements ist kleiner als jede positive reelle Zahl.

Offensichtlich ist 0 ein infinitesimales Element. Nach 3.9 (iv) ist $\overline{\alpha}$ genau dann infinitesimal, wenn $\overline{\alpha} \approx 0$ ist. Ferner gilt nach 3.9 (iv) und (iii):

- $\overline{\alpha} \approx \overline{\beta} \iff |\overline{\alpha} - \overline{\beta}| \leq 1/n$ für alle $n \in \mathbb{N}$.

$\mathbb{R}$ selbst enthält kein von 0 verschiedenes infinitesimales Element. Sind daher zwei reelle Zahlen infinitesimal benachbart, dann sind sie gleich.

3.10 Existenz von infinitesimalen und unendlichen Elementen

(i) ${}^*\mathbb{R}$ enthält von 0 verschiedene infinitesimale Elemente, und somit ist $\mathbb{R} \subsetneq {}^*\mathbb{R}$.

(ii) ${}^*\mathbb{R}$ enthält unendliche Elemente, d.h. ${}^*\mathbb{R}$ ist nicht archimedisch.

(iii) ${}^*\mathbb{R}$ ist nicht ordnungsvollständig.

Beweis. ***(i)*** Setze $\alpha(i) := 1/i$ für $i \in \mathbb{N}$; dann ist $\overline{\alpha} \neq 0$. Aus 3.8 (i) folgt mit $r = 0$, daß $\overline{\alpha}$ infinitesimal ist.
(ii) Setze $\beta(i) := i$ für $i \in \mathbb{N}$. Nach 3.8 (ii) ist $\overline{\beta} \geq n$ für alle $n \in \mathbb{N}$. Wegen $|\overline{\beta}| = \overline{\beta}$ ist $\overline{\beta}$ ein unendliches Element.
(iii) Sei $A := \mathbb{N} \subset {}^*\mathbb{R}$ und $\overline{\beta}$ das unendliche Element aus (ii). Dann ist $\overline{\beta}$ eine obere Schranke von $\mathbb{N}$. Zum Nachweis, daß $\mathbb{N}$ keine kleinste obere Schranke besitzt, reicht es zu zeigen:

$$\overline{\gamma} \text{ obere Schranke von } \mathbb{N} \Longrightarrow \overline{\gamma} - 1 \text{ obere Schranke von } \mathbb{N}.$$

Sei hierzu $\overline{\gamma}$ eine obere Schranke von $\mathbb{N}$. Dann gilt:

$$n \in \mathbb{N} \Longrightarrow n+1 \in \mathbb{N} \Longrightarrow n+1 \leq \overline{\gamma} \Longrightarrow n \leq \overline{\gamma} - 1,$$

d.h. $\overline{\gamma} - 1$ ist eine obere Schranke von $\mathbb{N}$. □

Im folgenden Satz sind einfache und intuitiv plausible Eigenschaften für die Relation $\overline{\alpha} \approx \overline{\beta}$ des Infinitesimal-Benachbartseins von Elementen $\overline{\alpha}, \overline{\beta} \in {}^*\mathbb{R}$ zusammengestellt, die wir auch für die Anwendungen in § 4 benötigen.

3.11 Eigenschaften von $\approx$

Es ist $\approx$ eine Äquivalenzrelation über ${}^*\mathbb{R}$, und es gilt:

(i) $\overline{\alpha} \approx \overline{\beta} \Longleftrightarrow |\alpha(i) - \beta(i)| \leq 1/n$ f.ü. für jedes $n \in \mathbb{N}$;

(ii) $\overline{\alpha} \approx \overline{\beta} \Longrightarrow -\overline{\alpha} \approx -\overline{\beta}$;

(iii) $\overline{\alpha}_1 \approx \overline{\beta}_1,\ \overline{\alpha}_2 \approx \overline{\beta}_2 \Longrightarrow \overline{\alpha}_1 + \overline{\alpha}_2 \approx \overline{\beta}_1 + \overline{\beta}_2$;

(iv) $(\overline{\alpha}_1 \approx \overline{\beta}_1,\ \overline{\alpha}_2 \approx \overline{\beta}_2$ und $\overline{\alpha}_1, \overline{\alpha}_2$ endlich$) \Longrightarrow \overline{\alpha}_1 \cdot \overline{\alpha}_2 \approx \overline{\beta}_1 \cdot \overline{\beta}_2$.

Beweis. Wir zeigen zunächst ***(i)***. Nach Definition von $\approx$ gilt:

$$\begin{aligned} \overline{\alpha} \approx \overline{\beta} \quad &\Longleftrightarrow \quad |\overline{\alpha} - \overline{\beta}| \leq 1/n && \text{für alle } n \in \mathbb{N} \\ &\underset{3.7\,(\text{iii})}{\Longleftrightarrow} \quad |\alpha(i) - \beta(i)| \leq 1/n \text{ f.ü.} && \text{für alle } n \in \mathbb{N}. \end{aligned}$$

Mit (i) erhalten wir direkt, daß $\approx$ eine Äquivalenzrelation über ${}^*\mathbb{R}$ ist.

(ii) bis ***(iv)*** folgen ebenfalls leicht mit Hilfe von (i); wir beweisen exemplarisch den schwierigsten Fall (iv): Es ist $\overline{\alpha}_1 \cdot \overline{\alpha}_2 = \overline{\alpha_1 \cdot \alpha_2}$, $\overline{\beta}_1 \cdot \overline{\beta}_2 = \overline{\beta_1 \cdot \beta_2}$, und daher haben wir wegen (i) zu zeigen:

(1) $|\alpha_1(i)\alpha_2(i) - \beta_1(i)\beta_2(i)| \leq 1/n$ f.ü. für jedes $n \in \mathbb{N}$.

Sei hierzu $n \in \mathbb{N}$ gewählt. Wir zeigen, daß es ein $n_0 \in \mathbb{N}$ gibt mit:

(2) $|\alpha_2(i)| \leq n_0$ f.ü. ; $|\beta_1(i)| \leq n_0$ f.ü. ,

(3) $|\alpha_\nu(i) - \beta_\nu(i)| \leq \frac{1}{2nn_0}$ f.ü. für $\nu = 1, 2$.

Wegen $|\alpha_1(i)\alpha_2(i) - \beta_1(i)\beta_2(i)| \leq |\alpha_1(i) - \beta_1(i)|\,|\alpha_2(i)| + |\alpha_2(i) - \beta_2(i)||\beta_1(i)|$ erhält man (1) aus (2) und (3). Es bleiben also (2) und (3) zu zeigen.

Zu (2): Da $\overline{\alpha}_1$ endlich und $\overline{\alpha}_1 \approx \overline{\beta}_1$ ist, ist $\overline{\beta}_1$ endlich. Da auch $\overline{\alpha}_2$ endlich ist, gibt es ein $n_0 \in \mathbb{N}$ mit $|\overline{\alpha}_2| \leq n_0$ und $|\overline{\beta}_1| \leq n_0$. Aus 3.7 (iv) folgt nun (2).

Zu (3): Es folgt (3) wegen $\overline{\alpha}_\nu \approx \overline{\beta}_\nu$ aus (i). □

Wir weisen darauf hin, daß bis auf (i) die restlichen Aussagen von 3.11 sich auch aus den Eigenschaften des Betrages in ${}^*\mathbb{R}$ herleiten lassen (siehe hierzu auch den Beweis von 9.4).

Der folgende Satz gibt einen recht guten Einblick in den Bereich der endlichen Elemente von ${}^*\mathbb{R}$. Bisher ist klar, daß unendlich nahe bei einem Element $r \in \mathbb{R}$ zwar keine weiteren Elemente aus $\mathbb{R}$ mehr liegen, aber stets noch weitere Elemente aus ${}^*\mathbb{R}$, nämlich alle Elemente der Form $r + \varepsilon$ mit infinitesimalem $\varepsilon \in {}^*\mathbb{R}$. Es zeigt sich nun, daß alle endlichen Elemente aus ${}^*\mathbb{R}$ auch von einer solchen Form sind, d.h., daß sie unendlich nahe bei einer reellen Zahl liegen. Beim Beweis dieses Satzes wird zum ersten Mal benutzt, daß $\mathbb{R}$ ordnungsvollständig ist. Wie dem Leser vielleicht bekannt ist, ist $\mathbb{R}$ der bis auf Isomorphie eindeutig bestimmte angeordnete Körper, der ordnungsvollständig ist.

3.12 Endliche Elemente liegen unendlich nahe bei einer reellen Zahl

Zu jedem endlichen $\overline{\alpha} \in {}^*\mathbb{R}$ existiert genau ein $r \in \mathbb{R}$, welches unendlich nahe bei $\overline{\alpha}$ liegt.

Beweis. Da $\overline{\alpha}$ endlich ist, existiert ein $n_0 \in \mathbb{N}$ mit $|\overline{\alpha}| \leq n_0$, d.h. es ist $-n_0 \leq \overline{\alpha} \leq n_0$. Setze

$$A := \{s \in \mathbb{R} : s \leq \overline{\alpha}\} \subset \mathbb{R}.$$

Wegen $-n_0 \in A$ und $s \leq n_0$ für alle $s \in A$ ist A eine nicht-leere, in $\mathbb{R}$ nach oben beschränkte Menge. Da $\mathbb{R}$ ordnungsvollständig ist, existiert eine kleinste obere Schranke $r \in \mathbb{R}$ von A. Wir zeigen:

(1) $$r - 1/n \leq \overline{\alpha} \leq r + 1/n \quad \text{für alle } n \in \mathbb{N}.$$

Sei hierzu $n \in \mathbb{N}$. Da r obere Schranke von A ist, folgt $r + 1/n \notin A$ und somit $\overline{\alpha} \leq r + 1/n$. Da $r - 1/n$ keine obere Schranke von A ist, existiert ein $s \in A$, so daß $s \leq r - 1/n$ nicht gilt. Folglich ist $r - 1/n \leq s \leq \overline{\alpha}$, und somit ist (1) gezeigt.

Aus (1) folgt $-1/n \leq \overline{\alpha} - r \leq 1/n$ für alle $n \in \mathbb{N}$, d.h. $\overline{\alpha}$ liegt unendlich nahe bei r.

Sei nun $t \in \mathbb{R}$ ein weiteres Element mit $\overline{\alpha} \approx t$. Da auch $\overline{\alpha} \approx r$ ist und da $\approx$ eine Äquivalenzrelation ist (siehe 3.11), folgt $t \approx r$. Da $t, r \in \mathbb{R}$ sind, gilt somit $t = r$. Daher ist r eindeutig bestimmt. □

Im folgenden Hauptsatz werden noch einmal die wichtigsten Ergebnisse dieses Paragraphen gesammelt.

3.13 Zusammenfassung der Eigenschaften von $^*\mathbb{R}$

$\langle {}^*\mathbb{R}, +, \cdot, \leq \rangle$ ist ein angeordneter Körper mit $\mathbb{R} \subset {}^*\mathbb{R}$ und $\mathbb{R} \neq {}^*\mathbb{R}$. Es sind $+, \cdot, \leq$ in $^*\mathbb{R}$ Fortsetzungen von $+, \cdot, \leq$ in $\mathbb{R}$.

$^*\mathbb{R}$ enthält unendliche Elemente und von Null verschiedene infinitesimale Elemente. Endliche Elemente von $^*\mathbb{R}$ sind infinitesimal benachbart zu einer reellen Zahl.

Beweis. Zusammenfassung von 3.5, 3.3 (ii), 3.10 und 3.12. □

Ähnlich wie man sich $\mathbb{R}$ als Zahlengerade vorstellt, wollen wir nun versuchen, ein geometrisches Bild von $^*\mathbb{R}$ zu vermitteln. $^*\mathbb{R}$ besteht aus den endlichen und unendlichen Elementen. Da $^*\mathbb{R}$ total geordnet ist, ist ein unendliches Element entweder ≤ 0 oder ≥ 0. Im ersten Fall liegt es unterhalb, d.h. links von jeder reellen Zahl und wird *negativ unendlich* genannt; im zweiten Fall liegt es oberhalb, d.h. rechts von jeder reellen Zahl und wird *positiv unendlich* genannt. $^*\mathbb{R}$ zerfällt also in folgende drei disjunkte Bereiche: Die negativ unendlichen Elemente, die endlichen Elemente und die positiv unendlichen Elemente:

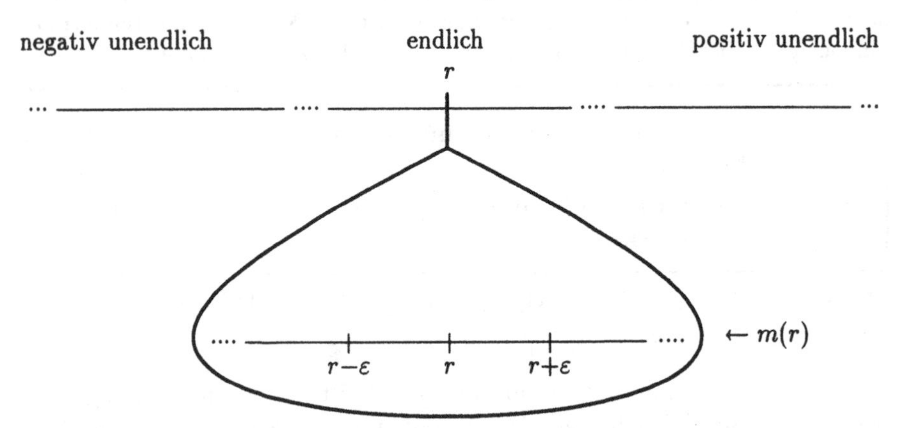

Die Pünktchen in der Zeichnung sollen verdeutlichen, daß es für alle drei Bereiche weder kleinste noch größte Elemente gibt. Der Bereich der endlichen Elemente von $^*\mathbb{R}$ zerfällt weiter in die disjunkten Bereiche der zu den verschiedenen reellen Zahlen infinitesimal benachbarten Elemente, in die sogenannten Monaden

- $m(r) := \{r \pm \varepsilon : 0 \leq \varepsilon \approx 0\}$, $r \in \mathbb{R}$

(dieses folgt aus 3.12 und der Tatsache, daß zwei verschiedene reelle Zahlen nie infinitesimal benachbart sein können). Es ist, als ob sich der Punkt $r \in \mathbb{R}$, wie durch ein Mikroskop mit unendlichem Auflösungsvermögen betrachtet, in $^*\mathbb{R}$ zu der Monade $m(r)$ vergrößert. Hierbei besitzt die Monade $m(r)$ der unendlich nahe bei r liegenden Elemente kein kleinstes und kein größtes Element, da mit $\varepsilon \approx 0$ auch $2\varepsilon \approx 0$ ist. Ferner enthält $m(r)$ mit zwei Elementen auch sämtliche dazwischen liegende Elemente. Sind r_1, r_2 zwei reelle Zahlen mit $r_1 < r_2$, so liegt die gesamte Monade $m(r_1)$ links von der gesamten Monade $m(r_2)$. Da $m(r)$ für jedes $r \in \mathbb{R}$ durch Verschiebung um r aus der Monade $m(0)$ der infinitesimalen Elemente hervorgeht, bieten die Monaden bei der Betrachtung durch das Mikroskop alle dasselbe Bild. Die geschilderte geometrische Vorstellung von $^*\mathbb{R}$ ist hilfreich für die Intuition; sie macht häufig Probleme durchsichtiger und dadurch leichter behandelbar.

Das erste in der Einleitung geschilderte Ziel, einen Erweiterungskörper von $\mathbb{R}$ zu finden, der unendliche und von Null verschiedene infinitesimale Elemente enthält, ist mit der angegebenen Konstruktion von $^*\mathbb{R}$ erreicht. Die Konstruktion geschah mit Hilfe eines geeigneten Filters $\mathcal{F}$ über $\mathbb{N}$. Die Übungsaufgaben 2 und 6 zeigen, daß wir $\mathcal{F}$ notwendigerweise als einen Ultrafilter wählen mußten, der den Filter der koendlichen Mengen umfaßt: Da das konstruierte $^*\mathbb{R}$ ein Körper sein soll, muß $\mathcal{F}$ als Ultrafilter gewählt werden (siehe Aufgabe 2); da $^*\mathbb{R}$ unendliche Elemente enthalten soll, muß $\mathcal{F}$ den Filter der koendlichen Mengen enthalten (siehe Aufgabe 6).

Der nächste Paragraph wird zeigen, daß man den hier angegebenen Erweiterungskörper $^*\mathbb{R}$ und seine infinitesimalen Elemente bei einfachen Fragestellungen der Analysis wirkungsvoll einsetzen kann. Damit ist auch das zweite in der Einleitung geschilderte Ziel durch das hier konstruierte $^*\mathbb{R}$ schon in einem gewissen Umfang verwirklicht.

Aufgaben

1 Man zeige, daß in 3.11 (iv) weder auf die Endlichkeit von $\overline{\alpha}_1$ noch auf die Endlichkeit von $\overline{\alpha}_2$ verzichtet werden kann.

Für die Aufgaben 2 bis 6 sei $\mathcal{F}$ ein beliebiger Filter über $\mathbb{N}$. Es sei $\mathbb{R}^{\mathbb{N}}/\mathcal{F} := {}^*\mathbb{R}$ wie in 3.1, und es seien $^*\!+, {}^*\cdot, {}^*\!\leq$ wie in 3.3 definiert. Dann ist $\langle \mathbb{R}^{\mathbb{N}}/\mathcal{F}, {}^*\!+, {}^*\cdot \rangle$ ein kommutativer Ring mit Einselement, d.h. es gelten 3.2 (i) – (vii) und (ix).

2 Man beweise: $\langle \mathbb{R}^{\mathbb{N}}/\mathcal{F}, {}^*\!+, {}^*\cdot \rangle$ ist ein Körper $\Longrightarrow \mathcal{F}$ Ultrafilter.

3 Man zeige: $^*\!\leq$ ist eine partielle Ordnung über $\mathbb{R}^{\mathbb{N}}/\mathcal{F}$, die die $\leq$ -Relation von $\mathbb{R}$ fortsetzt, und es gelten die Eigenschaften 3.2 (x) und (xi).

4 Man zeige: $^*\!\leq$ ist eine totale Ordnung über $\mathbb{R}^{\mathbb{N}}/\mathcal{F} \Longrightarrow \mathcal{F}$ Ultrafilter.

5 Man beweise die Äquivalenz:

$$\mathbb{R} = \mathbb{R}^{\mathbb{N}}/\mathcal{F} \Longleftrightarrow \text{Es existiert ein } i_0 \in \mathbb{N}, \text{ so daß } \mathcal{F} = \{A \subset \mathbb{N} : i_0 \in A\} \text{ ist.}$$

6 Man betrachte die folgenden Aussagen:

(i) Es existiert ein unendliches Element.

(ii) $\mathcal{F}$ enthält das System der koendlichen Mengen.

(iii) Es existiert ein von Null verschiedenes infinitesimales Element.

Man zeige: (i) $\Leftrightarrow$ (ii) $\Rightarrow$ (iii); im allgemeinen gilt *nicht* (iii) $\Rightarrow$ (i).

7 Sei $K := \{\frac{P}{Q} : P, Q$ Polynome über $\mathbb{R}, Q$ nicht das Nullpolynom $0\}$ der Körper der rationalen Funktionen über $\mathbb{R}$. Man setze für $R_1, R_2 \in K$:

$$R_1 \leq R_2 \Longleftrightarrow (\text{ex. } x_0 \text{ mit } R_1(x) \leq R_2(x) \text{ für alle } x \geq x_0).$$

Man zeige, daß K ein angeordneter Erweiterungskörper von $\mathbb{R}$ ist, der unendliche und von Null verschiedene infinitesimale Elemente enthält (man identifiziere dabei $r \in \mathbb{R}$ mit dem Polynom, welches auf $\mathbb{R}$ gleich r ist).

§ 4 Einfache Nichtstandard-Analysis reellwertiger Funktionen

Sei ${}^*\mathbb{R}$ der in § 3 konstruierte Erweiterungskörper von $\mathbb{R}$. Wir werden zeigen, daß man mit den bisher bereitgestellten Mitteln elementare Analysis mit Nichtstandard-Methoden betreiben kann. Auf einer höheren Ebene werden die Ergebnisse dieses Paragraphen noch einmal in § 11 behandelt. Es soll jedoch schon an dieser Stelle eine gewisse Vorstellung von den Möglichkeiten der Nichtstandard-Theorie vermittelt werden. Wir setzen hierzu den Funktionsbegriff der klassischen Analysis voraus, den wir in § 5 im Rahmen einer allgemeinen Struktur wiederfinden werden.

Wir bezeichnen mit $f \circ g$ die Komposition der Funktionen f und g. Sind zum Beispiel $f : \mathbb{R} \longrightarrow \mathbb{R}$ und $\alpha : \mathbb{N} \longrightarrow \mathbb{R}$ Funktionen, so ist also

$$f \circ \alpha : \mathbb{N} \longrightarrow \mathbb{R}$$

die durch $(f \circ \alpha)(i) := f(\alpha(i))$, $i \in \mathbb{N}$, definierte Funktion.

Jeder Funktion $f : \mathbb{R} \longrightarrow \mathbb{R}$ wird nun auf kanonische Weise eine Funktion ${}^*f : {}^*\mathbb{R} \longrightarrow {}^*\mathbb{R}$ zugeordnet, die die vorgegebene Funktion f fortsetzt. Eigenschaften wie Stetigkeit, gleichmäßige Stetigkeit und Differenzierbarkeit von f lassen sich dann in intuitiver Form durch die Funktion ${}^*f$ ausdrücken. Hierbei gehen nicht nur die Eigenschaften von ${}^*\mathbb{R}$, sondern ganz wesentlich die spezielle Konstruktion von ${}^*\mathbb{R}$ ein; es wird somit nicht nur benutzt, daß ${}^*\mathbb{R}$ ein echter angeordneter Erweiterungskörper von $\mathbb{R}$ ist.

4.1 Die Funktion $^*f$ als Fortsetzung der Funktion f

Sei $f : \mathbb{R} \longrightarrow \mathbb{R}$ eine Funktion. Für $\overline{\alpha} \in {}^*\mathbb{R}$ setze

$$^*f(\overline{\alpha}) := \overline{\beta} \text{ mit } \beta(i) := f(\alpha(i)) \text{ für } i \in \mathbb{N}.$$

Es ist $^*f(\overline{\alpha})$ nicht von der speziellen Darstellung von $\overline{\alpha}$ abhängig. Daher ist $^*f : {}^*\mathbb{R} \longrightarrow {}^*\mathbb{R}$ eine Funktion, und es gilt:

(i) $^*f(r) = f(r)$ für alle $r \in \mathbb{R}$;

(ii) $^*f(\overline{\alpha}) = \overline{f \circ \alpha}$ für alle $\overline{\alpha} \in {}^*\mathbb{R}$.

Beweis. Sei $\overline{\alpha} = \overline{\alpha'}$. Nach 3.7 (i) ist dann $\alpha(i) = \alpha'(i)$ f.ü.. Daher gilt $f(\alpha(i)) = f(\alpha'(i))$ f.ü. . Somit ist $^*f(\overline{\alpha})$ nicht von der speziellen Darstellung von $\overline{\alpha}$ abhängig.

(ii) Nach Definition ist $^*f(\overline{\alpha}) = \overline{\beta}$ mit $\beta(i) = f(\alpha(i)) = (f \circ \alpha)(i)$. Also gilt auch $\overline{\beta} = \overline{f \circ \alpha}$, und somit ist $^*f(\overline{\alpha}) = \overline{f \circ \alpha}$.

(i) Wegen $f \circ r_{\mathbb{N}} = (f(r))_{\mathbb{N}}$ gilt:

$$^*f(r) \underset{3.1(\text{ii})}{=} {}^*f(\overline{r_{\mathbb{N}}}) \underset{(\text{ii})}{=} \overline{f \circ r_{\mathbb{N}}} = \overline{(f(r))_{\mathbb{N}}} \underset{3.1(\text{ii})}{=} f(r).$$ □

Ab jetzt werden wir Elemente von $^*\mathbb{R}$ auch mit x, y an Stelle von $\overline{\alpha}, \overline{\beta}$ bezeichnen.

Man sieht direkt nach 4.1 (ii), daß die Funktion $f(x) = x, x \in \mathbb{R}$, in die Funktion $^*f(x) = x, x \in {}^*\mathbb{R}$, übergeht. Aus dem folgenden Satz 4.2(i) erhält man daher, daß für jedes $n \in \mathbb{N}$ auch die Funktion $f(x) = x^n, x \in \mathbb{R}$, in die Funktion $^*f(x) = x^n, x \in {}^*\mathbb{R}$, übergeht.

4.2 Eigenschaften von $f \longrightarrow {}^*f$

Seien $f, g : \mathbb{R} \longrightarrow \mathbb{R}$ zwei Funktionen und $x_0 \in \mathbb{R}$. Dann gilt:

(i) $^*(f+g) = {}^*f + {}^*g, \quad {}^*(f-g) = {}^*f - {}^*g, \quad {}^*(f \cdot g) = {}^*f \cdot {}^*g$;

(ii) $^*(g \circ f) = {}^*g \circ {}^*f$;

(iii) $f(x) = f(x_0) + (x - x_0)g(x)$ für alle $x \in \mathbb{R}$
$\Longrightarrow {}^*f(x) = f(x_0) + (x - x_0)^*g(x)$ für alle $x \in {}^*\mathbb{R}$.

Beweis. ***(i)*** Nach 4.1(ii) und 3.3(i) gilt für alle $\overline{\alpha} \in {}^*\mathbb{R}$:

$$^*(f+g)(\overline{\alpha}) \underset{4.1}{=} \overline{(f+g) \circ \alpha} = \overline{f \circ \alpha + g \circ \alpha} \underset{3.3}{=} \overline{f \circ \alpha} + \overline{g \circ \alpha} \underset{4.1}{=} {}^*f(\overline{\alpha}) + {}^*g(\overline{\alpha}).$$

Daher gilt $^*(f+g) = {}^*f + {}^*g$; die Fälle $f - g$ und $f \cdot g$ verlaufen analog.

(ii) Nach 4.1 (ii) gilt für alle $\overline{\alpha} \in {}^*\mathbb{R}$:

$$^*(g \circ f)(\overline{\alpha}) \underset{4.1}{=} \overline{(g \circ f) \circ \alpha} = \overline{g \circ (f \circ \alpha)} \underset{4.1}{=} {}^*g\left(\overline{f \circ \alpha}\right) \underset{4.1}{=} {}^*g\left({}^*f(\overline{\alpha})\right) = ({}^*g \circ {}^*f)(\overline{\alpha}).$$

(iii) Sei $x = \overline{\alpha} \in {}^*\mathbb{R}$. Dann gilt nach der Voraussetzung in (iii):

$$
\begin{aligned}
{}^*f(x) &\underset{4.1\,(ii)}{=} \overline{f\circ\alpha} \underset{\text{Vor.}}{=} \overline{(f(x_0))_{\mathbb{N}} + (\alpha - (x_0)_{\mathbb{N}})\, g\circ\alpha} \\
&\underset{3.3,3.4}{=} \overline{(f(x_0))_{\mathbb{N}}} + \left(\overline{\alpha} - \overline{(x_0)_{\mathbb{N}}}\right) \overline{g\circ\alpha} \\
&\underset{3.1(ii)}{=} f(x_0) + (\overline{\alpha} - x_0)\, \overline{g\circ\alpha} \underset{4.1\,(ii)}{=} f(x_0) + (x - x_0)\,{}^*g(x).
\end{aligned}
$$
□

Wir haben jetzt die elementare Nichtstandard-Analysis genügend weit entwikkelt, um die in der Einleitung beschriebenen intuitiven Charakterisierungen der Stetigkeit, der gleichmäßigen Stetigkeit und der Differenzierbarkeit beweisen zu können.

4.3 Nichtstandard-Kriterium für Stetigkeit

Sei $f:\mathbb{R}\longrightarrow\mathbb{R}$ eine Funktion und $x_0\in\mathbb{R}$. Dann sind äquivalent:

(i) f ist stetig in x_0.

(ii) $(x\in{}^*\mathbb{R}$ und $x\approx x_0) \Longrightarrow {}^*f(x)\approx f(x_0)$.

Beweis. *(i) ⇒ (ii)* Sei ${}^*\mathbb{R}\ni x\approx x_0$. Es ist zu zeigen:

$$|{}^*f(x) - f(x_0)| \le 1/n \text{ für alle } n\in\mathbb{N}.$$

Sei $n\in\mathbb{N}$ fest; dann gibt es nach (i) ein $\delta\in\mathbb{R}$ mit $\delta>0$, so daß

(1) $\quad (r\in\mathbb{R}$ und $|r-x_0|\le\delta) \Longrightarrow |f(r)-f(x_0)|\le 1/n$.

Da $x\in{}^*\mathbb{R}$ ist, gilt $x=\overline{\alpha}$ für ein geeignetes $\alpha\in\mathbb{R}^{\mathbb{N}}$. Somit gilt:

$$
\begin{aligned}
\overline{\alpha}\approx x_0 \underset{3.1\,(ii)}{=} \overline{(x_0)_{\mathbb{N}}} &\underset{3.11\,(i)}{\Longrightarrow} |\alpha(i)-x_0|\le\delta \text{ f.ü.} \\
&\underset{(1)}{\Longrightarrow} |f(\alpha(i))-f(x_0)|\le 1/n \text{ f.ü.} \underset{3.7\,(iv)}{\Longrightarrow} |\overline{f\circ\alpha} - f(x_0)|\le 1/n.
\end{aligned}
$$

Da $\overline{f\circ\alpha} \underset{4.1(ii)}{=} {}^*f(\overline{\alpha}) = {}^*f(x)$ ist, erhalten wir $|{}^*f(x)-f(x_0)|\le 1/n$.

(ii) ⇒ (i) Sei indirekt f nicht in x_0 stetig. Dann existieren ein $\varepsilon\in\mathbb{R}$ mit $\varepsilon>0$ und zu jedem $i\in\mathbb{N}$ ein $\alpha(i)\in\mathbb{R}$, so daß gilt:

(2) $\quad |\alpha(i)-x_0|\le 1/i$,

(3) $\quad |f(\alpha(i))-f(x_0)|\ge\varepsilon$.

Aus (2) folgt nach 3.8 (i), daß $x:=\overline{\alpha}\approx x_0$ ist. Daher gilt nach (ii):

(4) $\quad {}^*f(x)\approx f(x_0)$.

Aus (3) folgt $|\overline{f\circ\alpha}-f(x_0)|\ge\varepsilon$ (benutze 3.7 (iv)). Da $\overline{f\circ\alpha}={}^*f(x)$ ist, erhalten wir $|{}^*f(x)-f(x_0)|\ge\varepsilon$ im Widerspruch zu (4). □

Mit der in 4.3 gegebenen Nichtstandard-Charakterisierung der Stetigkeit werden wir nun sehr einfach einige wohlbekannte Ergebnisse über die Stetigkeit von Funktionen herleiten.

4.4 Korollar

Seien $f,g:\mathbb{R}\longrightarrow\mathbb{R}$ Funktionen, die in x_0 stetig sind. Dann sind auch $f+g$, $f-g$, $f\cdot g$ stetig in x_0.

Beweis. Sei $x \in {}^*\mathbb{R}$ mit $x \approx x_0$. Dann gilt nach 4.3:

$$ {}^*f(x) \approx f(x_0), \quad {}^*g(x) \approx g(x_0). $$

Wir erhalten daher:

$$ {}^*(f+g)(x) \underset{4.2\,(i)}{=} {}^*f(x) + {}^*g(x) \underset{3.11\,(iii)}{\approx} f(x_0) + g(x_0) = (f+g)(x_0). $$

Aus 4.3 folgt daher, daß $f+g$ in x_0 stetig ist.

Die Behauptung für $f-g$ folgt analog.

Da $f(x_0)$, $g(x_0)$ endlich sind, folgt ferner:

$$ {}^*(f \cdot g)(x) \underset{4.2\,(i)}{=} {}^*f(x) \cdot {}^*g(x) \underset{3.11\,(iv)}{\approx} f(x_0) \cdot g(x_0) = (f \cdot g)(x_0). $$

Aus 4.3 folgt daher, daß $f \cdot g$ in x_0 stetig ist. □

4.5 Korollar

Sei $f : \mathbb{R} \longrightarrow \mathbb{R}$ in x_0 stetig und $g : \mathbb{R} \longrightarrow \mathbb{R}$ in $f(x_0)$ stetig. Dann ist $g \circ f$ in x_0 stetig.

Beweis. Sei ${}^*\mathbb{R} \ni x \approx x_0$, dann ist ${}^*f(x) \underset{4.3}{\approx} f(x_0)$. Da g in $f(x_0)$ stetig ist, folgt:

$$ {}^*(g \circ f)(x) \underset{4.2\,(ii)}{=} {}^*g\,({}^*f(x)) \underset{4.3}{\approx} g\,(f(x_0)) = (g \circ f)(x_0). $$

Nach 4.3 ist daher $g \circ f$ in x_0 stetig. □

Wie schon die Stetigkeit läßt sich auch die gleichmäßige Stetigkeit intuitiv beschreiben: Genau die Funktionen sind gleichmäßig stetig, die alle unendlich benachbarten Punkte wieder in unendlich benachbarte Punkte überführen.

4.6 Nichtstandard-Kriterium für gleichmäßige Stetigkeit

Sei $f : \mathbb{R} \longrightarrow \mathbb{R}$ eine Funktion. Dann sind äquivalent:

(i) f ist gleichmäßig stetig.

(ii) $(x, y \in {}^*\mathbb{R}$ und $x \approx y) \Rightarrow {}^*f(x) \approx {}^*f(y)$.

Beweis. ***(i) ⇒ (ii)*** Seien $x, y \in {}^*\mathbb{R}$ mit $x \approx y$. Es ist zu zeigen:

$$ |{}^*f(x) - {}^*f(y)| \le 1/n \text{ für alle } n \in \mathbb{N}. $$

Sei $n \in \mathbb{N}$ fest; dann existiert nach (i) ein $\delta \in \mathbb{R}$ mit $\delta > 0$, so daß

(1) $(r, s \in \mathbb{R}$ und $|r - s| \le \delta) \Rightarrow |f(r) - f(s)| \le 1/n$.

Es ist $x = \overline{\alpha}$, $y = \overline{\beta}$ mit geeigneten $\alpha, \beta \in \mathbb{R}^{\mathbb{N}}$. Wegen $\overline{\alpha} \approx \overline{\beta}$ gilt $|\alpha(i) - \beta(i)| \le \delta$ f.ü. (siehe 3.11 (i)), und es folgt $|f(\alpha(i)) - f(\beta(i))| \le 1/n$ f.ü. nach (1). Daher ist $|\overline{f \circ \alpha} - \overline{f \circ \beta}| \le 1/n$ nach 3.7 (iii), und es gilt somit:

$$ |{}^*f(x) - {}^*f(y)| = |{}^*f(\overline{\alpha}) - {}^*f(\overline{\beta})| \underset{4.1\,(ii)}{=} |\overline{f \circ \alpha} - \overline{f \circ \beta}| \le 1/n. $$

(ii) ⇒ (i) Sei indirekt f nicht gleichmäßig stetig. Dann existieren ein $\varepsilon \in \mathbb{R}$ mit $\varepsilon > 0$ und zu jedem $i \in \mathbb{N}$ Zahlen $\alpha(i), \beta(i) \in \mathbb{R}$, so daß

(2) $\quad |\alpha(i) - \beta(i)| \leq 1/i;$

(3) $\quad |f(\alpha(i)) - f(\beta(i))| \geq \varepsilon.$

Aus (2) folgt $\overline{\alpha} - \overline{\beta} = \overline{\alpha - \beta} \approx 0$ (benutze 3.8 (i)), d.h. es ist $\overline{\alpha} \approx \overline{\beta}$. Daher gilt ${}^*f(\overline{\alpha}) \approx {}^*f(\overline{\beta})$ nach (ii). Aus (3) folgt:

$$|{}^*f(\overline{\alpha}) - {}^*f(\overline{\beta})| \underset{4.1\,(ii)}{=} |\overline{f \circ \alpha} - \overline{f \circ \beta}| \underset{3.7\,(iii)}{\geq} \varepsilon$$

im Widerspruch zu ${}^*f(\overline{\alpha}) \approx {}^*f(\overline{\beta})$. □

Läßt man in 4.6 (ii) an Stelle von $y \in {}^*\mathbb{R}$ nur $y \in \mathbb{R}$ zu, so erhält man eine Charakterisierung der Stetigkeit von f (siehe 4.3).

Das folgende Kriterium für Differenzierbarkeit zeigt besonders gut die Vorteile der Nichtstandard-Theorie. Die Ableitung einer Funktion f in x_0 ergibt sich (bis auf einen infinitesimalen Fehler) als Quotient zweier infinitesimaler Größen: des Zuwachses ${}^*f(x_0 + dx) - f(x_0)$ und der infinitesimalen Veränderung dx. Die Vorstellungen, mit der Leibniz und viele Mathematiker und Physiker nach ihm sehr erfolgreich gearbeitet haben, sind damit auf ein mathematisch sauberes Fundament gestellt. Aufgrund dieser historischen Entwicklung werden in 4.7 infinitesimale Elemente mit dx bezeichnet.

4.7 Nichtstandard-Kriterium für Differenzierbarkeit

Sei $f : \mathbb{R} \longrightarrow \mathbb{R}$ eine Funktion und $x_0 \in \mathbb{R}$. Sei $c \in \mathbb{R}$; dann sind äquivalent:

(i) $\quad f$ ist in x_0 differenzierbar mit Ableitung $f'(x_0) = c$;

(ii) $\quad \dfrac{{}^*f(x_0 + dx) - f(x_0)}{dx} \approx c$ für alle $0 \neq dx \approx 0$.

Beweis. Wir führen die Behauptung auf Satz 4.3 zurück. Setze hierzu

$$g(x) := \frac{f(x) - f(x_0)}{x - x_0} \text{ für } x \in \mathbb{R} \text{ mit } x \neq x_0 \text{ und } g(x_0) := c.$$

Dann gilt:

(i) $\Longleftrightarrow g$ ist stetig in $x_0 \underset{4.3}{\Longleftrightarrow} {}^*g(x) \approx c$ für alle $x \in {}^*\mathbb{R}$ mit $x \approx x_0$;

(ii) $\Longleftrightarrow \dfrac{{}^*f(x) - f(x_0)}{x - x_0} \approx c$ für alle $x \in {}^*\mathbb{R}$ mit $x \approx x_0$ und $x \neq x_0$.

Daher ist (i) äquivalent zu (ii), falls folgendes gilt:

(1) $\quad {}^*g(x) = \dfrac{{}^*f(x) - f(x_0)}{x - x_0}$ für alle $x \in {}^*\mathbb{R}$ mit $x \neq x_0$.

Es ist $\quad f(x) = f(x_0) + (x - x_0)g(x)$, $x \in \mathbb{R}$,

und aus 4.2 (iii) folgt $\quad {}^*f(x) = f(x_0) + (x - x_0)\,{}^*g(x)$, $x \in {}^*\mathbb{R}$.

Dieses liefert (1), da ${}^*\mathbb{R}$ ein Körper ist. □

Alle wesentlichen in § 3 und § 4 bewiesenen Aussagen können auch sehr einfach mit Hilfe des sogenannten Transfer-Prinzips hergeleitet werden. Dieses später bewiesene Transfer-Prinzip wird zeigen, daß über ${}^*\mathbb{R}$ alle „Aussagen" gültig sind, die über $\mathbb{R}$ gelten. Für ein genaues Verständnis des Transfer-Prinzips und insbesondere für dessen Beweis muß natürlich der Begriff einer Aussage exakt gefaßt werden. Dieses wird erst in § 6 geschehen. Wir formulieren jetzt ein eingeschränktes Transfer-Prinzip, in dem wir nur recht elementare Aussagen betrachten werden. Das Ziel ist dabei, schon an dieser Stelle ein Gefühl für die Bedeutung dieses fundamentalen Prinzips zu vermitteln und seine Anwendung an einigen Beispielen einzuüben.

4.8 Eingeschränktes Transfer-Prinzip

Es sei φ eine Aussage, in der Funktionen $f_1, \ldots, f_m$, die Menge $\mathbb{R}$, reelle Zahlen sowie $+, -, \cdot, \leq, |\ |$ und die Zeichen $=, \in, \wedge, \vee, \neg, \Rightarrow, \forall \underline{x}$, $\exists \underline{y}$ vorkommen; dabei sind $\underline{x}, \underline{y}$ Variable.

Dann ist die Aussage φ genau dann gültig, wenn die Aussage ${}^*\varphi$ gültig ist; dabei entsteht ${}^*\varphi$ aus φ dadurch, daß $f_1, \ldots, f_m$ durch ${}^*f_1, \ldots, {}^*f_m$ und $\mathbb{R}$ durch ${}^*\mathbb{R}$ ersetzt werden.

In 4.8 stehen die logischen Symbole $\wedge$, $\vee$, $\neg$, $\Longrightarrow$, $\forall \underline{x}$, $\exists \underline{y}$ inhaltlich für „und, oder, nicht, impliziert, für alle x, es gibt ein y ".

Das Transfer-Prinzip ist ein wichtiges Beweis-Prinzip. Es ermöglicht z.B. sofort zu zeigen, daß ${}^*\mathbb{R}$ ein angeordneter Körper ist, weil $\mathbb{R}$ ein angeordneter Körper ist. Man hat hierzu nur alle Axiome eines angeordneten Körpers für $\mathbb{R}$ aufzuschreiben und dann das Transfer-Prinzip anzuwenden.

So geht etwa die Kommutativität der Addition in $\mathbb{R}$, d.h. die Gültigkeit der Aussage

$$\varphi \equiv (\forall \underline{x} \in \mathbb{R})(\forall \underline{y} \in \mathbb{R})\, \underline{x} + \underline{y} = \underline{y} + \underline{x}$$

über in die Gültigkeit der Aussage

$${}^*\varphi \equiv (\forall \underline{x} \in {}^*\mathbb{R})(\forall \underline{y} \in {}^*\mathbb{R})\, \underline{x} + \underline{y} = \underline{y} + \underline{x},$$

d.h. in die Kommutativität der Addition in ${}^*\mathbb{R}$.

Analog lassen sich alle anderen Axiome eines angeordneten Körpers mit dem Transfer-Prinzip von $\mathbb{R}$ nach ${}^*\mathbb{R}$ übertragen.

Jede Funktion $f : \mathbb{R} \longrightarrow \mathbb{R}$ kann nach Definition 4.1 zu einer Funktion ${}^*f : {}^*\mathbb{R} \longrightarrow {}^*\mathbb{R}$ fortgesetzt werden. Also existieren z.B. ${}^*\sin, {}^*\cos, {}^*\exp$ und sind Fortsetzungen von $\sin, \cos, \exp$ und genügen nach dem Transfer-Prinzip den gleichen Rechenregeln wie die Ausgangsfunktionen. Z.B. ist die Aussage

$$\varphi \equiv (\forall \underline{x} \in \mathbb{R})(\forall \underline{y} \in \mathbb{R})\, \exp(\underline{x} + \underline{y}) = \exp(\underline{x}) \cdot \exp(\underline{y})$$

gültig. Somit gilt nach dem Transfer-Prinzip auch die Aussage

$${}^*\varphi \equiv (\forall \underline{x} \in {}^*\mathbb{R})(\forall \underline{y} \in {}^*\mathbb{R})\, {}^*\exp(\underline{x} + \underline{y}) = {}^*\exp(\underline{x}) \cdot {}^*\exp(\underline{y}).$$

Entsprechend folgt aus der Gültigkeit von

$$\varphi \equiv (\forall \underline{x} \in \mathbb{R})(\forall \underline{y} \in \mathbb{R}) \sin(\underline{x}+\underline{y}) = \sin(\underline{x}) \cdot \cos(\underline{y}) + \cos(\underline{x}) \cdot \sin(\underline{y})$$

nach dem Transfer-Prinzip auch die Gültigkeit von

$$^*\varphi \equiv (\forall \underline{x} \in {}^*\mathbb{R})(\forall \underline{y} \in {}^*\mathbb{R})\, {}^*\!\sin(\underline{x}+\underline{y}) = {}^*\!\sin(\underline{x}) \cdot {}^*\!\cos(\underline{y}) + {}^*\!\cos(\underline{x}) \cdot {}^*\!\sin(\underline{y}).$$

Zum Abschluß dieses Paragraphen wollen wir beispielhaft für die Sätze 4.2, 4.3, 4.6 und 4.7 noch einmal die Implikation (i) $\Rightarrow$ (ii) des Satzes 4.6 mit Hilfe des Transfer-Prinzips beweisen:

Sei also $f : \mathbb{R} \longrightarrow \mathbb{R}$ gleichmäßig stetig. Sei $\varepsilon \in \mathbb{R}$ mit $\varepsilon > 0$ beliebig, aber fest gewählt. Dann existiert ein $\delta \in \mathbb{R}$ mit $\delta > 0$, so daß die folgende Aussage gültig ist:

$$\varphi \equiv (\forall \underline{x} \in \mathbb{R})(\forall \underline{y} \in \mathbb{R}) \left(|\underline{x}-\underline{y}| \le \delta \Rightarrow |f(\underline{x}) - f(\underline{y})| \le \varepsilon\right).$$

Nach dem Transfer-Prinzip gilt dann die Aussage

$$^*\varphi \equiv (\forall \underline{x} \in {}^*\mathbb{R})(\forall \underline{y} \in {}^*\mathbb{R}) \left(|\underline{x}-\underline{y}| \le \delta \Rightarrow \left|{}^*f(\underline{x}) - {}^*f(\underline{y})\right| \le \varepsilon\right).$$

Seien nun $x, y \in {}^*\mathbb{R}$ mit $x \approx y$ gegeben. Dann ist $|x-y| \le \delta$, und daher gilt $|{}^*f(x) - {}^*f(y)| \le \varepsilon$. Da $\varepsilon \in \mathbb{R}$ mit $\varepsilon > 0$ beliebig war, folgt ${}^*f(x) \approx {}^*f(y)$.

Wir werden im folgenden Teil II die Nichtstandard-Theorie axiomatisch entwickeln. Im Rahmen dieser axiomatischen Theorie werden dann auch tieferliegende Anwendungen der Nichtstandard-Kriterien von Stetigkeit, gleichmäßiger Stetigkeit und Differenzierbarkeit gegeben. Es war lediglich das Ziel von § 3 und § 4, dem Leser schon frühzeitig

1. die Konstruktion eines Nichtstandard-Erweiterungskörpers aufzuzeigen, mit dem man einfache Probleme der reellen Analysis behandeln kann;
2. die intuitiven Nichtstandard-Formulierungen der klassischen Grundbegriffe vor Augen zu führen;
3. die Wirkungsweise eines Transfer-Prinzips zu verdeutlichen.

Aufgaben

1 Man beweise mit Hilfe der Nichtstandard-Charakterisierungen der Differenzierbarkeit und Stetigkeit:
Ist $f : \mathbb{R} \to \mathbb{R}$ in x_0 differenzierbar, dann ist f in x_0 stetig.

2 Man beweise mit Hilfe der Nichtstandard-Charakterisierung der Differenzierbarkeit:
Sind $f : \mathbb{R} \to \mathbb{R}$ in x_0 und $g : \mathbb{R} \to \mathbb{R}$ in $f(x_0)$ differenzierbar, dann ist $g \circ f$ in x_0 differenzierbar, und es gilt:

$$(g \circ f)'(x_0) = g'(f(x_0))\, f'(x_0).$$

3 Man beweise mit Hilfe der Nichtstandard-Charakterisierung der gleichmäßigen Stetigkeit: Sind $f, g : \mathbb{R} \to \mathbb{R}$ gleichmäßig stetig, dann sind auch $f+g$ und $f-g$ gleichmäßig stetig.

4 Man beweise mit Hilfe des Transfer-Prinzips den Satz 4.3.

Teil II

Grundbegriffe der Nichtstandard-Analysis

§ 5 Superstrukturen

Dieser und der nächste Paragraph dienen als Grundlage für die Formulierung einer allgemeinen Nichtstandard-Theorie. Mit deren Hilfe können nicht nur, wie in § 3 und § 4, Aussagen über reelle Zahlen oder reelle Funktionen behandelt werden, sondern auch Aussagen über wesentlich komplexere Objekte, wie z.B. das System aller offenen Mengen oder das System aller Maße oder das System aller beliebig oft differenzierbaren Funktionen. Wir führen hierzu zunächst Superstrukturen ein; dies sind Mengen, die so umfangreich sind, daß sie solche komplexen Objekte als Elemente enthalten können. Es wird sich herausstellen, daß Superstrukturen im wesentlichen alle relevanten Objekte einer vorgegebenen Theorie als Elemente enthalten. In § 6 werden wir dann den Begriff der „Aussage in einer Superstruktur" entwickeln.

Die sogenannte Standard-Welt, die in § 7 betrachtet wird, ist eine spezielle Superstruktur, und die sogenannte Nichtstandard-Welt ist *Teil* einer weiteren Superstruktur (siehe 8.3).

In den Anwendungen der Nichtstandard-Theorie werden wir die Superstruktur aufbauen, indem wir von einer festen Menge V von Urelementen starten. Es ist dabei zweckmäßig anzunehmen, daß diese Urelemente keine Mengen sind. Ist also $a \in V$, d.h. ein Urelement, so ist insbesondere a nicht die leere Menge und a besitzt keine Elemente, d.h. für kein b gilt $b \in a$.

Betrachten wir z.B. den Fall $V := \mathbb{R}$, so werden wir also die reellen Zahlen immer als Urelemente auffassen. Häufig werden jedoch bei Konstruktionen von $\mathbb{R}$ in der Analysis die reellen Zahlen als Mengen eingeführt wie z.B. als geeignete Mengen Cauchy-konvergenter Folgen. Dieser scheinbare Widerspruch läßt sich wie folgt auflösen: Wir nehmen an, daß eine genügend große Menge von Urelementen vorhanden ist und identifizieren in eineindeutiger Weise jede reelle Zahl mit einem Urelement. Dieses ist dadurch gerechtfertigt, daß wir uns nie für mögliche Mengeneigenschaften von einzelnen reellen Zahlen interessieren, sondern lediglich für „Beziehungen" zwischen reellen Zahlen. So ist es von Interesse, ob $e < \pi$ ist und ob e und π transzendente Zahlen sind, nicht aber, ob oder wie e und π als Mengen erklärt worden sind und was für eine Menge eventuell $\pi \cap e$ ist. (Näheres über Urelemente und Mengen siehe Ebbinghaus (1988), Kapitel 14.)

Als Superstruktur suchen wir eine Menge $\widetilde{V}$, in der alle in endlich vielen Schritten mit Hilfe von V „erzeugbaren" mathematischen Objekte liegen, über die man üblicherweise in der Mathematik Aussagen machen möchte. Für diese Menge $\widetilde{V}$ soll also insbesondere gelten:

(I) $V \in \widetilde{V}$;

(II) $A \in \widetilde{V}$ Menge $\Longrightarrow \mathcal{P}(A) \in \widetilde{V}$;

(III) $A_1, A_2 \in \widetilde{V}$ Mengen $\Longrightarrow A_1 \cup A_2 \in \widetilde{V}$;

(IV) $A \in \widetilde{V}$ Menge $\Longrightarrow a \in \widetilde{V}$ für alle $a \in A$.

Die im folgenden definierte Superstruktur $\widehat{V}$ wird sich als die kleinste Menge $\widetilde{V}$ herausstellen, für die (I) - (IV) erfüllt sind (siehe die Ausführungen direkt hinter 5.1). Wir verwenden ab jetzt die Bezeichnung

- $\mathbb{N}_0 := \mathbb{N} \cup \{0\}$.

5.1 Die Superstruktur $\widehat{V}$

Sei V eine gegebene nicht-leere Menge von Urelementen. Setze induktiv

$$V_0 := V \quad \text{und} \quad V_{\nu+1} := V_\nu \cup \mathcal{P}(V_\nu) \quad \text{für} \quad \nu \in \mathbb{N}_0$$

sowie

$$\widehat{V} := \bigcup_{\nu=0}^{\infty} V_\nu = V_0 \cup V_1 \cup V_2 \cup \ldots.$$

Die Menge $\widehat{V}$ heißt *Superstruktur* über V.

Sei $\widetilde{V}$ eine Menge, fur die die obigen Eigenschaften (I) - (IV) gelten. Induktiv folgt aus (I) - (III), daß die Mengen $V_\nu \in \widetilde{V}$ sind für $\nu \in \mathbb{N}_0$. Wegen (IV) ist dann $a \in \widetilde{V}$ für alle $a \in V_\nu$ und somit ist $V_\nu \subset \widetilde{V}$; folglich gilt:

$$\widehat{V} \subset \widetilde{V}.$$

Da $\widehat{V}$ die Eigenschaften (I) - (IV) besitzt (siehe 5.8), ist somit $\widehat{V}$ die kleinste Menge, die (I) - (IV) erfüllt.

Für jedes $\nu \in \mathbb{N}_0$ gilt nach Definition:

$$V_{\nu+1} = \{a : a \in V_\nu \text{ oder } a \subset V_\nu\}.$$

Wegen $\emptyset, V \subset V$ sind $\emptyset, V \in V_1$. Nach Definition von V_ν gilt ferner

5.2 $$V_\nu \subset V_{\nu+1}, \quad V_\nu \in V_{\nu+1} \quad \text{und damit} \quad V_\nu \in \widehat{V} \quad (\nu \in \mathbb{N}_0).$$

Da $V_\mu \subset V_\nu$ für $\mu \leq \nu$ nach 5.2 ist, erhalten wir:

5.3 $$a_1, \ldots, a_n \in \widehat{V} \iff a_1, \ldots, a_n \in V_\nu \quad \text{für ein} \quad \nu \in \mathbb{N}.$$

Große Buchstaben wie A, B, T werden nur für Mengen, aber nie für Urelemente benutzt. Kleine Buchstaben wie a, b, c können sowohl Urelemente als auch Mengen bezeichnen.

Mengen, welche die für $\widetilde{V}$ geforderte wichtige Eigenschaft (IV) besitzen, bezeichnen wir als transitive Mengen.

5.4 Transitive Mengen

Eine Menge T heißt *transitiv,* falls gilt:

$$A \in T \Longrightarrow a \in T \quad \text{für alle} \quad a \in A.$$

Eine Menge T ist also genau dann transitiv, wenn gilt:

- $(a \in A \text{ und } A \in T) \Longrightarrow a \in T.$

Diese Formulierung macht deutlich, daß die Transitivität einer Menge eine gewisse Form der Transitivität von $\in$ beinhaltet.

Man kann die Transitivität von T auch in folgender nützlicher Form äquivalent formulieren:

- $A \in T \Longrightarrow A \subset T.$

Wichtige Beispiele transitiver Mengen werden V_ν und $\widehat{V}$ sein.

5.5 Transitivität von V_ν

(i) $V_{\nu+1} = V \cup \mathcal{P}(V_\nu)$ für $\nu \in \mathbb{N}_0$;

(ii) V_ν ist transitiv für $\nu \in \mathbb{N}_0$;

(iii) $\widehat{V} = V \cup \bigcup_{\nu=0}^{\infty} \mathcal{P}(V_\nu)$.

Beweis. ***(i)*** Wir zeigen (i) induktiv. Wegen $V_0 = V$ gilt (i) für $\nu = 0$ nach Definition von V_1. Es gelte (i) für $\nu - 1 \in \mathbb{N}_0$. Wegen $V_{\nu-1} \underset{5.2}{\subset} V_\nu$ ist $\mathcal{P}(V_{\nu-1}) \subset \mathcal{P}(V_\nu)$, und es folgt nach Induktionsvoraussetzung (= I.V.):

$$V_{\nu+1} \underset{5.1}{=} V_\nu \cup \mathcal{P}(V_\nu) \underset{\text{I.V.}}{=} V \cup \mathcal{P}(V_{\nu-1}) \cup \mathcal{P}(V_\nu) = V \cup \mathcal{P}(V_\nu),$$

d.h. (i) gilt für ν.

(ii) Es ist V_0 transitiv, da V_0 nur Urelemente enthält. Sei nun $\nu \in \mathbb{N}$ und $A \in V_\nu$ eine Menge. Dann ist $A \notin V$ und somit folgt $A \underset{\text{(i)}}{\in} \mathcal{P}(V_{\nu-1}) \subset \mathcal{P}(V_\nu)$. Damit ist $A \subset V_\nu$.

(iii) folgt aus (i). □

Da die Elemente von V Urelemente sind, gilt nach 5.5 (iii):

- $\widehat{V} - V = \bigcup_{\nu=0}^{\infty} \mathcal{P}(V_\nu)$.

Somit folgt:

- $A \in \widehat{V} - V \Longleftrightarrow A \in \widehat{V}$ Menge.

Ein wichtiger Begriff in der Mathematik ist der Begriff des geordneten Paares $\langle a, b\rangle$ von a, b. Wir verwenden die Schreibweise $\langle a, b\rangle$ an Stelle des üblichen (a, b), weil wir runde Klammern für andere Zwecke - z.B. im Formelaufbau von § 6 - benötigen. In etwas ungewohnter Weise wird dabei $\langle a, b\rangle$ als eine konkrete Menge erklärt. Hierdurch erreichen wir dann, daß für $a, b \in \widehat{V}$ auch das geordnete Paar $\langle a, b\rangle$ ein Element von $\widehat{V}$ ist. Dieses entspricht dem Ziel, alle mathematischen Objekte als Elemente der Superstruktur $\widehat{V}$ zur Verfügung zu haben, um sie dann in Aussagen über $\widehat{V}$ verwenden zu können. Die Definition des geordneten Paares muß natürlich so gefaßt sein, daß auch die Eigenschaft erfüllt ist, die für das übliche Arbeiten mit geordneten Paaren relevant ist, daß nämlich zwei geordnete Paare genau dann übereinstimmen, wenn ihre Komponenten übereinstimmen. Bei der folgenden Definition beachte man, daß $\{a, a\} = \{a\}$ und $\{\{a\}\} \neq \{a\}$ ist.

5.6 Geordnetes Paar und geordnetes n-Tupel

Es heißt $\langle a, b\rangle := \{\{a\}, \{a, b\}\}$ das *geordnete Paar* von a, b. Setze induktiv

$$\langle a_1, \ldots, a_n\rangle := \langle\langle a_1, \ldots, a_{n-1}\rangle, a_n\rangle \quad \text{für} \quad n \geq 3.$$

Es heißt $\langle a_1, \ldots, a_n\rangle$ das *geordnete n-Tupel* von $a_1, \ldots, a_n$. Aus Gründen der Vereinheitlichung setzen wir noch $\langle a_1\rangle := a_1$.

Es gilt für alle $n \in \mathbb{N}$:

(i) $\langle a_1, \ldots, a_n\rangle = \langle b_1, \ldots, b_n\rangle \Longrightarrow a_k = b_k$ für $k = 1, \ldots, n$;

(ii) (T transitiv und $\langle a_1, \ldots, a_n\rangle \in T) \Longrightarrow a_1, \ldots, a_n \in T$.

Beweis. Die Behauptung ist trivial für $n = 1$. Wir zeigen (i) und (ii) für $n = 2$, der allgemeine Fall folgt induktiv nach der Definition des geordneten n-Tupels.

(i) Sei $\langle a_1, a_2\rangle = \langle b_1, b_2\rangle$. Dann ist nach Definition

$$\{\{a_1\}, \{a_1, a_2\}\} = \{\{b_1\}, \{b_1, b_2\}\},$$

und es sind die folgenden beiden Fälle möglich:

$$\{a_1\} = \{b_1\} \quad \text{und} \quad \{a_1, a_2\} = \{b_1, b_2\},$$
$$\{a_1\} = \{b_1, b_2\} \quad \text{und} \quad \{a_1, a_2\} = \{b_1\}.$$

In beiden Fällen folgt $a_1 = b_1$ und $a_2 = b_2$.

(ii) Sei $\langle a_1, a_2\rangle \in T$. Es ist $\{a_1, a_2\} \in \langle a_1, a_2\rangle \in T$. Da T transitiv ist, folgt nach 5.4, daß $\{a_1, a_2\} \in T$ ist. Somit ist $a_1, a_2 \in \{a_1, a_2\} \in T$, und die Transitivität von T liefert $a_1, a_2 \in T$. □

Sind $A_1, \ldots, A_n$ Mengen, so schreiben wir

$$A_1 \times \ldots \times A_n := \{\langle a_1, \ldots, a_n\rangle : a_i \in A_i \text{ für } i = 1, \ldots, n\}.$$

Ist $A_i := A$ für $i = 1, \ldots, n$, so schreiben wir A^n an Stelle von $A_1 \times \ldots \times A_n$. Aufgrund der Definition des geordneten n-Tupels erhalten wir direkt für $n \geq 3$:

$$A_1 \times \ldots \times A_{n-1} \times A_n = (A_1 \times \ldots \times A_{n-1}) \times A_n.$$

Wir sammeln jetzt Eigenschaften von V_ν, aus denen sich dann leicht Eigenschaften der Superstruktur $\widehat{V}$ herleiten lassen.

5.7 Eigenschaften von V_ν

Für alle $\nu \in \mathbb{N}$ gilt:

(i) $A \in V_\nu - V \iff A \subset V_{\nu-1}$;

(ii) $A \in V_\nu - V \Rightarrow \mathcal{P}(A) \in V_{\nu+1}$;

(iii) $B \subset A \in V_\nu - V \Rightarrow B \in V_\nu$;

(iv) $A_j \in V_\nu - V$ für $j \in J \Rightarrow \cup_{j\in J} A_j \in V_\nu$;

(v) $a, b \in V_{\nu-1} \iff \{a, b\} \in V_\nu$;

(vi) $a, b \in V_{\nu-1} \iff \langle a, b\rangle \in V_{\nu+1}$;

(vii) $A, B \in V_\nu - V \Rightarrow A \times B \in V_{\nu+2}$.

Beweis. *(i)* Wegen $V_\nu - V \underset{5.5\,(i)}{=} \mathcal{P}(V_{\nu-1})$ folgt (i).

(ii) Nach (i) ist $A \subset V_{\nu-1}$, und somit gilt $\mathcal{P}(A) \subset \mathcal{P}(V_{\nu-1}) \subset V_\nu$. Daher ist $\mathcal{P}(A) \in \mathcal{P}(V_\nu)$. Aus $\mathcal{P}(V_\nu) \subset V_{\nu+1}$ folgt $\mathcal{P}(A) \in V_{\nu+1}$.

(iii) Aus (i) folgt $A \subset V_{\nu-1}$ und somit $B \subset V_{\nu-1}$. Daher ist $B \in \mathcal{P}(V_{\nu-1}) \subset V_\nu$.

(iv) Aus (i) folgt $\cup_{j\in J} A_j \subset V_{\nu-1}$, und somit gilt (iv); hierbei ist definitionsgemäß $\cup_{j\in J} A_j = \emptyset$ für $J = \emptyset$.

(v) Wegen $\{a, b\} \notin V$ gilt: $\{a, b\} \in V_\nu \underset{(i)}{\iff} \{a, b\} \subset V_{\nu-1} \iff a, b \in V_{\nu-1}$.

(vi) Da $\langle a, b\rangle$ als Menge definiert ist und somit $\notin V$ ist, gilt:

$$\begin{aligned} a, b \in V_{\nu-1} &\underset{(v)}{\iff} \{a\}, \{a, b\} \in V_\nu \iff \{\{a\}, \{a, b\}\} \subset V_\nu \\ &\underset{5.6}{\iff} \langle a, b\rangle \subset V_\nu \underset{(i)}{\iff} \langle a, b\rangle \in V_{\nu+1}. \end{aligned}$$

(vii) Es sind $A, B \subset V_{\nu-1}$ nach (i). Sind daher $a \in A$, $b \in B$, dann sind $a, b \in V_{\nu-1}$. Folglich ist $\langle a, b\rangle \in V_{\nu+1}$ nach (vi). Somit ist $A \times B \subset V_{\nu+1}$ und daher $A \times B \in V_{\nu+2}$. □

5.8 Eigenschaften der Superstruktur $\widehat{V}$

(i) $\widehat{V}$ ist transitiv;

(ii) $\widehat{V} \notin \widehat{V}$;

(iii) $A \in \widehat{V}$ Menge $\Rightarrow \mathcal{P}(A) \in \widehat{V}$;

(iv) $A \in \widehat{V}$ Menge, $B \subset A \Rightarrow B \in \widehat{V}$;

(v) $A_1, \ldots, A_n \in \widehat{V}$ Mengen
$\Rightarrow A_1 \cup \ldots \cup A_n \in \widehat{V}, \quad A_1 \times \ldots \times A_n \in \widehat{V}$;

(vi) $a_1, \ldots, a_n \in \widehat{V} \Rightarrow \{a_1, \ldots, a_n\} \in \widehat{V}$ und $\langle a_1, \ldots, a_n \rangle \in \widehat{V}$;

(vii) $A_1, \ldots, A_n \in \widehat{V}$ Mengen $\Rightarrow \bigcup_{j=1}^{n} A_j \subset V_\nu$ für ein $\nu \in \mathbb{N}$.

Beweis. *(i)* Sei $A \in \widehat{V}$ eine Menge, d.h. $A \in \widehat{V} - V$. Dann ist $A \in \mathcal{P}(V_\nu)$ für ein $\nu \in \mathbb{N}_0$ nach 5.5 (iii). Folglich ist $A \subset V_\nu \subset \widehat{V}$; d.h. $\widehat{V}$ ist transitiv.

(ii) Sei indirekt $\widehat{V} \in \widehat{V}$. Da $\widehat{V}$ als Menge nicht in V liegt, gibt es ein kleinstes $\nu \in \mathbb{N}_0$ mit $\widehat{V} \in V_\nu - V$. Dann ist $\nu \in \mathbb{N}$, und es folgt $\widehat{V} \in \widehat{V} \underset{5.7(\text{i})}{\subset} V_{\nu-1}$. Daher ist $\widehat{V} \in V_{\nu-1} - V$ im Widerspruch zur Minimalität von ν.

(iii) Wegen $A \in \widehat{V} - V$ ist $A \in V_\nu - V$ für ein $\nu \in \mathbb{N}$. Nach 5.7 (ii) ist daher $\mathcal{P}(A) \in V_{\nu+1} \subset \widehat{V}$.

(iv) folgt analog zu (iii) mit 5.7 (iii) an Stelle von 5.7 (ii).

(v) Es reicht, (v) für $n = 2$ zu beweisen, der allgemeine Fall folgt dann induktiv. Zu $A_1, A_2 \in \widehat{V} - V$ existiert nach 5.3 ein $\nu \in \mathbb{N}$ mit $A_1, A_2 \in V_\nu - V$. Dann ist $A_1 \cup A_2 \in \widehat{V}$ nach 5.7 (iv) und $A_1 \times A_2 \in \widehat{V}$ nach 5.7 (vii).

(vi) Nach 5.7 (v) gilt $\{a_i\} \in \widehat{V}$ für $i = 1, \ldots, n$. Nach (v) folgt daher $\{a_1, \ldots, a_n\} = \bigcup_{i=1}^{n} \{a_i\} \in \widehat{V}$. Nach 5.7 (vi) gilt $\langle a, b \rangle \in \widehat{V}$ für $a, b \in \widehat{V}$. Induktiv folgt: $\langle a_1, \ldots, a_n \rangle \underset{5.6}{=} \langle \langle a_1, \ldots, a_{n-1} \rangle, a_n \rangle \in \widehat{V}$.

(vii) Nach 5.3 existiert ein $\nu \in \mathbb{N}$ mit $A_1, \ldots, A_n \in V_\nu - V$. Da V_ν transitiv ist (siehe 5.5 (ii)), folgt $A_1, \ldots, A_n \subset V_\nu$. Damit gilt $\bigcup_{j=1}^{n} A_j \subset V_\nu$. □

Nach 5.8 (v) ist $\widehat{V}$ unter endlichen Vereinigungen abgeschlossen. $\widehat{V}$ ist jedoch im Gegensatz zu V_ν nicht unter abzählbaren Vereinigungen abgeschlosssen: Z.B. sind $V_\nu \in \widehat{V}$ nach 5.2, jedoch ist $\bigcup_{\nu=0}^{\infty} V_\nu = \widehat{V} \notin \widehat{V}$ nach 5.8 (ii).

Wir werden als nächstes den Begriff einer Relation formal definieren. Einen wichtigen Spezialfall von Relationen bilden die Funktionen (siehe ausführlicher 5.12). Auch Relationen werden wir als Mengen einführen, um so die benötigten Relationen später als Elemente in $\widehat{V}$ vorzufinden. Wie schon das geordnete

Paar werden Relationen ohne Bezug auf $\widehat{V}$ definiert, da es sich um einen „übergeordneten" generellen Begriff handelt.

5.9 Relationen und ihr Definitions- und Wertebereich

Eine Menge R heißt *Relation*, falls es Mengen A, B gibt mit $R \subset A \times B$. Die Menge

$$\mathcal{D}(R) := \{a \in A : \langle a, b\rangle \in R \text{ für ein } b \in B\}$$

heißt *Definitionsbereich* der Relation R. Die Menge

$$\mathcal{W}(R) := \{b \in B : \langle a, b\rangle \in R \text{ für ein } a \in A\}$$

heißt *Wertebereich* der Relation R.

Ist A_0 eine Menge, so schreiben wir

$$R[A_0] := \{b \in B : \langle a, b\rangle \in R \text{ für ein } a \in A_0\}.$$

Ist $R \subset A \times A$, so heißt R auch eine *Relation über* A.

Man erkennt sofort, daß $\mathcal{D}(R)$ und $\mathcal{W}(R)$ nur von der Relation R, nicht aber von der einbettenden Produktmenge $A \times B$ abhängen. Entsprechendes gilt für $R[A_0]$. Ist $R \subset A \times B$, so ist stets $\mathcal{W}(R) = R[A]$. Trivialerweise gilt für jede Relation R, daß $R \subset \mathcal{D}(R) \times \mathcal{W}(R)$ ist.

Statt $\langle a, b\rangle \in R$ schreiben wir auch $a\ R\ b$. Ist z.B. R die „ $<$ "-Relation über $\mathbb{N}$, so schreiben wir wie gewohnt auch $a < b$ an Stelle von $\langle a, b\rangle \in <$. Dabei ist die Relation $<$ auf folgende Weise als Menge definiert:

$$< := \{\langle a, b\rangle \in \mathbb{N} \times \mathbb{N} : b - a \in \mathbb{N}\} \subset \mathbb{N} \times \mathbb{N}.$$

Ebenso werden wir auch die meisten anderen bekannten Relationen in der gewohnten Form schreiben, obwohl wir sie als Mengen auffassen.

5.10 $\mathcal{D}(R) \in \widehat{V}$ etc. für Relationen $R \in \widehat{V}$

Sei $R \in \widehat{V}$ eine Relation. Dann gilt:

(i) $\langle a, b\rangle \in R \Longrightarrow a, b \in \widehat{V}$;

(ii) $\mathcal{D}(R), \mathcal{W}(R) \in \widehat{V}$;

(iii) $R[A_0] \in \widehat{V}$ für alle Mengen A_0.

Beweis. ***(i)*** und ***(ii)*** Da $R \in \widehat{V}$ eine Menge ist, gilt $R \subset V_\nu$ für ein $\nu \in \mathbb{N}$ nach 5.8 (vii). Ist daher $\langle a, b\rangle \in R$, so ist $\langle a, b\rangle \in V_\nu$. Da V_ν nach 5.5 (ii) transitiv ist, folgt aus 5.6 (ii) mit $T = V_\nu$, daß $a, b \in V_\nu$ sind. Dies beweist (i) und $\mathcal{D}(R), \mathcal{W}(R) \subset V_\nu$. Da $V_\nu \in \widehat{V}$ nach 5.2 ist, folgt (ii) aus 5.8 (iv).

(iii) Da $R[A_0] \subset \mathcal{W}(R) \underset{\text{(ii)}}{\in} \widehat{V}$ ist, folgt $R[A_0] \in \widehat{V}$ nach 5.8 (iv). □

5.11 Inverse Relation und Komposition von Relationen

Sei R eine Relation. Dann heißt

$$R^{-1} := \{\langle b, a\rangle : \langle a, b\rangle \in R\}$$

die zu R *inverse Relation.*

Seien R_1 und R_2 Relationen. Dann heißt

$$R_2 \circ R_1 := \{\langle a, c\rangle : \langle a, b\rangle \in R_1 \text{ und } \langle b, c\rangle \in R_2 \text{ für ein } b\}$$

die *Komposition* der Relation R_2 mit der Relation R_1.

Es gilt:

(i) $R \in \widehat{V}$ Relation $\Rightarrow R^{-1} \in \widehat{V}$;

(ii) $R_1, R_2 \in \widehat{V}$ Relationen $\Rightarrow R_2 \circ R_1 \in \widehat{V}$.

Beweis. ***(i)*** Nach 5.10 (ii) sind $\mathcal{D}(R), \mathcal{W}(R) \in \widehat{V}$. Da $R^{-1} \subset \mathcal{W}(R) \times \mathcal{D}(R)$ ist, folgt (i) aus 5.8 (v) und 5.8 (iv).
(ii) folgt analog aus $R_2 \circ R_1 \subset \mathcal{D}(R_1) \times \mathcal{W}(R_2)$. □

Wegen $R^{-1} \subset \mathcal{W}(R) \times \mathcal{D}(R)$ und $R_2 \circ R_1 \subset \mathcal{D}(R_1) \times \mathcal{W}(R_2)$ sind R^{-1} und $R_2 \circ R_1$ natürlich wieder Relationen.

Funktionen werden nun spezielle Relationen sein. Die Komposition von Relationen ist daher in einer solchen Weise erklärt worden, daß sie für Funktionen die Komposition von Funktionen ist. Da die hier gegebene Auffassung vielleicht etwas ungewohnt ist, werden wir in 5.12 und 5.13 wohlbekannte Eigenschaften für Funktionen beweisen; dies dient auch zur Einübung der neuen Terminologie.

5.12 Funktionen als spezielle Relationen

Eine Relation f heißt *Funktion* oder *Abbildung*, falls gilt:

$$\langle a, b\rangle \in f \text{ und } \langle a, c\rangle \in f \Rightarrow b = c.$$

Daher existiert zu jedem $a \in \mathcal{D}(f)$ genau ein b mit $\langle a, b\rangle \in f$; für dieses eindeutig bestimmte b schreibt man auch $b = f(a)$. Es gilt:

(i) Ist f eine injektive Funktion (d.h. $f(a_1) = f(a_2) \Rightarrow a_1 = a_2$), so ist f^{-1} eine Funktion, die injektiv ist.

(ii) Sind f, g Funktionen, so ist $g \circ f$ eine Funktion, und es ist $(g \circ f)(a) = g(f(a))$ für alle $a \in \mathcal{D}(g \circ f)$.

Beweis. ***(i)*** Wir zeigen zuerst, daß f^{-1} eine Funktion ist. Sei hierzu $\langle b, a_1\rangle \in f^{-1}$ und $\langle b, a_2\rangle \in f^{-1}$; zu zeigen ist $a_1 = a_2$. Nach Definition von f^{-1} (siehe 5.11) sind $\langle a_1, b\rangle \in f$ und $\langle a_2, b\rangle \in f$. Da f eine Funktion ist, folgt $f(a_1) = f(a_2) = b$. Da f injektiv ist, impliziert dieses $a_1 = a_2$.

Als nächstes zeigen wir, daß f^{-1} injektiv ist. Sei hierzu $f^{-1}(b_1) = f^{-1}(b_2) = a$; zu zeigen ist $b_1 = b_2$. Es sind $\langle b_1, a\rangle \in f^{-1}$ und $\langle b_2, a\rangle \in f^{-1}$. Folglich sind $\langle a, b_1\rangle \in f$ und $\langle a, b_2\rangle \in f$. Da f eine Funktion ist, impliziert dieses $b_1 = b_2$.

(ii) Wir zeigen zunächst, daß $g \circ f$ eine Funktion ist. Sei hierzu $\langle a, c_1 \rangle \in g \circ f$ und $\langle a, c_2 \rangle \in g \circ f$; zu zeigen ist $c_1 = c_2$. Nach Definition von $g \circ f$ (siehe 5.11) existieren b_1, b_2, so daß $\langle a, b_1 \rangle \in f$, $\langle a, b_2 \rangle \in f$ sowie $\langle b_1, c_1 \rangle \in g$, $\langle b_2, c_2 \rangle \in g$. Hieraus folgt zunächst $b_1 = b_2$, da f eine Funktion ist, und sodann $c_1 = c_2$, da g eine Funktion ist. Dieser Beweis zeigt ferner sofort den zweiten Teil der Behauptung, denn für $a \in \mathcal{D}(g \circ f)$ ist mit obigen Bezeichnungen $(g \circ f)(a) = c_1 = g(b_1) = g(f(a))$. □

5.13 Funktionen von A nach B

Ist f eine Funktion mit $\mathcal{D}(f) = A$ und $\mathcal{W}(f) \subset B$, so nennt man f eine *Funktion von* A *nach* B oder *von* A *in* B und schreibt auch $f : A \longrightarrow B$.

(i) Ist $f : A \longrightarrow B$ eine Funktion und sind $A_0 \subset A$, $B_0 \subset B$, so gilt:
$$f[A_0] = \{f(a) : a \in A_0\}\ ,\quad f^{-1}[B_0] = \{a \in A : f(a) \in B_0\}.$$

(ii) Sind $f : A \longrightarrow B$ und $g : B \longrightarrow C$ Funktionen, so ist $g \circ f : A \longrightarrow C$ eine Funktion, und es gilt:
$$(g \circ f)(a) = g(f(a)) \quad \text{für alle } a \in A.$$

Beweis. *(i)* Wegen $f \subset A \times B$ gilt nach Definition 5.9:
$$f[A_0] = \{b \in B : \langle a, b \rangle \in f \text{ für ein } a \in A_0\}.$$
Da f eine Funktion ist, gilt $\langle a, b \rangle \in f \iff f(a) = b$. Somit folgt $f[A_0] = \{f(a) : a \in A_0\}$. Wegen $f^{-1} \subset B \times A$ gilt nach Definition 5.9:
$$f^{-1}[B_0] = \{a \in A : \langle b, a \rangle \in f^{-1} \text{ für ein } b \in B_0\}.$$
Nun gilt $\langle b, a \rangle \in f^{-1} \iff \langle a, b \rangle \in f \iff f(a) = b$. Somit folgt $f^{-1}[B_0] = \{a \in A : f(a) \in B_0\}$.

(ii) folgt aus 5.12 (ii) und der trivialen Zusatzüberlegung, daß $\mathcal{D}(g \circ f) = A$ und $\mathcal{W}(g \circ f) \subset C$ ist. □

Wir gehen jetzt der Frage nach, wann eine Funktion $f : A \longrightarrow B$ zu $\widehat{V}$ gehört. Der folgende Satz zeigt u.a., daß f zu $\widehat{V}$ gehört sowie auch sämtliche Funktionswerte von f, wenn $A, B \in \widehat{V}$ sind. Ist also z.B. $V = \mathbb{R}$, so liegt jede Funktion $f : \mathbb{R} \longrightarrow \mathbb{R}$ in $\widehat{V}$.

5.14 Satz

Seien $A, B \in \widehat{V}$ Mengen, und sei f eine Funktion von A nach B. Dann gilt:

(i) $f \in \widehat{V}$;

(ii) $f(a) \in \widehat{V}$ für alle $a \in A$;

(iii) $f[A_0] \in \widehat{V}$ für alle $A_0 \subset A$.

Beweis. ***(i)*** folgt wegen $f \subset A \times B$ nach 5.8 (v) und 5.8 (iv).
(ii) folgt wegen $f(a) \in B \in \widehat{V}$ aus der Transitivität von $\widehat{V}$ (siehe 5.8 (i)).
(iii) folgt aus (i) und 5.10 (iii). □

5.15 Das System aller Funktionen von A nach B

Seien A, B Mengen. Es bezeichne B^A das System aller Funktionen $f : A \longrightarrow B$. Es gilt:

$$A, B \in \widehat{V} \Rightarrow B^A \in \widehat{V}.$$

Beweis. Sei $f \in B^A$. Dann ist $f \subset A \times B$, d.h. $f \in \mathcal{P}(A \times B)$. Somit ist $B^A \subset \mathcal{P}(A \times B)$. Nach 5.8 (v) ist zunächst $A \times B \in \widehat{V}$ und dann $\mathcal{P}(A \times B) \in \widehat{V}$ nach 5.8 (iii). Die Behauptung folgt daher aus 5.8 (iv). □

Es wird als nächstes der Begriff der Operation in gewohnter Weise erklärt. Man beachte jedoch, daß eine Operation insbesondere eine Funktion und damit eine Relation ist und folglich ebenfalls eine Menge ist.

5.16 Operationen

Sei A eine nicht-leere Menge. Eine Funktion $\ominus : A \times A \longrightarrow A$ heißt *Operation in* A. Wir schreiben für $a, b \in A$

$$a \ominus b \text{ an Stelle von } \ominus(\langle a, b \rangle).$$

Die Schreibweise $a \ominus b$ ist in der Mathematik die übliche Schreibweise. Ist z.B. $+$ die Addition in $\mathbb{R}$, so schreibt man $a + b$ an Stelle von $+(\langle a, b \rangle)$ für $a, b \in \mathbb{R}$. Wir werden in der Regel diese gewohnten Schreibweisen für Operationen verwenden.

Es wird jetzt allen a, g ein Wert $g \upharpoonleft a$ zugeordnet, der, falls g eine Funktion und a im Definitionsbereich der Funktion g liegt, der Funktionswert $g(a)$ ist. Für die anderen g, a wird $g \upharpoonleft a$ künstlich festgesetzt, und zwar meistens gleich der leeren Menge (siehe auch Aufgabe 6). Dieses hat den Vorteil, daß das Symbol $g \upharpoonleft a$ für alle g, a definiert ist, ein Vorteil, der beim Formelaufbau sehr deutlich werden wird.

5.17 Das Zeichen $\upharpoonleft$ und seine Bedeutung

Für g, a sei $g \upharpoonleft a := b$, falls genau ein b mit $\langle a, b \rangle \in g$ existiert. Falls es kein solches b oder mehrere solcher b gibt, so setzen wir $g \upharpoonleft a := \emptyset$.

Es besitzt $\upharpoonleft$ die folgenden Eigenschaften:

(i) $g \upharpoonleft a \in \widehat{V}$ für $g, a \in \widehat{V}$.

(ii) Ist g eine Funktion und ist $a \in \mathcal{D}(g)$, so gilt $g \upharpoonleft a = g(a)$.

(iii) Sind f, g Funktionen mit $\mathcal{W}(f) \subset \mathcal{D}(g)$, so gilt:

$$g \upharpoonleft (f \upharpoonleft a) = g(f(a)) \text{ für alle } a \in \mathcal{D}(f).$$

Beweis. *(i)* Ist $g \upharpoonright a = \emptyset$, so ist $g \upharpoonright a \in \widehat{V}$. Andernfalls gilt $\langle a, g \upharpoonright a\rangle \in g \in \widehat{V}$. Aus der Transitivität von $\widehat{V}$ (siehe 5.8 (i)) folgt zunächst $\langle a, g \upharpoonright a\rangle \in \widehat{V}$ und anschließend $g \upharpoonright a \in \widehat{V}$ (siehe 5.6 (ii)).

(ii) folgt unmittelbar aus der Definition von $\upharpoonright$ und der Definition des Funktionswertes.

(iii) Sei $a \in \mathcal{D}(f)$ gewählt. Da g eine Funktion ist und $f(a) \in \mathcal{W}(f) \subset \mathcal{D}(g)$ ist, folgt aus (ii):

(1) $$g \upharpoonright (f(a)) = g(f(a)).$$

Da f eine Funktion ist und $a \in \mathcal{D}(f)$ ist, folgt erneut aus (ii):

(2) $$f \upharpoonright a = f(a).$$

Aus (1) und (2) folgt (iii). □

5.18 Operationen und Relationen über $A \in \widehat{V}$ liegen in $\widehat{V}$

Sei $A \in \widehat{V}$ eine nicht-leere Menge und $\ominus$ eine Operation in A sowie R eine Relation über A. Dann gilt:

$$\ominus, R \in \widehat{V} \text{ und } \ominus \upharpoonright \langle a, b\rangle = a \ominus b \quad \text{für } a, b \in A.$$

Beweis. Es ist $A \times A \in \widehat{V}$ (siehe 5.8 (v)). Da $\ominus$ eine Funktion von $A \times A$ nach A ist, folgt $\ominus \in \widehat{V}$ nach 5.14 (i). Wegen $R \subset A \times A$ folgt $R \in \widehat{V}$ nach 5.8 (iv). Da $\langle a, b\rangle \in \mathcal{D}(\ominus)$ für alle $a, b \in A$ ist, gilt:

$$\ominus \upharpoonright \langle a, b\rangle \underset{5.17\,(ii)}{=} \ominus(\langle a, b\rangle) \underset{5.16}{=} a \ominus b.$$ □

Sei z.B. $\mathbb{R} \subset V$ und $+$ die Addition in $\mathbb{R}$. Da $V \in \widehat{V}$ ist, folgt $\mathbb{R} \in \widehat{V}$ nach 5.8 (iv). Somit impliziert 5.18, daß $+ \in \widehat{V}$ und $+ \upharpoonright \langle a, b\rangle = a + b$ für alle $a, b \in \mathbb{R}$ ist.

Die folgenden Überlegungen sollen deutlich machen, daß alle in der reellen Analysis betrachteten Objekte Elemente der Superstruktur $\widehat{\mathbb{R}}$ sind: Es ist $\mathbb{R}^n \in \widehat{\mathbb{R}}$ für jedes $n \in \mathbb{N}$ (siehe 5.8 (v)). Daher ist jede Relation über $\mathbb{R}^n$ ein Element von $\widehat{\mathbb{R}}$ und jede Operation in $\mathbb{R}^n$ ein Element von $\widehat{\mathbb{R}}$ (siehe 5.18). Das System aller Funktionen von $\mathbb{R}^n$ nach $\mathbb{R}^m$ ist ebenfalls ein Element von $\widehat{\mathbb{R}}$ (siehe 5.15). Teilmengen dieses Systems sind daher nach 5.8 (iv) wieder Elemente von $\widehat{\mathbb{R}}$, insbesondere sind daher Elemente von $\widehat{\mathbb{R}}$:

die Menge aller stetigen Funktionen;

die Menge aller differenzierbaren Funktionen;

die Menge aller beliebig oft differenzierbaren Funktionen;

die Menge aller linearen Abbildungen von $\mathbb{R}^n$ nach $\mathbb{R}^m$.

Die Superstruktur $\widehat{\mathbb{R}}$ ist also umfassend genug, daß durch „Aussagen in der Superstruktur $\widehat{\mathbb{R}}$ " Aussagen über alle in der reellen Analysis relevanten Objekte formulierbar sind. Im nächsten Paragraphen wird der Begriff der Aussage in einer Superstruktur präzise definiert und anschließend untersucht.

Aufgaben

Bei allen Aufgaben sei V eine nicht-leere Menge von Urelementen.

1 Es seien $A_n \in \widehat{V}$, $n \in \mathbf{N}$, Mengen. Man zeige:

(i) $\bigcap\limits_{n=1}^{\infty} A_n \in \widehat{V}$;

(ii) $\bigcup\limits_{n=1}^{\infty} A_n \in \widehat{V} \Longleftrightarrow$ Es existiert ein $\nu \in \mathbf{N}$ mit $A_n \in V_\nu$ für alle $n \in \mathbf{N}$.

2 Es sei $\Omega \in \widehat{V} - V$. Es sei $\cup$ bzw. $\cap$ die Abbildung, die jedem nicht-leeren System von Teilmengen von Ω deren Vereinigungsmenge bzw. Durchschnittsmenge zuordnet. Man zeige: $\cup$ und $\cap$ sind Elemente von $\widehat{V}$.

3 Sei $[0,\infty] \subset V$. Jeder Folge a_n, $n \in \mathbf{N}$, mit $a_n \in [0,\infty]$ sei der Reihenwert $\sum\limits_{n=1}^{\infty} a_n$ zugeordnet. Man interpretiere $\sum$ als Abbildung und zeige $\sum \in \widehat{V}$.

4 Es seien $f, g, a \in \widehat{V}$. Man zeige oder widerlege:

$$(f \upharpoonright g) \upharpoonright a = f \upharpoonright (g \upharpoonright a).$$

5 Es seien A, B nicht-leere Mengen. Man zeige: $A \times B \in \widehat{V} \Longrightarrow A, B \in \widehat{V}$.

6 Man gebe $g, a \in \widehat{V}$ an, so daß g keine Funktion ist, aber $g \upharpoonright a \neq \emptyset$ gilt.

7 Sei $\mathbf{N} \subset V$. Man zeige, daß die Funktion $f: \mathbf{N} \to \widehat{V}$, definiert durch $f(n) := V_n$, nicht zu $\widehat{V}$ gehört.

§ 6 Formeln und Aussagen in Superstrukturen

In 4.8 haben wir ein Prinzip kennengelernt, mit dem gültige Aussagen über $\mathbb{R}$ in gültige Aussagen über ${}^*\mathbb{R}$ transferiert wurden. Um ein solches Transfer-Prinzip beweisen und anwenden, ja um es überhaupt exakt formulieren zu können, muß natürlich streng definiert werden, was unter einer Aussage und der Gültigkeit einer Aussage zu verstehen ist. Dieses wird im vorliegenden Paragraphen geschehen. Wir werden dabei den Begriff der Aussage für eine vorgegebene Superstruktur $\widehat{V} = \cup_{\nu=0}^{\infty} V_\nu$ entwickeln. Nach § 5 sind solche Superstrukturen so reichhaltig, daß sie sämtliche Objekte einer mathematischen Theorie als Elemente enthalten können. Mit Hilfe des Begriffs der Aussage in einer Superstruktur können dann alle in der Mathematik relevanten Sachverhalte formalisiert werden.

Aussagen werden spezielle Formeln sein und Formeln gewisse Aneinanderreihungen von Zeichen. Dabei sollen zunächst nur möglichst wenige Zeichen benutzt werden.

Auf welche Zeichen wird man dabei nicht verzichten wollen?

1) Da man Aussagen über die Elemente von $\widehat{V}$ machen will, werden die Elemente von $\widehat{V}$ in Zeichenreihen auftreten können.
2) Ferner benötigt man für Aussagen Variable, die wir im folgenden durch Unterstreichen kennzeichnen.
3) Weiterhin sollen Gleichungen, Elementbezienungen, Negationen, Konjunktionen und Quantifizierungen in Aussagen auftreten können; wir verwenden hierzu die Zeichen $= \in \neg \wedge \forall$. Wir werden ferner die drei Zeichen $\langle \, , \, \rangle$

für die Paarbildung und das Zeichen $\upharpoonright$ aus 5.17 verwenden, mit dem sich die Bildung des Funktionswertes beschreiben läßt. Schließlich werden noch die beiden Zeichen ( ) für die Klammerbildung verwandt.

Wir fassen dieses noch einmal zusammen:

Formeln in $\widehat{V}$ werden allein aus den folgenden drei disjunkten Mengen von *Zeichen* gebildet:

1) den elf Zeichen $= \in \neg \wedge \forall \langle \rangle \upharpoonright , ( )$
2) den Variablen $\underline{x}_1\ \underline{x}_2\ \underline{x}_3 \ldots \ \underline{x}\ \underline{y}\ \underline{z} \ldots \underline{A}\ \underline{B}\ \underline{C} \ldots \underline{f}\ \underline{g}\ \underline{h} \ldots$
3) den Elementen von $\widehat{V}$.

Variable sind generell durch Unterstreichen gekennzeichnet, während Elemente von $\widehat{V}$ nie unterstrichen werden. Hierbei weichen wir von der in der Logik gebräuchlichen Symbolik ab, bei der Variable nicht unterstrichen werden und die Unterstreichung in der Regel den Namen für Elemente von $\widehat{V}$ liefert.

Wir werden versuchen, für Variable möglichst suggestive Zeichen zu verwenden. Wird z.B. eine Aussage über Funktionen gemacht, so wird als Variable für Funktionen eher $\underline{f}$ und nicht $\underline{y}$ oder $\underline{A}$ benutzt.

Endliche Aneinanderreihungen von Zeichen aus 1) bis 3) heißen *Zeichenreihen in* $\widehat{V}$. Mathematisch genauer sind Zeichenreihen endliche Folgen mit Definitionsbereich $\{1, \ldots, n\}$ für ein $n \in \mathbb{N}$, deren Werte die Zeichen aus 1) bis 3) sind.

Ist z.B. $V = \mathbb{R}$, so sind

$$(\forall \underline{x} \in \mathbb{N})(\forall \underline{y} \in \mathbb{N})(\underline{x} \in \mathbb{R} \wedge \underline{y} \in \mathbb{R}) \quad \text{und} \quad \forall (\langle , , \mathbb{R} \rangle (\underline{x} \wedge = < \upharpoonright 0$$

zwei Zeichenreihen in $\widehat{\mathbb{R}}$; hierbei wird benutzt, daß $0, \mathbb{R}, \mathbb{N}$ Elemente von $\widehat{\mathbb{R}}$ sind (siehe 5.8). Die erste Zeichenreihe ist 21 Zeichen, die zweite 14 Zeichen lang.

Jeder Teil direkt aufeinanderfolgender Zeichen einer Zeichenreihe heißt *Teilstück* dieser Zeichenreihe. Beginnt das Teilstück an der ersten Stelle der Ausgangszeichenreihe, so heißt es ein *Anfangsstück dieser Zeichenreihe.*

So sind zum Beispiel $(\forall \underline{y} \in \mathbb{N})(\underline{x}$ bzw. $(\forall \underline{x} \in \mathbb{N})(\forall \underline{y}$ ein Teilstück bzw. Anfangsstück der ersten der beiden obigen Zeichenreihen.

Als *Abkürzungen für Zeichenreihen* verwenden wir häufig neue Symbole wie τ, ρ, φ, ψ, χ, um so nicht stets die gesamte Zeichenreihe explizit aufschreiben zu müssen. Wenn wir eine Zeichenreihe wie zum Beispiel $(\forall \underline{x} \in \mathbb{N})\underline{x} \in \mathbb{R}$ durch φ abkürzen wollen, so schreiben wir

$$\varphi \equiv (\forall \underline{x} \in \mathbb{N})\underline{x} \in \mathbb{R}$$

und sagen dann auch, φ sei diese Zeichenreihe. Solche Abkürzungen werden auch verwandt, um neue Zeichenreihen zu bilden. Ist zum Beispiel φ die obige Zeichenreihe und ψ die Zeichenreihe $\underline{x} = \underline{y}$, so ist $(\varphi \wedge \psi)$ die aus 15 Zeichen bestehende Zeichenreihe $((\forall \underline{x} \in \mathbb{N})\underline{x} \in \mathbb{R} \wedge \underline{x} = \underline{y})$.

Zwei Zeichenreihen φ_1, φ_2 nennen wir *identisch* und schreiben $\varphi_1 \equiv \varphi_2$, wenn φ_1 und φ_2 gleich lang sind und bei φ_1, φ_2 an allen entsprechenden Stellen die gleichen Zeichen stehen.

Zeichenreihen sind nach Definition nur beliebige Aneinanderreihungen der erlaubten Zeichen. Diese Zeichenreihen sind zumeist völlig „sinnlos“. Bei gewissen Zeichenreihen jedoch (wie zum Beispiel bei der obigen Zeichenreihe φ) wird man das Gefühl haben, daß sie „sinnvoll“ sind und etwas zum Ausdruck bringen (bei φ zum Beispiel: alle natürlichen Zahlen sind reelle Zahlen). Als Formeln und Aussagen werden nun solche Zeichenreihen aussortiert, die zur Beschreibung mathematischer Sachverhalte geeignet sind.

In üblichen Formeln treten für $x, y \in \mathbb{R}$ die Zeichenreihen $x+y$ und $x \leq y$ auf. Nun sind $+$ und $\leq$ Elemente von $\widehat{\mathbb{R}}$, und beide Zeichenreihen sind Zeichenreihen der Form xzy mit $x, y, z \in \widehat{\mathbb{R}}$. Die Zeichenreihen

$$x+y \quad \text{und} \quad x \leq y$$

beinhalten jedoch völlig verschiedenes. Es ist $x+y$ ein Element von $\mathbb{R}$, und $x \leq y$ besagt, daß x kleiner oder gleich y ist. Um diesen essentiellen Unterschied deutlich werden zu lassen, erinnere man sich daran, daß

$$\begin{array}{lll} & x+y & \text{eine Schreibweise für} \quad + \upharpoonright \langle x,y\rangle \\ \text{und} & & \\ & x \leq y & \text{eine Schreibweise für} \quad \langle x,y\rangle \in \leq \end{array}$$

ist. Im allgemeinen Formelaufbau können wir daher nicht xzy schreiben, sondern müssen zwischen

$$z \upharpoonright \langle x,y\rangle \quad \text{und} \quad \langle x,y\rangle \in z$$

unterscheiden. Hierdurch gelangt man zu den Grundbausteinen von Formeln, den sogenannten Termen, sowie den einfachsten Aussagen, den sogenannten Elementaraussagen. Terme sind nun sehr einfache Zeichenreihen, die, ausgehend von Elementen von $\widehat{V}$ und Variablen, mit Hilfe der Zeichen $\langle\ ,\ \rangle$ und $\upharpoonright$ sowie der Klammerzeichen (,) gebildet werden. Bei dem hier gegebenen Aufbau der Terme folgen wir Davis (1977).

6.1 Terme in der Superstruktur $\widehat{V}$

(i) Elemente von $\widehat{V}$ und Variable sind Terme in $\widehat{V}$.

(ii) Sind τ, ρ Terme in $\widehat{V}$, so sind auch $\langle \tau, \rho\rangle$ und $(\tau \upharpoonright \rho)$ Terme in $\widehat{V}$.

(iii) Genau die Zeichenreihen sind *Terme in* $\widehat{V}$, die sich in endlich vielen Schritten mit Hilfe von (i) und (ii) erzeugen lassen.

In (i) betrachtet man also Zeichenreihen der Länge 1, deren einzige Zeichen eine Variable oder ein Element von $\widehat{V}$ ist. Durch (ii) und (iii) wird dann festgelegt, wie man aus diesen Zeichenreihen der Länge 1 die Zeichenreihen sukzessiv aufbaut, die man als Terme bezeichnet.

In Termen kommen nach Definition nur Elemente von $\widehat{V}$, Variable und die sechs Zeichen $\langle\ ,\ \rangle\ \upharpoonright\ (\ )$ vor, jedoch weder die beiden Zeichen $= \in$ noch die drei logischen Symbole $\neg\ \wedge\ \forall$.

Terme in $\widehat{V}$, in denen keine Variablen vorkommen, werden nach 6.1 sukzessiv mit Hilfe von $\langle\ ,\ \rangle$ und $\upharpoonright$ aus Elementen von $\widehat{V}$ gebildet und ergeben daher wegen 5.8 (vi) und 5.17 (i) wieder Elemente von $\widehat{V}$. Hierbei wird für $\tau\ , \rho \in \widehat{V}$ der Term $(\tau \upharpoonright \rho)$ natürlich als das Element $\tau \upharpoonright \rho \in \widehat{V}$ aufgefaßt. Es gilt also in diesem Sinne:

- τ Term in $\widehat{V}$ ohne Variable $\Longrightarrow \tau \in \widehat{V}$.

Sind τ, ρ Terme in $\widehat{V}$, in denen keine Variablen auftreten, so können τ und ρ die gleichen Elemente von $\widehat{V}$ sein, ohne daß sie identische Zeichenreihen sind. Sei hierzu $V = \mathbb{R}$ und $+$ die Addition in $\mathbb{R}$. Dann ist $+ \in \widehat{\mathbb{R}}$ nach 5.18, und daher sind

$$\tau \equiv (+ \upharpoonright \langle 2,0\rangle) \quad \text{und} \quad \rho \equiv (+ \upharpoonright \langle 1,1\rangle)$$

zwei Terme, die das Element 2 ergeben, jedoch nicht identische Zeichenreihen sind.

Als nächstes wird ein Beispiel für einen Term in $\widehat{\mathbb{R}}$ betrachtet, in dem auch Variable auftreten. Für jedes $f \in \widehat{\mathbb{R}}$ ist $(f \upharpoonright \langle \underline{x}, \underline{y}\rangle)$ ein Term in $\widehat{V}$. In der Regel wird f eine Funktion zweier Variabler sein. Ist $f : \mathbb{R} \times \mathbb{R} \longrightarrow \mathbb{R}$, so ist $f \in \widehat{\mathbb{R}}$ (siehe 5.8 (v) und 5.14 (i)), und der Term $(f \upharpoonright \langle \underline{x}, \underline{y}\rangle)$ dient beim Formelaufbau als Symbol für den Wert von f an einer beliebigen Stelle $\langle x, y\rangle$. Insbesondere sind also $(+ \upharpoonright \langle \underline{x}, \underline{y}\rangle)$ bzw. $(\cdot \upharpoonright \langle \underline{x}, \underline{y}\rangle)$ Terme in $\widehat{\mathbb{R}}$, wenn $+$ bzw. $\cdot$ die Addition bzw. Multiplikation in $\mathbb{R}$ bezeichnen.

Weitere Beispiele für Terme in einer Superstruktur $\widehat{V}$ sind für $a, b \in \widehat{V}$ die beiden folgenden Zeichenreihen:

$$(\underline{A} \upharpoonright (a \upharpoonright \underline{x})) \quad ; \quad \langle (a \upharpoonright \underline{A}), \langle \underline{y}, b\rangle\rangle.$$

In dem später definierten Begriff der „Aussage" werden für alle Variablen eines Terms letztlich Elemente von $\widehat{V}$ eingesetzt. Hierdurch erhält man einen Term ohne Variablen, der nach vorherigen Überlegungen dann ein Element von $\widehat{V}$ ist.

Aus den Grundbausteinen, den Termen, entstehen mit Hilfe der beiden Zeichen $=\ \in$ und der drei logischen Symbole $\neg\ \wedge\ \forall$ (die später als „nicht, und, für alle" interpretiert werden sollen) die Formeln.

6.2 Formeln in der Superstruktur $\widehat{V}$

(i) Sind τ, ρ Terme in $\widehat{V}$, so sind

$$\tau = \rho \qquad \text{und} \qquad \tau \in \rho$$

Formeln in $\widehat{V}$, die auch *Elementarformeln* heißen.

(ii) Sind ψ, χ Formeln in $\widehat{V}$, ist $\underline{x}$ eine Variable und ist τ ein Term in $\widehat{V}$, in dem $\underline{x}$ nicht vorkommt, so sind

$$\neg\psi \quad ; \quad (\psi \wedge \chi) \quad ; \quad (\forall \underline{x} \in \tau)\psi$$

Formeln in $\widehat{V}$.

(iii) Genau die Zeichenreihen sind *Formeln* in $\widehat{V}$, die sich in endlich vielen Schritten mit Hilfe von (i) und (ii) erzeugen lassen.

Da Formeln, ausgehend von Elementarformeln, sukzessiv erzeugt werden, tritt in jeder Formel mindestens eines der beiden Zeichen $=$ $\in$ auf. Aufgrund der Definition sind Elementarformeln genau diejenigen Formeln, in denen die logischen Symbole $\neg$ $\wedge$ $\forall$ nicht auftreten. Sind $a, b \in \widehat{V}$, so sind die folgenden sechs Zeichenreihen Elementarformeln in $\widehat{V}$:

$$a = b \ ; \ \underline{x} = a \ ; \ \underline{x} = \underline{y} \quad \text{sowie} \quad a \in b \ ; \ \underline{x} \in b \ ; \ \underline{x} \in \underline{A}.$$

Elementarformeln können auch wesentlich komplexere Zeichenreihen sein wie zum Beispiel

$$(\underline{A} \upharpoonright (a \upharpoonright \underline{x})) = \langle (a \upharpoonright \underline{A}), \langle \underline{y}, b \rangle \rangle.$$

Wir geben jetzt drei Beispiele für Formeln in $\widehat{V}$ mit $V := \mathbb{R}$ an. Sei hierzu $\mathcal{P}$ das System aller Teilmengen von $\mathbb{R}$. Es sind $0, \mathbb{R}, \mathbb{N}, \mathcal{P} \in \widehat{V}$ nach 5.8, und die folgenden Zeichenreihen erweisen sich daher als Formeln in $\widehat{V}$:

$$\begin{aligned} \varphi_1 &\equiv \neg(\forall \underline{A} \in \mathcal{P}) 0 \in \underline{A} \\ \varphi_2 &\equiv (\underline{x} \in \underline{A} \wedge (\forall \underline{x} \in \mathbb{N}) \underline{x} \in \mathbb{R}) \\ \varphi_3 &\equiv (\forall \underline{x} \in \mathbb{N})(\underline{x} \in \mathbb{R} \wedge \neg \underline{x} = 0). \end{aligned}$$

Zur Demonstration zeigen wir, daß φ_2 eine Formel ist: Zunächst sind $\underline{x}$, $\underline{A}$, $\mathbb{N}$ und $\mathbb{R}$ nach 6.1 (i) Terme. Daher ist $\underline{x} \in \mathbb{R}$ eine Formel nach 6.2 (i) und somit ist $\chi \equiv (\forall \underline{x} \in \mathbb{N}) \underline{x} \in \mathbb{R}$ eine Formel nach 6.2 (ii). Da auch $\psi \equiv \underline{x} \in \underline{A}$ eine Formel ist (6.2 (i)), folgt aus 6.2 (ii), daß

$$(\psi \wedge \chi) \equiv (\underline{x} \in \underline{A} \wedge (\forall \underline{x} \in \mathbb{N}) \underline{x} \in \mathbb{R})$$

eine Formel ist.

Man beachte, daß bei Termen und Formeln in $\widehat{V}$ Elemente von $\widehat{V}$, nicht aber $\widehat{V}$ selbst auftreten darf, da $\widehat{V}$ nach 5.8 (ii) kein Element von $\widehat{V}$ ist. So ist z.B. $0 \in \widehat{\mathbb{R}}$ keine Formel in $\widehat{\mathbb{R}}$.

In einer Formel tritt in der Regel die gleiche Variable an mehreren Stellen auf. In φ_2 zum Beispiel tritt die Variable $\underline{x}$ dreimal auf, und zwar an der zweiten, achten und zwölften Stelle. Hierbei ist jedoch ein ganz wesentlicher struktureller Unterschied festzuhalten: Beim zweiten und dritten Auftreten, nicht aber beim ersten Auftreten von $\underline{x}$, liegt $\underline{x}$ im „Wirkungsbereich" eines Allquantors $\forall \underline{x}$. Dieses führt zum Konzept des gebundenen und freien Auftretens von Variablen.

6.3 Gebundenes und freies Auftreten von Variablen

Sei φ eine Formel in $\widehat{V}$, und an der j-ten Stelle von φ stehe die Variable $\underline{x}$.

Dann hat $\underline{x}$ an der j-ten Stelle ein *gebundenes Auftreten* in φ, wenn die j-te Stelle von φ in einem Teilstück von φ der Form

$$(\forall \underline{x} \in \tau)\psi \text{ mit einem Term } \tau \text{ und einer Formel } \psi$$

liegt. Andernfalls hat $\underline{x}$ an dieser Stelle ein *freies Auftreten*.

Die j-te Stelle der Formel, an der $\underline{x}$ steht, und die nach 6.3 im Teilstück $(\forall \underline{x} \in \tau)\psi$ liegen soll, kann die dritte Stelle dieses Teilstücks sein oder diese Stelle liegt in ψ. Das Teilstück $(\forall \underline{x} \in \tau)\psi$ ist natürlich selbst auch eine Formel.

Kommt in einer Formel φ für eine Variable $\underline{x}$ kein Teilstück $\forall \underline{x}$ vor, so ist jedes Auftreten von $\underline{x}$ in φ ein freies Auftreten. Daher ist das Auftreten von $\underline{A}$ in φ_2 ein freies Auftreten. Liegt das Auftreten von $\underline{x}$ vor dem ersten Auftreten eines Teilstücks $\forall \underline{x}$, so ist das betrachtete Auftreten von $\underline{x}$ ebenfalls ein freies Auftreten. Daher ist das erste Auftreten von $\underline{x}$ in φ_2 ein freies Auftreten.

In φ_1 ist jedes Auftreten von $\underline{A}$ ein gebundenes Auftreten; wähle in 6.3 hierzu $\tau \equiv \mathcal{P}$ und $\psi \equiv 0 \in \underline{A}$. In φ_2 ist das zweite und dritte Auftreten von $\underline{x}$ ein gebundenes Auftreten; wähle in 6.3 hierzu $\tau \equiv \mathbb{N}$ und $\psi \equiv \underline{x} \in \mathbb{R}$. $\underline{x}$ hat also an der 8-ten und 12-ten Stelle von φ_2 freies Auftreten. In φ_3 ist jedes Auftreten von $\underline{x}$ ein gebundenes Auftreten; wähle in 6.3 hierzu $\tau \equiv \mathbb{N}$ und $\psi \equiv (\underline{x} \in \mathbb{R} \wedge \neg\, \underline{x} = 0)$.

Formeln, in denen jede der vorkommenden Variablen an allen Stellen ein gebundenes Auftreten besitzt, werden wir Aussagen nennen:

6.4 Freie Variablen und Aussagen

Es sei φ eine Formel in $\widehat{V}$. Eine Variable $\underline{x}$, die an wenigstens einer Stelle in φ frei auftritt, heißt eine *freie Variable*.

Sind $\underline{x}_1, \ldots, \underline{x}_k$ genau die in φ vorkommenden freien Variablen, so schreiben wir auch

$$\varphi[\underline{x}_1, \ldots, \underline{x}_k] \text{ an Stelle von } \varphi.$$

Eine Formel in $\widehat{V}$ ohne freie Variable heißt eine *Aussage* in $\widehat{V}$.

Die Formeln φ_1 und φ_3 sind Aussagen; die Formel φ_2 ist keine Aussage. In φ_2 kommen genau die Variablen $\underline{x}$ und $\underline{A}$ frei vor. Wir schreiben daher nach 6.4 auch

$$\varphi[\underline{x}, \underline{A}] \equiv (\underline{x} \in \underline{A} \wedge (\forall \underline{x} \in \mathbb{N})\underline{x} \in \mathbb{R}).$$

Ersetzt man in einer Formel $\varphi[\underline{x}_1, \ldots, \underline{x}_k]$ für alle $\nu = 1, \ldots, k$ bei jedem *freien* Auftreten der Variablen $\underline{x}_\nu$ diese Variable durch ein Element $b_\nu \in \widehat{V}$, so entsteht eine Formel ohne freie Variable, d.h. eine Aussage; wir schreiben $\varphi[b_1, \ldots, b_k]$ für diese Aussage. Ersetzt man in der obigen Formel $\varphi[\underline{x}, \underline{A}]$ zum Beispiel bei jedem freien Auftreten $\underline{x}$ durch die Zahl 1 und $\underline{A}$ durch die Menge $\mathbb{N}$, so entsteht die Aussage

$$\varphi[1, \mathbb{N}] \equiv (1 \in \mathbb{N} \wedge (\forall \underline{x} \in \mathbb{N})\underline{x} \in \mathbb{R}).$$

In Aussagen der Form $(\forall \underline{x} \in \tau)\psi$ ist τ stets ein Term in $\widehat{V}$ ohne Variablen, d.h. ein Element von $\widehat{V}$. Im allgemeinen ist dabei $\tau \in \widehat{V} - V$, und somit ist $\tau \subset \widehat{V}$. Es ist jedoch $\tau \neq \widehat{V}$ wegen $\widehat{V} \notin \widehat{V}$ und $\tau \in \widehat{V}$. Der Allquantor $\forall$ ist damit auf eine echte Teilmenge τ von $\widehat{V}$ eingeschränkt; man spricht daher auch von ***beschränktem Quantifizieren***.

Das Ziel der folgenden Überlegungen ist es, einen Gültigkeitsbegriff für Aussagen zu entwickeln. Wir werden hierzu in 6.6 zeigen, daß man eine Aussage, in der die drei logischen Symbole $\neg \wedge \forall$ insgesamt n-mal vorkommen, in eindeutiger Weise um ein logisches Symbol abbauen kann. Dieses ermöglicht es dann, die Gültigkeit von Aussagen induktiv über die Anzahl der logischen Symbole einzuführen.

Der folgende Satz ist das entscheidende Hilfsmittel zum Beweis von 6.6. Die Beweise von 6.5 und 6.6 können überschlagen werden, da sie sehr technisch sind und nur zur exakten - anschaulich aber evidenten - Definition des Gültigkeitsbegriffes dienen. Ferner werden die in ihnen verwandten Beweistechniken später nicht mehr benötigt.

Ein Anfangsstück einer Zeichenreihe, welches nicht die gesamte Zeichenreihe ist, heißt ein *echtes* Anfangsstück dieser Zeichenreihe.

6.5 Anfangsstücke von Termen und Formeln

(i) Kein echtes Anfangsstück eines Terms ist ein Term.

(ii) Kein echtes Anfangsstück einer Formel ist eine Formel.

Beweis. *(i)* Sei o.B.d.A. τ ein Term, der aus mindestens zwei Zeichen besteht. Dann ist τ nach 6.1 von der Form $\langle \tau', \rho' \rangle$ bzw. $(\tau' \upharpoonright \rho')$ mit Termen τ', ρ'. Ist λ ein echtes Anfangsstück von $\langle \tau', \rho' \rangle$, so besitzt λ eine der folgenden vier Formen:

$$\lambda \equiv \langle \quad \text{oder} \quad \lambda \equiv \langle \tau_0 \quad \text{oder} \quad \lambda \equiv \langle \tau', \quad \text{oder} \quad \lambda \equiv \langle \tau', \rho_0$$

wobei τ_0 bzw. ρ_0 Anfangsstücke der Terme τ' bzw. ρ' sind.

Da Anfangsstücke von Termen mindestens so viele Zeichen $\langle$ wie Zeichen $\rangle$ enthalten, folgt in jedem der vier Fälle, daß λ mehr Zeichen $\langle$ als Zeichen $\rangle$ enthält. Daher kann λ kein Term sein, denn Terme enthalten gleich viele Zeichen $\langle$ wie Zeichen $\rangle$.

Der Fall $\tau \equiv (\tau' \upharpoonright \rho')$ verläuft analog.

(ii) Sei $\mathcal{F}$ das System aller Formeln φ, so daß kein echtes Anfangsstück von φ eine Formel ist. Wir zeigen:

(1) Alle Elementarformeln gehören zu $\mathcal{F}$.

(2) Mit ψ gehört $\neg\psi$ zu $\mathcal{F}$.

(3) Sind ψ, χ Formeln, so gehört $(\psi \wedge \chi)$ zu $\mathcal{F}$.

(4) Ist $\underline{x}$ eine Variable, τ ein Term ohne $\underline{x}$ und gehört ψ zu $\mathcal{F}$, so gehört $(\forall \underline{x} \in \tau)\psi$ zu $\mathcal{F}$.

Aus (1) bis (4) folgt nach 6.2, daß jede Formel zu $\mathcal{F}$ gehört, d.h. es gilt (ii).

Zu (1): Sei φ eine Elementarformel. Dann ist φ nach 6.2 von der Form:

$$\tau = \rho \text{ bzw. } \tau \in \rho \text{ mit Termen } \tau, \rho.$$

Da in Termen die beiden Zeichen $= \in$ nicht vorkommen, muß ein Anfangsstück von φ, welches eine Formel und daher auch eine Elementarformel ist, von der Gestalt

$$\tau = \rho' \text{ bzw. } \tau \in \rho' \text{ mit einem Term } \rho' \text{ sein.}$$

Da der Term ρ' ein Anfangsstück des Terms ρ ist, folgt $\rho' \equiv \rho$ nach (i). Somit gilt (1).

Zu (2): Ein Anfangsstück von $\neg\psi$, das eine Formel ist, besitzt die Gestalt $\neg\psi'$ mit einem Anfangsstück ψ' von ψ, das dann ebenfalls eine Formel ist. Wegen $\psi \in \mathcal{F}$ folgt $\psi' \equiv \psi$, und damit gilt (2).

Zu (3): Man zeigt leicht mit Hilfe von 6.2, daß Formeln gleich viele Zeichen (wie Zeichen) und Anfangsstücke von Formeln mindestens so viele Zeichen (wie Zeichen) enthalten. Hieraus folgt, daß jedes echte Anfangsstück von $(\psi \wedge \chi)$ mehr Zeichen (als Zeichen) enthält und somit keine Formel sein kann (siehe den analogen Beweis für $\langle \tau', \rho' \rangle$ in (i)).

Zu (4): Sei φ' ein Anfangsstück der Formel $\varphi \equiv (\forall \underline{x} \in \tau)\psi$, welches selbst eine Formel ist. Dann beginnt φ' mit den vier Zeichen $(\forall \underline{x} \in$ und muß daher eine Zeichenreihe der Form $(\forall \underline{x} \in \tau')\psi'$ sein, wobei τ' ein Term ohne $\underline{x}$ und ψ' eine Formel ist. Für (4) reicht nun zu zeigen:

$$\tau \equiv \tau' \text{ und } \psi \equiv \psi'.$$

Da φ' ein Anfangsstück von φ ist, muß τ ein Anfangsstück von τ' sein oder umgekehrt. Da τ , τ' Terme sind, folgt $\tau \equiv \tau'$ nach (i). Sodann ist die Formel ψ' ein Anfangsstück von ψ. Wegen $\psi \in \mathcal{F}$ folgt $\psi \equiv \psi'$. □

Im folgenden bezeichne $lo(\varphi)$ die *Anzahl der logischen Symbole* $\neg \; \wedge \; \forall$ in der Formel φ; mehrfach in φ vorkommende logische Symbole werden dabei auch mehrfach gezählt.

6.6 Eindeutige Zerlegung von Aussagen in $\widehat{V}$

(i) Sei φ eine Aussage in $\widehat{V}$ mit $lo(\varphi) = 0$. Dann besitzt φ genau eine der beiden Formen $\tau = \rho$ bzw. $\tau \in \rho$ mit jeweils eindeutig bestimmten Termen τ, ρ, in denen keine Variablen auftreten und die daher Elemente von $\widehat{V}$ sind.

(ii) Sei φ eine Aussage in $\widehat{V}$ mit $lo(\varphi) \geq 1$. Dann besitzt φ genau eine der drei folgenden Formen:

(α) $\neg\psi$ mit einer Aussage ψ;

(β) $(\psi \wedge \chi)$ mit Aussagen ψ, χ;

(γ) $(\forall \underline{x} \in \tau)\psi$ mit einer Variablen $\underline{x}$, einem Term τ ohne Variable und einer Formel ψ, in der höchstens $\underline{x}$ frei vorkommt.

Im Fall (α) ist ψ eindeutig bestimmt. Im Fall (β) sind ψ, χ eindeutig bestimmt. Im Fall (γ) sind $\underline{x}, \tau, \psi$ eindeutig bestimmt.

Beweis. *(i)* Ist $lo(\varphi) = 0$, so ist φ eine Elementarformel und besitzt daher eine der beiden Formen $\tau = \rho$ bzw. $\tau \in \rho$ mit Termen τ, ρ. Da in Termen die Zeichen $=$ $\in$ nicht vorkommen, kann φ nur eine der beiden

Formen besitzen, und die Terme τ, ρ sind jeweils eindeutig bestimmt als die Zeichenreihen, die links und rechts von $=$ bzw. $\in$ stehen. Da φ eine Aussage ist, sind τ, ρ Terme ohne Variable und daher Elemente von $\widehat{V}$.

(ii) Ist $lo(\varphi) \geq 1$, so ist φ keine Elementarformel und besitzt daher nach Definition 6.2 eine der drei Formen:

$(\alpha)'$ $\varphi \equiv \neg\psi$ mit einer Formel ψ;

$(\beta)'$ $\varphi \equiv (\psi \wedge \chi)$ mit Formeln ψ, χ;

$(\gamma)'$ $\varphi \equiv (\forall \underline{x} \in \tau)\psi$ mit einer Variablen $\underline{x}$, einem Term τ, in dem $\underline{x}$ nicht vorkommt, und einer Formel ψ.

Es besitzt φ genau eine der Formen $(\alpha)'$, $(\beta)'$, $(\gamma)'$, da die Zeichenreihe ψ in $(\beta)'$ als Formel nicht mit dem Zeichen $\forall$ beginnen kann. Somit reicht es zu zeigen:

(1) Die Formel ψ in $(\alpha)'$ ist eindeutig bestimmt und eine Aussage.

(2) Die Formeln ψ und χ in $(\beta)'$ sind eindeutig bestimmt und Aussagen.

(3) Der Term τ und die Formel ψ in $(\gamma)'$ sind eindeutig bestimmt, τ ist ein Term ohne Variable und in ψ kommt höchstens $\underline{x}$ frei vor.

Zu (1): Es sei $\neg\psi' \equiv \neg\psi$ mit Formeln ψ und ψ'. Dann folgt $\psi' \equiv \psi$ aus der Definition der Identität von Zeichenreihen. Es ist ψ aus $(\alpha)'$ eine Aussage, da φ eine Aussage ist.

Zu (2): Es sei $(\psi' \wedge \chi') \equiv (\psi \wedge \chi)$ mit Formeln ψ', χ'. Dann ist ψ' ein Anfangsstück von ψ oder umgekehrt. Da ψ' und ψ Formeln sind, folgt $\psi' \equiv \psi$ nach 6.5 (ii) und damit ist auch $\chi' \equiv \chi$.

Es bleibt zu zeigen, daß ψ, χ Aussagen sind: Betrachte hierzu eine Stelle von ψ (bzw. χ), an der eine Variable $\underline{x}$ auftritt; es ist zu zeigen, daß $\underline{x}$ an dieser Stelle ein gebundenes Auftreten in ψ (bzw. χ) besitzt. Da $(\psi \wedge \chi)$ eine Aussage ist, liegt die betrachtete Stelle in einem Teilstück von $(\psi \wedge \chi)$ der Form

$$\varphi_1 \equiv (\forall \underline{x} \in \tau_1)\psi_1\,, \quad \tau_1 \text{ Term ohne } \underline{x}, \quad \psi_1 \text{ Formel.}$$

Es genügt nun zu zeigen:

(4) φ_1 ist ein Teilstück von ψ oder von χ;

denn dann hat $\underline{x}$ an der betrachteten Stelle ein gebundenes Auftreten in ψ bzw. χ. Da die zweite Stelle von φ_1 - an der das Zeichen $\forall$ steht - in ψ oder in χ liegt und da ψ und χ Formeln sind, gibt es ein Teilstück von ψ oder von χ der Form

$$\varphi_2 \equiv (\forall \underline{x} \in \tau_2)\psi_2 \text{ mit } \tau_2 \text{ Term ohne } \underline{x} \text{ und } \psi_2 \text{ Formel,}$$

das an der gleichen Stelle von $(\psi \wedge \chi)$ beginnt wie φ_1. Daher ist φ_1 ein Anfangsstück von φ_2 oder umgekehrt. Da φ_1, φ_2 Formeln sind, folgt nach 6.5 (ii):

$$\varphi_1 \equiv \varphi_2.$$

Da φ_2 ein Teilstück von ψ oder von χ ist, gilt somit (4) und daher (2).

Zu (3): Aus $(\forall \underline{x} \in \tau')\psi' \equiv (\forall \underline{x} \in \tau)\psi$ mit einem Term τ' und einer Formel ψ' folgt, daß τ' ein Anfangsstück von τ ist oder umgekehrt. Nach 6.5 (i) gilt somit $\tau' \equiv \tau$ und daher $\psi' \equiv \psi$.

Sei $\underline{y}$ eine von $\underline{x}$ verschiedene Variable. Da $(\forall \underline{x} \in \tau)\psi$ eine Aussage ist, kann $\underline{y}$ im Term τ nicht vorkommen, und es kann $\underline{y}$ in der Formel ψ kein freies Auftreten haben, denn in beiden Fällen wäre $\underline{y}$ eine freie Variable. Folglich ist τ ein Term ohne Variable und ψ eine Formel, in der höchstens $\underline{x}$ frei vorkommt. □

Der Leser sei noch einmal ausdrücklich darauf hingewiesen, daß Aussagen bisher nichts anderes sind als spezielle Zeichenreihen, die natürlich mit einem bestimmten Ziel in der gegebenen Weise definiert wurden. Bei den Beweisen über Aussagen durften bisher nur die Eigenschaften von Aussagen als Zeichenreihen (nicht aber ihre „Interpretation") benutzt werden. Erst durch die folgende Definition kann jetzt bei speziellen Zeichenreihen, den Aussagen, von Gültigkeit und Nicht-Gültigkeit gesprochen werden.

Der Gültigkeitsbegriff wird nun in 6.7 auf naheliegende Weise induktiv über die Anzahl der in φ enthaltenen logischen Symbole definiert. Hierbei ist es entscheidend, daß der in 6.6 gegebene Abbau von Aussagen in *allen* Bestandteilen eindeutig ist. Wäre zum Beispiel eine vorgegebene Aussage φ sowohl als $(\psi \wedge \chi)$ als auch als $(\psi' \wedge \chi')$ darstellbar und wären dabei die Aussagen ψ und ψ' nicht-identische Zeichenreihen, so wäre bei der in 6.7 gegebenen Definition der Gültigkeit von φ nicht gewährleistet, daß sie von der speziellen Darstellung unabhängig ist.

6.7 Der Gültigkeitsbegriff für Aussagen in $\widehat{V}$

Ist φ eine Aussage in $\widehat{V}$ mit $lo(\varphi) = 0$, dann hat φ nach 6.6 (i) genau eine der Formen

$$\tau = \rho \quad \text{bzw.} \quad \tau \in \rho \quad \text{mit Termen } \tau, \rho \in \widehat{V}.$$

Es heißt φ gültig, falls τ, ρ dieselben Elemente von $\widehat{V}$ sind bzw. τ ein Element von ρ ist.

Es sei $n \in \mathbb{N}$, und die Gültigkeit sei schon für alle Aussagen in $\widehat{V}$ mit weniger als n logischen Symbolen definiert. Ist nun φ eine Aussage in $\widehat{V}$ mit $lo(\varphi) = n$, so besitzt φ nach 6.6 (ii) genau eine der folgenden Formen:

(α) $\varphi \equiv \neg\psi$ mit einer eindeutig bestimmten Aussage ψ;

(β) $\varphi \equiv (\psi \wedge \chi)$ mit eindeutig bestimmten Aussagen ψ, χ;

(γ) $\varphi \equiv (\forall \underline{x} \in \tau)\psi$ mit eindeutig bestimmtem Term τ ohne Variable und einer eindeutig bestimmten Formel ψ, in der höchstens $\underline{x}$ frei vorkommt.

Im Fall (α) heißt φ gültig, falls ψ nicht gültig ist.
Im Fall (β) heißt φ gültig, falls ψ und χ gültig sind.

Im Fall (γ) ist $\tau \in \widehat{V}$, und die Gültigkeit von φ wird wie folgt festgesetzt:

$(\gamma)_1$ Ist τ eine nicht-leere Menge und kommt $\underline{x}$ in ψ frei vor, dann heißt φ gültig, falls für alle $b \in \tau$ die Aussage $\psi[b]$ gültig ist.

$(\gamma)_2$ Ist τ eine nicht-leere Menge und kommt $\underline{x}$ in ψ nicht frei vor, dann ist ψ eine Aussage, und φ heißt gültig, falls ψ gültig ist.

$(\gamma)_3$ Ist $\tau = \emptyset$ oder ist τ keine Menge, dann heißt φ gültig.

Man beachte in 6.7, daß ψ , χ aus (α) , (β) und $\psi[b]$ aus Teil $(\gamma)_1$ Aussagen in $\widehat{V}$ mit höchstens $n-1$ logischen Symbolen sind, für die nach Induktionsannahme die Gültigkeit schon definiert war. Daß $\psi[b]$ überhaupt eine Zeichenreihe in $\widehat{V}$ ist, und damit in diesem Fall dann auch eine Aussage in $\widehat{V}$ ist, folgt aus der Transitivität von $\widehat{V}$, denn wegen $b \in \tau \in \widehat{V}$ ist $b \in \widehat{V}$. Für die hier gegebene Einführung des Gültigkeitsbegriffes von Aussagen in $\widehat{V}$ ist somit die Transitivität von $\widehat{V}$ unentbehrlich.

Es sei ausdrücklich darauf hingewiesen, daß die Definition der Gültigkeit einer Aussage rein formal ist und nicht die inhaltliche Entscheidung ermöglicht, ob eine Aussage wahr ist oder nicht. Man betrachte zum Beispiel die Aussage

„Jede gerade natürliche Zahl ist Summe zweier Primzahlen“,

die sich auf folgende Weise als Aussage in $\widehat{\mathbb{R}}$ formalisieren läßt: Sei A die Menge aller geraden $n \in \mathbb{N}$, die Summen zweier Primzahlen sind, und B die Menge aller geraden $n \in \mathbb{N}$. Dann sind $A, B \in \widehat{\mathbb{R}}$, und es ist $A = B$ eine Aussage in $\widehat{\mathbb{R}}$, die die obige sprachliche Aussage formalisiert. Wir haben nun in 6.7 die Aussage $A = B$ in $\widehat{\mathbb{R}}$ genau dann als gültig erklärt, wenn A und B die gleichen Mengen sind. Die Frage, ob wirklich jede gerade natürliche Zahl Summe zweier Primzahlen ist, ist hierdurch natürlich nicht entschieden.

Der Gültigkeitsbegriff ergibt sich in den Fällen (α) , (β) und $(\gamma)_1$ von 6.7 geradezu zwangsläufig, wenn man nicht gegen den üblichen Gebrauch der drei logischen Symbole $\neg$ $\wedge$ $\forall$ in der Mathematik verstoßen will. In den ausgearteten Fällen $(\gamma)_2$ und $(\gamma)_3$ wurde die Gültigkeit künstlich festgesetzt, jedoch so, wie es noch am ehesten den Vorstellungen über den Quantor „für alle“ entspricht. Ist z.B. $V = \mathbb{R}$, so sind von den folgenden vier Aussagen die ersten drei Aussagen gültig und die letzte nicht:

$$(\forall \underline{x} \in \mathbb{R})\, 2 = 2 \qquad (\forall \underline{x} \in \emptyset) \neg\, 2 = 2$$
$$(\forall \underline{x} \in 1) \neg\, 2 = 2 \qquad (\forall \underline{x} \in \{1\}) \neg\, 2 = 2 \ .$$

Wie wir gesehen haben, hat erst der Satz über die eindeutige Zerlegung von Aussagen es ermöglicht, den Gültigkeitsbegriff unzweideutig einzuführen. Für den Beweis der eindeutigen Zerlegung von Aussagen hatten sich die beim Formelaufbau benutzten runden Klammern (siehe 6.2) als äußerst zweckmäßig erwiesen. Es sei angemerkt, daß man auf die Klammern bei $(\forall \underline{x} \in \tau)$ noch verzichten könnte, nicht jedoch auf die Klammern bei $(\psi \wedge \chi)$. Letztere sind für die eindeutige Zerlegung erforderlich. Die Klammerung bei $(\forall \underline{x} \in \tau)$ wurde vorgenommen, weil wir meinen, daß Formeln dadurch einfacher lesbar werden.

Im folgenden werden eine Reihe von Abkürzungen angegeben, die es erlauben, Formeln kürzer und in gewohnter Weise aufzuschreiben. Bei diesen abkürzenden Schreibweisen von Formeln treten neue Symbole wie $\vee \;\Longrightarrow\; \Longleftrightarrow\; \exists\; \neq\; \notin$ auf, die nicht zu den Grundzeichen gehören, aus denen die Zeichenreihen in $\widehat{V}$ gebildet sind. Werden beim abkürzenden Aufschreiben einer Formel solche neuen Symbole benutzt, so muß es natürlich in eindeutiger Weise möglich sein, diese Abkürzungen rückgängig zu machen, um so zu der nur aus Grundzeichen bestehenden Ausgangszeichenreihe in $\widehat{V}$ zu gelangen. In der Regel wird dieses durch das Einfügen von Klammern gewährleistet, die sich für die eindeutige Lesbarkeit stets als besonders nützlich erweisen.

Als erstes werden durch die folgenden Festsetzungen die vier wichtigen logischen Symbole $\vee \;\Longrightarrow\; \Longleftrightarrow\; \exists$ (interpretiert als oder, folgt, äquivalent, es existiert) auf die Grundzeichen $\neg\; \wedge\; \forall$ zurückgeführt.

6.8 Die Abkürzungen $\vee \;\Longrightarrow\; \Longleftrightarrow\; \exists$

(i) Seien ψ und χ Formeln in $\widehat{V}$. Wir schreiben abkürzend:

$(\psi \vee \chi)$ an Stelle von $\neg(\neg\psi \wedge \neg\chi)$;
$(\psi \Longrightarrow \chi)$ an Stelle von $\neg(\psi \wedge \neg\chi)$;
$(\psi \Longleftrightarrow \chi)$ an Stelle von $(\neg(\psi \wedge \neg\chi) \wedge \neg(\chi \wedge \neg\psi))$.

Offensichtlich sind $(\psi \vee \chi)$, $(\psi \Longrightarrow \chi)$ und $(\psi \Longleftrightarrow \chi)$ Formeln in $\widehat{V}$.

(ii) Sei τ ein Term, in dem $\underline{x}$ nicht vorkommt, und ψ eine Formel. Wir schreiben abkürzend:

$$(\exists \underline{x} \in \tau)\psi \text{ an Stelle von } \neg(\forall \underline{x} \in \tau)\neg\psi.$$

Offensichtlich ist $(\exists \underline{x} \in \tau)\psi$ eine Formel in $\widehat{V}$.

Die Sprechweise, daß eine mit Abkürzungen geschriebene Zeichenreihe wie zum Beispiel $(\psi \Rightarrow \chi)$ eine Formel ist, bedeutet natürlich, daß die zugehörige, eindeutig bestimmte Grundzeichenreihe in $\widehat{V}$ eine Formel ist.

Die Abkürzungen aus 6.8 können beim Aufschreiben von Formeln auch iteriert verwandt werden. Sind $\psi_1, \ldots, \psi_4$ Formeln in $\widehat{V}$ und ist τ ein Term in $\widehat{V}$, in dem $\underline{x}$ nicht vorkommt, so schreiben wir zum Beispiel auch

$$((\psi_1 \Longleftrightarrow \psi_2) \vee (\exists \underline{x} \in \tau)(\psi_3 \Rightarrow \psi_4)).$$

Nach 6.8 liefert dieses eine Formel in $\widehat{V}$; die eindeutige Rückübersetzung in die zugehörige Grundzeichenreihe ist erkennbar durch die Klammerung gesichert. In $\psi_1, \ldots, \psi_4$ dürfen auch wieder Abkürzungen benutzt werden.

Die Abkürzungen $\vee \;\Longrightarrow\; \Longleftrightarrow\; \exists$ sind natürlich in 6.8 so festgesetzt, daß sie, wie der folgende Satz zeigt, „oder, folgt, äquivalent, es existiert“ bedeuten.

6.9 Die Gültigkeit von Aussagen mit $\vee \Longrightarrow \Longleftrightarrow \exists$

(i) Sind ψ, χ Aussagen in $\widehat{V}$, so sind auch $(\psi \vee \chi)$, $(\psi \Longrightarrow \chi)$ und $(\psi \Longleftrightarrow \chi)$ Aussagen, und es gilt:

$(\psi \vee \chi)$ ist gültig genau dann, wenn ψ oder χ gültig ist;

$(\psi \Longrightarrow \chi)$ ist gültig genau dann, wenn ψ nicht gültig ist oder χ gültig ist;

$(\psi \Longleftrightarrow \chi)$ ist gültig genau dann, wenn ψ und χ beide gültig oder beide nicht gültig sind.

(ii) Ist τ ein Term ohne Variablen und ist ψ eine Formel, in der höchstens $\underline{x}$ frei vorkommt, so ist $(\exists \underline{x} \in \tau)\psi$ eine Aussage in $\widehat{V}$, und wir erhalten:

(1) Ist τ eine nicht-leere Menge und kommt $\underline{x}$ in ψ frei vor, so ist $(\exists \underline{x} \in \tau)\psi$ genau dann gültig, falls ein $b \in \tau$ existiert, so daß die Aussage $\psi[b]$ gültig ist.

(2) Ist τ eine nicht-leere Menge und kommt $\underline{x}$ in ψ nicht frei vor, so ist $(\exists \underline{x} \in \tau)\psi$ genau dann gültig, wenn ψ gültig ist.

(3) Ist $\tau = \emptyset$ oder ist τ keine Menge, so ist $(\exists \underline{x} \in \tau)\psi$ nicht gültig.

Beweis. Wir beweisen nur *(ii)* und überlassen den Beweis von *(i)* dem Leser. Nach 6.8 (ii) ist $(\exists \underline{x} \in \tau)\psi$ die Abkürzung für die Formel

$$\neg\varphi \text{ mit } \varphi \equiv (\forall \underline{x} \in \tau)\neg\psi.$$

Nach den Voraussetzungen über τ und ψ ist φ und damit auch $\neg\varphi$ eine Aussage. Wir betrachten den Fall (1); sei also:

$$\tau \neq \emptyset \text{ eine Menge und } \psi \equiv \psi[\underline{x}].$$

Nach Definition (siehe 6.7 $(\gamma)_1$) ist φ genau dann gültig, wenn für alle $b \in \tau$ die Aussage $\neg\psi[b]$ gültig ist, d.h. $\psi[b]$ nicht gültig ist. Daher ist $\neg\varphi$ genau dann gültig, wenn für wenigstens ein $b \in \tau$ die Aussage $\psi[b]$ gültig ist. Damit ist (1) gezeigt. Die Beweise für (2) und (3) verlaufen analog. □

Die folgenden Abkürzungen sind naheliegend und in der Mathematik üblich. Auch durch sie werden Formeln einfacher lesbar, da man nun das gewohnte $\neq$ oder $\notin$ in Formeln verwenden kann.

6.10 Die Abkürzungen $\neq$ $\notin$ $\forall \underline{x}_1, \ldots, \underline{x}_k$

Seien τ, ρ Terme in $\widehat{V}$. Wir schreiben in Formeln in $\widehat{V}$ auch:

(i) $\tau \neq \rho$ an Stelle von $\neg\, \tau = \rho$;

(ii) $\tau \notin \rho$ an Stelle von $\neg\, \tau \in \rho$;

(iii) $(\forall \underline{x}_1, \ldots, \underline{x}_k \in \tau)$ an Stelle von $(\forall \underline{x}_1 \in \tau) \ldots (\forall \underline{x}_k \in \tau)$.

Es werden jetzt weitere Abkürzungen eingeführt, die es ermöglichen, Operationen und Relationen in einer Weise in Formeln zu notieren, wie es in der Mathematik üblich ist.

Sei $A \in \widehat{V}$ eine nicht-leere Menge und $\ominus$ eine Operation in A, d.h.

$$\ominus : A \times A \longrightarrow A.$$

Nach 5.18 ist $\ominus \in \widehat{V}$, und es gilt:

$$a \ominus b = \ominus \upharpoonleft \langle a, b \rangle \text{ für } a, b \in A.$$

Sind τ, ρ beliebige Terme in $\widehat{V}$, so werden wir ab jetzt für ein Teilstück $\ominus \upharpoonleft \langle \tau, \rho \rangle$ einer Formel auch $\tau \ominus \rho$ schreiben. Dieses führt für $\tau, \rho \in A$ wegen obiger Gleichung zu keinem Widerspruch. Eine analoge Schreibweise werden wir für Relationen erklären.

6.11 Abkürzungen bei Operationen und Relationen

Seien τ, ρ Terme in $\widehat{V}$ und sei $A \in \widehat{V}$ eine nicht-leere Menge.

(i) Ist $\ominus$ eine Operation in A, so schreiben wir in Formeln in $\widehat{V}$ auch

$$\tau \ominus \rho \quad \text{an Stelle von} \quad \ominus \upharpoonleft \langle \tau, \rho \rangle.$$

(ii) Ist R eine Relation über A, so schreiben wir in Formeln in $\widehat{V}$ auch

$$\tau \; R \; \rho \quad \text{an Stelle von} \quad \langle \tau, \rho \rangle \in R.$$

Wegen $\ominus \in \widehat{V}$ ist $(\tau \ominus \rho)$ ein Term nach Definition 6.1. Ferner ist $\tau \; R \; \rho$ eine Formel nach Definition 6.2, da $R \in \widehat{V}$ ist (siehe 5.18).

Bei den folgenden Betrachtungen werden in Aussagen gelegentlich runde Klammern weggelassen, wenn dies zu keinen Mißverständnissen führen kann, jedoch die Lesbarkeit verbessert. Unter Berücksichtigung der in 6.11 gegebenen Abkürzung ist $(a \ominus b) = (b \ominus a)$ eine Aussage für $a, b \in A$; hier zum Beispiel werden wir dann kürzer $a \ominus b = b \ominus a$ schreiben. Auch schreiben wir für Aussagen φ_1, φ_2, φ_3 zum Beispiel $\varphi_1 \wedge \varphi_2 \wedge \varphi_3$ an Stelle von $((\varphi_1 \wedge \varphi_2) \wedge \varphi_3)$ bzw. $(\varphi_1 \wedge (\varphi_2 \wedge \varphi_3))$.

Es sei K eine mindestens zweielementige Menge mit den Operationen $+, \cdot$ (Addition und Multiplikation) und zwei ausgezeichneten Elementen 0 und 1. Wir betrachten eine Superstruktur $\widehat{V}$ mit $K \in \widehat{V}$. Wir wollen nun durch eine in $\widehat{V}$ gültige Aussage beschreiben, daß $\langle K, +, \cdot \rangle$ ein Körper mit Nullelement 0 und Einselement 1 ist. Wir werden hierbei die Abkürzungen 6.8, 6.10 und 6.11 benutzen. Da $0, 1, K \in \widehat{V}$ und $+, \cdot$ Operationen in K sind, stellen die folgenden Zeichenreihen φ_1 bis φ_9 Aussagen in $\widehat{V}$ dar.

$$\varphi_1 \equiv (\forall \underline{x}, \underline{y} \in K) \; \underline{x} + \underline{y} = \underline{y} + \underline{x}$$

$$\varphi_2 \equiv (\forall \underline{x}, \underline{y}, \underline{z} \in K) \; \underline{x} + (\underline{y} + \underline{z}) = (\underline{x} + \underline{y}) + \underline{z}$$

$$\varphi_3 \equiv (\forall \underline{x} \in K) \; \underline{x} + 0 = \underline{x}$$

$$\varphi_4 \equiv (\forall \underline{x} \in K)(\exists \underline{y} \in K) \; \underline{x} + \underline{y} = 0$$

$$\varphi_5 \equiv (\forall \underline{x}, \underline{y} \in K)\ \underline{x} \cdot \underline{y} = \underline{y} \cdot \underline{x}$$
$$\varphi_6 \equiv (\forall \underline{x}, \underline{y}, \underline{z} \in K)\ \underline{x} \cdot (\underline{y} \cdot \underline{z}) = (\underline{x} \cdot \underline{y}) \cdot \underline{z}$$
$$\varphi_7 \equiv (\forall \underline{x} \in K)\ \underline{x} \cdot 1 = \underline{x}$$
$$\varphi_8 \equiv (\forall \underline{x} \in K)(\underline{x} \neq 0 \Longrightarrow (\exists \underline{y} \in K)\ \underline{x} \cdot \underline{y} = 1)$$
$$\varphi_9 \equiv (\forall \underline{x}, \underline{y}, \underline{z} \in K)\ (\underline{x} + \underline{y}) \cdot \underline{z} = \underline{x} \cdot \underline{z} + \underline{y} \cdot \underline{z}$$

Offensichtlich gilt nach Definition 3.2: K ist genau dann ein Körper mit Nullelement 0 und Einselement 1, wenn die Aussage $\varphi_1 \wedge \varphi_2 \wedge \ldots \wedge \varphi_9$ gültig ist.

Das folgende Beispiel soll illustrieren, wie man eine Aussage der Maßtheorie durch eine Aussage in $\widehat{\mathbb{R}}$ formalisieren kann. Es werden hierbei die Abkürzungen 6.8, 6.10 und 6.11 verwandt. Man betrachte die folgende Aussage der Maßtheorie:

(A) Jede additive Funktion $\mu : \mathcal{P} \longrightarrow [0, \infty[$ ist monoton.

Hierbei bezeichne $\mathcal{P}$ die Potenzmenge von $\mathbb{R}$. Es soll (A) durch eine Aussage in der Superstruktur $\widehat{\mathbb{R}}$ beschrieben werden. Sei M die Menge aller Abbildungen $\mu : \mathcal{P} \longrightarrow [0, \infty[$, d.h. $M = [0, \infty[^{\mathcal{P}}$. Dann ist $M \in \widehat{\mathbb{R}}$ nach 5.15, denn es sind $[0, \infty[\in \widehat{\mathbb{R}}$, $\mathcal{P} \in \widehat{\mathbb{R}}$ nach 5.8. Somit ist (A) beschreibbar durch:

(B) $(\forall \underline{\mu} \in M)\ (\underline{\mu}$ additiv $\Longrightarrow \underline{\mu}$ monoton).

Um „$\underline{\mu}$ additiv" und „$\underline{\mu}$ monoton" durch Formeln in $\widehat{\mathbb{R}}$ zu beschreiben, benötigen wir folgende Operationen und Relationen: Es seien $\cap$ und $\cup$ die Operationen in $\mathcal{P}$ $(\in \widehat{\mathbb{R}})$, die je zwei Mengen $A, B \in \mathcal{P}$ den Durchschnitt bzw. die Vereinigung von A und B zuordnen. Es sei $\leq$ die übliche Kleiner-Gleich-Relation über $\mathbb{R}$, d.h. $\langle a, b\rangle \in \leq$ genau dann, wenn $a, b \in \mathbb{R}$ und a kleiner oder gleich b ist. Ferner sei $\subset$ die Relation der Inklusion über $\mathcal{P}$. Dann sind $\cap, \cup, \leq$ und $\subset$ Elemente von $\widehat{\mathbb{R}}$ (benutze 5.18).

Damit kann man in (B) unter Verwendung der angegebenen Abkürzungen die Ausdrücke $\underline{\mu}$ additiv bzw. $\underline{\mu}$ monoton durch folgende Formeln in $\widehat{\mathbb{R}}$ ersetzen:

$$(\forall \underline{A}, \underline{B} \in \mathcal{P})\ (\underline{A} \cap \underline{B} = \emptyset \Rightarrow \underline{\mu} \upharpoonright (\underline{A} \cup \underline{B}) = (\underline{\mu} \upharpoonright \underline{A}) + (\underline{\mu} \upharpoonright \underline{B}))$$

bzw.

$$(\forall \underline{A}, \underline{B} \in \mathcal{P})\ (\underline{A} \subset \underline{B} \Rightarrow \underline{\mu} \upharpoonright \underline{A} \leq \underline{\mu} \upharpoonright \underline{B}).$$

Damit wird (A) durch eine Aussage in $\widehat{\mathbb{R}}$ beschrieben.

Selbstverständlich kann man die Aussage (A) auf viele verschiedene Arten als Aussage in $\widehat{\mathbb{R}}$ aufschreiben. Eine äußerst einfache Art ist zum Beispiel die folgende, in der jedoch nicht mehr die inhaltliche Bedeutung der Begriffe additiv und monoton zum Ausdruck kommt. Sei M_a bzw. M_m das System aller additiven bzw. monotonen Abbildungen $\mu : \mathcal{P} \longrightarrow [0, \infty[$. Dann sind M_a, $M_m \in \widehat{\mathbb{R}}$ (wegen M_a, $M_m \subset M \in \widehat{\mathbb{R}}$) und (A) läßt sich durch folgende Aussage in $\widehat{\mathbb{R}}$ beschreiben:

$$(\forall \underline{\mu} \in M_a)\underline{\mu} \in M_m.$$

In welcher Weise man mathematische Aussagen formalisiert, hängt ganz wesentlich von den vorliegenden Fragestellungen ab, es ist manchmal aber auch eine Frage des persönlichen Geschmacks.

Der Leser muß sich von diesem Paragraphen den Aufbau von Termen und Formeln und die eingeführten - allerdings üblichen - Abkürzungen merken.

Der wesentliche Begriff dieses Paragraphen ist der Begriff der Aussage. Aussagen sind Formeln, in denen alle Variablen an allen Stellen durch einen Quantor gebunden sind. Der Gültigkeitsbegriff für Aussagen ist nahezu evident; zur sauberen Definition ist jedoch der Satz über die eindeutige Zerlegbarkeit von Aussagen erforderlich.

Aufgaben

1 Es sei φ eine Formel in $\widehat{V}$, die ein Teilstück $\forall \underline{x}$ enthält, d.h. φ ist von der Form

$$\text{..........} \quad \underset{\uparrow}{\forall \underline{x}} \quad \text{..........}$$

j-te Stelle

Man zeige, daß es einen eindeutigen Term τ und eine eindeutig bestimmte Formel ψ gibt, so daß φ die folgende Form hat:

$$\text{.........} \quad (\underset{\uparrow}{\forall} \underline{x} \in \tau)\psi \quad \text{.........}$$

j-te Stelle

2 Seien ψ, χ Formeln. Man zeige, daß eine Variable genau dann an einer Stelle von $(\psi \wedge \chi)$, welche im Teilstück ψ bzw. χ liegt, frei auftritt, wenn sie an der betrachteten Stelle in ψ bzw. χ frei auftritt.

3 Man formalisiere die folgenden zwei Aussagen als Aussagen in $\widehat{\mathbf{R}}$:

(i) Jede reelle Zahl wird durch eine natürliche Zahl überschritten.

(ii) Jede reelle Zahl ist eine natürliche Zahl.

4 Man formalisiere als Aussage in $\widehat{\mathbf{R}}$:
Für jede reelle Zahl $a \in]0,1[$ und jedes $\varepsilon > 0$ unterschreitet eine geeignete Potenz a^n von a die Zahl ε.

5 Es seien $A, B, C \in \widehat{V}$ Mengen. Es sei $(\forall \underline{x} \in A)(\forall \underline{x} \in B)\ \underline{x} \in C$ eine gültige Aussage. Was besagt dieses für die Mengen A, B, C ?

6 Welche der folgenden Aussagen in $\widehat{\mathbf{R}}$ sind gültige Aussagen?

(i) $(\forall \underline{x} \in \mathbf{R})(\exists \underline{y} \in \underline{x})\ 2 = 2;$

(ii) $(\forall \underline{x} \in \mathbf{R})\ 2 = 3;$

(iii) $(\forall \underline{x} \in 2) \neg\ x = x;$

(iv) $(\forall \underline{x} \in \emptyset)(\underline{x} = \underline{x} \wedge \neg\ \underline{x} = \underline{x}).$

7 Welche Variablen in den folgenden Formeln sind freie Variablen und an welchen Stellen der Formeln treten sie frei auf?

(i) $(\forall \underline{x} \in \mathbf{N})(\forall \underline{y} \in \mathbf{N})\ ((\underline{y} = \underline{x} \wedge \neg\ \underline{x} = 0) \wedge \underline{x} \in \mathbf{R})$;

(ii) $((\forall \underline{x} \in \mathbf{N})(\forall \underline{y} \in \mathbf{N})(\underline{y} = \underline{x} \wedge \neg\ \underline{x} = 0) \wedge \underline{x} \in \mathbf{R})$;

(iii) $(\forall \underline{x} \in \mathbf{N})\ (\underline{y} = \underline{x} \wedge (\forall \underline{y} \in \mathbf{N})(\neg\ \underline{x} = 0 \wedge \underline{x} \in \mathbf{R}))$.

§ 7 Das Transfer-Prinzip und satztreue Einbettungen

In diesem Paragraphen wird die Nichtstandard-Theorie axiomatisch mit Hilfe des Begriffs der „satztreuen Einbettung“ (siehe Definition 7.1) entwickelt. Anschließend werden in § 8 satztreue Einbettungen mit einfachen Zusatzeigenschaften untersucht. Die Existenz solcher Einbettungen wird im § 36 des Buches nachgewiesen. Es sei dabei dem Leser überlassen, zu welchem Zeitpunkt er den Existenzbeweis nachvollziehen möchte. Er sollte ihn jedoch frühestens nach § 8 lesen, da Begriffe aus § 7 und § 8 bei der Konstruktion verwandt werden.

Manche Autoren bringen die grundlegende Konstruktion solcher Einbettungen, d.h. letztlich die Konstruktion der Nichtstandard-Welt, vor oder gleichzeitig mit der Entwicklung der allgemeinen Theorie. Wir haben den hier gewählten Weg aus zwei Gründen vorgezogen. Erstens ist man es in der Mathematik gewöhnt, eine Theorie axiomatisch zu entwickeln. Diese Methode ist elegant, und es treten bei ihr die logischen Strukturen besonders prägnant hervor. Der zweite Grund ist mehr psychologischer Art. Hat man die Vorzüge und die Bedeutung einer Theorie schon kennengelernt, so ist die Neugier auf die Existenz geeigneter Modelle gewachsen. Dieses erhöht wiederum die Bereitschaft, die doch recht schwierige Konstruktion detailliert nachzuvollziehen. Viele Begriffe, die in der Konstruktion verwandt werden, sind zudem schon vertraut und eingeübt.

In § 3 und § 4 wurde eine Vorstufe der Nichtstandard-Theorie für die Menge $\mathbb{R}$ der reellen Zahlen dargestellt. Um die Nichtstandard-Theorie für alle Bereiche der Mathematik zugänglich zu machen, starten wir nun an Stelle von $\mathbb{R}$ mit einer beliebigen Menge S, die als das System der für die jeweilige Theorie relevanten Urelemente anzusehen ist. In der Regel wird S alle reellen Zahlen enthalten. Die Superstruktur $\widehat{S} = \cup_{\nu=0}^{\infty} S_\nu$ bildet unsere sogenannte *Standard-Welt*. Sie enthält (siehe § 5) alle für den betrachteten Bereich der Mathematik relevanten Objekte als Elemente. Der Standard-Welt wird in § 8 eine sogenannte Nichtstandard-Welt zugeordnet, die vermittels des Transfer-Prinzips (siehe 7.1) mit der Standard-Welt in Verbindung steht. Die Nichtstandard-Welt wird Teil einer neuen, riesigen Superstruktur $\widehat{W}$ sein.

In § 3 und § 4 wurden für den Fall $S = \mathbb{R}$ einigen speziellen Objekten der Standard-Welt $\widehat{S}$ auf elementare Weise Objekte der Nichtstandard-Welt zugeordnet, so zum Beispiel den Objekten $\mathbb{R}$, f , $+$, $\cdot$, $\leq$ die Objekte ${}^*\mathbb{R}$, ${}^*f$, ${}^*+$ ${}^*\cdot$, ${}^*\leq$. Alle diese *-Objekte liegen nach § 5 in der Superstruktur $\widehat{W}$ mit $W = {}^*\mathbb{R}$ (beachte dabei, daß ${}^*f$, ${}^*+$, ${}^*\cdot$, ${}^*\leq$ nach § 4 Funktionen bzw. Relationen sind). Die allgemeine Nichtstandard-Theorie geht nun über diesen elementaren Ansatz insoweit hinaus, indem jedem Objekt der Standard-Welt, d.h. allen $a \in \widehat{S}$, ein Objekt ${}^*a \in \widehat{W}$ zugeordnet wird. Wir betrachten also eine Abbildung

$$^* : \widehat{S} \longrightarrow \widehat{W}.$$

Diese Abbildung soll dabei eine ganz wesentliche Eigenschaft besitzen: Mit ihrer Hilfe sollen sich gültige Aussagen (d.h. Sätze) der Standard-Welt in gültige Aussagen (d.h. Sätze) der Nichtstandard-Welt transferieren. Man sagt daher auch, daß das Transfer-Prinzip erfüllt ist. Ein wenig genauer bedeutet das Transfer-Prinzip, daß für die Objekte ${}^*a$ „dieselben Sätze" gültig sind, die für die Ausgangselemente $a \in \widehat{S}$ gelten. Das Transfer-Prinzip gehört zu den wichtigsten Prinzipien der Nichtstandard-Theorie.

Bevor wir uns nun dem grundlegenden Begriff der satztreuen Einbettung sowie dem Transfer-Prinzip zuwenden, benötigen wir einige naheliegende Bezeichnungen.

Für den Rest dieses Paragraphen seien S und W zwei nicht-leere Mengen von Urelementen. Es seien

$$\widehat{S} = \cup_{\nu=0}^{\infty} S_\nu \quad \text{und} \quad \widehat{W} = \cup_{\nu=0}^{\infty} W_\nu$$

die zugehörigen Superstrukturen aus Definition 5.1 (mit $V = S$ und $V = W$).

Ist $a \in \widehat{S}$, so schreiben wir auch ${}^*a$ (an Stelle von ${}^*(a)$) für das Bildelement von a unter der Abbildung $^* : \widehat{S} \longrightarrow \widehat{W}$. Ist φ eine Formel in $\widehat{S}$, so bezeichne ${}^*\varphi$ die Formel in $\widehat{W}$, die aus φ dadurch entsteht, daß man jedes in der Formel φ auftretende Element $a \in \widehat{S}$ durch das Bildelement ${}^*a \in \widehat{W}$ ersetzt. Analog ist ${}^*\tau$ für Terme τ in $\widehat{S}$ definiert.

Natürlich ist ${}^*\tau$ wieder ein Term in $\widehat{W}$, und es ist ${}^*\varphi$ eine Aussage in $\widehat{W}$, falls φ eine Aussage in $\widehat{S}$ ist.

7.1 Satztreue Einbettung, Transfer-Prinzip

Es heißt $*: \widehat{S} \longrightarrow \widehat{W}$ eine *satztreue Einbettung,* wenn gilt:

(i) $^*S = W$;

(ii) $^*s = s$ für alle $s \in S$;

(iii) für alle Aussagen φ in $\widehat{S}$ ist φ genau dann gültig, wenn $^*\varphi$ gültig ist.

Die Eigenschaft (iii) heißt das *Transfer-Prinzip.*

Da $W = {}^*S$ und damit $\widehat{W} = \widehat{^*S}$ ist, schreiben wir statt $*: \widehat{S} \longrightarrow \widehat{W}$ in der Regel $*: \widehat{S} \longrightarrow \widehat{^*S}$.

Statt 7.1 (iii) ließe sich auch formal schwächer fordern:

(iv) Ist φ eine Aussage in $\widehat{S}$, die gültig ist, so ist $^*\varphi$ gültig.

Aus (iv) folgt nämlich direkt die Rückrichtung von 7.1 (iii): Sei hierzu $^*\varphi$ gültig. Wäre φ nicht gültig, so wäre die Aussage $\chi \equiv \neg\varphi$ gültig. Nach (iv) ist dann die Aussage $^*\chi \equiv \neg{}^*\varphi$ gültig, d.h. $^*\varphi$ ist nicht gültig im Widerspruch zur Annahme, daß $^*\varphi$ gültig ist. □

Die Eigenschaft (i), d.h. $^*S = W$, einer satztreuen Einbettung bewirkt im Zusammenspiel mit dem Transfer-Prinzip, daß $a \in \widehat{S}$ genau dann eine Menge ist, wenn $^*a$ eine Menge ist (siehe auch 7.2 (iii)).

Die Eigenschaft (ii) einer satztreuen Einbettung stellt zusammen mit (i) und (iii) u.a. sicher, daß S eine Teilmenge von $^*S$ ist (siehe 7.4 (iii)) und damit alle Urelemente der Standard-Welt auch Urelemente der Nichtstandard-Welt sind. Darüber hinaus sind natürlich alle Elemente von $^*S - S$ Urelemente der Nichtstandard-Welt. Wir weisen noch einmal ausdrücklich darauf hin, daß die Elemente von $^*S$ die Urelemente der neuen Superstruktur $\widehat{^*S}$ sind. Genau die Elemente von $\widehat{^*S} - {}^*S$ sind daher die Mengen aus $\widehat{^*S}$; siehe hierzu auch die Bemerkungen in § 5.

Die Eigenschaft (iii) einer satztreuen Einbettung, also das Transfer-Prinzip, ist für den Fall $S = \mathbb{R}$ eine Erweiterung des in § 4 betrachteten Transfer-Prinzips. In diesem eingeschränkten Transfer-Prinzip wurden nur Aussagen über einen eingeschränkten Bereich der Standard-Welt transferiert, da nur für recht wenige Objekte a der Standard-Welt (nämlich für $a = \mathbb{R}$, f , $+$, $\cdot$, $\leq$) die $*$-Werte $^*a$ zur Verfügung standen. Um einzusehen, daß das eingeschränkte Transfer-Prinzip aus 4.8 als Spezialisierung des Transfer-Prinzips erhältlich ist, muß man die in § 6 eingeführten Abkürzungen für Formeln beachten und sich ferner daran erinnern, daß $^*+$, $^*\cdot$, $^*\leq$ in § 4 wieder mit $+$, $\cdot$, $\leq$ bezeichnet wurden.

Bevor wir erste Anwendungen des Transfer-Prinzips bringen, wollen wir noch einige Überlegungen zum Übergang von einer Formel φ in $\widehat{S}$ zur Formel $^*\varphi$ in $\widehat{W}$ voranstellen. In Formeln φ sollen ab jetzt auch die in 6.8 und

6.10 eingeführten Abkürzungen benutzt werden. (Auf die in 6.11 eingeführten Abkürzungen für Operationen und Relationen gehen wir später ein.) Die folgenden Überlegungen verdeutlichen, daß dann auch in ${}^*\varphi$ diese Abkürzungen entsprechend verwendet werden können. In 6.8 wurden die wichtigen logischen Symbole $\vee \quad \Longrightarrow \quad \Longleftrightarrow \quad \exists$ auf die nach Definition 6.2 in den Formeln nur erlaubten logischen Symbole $\neg \ \wedge \ \forall$ zurückgeführt. Werden in der Formel φ zur Abkürzung die logischen Symbole $\vee \quad \Longrightarrow \quad \Longleftrightarrow \quad \exists$ benutzt, so können auch in der Formel ${}^*\varphi$ diese abkürzenden logischen Symbole benutzt werden. Stets muß auch hier nur jedes in der Abkürzung der Formel φ auftretende Element $a \in \widehat{S}$ durch das Element ${}^*a \in \widehat{W}$ ersetzt werden. Beispielsweise ist

$$(\exists \underline{x} \in S)\underline{x} \in S_1$$

als Abkürzung für die Formel

$$\varphi \equiv \neg(\forall \underline{x} \in S)\neg \underline{x} \in S_1$$

eingeführt worden. Daher ist

$${}^*\varphi \equiv \neg(\forall \underline{x} \in {}^*S)\neg \underline{x} \in {}^*S_1,$$

und wir dürfen deshalb wieder für ${}^*\varphi$ die Abkürzung

$$(\exists \underline{x} \in {}^*S)\underline{x} \in {}^*S_1$$

benutzen. Wird in einer Formel φ in $\widehat{S}$ für Terme τ, ρ die Abkürzung

$$\tau \neq \rho, \qquad \tau \notin \rho \qquad \text{oder} \qquad (\forall \underline{x}_1, \ldots, \underline{x}_k \in \tau)$$

benutzt (siehe 6.10 (i), (ii), (iii)), so kann in ${}^*\varphi$ an der entsprechenden Stelle die Abkürzung

$${}^*\tau \neq {}^*\rho, \qquad {}^*\tau \notin {}^*\rho \qquad \text{oder} \qquad (\forall \underline{x}_1, \ldots, \underline{x}_k \in {}^*\tau)$$

benutzt werden.

Ab jetzt werden die Zeichen $\Longrightarrow, \Longleftrightarrow, \wedge$ auch wieder im allgemeinen mathematischen Text (wie z.B. in 7.2) verwandt, und nicht nur in Formeln von $\widehat{S}$ und $\widehat{{}^*S}$.

Wir geben zunächst eine Reihe von sehr einfachen Folgerungen aus dem Transfer-Prinzip.

7.2 Der Transfer von $=$, $\in$, $\subset$ und der Transitivität

Sei ${}^*: \widehat{S} \longrightarrow \widehat{{}^*S}$ eine satztreue Einbettung. Seien $a, b \in \widehat{S}$ und $A, B \in \widehat{S} - S$. Dann gilt:

(i) $a = b \iff {}^*a = {}^*b$;

(ii) $a \in b \iff {}^*a \in {}^*b$;

(iii) a Menge $\iff {}^*a$ Menge ;

(iv) $A \subset B \iff {}^*A \subset {}^*B$;

(v) A transitiv $\iff {}^*A$ transitiv .

Beweis. Die fünf Behauptungen folgen direkt aus dem Transfer-Prinzip (siehe 7.1 (iii)). Man wähle hierzu die folgenden Aussagen $\varphi_1, \ldots, \varphi_5$:

$a = b$ für (i); $a \in b$ für (ii); $a \notin S$ für (iii); $(\forall \underline{x} \in A)\underline{x} \in B$ für (iv); $(\forall \underline{b} \in A)(\forall \underline{a} \in \underline{b})\underline{a} \in A$ als Beschreibung der Transitivität von A in (v).

Dann sind ${}^*\varphi_1, \dots, {}^*\varphi_5$ die fünf Aussagen:

$${}^*a = {}^*b; \quad {}^*a \in {}^*b; \quad {}^*a \notin {}^*S; \quad (\forall \underline{x} \in {}^*A)\underline{x} \in {}^*B; \quad (\forall \underline{b} \in {}^*A)(\forall \underline{a} \in \underline{b})\underline{a} \in {}^*A.$$

Da nach dem Transfer-Prinzip φ_ν genau dann gültig ist, wenn ${}^*\varphi_\nu$ gültig ist, erhält man (i) bis (v). Für (iv) beachte man, daß mit A, B nach (iii) auch ${}^*A, {}^*B$ Mengen sind. □

In 7.3 werden die *-Werte, d.h. die Bildelemente unter der Abbildung *, von einfachen Objekten aus $\widehat{S}$ angegeben.

7.3 *-Werte von $\emptyset$, $\langle a, b\rangle$, $a \upharpoonright b$ und von $a \in S^n$

Sei $^* : \widehat{S} \longrightarrow \widehat{{}^*S}$ eine satztreue Einbettung und seien $a, b, a_1, \dots, a_n \in \widehat{S}$. Es gilt:

(i) ${}^*\emptyset = \emptyset$;

(ii) ${}^*\langle a_1, \dots, a_n\rangle = \langle {}^*a_1, \dots, {}^*a_n\rangle$;

(iii) ${}^*(a \upharpoonright b) = {}^*a \upharpoonright {}^*b$;

(iv) ${}^*a = a$ für alle $a \in S^n$ und $n \in \mathbb{N}$.

Beweis. *(i)* Es ist ${}^*\emptyset$ eine Menge (siehe 7.2 (iii)), und daher genügt es zu zeigen, daß ${}^*\emptyset$ kein Element enthält. Es ist $(\forall \underline{x} \in \emptyset)\underline{x} \neq \underline{x}$ eine gültige Aussage in $\widehat{S}$ (siehe 6.7 $(\gamma)_3$). Nach dem Transfer-Prinzip (siehe 7.1 (iii)) ist daher $(\forall \underline{x} \in {}^*\emptyset)\underline{x} \neq \underline{x}$ eine gültige Aussage. Folglich kann ${}^*\emptyset$ kein Element enthalten.

(ii) Für $n = 1$ ist (ii) trivial; beachte dabei $\langle a\rangle = a$.

Wir nehmen nun induktiv an, daß (ii) für $n-1$ richtig ist $(n \geq 2)$. Setze

(1) $$a := \langle a_1, \dots, a_{n-1}\rangle.$$

Dann ist $a \in \widehat{S}$ nach 5.8 (vi) und nach Induktionsannahme gilt:

(2) $${}^*a = \langle {}^*a_1, \dots, {}^*a_{n-1}\rangle.$$

Sei b das Element $\langle a, a_n\rangle$ aus $\widehat{S}$. Dann ist die Aussage $b = \langle a, a_n\rangle$ gültig, und daher gilt nach dem Transfer-Prinzip die Aussage ${}^*b = \langle {}^*a, {}^*a_n\rangle$. Wegen $b = \langle a, a_n\rangle \underset{(1),5.6}{=} \langle a_1, \dots, a_n\rangle$ folgt somit

$${}^*\langle a_1, \dots, a_n\rangle = \langle {}^*a, {}^*a_n\rangle \underset{(2)}{=} \langle\langle {}^*a_1, \dots, {}^*a_{n-1}\rangle, {}^*a_n\rangle \underset{5.6}{=} \langle {}^*a_1, \dots, {}^*a_n\rangle.$$

(iii) Sei c das Element $a \upharpoonright b$ aus $\widehat{S}$. Dann ist die Aussage $c = (a \upharpoonright b)$ gültig, und das Transfer-Prinzip liefert ${}^*c = ({}^*a \upharpoonright {}^*b)$. Somit gilt ${}^*(a \upharpoonright b) = {}^*a \upharpoonright {}^*b$.

(iv) Wegen $a \in S^n$ ist $a = \langle a_1, \dots, a_n\rangle$ mit $a_i \in S$. Dann ist ${}^*a_i = a_i$ (siehe 7.1 (ii)), und es folgt ${}^*a \underset{(ii)}{=} \langle {}^*a_1, \dots, {}^*a_n\rangle = \langle a_1, \dots, a_n\rangle = a$. □

Es sei noch einmal darauf hingewiesen, daß in Formeln und Aussagen gelegentlich runde Klammern weggelassen werden, um so die Lesbarkeit zu verbessern;

natürlich darf sich der Gültigkeitsbegriff dadurch nicht verändern. Insbesondere bei Aussagen, die durch $\wedge$ bzw. $\vee$ verknüpft sind, werden im folgenden häufig Klammern weggelassen.

7.4 $\{{}^*a: a \in A\}$ und ${}^*A$ für endliches A und für $A \subset S^n$

Sei $* : \widehat{S} \longrightarrow \widehat{{}^*S}$ eine satztreue Einbettung und $A \in \widehat{S}$ eine Menge. Dann gilt:

(i) $\{{}^*a: a \in A\} \subset {}^*A$;

(ii) A endliche Menge $\Longrightarrow$ (${}^*A$ endliche Menge und ${}^*A = \{{}^*a: a \in A\}$);

(iii) $A \subset S^n \Longrightarrow (A \subset {}^*A$ und ${}^*A \cap S^n = A)$.

Beweis. ***(i)*** Sei $a \in A$. Dann ist ${}^*a \in {}^*A$ nach 7.2 (ii), und somit folgt (i).
(ii) Sei $A = \{a_1, \ldots, a_k\}$. Dann ist

$$(\forall \underline{x} \in A)(\underline{x} = a_1 \vee \ldots \vee \underline{x} = a_k)$$

eine gültige Aussage in $\widehat{S}$. Nach dem Transfer-Prinzip ist die Aussage

$$(\forall \underline{x} \in {}^*A)(\underline{x} = {}^*a_1 \vee \ldots \vee \underline{x} = {}^*a_k)$$

gültig. Da ${}^*A$ eine Menge ist (benutze 7.2 (iii)), folgt:

$${}^*A \subset \{{}^*a_1, \ldots, {}^*a_k\}.$$

Mit (i) liefert dieses ${}^*A = \{{}^*a: a \in A\}$, und ${}^*A$ ist damit eine endliche Menge.
(iii) Sei $a \in A$. Da $a \in S^n$ ist, folgt $a \underset{7.3(\text{iv})}{=} {}^*a$, und somit ist $A \subset {}^*A$ nach (i). Es bleibt zu zeigen:

$${}^*A \cap S^n \subset A.$$

Sei $a \in {}^*A \cap S^n$. Wegen $a \in S^n$ ist ${}^*a \underset{7.3(\text{iv})}{=} a$, und da $a \in {}^*A$ ist, folgt somit ${}^*a \in {}^*A$. Daher ist $a \in A$ nach 7.2 (ii). □

Wir erinnern daran, daß eine Formel, in der genau die Variablen $\underline{x}_1, \ldots, \underline{x}_n$ frei auftreten, auch mit $\varphi[\underline{x}_1, \ldots, \underline{x}_n]$ bezeichnet wurde. Für Variablen $\underline{x}_1, \ldots, \underline{x}_n$ verwenden wir, wie schon für Elemente (siehe 5.6), die folgende induktiv erklärte Abkürzung. Wir schreiben

$$\langle \underline{x}_1, \ldots, \underline{x}_n \rangle \text{ an Stelle von } \langle \langle \underline{x}_1, \ldots, \underline{x}_{n-1} \rangle, \underline{x}_n \rangle.$$

Nach Definition 6.1 ist $\langle \underline{x}_1, \ldots, \underline{x}_n \rangle$ ein Term in jeder Superstruktur.

In der Mathematik werden Mengen häufig durch Formeln beschrieben. Der folgende Satz erlaubt es, für solche Mengen die $*$-Werte einfach anzugeben. Als Vorbereitung hierzu sei darauf hingewiesen, daß für den $*$-Wert ${}^*S_\nu$ von S_ν gilt:

- ${}^*S_\nu$ ist transitiv für $\nu \in \mathbb{N}$,

benutze 5.5 (ii) und 7.2 (v). Da ${}^*S_\nu \in \widehat{W} = \widehat{{}^*S}$ ist und $\widehat{{}^*S}$ transitiv ist (siehe 5.8 (i)), folgt ferner:

$${}^*S_\nu \subset \widehat{{}^*S}.$$

7.5 *-Werte durch Formeln definierter Mengen

Sei $^*: \widehat{S} \longrightarrow \widehat{^*S}$ eine satztreue Einbettung und $\varphi[\underline{x}_1, \ldots, \underline{x}_n]$ eine Formel in $\widehat{S}$. Sei $A \in \widehat{S}$ eine Menge. Dann gilt:

$$^*\{\langle a_1, \ldots, a_n\rangle \in A : \varphi[a_1, \ldots, a_n] \text{ ist gültig}\}$$
$$= \{\langle b_1, \ldots, b_n\rangle \in {}^*A : {}^*\varphi[b_1, \ldots, b_n] \text{ ist gültig}\}.$$

Beweis. Wir beweisen zunächst die Behauptung für $n = 1$ und führen dann den allgemeinen Fall hierauf zurück. Sei also $\psi[\underline{x}]$ eine Formel in $\widehat{S}$; wir zeigen:

(1) $^*\{a \in A : \psi[a] \text{ ist gültig}\} = \{b \in {}^*A : {}^*\psi[b] \text{ ist gültig}\}$.

Setze

$$A_0 := \{a \in A : \psi[a] \text{ ist gültig}\};$$

wegen $A_0 \subset A \in \widehat{S}$ ist $A_0 \in \widehat{S}$ (benutze 5.8 (iv)). Somit ist

$$(\forall \underline{x} \in A)(\underline{x} \in A_0 \Leftrightarrow \psi[\underline{x}])$$

eine gültige Aussage in $\widehat{S}$. Nach dem Transfer-Prinzip ist daher auch

$$(\forall \underline{x} \in {}^*A)(\underline{x} \in {}^*A_0 \Leftrightarrow {}^*\psi[\underline{x}])$$

eine gültige Aussage.

Da $^*A_0 \subset {}^*A$ ist (siehe 7.2 (iv)), folgt somit:

$$\{b \in {}^*A : {}^*\psi[b] \text{ ist gültig}\} = {}^*A_0 = {}^*\{a \in A : \psi[a] \text{ ist gültig}\}.$$

Damit ist (1) gezeigt.

Für den allgemeinen Fall benötigen wir einige Vorüberlegungen. Da $A \in \widehat{S}$ eine Menge ist, existiert nach 5.8 (vii) ein $\nu \in \mathbb{N}$ mit $A \subset S_\nu$. Dann ist $^*A \subset {}^*S_\nu$ (7.2 (iv)), und $S_\nu, {}^*S_\nu$ sind transitiv (5.5 (ii), 7.2 (v)). Aus 5.6 (ii) (angewandt auf $T = S_\nu$ bzw. $T = {}^*S_\nu$) folgt daher:

(2) $\langle a_1, \ldots, a_n\rangle \in A$ impliziert $a_1, \ldots, a_n \in S_\nu$;

(3) $\langle b_1, \ldots, b_n\rangle \in {}^*A$ impliziert $b_1, \ldots, b_n \in {}^*S_\nu$.

Wir werden nun (1) auf die folgende Formel anwenden:

(4) $\psi[\underline{x}] \equiv (\exists \underline{x}_1 \in S_\nu) \ldots (\exists \underline{x}_n \in S_\nu)\,(\underline{x} = \langle \underline{x}_1, \ldots, \underline{x}_n\rangle \wedge \varphi[\underline{x}_1, \ldots, \underline{x}_n])$.

Es ist

(5) $^*\psi[\underline{x}] \equiv (\exists \underline{x}_1 \in {}^*S_\nu) \ldots (\exists \underline{x}_n \in {}^*S_\nu)\,(\underline{x} = \langle \underline{x}_1, \ldots, \underline{x}_n\rangle \wedge {}^*\varphi[\underline{x}_1, \ldots, \underline{x}_n])$.

Wir zeigen nun mit (2), (4) bzw. (3), (5):

(6) $\{\langle a_1, \ldots, a_n\rangle \in A : \varphi[a_1, \ldots, a_n] \text{ ist gültig}\} = \{a \in A : \psi[a] \text{ ist gültig}\}$;

(7) $\{\langle b_1, \ldots, b_n\rangle \in {}^*A : {}^*\varphi[b_1, \ldots, b_n] \text{ ist gültig}\} = \{b \in {}^*A : {}^*\psi[b] \text{ ist gültig}\}$.

Aus (1), (6), (7) folgt direkt die Behauptung. Es verbleiben also (6) und (7) zu beweisen.

Zu (6): Sei $\langle a_1, \ldots, a_n\rangle \in A$, so daß $\varphi[a_1, \ldots, a_n]$ gültig ist. Setze $a := \langle a_1, \ldots, a_n\rangle$. Dann ist $a \in A$, und nach (2) sind $a_1, \ldots, a_n \in S_\nu$. Daher

ist $\psi[a]$ gültig nach (4). Sei umgekehrt $a \in A$, so daß $\psi[a]$ gültig ist. Nach (4) existieren dann $a_1, \ldots, a_n \in S_\nu$, so daß $\langle a_1, \ldots, a_n \rangle = a \in A$ und $\varphi[a_1, \ldots, a_n]$ gültig ist. Damit ist (6) gezeigt.
Der Beweis von (7) verläuft analog mit Hilfe von (3), (5) an Stelle von (2), (4). □

Der nächste Satz 7.7 bringt einfache Anwendungen von 7.5. Die folgende technische Überlegung, die wir auch später noch häufig verwenden, erweist sich hierzu als hilfreich.

7.6 Lemma

Sei $^*: \widehat{S} \longrightarrow \widehat{^*S}$ eine satztreue Einbettung. Dann gilt für $\nu \in \mathbb{N}_0$:

$$A, B \subset S_\nu \Longrightarrow A \times B \subset S_{\nu+2},\ ^*A \times {}^*B \subset {}^*S_{\nu+2}.$$

Beweis. Aus $A, B \subset S_\nu$ folgt $A, B \in S_{\nu+1}$. Daher ist $A \times B \in S_{\nu+3}$ (siehe 5.7 (vii)), und es folgt $A \times B \subset S_{\nu+2}$ (siehe 5.7 (i)). Somit ist die folgende Aussage gültig:

$$(\forall \underline{a} \in A)(\forall \underline{b} \in B)\langle \underline{a}, \underline{b} \rangle \in S_{\nu+2}.$$

Nach dem Transfer-Prinzip gilt daher für alle $a \in {}^*A$ und alle $b \in {}^*B$, daß $\langle a, b \rangle \in {}^*S_{\nu+2}$ ist, d.h. es ist $^*A \times {}^*B \subset {}^*S_{\nu+2}$. □

7.7 *-Werte von $A \cap B$, $A - B$, $A \cup B$ und $A \times B$

Sei $^*: \widehat{S} \longrightarrow \widehat{^*S}$ eine satztreue Einbettung. Dann gilt für alle Mengen $A, B \in \widehat{S}$:

(i) $^*(A \cap B) = {}^*A \cap {}^*B$;

(ii) $^*(A - B) = {}^*A - {}^*B$;

(iii) $^*(A \cup B) = {}^*A \cup {}^*B$;

(iv) $^*(A \times B) = {}^*A \times {}^*B$.

Beweis. ***(i)*** Sei $\varphi[\underline{x}]$ die Formel $\underline{x} \in B$. Dann ist:

$$A \cap B = \{a \in A : \varphi[a] \text{ ist gültig}\},$$

und es folgt:

$$^*(A \cap B) \underset{7.5}{=} \{b \in {}^*A : {}^*\varphi[b] \text{ ist gültig}\} = \{b \in {}^*A : b \in {}^*B\} = {}^*A \cap {}^*B.$$

(ii) folgt analog mit der Formel $\underline{x} \notin B$.

(iii),(iv) Seien $A, B \subset S_\nu$ für ein $\nu \in \mathbb{N}$; ein solches ν existiert nach 5.8 (vii). Für (iii) betrachte die Formel

$$\varphi[\underline{x}] \equiv (\underline{x} \in A \vee \underline{x} \in B).$$

Wegen $A, B \subset S_\nu$ ist $A \cup B = \{a \in S_\nu : \varphi[a] \text{ ist gültig}\}$, und es folgt:

$$^*(A \cup B) \underset{7.5}{=} \{b \in {}^*S_\nu : {}^*\varphi[b] \text{ ist gültig}\} = \{b \in {}^*S_\nu : b \in {}^*A \text{ oder } b \in {}^*B\}.$$

Wegen $^*A, {}^*B \subset {}^*S_\nu$ (benutze 7.2 (iv)) folgt $^*(A \cup B) = {}^*A \cup {}^*B$.

Für (iv) betrachte die Formel:

$$\varphi[\underline{x}_1, \underline{x}_2] \equiv (\underline{x}_1 \in A \wedge \underline{x}_2 \in B).$$

Wegen $A \times B \subset S_{\nu+2}$ (siehe 7.6) ist

$$A \times B = \{\langle a_1, a_2\rangle \in S_{\nu+2} : \varphi[a_1, a_2] \text{ ist gültig}\},$$

und es folgt:

$$\begin{aligned} {}^*(A \times B) &\underset{7.5}{=} \{\langle b_1, b_2\rangle \in {}^*S_{\nu+2} : {}^*\varphi[b_1, b_2] \text{ ist gültig}\} \\ &= \{\langle b_1, b_2\rangle \in {}^*S_{\nu+2} : b_1 \in {}^*A \text{ und } b_2 \in {}^*B\}. \end{aligned}$$

Wegen ${}^*A \times {}^*B \subset {}^*S_{\nu+2}$ (siehe 7.6) folgt ${}^*(A \times B) = {}^*A \times {}^*B$. □

Induktiv folgt aus 7.7 für endlich viele Mengen $A_1, \ldots, A_n \in \widehat{S}$, daß

$$\begin{aligned} {}^*(A_1 \cap \ldots \cap A_n) &= {}^*A_1 \cap \ldots \cap {}^*A_n; \\ {}^*(A_1 \cup \ldots \cup A_n) &= {}^*A_1 \cup \ldots \cup {}^*A_n; \\ {}^*(A_1 \times \ldots \times A_n) &= {}^*A_1 \times \ldots \times {}^*A_n. \end{aligned}$$

Später werden wir sehen, daß analoge Regeln für unendlich viele Mengen im allgemeinen nicht mehr gelten.

An dieser Stelle soll auf eine Technik hingewiesen werden, die schon im Beweis von 7.5 und 7.7 benutzt wurde und die im folgenden immer wieder angewandt wird: Da in Aussagen der zuerst auftretende Quantor auf eine feste Menge aus $\widehat{S}$ eingeschränkt sein muß (beschränktes Quantifizieren), müssen häufig die für eine Aussage relevanten Mengen Teilmengen einer festen Menge sein, über die dann quantifiziert wird. Diese feste Menge wird in der Regel eine der Mengen S_ν sein.

Für den folgenden Satz erinnern wir daran, daß $\mathcal{D}(R)$ bzw. $\mathcal{W}(R)$ den Definitions- bzw. Wertebereich einer Relation R bezeichnen (siehe 5.9). Die inverse Relation R^{-1} und die Komposition $R_2 \circ R_1$ von Relationen wurden in 5.11 definiert.

7.8 *-Werte bei Relationen

Sei ${}^* : \widehat{S} \longrightarrow \widehat{{}^*S}$ eine satztreue Einbettung. Seien $R, R_1, R_2 \in \widehat{S}$ Relationen. Dann sind ${}^*R, {}^*R_1, {}^*R_2$ Relationen, und es gilt:

(i) ${}^*(\mathcal{D}(R)) = \mathcal{D}({}^*R)$ und ${}^*(\mathcal{W}(R)) = \mathcal{W}({}^*R)$;

(ii) $A_0 \in \widehat{S}$ Menge $\Longrightarrow {}^*(R[A_0]) = {}^*R[{}^*A_0]$;

(iii) ${}^*(R^{-1}) = ({}^*R)^{-1}$; ${}^*(R_2 \circ R_1) = {}^*R_2 \circ {}^*R_1$.

Beweis. ***(i),(ii)*** Es sind $\mathcal{D}(R)$, $\mathcal{W}(R)$, $R[A_0] \in \widehat{S}$ nach 5.10. Daher existiert ein $\nu \in \mathbb{N}$ (siehe 5.8 (vii)) mit

(1) $\mathcal{D}(R), \mathcal{W}(R), R[A_0] \subset S_\nu$.

Aus $R \subset \mathcal{D}(R) \times \mathcal{W}(R) \underset{(1)}{\subset} S_\nu \times S_\nu$ folgt:

$${}^*R \underset{7.2\,(iv)}{\subset} {}^*(S_\nu \times S_\nu) \underset{7.7\,(iv)}{=} {}^*S_\nu \times {}^*S_\nu.$$

Damit ist ${}^*R$ eine Relation mit

(2) $\mathcal{D}({}^*R), \mathcal{W}({}^*R), {}^*R[{}^*A_0] \subset {}^*S_\nu$;

beachte dabei, daß ${}^*A_0$ eine Menge ist (siehe 7.2 (iii)).

Um die *-Werte von $\mathcal{D}(R)$, $\mathcal{W}(R)$ und $R[A_0]$ mit Hilfe von 7.5 berechnen zu können, werden nun $\mathcal{D}(R)$, $\mathcal{W}(R)$, $R[A_0]$ durch Formeln beschrieben. Betrachte hierzu

(3) $\varphi_1[\underline{x}] \equiv (\exists \underline{y} \in S_\nu)\langle \underline{x}, \underline{y}\rangle \in R$, dann ist ${}^*\varphi_1[\underline{x}] \equiv (\exists \underline{y} \in {}^*S_\nu)\langle \underline{x}, \underline{y}\rangle \in {}^*R$;

(4) $\varphi_2[\underline{y}] \equiv (\exists \underline{x} \in S_\nu)\langle \underline{x}, \underline{y}\rangle \in R$, dann ist ${}^*\varphi_2[\underline{y}] \equiv (\exists \underline{x} \in {}^*S_\nu)\langle \underline{x}, \underline{y}\rangle \in {}^*R$;

(5) $\varphi_3[\underline{y}] \equiv (\exists \underline{x} \in A_0)\langle \underline{x}, \underline{y}\rangle \in R$, dann ist ${}^*\varphi_3[\underline{y}] \equiv (\exists \underline{x} \in {}^*A_0)\langle \underline{x}, \underline{y}\rangle \in {}^*R$.

Dann gilt wegen (1):

$$\mathcal{D}(R) \underset{(3)}{=} \{a \in S_\nu : \varphi_1[a] \text{ ist gültig}\};$$
$$\mathcal{W}(R) \underset{(4)}{=} \{a \in S_\nu : \varphi_2[a] \text{ ist gültig}\};$$
$$R[A_0] \underset{(5)}{=} \{a \in S_\nu : \varphi_3[a] \text{ ist gültig}\}.$$

Daher folgt:

$${}^*(\mathcal{D}(R)) \underset{7.5}{=} \{b \in {}^*S_\nu : {}^*\varphi_1[b] \text{ ist gültig}\} \underset{(3),(2)}{=} \mathcal{D}({}^*R);$$
$${}^*(\mathcal{W}(R)) \underset{7.5}{=} \{b \in {}^*S_\nu : {}^*\varphi_2[b] \text{ ist gültig}\} \underset{(4),(2)}{=} \mathcal{W}({}^*R);$$
$${}^*(R[A_0]) \underset{7.5}{=} \{b \in {}^*S_\nu : {}^*\varphi_3[b] \text{ ist gültig}\} \underset{(5),(2)}{=} {}^*R[{}^*A_0].$$

(iii) Wir beschreiben R^{-1} und $R_2 \circ R_1$ durch Formeln und wenden dann erneut 7.5 an. Sei zunächst

(6) $\varphi[\underline{x}, \underline{y}] \equiv \langle \underline{y}, \underline{x}\rangle \in R$, dann ist ${}^*\varphi[\underline{x}, \underline{y}] \equiv \langle \underline{y}, \underline{x}\rangle \in {}^*R$.

Somit gilt wegen (1):

$$R^{-1} \underset{(6)}{=} \{\langle a_1, a_2\rangle \in S_\nu \times S_\nu : \varphi[a_1, a_2] \text{ ist gültig}\}.$$

Da ${}^*(S_\nu \times S_\nu) \underset{7.7\,(\text{iv})}{=} {}^*S_\nu \times {}^*S_\nu$ ist, folgt:

$${}^*(R^{-1}) \underset{7.5}{=} \{\langle b_1, b_2\rangle \in {}^*S_\nu \times {}^*S_\nu : {}^*\varphi[b_1, b_2] \text{ ist gültig}\} \underset{(6),(2)}{=} ({}^*R)^{-1}.$$

Es bleibt zu zeigen, daß ${}^*(R_2 \circ R_1) = {}^*R_2 \circ {}^*R_1$ ist. Analog zu (1) gibt es ein $\nu \in \mathbb{N}$, so daß $\mathcal{D}(R_i), \mathcal{W}(R_i) \subset S_\nu$ für $i = 1, 2$ sind. Daher gilt:

(7) $R_1, R_2 \subset S_\nu \times S_\nu$ und ${}^*R_1, {}^*R_2 \subset {}^*(S_\nu \times S_\nu)$.

Betrachte nun

(8) $\varphi[\underline{x}, \underline{z}] \equiv (\exists \underline{y} \in S_\nu)(\langle \underline{x}, \underline{y}\rangle \in R_1 \wedge \langle \underline{y}, \underline{z}\rangle \in R_2)$;

dann ist

(9) ${}^*\varphi[\underline{x}, \underline{z}] \equiv (\exists \underline{y} \in {}^*S_\nu)(\langle \underline{x}, \underline{y}\rangle \in {}^*R_1 \wedge \langle \underline{y}, \underline{z}\rangle \in {}^*R_2)$.

Wegen (7) gilt:

$$R_2 \circ R_1 \underset{(8)}{=} \{\langle a_1, a_3\rangle \in S_\nu \times S_\nu : \varphi[a_1, a_3] \text{ ist gültig}\}.$$

Da ${}^*(S_\nu \times S_\nu) \underset{7.7\,(\text{iv})}{=} {}^*S_\nu \times {}^*S_\nu$ ist, folgt:

$${}^*(R_2 \circ R_1) \underset{7.5}{=} \{\langle b_1, b_3\rangle \in {}^*S_\nu \times {}^*S_\nu : {}^*\varphi[b_1, b_3] \text{ ist gültig}\} \underset{(9),(7)}{=} {}^*R_2 \circ {}^*R_1. \quad \square$$

Da Funktionen spezielle Relationen sind (siehe 5.12), gelten die Eigenschaften aus 7.8 insbesondere für Funktionen. Im nächsten Satz werden weitere Eigenschaften für die *-Werte von Funktionen zusammengestellt. Eine Funktion f von A nach B heißt dabei *surjektiv*, falls $f[A] = B$ ist.

7.9 *-Werte bei Funktionen

Sei $^* : \widehat{S} \longrightarrow \widehat{^*S}$ eine satztreue Einbettung. Seien $A, B \in \widehat{S}$ Mengen und $f : A \longrightarrow B$ eine Funktion. Dann ist $f \in \widehat{S}$, und es gilt:

(i) $^*f$ ist eine Funktion von $^*A$ nach $^*B$;

(ii) f injektiv $\Longrightarrow {^*f}$ injektiv;

(iii) f surjektiv $\Longrightarrow {^*f}$ surjektiv;

(iv) $^*(f(a)) = {^*f}(^*a)$ für $a \in A$;

(v) $A \subset S^n, B \subset S^m \Longrightarrow {^*f}(a) = f(a)$ für $a \in A$ $(n, m \in \mathbb{N})$.

Beweis. Da f eine Funktion von A nach B ist und $A, B \in \widehat{S} - S$ sind, ist $f \in \widehat{S}$ (siehe 5.14 (i)).

(i) Da f eine Relation ist, ist $^*f$ eine Relation nach 7.8. Somit bleibt für (i) zu zeigen (siehe Definition 5.13, 5.12), daß

(α) $\quad \mathcal{D}(^*f) = {^*A}\ , \ \mathcal{W}(^*f) \subset {^*B}$;

(β) $\quad (\langle a, b\rangle \in {^*f}$ und $\langle a, c\rangle \in {^*f}) \Longrightarrow b = c.$

Nun ist $\mathcal{D}(f) = A\ , \ \mathcal{W}(f) \subset B$ und damit $^*(\mathcal{D}(f)) = {^*A}\ , \ ^*(\mathcal{W}(f)) \subset {^*B}$ (benutze 7.2 (iv)). Wegen $^*(\mathcal{D}(f)) = \mathcal{D}(^*f)\ , \ ^*(\mathcal{W}(f)) = \mathcal{W}(^*f)$ (siehe 7.8 (i)) folgt daher (α). Da f eine Funktion ist, ist die folgende Aussage gültig:

$$(\forall \underline{a} \in A)(\forall \underline{b}, \underline{c} \in B)(((\langle \underline{a}, \underline{b}\rangle \in f \wedge \langle \underline{a}, \underline{c}\rangle \in f) \Rightarrow \underline{b} = \underline{c}).$$

Der Transfer dieser Aussage liefert unter Beachtung von (α) dann Teil (β).

(ii) Ist f injektiv, so ist die folgende Aussage gültig:

$$(\forall \underline{a}_1, \underline{a}_2 \in A)(\forall \underline{b} \in B)(((\langle \underline{a}_1, \underline{b}\rangle \in f \wedge \langle \underline{a}_2, \underline{b}\rangle \in f) \Rightarrow \underline{a}_1 = \underline{a}_2).$$

Der Transfer dieser Aussage liefert zusammen mit (i), daß $^*f : {^*A} \to {^*B}$ eine injektive Funktion ist.

(iii) Sei $f[A] = B$. Dann ist $^*f[^*A] \underset{7.8\,(ii)}{=} {^*(f[A])} = {^*B}$, d.h. $^*f$ ist surjektiv.

(iv) Sei $a \in A$. Dann ist $^*a \in {^*A}$ nach 7.2 (ii). Da $f : A \to B$ und $^*f : {^*A} \to {^*B}$ Funktionen sind, ist $f(a) = f \upharpoonright a\ , \ {^*f}(^*a) = {^*f} \upharpoonright {^*a}$ (siehe 5.17 (ii)), und es folgt:

$$^*(f(a)) = {^*(f \upharpoonright a)} \underset{7.3\,(iii)}{=} {^*f} \upharpoonright {^*a} = {^*f}(^*a).$$

(v) Sei $a \in A$. Dann sind $a \in S^n\ , \ f(a) \in S^m$, und somit gilt $^*a = a$, $^*(f(a)) = f(a)$ nach 7.3 (iv). Hieraus folgt:

$$^*f(a) = {^*f}(^*a) \underset{(iv)}{=} {^*(f(a))} = f(a). \qquad \square$$

Ist f eine *bijektive* - d.h. injektive und surjektive - Abbildung von A nach B mit $A, B \in \widehat{S}$, dann ist auch $^*f$ eine bijektive Abbildung von $^*A$ nach $^*B$ (siehe 7.9 (ii) und (iii)).

Zum Abschluß dieses Paragraphen zeigen wir mit Hilfe des Transfer-Prinzips, daß *-Werte von geordneten Mengen bzw. Gruppen bzw. Körpern wieder geordnete Mengen bzw. Gruppen bzw. Körper sind. Der *-Wert ${}^*\mathbb{R}$ erweist sich dann wieder als angeordneter Körper.

Als Vorbereitung hierzu beweisen wir einfache Eigenschaften von *-Werten allgemeiner Operationen $\ominus$ und Relationen R über einer festen Menge $A \in \widehat{S}$. Wir erinnern daran, daß wir für $a, b \in A$ auch $a\, R\, b$ an Stelle von $\langle a, b\rangle \in R$ schreiben und daß $a \ominus b = \ominus \upharpoonright \langle a, b\rangle$ ist (siehe 5.18).

7.10 *-Werte von Operationen und Relationen über A

Sei $^* : \widehat{S} \longrightarrow \widehat{{}^*S}$ eine satztreue Einbettung. Sei $A \in \widehat{S}$ eine nicht-leere Menge und seien $a, b \in A$. Seien $\ominus$ eine Operation in A und R eine Relation über A. Dann gilt:

(i) ${}^*\ominus$ ist eine Operation in ${}^*A$ und ${}^*(a \ominus b) = {}^*a\; {}^*\ominus\; {}^*b$;

(ii) ${}^*R$ ist eine Relation über ${}^*A$ und $a\, R\, b \iff {}^*a\; {}^*R\; {}^*b$.

Ist $A \subset S^n$, so ist $A \subset {}^*A$, und ${}^*\ominus$ bzw. ${}^*R$ ist Fortsetzung von $\ominus$ bzw. R, d.h. es gilt:

(iii) $a\; {}^*\ominus\; b = a \ominus b$;

(iv) $a\; {}^*R\; b \iff a\, R\, b$.

Beweis. *(i)* Als Operation in A ist $\ominus$ eine Abbildung von $A \times A$ in A. Daher ist ${}^*\ominus$ eine Abbildung von ${}^*(A \times A)$ in ${}^*A$ (7.9 (i)). Nun ist ${}^*(A \times A) = {}^*A \times {}^*A$ (siehe 7.7 (iv)) und folglich ist ${}^*\ominus$ eine Abbildung von ${}^*A \times {}^*A$ nach ${}^*A$, d.h. ${}^*\ominus$ ist eine Operation in ${}^*A$. Ferner gilt:

$$ {}^*(a \ominus b) \underset{5.18}{=} {}^*(\ominus \upharpoonright \langle a, b\rangle) \underset{7.3}{=} {}^*\ominus \upharpoonright \langle {}^*a, {}^*b\rangle \underset{5.18}{=} {}^*a\; {}^*\ominus\; {}^*b. $$

(ii) Als Relation über A ist $R \subset A \times A$. Somit gilt, daß ${}^*R \subset {}^*(A \times A) = {}^*A \times {}^*A$ (siehe 7.2 (iv) und 7.7 (iv)). Daher ist ${}^*R$ eine Relation über ${}^*A$. Ferner gilt:

$$ \begin{aligned} a\, R\, b \iff \langle a, b\rangle \in R &\underset{7.2\,(ii)}{\iff} {}^*\langle a, b\rangle \in {}^*R \\ \underset{7.3\,(ii)}{\iff} \langle {}^*a, {}^*b\rangle \in {}^*R &\iff {}^*a\; {}^*R\; {}^*b. \end{aligned} $$

(iii),(iv) Ist $A \subset S^n$, so ist $A \subset {}^*A$ nach 7.4 (iii).

Wegen $a, b \in A$ sind $a, b, a \ominus b \in S^n$ und damit ist ${}^*a = a$, ${}^*b = b$, ${}^*(a \ominus b) = a \ominus b$ nach 7.3 (iv). Folglich erhält man (iii) und (iv) aus (i) und (ii). □

Für Operationen und Relationen sind in 6.11 Abkürzungen erklärt worden, durch die sich Formeln einfacher und natürlicher aufschreiben lassen. Die folgenden Überlegungen sollen verdeutlichen, daß sich beim Übergang von einer Formel φ zur Formel ${}^*\varphi$ die analogen Abkürzungen auch wieder verwenden lassen. Sei hierzu $\ominus$ bzw. R eine Operation bzw. Relation über einer Menge

$A \in \widehat{S}$. Sind τ, ρ Terme in $\widehat{S}$, so ist

$$\tau \ominus \rho \quad \text{bzw.} \quad \tau\, R\, \rho$$

nach 6.11 eine Abkürzung für die Zeichenreihe

$$\ominus \upharpoonright \langle \tau, \rho \rangle \quad \text{bzw.} \quad \langle \tau, \rho \rangle \in R.$$

Da nach 7.10 nun $^*\ominus$ bzw. $^*R$ eine Operation bzw. Relation über $^*A$ ist und da $^*\tau, ^*\rho$ Terme in $\widehat{^*S}$ sind, ist auch

$$^*\tau\ ^*\ominus\ ^*\rho \quad \text{bzw.} \quad ^*\tau\ ^*R\ ^*\rho$$

eine Abkürzung für

$$^*\ominus \upharpoonright \langle ^*\tau, ^*\rho \rangle \quad \text{bzw.} \quad \langle ^*\tau, ^*\rho \rangle \in {}^*R.$$

Wird in einer Formel φ in $\widehat{S}$ die Abkürzung $\tau \ominus \rho$ bzw. $\tau\, R\, \rho$ benutzt, so kann daher auch in der Formel $^*\varphi$ an der entsprechenden Stelle die Abkürzung $^*\tau ^*\ominus ^*\rho$ bzw. $^*\tau\ ^*R\ ^*\rho$ benutzt werden. Ist z.B. $+$ eine Operation in $X \in \widehat{S}$, so geht die Aussage

$$(\forall \underline{x} \in X)(\forall \underline{y} \in X)\ \underline{x} + \underline{y} = \underline{y} + \underline{x},$$

d.h. die Kommutativität von $+$ in X, über in die Aussage

$$(\forall \underline{x} \in {}^*X)\ (\forall \underline{y} \in {}^*X)\ \underline{x}\ ^*\!+\ \underline{y} = \underline{y}\ ^*\!+\ \underline{x},$$

d.h. in die Kommutativität von $^*+$ in $^*X$.

Im Beweis des folgenden Satzes 7.11 werden die Abkürzungen für Operationen und Relationen aus 6.11 verwandt. Der Beweis von 7.11 beruht ausschließlich auf der mehrfachen Anwendung des folgenden aus dem Transfer-Prinzip resultierenden Prinzips:

Besitzt $X \in \widehat{S}$ eine Eigenschaft, so besitzt $^*X$ die transferierte Eigenschaft.

Es ist dabei jedoch stets erforderlich, die betrachtete Eigenschaft durch eine Formel zu beschreiben, um so den Transfer der Eigenschaft sauber durchführen zu können. Der Transfer einer nur verbal beschriebenen Eigenschaft kann bei geringer Übung leicht zu Fehlern führen. Die Aussage, daß jede Teilmenge von $\mathbb{N}$ ein kleinstes Element besitzt, transferiert sich zum Beispiel *nicht* in die Aussage, daß jede Teilmenge von $^*\mathbb{N}$ ein kleinstes Element besitzt; siehe hierzu 8.2 (iii) und 8.8 (i). Je mehr der Leser mit dem Transfer-Prinzip vertraut wird, desto eher wird er in der Lage sein, auch rein verbale Aussagen korrekt zu transferieren.

7.11 *-Werte von geordneten Mengen, Gruppen und Körpern

Sei $^*: \widehat{S} \longrightarrow \widehat{^*S}$ eine satztreue Einbettung und $X \in \widehat{S}$ eine nicht-leere Menge. Dann gilt:

(i) $\langle X, \leq \rangle$ partiell bzw. total geordnet
$\Longrightarrow \langle ^*X, ^*\!\leq \rangle$ partiell bzw. total geordnet;

(ii) $\langle X, + \rangle$ kommutative Gruppe mit Nullelement 0
$\Longrightarrow \langle ^*X, ^*\!+ \rangle$ kommutative Gruppe mit Nullelement ^{*0};

(iii) $\langle X, +, \cdot \rangle$ Körper mit Nullelement 0 und Einselement 1
$\Longrightarrow \langle {}^*X, {}^*{+}, {}^*{\cdot} \rangle$ Körper mit Nullelement ^{*0} und Einselement ^{*1};

(iv) $\langle X, +, \cdot, \leq \rangle$ angeordneter Körper
$\Longrightarrow \langle {}^*X, {}^*{+}, {}^*{\cdot}, {}^*{\leq} \rangle$ angeordneter Körper.

Beweis. ***(i)*** Es ist ${}^*{\leq}$ eine Relation über ${}^*X$ nach 7.10 (ii). Ist $\langle X, \leq \rangle$ partiell geordnet, so sind nach Definition 2.3 die folgenden Aussagen in $\widehat{S}$ gültig:

$$(\forall \underline{x} \in X)\, \underline{x} \leq \underline{x};$$
$$(\forall \underline{x}, \underline{y} \in X)\, \big((\underline{x} \leq \underline{y} \wedge \underline{y} \leq \underline{x}) \Longrightarrow \underline{x} = \underline{y}\big);$$
$$(\forall \underline{x}, \underline{y}, \underline{z} \in X)\, \big((\underline{x} \leq \underline{y} \wedge \underline{y} \leq \underline{z}) \Longrightarrow \underline{x} \leq \underline{z}\big).$$

Das Transfer-Prinzip liefert die Gültigkeit der folgenden Aussagen:

$$(\forall \underline{x} \in {}^*X)\, \underline{x} \;{}^*{\leq}\; \underline{x};$$
$$(\forall \underline{x}, \underline{y} \in {}^*X)\, \big((\underline{x} \;{}^*{\leq}\; \underline{y} \wedge \underline{y} \;{}^*{\leq}\; \underline{x}) \Longrightarrow \underline{x} = \underline{y}\big);$$
$$(\forall \underline{x}, \underline{y}, \underline{z} \in {}^*X)\, \big((\underline{x} \;{}^*{\leq}\; \underline{y} \wedge \underline{y} \;{}^*{\leq}\; \underline{z}) \Longrightarrow \underline{x} \;{}^*{\leq}\; \underline{z}\big);$$

d.h. $\langle {}^*X, {}^*{\leq} \rangle$ ist partiell geordnet.

Der Transfer von $(\forall \underline{x}, \underline{y} \in X)(\underline{x} \leq \underline{y} \vee \underline{y} \leq \underline{x})$ zeigt, daß ${}^*X$ total geordnet ist, wenn X total geordnet ist.

(ii) Es ist ${}^*{+}$ eine Operation in ${}^*X$ nach 7.10 (i). Da X eine kommutative Gruppe mit Nullelement 0 ist, sind nach Definition die folgenden Aussagen in $\widehat{S}$ gültig:

$$(\forall \underline{x}, \underline{y} \in X)\, \underline{x} + \underline{y} = \underline{y} + \underline{x};$$
$$(\forall \underline{x}, \underline{y}, \underline{z} \in X)\, \underline{x} + (\underline{y} + \underline{z}) = (\underline{x} + \underline{y}) + \underline{z};$$
$$(\forall \underline{x} \in X)\, \underline{x} + 0 = \underline{x};$$
$$(\forall \underline{x} \in X)(\exists \underline{y} \in X)\, \underline{x} + \underline{y} = 0.$$

Das Transfer-Prinzip liefert die Gültigkeit der folgenden Aussagen:

$$(\forall \underline{x}, \underline{y} \in {}^*X)\, \underline{x} \;{}^*{+}\; \underline{y} = \underline{y} \;{}^*{+}\; \underline{x};$$
$$(\forall \underline{x}, \underline{y}, \underline{z} \in {}^*X)\, \underline{x} \;{}^*{+}\; (\underline{y} \;{}^*{+}\; \underline{z}) = (\underline{x} \;{}^*{+}\; \underline{y}) \;{}^*{+}\; \underline{z};$$
$$(\forall \underline{x} \in {}^*X)\, \underline{x} \;{}^*{+}\; {}^*0 = \underline{x};$$
$$(\forall \underline{x} \in {}^*X)(\exists \underline{y} \in {}^*X)\, \underline{x} \;{}^*{+}\; \underline{y} = {}^*0;$$

d.h. $\langle {}^*X, {}^*{+} \rangle$ ist eine kommutative Gruppe mit Nullelement ^{*0}.

(iii) Da X als Körper mindestens zwei Elemente enthält, folgt mit 7.2 (i) durch Transfer von $(\exists \underline{x} \in K)(\exists \underline{y} \in K)\underline{x} \neq \underline{y}$, daß ${}^*X$ mindestens zwei Elemente enthält. Nach (ii) ist $\langle {}^*X, {}^*{+} \rangle$ eine kommutative Gruppe mit Nullelement ^{*0}. Die übrigen Körperaxiome erhält man durch Transfer analog wie in (ii).

(iv) Nach (i) ist $\langle {}^*X, {}^*{\leq} \rangle$ total geordnet. Nach (iii) ist $\langle {}^*X, {}^*{+}, {}^*{\cdot} \rangle$ ein Körper. Die beiden restlichen Axiome eines angeordneten Körpers (siehe 3.2 (x), 3.2 (xi)) folgen durch Transfer. □

Fordert man in 7.11 zusätzlich, daß $X \subset S^n$ für ein $n \in \mathbb{N}$ ist, so ist $X \subset {}^*X$, und ${}^*+$, ${}^*\cdot$, ${}^*\leq$ sind Fortsetzungen von $+$, $\cdot$, $\leq$ (benutze 7.10). Auf die Voraussetzung $X \subset S^n$ haben wir in 7.11 verzichtet, weil die Nichtstandard-Theorie häufig auf Räume X angewandt wird, die zwar in $\widehat{S} - S$ liegen, jedoch nicht Teilmenge eines S^n sind. Ist zum Beispiel $S = \mathbb{R}$ und X der Raum aller stetigen Funktionen von $\mathbb{R}$ nach $\mathbb{R}$, so ist $X \in \widehat{\mathbb{R}} - \mathbb{R}$, aber es ist nicht $X \subset \mathbb{R}^n$ für ein $n \in \mathbb{N}$.

Abschließend wird nun 7.11 auf die Menge $\mathbb{R}$ der reellen Zahlen angewandt. Da die reellen Zahlen Urelemente sein sollen, setzen wir ab jetzt $\mathbb{R} \subset S$ voraus. Im folgenden werden jeweils $+$, $-$, $\cdot$, $:$ die Addition, Subtraktion, Multiplikation, Division in $\mathbb{R}$ sowie $\leq$, $<$ die Kleiner-gleich-, Kleiner-Relation in $\mathbb{R}$ bezeichnen. Ferner bezeichne $|\,|$ die Betragsfunktion in $\mathbb{R}$.

Man beachte, daß die Division nur für Paare $\langle x, y\rangle \in \mathbb{R} \times \mathbb{R}$ mit $y \neq 0$ definiert ist, also keine Operation in $\mathbb{R}$ im Sinne von 5.16 ist. Wir benutzen in Formeln jedoch die analogen Abkürzungen wie für Operationen in 6.11, d.h. wir schreiben $a : b$ an Stelle von $: \restriction \langle a, b\rangle$ oder allgemeiner für Terme τ, ρ

- $\tau : \rho$ bzw. $\frac{\tau}{\rho}$ an Stelle von $: \restriction \langle \tau, \rho\rangle$,

und

- $|\tau|$ an Stelle von $|\,| \restriction \tau$.

Da $+$, $-$, $\cdot$, $:$, $\leq$, $<$ und $|\,|$ selbst Elemente von $\widehat{S}$ sind, besitzen sie *-Werte, die sich wegen $\mathbb{R} \subset S$ dann sämtlich als Fortsetzungen der Ausgangsobjekte erweisen.

7.12 ${}^*\mathbb{R}$ ist ein angeordneter Körper

Es sei $^* : \widehat{S} \longrightarrow \widehat{{}^*S}$ eine satztreue Einbettung mit $\mathbb{R} \subset S$. Dann ist $\mathbb{R} \subset {}^*\mathbb{R}$, und es gilt:

(i) $\langle {}^*\mathbb{R}, {}^*+, {}^*\cdot, {}^*\leq\rangle$ ist ein angeordneter Körper mit Nullelement 0 und Einselement 1. Es ist ${}^*-$ die Subtraktion in ${}^*\mathbb{R}$, ${}^*:$ die Division in ${}^*\mathbb{R}$ und ${}^*|\,|$ der Betrag im angeordneten Körper ${}^*\mathbb{R}$.

(ii) Es sind ${}^*+, {}^*-, {}^*\cdot, {}^*:$ und ${}^*\leq, {}^*<, {}^*|\,|$ Fortsetzungen von $+, -, \cdot, :$ und $\leq$, $<, |\,|$.

Beweis. Es ist $\mathbb{R} \subset {}^*\mathbb{R}$ nach 7.4 (iii), und es ist ${}^*r = r$ für alle $r \in \mathbb{R}$ nach 7.3 (iv).

(i) Der erste Teil von (i) folgt wegen ${}^*0 = 0$, ${}^*1 = 1$ direkt aus 7.11 (iii) und (iv). Da $-$ die Subtraktion in $\mathbb{R}$ ist, gilt die folgende Aussage:

$$(\forall \underline{x}, \underline{y} \in \mathbb{R})\ \underline{x} + (\underline{y} - \underline{x}) = \underline{y}.$$

Mit Transfer folgt, daß die Aussage

$$(\forall \underline{x}, \underline{y} \in {}^*\mathbb{R}) \underline{x}\ {}^*{+}(\underline{y}\ {}^*{-}\underline{x}) = \underline{y}$$

gültig ist. Daher ist ${}^*-$ die Subtraktion in ${}^*\mathbb{R}$. Daß ${}^*:$ die Division in ${}^*\mathbb{R}$ ist, erhält man analog durch Transfer der gültigen Aussage

$$(\forall \underline{x}, \underline{y} \in \mathbb{R})(\underline{x} \neq 0 \Rightarrow \underline{x} \cdot (\underline{y} : \underline{x}) = \underline{y}).$$

Der Transfer der Aussage

$$(\forall \underline{x} \in \mathbb{R})((0 \leq \underline{x} \Rightarrow |\underline{x}| = x) \wedge (\underline{x} \leq 0 \Rightarrow |\underline{x}| = -\underline{x}))$$

liefert $^*|x| = x$ für $x \geq 0$ und $^*|x| = {}^*{-x}$ für $x \leq 0$. Also ist $^*|x|$ der Betrag von x im angeordneten Körper $^*\mathbb{R}$.

(ii) Die Behauptungen für $+$, $-$, $\cdot$, $\leq$, $<$ folgen wegen $\mathbb{R} \subset S$ direkt aus 7.10 (iii), (iv). Es bleibt zu zeigen, daß

$$x \,{}^*\!\!: y = x : y \text{ für } x, y \in \mathbb{R},\ y \neq 0 \text{ und } {}^*|x| = |x| \text{ für } x \in \mathbb{R} \text{ ist.}$$

Dieses folgt aus 7.9 (v), da $:$ eine Funktion von $\mathbb{R} \times (\mathbb{R} - \{0\})$ ($\subset S^2$) nach $\mathbb{R}$ und $|\ |$ eine Funktion von $\mathbb{R}$ nach $\mathbb{R}$ ist. □

Nach 7.12 sind $^*{+}$, $^*{-}$, $^*{\cdot}$, $^*{:}$ Fortsetzungen von $+$, $-$, $\cdot$, $:$. Wie es häufig in der Mathematik üblich ist, bezeichnen wir die Fortsetzungen wieder mit den alten Symbolen. Wir lassen also das Symbol * weg und schreiben somit auch $x + y$ oder $x \cdot y$ für $x, y \in {}^*\mathbb{R}$. Analog bezeichnen wir $^*{\leq}$, $^*{<}$, $^*|\ |$ auch wieder mit $\leq$, $<$, $|\ |$.

Wir betrachten ab jetzt also den angeordneten Körper $\langle {}^*\mathbb{R}, +, \cdot, \leq \rangle$ mit der Subtraktion $-$ und der Division $:$. Für $x, y \in {}^*\mathbb{R}$ schreiben wir statt $x \cdot y$ auch xy, statt $x : y$ auch $\frac{x}{y}$ oder x/y $(y \neq 0)$ und statt $x \leq y$ bzw. $x < y$ auch $y \geq x$ bzw. $y > x$. Eigenschaften des angeordneten Körpers $^*\mathbb{R}$ lassen sich stets mit Hilfe des Transfer-Prinzips aus den entsprechenden Eigenschaften von $\mathbb{R}$ gewinnen; wir können daher in $^*\mathbb{R}$ so rechnen, wie wir es in $\mathbb{R}$ gewöhnt sind. So gilt zum Beispiel auch für alle $x, y \in {}^*\mathbb{R}$:

$$x < y \iff x \leq y \text{ und } x \neq y,$$

da nach dem Transfer-Prinzip

$$(\forall \underline{x}, \underline{y} \in {}^*\mathbb{R})(\underline{x} \,{}^*{<}\, \underline{y} \iff (\underline{x} \,{}^*{\leq}\, \underline{y} \wedge \underline{x} \neq \underline{y}))$$

gültig ist und $^*{<}$, $^*{\leq}$ wieder mit $<$, $\leq$ bezeichnet werden.

In diesem Paragraphen haben wir die Eigenschaften von satztreuen Einbettungen $^* : \widehat{S} \longrightarrow \widehat{^*S}$ und damit insbesondere die Wirkungsweise des Transfer-Prinzips kennengelernt. Es hat sich dabei gezeigt, daß die Abbildung $^* : \widehat{S} \longrightarrow \widehat{^*S}$ Strukturen und Eigenschaften erhält. Die Abbildung * überführt:

1) Urelemente in Urelemente,
2) Mengen in Mengen,
3) Teilmengen in Teilmengen,
4) transitive Mengen in transitive Mengen,
5) endliche Mengen in endliche Mengen,
6) endliche Durchschnitte bzw. Vereinigungen in endliche Durchschnitte bzw. Vereinigungen,
7) Relationen in Relationen,

8) Funktionen in Funktionen,
9) Operationen in Operationen,
10) kommutative Gruppen in kommutative Gruppen,
11) Körper in Körper.

Ferner ist * ein Homomorphismus für alle Operationen und Relationen (siehe 7.10 (i) und (ii)). Zur Berechnung der *-Werte durch Formeln definierter Mengen war schließlich Satz 7.5 das entscheidende Hilfsmittel.

Aufgaben

In allen Aufgaben sei $^* : \widehat{S} \longrightarrow \widehat{^*S}$ eine satztreue Einbettung. Es sei $\mathbf{R} \subset S$ für Nr. 4.

1 Man beweise oder widerlege, daß für $\nu \in \mathbf{N}$ gilt:

$$a \in A \in {}^*S_\nu \Longrightarrow a \in {}^*S_{\nu-1}.$$

2 Es sei $=_S$ bzw. $=_{^*S}$ die Gleichheitsrelation über S bzw. $^*S$. Man interpretiere und beweise $^*(=_S) = =_{^*S}$.

3 Sei $f \in \widehat{S}$. Man zeige:

(i) $^*f$ Funktion $\Longrightarrow f$ Funktion;

(ii) $^*f$ injektive Funktion $\Longrightarrow f$ injektive Funktion.

4 Seien $a, b \in \mathbf{R}$ mit $a < b$, und sei $[a, b] \subset \mathbf{R}$ das abgeschlossene Intervall von a bis b. Man bestimme $^*[a, b]$.

5 Man beweise die in 7.11 (iii) bzw. in 7.11 (iv) nicht bewiesenen Axiome eines Körpers bzw. angeordneten Körpers.

§ 8 Nichtstandard-Einbettungen und die Nichtstandard-Welt

In diesem Paragraphen sei S eine vorgegebene Menge von Urelementen mit $\mathbb{R} \subset S$ und es sei $^* : \widehat{S} \longrightarrow \widehat{{}^*S}$ eine satztreue Einbettung. Dann ist ${}^*\mathbb{R}$ ein $\mathbb{R}$ umfassender, angeordneter Körper (siehe 7.12). Bisher kann jedoch noch nicht sichergestellt werden, daß ${}^*\mathbb{R}$ eine echte Erweiterung von $\mathbb{R}$ ist. Es ist nämlich noch nicht auszuschließen, daß * die identische Abbildung ist, d.h. daß ${}^*a = a$ für alle $a \in \widehat{S}$ und damit insbesondere ${}^*\mathbb{R} = \mathbb{R}$ ist. Wir werden jetzt zusätzlich ${}^*\mathbb{R} \neq \mathbb{R}$ fordern, eine Eigenschaft, die bei der speziellen Konstruktion von § 3 erfüllt war. Die Eigenschaft ${}^*\mathbb{R} \neq \mathbb{R}$ wird sicherstellen, daß ${}^*\mathbb{R}$ unendliche und infinitesimale Elemente enthält. Damit ist dann gewährleistet, daß ${}^*\mathbb{R}$ jetzt im allgemeineren Rahmen auch die Eigenschaften besitzt, die schon bei der speziellen Konstruktion in § 3 gezeigt werden konnten.

Der folgende Begriff der Nichtstandard-Einbettung ist der zentrale Begriff dieses Buches. Für Nichtstandard-Einbettungen wird der Standard-Welt $\widehat{S}$ eine geeignete Nichtstandard-Welt zugeordnet (siehe 8.3), in der sich die in Vorwort und Einleitung geschilderten überraschenden Dinge abspielen, welche die Nichtstandard-Theorie so reizvoll machen.

8.1 Nichtstandard-Einbettungen

Eine satztreue Einbettung $^* : \widehat{S} \longrightarrow \widehat{^*S}$ heißt *Nichtstandard-Einbettung*, falls gilt:

$$\mathbb{R} \subset S \quad \text{und} \quad \mathbb{R} \neq {}^*\mathbb{R}.$$

Die Elemente von $^*\mathbb{R}$ nennt man *hyperreelle* Zahlen. Wir weisen noch einmal darauf hin, daß für den angeordneten Körper $^*\mathbb{R}$ am Ende von § 7 vereinbart worden war, die Operationen $^*+$, $^*-$, $^*\cdot$, $^*:$ bzw. die Relationen $^*\leq$, $^*<$, $^*|\ |$ wieder mit $+$, $-$, $\cdot$, $:$ bzw. $\leq$, $<$, $|\ |$ zu bezeichnen.

Wegen $^*\mathbb{N} \subset {}^*\mathbb{R}$ ist damit natürlich auch $x+y$, $x-y$, $x \cdot y$ usw. für $x, y \in {}^*\mathbb{N}$ definiert. Nach dem Transfer-Prinzip erhält man direkt die folgenden Eigenschaften:

$$\begin{array}{lll} x \in {}^*\mathbb{N} & \Longrightarrow & x \geq 1; \\ x, y \in {}^*\mathbb{N} & \Longrightarrow & x+y,\ x \cdot y \in {}^*\mathbb{N}; \\ x, y \in {}^*\mathbb{N},\ x < y & \Longrightarrow & y - x \in {}^*\mathbb{N}; \\ x, y \in {}^*\mathbb{N},\ x < y & \Longrightarrow & x + 1 \leq y. \end{array}$$

Die Elemente von $^*\mathbb{N}$ heißen auch *hypernatürliche* Zahlen.

Die algebraischen und Ordnungs-Eigenschaften von $^*\mathbb{R}$ und $^*\mathbb{N}$ werden im folgenden ohne weiteren Hinweis benutzt, da sie stets mit dem Transfer-Prinzip aus den entsprechenden Eigenschaften von $\mathbb{R}$ und $\mathbb{N}$ folgen. Die Eigenschaften von $^*\mathbb{R}$ folgen zumeist auch allein aus der Tatsache, daß $^*\mathbb{R}$ ein angeordneter Körper ist.

8.2 Alle Elemente von $^*\mathbb{N} - \mathbb{N} \neq \emptyset$ sind unendlich groß

Sei $^* : \widehat{S} \longrightarrow \widehat{^*S}$ eine Nichtstandard-Einbettung. Dann gilt:

(i) $\mathbb{N} \subsetneq {}^*\mathbb{N}$;

(ii) $h \in {}^*\mathbb{N} - \mathbb{N} \Longrightarrow (h > n$ für alle $n \in \mathbb{N}$ und $h - 1 \in {}^*\mathbb{N} - \mathbb{N})$;

(iii) $^*\mathbb{N} - \mathbb{N}$ besitzt kein kleinstes Element.

Beweis. *(i)* Es ist $\mathbb{N} \subset {}^*\mathbb{N}$ nach 7.4 (iii). Sei nun indirekt $\mathbb{N} = {}^*\mathbb{N}$. Wir zeigen:

$$(1) \qquad {}^*\mathbb{R} \subset \mathbb{R}.$$

Wegen $\mathbb{R} \subset {}^*\mathbb{R}$ folgt hieraus $\mathbb{R} = {}^*\mathbb{R}$ im Widerspruch dazu, daß * eine Nichtstandard-Einbettung ist.

Zu (1): Sei $y \in {}^*\mathbb{R}$. Wir zeigen, daß es rationale Zahlen x_k gibt mit

$$(2) \qquad |x_k - y| \leq \tfrac{1}{k} \text{ für } k \in \mathbb{N}.$$

Da die rationalen Zahlen dicht in $\mathbb{R}$ liegen und von der Form $\frac{s-t}{u}$ mit $s, t, u \in \mathbb{N}$ sind, ist für jedes $k \in \mathbb{N}$ die folgende Aussage gültig:

$$(\forall \underline{y} \in \mathbb{R})(\exists \underline{s}, \underline{t}, \underline{u} \in \mathbb{N}) |((\underline{s} - \underline{t}) : \underline{u}) - \underline{y}| \leq \tfrac{1}{k}.$$

Der Transfer dieser Aussage liefert (2) wegen $\mathbb{N} = {}^*\mathbb{N}$. Aus (2) folgt, daß

$x_k, k \in \mathbb{N}$, eine Cauchy-Folge ist, die daher gegen ein Element $x \in \mathbb{R}$ konvergiert. Nun ist

$$|x-y| \leq |x-x_k| + |x_k - y|,$$

und wegen $\lim_{k\to\infty} x_k = x$, (2) sowie $\mathbb{N} = {}^*\mathbb{N}$ folgt:

$$|x-y| \leq \tfrac{1}{n} \text{ für alle } n \in {}^*\mathbb{N}.$$

Hieraus folgt $x = y$ durch Transfer der gültigen Aussage:

$$(\forall \underline{x}, \underline{y} \in \mathbb{R})((\forall \underline{n} \in \mathbb{N})(|\underline{x} - \underline{y}| \leq 1/\underline{n}) \Rightarrow \underline{x} = \underline{y}).$$

Also gilt $y = x \in \mathbb{R}$ und somit (1).

(ii) Wir zeigen $h > n$ induktiv über $n \in \mathbb{N}$ und benutzen dabei die obigen Eigenschaften von ${}^*\mathbb{N}$. Wegen $h \in {}^*\mathbb{N}$ ist $h \geq 1$; wegen $h \notin \mathbb{N}$ folgt $h > 1$. Sei induktiv $h > n$ für ein $n \in \mathbb{N}$. Wegen $h \in {}^*\mathbb{N}$ ist $h \geq n+1 \in \mathbb{N}$, und wegen $h \notin \mathbb{N}$ folgt $h > n+1$.

Es bleibt $h-1 \in {}^*\mathbb{N}-\mathbb{N}$ zu zeigen. Wegen $h \in {}^*\mathbb{N}$ und $h > 1$ ist $h-1 \in {}^*\mathbb{N}$. Wegen $h > n+1$ für alle $n \in \mathbb{N}$ ist $h-1 > n$ für alle $n \in \mathbb{N}$, und es folgt $h-1 \notin \mathbb{N}$.

(iii) folgt direkt aus (ii), da jedes $h \in {}^*\mathbb{N}-\mathbb{N}$ durch $h-1 \in {}^*\mathbb{N}-\mathbb{N}$ unterschritten wird. □

Wir wenden uns nun einem weiteren zentralen Begriff der Nichtstandard-Theorie zu, dem Begriff der internen Elemente. Die folgenden Überlegungen dienen dazu, diesen Begriff zu motivieren. Ist φ eine Aussage in $\widehat{S}$, so wird bei dem zuerst auftretenden Quantor in φ im Normalfall über eine Menge $A \in \widehat{S}$ quantifiziert. In der transferierten Aussage ${}^*\varphi$ wird daher über ${}^*A$ quantifiziert, d.h. es wird eine Aussage über alle Elemente $b \in {}^*A$ gemacht. Solche Elemente, d.h. genau alle Elemente b mit $b \in {}^*A$ für ein $A \in \widehat{S} - S$, nennen wir *interne Elemente.* Das System der internen Elemente ist

$$\bigcup_{A \in \widehat{S}-S} {}^*A.$$

Jedes interne Element b ist natürlich insbesondere ein Element von $\widehat{{}^*S}$, denn $b \in {}^*A \in \widehat{{}^*S}$ impliziert $b \in \widehat{{}^*S}$, da $\widehat{{}^*S}$ nach 5.8 (i) transitiv ist. Somit ist:

$$\bigcup_{A \in \widehat{S}-S} {}^*A \subset \widehat{{}^*S}.$$

Das System der internen Elemente bildet die Nichtstandard-Welt. Wir erinnern daran, daß wir die Superstruktur $\widehat{S}$ als Standard-Welt bezeichnen.

8.3 Die Nichtstandard-Welt $\mathfrak{I}$; interne und externe Elemente

Sei $^* : \widehat{S} \longrightarrow \widehat{{}^*S}$ eine Nichtstandard-Einbettung. Die Menge

$$\mathfrak{I} := \bigcup_{A \in \widehat{S}-S} {}^*A$$

heißt die *Nichtstandard-Welt.* Die Elemente von $\mathfrak{I}$ heißen *intern,* die Elemente von $\widehat{{}^*S} - \mathfrak{I}$ heißen *extern.* Sind die Elemente dabei Mengen, so heißen sie *interne* bzw. *externe Mengen.*

Ein $B \in \widehat{{}^*S}$ ist also genau dann eine interne Menge, wenn $B \in \mathfrak{I} - {}^*S$ ist. Wegen $S \subset {}^*S$ (siehe 7.4 (iii)) und $\mathfrak{I} \subset \widehat{{}^*S}$ erhalten wir die folgende Inklusionskette:

8.4 $$S \subset {}^*S \subset \mathfrak{I} \subset \widehat{{}^*S}.$$

Es wird sich zeigen, daß die Nichtstandard-Welt $\mathfrak{I}$ sehr reichhaltig ist, schöne Abgeschlossenheitseigenschaften besitzt, aber eine echte Teilmenge der Superstruktur $\widehat{{}^*S}$ ist (siehe 8.8 (ii)). Ferner wird sich zeigen, daß alle Inklusionen in 8.4 echte Inklusionen sind (siehe auch 8.14 (iii)).

Die Standard-Welt $\widehat{S}$ ist nach Definition die Menge $\bigcup_{\nu=0}^{\infty} S_\nu$. Das nächste Ergebnis zeigt, daß die Nichtstandard-Welt $\mathfrak{I}$ die Menge $\bigcup_{\nu=0}^{\infty} {}^*S_\nu$ ist. Dadurch lassen sich dann endlich viele interne Elemente bzw. interne Mengen als Elemente bzw. Teilmengen eines geeigneten ${}^*S_\nu$ gewinnen. Man beachte hierbei, daß ${}^*S_\nu$ als ${}^*(S_\nu)$ definiert ist.

8.5 Lemma

Es sei $^* : \widehat{S} \longrightarrow \widehat{{}^*S}$ eine Nichtstandard-Einbettung. Dann gilt:

(i) $\mathfrak{I} = \bigcup_{\nu=0}^{\infty} {}^*S_\nu$;

(ii) $b_1, \ldots, b_k \in \mathfrak{I} \Longrightarrow b_1, \ldots, b_k \in {}^*S_\nu$ für ein $\nu \in \mathbb{N}$;

(iii) $B_1, \ldots, B_k \in \mathfrak{I}$ Mengen $\Longrightarrow B_1, \ldots, B_k \subset {}^*S_\nu$ für ein $\nu \in \mathbb{N}$.

Beweis. *(i)* Nach Definition von $\mathfrak{I}$ ist $\bigcup_{A \in \widehat{S} - S} {}^*A = \bigcup_{\nu=0}^{\infty} {}^*S_\nu$ zu zeigen. Es folgt „ $\supset$ “ wegen $S_\nu \in \widehat{S} - S$.

Für „ $\subset$ “ sei $A \in \widehat{S} - S$. Dann ist $A \subset S_\nu$ für ein $\nu \in \mathbb{N}$ (siehe 5.8 (vii)). Daher gilt ${}^*A \subset {}^*S_\nu$ nach 7.2 (iv); dies zeigt „ $\subset$ “.

(ii) folgt aus (i), da ${}^*S_\nu \underset{7.2\,(iv)}{\subset} {}^*S_\mu$ für $\nu \le \mu$ ist.

(iii) folgt aus (ii), da ${}^*S_\nu$ nach 7.2 (v) transitiv ist. □

Da sich viele Eigenschaften mit Hilfe des Transfer-Prinzips von S_ν auf ${}^*S_\nu$ übertragen lassen, besitzt die Nichtstandard-Welt $\mathfrak{I} = \bigcup_{\nu=0}^{\infty} {}^*S_\nu$ viele der Eigenschaften, die auch die Standard-Welt $\widehat{S} = \bigcup_{\nu=0}^{\infty} S_\nu$ besitzt. Es sei aber schon jetzt darauf hingewiesen, daß sich nicht jede Eigenschaft von $\widehat{S}$ auf $\mathfrak{I}$ überträgt; Teilmengen von Mengen der Nichtstandard-Welt gehören zum Beispiel nicht notwendig wieder zur Nichtstandard-Welt (siehe hierzu 8.8 (ii)).

Der nächste Satz liefert erste wichtige Eigenschaften der Nichtstandard-Welt.

8.6 Eigenschaften der Nichtstandard-Welt $\mathfrak{I}$

Es sei $^* : \widehat{S} \longrightarrow \widehat{{}^*S}$ eine Nichtstandard-Einbettung. Dann gilt:

(i) $\mathfrak{I}$ ist transitiv (d.h. Elemente interner Mengen sind intern);

(ii) $\emptyset \in \mathfrak{I}, \quad \mathfrak{I} \notin \mathfrak{I}$;

(iii) ${}^*a \in \mathfrak{I}$ für alle $a \in \widehat{S}$;

(iv) $\langle a,b\rangle$, $a \upharpoonright b$, $\{a,b\} \in \mathfrak{I}$ für alle $a,b \in \mathfrak{I}$.

Beweis. ***(i)*** Sei $B \in \mathfrak{I}$ eine Menge; zu zeigen ist $B \subset \mathfrak{I}$. Nach 8.5 (iii) ist $B \subset {}^*S_\nu$ für ein $\nu \in \mathbb{N}$. Wegen ${}^*S_\nu \subset \mathfrak{I}$ folgt $B \subset \mathfrak{I}$.
(ii) Wegen $\emptyset \in S_1$ ist ${}^*\emptyset \in {}^*S_1$ (siehe 7.2 (ii)). Da ${}^*\emptyset = \emptyset$ ist (siehe 7.3 (i)), folgt $\emptyset \in {}^*S_1$. Wegen ${}^*S_1 \subset \mathfrak{I}$ folgt somit $\emptyset \in \mathfrak{I}$.

Es ist $\mathfrak{I} \notin \mathfrak{I}$, denn es gilt:

$$\begin{aligned} \mathfrak{I} \in \mathfrak{I} \;&\underset{8.5\,(\text{iii})}{\Longrightarrow}\; \mathfrak{I} \subset {}^*S_\nu \text{ für ein } \nu \in \mathbb{N} \;\underset{8.5\,(\text{i})}{\Longrightarrow}\; {}^*S_\mu \subset {}^*S_\nu \text{ für alle } \mu \in \mathbb{N}_0 \\ &\underset{7.2\,(\text{iv})}{\Longrightarrow}\; S_\mu \subset S_\nu \text{ für alle } \mu \in \mathbb{N}_0 \;\Longrightarrow\; \widehat{S} = \bigcup_{\mu=0}^{\infty} S_\mu \subset S_\nu \\ &\Longrightarrow\; \widehat{S} \in S_{\nu+1} \;\Longrightarrow\; \widehat{S} \in \widehat{S}, \end{aligned}$$

im Widerspruch zu $\widehat{S} \notin \widehat{S}$ nach 5.8 (ii).

(iii) Sei $a \in \widehat{S}$. Dann ist $a \in S_\nu$ für ein $\nu \in \mathbb{N}$, und daher ist ${}^*a \in {}^*S_\nu$ nach 7.2 (ii). Also ist ${}^*a \in \mathfrak{I}$.

(iv) Seien $a,b \in \mathfrak{I}$. Dann sind $a,b \in {}^*S_\nu$ für ein $\nu \in \mathbb{N}$ nach 8.5 (ii). Da ${}^*S_\nu \times {}^*S_\nu \subset {}^*S_{\nu+2}$ nach 7.6 ist, folgt $\langle a,b\rangle \in {}^*S_{\nu+2}$ und damit $\langle a,b\rangle \in \mathfrak{I}$.
Wegen $\{a,b\} \underset{5.6}{\in} \langle a,b\rangle \in \mathfrak{I}$ folgt $\{a,b\} \in \mathfrak{I}$, da $\mathfrak{I}$ nach (i) transitiv ist.

Es bleibt $a \upharpoonright b \in \mathfrak{I}$ zu zeigen: Ist $a \upharpoonright b = \emptyset$, so ist $a \upharpoonright b \in \mathfrak{I}$ nach (ii).
Ist $c := a \upharpoonright b \neq \emptyset$, so ist c das nach 5.17 eindeutig bestimmte Element mit $\langle b,c\rangle \in a \; (\in \mathfrak{I})$. Da $\mathfrak{I}$ nach (i) transitiv ist, folgt zunächst $\langle b,c\rangle \in \mathfrak{I}$ und anschließend $c \in \mathfrak{I}$ (siehe 5.6 (ii)). Wegen $c = a \upharpoonright b$ ist daher $a \upharpoonright b \in \mathfrak{I}$. □

Nach 8.6 ist die Nichtstandard-Welt $\mathfrak{I}$ eine transitive Menge mit ${}^*a \in \mathfrak{I}$ für alle $a \in \widehat{S}$. Man sieht leicht:

- $\mathfrak{I}$ ist die kleinste transitive Menge mit ${}^*a \in \mathfrak{I}$ für alle $a \in \widehat{S}$.

Beweis. Ist nämlich $\mathcal{H} \subset \widehat{{}^*S}$ eine weitere transitive Menge mit ${}^*a \in \mathcal{H}$ für $a \in \widehat{S}$, so folgt direkt $\mathfrak{I} \subset \mathcal{H}$: Sei hierzu $b \in \mathfrak{I}$, dann ist $b \in {}^*A$ für eine Menge $A \in \widehat{S}$. Wegen ${}^*A \in \mathcal{H}$ und da $\mathcal{H}$ transitiv ist, folgt $b \in \mathcal{H}$. □

In der Literatur werden häufig die Elemente ${}^*a$ mit $a \in \widehat{S}$ *Standard-Elemente* genannt. Wie wir gerade gesehen haben, ist dann $\mathfrak{I}$ die kleinste transitive Menge, die alle Standard-Elemente enthält. Man betrachtet ${}^*a \in \mathfrak{I}$ als „Kopie" des Elementes $a \in \widehat{S}$ in $\mathfrak{I}$; in diesem Sinne findet man von jedem $a \in \widehat{S}$ eine Kopie in $\mathfrak{I}$ wieder.

Jedes ${}^*a$ mit $a \in \widehat{S} - S$ heißt eine *Standard-Menge*. Standard-Mengen sind also genau die Standard-Elemente, die Mengen sind (benutze 7.2(iii)). Die Sprechweise „Standard-Element" kann zu Mißverständnissen führen, da Standard-Elemente in der Regel keine Elemente der Standard-Welt sind. Wir werden daher nur dann von Standard-Elementen reden, wenn Mißverständnisse ausgeschlossen sind.

Da Standard-Mengen ${}^*\mathcal{P}$ nach Definition nur interne Elemente enthalten können, ist es nicht verwunderlich, daß - wie 8.7 zeigt - der *-Wert ${}^*(\mathcal{P}(A))$ der Potenzmenge von A nicht aus allen Teilmengen von ${}^*A$, sondern nur aus den internen Teilmengen von ${}^*A$ besteht.

8.7 Der *-Wert der Potenzmenge

Für jede Menge $A \in \widehat{S}$ gilt:

$$^*(\mathcal{P}(A)) = \{B \in \mathfrak{I} : B \subset {}^*A\},$$

d.h. ${}^*(\mathcal{P}(A))$ ist das System aller internen Teilmengen von ${}^*A$.

Beweis. Setze $\mathcal{P} := \mathcal{P}(A)$. Dann ist $\mathcal{P} \in \widehat{S}$ nach 5.8 (iii). Es ist zu zeigen:

$$^*\mathcal{P} = \{B \in \mathfrak{I} : B \subset {}^*A\}.$$

Zu „ $\subset$ “: Der Transfer von $(\forall \underline{b} \in \mathcal{P})(\underline{b} \notin S)$ zeigt zunächst, daß alle Elemente von ${}^*\mathcal{P}$ Mengen und somit nach Definition von $\mathfrak{I}$ interne Mengen sind. Der Transfer von

$$(\forall \underline{B} \in \mathcal{P})(\forall \underline{x} \in \underline{B})\underline{x} \in A$$

zeigt dann, daß jedes $B \in {}^*\mathcal{P}$ eine Teilmenge von ${}^*A$ ist.

Zu „ $\supset$ “: Sei B eine interne Menge mit $B \subset {}^*A$. Wegen $B \in \mathfrak{I} - {}^*S$ existiert nach 8.5 (i) ein $\nu \in \mathbb{N}$ mit $B \in {}^*S_\nu - {}^*S \underset{7.7(\text{ii})}{=} {}^*(S_\nu - S)$. Zum Nachweis von $B \in {}^*\mathcal{P}$ reicht es daher zu zeigen, daß für jedes $B \in {}^*(S_\nu - S)$ gilt: $B \subset {}^*A \Rightarrow B \in {}^*\mathcal{P}$. Es reicht also zu zeigen, daß die folgende Aussage gültig ist:

$$(\forall \underline{B} \in {}^*(S_\nu - S))((\forall \underline{x} \in \underline{B})\underline{x} \in {}^*A \Rightarrow \underline{B} \in {}^*\mathcal{P}).$$

Dieses erhalten wir mit dem Transferprinzip, denn die Aussage

$$(\forall \underline{B} \in (S_\nu - S))((\forall \underline{x} \in \underline{B})\underline{x} \in A \Rightarrow \underline{B} \in \mathcal{P})$$

ist gültig, da sie beschreibt, daß jedes $B \in S_\nu - S$, welches Teilmenge von A ist, in $\mathcal{P} = \mathcal{P}(A)$ liegt. □

Für unendliche Mengen $A \in \widehat{S}$ ist ${}^*(\mathcal{P}(A))$ nie die gesamte Potenzmenge von ${}^*A$. Für $A = \mathbb{N}$ erhält man dieses aus dem folgenden Satz 8.8 (ii) und für allgemeines A aus 8.14 (i).

8.8 Interne Teilmengen von ${}^*\mathbb{N}$ besitzen ein kleinstes Element

Sei $^* : \widehat{S} \longrightarrow \widehat{{}^*S}$ eine Nichtstandard-Einbettung. Dann gilt:

(i) Jede nicht-leere interne Teilmenge von ${}^*\mathbb{N}$ besitzt ein kleinstes Element.

(ii) ${}^*\mathbb{N} - \mathbb{N}$ ist eine externe Menge.

Beweis. ***(i)*** Da jede nicht-leere Teilmenge von $\mathbb{N}$ ein kleinstes Element besitzt, gilt nach dem Transfer-Prinzip:

$$(\forall \underline{A} \in {}^*(\mathcal{P}(\mathbb{N})))(\underline{A} \neq \emptyset \Rightarrow (\exists \underline{m} \in \underline{A})(\forall \underline{n} \in \underline{A})\underline{m} \leq \underline{n}).$$

Da ${}^*(\mathcal{P}(\mathbb{N}))$ aus allen internen Teilmengen von ${}^*\mathbb{N}$ besteht (siehe 8.7), folgt hieraus (i).

(ii) folgt direkt aus (i), da ${}^*\mathbb{N}-\mathbb{N}$ kein kleinstes Element besitzt (siehe 8.2 (iii)). □

Bei der Anwendung der Nichtstandard-Theorie ist es häufig erforderlich, vorgegebene Mengen als interne Mengen zu erkennen. Das wichtigste Hilfsmittel hierzu ist das Prinzip der internen Definition (siehe 8.10). Es besagt im wesentlichen, daß Mengen intern sind, wenn sie sich durch Formeln beschreiben lassen, in denen sämtliche auftretenden Elemente intern sind. Zur einfacheren Formulierung dieses Prinzips werden die folgenden Begriffe eingeführt.

8.9 Interne Formeln und Aussagen

Sei $^* : \widehat{S} \longrightarrow \widehat{{}^*S}$ eine Nichtstandard-Einbettung und sei φ eine Formel in $\widehat{{}^*S}$. Dann heißt φ eine *interne Formel*, wenn sämtliche in der zugehörigen Zeichenreihe auftretenden Elemente von $\widehat{{}^*S}$ Elemente von $\mathfrak{I}$ sind. Eine interne Formel, die eine Aussage ist, heißt *interne Aussage*.

Ist zum Beispiel φ eine Formel bzw. Aussage in $\widehat{S}$, so ist ${}^*\varphi$ eine interne Formel bzw. eine interne Aussage. In ${}^*\varphi$ treten nämlich nur Elemente der Form ${}^*a$ mit $a \in \widehat{S}$ auf, und diese sind intern (siehe 8.6 (iii)). Natürlich sind interne Formeln nur selten von der speziellen Gestalt ${}^*\varphi$. Ist zum Beispiel $b \in \mathfrak{I}$ mit $b \neq {}^*a$ für alle $a \in \widehat{S}$ (zur Existenz solcher b siehe 8.15), so ist jede interne Formel, in der b vorkommt, nicht von der Form ${}^*\varphi$. Da das Transfer-Prinzip sich jedoch nur auf Formeln ${}^*\varphi$ bezieht, erscheint es auf den ersten Blick hoffnungslos, mit Hilfe des Transfer-Prinzips Ergebnisse über beliebige interne Formeln zu erzielen. In 8.10 wird hierzu ein Trick verwandt. Man ersetzt nämlich in der internen Formel alle Elemente durch Variablen und erhält dadurch eine neue Formel, die als Formel ohne Elemente eine Formel in jeder Superstuktur ist. Auf diese neue Formel wird dann das Transfer-Prinzip angewandt. Der Beweis von 8.10 verläuft ansonsten in vielen technischen Details analog zum Beweis von 7.5.

8.10 Prinzip der internen Definition

Sei $^* : \widehat{S} \longrightarrow \widehat{{}^*S}$ eine Nichtstandard-Einbettung. Es sei

$\psi[\underline{x}_1, \ldots, \underline{x}_n]$ eine interne Formel.

Dann gilt für jede interne Menge B :

$\{\langle b_1, \ldots, b_n \rangle \in B : \psi[b_1, \ldots, b_n] \text{ ist gültig}\}$ ist eine interne Menge.

Beweis. Wir beweisen die Behauptung zunächst für $n = 1$ und führen dann den allgemeinen Fall hierauf zurück. Sei hierzu $\chi[\underline{x}]$ eine interne Formel; wir zeigen:

(1) $\{b \in B : \chi[b] \text{ ist gültig}\} \in \Im.$

Seien $c_1, \ldots, c_k$ sämtliche in $\chi[\underline{x}]$ vorkommenden Elemente von $\widehat{{}^*S}$. Ersetzt man in der Formel $\chi[\underline{x}]$ jedes c_i durch eine Variable $\underline{y}_i$, die in der Formel $\chi[\underline{x}]$ nicht vorkommt, so entsteht eine neue Formel, die wir mit $\widetilde{\chi}[\underline{x}, \underline{y}_1, \ldots, \underline{y}_k]$ bezeichnen. In dieser Formel treten keine Elemente auf, sie ist daher eine Formel sowohl in $\widehat{S}$ als auch in $\widehat{{}^*S}$, und es gilt $\widetilde{\chi} \equiv {}^*\widetilde{\chi}$. Nach Definition gilt:

(2) $\chi[b] \equiv \widetilde{\chi}[b, c_1, \ldots, c_k]$ für alle $b \in \widehat{{}^*S}$.

Mit Hilfe von $\widetilde{\chi}$ werden wir eine evident gültige Aussage φ in $\widehat{S}$ bilden, deren Transfer uns dann (1) liefert.

Wir benötigen hierzu die folgende Vorüberlegung: Da $\chi[\underline{x}]$ eine interne Formel ist, sind $c_1, \ldots, c_k \in \Im$. Da auch $B \in \Im$ ist, gibt es ein $\nu \in \mathbb{N}$ mit $B, c_1, \ldots, c_k \in {}^*S_\nu$ (siehe 8.5 (ii)). Da B eine Menge ist, folgt $B \notin {}^*S$ und daher ist $B \in {}^*S_\nu - {}^*S \underset{7.7\,(\text{ii})}{=} {}^*(S_\nu - S)$. Somit gilt insgesamt:

(3) $B \in {}^*(S_\nu - S),\ c_1, \ldots, c_k \in {}^*S_\nu.$

Wählt man nun zu $A \in S_\nu - S$, $y_1, \ldots, y_k \in S_\nu$ die Menge

$$A_0 := \{x \in A : \widetilde{\chi}[x, y_1, \ldots, y_k] \text{ ist gültig}\},$$

so ist $A_0 \underset{5.7(\text{iii})}{\in} S_\nu - S$ mit $A_0 \subset A$, und es gilt für alle $x \in A$:

$$x \in A_0 \Longleftrightarrow \widetilde{\chi}[x, y_1, \ldots, y_k].$$

Daher ist die folgende Aussage φ in $\widehat{S}$ gültig:

$$\varphi \equiv (\forall \underline{A} \in S_\nu - S)(\forall \underline{y}_1, \ldots, \underline{y}_k \in S_\nu)(\exists \underline{A}_0 \in S_\nu - S)$$
$$\Big((\forall \underline{x} \in \underline{A}_0)\underline{x} \in \underline{A} \wedge (\forall \underline{x} \in \underline{A})(\underline{x} \in \underline{A}_0 \Longleftrightarrow \widetilde{\chi}[\underline{x}, \underline{y}_1, \ldots, \underline{y}_k])\Big).$$

Nach dem Transfer-Prinzip ist somit ${}^*\varphi$ gültig. Nun sind $B \in {}^*(S_\nu - S)$ und $c_1, \ldots, c_k \in {}^*S_\nu$ nach (3). Da ${}^*\varphi$ gültig ist, existiert also eine Menge $B_0 \in {}^*S_\nu$ mit $B_0 \subset B$, so daß für alle $b \in B$ gilt:

$$b \in B_0 \Longleftrightarrow \widetilde{\chi}[b, c_1, \ldots, c_k].$$

Somit folgt mit (2):

$$B_0 = \{b \in B : \chi[b] \text{ ist gültig}\}.$$

Wegen $B_0 \in {}^*S_\nu \subset \Im$ erhalten wir (1).

Wir führen nun die Behauptung für $n \geq 2$ auf (1) zurück. Wegen $B \in \Im$ ist $B \in {}^*S_\nu$ für ein $\nu \in \mathbb{N}$. Setze

$$\chi[\underline{x}] \equiv (\exists \underline{x}_1 \in {}^*S_\nu) \ldots (\exists \underline{x}_n \in {}^*S_\nu)(\underline{x} = \langle \underline{x}_1, \ldots, \underline{x}_n\rangle \wedge \psi[\underline{x}_1, \ldots, \underline{x}_n]).$$

Da $\psi[\underline{x}_1, \ldots, \underline{x}_n]$ und somit $\chi[\underline{x}]$ eine interne Formel ist, folgt die Behauptung aus (1), wenn wir zeigen

(4) $\{\langle b_1, \ldots, b_n\rangle \in B : \psi[b_1, \ldots, b_n] \text{ ist gültig}\} = \{b \in B : \chi[b] \text{ ist gültig}\}.$

Die Richtung „ $\supset$ “ in (4) ist trivial. Für „ $\subset$ “ sei also $\langle b_1, \ldots, b_n\rangle \in B$, so daß $\psi[b_1, \ldots, b_n]$ gültig ist. Da $B \in {}^*S_\nu$ und ${}^*S_\nu$ transitiv ist, folgt zunächst $\langle b_1, \ldots, b_n\rangle \in {}^*S_\nu$ und sodann $b_1, \ldots, b_n \in {}^*S_\nu$ nach 5.6 (ii). Mit $b = \langle b_1, \ldots, b_n\rangle \in B$ ist folglich $\chi[b]$ gültig. Somit ist (4) gezeigt. □

Man beachte, daß die Behauptung von 8.10 i.a. nicht mehr richtig ist, wenn man die feste interne Menge B durch die Nichtstandard-Welt $\mathfrak{I}$ ersetzt. Wähle hierzu $\psi[\underline{x}]$ als $\underline{x} = \underline{x}$. Dann ist $\{b \in \mathfrak{I} : \psi[b] \text{ ist gültig}\} = \mathfrak{I}$, jedoch ist $\mathfrak{I} \notin \mathfrak{I}$ nach 8.6 (ii).

Als nächstes werden einige einfache Folgerungen aus dem Prinzip der internen Definition gezogen.

8.11 $\mathfrak{I}$ ist abgeschlossen unter $\cap$, $-$, $\cup$, $\times$

Es sei $^*: \widehat{S} \longrightarrow \widehat{^*S}$ eine Nichtstandard-Einbettung. Dann gilt:

A, B interne Mengen $\Longrightarrow A \cap B, A - B, A \cup B, A \times B$ interne Mengen.

Beweis. Da A, B interne Mengen sind, existiert nach 8.5 (iii) ein $\nu \in \mathbb{N}$ mit

(1) $\qquad A, B \subset {}^*S_\nu.$

Wir zeigen zunächst, daß $A \cup B$ intern ist; der Beweis für $A \cap B$, $A - B$ verläuft analog. Es ist

$$\psi[\underline{x}] \equiv (\underline{x} \in A \vee \underline{x} \in B)$$

eine interne Formel mit der freien Variablen $\underline{x}$, und daher folgt nach (1) und dem Prinzip der internen Definition:

$$A \cup B \underset{(1)}{=} \{c \in {}^*S_\nu : \psi[c] \text{ ist gültig}\} \underset{8.10}{\in} \mathfrak{I}.$$

Es bleibt $A \times B \in \mathfrak{I}$ zu zeigen. Wähle hierzu die interne Formel

$$\psi[\underline{x}_1, \underline{x}_2] \equiv (\underline{x}_1 \in A \wedge \underline{x}_2 \in B).$$

Wegen (1) ist

$$A \times B = \{\langle a, b\rangle \in {}^*S_\nu \times {}^*S_\nu : \psi[a, b] \text{ ist gültig}\}.$$

Nun ist ${}^*S_\nu \times {}^*S_\nu$ eine interne Menge (da ${}^*S_\nu \times {}^*S_\nu = {}^*(S_\nu \times S_\nu)$ nach 7.7 (iv) ist). Somit folgt $A \times B \in \mathfrak{I}$ nach dem Prinzip der internen Definition. □

Aus 8.11 folgt natürlich, daß für endlich viele interne Mengen $A_1, \ldots, A_n$ gilt:

$$A_1 \cap \ldots \cap A_n, A_1 \cup \ldots \cup A_n, A_1 \times \ldots \times A_n \text{ sind intern.}$$

Für abzählbar viele Mengen ist dieses i.a. nicht mehr richtig. Wähle zum Beispiel $A_n := {}^*\mathbb{N} - \{n\}$ für $n \in \mathbb{N}$. Wegen ${}^*\mathbb{N} \underset{8.6(\text{iii})}{\in} \mathfrak{I}$ und $\{n\} = \{{}^*n\} \underset{8.6}{\in} \mathfrak{I}$ ist $A_n = {}^*\mathbb{N} - \{n\} \underset{8.11}{\in} \mathfrak{I}$ für $n \in \mathbb{N}$. Es ist aber $\bigcap_{n=1}^{\infty} A_n = {}^*\mathbb{N} - \mathbb{N} \notin_{8.8\,(\text{ii})} \mathfrak{I}$.

8.12 Lemma

Es sei $^*: \widehat{S} \longrightarrow \widehat{^*S}$ eine Nichtstandard-Einbettung. Dann gilt:

(i) $\quad E \subset D$, E endlich, D intern $\Longrightarrow E$ intern;

(ii) $\quad E \subset D$, E extern, D intern $\Longrightarrow D - E$ extern;

(iii) $\quad \mathbb{N}$ ist extern.

Beweis. *(i)* Sei o.B.d.A. $E \neq \emptyset$, dann ist $E = \{a_1, \ldots, a_k\}$. Nun ist $a_i \in D \in \mathfrak{I}$, und die Transitivität von $\mathfrak{I}$ liefert $a_i \in \mathfrak{I}$. Daher ist $\{a_i\} \in \mathfrak{I}$ nach 8.6 (iv), und es folgt $E = \cup_{i=1}^{k}\{a_i\} \underset{8.11}{\in} \mathfrak{I}$.

(ii) Da $D \in \widehat{{}^*S}$ nach 8.4 ist, ist auch $D - E \in \widehat{{}^*S}$ (siehe 5.8 (iv)). Wäre $D - E \in \mathfrak{I}$, dann wäre $E = D - (D - E) \in \mathfrak{I}$ (siehe 8.11) im Widerspruch zur Voraussetzung.

(iii) Es ist ${}^*\mathbb{N}$ intern, und ${}^*\mathbb{N} - \mathbb{N}$ extern (siehe 8.8 (ii)). Daher ist $\mathbb{N} = {}^*\mathbb{N} - ({}^*\mathbb{N} - \mathbb{N})$ nach (ii) extern. □

Das folgende Ergebnis 8.13 wird zumeist auf Funktionen angewandt. Hierzu sei daran erinnert, daß Funktionen spezielle Relationen sind und daß die Komposition und Inversenbildung von Relationen im Falle von Funktionen die übliche Komposition und Inversenbildung von Funktionen ist (siehe hierzu § 5).

Der Beweis des folgenden Satzes verläuft ähnlich wie der Beweis von Satz 7.8; es wird jedoch das Prinzip der internen Definition an Stelle des Satzes 7.5 verwandt.

8.13 Interne Relationen (und Funktionen)

Sei $* : \widehat{S} \longrightarrow \widehat{{}^*S}$ eine Nichtstandard-Einbettung. Es seien R, R_1, R_2 interne Relationen. Dann gilt:

(i) $\mathcal{D}(R), \mathcal{W}(R)$ sind intern.

(ii) $R[B_0]$ ist intern für interne Mengen B_0.

(iii) R^{-1} und $R_2 \circ R_1$ sind intern.

(iv) Die identische Abbildung auf einer internen Menge ist intern.

Beweis. Wir benötigen erneut eine kurze Vorüberlegung. Da $R, R_1, R_2 \in \mathfrak{I}$ Mengen sind, existiert nach 8.5 (iii) ein $\nu \in \mathbb{N}$ mit

(1) $$R, R_1, R_2 \subset {}^*S_\nu.$$

Sei $\langle a, b\rangle \in R$; dann ist $\langle a, b\rangle \in {}^*S_\nu$ nach (1). Da ${}^*S_\nu$ transitiv ist, folgt $a, b \in {}^*S_\nu$ nach 5.6 (ii). Somit gilt:

(2) $$\mathcal{D}(R), \mathcal{W}(R), R[B_0] \subset {}^*S_\nu.$$

(i),(ii) Es sind

$$\begin{aligned} \psi_1[\underline{x}] &\equiv (\exists \underline{y} \in {}^*S_\nu)\langle \underline{x}, \underline{y}\rangle \in R; \\ \psi_2[\underline{y}] &\equiv (\exists \underline{x} \in {}^*S_\nu)\langle \underline{x}, \underline{y}\rangle \in R; \\ \psi_3[\underline{y}] &\equiv (\exists \underline{x} \in B_0)\langle \underline{x}, \underline{y}\rangle \in R \end{aligned}$$

interne Formeln mit einer freien Variablen. Aus (2) und nach dem Prinzip der internen Definition (siehe 8.10) folgt

$$\begin{aligned} \mathcal{D}(R) &\underset{(2)}{=} \{b \in {}^*S_\nu : \psi_1[b] \text{ ist gültig}\} \underset{8.10}{\in} \mathfrak{I}; \\ \mathcal{W}(R) &\underset{(2)}{=} \{b \in {}^*S_\nu : \psi_2[b] \text{ ist gültig}\} \underset{8.10}{\in} \mathfrak{I}; \\ R[B_0] &\underset{(2)}{=} \{b \in {}^*S_\nu : \psi_3[b] \text{ ist gültig}\} \underset{8.10}{\in} \mathfrak{I}. \end{aligned}$$

Damit sind (i) und (ii) gezeigt.

(iii) Es sind

$$\psi_4[\underline{x},\underline{y}] \equiv \langle \underline{y},\underline{x}\rangle \in R;$$
$$\psi_5[\underline{x},\underline{z}] \equiv (\exists \underline{y} \in {}^*S_\nu)(\langle \underline{x},\underline{y}\rangle \in R_1 \wedge \langle \underline{y},\underline{z}\rangle \in R_2)$$

interne Formeln. Es ist ${}^*S_\nu \times {}^*S_\nu$ intern (benutze 8.11), und daher folgt:

$$R^{-1} \underset{(2)}{=} \{\langle b_1,b_2\rangle \in {}^*S_\nu \times {}^*S_\nu : \psi_4[b_1,b_2] \text{ ist gültig}\} \underset{8.10}{\in} \Im;$$
$$R_2 \circ R_1 \underset{(2)}{=} \{\langle b_1,b_3\rangle \in {}^*S_\nu \times {}^*S_\nu : \psi_5[b_1,b_3] \text{ ist gültig}\} \underset{8.10}{\in} \Im.$$

(iv) Sei B eine interne Menge und id die identische Abbildung auf B. Dann ist $id = \{\langle x,y\rangle \in B \times B : x = y\}$. Da $B \times B$ intern ist (siehe 8.11), ist somit id intern nach dem Prinzip der internen Definition. □

Bisher sind $\mathbb{N}$, ${}^*\mathbb{N}-\mathbb{N}$ die einzigen konkret angegebenen externen Mengen (siehe 8.8 (ii) und 8.12 (iii)). Mit Hilfe der Eigenschaft, daß für eine interne Funktion g das Bild $g[B]$ einer internen Menge wieder intern ist und daß $\mathbb{N}$ extern ist, lassen sich nun weitere externe Mengen finden.

8.14 Spezielle externe Mengen

Sei ${}^*: \widehat{S} \longrightarrow \widehat{{}^*S}$ eine Nichtstandard-Einbettung.

(i) Für unendliche Mengen $A \in \widehat{S}$ gilt:

$\{{}^*a : a \in A\}$, ${}^*A - \{{}^*a : a \in A\}$ und $\mathcal{P}({}^*A)$ sind extern.

(ii) Für unendliche Mengen $A \subset S^n$ gilt:

A, ${}^*A - A$ sind extern und $A \underset{\neq}{\subset} {}^*A$.

(iii) $\mathbb{N}$, ${}^*\mathbb{N} - \mathbb{N}$, $\mathbb{R}$, ${}^*\mathbb{R} - \mathbb{R}$, S, ${}^*S - S$ sind extern.

Beweis. *(i)* Wir zeigen zunächst:

(1) $B := \{{}^*a : a \in A\}$ ist extern, d.h. $B \in \widehat{{}^*S} - \Im$.

Wegen $B \subset {}^*A$ (siehe 7.4 (i)) und ${}^*A \in \widehat{{}^*S}$ folgt $B \in \widehat{{}^*S}$ (benutze 5.8 (iv)), daher bleibt $B \notin \Im$ zu zeigen. Da A unendlich ist, gibt es eine Funktion $f : A \to \mathbb{N}$ mit $f[A] = \mathbb{N}$. Wir zeigen ${}^*f[B] = \mathbb{N}$; da ${}^*f$ eine interne Funktion ist (benutze 7.9 (i)) und $\mathbb{N} \notin \Im$ ist, folgt dann $B \notin \Im$ nach 8.13 (ii).

Zum Nachweis von ${}^*f[B] = \mathbb{N}$ benutzen wir, daß $f(a) \in \mathbb{N} \subset S$ und damit ${}^*f({}^*a) \underset{7.9(\text{iv})}{=} {}^*(f(a)) = f(a)$ für alle $a \in A$ ist. Somit gilt:

$${}^*f[B] = \{{}^*f({}^*a) : a \in A\} = \{f(a) : a \in A\} = \mathbb{N}.$$

Damit ist (1) gezeigt, und es folgt ${}^*A - \{{}^*a : a \in A\} \notin \Im$ (benutze 8.12 (ii)).

Ferner ist $\mathcal{P}({}^*A) \notin \Im$, da sonst wegen $\{{}^*a : a \in A\} \in \mathcal{P}({}^*A)$ (siehe 7.4 (i)) auch $\{{}^*a : a \in A\}$ intern wäre (benutze 8.6 (i)).

(ii) Aus (i) folgt, da $\{{}^*a : a \in A\} = A$ für $A \subset S^n$ ist (siehe 7.3 (iv)), daß $A, {}^*A - A$ extern sind. Wegen $A \subset S^n$ ist $A \subset {}^*A$. Es ist ${}^*A - A \neq \emptyset$, da $\emptyset$ intern und ${}^*A - A$ extern ist.

(iii) folgt aus (ii); beachte dabei $\mathbb{R} \subset S$. □

Nach 8.14 (ii) ist ${}^*A - A \neq \emptyset$ für jede unendliche Menge $A \subset S^n$. Genauer gilt sogar, daß ${}^*A - A$ eine unendliche Menge ist, denn ${}^*A - A$ ist eine externe Teilmenge (siehe 8.14 (ii)) der internen Menge ${}^*A$ und kann daher nicht endlich sein (siehe 8.12 (i)).

Sei nun $A \subset S^n$ eine unendliche abelsche Gruppe bzw. ein unendlicher Körper. Dann ist ${}^*A$ eine echte abelsche Gruppen- bzw. Körpererweiterung (benutze 7.11 (ii), (iii) und 7.10 (iii)).

Die Superstruktur $\widehat{{}^*S}$ zerfällt nach Definition 8.3 in die Klasse der internen und die Klasse der externen Elemente. Die Ergebnisse dieses Paragraphen zeigen, daß beide Klassen sehr umfangreich sind. In der Klasse der internen Elemente liegt als wichtige Teilklasse die Klasse $\{{}^*a : a \in \widehat{S}\}$ der Standard-Elemente. Die folgende Überlegung verdeutlicht, daß es sich hierbei um eine echte Inklusion handelt:

Ist $A \subset S^n$ eine unendliche Menge, so ist jedes Element b der unendlichen Menge ${}^*A - A$ ein internes Element, welches kein Standard-Element ist.

Beweis. Da $b \in {}^*A$ ist, ist b intern. Wäre $b = {}^*a$, so wäre ${}^*a \in {}^*A$ und damit $a \in A$, d.h. es wäre $b = {}^*a \underset{7.3(\mathrm{iv})}{=} a \in A$ im Widerspruch zu $b \notin A$. □

Im folgenden Satz werden wir weitere interne Elemente angeben, die keine Standard-Elemente sind. Wir erinnern daran, daß Standard-Elemente, die Mengen sind, auch Standard-Mengen heißen.

8.15 Interne Mengen, die keine Standard-Mengen sind

Sei $^* : \widehat{S} \longrightarrow \widehat{{}^*S}$ eine Nichtstandard-Einbettung. Dann gilt:

(i) Ist $A \subset S^n$ eine unendliche Menge und ist $E \subset {}^*A - A$ eine nicht-leere interne Menge, dann ist E keine Standard-Menge.

(ii) Sind $a, b \in {}^*\mathbb{R}$ mit $a < b$ und ist $a \notin \mathbb{R}$ oder $b \notin \mathbb{R}$, dann ist

$$\{x \in {}^*\mathbb{R} : a \leq x \leq b\}$$

eine interne Menge, die keine Standard-Menge ist.

Beweis. ***(i)*** Sei indirekt E eine Standard-Menge. Dann ist $E = {}^*B$ mit $B \in \widehat{S}$; dabei ist $B \neq \emptyset$ wegen $E \neq \emptyset$. Nun gilt ${}^*B \subset {}^*A - A \subset {}^*A$ und damit $B \subset A$ nach 7.2 (iv). Wegen $B \subset S^n$ ist ferner $B \underset{7.4\,(\mathrm{iii})}{\subset} {}^*B \subset {}^*A - A$. Somit ist $\emptyset \neq B \subset {}^*A - A$, und dieses ist ein Widerspruch zu $B \subset A$.

(ii) Es ist

$$I := \{x \in {}^*\mathbb{R} : a \leq x \leq b\}$$

eine interne Menge nach dem Prinzip der internen Definition (wähle $\psi[\underline{x}] \equiv (a \leq \underline{x} \wedge \underline{x} \leq b)$).

Wäre I eine Standard-Menge, d.h. $I = {}^*B$ mit $B \in \widehat{S}$, so wäre $B \subset \mathbb{R}$ wegen ${}^*B \subset {}^*\mathbb{R}$. Wir zeigen nun $a, b \in \mathbb{R}$ im Widerspruch zur Voraussetzung

$a \notin \mathbb{R}$ oder $b \notin \mathbb{R}$. Da $^*B$ ein kleinstes Element besitzt, besitzt auch B ein kleinstes Element; wende hierzu das Transfer-Prinzip an auf

$$(\exists \underline{a} \in {}^*B)(\forall \underline{x} \in {}^*B)\underline{a} \leq \underline{x}.$$

Sei nun $m \in B \subset \mathbb{R}$ das kleinste Element von B. Dann ist $m = {}^*m$ nach dem Transfer-Prinzip auch das kleinste Element von $^*B = I$, d.h. es ist $a = m \in \mathbb{R}$. Analog folgt $b \in \mathbb{R}$. □

Insbesondere sind zum Beispiel alle endlichen nicht-leeren Teilmengen von $^*\mathbb{R} - \mathbb{R}$ interne Mengen, die keine Standard-Mengen sind (benutze 8.12 (i) und 8.15 (i)).

In den folgenden Paragraphen werden wir uns mehrfach mit der Klasse $\mathbb{R}^{\mathbb{R}}$ aller reellwertigen Funktionen über $\mathbb{R}$ beschäftigen. Bei Anwendung des Transfer-Prinzips wird dabei häufig der *-Wert von $\mathbb{R}^{\mathbb{R}}$ benötigt. Der folgende Satz zeigt, daß $^*(\mathbb{R}^{\mathbb{R}})$ aus allen internen Funktionen von $^*\mathbb{R}$ nach $^*\mathbb{R}$ besteht und damit nicht aus allen Funktionen von $^*\mathbb{R}$ nach $^*\mathbb{R}$ (siehe hierzu die Bemerkungen nach 8.16). Es liegt somit ein ähnlicher Effekt vor wie bei der Bildung des *-Wertes der Potenzmenge von $\mathbb{R}$; auch $^*(\mathcal{P}(\mathbb{R}))$ bestand aus allen internen, aber nicht aus allen Teilmengen von $^*\mathbb{R}$.

8.16 *-Wert von B^A

Sei $^* : \widehat{S} \longrightarrow \widehat{^*S}$ eine Nichtstandard-Einbettung. Es seien $A, B \in \widehat{S}$ nicht-leere Mengen.

Dann ist $^*(B^A)$ das System aller internen Funktionen von $^*A$ nach $^*B$, d.h.

$$^*(B^A) = \{f \in \Im : f \text{ Funktion von } {}^*A \text{ nach } {}^*B\}.$$

Beweis. Es ist $B^A \in \widehat{S}$ nach 5.15. Setze

$$\mathcal{P} := \mathcal{P}(A \times B).$$

Da $^*\mathcal{P}$ nach 8.7 aus allen internen Teilmengen von $^*(A \times B) = {}^*A \times {}^*B$ besteht und da jede Funktion von $^*A$ nach $^*B$ eine Teilmenge von $^*A \times {}^*B$ ist, gilt:

$$\{f \in \Im : f \text{ Funktion von } {}^*A \text{ nach } {}^*B\} = \{f \in {}^*\mathcal{P} : f \text{ Funktion und } \mathcal{D}(f) = {}^*A\}.$$

Daher reicht es zu zeigen:

(1) $\quad {}^*(B^A) = \{f \in {}^*\mathcal{P} : f \text{ Funktion und } \mathcal{D}(f) = {}^*A\}.$

Nach Definition von B^A gilt:

(2) $\quad B^A = \{f \in \mathcal{P} : f \text{ Funktion und } \mathcal{D}(f) = A\}.$

Mit 7.5 werden wir nun (1) aus (2) gewinnen, indem wir für $f \in \mathcal{P}$, d.h. für Relationen $f \subset A \times B$, die Bedingung „ f Funktion und $\mathcal{D}(f) = A$ “ durch eine Formel beschreiben. Setze hierzu:

$$\varphi[\underline{f}] \equiv (\forall \underline{x} \in A)(\forall \underline{y}_1, \underline{y}_2 \in B)((\langle \underline{x}, \underline{y}_1\rangle \in \underline{f} \wedge \langle \underline{x}, \underline{y}_2\rangle \in \underline{f}) \Rightarrow \underline{y}_1 = \underline{y}_2) \wedge$$
$$(\forall \underline{x} \in A)(\exists \underline{y} \in B)\langle \underline{x}, \underline{y}\rangle \in \underline{f}$$

Dann gilt:

$$B^A = \{f \in \mathcal{P} : \varphi[f] \text{ ist gültig}\}.$$

Nach 7.5 folgt:

$$^*(B^A) = \{f \in {^*\mathcal{P}} : {^*\varphi}[f] \text{ ist gültig}\}.$$

Für $f \in {^*\mathcal{P}}$ ist ${^*\varphi}[f]$ genau dann gültig, wenn f eine Funktion mit $\mathcal{D}(f) = {^*A}$ ist. Damit ist (1) gezeigt. □

Wir geben abschließend ein Beispiel für eine *externe Funktion* von ${^*\mathbb{R}}$ nach ${^*\mathbb{R}}$ sowie ein Beispiel für eine *interne Funktion* von ${^*\mathbb{R}}$ nach ${^*\mathbb{R}}$, die *keine Standard-Funktion* ist.

Sei $f(x) = x$ für $x \in \mathbb{R}$ und $f(x) = 0$ für $x \in {^*\mathbb{R}} - \mathbb{R}$. Dann ist $f : {^*\mathbb{R}} \to {^*\mathbb{R}}$ eine Funktion. Es ist $f \in \widehat{{^*S}}$, und f ist keine interne Funktion, da sonst $\mathcal{W}(f) = \mathbb{R}$ eine interne Menge wäre (siehe 8.13 (i)), jedoch $\mathbb{R}$ extern ist (siehe 8.14 (iii)).

Ist $c \in {^*\mathbb{R}} - \mathbb{R}$, dann ist $f(x) = c$ für $x \in {^*\mathbb{R}}$ eine interne Funktion von ${^*\mathbb{R}}$ nach ${^*\mathbb{R}}$, die keine Standard-Funktion ist: Es ist f intern wegen $f = {^*\mathbb{R}} \times \{c\} \in \Im$ (benutze 8.6 (iv) und 8.11). Wäre f eine Standard-Funktion, also $f = {^*g}$, dann wäre $c = {^*g} \restriction 0 \underset{7.3(\text{iii})}{=} {^*(g \restriction 0)}$ im Widerspruch dazu, daß c kein Standard-Element ist (siehe hierzu die Überlegungen vor 8.15).

Es sollen nun noch einmal einige wesentliche Aspekte dieses Paragraphen herausgestellt werden:

Die wichtigsten Begriffe dieses Paragraphen sind die Begriffe:

- Nichtstandard-Einbettung, internes und externes Element.

Nichtstandard-Einbettungen sind satztreue Einbettungen mit $\mathbb{R} \neq {^*\mathbb{R}}$ (und $\mathbb{R} \subset S$). Interne Elemente sind dann genau die Elemente von Standard-Mengen, d.h. die Elemente von Mengen der Form ${^*A}$. Alle anderen Elemente von $\widehat{{^*S}}$ heißen externe Elemente. Die Bedingung $\mathbb{R} \neq {^*\mathbb{R}}$ stellt einerseits die Existenz von externen Elementen sicher und gewährleistet andererseits die Existenz interner Elemente, die keine Standard-Elemente sind.

Das System $\Im$ aller internen Elemente, die sogenannte Nichtstandard-Welt, erwies sich als kleinste transitive Menge, die alle Standard-Elemente enthält. Die Nichtstandard-Welt $\Im$ besitzt eine Reihe von Abgeschlossenheitseigenschaften, die auch die Standard-Welt besitzt (siehe 8.6 und 8.11), andere jedoch nicht. So ist $\Im$ unter endlichen, aber nicht mehr unter abzählbaren Durchschnitten abgeschlossen. Ferner ist die Potenzmenge einer internen Menge in der Regel nicht mehr intern und auch Teilmengen interner Mengen sind nicht notwendig wieder intern. Daher ist es wichtig, ein Hilfsmittel zu besitzen, mit dem man erkennen kann, ob eine gegebene Teilmenge einer internen Menge wieder intern ist. Ein solches Hilfsmittel ist das Prinzip der internen Definition (siehe 8.10), nach dem alle durch interne Formeln beschreibbaren Teilmengen einer internen Menge wieder intern sind.

Aufgaben

Für die Aufgaben 1 bis 11 sei $^*: \widehat{S} \longrightarrow \widehat{^*S}$ eine Nichtstandard-Einbettung.

1 Es sei R eine interne Relation. Man zeige, daß interne Mengen A, B existieren, so daß $R \subset A \times B$ ist.

2 Es sei $h \in {^*\mathbf{N}} - \mathbf{N}$. Man zeige, daß die Menge

$$T := \{\tfrac{n}{h} : n \in {^*\mathbf{N}}\ ,\ n \leq h\}$$

intern ist.

3 Man zeige, daß für jedes $A \subset {^*S}$ gilt: A intern $\Longleftrightarrow$ ${^*S} - A$ intern.

4 Sei $\mathcal{P}$ das System aller internen Teilmengen einer internen Menge B. Man zeige, daß $\mathcal{P}$ intern ist.

5 Man konstruiere $A_n \in \Im$ für $n \in \mathbf{N}$ mit $\cup_{n=1}^{\infty} A_n \notin \Im$.

6 Man zeige: Mit $A, B \in \Im$ ist $\{f : f$ interne Funktion von A nach $B\} \in \Im$.

7 Seien f, g interne Funktionen über A. Setze $(f,g)(a) := \langle f(a), g(a)\rangle, a \in A$. Man zeige, daß (f,g) eine interne Funktion über A ist.

8 Seien $f, g : A \longrightarrow {^*\mathbb{R}}$ interne Funktionen und $\alpha, \beta \in {^*\mathbb{R}}$. Man zeige, daß $\alpha f + \beta g$ und $f \cdot g$ interne Funktionen sind.

9 Es seien B_1 und B_2 Standard-Mengen mit den gleichen Standard-Elementen. Man zeige, daß $B_1 = B_2$ ist.

10 Sei B eine interne Menge, deren sämtliche Elemente Standard-Elemente sind. Man zeige, daß B eine endliche Standard-Menge ist.

11 Es sei $\mathcal{C}$ das System aller abgeschlossenen Intervalle $[a,b] \subset \mathbb{R}$ mit $a < b$. Man bestimme ${^*\mathcal{C}}$.

Teil III

Reelle Nichtstandard-Analysis

§ 9 Die hyperreellen Zahlen

In den Paragraphen 9 bis 18 setzen wir stets voraus, daß $* : \widehat{S} \longrightarrow \widehat{{}^*S}$ eine Nichtstandard-Einbettung ist; diese generelle Voraussetzung wird nicht mehr zusätzlich in den einzelnen Sätzen aufgeführt werden.

Es ist $\mathbb{R} \subset S$ (siehe 8.1), und es ist $\langle {}^*\mathbb{R}\,,\ {}^*{+}\,,\ {}^*{\cdot}\,,\ {}^*{\leq} \rangle$ ein angeordneter Erweiterungskörper mit $\mathbb{R} \subset {}^*\mathbb{R}$ (siehe 7.12). Wir hatten vereinbart, ${}^*{+}$, ${}^*{\cdot}$ und ${}^*{\leq}$ wieder mit $+$, $\cdot$ und $\leq$ zu bezeichnen sowie auch bei ${}^*{-}$, ${}^*{:}$, ${}^*{<}$ und ${}^*|\ |$ das Zeichen $*$ wegzulassen. Es ist ${}^*\mathbb{R}$ eine echte Erweiterung von $\mathbb{R}$, in der analog wie in $\mathbb{R}$ gerechnet werden kann.

In diesem Paragraphen werden einfache Ergebnisse über ${}^*\mathbb{R}$ und über Teilmengen von ${}^*\mathbb{R}$ zusammengestellt, die insbesondere die teilweise ungewohnte Struktur des Systems ${}^*\mathbb{R}$ der hyperreellen Zahlen verdeutlichen sollen. Einiges ist schon aus § 3 (bei der speziellen Konstruktion von ${}^*\mathbb{R}$) bekannt und wird hier im allgemeineren Rahmen gezeigt. Es sei darauf hingewiesen, daß die Ergebnisse aus § 3 (und § 4) nur für die dort gegebene spezielle Konstruktion von ${}^*\mathbb{R}$ nachgewiesen sind. Sie können daher hier nicht ohne Zusatzüberlegungen verwandt werden; viele Beweise verlaufen jedoch ähnlich.

9.1 Endlich, unendlich, infinitesimal, $\approx$ und $fin({}^*\mathbb{R})$

Seien $x, y \in {}^*\mathbb{R}$. Dann heißt:

(i) x *endlich* oder *finit*, falls $|x| \leq n$ für ein $n \in \mathbb{N}$ ist;

(ii) x *unendlich*, falls $|x| \geq n$ für alle $n \in \mathbb{N}$ ist;

(iii) x *infinitesimal*, falls $|x| \leq 1/n$ für alle $n \in \mathbb{N}$ ist;

(iv) x *unendlich nahe bei* y oder x *infinitesimal benachbart zu* y, in Zeichen $x \approx y$, falls $x - y$ infinitesimal ist.

(v) Es bezeichne $fin\ ({}^*\mathbb{R}) := \{x \in {}^*\mathbb{R} : x \text{ ist finit}\}$ die Menge der finiten Elemente von ${}^*\mathbb{R}$.

Trivialerweise ist x genau dann infinitesimal, wenn $x \approx 0$ ist. Natürlich ist jede reelle Zahl endlich, und jedes $x \in {}^*\mathbb{R}$ ist entweder endlich oder unendlich.

Aus 8.2 und der Definition eines infinitesimalen Elementes erhält man unmittelbar:

9.2 ${}^*\mathbb{R}$ enthält unendliche und infinitesimale Elemente $\neq 0$

(i) Es ist ${}^*\mathbb{N} - \mathbb{N} \neq \emptyset$, und jedes $h \in {}^*\mathbb{N} - \mathbb{N}$ ist ein unendliches Element.

(ii) $1/h$ ist für $h \in {}^*\mathbb{N} - \mathbb{N}$ ein von 0 verschiedenes infinitesimales Element.

Es ist gelegentlich für die Intuition zweckmäßig, sich auch ${}^*\mathbb{R}$ als eine Zahlengerade vorzustellen. Ganz links liegen die negativ unendlichen Elemente, ganz rechts die positiv unendlichen Elemente und dazwischen die finiten Elemente (siehe hierzu die Skizze am Ende von § 3). Die folgenden Ergebnisse sollen diese Vorstellungen untermauern und vertiefen.

Zunächst notieren wir naheliegende Eigenschaften von finiten Elementen.

9.3 Eigenschaften von $fin({}^*\mathbb{R})$

Seien $x, y \in {}^*\mathbb{R}$. Dann gilt:

(i) x, y finit $\Longrightarrow x \pm y$, $x \cdot y$ finit;

(ii) x finit und $x \approx y \Longrightarrow y$ finit;

(iii) x nicht infinitesimal $\Longrightarrow 1/x$ finit.

Beweis. ***(i)*** Da x, y finit sind, existiert ein $n \in \mathbb{N}$ mit $|x| \leq n$ und $|y| \leq n$. Dann folgt $|x \pm y| \leq 2n$ und $|x \cdot y| \leq n^2$, und daher sind $x \pm y$, $x \cdot y$ finit.
(ii) und ***(iii)*** folgen unmittelbar. □

Ist $x \neq 0$, so gilt in (iii) natürlich auch die Umkehrung, d.h. wenn $1/x$ finit ist, so kann x kein infinitesimales Element sein, und wir schreiben dann auch $x \not\approx 0$.

Im folgenden Satz werden Regeln für das Rechnen mit $\approx$ aufgeführt, die teilweise schon in § 3 notiert wurden und hier für den allgemeineren Rahmen noch einmal gezeigt werden.

9.4 Eigenschaften von $\approx$

(i) $\approx$ ist eine Äquivalenzrelation über ${}^*\mathbb{R}$;

(ii) $x_1 \approx y_1\ ,\ x_2 \approx y_2 \Longrightarrow x_1 \pm x_2 \approx y_1 \pm y_2$;

(iii) $(x_1 \approx y_1\ ,\ x_2 \approx y_2$ und x_1, x_2 finit$) \Longrightarrow x_1 \cdot x_2 \approx y_1 \cdot y_2$;

(iv) $(x_1 \approx y_1\ ,\ x_2 \approx y_2\ ,\ x_1$ finit und $x_2 \not\approx 0) \Longrightarrow \dfrac{x_1}{x_2} \approx \dfrac{y_1}{y_2}$.

Beweis. Wir beweisen nur (iii) und (iv), *(i)* und *(ii)* beweist man analog zu (iii).

(iii) Wegen x_1, x_2 finit und $x_1 \approx y_1$ existiert ein $n_0 \in \mathbb{N}$ mit $|y_1|$, $|x_2| \leq n_0$. Wegen $x_i \approx y_i$ folgt $|x_i - y_i| \leq \dfrac{1}{2nn_0}$ für alle $n \in \mathbb{N}$. Somit gilt $|x_1x_2 - y_1y_2| \leq |x_1 - y_1|\ |x_2| + |x_2 - y_2|\ |y_1| \leq \dfrac{1}{n}$ für alle $n \in \mathbb{N}$, d.h. $x_1x_2 \approx y_1y_2$.

(iv) Wegen $x_2 \not\approx 0$ ist $\dfrac{1}{x_2}$ finit (siehe 9.3 (iii)), und daher reicht es nach (iii) zu zeigen: $\dfrac{1}{x_2} \approx \dfrac{1}{y_2}$, d.h. $\dfrac{1}{x_2} - \dfrac{1}{y_2} \approx 0$. Nun ist $\dfrac{1}{x_2} - \dfrac{1}{y_2} = \dfrac{1}{x_2y_2}(y_2 - x_2)$ und $y_2 - x_2 \approx 0$. Daher ist $\dfrac{1}{x_2} - \dfrac{1}{y_2} \approx 0$ nach (iii), sofern $\dfrac{1}{x_2y_2}$ finit ist. Wegen $x_2 \not\approx 0$, $y_2 \not\approx 0$ sind $\dfrac{1}{x_2}$, $\dfrac{1}{y_2}$ finit, und daher ist $\dfrac{1}{x_2y_2}$ finit (siehe 9.3 (i)). □

Der folgende Satz zeigt u.a., daß jedes finite Element von ${}^*\mathbb{R}$ unendlich nahe bei einer eindeutig bestimmten reellen Zahl liegt (siehe hierzu auch 3.12). Hierdurch erhält man eine Abbildung von *fin* $({}^*\mathbb{R})$ auf $\mathbb{R}$, die sogenannte Standardteil-Abbildung. Diese Abbildung ermöglicht es, von der Nichtstandard-Welt in die Standard-Welt zurückzugelangen und damit die Konstruktion der Nichtstandard-Welt für die Standard-Welt nutzbar zu machen. Dieses wird am Ende des § 12 detaillierter beschrieben.

Zum Beweis der Existenz des Standardteils in 9.5 (i) ist die Ordnungsvollständigkeit von $\mathbb{R}$ erforderlich. Ergebnisse, die mit Hilfe von 9.5 (i) hergeleitet werden wie z.B. 10.5 und 10.6 (ii), benutzen daher implizit die Ordnungsvollständigkeit von $\mathbb{R}$.

9.5 Standardteil-Satz

(i) Ist $y \in fin\,({}^*\mathbb{R})$, so existiert ein eindeutiges $r \in \mathbb{R}$ mit $y \approx r$, welches mit $st(y)$ bezeichnet wird.

(ii) Es ist $st : fin\,({}^*\mathbb{R}) \longrightarrow \mathbb{R}$, und für $y_1, y_2 \in fin\,({}^*\mathbb{R})$ gilt:

a) $st\,(y_1 \pm y_2) = st\,(y_1) \pm st\,(y_2)$;

b) $st\,(y_1 \cdot y_2) = st\,(y_1) \cdot st\,(y_2)$;

c) $st\Big(\dfrac{y_1}{y_2}\Big) = \dfrac{st(y_1)}{st(y_2)}$, falls $st(y_2) \neq 0$;

d) $y_1 \leq y_2 \Rightarrow st(y_1) \leq st(y_2)$.

Beweis. ***(i)*** Setze $r := \sup\{s \in \mathbb{R} : s \leq y\}$. Genau wie in 3.12 folgt $r - 1/n \leq y \leq r + 1/n$ und somit $|y - r| \leq 1/n$ für alle $n \in \mathbb{N}$, d.h. $y \approx r$. Aus $y \approx r' \in \mathbb{R}$ folgt $r \approx r'$ nach 9.4 (i) und somit $r = r'$, da $r, r' \in \mathbb{R}$ sind.

(ii) Setze $r_i := st(y_i)$, $i = 1, 2$. Dann ist $r_i \approx y_i$, und es gilt $\mathbb{R} \ni r_1 \pm r_2 \underset{9.4(\text{ii})}{\approx} y_1 \pm y_2$. Somit ist $st(y_1 \pm y_2) = r_1 \pm r_2 = st(y_1) \pm st(y_2)$. Die Fälle b) und c) verlaufen analog unter Benutzung von 9.4 (iii) und (iv).

Teil d) folgt, da für alle $n \in \mathbb{N}$ gilt: $st(y_1) \leq y_1 + \frac{1}{n} \leq y_2 + \frac{1}{n} \leq st(y_2) + \frac{2}{n}$. □

Natürlich können nur finite Elemente unendlich nahe bei einer reellen Zahl liegen, da jedes unendliche Element einen „unendlichen Abstand" von jeder reellen Zahl hat; in 9.5 (i) kann also auf $y \in fin\,({}^*\mathbb{R})$ nicht verzichtet werden.

Nach 9.5 (ii) d) ist die Standardteil-Abbildung monoton, sie ist jedoch nicht strikt monoton, denn für jedes $h \in {}^*\mathbb{N} - \mathbb{N}$ gilt:

- $0 < 1/h$ und $st(0) = st(1/h)$.

Im folgenden betrachten wir für jedes $r \in \mathbb{R}$ die Monade von r, d.h. die Menge der Punkte von ${}^*\mathbb{R}$, die zu r infinitesimal benachbart sind. Es zeigt sich, daß sich $fin\,({}^*\mathbb{R})$ als disjunkte Vereinigung aller Monaden darstellen läßt (9.6 (iii) und (iv)). Ferner hat die Monade eines jeden Punktes $r \in \mathbb{R}$ dieselbe Struktur wie die Monade des Nullpunktes. Sie geht nach 9.6 (i) durch Verschiebung um r aus der Monade des Nullpunktes hervor. Nach 9.6 (ii) läßt sich die Monade eines Punktes $r \in \mathbb{R}$ auch beschreiben als die Menge derjenigen Punkte, die den Standardteil r besitzen. Monaden sind wichtige Hilfsmittel bei der Untersuchung topologischer Eigenschaften.

9.6 Monaden

Für $r \in \mathbb{R}$ setze $m(r) := \{y \in {}^*\mathbb{R} : y \approx r\}$; es heißt $m(r)$ die *Monade* des Punktes r. Für $r, r_1, r_2 \in \mathbb{R}$ gilt:

(i) $m(r) = \{r + \varepsilon : \varepsilon \text{ infinitesimal}\}$;

(ii) $m(r) = \{y \in fin\,({}^*\mathbb{R}) : st(y) = r\}$;

(iii) $m(r_1) \cap m(r_2) = \emptyset$, falls $r_1 \neq r_2$;

(iv) $fin\,({}^*\mathbb{R}) = \bigcup_{r \in \mathbb{R}} m(r)$.

Beweis. ***(i)*** Nach Definition 9.1 (iv) gilt: $y \approx r \iff y - r$ infinitesimal $\iff y = r + \varepsilon$ mit ε infinitesimal. Dieses zeigt (i).

(ii) Für jedes $r \in \mathbb{R}$ gilt:
$y \in m(r) \iff y \in {}^*\mathbb{R}$ und $y \approx r \underset{9.3,9.5}{\iff} y \in fin\,({}^*\mathbb{R})$ und $st(y) = r$.

(iii) Sei $y \in m(r_1) \cap m(r_2)$. Dann folgt aus (ii), daß $r_1 = st(y) = r_2$ ist.

(iv) Sei $y \in fin\,({}^*\mathbb{R})$. Nach 9.5 (i) existiert ein $r \in \mathbb{R}$ mit $y \approx r$, d.h. $y \in m(r)$. Dieses zeigt „ $\subset$ “, die Richtung „ $\supset$ “ folgt aus (ii). □

Der folgende Satz ist ein wichtiges und in diesem Buch häufig verwandtes Beweisprinzip. Die erste Aussage von 9.7 nennt man auch das „Overflow Principle“, die zweite das „Underflow Principle“. Alle drei Teile von 9.7 sind sogenannte Permanenzbehauptungen. Sie besagen im wesentlichen, daß eine interne Aussage, die für alle Elemente einer gewissen externen Menge gilt (wie zum Beispiel für $\mathbb{N}$ in (i) oder ${}^*\mathbb{N} - \mathbb{N}$ in (ii)), auch auf einer wesentlich größeren (internen) Menge erhalten bleibt. Im folgenden bezeichne $\mathbb{R}_+ := \{x \in \mathbb{R} : x > 0\}$ die Menge der positiven reellen Zahlen.

9.7 Permanenz-Prinzip für interne Formeln

Sei $\psi[\underline{x}]$ eine interne Formel, in der also genau $\underline{x}$ als freie Variable vorkommt.

(i) Gilt $\psi[n]$ für alle $n \in \mathbb{N}$, dann gibt es ein $h \in {}^*\mathbb{N} - \mathbb{N}$, so daß $\psi[n]$ für alle $n \in {}^*\mathbb{N}$ mit $n \leq h$ gilt.

(ii) Gilt $\psi[h]$ für alle $h \in {}^*\mathbb{N} - \mathbb{N}$, dann gibt es ein $m \in \mathbb{N}$, so daß $\psi[n]$ für alle $n \in {}^*\mathbb{N}$ mit $n \geq m$ gilt.

(iii) Gilt $\psi[\varepsilon]$ für alle $\varepsilon \approx 0$, dann gibt es ein $c \in \mathbb{R}_+$, so daß $\psi[b]$ für alle $b \in {}^*\mathbb{R}$ mit $|b| \leq c$ gilt.

Beweis. ***(i)*** Es ist $\chi[\underline{n}] \equiv (\forall \underline{k} \in {}^*\mathbb{N})(\underline{k} \leq \underline{n} \Rightarrow \psi[\underline{k}])$

eine interne Formel. Nach dem Prinzip der internen Definition (siehe 8.10) ist daher

$$A := \{n \in {}^*\mathbb{N} : \chi[n] \text{ ist gültig}\}$$

eine interne Menge, die nach Voraussetzung $\mathbb{N}$ umfaßt (benutze 8.2 (ii)). Da $\mathbb{N}$ extern ist (siehe 8.14 (iii)), folgt $\mathbb{N} \subsetneq A$. Sei $h \in A - \mathbb{N} \subset {}^*\mathbb{N} - \mathbb{N}$. Dann ist $\chi[h]$ gültig, und damit gilt $\psi[n]$ für alle $n \in {}^*\mathbb{N}$ mit $n \leq h$.

(ii) Betrachte an Stelle von $\chi[\underline{n}]$ in (i) die interne Formel

$$\widetilde{\chi}[\underline{n}] \equiv (\forall \underline{k} \in {}^*\mathbb{N})(\underline{k} \geq \underline{n} \Rightarrow \psi[\underline{n}]).$$

(iii) Sei

$$\widetilde{\psi}[\underline{n}] \equiv (\forall \underline{x} \in {}^*\mathbb{R})(|\underline{x}| \leq (1 : \underline{n}) \Rightarrow \psi[\underline{x}]).$$

Dann ist $\widetilde{\psi}$ eine interne Formel, die nach Voraussetzung für alle $n \in {}^*\mathbb{N}-\mathbb{N}$ gilt (benutze 9.2 (ii)). Somit folgt aus (ii), angewandt auf $\widetilde{\psi}$ an Stelle von ψ, daß es ein $m \in \mathbb{N}$ gibt, für das $\widetilde{\psi}[m]$ gilt. Wähle $c := 1/m$, dann gilt $\psi[b]$ für alle $b \in {}^*\mathbb{R}$ mit $|b| \leq c$. □

Eine erste Anwendung von 9.7 (i) liefert nun, daß jede unendlich große positive hyperreelle Zahl größer als eine geeignete unendlich große hypernatürliche Zahl ist (9.8 (i)).

9.8 Korollar

(i) Ist $x \in {}^*\mathbb{R}$ unendlich, so existiert ein $h \in {}^*\mathbb{N} - \mathbb{N}$ mit $|x| \geq h$.

(ii) Ist $x \in {}^*\mathbb{R}$ infinitesimal, so existiert ein $h \in {}^*\mathbb{N} - \mathbb{N}$ mit $|x| \leq \frac{1}{h}$.

(iii) Ist $x \in {}^*\mathbb{R}$, so existiert ein $c \in {}^*\mathbb{Q}$ mit $x \approx c$.

Beweis. *(i)* Setze $\psi[\underline{n}] \equiv |x| \geq \underline{n}$. Dann ist $\psi[\underline{n}]$ eine interne Formel. Da x unendlich ist, gilt $\psi[n]$ für alle $n \in \mathbb{N}$. Daher existiert ein $h \in {}^*\mathbb{N}-\mathbb{N}$ (siehe 9.7 (i)), so daß $\psi[h]$ gilt, d.h. es ist $|x| \geq h$.
(ii) folgt analog mit $\psi[\underline{n}] \equiv |x| \leq 1 : \underline{n}$.
(iii) Setze

$$\psi[\underline{n}] \equiv (\forall \underline{x} \in {}^*\mathbb{R})(\exists \underline{c} \in {}^*\mathbb{Q})|\underline{x} - \underline{c}| \leq 1 : \underline{n}.$$

Dann ist $\psi[\underline{n}]$ eine interne Formel. Da die Menge $\mathbb{Q}$ der rationalen Zahlen dicht in $\mathbb{R}$ liegt, gilt nach dem Transfer-Prinzip $\psi[n]$ für alle $n \in \mathbb{N}$. Daher existiert ein $h \in {}^*\mathbb{N}-\mathbb{N}$ (siehe 9.7 (i)), so daß $\psi[h]$ gilt. Zu $x \in {}^*\mathbb{R}$ gibt es also ein $c \in {}^*\mathbb{Q}$ mit $|x - c| \leq 1/h$. Da $1/h$ infinitesimal ist (siehe 9.2 (ii)), folgt $x \approx c$. □

Zu 9.8 (iii) sei angemerkt, daß natürlich sehr viele verschiedene $c \in {}^*\mathbb{Q}$ infinitesimal benachbart zu $x \in {}^*\mathbb{R}$ sind. Ist nämlich $x \approx c$ mit $c \in {}^*\mathbb{Q}$, so ist auch $x \approx c + 1/h$ für alle $h \in {}^*\mathbb{N}-\mathbb{N}$, und nach dem Transfer-Prinzip (transferiere $(\forall \underline{c} \in \mathbb{Q})(\forall \underline{n} \in \mathbb{N})\ c + (1:\underline{n}) \in \mathbb{Q}$) ist $c + 1/h \in {}^*\mathbb{Q}$.

9.9 Reichhaltigkeit interner Teilmengen von ${}^*\mathbb{R}$

Sei $A \subset {}^*\mathbb{R}$ eine interne Teilmenge. Dann gilt:

(i) $\mathbb{N} \subset A \implies \{n \in {}^*\mathbb{N} : n \leq h\} \subset A$ für ein $h \in {}^*\mathbb{N}-\mathbb{N}$;

(ii) $m(r) \subset A \implies \{x \in {}^*\mathbb{R} : |x - r| \leq c\} \subset A$ für ein $c \in \mathbb{R}_+$;

(iii) $fin\,({}^*\mathbb{R}) \subset A \implies \{x \in {}^*\mathbb{R} : |x| \leq h\} \subset A$ für ein $h \in {}^*\mathbb{N}-\mathbb{N}$.

Beweis. *(i)* folgt aus 9.7 (i) mit $\psi[\underline{n}] \equiv \underline{n} \in A$.
(ii) folgt aus 9.7 (iii) mit $\psi[\underline{\varepsilon}] \equiv r + \underline{\varepsilon} \in A$ (beachte dabei 9.6 (i)).
(iii) folgt aus 9.7 (i) mit $\psi[\underline{n}] \equiv (\forall \underline{x} \in {}^*\mathbb{R})(|\underline{x}| \leq \underline{n} \Rightarrow \underline{x} \in A)$. □

Im folgenden Satz werden noch einmal die wichtigsten externen Teilmengen von ${}^*\mathbb{R}$ zusammengestellt.

9.10 Externe Teilmengen von ${}^*\mathbb{R}$

Externe Teilmengen von ${}^*\mathbb{R}$ sind u.a.

(i) A, ${}^*A - A$ und ${}^*\mathbb{R} - A$ für alle unendlichen Mengen $A \subset \mathbb{R}$;

(ii) alle Monaden $m(r)$, $r \in \mathbb{R}$;

(iii) die Menge $fin\,({}^*\mathbb{R})$ der finiten Elemente.

Beweis. *(i)* Es sind A und ${}^*A - A$ extern nach 8.14 (ii). Somit ist auch ${}^*\mathbb{R} - A$ extern (siehe 8.12 (ii)).
(ii) bzw. *(iii)* Wäre $A := m(r)$ bzw. $A := fin({}^*\mathbb{R})$ intern, so lieferte 9.9 (ii) bzw. 9.9 (iii) einen Widerspruch. □

Der Satz 9.9 erlaubt es, weitere Klassen externer Teilmengen von ${}^*\mathbb{R}$ zu konstruieren. Nach 9.9 (ii) gilt z.B. für jedes $r \in \mathbb{R}$:

$$c \in \mathbb{R}_+, \quad B \subset \{x \in {}^*\mathbb{R}: |x - r| > c\} \Rightarrow m(r) \cup B \text{ extern.}$$

Interne Teilmengen von ${}^*\mathbb{R}$, die keine Standard-Mengen sind, wurden schon in 8.15 angegeben.

Aufgaben

1 Es sei $B \subset \mathbb{R}$. Man zeige, daß B genau dann beschränkt ist, wenn jedes $x \in {}^*B$ finit ist.

2 Man zeige, daß ${}^*\mathbb{R} - fin\,({}^*\mathbb{R})$ eine externe Menge ist.

3 Man zeige, daß $st : fin\,({}^*\mathbb{R}) \longrightarrow \mathbb{R}$ eine externe Funktion ist.

4 Sei $A \subset {}^*\mathbb{R}$ eine nicht-leere in ${}^*\mathbb{R}$ nach oben beschränkte interne Menge. Man zeige:

(i) A besitzt in ${}^*\mathbb{R}$ ein Supremum s (d.h. es ist $a \le s$ für alle $a \in A$, und $a \le s'$ für alle $a \in A$ impliziert $s \le s'$);

(ii) In (i) kann auf die Voraussetzung, daß A intern ist, in der Regel nicht verzichtet werden.

5 Sei $A \subset {}^*\mathbb{R}$ eine interne Menge. Für jedes $n \in \mathbb{N}$ gebe es ein $a \in A$ mit $a > n$. Man zeige: Es gibt ein $h \in {}^*\mathbb{N} - \mathbb{N}$ und ein $a \in A$ mit $a > h$. Gibt es auch für jedes $h \in {}^*\mathbb{N}$ ein $a \in A$ mit $a > h$?

6 Man zeige für jedes $x \in {}^*\mathbb{R}$: $\{y \in {}^*\mathbb{R} : y \approx x\}$ ist eine externe Menge.

§ 10 Nichtstandard-Analysis reellwertiger Folgen und Reihen

In diesem Paragraphen sei wiederum $^*: \widehat{S} \longrightarrow \widehat{^*S}$ eine Nichtstandard-Einbettung.

Reelle Analysis beginnt in der Regel mit der Untersuchung von Folgen und Reihen. Wir werden in diesem Paragraphen für einige Grundbegriffe intuitive Nichtstandard-Charakterisierungen geben, mit denen sich Sätze über Folgen und Reihen häufig einfacher und durchsichtiger als in der Standard-Theorie beweisen lassen.

Wir behandeln zunächst Folgen $a_n, n \in \mathbb{N}$, reeller Zahlen mit Nichtstandard-Methoden. Hierzu fassen wir solche Folgen auf als Abbildungen

$$\mathfrak{a} : \mathbb{N} \longrightarrow \mathbb{R} \text{ mit } \mathfrak{a}(n) = a_n \text{ für } n \in \mathbb{N}.$$

Dann ist $\mathfrak{a} \in \widehat{S}$, und es gilt (siehe 7.9 (i) und (v)):

$$^*\mathfrak{a} : {^*\mathbb{N}} \longrightarrow {^*\mathbb{R}} \text{ mit } {^*\mathfrak{a}}(n) = \mathfrak{a}(n) = a_n \text{ für } n \in \mathbb{N}.$$

An Stelle von ${^*\mathfrak{a}}(n)$ schreiben wir für $n \in {^*\mathbb{N}}$ auch ${^*a_n}$. Somit gilt insbesondere:

$${^*a_n} = a_n \text{ für } n \in \mathbb{N}.$$

Die „Folge“ ${^*a_n}, n \in {^*\mathbb{N}}$, besitzt nach dem Transfer-Prinzip den gleichen formalen Aufbau wie die Ausgangsfolge $a_n, n \in \mathbb{N}$. Ist zum Beispiel $a_n = (-1)^n, n \in \mathbb{N}$, dann gilt nach dem Transfer-Prinzip ${^*a_{2n-1}} = -1$ und ${^*a_{2n}} = 1$ für alle $n \in {^*\mathbb{N}}$. Ist $a_n = 1/n, n \in \mathbb{N}$, dann gilt nach dem Transfer-Prinzip ${^*a_n} = 1/n, n \in {^*\mathbb{N}}$.

Der folgende Satz gibt eine sehr intuitive Beschreibung für Grenzwerte und Häufungspunkte von Folgen. Es zeigt sich, daß a genau dann Grenzwert (Häufungspunkt) einer Folge $a_n, n \in \mathbb{N}$, ist, wenn ${}^*a_n$ für *alle* unendlich großen n (für *ein* unendlich großes n) unendlich nahe bei a liegt. Diese Beschreibung ist wesentlich suggestiver als die Standard-Beschreibung mit Hilfe der „Epsilontik".

Es sei im folgenden

$$\mathbb{R}_+ := \{x \in \mathbb{R} : x > 0\}$$

die Menge der positiven reellen Zahlen. Dann ist

$${}^*\mathbb{R}_+ := {}^*(\mathbb{R}_+) \underset{7.5}{=} \{x \in {}^*\mathbb{R} : x > 0\}$$

die Menge der positiven hyperreellen Zahlen.

10.1 Nichtstandard-Kriterium für Grenzwerte und Häufungspunkte

Sei $a_n, n \in \mathbb{N}$, eine Folge reeller Zahlen und $a \in \mathbb{R}$. Dann gilt:

(i) a ist Grenzwert von $a_n, n \in \mathbb{N} \iff {}^*a_h \approx a$ für *alle* $h \in {}^*\mathbb{N}-\mathbb{N}$;

(ii) a ist Häufungspunkt von $a_n, n \in \mathbb{N}$

$\iff {}^*a_h \approx a$ für *ein* $h \in {}^*\mathbb{N}-\mathbb{N}$.

Beweis. *(i)* „ $\Rightarrow$ ": Sei $\varepsilon \in \mathbb{R}_+$. Da a Grenzwert von $a_n, n \in \mathbb{N}$, ist, existiert ein $n_0 \in \mathbb{N}$, so daß die folgende Aussage gilt:

$$(\forall \underline{n} \in \mathbb{N}) \left(\underline{n} \geq n_0 \Rightarrow |\mathsf{a} \upharpoonright \underline{n} - a| \leq \varepsilon\right).$$

Das Transfer-Prinzip liefert die Gültigkeit von

$$(\forall \underline{n} \in {}^*\mathbb{N}) \left(\underline{n} \geq n_0 \Rightarrow |{}^*\mathsf{a} \upharpoonright \underline{n} - a| \leq \varepsilon\right).$$

Für $h \in {}^*\mathbb{N}-\mathbb{N}$ gilt daher $|{}^*a_h - a| \leq \varepsilon$ für alle $\varepsilon \in \mathbb{R}_+$, und somit ist ${}^*a_h \approx a$ für alle $h \in {}^*\mathbb{N}-\mathbb{N}$.

„ $\Leftarrow$ ": Sei $\varepsilon \in \mathbb{R}_+$. Dann ist

$$\psi[\underline{n}] \equiv |{}^*\mathsf{a} \upharpoonright \underline{n} - a| \leq \varepsilon$$

eine interne Formel, die wegen ${}^*a_h \approx a$ für alle $h \in {}^*\mathbb{N}-\mathbb{N}$ gilt. Nach dem Permanenz-Prinzip (9.7 (ii)) gibt es daher ein $n_0 \in \mathbb{N}$, so daß $\psi[n]$ für alle $n \in {}^*\mathbb{N}$ mit $n \geq n_0$ gilt. Da ${}^*a_n = a_n$ für $n \in \mathbb{N}$ ist, gilt insbesondere $|a_n - a| \leq \varepsilon$ für alle $n \in \mathbb{N}$ mit $n \geq n_0$, d.h. a ist Grenzwert von $a_n, n \in \mathbb{N}$.

(ii) „ $\Rightarrow$ ": Da a Häufungspunkt von $a_n, n \in \mathbb{N}$, ist, gilt nach dem Transfer-Prinzip die folgende Aussage ${}^*\varphi$:

$$(\forall \underline{\varepsilon} \in {}^*\mathbb{R}_+)(\forall \underline{m} \in {}^*\mathbb{N})(\exists \underline{n} \in {}^*\mathbb{N}) \left(\underline{n} \geq \underline{m} \wedge |{}^*\mathsf{a} \upharpoonright \underline{n} - a| \leq \underline{\varepsilon}\right).$$

Wähle $\varepsilon \in {}^*\mathbb{R}_+$ infinitesimal und $m \in {}^*\mathbb{N}-\mathbb{N}$. Aus der Gültigkeit von ${}^*\varphi$ folgt die Existenz eines $h \in {}^*\mathbb{N}$ mit $h \geq m \in {}^*\mathbb{N}-\mathbb{N}$ und $|{}^*a_h - a| \leq \varepsilon$. Daher ist $h \in {}^*\mathbb{N}-\mathbb{N}$ und ${}^*a_h \approx a$.

„ $\Leftarrow$ ": Sei $h \in {}^*\mathbb{N}-\mathbb{N}$ mit ${}^*a_h \approx a$ gegeben. Seien $\varepsilon \in \mathbb{R}_+$ und $m \in \mathbb{N}$. Dann ist $h \geq m$, und es gilt:

$$(\exists \underline{n} \in {}^*\mathbb{N}) \left(\underline{n} \geq m \wedge |{}^*\mathsf{a} \upharpoonright \underline{n} - a| \leq \varepsilon\right).$$

Nach dem Transfer-Prinzip gilt daher:

$$(\exists \underline{n} \in \mathbb{N}) \left(\underline{n} \geq m \wedge |\mathfrak{a} \upharpoonright \underline{n} - a| \leq \varepsilon\right).$$

Somit gibt es zu jedem $\varepsilon \in \mathbb{R}_+$ und jedem $m \in \mathbb{N}$ ein $n \geq m$ mit $|a_n - a| \leq \varepsilon$, d.h. a ist Häufungspunkt von a_n, $n \in \mathbb{N}$. □

Der Leser beachte, daß bei einer Nichtstandard-Beschreibung einer klassischen Eigenschaft diese klassische Eigenschaft häufig in *geeigneter* Weise zu formalisieren und anschließend zu transferieren ist. Welche Formalisierung dabei die geeignete ist, hängt von der speziellen Situation ab. So führt zum Beispiel in 10.1 (i) die naheliegendere Formalisierung von „a ist Grenzwert von $a_n, n \in \mathbb{N}$", nämlich

$$(\forall \underline{\varepsilon} \in \mathbb{R}_+)(\exists \underline{n}_0 \in \mathbb{N})(\forall \underline{n} \in \mathbb{N})(\underline{n} \geq \underline{n}_0 \Rightarrow |\mathfrak{a} \upharpoonright \underline{n} - a| \leq \underline{\varepsilon})$$

nach Transfer nicht zu der gewünschten Nichtstandard-Beschreibung.

Sei $\ominus$ eine der Operationen $+$, $-$, $\cdot$, $:$ in $\mathbb{R}$; wir definieren dabei $a : 0$ als 0, um auch $:$ zu einer Operation in $\mathbb{R}$ zu machen. Sind $a_n, n \in \mathbb{N}$, und $b_n, n \in \mathbb{N}$, zwei Folgen reeller Zahlen, so ist durch $a_n \ominus b_n, n \in \mathbb{N}$, eine neue Folge reeller Zahlen definiert, die wir mit $\mathfrak{a} \ominus \mathfrak{b}$ bezeichnen. Durch Transfer erhalten wir

$$^*(\mathfrak{a} \ominus \mathfrak{b})(n) = {}^*\mathfrak{a}(n) {}^*\!\ominus {}^*\mathfrak{b}(n), \quad n \in {}^*\mathbb{N}.$$

Da $^*+$, $^*-$, $^*\cdot$ und $^*:$ wieder mit $+$, $-$, $\cdot$ und $:$ bezeichnet wurden, gilt somit

10.2 $$^*(\mathfrak{a} \ominus \mathfrak{b})(n) = {}^*a_n \ominus {}^*b_n \quad \text{für} \quad n \in {}^*\mathbb{N} \quad \text{und} \quad \ominus \in \{+, -, \cdot, :\}.$$

Mit Hilfe der Nichtstandard-Charakterisierung der Konvergenz von Folgen erhält man auf besonders einfache Weise wohlbekannte Rechenregeln für konvergente Folgen.

10.3 Rechenregeln für konvergente Folgen

Seien a_n, $n \in \mathbb{N}$, und b_n, $n \in \mathbb{N}$, zwei Folgen reeller Zahlen mit $\lim_{n\to\infty} a_n = a \in \mathbb{R}$ und $\lim_{n\to\infty} b_n = b \in \mathbb{R}$. Dann gilt:

(i) $\lim_{n\to\infty} (a_n \pm b_n) = a \pm b$;

(ii) $\lim_{n\to\infty} (a_n \cdot b_n) = a \cdot b$;

(iii) $\lim_{n\to\infty} \dfrac{a_n}{b_n} = \dfrac{a}{b}$, falls $b \neq 0$ ist.

Beweis. Aus 10.1 (i) folgt: $^*a_h \approx a, {}^*b_h \approx b$ für alle $h \in {}^*\mathbb{N} - \mathbb{N}$.
Daher gilt nach 9.4:

$$^*a_h \pm {}^*b_h \approx a \pm b \text{ und } {}^*a_h \cdot {}^*b_h \approx a \cdot b \text{ für alle } h \in {}^*\mathbb{N} - \mathbb{N}.$$

Da $b \not\approx 0$ in (iii) ist, gilt ferner $^*a_h : {}^*b_h \approx a : b$ (siehe 9.4 (iv)). Insgesamt folgt für $\ominus \in \{+, \cdot, -, :\}$ nach 10.2:

$$^*(\mathfrak{a} \ominus \mathfrak{b})(h) \approx a \ominus b \text{ für alle } h \in {}^*\mathbb{N} - \mathbb{N}.$$

Nach 10.1 (i) liefert dieses die Behauptung. □

Als nächstes wird eine Nichtstandard-Beschreibung dafür gegeben, daß eine Folge beschränkt ist. Dieses wird dann unmittelbar den wichtigen Satz von Bolzano-Weierstraß liefern.

10.4 Nichtstandard-Kriterium für die Beschränktheit einer Folge

Eine Folge $a_n, n \in \mathbb{N}$, reeller Zahlen ist genau dann beschränkt, wenn ${}^*a_h$ für alle $h \in {}^*\mathbb{N}-\mathbb{N}$ finit ist.

Beweis. Sei $a_n, n \in \mathbb{N}$, beschränkt. Dann existiert ein $c \in \mathbb{R}$, so daß gilt:

$$(\forall \underline{n} \in \mathbb{N}) |\mathfrak{a} \upharpoonright \underline{n}| \leq c.$$

Das Transfer-Prinzip liefert dann, daß ${}^*a_n$ für alle $n \in {}^*\mathbb{N}$ finit ist.
Sei umgekehrt ${}^*a_h$ finit für alle $h \in {}^*\mathbb{N}-\mathbb{N}$. Dann ist

$$\psi[\underline{m}] \equiv (\forall \underline{n} \in {}^*\mathbb{N}) |{}^*\mathfrak{a} \upharpoonright \underline{n}| \leq \underline{m}$$

eine interne Formel, die für alle $h \in {}^*\mathbb{N} - \mathbb{N}$ gilt. Nach dem Permanenzprinzip 9.7 (ii) gibt es daher ein $m \in \mathbb{N}$, so daß $\psi[m]$ gilt. Daher ist $a_n, n \in \mathbb{N}$, durch m beschränkt (beachte ${}^*a_n = a_n$ für $n \in \mathbb{N}$). □

10.5 Satz von Bolzano-Weierstraß

Jede beschränkte Folge reeller Zahlen besitzt einen Häufungspunkt.

Beweis. Sei $a_n, n \in \mathbb{N}$, eine beschränkte Folge und $h \in {}^*\mathbb{N}-\mathbb{N}$. Nach 10.4 folgt, daß ${}^*a_h$ finit ist, und somit ist ${}^*a_h \approx st({}^*a_h) =: a \in \mathbb{R}$ (siehe 9.5 (i)). Daher ist a ein Häufungspunkt der Folge $a_n, n \in \mathbb{N}$ (siehe 10.1 (ii)). □

Auch die Cauchy-Konvergenz einer Folge ist in der Nichtstandard-Beschreibung äußerst suggestiv: Die Werte der Folge an unendlich großen Stellen müssen unendlich benachbart sein (siehe 10.6 (i)). Hieraus erhält man dann direkt die Konvergenz von Cauchy-Folgen.

10.6 Kriterien für Cauchy-Konvergenz

Sei $a_n, n \in \mathbb{N}$, eine Folge reeller Zahlen. Dann gilt:

(i) $a_n, n \in \mathbb{N}$, Cauchy-Folge $\iff {}^*a_h \approx {}^*a_k$ für alle $h, k \in {}^*\mathbb{N}-\mathbb{N}$;

(ii) $a_n, n \in \mathbb{N}$, Cauchy-Folge $\iff a_n, n \in \mathbb{N}$, ist konvergent.

Beweis. *(i)* „$\Rightarrow$“: Sei $\varepsilon \in \mathbb{R}_+$. Da $a_n, n \in \mathbb{N}$, eine Cauchy-Folge ist, existiert ein $n_0 \in \mathbb{N}$, so daß die folgende Aussage gilt:

$$(\forall \underline{m}, \underline{n} \in \mathbb{N}) \left((\underline{n} \geq n_0 \wedge \underline{m} \geq n_0) \Longrightarrow |\mathfrak{a} \upharpoonright \underline{n} - \mathfrak{a} \upharpoonright \underline{m}| \leq \varepsilon \right).$$

Das Transfer-Prinzip liefert die Gültigkeit von

$$(\forall \underline{m}, \underline{n} \in {}^*\mathbb{N}) \left((\underline{n} \geq n_0 \wedge \underline{m} \geq n_0) \Longrightarrow |{}^*\mathfrak{a} \upharpoonright \underline{n} - {}^*\mathfrak{a} \upharpoonright \underline{m}| \leq \varepsilon \right).$$

Daher gilt für $h, k \in {}^*\mathbb{N}-\mathbb{N}$, daß $|{}^*a_h - {}^*a_k| \leq \varepsilon$ für jedes $\varepsilon \in \mathbb{R}_+$ ist, und somit ist ${}^*a_h \approx {}^*a_k$.
„ $\Leftarrow$ “: Sei $\varepsilon \in \mathbb{R}_+$ fest. Wegen ${}^*a_h \approx {}^*a_k$ gilt $|{}^*\mathfrak{a} \restriction h - {}^*\mathfrak{a} \restriction k| \leq \varepsilon$ für alle $h, k \in {}^*\mathbb{N}-\mathbb{N}$. Dann ist

$$\psi[\underline{k}] \equiv (\forall \underline{m}, \underline{n} \in {}^*\mathbb{N}) \left((\underline{n} \geq \underline{k} \wedge \underline{m} \geq \underline{k}) \Longrightarrow |{}^*\mathfrak{a} \restriction \underline{n} - {}^*\mathfrak{a} \restriction \underline{m}| \leq \varepsilon\right)$$

eine interne Formel, die für alle $k \in {}^*\mathbb{N} - \mathbb{N}$ gilt. Daher gilt sie nach dem Permanenzprinzip für ein $k \in \mathbb{N}$, und damit ist

$$|\mathfrak{a} \restriction n - \mathfrak{a} \restriction m| \leq \varepsilon \text{ für alle } n, m \in \mathbb{N} \text{ mit } n, m \geq k.$$

Also ist a_n, $n \in \mathbb{N}$, eine Cauchy-Folge.
(ii) „ $\Rightarrow$ “: Sei $k \in {}^*\mathbb{N}-\mathbb{N}$. Da a_n, $n \in \mathbb{N}$, als Cauchy-Folge beschränkt ist, ist ${}^*a_k$ finit (10.4). Es existiert somit $a := st({}^*a_k) \in \mathbb{R}$ (siehe 9.5 (i)). Aus (i) folgt ${}^*a_h \approx {}^*a_k \approx a$ für alle $h \in {}^*\mathbb{N}-\mathbb{N}$. Daher konvergiert a_n, $n \in \mathbb{N}$, gegen a nach 10.1 (i).
„ $\Leftarrow$ “: Ist a Grenzwert von a_n, $n \in \mathbb{N}$, so ist ${}^*a_h \approx a$ für alle $h \in {}^*\mathbb{N}-\mathbb{N}$ nach 10.1 (i). Hieraus folgt ${}^*a_h \approx {}^*a_k$ für alle $h, k \in {}^*\mathbb{N}-\mathbb{N}$, und somit ist a_n, $n \in \mathbb{N}$, eine Cauchy-Folge nach (i). □

Man nennt bekanntlich $+\infty$ ($-\infty$) den uneigentlichen Grenzwert der Folge a_n, $n \in \mathbb{N}$, falls zu jedem $r \in \mathbb{R}$ ein $n_0 \in \mathbb{N}$ existiert, so daß $a_n \geq r$ ($a_n \leq r$) für alle $n \geq n_0$ ist. Ferner heißt $+\infty$ ($-\infty$) ein Häufungspunkt der Folge a_n, $n \in \mathbb{N}$, falls zu jedem $r \in \mathbb{R}$ und $m \in \mathbb{N}$ ein $n \in \mathbb{N}$ existiert, so daß $n \geq m$ und $a_n \geq r$ ($a_n \leq r$) ist.

Der folgende Satz zeigt, daß sich in der Nichtstandard-Beschreibung $+\infty$ bzw. $-\infty$ analog verhalten wie reelle Grenzwerte und Häufungspunkte.

Wir erinnern daran, daß wir diejenigen unendlichen Elemente von ${}^*\mathbb{R}$ als positiv unendlich (negativ unendlich) bezeichnet haben, die ≥ 0 (≤ 0) sind.

10.7 Nichtstandard-Beschreibung des Divergenzverhaltens in $+\infty$ und in $-\infty$

Sei a_n, $n \in \mathbb{N}$, eine Folge reeller Zahlen. Dann gilt:

(i) $+\infty$ ist uneigentlicher Grenzwert von a_n, $n \in \mathbb{N}$
$\Longleftrightarrow$ ${}^*a_h$ ist positiv unendlich für *alle* $h \in {}^*\mathbb{N}-\mathbb{N}$;

(ii) $-\infty$ ist uneigentlicher Grenzwert von a_n, $n \in \mathbb{N}$
$\Longleftrightarrow$ ${}^*a_h$ ist negativ unendlich für *alle* $h \in {}^*\mathbb{N}-\mathbb{N}$;

(iii) $+\infty$ ist Häufungspunkt von a_n, $n \in \mathbb{N}$
$\Longleftrightarrow$ ${}^*a_h$ ist positiv unendlich für *ein* $h \in {}^*\mathbb{N}-\mathbb{N}$;

(iv) $-\infty$ ist Häufungspunkt von a_n, $n \in \mathbb{N}$
$\Longleftrightarrow$ ${}^*a_h$ ist negativ unendlich für *ein* $h \in {}^*\mathbb{N}-\mathbb{N}$.

Beweis. Wir beweisen nur (i) und (iii), *(ii)* und *(iv)* verlaufen analog.
(i) „ $\Rightarrow$ “: Sei $r \in \mathbb{R}$. Da $+\infty$ uneigentlicher Grenzwert von a_n, $n \in \mathbb{N}$, ist, existiert ein $n_0 \in \mathbb{N}$, so daß gilt:

$$(\forall \underline{n} \in \mathbb{N}) \left(\underline{n} \geq n_0 \Rightarrow \mathfrak{a} \restriction \underline{n} \geq r\right).$$

Das Transfer-Prinzip liefert, daß ${}^*a_n \geq r$ für alle $n \in {}^*\mathbb{N}$ mit $n \geq n_0$ ist. Da $r \in \mathbb{R}$ beliebig war, ist somit ${}^*a_h$ positiv unendlich für alle $h \in {}^*\mathbb{N}-\mathbb{N}$.

„ $\Leftarrow$ “: Sei $r \in \mathbb{R}$. Da ${}^*a_n$ für alle $n \in {}^*\mathbb{N}-\mathbb{N}$ positiv unendlich ist, gilt die interne Formel $\psi[\underline{n}] \equiv {}^*\mathfrak{a} \upharpoonright \underline{n} \geq r$ für alle $n \in {}^*\mathbb{N}-\mathbb{N}$. Nach dem Permanenz-Prinzip (9.7 (ii)) existiert ein $n_0 \in \mathbb{N}$, so daß $\psi[n]$ für alle $n \in {}^*\mathbb{N}$ mit $n \geq n_0$ gilt. Somit ist $a_n = {}^*a_n \geq r$ für alle $n \in \mathbb{N}$ mit $n \geq n_0$. Daher ist $+\infty$ uneigentlicher Grenzwert von $a_n, n \in \mathbb{N}$.

(iii) „ $\Rightarrow$ “: Da $+\infty$ Häufungspunkt von $a_n, n \in \mathbb{N}$, ist, gilt nach dem Transfer-Prinzip die folgende Aussage ${}^*\varphi$:

$$(\forall \underline{r} \in {}^*\mathbb{R})\,(\forall \underline{m} \in {}^*\mathbb{N})\,(\exists \underline{n} \in {}^*\mathbb{N})\,\big(\underline{n} \geq \underline{m} \wedge {}^*\mathfrak{a} \upharpoonright \underline{n} \geq \underline{r}\big).$$

Wähle $r \in {}^*\mathbb{R}$ positiv unendlich und $m \in {}^*\mathbb{N}-\mathbb{N}$. Aus der Gültigkeit von ${}^*\varphi$ folgt die Existenz eines $h \in {}^*\mathbb{N}$ mit $h \geq m \in {}^*\mathbb{N}-\mathbb{N}$ und ${}^*a_h \geq r$. Daher ist $h \in {}^*\mathbb{N}-\mathbb{N}$ und ${}^*a_h$ positiv unendlich.

„ $\Leftarrow$ “: Sei $h \in {}^*\mathbb{N}-\mathbb{N}$ mit ${}^*a_h$ positiv unendlich gegeben. Seien $r \in \mathbb{R}$ und $m \in \mathbb{N}$. Dann ist $h \geq m$, und es gilt somit die Aussage

$$(\exists \underline{n} \in {}^*\mathbb{N})(\underline{n} \geq m \wedge {}^*\mathfrak{a} \upharpoonright \underline{n} \geq r).$$

Nach dem Transfer-Prinzip gilt daher:

$$(\exists \underline{n} \in \mathbb{N})(\underline{n} \geq m \wedge \mathfrak{a} \upharpoonright \underline{n} \geq r).$$

Da $r \in \mathbb{R}, m \in \mathbb{N}$ beliebig sind, ist $+\infty$ ein Häufungspunkt von $a_n, n \in \mathbb{N}$. □

10.8 Die Menge der Häufungspunkte einer Folge

Sei $a_n, n \in \mathbb{N}$, eine Folge reeller Zahlen. Dann ist

$$\{st({}^*a_h) : h \in {}^*\mathbb{N}-\mathbb{N}\}$$

die Menge aller Häufungspunkte der Folge $a_n, n \in \mathbb{N}$. Dabei wird $st(x) := +\infty$ bzw. $-\infty$ gesetzt, falls x positiv unendlich bzw. negativ unendlich ist.

Beweis. Es genügt für $a \in \mathbb{R} \cup \{-\infty, +\infty\}$ zu zeigen:

a ist Häufungspunkt von $a_n, n \in \mathbb{N} \iff st({}^*a_h) = a$ für ein $h \in {}^*\mathbb{N}-\mathbb{N}$.

Für $a \in \mathbb{R}$ folgt dieses aus 10.1 (ii); für $a = +\infty$ bzw. $-\infty$ folgt dieses aus 10.7 (iii) bzw. (iv). □

Aus 10.8 folgt trivialerweise, daß jede Folge reeller Zahlen einen Häufungspunkt in $\mathbb{R} \cup \{-\infty, +\infty\}$ besitzt.

Als nächstes untersuchen wir mit Nichtstandard-Methoden das Konvergenzverhalten von Reihen. Ist $a_n, n \in \mathbb{N}$, eine Folge reeller Zahlen, so heißt die unendliche Reihe $\sum_{n=1}^{\infty} a_n$ konvergent bzw. konvergent gegen $a \in \mathbb{R}$, wenn die Folge

$$s_n := \sum_{i=1}^{n} a_i,\; n \in \mathbb{N},$$

der Partialsummen konvergent bzw. konvergent gegen a ist; wir schreiben dann auch $\sum_{n=1}^{\infty} a_n = a$. Das Konvergenzverhalten von $\sum_{n=1}^{\infty} a_n$ ist nun beschreibbar durch das Verhalten von ${}^*s_n$ für $n \in {}^*\mathbb{N}-\mathbb{N}$ (siehe z.B. 10.1 und 10.6). Zwischen ${}^*s_n$ und ${}^*a_n$ besteht nach dem Transfer-Prinzip die gleiche formale Beziehung wie zwischen s_n und a_n. Wir schreiben daher auch

$$\sum_{i=1}^{n} {}^*a_i \text{ an Stelle von } {}^*s_n \text{ für alle } n \in {}^*\mathbb{N}.$$

Später wird gezeigt, daß $\sum_{i=1}^{h} {}^*a_i$ für $h \in {}^*\mathbb{N}-\mathbb{N}$ auch eine kanonische Bedeutung als *-endliche Summe in ${}^*\mathbb{R}$ besitzt. Zunächst jedoch ist $\sum_{i=1}^{h} {}^*a_i$ für $h \in {}^*\mathbb{N}-\mathbb{N}$ per Konvention nur eine intuitivere Schreibweise für ${}^*s_h$.

10.9 Nichtstandard-Kriterium für Konvergenz von Reihen

Sei a_n, $n \in \mathbb{N}$, eine Folge reeller Zahlen und $a \in \mathbb{R}$. Dann gilt:

(i) $\sum\limits_{n=1}^{\infty} a_n$ konvergiert gegen $a \iff \sum\limits_{i=1}^{h} {}^*a_i \approx a$ für alle $h \in {}^*\mathbb{N}-\mathbb{N}$;

(ii) $\sum\limits_{n=1}^{\infty} a_n$ ist konvergent $\iff \sum\limits_{i=1}^{h} {}^*a_i \approx \sum\limits_{i=1}^{k} {}^*a_i$ für alle $h, k \in {}^*\mathbb{N}-\mathbb{N}$.

Beweis. *(i)* Nach Definition konvergiert $\sum_{n=1}^{\infty} a_n$ gegen a genau dann, wenn die Folge $s_n = \sum_{i=1}^{n} a_i$, $n \in \mathbb{N}$, gegen a konvergiert. Dieses ist äquivalent zu $\sum_{i=1}^{h} {}^*a_i = {}^*s_h \underset{10.1\,(i)}{\approx} a$ für alle $h \in {}^*\mathbb{N}-\mathbb{N}$.

(ii) Die Konvergenz von $\sum_{n=1}^{\infty} a_n$ ist mit der Konvergenz von s_n und diese mit der Cauchy-Konvergenz von s_n äquivalent (siehe 10.6 (ii)). Daher folgt die Behauptung wegen ${}^*s_n = \sum_{i=1}^{n} {}^*a_i$ aus 10.6 (i). □

Als nächstes soll eine Anwendung der Ergebnisse dieses Paragraphen gebracht werden, durch die auf überraschend einfache Weise sogenannte Banach-Limites „konkret“ angegeben werden können. Bei Banach-Limites soll jeder beschränkten reellen Folge eine reelle Zahl so zugeordnet werden, daß eine positive lineare Abbildung entsteht; den konvergenten Folgen soll dabei ihr Grenzwert zugeordnet sein (siehe 10.10). Wir weisen für die Definition der Banach-Limites erneut darauf hin, daß wir Folgen reeller Zahlen als Abbildungen von $\mathbb{N}$ nach $\mathbb{R}$ auffassen. Sind also $\mathfrak{a}, \mathfrak{b} : \mathbb{N} \to \mathbb{R}$ zwei Folgen, so ist auch $\alpha\mathfrak{a} + \beta\mathfrak{b} : \mathbb{N} \to \mathbb{R}$ eine Folge reeller Zahlen ($\alpha, \beta \in \mathbb{R}$). Wir schreiben $\mathfrak{a} \geq 0$, falls $a_n \geq 0$ für alle $n \in \mathbb{N}$ ist.

10.10 Banach-Limites

Es sei ℓ eine Abbildung, die jeder beschränkten Folge $\mathfrak{a} : \mathbb{N} \to \mathbb{R}$ eine Zahl $\ell(\mathfrak{a}) \in \mathbb{R}$ zuordnet. Dann heißt ℓ ein *Banach-Limes*, falls für alle beschränkten Folgen $\mathfrak{a}, \mathfrak{b} : \mathbb{N} \to \mathbb{R}$ gilt:

(i) ℓ ist positiv, d.h. $\mathfrak{a} \geq 0 \Longrightarrow \ell(\mathfrak{a}) \geq 0$;

(ii) ℓ ist linear, d.h. $\ell(\alpha\mathfrak{a} + \beta\mathfrak{b}) = \alpha\ell(\mathfrak{a}) + \beta\ell(\mathfrak{b})$ für $\alpha, \beta \in \mathbb{R}$;

(iii) $\ell(\mathfrak{a}) = \lim_{n\to\infty} a_n$, falls $\mathfrak{a}$ konvergent ist.

Ein Banach-Limes ist also eine positive lineare Fortsetzung der Limes-Abbildung vom Raum der konvergenten Folgen auf den Raum der beschränkten Folgen. Man könnte vielleicht meinen, daß sich solche Fortsetzungen - zum Beispiel mit Hilfe des kleinsten oder größten Häufungspunktes einer Folge - schnell angeben ließen. Man kann sich jedoch an einfachen Beispielen überzeugen, daß weder

$$\mathfrak{a} \to \underline{\lim}_{n\to\infty} a_n \text{ noch } \mathfrak{a} \to \overline{\lim}_{n\to\infty} a_n \text{ noch } \mathfrak{a} \to \tfrac{1}{2}(\underline{\lim}_{n\to\infty} a_n + \overline{\lim}_{n\to\infty} a_n)$$

zu linearen Abbildungen führen (siehe auch Aufgabe 5).

Die Existenzbeweise für Banach-Limites in der Standard-Theorie sind stets wenig konstruktiv. Mit Hilfe der Nichtstandard-Theorie lassen sich jedoch recht konstruktiv Banach-Limites angeben, die zudem weitere wichtige Eigenschaften besitzen.

Als erstes wird in 10.11 ein Banach-Limes ℓ_0 konstruiert, der *verschiebungsinvariant* ist, d.h. der jeder Folge a_n, $n \in \mathbb{N}$, den gleichen Wert zuordnet wie der um einen Index verschobenen Folge a_{n+1}, $n \in \mathbb{N}$.

Der zweite Banach-Limes ℓ_1 aus 10.11 ordnet jeder Folge einen ihrer Häufungspunkte zu; ein solcher Banach-Limes ist mit Hilfe von 10.8 besonders einfach konstruierbar.

Schließlich werden wir zeigen, daß kein Banach-Limes existiert, der gleichzeitig beide der gerade angesprochenen Zusatzeigenschaften besitzt.

10.11 Existenz spezieller Banach-Limites

Sei $h \in {}^*\mathbb{N}-\mathbb{N}$. Setze für jede beschränkte Folge $\mathfrak{a} : \mathbb{N} \to \mathbb{R}$

$$\ell_0(\mathfrak{a}) := st\Big(\frac{1}{h}\sum_{i=1}^{h} {}^*a_i\Big) \quad \text{und} \quad \ell_1(\mathfrak{a}) := st({}^*a_h).$$

Dann gilt:

(i) ℓ_0 ist ein verschiebungsinvarianter Banach-Limes;

(ii) ℓ_1 ist ein Banach-Limes, der jeder beschränkten Folge einen ihrer Häufungspunkte zuordnet.

Beweis. Wir zeigen zunächst, daß $\ell_0(\mathfrak{a})$, $\ell_1(\mathfrak{a})$ $(\in \mathbb{R})$ wohldefiniert sind. Setze hierzu $s_n := \sum_{i=1}^{n} a_i$. Da $\mathfrak{a}$ beschränkt ist, gibt es ein $r \in \mathbb{R}$, so daß gilt: $|a_n| \le r$ für alle $n \in \mathbb{N}$. Hieraus folgt $|s_n| \le rn$ für alle $n \in \mathbb{N}$, und mit Transfer erhält man

(1) $$|\tfrac{1}{n}\,{}^*s_n| \le r \quad \text{und} \quad |{}^*a_n| \le r \quad \text{für alle } n \in {}^*\mathbb{N}.$$

Damit sind $\frac{1}{h}{}^*s_h = \frac{1}{h}\sum_{i=1}^{h} {}^*a_i$ und ${}^*a_h$ endliche Elemente und besitzen daher einen Standardteil (siehe 9.5 (i)), d.h. es sind $\ell_0(\mathfrak{a})$, $\ell_1(\mathfrak{a}) \in \mathbb{R}$.

(i) Als erstes zeigen wir, daß ℓ_0 ein Banach-Limes ist, d.h. es ist 10.10 (i)–(iii) zu zeigen:

Ist $\mathfrak{a} \ge 0$, so ist $s_n = \sum_{i=1}^{n} a_i \ge 0$, $n \in \mathbb{N}$, und das Transfer-Prinzip liefert ${}^*s_n \ge 0$ und somit $\frac{1}{n}{}^*s_n \ge 0$ für alle $n \in {}^*\mathbb{N}$. Wegen ${}^*s_h = \sum_{i=1}^{h} {}^*a_i$ folgt $\ell_0(\mathfrak{a}) \ge 0$ (benutze 9.5 (ii) d)), d.h. es gilt 10.10 (i).

Seien $\mathfrak{a}, \mathfrak{b} : \mathbb{N} \to \mathbb{R}$ beschränkt und $\alpha, \beta \in \mathbb{R}$. Dann ist $\mathfrak{d} := \alpha\mathfrak{a} + \beta\mathfrak{b}$ beschränkt, und mit Hilfe des Transfer-Prinzips folgt für alle $n \in {}^*\mathbb{N}$:

$$\frac{1}{n}\sum_{i=1}^{n} {}^*d_i = \alpha\frac{1}{n}\sum_{i=1}^{n} {}^*a_i + \beta\frac{1}{n}\sum_{i=1}^{n} {}^*b_i.$$

Die Rechenregeln über den Standardteil (siehe 9.5) liefern nun direkt $\ell_0(\mathfrak{d}) = \alpha\ell_0(\mathfrak{a}) + \beta\ell_0(\mathfrak{b})$, d.h. es gilt 10.10 (ii).

Sei schließlich $\mathfrak{a} : \mathbb{N} \to \mathbb{R}$ konvergent mit Grenzwert a; für 10.10 (iii) ist $a \approx \frac{1}{h}\sum_{i=1}^{h} {}^*a_i$ zu zeigen. Da $\lim_{n\to\infty} a_n = a$ ist, folgt nach einem wohlbekannten Ergebnis der Analysis, daß $d_n := \frac{1}{n}\sum_{i=1}^{n} a_i \underset{n\to\infty}{\longrightarrow} a$. Daher ist ${}^*d_h \approx a$ (siehe 10.1 (i)), und wegen ${}^*d_h = \frac{1}{h}\sum_{i=1}^{h} {}^*a_i$ folgt $\frac{1}{h}\sum_{i=1}^{h} {}^*a_i \approx a$.

Es verbleibt zu zeigen, daß ℓ_0 verschiebungsinvariant ist. Sei hierzu $\mathfrak{a} : \mathbb{N} \to \mathbb{R}$ beschränkt und $b_n := a_{n+1}$, $n \in \mathbb{N}$; es ist zu zeigen:

$$\ell_0(\mathfrak{a}) = \ell_0(\mathfrak{b}).$$

Setze $s_n := \sum_{i=1}^{n} a_i$, $t_n := \sum_{i=1}^{n} b_i$. Dann ist $s_n - t_n = a_1 - a_{n+1}$, $n \in \mathbb{N}$, und das Transfer-Prinzip liefert

(2) $${}^*s_n - {}^*t_n = {}^*a_1 - {}^*a_{n+1} \quad \text{für alle } n \in {}^*\mathbb{N}.$$

Wegen $\ell_0(\mathfrak{a}) = st(\frac{1}{h}{}^*s_h)$, $\ell_0(\mathfrak{b}) = st(\frac{1}{h}{}^*t_h)$ folgt:

(3) $$\ell_0(\mathfrak{a}) - \ell_0(\mathfrak{b}) \underset{9.5}{=} st(\tfrac{1}{h}({}^*s_h - {}^*t_h)) \underset{(2)}{=} st(\tfrac{1}{h}({}^*a_1 - {}^*a_{h+1})).$$

Nun ist ${}^*a_1 - {}^*a_{h+1}$ endlich nach (1), und somit gilt $\frac{1}{h}({}^*a_1 - {}^*a_{h+1}) \approx 0$, da $h \in {}^*\mathbb{N} - \mathbb{N}$ ist. Daher folgt $\ell_0(\mathfrak{a}) = \ell_0(\mathfrak{b})$ aus (3).

(ii) Daß ℓ_1 positiv und linear ist, folgt wegen ${}^*(\alpha\mathfrak{a}+\beta\mathfrak{b}) = \alpha{}^*\mathfrak{a}+\beta{}^*\mathfrak{b}$ direkt mit Hilfe der Rechenregeln über den Standardteil (siehe 9.5). Nach 10.8 ist $\ell_1(\mathfrak{a}) = st({}^*a_h)$ ein Häufungspunkt von $\mathfrak{a}$ und damit gleich dem Grenzwert, falls $\mathfrak{a}$ konvergent ist. Damit ist (ii) gezeigt. □

Die folgenden Überlegungen zeigen, daß es keinen Banach-Limes gibt, der verschiebungsinvariant ist und der gleichzeitig jeder Folge einen ihrer Häufungspunkte zuordnet. Sei indirekt ℓ ein solcher Banach-Limes. Betrachte die beschränkte Folge $\mathfrak{a}$, definiert durch

$$a_{2n-1} := 0 \ , \ a_{2n} := 1 \quad \text{für alle } n \in \mathbb{N}.$$

Da $\mathfrak{a}$ als Häufungspunkte nur 0 und 1 besitzt, folgt $\ell(\mathfrak{a}) \in \{0,1\}$. Sei $b_n := a_{n+1}$, $n \in \mathbb{N}$. Da ℓ verschiebungsinvariant ist, gilt $\ell(\mathfrak{a}) = \ell(\mathfrak{b})$. Ferner ist $\ell(\mathfrak{a}+\mathfrak{b}) = 1$; da ℓ linear ist, erhalten wir somit $2\ell(\mathfrak{a}) = \ell(\mathfrak{a}) + \ell(\mathfrak{b}) = \ell(\mathfrak{a}+\mathfrak{b}) = 1$ im Widerspruch zu $\ell(\mathfrak{a}) \in \{0,1\}$.

Aufgaben

1 Sei a_n, $n \in \mathbb{N}$, eine Folge reeller Zahlen und $a \in \mathbb{R}$. Man zeige, daß folgende Bedingungen äquivalent sind:

(i) a ist Grenzwert von a_n, $n \in \mathbb{N}$;

(ii) $\exists k \in {}^*\mathbb{N} - \mathbb{N}$ mit ${}^*a_h \approx a$ für alle $h \in {}^*\mathbb{N}$ mit $h \geq k$;

(iii) $\exists k \in {}^*\mathbb{N} - \mathbb{N}$ mit ${}^*a_h \approx a$ für alle $h \in {}^*\mathbb{N} - \mathbb{N}$ mit $h \leq k$.

2 Sei $a_{m,n}$, $m, n \in \mathbf{N}$, eine Doppelfolge reeller Zahlen (d.h. $\mathrm{a} : \mathbf{N} \times \mathbf{N} \longrightarrow \mathbf{R}$ mit $\mathrm{a}(\langle m, n\rangle) = a_{m,n}$). Die Doppelfolge $a_{m,n}$ konvergiert gegen $a \in \mathbf{R}$, falls zu jedem $\varepsilon \in \mathbf{R}_{+}$ ein $n_0 \in \mathbf{N}$ existiert, so daß $|a_{m,n} - a| \le \varepsilon$ für alle $m, n \ge n_0$ ist. Man zeige für $a \in \mathbf{R}$:

$$a_{m,n} \text{ konvergiert gegen } a \iff {}^*a_{k,h} \approx a \text{ für alle } h, k \in {}^*\mathbf{N}-\mathbf{N}.$$

Es heißt b_n, $n \in {}^*\mathbf{N}$, eine interne Folge, falls die Abbildung $\mathrm{b} : {}^*\mathbf{N} \longrightarrow {}^*\mathbf{R}$, definiert durch $\mathrm{b}(n) := b_n$, $n \in {}^*\mathbf{N}$, intern ist.

3 Sei b_n, $n \in {}^*\mathbf{N}$, eine interne Folge finiter Elemente. Man zeige:

Es gibt ein $r \in \mathbf{R}$ mit $|b_n| \le r$ für alle $n \in {}^*\mathbf{N}$.

4 Sei b_n, $n \in {}^*\mathbf{N}$, eine interne Folge finiter Elemente mit $b_h \approx b_k$ für $h, k \in {}^*\mathbf{N}-\mathbf{N}$. Man zeige: $st(b_n)$, $n \in \mathbf{N}$, ist eine konvergente Folge.

5 Setze für $\varepsilon \in [0,1]$ und für jede beschränkte Folge a_n, $n \in \mathbf{N}$, reeller Zahlen

$$\ell_\varepsilon(\mathrm{a}) := \varepsilon \, \underline{\lim}_{n \to \infty} a_n + (1 - \varepsilon) \, \overline{\lim}_{n \to \infty} a_n.$$

Man zeige: ℓ_ε ist kein Banach-Limes.

§ 11 Nichtstandard-Analysis reeller Funktionen

Schon bei der speziellen Konstruktion von ${}^*\mathbb{R}$ hatten wir jeder Funktion $f : \mathbb{R} \longrightarrow \mathbb{R}$ eine Funktion ${}^*f : {}^*\mathbb{R} \longrightarrow {}^*\mathbb{R}$ zugeordnet und einfache Nichtstandard-Kriterien für Stetigkeit, gleichmäßige Stetigkeit und Differenzierbarkeit bewiesen sowie einige Anwendungen in der reellen Analysis gegeben. In diesem Paragraphen werden wir diese Untersuchungen vertiefen und in den Rahmen der bisher entwickelten allgemeinen Theorie einordnen. Erneut starten wir dabei von einer Nichtstandard-Einbettung $^* : \widehat{S} \longrightarrow \widehat{{}^*S}$.

Die Nichtstandard-Kriterien für Stetigkeit und Differenzierbarkeit werden aus dem folgenden Kriterium für den Grenzwert einer Funktion hergeleitet. Wir erinnern hierzu an die folgenden elementaren Begriffe der Analysis:

Ein Punkt $x_0 \in \mathbb{R}$ heißt *Berührungspunkt* von $D \subset \mathbb{R}$, falls in jeder ε-Umgebung von x_0 ein Punkt von D liegt, d.h. wenn gilt:

$$\{x \in \mathbb{R} : |x - x_0| < \varepsilon\} \cap D \neq \emptyset \quad \text{für jedes } \varepsilon \in \mathbb{R}_+.$$

Ist $f : D \longrightarrow \mathbb{R}$ eine Funktion, x_0 ein Berührungspunkt von D und $c \in \mathbb{R}$, so heißt c *Grenzwert* von f für $x \to x_0$ und wir schreiben $\lim\limits_{D \ni x \to x_0} f(x) = c$, wenn es für jedes $\varepsilon \in \mathbb{R}_+$ ein $\delta \in \mathbb{R}_+$ gibt, so daß gilt:

$$(x \in D \text{ und } |x - x_0| \leq \delta) \Rightarrow |f(x) - c| \leq \varepsilon.$$

11.1 Nichtstandard-Kriterium für den Grenzwert einer Funktion

Sei $D \subset \mathbb{R}$ und x_0 ein Berührungspunkt von D. Sei $f : D \longrightarrow \mathbb{R}$ eine Funktion und $c \in \mathbb{R}$. Dann sind äquivalent:

(i) $\lim\limits_{D \ni x \to x_0} f(x) = c$;

(ii) $(x \in {}^*D$ und $x \approx x_0) \Longrightarrow {}^*f(x) \approx c$.

Beweis. *(i) ⇒ (ii)* Sei $\varepsilon \in \mathbb{R}_+$. Da c der Grenzwert von $f(x)$ für $x \to x_0$ ist, existiert per Definition ein $\delta \in \mathbb{R}_+$, so daß gilt:

$$(\forall \underline{x} \in D)(|\underline{x} - x_0| \leq \delta \Longrightarrow |f \upharpoonright \underline{x} - c| \leq \varepsilon).$$

Nach dem Transfer-Prinzip gilt daher für alle $x \in {}^*D$ mit $|x - x_0| \leq \delta$, daß $|{}^*f(x) - c| \leq \varepsilon$ ist. Ist daher $x \in {}^*D$ und $x \approx x_0$, so folgt $|{}^*f(x) - c| \leq \varepsilon$ für jedes $\varepsilon \in \mathbb{R}_+$, d.h. ${}^*f(x) \approx c$.

(ii) ⇒ (i) Sei $\varepsilon \in \mathbb{R}_+$. Wegen (ii) ist die interne Formel

$$\psi[\underline{n}] \equiv (\forall \underline{x} \in {}^*D)(|\underline{x} - x_0| \leq 1/\underline{n} \Longrightarrow |{}^*f \upharpoonright \underline{x} - c| \leq \varepsilon)$$

für alle $n \in {}^*\mathbb{N} - \mathbb{N}$ gültig und daher nach dem Permanenzprinzip 9.7 (ii) auch für ein $n_0 \in \mathbb{N}$. Somit gilt mit $\delta := 1/n_0$

$$(\forall x \in D)(|x - x_0| \leq \delta \Longrightarrow |f(x) - c| \leq \varepsilon), \text{ d.h. es gilt (i).}$$ □

Beachte für die folgende Anwendung von 11.1, daß jedes $x_0 \in D$ ein Berührungspunkt von D ist.

11.2 Nichtstandard-Kriterium für Stetigkeit

Sei $D \subset \mathbb{R}$ und $x_0 \in D$. Sei $f : D \longrightarrow \mathbb{R}$ eine Funktion. Dann sind äquivalent:

(i) f ist stetig in x_0;

(ii) $(x \in {}^*D$ und $x \approx x_0) \Longrightarrow {}^*f(x) \approx f(x_0)$.

Beweis. Wende Satz 11.1 auf $c = f(x_0)$ an. □

Seien $a, b \in \mathbb{R}$ mit $a < b$ gegeben. Setze

$$[a,b] := \{x \in \mathbb{R} : a \leq x \leq b\}, \qquad]a,b[:= \{x \in \mathbb{R} : a < x < b\}.$$

Dann gilt:

$${}^*[a,b] \underset{7.5}{=} \{x \in {}^*\mathbb{R} : a \leq x \leq b\}, \qquad {}^*]a,b[\underset{7.5}{=} \{x \in {}^*\mathbb{R} : a < x < b\}.$$

Für $x \in {}^*[a,b]$ ist dann $st(x) \in [a,b]$ (benutze 9.5 (ii) d)), während für $x \in {}^*]a,b[$ nicht auf $st(x) \in]a,b[$ geschlossen werden kann.

Setze ferner $\mathbb{N}_0 := \mathbb{N} \cup \{0\}$.

Dann ist ${}^*\mathbb{N}_0 = {}^*\mathbb{N} \cup \{0\}$.

Im folgenden geben wir einen intuitiven Nichtstandard-Beweis für den Zwischenwertsatz und den Satz vom Maximum und Minimum (Extremalsatz) für stetige Funktionen an. Der Beweis verläuft dabei so, wie man sich bei unbekümmertem Vorgehen die Konstruktion eines Zwischenwertes oder eines Extremwertes vorstellt. Hierzu teilen wir für $h \in {}^*\mathbb{N}-\mathbb{N}$ das Intervall ${}^*[a,b]$ in h-viele äquidistante Teilintervalle. Seien also $a, b \in \mathbb{R}$ mit $a < b$ und setze

$$t_i := a + i\tfrac{b-a}{h} \text{ für } i \in {}^*\mathbb{N}_0 \text{ mit } 0 \leq i \leq h.$$

Dann ist $a = t_0 < t_1 < \ldots < t_h = b$, und es gilt:

$$t_i - t_{i-1} = \tfrac{b-a}{h} \approx 0 \text{ für } 1 \leq i \leq h.$$

Wir nennen $t_0, \ldots, t_h$ die *äquidistante Zerlegung* von ${}^*[a,b]$ in h Teile.

Für jedes $x \in {}^*[a,b]$ gibt es ein $i \in {}^*\mathbb{N}$ mit $i \leq h$ und $t_{i-1} \leq x \leq t_i$.

11.3 Zwischenwertsatz und Extremalsatz

Seien $a, b \in \mathbb{R}$ mit $a < b$ und sei $f : [a,b] \longrightarrow \mathbb{R}$ stetig. Dann gilt:

(i) f nimmt jeden Wert zwischen $f(a)$ und $f(b)$ an;

(ii) f besitzt ein Maximum und ein Minimum.

Beweis. Sei $h \in {}^*\mathbb{N}-\mathbb{N}$ und $t_0, \ldots, t_h$ die äquidistante Zerlegung von ${}^*[a,b]$ in h Teile.

(i) Sei o.B.d.A. $f(a) < f(b)$. Dann ist für ein z mit $f(a) < z < f(b)$ ein $x_0 \in [a,b]$ mit $f(x_0) = z$ zu finden. Seien

$$H := \{i \in {}^*\mathbb{N}_0 : i \leq h\} \text{ und } H_0 := \{i \in H : {}^*f(t_i) > z\}.$$

Wir zeigen:

(1) H_0 besitzt ein kleinstes Element i_0, und es ist $i_0 > 0$;

(2) $f(x_0) = z$ für $x_0 := st(t_{i_0})$.

Man bestimmt also die erste Stelle t_{i_0} der unendlich feinen Zerlegung $a = t_0 < t_1 < \ldots < t_h = b$, an der ${}^*f$ den Wert z überschreitet. Der zugehörige Standardteil liefert dann einen Punkt, an dem f den Zwischenwert z annimmt.

Zu (1): Wegen $h \in H_0 \subset {}^*\mathbb{N}$ reicht es nach 8.8 (i) zu zeigen, daß H_0 intern ist. Nach dem Prinzip der internen Definition ist zunächst H intern und damit auch H_0 wegen $H_0 = \{i \in H : {}^*f \restriction (a + i\frac{b-a}{h}) > z\}$. Wegen $f(t_0) = f(a) < z$ ist $i_0 > 0$.

Zu (2): Da $t_{i_0-1} \approx t_{i_0} \approx x_0$ ist und da i_0 nach (1) das kleinste Element von H mit ${}^*f(t_{i_0}) > z$ ist, erhalten wir aus der Stetigkeit von f und den Eigenschaften der Standardteil-Abbildung:

$$st({}^*f(t_{i_0})) \underset{11.2}{=} f(x_0) \underset{11.2}{=} st({}^*f(t_{i_0-1})) \leq z \leq st({}^*f(t_{i_0})).$$

Dieses liefert (2).

(ii) Wir beweisen nur die Existenz eines Maximums. Wir zeigen hierzu:

(3) Es existiert ein $i_0 \in H$ mit ${}^*f(t_{i_0}) = \max_{i \in H} {}^*f(t_i)$;

(4) $f(x_0) = \max_{x \in [a,b]} f(x)$ für $x_0 := st(t_{i_0})$.

Man bestimmt also eine Stelle t_{i_0} der unendlich feinen Zerlegung $a = t_0 < t_1 < \ldots < t_h = b$, an der ${}^*f(t_i)$ für $i \in H$ ein Maximum annimmt; der zugehörige Standardteil dieser Stelle t_{i_0} liefert dann einen Punkt, an dem f ein Maximum annimmt.

Zu (3): Da für jedes $n \in \mathbb{N}$ die Menge $\{f(a + i\frac{b-a}{n}) : 0 \le i \le n\}$ ein Maximum besitzt, ist die folgende Aussage gültig:

$$(\forall \underline{n} \in \mathbb{N})(\exists \underline{i} \in \mathbb{N}_0)$$
$$(\underline{i} \le \underline{n} \wedge (\forall \underline{j} \in \mathbb{N}_0)(\underline{j} \le \underline{n} \Rightarrow f \restriction (a + \underline{j}\tfrac{b-a}{\underline{n}}) \le f \restriction (a + \underline{i}\tfrac{b-a}{\underline{n}}))).$$

Daher existiert nach dem Transfer-Prinzip ein $i_0 \in {}^*\mathbb{N}_0$ mit $i_0 \le h$, so daß ${}^*f(t_j) \le {}^*f(t_{i_0})$ für alle $j \in {}^*\mathbb{N}_0$ mit $j \le h$ ist. Dieses liefert (3).

Zu (4): Sei $x \in [a,b]$; dann existiert ein $i \in {}^*\mathbb{N}$ mit $i \le h$ und $t_{i-1} \le x \le t_i$. Wegen $t_{i-1} \approx t_i$ ist $t_i \approx x$; ferner ist $t_{i_0} \approx x_0$. Da f stetig ist, folgt somit aus 11.2

$$f(x) \underset{11.2}{\approx} {}^*f(t_i) \underset{(3)}{\le} {}^*f(t_{i_0}) \underset{11.2}{\approx} f(x_0).$$

Hieraus folgt $f(x) \le f(x_0)$ (benutze 9.5), d.h. es gilt (4). □

11.4 Nichtstandard-Kriterium für gleichmäßige Stetigkeit

Sei $D \subset \mathbb{R}$ und $f : D \longrightarrow \mathbb{R}$ eine Funktion. Dann sind äquivalent:

(i) f ist gleichmäßig stetig;

(ii) $(x, y \in {}^*D$ und $x \approx y) \Longrightarrow {}^*f(x) \approx {}^*f(y)$.

Beweis. ***(i) ⇒ (ii)*** Sei $\varepsilon \in \mathbb{R}_+$. Da f gleichmäßig stetig ist, existiert ein $\delta \in \mathbb{R}_+$, so daß gilt:

$$(\forall \underline{x}, \underline{y} \in D)(|\underline{x} - \underline{y}| \le \delta \Longrightarrow |f \restriction \underline{x} - f \restriction \underline{y}| \le \varepsilon).$$

Nach dem Transfer-Prinzip gilt daher für $x, y \in {}^*D$ mit $|x - y| \le \delta$, daß $|{}^*f(x) - {}^*f(y)| \le \varepsilon$ ist. Sind daher $x, y \in {}^*D$ mit $x \approx y$ gegeben, so folgt $|{}^*f(x) - {}^*f(y)| \le \varepsilon$ für jedes $\varepsilon \in \mathbb{R}_+$, d.h. ${}^*f(x) \approx {}^*f(y)$.

(ii) ⇒ (i) Sei $\varepsilon \in \mathbb{R}_+$. Wegen (ii) ist die folgende Aussage ${}^*\varphi$ gültig:

$$(\exists \underline{\delta} \in {}^*\mathbb{R}_+)(\forall \underline{x}, \underline{y} \in {}^*D)(|\underline{x} - \underline{y}| \le \underline{\delta} \Longrightarrow |{}^*f \restriction \underline{x} - {}^*f \restriction \underline{y}| \le \varepsilon),$$

zum Nachweis der Gültigkeit wähle ein $\delta > 0$ infinitesimal. Nach dem Transfer-Prinzip ist φ gültig, und dieses liefert, daß f gleichmäßig stetig ist. □

11.5 Jede stetige Funktion $f : [a,b] \longrightarrow \mathbb{R}$ ist gleichmäßig stetig.

Beweis. Es genügt, 11.4 (ii) mit $D = [a,b]$ zu zeigen. Seien also $x, y \in {}^*[a,b]$ mit $x \approx y$. Dann gilt $x \approx st(x)$, $y \approx st(y)$ und $st(x) = st(y) \in [a,b]$. Nach 11.2 gilt daher ${}^*f(x) \approx f(st(x)) = f(st(y)) \approx {}^*f(y)$. □

Satz 11.5 ist natürlich nicht für offene Intervalle $]a,b[$ richtig. Der hier gegebene Beweis funktioniert für offene Intervalle $]a,b[$ deshalb nicht, weil $st(x)$ für $x \in {}^*]a,b[$ nicht notwendig in $]a,b[$ liegt.

Mit Hilfe der Nichtstandard-Kriterien für Stetigkeit und gleichmäßige Stetigkeit lassen sich auch sehr einfach die üblichen Rechenregeln für stetige und gleichmäßig stetige Funktionen herleiten, wie wir es teilweise auch schon in § 4 getan haben.

Für das folgende Kriterium erinnern wir daran, daß ein Punkt $x_0 \in \mathbb{R}$ *Häufungspunkt* von $D \subset \mathbb{R}$ heißt, wenn x_0 Berührungspunkt von $D - \{x_0\}$ ist.

11.6 Nichtstandard-Kriterium für Differenzierbarkeit

Sei $D \subset \mathbb{R}$ und $x_0 \in D$ ein Häufungspunkt von D. Sei $f : D \longrightarrow \mathbb{R}$ eine Funktion und $c \in \mathbb{R}$. Dann sind äquivalent:

(i) f ist in x_0 differenzierbar mit Ableitung $f'(x_0) = c$;

(ii) $\dfrac{{}^*f(x) - f(x_0)}{x - x_0} \approx c$ für alle $x \in {}^*D$ mit $x \approx x_0$, $x \neq x_0$.

Beweis. Setze $g(x) := \frac{f(x)-f(x_0)}{x-x_0}$ für $x \in D_1 := D - \{x_0\}$. Da x_0 ein Häufungspunkt von D ist, ist x_0 ein Berührungspunkt von D_1. Daher ist nach Definition die Differenzierbarkeit (i) äquivalent zu

(1) $$\lim_{D_1 \ni x \to x_0} g(x) = c.$$

Nach 11.1 ist (1) äquivalent zu

(2) $${}^*g(x) \approx c \text{ für alle } x \in {}^*D_1 \text{ mit } x \approx x_0.$$

Da ${}^*g(x) = \frac{{}^*f(x)-f(x_0)}{x-x_0}$ für $x \in {}^*D_1$ ist und da $x \in {}^*D_1 \Longleftrightarrow x \in {}^*D \wedge x \neq x_0$, folgt (2) $\Longleftrightarrow$ (ii). Dieses zeigt (i) $\Longleftrightarrow$ (ii). □

Mit 11.6 lassen sich auch Rechenregeln für differenzierbare Funktionen beweisen. Der Vorteil gegenüber den Standard-Beweisen ist jedoch nur gering, so daß wir hierauf verzichten.

Mit 11.6 sieht man direkt, daß die Funktion

$$f(x) = \begin{cases} x \sin(1/x) & , \quad x \neq 0 \\ 0 & , \quad x = 0 \end{cases}$$

an der Stelle $x_0 = 0$ nicht differenzierbar ist. Für jedes $h \in {}^*\mathbb{N} - \mathbb{N}$ gilt nämlich

$$\frac{{}^*f(x) - f(0)}{x} = \begin{cases} 0 & \text{für } x = (2\pi h)^{-1} \approx 0 \\ 1 & \text{für } x = \left(2\pi h + \frac{\pi}{2}\right)^{-1} \approx 0, \end{cases}$$

da ${}^*\sin(2\pi h) = 0$ und ${}^*\sin\left(2\pi h + \frac{\pi}{2}\right) = 1$ nach dem Transfer-Prinzip ist.

Nach 11.6 ist eine Funktion $f : [a,b] \longrightarrow \mathbb{R}$ genau dann über $[a,b]$ differenzierbar, wenn zu jedem $x_0 \in [a,b]$ ein $c \in \mathbb{R}$ existiert mit

$$\frac{{}^*f(x)-f(x_0)}{x-x_0} \approx c, \text{ falls } x \in {}^*[a,b]\,,\ x \approx x_0 \text{ und } x \neq x_0.$$

Der folgende Satz zeigt, daß eine leichte Verschärfung dieser Bedingung zur stetigen Differenzierbarkeit von f über $[a,b]$ äquivalent ist.

11.7 Nichtstandard-Kriterium für stetige Differenzierbarkeit

Sei $f : [a,b] \longrightarrow \mathbb{R}$ eine Funktion. Dann sind äquivalent:

(i) f ist stetig differenzierbar auf $[a,b]$;

(ii) zu jedem $x_0 \in [a,b]$ gibt es ein $c \in \mathbb{R}$, so daß $\dfrac{{}^*f(x)-{}^*f(y)}{x-y} \approx c$ für alle $x,y \in {}^*[a,b]$ mit $x,y \approx x_0$ und $x \neq y$ ist.

Beweis. *(i) ⇒ (ii)* Seien $x,y \in {}^*[a,b]$ mit $x,y \approx x_0$ und $x \neq y$. Es reicht zu zeigen, daß $\frac{{}^*f(x)-{}^*f(y)}{x-y} \approx f'(x_0)$ ist. Da f' stetig ist, gilt:

$${}^*(f')(z) \underset{11.2}{\approx} f'(x_0) \text{ für alle } z \in {}^*[a,b] \text{ mit } z \approx x_0.$$

Sei nun o.B.d.A. $x < y$. Wegen $x,y \approx x_0$ reicht es zu zeigen:

$$\text{(1)} \qquad \frac{{}^*f(x)-{}^*f(y)}{x-y} = {}^*(f')(z) \text{ für ein } z \in {}^*\mathbb{R} \text{ mit } x \leq z \leq y.$$

Wir beweisen (1) durch Transfer des Mittelwertsatzes der Analysis. Nach dem Mittelwertsatz gilt folgende Aussage:

$$(\forall \underline{x},\underline{y} \in [a,b])(\underline{x} < \underline{y} \Rightarrow (\exists \underline{z} \in \mathbb{R})(\underline{x} \leq \underline{z} \leq \underline{y} \wedge \frac{f \restriction \underline{x} - f \restriction \underline{y}}{\underline{x}-\underline{y}} = f' \restriction \underline{z})).$$

Da $x < y$ und $x,y \in {}^*[a,b]$ sind, liefert der Transfer obiger Aussage, daß (1) gilt.

(ii) ⇒ (i) Sei $x_0 \in [a,b]$ beliebig. Aus (ii) folgt mit 11.6 (wähle $y = x_0$ in (ii)), daß f in x_0 differenzierbar mit Ableitung $f'(x_0) = c$ ist. Es bleibt somit zu zeigen, daß die Ableitung f' in x_0 stetig ist. Sei hierzu $\varepsilon \in \mathbb{R}_+$ gegeben. Es genügt zu zeigen, daß ein $\delta \in \mathbb{R}_+$ existiert mit

$$\text{(2)} \qquad \left|\frac{f(x)-f(y)}{x-y} - f'(x_0)\right| \leq \varepsilon \qquad \begin{array}{l}\text{für alle } x,y \in [a,b] \text{ mit} \\ x_0-\delta < x,y < x_0+\delta\,,\ x \neq y;\end{array}$$

denn aus (2) folgt durch den Grenzübergang $x \to y$, daß $|f'(y) - f'(x_0)| \leq \varepsilon$ für alle $y \in [a,b]$ mit $|y - x_0| < \delta$ ist.

Nach (ii) ist nun folgende Aussage ${}^*\varphi$ gültig:

$$(\exists \underline{\delta} \in {}^*\mathbb{R}_+)(\forall \underline{x},\underline{y} \in {}^*[a,b])$$
$$(((x_0-\underline{\delta} < \underline{x},\underline{y} < x_0+\underline{\delta}) \wedge \underline{x} \neq \underline{y}) \Longrightarrow \left|\frac{{}^*f \restriction \underline{x} - {}^*f \restriction \underline{y}}{\underline{x}-\underline{y}} - f'(x_0)\right| \leq \varepsilon).$$

Zum Nachweis der Gültigkeit von ${}^*\varphi$ wähle $\delta > 0$ infinitesimal.

Das Transfer-Prinzip liefert daher die Gültigkeit von φ, d.h. es gilt (2). □

Zum Abschluß dieses Paragraphen wird die Nichtstandard-Theorie in der Integralrechnung eingesetzt sowie um nachzuweisen, daß eine große Klasse gewöhnlicher Differentialgleichungen Lösungen besitzt. Das folgende Lemma dient als technisches Hilfsmittel.

Wir betrachten im folgenden reellwertige Dreiecksfolgen

$$\xi_{in} \text{ für } i, n \in \mathbb{N} \text{ mit } i \leq n.$$

Wir fassen eine solche Dreiecksfolge als Abbildung

$$\xi : \Delta \longrightarrow \mathbb{R} \text{ mit } \Delta := \{\langle i,n\rangle \in \mathbb{N}\times\mathbb{N} : i \leq n\} \text{ und } \xi(\langle i,n\rangle) = \xi_{in}$$

auf. Dann ist

$$^*\xi : {}^*\Delta \longrightarrow {}^*\mathbb{R} \text{ eine Abbildung mit } {}^*\Delta = \{\langle i,n\rangle \in {}^*\mathbb{N}\times{}^*\mathbb{N} : i \leq n\}$$

(benutze 7.9 (i), 7.5 und 7.7 (iv)). Wir schreiben

$$^*\xi_{in} \text{ an Stelle von } {}^*\xi(\langle i,n\rangle).$$

11.8 Lemma

Seien ξ_{in}, $\eta_{in} \in \mathbb{R}$ für $i \leq n \in \mathbb{N}$. Setze

$$s_{kn} := \sum_{i=1}^{k} \xi_{in}, \quad u_{kn} := \sum_{i=1}^{k} \eta_{in} \quad \text{für } k \leq n \in \mathbb{N}.$$

Sei $h \in {}^*\mathbb{N}$; dann gilt:

$$(h\,{}^*\xi_{ih} \approx h\,{}^*\eta_{ih} \text{ für alle } i \leq h) \Longrightarrow ({}^*s_{kh} \approx {}^*u_{kh} \text{ für alle } k \leq h).$$

Beweis. Sei $\varepsilon \in \mathbb{R}_+$. Es genügt zu zeigen: Gilt für alle $i \in {}^*\mathbb{N}$ mit $i \leq h$, daß $|h\,{}^*\xi_{ih} - h\,{}^*\eta_{ih}| \leq \varepsilon$ ist, so gilt für alle $k \in {}^*\mathbb{N}$ mit $k \leq h$, daß $|{}^*s_{kh} - {}^*u_{kh}| \leq \varepsilon$ ist. Dieses erhält man durch Transfer der folgenden Aussage:

$$(\forall \underline{h} \in \mathbb{N})((\forall \underline{i} \in \mathbb{N})(\underline{i} \leq \underline{h} \Longrightarrow |\underline{h} \cdot \xi \restriction \langle \underline{i}, \underline{h}\rangle - \underline{h} \cdot \eta \restriction \langle \underline{i}, \underline{h}\rangle| \leq \varepsilon)$$
$$\Longrightarrow (\forall \underline{k} \in \mathbb{N})(\underline{k} \leq \underline{h} \Longrightarrow |s \restriction \langle \underline{k}, \underline{h}\rangle - u \restriction \langle \underline{k}, \underline{h}\rangle| \leq \varepsilon)),$$

die nach Definition von s_{kn} und u_{kn} gültig ist, da sie inhaltlich bedeutet, daß für alle $h \in \mathbb{N}$ gilt: Ist $|h\xi_{ih} - h\eta_{ih}| \leq \varepsilon$ für alle $i \leq h$, so ist $|s_{kh} - u_{kh}| \leq \varepsilon$ für alle $k \leq h$. □

Vielen wichtigen Größen der Physik wird man auf Grund der Intuition die Eigenschaften (i) und (ii) des folgenden Satzes von Keisler zusprechen. Der Satz von Keisler rechtfertigt, daß diese Größen als Integrale eingeführt werden, wie zum Beispiel die Arbeit $A(0,1)$ als Wegintegral der Kraft $f(x)$ längs des Weges $[0,1]$. Wir werden den Satz von Keisler benutzen, um erstens den Hauptsatz der Differential- und Integralrechnung zu beweisen und um zweitens eine elementare Methode zur Volumenberechnung eines Rotationskörpers anzugeben.

Die restlichen Überlegungen dieses Paragraphen werden für das Intervall $[0,1]$ an Stelle eines allgemeinen Intervalls $[a,b]$ durchgeführt, weil die schreibtechnischen Erleichterungen die Methoden der Nichtstandard-Theorie klarer hervortreten lassen.

Im folgenden schreiben wir $A(u,v)$ an Stelle von $A(\langle u,v\rangle)$ bzw. $f(x,y)$ an Stelle von $f(\langle x,y\rangle)$, falls A bzw. f Funktionen zweier Variabler sind.

11.9 Keislers Infinite Sum Theorem

Sei $f : [0,1] \longrightarrow \mathbb{R}$ Riemann-integrierbar. Es sei

$$A : \{\langle u,v\rangle \in \mathbb{R}^2 : 0 \leq u < v \leq 1\} \longrightarrow \mathbb{R},$$

und es gelte

(i) $A(0,v) = A(0,u) + A(u,v)$ für $0 < u < v \leq 1$;

(ii) $\dfrac{{}^*A(x, x+dx)}{dx} \approx {}^*f(x)$ für $0 < dx \approx 0$ und $x, x+dx \in {}^*[0,1]$.

Dann ist $$A(0,1) = \int_0^1 f(t)dt.$$

Beweis. Setze

$$s_n := \sum_{i=1}^n \tfrac{1}{n} f(\tfrac{i-1}{n}) \text{ für } n \in \mathbb{N}.$$

Da f Riemann-integrierbar über $[0,1]$ ist, gilt $\lim_{n\to\infty} s_n = \int_0^1 f(t)dt$. Sei $h \in {}^*\mathbb{N}-\mathbb{N}$; dann folgt nach 10.1 (i):

(1) $$\int_0^1 f(t)dt \approx {}^*s_h.$$

Durch Induktion über k folgt nach (i) für $k \leq n$

$$A(0, \tfrac{k}{n}) = \sum_{i=1}^k A(\tfrac{i-1}{n}, \tfrac{i}{n}).$$

Somit gilt:

(2) $$A(0,1) = \sum_{i=1}^n A(\tfrac{i-1}{n}, \tfrac{i}{n}) =: u_n,\ n \in \mathbb{N}.$$

Aus (2) folgt ${}^*u_h = A(0,1)$, und somit bleibt wegen (1) zu zeigen:

(3) $${}^*s_h \approx {}^*u_h.$$

Zum Nachweis von (3) wenden wir 11.8 an auf

$$\xi_{in} := \tfrac{1}{n} f(\tfrac{i-1}{n}),\ \eta_{in} := A(\tfrac{i-1}{n}, \tfrac{i}{n}) \text{ für } i \leq n \in \mathbb{N}.$$

Nun gilt für $i \leq h$:

$$h\,{}^*\xi_{ih} = {}^*f(\tfrac{i-1}{h}) \underset{\text{(ii)}}{\approx} h\,{}^*A(\tfrac{i-1}{h}, \tfrac{i}{h}) = h\,{}^*\eta_{ih}.$$

Aus 11.8 folgt daher insbesondere ${}^*s_{hh} \approx {}^*u_{hh}$. Wegen ${}^*s_h = {}^*s_{hh}$ und ${}^*u_h = {}^*u_{hh}$ erhält man (3). □

Eine unmittelbare Anwendung des Satzes von Keisler und des Nichtstandard-Kriteriums der stetigen Differenzierbarkeit liefert im wesentlichen den Hauptsatz der Differential- und Integralrechnung:

11.10 Satz

Es besitze $F : [0,1] \longrightarrow \mathbb{R}$ eine stetige Ableitung f. Dann gilt:

$$\int_0^1 f(t)dt = F(1) - F(0).$$

Beweis. Wir wenden 11.9 an mit $A(u,v) := F(v) - F(u)$ für $0 \leq u < v \leq 1$. Mit diesem A ist 11.9 (i) trivial, es bleibt daher 11.9 (ii) zu zeigen. Hierzu wenden wir 11.7 mit F an Stelle von f und $st(x)$ an Stelle von x_0 an. Da F stetig differenzierbar ist, erhalten wir aus 11.7 und der Berechnung von ${}^*A$, daß

(1) $$\frac{{}^*A(x,\, x+dx)}{dx} = \frac{{}^*F(x+dx) - {}^*F(x)}{dx} \underset{11.7}{\approx} F'(st(x)) = f(st(x)),$$

falls $0 < dx \approx 0$ und $x,\ x + dx \in {}^*[0,1]$ ist.

Da f stetig ist, folgt $f(st(x)) \approx {}^*f(x)$ (siehe 11.2), und wegen (1) gilt daher $\frac{{}^*A(x,\, x+dx)}{dx} \approx {}^*f(x)$, d.h. es ist 11.9 (ii) erfüllt. □

Als weitere Anwendung des Satzes von Keisler geben wir jetzt die Berechnung des Rauminhaltes eines Rotationskörpers an. Sie wird aus einfachsten elementar-geometrischen Vorstellungen hergeleitet.

Sei $f : [0,1] \longrightarrow \mathbb{R}_+$ stetig. Es soll der Rauminhalt V des Körpers berechnet werden, der durch Rotation der Fläche unter der Kurve f um die x-Achse entsteht. Wir zeigen mit Hilfe von 11.9:

$$V = \pi \int_0^1 f^2(x)dx.$$

Für $0 \leq u < v \leq 1$ bezeichne hierzu $A(u,v)$ den Rauminhalt des Körpers, der durch Rotation der Fläche

$$\{\langle x,y \rangle \in \mathbb{R}^2 : u \leq x \leq v,\ 0 \leq y \leq f(x)\}$$

um die x-Achse entsteht. Dann ist $V = A(0,1)$. Es ist daher zu zeigen, daß mit $\pi \cdot f^2$ an Stelle von f die Bedingungen (i) und (ii) von 11.9 gelten. Es ist (i) intuitiv plausibel, und wir zeigen nun (ii).

Aus elementar-geometrischen Vorstellungen folgt für alle $u < v$, daß

(1) $$(v-u) \cdot \pi \min_{u \leq t \leq v} f^2(t) \leq A(u,v) \leq (v-u) \cdot \pi \max_{u \leq t \leq v} f^2(t);$$

die linke bzw. rechte Seite sind nämlich Rauminhalt eines im Rotationskörper über $[u,v]$ enthaltenen bzw. eines den Rotationskörper umfassenden Zylinders.

Aus (1) erhält man durch Transfer, den wir dem Leser überlassen: Für alle $u, v \in {}^*[0,1]$ mit $u < v$ gilt:

$$(v-u) \cdot \pi \min_{t \in {}^*\mathbb{R}, u \leq t \leq v} {}^*f^2(t) \leq {}^*A(u,v) \leq (v-u) \cdot \pi \max_{t \in {}^*\mathbb{R}, u \leq t \leq v} {}^*f^2(t).$$

Hieraus folgt, falls $0 < dx \approx 0$ und $x,\ x + dx \in {}^*[0,1]$ sind:

(2) $$\pi \cdot \min_{x \leq t \leq x+dx} {}^*f^2(t) \leq \frac{{}^*A(x,\, x+dx)}{dx} \leq \pi \cdot \max_{x \leq t \leq x+dx} {}^*f^2(t).$$

Da f^2 über $[0,1]$ gleichmäßig stetig ist, folgt nach 11.4:

$$\min_{x \leq t \leq x+dx} {}^*f^2(t) \approx {}^*f^2(x), \quad \max_{x \leq t \leq x+dx} {}^*f^2(t) \approx {}^*f^2(x).$$

Zusammen mit (2) erhalten wir somit die Bedingung (ii) von 11.9 (mit $\pi \cdot f^2$ an Stelle von f).

Die beiden folgenden Lemmata dienen zur Vorbereitung für den Existenzsatz von Peano über die Lösbarkeit gewöhnlicher Differentialgleichungen. Das erste Lemma liefert eine einfache Nichtstandard-Beschreibung des Riemann-Integrals, das zweite gibt eine elementare Nichtstandard-Eigenschaft einer stetigen Funktion zweier Variabler an. Hierbei wird benutzt, daß eine stetige Funktion über dem Rechteck $[0,1] \times [-1,1]$ gleichmäßig stetig ist; dieses läßt sich auch mit Nichtstandard-Methoden einfach beweisen (siehe 25.8).

Wir erinnern noch einmal daran, daß wir s_{kn}, $k \leq n \in \mathbb{N}$, als Abbildung s von $\{\langle k,n\rangle \in \mathbb{N} \times \mathbb{N} : k \leq n\}$ in $\mathbb{R}$ auffassen und ${}^*s_{kh}$ an Stelle von ${}^*\mathrm{s}(\langle k,h\rangle)$ schreiben.

11.11 Lemma

Sei $g: [0,1] \longrightarrow \mathbb{R}$ Riemann-integrierbar und $h \in {}^*\mathbb{N} - \mathbb{N}$. Setze

$$s_{kn} := \sum_{i=1}^{k} \frac{1}{n}\, g\left(\frac{i-1}{n}\right),\ k \leq n \in \mathbb{N}.$$

Dann gilt für jedes $x \in]0,1]$: $\int_0^x g(t)dt \approx {}^*s_{k_x h}$,

wobei k_x das eindeutig bestimmte Element aus ${}^*\mathbb{N}$ mit $\frac{k_x}{h} < x \leq \frac{k_x+1}{h}$ ist.

Beweis. Sei $x \in]0,1]$ fest. Sei $k: \mathbb{N} \to \mathbb{N}_0$ die Abbildung, die jedem $n \in \mathbb{N}$ das eindeutig bestimmte Element $k(n) \in \mathbb{N}_0$ mit $\frac{k(n)}{n} < x \leq \frac{k(n)+1}{n}$ zuordnet. Dann gilt, da g über $[0,x]$ Riemann-integrierbar ist, nach Definition von s_{kn}:

$$a_n := s_{k(n)n} \underset{n\to\infty}{\longrightarrow} \int_0^x g(t)dt.$$

Daher folgt nach 10.1 (i):

$${}^*a_h \approx \int_0^x g(t)dt.$$

Es reicht also zu zeigen:

(1) $${}^*a_h = {}^*s_{k_x h}.$$

Nun gilt:

$${}^*a_h = {}^*s_{{}^*k(h)h} \text{ und } \frac{{}^*k(h)}{h} < x \leq \frac{{}^*k(h)+1}{h};$$

transferiere hierzu:

$$(\forall \underline{n} \in \mathbb{N})(\mathrm{a} \restriction \underline{n} = \mathrm{s} \restriction \langle k \restriction \underline{n}, \underline{n}\rangle) \text{ und } (\forall \underline{n} \in \mathbb{N})\Big(\frac{k \restriction \underline{n}}{\underline{n}} < x \leq \frac{k \restriction \underline{n}+1}{\underline{n}}\Big).$$

Da ${}^*k(h) \in {}^*\mathbb{N}$ und k_x eindeutig bestimmt sind, folgt ${}^*k(h) = k_x$ und damit gilt (1). □

11.12 Lemma

Sei $f: [0,1] \times [-1,1] \longrightarrow \mathbb{R}$ stetig. Dann gilt:

$$(x \in {}^*[0,1],\ y_1, y_2 \in {}^*[-1,1] \text{ und } y_1 \approx y_2) \Longrightarrow {}^*f(x,y_1) \approx {}^*f(x,y_2).$$

Beweis. Da f gleichmäßig stetig ist, gibt es für jedes $\varepsilon \in \mathbb{R}_+$ ein $\delta \in \mathbb{R}_+$, so daß die folgende Aussage gültig ist:

$$(\forall \underline{x} \in [0,1])(\forall \underline{y}_1, \underline{y}_2 \in [-1,1])(|\underline{y}_1 - \underline{y}_2| \leq \delta \Rightarrow |f \restriction \langle \underline{x}, \underline{y}_1 \rangle - f \restriction \langle \underline{x}, \underline{y}_2 \rangle| \leq \varepsilon).$$

Der Transfer dieser Aussage liefert die Behauptung. □

Wir benutzen im folgenden, daß es zu $t \in [0,1]$ und $h \in {}^*\mathbb{N} - \mathbb{N}$ ein $k \in {}^*\mathbb{N}$ gibt mit $k \leq h$ und $t \approx \frac{k}{h}$; wähle z.B. $k := \min\{i \in {}^*\mathbb{N} : t \leq \frac{i}{h}\}$.

11.13 Existenzsatz von Peano

Sei $f : [0,1] \times [-1,1] \longrightarrow [-1,1]$ eine stetige Funktion. Dann existiert eine differenzierbare Funktion $\varphi : [0,1] \longrightarrow [-1,1]$ mit

$$\varphi(0) = 0 \text{ und } \varphi'(x) = f(x, \varphi(x)) \text{ für alle } x \in [0,1].$$

Beweis. Wir konstruieren eine stetige Funktion $\varphi : [0,1] \longrightarrow [-1,1]$ mit

(1) $$\varphi(x) = \int_0^x f(t, \varphi(t))dt \text{ für } 0 < x \leq 1.$$

Aus (1) folgt die Behauptung: Da φ stetig ist, folgt $\varphi(0) = 0$ und somit gilt (1) auch für $x = 0$. Da die durch $f(t, \varphi(t))$, $t \in [0,1]$, gegebene Funktion stetig ist, ist φ differenzierbar mit $\varphi'(x) = f(x, \varphi(x))$.

Zum Beweis von (1) definiere für jedes $n \in \mathbb{N}$ induktiv über $k \leq n$ Zahlen $u_{kn} \in [-1,1]$ mit $u_{0n} := 0$ und

(2) $$u_{kn} := \sum_{i=1}^k \tfrac{1}{n} f(\tfrac{i-1}{n}, u_{i-1,n}).$$

Dieses ist wegen $|f| \leq 1$ möglich. Die Zahlen u_{kn}, $k \leq n$, sind als Approximationen der gesuchten Funktion φ an den Stellen k/n für $k \leq n$ gedacht; ist nämlich (1) erfüllt, so gilt nach Definition des Riemann-Integrals näherungsweise

$$\varphi(\tfrac{k}{n}) \cong \sum_{i=1}^k \tfrac{1}{n} f(\tfrac{i-1}{n}, \varphi(\tfrac{i-1}{n})).$$

Aus (2) folgt nun wegen $|f| \leq 1$ mit Transfer:

(3) $$|{}^*u_{kn} - {}^*u_{jn}| \leq \tfrac{k-j}{n} \text{ für } 0 \leq j \leq k \leq n \in {}^*\mathbb{N}.$$

Sei $h \in {}^*\mathbb{N} - \mathbb{N}$ fest. Setze

(4) $$\varphi(t) := st({}^*u_{kh}), \text{ falls } t \in [0,1] \text{ und } t \approx k/h \text{ mit } k \leq h \text{ ist.}$$

Wegen (3) und ${}^*u_{0n} = 0$ ist $\varphi(t) \in [-1,1]$ eindeutig definiert für $t \in [0,1]$.

Wir zeigen als erstes, daß φ stetig ist. Seien hierzu $s, t \in [0,1]$, $s < t$, und $j, k \leq h$ mit $s \approx j/h$ und $t \approx k/h$. Dann ist wegen (3):

$$|\varphi(t) - \varphi(s)| = |st({}^*u_{kh} - {}^*u_{jh})| \leq st(|{}^*u_{kh} - {}^*u_{jh}|) \underset{(3)}{\leq} st(|\tfrac{k-j}{h}|) = |t - s|,$$

und daher ist φ stetig.

Zum Nachweis von (1) sei nun $x \in \,]0,1]$ fest. Betrachtet man

$$s_{kn} := \sum_{i=1}^k \tfrac{1}{n} f(\tfrac{i-1}{n}, \varphi(\tfrac{i-1}{n})), \; k \leq n \in \mathbb{N}$$

und wendet man 11.11 auf die stetige Funktion $g(t) := f(t, \varphi(t))$ an, so folgt:

(5) $\int_0^x f(t,\varphi(t))dt \approx {}^*s_{k_x h}$, mit $\frac{k_x}{h} < x \leq \frac{k_x+1}{h}$.

Wir zeigen:

(6) ${}^*\varphi(\frac{k}{h}) \approx {}^*s_{kh}$ für $k \leq h$.

Aus (5), (6) folgt dann wegen $x \approx \frac{k_x}{h}$ und der Stetigkeit von φ :

$$\varphi(x) \underset{11.2}{\approx} {}^*\varphi(\tfrac{k_x}{h}) \underset{(6)}{\approx} {}^*s_{k_x h} \underset{(5)}{\approx} \int_0^x f(t,\varphi(t))dt.$$

Damit gilt (1), und somit bleibt (6) zu zeigen.

Zu (6): Da φ stetig ist, erhalten wir mit (4):

(7) ${}^*\varphi(\frac{k}{h}) \underset{11.2}{\approx} \varphi(st(\frac{k}{h})) \underset{(4)}{\approx} {}^*u_{kh}$ für $0 \leq k \leq h$,

und daher bleibt für (6) zu zeigen:

(8) ${}^*s_{kh} \approx {}^*u_{kh}$ für $k \leq h$.

Es ist:

$$s_{kn} = \sum_{i=1}^k \xi_{in} \quad \text{mit} \quad \xi_{in} := \tfrac{1}{n} f(\tfrac{i-1}{n}, \varphi(\tfrac{i-1}{n})),$$
$$u_{kn} = \sum_{i=1}^k \eta_{in} \quad \text{mit} \quad \eta_{in} := \tfrac{1}{n} f(\tfrac{i-1}{n}, u_{i-1,n}).$$

Zum Nachweis von (8) reicht es nach Lemma 11.8 zu zeigen:

$$h^*\xi_{ih} \approx h^*\eta_{ih} \text{ für alle } i \leq h;$$

nach Definition von ξ_{in} und η_{in} ist damit zu zeigen:

(9) ${}^*f(\frac{i-1}{h}, {}^*\varphi(\frac{i-1}{h})) \approx {}^*f(\frac{i-1}{h}, {}^*u_{i-1,h})$ für alle $i \leq h$.

Da f stetig und ${}^*\varphi(\frac{i-1}{h}) \underset{(7)}{\approx} {}^*u_{i-1,h}$ ist, folgt (9) aus Lemma 11.12. □

Es sei angemerkt, daß bei dem hier gegebenen Nichtstandard-Beweis des Existenzsatzes von Peano - im Gegensatz zum klassischen Beweis - nicht der Satz von Arzelà-Ascoli benötigt wird.

Aus 11.13 läßt sich die übliche Form des Existenzsatzes von Peano herleiten, bei der man von einer stetigen Funktion $g : [x_0, x_0 + a_1] \times [y_0 - a_2, y_0 + a_2] \longrightarrow \mathbb{R}$ mit $|g| \leq \frac{a_2}{a_1}$ sowie $a_1, a_2 \in \mathbb{R}_+$ startet und eine differenzierbare Funktion $\psi: [x_0, x_0 + a_1] \longrightarrow [y_0 - a_2, y_0 + a_2]$ mit $\psi'(x) = g(x, \psi(x))$ und $\psi(x_0) = y_0$ sucht. Setzt man nämlich $f(x,y) := g(x_0 + a_1 x,\ y_0 + a_2 y)\frac{a_1}{a_2}$ für $0 \leq x \leq 1$, $|y| \leq 1$, so gibt es nach 11.13 eine differenzierbare Funktion φ mit $\varphi'(x) = f(x, \varphi(x))$, $x \in [0,1]$ und $\varphi(0) = 0$. Die Funktion $\psi(x) = \varphi(\frac{x-x_0}{a_1})a_2 + y_0, x \in [x_0,\ x_0 + a_1]$ leistet dann das Gewünschte.

Es sei darauf hingewiesen, daß die Lösung der Peanoschen Differentialgleichung in der Regel nicht eindeutig ist und auf die Bedingung $|f| \leq 1$ in 11.13 nicht verzichtet werden kann.

Aufgaben

1 Sei $f :]a,b[\longrightarrow \mathbf{R}$ eine Funktion, so daß $^*f$ auf jeder Monade $m(x)$ mit $x \in]a,b[$ konstant ist. Man zeige, daß f konstant ist.

2 Sei $f : [a,b] \longrightarrow \mathbf{R}$ eine stetige Funktion. Man zeige, daß $^*f$ auf $^*[a,b]$ ein Minimum und Maximum besitzt.

3 Sei $f : \mathbf{R} \longrightarrow \mathbf{R}$ eine Funktion und $c \in \mathbf{R}$. Man gebe äquivalente Standard-Beschreibungen für die drei folgenden Bedingungen an:

(i) $x \approx y$ und x finit $\Longrightarrow {}^*f(x) \approx {}^*f(y)$;

(ii) x, y positiv unendlich $\Longrightarrow {}^*f(x) \approx {}^*f(y)$;

(iii) x positiv unendlich $\Longrightarrow {}^*f(x) \approx c$.

4 Sei $f : \mathbf{R} \longrightarrow \mathbf{R}$ eine Funktion. Man zeige, daß f genau dann außerhalb eines beschränkten Intervalls beschränkt ist, wenn $^*f(x)$ finit für alle unendlichen x ist.

5 Man benutze das Nichtstandard-Kriterium der Differenzierbarkeit, um die Ableitung der Funktion $f(x) = x^n$ zu berechnen $(n \in \mathbf{N})$.

6 Sei $f : \mathbf{R} \longrightarrow \mathbf{R}$ eine Funktion mit $(x, y \in {}^*\mathbf{R},\ x \approx y,\ x \leq y) \Longrightarrow {}^*f(x) \leq {}^*f(y)$. Man zeige: f ist monoton steigend.

7 Sei $B[0,1] := \{f \in \mathbf{R}^{[0,1]} : f \text{ ist beschränkt}\}$. Sei $h \in {}^*\mathbf{N}-\mathbf{N}$ fest, und setze für alle $f \in B[0,1]$:

$$L(f) := st({}^*s_h), \quad \text{wobei } s_n := s_n(f) := \sum_{i=1}^{n} \tfrac{1}{n} f(\tfrac{i-1}{n}),\ n \in \mathbf{N}.$$

Man zeige: $L : B[0,1] \longrightarrow \mathbf{R}$ ist ein positives lineares Funktional, welches das Riemann-Integral fortsetzt.

§ 12 Nichtstandard-Analysis reeller Funktionenfolgen

In diesem Paragraphen sei wieder $^*: \widehat{S} \longrightarrow \widehat{^*S}$ eine Nichtstandard-Einbettung.

Wir betrachten Folgen f_n, $n \in \mathbb{N}$, reellwertiger Funktionen über einer Teilmenge D von $\mathbb{R}$. Um f_n, $n \in \mathbb{N}$, mit Nichtstandard-Methoden behandeln zu können, werden wir analog zu den reellen Zahlenfolgen (siehe § 10) die Folge f_n, $n \in \mathbb{N}$, auffassen als eine Abbildung

$$\mathsf{f}: \mathbb{N} \longrightarrow \mathbb{R}^D \text{ mit } \mathsf{f}(n) := f_n \in \mathbb{R}^D \text{ für } n \in \mathbb{N}.$$

Dann ist f ein Element von $\widehat{S}$ und kann daher in Formeln von $\widehat{S}$ benutzt werden. Es gilt (benutze 7.9) und transferiere für festes $n \in \mathbb{N}$ die Aussage $\mathsf{f} \upharpoonright n = f_n$:

$$^*\mathsf{f}: {^*\mathbb{N}} \longrightarrow {^*(\mathbb{R}^D)} \text{ mit } {^*\mathsf{f}}(n) = {^*(f_n)} \text{ für } n \in \mathbb{N}.$$

Wir schreiben im folgenden wieder

$$^*f_n \text{ an Stelle von } {^*\mathsf{f}}(n) \text{ für } n \in {^*\mathbb{N}}.$$

Wegen $^*f_n \in {^*(\mathbb{R}^D)}$ gilt somit für jedes $n \in {^*\mathbb{N}}$ (siehe 8.16):

$$^*f_n: {^*D} \longrightarrow {^*\mathbb{R}} \text{ interne Funktion.}$$

Für jedes $n \in \mathbb{N}$ ist $^*f_n$ sogar eine Standard-Funktion, d.h. von der Form $^*g$ mit $g : D \longrightarrow \mathbb{R}$. Obwohl die Notation dies nahelegt, ist $^*f_n$ i.a. für $n \in {^*\mathbb{N}}-\mathbb{N}$ *keine* Standard-Funktion. Sei z.B. $f_n(x) := nx$ für $n \in \mathbb{N}, x \in \mathbb{R}$. Dann ist f_n, $n \in \mathbb{N}$, eine Funktionenfolge, und es gilt:

$$^*f_n(x) = nx \text{ für } n \in {^*\mathbb{N}}, x \in {^*\mathbb{R}}$$

(transferiere hierzu $(\forall \underline{n} \in \mathbb{N})(\forall \underline{x} \in \mathbb{R})((\mathsf{f} \upharpoonright \underline{n}) \upharpoonright \underline{x} = \underline{n} \cdot \underline{x})$). Ist nun $n \in {^*\mathbb{N}}-\mathbb{N}$, so ist $^*f_n(1) = n \notin \mathbb{R}$, und daher ist $^*f_n$ keine Standard-Funktion (siehe 7.9 (v)).

Sei $f_n : D \longrightarrow \mathbb{R}, n \in \mathbb{N}$, eine Funktionenfolge und $x \in D$ fest gewählt. Setzt man $a_n := f_n(x), n \in \mathbb{N}$, so ist $a_n, n \in \mathbb{N}$, eine Folge reeller Zahlen, und es gilt mit der Notation von § 10, daß ${}^*a_n = {}^*f_n(x)$ für alle $n \in {}^*\mathbb{N}$ ist (transferiere hierzu $(\forall \underline{n} \in \mathbb{N})(\mathfrak{a} \upharpoonright \underline{n} = (\mathfrak{f} \upharpoonright \underline{n}) \upharpoonright x))$. Punktweise Konvergenz von $f_n(x)$, $n \in \mathbb{N}$, gegen $f(x)$ für alle $x \in D$ ist daher nach 10.1 (i) äquivalent zu:

$${}^*f_h(x) \approx f(x) \text{ für alle } h \in {}^*\mathbb{N}-\mathbb{N} \text{ und alle } x \in D.$$

Eine Verschärfung dieser Bedingung (von $x \in D$ zu $x \in {}^*D$) erweist sich als äquivalent zur gleichmäßigen Konvergenz von f_n gegen f.

12.1 Nichtstandard-Kriterium für gleichmäßigen Grenzwert und Häufungspunkt von Funktionenfolgen

Sei $f_n : D \longrightarrow \mathbb{R}$, $n \in \mathbb{N}$, eine Folge von Funktionen. Dann gilt für eine Funktion $f : D \longrightarrow \mathbb{R}$:

(i) f ist gleichmäßiger Grenzwert der Folge f_n

$\iff {}^*f_h(x) \approx {}^*f(x)$ für *alle* $h \in {}^*\mathbb{N}-\mathbb{N}$ und alle $x \in {}^*D$;

(ii) f ist gleichmäßiger Grenzwert einer Teilfolge der Folge f_n

$\iff {}^*f_h(x) \approx {}^*f(x)$ für *ein* $h \in {}^*\mathbb{N}-\mathbb{N}$ und alle $x \in {}^*D$.

Beweis. *(i)* „$\Rightarrow$“: Sei $\varepsilon \in \mathbb{R}_+$. Da $f_n(x)$ gleichmäßig für $x \in D$ gegen $f(x)$ konvergiert, existiert ein $n_0 \in \mathbb{N}$, so daß die folgende Aussage gilt:

$$(\forall \underline{x} \in D)(\forall \underline{n} \in \mathbb{N})(\underline{n} \geq n_0 \Longrightarrow |(\mathfrak{f} \upharpoonright \underline{n}) \upharpoonright \underline{x} - f \upharpoonright \underline{x}| \leq \varepsilon).$$

Aus dem Transfer-Prinzip folgt daher für alle $x \in {}^*D$:

$$|{}^*f_n(x) - {}^*f(x)| \leq \varepsilon \text{ für alle } n \in {}^*\mathbb{N} \text{ mit } n \geq n_0.$$

Ist daher $h \in {}^*\mathbb{N}-\mathbb{N}$ gewählt, so ist $|{}^*f_h(x) - {}^*f(x)| \leq \varepsilon$ für alle $x \in {}^*D$. Da $\varepsilon \in \mathbb{R}_+$ beliebig war, folgt ${}^*f_h(x) \approx {}^*f(x)$ für $x \in {}^*D$.

„$\Leftarrow$“: Sei $\varepsilon \in \mathbb{R}_+$. Es ist

$$\psi[\underline{n}] \equiv (\forall \underline{x} \in {}^*D)(|({}^*\mathfrak{f} \upharpoonright \underline{n}) \upharpoonright \underline{x} - {}^*f \upharpoonright \underline{x}| \leq \varepsilon)$$

eine interne Formel, die nach Voraussetzung für alle $n \in {}^*\mathbb{N}-\mathbb{N}$ gilt. Nach dem Permanenzprinzip (siehe 9.7 (ii)) gibt es daher ein $n_0 \in \mathbb{N}$, so daß $\psi[n]$ für alle $n \in {}^*\mathbb{N}$ mit $n \geq n_0$ gilt. Sei $n \in \mathbb{N}$ mit $n \geq n_0$ gegeben. Dann folgt aus der Gültigkeit von $\psi[n]$ mit Hilfe des Transfer-Prinzips, daß

$$(\forall \underline{x} \in D)(|(\mathfrak{f} \upharpoonright n) \upharpoonright \underline{x} - f \upharpoonright \underline{x}| \leq \varepsilon)$$

gültig ist. Somit ist $|f_n(x) - f(x)| \leq \varepsilon$ für alle $x \in D$ und $n \geq n_0$.

(ii) „$\Rightarrow$“: Nach Voraussetzung existiert eine Teilfolge $\widetilde{f}_n = f_{k_n}$, $n \in \mathbb{N}$, die gleichmäßig gegen f konvergiert. Sei $n \in {}^*\mathbb{N}-\mathbb{N}$. Nach (i) gilt ${}^*\widetilde{f}_n(x) \approx {}^*f(x)$ für alle $x \in {}^*D$. Es genügt somit zu zeigen, daß ${}^*\widetilde{f}_n = {}^*f_h$ für ein $h \geq n$ ist. Dieses erhält man durch Transfer der Aussage

$$(\forall \underline{n} \in \mathbb{N})(\exists \underline{h} \in \mathbb{N})(\underline{h} \geq \underline{n} \wedge \widetilde{\mathfrak{f}} \upharpoonright \underline{n} = \mathfrak{f} \upharpoonright \underline{h}),$$

die gültig ist, da $k_n \geq n$ für alle $n \in \mathbb{N}$ ist.

„ $\Leftarrow$ “: Wir konstruieren mit $k_0 := 0$ für $n \in \mathbb{N}$ induktiv $k_n \in \mathbb{N}$ mit $k_{n-1} < k_n$ und $|f_{k_n}(x) - f(x)| \leq 1/n$ für alle $x \in D$. Hieraus folgt dann, daß f_{k_n} gleichmäßig gegen f konvergiert.

Sei nun $n \in \mathbb{N}$, dann gilt nach Voraussetzung:

$$(\exists \underline{h} \in {}^*\mathbb{N})(\underline{h} > k_{n-1} \wedge (\forall \underline{x} \in {}^*D)|({}^*\mathsf{f} \restriction \underline{h}) \restriction \underline{x} - {}^*f \restriction \underline{x}| \leq \tfrac{1}{n}).$$

Das Transfer-Prinzip liefert die Existenz eines $h = k_n \in \mathbb{N}$ mit $k_n > k_{n-1}$ und

$$|f_{k_n}(x) - f(x)| = |(\mathsf{f} \restriction k_n) \restriction x - f \restriction x| \leq \tfrac{1}{n} \text{ für alle } x \in D.$$

Dies beweist den Induktionsanfang und den Induktionsschritt von $n-1$ nach n.

□

Eine unmittelbare Anwendung von 12.1 (i) liefert einen sehr einsichtigen Beweis für einen wichtigen Satz der Analysis, den Satz von Dini.

12.2 Satz von Dini

Sei $f_n : [a,b] \longrightarrow \mathbb{R}, n \in \mathbb{N}$, eine monoton fallende Folge stetiger Funktionen, die punktweise gegen 0 konvergiert.

Dann konvergiert f_n gleichmäßig gegen die Nullfunktion.

Beweis. Sei $h \in {}^*\mathbb{N} - \mathbb{N}$. Dann ist nachzuweisen (siehe 12.1 (i)):

(1) ${}^*f_h(x) \approx 0$ für alle $x \in {}^*[a,b]$.

Es folgt zunächst durch Transfer der Monotonie-Voraussetzung, da $m < h$ für $m \in \mathbb{N}$ ist:

(2) $0 \leq {}^*f_h(x) \leq {}^*f_m(x)$ für alle $x \in {}^*[a,b]$ und alle $m \in \mathbb{N}$.

Zum Nachweis von (1) wähle dann $x \in {}^*[a,b]$ und $\varepsilon \in \mathbb{R}_+$. Es ist $x_0 := st(x) \in [a,b]$. Da $f_n(x_0)$ monoton fallend gegen 0 konvergiert, gibt es ein $m \in \mathbb{N}$ mit $f_m(x_0) < \varepsilon$. Da f_m stetig ist, folgt ${}^*f_m(x) \approx f_m(x_0)$ (siehe 11.2), und damit ist ${}^*f_m(x) < \varepsilon$. Nach (2) ist folglich $0 \leq {}^*f_h(x) < \varepsilon$. Da dieses für jedes $\varepsilon \in \mathbb{R}_+$ gilt, folgt (1). □

Sei $f_n, n \in \mathbb{N}$, eine Funktionenfolge. Alle f_n sind genau dann in $x_0 \in D$ stetig, wenn gilt:

$$(x \approx x_0 \text{ und } x \in {}^*D) \Longrightarrow {}^*f_n(x) \approx {}^*f_n(x_0) \text{ für alle } n \in \mathbb{N},$$

(siehe hierzu 11.2). Fordern wir diese Behauptung nicht nur für alle $n \in \mathbb{N}$, sondern für alle $n \in {}^*\mathbb{N}$, so erhalten wir ein Nichtstandard-Kriterium für die gleichgradige Stetigkeit von $f_n, n \in \mathbb{N}$, in x_0. Diese Nichtstandard-Beschreibung der gleichgradigen Stetigkeit ist suggestiver als die Standard-Beschreibung.

12.3 Nichtstandard-Kriterium für gleichgradige Stetigkeit

Es seien $f_n : D \longrightarrow \mathbb{R}$, $n \in \mathbb{N}$, eine Folge von Funktionen und $x_0 \in D$. Dann sind äquivalent:

(i) f_n, $n \in \mathbb{N}$, ist *gleichgradig stetig in* x_0, d.h. für jedes $\varepsilon \in \mathbb{R}_+$ existiert ein $\delta \in \mathbb{R}_+$, so daß für alle $n \in \mathbb{N}$ gilt:

$$(x \in D \text{ und } |x - x_0| \leq \delta) \Longrightarrow |f_n(x) - f_n(x_0)| \leq \varepsilon.$$

(ii) $(x \in {}^*D$ und $x \approx x_0) \Longrightarrow {}^*f_n(x) \approx {}^*f_n(x_0)$ für alle $n \in {}^*\mathbb{N}$.

Beweis. ***(i) ⇒ (ii)*** Sei $\varepsilon \in \mathbb{R}_+$. Da f_n, $n \in \mathbb{N}$, in x_0 gleichgradig stetig ist, gibt es ein $\delta \in \mathbb{R}_+$, so daß nach dem Transfer-Prinzip die folgende Aussage ${}^*\varphi$ gültig ist:

$$(\forall \underline{n} \in {}^*\mathbb{N})(\forall \underline{x} \in {}^*D)(|\underline{x} - x_0| \leq \delta \Longrightarrow |({}^*\mathsf{f} \upharpoonright \underline{n}) \upharpoonright \underline{x} - ({}^*\mathsf{f} \upharpoonright \underline{n}) \upharpoonright x_0| \leq \varepsilon).$$

Sei $n \in {}^*\mathbb{N}$ und $x \in {}^*D$ mit $x \approx x_0$ gegeben. Aus der Gültigkeit von ${}^*\varphi$ folgt, daß $|{}^*f_n(x) - {}^*f_n(x_0)| \leq \varepsilon$ ist. Da $\varepsilon \in \mathbb{R}_+$ beliebig war, folgt ${}^*f_n(x) \approx {}^*f_n(x_0)$.

(ii) ⇒ (i) Sei $\varepsilon \in \mathbb{R}_+$. Wegen (ii) ist dann folgende Aussage gültig:

$$(\exists \underline{\delta} \in {}^*\mathbb{R}_+)(\forall \underline{n} \in {}^*\mathbb{N})(\forall \underline{x} \in {}^*D)$$
$$(|\underline{x} - x_0| \leq \underline{\delta} \Longrightarrow |({}^*\mathsf{f} \upharpoonright \underline{n}) \upharpoonright \underline{x} - ({}^*\mathsf{f} \upharpoonright \underline{n}) \upharpoonright x_0| \leq \varepsilon);$$

wähle hierzu ein infinitesimales $\delta > 0$. Das Transfer-Prinzip liefert die gleichgradige Stetigkeit von f_n, $n \in \mathbb{N}$, in x_0. □

Der folgende Satz von Arzelà-Ascoli ist ein sehr wichtiger, aber schwierig zu beweisender Satz der reellen Analysis. Der Nichtstandard-Beweis ist deutlich erhellender als der übliche Standard-Beweis.

12.4 Satz von Arzelà-Ascoli

Sei $f_n : [a, b] \longrightarrow \mathbb{R}$, $n \in \mathbb{N}$, eine Folge von Funktionen, die in jedem Punkt von $[a, b]$ gleichgradig stetig und beschränkt ist.

Dann besitzt f_n, $n \in \mathbb{N}$, eine gleichmäßig konvergente Teilfolge.

Beweis. Sei $h \in {}^*\mathbb{N} - \mathbb{N}$ gewählt. Da $\{f_n(x) : n \in \mathbb{N}\}$ für jedes $x \in [a, b]$ beschränkt ist, ist nach dem Transfer-Prinzip ${}^*f_h(x)$ endlich für jedes $x \in [a, b]$. Setze $f(x) := st({}^*f_h(x))$ für $x \in [a, b]$, dann ist

(1) $f(x) \approx {}^*f_h(x)$ für $x \in [a, b]$.

Wir werden zeigen:

(2) f ist in jedem $x_0 \in [a, b]$ stetig.

Hieraus folgt dann für jedes $x \in {}^*[a, b]$ wegen $x \approx x_0 := st(x) \in [a, b]$:

$${}^*f_h(x) \underset{12.3}{\approx} {}^*f_h(x_0) \underset{(1)}{\approx} f(x_0) \underset{11.2}{\approx} {}^*f(x);$$

und die Behauptung ergibt sich aus 12.1 (ii).

Zu (2): Sei $\varepsilon \in \mathbb{R}_+$. Dann gilt die interne Formel

$$\psi[\underline{n}] \equiv (\forall \underline{x} \in {}^*[a,b])(|\underline{x} - x_0| \leq 1/\underline{n} \Longrightarrow |{}^*f_h \upharpoonright \underline{x} - {}^*f_h \upharpoonright x_0| \leq \varepsilon)$$

für alle $n \in {}^*\mathbb{N} - \mathbb{N}$ (siehe 12.3 (ii)) und daher nach dem Permanenzprinzip für ein $n_0 \in \mathbb{N}$. Hieraus folgt für alle $x \in [a,b]$:

$$|x - x_0| \leq 1/n_0 \Longrightarrow |{}^*f_h(x) - {}^*f_h(x_0)| \leq \varepsilon \underset{(1)}{\Longrightarrow} |f(x) - f(x_0)| \leq \varepsilon.$$

Somit ist f in x_0 stetig. □

Die wichtigsten Anwendungen der Nichtstandard-Theorie für die klassische Analysis bestanden bisher in dem Satz von Bolzano-Weierstraß über die Existenz einer konvergenten Teilfolge, dem Satz über die Existenz von Banach-Limites, dem Existenzsatz von Peano und dem Satz von Arzelà-Ascoli über die Existenz einer gleichmäßig konvergenten Teilfolge (siehe 10.5, 10.11, 11.13, 12.4). In all diesen Fällen handelt es sich also um die Existenz von Objekten mit gewissen Eigenschaften. Für die klassischen Existenzbeweise sind dabei in der Regel komplexe Argumentationen notwendig, da man das gesuchte Objekt nicht „konkret“ angeben kann. Bei der Verwendung der Nichtstandard-Theorie läßt sich dagegen stets auf kanonische Weise ein Nichtstandard-Objekt angeben, welches dann mit Hilfe der Standardteil-Abbildung das gesuchte klassische Objekt liefert. So ist beim Satz von Bolzano-Weierstraß und dem Satz über die Existenz von Banach-Limites $st({}^*a_h)$ bzw. beim Satz von Arzelà-Ascoli $st({}^*f_h)$ das gesuchte klassische Objekt. Dabei ist $h \in {}^*\mathbb{N} - \mathbb{N}$, und ${}^*a_h$ bzw. ${}^*f_h$ sind interne Objekte, die in der Regel keine Standard-Objekte sind. Man macht sich also in all diesen Fällen die größere Reichhaltigkeit der Nichtstandard-Welt zunutze.

Aufgaben

1 Es seien $f, f_n : [a,b] \longrightarrow \mathbb{R}$ für $n \in \mathbb{N}$, und es gelte $f_n(x) \uparrow f(x)$ für $x \in [a,b]$. Es seien die Funktionen f_n stetig.

(i) Man zeige: Ist f stetig, dann konvergiert f_n gleichmäßig gegen f.

(ii) Gilt die Aussage (i) auch ohne die Voraussetzung der Stetigkeit von f ?

2 Es sei $f_n : [a,b] \longrightarrow \mathbb{R}$, $n \in \mathbb{N}$, eine Folge von Funktionen. Man zeige: Es sind äquivalent:

(i) f_n, $n \in \mathbb{N}$, ist gleichgradig stetig für alle $x_0 \in [a,b]$;

(ii) $x, y \in {}^*[a,b]$ und $x \approx y \Longrightarrow {}^*f_n(x) \approx {}^*f_n(y)$ für alle $n \in {}^*\mathbb{N}$.

3 Es sei $D \subset \mathbb{R}$, und es sei $f_n : D \longrightarrow \mathbb{R}$, $n \in \mathbb{N}$, eine Folge von stetigen Funktionen, die gleichmäßig gegen $f : D \longrightarrow \mathbb{R}$ konvergiert. Man zeige mit Nichtstandard-Methoden, daß f stetig ist.

§ 13 *-Werte spezieller Elemente

In § 9 bis § 12 wurden erste Anwendungen der Nichtstandard-Theorie auf die reelle Analysis gegeben. Wir hoffen, daß dem Leser schon hierdurch ein Eindruck von der Wirksamkeit der Nichtstandard-Theorie vermittelt wurde. Bevor wir zu weiteren und tieferliegenden Anwendungen der Nichtstandard-Theorie kommen, muß die allgemeine Theorie weiterentwickelt werden. Wir benötigen hierzu neue Begriffsbildungen sowie ein besseres Verständnis der Nichtstandard-Welt. Die technischen Vorbereitungen hierzu werden in diesem Paragraphen gebracht.

Auch in diesem Paragraphen sei $^* : \widehat{S} \longrightarrow \widehat{^*S}$ eine Nichtstandard-Einbettung. In den Sätzen dieses Paragraphen werden spezielle Elemente von $\widehat{S}$ untersucht und ihre *-Werte berechnet. Diese speziellen Elemente sind komplexe Objekte, die sich jedoch häufig als sehr nützlich erweisen, um mathematische Sachverhalte in gewohnter Weise als Aussagen formulieren zu können. Die meisten der hier betrachteten Elemente sind Abbildungen. Diese dürfen dabei nicht über der gesamten Superstruktur $\widehat{S}$ definiert werden, da sie sonst (wegen $\widehat{S} \notin \widehat{S}$) nicht in $\widehat{S}$ lägen und somit keine *-Werte besäßen. Man schränkt die Abbildungen daher auf geeignete Teilbereiche von $\widehat{S}$ wie S_ν oder $S_\nu \times S_\nu$ ein. In 13.1 betrachten wir zum Beispiel die Potenzmengenabbildung, die jeder Menge $\Omega \in S_\nu$ die Potenzmenge $\mathcal{P}(\Omega) \underset{5.7(\text{ii})}{\in} S_{\nu+1}$ zuordnet; wir bezeichnen diese Abbildung ebenfalls mit $\mathcal{P}$. Es ist also

$$\mathcal{P} \text{ eine Abbildung von } S_\nu - S \text{ nach } S_{\nu+1}.$$

Damit ist $\mathcal{P} \in \widehat{S}$ und $^*\mathcal{P}$ ist eine Abbildung von $^*(S_\nu - S)$ nach $^*S_{\nu+1}$ (benutze 7.9), d.h. es gilt:

$$^*\mathcal{P}(\Omega) \in {}^*S_{\nu+1} \text{ für alle internen Mengen } \Omega \in {}^*S_\nu.$$

Ist Ω von der Form $\Omega = {}^*A$ mit $A \in S_\nu - S$, so kann man $^*\mathcal{P}(\Omega)$ schon berechnen; es gilt nämlich:

$$^*\mathcal{P}(\Omega) = {}^*\mathcal{P} \upharpoonright \Omega \underset{7.3(\text{iii})}{=} {}^*(\mathcal{P} \upharpoonright A) = {}^*(\mathcal{P}(A)) \underset{8.7}{=} \{B \subset {}^*A : B \text{ intern}\}.$$

Der folgende Satz zeigt, daß diese Darstellung nicht nur für Standard-Elemente $^*A \in {}^*(S_\nu - S)$, sondern für *alle* $\Omega \in {}^*(S_\nu - S)$ gilt.

Das Symbol $\mathcal{P}$ wird ab jetzt also in zweifacher Bedeutung benutzt, einmal als generelles Symbol für die Potenzmenge $\mathcal{P}(A)$ einer allgemeinen Menge A und zum anderen für die gerade betrachtete Potenzmengenabbildung über $S_\nu - S$. Aus dem Zusammenhang wird stets klar sein, in welchem Sinne das Symbol $\mathcal{P}$ verwandt wird. Als Abbildung wird es zumeist in Formeln und dann immer mit nachfolgendem Zeichen $\upharpoonright$ verwandt.

Neben der Potenzmengenabbildung werden dann in 13.2 eine Definitionsbereichs- und Wertebereichsabbildung eingeführt. Auch diese bezeichnen wir wieder mit den gleichen Symbolen $\mathcal{D}$ und $\mathcal{W}$, die wir schon für den Definitions- und Wertebereich einer allgemeinen Relation benutzt haben. Wie bei $\mathcal{P}$ wird auch hier stets aus dem Zusammenhang erkennbar sein, in welchem Sinne die Symbole $\mathcal{D}$ bzw. $\mathcal{W}$ benutzt werden.

Sämtliche im folgenden betrachteten Abbildungen hängen eigentlich von ν ab, da sie nur über von ν abhängenden Systemen definiert sind. Die Potenzmengenabbildung $\mathcal{P}$ zum Beispiel startet vom System der in S_ν liegenden Mengen, die Abbildungen $\mathcal{D}$ und $\mathcal{W}$ starten vom System $\mathcal{P}(S_\nu \times S_\nu)$ aller Teilmengen $R \subset S_\nu \times S_\nu$.

Im folgenden wird immer wieder das System aller Elemente von S_ν betrachtet, die Mengen sind, d.h. das System aller Elemente von $S_\nu - S$. Wir setzen daher abkürzend für $\nu \in \mathbb{N}$

$$S_\nu^- := S_\nu - S.$$

Dann folgt nach 7.7 (ii) mit $^*S_\nu^- := {}^*(S_\nu^-)$:

$$^*S_\nu^- = {}^*S_\nu - {}^*S,$$

d.h. $^*S_\nu^-$ besteht aus allen Elementen von $^*S_\nu$, die Mengen sind.

13.1 *-Wert der Potenzmengenabbildung $\mathcal{P}$

Sei $\nu \in \mathbb{N}$ beliebig, aber fest. Man betrachte die folgende Abbildung:

$$S_\nu^- \ni \Omega \xrightarrow{\mathcal{P}} \mathcal{P}(\Omega) \in S_{\nu+1}.$$

Dann ist $^*\mathcal{P}$ eine Abbildung von $^*S_\nu^-$ in $^*S_{\nu+1}$, und es gilt:

$$^*\mathcal{P}(\Omega) = \{B \subset \Omega : B \text{ intern}\} \qquad \text{für } \Omega \in {}^*S_\nu^-.$$

Beweis. Da S_ν^-, $S_{\nu+1}$ Elemente von $\widehat{S}$ sind, ist $^*\mathcal{P}$ eine Abbildung von $^*S_\nu^-$ in $^*S_{\nu+1}$ (siehe 7.9 (i)).
Sei nun $\Omega \in {}^*S_\nu^-$ fest gegeben. Sei $B \in {}^*\mathcal{P}(\Omega) \underset{5.17(\text{ii})}{=} {}^*\mathcal{P} \upharpoonright \Omega$; da $^*\mathcal{P} \upharpoonright \Omega \in \mathfrak{I}$ (siehe 8.6 (iv)) und $\mathfrak{I}$ transitiv ist (siehe 8.6 (i)), gilt $B \in \mathfrak{I}$. Es folgt $B \subset \Omega$ durch Transfer der folgenden gültigen Aussage:

$$(\forall \underline{\Omega} \in S_\nu^-)(\forall \underline{B} \in \mathcal{P} \upharpoonright \underline{\Omega})(\underline{B} \notin S \wedge (\forall \underline{x} \in \underline{B})\underline{x} \in \underline{\Omega}).$$

Somit ist insgesamt

$$^*\mathcal{P}(\Omega) \subset \{B \subset \Omega : B \in \mathfrak{I}\}.$$

Zur Umkehrung sei B eine interne Teilmenge von Ω; es bleibt $B \in {}^*\mathcal{P}(\Omega)$ zu zeigen. Da $B \in \Im - {}^*S = \bigcup_{\mu=1}^{\infty} {}^*S_\mu^-$ ist, existiert ein $\mu \in \mathbb{N}$ mit $B \in {}^*S_\mu^-$. Dann folgt $B \in {}^*\mathcal{P}(\Omega)$ durch Transfer der gültigen Aussage

$$(\forall \underline{\Omega} \in S_\nu^-)(\forall \underline{B} \in S_\mu^-)((\forall \underline{x} \in \underline{B})\underline{x} \in \underline{\Omega} \Rightarrow \underline{B} \in \mathcal{P} \restriction \underline{\Omega}).$$ □

13.2 *-Werte der Definitions- und der Wertebereichsabbildung $\mathcal{D}$ und $\mathcal{W}$

Sei $\nu \in \mathbb{N}$ beliebig, aber fest. Man betrachte die folgenden Abbildungen:

(i) $\mathcal{P}(S_\nu \times S_\nu) \ni R \xrightarrow{\mathcal{D}} \mathcal{D}(R) \in \mathcal{P}(S_\nu)$;

(ii) $\mathcal{P}(S_\nu \times S_\nu) \ni R \xrightarrow{\mathcal{W}} \mathcal{W}(R) \in \mathcal{P}(S_\nu)$.

Dann sind ${}^*\mathcal{D}$, ${}^*\mathcal{W}$ Abbildungen, die auf allen internen Teilmengen von ${}^*S_\nu \times {}^*S_\nu$ definiert sind, und es gilt:

*(i) ${}^*\mathcal{D}(R) = \mathcal{D}(R)$ für interne Mengen $R \subset {}^*S_\nu \times {}^*S_\nu$;

*(ii) ${}^*\mathcal{W}(R) = \mathcal{W}(R)$ für interne Mengen $R \subset {}^*S_\nu \times {}^*S_\nu$.

Beweis. Wegen $S_\nu \in \widehat{S}$ sind auch $\mathcal{P}(S_\nu \times S_\nu)$, $\mathcal{P}(S_\nu) \in \widehat{S}$ (siehe 5.8). Daher sind ${}^*\mathcal{D}, {}^*\mathcal{W}$ Abbildungen von ${}^*(\mathcal{P}(S_\nu \times S_\nu))$ in ${}^*(\mathcal{P}(S_\nu))$ (siehe 7.9 (i)), und es ist ${}^*(\mathcal{P}(S_\nu \times S_\nu))$ nach 8.7 das System aller internen Teilmengen von ${}^*(S_\nu \times S_\nu) \underset{7.7(iv)}{=} {}^*S_\nu \times {}^*S_\nu$.

(i) Sei $R \subset {}^*S_\nu \times {}^*S_\nu$ eine feste interne Menge. Dann gilt:

(1) $$R \in {}^*(\mathcal{P}(S_\nu \times S_\nu)),\ \mathcal{D}(R) \subset {}^*S_\nu,\ \mathcal{W}(R) \subset {}^*S_\nu.$$

Nach Definition der Abbildung $\mathcal{D}$ ist folgende Aussage gültig:

$$(\forall \underline{R} \in \mathcal{P}(S_\nu \times S_\nu))(\forall \underline{x} \in S_\nu)(\underline{x} \in \mathcal{D} \restriction \underline{R} \Longleftrightarrow (\exists \underline{y} \in S_\nu)\langle \underline{x}, \underline{y} \rangle \in \underline{R}).$$

Nach dem Transfer-Prinzip folgt die Gültigkeit von

(2) $$(\forall \underline{R} \in {}^*(\mathcal{P}(S_\nu \times S_\nu)))(\forall \underline{x} \in {}^*S_\nu)(\underline{x} \in {}^*\mathcal{D} \restriction \underline{R} \Longleftrightarrow (\exists \underline{y} \in {}^*S_\nu)\langle \underline{x}, \underline{y} \rangle \in \underline{R}).$$

Wegen $R \underset{(1)}{\in} {}^*(\mathcal{P}(S_\nu \times S_\nu))$ und $\mathcal{W}(R) \underset{(1)}{\subset} {}^*S_\nu$ folgt aus (2):

(3) $${}^*S_\nu \cap ({}^*\mathcal{D} \restriction R) = {}^*S_\nu \cap \mathcal{D}(R) \underset{(1)}{=} \mathcal{D}(R).$$

Da ${}^*\mathcal{D} \restriction R \subset {}^*S_\nu$ ist - transferiere hierzu $(\forall \underline{R} \in \mathcal{P}(S_\nu \times S_\nu))(\forall \underline{x} \in \mathcal{D} \restriction \underline{R})(\underline{x} \in S_\nu)$ -, folgt ${}^*\mathcal{D}(R) = {}^*\mathcal{D} \restriction R \underset{(3)}{=} \mathcal{D}(R)$.

(ii) folgt analog zu *(i). □

Der *-Wert ${}^*\mathcal{D}$ der Definitionsbereichsabbildung besitzt nach 13.2 eine ganz wesentliche Eigenschaft. Für jede interne Relation $R \subset {}^*S_\nu \times {}^*S_\nu$ ist ${}^*\mathcal{D}(R)$ der wie üblich definierte Definitionsbereich $\mathcal{D}(R)$ der Relation R. Analoges gilt für ${}^*\mathcal{W}(R)$. Hier zeigt sich ein zentraler Unterschied zum *-Wert ${}^*\mathcal{P}$ der Potenzmengenabbildung. Es ist ${}^*\mathcal{P}(\Omega)$ für Mengen $\Omega \in {}^*S_\nu$ i.a. nämlich nicht die Potenzmenge $\mathcal{P}(\Omega)$ der Menge Ω , sondern eine echte Teilmenge hiervon. Zu ${}^*\mathcal{P}(\Omega)$ gehören genau die internen Teilmengen von Ω.

In 13.3 werden mit der Durchschnitts-, Differenz- und Vereinigungsmengenoperation in S_ν^- weitere Abbildungen eingeführt, die wichtige und nützliche spezielle Elemente von $\widehat{S}$ darstellen. Wir erhalten hierbei die gleichen Effekte wie bei den gerade betrachteten Abbildungen $\mathcal{D}$ und $\mathcal{W}$. Die *-Werte „agieren in der gleichen Weise" wie die Ausgangselemente.

Da wir $\cap, -, \cup$ als Operationen in der Menge S_ν^- auffassen, kann man in Formeln von $\widehat{S}$ für Terme τ, ρ auch zum Beispiel $\tau \cap \rho$ an Stelle von $\cap \upharpoonright \langle \tau, \rho \rangle$ schreiben (siehe hierzu 6.11). Beim Transfer kann dann auch $^*\tau\, {}^*\!\cap\, {}^*\rho$ an Stelle von ${}^*\!\cap \upharpoonright \langle {}^*\tau, {}^*\rho \rangle$ benutzt werden (siehe hierzu auch die Überlegungen nach 7.10).

13.3 *-Werte der Operationen $\cap$, $-$, $\cup$

Sei $\nu \in \mathbb{N}$ beliebig, aber fest. Es seien $\cap$, $-$, $\cup$ die Operationen der Durchschnitts-, Differenz- und Vereinigungsmengenbildung in S_ν^-.
Dann sind ${}^*\!\cap$, ${}^*\!-$, ${}^*\!\cup$ Operationen in ${}^*S_\nu^-$, und es gilt:

$$A\,{}^*\!\cap B = A \cap B\ ,\quad A\,{}^*\!- B = A - B\ ,\quad A\,{}^*\!\cup B = A \cup B$$

für alle $A, B \in {}^*S_\nu^-$.

Beweis. Seien $A, B \in S_\nu^-$; dann sind $A \cap B$, $A - B$, $A \cup B \in S_\nu^-$ nach 5.7 (iii) und (iv). Daher sind $\cap$, $-$, $\cup$ Operationen in S_ν^-. Folglich sind ${}^*\!\cap$, ${}^*\!-$, ${}^*\!\cup$ Operationen in ${}^*S_\nu^-$ (siehe 7.10 (i)). Wir zeigen nur noch

$$A\,{}^*\!\cup B = A \cup B \quad \text{für} \quad A, B \in {}^*S_\nu^-;$$

die Beweise für $\cap$, $-$ verlaufen analog. Nach Definition der Operation $\cup$ sind folgende Aussagen gültig:

$$(\forall \underline{A}, \underline{B} \in S_\nu^-)(\forall \underline{x} \in \underline{A} \cup \underline{B})(\underline{x} \in \underline{A} \vee \underline{x} \in \underline{B}),$$
$$(\forall \underline{A}, \underline{B} \in S_\nu^-)((\forall \underline{x} \in \underline{A})\underline{x} \in \underline{A} \cup \underline{B} \wedge (\forall \underline{y} \in \underline{B})\underline{y} \in \underline{A} \cup \underline{B}).$$

Der Transfer der ersten Aussage liefert $A\,{}^*\!\cup B \subset A \cup B$, der Transfer der zweiten Aussage liefert $A \cup B \subset A\,{}^*\!\cup B$. □

Die Abbildungen $\mathcal{P}$, $\mathcal{D}$, $\mathcal{W}$, $\cap$, $-$, $\cup$ aus 13.1, 13.2 und 13.3 sind jeweils Abbildungen, die von $\nu \in \mathbb{N}$ abhängen. Diese Abhängigkeit von ν müßte eigentlich zum Ausdruck gebracht werden, indem man diese Abbildungen zum Beispiel in der Form $\mathcal{P}^{(\nu)}$, $\mathcal{D}^{(\nu)}$, $\mathcal{W}^{(\nu)}$ usw. schreibt. Betrachtet man nun ein $\mu > \nu$, so zeigt sich, daß die jeweiligen Abbildungen Fortsetzungen voneinander sind, daß also zum Beispiel $\mathcal{P}^{(\mu)}$ eine Fortsetzung von $\mathcal{P}^{(\nu)}$ ist, d.h. es ist

$$\mathcal{P}^{(\mu)}(\Omega) = \mathcal{P}^{(\nu)}(\Omega) \text{ für alle } \Omega \in S_\nu^-.$$

Allgemein heißt eine Abbildung G eine *Fortsetzung* einer Abbildung F, falls gilt:

$$\mathcal{D}(F) \subset \mathcal{D}(G) \text{ und } F(x) = G(x) \text{ für alle } x \in \mathcal{D}(F).$$

Nach der Definition von Abbildungen (siehe 5.12) ist G genau dann eine Fortsetzung von F , falls $F \subset G$ ist.

Sind nun $F, G \in \widehat{S}$ Abbildungen, und ist G eine Fortsetzung von F , so sind ${}^*F, {}^*G \in \mathfrak{I}$ Abbildungen (7.9 (i)), und ${}^*G$ ist eine Fortsetzung von ${}^*F$; denn es gilt:

$$F \subset G \underset{7.2(\text{iv})}{\Longrightarrow} {}^*F \subset {}^*G.$$

Da $\mathcal{P}^{(\mu)}$ Fortsetzung von $\mathcal{P}^{(\nu)}$ für $\mu > \nu$ ist, ist somit ${}^*(\mathcal{P}^{(\mu)})$ Fortsetzung von ${}^*(\mathcal{P}^{(\nu)})$. Analoges gilt für die Abbildungen $\mathcal{D}$, $\mathcal{W}$, $\cap$, $-$, $\cup$.

Da jeweils für $\mu > \nu$ die betrachteten Abbildungen Fortsetzungen voneinander sind und gleiches daher auch für ihre *-Werte gilt, werden wir die Abhängigkeit dieser Abbildungen von $\nu \in \mathbb{N}$ in der Regel nicht in der Bezeichnungsweise zum Ausdruck bringen. Kommen in einer Aussage diese Abbildungen ohne den Index $^{(\nu)}$ vor, so ist ν stets hinreichend groß zu wählen. Kommt zum Beispiel in einer Aussage das Teilstück $(\forall \underline{A} \in S_5^-)\mathcal{P} \upharpoonright \underline{A}$ vor, so ist $\nu \geq 5$ zu wählen.

Zum Abschluß dieses Paragraphen werden noch zwei weitere Elemente von $\widehat{S}$ eingeführt, die wir in Formeln zur Beschreibung von „f Funktion" bzw. „f injektive Funktion" verwenden können.

13.4 *-Werte der Funktionensysteme $\mathcal{F}$ und $\mathcal{F}_{inj}$

Sei $\nu \in \mathbb{N}$ beliebig, aber fest. Setze

$$\begin{aligned} \mathcal{F} &:= \{f \subset S_\nu \times S_\nu \ : \ f \text{ Funktion}\}; \\ \mathcal{F}_{inj} &:= \{f \subset S_\nu \times S_\nu \ : \ f \text{ injektive Funktion}\}. \end{aligned}$$

Es sind $\mathcal{F}$, $\mathcal{F}_{inj}$ Elemente von $\widehat{S}$, und es gilt:

$$\begin{aligned} {}^*\mathcal{F} &= \{f \subset {}^*S_\nu \times {}^*S_\nu \ : \ f \text{ interne Funktion}\}; \\ {}^*\mathcal{F}_{inj} &= \{f \subset {}^*S_\nu \times {}^*S_\nu \ : \ f \text{ interne injektive Funktion}\}. \end{aligned}$$

Beweis. Es ist $f \in \mathcal{P}(S_\nu \times S_\nu)$ für alle $f \in \mathcal{F}$. Folglich ist $\mathcal{F}_{inj} \subset \mathcal{F} \subset \mathcal{P}(S_\nu \times S_\nu)$, und daher liegen $\mathcal{F}$, $\mathcal{F}_{inj}$ in $\widehat{S}$ nach 5.8. Nach Definition von $\mathcal{F}$ und $\mathcal{F}_{inj}$ gilt nun:

(1) $\quad \mathcal{F} = \{f \in \mathcal{P}(S_\nu \times S_\nu) : \varphi[f] \text{ ist gültig}\};$

(2) $\quad \mathcal{F}_{inj} = \{f \in \mathcal{F} : \psi[f] \text{ ist gültig}\}$,

wobei $\varphi[f]$ die Funktionseigenschaft und $\psi[f]$ die Injektivität beschreibt, d.h. es ist

$$\begin{aligned} \varphi[\underline{f}] &\equiv (\forall \underline{x}, \underline{y}, \underline{z} \in S_\nu)((\langle \underline{x}, \underline{y}\rangle \in \underline{f} \wedge \langle \underline{x}, \underline{z}\rangle \in \underline{f} \Rightarrow \underline{y} = \underline{z}); \\ \psi[\underline{f}] &\equiv (\forall \underline{x}, \underline{y}, \underline{z} \in S_\nu)((\langle \underline{x}, \underline{z}\rangle \in \underline{f} \wedge \langle \underline{y}, \underline{z}\rangle \in \underline{f} \Rightarrow \underline{x} = \underline{y}). \end{aligned}$$

Nach 7.5 folgt nun aus (1), (2), daß

*(1) $\quad {}^*\mathcal{F} = \{f \in {}^*(\mathcal{P}(S_\nu \times S_\nu)) : {}^*\varphi[f] \text{ ist gültig}\};$

*(2) $\quad {}^*\mathcal{F}_{inj} = \{f \in {}^*\mathcal{F} : {}^*\psi[f] \text{ ist gültig}\}.$

Wegen

$$f \in {}^*(\mathcal{P}(S_\nu \times S_\nu)) \underset{8.7;7.7}{\Longleftrightarrow} f \subset {}^*S_\nu \times {}^*S_\nu \text{ und } f \text{ intern}$$

gilt nach *(1):

$${}^*\mathcal{F} = \{f \subset {}^*S_\nu \times {}^*S_\nu : f \text{ intern, } {}^*\varphi[f] \text{ ist gültig}\}.$$

Da für $f \subset {}^*S_\nu \times {}^*S_\nu$ die Gültigkeit von ${}^*\varphi[f]$ gleichbedeutend mit der Funktionseigenschaft von f ist, folgt die Behauptung für ${}^*\mathcal{F}$. Mit *(2) folgt daher:

$${}^*\mathcal{F}_{inj} = \{f \subset {}^*S_\nu \times {}^*S_\nu : f \text{ interne Funktion, } {}^*\psi[f] \text{ ist gültig}\}.$$

Da für eine Funktion $f \subset {}^*S_\nu \times {}^*S_\nu$ die Gültigkeit von ${}^*\psi[f]$ gleichbedeutend mit der Injektivität von f ist, folgt die Behauptung für ${}^*\mathcal{F}_{inj}$. □

Auch die Elemente $\mathcal{F}$, $\mathcal{F}_{inj}$ hängen von ν ab, wir müßten sie eigentlich mit $\mathcal{F}^{(\nu)}$ bzw. $\mathcal{F}_{inj}^{(\nu)}$ bezeichnen. Trivialerweise gilt:

$$\mathcal{F}^{(\nu)} \subset \mathcal{F}^{(\mu)}, \mathcal{F}_{inj}^{(\nu)} \subset \mathcal{F}_{inj}^{(\mu)} \quad \text{für } \nu \leq \mu.$$

Wir werden die Abhängigkeit von ν in der Regel nicht zum Ausdruck bringen. Tritt in einer Aussage $\mathcal{F}$ (oder $\mathcal{F}_{inj}$) auf, so hat man ν stets so groß zu wählen, daß alle für die Aussage relevanten Funktionen Elemente von $\mathcal{F}^{(\nu)}$ sind. Hierzu sei angemerkt, daß jede Funktion $f \in \widehat{S}$ Element eines geeigneten $\mathcal{F}^{(\nu)}$ ist; wähle hierzu $\nu \in \mathbf{N}$ so groß, daß $\mathcal{D}(f)$, $\mathcal{W}(f) \subset S_\nu$ ist.

In einer Aussage steht grob gesagt das Symbol $\underline{f} \in \mathcal{F}$ für „$\underline{f}$ ist Funktion" bzw. das Symbol $\underline{f} \in \mathcal{F}_{inj}$ für „$\underline{f}$ ist injektive Funktion" und geht beim Transfer in „$\underline{f}$ ist interne Funktion" bzw. „$\underline{f}$ ist interne injektive Funktion" über.

Wir haben in diesem Paragraphen acht wichtige Elemente eingeführt, deren Nützlichkeit für die Nichtstandard-Theorie in den weiteren Untersuchungen erkennbar wird. Bei speziellen Fragestellungen der Nichtstandard-Theorie kann es natürlich zweckmäßig sein, auch weitere Elemente von $\widehat{S}$ genauer zu beschreiben, um sie und ihre *-Werte in Formeln benutzen zu können.

Aufgaben

1 Man beweise 13.2 *(ii) und in 13.3 die Behauptungen für $\cap$ und $-$.

2 Sei $\nu \in \mathbf{N}$ beliebig, aber fest. Es sei $\circ$ die Abbildung, die allen $R_1, R_2 \in \mathcal{P}(S_\nu \times S_\nu)$ die Menge $R_2 \circ R_1$ (siehe 5.11) zuordnet. Man zeige, daß $\circ$ eine Abbildung von $\mathcal{P}(S_\nu \times S_\nu) \times \mathcal{P}(S_\nu \times S_\nu)$ in $\mathcal{P}(S_\nu \times S_\nu)$ ist und daß gilt:

$$^*\circ(\langle R_1, R_2\rangle) = R_2 \circ R_1 \quad \text{für alle internen } R_1, R_2 \subset {}^*S_\nu \times {}^*S_\nu.$$

3 Es sei $\subset$ die Relation der Inklusion über S_ν^- (d.h. $\langle A, B\rangle \in \subset \Longleftrightarrow A, B \in S_\nu^-$ und $A \subset B$). Man zeige, daß $\subset$ ein Element von $\widehat{S}$ ist, und man berechne $^*\subset$.

4 Es sei $\in_{\mathbf{R}}$ die Elemente-Relation aus $\mathbf{R} \times \mathcal{P}(\mathbf{R})$, d.h. $\langle a, A\rangle \in \in_{\mathbf{R}} \Longleftrightarrow a \in A \subset \mathbf{R}$. Man berechne $^*\in_{\mathbf{R}}$.

5 Es sei $\nu \in \mathbf{N}$ beliebig, aber fest. Es sei $\times$ die Abbildung, die allen $A, B \in S_\nu^-$ die Menge $A \times B$ zuordnet. Man zeige, daß $\times$ eine Abbildung von $S_\nu^- \times S_\nu^-$ in $S_{\nu+2}^-$ ist und daß gilt:

$$^*\times(\langle A, B\rangle) = A \times B \quad \text{für alle } A, B \in {}^*S_\nu^-.$$

6 Sei $\Omega \in \widehat{S} - S$ und $\cup$ die Abbildung, die jedem $\mathcal{S} \subset \mathcal{P}(\Omega)$ die Menge $\bigcup_{A \in \mathcal{S}} A$ zuordnet. Man berechne $^*\cup$.

§ 14 *-Endliche Mengen und ihre *-Elementeanzahl

14.1 Definition von *-endlichen Mengen
14.2 *-Wert des Systems der endlichen Teilmengen von A
14.4 Spezielle *-endliche Mengen
14.5 Abgeschlossenheitseigenschaften von *-endlichen Mengen
14.6 *-Elementeanzahl einer *-endlichen Menge
14.7 Rechenregeln für die *-Elementeanzahl
14.8 Charakterisierung von *-Endlichkeit und *-Elementeanzahl
14.10 Inhalte und W-Inhalte auf Algebren
14.11 Konstruktion stetiger W-Inhalte auf $\mathcal{P}(\Omega)$
14.12 Konstruktion verschiebungsinvarianter W-Inhalte auf $\mathcal{P}(\mathbb{N})$

Es sei $^* : \widehat{S} \longrightarrow \widehat{{}^*S}$ eine Nichtstandard-Einbettung.

In diesem Paragraphen werden zwei zentrale Begriffe der Nichtstandard-Welt eingeführt, die Begriffe der *-endlichen Menge und ihrer *-Elementeanzahl. Beide Begriffe entstehen durch Transfer der entsprechenden Begriffe der Standard-Welt. Es wird sich dabei herausstellen, daß sich die *-endlichen Mengen der Nichtstandard-Welt und ihre *-Elementeanzahl formal gleich verhalten wie die endlichen Mengen der Standard-Welt und deren Elementeanzahl.

Die *-endlichen Mengen bilden für viele Anwendungen der Nichtstandard-Theorie das vielleicht wichtigste Hilfsmittel. Sie ermöglichen es, „stetige Probleme" mit Methoden der diskreten Mathematik zu behandeln, wie es z.B. schon beim Beweis des Zwischenwertsatzes und des Extremalsatzes oder des Existenzsatzes von Peano geschehen ist (siehe 11.3 und 11.13). Insbesondere Fragen der Stochastik reduzieren sich oft auf Untersuchungen über geeignete *-endliche Mengen. In der Funktionalanalysis ist es gelungen, viele Fragen in unendlich-dimensionalen Räumen durch den Einsatz *-endlicher Mengen mit Ergebnissen der Theorie endlich-dimensionaler Räume zu lösen. In diesem Paragraphen benutzen wir die *-endlichen Mengen und ihre *-Elementeanzahl zu elementaren Konstruktionen von stetigen bzw. verschiebungsinvarianten Inhalten.

Ist E_ν für $\nu \in \mathbb{N} \cup \{0\} =: \mathbb{N}_0$ das System aller endlichen Teilmengen von S_ν, so ist eine Menge der Standard-Welt genau dann endlich, wenn sie in einem geeigneten E_ν liegt. Wir nennen entsprechend eine Menge der Nichtstandard-Welt *-endlich, wenn sie in einem geeigneten ${}^*E_\nu$ liegt. Man beachte dabei, daß $E_\nu \in \widehat{S}$ ist (benutze 5.8 (iv) und $E_\nu \subset S_{\nu+1}$).

14.1 *-Endliche Mengen

Sei $\nu \in \mathbb{N}_0$ und setze

$$E_\nu := \{E \subset S_\nu : E \text{ endlich}\}.$$

Eine Menge H heißt **-endlich* oder auch *hyperendlich*, falls gilt:

$$H \in {}^*E_\nu \text{ für ein } \nu \in \mathbb{N}_0.$$

Analog wie das System aller internen Elemente durch $\bigcup_{\nu=0}^{\infty} {}^*S_\nu$ gegeben ist, ist also das System aller *-endlichen Mengen durch $\bigcup_{\nu=0}^{\infty} {}^*E_\nu$ gegeben. Ist $\mu \leq \nu$, so ist $E_\mu \subset E_\nu$ und daher auch ${}^*E_\mu \subset {}^*E_\nu$. Folglich ist das System der *-endlichen Mengen auch durch $\bigcup_{\nu=\mu}^{\infty} {}^*E_\nu$ gegeben. Jede *-endliche Menge ist trivialerweise eine interne Menge.

Die Definition der *-Endlichkeit mag manchem Leser ein wenig künstlich erscheinen. Es wird sich jedoch herausstellen, daß eine nicht-leere Menge H genau dann *-endlich ist, wenn es ein $h \in {}^*\mathbb{N}$ und eine bijektive interne Abbildung von $\{1, \ldots, h\}$ auf H gibt. Die *-endlichen Mengen lassen sich also mit Hilfe der hypernatürlichen Zahlen, d.h. der Elemente von ${}^*\mathbb{N}$, in gleicher Weise abzählen, wie man die endlichen Mengen mit Hilfe der natürlichen Zahlen abzählen kann (siehe 14.8).

Sei $\mathcal{E}(A)$ das System der endlichen Teilmengen einer Menge $A \in \widehat{S}$. Analog wie ${}^*(\mathcal{P}(A))$ das System aller internen Teilmengen von ${}^*A$ ist, erweist sich nach dem folgenden Satz ${}^*(\mathcal{E}(A))$ als das System aller *-endlichen Teilmengen von ${}^*A$.

14.2 *-Wert des Systems der endlichen Teilmengen von A

Für Mengen $A \in \widehat{S}$ gilt:

$${}^*\{E \subset A : E \text{ endlich}\} = \{H \subset {}^*A : H \text{ *-endlich}\}.$$

Insbesondere gilt für $\nu \in \mathbb{N}_0$:

$${}^*E_\nu = \{H \subset {}^*S_\nu : H \text{ *-endlich}\}.$$

Beweis. Wegen $A \in \widehat{S} - S$ ist $A \subset S_\nu$ für ein $\nu \in \mathbb{N}$. Dann gilt für jedes $\mu \geq \nu$ wegen $S_\nu \subset S_\mu$, daß

$$\{E \subset A : E \text{ endlich}\} = \{E \in E_\mu : E \subset A\}. \tag{1}$$

Aus (1) folgt mit Hilfe von 7.5 für jedes $\mu \geq \nu$:

$${}^*\{E \subset A : E \text{ endlich}\} = \{H \in {}^*E_\mu : H \subset {}^*A\}. \tag{2}$$

Da $\cup_{\mu=\nu}^{\infty} {}^*E_\mu$ das System aller *-endlichen Mengen ist, folgt aus (2) die Behauptung. □

Bevor wir spezielle *-endliche Mengen angeben und Eigenschaften *-endlicher Mengen beweisen, benötigen wir ein technisches Hilfsmittel, welches uns mehrfach erlauben wird, Formeln einfacher aufzuschreiben.

14.3 *-Wert der Abbildung $n \longrightarrow \{1, \ldots, n\}$

Es sei { } die Abbildung, die jedem $n \in \mathbb{N}$ die Menge $\{k \in \mathbb{N} : k \leq n\} \in E_0$ zuordnet.

Dann ist *{ } eine Abbildung von ${}^*\mathbb{N}$ in ${}^*E_0$, und es gilt:

$$^*\{\ \}(n) = \{k \in {}^*\mathbb{N} : k \leq n\} \text{ für alle } n \in {}^*\mathbb{N}.$$

Beweis. Wegen $\{k \in \mathbb{N} : k \leq n\} \subset \mathbb{N} \subset S_0$ ist { } eine Abbildung von $\mathbb{N}$ in E_0. Folglich ist *{ } eine Abbildung von ${}^*\mathbb{N}$ in ${}^*E_0$ (siehe 7.9 (i)). Es bleibt zu zeigen:

$$\text{für alle } n \in {}^*\mathbb{N} \text{ ist } {}^*\{\ \}(n) \subset {}^*\mathbb{N},$$
$$\text{für alle } k, n \in {}^*\mathbb{N} \text{ ist } k \in {}^*\{\ \}(n) \Longleftrightarrow k \leq n.$$

Dieses folgt durch Transfer der beiden gültigen Aussagen

$$(\forall \underline{n} \in \mathbb{N})(\forall \underline{k} \in \{\ \} \restriction \underline{n})\, \underline{k} \in \mathbb{N}\,,$$
$$(\forall \underline{k}, \underline{n} \in \mathbb{N})(\underline{k} \in \{\ \} \restriction \underline{n} \Longleftrightarrow \underline{k} \leq \underline{n}).$$ □

14.4 Spezielle *-endliche Mengen

(i) $\{k \in {}^*\mathbb{N} : k \leq n\}$ ist *-endlich für alle $n \in {}^*\mathbb{N}$.

(ii) Jede interne Teilmenge einer *-endlichen Menge ist *-endlich.

(iii) Sei $E \in \widehat{S} - S$, dann gilt: E endlich $\Longleftrightarrow$ ${}^*E$ *-endlich.

Beweis. ***(i)*** Nach 14.3 gilt für alle $n \in {}^*\mathbb{N}$:

$$\{k \in {}^*\mathbb{N} : k \leq n\} = {}^*\{\ \}(n) \in {}^*E_0.$$

Damit gilt (i) nach Definition der *-Endlichkeit.

(ii) Sei H *-endlich, dann ist $H \in {}^*E_\nu$ für ein $\nu \in \mathbb{N}$. Nach 13.1 genügt zu zeigen: $K \in {}^*\mathcal{P}(H) \Rightarrow K \in {}^*E_\nu$. Dieses folgt durch Transfer der gültigen Aussage

$$(\forall \underline{H} \in E_\nu)(\forall \underline{K} \in \mathcal{P} \restriction \underline{H})\underline{K} \in E_\nu.$$

(iii) Ist $E \in \widehat{S} - S$ endlich, so ist $E \in E_\nu$ und damit ${}^*E \in {}^*E_\nu$ für ein $\nu \in \mathbb{N}$; also ist ${}^*E$ *-endlich.

Ist umgekehrt $E \in \widehat{S} - S$ und ${}^*E$ *-endlich, so ist ${}^*E \in {}^*E_\nu$ und damit $E \in E_\nu$ für ein $\nu \in \mathbb{N}$; also ist E endlich. □

Ist $h \in {}^*\mathbb{N} - \mathbb{N}$, so ist $\mathbb{N} \subset \{k \in {}^*\mathbb{N} : k \leq h\}$, und 14.4 (i) zeigt daher, daß es unendliche *-endliche Mengen gibt. Diese können aber nie Standard-Mengen sein, denn sonst wären sie von der Form $^*E$ mit endlichem E (siehe 14.4 (iii)) und daher selbst endlich (siehe 7.4 (ii)).

Die folgenden Abgeschlossenheitseigenschaften des Systems der *-endlichen Mengen sind evident gültig für das System der endlichen Mengen der Standard-Welt, und sie werden daher sämtlich mit Hilfe des Transfer-Prinzips hergeleitet.

14.5 Abgeschlossenheitseigenschaften von *-endlichen Mengen

(i) H, K *-endlich $\Longrightarrow$ $H \cap K$, $H - K$, $H \cup K$, $H \times K$ *-endlich;

(ii) H *-endlich $\Longrightarrow$ $^*\mathcal{P}(H)$ *-endlich;

(iii) H *-endlich, f interne Funktion über $H \Longrightarrow f[H]$ *-endlich.

Beweis. Da H, K *-endlich sind und f eine interne Funktion ist, existiert ein $\nu \in \mathbb{N}$ mit

$$H, K \in {}^*E_\nu \text{ und } f \in {}^*\mathcal{F} = {}^*\mathcal{F}^{(\nu)}$$

(siehe 13.4 und 14.1). Wir benutzen im folgenden die Abbildungen $\mathcal{P}$, $\mathcal{D}$, $\mathcal{W}$, $\cap$, $-$, $\cup$, $\times$ (siehe hierzu § 13) für hinreichend großes μ, um $E_\nu \subset S_\mu^-$ zu erzielen; z.B. $\mu = \nu + 1$.

(i) Es ist die folgende Aussage gültig:

$$(\forall \underline{H}, \underline{K} \in E_\nu) \underline{H} \cup \underline{K} \in E_\nu.$$

Das Transfer-Prinzip liefert $H {}^*\!\cup K \in {}^*E_\nu$. Wegen $H {}^*\!\cup K \underset{13.3}{=} H \cup K$ folgt, daß $H \cup K$ *-endlich ist. Der Beweis für $\cap$ bzw. $-$ verläuft analog (oder benutze 14.4 (ii)).

Ferner ist folgende Aussage gültig:

$$(\forall \underline{H}, \underline{K} \in E_\nu)(\times \restriction \langle \underline{H}, \underline{K} \rangle) \in E_{\nu+2}$$

Das Transfer-Prinzip liefert $^*\!\times(\langle H, K \rangle) \in {}^*E_{\nu+2}$. Wegen $^*\!\times(\langle H, K\rangle) = H \times K$ (siehe § 13, Aufgabe 5) folgt, daß $H \times K$ *-endlich ist.

(ii) Es ist die folgende Aussage gültig:

$$(\forall \underline{H} \in E_\nu) \mathcal{P} \restriction \underline{H} \in E_{\nu+1}.$$

Das Transfer-Prinzip liefert $^*\mathcal{P}(H) \in {}^*E_{\nu+1}$, d.h. es gilt (ii).

(iii) Es ist $f[H] = \mathcal{W}(f)$. Da $\mathcal{F}$ nur aus Funktionen $g \subset S_\nu \times S_\nu$ besteht, ist die folgende Aussage gültig:

$$(\forall \underline{f} \in \mathcal{F})(\forall \underline{H} \in E_\nu)(\mathcal{D} \restriction \underline{f} = \underline{H} \Longrightarrow \mathcal{W} \restriction \underline{f} \in E_\nu).$$

Nun ist $f \in {}^*\mathcal{F}$, $H \in {}^*E_\nu$, und es ist $\mathcal{D}(f) = H$. Da $^*\mathcal{D}(f) \underset{13.2}{=} \mathcal{D}(f)$ ist, folgt aus dem Transfer der obigen Aussage somit $^*\mathcal{W}(f) \in {}^*E_\nu$. Wegen $^*\mathcal{W}(f) \underset{13.2}{=} \mathcal{W}(f)$ folgt, daß $f[H] = \mathcal{W}(f)$ *-endlich ist. □

Jeder endlichen Menge $E \in E_\nu$ der Standard-Welt kann ihre Elementeanzahl $\#(E) \in \mathbb{N}_0$ zugeordnet werden. Wir ordnen nun jeder *-endlichen Menge $H \in {}^*E_\nu$ ihre „*-Elementeanzahl" $^*\#(H) \in {}^*\mathbb{N}_0$ zu.

14.6 *-Elementeanzahl einer *-endlichen Menge

Sei H *-endlich. Dann ist $H \in {}^*E_\nu$ für ein $\nu \in \mathbb{N}_0$. Betrachte die Abbildung $\# : E_\nu \longrightarrow \mathbb{N}_0$, die jedem $E \in E_\nu$ die Anzahl der Elemente von E zuordnet. Es ist ${}^*\# : {}^*E_\nu \longrightarrow {}^*\mathbb{N}_0$, und es heißt

$|H| := {}^*\#(H)$ die **-Elementeanzahl* von H.

Wir sagen auch, H hat $|H|$-viele Elemente.

Wir weisen darauf hin, daß $|H|$ eindeutig definiert ist: Zwar ist die Abbildung $\#$ aus 14.6 von ν abhängig, d.h. $\# = \#^{(\nu)}$, jedoch ist für alle ν, $\mu \in \mathbb{N}_0$ mit $\nu \leq \mu$ die Abbildung $\#^{(\mu)}$ eine Fortsetzung von $\#^{(\nu)}$. Daher ist auch ${}^*\#^{(\mu)}$ eine Fortsetzung von ${}^*\#^{(\nu)}$. Somit gilt für alle $\nu \leq \mu$:

$$H \in {}^*E_\nu \Rightarrow H \in {}^*E_\mu \quad \text{und} \quad {}^*\#^{(\nu)}(H) = {}^*\#^{(\mu)}(H).$$

Also ist $|H|$ eindeutig definiert.

Durch Transfer der Rechenregeln über die Elementeanzahl von endlichen Mengen der Standard-Welt erhalten wir nun Rechenregeln für die *-Elementeanzahl von *-endlichen Mengen der Nichtstandard-Welt.

Ist $a_n = 2^n$, $n \in \mathbb{N}$, so bezeichnen wir ${}^*a_h$ mit 2^h für alle $h \in {}^*\mathbb{N}$; diese Bezeichnung wird in 14.7 (iii) verwandt.

14.7 Rechenregeln für die *-Elementeanzahl

(i) H, K *-endlich und disjunkt $\Rightarrow |H \cup K| = |H| + |K|$;

(ii) H, K *-endlich $\Rightarrow |H \times K| = |H| \cdot |K|$;

(iii) H *-endlich $\Rightarrow |{}^*\mathcal{P}(H)| = 2^{|H|}$;

(iv) H *-endlich, f interne Funktion über $H \Rightarrow |f[H]| \leq |H|$.

Beweis. Nach 14.5 sind $H \cup K$, $H \times K$, ${}^*\mathcal{P}(H)$ und $f[H]$ *-endlich. Wähle ein $\nu \in \mathbb{N}$, so daß gilt:

$$H, K \in {}^*E_\nu \quad \text{und} \quad f \in {}^*\mathcal{F} = {}^*\mathcal{F}^{(\nu)}.$$

Sei $\#$ die Elementeanzahlabbildung über $E_{\nu+2}$. Alle vier Behauptungen folgen nun mit dem Transfer-Prinzip:

(i) Es ist die folgende Aussage gültig:

$$(\forall \underline{H}, \underline{K} \in E_\nu)(\underline{H} \cap \underline{K} = \emptyset \Rightarrow \# \upharpoonright (\underline{H} \cup \underline{K}) = \# \upharpoonright \underline{H} + \# \upharpoonright \underline{K}).$$

Wegen $H \,{}^*\!\cap K \underset{13.3}{=} H \cap K = \emptyset$ und $H \,{}^*\!\cup K \underset{13.3}{=} H \cup K$ folgt mit Transfer: ${}^*\#((H \cup K)) = {}^*\#(H) + {}^*\#(K)$. Dieses liefert (i).

(ii) Der Transfer von

$$(\forall \underline{H}, \underline{K} \in E_\nu)(\# \upharpoonright (\times \upharpoonright \langle \underline{H}, \underline{K} \rangle) = \# \upharpoonright \underline{H} \cdot \# \upharpoonright \underline{K})$$

liefert wegen ${}^*\!\times (\langle H, K \rangle) = H \times K$ (siehe § 13, Aufgabe 5) Teil (ii).

(iii) Sei o.B.d.A. $H \neq \emptyset$ und sei $a_n = 2^n$, $n \in \mathbb{N}$. Dann gilt die folgende Aussage:

$$(\forall \underline{H} \in E_\nu)(\underline{H} \neq \emptyset \Longrightarrow \# \restriction (\mathcal{P} \restriction \underline{H}) = \mathfrak{a} \restriction (\# \restriction \underline{H})).$$

Das Transfer-Prinzip liefert

$$|{}^*\mathcal{P}(H)| = {}^*\# \restriction ({}^*\mathcal{P}(H)) \underset{\text{T.P.}}{=} {}^*\mathfrak{a} \restriction ({}^*\# \restriction H) = {}^*\mathfrak{a}(|H|) = 2^{|H|}.$$

(iv) Der Transfer von

$$(\forall \underline{f} \in \mathcal{F})(\forall \underline{H} \in E_\nu)(\mathcal{D} \restriction \underline{f} = \underline{H} \Longrightarrow \# \restriction (\mathcal{W} \restriction \underline{f}) \leq \# \restriction \underline{H})$$

liefert wegen ${}^*\mathcal{D}(f) \underset{13.2}{=} \mathcal{D}(f) = H$ und ${}^*\mathcal{W}(f) \underset{13.2}{=} \mathcal{W}(f) = f[H]$ Teil (iv). □

Die klassische definierende Eigenschaft einer nicht-leeren endlichen Menge E und ihrer Elementeanzahl $n \in \mathbb{N}$ besteht darin, daß man eine bijektive Abbildung von $\{1, \ldots, n\}$ auf E finden kann. Der folgende Satz zeigt, daß dieses mit $n \in {}^*\mathbb{N}$ und *internen* bijektiven Abbildungen genauso die definierende Eigenschaft von *-endlichen Mengen und ihrer *-Elementeanzahl ist. Dieses ist die suggestive Vorstellung für das intuitive Umgehen mit den Begriffen *-Endlichkeit und *-Elementeanzahl. In Beweisen läßt sich jedoch häufig besser mit der Ausgangsdefinition arbeiten.

Wir weisen für 14.8 noch einmal darauf hin, daß die auftretenden Abbildungen $\mathcal{D}$, $\mathcal{W}$ und das Funktionensystem $\mathcal{F}_{inj}$ aus § 13 mit hinreichend großem ν zu wählen sind.

14.8 Charakterisierung von *-Endlichkeit und *-Elementeanzahl

Sei H eine nicht-leere Menge. Dann sind äquivalent:

(i) H ist *-endlich.

(ii) Es gibt ein $h \in {}^*\mathbb{N}$ und eine interne bijektive Abbildung von $\{k \in {}^*\mathbb{N} : k \leq h\}$ auf H.

Das Element $h \in {}^*\mathbb{N}$ aus (ii) ist eindeutig bestimmt, und zwar ist h die *-Elementeanzahl $|H|$ von H.

Beweis. Es ist H in (i) und (ii) jeweils eine interne Menge (bei (ii) benutze 8.13 (i)). Somit gilt für ein $\nu \in \mathbb{N}$:

$$H \subset {}^*S_\nu \text{ intern.}$$

(i) ⇒ (ii) Nach Voraussetzung ist $H \in {}^*E_\nu - \{\emptyset\}$. Setze $\widetilde{E}_\nu := E_\nu - \{\emptyset\}$. Dann gilt nach der klassischen Definition der Endlichkeit:
Für jedes $E \in \widetilde{E}_\nu$ gibt es ein $n \in \mathbb{N}$ und eine injektive Funktion f mit $\mathcal{D}(f) = \{1, \ldots, n\} \wedge \mathcal{W}(f) = E$. Der Transfer der formalisierten Aussage liefert die Gültigkeit von

$$(\forall \underline{E} \in {}^*\widetilde{E}_\nu)(\exists \underline{n} \in {}^*\mathbb{N})(\exists \underline{f} \in {}^*\mathcal{F}_{inj})({}^*\mathcal{D} \restriction \underline{f} = {}^*\{\ \} \restriction \underline{n} \wedge {}^*\mathcal{W} \restriction \underline{f} = \underline{E}).$$

Wegen $H \in {}^*\widetilde{E}_\nu$ gibt es daher ein $h \in {}^*\mathbb{N}$ und eine injektive interne Funktion f mit $\mathcal{D}(f) = \{k \in {}^*\mathbb{N} : k \leq h\}$ und $\mathcal{W}(f) = H$ (benutze 13.4, 13.2 und 14.3). Somit gilt (ii).

Für *(ii)* $\Rightarrow$ *(i)* und die Zusatzbehauptung reicht nun zu zeigen:

(1) $\quad h \in {}^*\mathbb{N}$ und $g : \{k \in {}^*\mathbb{N} : k \leq h\} \longrightarrow H$ intern und bijektiv
$\Longrightarrow H$ *-endlich und $|H| = h$.

Wir werden dieses durch einen geeigneten Transfer beweisen. Setze hierzu $\widetilde{\mathcal{P}}_\nu := \mathcal{P}(S_\nu) - \{\emptyset\}$. Dann gilt die folgende Aussage:
Für jedes $E \in \widetilde{\mathcal{P}}_\nu$, jedes $n \in \mathbb{N}$ und jede injektive Funktion f gilt:

$$\mathcal{D}(f) = \{1, \dots, n\} \wedge \mathcal{W}(f) = E \Longrightarrow E \in E_\nu \wedge \# \restriction E = n.$$

Der Transfer der formalisierten Aussage liefert die Gültigkeit von

(2) $\quad (\forall \underline{E} \in {}^*\widetilde{\mathcal{P}}_\nu)(\forall \underline{n} \in {}^*\mathbb{N})(\forall \underline{f} \in {}^*\mathcal{F}_{inj})$
$((^*\mathcal{D} \restriction \underline{f} = {}^*\{\ \} \restriction \underline{n} \wedge {}^*\mathcal{W} \restriction \underline{f} = \underline{E}) \Longrightarrow (\underline{E} \in {}^*E_\nu \wedge {}^*\# \restriction \underline{E} = \underline{n}))$.

Nun ist H eine interne Menge mit $\emptyset \neq H \subset {}^*S_\nu$, und daher ist $H \in {}^*\widetilde{\mathcal{P}}_\nu$ (benutze 8.7). Zum Beweis von (1) sei nun $h \in {}^*\mathbb{N}$ und g eine interne, injektive Funktion (d.h. $g \in {}^*\mathcal{F}_{inj}$) mit

$${}^*\mathcal{D}(g) \underset{13.2}{=} \mathcal{D}(g) = \{k \in {}^*\mathbb{N} : k \leq h\} \underset{14.3}{=} {}^*\{\ \}(h) \quad \text{und} \quad {}^*\mathcal{W}(g) \underset{13.2}{=} \mathcal{W}(g) = H.$$

Aus der Gültigkeit von (2) folgt dann $H \in {}^*E_\nu$ und $|H| = {}^*\#(H) = h$. Dieses beweist (1). □

14.9 Endliche und unendliche *-endliche Mengen

(i) $\quad H := \{k \in {}^*\mathbb{N} : k \leq h\}, h \in {}^*\mathbb{N} \Longrightarrow H$ *-endlich und $|H| = h$;

(ii) $\quad H$ *-endlich und unendlich $\Longrightarrow |H| \in {}^*\mathbb{N} - \mathbb{N}$;

(iii) $\quad H$ endliche und interne Menge mit n Elementen
$\Longrightarrow H$ *-endlich mit $|H| = n$.

Beweis. *(i)* Es ist H eine interne Menge. Daher ist die Identität über H eine interne Abbildung (siehe 8.13 (iv)) von $\{k \in {}^*\mathbb{N} : k \leq h\}$ auf H, die bijektiv ist. Also ist H *-endlich mit $|H| = h$ nach 14.8.
(ii) Da H *-endlich ist, gibt es nach 14.8 eine bijektive Abbildung von $\{k \in {}^*\mathbb{N} : k \leq |H|\}$ auf H. Da H unendlich ist, folgt $|H| \notin \mathbb{N}$.
(iii) Es sei $H = \{e_1, \dots, e_n\}$ mit $e_i \neq e_j$ für $i \neq j$. Setze $f(i) = e_i$ für $i = 1, \dots, n$. Dann ist f eine bijektive Abbildung von $\{k \in {}^*\mathbb{N} : k \leq n\}$ auf H, die als endliche Teilmenge der internen Menge ${}^*\mathbb{N} \times H$ intern ist (siehe 8.12 (i)). Somit ist H *-endlich mit $|H| = n$ (siehe 14.8). □

Für jedes $h \in {}^*\mathbb{N}$ läßt sich jetzt, gemessen durch die *-Elementeanzahl, sagen, daß die Menge

$$B_1 := \{k \in {}^*\mathbb{N} : k \leq h\}$$

halb so viele Elemente wie die Menge

$$B_2 := \{k \in {}^*\mathbb{N} : k \leq 2h\}$$

und ein Element weniger als die Menge

$$B_3 := \{k \in {}^*\mathbb{N} : k \leq h + 1\}$$

besitzt; denn es ist $|B_1| = h, |B_2| = 2h$ und $|B_3| = h + 1$. Für $h \in {}^*\mathbb{N} - \mathbb{N}$

sind jedoch B_1, B_2, B_3 unendliche Mengen und es läßt sich einfach zeigen, daß je zwei bijektiv aufeinander abbildbar sind. Man beachte jedoch, daß diese Bijektionen nicht intern sein können.

Mit Hilfe der $*$-Elementeanzahl erhält man nun auf einfache und intuitive Weise stetige Wahrscheinlichkeitsinhalte auf Potenzmengen von unendlichen Mengen (siehe 14.11). Wir benötigen hierzu noch einige Begriffe.

14.10 Inhalte und W-Inhalte auf Algebren

(i) Es sei Ω eine nicht-leere Menge. Ein System $\mathcal{A} \subset \mathcal{P}(\Omega)$ heißt eine *Algebra* über Ω, falls $\Omega \in \mathcal{A}$ ist und mit $A_1, A_2 \in \mathcal{A}$ auch $\Omega - A_1$ und $A_1 \cup A_2$ zu $\mathcal{A}$ gehören.

(ii) Ist $\mathcal{A}$ eine Algebra, so heißt $\mu : \mathcal{A} \to [0, \infty[$ ein *Inhalt* auf $\mathcal{A}$, falls μ additiv ist, d.h. falls gilt:

$$A_1, A_2 \in \mathcal{A} \text{ disjunkt } \Longrightarrow \mu(A_1 \cup A_2) = \mu(A_1) + \mu(A_2).$$

(iii) Ein Inhalt μ auf einer Algebra $\mathcal{A}$ heißt ein *stetiger Inhalt,* falls $\mu(A) = 0$ für alle endlichen Mengen $A \in \mathcal{A}$ ist.

(iv) Ein Inhalt P auf einer Algebra $\mathcal{A}$ mit $P(\Omega) = 1$ heißt *Wahrscheinlichkeitsinhalt (W-Inhalt).*

Ein triviales Beispiel für eine Algebra über Ω ist die Potenzmenge von Ω.

14.11 Konstruktion stetiger W-Inhalte auf $\mathcal{P}(\Omega)$

Sei $\Omega \in \widehat{S}$ eine Menge und $H \subset {}^*\Omega$ eine nicht-leere $*$-endliche Menge. Setze

$$P(A) := st\left(\frac{|{}^*A \cap H|}{|H|}\right) \text{ für } A \subset \Omega.$$

Dann ist P ein W-Inhalt auf $\mathcal{P}(\Omega)$. Ist H eine unendliche Menge, so ist P ein stetiger W-Inhalt.

Beweis. Seien $A_1, A_2 \subset \Omega$ disjunkt. Dann sind ${}^*A_1 \cap H, {}^*A_2 \cap H$ disjunkte $*$-endliche Mengen (siehe 14.4 (ii)), und es gilt:

$$P(A_1 \cup A_2) = st\left(\frac{|({}^*A_1 \cap H) \cup ({}^*A_2 \cap H)|}{|H|}\right) \underset{14.7(\mathrm{i})}{=} st\left(\frac{|{}^*A_1 \cap H|}{|H|} + \frac{|{}^*A_2 \cap H|}{|H|}\right)$$

$$\underset{9.5(\mathrm{ii})}{=} st\left(\frac{|{}^*A_1 \cap H|}{|H|}\right) + st\left(\frac{|{}^*A_2 \cap H|}{|H|}\right) = P(A_1) + P(A_2).$$

Da ferner $P(\Omega) = st\left(\frac{|{}^*\Omega \cap H|}{|H|}\right) = 1$ ist, ist P ein W-Inhalt auf $\mathcal{P}(\Omega)$.

Ist H eine unendliche Menge und A eine endliche Teilmenge von Ω, dann ist ${}^*A \cap H$ eine endliche Menge und $|H| \underset{14.9(\mathrm{ii})}{\in} {}^*\mathbb{N} - \mathbb{N}$. Somit ist $\frac{|{}^*A \cap H|}{|H|} \approx 0$, d.h. $P(A) = 0$. Also ist P stetig. □

Wir werden unter stärkeren Voraussetzungen an die zugrundeliegende Nichtstandard-Einbettung * im folgenden Paragraphen zeigen, daß zu jedem unendlichen $\Omega \in \widehat{S}$ unendliche, *-endliche Mengen $H \subset {}^*\Omega$ existieren (siehe 15.3). Daher liefert 14.11 für jedes solche H einen stetigen W-Inhalt auf der Potenzmenge von Ω.

Wir werden ferner in 15.6 sehen, daß man mit *-endlichen $H \subset {}^*\Omega$ sogar alle stetigen W-Inhalte gewinnen kann.

Für den Fall $\Omega = \mathbb{N}$ sind schon jetzt *-endliche unendliche Mengen $H \subset {}^*\mathbb{N}$ verfügbar, nämlich $H = \{k \in {}^*\mathbb{N} : k \leq h\}$ mit $h \in {}^*\mathbb{N} - \mathbb{N}$ (siehe 14.9).

Diese Mengen H liefern nach 14.11 dann stetige W-Inhalte auf $\mathcal{P}(\mathbb{N})$, die, wie der folgende Satz zeigt, sogar verschiebungsinvariant sind.

14.12 Konstruktion verschiebungsinvarianter W-Inhalte auf $\mathcal{P}(\mathbb{N})$

Sei $H := \{k \in {}^*\mathbb{N} : k \leq h\}$ mit $h \in {}^*\mathbb{N} - \mathbb{N}$. Setze

$$P(A) := st\left(\tfrac{|{}^*A \cap H|}{|H|}\right) \text{ für } A \subset \mathbb{N}.$$

Dann ist P ein stetiger W-Inhalt auf $\mathcal{P}(\mathbb{N})$, der verschiebungsinvariant ist, d.h. für den gilt:

$$P(A+1) = P(A) \text{ für alle } A \subset \mathbb{N},$$

wobei $A + 1 := \{a + 1 : a \in A\}$ ist.

Beweis. Da $H \subset {}^*\mathbb{N}$ eine unendliche *-endliche Menge ist, ist P ein stetiger W-Inhalt nach 14.11. Für $P(A+1) = P(A)$ reicht es wegen $|H| \underset{14.9(\mathrm{i})}{=} h \in {}^*\mathbb{N}-\mathbb{N}$ zu zeigen:

(1) $$0 \leq \frac{|{}^*A \cap H|}{|H|} - \frac{|{}^*(A+1) \cap H|}{|H|} \leq \frac{1}{|H|}.$$

Sei $A \subset \mathbb{N}$. Falls in A genau k Zahlen $\leq n$ sind, so sind in $A+1$ genau k oder $k-1$ Zahlen $\leq n$. Daher gilt:

(2) $$(\forall \underline{n} \in \mathbb{N})(0 \leq \# \restriction (A \cap \{\ \} \restriction \underline{n}) - \#((A+1) \cap \{\ \} \restriction \underline{n}) \leq 1).$$

Aus dem Transfer von (2) folgt:

$$0 \leq {}^*\#({}^*A \cap {}^*\{\ \} \restriction h) - {}^*\#({}^*(A+1) \cap {}^*\{\ \} \restriction h) \leq 1.$$

Wegen ${}^*\{\ \} \restriction h \underset{14.3}{=} H$ und Definition 14.6 gilt (1). □

Es sei darauf hingewiesen, daß zwischen dem verschiebungsinvarianten Inhalt P aus 14.12 und dem verschiebungsinvarianten Banach-Limes ℓ_0 aus 10.11 (i) ein enger Zusammenhang besteht. Es gilt für $A \subset \mathbb{N}$:

$$P(A) = \ell_0(1_A),$$

wobei 1_A die Folge $\mathfrak{a} : \mathbb{N} \longrightarrow \mathbb{R}$ ist mit $a_n = 1$ bzw. 0 für $n \in A$ bzw. $n \notin A$. Es ist nämlich $\sum_{i=1}^n a_i = s_n = \#(A \cap \{1, \dots, n\})$, und daher folgt $\sum_{i=1}^h {}^*a_i = {}^*s_h = {}^*\#({}^*A \cap H) = |{}^*A \cap H|$. Wegen $h = |H|$ liefert dieses $P(A) = l_0(1_A)$.

Aufgaben

1 Es sei ${}^*\mathbb{N} \ni i \longrightarrow H_i$ eine interne Abbildung, und H_i sei *-endlich für jedes $i \in {}^*\mathbb{N}$. Man zeige: $\cup_{i \le h} H_i$ ist *-endlich für jedes $h \in {}^*\mathbb{N}$.

2 Es sei H eine nicht-leere *-endliche Menge. Man zeige:

Die Abbildung ${}^*\mathcal{P}(H) \ni B \longrightarrow st(\frac{|B|}{|H|})$ liefert einen Wahrscheinlichkeitsinhalt.

3 Man zeige, daß eine interne Menge E genau dann *-endlich ist, wenn jede interne injektive Abbildung von E in sich surjektiv ist.

4 Es sei g eine *-endliche Funktion. Man zeige, daß $\mathcal{D}(g)$ und $\mathcal{W}(g)$ *-endlich sind und daß gilt: $|\mathcal{W}(g)| \le |g| = |\mathcal{D}(g)|$.

5 Man zeige: Jede interne Funktion $f : H \longrightarrow {}^*\mathbb{R}$, definiert auf einer *-endlichen Menge H, besitzt ein Maximum.

6 Beweise oder widerlege: Es gibt eine *-endliche Menge H mit ${}^*\mathbb{N} \subset H$.

§ 15 Starke Nichtstandard-Einbettungen

15.1 Äquivalente Bedingung zu $\mathbb{R} \neq {}^*\mathbb{R}$ bei satztreuen Einbettungen

15.2 Definition von starken Nichtstandard-Einbettungen

15.3 Existenz von *-endlichen Mengen

15.4 Jedes $A \subset S^n$ ist Teilmenge einer *-endlichen Menge

15.5 Darstellung von linearen Funktionalen mit internen Elementen

15.6 Darstellung von stetigen W-Inhalten mit *-endlichen Mengen

In diesem Paragraphen geben wir Anwendungen der Nichtstandard-Theorie, für die wir eine reichhaltigere Nichtstandard-Welt benötigen, als wir sie bisher bei Nichtstandard-Einbettungen vorfinden. Um die hierzu benötigte Bedingung zu verdeutlichen, soll zunächst die charakterisierende Eigenschaft $\mathbb{R} \neq {}^*\mathbb{R}$ einer Nichtstandard-Einbettung untersucht werden. Es stellt sich dabei heraus, daß diese so unscheinbar wirkende Eigenschaft zu einer Bedingung äquivalent ist, die auf den ersten Blick viel restriktiver erscheint. Zur Formulierung dieser Bedingung benutzen wir die folgende Sprechweise:
$\mathcal{C}$ ist ein Mengensystem mit *nicht-leeren endlichen Durchschnitten*, falls $\mathcal{C} \neq \emptyset$ ist, und je endlich viele Mengen aus $\mathcal{C}$ einen nicht-leeren Durchschnitt besitzen. Ist $\mathcal{C}$ ein Mengensystem mit nicht-leeren endlichen Durchschnitten, welches nur aus kompakten Mengen eines Hausdorff-Raumes besteht, dann ist $\bigcap_{C \in \mathcal{C}} C \neq \emptyset$ (siehe 21.9 (iii)). Im allgemeinen ist für ein beliebiges System $\mathcal{C}$ mit nicht-leeren endlichen Durchschnitten zwar $\bigcap_{C \in \mathcal{C}} C = \emptyset$, aber immer ist für eine starke Nichtstandard-Einbettung $\bigcap_{C \in \mathcal{C}} {}^*C \neq \emptyset$ (siehe 15.2).

Die beiden folgenden Systeme besitzen z.B. nicht-leere endliche Durchschnitte

$$\mathcal{C} := \{\mathbb{N} - \{n\} : n \in \mathbb{N}\},$$

$$\mathcal{C} := \{\{m \in \mathbb{N} : m \geq n\} : n \in \mathbb{N}\}.$$

Für beide Systeme ist $\bigcap_{C \in \mathcal{C}} C = \emptyset$, jedoch $\bigcap_{C \in \mathcal{C}} {}^*C \neq \emptyset$, wie der folgende Satz zeigt.

15.1 Äquivalente Bedingung zu $\mathbb{R} \neq {}^*\mathbb{R}$ bei satztreuen Einbettungen

Sei $* : \widehat{S} \longrightarrow \widehat{{}^*S}$ eine satztreue Einbettung mit $\mathbb{R} \subset S$. Dann sind äquivalent:

(i) $\mathbb{R} \neq {}^*\mathbb{R}$ (d.h. $*$ ist eine Nichtstandard-Einbettung).

(ii) Für jedes abzählbare System $\mathcal{C} \subset \widehat{S} - S$ mit nicht-leeren endlichen Durchschnitten ist $\bigcap_{C \in \mathcal{C}} {}^*C \neq \emptyset$.

Beweis. ***(i) ⇒ (ii)*** Sei $\mathcal{C} = \{C_n : n \in \mathbb{N}\} \subset \widehat{S} - S$ ein System mit nicht-leeren endlichen Durchschnitten. Setze $B_n := C_1 \cap \ldots \cap C_n$ für $n \in \mathbb{N}$. Es ist zu zeigen:

(1) $$\cap_{n=1}^{\infty} {}^*B_n \neq \emptyset.$$

Wir fassen hierzu B_n, $n \in \mathbb{N}$, als eine Abbildung auf vermöge $\mathsf{B}(n) := B_n \subset C_1$. Dann ist $\mathsf{B} : \mathbb{N} \longrightarrow \mathcal{P}(C_1)$, und es folgt $\mathsf{B} \in \widehat{S}$ (benutze $\mathbb{N}$, $\mathcal{P}(C_1) \in \widehat{S}$ und 5.14 (i)). Nach Voraussetzung gilt $\mathsf{B} \upharpoonright n \neq \emptyset$ für alle $n \in \mathbb{N}$. Aus dem Transfer-Prinzip folgt:

(2) $${}^*\mathsf{B} \upharpoonright h \neq \emptyset \text{ für alle } h \in {}^*\mathbb{N}.$$

Sei $h \in {}^*\mathbb{N} - \mathbb{N}$. Ein solches h existiert und ist $\geq n$ für alle $n \in \mathbb{N}$ (benutze 8.2). Wegen $B_m \subset B_n$ für $n < m$ folgt aus dem Transfer-Prinzip:

(3) $${}^*\mathsf{B} \upharpoonright h \subset {}^*\mathsf{B} \upharpoonright n = {}^*(B_n) \text{ für } n \in \mathbb{N}.$$

Aus (2) und (3) folgt (1).

(ii) ⇒ (i) Setze $C_n := \{x \in \mathbb{R} : |x| \geq n\}$ und $\mathcal{C} := \{C_n : n \in \mathbb{N}\}$. Dann ist $\mathcal{C} \subset \widehat{S} - S$ ein abzählbares System mit nicht-leeren endlichen Durchschnitten, und es folgt:

$$\emptyset \underset{\text{(ii)}}{\neq} \bigcap_{n=1}^{\infty} {}^*C_n \underset{7.5}{=} \bigcap_{n=1}^{\infty} \{y \in {}^*\mathbb{R} : |y| \geq n\} \subset {}^*\mathbb{R} - \mathbb{R}. \qquad \square$$

Fordert man die Bedingung (ii) von 15.1 für jedes System $\mathcal{C} \subset \widehat{S} - S$ und nicht nur für abzählbare $\mathcal{C}$, so gelangt man zum Begriff der starken Nichtstandard-Einbettung.

15.2 Starke Nichtstandard-Einbettungen

Sei $* : \widehat{S} \longrightarrow \widehat{{}^*S}$ eine satztreue Einbettung mit $\mathbb{R} \subset S$. Dann heißt $*$ eine *starke Nichtstandard-Einbettung*, falls für jedes System $\mathcal{C} \subset \widehat{S} - S$ mit nicht-leeren endlichen Durchschnitten gilt:

$$\cap_{C \in \mathcal{C}} {}^*C \neq \emptyset.$$

Starke Nichtstandard-Einbettungen werden in der Literatur häufig als „enlargement“ bezeichnet (siehe hierzu auch Aufgabe 2). Nach Satz 15.1 ist natürlich jede starke Nichtstandard-Einbettung eine Nichtstandard-Einbettung. Die Existenz von starken Nichtstandard-Einbettungen wird in § 36 für jede Superstruktur $\widehat{S}$ mit $\mathbb{R} \subset S$ nachgewiesen.

Da für endlich viele Mengen $C_1, \ldots, C_n \in \widehat{S}$ gilt, daß ${}^*(\bigcap_{i=1}^{n} C_i) = \bigcap_{i=1}^{n} {}^*C_i$ ist, erhalten wir:

$$\bigcap_{i=1}^{n} C_i \neq \emptyset \iff \bigcap_{i=1}^{n} {}^*C_i \neq \emptyset.$$

Daher läßt sich 15.2 äquivalent auch wie folgt formulieren: Eine satztreue Einbettung mit $\mathbb{R} \subset S$ ist eine starke Nichtstandard-Einbettung, wenn jedes System von Standard-Mengen (d.h. von Mengen der Form ${}^*C$ mit $C \in \widehat{S} - S$), von denen je endlich viele einen nicht-leeren Durchschnitt besitzen, selbst einen nicht-leeren Durchschnitt besitzt.

Der folgende Satz zeigt, daß für starke Nichtstandard-Einbettungen das System der *-endlichen Mengen „genügend reichhaltig" ist. Starke Nichtstandard-Einbettungen ermöglichen es daher häufig, Standard-Mathematik auf *-endlichen Mengen zu betreiben (siehe zum Beispiel 15.6, 16.14 oder 16.16).

15.3 Existenz von *-endlichen Mengen

Sei $^* : \widehat{S} \longrightarrow \widehat{{}^*S}$ eine starke Nichtstandard-Einbettung und $A \in \widehat{S}$ eine Menge. Dann gilt:

$$\{{}^*a : a \in A\} \subset H \subset {}^*A \text{ für eine } {}^*\text{-endliche Menge } H.$$

Beweis. Sei $A \neq \emptyset$ und $\mathcal{E} := \{E \subset A : E \text{ endlich}\}$.
Wegen ${}^*\mathcal{E} = \{H \subset {}^*A : H\ {}^*\text{-endlich}\}$ (siehe 14.2) ist eine Menge H gesucht mit

$$H \in {}^*\mathcal{E},\ {}^*a \in H \text{ für alle } a \in A.$$

Setze hierzu

$$C_a := \{E \in \mathcal{E} : a \in E\},\ a \in A.$$

Dann ist

$${}^*C_a = \{H \in {}^*\mathcal{E} : {}^*a \in H\}$$

(benutze 7.5 mit $\varphi[\underline{E}] \equiv a \in \underline{E}$), und somit ist zu zeigen:

$$\cap_{a \in A} {}^*C_a \neq \emptyset.$$

Nun ist $\mathcal{C} = \{C_a : a \in A\}$ ein System mit nicht-leeren endlichen Durchschnitten (denn $\{a_1, \ldots, a_n\} \in C_{a_1} \cap \ldots \cap C_{a_n}$), und da * eine starke Nichtstandard-Einbettung ist, folgt $\cap_{a \in A} {}^*C_a = \cap_{C \in \mathcal{C}} {}^*C \neq \emptyset$. □

Aus 15.3 erhält man direkt das folgende Korollar, welches zum Beispiel zeigt, daß bei starken Nichtstandard-Einbettungen selbst die überabzählbare Menge $\mathbb{R}^n$ eine *-endliche Obermenge besitzt.

15.4 Jedes $A \subset S^n$ ist Teilmenge einer *-endlichen Menge

Sei $^* : \widehat{S} \longrightarrow \widehat{{}^*S}$ eine starke Nichtstandard-Einbettung und A eine Teilmenge von S^n für ein $n \in \mathbb{N}$. Dann gilt:

$$A \subset H \subset {}^*A \text{ für eine } {}^*\text{-endliche Menge } H.$$

Beweis. Wegen $A \subset S^n$ ist $a = {}^*a$ für jedes $a \in A$ (siehe 7.3 (iv)). Die Behauptung folgt daher aus 15.3. □

Als erstes geben wir eine Anwendung von starken Nichtstandard-Einbettungen, um lineare Funktionale auf linearen Räumen mit innerem Produkt darzustellen. Wir bringen hierzu einige Vorbereitungen.

Sei L ein linearer Raum (= Vektorraum) über dem Körper $\mathbb{R}$. Ist $L \in \widehat{S}-S$, so folgt mit Hilfe des Transfer-Prinzips, daß ${}^*L$ ein linearer Raum über dem Körper ${}^*\mathbb{R}$ ist (siehe auch 18.1 (i)).

Eine Abbildung $(\ ,\ )$ von $L \times L$ nach $\mathbb{R}$ heißt *inneres Produkt* über L, falls für alle $x, y, z \in L$, $\alpha, \beta \in \mathbb{R}$ gilt:

$$(\alpha x + \beta y, z) = \alpha(x, z) + \beta(y, z); \quad (x, y) = (y, x); \quad (x, x) > 0 \Longleftrightarrow x \neq 0.$$

Nach dem Transfer-Prinzip ist ${}^*(\ ,\ )$ eine Abbildung von ${}^*L \times {}^*L$ nach ${}^*\mathbb{R}$, welche die obigen drei Eigenschaften für alle $x, y, z \in {}^*L$, $\alpha, \beta \in {}^*\mathbb{R}$ erfüllt. Dabei ist ${}^*(x, y)$ als ${}^*(\ ,\ ) \upharpoonright \langle x, y\rangle$ für $x, y \in {}^*L$ erklärt.

Der folgende Satz liefert eine Darstellung für alle linearen Funktionale und nicht nur - wie der Rieszsche Darstellungssatz - für alle stetigen linearen Funktionale. Das Ergebnis ist andererseits schwächer als der Rieszsche Darstellungssatz, da das Element y_f aus 15.5 nur in ${}^*L$ und nicht schon in L gefunden werden kann.

In 15.5 muß zur Anwendung der Nichtstandard-Theorie natürlich vorausgesetzt werden, daß $L \in \widehat{S} - S$ ist. Dieses ist bei gegebenem L stets durch eine geeignete Wahl von S erzielbar.

15.5 Darstellung von linearen Funktionalen mit internen Elementen

Sei ${}^* : \widehat{S} \longrightarrow \widehat{{}^*S}$ eine starke Nichtstandard-Einbettung. Es sei $L \in \widehat{S} - S$ ein $\mathbb{R}$-linearer Raum mit innerem Produkt $(\ ,\ )$.

Dann gibt es für jedes lineare Funktional $f : L \longrightarrow \mathbb{R}$ ein Element y_f mit

$$y_f \in {}^*L \quad \text{und} \quad f(x) = {}^*(y_f, {}^*x) \text{ für alle } x \in L.$$

Beweis. Setze

$$C_x := \{y \in L : f(x) = (y, x)\}\ , \quad x \in L.$$

Dann ist ${}^*C_x \underset{7.5}{=} \{y \in {}^*L : f(x) = {}^*(y, {}^*x)\}$ und folglich genügt es, $\bigcap_{x \in L} {}^*C_x \neq \emptyset$ zu zeigen. Da * eine starke Nichtstandard-Einbettung ist, reicht es hierfür zu zeigen (siehe 15.2): $\{C_x : x \in L\} (\subset \widehat{S} - S)$ ist ein System mit nicht-leeren endlichen Durchschnitten.

Seien hierzu $x_1, \ldots, x_n \in L$; es ist ein y zu finden mit

$$y \in L \text{ und } f(x_i) = (y, x_i), \quad i = 1, \ldots, n.$$

Betrachte den von $x_1, \ldots, x_n$ aufgespannten $\mathbb{R}$-linearen Teilraum L_0 von L. Dann ist $f|L_0$ ein $\mathbb{R}$-lineares Funktional auf dem endlich-dimensionalen $\mathbb{R}$-linearen Raum L_0 mit innerem Produkt $(\ ,\ )|L_0 \times L_0$. Wie aus der linearen Algebra bekannt ist, gibt es daher ein $y \in L_0$ ($\subset L$) mit $f(x) = (y, x)$ für alle $x \in L_0$. □

Die in 15.5 gegebene Darstellung von linearen Funktionalen wird in § 20 für die Nichtstandard-Behandlung von Distributionen benutzt werden.

Als zweite Anwendung von starken Nichtstandard-Einbettungen wollen wir zeigen, daß man jeden stetigen Wahrscheinlichkeitsinhalt mit Hilfe einer *-endlichen Menge repräsentieren kann (siehe 15.6). So gewinnt man dann zum Beispiel das Lebesgue-Maß auf der Borel-σ-Algebra von $[0,1]$ mit Hilfe von diskretem Rechnen über einer *-endlichen Menge.

Die folgenden Eigenschaften über Algebren und Inhalte sind elementar und werden in Beweisen nicht zitiert.

Ist $\mathcal{A}$ eine Algebra und $\mu\colon \mathcal{A} \to [0,\infty[$ ein Inhalt, so gilt:

(i) $\emptyset \in \mathcal{A}$ und $\mu(\emptyset) = 0$;

(ii) $A_1, A_2 \in \mathcal{A} \Longrightarrow A_1 \cap A_2, A_1 - A_2 \in \mathcal{A}$;

(iii) $A_1, \ldots, A_n \in \mathcal{A}$ paarweise disjunkt $\Longrightarrow \mu(\bigcup\limits_{i=1}^{n} A_i) = \sum\limits_{i=1}^{n} \mu(A_i)$.

Beweis. *(i)* Es ist $\Omega \in \mathcal{A}$; damit ist $\emptyset = \Omega - \Omega \in \mathcal{A}$. Es ist $\mu(\emptyset) = \mu(\emptyset) + \mu(\emptyset)$ und somit $\mu(\emptyset) = 0$.
(ii) Es ist $A_1 \cap A_2 = \Omega - ((\Omega - A_1) \cup (\Omega - A_2)) \in \mathcal{A}$ und daher auch $A_1 - A_2 = A_1 \cap (\Omega - A_2) \in \mathcal{A}$.
(iii) folgt induktiv aus der Additivität von μ. □

In 14.11 wurden stetige W-Inhalte auf $\mathcal{P}(\Omega)$ angegeben, die eine spezielle Form besitzen. Der folgende Satz zeigt, daß diese spezielle Form typisch für alle stetigen W-Inhalte ist.

Im Beweis des folgenden Satzes ist in Formeln $\#$ die Elementeanzahl-Abbildung aus 14.6 sowie $\cap$ die Durchschnittsabbildung aus 13.3; beide Abbildungen sind dabei wieder für hinreichend großes ν zu wählen. Wir erinnern daran, daß für die *-endliche Menge H die *-Elementeanzahl $^*\#(H)$ mit $|H|$ bezeichnet wurde.

15.6 Darstellung von stetigen W-Inhalten mit Hilfe von *-endlichen Mengen

Sei $^*: \widehat{S} \longrightarrow \widehat{^*S}$ eine starke Nichtstandard-Einbettung. Es sei $\mathcal{A}$ eine Algebra über $\Omega \in \widehat{S} - S$ und P ein stetiger W-Inhalt auf $\mathcal{A}$.

Dann existiert eine nicht-leere, *-endliche Menge $H \subset {}^*\Omega$ mit

$$P(A) = st\left(\frac{|^*A \cap H|}{|H|}\right) \text{ für alle } A \in \mathcal{A}.$$

Beweis. Setze $\mathcal{E} := \{E \subset \Omega : E \text{ endlich}\}$. Definiere für jedes $A \in \mathcal{A}$ und $n \in \mathbb{N}$:

$$\mathcal{E}_{A,n} := \left\{E \in \mathcal{E} : E \neq \emptyset,\ P(A) - \tfrac{1}{n} \leq \tfrac{\#(A \cap E)}{\#(E)} \leq P(A) + \tfrac{1}{n}\right\}.$$

Nun ist $^*\mathcal{E} \underset{14.2}{=} \{H \subset {}^*\Omega : H \text{ *-endlich}\}$, und es folgt daher nach 7.5:

(1) $\quad {}^*\mathcal{E}_{A,n} = \left\{ H \subset {}^*\Omega \text{ *-endlich} : H \neq \emptyset, P(A) - \frac{1}{n} \leq \frac{|{}^*A \cap H|}{|H|} \leq P(A) + \frac{1}{n} \right\};$

beachte hierzu, daß ${}^*A^* \cap H \underset{13.3}{=} {}^*A \cap H$ nach 14.4 (ii) *-endlich ist und benutze ${}^*\# \upharpoonright ({}^*A \cap H) = {}^*\#({}^*A \cap H) \underset{14.6}{=} |{}^*A \cap H|$.

Wegen (1) erfüllt dann jedes $H \in \bigcap_{A \in \mathcal{A}, n \in \mathbb{N}} {}^*\mathcal{E}_{A,n}$ die Behauptung; es ist also zu zeigen:

$$\bigcap_{A \in \mathcal{A}, n \in \mathbb{N}} {}^*\mathcal{E}_{A,n} \neq \emptyset.$$

Da * eine starke Nichtstandard-Einbettung ist, reicht es hierfür zu zeigen:

$$\{\mathcal{E}_{A,n} : A \in \mathcal{A}, n \in \mathbb{N}\}$$

besitzt nicht-leere endliche Durchschnitte. Seien also $A_1, \ldots, A_k \in \mathcal{A}$, $n_1, \ldots, n_k \in \mathbb{N}$ gegeben. Es ist eine nicht-leere endliche Menge $E \subset \Omega$ zu finden mit

$$P(A_i) - \frac{1}{n_i} \leq \frac{\#(A_i \cap E)}{\#(E)} \leq P(A_i) + \frac{1}{n_i} \quad \text{für } i = 1, \ldots, k.$$

Dieses ergibt sich aus dem folgenden Lemma mit $n := \max_{1 \leq i \leq k} n_i$.

15.7 Approximation von stetigen W-Inhalten durch normierte Zählmaße

Seien $\mathcal{A}$ eine Algebra über Ω und P ein stetiger W-Inhalt auf $\mathcal{A}$. Es seien $A_1, \ldots, A_k \in \mathcal{A}$ und $n \in \mathbb{N}$. Dann existiert eine nicht-leere endliche Menge $E \subset \Omega$ mit

$$\left| P(A_i) - \frac{\#(A_i \cap E)}{\#(E)} \right| \leq \frac{1}{n} \quad \text{für } i = 1, \ldots, k.$$

Beweis. Wir zeigen zuerst, daß zu $m \in \mathbb{N}$ und paarweise disjunkten $B_1, \ldots, B_j \in \mathcal{A}$ mit $\bigcup_{\nu=1}^{j} B_\nu = \Omega$ eine nicht-leere endliche Menge $E \subset \Omega$ existiert mit

(1) $$\left| P(B_\nu) - \frac{\#(B_\nu \cap E)}{\#(E)} \right| \leq \frac{1}{m} \quad \text{für } \nu = 1, \ldots, j.$$

Hierzu konstruieren wir $k(\nu) \in \mathbb{N}_0$,

(2) $$\left| P(B_\nu) - \frac{k(\nu)}{\sum_{\nu=1}^{j} k(\nu)} \right| \leq \frac{1}{m} \quad \text{für } \nu = 1, \ldots, j.$$

Wähle hierzu zunächst rationale Zahlen r_ν mit $0 \leq r_\nu \leq P(B_\nu)$ und $P(B_\nu) - r_\nu \leq \frac{1}{jm}$ für $\nu = 1, \ldots, j-1$, und setze $r_j := 1 - \sum_{\nu=1}^{j-1} r_\nu$. Wegen $\sum_{\nu=1}^{j} P(B_\nu) = 1$ ist $r_j \geq 0$, und es gilt $|P(B_\nu) - r_\nu| \leq \frac{1}{m}$ für $\nu = 1, \ldots, j$. Wähle dann $K \in \mathbb{N}$ und $k(\nu) \in \mathbb{N}_0$ mit $r_\nu = k(\nu)/K$. Es ist $\sum_{\nu=1}^{j} k(\nu) = K$ wegen $\sum_{\nu=1}^{j} r_\nu = 1$; dieses zeigt (2).

Ist nun $P(B_\nu) > 0$, so ist B_ν eine unendliche Menge, da P ein stetiger W-Inhalt ist. Daher existiert ein $E_\nu \subset B_\nu$ mit $\#(E_\nu) = k(\nu)$. Setze $E := \bigcup_{\nu=1}^{j} E_\nu$ mit $E_\nu := \emptyset$, falls $P(B_\nu) = 0$ ist. Da $B_1, \ldots, B_j$ paarweise disjunkt sind, ist $\#(B_\nu \cap E) = \#(E_\nu) = k(\nu)$ und $\#(E) = \sum_{\nu=1}^{j} k(\nu)$. Somit folgt (1) aus (2).

Seien nun $A_1, \ldots, A_k \in \mathcal{A}$ und $n \in \mathbb{N}$ gegeben; wir führen die Behauptung auf (1) zurück. Für alle $\langle \delta_1, \ldots, \delta_k \rangle \in \{0,1\}^k$ setze hierzu

(3) $\quad B_{\delta_1,\ldots,\delta_k} := \cap_{i=1}^k A_i^{\delta_i}$, wobei $A_i^1 := A_i$ und $A_i^0 := \Omega - A_i$.

Dann sind $B_{\delta_1,\ldots,\delta_k} \in \mathcal{A}$, $\langle \delta_1, \ldots, \delta_k \rangle \in \{0,1\}^k$, $j := 2^k$ viele paarweise disjunkte Mengen, deren Vereinigung Ω ist; wir bezeichnen sie mit $B_1, \ldots, B_j$. Daher gibt es für $m := jn$ eine endliche nicht-leere Menge $E \subset \Omega$ (siehe (1)) mit

(4) $\quad \left| P(B_\nu) - \frac{\#(B_\nu \cap E)}{\#(E)} \right| \leq \frac{1}{j \cdot n}$ für $\nu = 1, \ldots, j$.

Da A_i die disjunkte Vereinigung aller $B_{\delta_1,\ldots,\delta_k}$ mit $\delta_i = 1$ ist (benutze (3)), existiert ein $T_i \subset \{1, \ldots, j\}$ mit $A_i = \cup_{\nu \in T_i} B_\nu$. Somit folgt:

$$\left| P(A_i) - \frac{\#(A_i \cap E)}{\#(E)} \right| = \left| \sum_{\nu \in T_i} \left(P(B_\nu) - \frac{\#(B_\nu \cap E)}{\#(E)} \right) \right| \underset{(4)}{\leq} \frac{1}{j \cdot n} \#(T_i) \leq \frac{1}{n}.$$

Damit ist die Behauptung bewiesen. □

Der Satz 15.6 zeigt, daß es zu jedem stetigen W-Inhalt auf einer Algebra $\mathcal{A}$ eine *-endliche Menge H gibt, so daß man für jedes $A \in \mathcal{A}$ die Wahrscheinlichkeit von $P(A)$ wie folgt erhalten kann:
Man bestimme die relative Häufigkeit, mit der Punkte von $^*A$ in die Menge H fallen, d.h. man berechne den Quotienten $|^*A \cap H|/|H|$. Der Standardteil dieser relativen Häufigkeit liefert dann $P(A)$. Letztlich erweist sich damit in der Nichtstandard-Welt die Laplacesche Definition der Wahrscheinlichkeit als umfassend genug.

Aufgaben

1 Sei $^* : \widehat{S} \longrightarrow \widehat{^*S}$ eine satztreue Einbettung mit $\mathbb{R} \subset S$. Für jedes $\emptyset \neq I \in \widehat{S} - S$ und jeden Filter $\mathcal{F}$ über I sei $\cap_{F \in \mathcal{F}} {^*F} \neq \emptyset$. Man zeige, daß * eine starke Nichtstandard-Einbettung ist.

2 Eine Relation $R \neq \emptyset$ heißt endlich erfüllbar (concurrent), wenn es für jede endliche Teilmenge E von $\mathcal{D}(R)$ ein b gibt, so daß $\langle e, b \rangle \in R$ für alle $e \in E$ ist.
Sei $^* : \widehat{S} \longrightarrow \widehat{^*S}$ eine satztreue Einbettung mit $\mathbb{R} \subset S$. Man zeige, daß die folgenden drei Bedingungen äquivalent sind:

(i) * ist eine starke Nichtstandard-Einbettung.

(ii) Für jede endlich erfüllbare Relation $R \in \widehat{S}$ existiert ein $b \in {^*(\mathcal{W}(R))}$, so daß $\langle {^*a}, b \rangle \in {^*R}$ für alle $a \in \mathcal{D}(R)$ ist.

(iii) Für jede Menge $A \in \widehat{S}$ gibt es eine *-endliche Menge H mit $\{{^*a} : a \in A\} \subset H \subset {^*A}$.

3 Sei $^* : \widehat{S} \longrightarrow \widehat{^*S}$ eine starke Nichtstandard-Einbettung und seien $A, A_i \in \widehat{S} - S$ für $i \in I$. Man zeige: ${^*A} \subset \cup_{i \in I} {^*A_i} \Rightarrow {^*A} \subset \cup_{i \in I_0} {^*A_i}$ für ein endliches $I_0 \subset I$.

4 Man gebe einen stetigen W-Inhalt P auf einer unendlichen Algebra $\mathcal{A}$ an, für den die Darstellung in 15.6 mit einer endlichen Menge H möglich ist.

§ 16 *-Endliche Summen und Integrale

In diesem Paragraphen wird der zentrale Begriff der *-endlichen Summe eingeführt, der sich als besonders fruchtbar in der Integrationstheorie erweist. Die *-endliche Summenabbildung wird mittels eines geeigneten Transfers der endlichen Summenabbildung gewonnen. Daher werden für *-endliche Summen die gleichen formalen Rechenregeln gelten wie für endliche Summen. Spezialfälle *-endlicher Summen hatten wir schon in § 10 und § 11 verwandt.

Im gesamten Paragraphen ist $* : \widehat{S} \longrightarrow \widehat{{}^*S}$ eine Nichtstandard-Einbettung. Bei den wenigen Ergebnissen, für die wir eine starke Nichtstandard-Einbettung benötigen, werden wir dieses in der Voraussetzung angeben.

Der Begriff der *-endlichen Summe wird ausgehend von Mengen $X \in \widehat{S}$ entwickelt, in denen eine kommutative und assoziative Operation gegeben ist, die wir mit $+$ bezeichnen. Wir können daher als Operation insbesondere sowohl die Addition als auch die Multiplikation in $X = \mathbb{R}$ wählen.

Sei nun $E = \{i_1, \ldots, i_n\}$ eine endliche Menge und $a : E \longrightarrow X$. Wir schreiben $\sum_{i \in E} a(i)$ für $a(i_1) + \ldots + a(i_n)$. Dann ist $\sum_{i \in E} a(i)$ ein eindeutig definiertes Element von X , da $+$ eine kommutative und assoziative Operation in X ist. Mittels Transfer folgt, daß ${}^*+$ eine kommutative und assoziative Operation in ${}^*X$ ist.

16.1 *-Endliche Summen in $\langle {}^*X, {}^*+\rangle$

Sei $\nu \in \mathbb{N}$ beliebig, aber fest und setze

$$\mathfrak{A} := \{a : E \longrightarrow X \mid \emptyset \neq E \subset S_\nu \text{ endlich}\},$$

$$\sum(a) := \sum_{i\in E} a(i) \in X \quad \text{für} \quad a \in \mathfrak{A}.$$

Dann sind $\mathfrak{A}, \sum \in \widehat{S}$, und es gilt:

$$^*\mathfrak{A} = \{b : H \longrightarrow {}^*X \text{ intern} \mid \emptyset \neq H \subset {}^*S_\nu \ {}^*\text{-endlich}\},$$

$$^*\sum(b) \in {}^*X \quad \text{für} \quad b \in {}^*\mathfrak{A}.$$

Ist $b : H \longrightarrow {}^*X$ ein Element von $^*\mathfrak{A}$, so schreiben wir auch

$$^*\sum_{i\in H} b(i) \quad \text{an Stelle von} \quad {}^*\sum(b).$$

Ist $H = \{i \in {}^*\mathbb{N} : m \leq i \leq n\}$ mit $m, n \in {}^*\mathbb{N}$ und $m \leq n$, so schreibt man auch

$$^*\sum_{i=m}^{n} b(i) \quad \text{oder} \quad {}^*\sum_{i=m}^{n} b_i \quad \text{an Stelle von} \quad {}^*\sum_{i\in H} b(i).$$

Verwendet man für das Operationssymbol $+$ das Operationssymbol $\cdot$, so schreiben wir an Stelle von $\sum$ stets $\prod$.

Beweis. Wegen $\mathfrak{A} \subset \mathcal{P}(S_\nu \times X)$ ist $\mathfrak{A} \in \widehat{S}$ (benutze 5.8); wegen $\mathfrak{A}, X \in \widehat{S}$ und $\sum : \mathfrak{A} \longrightarrow X$ ist $\sum \in \widehat{S}$ und $^*\sum : {}^*\mathfrak{A} \longrightarrow {}^*X$ (siehe 7.9). Es bleibt die Darstellung von $^*\mathfrak{A}$ zu zeigen:

Sei hierzu $\mu \geq \nu$ mit

$$X \subset S_\mu \quad \text{und} \quad \mathcal{F} := \{a \subset S_\mu \times S_\mu : a \text{ Funktion}\}.$$

Mit $E_\nu := \{E \subset S_\nu : E \text{ endlich}\}$ gilt:

$$\mathfrak{A} = \{a \in \mathcal{F} : \emptyset \neq \mathcal{D}(a) \in E_\nu \ , \ a(e) \in X \quad \text{für} \quad e \in \mathcal{D}(a)\}.$$

Dann folgt nach 7.5:

$$^*\mathfrak{A} = \{b \in {}^*\mathcal{F} : \emptyset \neq {}^*\mathcal{D}(b) \in {}^*E_\nu \ , \ b(e) \in {}^*X \quad \text{für} \quad e \in {}^*\mathcal{D}(b)\}.$$

Nun besteht

$^*\mathcal{F}$ aus allen internen Funktionen b mit $b \subset {}^*S_\mu \times {}^*S_\mu$ (siehe 13.4),

$^*E_\nu$ aus allen *-endlichen $H \subset {}^*S_\nu$ (siehe 14.2);

ferner ist $^*\mathcal{D}(b) = \mathcal{D}(b)$ für alle $b \in {}^*\mathcal{F}$ (benutze 13.2).

Somit ist $^*\mathfrak{A}$ das System aller internen Funktionen $b \subset {}^*S_\mu \times {}^*S_\mu$ mit $b : H \longrightarrow {}^*X$ für eine *-endliche Menge $\emptyset \neq H \subset {}^*S_\nu$. Da aber $b \subset {}^*S_\mu \times {}^*S_\mu$ für jede Funktion $b : H \longrightarrow {}^*X$ mit $H \subset {}^*S_\nu$ ist (beachte $^*S_\nu, {}^*X \subset {}^*S_\mu$), folgt die Behauptung bezüglich $^*\mathfrak{A}$. □

Ist z.B. $X = \mathbb{R}$, so ist nach 16.1 für jede interne Abbildung $b : H \longrightarrow {}^*\mathbb{R}$ mit *-endlichem $H \neq \emptyset$ die *-endliche Summe $^*\sum_{i\in H} b(i)$ definiert und ein Element von $^*\mathbb{R}$. In der Regel ist nun H eine unendliche Menge wie z.B. $H := \{n \in {}^*\mathbb{N} : n \leq h\}$ mit $h \in {}^*\mathbb{N} - \mathbb{N}$; dennoch existieren solche *-endlichen Summen stets. Für die Existenz solcher *-endlichen Summen sind also keinerlei Konvergenzbetrachtungen erforderlich.

16.2 Rechenregeln für *-endliche Summen in $\langle {}^*X, {}^*+\rangle$

Sei $H \neq \emptyset$ eine *-endliche Menge und seien $a, b : H \longrightarrow {}^*X$ interne Funktionen. Dann gilt:

(i) ${}^*\sum_{i \in H}(a(i) \,{}^*\!+\, b(i)) = {}^*\sum_{i\in H} a(i) \,{}^*\!+\, {}^*\sum_{i \in H} b(i)$;

(ii) ${}^*\sum_{i\in H} b(i) = {}^*\sum_{i \in H_1} b(i) {}^*\!+ {}^*\sum_{i \in H - H_1} b(i)$, falls $H_1 \subset H$ intern und $\emptyset \neq H_1 \neq H$ ist;

(iii) ${}^*\sum_{i\in H} b(i) = b(i_1) {}^*\!+ \ldots {}^*\!+ b(i_n)$, falls $H = \{i_1, \ldots, i_n\}$ ist.

Beweis. Die Behauptungen (i) und (ii) folgen durch Transfer der entsprechenden Eigenschaften für endliche Summen. Wir beweisen nur den technisch aufwendigeren Teil (ii); Teil *(i)* wird in den Aufgaben behandelt.

(ii) Setze $H_2 := H - H_1$. Da $H, H_1, H_2, {}^*X$ interne Mengen sind, existiert ein $\nu \in \mathbb{N}$ mit

(1) $\quad H, H_1, H_2, {}^*X \in {}^*S_\nu^-$ und damit $b \subset {}^*S_\nu \times {}^*S_\nu$.

Sei b_j die Einschränkung von b auf H_j , $j = 1,2$. Dann ist $\mathcal{D}(b_j) = H_j$, und für (ii) ist nach 16.1 zu zeigen:

(2) $\quad b, b_1, b_2 \in {}^*\mathfrak{A}$;

(3) $\quad {}^*\sum \restriction b = {}^*\sum \restriction b_1 \,{}^*\!+\, {}^*\sum \restriction b_2$.

Zu (2): Da $b : H \longrightarrow {}^*X$ intern und $\emptyset \neq H \subset {}^*S_\nu$ *-endlich ist, folgt $b \in {}^*\mathfrak{A}$ nach 16.1. Da $b_j : H_j \longrightarrow {}^*X$ intern ist (benutze $b_j = b \cap (H_j \times {}^*X)$ und 8.11), und da $\emptyset \neq H_j \subset {}^*S_\nu$ als interne Teilmenge der *-endlichen Menge H *-endlich ist (siehe 14.4 (ii)), sind $b_1, b_2 \in {}^*\mathfrak{A}$ nach 16.1.

Zu (3): Um (3) zu zeigen, transferieren wir die gültige Aussage: Für alle $c, c_1, c_2 \in \mathfrak{A}$ mit $\mathcal{D} \restriction c = \mathcal{D} \restriction c_1 \cup \mathcal{D} \restriction c_2$, $\mathcal{D} \restriction c_1 \cap \mathcal{D} \restriction c_2 = \emptyset$ und $\emptyset \neq c_1, c_2 \subset c$ gilt:

$$\sum \restriction c = \sum \restriction c_1 + \sum \restriction c_2.$$

Nach dem Transfer-Prinzip gilt dann für alle $c, c_1, c_2 \in {}^*\mathfrak{A}$ mit ${}^*\mathcal{D} \restriction c = {}^*\mathcal{D} \restriction c_1 \,{}^*\!\cup\, {}^*\mathcal{D} \restriction c_2$, ${}^*\mathcal{D} \restriction c_1 \,{}^*\!\cap\, {}^*\mathcal{D} \restriction c_2 = \emptyset$ und $\emptyset \neq c_1, c_2 \subset c$:

(4) $\quad {}^*\sum \restriction c = {}^*\sum \restriction c_1 \,{}^*\!+\, {}^*\sum \restriction c_2$.

Nun sind $b, b_1, b_2 \underset{(2)}{\in} {}^*\mathfrak{A}$ mit $\emptyset \neq b_1, b_2 \subset b$. Wegen $\mathcal{D}(b_j) = H_j$ und (1) erhält man ferner

$${}^*\mathcal{D} \restriction b \underset{13.2}{=} \mathcal{D}(b) = \mathcal{D}(b_1) \cup \mathcal{D}(b_2) \underset{13.3}{=} \mathcal{D}(b_1) \,{}^*\!\cup\, \mathcal{D}(b_2) \underset{13.2}{=} {}^*\mathcal{D} \restriction b_1 \,{}^*\!\cup\, {}^*\mathcal{D} \restriction b_2$$

und analog ${}^*\mathcal{D} \restriction b_1 \,{}^*\!\cap\, {}^*\mathcal{D} \restriction b_2 = \emptyset$. Daher folgt (3) aus (4) mit $c = b$ und $c_j = b_j$.

(iii) folgt induktiv aus (ii) mit $H_j = \{i_j\}$, $j = 1, \ldots, n$. Benutze dabei, daß nach Transfer ${}^*\sum_{i \in H_j} b(i) = b(i_j)$ ist [transferiere hierzu:
$(\forall \underline{a} \in \mathcal{F})((\mathcal{W} \restriction \underline{a} \subset X \wedge \# \restriction (\mathcal{D} \restriction \underline{a}) = 1) \Rightarrow (\forall \underline{i} \in \mathcal{D} \restriction \underline{a}) \sum \restriction \underline{a} = \underline{a} \restriction \underline{i})$]. □

Wir betrachten nun *-endliche Summen in $\langle {}^*\mathbb{R}, {}^*\!+\rangle$. Wir hatten die Addition ${}^*\!+$ in ${}^*\mathbb{R}$ früher wieder mit $+$ bezeichnet. Daher soll nun auch die *-endliche Summe ${}^*\sum$ in ${}^*\mathbb{R}$ wieder mit $\sum$ bezeichnet werden. Dieses führt zu keinem Widerspruch mit der schon in ${}^*\mathbb{R}$ definierten endlichen Summe (siehe 16.2 (iii)). Sei nun $a_i \in \mathbb{R}, i \in \mathbb{N}$, und setze $s_n := \sum_{i=1}^n a_i$, dann war in § 10 für $h \in {}^*\mathbb{N}$ auch die Schreibweise ${}^*s_h = \sum_{i=1}^h {}^*a_i$ eingeführt worden. Nun ist $H := \{j \in {}^*\mathbb{N} : j \leq h\}$ eine *-endliche Menge und $H \ni i \longrightarrow {}^*a_i \in {}^*\mathbb{R}$ eine interne Abbildung. Daher ist nach 16.1, wenn wir wieder $\sum$ an Stelle von ${}^*\sum$ schreiben, $\sum_{i=1}^h {}^*a_i$ auch als *-endliche Summe definiert. In 16.4 zeigen wir, daß die für ${}^*s_h$ eingeführte Schreibweise $\sum_{i=1}^h {}^*a_i$ in der Tat die *-endliche Summe $\sum_{i=1}^h {}^*a_i$ ist.

Für das folgende Lemma, aus dem 16.4 unmittelbar folgt, sei daran erinnert (siehe vor 11.8), daß ${}^*a_{in}$ als ${}^*\mathfrak{a}(\langle i, n\rangle)$ erklärt ist. Betrachtet man analog zu $\langle \mathbb{R}, +\rangle$ jetzt $\langle \mathbb{R}, \cdot\rangle$, so schreiben wir für *-endliche Produkte analog auch $\prod$ an Stelle von ${}^*\prod$.

16.3 Lemma

Sei $a_{in} \in \mathbb{R}$ für $i \leq n \in \mathbb{N}$, und setze $s_n := \sum_{i=1}^n a_{in}$ sowie $t_n := \prod_{i=1}^n a_{in}$. Dann gilt:

(i) ${}^*s_n = \sum_{i=1}^n {}^*a_{in}$, $n \in {}^*\mathbb{N}$;

(ii) ${}^*t_n = \prod_{i=1}^n {}^*a_{in}$, $n \in {}^*\mathbb{N}$.

Beweis. ***(i)*** Betrachte die Abbildung F, die jedem $n \in \mathbb{N}$ die Funktion $\{1, \ldots, n\} \ni i \longrightarrow a_{in}$ zuordnet. Dann gilt:

$$(\forall \underline{n} \in \mathbb{N}) \mathfrak{s} \upharpoonright \underline{n} = \textstyle\sum \upharpoonright (F \upharpoonright \underline{n})$$

und somit nach Transfer

$$(\forall \underline{n} \in {}^*\mathbb{N}) {}^*\mathfrak{s} \upharpoonright \underline{n} = {}^*\textstyle\sum \upharpoonright ({}^*F \upharpoonright \underline{n}).$$

Daher genügt es zu zeigen, daß ${}^*F$ eine Abbildung ist, die jedem $n \in {}^*\mathbb{N}$ die Funktion $\{1, \ldots, n\} \ni i \longrightarrow {}^*a_{in}$ ($= {}^*\mathfrak{a} \upharpoonright \langle i, n\rangle$) zuordnet; dieses folgt durch Transfer der folgenden gültigen Aussage:

$$(\forall \underline{n} \in \mathbb{N})(\mathcal{D} \upharpoonright (F \upharpoonright \underline{n}) = \{\ \} \upharpoonright \underline{n} \ \wedge\ (\forall \underline{i} \in \{\ \} \upharpoonright \underline{n})(F \upharpoonright \underline{n}) \upharpoonright \underline{i} = \mathfrak{a} \upharpoonright \langle \underline{i}, \underline{n}\rangle).$$

(Zur Interpretation der transferierten Aussage benutze 13.2 *(i) und 14.3.)

(ii) folgt durch Ersetzung von $+$ durch $\cdot$ und $\sum$ durch $\prod$. □

Der folgende Spezialfall von 16.3 wird häufig benötigt und daher gesondert notiert. In seiner allgemeinen Form wird Lemma 16.3 z.B. bei der Darstellung von Riemann-Integralen (siehe 16.17) benutzt.

16.4 Korollar

Sei $a_i \in \mathbb{R}$ für $i \in \mathbb{N}$ und setze $s_n := \sum_{i=1}^n a_i$ sowie $t_n := \prod_{i=1}^n a_i$.
Dann gilt:

$${}^*s_n = \sum_{i=1}^n {}^*a_i\ , \quad {}^*t_n = \prod_{i=1}^n {}^*a_i \ \text{ für } n \in {}^*\mathbb{N}.$$

Beweis. Setze $a_{in} := a_i$ für $i \leq n$. Dann ist $s_n = \sum_{i=1}^{n} a_{in}$ und somit $^*s_n = \sum_{i=1}^{n} {}^*a_{in}$ nach 16.3. Da mit Transfer $^*a_{in} = {}^*a_i$ für $i \leq n$ folgt, erhalten wir die Aussage für $^*s_n$ aus 16.3 (i). Die Aussage für $^*t_n$ folgt entsprechend. □

Durch die bisherigen Festsetzungen sind in $^*\mathbb{R}$ sowohl *-endliche Summen als auch *-endliche Produkte definiert, und nach Vereinbarung schreiben wir $\sum$ bzw. $\prod$ an Stelle von $^*\sum$ bzw. $^*\prod$.

Wir berechnen im folgenden einige *-endliche Summen und Produkte, indem wir die zugehörigen endlichen Summen und Produkte berechnen und 16.4 anwenden. Es gilt für $n \in {}^*\mathbb{N}$:

$$\sum_{i=1}^{n} i = \tfrac{1}{2} \cdot n \cdot (n+1)\,; \qquad \sum_{i=1}^{n} i^3 = \tfrac{1}{4} \cdot (n \cdot (n+1))^2.$$

Wir beweisen die erste Gleichung; der Beweis der zweiten Gleichung und ähnlicher Gleichungen erfolgt analog.

Setze $a_i := i$, $i \in \mathbb{N}$, und $s_n := \sum_{i=1}^{n} a_i$, $n \in \mathbb{N}$. Dann ist $s_n = \frac{1}{2} \cdot n \cdot (n+1)$ für $n \in \mathbb{N}$, und nach Transfer gilt $^*s_n = \frac{1}{2} \cdot n \cdot (n+1)$ für $n \in {}^*\mathbb{N}$ sowie $^*a_i = i$ für $i \in {}^*\mathbb{N}$. Daher ist $\frac{1}{2} \cdot n \cdot (n+1) = \sum_{i=1}^{n} i$ für $n \in {}^*\mathbb{N}$ nach 16.4. □

Der Ausdruck $n!$ kann für $n \in {}^*\mathbb{N}$ in zweifacher Weise interpretiert werden:

erstens als Fortsetzung der Abbildung $\mathbb{N} \ni n \longrightarrow n!$,

zweitens als das *-endliche Produkt $\prod_{i=1}^{n} i$.

Diese beiden Auffassungen stimmen überein: Setzt man nämlich $t_n := \prod_{i=1}^{n} a_i$ mit $a_i := i$ für $i, n \in \mathbb{N}$, so ist $^*t_n = \prod_{i=1}^{n} {}^*a_i = \prod_{i=1}^{n} i$ für $n \in {}^*\mathbb{N}$ nach 16.4.

Analog kann mit 16.4 für jedes $x \in \mathbb{R}$ und $n \in {}^*\mathbb{N}$ der Ausdruck x^n in zweifacher Weise interpretiert werden:

erstens als Fortsetzung der Abbildung $\mathbb{N} \ni n \longrightarrow x^n$,

zweitens als n-faches *-endliches Produkt von x, d.h. genauer als $\prod_{i=1}^{n} {}^*a_i$ mit $a_i := x$ für $i \in \mathbb{N}$ und damit $^*a_i = x$ für $i \in {}^*\mathbb{N}$.

Mit Hilfe des folgenden Ergebnisses lassen sich weitere *-endliche Summen bis auf einen infinitesimalen Fehler einfach bestimmen.

16.5 Berechnung von $\sum_{i=1}^{h} {}^*a_i x^i$ für reelle x

Sei a_n, $n \in \mathbb{N}$, eine Folge reeller Zahlen und sei $a_0 \in \mathbb{R}$. Es sei $f : D \longrightarrow \mathbb{R}$ eine Funktion mit $D \subset \mathbb{R}$, so daß gilt:

$$f(x) = a_0 + \sum_{n=1}^{\infty} a_n x^n \quad \text{für alle } x \in D.$$

Dann gilt für $x \in D$:

$$f(x) \approx a_0 + \sum_{i=1}^{h} {}^*a_i x^i \quad \text{für alle } h \in {}^*\mathbb{N} - \mathbb{N}.$$

Beweis. Sei $x \in D$ fest. Setze $c_n := a_n \cdot x^n$, $n \in \mathbb{N}$. Da die Reihe $\sum_{n=1}^{\infty} c_n$ gegen $f(x) - a_0$ konvergiert, folgt nach 10.9 (i)

$$f(x) - a_0 \approx \sum_{i=1}^{h} {}^*c_i$$

für alle $h \in {}^*\mathbb{N} - \mathbb{N}$. Nun ist ${}^*c_n = {}^*a_n \cdot x^n$ für alle $n \in {}^*\mathbb{N}$: Wende hierzu 10.2 mit $\cdot$ an Stelle von $\ominus$ und $b_n = x^n$ an und benutze, daß ${}^*b_n = x^n$ für $n \in {}^*\mathbb{N}$ ist. Somit folgt die Behauptung. □

Mit 16.5 erhalten wir aus der Potenzreihenentwicklung einiger bekannter Funktionen die folgenden Formeln

$$\begin{array}{rcll} \sum_{i=1}^{h} x^i & \approx & \frac{x}{1-x} & \text{für } x \in \mathbb{R}, |x| < 1,\ h \in {}^*\mathbb{N}-\mathbb{N}; \\ 1 + \sum_{i=1}^{h} \frac{x^i}{i!} & \approx & \exp(x) & \text{für } x \in \mathbb{R},\ h \in {}^*\mathbb{N}-\mathbb{N}; \\ \sum_{i=1}^{h} (-1)^{i+1} \frac{x^i}{i} & \approx & \ln(1+x) & \text{für } x \in \mathbb{R},\ -1 < x \le 1,\ h \in {}^*\mathbb{N}-\mathbb{N}. \end{array}$$

Insbesondere ist also

$$\begin{array}{rcll} \sum_{i=1}^{h} \frac{1}{2^i} & \approx & 1 & \text{für } h \in {}^*\mathbb{N}-\mathbb{N}; \\ 1 + \sum_{i=1}^{h} \frac{1}{i!} & \approx & e & \text{für } h \in {}^*\mathbb{N}-\mathbb{N}; \\ \sum_{i=1}^{h} \frac{(-1)^{i+1}}{i} & \approx & \ln(2) & \text{für } h \in {}^*\mathbb{N}-\mathbb{N}. \end{array}$$

Die Frage, inwieweit auch für gewisse $x \in {}^*D - D$ gilt, daß ${}^*f(x) \approx a_0 + \sum_{i=1}^{h} {}^*a_i x^i$ für $h \in {}^*\mathbb{N}-\mathbb{N}$ ist, wird in § 17 beantwortet. Man beachte dabei, daß für $x \in {}^*D - D$ erst das in diesem Paragraphen eingeführte Konzept der *-endlichen Summen es ermöglicht, Ausdrücke wie $\sum_{i=1}^{h} x^i$ zu interpretieren. Dieses wird nicht durch die nur für Standardfolgen ${}^*a_i$, $i \in {}^*\mathbb{N}$, in § 10 gegebene Definition von $\sum_{i=1}^{h} {}^*a_i$ geleistet, denn x^i, $i \in {}^*\mathbb{N}$, ist für $x \in {}^*\mathbb{R}-\mathbb{R}$ keine Standardfolge.

16.6 Rechenregeln für *-endliche Summen in ${}^*\mathbb{R}$

Sei $H \neq \emptyset$ eine *-endliche Menge und seien $a, b : H \longrightarrow {}^*\mathbb{R}$ interne Funktionen sowie $\alpha, \beta \in {}^*\mathbb{R}$. Dann gilt:

(i) $a(i) \le b(i)$ für alle $i \in H \Rightarrow \sum_{i \in H} a(i) \le \sum_{i \in H} b(i)$;

(ii) $\alpha \le b(i) \le \beta$ für alle $i \in H \Rightarrow \alpha \cdot |H| \le \sum_{i \in H} b(i) \le \beta \cdot |H|$;

(iii) $\sum_{i \in H} \alpha \cdot b(i) = \alpha \sum_{i \in H} b(i)$;

(iv) $|\sum_{i \in H} b(i)| \le \sum_{i \in H} |b(i)|$.

Beweis. Wir beweisen nur den technisch schwierigsten Teil (ii). Die Teile ***(i)*** und ***(iii)*** werden in den Übungsaufgaben behandelt; ***(iv)*** folgt dann wegen:

$$\sum_{i \in H} b(i) \underset{\text{(i)}}{\le} \sum_{i \in H} |b(i)|, - \sum_{i \in H} b(i) \underset{\text{(iii)}}{=} \sum_{i \in H} -b(i) \underset{\text{(i)}}{\le} \sum_{i \in H} |b(i)|.$$

(ii) Sei $\nu \in \mathbb{N}$ so gewählt, daß $H \subset {}^*S_\nu$ ist. Dann gilt $b \in {}^*\mathfrak{A}$ (siehe 16.1). Um (ii) zu zeigen, transferieren wir die gültige Aussage:

Für alle $r, s \in \mathbb{R}$ und $c \in \mathfrak{A}$ gilt:

$$r \le c(i) \le s \text{ für } i \in \mathcal{D} \upharpoonright c \Rightarrow r \cdot \# \upharpoonright (\mathcal{D} \upharpoonright c) \le \sum \upharpoonright c \le s \cdot \# \upharpoonright (\mathcal{D} \upharpoonright c).$$

Da $\alpha, \beta \in {}^*\mathbb{R}$, $b \in {}^*\mathfrak{A}$ und $\alpha \le b(i) \le \beta$ für alle $i \in \mathcal{D}(b) \underset{13.2}{=} {}^*\mathcal{D} \upharpoonright b$ ist, gilt nach dem Transfer der obigen Aussage:

(1) $$\alpha \cdot {}^*\# \upharpoonright \mathcal{D}(b) \le {}^*\sum \upharpoonright b \le \beta \cdot {}^*\# \upharpoonright \mathcal{D}(b).$$

Nun ist $\mathcal{D}(b) = H$ nach Voraussetzung, ${}^*\# \upharpoonright H = |H|$ (siehe 14.6) und ${}^*\sum \upharpoonright b = {}^*\sum_{i \in H} b(i)$ (siehe 16.1); da wir nach Vereinbarung $\sum_{i \in H} b(i)$ an Stelle von ${}^*\sum_{i \in H} b(i)$ schreiben, folgt nun (ii) aus (1). □

Wir werden jetzt für gewisse beschränkte Funktionen einen Integralbegriff bzgl. eines vorgegebenen Inhaltes entwickeln. Es wird sich herausstellen, daß Integrale bis auf einen infinitesimalen Fehler durch *-endliche Summen berechenbar sind. Unser Integralbegriff wird eine Verallgemeinerung des Riemannschen Integralbegriffs sein und mit Hilfe von Unter- und Obersummen eingeführt werden. Hierzu benötigen wir das folgende Konzept der endlichen $\mathcal{A}$-Zerlegung.

16.7 Endliche $\mathcal{A}$-Zerlegungen

Sei $\mathcal{A}$ eine Algebra über Ω. Ist $\mathbf{A} : \{1, \ldots, n\} \longrightarrow \mathcal{A}$ mit $n \in \mathbb{N}$, so heißt $\mathbf{A}$ eine *endliche $\mathcal{A}$-Zerlegung* von Ω, falls gilt:

$$\emptyset \ne A_i := \mathbf{A}(i) \in \mathcal{A},\ i = 1, \ldots, n, \text{ disjunkt und } \cup_{i=1}^n A_i = \Omega.$$

Es bezeichne $\mathcal{Z} = \mathcal{Z}(\mathcal{A})$ das System aller endlichen $\mathcal{A}$-Zerlegungen von Ω.

Sind $\mathbf{A} : \{1, \ldots, n\} \longrightarrow \mathcal{A}$ und $\mathbb{B} : \{1, \ldots, m\} \longrightarrow \mathcal{A}$ zwei endliche $\mathcal{A}$-Zerlegungen von Ω, so heißt $\mathbb{B}$ eine *Verfeinerung* von $\mathbf{A}$, wenn jedes B_j Teilmenge eines A_i ist. Dieses ist gleichbedeutend damit, daß jedes A_i disjunkte Vereinigung von gewissen B_j ist.

Man sieht leicht, daß es zu endlich vielen $\mathbf{A}^{(1)}, \ldots, \mathbf{A}^{(k)} \in \mathcal{Z}$ stets ein $\mathbb{B} \in \mathcal{Z}$ gibt, welches eine Verfeinerung von allen $\mathbf{A}^{(1)}, \ldots, \mathbf{A}^{(k)}$ ist (siehe hierzu die Aufgaben 3 und 4).

Ist $\mu : \mathcal{A} \longrightarrow [0, \infty[$ ein Inhalt (siehe 14.10 (ii)), $\mathbf{A} \in \mathcal{Z}$ und $f : \Omega \longrightarrow \mathbb{R}$ beschränkt, so heißen

$$U(f, \mathbf{A}) := U(f, \mathbf{A}, \mu) := \sum_{i=1}^n \inf_{\omega \in A_i} f(\omega)\, \mu(A_i) \quad (\in \mathbb{R})$$

$$O(f, \mathbf{A}) := O(f, \mathbf{A}, \mu) := \sum_{i=1}^n \sup_{\omega \in A_i} f(\omega)\, \mu(A_i) \quad (\in \mathbb{R})$$

die *Untersumme* bzw. *Obersumme* von f bzgl. der endlichen $\mathcal{A}$-Zerlegung $\mathbf{A} : \{1, \ldots, n\} \longrightarrow \mathcal{A}$. Sind $\mathbf{A}_1, \mathbf{A}_2 \in \mathcal{Z}$ und ist $\mathbb{B} \in \mathcal{Z}$ eine gemeinsame Verfeinerung, so gilt:

16.8 $$U(f, \mathbf{A}_1) \le U(f, \mathbb{B}) \le O(f, \mathbb{B}) \le O(f, \mathbf{A}_2).$$

Nach 16.8 gilt also generell $\sup_{\mathbb{A} \in \mathcal{Z}} U(f, \mathbf{A}) \le \inf_{\mathbb{A} \in \mathcal{Z}} O(f, \mathbf{A})$; genau die Funktionen werden nun integrierbar genannt, für die nicht nur $\le$, sondern sogar $=$ gilt.

16.9 Der Integralbegriff für Inhalte

Sei $\mathcal{A}$ eine Algebra über Ω und sei $\mu : \mathcal{A} \longrightarrow [0, \infty[$ ein Inhalt. Dann heißt eine beschränkte Funktion $f : \Omega \longrightarrow \mathbb{R}$ *μ-integrierbar*, falls eine der beiden äquivalenten Bedingungen erfüllt ist:

(i) $\sup_{\mathbb{A} \in \mathcal{Z}} U(f, \mathbb{A}) = \inf_{\mathbb{A} \in \mathcal{Z}} O(f, \mathbb{A})$.

(ii) Für jedes $\varepsilon \in \mathbb{R}_+$ gibt es ein $\mathbb{A} \in \mathcal{Z}$ mit $O(f, \mathbb{A}) - U(f, \mathbb{A}) \leq \varepsilon$.

Das System aller beschränkten μ-integrierbaren Funktionen wird mit $L^b(\mu)$ bezeichnet.

Ist $f \in L^b(\mu)$, so schreiben wir $\int f d\mu$ oder $\int f(\omega)\mu(d\omega)$ für den gemeinsamen Wert in (i).

Beweis. Zu zeigen ist die Äquivalenz von (i) mit (ii).
(i)⇒ (ii) Sei $\varepsilon \in \mathbb{R}_+$. Dann gibt es nach (i) $\mathbb{A}_1, \mathbb{A}_2 \in \mathcal{Z}$ mit $O(f, \mathbb{A}_2) - U(f, \mathbb{A}_1) \leq \varepsilon$. Somit folgt (ii) mit $\mathbb{A} := \mathbb{B}$ aus 16.8.
(ii)⇒ (i) Sei $\varepsilon \in \mathbb{R}_+$. Für (i) ist zu zeigen: $\sup_{\mathbb{B} \in \mathcal{Z}} U(f, \mathbb{B}) \geq \inf_{\mathbb{B} \in \mathcal{Z}} O(f, \mathbb{B}) - \varepsilon$.
Dieses folgt, da nach Voraussetzung $U(f, \mathbb{A}) \geq O(f, \mathbb{A}) - \varepsilon$ für ein $\mathbb{A} \in \mathcal{Z}$ ist. □

Für $A \in \mathcal{A}$ gilt:

- $1_A \in L^b(\mu)$ und $\int 1_A d\mu = \mu(A)$;

dabei ist

$$1_A(\omega) := 1 \text{ bzw. } 0 \quad \text{für} \quad \omega \in A \text{ bzw. } \omega \notin A.$$

Ferner gilt:

- $L^b(\mu)$ ist ein linearer Raum,
- $L^b(\mu) \ni f \longrightarrow \int f d\mu \in \mathbb{R}$ ist ein positives lineares Funktional.

Der Nachweis dieser vier Eigenschaften wird in Aufgabe 5 geführt. Wir nennen dabei eine Abbildung $\ell : L \longrightarrow \mathbb{R}$ ein *positives lineares Funktional*, falls $L \subset \mathbb{R}^\Omega$ ein linearer Raum ist und falls für alle $f, g \in L$ gilt:

(i) $f \geq 0 \Longrightarrow \ell(f) \geq 0$;

(ii) $\ell(\alpha f + \beta g) = \alpha\ell(f) + \beta\ell(g)$ für $\alpha, \beta \in \mathbb{R}$.

Ein positives lineares Funktional ist auch *monoton,* d.h. für $f, g \in L$ gilt:

$$f \leq g \Longrightarrow \ell(f) \leq \ell(g).$$

Nach 10.10 ist also z.B. ein Banach-Limes ein positives lineares Funktional auf dem linearen Raum $L \subset \mathbb{R}^{\mathbb{N}}$ der beschränkten Folgen.

Das folgende Ergebnis zeigt, daß jede Einführung eines Integralbegriffes zwangsläufig zu dem Wert $\int f d\mu$ aus 16.9 führen muß, wenn der Integraloperator ℓ ein positives lineares Funktional werden soll, welches zumindest auf $L^b(\mu)$ erklärt ist und für welches die kanonische Festsetzung $\ell(1_A) = \mu(A)$, $A \in \mathcal{A}$, gelten soll.

16.10 Eindeutigkeitssatz für Integrale

Sei $\mu : \mathcal{A} \longrightarrow [0,\infty[$ ein Inhalt und sei $\ell : L^b(\mu) \longrightarrow \mathbb{R}$ ein positives lineares Funktional mit $\ell(1_A) = \mu(A)$ für alle $A \in \mathcal{A}$. Dann gilt:

$$\ell(f) = \int f d\mu \text{ für alle } f \in L^b(\mu).$$

Beweis. Sei $f \in L^b(\mu)$ und $\varepsilon \in \mathbb{R}_+$; es genügt zu zeigen:

$$|\ell(f) - \int f d\mu| \le \varepsilon.$$

Wegen $f \in L^b(\mu)$ existiert nach 16.9 eine endliche $\mathcal{A}$-Zerlegung

$$\mathbf{A} : \{1, \dots, n\} \longrightarrow \mathcal{A}$$

von Ω mit

(1) $\quad O(f,\mathbf{A}) - \varepsilon \underset{16.9}{\le} U(f,\mathbf{A}) \le \int f d\mu \le O(f,\mathbf{A}) \underset{16.9}{\le} U(f,\mathbf{A}) + \varepsilon.$

Setze

$$g := \sum_{i=1}^n \inf_{\omega\in A_i} f(\omega) \cdot 1_{A_i}, \qquad h := \sum_{i=1}^n \sup_{\omega\in A_i} f(\omega) \cdot 1_{A_i}.$$

Dann ist $g \le f \le h$ sowie $g,\, h \in L^b(\mu)$. Da ℓ als positives lineares Funktional (auf dem linearen Raum $L^b(\mu)$) monoton ist, folgt somit:

(2) $\quad \ell(g) \le \ell(f) \le \ell(h).$

Aus der Definition der Unter- und Obersummen, und weil ℓ ein lineares Funktional mit $\ell(1_A) = \mu(A)$ für $A \in \mathcal{A}$ ist, folgt:

(3) $\quad U(f,\mathbf{A}) = \ell(g)\,,\ O(f,\mathbf{A}) = \ell(h).$

Aus (1), (2), (3) erhalten wir nun

$$\ell(f) - \varepsilon \underset{(2)}{\le} \ell(h) - \varepsilon \underset{(3),(1)}{\le} \int f d\mu \underset{(3),(1)}{\le} \ell(g) + \varepsilon \underset{(2)}{\le} \ell(f) + \varepsilon\,,$$

d.h. es ist $|\ell(f) - \int f d\mu| \le \varepsilon.$ □

Der folgende Satz beschreibt eine wichtige Klasse von Funktionen, die bzgl. aller Inhalte $\mu : \mathcal{A} \longrightarrow [0,\infty[$ integrierbar sind.

16.11 $\mathcal{A}$-meßbare beschränkte Funktionen sind integrierbar

Sei $\mathcal{A}$ eine Algebra über Ω. Eine Funktion $f\colon \Omega \longrightarrow \mathbb{R}$ heißt *$\mathcal{A}$-meßbar,* wenn gilt:

$$\{\omega \in \Omega\colon f(\omega) < r\} \in \mathcal{A} \text{ für alle } r \in \mathbb{R}.$$

Ist $\mu : \mathcal{A} \longrightarrow [0,\infty[$ ein Inhalt, so gilt:

Jede beschränkte $\mathcal{A}$-meßbare Funktion ist μ-integrierbar.

Beweis. Sei $f\colon \Omega \longrightarrow \mathbb{R}$ beschränkt und $\mathcal{A}$-meßbar. Da f beschränkt ist, existiert ein $m \in \mathbf{N}$ mit $-m \le f < +m$.

Sei $n \in \mathbf{N}$ beliebig. Da f $\mathcal{A}$-meßbar und $\mathcal{A}$ eine Algebra ist, folgt:

$A_i := \{\omega \in \Omega : -m + \frac{i-1}{n} \le f(\omega) < -m + \frac{i}{n}\} \in \mathcal{A}$ für $i = 1, \dots, 2mn,$

A_i , $i = 1, \dots, 2mn$ sind disjunkt mit $\bigcup_{i=1}^{2mn} A_i = \Omega.$

Sei $\mathbf{A}$ die durch A_i, $i = 1, \ldots, 2mn$, gegebene endliche $\mathcal{A}$-Zerlegung von Ω. Dann gilt nach Definition der A_i und da μ ein Inhalt ist:

$$O(f, \mathbf{A}) - U(f, \mathbf{A}) \leq \sum_{i=1}^{2mn} \tfrac{1}{n}\mu(A_i) = \tfrac{1}{n}\mu(\Omega).$$

Daher ist f μ-integrierbar nach 16.9 (ii). □

Ist $\mathcal{A} = \mathcal{P}(\Omega)$, dann ist nach 16.11 jede beschränkte Funktion μ-integrierbar.

In 16.7 hatten wir das System $\mathcal{Z} = \mathcal{Z}(\mathcal{A})$ aller endlichen $\mathcal{A}$-Zerlegungen eingeführt, das zur Standard-Beschreibung des Integrals diente. Zur Nichtstandard-Beschreibung des Integrals untersuchen wir als erstes das System ${}^*\mathcal{Z}$.

16.12 *-Endliche *$\mathcal{A}$-Zerlegungen

Sei $\mathcal{A}$ eine Algebra über $\Omega \in \widehat{S} - S$. Ist $\mathbf{A} : \{1, \ldots, h\} \longrightarrow {}^*\mathcal{A}$ mit $h \in {}^*\mathbb{N}$, so heißt $\mathbf{A}$ eine **-endliche *$\mathcal{A}$-Zerlegung* von ${}^*\Omega$, falls $\mathbf{A}$ intern ist und falls gilt:

$$\emptyset \neq A_i := \mathbf{A}(i) \in {}^*\mathcal{A}\ ,\ \ i = 1, \ldots, h, \text{ disjunkt und } \cup_{i=1}^{h} A_i = {}^*\Omega.$$

Das System aller *-endlichen *$\mathcal{A}$-Zerlegungen von ${}^*\Omega$ ist der *-Wert ${}^*\mathcal{Z}$ des Systems $\mathcal{Z}$ aller endlichen $\mathcal{A}$-Zerlegungen von Ω.

Beweis. Sei $\Omega \in S_\nu - S$ und $\mathcal{F}$ das System aller Funktionen $\mathbf{A} \subset S_\nu \times S_\nu$ (siehe 13.4). Wir beschreiben $\mathcal{Z}$ mit Hilfe einer geeigneten Formel $\varphi[\underline{\mathbf{A}}]$ als

(1) $\quad \mathcal{Z} = \{\mathbf{A} \in \mathcal{F} : \varphi[\mathbf{A}] \text{ ist gültig}\}$

und erhalten anschließend die gewünschte Beschreibung von ${}^*\mathcal{Z}$ mit 7.5.
Nun ist $\mathbf{A} \in \mathcal{Z}$ genau dann, wenn $\mathbf{A} \in \mathcal{F}$ ist und wenn gilt:

$$\begin{aligned} &\exists n \in \mathbb{N} \text{ mit } \mathcal{D}(\mathbf{A}) = \{1, \ldots, n\} \\ &\text{und } (\forall i \in \mathcal{D}(\mathbf{A}))(\mathbf{A}(i) \neq \emptyset \wedge \mathbf{A}(i) \in \mathcal{A}) \\ &\text{und } \forall i, j \in \mathcal{D}(\mathbf{A}) \text{ mit } i \neq j \text{ ist } \mathbf{A}(i) \cap \mathbf{A}(j) = \emptyset \\ &\text{und } (\forall x \in \Omega)(\exists i \in \mathcal{D}(\mathbf{A})) \text{ mit } x \in \mathbf{A}(i). \end{aligned}$$

Zur Beschreibung von $\mathcal{Z}$ setze also:

$$\begin{aligned} \varphi[\underline{\mathbf{A}}] \equiv\ & (\exists \underline{n} \in \mathbb{N})\mathcal{D} \upharpoonright \underline{\mathbf{A}} = \{\ \} \upharpoonright \underline{n} \\ & \wedge (\forall \underline{i} \in \mathcal{D} \upharpoonright \underline{\mathbf{A}})(\underline{\mathbf{A}} \upharpoonright \underline{i} \neq \emptyset \wedge \underline{\mathbf{A}} \upharpoonright \underline{i} \in \mathcal{A}) \\ & \wedge (\forall \underline{i}, \underline{j} \in \mathcal{D} \upharpoonright \underline{\mathbf{A}})(\underline{i} \neq \underline{j} \Rightarrow \underline{\mathbf{A}} \upharpoonright \underline{i} \cap \underline{\mathbf{A}} \upharpoonright \underline{j} = \emptyset) \\ & \wedge (\forall \underline{x} \in \Omega)(\exists \underline{i} \in \mathcal{D} \upharpoonright \underline{\mathbf{A}})\, \underline{x} \in \underline{\mathbf{A}} \upharpoonright \underline{i}. \end{aligned}$$

Aus (1) und 7.5 folgt:

(2) $\quad {}^*\mathcal{Z} = \{\mathbf{A} \in {}^*\mathcal{F} : {}^*\varphi[\mathbf{A}] \text{ ist gültig}\}.$

Die Bestimmung von ${}^*\mathcal{F}$ (siehe 13.4) und ${}^*\varphi$ liefert nun die Behauptung (benutze hierzu 13.2 *(i), 14.3 und 13.3). □

Sei $\mathbf{A} : \{1, \ldots, h\} \longrightarrow {}^*\mathcal{A}$ eine *-endliche *$\mathcal{A}$-Zerlegung von ${}^*\Omega$, d.h. $\mathbf{A} \in {}^*\mathcal{Z}$. Dann heißt eine Abbildung $\omega : \{1, \ldots, h\} \longrightarrow {}^*\Omega$ eine *interne Auswahl* zu $\mathbf{A}$, falls gilt:

$$\omega \text{ intern, } \omega_i \in A_i \text{ für } i = 1, \ldots, h.$$

Wir schreiben hierfür auch:

$$\omega_i \in A_i, \ i = 1, \ldots, h, \ \text{ist eine } \textit{interne Auswahl}.$$

Zu jedem $\mathbf{A} \in {}^*\mathcal{Z}$ gibt es nun eine interne Auswahl; dieses folgt durch Transfer der gültigen Aussage:

$$(\forall \underline{\mathbf{A}} \in \mathcal{Z})(\exists \underline{\omega} \in \mathcal{F})(\mathcal{D} \upharpoonright \underline{\mathbf{A}} = \mathcal{D} \upharpoonright \underline{\omega} \wedge (\forall \underline{i} \in \mathcal{D} \upharpoonright \underline{\omega})(\underline{\omega} \upharpoonright \underline{i} \in \underline{\mathbf{A}} \upharpoonright \underline{i})).$$

Hierdurch ist auf Grund des folgenden Satzes gewährleistet, daß man zu jedem Inhalt $\mu : \mathcal{A} \longrightarrow [0, \infty[$ und jedem $\mathbf{A} \in {}^*\mathcal{Z}$ ein positives lineares Funktional ℓ auf dem System $B(\Omega)$ aller beschränkten Funktionen konstruieren kann. Dieses lineare Funktional ℓ wird in der Regel nicht mit dem μ-Integral über $L^b(\Omega)$ übereinstimmen; für spezielle $\mathbf{A}$ wird dieses jedoch der Fall sein (siehe 16.14).

16.13 Konstruktion positiver linearer Funktionale zu *-endlichen *$\mathcal{A}$-Zerlegungen

Sei $\mathcal{A}$ eine Algebra über $\Omega \in \widehat{S} - S$ und sei $\mu : \mathcal{A} \longrightarrow [0, \infty[$ ein Inhalt. Sei ferner $\mathbf{A} : \{1, \ldots, h\} \longrightarrow {}^*\mathcal{A}$ eine *-endliche *$\mathcal{A}$-Zerlegung von ${}^*\Omega$, und sei $\omega_i \in A_i$, $i = 1, \ldots, h$, eine interne Auswahl.

Setze für jede beschränkte Funktion $f \in \mathbb{R}^\Omega$

$$\ell(f) := st(\textstyle\sum_{i=1}^h {}^*f(\omega_i){}^*\mu(A_i)).$$

Dann ist ℓ $(= \ell_{\mathbf{A},\omega,\mu})$ ein positives lineares Funktional auf dem Raum $B(\Omega)$ aller beschränkten Funktionen von Ω nach $\mathbb{R}$.

Beweis. Wir werden zeigen, daß für $f \in B(\Omega)$ gilt:

(1) $\quad \{1, \ldots, h\} \ni i \longrightarrow {}^*f(\omega_i){}^*\mu(A_i)$ ist intern;

(2) $\quad \sum_{i=1}^h {}^*f(\omega_i){}^*\mu(A_i) \in fin({}^*\mathbb{R})$.

Aus (2) folgt dann $\ell(f) \in \mathbb{R}$. Aus (1), ${}^*f \geq 0$ für $f \geq 0$, ${}^*(f+g) = {}^*f + {}^*g$ und ${}^*(\alpha f) = \alpha {}^*f$ folgt, daß ℓ ein positives lineares Funktional über $B(\Omega)$ ist (benutze hierzu die Rechenregeln 16.6 (i), 16.2 (i) und 16.6 (iii) sowie die Rechenregeln für die Abbildung st aus 9.5).

Zu (1): Die Funktion in (1) ist die Funktion $({}^*f \circ \omega) \cdot ({}^*\mu \circ \mathbf{A})$. Da Kompositionen und Produkte interner Funktionen intern sind (siehe 8.13 (iii) und Aufgabe 8.8), folgt (1).

Zu (2): Wir zeigen zunächst:

(3) $\quad \sum_{i=1}^h {}^*\mu(A_i) = \mu(\Omega)$.

Setze hierzu $\mathbb{F}(\mathbb{B}) := \mu \circ \mathbb{B}$ für $\mathbb{B} \in \mathcal{Z}$ und transferiere die gültige Aussage

$$(\forall \underline{\mathbb{B}} \in \mathcal{Z}) \textstyle\sum \upharpoonright (\mathbb{F} \upharpoonright \underline{\mathbb{B}}) = \mu(\Omega).$$

Wegen $\mathbf{A} \in {}^*\mathcal{Z}$ und $({}^*\mathbb{F} \upharpoonright \mathbf{A}) \upharpoonright i = {}^*\mu \upharpoonright (\mathbf{A} \upharpoonright i) = {}^*\mu(A_i)$ für $i \in \mathcal{D}(\mathbf{A}) = \{1, \ldots, h\}$, folgt (3).

Da f beschränkt ist, existiert ein $c \in \mathbb{R}_+$ mit $|f| \leq c$. Somit ist $|{}^*f(\omega_i)| \leq c$, und es folgt:

$$|\sum_{i=1}^{h} {}^*f(\omega_i){}^*\mu(A_i)| \underset{16.6}{\leq} \sum_{i=1}^{h} c^*\mu(A_i) \underset{16.6(\text{iii})}{=} c\sum_{i=1}^{h} {}^*\mu(A_i) \underset{(3)}{=} c\mu(\Omega) \in \mathbb{R}.$$

Also ist $\sum_{i=1}^{h} {}^*f(\omega_i){}^*\mu(A_i) \in fin({}^*\mathbb{R})$. □

Im allgemeinen wird nicht $\ell(f) = \ell_{\mathbb{A},\omega,\mu}(f) = \int f d\mu$ für alle $f \in L^b(\mu)$ gelten (wähle z.B. $\mathbb{A}$: $\{1\} \longrightarrow {}^*\mathcal{A}$ mit $\mathbb{A}(1) := {}^*\Omega$). Der folgende Satz zeigt jedoch, daß es eine feste *-endliche ${}^*\mathcal{A}$-Zerlegung $\mathbb{A}$ von ${}^*\Omega$ gibt, so daß für *jeden* Inhalt $\mu : \mathcal{A} \to [0, \infty[$ und *jede* interne Auswahl ω zu $\mathbb{A}$ gilt:

$$\ell_{\mathbb{A},\omega,\mu}(f) = \int f d\mu \quad \text{für } alle \quad f \in L^b(\mu),$$

wobei $\ell_{\mathbb{A},\omega,\mu}$ die in 16.13 konstruierten positiven linearen Funktionale sind. Es erweist sich somit insbesondere, daß Integrale bis auf einen infinitesimalen Fehler *-endliche „Zwischensummen" sind.

16.14 Darstellung von Integralen durch *-endliche Summen

Sei $* : \widehat{S} \longrightarrow \widehat{{}^*S}$ eine starke Nichtstandard-Einbettung. Sei $\mathcal{A}$ eine Algebra über $\Omega \in \widehat{S} - S$.

Dann gibt es eine *-endliche ${}^*\mathcal{A}$-Zerlegung $\mathbb{A} : \{1, \ldots, h\} \longrightarrow {}^*\mathcal{A}$ von ${}^*\Omega$, so daß für *jeden* Inhalt $\mu : \mathcal{A} \longrightarrow [0, \infty[$ und für *jede* beschränkte μ-integrierbare Funktion f gilt:

$$\int f d\mu \approx \sum_{i=1}^{h} {}^*f(\omega_i){}^*\mu(A_i)$$

für *jede* interne Auswahl $\omega_i \in A_i$, $i = 1, \ldots, h$.

Beweis. Sei $\mu : \mathcal{A} \longrightarrow [0, \infty[$ ein Inhalt, f eine beschränkte μ-integrierbare Funktion und $\varepsilon \in \mathbb{R}_+$. Setze

$$\mathcal{Z}_{\mu,f,\varepsilon} := \{\mathbb{A} \in \mathcal{Z} : |\int f d\mu - \sum_{i \in \mathcal{D}(\mathbb{A})} f(\omega_i)\mu(A_i)| \leq \varepsilon \text{ für jede Auswahl } \omega_i \in A_i\,,\ i \in \mathcal{D}(\mathbb{A})\}.$$

Wir zeigen

(1) $\{\mathcal{Z}_{\mu,f,\varepsilon} : \mu \text{ Inhalt}, f\ \mu\text{-integrierbar}, \varepsilon \in \mathbb{R}_+\}$ besitzt nicht-leere endliche Durchschnitte;

(2) $${}^*\mathcal{Z}_{\mu,f,\varepsilon} = \{\mathbb{A} \in {}^*\mathcal{Z} : |\int f d\mu - \sum_{i \in \mathcal{D}(\mathbb{A})} {}^*f(\omega_i){}^*\mu(A_i)| \leq \varepsilon \text{ für jede interne Auswahl } \omega_i \in A_i\,,\ i \in \mathcal{D}(\mathbb{A})\}.$$

Aus (1), (2) erhalten wir wie folgt die Behauptung: Da * eine starke Nichtstandard-Einbettung ist, folgt wegen (1), daß es ein $\mathbb{A} \in {}^*\mathcal{Z}$ gibt, das in sämtlichen ${}^*\mathcal{Z}_{\mu,f,\varepsilon}$ liegt (siehe 15.2). Da ${}^*\mathcal{Z}$ aus allen *-endlichen ${}^*\mathcal{A}$-Zerlegungen von ${}^*\Omega$ besteht (siehe 16.12), folgt aus (2) die Behauptung.

Zu (1): Seien μ_j, f_j, ε_j für $j = 1, \ldots, k$ gegeben. Es ist zu zeigen:

$$\cap_{j=1}^{k} \mathcal{Z}_{\mu_j,f_j,\varepsilon_j} \neq \emptyset;$$

d.h. es ist ein $\mathbb{A} \in \mathcal{Z}$ zu finden, so daß gilt:

(3) $|\int f_j d\mu_j - \sum\limits_{i \in \mathcal{D}(\mathbb{A})} f_j(\omega_i)\mu_j(A_i)| \leq \varepsilon_j$ für jede Auswahl $\omega_i \in A_i$, $i \in \mathcal{D}(\mathbb{A})$.

Nach Definition des Integrals (siehe 16.9) existieren Zerlegungen $\mathbf{A}^{(j)} \in \mathcal{Z}$ mit

(4) $O(f_j, \mathbf{A}^{(j)}, \mu_j) - U(f_j, \mathbf{A}^{(j)}, \mu_j) \leq \varepsilon_j$.

Sei nun $\mathbf{A} \in \mathcal{Z}$ eine Verfeinerung von $\mathbf{A}^{(1)}, \ldots, \mathbf{A}^{(k)}$. Dann gilt nach (4) und 16.8 (angewandt auf $\mathbb{B} := \mathbf{A}$ und $\mathbf{A}_1 = \mathbf{A}_2 := \mathbf{A}^{(j)}$):

(5) $O(f_j, \mathbf{A}, \mu_j) - U(f_j, \mathbf{A}, \mu_j) \leq \varepsilon_j$ für $j = 1, \ldots, k$.

Ferner gilt für $j = 1, \ldots, k$ und für jede Auswahl $\omega_i \in A_i$, $i \in \mathcal{D}(\mathbf{A})$:

(6) $\sum_{i \in \mathcal{D}(\mathbb{A})} f_j(\omega_i)\mu_j(A_i)$, $\int f_j d\mu_j \in [U(f_j, \mathbf{A}, \mu_j), O(f_j, \mathbf{A}, \mu_j)]$.

Aus (5) und (6) folgt die zu beweisende Relation (3).

Zu (2): Wir beschreiben zunächst $\mathcal{Z}_{\mu,f,\varepsilon}$ mit Hilfe einer geeigneten Formel $\varphi[\underline{\mathbf{A}}]$ als

(7) $\mathcal{Z}_{\mu,f,\varepsilon} = \{\mathbf{A} \in \mathcal{Z} : \varphi[\mathbf{A}] \text{ ist gültig}\}$

und erhalten anschließend die gewünschte Darstellung von ${}^*\mathcal{Z}_{\mu,f,\varepsilon}$ mit 7.5. Zur Beschreibung von $\varphi[\underline{\mathbf{A}}]$ verwenden wir das Funktionensystem $\mathcal{F}$ aus 13.4 und die Abbildung $\sum$ für $X = \mathbb{R}$ aus 16.1. Ferner bezeichnen wir mit G die Abbildung, die jedem $\langle \mathbf{A}, \omega \rangle$ mit $\mathbf{A} \in \mathcal{Z}$, $\omega \in \mathcal{F}$, $\mathcal{D}(\mathbf{A}) = \mathcal{D}(\omega)$ und $\omega(i) \in \mathbf{A}(i)$ für $i \in \mathcal{D}(\mathbf{A})$ die Abbildung

$$\mathcal{D}(\mathbf{A}) \ni i \longrightarrow f(\omega(i))\mu(\mathbf{A}(i)) \text{ zuordnet.}$$

Für jedes solche Paar $\langle \mathbf{A}, \omega \rangle$ gilt nun:

$$\textstyle\sum \upharpoonright (G \upharpoonright \langle \mathbf{A}, \omega \rangle) = \sum_{i \in \mathcal{D}(\mathbb{A})} f(\omega_i)\mu(A_i).$$

Sei $c := \int f d\mu$, dann gilt (7) mit

$$\varphi[\underline{\mathbf{A}}] \equiv (\forall \underline{\omega} \in \mathcal{F})((\mathcal{D} \upharpoonright \underline{\mathbf{A}} = \mathcal{D} \upharpoonright \underline{\omega} \wedge (\forall \underline{i} \in \mathcal{D} \upharpoonright \underline{\mathbf{A}})\underline{\omega} \upharpoonright \underline{i} \in \underline{\mathbf{A}} \upharpoonright \underline{i})$$
$$\Rightarrow |c - \textstyle\sum \upharpoonright (G \upharpoonright \langle \underline{\mathbf{A}}, \underline{\omega} \rangle)| \leq \varepsilon).$$

Aus (7) und 7.5 folgt

$${}^*\mathcal{Z}_{\mu,f,\varepsilon} = \{\mathbf{A} \in {}^*\mathcal{Z} : {}^*\varphi[\mathbf{A}] \text{ ist gültig}\}.$$

Die Bestimmung von ${}^*G$ und ${}^*\varphi$ liefert nun (2), benutze hierbei 13.2 *(i), 13.4 und 16.1. □

Sei $\mu : \mathcal{A} \longrightarrow [0, \infty[$ ein Inhalt. Wähle die Superstruktur $\widehat{S}$ so, daß $\Omega \in \widehat{S} - S$ ist und wähle eine starke Nichtstandard-Einbettung $* : \widehat{S} \longrightarrow \widehat{{}^*S}$ (zur Existenz siehe § 36). Wähle nun die nach 16.14 existierende ${}^*\mathcal{A}$-Zerlegung $\mathbf{A}$ von ${}^*\Omega$ sowie eine interne Auswahl ω von $\mathbf{A}$ (eine solche Auswahl existiert, wie wir vor 16.13 gezeigt haben). Dann ist $\ell = \ell_{\mathbb{A},\omega,\mu}$ nach 16.13 ein positives lineares Funktional über $B(\Omega)$ mit $\ell(f) = \int f d\mu$ für $f \in L^b(\mu)$ (siehe 16.14). Da ℓ ein positives lineares Funktional auf $B(\Omega)$ ist, liefert $\nu(A) := \ell(1_A), A \subset \Omega$ einen Inhalt auf $\mathcal{P}(\Omega)$, und es gilt:

$$\mu(A) = \int 1_A d\mu = \ell(1_A) = \nu(A), \quad A \in \mathcal{A}.$$

Also ist ν ein Inhalt auf $\mathcal{P}(\Omega)$, der μ fortsetzt, und wir haben das folgende Ergebnis der Maßtheorie gezeigt:

16.15 Fortsetzungssatz für Inhalte

Sei $\mathcal{A}$ eine Algebra über Ω. Dann kann jeder Inhalt $\mu : \mathcal{A} \longrightarrow [0, \infty[$ zu einem Inhalt auf $\mathcal{P}(\Omega)$ fortgesetzt werden.

Sei erneut $\mathbf{A} \in {}^*\mathcal{Z}(\mathcal{A})$ wie in 16.14 und $\omega_i \in A_i$, $i = 1, \ldots, h$, eine feste interne Auswahl zu $\mathbf{A}$. Setze $H := \{\omega_i : i = 1, \ldots, h\}$. Dann ist H eine *-endliche Teilmenge von ${}^*\Omega$ (siehe 14.5 (iii)), und es gilt nach 16.14:

$$\int f d\mu \approx \sum_{\omega \in H} {}^*f(\omega)c(\omega) \quad \text{mit} \quad c(\omega_i) = {}^*\mu(A_i).$$

Es ist also $\int f d\mu$ bis auf einen infinitesimalen Fehler ein gewichtetes Mittel der Funktionswerte ${}^*f(\omega)$ über der *-endlichen Menge $H \subset {}^*\Omega$. Man beachte dabei, daß dieses H weder von f noch von μ abhängt.

Das folgende Ergebnis zeigt, daß man $\int f dP$ für stetige W-Inhalte P sogar als arithmetisches Mittel (d.h. $c(\omega) = 1/|H|$) der Funktionswerte ${}^*f(\omega)$ über einer geeigneten *-endlichen Menge H infinitesimal genau beschreiben kann. Diese Menge H wird nicht von f, muß aber natürlich von P abhängen. Zur Definition von stetigen W-Inhalten siehe 14.10.

16.16 Darstellung von Integralen bzgl. stetiger W-Inhalte durch *-arithmetische Mittel

Sei $* : \widehat{S} \longrightarrow \widehat{{}^*S}$ eine starke Nichtstandard-Einbettung. Sei $\mathcal{A}$ eine Algebra über $\Omega \in \widehat{S} - S$ und P ein stetiger W-Inhalt auf $\mathcal{A}$.
Dann existiert eine nicht-leere *-endliche Menge $H \subset {}^*\Omega$, so daß für jede beschränkte P-integrierbare Funktion f gilt:

$$\int f dP \approx \frac{1}{|H|} \sum_{\omega \in H} {}^*f(\omega).$$

Beweis. Nach 15.6 existiert eine *-endliche Menge $H \subset {}^*\Omega$ mit

(1) $\quad \int 1_A dP = P(A) = st(\frac{|{}^*A \cap H|}{|H|})$ für alle $A \in \mathcal{A}$.

Für $f \in L^b(P)$ setze

$$\ell(f) := st(\tfrac{1}{|H|} \textstyle\sum_{\omega \in H} {}^*f(\omega)).$$

Dann ist ℓ ein positives lineares Funktional auf $L^b(P)$. Nach 16.10 reicht es daher zu zeigen, daß $\ell(1_A) = P(A)$ für alle $A \in \mathcal{A}$ ist. Da nach Transfer $|{}^*A \cap H| = \sum_{\omega \in H} {}^*(1_A)(\omega)$ ist, folgt dieses aus (1). □

Das folgende Ergebnis zeigt, daß man Riemann-Integrale über $[0, 1]$ als arithmetische Mittel mit speziellen *-endlichen Mengen H darstellen kann, nämlich mit den Mengen $H = \{\frac{i}{h} : i = 1, \ldots, h\}$ für $h \in {}^*\mathbb{N} - \mathbb{N}$.

16.17 Darstellung von Riemann-Integralen durch spezielle *-arithmetische Mittel

Sei $f : [0,1] \longrightarrow \mathbb{R}$ eine Riemann-integrierbare Funktion. Dann gilt für jedes $h \in {}^*\mathbb{N} - \mathbb{N}$:

$$\int_0^1 f(t)\,dt \approx \frac{1}{h}\sum_{i=1}^{h} {}^*f(\tfrac{i}{h}).$$

Beweis. Setze $s_n := \frac{1}{n}\sum_{i=1}^{n} f(\frac{i}{n})$, $n \in \mathbb{N}$. Da f Riemann-integrierbar über $[0,1]$ ist, gilt $\lim_{n\to\infty} s_n = \int_0^1 f(t)dt$, und es folgt (siehe 10.1 (i)):

(1) $${}^*s_h \approx \int_0^1 f(t)dt \text{ für alle } h \in {}^*\mathbb{N} - \mathbb{N}.$$

Es gilt mit $a_{in} := \frac{1}{n} f \upharpoonright \frac{i}{n}$ (und damit ${}^*a_{in} = \frac{1}{n} {}^*f \upharpoonright \frac{i}{n} = \frac{1}{n} {}^*f\left(\frac{i}{n}\right)$, $i \le n \in {}^*\mathbb{N}$) :

(2) $${}^*s_h \underset{16.3(\mathrm{i})}{=} \sum_{i=1}^{h} {}^*a_{ih} \underset{16.6(\mathrm{iii})}{=} \frac{1}{h}\sum_{i=1}^{h} {}^*f\left(\tfrac{i}{h}\right).$$

Aus (1) und (2) folgt die Behauptung. □

In 16.17 haben wir den klassischen Riemannschen Integralbegriff benutzt. Dieser läßt sich auf folgende Weise in den Integralbegriff einordnen, der in 16.9 dargestellt wurde. Sei hierzu

$$\Omega := [a,b], \mathcal{A} := \{\cup_{\nu=1}^{n} I_\nu : I_1,\ldots,I_n \subset [a,b] \text{ disjunkte Intervalle, } n \in \mathbb{N}\},$$

und sei $\mu(\cup_{\nu=1}^{n} I_\nu)$ die Summe der Intervallängen der disjunkten Intervalle $I_1,\ldots,I_n$ (unter Intervallen verstehen wir hier Teilmengen von $[a,b]$, die mit je zwei Punkten auch alle Zwischenpunkte enthalten). Dann ist $\mathcal{A}$ eine Algebra und μ ein stetiger Inhalt, der sogenannte Jordansche Elementarinhalt. Eine beschränkte Funktion $f : [a,b] \longrightarrow \mathbb{R}$ ist nun genau dann Riemann-integrierbar, wenn sie μ-integrierbar ist, und es ist (siehe Aufgabe 6):

$$\int_a^b f(t)dt = \int f d\mu.$$

Wir haben in diesem Paragraphen gesehen, daß man mit *-endlichen Summen formal analog wie mit klassischen endlichen Summen rechnen kann. Mit Hilfe der *-endlichen Summen haben wir dann das μ-Integral einer Funktion f bis auf einen infinitesimalen Fehler durch die folgenden drei Formen dargestellt:

(I) $\sum_{i=1}^{h} {}^*f(\omega_i)\, {}^*\mu(A_i)$, siehe 16.14;

(II) $\frac{1}{|H|}\sum_{\omega\in H} {}^*f(\omega)$, siehe 16.16;

(III) $\frac{1}{h}\sum_{i=1}^{h} {}^*f(\frac{i}{h})$, siehe 16.17.

Die Darstellung (I) galt bei fest vorgegebener Algebra $\mathcal{A}$ und einer geeigneten *-endlichen ${}^*\mathcal{A}$-Zerlegung $A_i, i = 1,\ldots,h$, für jeden Inhalt $\mu : \mathcal{A} \to [0,\infty[$, jede μ-integrierbare Funktion f und jede interne Auswahl $\omega_i \in A_i$.

Die Darstellung (II) galt für stetige W-Inhalte P und eine geeignete *-endliche Menge $H \subset {}^*\Omega$ für alle P-integrierbaren Funktionen f.

Die Darstellung (III) galt für den Jordanschen Elementarinhalt auf $[0,1]$, jedes $h \in {}^*\mathbb{N} - \mathbb{N}$ und jede Riemann-integrierbare Funktion f über $[0,1]$. Für den Jordanschen Elementarinhalt ist (III) eine spezielle Form von (II) mit

$$H := \left\{\tfrac{i}{h} : i = 1, \ldots, h\right\},$$

sowie eine spezielle Form von (I) mit

$$A_1 := [0, \tfrac{1}{h}],\ A_i :=]\tfrac{i-1}{h}, \tfrac{i}{h}] \text{ für } i = 2, \ldots, h \text{ und } \omega_i := \tfrac{i}{h}.$$

Aufgaben

1 Man beweise 16.2 (i).

2 Man beweise 16.6 (i) und (iii).

3 Man beweise, sind $\mathbf{A}, \mathbf{B} \in \mathcal{Z}(\mathcal{A})$, dann ist $\mathbf{B}$ eine Verfeinerung von $\mathbf{A}$ genau dann, wenn jedes A_i eine disjunkte Vereinigung gewisser B_j ist.

4 Man zeige: Zu endlich vielen Zerlegungen $\mathbf{A}^{(1)}, \ldots, \mathbf{A}^{(k)} \in \mathcal{Z}$ gibt es stets ein $\mathbf{B} \in \mathcal{Z}$, welches Verfeinerung von allen $\mathbf{A}^{(1)}, \ldots, \mathbf{A}^{(k)}$ ist.

5 Man zeige, daß $L^b(\mu)$ ein linearer Raum mit $1_A \in L^b(\mu)$ für $A \in \mathcal{A}$ ist, und daß $L^b(\mu) \ni f \longrightarrow \int f d\mu$ ein positives lineares Funktional mit $\int 1_A d\mu = \mu(A)$ für $A \in \mathcal{A}$ ist.

6 Sei $f : [a,b] \longrightarrow \mathbb{R}$ eine beschränkte Funktion. Man zeige, daß f genau dann über $[a,b]$ Riemann-integrierbar ist, wenn f bzgl. des Jordanschen Elementarinhalts μ integrierbar ist, und daß dann $\int_a^b f(t)dt = \int f d\mu$ gilt.

7 Berechne den Standardteil von $\sum\limits_{i=1}^{h} \frac{i^2}{h^3}$ mit Hilfe von 16.17 für $h \in {}^*\mathbb{N} - \mathbb{N}$.

§ 17 *-Endliche Polynome

In diesem Paragraphen sei erneut eine Nichtstandard-Einbettung $* : \widehat{S} \longrightarrow \widehat{^*S}$ fest vorgegeben.

Eine wichtige Klasse reeller Funktionen ist die Klasse *Pol* $\mathbb{R}$ aller Polynome. Polynome sind definitionsgemäß Funktionen der Form

$$\mathbb{R} \ni x \to a_0 + \sum_{i=1}^{n} a_i x^i$$

mit $n \in \mathbb{N}$ und $\{0, \dots, n\} \ni i \to a_i \in \mathbb{R}$. In diesem Paragraphen werden wir das System $^*(Pol\ \mathbb{R})$ der sogenannten *-endlichen Polynome betrachten. *-Endliche Polynome sind insbesondere interne Funktionen von $^*\mathbb{R}$ nach $^*\mathbb{R}$ und sie sind formal analog wie Polynome gebildet, sie besitzen die Form (siehe 17.2)

$$^*\mathbb{R} \ni x \to b_0 + \sum_{i=1}^{h} b_i x^i$$

mit $h \in {^*\mathbb{N}}$ und internem $\{0, \dots, h\} \ni i \to b_i \in {^*\mathbb{R}}$. Die Klasse der *-endlichen Polynome ist äußerst reichhaltig und sie ermöglicht es u.a., Standard-Funktionen mit Hilfe geeigneter infinitesimaler Approximationen zu charakterisieren. Sei hierzu $f : \mathbb{R} \to \mathbb{R}$ und $B \subset {^*\mathbb{R}}$; man betrachte die folgende Aussage:

(A) $\quad {^*f}(x) \approx q(x)$ für ein *-endliches Polynom q und alle $x \in B$.

Dann erhält man (siehe 17.5, 17.6, 17.7):

(1) Genau für Polynome f gilt (A) mit $B = {^*\mathbb{R}}$.

(2) Genau für stetige f gilt (A) mit $B = fin({}^*\mathbb{R})$.

(3) Für alle f gilt (A) mit $B = \mathbb{R}$.

Eine Charakterisierung aller über $\mathbb{R}$ konvergenten Potenzreihen f mit Hilfe von speziellen *-endlichen Polynomen wird in 17.4 gegeben.

Um den Ausdruck $\sum_{i=1}^{h} b_i x^i$ für $x \in {}^*\mathbb{R}$, $h \in {}^*\mathbb{N}$ interpretieren zu können, erinnern wir an einige Bezeichnungen aus § 16. Für $x \in {}^*\mathbb{R}$, $h \in {}^*\mathbb{N}$ ist

$$x^h \text{ das h-fache } {}^* \text{-endliche Produkt von } x,$$

d.h. es ist $x^h = {}^*\prod \upharpoonright b$ mit der internen Abbildung b, definiert durch $b(i) := x$, $i = 1, \ldots, h$ (siehe 16.1). Andererseits läßt sich x^h für $x \in {}^*\mathbb{R}$, $h \in {}^*\mathbb{N}$ auch als Fortsetzung der Abbildung $\mathbb{R} \times \mathbb{N} \ni \langle x, n \rangle \to x^n$ auffassen, wie das folgende Ergebnis zeigt.

17.1 Die Funktion $\xi(\langle x, n \rangle) = x^n$

Es sei $\xi : \mathbb{R} \times \mathbb{N} \to \mathbb{R}$ definiert durch $\xi(\langle x, n \rangle) := x^n$ für $x \in \mathbb{R}$, $n \in \mathbb{N}$. Dann ist ${}^*\xi : {}^*\mathbb{R} \times {}^*\mathbb{N} \to {}^*\mathbb{R}$, und es gilt:

$${}^*\xi(\langle x, n \rangle) = x^n \text{ für alle } x \in {}^*\mathbb{R},\ n \in {}^*\mathbb{N}.$$

Beweis. Sei G die Abbildung, die jedem $x \in \mathbb{R}$, $n \in \mathbb{N}$ die Funktion

$$a : \{1, \ldots, n\} \to \mathbb{R} \text{ mit } a(i) = x \text{ für } i = 1, \ldots, n$$

zuordnet. Dann gilt für alle $x \in \mathbb{R}, n \in \mathbb{N}$, daß

$$\prod \upharpoonright (G \upharpoonright \langle x, n \rangle) = x^n = \xi \upharpoonright \langle x, n \rangle$$

ist, und es folgt mit Transfer

(1) $${}^*\prod \upharpoonright {}^*G(\langle x, n \rangle) = {}^*\xi(\langle x, n \rangle) \text{ für } x \in {}^*\mathbb{R},\ n \in {}^*\mathbb{N}.$$

Nun ordnet ${}^*G$ jedem $x \in {}^*\mathbb{R}$, $n \in {}^*\mathbb{N}$ die interne Funktion

$$b : \{1, \ldots, n\} \to {}^*\mathbb{R} \text{ mit } b(i) = x \text{ für } i = 1, \ldots, n$$

zu. Daher ist

$${}^*\prod \upharpoonright {}^*G(\langle x, n \rangle) = {}^*\prod \upharpoonright b = x^n,$$

und aus (1) folgt die Behauptung. □

Wir werden in Formeln ab jetzt abkürzend auch $\underline{x}^{\underline{n}}$ an Stelle von $\xi \upharpoonright \langle \underline{x}, \underline{n} \rangle$ schreiben. Beim Transfer erscheint dann erneut $\underline{x}^{\underline{n}}$, und zwar jetzt an Stelle von ${}^*\xi \upharpoonright \langle \underline{x}, \underline{n} \rangle$. Nach 17.1 erhält man aber stets die gleichen Werte beim Einsetzen von Elementen $x \in {}^*\mathbb{R}$, $n \in {}^*\mathbb{N}$. Die Abkürzung kann also die Gültigkeit von Aussagen nicht beeinflussen. Analog werden wir auch $\underline{x}^i$ oder $x^{\underline{i}}$ in Formeln benutzen.

Die Ausdrücke $\sum_{i=1}^{h} b_i x^i$ sind nun für $x \in {}^*\mathbb{R}$, $h \in {}^*\mathbb{N}$ definiert (siehe 16.1), wenn gilt:

$$c(i) := b_i x^i,\ i = 1, \ldots, h, \text{ ist eine interne Funktion.}$$

Hierzu ist hinreichend, daß $b(i) := b_i$, $i = 1, \ldots, h$, eine interne Funktion ist. Dann ist nämlich auch c intern, denn es ist

$$c = \{\langle i, z\rangle \in {}^*\mathbb{N} \times {}^*\mathbb{R} : \psi[i, z] \text{ ist gültig}\}$$

mit der internen Formel

$$\psi[\underline{i}, \underline{z}] \equiv (\underline{i} \leq h \wedge \underline{z} = (b \upharpoonright \underline{i}) \cdot x^{\underline{i}}),$$

und damit ist c intern nach dem Prinzip der internen Definition (siehe 8.10).

17.2 Charakterisierung von *-endlichen Polynomen

Sei $Pol\,\mathbb{R} \subset \mathbb{R}^{\mathbb{R}}$ das System aller Polynome. Dann ist $^*(Pol\,\mathbb{R})$ das System aller $q: {}^*\mathbb{R} \to {}^*\mathbb{R}$, für die eine interne Funktion $b: \{1, \ldots, h\} \to {}^*\mathbb{R}$ mit $h \in {}^*\mathbb{N}$ und ein $b_0 \in {}^*\mathbb{R}$ existieren, so daß mit $b_i := b(i)$ gilt:

$$q(x) = b_0 + \sum_{i=1}^{h} b_i x^i \quad \text{für alle } x \in {}^*\mathbb{R}.$$

Die Elemente von $^*(Pol\,\mathbb{R})$ heißen **-endliche Polynome.*

Beweis. Wir beschreiben zunächst $Pol\,\mathbb{R}$ mit Hilfe einer Formel $\varphi\,[\underline{p}]$ als

(1) $$Pol\,\mathbb{R} = \{p \in \mathbb{R}^{\mathbb{R}} : \varphi\,[p] \text{ ist gültig}\}$$

und erhalten anschließend die behauptete Aussage über $^*(Pol\,\mathbb{R})$ mit 7.5 .

Zur Beschreibung von $\varphi[\underline{p}]$ (d.h. von „ $\underline{p}$ ist Polynom“) verwenden wir das folgende System $\mathfrak{A}$ und die folgende Abbildung P :

$\mathfrak{A}$ System aller Funktionen $a: \{1, \ldots, n\} \to \mathbb{R}$, $n \in \mathbb{N}$,

P ordnet jedem $\langle a, x\rangle \in \mathfrak{A} \times \mathbb{R}$ die Funktion $\mathcal{D}(a) \ni i \to a(i)x^i$ zu.

Setze nun

(2) $$\varphi[\underline{p}] \equiv (\exists \underline{a} \in \mathfrak{A})(\exists \underline{a_0} \in \mathbb{R})(\forall \underline{x} \in \mathbb{R})\underline{p} \upharpoonright \underline{x} = \underline{a_0} + \Sigma \upharpoonright (P \upharpoonright \langle \underline{a}, \underline{x}\rangle).$$

Dann erhält man (1), da für $a \in \mathfrak{A}$ mit $\mathcal{D}(a) = \{1, \ldots, n\}$ und für $x \in \mathbb{R}$ gilt, daß $\Sigma \upharpoonright (P \upharpoonright \langle a, x\rangle) = \sum_{i=1}^{n} a(i)x^i$ ist. Aus 7.5 und (1) folgt

(3) $$^*(Pol\,\mathbb{R}) = \{q \in {}^*(\mathbb{R}^{\mathbb{R}}) : {}^*\varphi[q] \text{ ist gültig}\}.$$

Nun besteht $^*(\mathbb{R}^{\mathbb{R}})$ aus allen internen Funktionen $q: {}^*\mathbb{R} \to {}^*\mathbb{R}$ (siehe 8.16) und $^*\mathfrak{A}$ aus allen internen Funktionen $b: \{1, \ldots, h\} \to {}^*\mathbb{R}$ mit $h \in {}^*\mathbb{N}$. Wegen (2), (3) ist daher $^*(Pol\,\mathbb{R})$ das System aller internen Funktionen $q: {}^*\mathbb{R} \to {}^*\mathbb{R}$, für die es eine interne Funktion $b: \{1, \ldots, h\} \to {}^*\mathbb{R}$ mit $h \in {}^*\mathbb{N}$ und ein $b_0 \in {}^*\mathbb{R}$ gibt, so daß

$$q(x) = b_0 + {}^*\Sigma \upharpoonright ({}^*P \upharpoonright \langle b, x\rangle)$$

für alle $x \in {}^*\mathbb{R}$ gilt. Da $^*P \upharpoonright \langle b, x\rangle$ die interne Funktion $\{1, \ldots, h\} \ni i \to b(i)x^i$ ist, folgt mit $b_i := b(i)$

(4) $$q(x) = b_0 + \sum_{i=1}^{h} b_i x^i \quad \text{für } x \in {}^*\mathbb{R}.$$

Somit besteht $^*(Pol\,\mathbb{R})$ aus allen internen $q: {}^*\mathbb{R} \to {}^*\mathbb{R}$ der Form (4) mit internem $b: \{1, \ldots, h\} \to {}^*\mathbb{R}$. Nun folgt die Behauptung, da jede Funktion q

der Form (4) mit internem b automatisch selbst intern ist (denn es ist $q = \{\langle x,y\rangle \in {}^*\mathbb{R}\times{}^*\mathbb{R} : \psi[x,y] \text{ ist gültig}\}$ mit $\psi[\underline{x},\underline{y}] \equiv (\underline{y} = b_0 + {}^*\sum \upharpoonright ({}^*P \upharpoonright \langle b,\underline{x}\rangle))$, und damit ist q intern nach 8.10). □

Aus 17.2 folgt unmittelbar, daß der *-Wert ${}^*p$ eines Polynoms p ein *-endliches Polynom ist. Die Umkehrung gilt jedoch nicht; so ist z.B. $q(x) = h$ mit $h \in {}^*\mathbb{N} - \mathbb{N}$ ein *-endliches Polynom, welches nicht der *-Wert eines Polynoms über $\mathbb{R}$ ist.

Mit 16.5 war gezeigt worden, daß für $h \in {}^*\mathbb{N} - \mathbb{N}$ gilt:

$$ {}^*\exp(x) = \exp(x) \approx 1 + \sum_{i=1}^{h} \frac{x^i}{i!} \quad \text{für alle } x \in \mathbb{R}. $$

Wir werden später sehen, daß diese Darstellung nicht für alle $x \in {}^*\mathbb{R}$ gelten kann (siehe 17.5). Der folgende Satz dient als Vorbereitung, um zu zeigen, daß diese Darstellung jedoch für alle finiten $x \in {}^*\mathbb{R}$ richtig ist. Er ist eine unmittelbare Folgerung aus dem Nichtstandard-Kriterium für gleichmäßige Konvergenz und ermöglicht über $fin({}^*\mathbb{R})$ nicht nur die Darstellung der Exponentialfunktion, sondern aller durch Potenzreihen über $\mathbb{R}$ gegebenen Funktionen.

Es sei daran erinnert, daß Funktionenfolgen f_n, $n \in \mathbb{N}$, Abbildungen $\mathsf{f}: \mathbb{N} \to \mathbb{R}^{\mathbb{R}}$ sind (vermittels $\mathsf{f}(n) := f_n$) und daß wir ${}^*f_h$ an Stelle von ${}^*\mathsf{f}(h)$ für $h \in {}^*\mathbb{N}$ schreiben (siehe § 12).

Sei nun $f_n: \mathbb{R} \to \mathbb{R}, n \in \mathbb{N}$, eine Folge von Funktionen und $f: \mathbb{R} \to \mathbb{R}$. Dann sind äquivalent (benutze 10.1 (i) mit $a_n := f_n(x)$ und $a := f(x)$) :

$f_n(x)$ konvergiert gegen $f(x)$ für alle $x \in \mathbb{R}$;

${}^*f_h(x) \approx {}^*f(x)$ für alle $h \in {}^*\mathbb{N} - \mathbb{N}$ und alle $x \in \mathbb{R}$.

Ferner sind äquivalent (siehe 12.1 (i)):

f_n konvergiert gleichmäßig auf $\mathbb{R}$ gegen f;

${}^*f_h(x) \approx {}^*f(x)$ für alle $h \in {}^*\mathbb{N} - \mathbb{N}$ und alle $x \in {}^*\mathbb{R}$.

Ersetzt man in der letzten Zeile ${}^*\mathbb{R}$ durch $fin({}^*\mathbb{R})$, so erhält man nach dem folgenden Satz ein Kriterium für die gleichmäßige Konvergenz auf allen beschränkten Intervallen.

17.3 Nichtstandard-Kriterium für gleichmäßige Konvergenz auf allen beschränkten Intervallen

Sei $f_n : \mathbb{R} \to \mathbb{R}, n \in \mathbb{N}$, eine Folge von Funktionen und $f: \mathbb{R} \to \mathbb{R}$. Dann sind äquivalent:

(i) f_n konvergiert gleichmäßig gegen f auf allen beschränkten Intervallen;

(ii) ${}^*f_h(x) \approx {}^*f(x)$ für alle $h \in {}^*\mathbb{N} - \mathbb{N}$ und alle $x \in fin({}^*\mathbb{R})$.

Beweis. Seien $a, b \in \mathbb{R}$ mit $a < b$ gegeben. Betrachte die Funktionenfolge $g_n := f_n | [a,b], n \in \mathbb{N}$. Dann gilt ${}^*g_n = {}^*f_n | {}^*[a,b]$.
Die Behauptung folgt daher aus 12.1 (i) mit $D = [a,b]$; beachte dabei, daß $fin({}^*\mathbb{R}) = \bigcup\{{}^*[a,b] : a,b \in \mathbb{R}, a < b\}$ ist. □

Im 17. Jahrhundert war es üblich, konvergente Potenzreihen als Polynome unendlichen Grades aufzufassen. Der folgende Satz zeigt, inwieweit in der Nichtstandard-Mathematik diese Auffassung nachempfunden werden kann.

17.4 Potenzreihen und *-endliche Polynome

Seien $f: \mathbb{R} \to \mathbb{R}, a_0 \in \mathbb{R}$ und $a_n, n \in \mathbb{N}$, eine Folge reeller Zahlen. Dann sind äquivalent:

(i) $f(x) = a_0 + \sum_{n=1}^{\infty} a_n \cdot x^n$ für alle $x \in \mathbb{R}$;

(ii) ${}^*f(x) \approx a_0 + \sum_{i=1}^{h} {}^*a_i \cdot x^i$ für alle $h \in {}^*\mathbb{N} - \mathbb{N}, x \in fin({}^*\mathbb{R})$.

Beweis. Setze

(1) $$f_n(x) := a_0 + \sum_{i=1}^{n} a_i \cdot x^i \text{ für } n \in \mathbb{N}, x \in \mathbb{R}.$$

Bekanntlich ist (i) äquivalent dazu, daß $f_n, n \in \mathbb{N}$, gleichmäßig gegen f auf allen beschränkten Intervallen konvergiert (siehe etwa Walter, Analysis I, 1990, Seite 143). Nach 17.3 ist (i) daher äquivalent zu:

$${}^*f(x) \approx {}^*f_h(x) \text{ für alle } h \in {}^*\mathbb{N} - \mathbb{N} \text{ und alle } x \in fin({}^*\mathbb{R}).$$

Aus (1) folgt nun durch Transfer, daß ${}^*f_n(x) = a_0 + \sum_{i=1}^{n} {}^*a_i \cdot x^i$ für $n \in {}^*\mathbb{N}$, $x \in {}^*\mathbb{R}$, ist; dieses liefert die Behauptung. □

Man kann 17.4 auf alle in Potenzreihen über $\mathbb{R}$ entwickelbaren Funktionen anwenden wie $\exp(x)$, $\sin(x)$, $\cos(x)$ usw.. So erhält man zum Beispiel:

$$\begin{aligned} {}^*\exp(x) &\approx 1 + \sum_{i=1}^{h} \tfrac{x^i}{i!} \text{ für } x \in fin({}^*\mathbb{R}),\ h \in {}^*\mathbb{N} - \mathbb{N}; \\ {}^*\sin(x) &\approx \sum_{i=1}^{h} (-1)^{i-1} \tfrac{x^{2i-1}}{(2i-1)!} \text{ für } x \in fin({}^*\mathbb{R}),\ h \in {}^*\mathbb{N} - \mathbb{N}. \end{aligned}$$

Diese Darstellungen können nicht, wie das folgende Ergebnis zeigt, für ein $h \in {}^*\mathbb{N} - \mathbb{N}$ gleichzeitig für alle $x \in {}^*\mathbb{R}$ gelten. Man beachte dabei, daß die oben auftretenden Funktionen der Form $a_0 + \sum_{i=1}^{h} {}^*a_i \cdot x^i$ *-endliche Polynome sind (siehe 17.2).

17.5 Nur Polynome sind ≈äquivalent auf *ℝ zu *-endlichen Polynomen

Seien $f: \mathbb{R} \to \mathbb{R}$ und q ein *-endliches Polynom mit

$${}^*f(x) \approx q(x) \text{ für alle } x \in {}^*\mathbb{R}.$$

Dann ist f ein Polynom.

Beweis. Wir zeigen:

(1) $$\forall n \in \mathbb{N}\ \exists p_n \in Pol\,\mathbb{R} \text{ mit } |p_n(x) - f(x)| \le 1/n \text{ für alle } x \in \mathbb{R}.$$

Aus (1) ergibt sich wie folgt die Behauptung: Nach (1) gilt

$$\sup_{x \in \mathbb{R}} |p_n(x) - p_1(x)| \le 2 \text{ für alle } n \in \mathbb{N}.$$

Wegen der Beschränktheit des Polynoms $p_n - p_1$ folgt $p_n - p_1 = c_n \in \mathbb{R}$.

Daher gilt für alle $x \in \mathbb{R}$:

$$f(x) - p_1(x) \underset{(1)}{=} \lim_{n\to\infty}(p_n(x) - p_1(x)) = \lim_{n\to\infty} c_n =: c,$$

und somit ist $f = p_1 + c \underset{(1)}{\in} Pol\,\mathbb{R}$.

Zu (1): Sei $n \in \mathbb{N}$; dann gilt nach Voraussetzung:

$$(\exists \underline{q} \in {}^*(Pol\,\mathbb{R}))(\forall \underline{x} \in {}^*\mathbb{R})(|{}^*f \upharpoonright \underline{x} - \underline{q} \upharpoonright \underline{x}| \leq 1/n).$$

Nach dem Transfer-Prinzip gibt es daher ein $p_n \in Pol\,\mathbb{R}$, so daß $|f(x) - p_n(x)| \leq 1/n$ für alle $x \in \mathbb{R}$ ist; somit gilt (1). □

Sei q ein *-endliches Polynom. Wie 17.5 zeigt, erzwingt die Forderung ${}^*f(x) \approx q(x)$ für alle $x \in {}^*\mathbb{R}$, daß f ein Polynom ist. Schwächt man diese Forderung ab zu ${}^*f(x) \approx q(x)$ für alle $x \in fin({}^*\mathbb{R})$, so erhält man eine Charakterisierung für die Stetigkeit von f (siehe 17.6). Eine weitere Abschwächung zu ${}^*f(x) \approx q(x)$ für alle $x \in \mathbb{R}$ ermöglicht bei starken Nichtstandard-Einbettungen keinen Rückschluß mehr über Regularitätseigenschaften der Funktion f; es gibt nämlich nach 17.7 zu jeder Funktion $f: \mathbb{R} \to \mathbb{R}$ ein *-endliches Polynom q, für das sogar ${}^*f(x) = q(x)$ für alle $x \in \mathbb{R}$ gilt.

17.6 Genau die stetigen Funktionen sind ≈äquivalent auf *fin*(*R) zu *-endlichen Polynomen

Sei $f: \mathbb{R} \to \mathbb{R}$. Dann sind äquivalent:

(i) f ist stetig.

(ii) Es existiert ein *-endliches Polynom q mit

$${}^*f(x) \approx q(x) \text{ für alle } x \in fin({}^*\mathbb{R}).$$

Beweis. ***(i)⇒ (ii)*** Nach dem Satz von Weierstraß (siehe etwa Walter, Analysis II, 1990, Seite 263, Satz 7.24) über die Approximation stetiger Funktionen durch Polynome gilt: Für alle $\varepsilon \in \mathbb{R}_+$ und alle $a, b \in \mathbb{R}$ mit $a < b$ existiert $p \in Pol\,\mathbb{R}$, so daß:

$$|f(x) - p(x)| \leq \varepsilon \text{ für alle } x \in \mathbb{R} \text{ mit } a \leq x \leq b.$$

Nach dem Transfer-Prinzip existiert für alle $\varepsilon \in {}^*\mathbb{R}_+$ und alle $a, b \in {}^*\mathbb{R}$ mit $a < b$ ein $q \in {}^*(Pol\,\mathbb{R})$, d.h. ein *-endliches Polynom, so daß gilt:

$$|{}^*f(x) - q(x)| \leq \varepsilon \text{ für alle } x \in {}^*\mathbb{R} \text{ mit } a \leq x \leq b.$$

Wähle nun $\varepsilon \in {}^*\mathbb{R}_+$ infinitesimal, a negativ unendlich und b positiv unendlich. Wegen $fin({}^*\mathbb{R}) \subset \{x \in {}^*\mathbb{R}: a \leq x \leq b\}$ folgt dann (ii).

(ii)⇒ (i) Seien $a, b \in \mathbb{R}$ mit $a < b$ und $n \in \mathbb{N}$ gegeben. Dann gilt nach (ii):

$$(\exists \underline{q} \in {}^*(Pol\,\mathbb{R}))(\forall \underline{x} \in {}^*\mathbb{R})(a \leq \underline{x} \leq b \Rightarrow |\underline{q} \upharpoonright \underline{x} - {}^*f \upharpoonright \underline{x}| \leq 1/n).$$

Also gibt es nach dem Transfer-Prinzip ein Polynom $q = q_n$, so daß für alle $x \in \mathbb{R}$ mit $a \leq x \leq b$ gilt, daß $|f(x) - q_n(x)| \leq 1/n$ ist. Somit ist f als gleichmäßiger Grenzwert der stetigen Funktionen q_n über $[a, b]$ eine stetige Funktion über $[a, b]$ (siehe z.B. Aufgabe 12.3). Da $a, b \in \mathbb{R}$ beliebig waren, ist f damit stetig über $\mathbb{R}$. □

17.7 Jede reelle Funktion ist Restriktion eines *-endlichen Polynoms

Es sei $^*: \widehat{S} \longrightarrow \widehat{^*S}$ eine starke Nichtstandard-Einbettung. Dann gibt es zu jeder Funktion $f: \mathbb{R} \to \mathbb{R}$ ein *-endliches Polynom q mit

$$f(x) = q(x) \text{ für alle } x \in \mathbb{R}.$$

Beweis. Für jedes $x \in \mathbb{R}$ setze

$$\mathcal{D}_x := \{p \in Pol\,\mathbb{R} : p(x) = f(x)\}.$$

Dann besitzt das System $\{\mathcal{D}_x : x \in \mathbb{R}\}$ nicht-leere endliche Durchschnitte, denn zu verschiedenen $x_1, \ldots, x_n \in \mathbb{R}$ gibt es stets ein Polynom p mit $p(x_i) = f(x_i)$ für $i = 1, \ldots, n$, nämlich

$$p(x) := \sum_{k=1}^{n} f(x_k) \cdot \prod_{j \neq k} \frac{x - x_j}{x_k - x_j}.$$

Da * eine starke Nichtstandard-Einbettung ist, folgt $\bigcap_{x \in \mathbb{R}} {}^*\mathcal{D}_x \neq \emptyset$ (siehe 15.2). Sei $q \in \bigcap_{x \in \mathbb{R}} {}^*\mathcal{D}_x$. Wegen

$${}^*\mathcal{D}_x \underset{7.5}{=} \{g \in {}^*(Pol\,\mathbb{R}) : g(x) = f(x)\}$$

ist q ein *-endliches Polynom (siehe 17.2) mit $q(x) = f(x)$ für alle $x \in \mathbb{R}$. □

Viele Begriffe der Nichtstandard-Welt, wie z.B. *-endlich, *-Elementeanzahl bzw. *-endliches Polynom, entstanden durch Transfer des entsprechenden Begriffes der Standard-Welt. Analog wird jetzt der Begriff *-stetig durch Transfer des klassischen Stetigkeitsbegriffes entstehen. In den bisherigen Kapiteln war immer wieder eine sehr intuitive „≈Stetigkeitseigenschaft" in der Nichtstandard-Welt aufgetreten, nämlich die Eigenschaft $g(x) \approx g(x_0)$ für $x \approx x_0$. Wir werden sehen, daß *-Stetigkeit und ≈Stetigkeit i.w. nur für Standardfunktionen und Standardwerte x_0 zusammenfallen.

17.8 *-Stetigkeit und ≈Stetigkeit in einem Punkt

Sei $g: {}^*\mathbb{R} \to {}^*\mathbb{R}$ eine interne Funktion. Sei $x_0 \in {}^*\mathbb{R}$. Dann heißt

(i) g **-stetig* in x_0, falls für jedes $\varepsilon \in {}^*\mathbb{R}_+$ ein $\delta \in {}^*\mathbb{R}_+$ existiert mit:

$$x \in {}^*\mathbb{R} \text{ und } |x - x_0| \leq \delta \Longrightarrow |g(x) - g(x_0)| \leq \varepsilon;$$

(ii) g *≈stetig* in x_0, falls: $x \in {}^*\mathbb{R}$ und $x \approx x_0 \Longrightarrow g(x) \approx g(x_0)$.

An Stelle von ≈Stetigkeit wird in der Literatur meistens von S-Stetigkeit gesprochen (S = Standard).

Eine Folge $f_n: \mathbb{R} \to \mathbb{R}$ ist nach 12.3 genau dann gleichgradig stetig in $x_0 \in \mathbb{R}$, wenn alle ${}^*f_h$, $h \in {}^*\mathbb{N}$, ≈stetig in x_0 sind.

Nach 11.2 ist eine Funktion $f: \mathbb{R} \to \mathbb{R}$ genau dann stetig, wenn ${}^*f$ ≈stetig in jedem $x_0 \in \mathbb{R}$ ist. Das folgende Ergebnis zeigt, daß für stetiges f die Funktion ${}^*f$ in jedem $x_0 \in {}^*\mathbb{R}$ *-stetig ist (wegen ${}^*f \in {}^*C(\mathbb{R})$); ${}^*f$ ist jedoch nur für gleichmäßig stetige f auch ≈stetig in jedem $x_0 \in {}^*\mathbb{R}$ (benutze 11.4).

17.9 Das System ${}^*C(\mathbb{R})$ aller *-stetigen Funktionen

Es sei $C(\mathbb{R})$ das System aller stetigen Funktionen $f: \mathbb{R} \to \mathbb{R}$. Dann gilt:

$$g \in {}^*C(\mathbb{R}) \iff g: {}^*\mathbb{R} \to {}^*\mathbb{R} \text{ intern und } {}^*\text{-stetig für alle } x_0 \in {}^*\mathbb{R}.$$

Beweis. Es ist $C(\mathbb{R}) = \{f \in \mathbb{R}^{\mathbb{R}}: \varphi[f] \text{ ist gültig}\}$ mit folgender Formel $\varphi[\underline{f}]$, welche die Stetigkeit von f beschreibt:

$$\varphi[\underline{f}] \equiv (\forall \underline{x_0} \in \mathbb{R})(\forall \underline{\varepsilon} \in \mathbb{R}_+)(\exists \underline{\delta} \in \mathbb{R}_+)(\forall \underline{x} \in \mathbb{R})$$
$$(|\underline{x} - \underline{x_0}| \le \underline{\delta} \Rightarrow |\underline{f} \upharpoonright \underline{x} - \underline{f} \upharpoonright \underline{x_0}| \le \underline{\varepsilon}).$$

Wegen ${}^*C(\mathbb{R}) \underset{7.5}{=} \{g \in {}^*(\mathbb{R}^{\mathbb{R}}): {}^*\varphi[g] \text{ ist gültig}\}$ folgt die Behauptung, da ${}^*(\mathbb{R}^{\mathbb{R}})$ das System aller internen Funktionen von ${}^*\mathbb{R}$ nach ${}^*\mathbb{R}$ ist (siehe 8.16). □

Wegen ${}^*(Pol\, \mathbb{R}) \subset {}^*C(\mathbb{R})$ ist jedes *-endliche Polynom eine *-stetige Funktion (benutze 17.2 und 17.9), die jedoch nicht notwendigerweise ≈stetig ist. So ist für $h \in {}^*\mathbb{N} - \mathbb{N}$ die Funktion $g_1(x) = hx, x \in {}^*\mathbb{R}$, ein *-endliches Polynom, welches in keinem Punkt ≈stetig ist (siehe hierzu g_1 aus Beispiel 17.11 (ii)).

Das nächste Ergebnis zeigt, daß *-Stetigkeit in x_0 und ≈Stetigkeit in x_0 in der Regel auseinanderfallen. Dieses wird insbesondere durch die anschließenden Beispiele deutlich.

17.10 Vergleich von *-Stetigkeit und ≈Stetigkeit in einem Punkt

(i) Sei $f: \mathbb{R} \to \mathbb{R}$. Dann gilt für alle $x_0 \in \mathbb{R}$:

$${}^*f \;{}^*\text{-stetig in } x_0 \iff {}^*f \approx\text{stetig in } x_0;$$

für $x_0 \in {}^*\mathbb{R} - \mathbb{R}$ gilt i.a. keine dieser beiden Implikationen.

(ii) Für interne Funktionen $g: {}^*\mathbb{R} \to {}^*\mathbb{R}$ (an Stelle von ${}^*f$) gilt auch für $x_0 \in \mathbb{R}$ i.a. keine der beiden Implikationen in (i).

Beweis. *(i)* Es gilt: ${}^*f$ ≈stetig in $x_0 \underset{11.2}{\iff} f$ stetig in $x_0 \iff {}^*f$ *-stetig in x_0, wobei letzteres direkt mit Transfer folgt. Die restlichen Behauptungen erhält man nun aus:

17.11 Beispiele

(i) Sei $x_0 \in {}^*\mathbb{R} - \mathbb{R}$. Dann existieren Funktionen $f_1, f_2: \mathbb{R} \to \mathbb{R}$ mit

a) ${}^*f_1$ ist *-stetig in x_0, aber nicht ≈ stetig in x_0;

b) ${}^*f_2$ ist ≈ stetig in x_0, aber nicht *-stetig in x_0.

(ii) Es existieren interne Funktionen $g_1, g_2: {}^*\mathbb{R} \to {}^*\mathbb{R}$ mit

a) g_1 ist überall *-stetig, aber nirgends ≈ stetig;

b) g_2 ist überall ≈ stetig, aber nirgends *-stetig.

Beweis. *(i)* Sei zunächst $x_0 \in {}^*\mathbb{R} - \mathbb{R}$ endlich. Sei $r := st\,(x_0)$ und setze

$$f_1(x) := \tfrac{1}{x-r} \text{ für } x \neq r,\ f_1(r) := 0 \text{ und } f_2(x) := |x-r| 1_{\mathbb{Q}}(x).$$

Da f_1 stetig in allen $x \in \mathbb{R} - \{r\}$ ist, ist ${}^*f_1$ nach Transfer *-stetig in allen $x \in {}^*\mathbb{R} - \{r\}$ und somit insbesondere in x_0. Wegen $r \approx x_0$ und ${}^*f_1(r) = 0 \not\approx 1/(x_0 - r) = {}^*f_1(x_0)$ ist jedoch ${}^*f_1$ nicht $\approx$stetig in x_0.
Trivialerweise ist ${}^*f_2$ $\approx$stetig in x_0. Da f_2 in allen $x \in \mathbb{R} - \{r\}$ nicht stetig ist, ist nach Transfer ${}^*f_2$ in allen $x \in {}^*\mathbb{R} - \{r\}$ nicht *-stetig. Somit ist insbesondere ${}^*f_2$ nicht *-stetig in x_0.
Nun sei $x_0 \in {}^*\mathbb{R} - \mathbb{R}$ unendlich. Setze

$$f_1(x) := x^2 \text{ und } f_2(x) := \tfrac{1}{x} 1_{\mathbb{Q}}(x) \text{ für } x \neq 0,\ f_2(0) := 0.$$

Wegen ${}^*f_1 \in {}^*C(\mathbb{R})$ ist ${}^*f_1$ überall *-stetig nach 17.9. Sei nun $x := x_0 + \frac{1}{x_0}$.
Dann ist $x \approx x_0$ und

$${}^*f_1(x) = (x_0 + \tfrac{1}{x_0})^2 = x_0^2 + \tfrac{1}{x_0^2} + 2 \not\approx x_0^2 = {}^*f_1(x_0),$$

d.h. ${}^*f_1$ ist nicht $\approx$stetig in x_0.
Es ist ${}^*f_2$ $\approx$stetig in x_0. Da f_2 in allen $x \in \mathbb{R}$ nicht stetig ist, ist nach Transfer ${}^*f_2$ in allen $x \in {}^*\mathbb{R}$ nicht *-stetig. Somit ist insbesondere ${}^*f_2$ nicht *-stetig in x_0.
(ii) Sei $h \in {}^*\mathbb{N} - \mathbb{N}$, und setze für $x \in {}^*\mathbb{R}$

$$g_1(x) := hx \quad \text{ und } \quad g_2(x) := \tfrac{1}{h} 1_{{}^*\mathbb{Q}}(x).$$

Dann ist $g_1 \in {}^*(Pol\ \mathbb{R}) \subset {}^*C(\mathbb{R})$ und damit eine überall *-stetige Funktion nach 17.9. Es ist g_1 aber in keinem $x_0 \in {}^*\mathbb{R}$ $\approx$stetig, denn es ist $x := x_0 + 1/h \approx x_0$ und $g_1(x) = hx_0 + 1 \not\approx g_1(x_0)$.
Es ist g_2 eine interne Funktion, die überall $\approx$stetig ist wegen $g_2(x) \approx 0$ für $x \in {}^*\mathbb{R}$. Es ist g_2 jedoch in keinem $x_0 \in {}^*\mathbb{R}$ *-stetig: Da für jedes $\delta \in {}^*\mathbb{R}_+$ in $\{x \in {}^*\mathbb{R}: |x - x_0| \leq \delta\}$ sowohl Punkte aus ${}^*\mathbb{Q}$ als auch Punkte aus ${}^*\mathbb{R} - {}^*\mathbb{Q}$ liegen, gibt es nämlich für jedes $\delta \in {}^*\mathbb{R}_+$ ein $x \in {}^*\mathbb{R}$ mit $|x - x_0| \leq \delta$ und $|g_2(x) - g_2(x_0)| = 1/h$; also ist 17.8 (i) für $\varepsilon = \frac{1}{2h}$ nicht erfüllbar. □

Nach 17.10 und 17.11 kann höchstens für Standard-Funktionen, d.h. für Funktionen der Form ${}^*f$, ein enger Zusammenhang zwischen *-Stetigkeit und $\approx$Stetigkeit bestehen. Obwohl zwar für jedes einzelne $x_0 \in {}^*\mathbb{R} - \mathbb{R}$ für Standard-Funktionen die Begriffe *-stetig und $\approx$stetig auseinanderfallen können, gilt jedoch folgende globale Beziehung:

17.12 Vergleich von globaler *-Stetigkeit und $\approx$Stetigkeit

Sei $f: \mathbb{R} \to \mathbb{R}$. Dann sind (i) bis (iv) äquivalent:

(i) ${}^*f$ ist *-stetig in allen $x_0 \in {}^*\mathbb{R}$;

(ii) ${}^*f$ ist *-stetig in allen $x_0 \in fin({}^*\mathbb{R})$;

(iii) ${}^*f$ ist $\approx$stetig in allen $x_0 \in fin({}^*\mathbb{R})$;

(iv) f ist stetig.

Beweis. Es gilt *(iii)* $\underset{11.2}{\Rightarrow}$ *(iv)* $\underset{17.9}{\Rightarrow}$ *(i)* $\Rightarrow$ *(ii)*, daher bleibt zu zeigen:
(ii) $\Rightarrow$ *(iii)* Sei hierzu $x \approx x_0 \in fin({}^*\mathbb{R})$. Dann gilt:

(1) $$x \approx st\,(x_0) \text{ und } x_0 \approx st\,(x_0).$$

Da ${}^*f$ nach (ii) *-stetig in $st(x_0) \in \mathbb{R}$ und damit $\approx$stetig in $st(x_0)$ ist (siehe 17.10 (i)), erhält man:

$${}^*f(x) \underset{(1)}{\approx} f(st(x_0)) \underset{(1)}{\approx} {}^*f(x_0),$$

und somit ist ${}^*f$ $\approx$stetig in x_0. □

17.12 zeigt, daß für Standardfunktionen globale *-Stetigkeit auf $fin({}^*\mathbb{R})$ mit der globalen $\approx$Stetigkeit auf $fin({}^*\mathbb{R})$ übereinstimmt. Beides ist nach 17.12 zur globalen *-Stetigkeit auf ${}^*\mathbb{R}$ äquivalent. Diese jedoch ist *nicht* zur globalen $\approx$Stetigkeit auf ${}^*\mathbb{R}$ äquivalent, denn die globale $\approx$Stetigkeit von ${}^*f$ auf ${}^*\mathbb{R}$ ist die gleichmäßige Stetigkeit von f (siehe 11.4), während die globale *-Stetigkeit von ${}^*f$ auf ${}^*\mathbb{R}$ die Stetigkeit von f ist (siehe 17.12).

Der Begriff der $\approx$Stetigkeit ist ein extern definierter Begriff. Er ist häufig das passende Konzept, wenn man z. B. mit Hilfe der Standardteil-Abbildung in die Standard-Welt zurückgelangen und Ergebnisse über die Standard-Welt beweisen will (siehe z.B. Aufgabe 7, in der mit Hilfe der $\approx$Stetigkeit der Satz von Arzelà-Ascoli über $\mathbb{R}$ bewiesen wird). Betreibt man jedoch Stetigkeitsuntersuchungen in der internen Welt, so ist zumeist die *-Stetigkeit der geeignete Begriff (siehe auch § 18).

Aufgaben

1 Sei $g: {}^*\mathbb{R} \to {}^*\mathbb{R}$ eine interne Funktion. Man zeige, daß g genau dann $\approx$stetig in $x_0 \in {}^*\mathbb{R}$ ist, wenn zu jedem $\varepsilon \in \mathbb{R}_+$ ein $\delta \in \mathbb{R}_+$ existiert, so daß gilt:
$(x \in {}^*\mathbb{R}$ und $|x - x_0| \le \delta) \Longrightarrow |g(x) - g(x_0)| \le \varepsilon$.

2 Es sei $g: {}^*\mathbb{R} \to {}^*\mathbb{R}$ eine interne Funktion, die endlich und $\approx$stetig für alle $x_0 \in \mathbb{R}$ ist. Setze $f(x) := st(g(x)), x \in \mathbb{R}$. Man zeige, daß $f: \mathbb{R} \to \mathbb{R}$ eine stetige Funktion mit ${}^*f(x) \approx g(x)$ für alle $x \in fin({}^*\mathbb{R})$ ist.

3 Kann in Aufgabe 2 auf die Voraussetzung, daß g intern ist, verzichtet werden?

4 Man gebe eine interne, *-stetige, aber nirgends $\approx$stetige Funktion g an, die in $\mathbb{R}$ beschränkt ist, d.h. für die $|g(x)| \le c \in \mathbb{R}_+$ für alle $x \in {}^*\mathbb{R}$ gilt.

5 Man zeige, daß es ein *-endliches Polynom q gibt, dessen Standardteil über $\mathbb{R}$ beschränkt ist, aber in keinem Punkte von $\mathbb{R}$ stetig ist.

6 Sei $f_n : \mathbb{R} \to \mathbb{R}$, $n \in \mathbb{N}$, eine Folge von Funktionen und $f : \mathbb{R} \to \mathbb{R}$. Man zeige, daß äquivalent sind:

(i) Es gibt eine Teilfolge von f_n, $n \in \mathbb{N}$, die gleichmäßig auf allen beschränkten Intervallen gegen f konvergiert;

(ii) ${}^*f_h(x) \approx {}^*f(x)$ für ein $h \in {}^*\mathbb{N} - \mathbb{N}$ und alle $x \in fin({}^*\mathbb{R})$.

7 Es sei $f_n: \mathbb{R} \to \mathbb{R}, n \in \mathbb{N}$, eine Folge von Funktionen, die in jedem Punkt von $\mathbb{R}$ gleichgradig stetig und beschränkt ist. Man zeige, daß dann $f_n, n \in \mathbb{N}$, eine Teilfolge besitzt, die gleichmäßig auf allen Intervallen gegen eine (stetige) Funktion f konvergiert. (Benutze Aufgaben 6 und 2 und vgl. auch Satz 12.4).

§ 18 δ-Funktionen

Dirac führte zur Beschreibung physikalischer Erscheinungen in der Quantentheorie die später nach ihm benannte Diracsche δ-Funktion ein. Von einer δ-Funktion forderte Dirac zweierlei:

(I) $\int_{-\infty}^{+\infty} \delta(x)\, dx = 1$;

(II) $\delta(x) = 0$ für $x \neq 0$.

Daß eine solche Funktion $\delta\colon \mathbb{R} \to \mathbb{R}$ nicht existiert, war natürlich auch Dirac bekannt. Dirac stellte jedoch fest, daß man bei Beachtung gewisser Vorsichtsregeln mit δ weitgehend so rechnen kann wie mit einer klassischen Funktion. Er schrieb der δ-Funktion insbesondere folgende weitere Eigenschaften zu:

(III) $\int_{-\infty}^{+\infty} \delta(x)\varphi(x)\, dx = \varphi(0)$ für gewisse stetige Funktionen $\varphi\colon \mathbb{R} \to \mathbb{R}$;

(IV) $\delta(x)$ ist beliebig oft differenzierbar.

Die Forderung (III) erscheint dadurch plausibel, daß δ nach (I) das Gesamtintegral 1 besitzt und das Integral 1 nach (II) daher schon auf einer beliebig kleinen Umgebung von 0 erreicht wird, auf der $\varphi(x)$ wegen der Stetigkeit von φ beliebig nahe bei $\varphi(0)$ liegt.

Faßt man $\varphi \to \int_{-\infty}^{+\infty} \delta(x)\varphi(x)\, dx$ als lineares Funktional $[\delta]$ über einem geeigneten Raum stetiger Funktionen auf, so ist $[\delta]$ nach (III) ein lineares Funktional mit $[\delta](\varphi) = \varphi(0)$. Hierdurch entsteht ein funktionalanalytischer Zugang zur δ-Funktion, wie er in der sich ab den vierziger Jahren entwickelnden Distributionentheorie gegeben wurde.

Historisch interessant ist, daß die Wiederaufnahme der Infinitesimalmathematik von Schmieden und Laugwitz (1958) und Laugwitz (1959, 1961) insbesondere das Ziel hatte, die δ-Funktion - wie es Dirac vorschwebte - als Funktion auffassen zu können und nicht nur - wie in der Distributionentheorie - als lineares Funktional.

Wir werden zeigen, daß die Nichtstandard-Analysis es ermöglicht, δ-Funktionen als Funktionen von ${}^*\mathbb{R}$ nach ${}^*\mathbb{R}$ einzuführen, die beliebig oft *-differenzierbar sind und das *-Integral 1 besitzen, und die bei geeigneter Interpretation auch die zwei weiteren Bedingungen (II) und (III) erfüllen.

Zur Durchführung dieses Programms benötigen wir den Begriff des *-Integrals und den Begriff der *-Differenzierbarkeit; als Vorbereitung hierzu dient der folgende Satz über die *-Werte von linearen Räumen (= Vektorräumen) und linearen Abbildungen.

Generell wird in diesem Paragraphen vorausgesetzt, daß $* : \widehat{S} \longrightarrow \widehat{{}^*S}$ eine Nichtstandard-Einbettung ist.

Ab diesem Paragraphen werden benötigte Transfers in der Regel nur noch sprachlich durchgeführt. Wir verzichten also ab jetzt zumeist darauf, die jeweiligen Aussagen formal aufzuschreiben. Wir glauben, daß der Leser inzwischen in die Lage versetzt worden ist, die Formalisierung selber vornehmen zu können, sofern er eine Formalisierung noch für notwendig erachtet.

Im folgenden Satz setzen wir natürlich voraus, daß die betrachteten K, L, L_1, L_2 Elemente von $\widehat{S} - S$ sind.

18.1 *-Werte von linearen Räumen und linearen Abbildungen

(i) Ist $\langle L, +, \cdot \rangle$ ein linearer Raum über dem Körper K, dann ist $\langle {}^*L, {}^*+, {}^*\cdot \rangle$ ein linearer Raum über dem Körper ${}^*K$.

(ii) Sind L_1, L_2 lineare Räume über dem Körper K und ist $A : L_1 \to L_2$ eine K-lineare Abbildung, dann ist ${}^*A : {}^*L_1 \to {}^*L_2$ eine ${}^*K$-lineare Abbildung.

(iii) Sind L_1, L_2 lineare Räume über dem Körper K und ist $\mathfrak{L}$ das System aller K-linearen Abbildungen von L_1 in L_2, dann ist ${}^*\mathfrak{L}$ das System aller ${}^*K$-linearen internen Abbildungen von ${}^*L_1$ in ${}^*L_2$.

Beweis. ***(i)*** Es ist $\cdot : K \times L \to L$ eine Abbildung, so daß für alle $\alpha, \beta \in K$ und alle $x, y \in L$ gilt (Addition und Multiplikation in K sind dabei mit $+_K$ und $\cdot_K$ bezeichnet):

$$(\alpha \cdot_K \beta) \cdot x = \alpha \cdot (\beta \cdot x); \qquad (\alpha +_K \beta) \cdot x = \alpha \cdot x + \beta \cdot x;$$
$$\alpha \cdot (x + y) = \alpha \cdot x + \alpha \cdot y; \qquad 1 \cdot x = x.$$

Es ist $\langle {}^*L, {}^*+ \rangle$ eine kommutative Gruppe und $\langle {}^*K, {}^*+_K, {}^*\cdot_K \rangle$ ein Körper (siehe 7.11). Der Transfer der obigen Aussagen liefert daher, daß $\langle {}^*L, {}^*+, {}^*\cdot \rangle$ ein linearer Raum über dem Körper ${}^*K$ ist.

(ii) folgt wegen ${}^*A \in {}^*\mathfrak{L}$ aus (iii).

(iii) Es ist $\mathfrak{L} = \{A \in {L_2}^{L_1} : \alpha[A] \text{ ist gültig}\}$, wobei $\alpha[A]$ die K-Linearität von A beschreibt. Dann ist ${}^*\mathfrak{L} = \{A \in {}^*({L_2}^{L_1}) : {}^*\alpha[A] \text{ ist gültig}\}$ (siehe 7.5). Da ${}^*\alpha[A]$ die ${}^*K$-Linearität von A beschreibt und ${}^*({L_2}^{L_1})$ das System aller internen Abbildungen von ${}^*L_1$ nach ${}^*L_2$ ist (siehe 8.16), folgt (iii). □

Satz 18.1 wird häufig auf Funktionenräume angewandt. Wir machen dabei darauf aufmerksam, daß dann oft für sehr verschiedenartige Operationen dasselbe Symbol verwandt wird. Über dem Funktionenraum $L = \mathbb{R}^{\mathbb{R}}$ z.B. erklärt man Operationen zwischen Funktionen üblicherweise punktweise mit Hilfe von Operationen in $\mathbb{R}$. Ist also $\ominus$ eine Operation in $\mathbb{R}$, so liefert

$$(f_1 \ominus^{\mathbb{R}} f_2)(x) := f_1(x) \ominus f_2(x), x \in \mathbb{R},$$

eine Operation $\ominus^{\mathbb{R}}$ in $\mathbb{R}^{\mathbb{R}}$. Nun ist ${}^*(\mathbb{R}^{\mathbb{R}})$ das System aller internen Funktionen von ${}^*\mathbb{R}$ nach ${}^*\mathbb{R}$ und ${}^*\ominus^{\mathbb{R}}$ ist eine Operation in ${}^*(\mathbb{R}^{\mathbb{R}})$. Nach Transfer gilt für alle $g_1, g_2 \in {}^*(\mathbb{R}^{\mathbb{R}})$:

$$(g_1 {}^*\ominus^{\mathbb{R}} g_2)(x) = g_1(x) {}^*\ominus\, g_2(x), \quad x \in {}^*\mathbb{R}.$$

Somit verhält sich ${}^*\ominus^{\mathbb{R}}$ zu ${}^*\ominus$ auf gleiche Weise wie $\ominus^{\mathbb{R}}$ zu $\ominus$. Im folgenden wird wie allgemein üblich $\ominus^{\mathbb{R}}$ wieder mit $\ominus$ bezeichnet. Ferner werden wir auch ${}^*\ominus$ mit $\ominus$ bezeichnen, wie es für $+, -$ usw. bisher schon geschehen war.

Insgesamt werden ab jetzt in der Regel alle vier Operationen $\ominus, {}^*\ominus, \ominus^{\mathbb{R}}, {}^*\ominus^{\mathbb{R}}$ mit dem gleichen Symbol $\ominus$ bezeichnet. Aus dem Zusammenhang wird stets klar sein, um welche der vier Operationen es sich dabei handelt.

Als nächstes wird gewissen internen Funktionen $g : {}^*\mathbb{R} \to {}^*\mathbb{R}$, wie z.B. der noch einzuführenden δ-Funktion, ein *-Integral zugeordnet. Hierzu starten wir vom linearen Funktionenraum $\mathfrak{R}$ der absolut Riemann-integrierbaren Funktionen mit zugehörigem Riemann-Integral $\int : \mathfrak{R} \to \mathbb{R}$. Der Transfer von $\mathfrak{R}$ und $\int$ liefert die passenden Konzepte in der Nichtstandard-Welt.

Eine Funktion $f : \mathbb{R} \to \mathbb{R}$ heißt bekanntlich *absolut Riemann-integrierbar*, falls gilt:

f ist über jedem Intervall $[a, b]$ Riemann-integrierbar,

$\sup_{n \in \mathbb{N}} \int_{-n}^{n} |f(x)|\, dx < \infty.$

Dann schreibt man $\int f(x)\, dx$ oder $\int_{-\infty}^{\infty} f(x) dx$ oder $\int f\, dx$ für den dann existierenden Grenzwert $\lim_{n \to \infty} \int_{-n}^{n} f(x)\, dx$. Ist f absolut Riemann-integrierbar, so sind $f \cdot 1_{[a,b]}$, $f \cdot 1_{]-\infty,a]}$, $f \cdot 1_{[a,\infty[}$ ebenfalls absolut Riemann-integrierbar, und wir schreiben ihre Integrale auch in der Form: $\int_a^b f(x)\, dx$, $\int_{-\infty}^{a} f(x)\, dx$, $\int_a^{\infty} f(x)\, dx$.

18.2 Die *-Werte ${}^*\mathfrak{R}$ und ${}^*\int$ bei der Riemann-Integration

Sei $\mathfrak{R}$ der $\mathbb{R}$ -lineare Raum aller absolut Riemann-integrierbaren Funktionen $f : \mathbb{R} \to \mathbb{R}$, und sei $\int : \mathfrak{R} \to \mathbb{R}$ das zugehörige Riemann-Integral. Dann gilt:

${}^*\mathfrak{R}$ ist ein ${}^*\mathbb{R}$ -linearer Raum;

${}^*\int : {}^*\mathfrak{R} \to {}^*\mathbb{R}$ ist eine positive, ${}^*\mathbb{R}$ -lineare Abbildung.

Für jedes $g \in {}^*\mathfrak{R}$ schreiben wir auch ${}^*\int g(x)\, dx$ oder ${}^*\int_{-\infty}^{\infty} g(x)\, dx$ oder ${}^*\int g\, dx$ an Stelle von ${}^*\int(g)$.

Beweis. Da, wie aus der Analysis bekannt, $\mathfrak{R}$ ein $\mathbb{R}$-linearer Raum und $\int : \mathfrak{R} \to \mathbb{R}$ eine $\mathbb{R}$-lineare Abbildung ist, erhält man, daß ${}^*\mathfrak{R}$ ein ${}^*\mathbb{R}$-linearer Raum und ${}^*\int$ eine ${}^*\mathbb{R}$-lineare Abbildung ist (benutze 18.1 (i) und (ii)).
Mit Transfer folgt aus der Positivität von $\int$, daß:

$$g \in {}^*\mathfrak{R} \text{ und } g(x) \geq 0 \text{ für } x \in {}^*\mathbb{R} \Rightarrow {}^*\textstyle\int(g) \geq 0.$$

Dieses ist die Positivität von ${}^*\int$. □

Als positive lineare Abbildung über ${}^*\mathfrak{R}$ ist ${}^*\int$ monoton, d.h. es gilt:

$$g_1, g_2 \in {}^*\mathfrak{R} \text{ und } g_1(x) \leq g_2(x),\ x \in {}^*\mathbb{R} \;\Rightarrow\; {}^*\textstyle\int g_1(x)\,dx \leq {}^*\int g_2(x)\,dx.$$

Ferner gilt natürlich für jedes $f \in \mathfrak{R}$:

$${}^*f \in {}^*\mathfrak{R} \text{ und } \textstyle\int f(x)\,dx = {}^*\int {}^*f(x)\,dx$$

(benutze 7.9 (iv) mit $f := \int$ und $a := f$).
Durch Transfer erhält man, daß für alle $a, b \in {}^*\mathbb{R}$ $(a < b)$ und alle $g \in {}^*\mathfrak{R}$ auch die Funktionen $g \cdot 1_{\{x \in {}^*\mathbb{R}: a \leq x \leq b\}}$, $g \cdot 1_{\{x \in {}^*\mathbb{R}: x \leq a\}}$ und $g \cdot 1_{\{x \in {}^*\mathbb{R}: x \geq a\}}$ in ${}^*\mathfrak{R}$ liegen; für ihre *-Integrale schreiben wir

$${}^*\textstyle\int_a^b g(x)\,dx,\ {}^*\int_{-\infty}^a g(x)\,dx \text{ und } {}^*\int_a^\infty g(x)\,dx.$$

Um einige Formeln in 18.3 einheitlich schreiben zu können, benutzen wir die folgende Konvention:

$$-\infty < a < +\infty \text{ für alle } a \in {}^*\mathbb{R}.$$

18.3 Eigenschaften von ${}^*\mathfrak{R}$ und ${}^*\int$

(i) Seien $g_1 \in {}^*C(\mathbb{R}), g_2 \in {}^*\mathfrak{R}$. Es gebe $a, b \in {}^*\mathbb{R}$ mit $a < b$, so daß $g_2(x) = 0$ für $x < a$ und für $x > b$ ist. Dann gilt:

$$g_1 \cdot g_2 \in {}^*\mathfrak{R}.$$

(ii) Für $g \in {}^*\mathfrak{R}$ und $a, b, c \in {}^*\mathbb{R} \cup \{-\infty, +\infty\}$ mit $a < b < c$ gilt:

$${}^*\textstyle\int_a^c g(x)\,dx = {}^*\int_a^b g(x)\,dx + {}^*\int_b^c g(x)\,dx.$$

(iii) Für $g \in {}^*\mathfrak{R}$ und $a, b \in {}^*\mathbb{R} \cup \{-\infty, +\infty\}$ mit $a < b$ gilt:

$$|{}^*\textstyle\int_a^b g(x)\,dx| \leq {}^*\int_a^b |g(x)|\,dx.$$

Beweis. *(i)* und *(ii)* folgen durch Transfer der entsprechenden Eigenschaften von $\mathfrak{R}$ und $\int$. Beachte dabei, daß das in $g_1 \cdot g_2$ auftretende $\cdot$ das ${}^*\ominus^{\mathbb{R}}$ mit $\ominus = \cdot$ aus der Überlegung im Anschluß an 18.1 ist.
(iii) folgt aus der Monotonie von ${}^*\int$ unter Benutzung von $g \leq |g|, -g \leq |g|$ und ${}^*\int_a^b -g(x)dx = -{}^*\int_a^b g(x)dx$. □

Die folgenden linearen Räume und ihre *-Werte sind von grundlegender Bedeutung für δ-Funktionen, *-Differentiation und Distributionen.

18.4 Die linearen Räume $C^{(k)}, C^{(\infty)}, C_0^{(\infty)}$

Setze für $k \in \mathbb{N}$

$$C^{(k)} := \{f \in \mathbb{R}^{\mathbb{R}} : f \text{ k-mal stetig differenzierbar}\}.$$

Setze ferner

$$C^{(\infty)} := \cap_{k=1}^{\infty} C^{(k)},$$

$$C_0^{(\infty)} := \{f \in C^{(\infty)} : \exists a, b \in \mathbb{R},\ a < b \text{ mit } f(x) = 0 \text{ für } x \notin [a,b]\}.$$

Da $C^{(k)}, C^{(\infty)}, C_0^{(\infty)}$ $\mathbb{R}$-lineare Räume sind, sind ${}^*C^{(k)}, {}^*C^{(\infty)}, {}^*C_0^{(\infty)}$ ${}^*\mathbb{R}$-lineare Räume (siehe 18.1 (i)).

Wir führen nun δ-Funktionen als nicht-negative, *-stetige Funktionen von ${}^*\mathbb{R}$ nach ${}^*\mathbb{R}$ ein, die *(I) erfüllen, d.h. für die ${}^*\int \delta(x)\,dx = 1$ gilt und deren „Gesamtmasse" bis auf eine infinitesimale Größe in einer infinitesimalen Umgebung von Null liegt.

Später werden wir spezielle δ-Funktionen angeben, die in der Tat die passend modifizierten Eigenschaften $(\mathrm{I})_m$ bis $(\mathrm{IV})_m$ besitzen.

18.5 δ-Funktionen als Abbildungen von ${}^*\mathbb{R}$ nach ${}^*\mathbb{R}$

Eine Funktion $\delta \in {}^*C(\mathbb{R})$ mit $\delta \geq 0$ heißt *δ-Funktion,* falls gilt:

(i) ${}^*\int \delta(x)\,dx = 1$;

(ii) ${}^*\int_{-\varepsilon}^{\varepsilon} \delta(x)\,dx \approx 1$ für ein infinitesimales $\varepsilon > 0$.

Man beachte, daß eine Standard-Funktion ${}^*f \in {}^*C(\mathbb{R})$ niemals eine δ-Funktion sein kann: Aus ${}^*f \in {}^*C(\mathbb{R})$ folgt nämlich $f \in C(\mathbb{R})$ und somit $|f(x)| \leq c$ für $x \in [-\alpha, \alpha]$ mit geeigneten $c, \alpha \in \mathbb{R}_+$. Ist dann $\varepsilon > 0$ infinitesimal, so folgt nach 18.3 $|{}^*\int_{-\varepsilon}^{\varepsilon} {}^*f(x)\,dx| \leq 2\varepsilon c \approx 0$, und ${}^*f$ kann daher nicht (ii) erfüllen.

Der folgende Satz zeigt, daß man jedoch mit Hilfe gewisser Funktionen $f \in C(\mathbb{R})$ sofort δ-Funktionen angeben kann.

18.6 Erzeugung von δ-Funktionen aus stetigen Funktionen

Sei $f \in C(\mathbb{R})$ mit $f \geq 0$ und $\int f(x)\,dx = 1$. Dann gilt für jedes $h \in {}^*\mathbb{N} - \mathbb{N}$:

$$\delta(x) := h\,{}^*f(hx),\ x \in {}^*\mathbb{R}, \text{ ist eine } \delta\text{-Funktion},$$

und es ist $\delta \in {}^*C^{(k)}$, falls $f \in C^{(k)}$ ist $(k \in \mathbb{N} \cup \{\infty\})$.

Beweis. Transfer zeigt, daß $x \to h\,{}^*f(hx)$ in ${}^*C(\mathbb{R})$ und für $f \in C^{(k)}$ in ${}^*C^{(k)}$ liegt. Wegen $f \geq 0$ ist $h\,{}^*f(hx) \geq 0$, und somit bleiben (i) und (ii) von 18.5 für $\delta(x) = h\,{}^*f(hx)$ zu zeigen. Die Substitutionsregel liefert

$$\int nf(nx)\,dx = \int f(x)\,dx = 1 \quad \text{für alle } n \in \mathbb{N},$$

und somit folgt nach Transfer

$$^*\!\!\int h^*f(hx)\,dx = 1 \quad \text{für alle} \quad h \in {}^*\mathbb{N};$$

damit ist (i) von 18.5 bewiesen. Zum Nachweis von (ii) wähle $\varepsilon = 1/\sqrt{h}$. Nach der transferierten Substitutionsregel gilt

$$(1) \qquad ^*\!\!\int_{-\varepsilon}^{\varepsilon} \delta(x)\,dx = {}^*\!\!\int_{-1/\sqrt{h}}^{1/\sqrt{h}} h^*f(hx)\,dx = {}^*\!\!\int_{-\sqrt{h}}^{\sqrt{h}} {}^*f(z)dz.$$

Wegen $\int f(x)\,dx = 1$ gilt $a_n := \int_{-\sqrt{n}}^{\sqrt{n}} f(x)\,dx \to 1$ für $n \to \infty$, und somit folgt:

$$(2) \qquad ^*\!\!\int_{-\sqrt{h}}^{\sqrt{h}} {}^*f(z)dz = {}^*a_h \underset{10.1(\mathrm{i})}{\approx} 1.$$

Aus (1), (2) erhält man $^*\!\int_{-\varepsilon}^{\varepsilon} \delta(x)\,dx \approx 1$, d.h. es gilt 18.5 (ii). □

Setzt man $f(x) := \frac{1}{\pi(1+x^2)}$ bzw. $f(x) := \frac{1}{\sqrt{2\pi}}\exp(-x^2/2)$, so ist $f \in C^{(\infty)}$ mit $\int f(x)dx = 1$. Nach 18.6 sind daher für $h \in {}^*\mathbb{N} - \mathbb{N}$ die folgenden Funktionen δ-Funktionen aus $^*C^{(\infty)}$:

$$\frac{h}{\pi(1+h^2x^2)} \quad \text{und} \quad \frac{h}{\sqrt{2\pi}}\,{}^*\exp(-h^2x^2/2).$$

Das nächste Ergebnis zeigt, daß δ-Funktionen einer modifizierten Bedingung (III) genügen.

18.7 Eine zentrale Eigenschaft von δ-Funktionen

Sei $\delta: {}^*\mathbb{R} \to {}^*\mathbb{R}$ eine δ-Funktion und sei $\varphi \in C_0^{(\infty)}$. Dann gilt:

$$^*\!\!\int \delta(x)^*\varphi(x)\,dx \approx \varphi(0).$$

Beweis. Es ist $\delta \cdot {}^*\varphi \in {}^*\mathfrak{R}$ (wende 18.3 (i) auf $g_1 = \delta$ und $g_2 = {}^*\varphi$ an). Nach 18.5 (ii) gibt es ein infinitesimales $\varepsilon > 0$ mit

$$(1) \qquad ^*\!\!\int_{-\varepsilon}^{\varepsilon} \delta(x)\,dx \approx 1.$$

Wir zeigen:

$$(2) \qquad ^*\!\!\int_{-\infty}^{-\varepsilon} \delta(x)^*\varphi(x)\,dx \approx 0, \quad ^*\!\!\int_{\varepsilon}^{+\infty} \delta(x)^*\varphi(x)\,dx \approx 0;$$

$$(3) \qquad ^*\!\!\int_{-\varepsilon}^{\varepsilon} \delta(x)^*\varphi(x)\,dx \approx \varphi(0).$$

Aus (2), (3) folgt dann die Behauptung (benutze 18.3 (ii)).

Zu (2): Wegen $\delta \geq 0, {}^*\!\int \delta(x)\,dx = 1$ und (1) folgt zunächst $^*\!\int_{-\infty}^{-\varepsilon} \delta(x)\,dx \approx 0$ sowie $^*\!\int_{\varepsilon}^{+\infty} \delta(x)\,dx \approx 0$. Da $^*\varphi$ $\mathbb{R}$-beschränkt und $\delta \geq 0$ ist, folgt hieraus (2) (benutze 18.3 (iii)).

Zu (3): Zum Nachweis von (3) ist wegen

$$\varphi(0) \underset{(1)}{\approx} \varphi(0)\,{}^*\!\!\int_{-\varepsilon}^{\varepsilon} \delta(x)dx = {}^*\!\!\int_{-\varepsilon}^{\varepsilon} \varphi(0)\delta(x)dx$$

zu zeigen:

$$(4) \qquad ^*\!\!\int_{-\varepsilon}^{\varepsilon} \delta(x)({}^*\varphi(x) - \varphi(0))\,dx \approx 0.$$

Da φ in 0 stetig ist, gilt für jedes $\rho \in \mathbb{R}_+$, daß $|{}^*\varphi(x) - \varphi(0)| \leq \rho$ für $|x| \leq \varepsilon$ ist (benutze $\varepsilon \approx 0$ und 11.2). Somit folgt:

$$|{}^*\!\int_{-\varepsilon}^{\varepsilon} \delta(x)({}^*\varphi(x) - \varphi(0))\, dx| \underset{18.3}{\leq} \rho\, {}^*\!\int_{-\varepsilon}^{\varepsilon} |\delta(x)|\, dx \leq \rho\, {}^*\!\int \delta(x) dx \underset{18.5(\mathrm{i})}{=} \rho.$$

Da $\rho \in \mathbb{R}_+$ beliebig war, liefert dieses (4). □

Das folgende Ergebnis zeigt die Existenz hinreichend vieler $C_0^{(\infty)}$-Funktionen. Die Reichhaltigkeit des Systems der $C_0^{(\infty)}$-Funktionen ist für die Theorie der Distributionen von großer Bedeutung (siehe § 20), und sie ermöglicht es ferner, δ-Funktionen zu konstruieren, die außerhalb der Monade von 0 verschwinden. Diese δ-Funktionen erfüllen dann die vier (modifizierten) Bedingungen der Einleitung (siehe 18.9).

Für n-mal differenzierbare Funktionen $f : \mathbb{R} \to \mathbb{R}$ bezeichne $f^{(n)}$ die n-te Ableitung von f; hierbei wird $f^{(0)} := f$ gesetzt.

18.8 Funktionen aus $C_0^{(\infty)}$ mit speziellen Eigenschaften

(i) $f(x) := \begin{Bmatrix} \exp(-1/x) & \text{für } x > 0 \\ 0 & \text{für } x \leq 0 \end{Bmatrix} \Rightarrow f \in C^{(\infty)}$;

(ii) $\varphi_\alpha(x) := \begin{Bmatrix} \exp(\frac{-\alpha^2}{\alpha^2 - x^2}) & \text{für } |x| < \alpha \\ 0 & \text{für } |x| \geq \alpha \end{Bmatrix} \Rightarrow \varphi_\alpha \in C_0^{(\infty)} \quad (\alpha \in \mathbb{R}_+)$;

(iii) Seien $a, b \in \mathbb{R}$ mit $a < b$. Dann gibt es eine Funktion φ mit: $\varphi \in C_0^{(\infty)}, \varphi(x) > 0$ für $x \in]a, b[$ und $\varphi(x) = 0$ sonst;

(iv) Seien $a, b \in \mathbb{R}$ mit $a < b$. Dann gibt es eine Funktion φ mit: $\varphi \in C_0^{(\infty)}, 0 \leq \varphi \leq 1$ und $\varphi(x) = 1$ für $x \in [a, b]$.

Beweis. ***(i)*** Man beweist induktiv über $k \in \mathbb{N}_0$, daß

$$f^{(k)}(x) = \begin{cases} P_{2k}(\frac{1}{x}) \exp(-\frac{1}{x}) & \text{für } x > 0 \\ 0 & \text{für } x < 0 \end{cases}$$

für ein geeignetes Polynom P_{2k} vom Grade $2k$ ist. Daher ist f über $\mathbb{R} - \{0\}$ beliebig oft differenzierbar. Es reicht somit zu zeigen, daß $f^{(k)}(0) = 0$ ist; wir zeigen dieses induktiv. Es ist $f^{(0)}(0) = 0$. Ist $f^{(k)}(0) = 0$, so folgt zunächst, daß die linksseitige Ableitung von $f^{(k)}$ an der Stelle 0 existiert und 0 ist. Zu zeigen bleibt, daß die rechtsseitige Ableitung von $f^{(k)}$ an der Stelle 0 existiert und gleich 0 ist. Zu diesem Zwecke sei $x \in \mathbb{R}_+$; dann gilt:

$$\frac{f^{(k)}(x) - f^{(k)}(0)}{x - 0} = \frac{1}{x} P_{2k}(\tfrac{1}{x}) \exp(-\tfrac{1}{x}) \overset{x \downarrow 0}{\longrightarrow} 0.$$

Also existiert die rechtsseitige Ableitung von $f^{(k)}$ an der Stelle 0 und ist gleich 0.

(ii) Aus $\varphi_1(x) = f(1 - x^2)$ folgt nach (i), daß $\varphi_1 \in C^{(\infty)}$ ist. Wegen $\varphi_\alpha(x) = \varphi_1(x/\alpha)$ ist $\varphi_\alpha \in C^{(\infty)}$. Da $\varphi_\alpha = 0$ für $|x| \geq \alpha$ ist, folgt somit $\varphi_\alpha \in C_0^{(\infty)}$.

(iii) Sei $\alpha := \frac{b-a}{2}$ und $\beta := \frac{b+a}{2}$. Setze

$$\varphi(x) := \varphi_\alpha(x-\beta), x \in \mathbb{R}, \text{ mit } \varphi_\alpha \text{ aus (ii).}$$

Dann ist $\varphi \in C^{(\infty)}$ mit $\varphi(x) > 0$ für $|x-\beta| < \alpha$ und $\varphi(x) = 0$ sonst; somit ist $\varphi(x) > 0$ für $x \in]a, b[$ und $\varphi(x) = 0$ sonst.

(iv) Wähle $a_1 < a$ und $b_1 > b$. Betrachte mit f aus (i) die Funktion

$$\varphi(x) := \frac{f(x-a_1)f(b_1-x)}{f(x-a_1)f(b_1-x)+f(a-x)+f(x-b)}.$$

Dann ist $\varphi(x) = 0$ für $x \leq a_1$ und für $x \geq b_1$, $\varphi(x) = 1$ für $a \leq x \leq b$ sowie $0 \leq \varphi \leq 1$. Ferner ist $\varphi \in C^{(\infty)}$, da der Nenner in der Definition von φ nie 0 und $f \in C^{(\infty)}$ ist. Insgesamt besitzt damit φ die gewünschten Eigenschaften. □

Mit Hilfe der Funktion φ_1 aus 18.8 (ii) erhalten wir nach 18.6 (angewandt auf $f := \frac{1}{\int \varphi_1(x)dx}\varphi_1$), daß

$$\delta_1(x) := \begin{cases} c \cdot h \, {}^*\exp(\frac{-1}{1-h^2x^2}) & \text{für } |x| < \frac{1}{h} \\ 0 & \text{für } |x| \geq \frac{1}{h} \end{cases} \text{ mit } \frac{1}{c} := \int_{-1}^{1} \exp(-\frac{1}{1-x^2})dx$$

eine δ-Funktion aus ${}^*C^{(\infty)}$ ist. Zusammen mit 18.7 erhalten wir somit:

18.9 δ-Funktionen mit speziellen Eigenschaften

Es gibt δ-Funktionen, die den folgenden vier modifizierten Bedingungen der Einleitung genügen:

$(\text{I})_m$ $\quad {}^*\int \delta(x)dx = 1$;

$(\text{II})_m$ $\quad \delta(x) = 0$ für $x \not\approx 0$;

$(\text{III})_m$ $\quad {}^*\int \delta(x){}^*\varphi(x)dx \approx \varphi(0)$ für $\varphi \in C_0^{(\infty)}$;

$(\text{IV})_m$ $\quad \delta \in {}^*C^{(\infty)}$.

Mit internen Funktionen lassen sich also bei geeigneter Interpretation die von Dirac an eine δ-Funktion gestellten Bedingungen erfüllen.

Aufgaben

1 Man zeige, daß eine δ-Funktion über der Monade von 0 keine obere Schranke in $\mathbb{R}$ besitzt.

2 Es sei $0 \leq g \in {}^*C(\mathbb{R})$ mit $g(x) \approx 0$ für $x \not\approx 0$ und $g(x) = 0$ für unendliche x. Man zeige:
$$g \in {}^*\mathfrak{R} \text{ und } {}^*\int g(x)dx = 1 \implies g \text{ ist } \delta\text{-Funktion.}$$

3 Es sei $0 \leq g \in {}^*C(\mathbb{R})$ mit ${}^*\int g(x){}^*\varphi(x)\,dx \approx \varphi(0)$ für alle $\varphi \in C_0^{(\infty)}$. Man zeige:
$$g \in {}^*\mathfrak{R} \text{ und } {}^*\int g(x)dx = 1 \implies g \text{ ist } \delta\text{-Funktion.}$$

4 Man gebe δ-Funktionen $\delta_1, \delta_2, \delta_3$ an mit $\delta_1 \cdot \delta_2 = 0$, $\delta_1 \cdot \delta_3 = \delta_1$.

§ 19 *-Differenzierbarkeit und Differentiation linearer Funktionale über $C_0^{(\infty)}$

Im gesamten Paragraphen sei $^* : \widehat{S} \longrightarrow \widehat{{}^*S}$ eine starke Nichtstandard-Einbettung.

Bisher können wir gewisse interne Funktionen über $^*\mathbb{R}$, wie z. B. die δ-Funktionen, zwar *-integrieren, aber noch nicht *-differenzieren. Wir führen daher einen geeigneten *-Ableitungsbegriff ein; er entsteht durch Transfer des klassischen Ableitungsbegriffes. Diese *-Differentiation interner Funktionen ermöglicht es dann, auf sehr intuitive Weise einen Ableitungsbegriff für lineare Funktionale über $C_0^{(\infty)}$ einzuführen. Beide hier eingeführten Ableitungsbegriffe spielen eine wichtige Rolle in der Theorie der Distributionen (siehe § 20) und erlauben es, für klassisch nicht lösbare Differentialgleichungen neue Lösungskonzepte zu entwickeln.

19.1 *-Differenzierbare Funktionen

Es sei $C^{(0)} := C(\mathbb{R})$, und es sei $\partial : C^{(1)} \to C^{(0)}$ die Abbildung, die jeder Funktion $f \in C^{(1)}$ die Ableitung $f' \in C^{(0)}$ zuordnet. Dann gilt:

$$^*\partial : {}^*C^{(1)} \to {}^*C^{(0)} \text{ ist eine } {}^*\mathbb{R}\text{-lineare Abbildung.}$$

Jedes $g \in {}^*C^{(1)}$ nennen wir **-differenzierbar*; wir schreiben g' an Stelle von $^*\partial(g)$ und nennen g' die **-Ableitung* von g.

Beweis. Da ∂ $\mathbb{R}$-linear ist, ist $^*\partial$ $^*\mathbb{R}$-linear nach 18.1 (ii). □

Um mit der *-Ableitung den Bereich der *-stetigen Funktionen nicht zu verlassen, haben wir die *-Differenzierbarkeit nur für die Klasse $^*C^{(1)}$ erklärt und nicht, wie es auch möglich wäre, für die größere Klasse $^*D^{(1)}$, wobei $D^{(1)}$ das System aller differenzierbaren Funktionen über $\mathbb{R}$ ist.

Ist $g \in {^*C^{(1)}}$, so heißt

$$g'(x) := ({^*\partial}(g))(x) \in {^*\mathbb{R}}$$

die **-Ableitung* von g *an der Stelle* $x \in {^*\mathbb{R}}$.

Da $^*\partial$ $^*\mathbb{R}$-linear ist, gilt für alle $g_1, g_2 \in {^*C^{(1)}}$, $\alpha_1, \alpha_2 \in {^*\mathbb{R}}$:

$$(\alpha_1 g_1 + \alpha_2 g_2)'(x) = \alpha_1 g_1'(x) + \alpha_2 g_2'(x) \quad \text{für } x \in {^*\mathbb{R}}.$$

Die transferierte Kettenregel liefert für alle $g_1, g_2 \in {^*C^{(1)}}$:

$$(g_1 \circ g_2)'(x) = g_1'(g_2(x))g_2'(x) \quad \text{für } x \in {^*\mathbb{R}}.$$

19.2 Eigenschaften der *-Differentiation

(i) Ist $f \in C^{(1)}$, dann ist $^*f \in {^*C^{(1)}}$ und $(^*f)' = {^*(f')}$.

(ii) Seien $g \in {^*C^{(0)}}$, $x_0 \in {^*\mathbb{R}}$. Setze

$$G(x) := {^*\int_{x_0}^{x}} g(t)\,dt \quad \text{für } x \in {^*\mathbb{R}}.$$

Dann gilt:

$$G \in {^*C^{(1)}} \text{ und } G'(x) = g(x) \quad \text{für } x \in {^*\mathbb{R}}.$$

Hierbei ist ${^*\int_{x_0}^{x_0}} g(t)dt := 0$ und ${^*\int_{x_0}^{x}} g(t)dt := -{^*\int_{x}^{x_0}} g(t)dt$ für $x < x_0$ gesetzt.

Beweis. ***(i)*** Es gilt $(^*f)' = {^*\partial} \upharpoonright {^*f} \underset{7.3(\text{iii})}{=} {^*(\partial \upharpoonright f)} = {^*(f')}$.

(ii) folgt durch Transfer der entsprechenden Aussage für Funktionen aus $C^{(0)}$.

□

Wir wollen nun zeigen, daß die vor 18.9 definierte δ-Funktion δ_1 auch eine weitere häufig in den Anwendungen geforderte Eigenschaft besitzt, nämlich die *-Ableitung einer Heavyside - Funktion zu sein; eine Funktion $H: {^*\mathbb{R}} \to {^*\mathbb{R}}$ heißt dabei eine *Heavyside - Funktion*, falls gilt:

$$x \not\approx 0 \text{ und } x < 0 \Longrightarrow H(x) = 0,$$
$$x \not\approx 0 \text{ und } x > 0 \Longrightarrow H(x) = 1.$$

Zur Konstruktion einer Heavyside-Funktion H mit $H' = \delta_1$ setze

$$H(x) := {^*\int_{-1/h}^{x}} \delta_1(t)\,dt \quad \text{für } x \in {^*\mathbb{R}}.$$

Nach 19.2 (ii) ist $H \in {^*C^{(1)}}$, und es gilt $H'(x) = \delta_1(x)$ für $x \in {^*\mathbb{R}}$.

Wegen $\delta_1(x) = 0$ für $x \leq -\frac{1}{h}$ ist $H(x) = 0$ für $x \leq -\frac{1}{h}$; wegen $\delta_1(x) = 0$ für $x \geq \frac{1}{h}$ und ${^*\int_{-1/h}^{1/h}} \delta_1(t)\,dt = 1$ ist $H(x) = 1$ für $x \geq \frac{1}{h}$. Insgesamt ist H eine Heavyside - Funktion, deren Ableitung die δ-Funktion δ_1 ist.

Distributionen werden in § 20 als spezielle lineare Funktionale über $C_0^{(\infty)}$ eingeführt. Um Distributionen mit Nichtstandard-Methoden behandeln zu können, werden wir jetzt gewissen *-stetigen $g : {}^*\mathbb{R} \to {}^*\mathbb{R}$ ein lineares Funktional $[g] : C_0^{(\infty)} \to \mathbb{R}$ zuordnen; Distributionen erweisen sich dann als spezielle $[g]$. Die Einführung von $[g]$ erfolgt derart, daß alle δ-Funktionen das gleiche lineare Funktional liefern. Ist g eine δ-Funktion, dann ist $g \in {}^*C^{(0)}$ und es ist ${}^*\!\int g\, {}^*\varphi\, dx$ endlich für jedes $\varphi \in C_0^{(\infty)}$ (siehe 18.7). Daher liefert die Festsetzung

$$[g](\varphi) := st\,({}^*\!\int g\, {}^*\varphi\, dx) \underset{18.7}{=} \varphi(0) \quad \text{für} \quad \varphi \in C_0^{(\infty)}$$

ein lineares Funktional, welches nicht von der speziellen δ-Funktion g abhängt. Eine solche Festsetzung werden wir jetzt nicht nur für δ-Funktionen, sondern für alle *-stetigen g treffen, für die ${}^*\!\int g\, {}^*\varphi\, dx$ endlich für jedes $\varphi \in C_0^{(\infty)}$ ist.

19.3 Funktionen aus $\mathfrak{e}({}^*C^{(0)})$ erzeugen lineare Funktionale über $C_0^{(\infty)}$

Sei $\mathfrak{e}({}^*C^{(0)})$ das System aller Funktionen $g \in {}^*C^{(0)}$ mit

$${}^*\!\int g\, {}^*\varphi\, dx \text{ ist endlich für jedes } \varphi \in C_0^{(\infty)}.$$

Ist $g \in \mathfrak{e}({}^*C^{(0)})$, so setze

$$[g](\varphi) := st\,({}^*\!\int g\, {}^*\varphi\, dx) \quad \text{für} \quad \varphi \in C_0^{(\infty)}.$$

Dann gilt:

$$[g] : C_0^{(\infty)} \to \mathbb{R} \text{ ist ein lineares Funktional.}$$

Für $g_1, g_2 \in \mathfrak{e}({}^*C^{(0)})$ gilt:

$$[g_1] = [g_2] \iff {}^*\!\int g_1\, {}^*\varphi\, dx \approx {}^*\!\int g_2\, {}^*\varphi\, dx \quad \text{für alle} \quad \varphi \in C_0^{(\infty)}.$$

Beweis. Nach Definition von $\mathfrak{e}({}^*C^{(0)})$ ist $[g](\varphi) \in \mathbb{R}$ für jedes $g \in \mathfrak{e}({}^*C^{(0)})$ und jedes $\varphi \in C_0^{(\infty)}$. Da ${}^*\!\int$ und st $\mathbb{R}$-lineare Abbildungen sind, gilt für $\varphi_1, \varphi_2 \in C_0^{(\infty)}$ und $\alpha_1, \alpha_2 \in \mathbb{R}$

$$\begin{aligned}
[g](\alpha_1\varphi_1 + \alpha_2\varphi_2) &= st\,({}^*\!\!\int g\, {}^*(\alpha_1\varphi_1 + \alpha_2\varphi_2)\, dx) \\
&= st\,(\alpha_1 {}^*\!\!\int g\, {}^*\varphi_1\, dx + \alpha_2 {}^*\!\!\int g\, {}^*\varphi_2\, dx) \\
&= \alpha_1 st\,({}^*\!\!\int g\, {}^*\varphi_1\, dx) + \alpha_2 st\,({}^*\!\!\int g\, {}^*\varphi_2\, dx) \\
&= \alpha_1 [g](\varphi_1) + \alpha_2 [g](\varphi_2).
\end{aligned}$$

Also ist $[g]$ eine $\mathbb{R}$-lineare Abbildung von $C_0^{(\infty)}$ in $\mathbb{R}$.
Da nach Definition von Abbildungen genau dann $[g_1] = [g_2]$ ist, wenn $[g_1](\varphi) = [g_2](\varphi)$ für alle $\varphi \in C_0^{(\infty)}$ gilt, folgt die letzte Behauptung aus der Definition der Abbildungen $[g_1], [g_2]$. □

Der Leser beachte, daß recht verschiedenartige $g_1, g_2 \in \mathfrak{e}({}^*C^{(0)})$ dieselben Funktionale $[g_1], [g_2]$ erzeugen können. So liegen z.B. alle δ-Funktionen in $\mathfrak{e}({}^*C^{(0)})$ und erzeugen dasselbe lineare Funktional, obwohl sie als Funktionen sehr verschieden sein können. Darüber hinaus können auch Funktionen

$g \in \mathfrak{e}({}^*C^{(0)})$, die selbst keine δ-Funktionen sind, dasselbe lineare Funktional wie eine δ-Funktion erzeugen (betrachte z.B. $g := (1 + \frac{1}{h})\delta$ mit $h \in {}^*\mathbb{N} - \mathbb{N}$ und einer δ-Funktion δ).

Ist $\ell : C_0^{(\infty)} \to \mathbb{R}$ ein lineares Funktional und $g \in \mathfrak{e}({}^*C^{(0)})$ mit $\ell = [g]$, so heißt g *ein Repräsentant von* ℓ. Der folgende Satz zeigt, daß jedes lineare Funktional $\ell: C_0^{(\infty)} \to \mathbb{R}$ einen Repräsentanten $g \in \mathfrak{e}({}^*C^{(0)})$ besitzt. Hierbei kann zusätzlich $g \in {}^*C_0^{(\infty)}$ gewählt werden, wodurch es in 19.6 möglich sein wird, die Ableitung von linearen Funktionalen durch *-Differentiation eines Repräsentanten zu definieren.

19.4 Lineare Funktionale über $C_0^{(\infty)}$ sind durch Funktionen aus $\mathfrak{e}({}^*C^{(0)})$ erzeugbar

Sei $\ell : C_0^{(\infty)} \to \mathbb{R}$ ein lineares Funktional. Dann gibt es ein $g \in \mathfrak{e}({}^*C^{(0)})$ mit

$$g \in {}^*C_0^{(\infty)} \text{ und } \ell(\varphi) = {}^*\!\int g \cdot {}^*\varphi \, dx \text{ für } \varphi \in C_0^{(\infty)}.$$

Insbesondere ist damit $\ell = [g]$.

Beweis. Es ist $(\varphi_1, \varphi_2) = \int \varphi_1 \cdot \varphi_2 \, dx$ für $\varphi_1, \varphi_2 \in C_0^{(\infty)}$ ein inneres Produkt über dem $\mathbb{R}$-linearen Raum $C_0^{(\infty)}$. Wir wenden nun 15.5 an auf $f := \ell$ und $L := C_0^{(\infty)}$. Dann gibt es nach 15.5 ein $g := y_f \in {}^*C_0^{(\infty)}$ mit

$$\ell(\varphi) = {}^*(g, {}^*\varphi) \text{ für alle } \varphi \in C_0^{(\infty)}.$$

Da nach Transfer ${}^*(g_1, g_2) = {}^*\!\int g_1 \cdot g_2 \, dx$ für $g_1, g_2 \in {}^*C_0^{(\infty)}$ ist, erhalten wir $\ell(\varphi) = {}^*\!\int g \cdot {}^*\varphi \, dx$ für alle $\varphi \in C_0^{(\infty)}$. Wegen $\ell(\varphi) \in \mathbb{R}$ ist zusätzlich $g \in \mathfrak{e}({}^*C^{(0)})$. □

Man beachte für 19.4, daß es $g \in {}^*C_0^{(\infty)}$ mit $g \notin \mathfrak{e}({}^*C^{(0)})$ gibt. Es gibt nämlich zu $h \in {}^*\mathbb{N} - \mathbb{N}$ ein $g \in {}^*C_0^{(\infty)}$ mit $g(x) = h$ für alle $x \in {}^*\mathbb{R}$ mit $|x| \leq h$ (wähle z.B. $g(x) := h\,{}^*\varphi(\frac{x}{h})$ mit φ aus 18.8 (iv) für $a = -1, b = 1$). Da $[g]$ für $g \in \mathfrak{e}({}^*C^{(0)})$ lineare Funktionale sind, ist für $g_1, g_2 \in \mathfrak{e}({}^*C^{(0)})$ und $\alpha_1, \alpha_2 \in \mathbb{R}$ auch $\alpha_1[g_1] + \alpha_2[g_2]$ erklärt, und es gilt nach Definition von $[g]$ aus 19.3:

$$\alpha_1[g_1] + \alpha_2[g_2] = [\alpha_1 g_1 + \alpha_2 g_2].$$

Es ist also die Funktion $\alpha_1 g_1 + \alpha_2 g_2$ ein Repräsentant des linearen Funktionals $\alpha_1[g_1] + \alpha_2[g_2]$.

Der Transfer des folgenden Lemmas ist ein wichtiges Hilfsmittel zur Definition der Differentiation von linearen Funktionalen über $C_0^{(\infty)}$.

19.5 Lemma

Seien $n \in \mathbb{N}_0$ und $f \in C^{(n)}$. Dann gilt für alle $\varphi \in C_0^{(\infty)}$:

$$\int f^{(n)} \cdot \varphi \, dx = (-1)^n \int f \cdot \varphi^{(n)} \, dx.$$

Beweis. Wir beweisen die Aussage induktiv über $n \in \mathbb{N}_0$. Der Fall $n = 0$ ist trivial, da nach Festsetzung $f^{(0)} = f$ und $\varphi^{(0)} = \varphi$ ist.

Beim Induktionsschritt von n nach $n+1$ berechnen wir $\int f^{(n+1)} \cdot \varphi\, dx$ mittels partieller Integration. Seien hierzu $f \in C^{(n+1)}$, $\varphi \in C_0^{(\infty)}$ gegeben. Dann ist $\varphi(x) = 0$ für $|x| \geq c$ mit geeignetem $c \in \mathbb{R}_+$, und es gilt:

$$(1) \qquad \begin{aligned} \int f^{(n+1)} \varphi\, dx &= \int_{-c}^{c} (f^{(n)})' \cdot \varphi\, dx = f^{(n)} \cdot \varphi|_{-c}^{c} - \int_{-c}^{c} f^{(n)} \varphi'\, dx \\ &= - \int_{-c}^{c} f^{(n)} \varphi'\, dx. \end{aligned}$$

Nun ist $f \in C^{(n)}, \varphi' \in C_0^{(\infty)}$, und nach Induktionsannahme gilt daher

$$(2) \qquad \int f^{(n)} \cdot \varphi'\, dx = (-1)^n \int f \cdot \varphi^{(n+1)}\, dx.$$

Da auch $\varphi'(x) = 0$ für $|x| \geq c$ ist, implizieren (1) und (2) die Behauptung. □

Die n-te *-Ableitung einer Funktion aus ${}^*C^{(n)}$ kann man wie folgt induktiv definieren. Setze

$$g^{(0)} := g \text{ für } g \in {}^*C^{(0)},$$
$$g^{(n)} := (g^{(n-1)})' \text{ für } g \in {}^*C^{(n)}.$$

Es heißt $g^{(n)}$ die n-te *-Ableitung der Funktion $g \in {}^*C^{(n)}$.

Wir erinnern daran, daß jedes lineare Funktional $\ell\colon C_0^{(\infty)} \to \mathbb{R}$ stets einen unendlich oft *-differenzierbaren Repräsentanten $g \in \mathfrak{e}({}^*C^{(0)})$ besitzt (siehe 19.4). Die Ableitung eines linearen Funktionals ℓ über $C_0^{(\infty)}$ kann daher in natürlicher und intuitiver Weise mit Hilfe der n-ten Ableitung $g^{(n)}$ eines mindestens n-mal *-differenzierbaren Repräsentanten g von ℓ eingeführt werden. Üblicherweise wird die Differentiation (spezieller) linearer Funktionale durch die sehr künstlich erscheinende Eigenschaft 19.6 (i) definiert.

19.6 Differentiation von linearen Funktionalen über $C_0^{(\infty)}$

Sei $\ell\colon C_0^{(\infty)} \to \mathbb{R}$ ein lineares Funktional, und es sei

$$\ell = [g] \text{ mit } g \in \mathfrak{e}({}^*C^{(0)}) \cap {}^*C^{(n)}.$$

Dann ist $g^{(n)} \in \mathfrak{e}({}^*C^{(0)})$, und das lineare Funktional

$$\ell^{(n)} := [g^{(n)}]$$

hängt nicht vom darstellenden g ab und heißt die *n-te Ableitung von* ℓ. Da ℓ nach 19.4 sogar durch ein $g \in \mathfrak{e}({}^*C^{(0)}) \cap {}^*C^{(\infty)}$ dargestellt werden kann, ist ℓ beliebig oft differenzierbar.

Es gilt für lineare Funktionale $\ell, \ell_1, \ell_2 : C_0^{(\infty)} \to \mathbb{R}$ und $n, m \in \mathbb{N}$:

(i) $\ell^{(n)}(\varphi) = (-1)^n \ell(\varphi^{(n)})$ für $\varphi \in C_0^{(\infty)}$;

(ii) $\ell^{(n+m)} = (\ell^{(n)})^{(m)}$;

(iii) $(\alpha_1 \ell_1 + \alpha_2 \ell_2)^{(n)} = \alpha_1 \ell_1^{(n)} + \alpha_2 \ell_2^{(n)}$ für $\alpha_1, \alpha_2 \in \mathbb{R}$.

Beweis. Sei $\ell = [g]$ mit $g \in \mathfrak{e}({}^*C^{(0)}) \cap {}^*C^{(n)}$, und es sei $\varphi \in C_0^{(\infty)}$. Durch Transfer von 19.5 und wegen $\varphi^{(n)} \in C_0^{(\infty)}$ gilt:

$$^*\!\!\int g^{(n)} \cdot {}^*\varphi \, dx \underset{19.5}{=} (-1)^n \, {}^*\!\!\int g \cdot ({}^*\varphi)^{(n)} \, dx \underset{19.2(\mathrm{i})}{=} (-1)^n \, {}^*\!\!\int g \cdot {}^*(\varphi^{(n)}) \, dx \in fin({}^*\mathbb{R}).$$

Somit ist $g^{(n)} \in \mathfrak{e}({}^*C^{(0)})$, und es gilt:

(1) $\quad [g^{(n)}](\varphi) = (-1)^n [g](\varphi^{(n)}) = (-1)^n \ell(\varphi^{(n)})$.

Aus (1) folgt direkt, daß $\ell^{(n)}$ nicht vom ℓ darstellenden $g \in \mathfrak{e}({}^*C^{(0)}) \cap {}^*C^{(n)}$ abhängt und daß *(i)* gilt.

(ii) Es gilt für jedes $\varphi \in C_0^{(\infty)}$:

$$\ell^{(n+m)}(\varphi) \underset{(\mathrm{i})}{=} (-1)^{n+m} \ell(\varphi^{(n+m)}),$$

$$(\ell^{(n)})^{(m)}(\varphi) \underset{(\mathrm{i})}{=} (-1)^m \ell^{(n)}(\varphi^{(m)}) \underset{(\mathrm{i})}{=} (-1)^{n+m} \ell(\varphi^{(n+m)}).$$

Hieraus folgt (ii).

(iii) folgt ebenfalls mit Hilfe von (i). □

Der folgende Satz zeigt, daß man eine stetige Funktion $f: \mathbb{R} \to \mathbb{R}$ mit dem erzeugten linearen Funktional $[{}^*f]: C_0^{(\infty)} \to \mathbb{R}$ identifizieren kann. Ist dabei f n-mal stetig differenzierbar, so geht bei dieser Identifikation die n-te Ableitung von f in die n-te Ableitung des linearen Funktionals $[{}^*f]$ über. Man beachte, daß man nach 19.6 jedes lineare Funktional über $C_0^{(\infty)}$ - und damit insbesondere $[{}^*f]$ - beliebig oft differenzieren kann, selbst wenn f nicht differenzierbar sein sollte. In diesem verallgemeinerten Sinne ist also jede stetige Funktion beliebig oft differenzierbar, und der Ableitungsbegriff stimmt nach Identifikation (siehe 19.7) für stetig differenzierbare Funktionen mit dem klassischen Ableitungsbegriff überein.

19.7 „Differentiation" von stetigen Funktionen

(i) Ist $f \in C^{(0)}$, so ist ${}^*f \in \mathfrak{e}({}^*C^{(0)})$, und es gilt:

$$[{}^*f](\varphi) = \int f \varphi \, dx \quad \text{für} \quad \varphi \in C_0^{(\infty)}.$$

(ii) Die Abbildung $C^{(0)} \ni f \to [{}^*f]$ ist injektiv und linear.

(iii) $f \in C^{(n)} \Longrightarrow [{}^*f]^{(n)} = [{}^*f^{(n)}]$.

Beweis. *(i)* Ist $f \in C^{(0)}$, so ist ${}^*f \in {}^*C^{(0)}$, und für $\varphi \in C_0^{(\infty)}$ gilt $\int f \cdot \varphi \, dx \in \mathbb{R}$. Damit folgt:

$$\mathbb{R} \ni {}^*(\int f \cdot \varphi \, dx) \underset{5.17(\mathrm{ii})}{=} {}^*(\int \restriction f \cdot \varphi) \underset{7.3(\mathrm{iii})}{=} {}^*\!\!\int {}^*f \cdot {}^*\varphi \, dx.$$

Also ist ${}^*f \in \mathfrak{e}({}^*C^{(0)})$ und $[{}^*f](\varphi) = \int f \cdot \varphi \, dx$.

(ii) Setze

(1) $\quad i(f) := [{}^*f]$ für $f \in C^{(0)}$.

Dann gilt für $\alpha_1, \alpha_2 \in \mathbb{R}$:

$$\begin{aligned} i(\alpha_1 f_1 + \alpha_2 f_2) &= [{}^*(\alpha_1 f_1 + \alpha_2 f_2)] &= [\alpha_1 {}^*f_1 + \alpha_2 {}^*f_2] \\ &= \alpha_1[{}^*f_1] + \alpha_2[{}^*f_2] &= \alpha_1 i(f_1) + \alpha_2 i(f_2), \end{aligned}$$

d.h. i ist linear. Für die Injektivität reicht es wegen der Linearität von i zu zeigen:

(2) $\qquad f \in C^{(0)},\ i(f) = 0 \implies f = 0.$

Sei indirekt $f(x_0) \neq 0$ für ein $x_0 \in \mathbb{R}$; sei o.B.d.A. $f(x_0) > 0$. Dann gibt es a, b mit $a < x_0 < b$ und $f(x) > 0$ für $x \in [a, b]$. Nun existiert ein $\varphi \in C_0^{(\infty)}$ mit $\varphi(x) > 0$ für $x \in]a, b[$ und $\varphi(x) = 0$ für $x \notin]a, b[$ (siehe 18.8 (iii)). Dann folgt aus (i):

$$i(f)(\varphi) \underset{(1)}{=} [{}^*f](\varphi) \underset{(i)}{=} \int f \cdot \varphi \, dx = \int_a^b f \cdot \varphi \, dx > 0,$$

im Widerspruch zu $i(f) = 0$. Somit gilt (2) und daher (ii).

(iii) Wegen $f \in C^{(n)}$ ist ${}^*f \in {}^*C^{(n)}$. Ferner ist ${}^*f \in \mathfrak{e}({}^*C^{(0)})$ nach (i). Nach der Definition der Ableitung in 19.6 mit $g := {}^*f$ gilt daher $[{}^*f]^{(n)} = [{}^*f^{(n)}]$ und damit (iii). □

Das folgende Beispiel zeigt, daß $[\delta]$ - also das zu den δ-Funktionen gehörige lineare Funktional - durch zweifache Differentiation von $[{}^*f]$ mit geeigneten stetigen, aber nicht differenzierbaren Funktionen $f: \mathbb{R} \to \mathbb{R}$ entsteht. Wählt man z.B.

$$f(x) := |x|/2,\ x \in \mathbb{R}, \quad \text{bzw.} \quad f(x) := x 1_{[0,\infty[}(x),\ x \in \mathbb{R},$$

so ist

$${}^*f(x) = |x|/2,\ x \in {}^*\mathbb{R}, \quad \text{bzw.} \quad {}^*f(x) = x 1_{{}^*[0,\infty[}(x),\ x \in {}^*\mathbb{R},$$

und jeweils gilt $[{}^*f]'' = [\delta]$ (siehe 19.8). Wir werden später zeigen, daß $[\delta]$ nicht in analoger Weise durch einmaliges Differenzieren gewonnen werden kann (siehe hierzu 20.4 (iii)).

19.8 Es ist $\left[\frac{|x|}{2}\right]'' = [\delta]$ **und** $[x\, 1_{{}^*[0,\infty[}(x)]'' = [\delta]$.

Beweis. Sei $\varphi \in C_0^{(\infty)}$, dann gilt:

$$[\tfrac{|x|}{2}]''(\varphi) \underset{19.6(i)}{=} [\tfrac{|x|}{2}](\varphi'') \underset{19.7(i)}{=} \int \tfrac{|x|}{2} \varphi''(x)\, dx \quad \text{und} \quad [\delta](\varphi) \underset{18.7}{=} \varphi(0).$$

Daher ist für $[\frac{|x|}{2}]'' = [\delta]$ zu zeigen:

(1) $\qquad \int \frac{|x|}{2}\, \varphi''(x)\, dx = \varphi(0).$

Wegen $\varphi \in C_0^{(\infty)}$ existiert ein $c \in \mathbb{R}_+$ mit $\varphi(x) = 0$ für $|x| \geq c$. Setze $\psi(x) := \varphi(-x)$; dann ist $\psi''(x) = \varphi''(-x)$, und man erhält (1) wie folgt:

$$\begin{aligned} \int \tfrac{|x|}{2}\, \varphi''(x)\, dx &= \tfrac{1}{2}\left(\int_0^\infty x\varphi''(x)\, dx + \int_{-\infty}^0 (-x)\varphi''(x)\, dx\right) \\ &= \tfrac{1}{2}\left(\int_0^\infty [x\varphi''(x) + x\psi''(x)]\, dx\right) = \tfrac{1}{2} \int_0^c x(\varphi + \psi)''(x)\, dx \\ &= \tfrac{1}{2} x(\varphi + \psi)'(x)\big|_0^c - \tfrac{1}{2} \int_0^c (\varphi + \psi)'(x)\, dx = \tfrac{1}{2}(\varphi + \psi)(0) = \varphi(0). \end{aligned}$$

Es ist $x\,1_{{}^*[0,\infty[}(x) = (|x|+x)/2$. Aus $[\frac{|x|}{2}]'' = [\delta]$ folgt daher:

$$[x\,1_{{}^*[0,\infty[}(x)]'' = ([\tfrac{|x|}{2}] + [\tfrac{x}{2}])'' \underset{19.6(iii)}{=} [\tfrac{|x|}{2}]'' + [\tfrac{x}{2}]'' \underset{19.7(iii)}{=} [\tfrac{|x|}{2}]'' = [\delta]. \qquad \square$$

Für reelle Funktionen gilt bekanntlich, daß Funktionen mit k-ter Ableitung 0 Polynome vom Grade $\leq k-1$ sind. Der folgende Satz zeigt, daß eine formal analoge Aussage für lineare Funktionale über $C_0^{(\infty)}$ gilt. Ähnlich wie in 19.8 bezeichne $[x^\nu]$ das lineare Funktional $[{}^*f]$ mit $f(x) = x^\nu$, $x \in \mathbb{R}$. Es gilt folgende einfache Beziehung:

$$\textstyle\sum_{\nu=0}^n a_\nu [x^\nu] = [\sum_{\nu=0}^n a_\nu x^\nu],\; a_\nu \in \mathbb{R}.$$

Lineare Funktionale dieser Gestalt nennen wir „Polynome" über $C_0^{(\infty)}$

19.9 Lineare Funktionale mit verschwindender k-ter Ableitung sind „Polynome" eines kleineren Grades als k

Sei ℓ ein lineares Funktional über $C_0^{(\infty)}$ mit $\ell^{(k)} = 0$ für ein $k \in \mathbb{N}$. Dann gibt es $a_0, \dots, a_{k-1} \in \mathbb{R}$ mit

$$\ell = \textstyle\sum_{\nu=0}^{k-1} a_\nu\, [x^\nu].$$

Beweis. Wir beweisen die Aussage induktiv über $k \in \mathbb{N}$.

Sei $k = 1$. Dann ist $\ell' = 0$, und daher gilt:

(1) $\quad \ell(\psi') \underset{19.6(i)}{=} -\ell'(\psi) = 0$ für $\psi \in C_0^{(\infty)}$.

Es ist zu zeigen, daß ein $a_0 \in \mathbb{R}$ existiert mit $\ell = a_0[x^0]$, d.h. nach 19.7 (i):

(2) $\quad \ell(\varphi) = a_0 \int \varphi\, dx$ für $\varphi \in C_0^{(\infty)}$.

Wähle zunächst ein φ_0 mit (benutze 18.8 (iii)):

(3) $\quad \varphi_0 \in C_0^{(\infty)}$ und $\int \varphi_0(t)\, dt = 1$.

Zum Nachweis von (2) sei $\varphi \in C_0^{(\infty)}$ fest vorgegeben. Wir konstruieren ein ψ mit

(4) $\quad \psi \in C_0^{(\infty)}$ und $\varphi = \psi' + \int \varphi\, dx \cdot \varphi_0$;

dann folgt (2) mit $a_0 := \ell(\varphi_0)$ wegen

$$\ell(\varphi) = \ell(\psi') + \textstyle\int \varphi\, dx\; \ell(\varphi_0) \underset{(1)}{=} a_0 \int \varphi\, dx.$$

Es muß ψ aus (4) eine Stammfunktion von $\varphi - \int \varphi\, dx \cdot \varphi_0$ sein. Setze daher

(5) $\quad \psi(x) := \int_{-\infty}^x (\varphi(t) - \beta\varphi_0(t))\, dt$ mit $\beta := \int \varphi\, dx$.

Wegen $\varphi, \varphi_0 \in C_0^{(\infty)}$ gibt es $a, b \in \mathbb{R}$ mit $a < b$, so daß gilt:

(6) $\quad \varphi(t) = \varphi_0(t) = 0$ für $t \notin [a, b]$;

daher existiert $\psi(x)$, und es gilt $\psi' = \varphi - \beta\varphi_0$. Wegen $\varphi, \varphi_0 \in C^{(\infty)}$ folgt

(7) $\quad \psi \in C^{(\infty)}$ und $\varphi = \psi' + \beta\varphi_0 \underset{(5)}{=} \psi' + \int \varphi\, dx \cdot \varphi_0.$

Nach (5) und (6) gilt:

(8) $\quad \psi(x) = 0$ für $x < a.$

Wegen (7), (8) ist (4) gezeigt, wenn $\psi(x) = 0$ für $x > b$ ist. Sei hierzu $x > b$, dann gilt:

$$\begin{aligned}\psi(x) &\underset{(5)}{=} \int_{-\infty}^{x} (\varphi(t) - \beta\varphi_0(t))\, dt \underset{(6)}{=} \int \varphi(t)\, dt - \beta \int \varphi_0(t)\, dt \\ &\underset{(3)}{=} \int \varphi(t)\, dt - \beta \underset{(5)}{=} 0.\end{aligned}$$

Damit ist der Fall $k = 1$ gezeigt.

Sei nun die Aussage für $k - 1$ bewiesen, und es sei $\ell^{(k)} = 0$. Dann gilt $(\ell^{(k-1)})' \underset{19.6(\text{ii})}{=} \ell^{(k)} = 0$. Daher kann man den Induktionsanfang auf $\ell^{(k-1)}$ (an Stelle von ℓ) anwenden und man erhält, daß ein $c \in \mathbb{R}$ existiert mit $\ell^{(k-1)} = c[x^0]$. Somit gilt (benutze 19.6 (iii) und 19.7 (iii)):

$$(\ell - \tfrac{c}{(k-1)!}[x^{k-1}])^{(k-1)} = 0.$$

Nach Induktionsannahme existieren daher $a_0, \ldots, a_{k-2} \in \mathbb{R}$ mit

$$\ell - \tfrac{c}{(k-1)!}[x^{k-1}] = \textstyle\sum_{\nu=0}^{k-2} a_\nu [x^\nu].$$

Somit folgt $\ell = \sum_{\nu=0}^{k-1} a_\nu [x^\nu]$ mit $a_{k-1} = c/(k-1)!$; d.h. die Aussage gilt für k. □

Das folgende Konzept der Multiplikation mit $C^{(\infty)}$-Funktionen wird für einen verallgemeinerten Lösungsbegriff von linearen Differentialgleichungen sowie zur Einführung von Distributionen benötigt.

19.10 $C^{(\infty)}$-Multiplikation linearer Funktionale über $C_0^{(\infty)}$

Seien $g \in \mathfrak{e}({}^*C^{(0)})$ und $f \in C^{(\infty)}$. Dann ist ${}^*f \cdot g \in \mathfrak{e}({}^*C^{(0)})$. Setze

$$f \cdot [g] := [{}^*f \cdot g].$$

Diese Festsetzung ist wohldefiniert, d.h. $[g_1] = [g_2] \Longrightarrow [{}^*f g_1] = [{}^*f g_2]$.

Es gilt:

$$(f \cdot [g])(\varphi) = [g](f \cdot \varphi) \quad \text{für} \quad \varphi \in C_0^{(\infty)}.$$

Beweis. Wir zeigen als erstes ${}^*f \cdot g \in \mathfrak{e}({}^*C^{(0)})$: Es ist ${}^*f \cdot g \in {}^*C^{(0)}$. Sei nun $\varphi \in C_0^{(\infty)}$; dann ist $f \cdot \varphi \in C_0^{(\infty)}$ und wegen $g \in \mathfrak{e}({}^*C^{(0)})$ gilt:

(1) $\quad {}^*\!\int ({}^*f \cdot g) \cdot {}^*\varphi\, dx = {}^*\!\int g\, {}^*(f \cdot \varphi)\, dx \in fin({}^*\mathbb{R}).$

Somit ist ${}^*f \cdot g \in \mathfrak{e}({}^*C^{(0)})$. Aus (1) folgt dann ferner:

(2) $\quad [{}^*f \cdot g](\varphi) = [g](f \cdot \varphi).$

Seien nun $g_1, g_2 \in \mathfrak{e}({}^*C^{(0)})$ mit $[g_1] = [g_2]$. Dann folgt mit (2), daß $[{}^*f g_1] = [{}^*f g_2]$ ist.

Da $f \cdot [g] = [{}^*f g]$ nach Festsetzung ist, folgt aus (2): $(f \cdot [g])(\varphi) = [g](f\varphi)$. □

In der Physik treten gelegentlich Differentialgleichungen auf, von denen klar ist, daß sie nicht im klassischen Sinne lösbar sind. Mit Hilfe der in diesem Paragraphen entwickelten Ableitungsbegriffe kann man für solche Differentialgleichungen neue Lösungsbegriffe angeben. Dieses soll nun an einem einfachen Beispiel erläutert werden. Man betrachte hierzu die Differentialgleichung $y' = \delta$, wobei $\delta(0)$ „unendlich groß" ist und $\delta(x) = 0$ für $x \neq 0$ ist. Diese Differentialgleichung besitzt keine klassische Lösung, d.h. es gibt keine differenzierbare Funktion $f: \mathbb{R} \to \mathbb{R}$ mit $f'(x) = \delta(x)$ für $x \in \mathbb{R}$. Die beiden folgenden Modifizierungen dieser Differentialgleichung besitzen jedoch Lösungen:

(a) $y' = \delta$, wobei $\delta: {}^*\mathbb{R} \to {}^*\mathbb{R}$ eine δ-Funktion ist;

(b) $y' = [\delta]$, wobei δ eine δ-Funktion ist.

Im Fall (a) ist dabei eine *-differenzierbare Funktion $g: {}^*\mathbb{R} \to {}^*\mathbb{R}$ mit $g'(x) = \delta(x)$ für $x \in {}^*\mathbb{R}$ gesucht, wobei δ eine gegebene δ-Funktion im Sinne von 18.5 ist.

Im Fall (b), d.h. bei der Interpretation, wie sie bei Distributionen üblich ist, ist ein lineares Funktional $[g]$ mit $[g]' = [\delta]$ gesucht.

Wir wollen nun zeigen, daß es zu (a) stets Lösungen gibt und diese Lösungen zu Lösungen von (b) führen. Eine Lösung von (a) ist durch die Funktion

$$g_\delta(x) := {}^*\!\int_0^x \delta(t)dt \quad \text{für } x \in {}^*\mathbb{R}$$

gegeben, denn es ist $g_\delta'(x) = \delta(x)$ nach 19.2(ii). Wegen $|g_\delta| \leq 1$ ist $g_\delta \in \mathfrak{e}({}^*C^{(0)})$, und daher ist $[g_\delta]$ ein lineares Funktional über $C_0^{(\infty)}$ mit $[g_\delta]' \underset{19.6}{=} [g_\delta'] = [\delta]$; somit ist $[g_\delta]$ eine Lösung von (b). Zwei Lösungen von (b), d.h. von $y' = [\delta]$, unterscheiden sich höchstens um eine Konstante (siehe 19.9). Daher unterscheiden sich $[g_{\delta_1}]$ und $[g_{\delta_2}]$ nur um eine Konstante, obwohl die Lösungen g_{δ_i} von $y' = \delta_i$ sehr verschieden sein können.

Beide hier geschilderten Modifikationen des Ausgangsproblems besitzen also Lösungen. Die Lösungen im Fall (b) haben den Vorteil, daß sie schon von der Problemstellung her nicht von einer speziellen δ-Funktion abhängen. Die Auffassung (b), welche die Auffassung der Distributionentheorie ist, und bei der lineare Abbildungen differenziert werden müssen, wirkt allerdings künstlicher als die Formulierung (a), bei der wieder Funktionen auf natürliche Art differenziert werden.

Beide Ansätze (a) und (b) sind auf gewöhnliche lineare Differentialgleichungen verallgemeinerbar. Seien hierzu $a_0, \ldots, a_{n-1} \in C^{(\infty)}$, $k \in {}^*C^{(\infty)}$ gegeben, und betrachte die folgenden Verallgemeinerungen von (a) und (b):

(A) $y^{(n)} + {}^*a_{n-1}\, y^{(n-1)} + \ldots + {}^*a_1\, y' + {}^*a_0\, y = k$;

(B) $y^{(n)} + a_{n-1}\, y^{(n-1)} + \ldots + a_1\, y' + a_0\, y = [k]$.

Im Fall (A) ist eine interne Funktion g gesucht mit

$$g^{(n)}(x) + {}^*a_{n-1}(x)g^{(n-1)}(x) + \ldots + {}^*a_1(x)g'(x) + {}^*a_0(x)g(x) = k(x), x \in {}^*\mathbb{R}.$$

Im Fall (B) wird angenommen, daß $k \in \mathfrak{e}({}^*C^{(0)})$ ist. Gesucht wird dann ein lineares Funktional $[g]$ mit

$$[g]^{(n)} + a_{n-1}[g]^{(n-1)} + \ldots + a_1[g]' + a_0[g] = [k].$$

Die Differentialgleichung (A) besitzt stets eine Lösung, die bei vorgegebenen Anfangsbedingungen $y^{(\nu)}(x_0)$, $\nu = 0, \dots, n-1$, sogar eindeutig ist (dieses erhält man durch Transfer der entsprechenden klassischen Aussage). Ist nun g eine Lösung von (A) und ist $g \in \mathfrak{e}({}^*C^{(0)})$, dann ist $[g]$ eine Lösung von (B) (benutze hierzu 19.10). In diesen Fällen liefert daher eine Lösung von (A) unmittelbar eine Lösung von (B).

Bei (A) werden, wie in der klassischen Analysis, wieder Funktionen gesucht, die punktweise einer Differentialgleichung genügen, während bei (B) lineare Funktionale über $C_0^{(\infty)}$ zu finden sind, deren Ableitungen (als lineare Funktionale) eine korrespondierende Gleichung erfüllen. Bei vielen Fragestellungen wird daher das Konzept (A) - welches ein Konzept der Nichtstandard-Analysis ist - das Problem intuitiv besser erfassen als das Konzept (B). Ferner lassen sich mit dem Konzept (A) auch stetige Abhängigkeiten der Lösungen gut behandeln (siehe hierzu 19.11).

Darüber hinaus kann man in ${}^*\mathbb{R}$ „interne Differentialgleichungen" lösen, d.h. das Konzept von (A) benutzen, und zwar auch für Differentialgleichungen, die eine andere Gestalt als die in (A) angegebene besitzen. Für solche Differentialgleichungen ist häufig ein Lösungsansatz im Sinne von (B) nicht vorhanden. Zum Beispiel besitzt nach Transfer die Differentialgleichung $y' + \delta y = k$ eine Lösung in der Menge der ${}^*C^{(\infty)}$-Funktionen. Eine Formulierung des entsprechenden Problems für lineare Funktionale führt jedoch zu Schwierigkeiten, da i.a. das „Produkt" zweier linearer Funktionale nicht vernünftig eingeführt werden kann, so daß z.B. die Suche nach einem $[g]$ mit $[g]' + [\delta] \cdot [g] = [k]$ keinen Sinn ergibt, da $[\delta] \cdot [g]$ nicht definiert ist (siehe hierzu auch Aufgabe 4).

19.11 Stetige Abhängigkeit der Lösungen von internen Differentialgleichungen

Seien $a_0, \dots, a_{n-1} \in \mathbb{R}$ und $k_1, k_2 \in {}^*C^{(\infty)}$. Es seien $g_i \in {}^*C^{(\infty)}$ Lösungen von

$$y^{(n)} + a_{n-1}\, y^{(n-1)} + \dots + a_0\, y = k_i \quad \text{für} \quad i = 1,2$$

mit $g_1^{(\nu)}(0) = g_2^{(\nu)}(0)$ für $\nu = 0, \dots, n-1$. Dann gilt:

$$k_1(x) \approx k_2(x) \text{ für } x \in \mathit{fin}({}^*\mathbb{R}) \Longrightarrow g_1(x) \approx g_2(x) \text{ für } x \in \mathit{fin}({}^*\mathbb{R}).$$

Beweis. Setze $g := g_1 - g_2$ und $k := k_1 - k_2$, wobei $k_1(x) \approx k_2(x)$ für $x \in \mathit{fin}({}^*\mathbb{R})$ sei. Dann ist $k(x) \approx 0$ für $x \in \mathit{fin}({}^*\mathbb{R})$, und es ist g eine Lösung der Differentialgleichung

(1) $y^{(n)} + a_{n-1}\, y^{(n-1)} + \dots + a_0\, y = k$ mit $y^{(\nu)}(0) = 0$ für $\nu = 0, \dots, n-1$.

Zu zeigen ist $g(x) \approx 0$ für $x \in \mathit{fin}({}^*\mathbb{R})$. Durch Transfer eines klassischen Ergebnisses aus der Theorie der linearen Differentialgleichungen werden wir zeigen, daß g die folgende Darstellung besitzt:

(2) $g(x) = {}^*\!\int_0^x {}^*f(x-t)k(t)\,dt$, $x \in {}^*\mathbb{R}$, mit geeignetem $f \in C^{(\infty)}$.

Hieraus folgt wegen $k(x) \approx 0$ für $x \in \mathit{fin}({}^*\mathbb{R})$, daß $g(x) \approx 0$ für $x \in \mathit{fin}({}^*\mathbb{R})$ ist.

Zu (2): Sei $f \in C^{(\infty)}$ die nach der Theorie der Differentialgleichungen eindeutige Lösung von

$$y^{(n)} + a_{n-1}\, y^{(n-1)} + \ldots + a_0\, y = 0$$
$$\text{mit } y^{(\nu)}(0) = 0 \text{ für } \nu = 0, \ldots, n-2, \quad y^{(n-1)}(0) = 1.$$

Nach Aufgabe 10 ist für $\widetilde{k} \in C^{(\infty)}$ die Funktion

$$\mathbb{R} \ni x \to \int_0^x f(x-t)\, \widetilde{k}(t)\, dt$$

eine Lösung der Differentialgleichung

$$y^{(n)} + a_{n-1}\, y^{(n-1)} + \ldots + a_0\, y = \widetilde{k} \quad \text{mit} \quad y^{(\nu)}(0) = 0 \quad \text{für } \nu = 0, \ldots, n-1.$$

Da diese Lösung auch eindeutig ist, ist nach Transfer

$${}^*\mathbb{R} \ni x \to {}^*\!\int_0^x {}^*f(x-t) k(t)\, dt$$

die eindeutige Lösung der internen Differentialgleichung (1). Da auch g eine Lösung von (1) ist, folgt (2). □

Wir wollen zeigen, daß man linearen Funktionalen $[g]$ für gewisse reelle x_0 auf sinnvolle Weise einen reellen Funktionswert $[g](x_0)$ zuordnen kann. Hierbei wird $[\delta](x_0) = 0$ für reelle $x_0 \neq 0$ sein, und damit wird die Forderung (II), die wir in § 18 an eine δ-Funktion gestellt hatten, für $[\delta]$ exakt erfüllt sein.

Ist $[g]$ ein lineares Funktional und ist $g(x_0)$ endlich, so wäre es naheliegend, den reellen Funktionswert $[g](x_0)$ als $st(g(x_0))$ festzusetzen. Da es jedoch für jedes $r \in \mathbb{R}$ einen Repräsentanten g_r von $[g]$ mit $st(g_r(x_0)) = r$ gibt (siehe hierzu Aufgabe 7), ist eine solche Festsetzung nicht sinnvoll. Besitzt aber $[g]$ einen in x_0 $\approx$stetigen Repräsentanten g_r, so ist, wie 19.12 zeigt, $st(g_r(x_0))$ unabhängig von dem speziellen in x_0 $\approx$stetigen Repräsentanten, und daher führt die Festsetzung $[g](x_0) = st(g_r(x_0))$ in einem solchen Fall zu einem eindeutig definierten Wert.

19.12 Funktionswert eines linearen Funktionals über $C_0^{(\infty)}$

Seien $g \in \mathfrak{e}({}^*C^{(0)})$ und $x_0 \in \mathbb{R}$. Falls ein in x_0 $\approx$stetiges $g_1 \in \mathfrak{e}({}^*C^{(0)})$ mit $[g_1] = [g]$ existiert, so ist $g_1(x_0)$ endlich; setze

$$[g](x_0) := st\,(g_1(x_0)).$$

Diese Festsetzung hängt nicht von dem speziellen g_1 ab. Es gilt:

(i) $[\delta](x_0) = 0$ für $0 \neq x_0 \in \mathbb{R}$;

(ii) $[{}^*f](x_0) = f(x_0)$ für $x_0 \in \mathbb{R}$, $f \in C^{(0)}$.

Beweis. Wir zeigen zunächst, daß $[g](x_0)$, falls existent, wohldefiniert ist. Seien hierzu $g_1, g_2 \in \mathfrak{e}({}^*C)$ $\approx$stetig in x_0, und sei $[g_1] = [g_2] = [g]$. Es ist zu zeigen:

(1) $g_1(x_0) \approx g_2(x_0)$;

(2) $g_1(x_0) \in fin({}^*\mathbb{R})$.

Zu (1): Wäre $g_1(x_0) \not\approx g_2(x_0)$, dann gäbe es ein $\alpha \in \mathbb{R}_+$ mit o.B.d.A. $g_1(x_0)-g_2(x_0) \geq \alpha$. Da g_1, g_2 $\approx$ stetig in x_0 sind, gilt $g_1(x)-g_2(x) \geq \alpha/2$, falls $x - x_0 \approx 0$ ist. Nach dem Permanenzprinzip (siehe 9.7 (iii)) existiert, da g_1, g_2 intern sind, ein $c \in \mathbb{R}_+$ mit

$$g_1(x) - g_2(x) \geq \alpha/2, \text{ falls } |x - x_0| \leq c \text{ ist.}$$

Wähle nun $\varphi \in C_0^{(\infty)}$ mit

(3) $\varphi(x) > 0$ für $|x - x_0| < c$ und $\varphi(x) = 0$ für $|x - x_0| \geq c$

(zur Existenz siehe 18.8 (iii)). Dann gilt:

$$^*\!\int g_1{}^*\varphi\, dx - {}^*\!\int g_2{}^*\varphi\, dx \underset{(3)}{=} {}^*\!\int_{x_0-c}^{x_0+c} (g_1 - g_2)^*\varphi\, dx \geq \frac{\alpha}{2} \int_{x_0-c}^{x_0+c} \varphi(x)\, dx \in \mathbb{R}_+ .$$

Dieses widerspricht $[g_1] = [g_2]$; also ist $g_1(x_0) \approx g_2(x_0)$.

Zu (2): Sei indirekt $g_1(x_0)$ nicht endlich und o.B.d.A. positiv unendlich. Dann ist $g_1(x_0) \geq h$ für ein $h \in {}^*\mathbb{N} - \mathbb{N}$. Da g_1 $\approx$stetig in x_0 ist, folgt (wie beim Nachweis von $g_1(x_0) \approx g_2(x_0)$), daß ein $c \in \mathbb{R}_+$ existiert mit $g_1(x) \geq h/2$ für $|x - x_0| \leq c$. Mit dem in (3) gewählten $\varphi \in C_0^{(\infty)}$ folgt nun

$$^*\!\int g_1{}^*\varphi\, dx \underset{(3)}{=} {}^*\!\int_{x_0-c}^{x_0+c} g_1{}^*\varphi\, dx \geq \frac{h}{2} \int_{x_0-c}^{x_0+c} \varphi(x)\, dx \notin fin({}^*\mathbb{R}).$$

Daher ist $^*\!\int g_1{}^*\varphi\, dx$ nicht endlich im Widerspruch zu $g_1 \in \mathfrak{e}({}^*C^{(0)})$; also ist $g_1(x_0)$ endlich.

(i) Wähle die spezielle δ-Funktion δ_1 vor 18.9. Dann ist δ_1 $\approx$stetig für alle $x_0 \in \mathbb{R}$ mit $x_0 \neq 0$. Daher folgt für alle $0 \neq x_0 \in \mathbb{R}: 0 = \delta_1(x_0) = [\delta](x_0)$.

(ii) Da f stetig in $x_0 \in \mathbb{R}$ ist, ist $^*f$ $\approx$stetig in x_0 (benutze 11.2). Hieraus folgt $[{}^*f](x_0) = st\,({}^*f(x_0)) = f(x_0)$. □

Aufgaben

1 Man zeige, daß es eine Funktion $g\colon {}^*\mathbb{R} \to {}^*\mathbb{R}$ gibt, so daß für jedes $n \in \mathbb{N}$ die n-te *-Ableitung von g existiert, g jedoch nicht in $^*C^{(\infty)}$ liegt.

2 Sei $g_1 \in \mathfrak{e}({}^*C^{(0)})$ und $g_2 \in {}^*C^{(0)}$. Es gelte $g_1(x) \approx g_2(x)$ für $x \in fin({}^*\mathbb{R})$. Man zeige, daß $g_2 \in \mathfrak{e}({}^*C^{(0)})$ und $[g_1] = [g_2]$ ist.

3 Man berechne $[\delta]^{(n)}$ für $n \in \mathbb{N}$.

4 Man gebe $g, g_1, g_2 \in \mathfrak{e}({}^*C^{(0)})$ mit $g \cdot g_i \in \mathfrak{e}({}^*C^{(0)})$ für $i = 1,2$ und $[g_1] = [g_2]$ an, so daß $[gg_1] \neq [gg_2]$ ist.

5 Man zeige, daß man in Satz 19.11 die Forderung

$$k_1(x) \approx k_2(x) \quad \text{für } x \in fin({}^*\mathbb{R})$$

durch die folgende schwächere Forderung ersetzen kann:

$$^*\!\int_0^x (k_1(t) - k_2(t))\, dt \approx 0 \quad \text{für } x \in fin({}^*\mathbb{R}).$$

6 Man zeige, daß für die Lösung φ der internen Differentialgleichung

$$y'' + y = A\,{}^*\!\sin(\alpha x),\quad y(0) = 0,\quad y'(0) = 1$$

gilt:

(i) $A \approx 0 \Rightarrow \varphi(x) \approx {}^*\!\sin(x)$ für $x \in fin({}^*\mathbb{R})$;

(ii) A endlich, α unendlich $\Rightarrow \varphi(x) \approx {}^*\!\sin(x)$ für $x \in fin({}^*\mathbb{R})$.

7 Man zeige, daß es für jedes lineare Funktional $[g] : C_0^{(\infty)} \to \mathbb{R}$ und für alle $x_0, r \in \mathbb{R}$ einen Repräsentanten g_1 von $[g]$ gibt, so daß $st(g_1(x_0)) = r$ ist.

8 Man zeige, daß für $[\delta]$ an der Stelle 0 kein Wert existiert.

9 Es sei $[g] : C_0^{(\infty)} \to \mathbb{R}$ ein lineares Funktional und $x_0 \in \mathbb{R}$, so daß $[g](x_0)$ existiert. Sei ferner $f \in C^{(\infty)}$. Man zeige, daß $f \cdot [g]$ in x_0 einen Wert besitzt und daß gilt

$$(f \cdot [g])(x_0) = f(x_0) \cdot [g](x_0).$$

10 Sei $f \in C^{(\infty)}$ die Lösung von

$$y^{(n)} + a_{n-1}y^{(n-1)} + \ldots + a_0 y = 0 \text{ mit } y^{(\nu)}(0) = 0 \text{ für } \nu \le n-2,\ y^{(n-1)}(0) = 1.$$

Man zeige, daß für $\widetilde{k} \in C^{(\infty)}$ die Funktion $g(x) := \int_0^x f(x-t)\widetilde{k}(t)dt$ eine Lösung der folgenden Differentialgleichung ist:

$$y^{(n)} + a_{n-1}y^{(n-1)} + \ldots + a_0 y = \widetilde{k} \quad \text{mit} \quad y^{(\nu)}(0) = 0 \text{ für } \nu = 0, \ldots, n-1.$$

§ 20 Distributionen

In diesem Paragraphen sei $^*: \widehat{S} \longrightarrow \widehat{{}^*S}$ eine starke Nichtstandard-Einbettung.

Ziel dieses Paragraphen ist es, den Distributionsbegriff mit Nichtstandard-Methoden möglichst intuitiv einzuführen. Wir sind der Ansicht, daß dieses Vorgehen gegenüber der klassischen Betrachtungsweise deutliche Vorzüge aufweist. Es zeigt sich nämlich, daß die Nichtstandard-Betrachtung es ermöglicht, mit Distributionen in einem präzisen Sinne wieder so umzugehen wie mit Funktionen über $\mathbb{R}$. Dadurch werden viele sonst schwer vorstellbare und künstlich erscheinende Begriffsbildungen intuitiv durchsichtig und natürlich.

In diesem Paragraphen wird nicht auf Anwendungen der Distributionentheorie eingegangen. Es soll dem Leser lediglich deutlich gemacht werden, daß durch den Einsatz von Nichtstandard-Methoden ein neues und erhellendes Licht auf den Begriff der Distributionen fällt.

Die Anwendungen der Distributionentheorie liegen besonders im Bereich der Differentialgleichungen. Die am Ende von § 19 gebrachten Ergebnisse über die Lösungen von Differentialgleichungen durch lineare Funktionale über $C_0^{(\infty)}$ können hierzu einen ersten Eindruck vermitteln.

Distributionen sind spezielle lineare Funktionale über $C_0^{(\infty)}$. Wir werden genau die linearen Funktionale über $C_0^{(\infty)}$ als *Distributionen endlicher Ordnung* bezeichnen, die für ein $n \in \mathbb{N}_0$ als n-te Ableitung aus einer stetigen Funktion entstehen (d.h. von der Form $[{}^*f]^{(n)}$ mit $f \in C^{(0)}$ sind).

Das System aller Distributionen endlicher Ordnung ist das kleinste System linearer Funktionale über $C_0^{(\infty)}$, das unter Differentiation abgeschlossen ist und alle von stetigen Funktionen erzeugten linearen Funktionale enthält; es ist also das System, das in organischer Weise aus den stetigen Funktionen mittels Differenzieren entsteht. Mit Hilfe der Distributionen endlicher Ordnung werden in 20.6 die Distributionen eingeführt.

20.1 Distributionen endlicher Ordnung als Ableitung stetiger Funktionen

Ist $g \in \mathfrak{e}({}^*C^{(0)})$, so heißt $[g]$ eine *Distribution endlicher Ordnung,* wenn gilt:

$$[g] = [{}^*f]^{(n)} \quad \text{für ein} \quad f \in C^{(0)} \quad \text{und ein} \quad n \in \mathbb{N}_0.$$

Das minimale $n \in \mathbb{N}_0$ heißt dann die *Ordnung von* $[g]$ und wird mit $ord[g]$ bezeichnet.

Linearkombinationen von Distributionen endlicher Ordnung sind Distributionen endlicher Ordnung (siehe Aufgabe 4). Für jedes $f \in C^{(0)}$ ist $[{}^*f]$ eine Distribution endlicher Ordnung mit $ord[{}^*f] = 0$, und darüber hinaus gilt:

$$f \in C^{(j)} \Longrightarrow ord[{}^*f]^{(l)} = 0 \text{ für } l \leq j,$$

denn es ist $[{}^*f]^{(l)} \underset{19.7(\text{iii})}{=} [{}^*f^{(l)}]$ mit $f^{(l)} \in C^{(0)}$.

Wir benötigen im folgenden

20.2 $\quad f \in C^{(0)},\ k \in \mathbb{N} \Longrightarrow f = F^{(k)}$ für ein $F \in C^{(k)}$.

Dieses erhält man durch k-fache Stammfunktionenbildung von f.

Hieraus erhalten wir für Distributionen endlicher Ordnung:

20.3 $\quad ord[g] \leq n \Longrightarrow [g] = [{}^*f]^{(n)}$ für ein $f \in C^{(0)}$.

Beweis. Wegen $ord[g] \leq n$ existieren $l \in \mathbb{N}_0$ und $f_1 \in C^{(0)}$ mit $l \leq n$ und $[g] = [{}^*f_1]^{(l)}$. Nach 20.2 gibt es ein $F_1 \in C^{(n-l)}$ mit $f_1 = F_1^{(n-l)}$. Dann ist

$$[g] = [{}^*f_1]^{(l)} = [{}^*(F_1^{(n-l)})]^{(l)} \underset{19.7(\text{iii})}{=} ([{}^*F_1]^{(n-l)})^{(l)} \underset{19.6(\text{ii})}{=} [{}^*F_1]^{(n)}.$$

Dann gilt 20.3 mit $f = F_1$. □

Nach 19.8 ist $[\delta]$ eine Distribution endlicher Ordnung mit $ord[\delta] \leq 2$. Das folgende Ergebnis zeigt u.a., daß $ord[\delta] = 2$ ist, also kann $[\delta]$ nicht als Ableitung von $[{}^*f]$ mit stetigem f gewonnen werden.

Ferner sehen wir mit 20.4, daß bei Distributionen positiver Ordnung die Ordnung der Ableitung um 1 höher ist. Ist jedoch $ord[g] = 0$, d.h. $[g] = [{}^*f]$ für ein $f \in C^{(0)}$, so ist

$$ord[g]' = \begin{cases} 1 & \text{für } f \in C^{(0)} - C^{(1)} \\ 0 & \text{für } f \in C^{(1)} \end{cases}$$

20.4 Die Ordnung spezieller Distributionen

(i) Sei $[g]$ eine Distribution endlicher Ordnung mit $ord[g] > 0$. Dann gilt:

$$ord[g]' = ord[g] + 1.$$

(ii) Sei $j \in \mathbb{N}_0$ und $f \in C^{(j)} - C^{(j+1)}$. Dann gilt:

$$ord[{}^*f]^{(j+k)} = k \text{ für alle } k \in \mathbb{N}_0.$$

(iii) $ord[\delta] = 2$ für δ-Funktionen δ.

Beweis. ***(i)*** Sei $n := ord[g] \in \mathbb{N}$. Dann gibt es ein $f \in C^{(0)}$ mit $[g] = [^*f]^{(n)}$. Daher ist $[g]' \underset{19.6(ii)}{=} [^*f]^{(n+1)}$ und somit ist $ord[g]' \leq n+1$.

Zu zeigen bleibt $ord[g]' \geq n+1$. Sei indirekt $ord[g]' \leq n$. Dann gibt es nach 20.3 ein $f_0 \in C^{(0)}$ mit $[g]' = [^*f_0]^{(n)}$. Wegen $n = ord[g] > 0$ folgt:

$$([g] - [^*f_0]^{(n-1)})' \underset{19.6(ii)}{=} 0.$$

Somit existiert ein $a_0 \in \mathbb{R}$ mit $[g] - [^*f_0]^{(n-1)} = a_0[x^0]$ (siehe 19.9). Also ist

$$[g] = [^*f_0 + a_0 x^{n-1}/(n-1)!]^{(n-1)}$$

(benutze 19.6 (iii), 19.7 (iii)), d.h. es ist

$$[g] = [^*f_1]^{(n-1)} \quad \text{mit} \quad f_1(x) := f_0(x) + a_0 x^{n-1}/(n-1)!.$$

Wegen $f_1 \in C^{(0)}$ ist daher $ord[g] \leq n-1$ im Widerspruch zu $ord[g] = n$.

(ii) Wegen $[^*f]^{(j+k)} \underset{19.6(ii)}{=} ([^*f]^{(j)})^{(k)} \underset{19.7(iii)}{=} [^*f^{(j)}]^{(k)}$ und $f^{(j)} \in C^{(0)} - C^{(1)}$ reicht es, (ii) für $j = 0$ und $k \in \mathbb{N}_0$ zu zeigen.

Sei daher $f \in C^{(0)} - C^{(1)}$, zu zeigen ist:

(1) $\qquad ord[^*f]^{(k)} = k.$

Für $k = 0$ ist (1) trivial. Wir zeigen (1) für $k = 1$; dann folgt (1) induktiv auch für alle $k \geq 2$, denn nach Induktionsannahme gilt $ord[^*f]^{(k-1)} = k-1 > 0$, und somit erhält man:

$$ord[^*f]^{(k)} \underset{19.6(ii)}{=} ord([^*f]^{(k-1)})' \underset{(i)}{=} ord[^*f]^{(k-1)} + 1 = k.$$

Zu zeigen verbleibt also:

(2) $\qquad ord[^*f]' = 1$ für $f \in C^{(0)} - C^{(1)}$.

Zum Nachweis von (2) sei $f \in C^{(0)} - C^{(1)}$. Es ist $ord[^*f]' \leq 1$. Sei indirekt $ord[^*f]' = 0$. Dann gilt:

(3) $\qquad [^*f]' = [^*f_0]$ für ein $f_0 \in C^{(0)}$.

Wir zeigen, daß hieraus $f \in C^{(1)}$ folgt, was im Widerspruch zur Voraussetzung $f \notin C^{(1)}$ steht. Es ist $f_0 = F_0'$ für ein $F_0 \in C^{(1)}$ nach 20.2. Daher ist $^*f_0 = {^*F_0'}$, und es folgt:

$$[^*f]' \underset{(3)}{=} [^*f_0] = [^*F_0'] \underset{19.7(iii)}{=} [^*F_0]'.$$

Somit ist $[^*(f - F_0)]' = 0$, und daher gilt (benutze 19.9):

$$[^*(f - F_0)] = a_0[x^0] = [a_0] \text{ für ein } a_0 \in \mathbb{R}.$$

Hieraus folgt $f - F_0 = a_0$ (benutze die Injektivität in 19.7 (ii)), und somit ist $f = F_0 + a_0 \in C^{(1)}$.

(iii) Sei $f(x) := |x|/2, x \in \mathbb{R}$. Dann ist $f \in C^{(0)} - C^{(1)}$ und $ord[^*f]'' = 2$ nach (ii). Wegen $[\delta] \underset{19.8}{=} [^*f]''$ folgt (iii). □

Die Eigenschaft 20.4 (ii) zeigt insbesondere, daß für stetige, aber nicht stetig differenzierbare Funktionen f die Ordnung der k-ten Ableitung von $[^*f]$ gleich k ist.

Die im folgenden benutzte Multiplikation von $[g]$ mit einer $C^{(\infty)}$-Funktion f wurde in 19.10 erklärt.

20.5 $C^{(\infty)}$-Multiplikation erhöht nicht die Ordnung

Sei $[g]$ eine Distribution endlicher Ordnung und $f \in C^{(\infty)}$. Dann ist $f \cdot [g]$ eine Distribution endlicher Ordnung, und es gilt:

$$ord(f \cdot [g]) \leq ord[g].$$

Beweis. Sei $n := ord[g]$. Dann existiert ein $f_0 \in C^{(0)}$ mit $[g] = [^*f_0]^{(n)}$. Zu zeigen ist daher $ord(f \cdot [^*f_0]^{(n)}) \leq n$; hierfür genügt es, ein $f_1 \in C^{(0)}$ zu finden, so daß $f \cdot [^*f_0]^{(n)} = [^*f_1]^{(n)}$ ist. Also ist ein $f_1 \in C^{(0)}$ zu finden mit

$$(f \cdot [^*f_0]^{(n)})(\varphi) = [^*f_1]^{(n)}(\varphi) \quad \text{für} \quad \varphi \in C_0^{(\infty)}.$$

Nun ist

$$\begin{aligned}(f \cdot [^*f_0]^{(n)})(\varphi) \underset{19.10}{=} [^*f_0]^{(n)}(f \cdot \varphi) &\underset{19.6(i)}{=} (-1)^n [^*f_0]((f \cdot \varphi)^{(n)}) \\ &\underset{19.7(i)}{=} (-1)^n \int f_0 \cdot (f \cdot \varphi)^{(n)}\, dx\end{aligned}$$

sowie für $f_1 \in C^{(0)}$

$$[^*f_1]^{(n)}(\varphi) \underset{19.6(i)}{=} (-1)^n [^*f_1](\varphi^{(n)}) \underset{19.7(i)}{=} (-1)^n \int f_1 \cdot \varphi^{(n)}\, dx.$$

Somit ist ein $f_1 \in C^{(0)}$ zu finden, so daß gilt:

$$(1) \qquad \int f_1 \cdot \varphi^{(n)}\, dx = \int f_0 \cdot (f \cdot \varphi)^{(n)}\, dx \quad \text{für} \quad \varphi \in C_0^{(\infty)}.$$

Nun ist $(f \cdot \varphi)^{(n)} = \sum_{\nu=0}^{n} \binom{n}{\nu} f^{(\nu)} \varphi^{(n-\nu)}$, und es gibt $G_\nu \in C^{(\nu)}$ mit $G_\nu^{(\nu)} = f_0 \cdot f^{(\nu)}$ (wende 20.2 auf $f := f_0 \cdot f^{(\nu)}$ an). Daher gilt:

$$\begin{aligned}\int f_0 (f \cdot \varphi)^{(n)}\, dx &= \sum_{\nu=0}^{n} \binom{n}{\nu} \int f_0 f^{(\nu)} \varphi^{(n-\nu)}\, dx \\ &= \sum_{\nu=0}^{n} \binom{n}{\nu} \int G_\nu^{(\nu)} \varphi^{(n-\nu)}\, dx \\ &\underset{19.5}{=} \sum_{\nu=0}^{n} \binom{n}{\nu} (-1)^\nu \int G_\nu \varphi^{(n)}\, dx \\ &= \int \Big(\sum_{\nu=0}^{n} \binom{n}{\nu} (-1)^\nu G_\nu\Big) \varphi^{(n)}\, dx.\end{aligned}$$

Hieraus folgt (1) mit $f_1 := \sum_{\nu=0}^{n} \binom{n}{\nu} (-1)^\nu G_\nu$. □

Ist $[g]$ eine Distribution endlicher Ordnung, so gilt nach 20.5:

$$f \in C_0^{(\infty)} \Longrightarrow f \cdot [g] \text{ Distribution endlicher Ordnung.}$$

Alle linearen Funktionale $[g]$ mit dieser Eigenschaft werden wir jetzt Distributionen nennen. Distributionen endlicher Ordnung sind daher insbesondere Distributionen. Im Anschluß an 20.6 werden wir auf den Zusammenhang mit der klassischen Definition der Distributionen eingehen.

20.6 Distributionen

Sei $g \in \mathfrak{e}({}^*C^{(0)})$. Dann heißt das lineare Funktional $[g]: C_0^{(\infty)} \to \mathbb{R}$ eine *Distribution,* wenn $f \cdot [g]$ für alle $f \in C_0^{(\infty)}$ eine Distribution endlicher Ordnung ist. Es gilt:

(i) Linearkombinationen und Ableitungen von Distributionen sind Distributionen.

(ii) Die Multiplikation einer Distribution mit einer $C^{(\infty)}$-Funktion liefert eine Distribution.

Beweis. ***(i)*** Seien $[g_1], [g_2]$ Distributionen und $\alpha_1, \alpha_2 \in \mathbb{R}$. Wir zeigen, daß das lineare Funktional $\alpha_1[g_1] + \alpha_2[g_2]$ eine Distribution ist: Sei hierzu $f \in C_0^{(\infty)}$; zu zeigen ist:

$$f \cdot (\alpha_1[g_1] + \alpha_2[g_2])(= \alpha_1 f[g_1] + \alpha_2 f[g_2]) \text{ besitzt endliche Ordnung.}$$

Dieses folgt, da nach Voraussetzung $f[g_1]$ und $f[g_2]$ endliche Ordnung besitzen und Linearkombinationen von Distributionen endlicher Ordnung wieder endliche Ordnung besitzen (siehe Aufgabe 4).

Sei $[g]$ eine Distribution mit o.B.d.A. $g \in {}^*C^{(1)}$ (benutze 19.4). Wir zeigen, daß das lineare Funktional $[g]'$ eine Distribution ist. Sei hierzu $f \in C_0^{(\infty)}$. Dann gilt nach Transfer ${}^*fg' = ({}^*fg)' - {}^*f'g$, und es folgt aus 19.6 und 19.10:

(1) $\quad f[g'] = (f[g])' - f'[g]$.

Da $[g]$ eine Distribution ist und $f, f' \in C_0^{(\infty)}$ sind, sind $f[g]$ und $f'[g]$ Distributionen endlicher Ordnung. Nach (1) und Aufgabe 4 ist daher auch $f[g']$ eine Distribution endlicher Ordnung. Also ist $[g]'(\underset{19.6}{=}[g'])$ eine Distribution.

(ii) Sei $h \in C^{(\infty)}$, und sei $[g]$ eine Distribution. Zu zeigen ist, daß $h \cdot [g]$ eine Distribution ist. Sei hierzu $f \in C_0^{(\infty)}$. Dann ist $f \cdot h \in C_0^{(\infty)}$, und es ist $f \cdot (h \cdot [g])(= (f \cdot h) \cdot [g])$ eine Distribution endlicher Ordnung. Somit ist $h \cdot [g]$ eine Distribution. □

Wir weisen darauf hin, daß sich viele weitere Konzepte der Distributionentheorie ebenfalls mit Hilfe von Nichtstandard-Methoden sehr intuitiv einführen lassen. So können z.B. lineare Transformationen und Fourier-Transformationen von Distributionen sowie die Faltung gewisser Distributionen mit Hilfe der die Distributionen repräsentierenden Funktionen auf die klassischen Konzepte reeller Funktionen zurückgeführt werden.

Wir werden nun den Zusammenhang zwischen der hier gegebenen Definition einer Distribution und der klassischen Definition aufzeigen. Für die klassische Definition benötigen wir den folgenden Konvergenzbegriff in $C_0^{(\infty)}$.

Seien $\varphi_n \in C_0^{(\infty)}$ für $n \in \mathbb{N}$. Wir schreiben $\varphi_n \underset{D}{\longrightarrow} 0$, wenn für geeignete $a, b \in \mathbb{R}$ mit $a < b$ gilt:

(i) $\varphi_n(x) = 0$ für jedes $n \in \mathbb{N}$ und jedes $x \notin [a, b]$;

(ii) $\sup_{x \in \mathbb{R}} |\varphi_n^{(k)}(x)| \underset{n \to \infty}{\longrightarrow} 0$ für jedes $k \in \mathbb{N}_0$.

Lineare Funktionale $[g]$ über $C_0^{(\infty)}$, die D-stetig sind, für die also gilt:

$$\varphi_n \underset{D}{\longrightarrow} 0 \Rightarrow [g](\varphi_n) \underset{n \to \infty}{\longrightarrow} 0,$$

werden in der klassischen Theorie als Distributionen bezeichnet. Nach 20.7 sind damit Distributionen im Sinne der Definition 20.6 auch Distributionen der klassischen Theorie. Benutzt man tieferliegende Ergebnisse der Distributionentheorie, so läßt sich zeigen, daß umgekehrt auch jedes D-stetige lineare Funktional über $C_0^{(\infty)}$ eine Distribution im Sinne von 20.6 ist; daher stimmt die hier gegebene Definition mit der klassischen Definition der Distribution überein.

20.7 D-Stetigkeit von Distributionen

Sei $[g]: C_0^{(\infty)} \to \mathbb{R}$ eine Distribution. Dann ist $[g]$ *D*-stetig, d.h. es gilt:

$$\varphi_n \in C_0^{(\infty)} \text{ für } n \in \mathbb{N} \text{ und } \varphi_n \underset{D}{\longrightarrow} 0 \Rightarrow [g](\varphi_n) \underset{n \to \infty}{\longrightarrow} 0.$$

Beweis. Seien $\varphi_n \in C_0^{(\infty)}$ für $n \in \mathbb{N}$ mit $\varphi_n \underset{D}{\longrightarrow} 0$. Nach Definition von $\varphi_n \underset{D}{\longrightarrow} 0$ existieren $a, b \in \mathbb{R}$ mit $a < b$ und

$$\varphi_n(x) = 0 \text{ für } n \in \mathbb{N}, x \notin [a, b].$$

Nach 18.8 (iv) existiert ein f mit

$$f \in C_0^{(\infty)}, f(x) = 1 \text{ für } x \in [a, b].$$

Dann ist $f \cdot \varphi_n = \varphi_n$ und somit gilt:

(1) $[g](\varphi_n) = [g](f\varphi_n) \underset{19.10}{=} (f \cdot [g])(\varphi_n)$ für $n \in \mathbb{N}$.

Da $f \cdot [g]$ eine Distribution endlicher Ordnung ist, existieren $f_0 \in C^{(0)}, k \in \mathbb{N}_0$ mit $f \cdot [g] = [{}^*f_0]^{(k)}$. Zum Nachweis von $[g](\varphi_n) \underset{n \to \infty}{\longrightarrow} 0$ reicht es daher wegen (1) zu zeigen: $[{}^*f_0]^{(k)}(\varphi_n) \underset{n \to \infty}{\longrightarrow} 0$. Nun gilt:

$$[{}^*f_0]^{(k)}(\varphi_n) \underset{19.6(\text{i})}{=} (-1)^k [{}^*f_0](\varphi_n^{(k)}) \underset{19.7(\text{i})}{=} (-1)^k \int f_0 \varphi_n^{(k)}\, dx \underset{n \to \infty}{\longrightarrow} 0,$$

wobei die Konvergenz gegen 0 folgt, da $f_0(x)\varphi_n^{(k)}(x)$ mit $n \to \infty$ gleichmäßig gegen 0 konvergiert und $f_0(x)\varphi_n^{(k)}(x) = 0$ für $x \notin [a, b], n \in \mathbb{N}$ ist. □

In § 18 – § 20 hat es die Nichtstandard-Theorie an vielen Stellen ermöglicht, Konzepte, die in der klassischen Theorie sehr schwerfällig oder gar nicht greifbar sind, einfach zu formulieren und zu behandeln. Dieses lag stets daran, daß in der Nichtstandard-Welt mit den internen Funktionen neue Objekte verfügbar sind, die man zu einer intuitiven Formulierung benutzen konnte. Auch hier machte man sich also die große Reichhaltigkeit der Nichtstandard-Welt zunutze.

Einige der wichtigen Aspekte seien noch einmal herausgehoben:

1. Deltadistributionen $[\delta] : C_0^{(\infty)} \longrightarrow \mathbb{R}$ lassen sich durch eine geeignete interne Funktion $\delta : {}^*\mathbb{R} \longrightarrow {}^*\mathbb{R}$ repräsentieren, welche all die intuitiven Eigenschaften besitzt, die eine reelle Funktion nie besitzen kann (siehe z.B. 18.9).
2. Die Differentiation eines linearen Funktionals $\ell : C_0^{(\infty)} \longrightarrow \mathbb{R}$ läßt sich dadurch gewinnen, daß man ℓ durch eine beliebig oft differenzierbare interne Funktion $g : {}^*\mathbb{R} \longrightarrow {}^*\mathbb{R}$ als $\ell = [g]$ darstellt, und die n-te Ableitung des linearen Funktionals ℓ dann durch die übliche n-te Ableitung der Funktion g als $\ell^{(n)} = [g^{(n)}]$ erhält (siehe 19.6). Stetige Funktionen $f : \mathbb{R} \longrightarrow \mathbb{R}$ führen dann zu linearen Funktionalen $[{}^*f]$, die beliebig oft differenzierbar sind. Der klassische Ableitungsbegriff wird hierdurch auf alle stetigen Funktionen erweitert (siehe 19.7).
3. Klassisch nicht lösbare Differentialgleichungen lassen sich oft durch interne Differentialgleichungen modellieren und dann lösen. Die internen Lösungen führen dann häufig zu Lösungen im Sinne der Distributionentheorie.

Aufgaben

1 Man zeige: $\ell(\varphi) := \int_0^\infty \varphi(t)\, dt,\ \varphi \in C_0^{(\infty)}$, definiert eine Distribution der Ordnung 1.

2 Man zeige: Ein lineares Funktional ℓ über $C_0^{(\infty)}$ ist genau dann eine Distribution der Ordnung 0, wenn es ein $g \in e({}^*C^{(0)})$ mit $\ell = [g]$ gibt, so daß g $\approx$ stetig und finit in allen Punkten $x_0 \in \mathbb{R}$ ist.

3 Man zeige: $C_0^{(\infty)} \ni \varphi \to \varphi^{(n)}(x_0) \in \mathbb{R}$ ist eine Distribution der Ordnung $n+2$.

4 Es seien $[g_1], [g_2]$ Distributionen endlicher Ordnung. Man zeige, daß $\alpha_1 \cdot [g_1] + \alpha_2 \cdot [g_2]$ eine Distribution endlicher Ordnung ist mit

$$ord(\alpha_1 \cdot [g_1] + \alpha_2 \cdot [g_2]) \leq \max(ord[g_1], ord[g_2]).$$

5 Man zeige, daß $\ell(\varphi) := \sum_{n=1}^{\infty} \varphi^{(n)}(n), \varphi \in C_0^{(\infty)}$, eine Distribution definiert, die nicht von endlicher Ordnung ist.

Teil IV

Nichtstandard-Topologie

§ 21 Nichtstandard-Beschreibung topologischer Grundbegriffe

Die Topologie ist ein zentrales Hilfsmittel der modernen Analysis. Sie liefert ein flexibles Instrumentarium, mit dem sich sehr verschiedenartige Probleme auf einheitliche Weise behandeln lassen. So kann man z.B. mit Hilfe topologischer Begriffsbildungen so verschiedenartige Konvergenztypen wie

- die Konvergenz einer reellen Zahlenfolge;
- die punktweise Konvergenz einer Folge reeller Funktionen;
- die gleichmäßige Konvergenz einer Folge reeller Funktionen (siehe § 12);
- die gleichmäßige Konvergenz einer Funktionenfolge auf allen beschränkten Intervallen (siehe § 17)

unter dem gemeinsamen Begriff der

- Konvergenz bzgl. einer Topologie

subsumieren.

Viele Aspekte der Topologie erweisen sich als besonders zugänglich für die Behandlung mit Nichtstandard-Methoden. Dieses hat drei Gründe:

1. Analog wie in $\mathbb{R}$ läßt sich in topologischen Räumen eine Relation $\approx$ des Infinitesimal-Benachbartseins einführen, mit der sich gewisse topologische Eigenschaften besonders prägnant formulieren lassen. Insbesondere Konvergenz, Stetigkeit oder Kompaktheit erlauben äußerst intuitive und leicht handhabbare Beschreibungen mit Hilfe von $\approx$. Dieses ermöglicht häufig durchsichtige Beweise topologischer Resultate.
2. In der Nichtstandard-Welt lassen sich für topologische Räume neue Mengen definieren (analog wie $fin({}^*\mathbb{R})$ für $\mathbb{R}$), mit denen man topologische oder metrische Eigenschaften wie Vollständigkeit, Totalbeschränktheit oder relative Kompaktheit einfach charakterisieren kann.
3. Diese neuen Mengen der Nichtstandard-Welt können ferner dazu benutzt werden, um auf kanonische Weise aus gegebenen topologischen Räumen neue topologische Räume mit zusätzlichen Eigenschaften zu gewinnen. Vervollständigungen und Kompaktifizierungen erhält man z.B. auf eine solche Art.

Es ist das Ziel von Teil IV, eine Auswahl aus dem umfangreichen Gebiet der mengentheoretischen Topologie zu treffen, welche

(i) die oben geschilderten drei Gesichtspunkte hervortreten läßt;
(ii) zu einigen wichtigen und tiefliegenden Resultaten der Topologie vorstößt;
(iii) keine topologischen Kenntnisse des Lesers voraussetzt.

Im Teil IV über topologische Räume sei $^* : \widehat{S} \longrightarrow \widehat{{}^*S}$ eine starke Nichtstandard-Einbettung. Während bei den Untersuchungen in den Teilen II und III zumeist nur Nichtstandard-Einbettungen benötigt wurden, spielen gerade in der Topologie die starken Nichtstandard-Einbettungen eine zentrale Rolle. Um die späteren topologischen Untersuchungen nicht unterbrechen zu müssen, stellen wir zunächst diejenigen Eigenschaften starker Nichtstandard-Einbettungen zusammen, die im folgenden verwandt werden. Dabei setzen wir voraus, daß X eine nicht-leere Menge der Standard-Welt ist (d.h. $\emptyset \neq X \in \widehat{S} - S$). Dann sind $F \in \widehat{S}, \mathcal{F} \in \widehat{S}$ für alle $F \subset X, \mathcal{F} \subset \mathcal{P}(X)$, und somit können $^*F$ und $^*\mathcal{F}$ gebildet werden.

21.1 Eigenschaften starker Nichtstandard-Einbettungen

Sei $\mathcal{F} \neq \emptyset$ ein Teilsystem von $\mathcal{P}(X)$. Dann gilt:

(i) $\quad {}^*A \subset \bigcup\limits_{F \in {}^*\mathcal{F}} {}^*F \Rightarrow$
$$\Big(A \subset \bigcup_{F \in \mathcal{F}_0} F \text{ für ein endliches nicht-leeres } \mathcal{F}_0 \subset \mathcal{F}\Big);$$

(ii) $\quad \bigcap\limits_{F \in \mathcal{F}} {}^*F \subset {}^*A \Rightarrow$
$$\Big(\bigcap_{F \in \mathcal{F}_0} F \subset A \text{ für ein endliches nicht-leeres } \mathcal{F}_0 \subset \mathcal{F}\Big);$$

(iii) $\quad (A \cap B \in \mathcal{F}$ für alle $A, B \in \mathcal{F}) \Rightarrow (G \subset \bigcap\limits_{F \in \mathcal{F}} {}^*F$ für ein $G \in {}^*\mathcal{F})$.

Seien $\mathcal{F}, \mathcal{G}$ Filter über X. Es ist

(iv) $m_{\mathcal{F}} := \bigcap_{F \in \mathcal{F}} {}^*F \neq \emptyset$.

Man nennt $m_{\mathcal{F}}$ die *Monade* oder den *Kern* von $\mathcal{F}$. Es gilt:

(v) $(m_{\mathcal{F}} \subset {}^*B \wedge B \subset X) \Rightarrow B \in \mathcal{F}$;

(vi) $m_{\mathcal{F}} \subset m_{\mathcal{G}} \Rightarrow \mathcal{F} \supset \mathcal{G}$;

(vii) $m_{\mathcal{F}} = m_{\mathcal{G}} \Rightarrow \mathcal{F} = \mathcal{G}$.

Beweis. ***(i)*** Es sei indirekt $A \not\subset \bigcup_{F \in \mathcal{F}_0} F$ - d.h. $\bigcap_{F \in \mathcal{F}_0}(A - F) \neq \emptyset$ - für jedes endliche $\emptyset \neq \mathcal{F}_0 \subset \mathcal{F}$. Dann ist $\{A - F : F \in \mathcal{F}\}$ ein System mit nicht-leeren endlichen Durchschnitten. Da * eine starke Nichtstandard-Einbettung ist, folgt

$$\emptyset \underset{15.2}{\neq} \bigcap_{F \in \mathcal{F}} {}^*(A - F) = \bigcap_{F \in \mathcal{F}}({}^*A - {}^*F)$$

im Widerspruch zur Voraussetzung ${}^*A \subset \bigcup_{F \in \mathcal{F}} {}^*F$.
Der Beweis von ***(ii)*** läuft analog zum Beweis von (i).
(iii) Sei $\mathcal{S}_F := \{G \in \mathcal{F} : G \subset F\}$. Dann ist ${}^*\mathcal{S}_F \underset{7.5}{=} \{G \in {}^*\mathcal{F} : G \subset {}^*F\}$, und zu zeigen ist daher $\bigcap_{F \in \mathcal{F}} {}^*\mathcal{S}_F \neq \emptyset$. Da * eine starke Nichtstandard-Einbettung ist, reicht es hierfür zu zeigen, daß $\{\mathcal{S}_F : F \in \mathcal{F}\}$ ein System mit nicht-leeren endlichen Durchschnitten ist. Seien hierzu $F_1, \ldots, F_n \in \mathcal{F}$. Dann ist $F_1 \cap \ldots \cap F_n \in \mathcal{F}$ nach Voraussetzung, und somit ist $F_1 \cap \ldots \cap F_n \in \bigcap_{i=1}^n \mathcal{S}_{F_i}$.
(iv) Da $\mathcal{F}$ als Filter ein System mit nicht-leeren endlichen Durchschnitten ist, und da * eine starke Nichtstandard-Einbettung ist, folgt $\bigcap_{F \in \mathcal{F}} {}^*F \neq \emptyset$.
(v) Wegen $m_{\mathcal{F}} = \bigcap_{F \in \mathcal{F}} {}^*F \subset {}^*B$ existiert nach (ii) ein endliches $\mathcal{F}_0 \subset \mathcal{F}$ mit $\bigcap_{F \in \mathcal{F}_0} F \subset B$. Da $\mathcal{F}$ ein Filter ist, folgt zunächst $\bigcap_{F \in \mathcal{F}_0} F \in \mathcal{F}$ und sodann $B \in \mathcal{F}$.
(vi) Sei $G \in \mathcal{G}$. Wegen $m_{\mathcal{F}} \subset m_{\mathcal{G}}$ ist $m_{\mathcal{F}} \subset {}^*G$, und somit ist $G \in \mathcal{F}$ nach (v).
(vii) folgt durch zweimalige Anwendung von (vi). □

Vielen Lesern sind topologische Begriffe des $\mathbb{R}^n$ (wie offen, abgeschlossen, kompakt, stetig) sicherlich aus der reellen Analysis bekannt. Wir werden diese Begriffe jetzt in dem wesentlich allgemeineren Rahmen der topologischen Räume behandeln, setzen dabei jedoch keine Kenntnisse aus der Topologie voraus. Die reellen Zahlen dienen stets als wichtiges Beispiel eines topologischen Raumes. Wir werden später erkennen, daß wir schon in früheren Paragraphen - wie z.B. in § 12 und § 17 - Topologien auf gewissen (Funktionen-)Räumen untersucht haben.

In diesem Paragraphen werden nur wenige topologische Begriffe eingeführt, um so denjenigen, die mit der Topologie nicht vertraut sind, die Möglichkeit zu geben, sich an die neuen Begriffe langsam zu gewöhnen. Die topologischen Begriffe werden oft gleichzeitig mit äquivalenten Nichtstandard-Konzepten eingeführt. Dieses wird verdeutlichen, daß die Nichtstandard-Formulierung häufig intuitiver und kürzer als die Standard-Formulierung ist.

Begonnen wird mit der für die abstrakte Analysis grundlegenden Definition eines topologischen Raumes.

21.2 Topologischer Raum und offene Mengen

Sei X eine nicht-leere Menge und $\mathcal{T}$ ein System von Teilmengen von X. Das Paar $\langle X, \mathcal{T}\rangle$ heißt ein *topologischer Raum,* falls

(i) $\emptyset, X \in \mathcal{T}$;

(ii) $O_1, O_2 \in \mathcal{T} \Rightarrow O_1 \cap O_2 \in \mathcal{T}$;

(iii) $\mathcal{O} \subset \mathcal{T} \Rightarrow \bigcup_{O \in \mathcal{O}} O \in \mathcal{T}$.

Man nennt $\mathcal{T}$ eine *Topologie* über X und die Elemente von $\mathcal{T}$ die *offenen Mengen* (der Topologie).

Nach (i) sind $\emptyset$ und X stets offene Mengen. Nach (ii) bzw. (iii) sind endliche Durchschnitte offener Mengen und beliebige Vereinigungen offener Mengen wieder offene Mengen.

Einfache Beispiele für Topologien über X sind:

$\mathcal{T} := \{\emptyset, X\}$, die sogenannte *triviale Topologie* über X sowie

$\mathcal{T} := \mathcal{P}(X)$, die sogenannte *diskrete Topologie* über X.

Ist $X := \mathbb{R}$ und ist $\mathcal{T}$ das System aller $O \subset \mathbb{R}$, für die es zu jedem $x \in O$ ein $\varepsilon \in \mathbb{R}_+$ mit
$$U_\varepsilon(x) := \{y \in \mathbb{R} : |x - y| < \varepsilon\} \subset O$$
gibt, so ist $\langle \mathbb{R}, \mathcal{T}\rangle$ ein topologischer Raum. Es heißt $\mathcal{T}$ auch die *kanonische Topologie über* $\mathbb{R}$;die Elemente von $\mathcal{T}$ sind die wie üblich definierten offenen Mengen von $\mathbb{R}$. Alle $U_\varepsilon(x)$ sind insbesondere offene Mengen von $\mathbb{R}$.
In § 24 werden wir allgemeiner sehen, daß die große Klasse der metrischen Räume eine Teilklasse der topologischen Räume bildet.

Es werden jetzt Topologien über einer Menge X mit Nichtstandard-Methoden untersucht. Zu diesem Zwecke nehmen wir an, daß $X \in \widehat{S}$ ist.
Wir werden nun viele topologische Begriffe durch Nichtstandard-Konzepte charakterisieren. Die Charakterisierung wird mit Hilfe einer geeigneten Relation $\approx_\mathcal{T}$ erfolgen, durch die festgelegt wird, wann ein Element $y \in {}^*X$ (bzgl. der Topologie $\mathcal{T}$) infinitesimal benachbart zu einem Element $x \in X$ ist (in Zeichen $y \approx_\mathcal{T} x$). Die Relation $\approx_\mathcal{T}$ soll dabei eine Verallgemeinerung der Relation $y \approx x$ für $y \in {}^*\mathbb{R}, x \in \mathbb{R}$ werden. Für $y \in {}^*\mathbb{R}, x \in \mathbb{R}$ ist $y \approx x$, falls $|y - x| < \varepsilon$ für alle $\varepsilon \in \mathbb{R}_+$ ist. Diese Festsetzung ist jedoch nicht direkt auf topologische Räume verallgemeinerungsfähig, da in ihr die nicht topologischen Begriffe Subtraktion und Betragsfunktion auftreten. Wir geben daher jetzt eine „rein topologische" Beschreibung von $y \approx x$, die dann verallgemeinerungsfähig ist. Sei hierzu $\mathcal{T}$ die kanonische Topologie über $\mathbb{R}$ und $\mathcal{T}_x := \{O \in \mathcal{T} : x \in O\}$ das System der x enthaltenden offenen Teilmengen von $\mathbb{R}$. Dann gilt:

(I) $\quad y \approx x \iff (\forall O \in \mathcal{T}_x) y \in {}^*O.$

Beweis. „$\Rightarrow$" : Sei $O \in \mathcal{T}_x$. Dann existiert ein $\varepsilon \in \mathbb{R}_+$ mit $U_\varepsilon(x) = \{ z \in \mathbb{R}: |z - x| < \varepsilon\} \subset O$. Wegen $y \approx x$ folgt:

$$y \in \{z \in {}^*\mathbb{R}: |z - x| < \varepsilon\} \underset{7.5}{=} {}^*U_\varepsilon(x) \subset {}^*O.$$

„ $\Leftarrow$ “ : Sei $\varepsilon \in \mathbb{R}_+$; wegen $U_\varepsilon(x) \in \mathcal{T}_x$ ist $y \in {}^*U_\varepsilon(x)$. Daher ist $|y-x| < \varepsilon$, und es folgt $y \approx x$. □

Die Beschreibung von $\approx$ in (I) läßt erkennen, wie man für allgemeine Topologien $y \approx_\mathcal{T} x$ formal analog zu der kanonischen Topologie über $\mathbb{R}$ einführen kann. Die Monade eines Punktes $x \in X$ wird dann wie für $x \in \mathbb{R}$ als die Menge aller zu diesem Punkte infinitesimal benachbarten Punkte definiert.

21.3 Infinitesimal-Benachbartsein und Monaden von Punkten

Sei $\langle X, \mathcal{T}\rangle$ ein topologischer Raum und $x \in X$. Setze

$$\mathcal{T}_x := \{O \in \mathcal{T} : x \in O\}.$$

Ist $y \in {}^*X$, so schreiben wir

$$y \approx_\mathcal{T} x, \text{ falls gilt: } (\forall O \in \mathcal{T}_x) y \in {}^*O.$$

Dann heißt y *unendlich nahe bei* x oder *infinitesimal benachbart zu* x.

Für $x \in X$ nennen wir

$$m_\mathcal{T}(x) := \{y \in {}^*X : y \approx_\mathcal{T} x\} = \bigcap_{O \in \mathcal{T}_x} {}^*O$$

die *Monade von* x.

Da ${}^*x \in {}^*O$ für jedes $O \in \mathcal{T}_x$ ist, gilt immer:

- ${}^*x \approx_\mathcal{T} x$ und ${}^*x \in m_\mathcal{T}(x)$.

Ist $\mathcal{T} := \{\emptyset, X\}$ die triviale Topologie, so gilt $y \approx_\mathcal{T} x$ für alle $y \in {}^*X, x \in X$, und daher ist $m_\mathcal{T}(x) = {}^*X$ für alle $x \in X$.

Ist $\mathcal{T} := \mathcal{P}(X)$ die diskrete Topologie, so gilt $y \approx_\mathcal{T} x$ genau dann, wenn $y = {}^*x$ ist. Folglich ist $m_\mathcal{T}(x) = \{{}^*x\}$ für alle $x \in X$.

Ist $\mathcal{T}$ die kanonische Topologie über $\mathbb{R}$, so stimmt nach den Vorüberlegungen $\approx_\mathcal{T}$ mit der Relation $\approx$ des Infinitesimal-Benachbartseins in ${}^*\mathbb{R}$ überein, und daher sind $m_\mathcal{T}(x)$ die in 9.6 definierten Monaden.

Man beachte, daß man in beliebigen topologischen Räumen die Relation $y \approx_\mathcal{T} x$ des Infinitesimal-Benachbartseins nur für Punkte $y \in {}^*X$ und $x \in X$ erklären kann. Erst für metrische oder allgemeiner für uniforme Räume wird es möglich sein, wie für $\mathbb{R}$ eine Relation $y \approx z$ des Infinitesimal-Benachbartseins für $y, z \in {}^*X$ zu erklären.

Mit x werden in der Regel Punkte aus X und mit y Punkte aus ${}^*X$ bezeichnet.

Die Monade $m_\mathcal{T}(x)$ ist auch eine Filtermonade $m_\mathcal{F}$ im Sinne von 21.1 (iv) mit dem Filter $\mathcal{F} := \{F \subset X : O \subset F$ für ein $O \in \mathcal{T}_x\}$; dieser Filter ist der im Anschluß an 21.15 betrachtete Umgebungsfilter des Punktes x.

Das folgende Ergebnis, welches man unmittelbar aus 21.1 erhält, spielt für allgemeine topologische Räume eine ähnliche Rolle wie die Existenz eines infinitesimalen Elementes $\varepsilon > 0$ für den speziellen topologischen Raum $\mathbb{R}$.

21.4 Korollar

Sei $\langle X, \mathcal{T}\rangle$ ein topologischer Raum und $x \in X$. Dann gibt es ein

$$T \in {}^*\mathcal{T}_x \text{ mit } T \subset m_{\mathcal{T}}(x).$$

Beweis. Wende 21.1 (iii) auf $\mathcal{F} := \mathcal{T}_x$ an. Es ist $A \cap B \in \mathcal{F}$ für alle $A, B \in \mathcal{F}$ (benutze 21.2 (ii)), und daher existiert ein $T \in {}^*\mathcal{F} = {}^*\mathcal{T}_x$ mit $T \subset \bigcap_{O \in \mathcal{T}_x} {}^*O \underset{21.3}{=} m_{\mathcal{T}}(x)$. □

In topologischen Räumen lassen sich nun Grenzwerte und Häufungspunkte von Folgen in der Nichtstandard-Formulierung genau wie bei reellen Zahlenfolgen (siehe 10.1) beschreiben. Ist $x_n \in X$, $n \in \mathbb{N}$, eine Folge, so fassen wir analog wie in $\mathbb{R}$ die Folge als eine Abbildung $\mathfrak{x}\colon \mathbb{N} \to X$ mit $\mathfrak{x}(n) = x_n$, $n \in \mathbb{N}$, auf. Dann ist ${}^*\mathfrak{x}\colon {}^*\mathbb{N} \to {}^*X$, und wir schreiben ${}^*x_h$ an Stelle von ${}^*\mathfrak{x}(h)$ für alle $h \in {}^*\mathbb{N}$.

21.5 Grenzwerte und Häufungspunkte von Folgen

Sei $\langle X, \mathcal{T}\rangle$ ein topologischer Raum. Sei $x_n \in X$, $n \in \mathbb{N}$, eine Folge und $x \in X$.

(i) Es heißt x *Grenzwert der Folge* x_n, $n \in \mathbb{N}$, und wir schreiben $x_n \to x$, wenn eine der beiden äquivalenten Bedingungen gilt:

(α) ${}^*x_h \approx_{\mathcal{T}} x$ für alle $h \in {}^*\mathbb{N} - \mathbb{N}$.

(β) Für jedes $O \in \mathcal{T}_x$ gibt es ein $n_0 \in \mathbb{N}$ mit $x_n \in O$ für alle $n \geq n_0$.

(ii) Es heißt x *Häufungspunkt der Folge* x_n, $n \in \mathbb{N}$, wenn eine der beiden äquivalenten Bedingungen gilt:

(α) ${}^*x_h \approx_{\mathcal{T}} x$ für ein $h \in {}^*\mathbb{N} - \mathbb{N}$.

(β) Für jedes $O \in \mathcal{T}_x$ und jedes $m \in \mathbb{N}$ gibt es ein $n \in \mathbb{N}$ mit $n \geq m$ und $x_n \in O$.

Beweis. ***(i)*** $(\alpha) \Rightarrow (\beta)$ Sei $O \in \mathcal{T}_x$. Dann ist ${}^*\mathfrak{x}(h) \in {}^*O$ für alle $h \in {}^*\mathbb{N} - \mathbb{N}$, und somit gibt es nach dem Permanenz-Prinzip (9.7 (ii)) ein $n_0 \in \mathbb{N}$, so daß für alle $n \in \mathbb{N}$ mit $n \geq n_0$ gilt: ${}^*\mathfrak{x}(n) = {}^*(x_n) \in {}^*O$. Hieraus folgt (β).

$(\beta) \Rightarrow (\alpha)$ Für jedes $O \in \mathcal{T}_x$ ist ${}^*\mathfrak{x}(h) \in {}^*O$ für alle $h \in {}^*\mathbb{N} - \mathbb{N}$ zu zeigen. Dieses folgt aus (β) durch Transfer.

(ii) $(\alpha) \Rightarrow (\beta)$ Sei $O \in \mathcal{T}_x$ und $m \in \mathbb{N}$. Nach (α) gilt die Aussage:

$$(\exists \underline{n} \in {}^*\mathbb{N})(\underline{n} \geq m \wedge {}^*\mathfrak{x} \upharpoonright \underline{n} \in {}^*O).$$

Mit dem Transfer-Prinzip folgt hieraus (β).

$(\beta) \Rightarrow (\alpha)$ Nach Transfer von (β) gilt:

$$(1) \qquad (\forall \underline{T} \in {}^*\mathcal{T}_x)(\forall \underline{m} \in {}^*\mathbb{N})(\exists \underline{n} \in {}^*\mathbb{N})(\underline{n} \geq \underline{m} \wedge {}^*\mathfrak{x} \upharpoonright \underline{n} \in \underline{T}).$$

Wähle nun $T \in {}^*\mathcal{T}_x$ mit $T \subset m_{\mathcal{T}}(x)$ nach 21.4. Wähle ferner $m \in {}^*\mathbb{N} - \mathbb{N}$. Nach (1) gibt es dann ein $h \in {}^*\mathbb{N}$ mit $h \geq m$ und ${}^*x_h \in T$ ($\subset \{y \in {}^*X : y \approx_{\mathcal{T}} x\}$). Hieraus folgt ($\alpha$). □

Ist $\mathcal{T}$ die triviale Topologie über X, und ist $x_n \in X, n \in \mathbb{N}$, eine beliebige Folge, so ist jedes $x \in X$ Grenzwert der Folge $x_n, n \in \mathbb{N}$. Der Grenzwert einer Folge ist also i.a. nicht eindeutig bestimmt.

Beim Beweis von 21.5 (ii) sowie an vielen weiteren Stellen spielt das nach 21.4 existierende $T \in {}^*\mathcal{T}_x$ mit $T \subset m_{\mathcal{T}}(x)$ die Rolle, die bei entsprechenden Ergebnissen in $\mathbb{R}$ die Existenz eines positiven infinitesimalen Elementes gespielt hat (siehe z.B. den Beweis von 10.1 (ii)).

Die im folgenden eingeführten topologischen Grundbegriffe wie Abgeschlossenheit, Kompaktheit und Stetigkeit lassen sich in den meisten topologischen Räumen auch mit Hilfe von konvergenten Folgen beschreiben (siehe hierzu 21.17 und 21.18).

21.6 Abgeschlossene und kompakte Mengen

Sei $\langle X, \mathcal{T}\rangle$ ein topologischer Raum. Seien $A, K \subset X$. Dann heißt:

(i) A eine *abgeschlossene Menge*, falls $X - A$ eine offene Menge ist;

(ii) K eine *kompakte Menge*, falls jede offene Überdeckung von K eine endliche Teilüberdeckung besitzt, d.h.:

$$(\mathcal{O} \subset \mathcal{T} \wedge K \subset \bigcup_{O \in \mathcal{O}} O) \Rightarrow (K \subset \bigcup_{O \in \mathcal{O}_0} O \text{ für ein endliches } \mathcal{O}_0 \subset \mathcal{O}).$$

Endliche Vereinigungen und beliebige Durchschnitte abgeschlossener Mengen sind abgeschlossen; dieses folgt mit 21.2 (ii) und 21.2 (iii), da die abgeschlossenen Mengen die Komplemente der offenen Mengen sind.

Aus der Definition der Kompaktheit folgt direkt, daß endliche Vereinigungen von kompakten Mengen kompakt sind.

Ist $\mathcal{T} := \{\emptyset, X\}$ die triviale Topologie, so sind nur $\emptyset, X$ abgeschlossene Mengen; jedoch ist jede Teilmenge von X eine kompakte Menge.

Ist $\mathcal{T} := \mathcal{P}(X)$ die diskrete Topologie, so sind alle Teilmengen von X abgeschlossen, jedoch sind nur die endlichen Mengen kompakt.

Ist $X := \mathbb{R}$ und $\mathcal{T}$ die kanonische Topologie über $\mathbb{R}$, so ist - wie aus der reellen Analysis bekannt - eine Menge $K \subset \mathbb{R}$ genau dann kompakt, wenn sie beschränkt und abgeschlossen ist; einen Nichtstandard-Beweis für die entsprechende Aussage im $\mathbb{R}^n$ geben wir in 24.26 (iii). Der Leser vergewissere sich, daß offene Intervalle $]a, b[$ offene Mengen und abgeschlossene Intervalle $[a, b]$ abgeschlossene Mengen sind, ferner ist $[a, b[$ ein Beispiel für eine Menge, die *weder* offen *noch* abgeschlossen ist.

Das folgende Kriterium gibt Nichtstandard-Beschreibungen für die Begriffe „offen“, „abgeschlossen“ und „kompakt“. Mit diesen Nichtstandard-Charakterisierungen läßt sich häufig wesentlich besser arbeiten als mit den ursprünglichen Standard-Konzepten.

21.7 Kriterium für Offenheit, Abgeschlossenheit und Kompaktheit

Sei $\langle X, \mathcal{T} \rangle$ ein topologischer Raum. Dann gilt:

(i) O offen $\Longleftrightarrow (\forall y \in {}^*X)(\forall x \in O)(y \approx_{\mathcal{T}} x \Longrightarrow y \in {}^*O)$.

Eine Menge O ist also genau dann offen, wenn jeder zu einem Punkt aus O infinitesimal benachbarte Punkt schon in ${}^*O$ liegt.

(ii) A abgeschlossen $\Longleftrightarrow (\forall y \in {}^*A)(\forall x \in X)(y \approx_{\mathcal{T}} x \Longrightarrow x \in A)$.

Eine Menge A ist also genau dann abgeschlossen, wenn Punkte aus ${}^*A$ nur zu Punkten aus A infinitesimal benachbart sein können.

(iii) K kompakt $\Longleftrightarrow (\forall y \in {}^*K)(\exists x \in K)(y \approx_{\mathcal{T}} x)$.

Eine Menge K ist also genau dann kompakt, wenn jeder Punkt aus ${}^*K$ zu einem Punkt aus K infinitesimal benachbart ist.

Beweis. *(i)* „ $\Rightarrow$ “ : Sei O offen, und es seien $y \in {}^*X, x \in O$ mit $y \approx_{\mathcal{T}} x$. Dann ist $O \in \mathcal{T}_x$, und es folgt $y \in {}^*O$ nach der Definition von $y \approx_{\mathcal{T}} x$ (siehe 21.3).

„ $\Leftarrow$ “ : Sei $x \in O$. Nach Voraussetzung ist $\{y \in {}^*X : y \approx_{\mathcal{T}} x\} \subset {}^*O$, und daher gilt nach 21.4: $(\exists \underline{T} \in {}^*\mathcal{T}_x)\, \underline{T} \subset {}^*O$. Folglich existiert nach dem Transfer-Prinzip ein $T_x \in \mathcal{T}$ mit $x \in T_x \subset O$. Wegen $x \in T_x \in \mathcal{T}$ folgt somit $O = \cup_{x \in O} T_x \underset{21.2(\text{iii})}{\in} \mathcal{T}$; wende dabei 21.2 (iii) auf $\mathcal{O} := \{T_x : x \in O\}$ an.

(ii) Es gilt:

$$\begin{aligned} A \text{ abgeschlossen} &\underset{21.6(\text{i})}{\Longleftrightarrow} X - A \text{ offen} \\ &\underset{(\text{i})}{\Longleftrightarrow} (y \approx_{\mathcal{T}} x \wedge x \in X - A) \Rightarrow y \in {}^*X - {}^*A \\ &\Longleftrightarrow y \in {}^*A \Rightarrow \neg(y \approx_{\mathcal{T}} x \wedge x \in X - A) \\ &\Longleftrightarrow (y \in {}^*A \wedge y \approx_{\mathcal{T}} x) \Rightarrow x \in A. \end{aligned}$$

(iii) „ $\Rightarrow$ “ : Sei K kompakt, und es gebe indirekt ein $y \in {}^*K$, so daß $y \approx_{\mathcal{T}} x$ für kein $x \in K$ ist. Dann gibt es zu jedem $x \in K$ ein $O_x \in \mathcal{T}_x$ mit $y \notin {}^*O_x$. Wegen $x \in O_x$ folgt $K \subset \cup_{x \in K} O_x$. Da K kompakt ist, existieren $x_1, \ldots, x_n \in K$ mit $K \subset \cup_{i=1}^n O_{x_i}$. Somit gilt ${}^*K \subset \cup_{i=1}^n {}^*O_{x_i}$ im Widerspruch zu $y \in {}^*K$ und $y \notin {}^*O_x$ für alle $x \in K$.

„ $\Leftarrow$ “ : Sei $\mathcal{O} \subset \mathcal{T}$ und $K \subset \cup_{O \in \mathcal{O}} O$. Es reicht zu zeigen:

(1) $\qquad {}^*K \subset \cup_{O \in \mathcal{O}} {}^*O;$

aus (1) folgt nämlich $K \subset \cup_{O \in \mathcal{O}_0} O$ für ein endliches $\mathcal{O}_0 \subset \mathcal{O}$ (benutze 21.1 (i)), und folglich ist dann K kompakt.

Zu (1): Es sei $y \in {}^*K$. Nach Voraussetzung gibt es ein $x \in K$ mit $y \approx_{\mathcal{T}} x$. Wegen $x \in K$ ist $x \in O$ für ein $O \in \mathcal{O}$ und wegen $y \approx_{\mathcal{T}} x$ folgt daher $y \in {}^*O$. □

Sind $a, b \in \mathbb{R}$ mit $a < b$, so ist $[a,b]$ kompakt bzgl. der kanonischen Topologie: Sei hierzu $y \in {}^*[a,b]$, dann ist $x := st(y) \in [a,b]$ und $y \approx x$. Hieraus folgt nach 21.7 (iii) die Kompaktheit von $[a,b]$.

Die allgemeine Nichtstandard-Beschreibung der Kompaktheit wird sich als eines der wirkungsvollsten Hilfsmittel für die Nichtstandard-Behandlung wichtiger topologischer Fragen erweisen. Die Nichtstandard-Beschreibung der Kompaktheit entspricht der Beschreibung einer approximativ endlichen Menge. Der Einfachheit halber sei für die Verdeutlichung der Kompaktheit $K \subset S$ vorausgesetzt. Dann ist K genau dann endlich, wenn jedes $y \in {}^*K$ zu K gehört (siehe 7.4 (ii) und 8.14 (ii)). Kompakte Mengen K sind nun genau die Mengen, für welche diese die endlichen Mengen charakterisierende Eigenschaft „approximativ" gilt; d.h. für die jedes $y \in {}^*K$ zwar nicht notwendig zu K gehört, jedoch unendlich nahe bei einem Element aus K liegt.

Eine wichtige Klasse topologischer Räume sind die Hausdorff-Räume, die wir durch drei äquivalente Bedingungen einführen.

21.8 Hausdorff-Räume

Ein topologischer Raum $\langle X, \mathcal{T} \rangle$ heißt *Hausdorff-Raum*, falls eine der drei folgenden äquivalenten Bedingungen gilt:

(i) Je zwei verschiedene Punkte von X liegen in disjunkten offenen Mengen (d.h. $x_1 \neq x_2 \Longrightarrow (\exists O_1 \in \mathcal{T}_{x_1})(\exists O_2 \in \mathcal{T}_{x_2}) O_1 \cap O_2 = \emptyset$).

(ii) Je zwei verschiedene Punkte von X besitzen disjunkte Monaden (d.h. $x_1 \neq x_2 \Longrightarrow m_{\mathcal{T}}(x_1) \cap m_{\mathcal{T}}(x_2) = \emptyset$).

(iii) Kein Punkt aus ${}^*X$ ist infinitesimal benachbart zu zwei verschiedenen Punkten aus X (d.h. $y \approx_{\mathcal{T}} x_1 \wedge y \approx_{\mathcal{T}} x_2 \Longrightarrow x_1 = x_2$).

Beweis. ***(i)*** $\Longrightarrow$ ***(ii)*** Seien $x_1, x_2 \in X, x_1 \neq x_2$. Nach (i) existieren $O_i \in \mathcal{T}_{x_i}$ mit $O_1 \cap O_2 = \emptyset$. Wegen $m_{\mathcal{T}}(x_i) \underset{21.3}{\subset} {}^*O_i$ folgt $m_{\mathcal{T}}(x_1) \cap m_{\mathcal{T}}(x_2) = \emptyset$.

(ii) $\Longleftrightarrow$ ***(iii)*** ist trivial wegen $y \approx_{\mathcal{T}} x_i \Longleftrightarrow y \in m_{\mathcal{T}}(x_i)$.

(ii) $\Longrightarrow$ ***(i)*** Sei $x_1 \neq x_2$. Nach 21.4 existieren $T_i \in {}^*\mathcal{T}_{x_i}$ mit $T_1 \cap T_2 \subset m_{\mathcal{T}}(x_1) \cap m_{\mathcal{T}}(x_2) \underset{(ii)}{=} \emptyset$. Nach dem Transfer-Prinzip gibt es daher $O_i \in \mathcal{T}_{x_i}$ mit $O_1 \cap O_2 = \emptyset$. □

Ist $\mathcal{T}$ die triviale Topologie über X und besitzt X wenigstens zwei Elemente, so ist $\langle X, \mathcal{T} \rangle$ *kein* Hausdorff-Raum. Der Raum $\langle X, \mathcal{T} \rangle$ mit der diskreten Topologie $\mathcal{T}$ ist ein Hausdorff-Raum. $\mathbb{R}$ mit der kanonischen Topologie $\mathcal{T}$ ist ebenfalls ein Hausdorff-Raum.

In Hausdorff-Räumen besitzen Folgen höchstens einen Grenzwert; dieses folgt z.B. aus 21.5 (i) (α) und 21.8 (iii).

Wir geben zwei einfache Anwendungen der bisherigen Ergebnisse für die klassische Topologie. Man beachte, daß man in 21.9 (i) nicht darauf verzichten kann, daß A abgeschlossen ist (wähle z.B. $A :=]0,1[, K := [0,1]$) und in 21.9 (ii) nicht darauf, daß X hausdorffsch ist (wähle z.B. $\mathcal{T} := \{\emptyset, X\}$).

21.9 Korollar

Sei $\langle X, \mathcal{T}\rangle$ ein topologischer Raum. Dann gilt:

(i) (K kompakt und $A \subset K$ abgeschlossen) $\Longrightarrow A$ kompakt.

(ii) (X hausdorffsch und $A \subset X$ kompakt) $\Longrightarrow A$ abgeschlossen.

(iii) Sei $\mathcal{C} \subset \mathcal{P}(X)$ ein System mit nicht-leeren endlichen Durchschnitten, welches aus Mengen besteht, die abgeschlossen und kompakt sind. Dann gilt:
$$\bigcap_{C \in \mathcal{C}} C \neq \emptyset.$$

Beweis. ***(i)*** Sei $y \in {}^*A$. Da K kompakt und $y \in {}^*K$ ist, existiert ein $x \in K$ mit $y \approx_{\mathcal{T}} x$ (siehe 21.7 (iii)). Da A abgeschlossen und $y \in {}^*A$ ist, folgt $x \in A$ (21.7 (ii)), und daher ist A kompakt (21.7 (iii)).

(ii) Sei $y \in {}^*A, x \in X$ und $y \approx_{\mathcal{T}} x$; zu zeigen ist $x \in A$. Da A kompakt ist, existiert ein $x_0 \in A$ mit $y \approx_{\mathcal{T}} x_0$. Da $\langle X, \mathcal{T}\rangle$ hausdorffsch ist, folgt $x \underset{21.8}{=} x_0 \in A$.

(iii) Es ist $\bigcap_{C \in \mathcal{C}} {}^*C \neq \emptyset$ nach 15.2. Sei $C_0 \in \mathcal{C}$ und $y \in \bigcap_{C \in \mathcal{C}} {}^*C$. Da C_0 kompakt ist, ist $y \approx_{\mathcal{T}} x_0$ für ein $x_0 \in C_0$ (siehe 21.7 (iii)). Es genügt zu zeigen:
$$x_0 \in C \text{ für alle } C \in \mathcal{C}.$$
Dieses folgt wegen ${}^*C \ni y \approx_{\mathcal{T}} x_0$ aus der Abgeschlossenheit von $C \in \mathcal{C}$ (siehe 21.7 (ii)). □

Der Begriff der Stetigkeit ist einer der fundamentalsten Begriffe der Topologie. Der folgende Satz zeigt, daß dieser Begriff in der Nichtstandard-Formulierung genau die intuitive Vorstellung der Stetigkeit trifft. Wir setzen dabei $X_1, X_2 \in \widehat{S} - S$ voraus.

21.10 Stetigkeit einer Abbildung in einem Punkt

Seien $\langle X_1, \mathcal{T}_1\rangle, \langle X_2, \mathcal{T}_2\rangle$ topologische Räume, und sei $f: X_1 \to X_2$. Dann heißt f *$\mathcal{T}_1, \mathcal{T}_2$-stetig in einem Punkt* $x_1 \in X_1$, wenn eine der beiden folgenden äquivalenten Bedingungen gilt:

(i) $y_1 \approx_{\mathcal{T}_1} x_1 \Longrightarrow {}^*f(y_1) \approx_{\mathcal{T}_2} f(x_1)$.

(ii) Für jedes $O_2 \in \mathcal{T}_2$ mit $f(x_1) \in O_2$ existiert ein $O_1 \in \mathcal{T}_1$ mit $x_1 \in O_1$ und $f[O_1] \subset O_2$.

Besteht kein Zweifel über die zugrundeliegenden Topologien, so sprechen wir auch von der Stetigkeit von f in x_1.

Beweis. ***(i) ⇒ (ii)*** Sei $O_2 \in \mathcal{T}_2$ mit $f(x_1) \in O_2$. Nach 21.4 existiert T_1 mit
$$T_1 \in {}^*\mathcal{T}_1, {}^*x_1 \in T_1 \text{ und } T_1 \subset \{y_1 \in {}^*X_1 : y_1 \approx_{\mathcal{T}_1} x_1\}.$$
Nach (i) folgt:
$${}^*f[T_1] \subset \{{}^*f(y_1) : y_1 \approx_{\mathcal{T}_1} x_1\} \underset{(i)}{\subset} \{y_2 \in {}^*X_2 : y_2 \approx_{\mathcal{T}_2} f(x_1)\} \subset {}^*O_2.$$

Somit gibt es nach dem Transfer-Prinzip ein $O_1 \in \mathcal{T}_1$ mit $x_1 \in O_1$ und $f[O_1] \subset O_2$, d.h. es gilt (ii).

(ii) $\Rightarrow$ (i) Sei $y_1 \approx_{\mathcal{T}_1} x_1$, und sei $O_2 \in \mathcal{T}_2$ mit $f(x_1) \in O_2$. Es ist zu zeigen:

$${}^*f(y_1) \in {}^*O_2.$$

Nach (ii) gibt es ein $O_1 \in \mathcal{T}_1$ mit $x_1 \in O_1$ und $f[O_1] \subset O_2$. Wegen $y_1 \approx_{\mathcal{T}_1} x_1 \in O_1$ ist $y_1 \in {}^*O_1$, und es folgt:

$${}^*f(y_1) \in {}^*f[{}^*O_1] \underset{7.8(\text{ii})}{=} {}^*(f[O_1]) \subset {}^*O_2.$$ □

Ist $X_1 := X_2 := \mathbb{R}$ und $\mathcal{T}_1 = \mathcal{T}_2$ die kanonische Topologie über $\mathbb{R}$, so ist natürlich $f: \mathbb{R} \to \mathbb{R}$ genau dann $\mathcal{T}_1, \mathcal{T}_2$-stetig in einem Punkt $x \in \mathbb{R}$, wenn f in x stetig ist im Sinne der bisher stets benutzten ε, δ-Definition der Stetigkeit. Dieses folgt direkt aus 21.10, da für reelle Funktionen 21.10 (i) dann die uns vertraute Nichtstandard-Beschreibung der Stetigkeit liefert (siehe 11.2).

Ist $\mathcal{T}_1$ die diskrete Topologie über X_1 oder $\mathcal{T}_2$ die triviale Topologie über X_2, so ist jede Funktion $f: X_1 \to X_2$ $\mathcal{T}_1, \mathcal{T}_2$-stetig in jedem $x_1 \in X_1$; dieses sieht man direkt mit 21.10 (ii).

Eine Funktion wird nun wie üblich stetig heißen, wenn sie in jedem Punkt stetig ist. Das folgende Ergebnis bringt hierzu wohlbekannte Äquivalenzen. Anschließend geben wir eine einfache Anwendung der bisherigen Theorie für Bildmengen von stetigen Funktionen.

21.11 Stetigkeit einer Abbildung

Seien $\langle X_1, \mathcal{T}_1\rangle, \langle X_2, \mathcal{T}_2\rangle$ topologische Räume, und sei $f: X_1 \to X_2$.

Dann heißt f *$\mathcal{T}_1, \mathcal{T}_2$-stetig*, falls eine der folgenden vier äquivalenten Bedingungen gilt:

(i) f ist $\mathcal{T}_1, \mathcal{T}_2$-stetig in jedem $x_1 \in X_1$;

(ii) $f^{-1}[O]$ ist offen für jede offene Menge $O \subset X_2$;

(iii) $f^{-1}[A]$ ist abgeschlossen für jede abgeschlossene Menge $A \subset X_2$;

(iv) $\forall x_1 \in X_1: \quad y_1 \approx_{\mathcal{T}_1} x_1 \Longrightarrow {}^*f(y_1) \approx_{\mathcal{T}_2} f(x_1)$.

Besteht kein Zweifel über die zugrundeliegenden Topologien, so sprechen wir auch von der Stetigkeit von f.

Beweis. Es gilt *(i)* $\Longleftrightarrow$ *(iv)* nach 21.10 und *(ii)* $\Longleftrightarrow$ *(iii)* , da eine Menge genau dann offen ist, wenn ihr Komplement abgeschlossen ist. Es reicht daher, (ii) $\Longleftrightarrow$ (iv) zu zeigen.

(ii) $\Longrightarrow$ (iv) Sei $y_1 \approx_{\mathcal{T}_1} x_1$. Sei $O_2 \in \mathcal{T}_2$ mit $f(x_1) \in O_2$; zu zeigen ist ${}^*f(y_1) \in {}^*O_2$ (siehe Definition 21.3). Es ist $x_1 \in f^{-1}[O_2] \underset{(\text{ii})}{\in} \mathcal{T}_1$. Da $y_1 \approx_{\mathcal{T}_1} x_1$ ist, folgt $y_1 \in {}^*(f^{-1}[O_2])$, d.h. es ist ${}^*f(y_1) \in {}^*O_2$ (siehe 7.8 (ii) und (iii)).

(iv) $\Longrightarrow$ ***(ii)*** Sei $x_1 \in f^{-1}[O]$ und $y_1 \approx_{\mathcal{T}_1} x_1$; nach 21.7 (i) ist zu zeigen $y_1 \in {}^*(f^{-1}[O])$, d.h. ${}^*f(y_1) \in {}^*O$. Nach (iv) gilt ${}^*f(y_1) \approx_{\mathcal{T}_2} f(x_1)$. Wegen $f(x_1) \in O \in \mathcal{T}_2$ folgt hieraus ${}^*f(y_1) \in {}^*O$. □

21.12 Stetige Bilder kompakter Mengen sind kompakt

Seien $\langle X_1, \mathcal{T}_1\rangle, \langle X_2, \mathcal{T}_2\rangle$ topologische Räume, und sei $f: X_1 \to X_2$ $\mathcal{T}_1, \mathcal{T}_2$-stetig. Dann gilt:

$$K_1 \subset X_1 \text{ kompakt } \Longrightarrow f[K_1] \text{ kompakt.}$$

Beweis. Sei $y_2 \in {}^*(f[K_1])$; nach 21.7 (iii) ist zu zeigen: $y_2 \approx_{\mathcal{T}_2} f(x_1)$ für ein $x_1 \in K_1$. Wegen $y_2 \in {}^*(f[K_1]) \underset{7.8(\text{ii})}{=} {}^*f[{}^*K_1]$ existiert ein $y_1 \in {}^*K_1$ mit $y_2 = {}^*f(y_1)$. Da K_1 kompakt ist, gibt es ein $x_1 \in K_1$ mit $y_1 \approx_{\mathcal{T}_1} x_1$ (siehe 21.7 (iii)). Da f stetig in x_1 ist, gilt $y_2 = {}^*f(y_1) \approx_{\mathcal{T}_2} f(x_1)$ (siehe 21.11). □

Ist $\langle X_1, \mathcal{T}_1\rangle$ ein topologischer Raum, für den X_1 eine kompakte Menge ist, so nennen wir im folgenden $\langle X_1, \mathcal{T}_1\rangle$ auch einen *kompakten Raum* und $\mathcal{T}_1$ eine *kompakte Topologie.*

21.13 Korollar

Es sei $\langle X_1, \mathcal{T}_1\rangle$ ein kompakter und $\langle X_2, \mathcal{T}_2\rangle$ ein Hausdorff-Raum. Es sei $f: X_1 \to X_2$ stetig. Dann gilt:

(i) $A \subset X_1$ abgeschlossen $\Longrightarrow f[A]$ abgeschlossen;

(ii) f bijektiv $\Longrightarrow f^{-1}$ stetig.

Beweis. ***(i)*** Nach 21.9 (i) ist A kompakt, und somit ist $f[A]$ kompakt nach 21.12. Folglich ist $f[A]$ abgeschlossen nach 21.9 (ii).

(ii) Da f bijektiv ist, ist $g := f^{-1}: X_2 \to X_1$ eine Funktion. Sei $A \subset X_1$ abgeschlossen. Zu zeigen ist nach 21.11, daß $g^{-1}[A]$ abgeschlossen ist. Es ist $g^{-1}[A] = f[A]$, und $f[A]$ ist nach (i) abgeschlossen. □

Wendet man 21.13 (ii) auf die identische Abbildung von $\langle X, \mathcal{T}_1\rangle$ in $\langle X, \mathcal{T}_2\rangle$ an, so erhält man: Ist $\mathcal{T}_2 \subset \mathcal{T}_1$ und sind $\langle X, \mathcal{T}_2\rangle$ hausdorffsch sowie $\langle X, \mathcal{T}_1\rangle$ kompakt, so folgt $\mathcal{T}_2 = \mathcal{T}_1$. Also gilt:

- Zu einer hausdorffschen Topologie gibt es keine echt größere kompakte Topologie.

In früheren Paragraphen wurden häufig stetige Funktionen $f: D \to \mathbb{R}$ betrachtet, wobei D eine Teilmenge von $\mathbb{R}$ war. Um auch diesen Fall dem allgemeinen Stetigkeitsbegriff unterordnen zu können, benötigt man eine geeignete Topologie über D. Als eine solche wird sich die im folgenden betrachtete Teilraumtopologie erweisen; siehe hierzu die Betrachtungen im Anschluß an 21.14.

21.14 Teilraumtopologie

Sei $\langle X, \mathcal{T}\rangle$ ein topologischer Raum und $\emptyset \neq X_0 \subset X$. Dann ist

$$\mathcal{T}_{X_0} := \{O \cap X_0 : O \in \mathcal{T}\}$$

eine Topologie über X_0, die sogenannte *Teilraumtopologie* von $\mathcal{T}$ über X_0. Es gilt für $C, K \subset X$:

(i) C ist $\mathcal{T}_{X_0}$-abgeschlossen
$\iff C = A \cap X_0$ mit einer $\mathcal{T}$-abgeschlossenen Menge A;

(ii) K ist $\mathcal{T}_{X_0}$-kompakt $\iff K$ ist $\mathcal{T}$-kompakt;

(iii) $y_0 \approx_{\mathcal{T}_{X_0}} x_0 \iff y_0 \approx_{\mathcal{T}} x_0 \quad (y_0 \in {}^*X_0, x_0 \in X_0)$.

Beweis. Da $\mathcal{T}$ eine Topologie über X ist, folgt direkt, daß $\mathcal{T}_{X_0}$ eine Topologie über X_0 ist.

(i) Da $O \cap X_0$, $O \in \mathcal{T}$, die offenen Mengen des Teilraumes X_0 sind, sind $X_0 - (O \cap X_0) = (X - O) \cap X_0$, $O \in \mathcal{T}$, die $\mathcal{T}_{X_0}$-abgeschlossenen Mengen von X_0.

(iii) Da $y_0 \in {}^*X_0$ und $x_0 \in X_0$ ist, gilt:

$$\begin{aligned} y_0 \approx_{\mathcal{T}_{X_0}} x_0 &\iff (\forall O_0 \in \mathcal{T}_{X_0})\ (x_0 \in O_0 \Rightarrow y_0 \in {}^*O_0) \\ &\iff (\forall O \in \mathcal{T})\ (x_0 \in O \Rightarrow y_0 \in {}^*O) \iff y_0 \approx_{\mathcal{T}} x_0. \end{aligned}$$

(ii) K ist $\mathcal{T}_{X_0}$-kompakt

$$\begin{aligned} &\underset{21.7(\text{iii})}{\iff} (\forall y \in {}^*K)(\exists x \in K)\, y \approx_{\mathcal{T}_{X_0}} x \\ &\underset{(\text{iii})}{\iff} (\forall y \in {}^*K)(\exists x \in K)\, y \approx_{\mathcal{T}} x \\ &\underset{21.7(\text{iii})}{\iff} K \text{ ist } \mathcal{T}\text{-kompakt.} \end{aligned}$$

□

Eine Funktion $f: D \to \mathbb{R}$ mit $D \subset \mathbb{R}$ ist genau dann in $x_1 \in D$ stetig (siehe 11.2), wenn gilt:

$$(y_1 \in {}^*D \wedge y_1 \approx x_1) \Rightarrow {}^*f(y_1) \approx f(x_1).$$

Ist nun $\mathcal{T}$ die kanonische Topologie über $\mathbb{R}$, so ist $\approx_{\mathcal{T}}$ gleich $\approx$, und die Stetigkeit von f in x_1 ist die $\mathcal{T}_D, \mathcal{T}$-Stetigkeit von f in x_1 (benutze 21.14 (iii) mit $X_0 := D$ und 21.10 (i)).

Man beachte, daß sich die Begriffe offen und abgeschlossen einerseits und kompakt andererseits bzgl. der Teilraumtopologie sehr verschieden verhalten:

- Während $O \cap X_0$ $\mathcal{T}_{X_0}$-offen für alle $\mathcal{T}$-offenen Mengen O und $A \cap X_0$ $\mathcal{T}_{X_0}$-abgeschlossen für alle $\mathcal{T}$-abgeschlossenen Mengen A ist, gilt entsprechendes nicht mehr für $\mathcal{T}$-kompakte Mengen K (wähle z.B. $X := \mathbb{R}$, $K := [0,1]$ und $X_0 :=]0,1[$).
- Während $\mathcal{T}_{X_0}$-kompakte Teilmengen von X_0 stets $\mathcal{T}$-kompakt sind (siehe 21.14 (ii)), gilt entsprechendes nicht für offene und abgeschlossene Mengen. So ist z.B. X_0 stets $\mathcal{T}_{X_0}$-offen und $\mathcal{T}_{X_0}$-abgeschlossen, in der Regel aber weder $\mathcal{T}$-offen noch $\mathcal{T}$-abgeschlossen.

In $\mathbb{R}$, versehen mit der kanonischen Topologie, ist man es gewöhnt, Abgeschlossenheit, Kompaktheit und Stetigkeit allein mit Hilfe von Folgenkonvergenz zu beschreiben. Z.B. ist eine Menge $A \subset \mathbb{R}$ genau dann abgeschlossen, wenn der Grenzwert jeder konvergenten Folge aus A wieder in A liegt, und eine Funktion $f: \mathbb{R} \to \mathbb{R}$ genau dann stetig in x_1, wenn für jede gegen x_1 konvergierende Folge $x'_n, n \in \mathbb{N}$, stets auch $f(x'_n), n \in \mathbb{N}$, gegen $f(x_1)$ konvergiert. Wir werden zeigen, daß solche Beschreibungen für große Klassen topologischer Räume möglich sind. Hierzu benötigen wir die Begriffe Umgebung, Basis und Umgebungsbasis.

21.15 Umgebungen eines Punktes

Sei $\langle X, \mathcal{T} \rangle$ ein topologischer Raum. Sei $x \in X$ und $B \subset X$. Dann heißt x ein *innerer Punkt* von B oder B eine *Umgebung* von x, wenn eine der beiden folgenden äquivalenten Bedingungen gilt:

(i) $O \subset B$ für ein $O \in \mathcal{T}_x$;

(ii) $y \approx_{\mathcal{T}} x \Longrightarrow y \in {}^*B$.

Beweis. ***(i) ⇒ (ii)*** Sei $y \approx_{\mathcal{T}} x$. Nach (i) ist $O \subset B$ für ein $O \in \mathcal{T}_x$, und es folgt $y \in {}^*O \subset {}^*B$.

(ii) ⇒ (i) Aus (ii) folgt $m_{\mathcal{T}}(x) \subset {}^*B$. Daher gibt es ein $O \in {}^*\mathcal{T}_x$ mit $O \subset {}^*B$ (siehe 21.4). Es folgt (i) mit Transfer. □

Das System $\mathcal{F} := \{B \subset X : O \subset B \text{ für ein } O \in \mathcal{T}_x\}$ aller Umgebungen des Punktes x ist ein Filter über X und heißt *Umgebungsfilter* des Punktes x. Die Monade $m_{\mathcal{F}}$ dieses Umgebungsfilters (siehe 21.1 (iv)) ist die Monade $m_{\mathcal{T}}(x)$ des Punktes x (siehe 21.3).

21.16 Umgebungsbasis und Basis

Sei $\langle X, \mathcal{T} \rangle$ ein topologischer Raum.

(i) Ein System $\mathcal{V}$ von Umgebungen von x heißt *Umgebungsbasis von* x, wenn gilt:

$$B \text{ Umgebung von } x \Longrightarrow V \subset B \text{ für ein } V \in \mathcal{V}.$$

(ii) Ein System $\mathcal{T}_0$ von offenen Mengen heißt *Basis* (von $\langle X, \mathcal{T} \rangle$), wenn eine der beiden äquivalenten Bedingungen gilt:

(α) Für jedes $x \in X$ ist $\{T_0 \in \mathcal{T}_0 : x \in T_0\}$ eine Umgebungsbasis von x.

(β) Jede offene Menge ($\neq \emptyset$) ist Vereinigung von Mengen aus $\mathcal{T}_0$.

Beweis. ***(ii)*** (α) ⇒ (β) Sei $\emptyset \neq O \in \mathcal{T}$. Für jedes $x \in O$ ist $O \in \mathcal{T}_x$ und somit eine Umgebung von x. Es gibt daher nach (α) ein $T_x \in \mathcal{T}_0$ mit $x \in T_x \subset O$; somit ist $O = \cup_{x \in O} T_x$.

(β) ⇒ (α) Sei B eine Umgebung von x; es ist ein $T_0 \in \mathcal{T}_0$ zu finden mit $x \in T_0 \subset B$. Nun ist $O \subset B$ für ein $O \in \mathcal{T}_x$; wegen (β) existiert daher ein $T_0 \in \mathcal{T}_0$ mit $x \in T_0 \subset O \subset B$. □

Trivialerweise ist $\mathcal{T}_x$ eine Umgebungsbasis des Punktes x und $\mathcal{T}$ eine Basis. Ist $\mathcal{T} := \mathcal{P}(X)$ die diskrete Topologie, so ist $\{\{x\}\}$ eine Umgebungsbasis von x und $\{\{x\}: x \in X\}$ eine Basis. Für $X := \mathbb{R}$, versehen mit der kanonischen Topologie, ist $\{U_{1/n}(x): n \in \mathbb{N}\}$ eine Umgebungsbasis von x und $\{U_{1/n}(x): n \in \mathbb{N}, x \in \mathbb{R}\}$ eine Basis.

In Räumen, in denen jeder Punkt eine abzählbare Umgebungsbasis besitzt (hierzu zählen z.B. alle metrischen Räume, siehe § 24), lassen sich nun die Begriffe Abgeschlossenheit und Stetigkeit mit Hilfe von Folgen wie in $\mathbb{R}$ beschreiben.

Die Charakterisierung der Kompaktheit durch „Folgenkompaktheit" ist in Räumen mit abzählbarer Basis möglich. Wir nennen dabei eine Teilmenge K eines topologischen Raumes X *folgenkompakt*, wenn es zu jeder Folge $x_n \in K, n \in \mathbb{N}$, eine gegen ein Element aus K konvergierende Teilfolge gibt.

Ferner heißt eine Menge $A \subset X$ *folgenabgeschlossen*, wenn jeder Grenzwert einer konvergenten Folge aus A wieder zu A gehört (d.h. $A \ni x_n \to x \Rightarrow x \in A$).

21.17 Beschreibung topologischer Eigenschaften durch Folgenkonvergenz

Sei $\langle X, \mathcal{T}\rangle$ ein topologischer Raum. Besitzt $\langle X, \mathcal{T}\rangle$ für jedes $x \in X$ eine *abzählbare Umgebungsbasis*, dann gilt:

(i) A abgeschlossen $\Longleftrightarrow$ A folgenabgeschlossen;

(ii) K kompakt $\Longrightarrow$ K folgenkompakt;

(iii) x Häufungspunkt einer Folge $\Longleftrightarrow$ x Grenzwert einer Teilfolge.

Besitzt $\langle X, \mathcal{T}\rangle$ eine abzählbare Basis, so gilt:

(iv) K kompakt $\Longleftrightarrow$ K folgenkompakt.

Beweis. Sei $x \in X$, und sei $\{V_n: n \in \mathbb{N}\}$ eine abzählbare Umgebungsbasis von x. Setze $U_n := V_1 \cap \ldots \cap V_n, n \in \mathbb{N}$. Dann ist $\{U_n: n \in \mathbb{N}\}$ eine abzählbare Umgebungsbasis von x, und wir zeigen als Vorüberlegung:

(1) $$x_n \in U_n, n \in \mathbb{N} \Longrightarrow x_n \to x.$$

Zum Beweis von (1) sei $O \in \mathcal{T}_x$ gegeben. Da $\{U_n: n \in \mathbb{N}\}$ eine Umgebungsbasis von x ist, gibt es ein $n_0 \in \mathbb{N}$ mit $U_{n_0} \subset O$. Daher ist $x_n \in U_n \subset U_{n_0} \subset O$ für alle $n \geq n_0$. Somit gilt $x_n \to x$ nach 21.5 (i).

(i) „ $\Rightarrow$ " : Seien $x_n \in A, n \in \mathbb{N}$, mit $x_n \to x$; zu zeigen ist $x \in A$. Sei $h \in {}^*\mathbb{N} - \mathbb{N}$, dann folgt ${}^*A \ni {}^*x_h \approx_{\mathcal{T}} x$ (siehe 21.5 (i)). Da A abgeschlossen ist, folgt $x \in A$ nach 21.7 (ii).

„ $\Leftarrow$ " : Sei ${}^*A \ni y \approx_{\mathcal{T}} x$; zu zeigen ist $x \in A$. Hierzu reicht es, $x_n \in A \cap U_n, n \in \mathbb{N}$, zu finden, denn dann gilt $x_n \to x$ nach (1), und daher ist $x \in A$ auf Grund der Folgenabgeschlossenheit von A. Wegen $y \in {}^*A$ und $y \approx_{\mathcal{T}} x$ ist $y \in {}^*A \cap {}^*U_n$ (benutze 21.15 (ii)), und daher ist $A \cap U_n \neq \emptyset$. Daher gibt es $x_n \in A \cap U_n$ für $n \in \mathbb{N}$.

(iii) „ $\Rightarrow$ “ : Da U_n für $n \in \mathbb{N}$ Umgebungen von x sind, und da x Häufungspunkt von $x_n, n \in \mathbb{N}$, ist, lassen sich induktiv $k(n) \in \mathbb{N}$ wählen mit

$$k(0) := 1, k(n) > k(n-1) \text{ und } x_{k(n)} \in U_n \text{ (benutze 21.5(ii) }(\beta)).$$

Aus (1) folgt $x_{k(n)} \to x$.

„ $\Leftarrow$ “ : Sei $x_n \in X, n \in \mathbb{N}$, eine Folge und x Grenzwert einer Teilfolge $x_{k(n)}, n \in \mathbb{N}$. Dann gibt es zu $O \in \mathcal{T}_x$ und $m \in \mathbb{N}$ ein $n_0 \in \mathbb{N}$ mit $n := k(n_0) \geq m$ und $x_n \in O$; somit ist x Häufungspunkt der Folge $x_n, n \in \mathbb{N}$, nach 21.5 (ii) (β).

(ii) Sei $x_n \in K, n \in \mathbb{N}$, eine Folge, und sei $h \in {}^*\mathbb{N} - \mathbb{N}$ fest. Da ${}^*x_h \in {}^*K$ und da K kompakt ist, existiert ein $x \in K$ mit ${}^*x_h \approx_{\mathcal{T}} x$ (siehe 21.7 (iii)). Somit ist x ein Häufungspunkt der Folge $x_n, n \in \mathbb{N}$ (siehe 21.5 (ii)). Nach (iii) gibt es daher eine Teilfolge von $x_n, n \in \mathbb{N}$, die gegen $x \in K$ konvergiert.

(iv) „ $\Rightarrow$ “ : folgt aus (ii), da ein Raum mit abzählbarer Basis auch für jedes $x \in X$ eine abzählbare Umgebungsbasis besitzt (benutze 21.16 (ii)(α)).

„ $\Leftarrow$ “ : Sei $y \in {}^*K$; es ist $y \approx_{\mathcal{T}} x$ für ein $x \in K$ zu zeigen (siehe 21.7 (iii)). Sei $\mathcal{T}_0$ eine abzählbare Basis, und sei indirekt $y \not\approx_{\mathcal{T}} x$ für alle $x \in K$. Dann gibt es für jedes $x \in K$ ein O_x mit

$$x \in O_x \in \mathcal{T}_0 \text{ und } y \notin {}^*O_x \tag{2}$$

(benutze 21.16 (ii) (α)). Nun ist das System $\{O_x : x \in K\}$ abzählbar, da $\mathcal{T}_0$ abzählbar ist. Daher gibt es $O^{(n)} \in \mathcal{T}_0, n \in \mathbb{N}$, mit $\{O_x : x \in K\} = \{O^{(n)} : n \in \mathbb{N}\}$. Dann ist

$$K \subset \cup_{n=1}^{\infty} O^{(n)}, \tag{3}$$

und für jedes $n \in \mathbb{N}$ ist $y \in {}^*K - \cup_{i=1}^{n} {}^*O^{(i)}$ (siehe (2)). Somit ist $K - \cup_{i=1}^{n} O^{(i)} \neq \emptyset$. Daher gibt es $x_n \in K$ mit

$$x_n \notin O^{(i)}, \text{ falls } i \leq n \text{ ist.} \tag{4}$$

Da K folgenkompakt und $x_n \in K$ ist, konvergiert eine Teilfolge von $x_n, n \in \mathbb{N}$, gegen ein $x \in K$. Dann ist $x \in O^{(i)}$ für ein $i \in \mathbb{N}$ (siehe (3)), und somit ist $x_n \in O^{(i)}$ für unendlich viele $n \in \mathbb{N}$ im Widerspruch zu (4). □

In Räumen, die für jeden Punkt eine abzählbare Umgebungsbasis besitzen, lassen sich nach 21.17 (i) die abgeschlossenen und somit auch die offenen Mengen mit Hilfe von Folgenkonvergenz beschreiben (siehe auch Aufgabe 6). Somit muß sich auch der Begriff der Stetigkeit in solchen Räumen mit Hilfe von Folgenkonvergenz charakterisieren lassen. Wir nennen hierzu eine Funktion $f: X_1 \to X_2$ *folgenstetig* in $x_1 \in X_1$, wenn gilt:

$$X_1 \ni x'_n \to x_1 \Longrightarrow f(x'_n) \to f(x_1).$$

Der Beweis des folgenden Ergebnisses zeigt, daß jede stetige Funktion folgenstetig ist und daß umgekehrt Folgenstetigkeit auch Stetigkeit impliziert, sofern der Urbildraum X_1 für jeden Punkt eine abzählbare Umgebungsbasis besitzt.

21.18 Beschreibung der Stetigkeit durch Folgenkonvergenz

Seien $\langle X_1, \mathcal{T}_1\rangle$ und $\langle X_2, \mathcal{T}_2\rangle$ topologische Räume, und sei $f: X_1 \to X_2$. Es besitze $x_1 \in X_1$ eine abzählbare Umgebungsbasis. Dann gilt:

$$f \text{ stetig in } x_1 \Longleftrightarrow f \text{ folgenstetig in } x_1.$$

Beweis. „$\Rightarrow$“: Sei $x'_n \in X_1$ und $z_n := f(x'_n)$ für $n \in \mathbb{N}$. Dann gilt:

$$x'_n \to x_1 \underset{21.5(\mathrm{i})}{\Longrightarrow} (\forall h \in {}^*\mathbb{N} - \mathbb{N})\, {}^*x'_h \approx_{\mathcal{T}_1} x_1$$
$$\underset{21.10}{\Longrightarrow} (\forall h \in {}^*\mathbb{N} - \mathbb{N})\, {}^*z_h = {}^*f({}^*x'_h) \approx_{\mathcal{T}_2} f(x_1) \underset{21.5(\mathrm{i})}{\Longrightarrow} z_n \to f(x_1).$$

„$\Leftarrow$“: Sei $\{U_n : n \in \mathbb{N}\}$ eine abzählbare Umgebungsbasis von x_1 mit $U_{n+1} \subset U_n$ und o.B.d.A. $U_n \in \mathcal{T}_1$. Wäre f nicht stetig in x_1, so gäbe es ein $O_2 \in \mathcal{T}_2$ mit $f(x_1) \in O_2$ und $f[U_n] \not\subset O_2$ für alle $n \in \mathbb{N}$. Also gibt es

$$x'_n \in U_n \text{ mit } f(x'_n) \notin O_2, n \in \mathbb{N}.$$

Somit gilt $x'_n \to x_1$ (siehe (1) im Beweis von 21.17), aber nicht $f(x'_n) \to f(x_1)$, im Widerspruch zur Folgenstetigkeit von f in x_1. □

In Aufgabe 22.6 wird ein Beispiel eines topologischen Raumes X gegeben, in welchem folgenstetige Funktionen $f: X \to \mathbb{R}$ nicht notwendig stetig, folgenabgeschlossene Mengen nicht notwendig abgeschlossen und folgenkompakte Mengen nicht notwendig kompakt sind. In Aufgabe 22.7 wird ein Beispiel eines kompakten, aber nicht folgenkompakten Raumes gegeben. Diese Räume können daher (siehe 21.17 und 21.18) nicht für jeden Punkt eine abzählbare Umgebungsbasis besitzen. Räume mit abzählbaren Basen besitzen stets für jeden Punkt eine abzählbare Umgebungsbasis; die Umkehrung gilt jedoch im allgemeinen nicht. So ist $\mathbb{R}$, versehen mit der diskreten Topologie, ein Raum, der für jeden Punkt eine abzählbare Umgebungsbasis, jedoch keine abzählbare Basis besitzt, denn jede Basis muß das nicht-abzählbare System $\{\{x\}: x \in \mathbb{R}\}$ umfassen.

Der Konvergenzbegriff für Folgen reicht somit für allgemeine topologische Räume nicht aus, um die Grundbegriffe der Topologie zu charakterisieren. Dieses kann jedoch durch die jetzt eingeführte Filterkonvergenz geleistet werden, die eine Verallgemeinerung der Folgenkonvergenz ist. Definiert man hierzu

21.19 $\mathcal{F} := \{F \subset X : \exists n_0 \in \mathbb{N} \text{ mit } x_n \in F \text{ für alle } n \geq n_0\}$,

dann ist $\mathcal{F}$ ein Filter über X; $\mathcal{F}$ wird der *von der Folge* $x_n, n \in \mathbb{N}$, *erzeugte Filter* genannt. Es gilt:

$$x_n \to x \Longleftrightarrow \mathcal{T}_x \subset \mathcal{F}.$$

Beweis. „$\Rightarrow$“: Sei $O \in \mathcal{T}_x$. Wegen $x_n \to x$ existiert ein $n_0 \in \mathbb{N}$ mit $x_n \in O$ für alle $n \geq n_0$. Somit ist $O \in \mathcal{F}$.

„$\Leftarrow$“: Sei $O \in \mathcal{T}_x$. Dann ist $O \in \mathcal{F}$, und es gibt daher ein $n_0 \in \mathbb{N}$ mit $x_n \in O$ für alle $n \geq n_0$. Also gilt $x_n \to x$. □

Die obige zur Folgenkonvergenz äquivalente Bedingung $\mathcal{T}_x \subset \mathcal{F}$ werden wir jetzt zur Definition der Konvergenz von Filtern für allgemeine (nicht notwendig durch Folgen erzeugte) Filter verwenden. Die zugehörige Nichtstandard-Beschreibung der Filterkonvergenz von $\mathcal{F}$ gegen x ist besonders intuitiv; sie besagt nämlich, daß alle Elemente des Kerns von $\mathcal{F}$ (siehe 21.1 (iv)) unendlich nahe bei x liegen.

21.20 Konvergenz von Filtern

Sei $\langle X, \mathcal{T}\rangle$ ein topologischer Raum und $x \in X$. Ein Filter $\mathcal{F}$ über X heißt *konvergent gegen* x, wenn eine der äquivalenten Bedingungen erfüllt ist:

(i) $\mathcal{T}_x \subset \mathcal{F}$;

(ii) $y \approx_{\mathcal{T}} x$ für alle $y \in m_{\mathcal{F}}$.

Beweis. *(i) ⇒ (ii)* Sei $y \in m_{\mathcal{F}}$. Dann ist $y \in {}^*F$ für alle $F \in \mathcal{F}$, und somit ist $y \in {}^*O$ für alle $O \in \mathcal{T}_x$ nach (i). Daher erhalten wir $y \approx_{\mathcal{T}} x$.
(ii) ⇒ (i) Es bezeichne $\mathcal{G}$ das System aller Umgebungen von x. Dann ist $m_{\mathcal{G}} = m_{\mathcal{T}}(x)$, und aus (ii) folgt daher $m_{\mathcal{F}} \subset m_{\mathcal{G}}$. Somit gilt $\mathcal{F} \underset{21.1(vi)}{\supset} \mathcal{G} \supset \mathcal{T}_x$ und damit (i). □

Wir benutzen die Konvergenz von Filtern lediglich in § 27 zur Charakterisierung der Vollständigkeit von uniformen Räumen. Die Beschreibung der topologischen Grundbegriffe mit Hilfe der Filterkonvergenz wird nicht benötigt, da wir durch die Nichtstandard-Charakterisierung dieser Grundbegriffe ein wesentlich anschaulicheres und flexibleres Instrumentarium zur Verfügung haben. Daher verzichten wir auf die relativ schwerfällige Beschreibung der topologischen Begriffe mit Hilfe von Filtern.

Das wesentliche Nichtstandard-Konzept dieses Paragraphen ist der Begriff des Infinitesimal-Benachbartseins in topologischen Räumen. Er ermöglicht es, die Grundbegriffe der Topologie wie offen, abgeschlossen, kompakt, Umgebung, stetig oder Konvergenz und Häufungspunkt von Folgen sehr intuitiv zu beschreiben. Dieses soll in folgender Tabelle zusammenfassend notiert werden. Dabei beziehen sich alle Begriffe auf einen topologischen Raum $\langle X, \mathcal{T}\rangle$. In der Tabelle bezeichnet x stets ein Element von X und y ein Element von ${}^*X$.

Standard-Begriff	Nichtstandard-Beschreibung
O offen	$(x \in O \wedge y \approx_{\mathcal{T}} x) \Longrightarrow y \in {}^*O$
A abgeschlossen	$(y \in {}^*A \wedge y \approx_{\mathcal{T}} x) \Longrightarrow x \in A$
K kompakt	$y \in {}^*K \Longrightarrow (\exists x \in K) y \approx_{\mathcal{T}} x$
B Umgebung von x	$y \approx_{\mathcal{T}} x \Longrightarrow y \in {}^*B$
$f: X \to \mathbb{R}$ stetig in x	$y \approx_{\mathcal{T}} x \Longrightarrow {}^*f(y) \approx f(x)$
X Hausdorff-Raum	$(y \approx_{\mathcal{T}} x \wedge y \approx_{\mathcal{T}} x') \Longrightarrow x = x'$
x Grenzwert von $x_n, n \in \mathbb{N}$	${}^*x_h \approx_{\mathcal{T}} x$ für alle $h \in {}^*\mathbb{N} - \mathbb{N}$
x Häufungspunkt von $x_n, n \in \mathbb{N}$	${}^*x_h \approx_{\mathcal{T}} x$ für ein $h \in {}^*\mathbb{N} - \mathbb{N}$

Aussagen über den Zusammenhang der Begriffe „Abgeschlossenheit" und „Kompaktheit" lieferte 21.9: Eine abgeschlossene Teilmenge einer kompakten Menge ist stets kompakt; eine kompakte Menge in einem Hausdorff-Raum stets abgeschlossen. Für einen kompakten Hausdorff-Raum ist also eine Menge genau dann abgeschlossen, wenn sie kompakt ist.

Stetige Bilder kompakter Mengen sind stets kompakt. Daher ist die Umkehrabbildung einer bijektiven stetigen Abbildung eines kompakten Raumes auf einen Hausdorff-Raum stets stetig.

Räume, die für jeden Punkt eine abzählbare Umgebungsbasis besitzen, lassen sich mittels Folgenkonvergenz beschreiben (siehe auch Aufgabe 6). Kompaktheit impliziert für solche Räume Folgenkompaktheit. Die Umkehrung gilt für Räume mit abzählbarer Basis.

Aufgaben

1 Sei $\langle X, \mathcal{T}\rangle$ ein topologischer Raum, und es seien $f, g: X \to \mathbb{R}$ stetig und $c \in \mathbb{R}$. Man zeige mit Nichtstandard-Methoden:

(i) $cf, f + c$ und $|f|$ sind stetig;

(ii) $f+g, f\cdot g, \max(f,g), \min(f,g)$ und f/g sind stetig; für f/g sei $g(x) \neq 0$ für $x \in X$.

2 Es sei $\mathcal{T}$ das System aller Vereinigungen von Mengen der Form $[a, b[:= \{x \in \mathbb{R}: a \leq x < b\}, a, b \in \mathbb{R}$. Man zeige, daß $\langle \mathbb{R}, \mathcal{T}\rangle$ ein topologischer Raum ist, und beschreibe das Infinitesimal-Benachbartsein bzgl. $\mathcal{T}$.

3 Es sei $\langle X, \mathcal{T}\rangle$ ein topologischer Raum und $D \subset X$. Man zeige:

(i) $\mathcal{T}_1 := \{O_1 \cup (O_2 \cap D): O_1, O_2 \in \mathcal{T}\}$ ist eine Topologie, die $\mathcal{T}$ umfaßt;

(ii) $m_{\mathcal{T}_1}(x) = m_{\mathcal{T}}(x)$ für $x \notin D$ und $m_{\mathcal{T}_1}(x) = m_{\mathcal{T}}(x) \cap {}^*D$ für $x \in D$.

4 Man zeige, daß $\mathbb{R}$, versehen mit der kanonischen Topologie, eine abzählbare Basis besitzt.

5 Seien $\langle X_1, \mathcal{T}_1\rangle, \langle X_2, \mathcal{T}_2\rangle$ zwei topologische Räume, $\emptyset \neq X_0 \subset X_1$, und es sei $f: X_1 \to X_2$. Man zeige:

(i) Ist f in jedem Punkt von X_0 stetig, dann ist die Restriktion $f|X_0$ von f auf X_0 bzgl. $(\mathcal{T}_1)_{X_0}, \mathcal{T}_2$ stetig.

(ii) Die Umkehrung von (i) gilt i.a. nicht.

6 Sei $\langle X, \mathcal{T}\rangle$ ein topologischer Raum, der für jeden Punkt eine abzählbare Umgebungsbasis besitzt. Man zeige, daß eine Menge O genau dann offen ist, wenn jede Folge $x_n, n \in \mathbb{N}$, die gegen ein $x \in O$ konvergiert, ab einer Stelle in O liegt.

§ 22 Initiale Topologie und Produkttopologie

Es sei $^* : \widehat{S} \longrightarrow \widehat{^*S}$ eine starke Nichtstandard-Einbettung.

In diesem Paragraphen werden wir sehen, daß wichtige Topologien wie die Produkttopologie und die sogenannte schwach*-Topologie der Funktionalanalysis sich als besonders geeignet für die Behandlung mit Nichtstandard-Methoden erweisen. Beide Topologien sind spezielle Initialtopologien. Bedeutende Ergebnisse der Topologie und der Funktionalanalysis wie der Satz von Tychonoff und der Satz von Banach-Alaoglu, die beide Kompaktheitsaussagen über die Initialtopologie machen, werden sich kurz und auf besonders durchsichtige Art mit Nichtstandard-Methoden beweisen lassen.

Zunächst zeigen wir in 22.1, daß jedes System $\mathcal{S} \subset \mathcal{P}(X)$ auf kanonische Weise eine Topologie über X erzeugt.

22.1 Die von einem Mengensystem erzeugte Topologie

Sei X eine nicht-leere Menge und $\mathcal{S} \subset \mathcal{P}(X)$. Es sei $\mathcal{T}(\mathcal{S})$ das System beliebiger Vereinigungen von endlichen Durchschnitten von Mengen aus $\mathcal{S} \cup \{\emptyset, X\}$.

Dann ist $\mathcal{T}(\mathcal{S})$ die kleinste Topologie, die $\mathcal{S}$ umfaßt, d.h. es gilt:

(i) $\mathcal{T}(\mathcal{S})$ ist eine Topologie;

(ii) $\mathcal{S} \subset \mathcal{T}(\mathcal{S})$;

(iii) $(\mathcal{S} \subset \mathcal{T}'$ und $\mathcal{T}'$ Topologie über $X) \Longrightarrow \mathcal{T}(\mathcal{S}) \subset \mathcal{T}'$.

Wir nennen $\mathcal{T}(\mathcal{S})$ *die von $\mathcal{S}$ erzeugte Topologie.*

Beweis. Die Eigenschaft *(ii)* ist trivial, die Eigenschaft *(iii)* folgt unmittelbar aus der Tatsache, daß endliche Durchschnitte und beliebige Vereinigungen von Mengen einer Topologie wieder zur Topologie gehören müssen.

Für *(i)* bleibt nach Definition von $\mathcal{T}(\mathcal{S})$ lediglich zu zeigen:

$$O_1, O_2 \in \mathcal{T}(\mathcal{S}) \Longrightarrow O_1 \cap O_2 \in \mathcal{T}(\mathcal{S}).$$

Sei hierzu $\mathcal{S}_1$ das System der endlichen Durchschnitte von Mengen aus $\mathcal{S} \cup \{\emptyset, X\}$. Da $O_1, O_2 \in \mathcal{T}(\mathcal{S})$ sind, existieren nach Definition von $\mathcal{T}(\mathcal{S})$ Mengen $A_i, B_j \in \mathcal{S}_1$ mit

$$O_1 = \bigcup_{i \in I} A_i, \quad O_2 = \bigcup_{j \in J} B_j.$$

Dann ist

$$O_1 \cap O_2 = \bigcup_{i \in I, j \in J} (A_i \cap B_j).$$

Wegen $A_i \cap B_j \in \mathcal{S}_1$ folgt damit $O_1 \cap O_2 \in \mathcal{T}(\mathcal{S})$. □

Das System aller endlichen Durchschnitte von $\mathcal{S} \cup \{\emptyset, X\}$ bildet nach 22.1 also eine Basis der Topologie $\mathcal{T}(\mathcal{S})$. (Zur Definition der Basis siehe 21.16 (ii).)

Das folgende Lemma zeigt, daß sich das Infinitesimal-Benachbartsein bzgl. der Topologie $\mathcal{T}(\mathcal{S})$ auch direkt durch das System $\mathcal{S}$ beschreiben läßt. Wir setzen hierbei natürlich $X \in \widehat{S}$ voraus.

22.2 Lemma

Sei $\mathcal{S} \subset \mathcal{P}(X)$ und $\mathcal{T} := \mathcal{T}(\mathcal{S})$ die von $\mathcal{S}$ erzeugte Topologie. Dann gilt für $y \in {}^*X$, $x \in X$:

$$y \approx_{\mathcal{T}} x \Longleftrightarrow (\forall O \in \mathcal{S})(x \in O \Longrightarrow y \in {}^*O),$$

d.h. es ist

$$m_{\mathcal{T}}(x) = \bigcap_{x \in O \in \mathcal{S}} {}^*O.$$

Beweis. „$\Rightarrow$" folgt direkt wegen $\mathcal{S} \subset \mathcal{T}(\mathcal{S})$ aus Definition 21.3.

„$\Leftarrow$" : Sei $x \in O \in \mathcal{T}$; zu zeigen ist $y \in {}^*O$. Wegen $O \in \mathcal{T} = \mathcal{T}(\mathcal{S})$ existieren nach Definition von $\mathcal{T}(\mathcal{S})$ Mengen A_i mit $O = \bigcup_{i \in I} A_i$, wobei jedes A_i endlicher Durchschnitt von Mengen aus $\mathcal{S} \cup \{X\}$ ist. Da $x \in A_i$ für ein geeignetes $i \in I$ ist, gibt es endlich viele $O_1, \ldots, O_n \in \mathcal{S} \cup \{X\}$ mit $x \in O_1 \cap \ldots \cap O_n \subset O$. Nach Voraussetzung gilt $y \in {}^*O_i$ für $i = 1, \ldots, n$. Damit folgt $y \in {}^*O_1 \cap \ldots \cap {}^*O_n = {}^*(O_1 \cap \ldots \cap O_n) \subset {}^*O$. □

Sind $\langle X_1, \mathcal{T}_1 \rangle, \ldots, \langle X_n, \mathcal{T}_n \rangle$ topologische Räume ($n \in \mathbb{N}, n \geq 2$), so wird im folgenden über $X_1 \times \ldots \times X_n$ auf kanonische Weise eine nützliche Topologie, die Produkttopologie, eingeführt. In 22.4 wird die Produkttopologie mit Hilfe der Projektionsabbildungen charakterisiert. Eine Nichtstandard-Charakterisierung der Produkttopologie wird in 22.16 gegeben.

22.3 Produkttopologie über $X_1 \times \ldots \times X_n$

Seien $\langle X_i, \mathcal{T}_i \rangle$ topologische Räume für $i = 1, \ldots, n$ ($2 \leq n \in \mathbb{N}$).

Die von
$$\mathcal{S} := \{O_1 \times \ldots \times O_n : O_i \in \mathcal{T}_i, i = 1, \ldots, n\}$$
erzeugte Topologie $\mathcal{T} = \mathcal{T}(\mathcal{S})$ heißt die *Produkttopologie* über $X_1 \times \ldots \times X_n$. Es ist $\mathcal{S}$ eine Basis von $\mathcal{T}$.

Beweis. Da das System $\mathcal{S}$ alle Durchschnitte von endlich vielen Mengen aus $\mathcal{S}$ enthält und da $\emptyset, X := X_1 \times \ldots \times X_n \in \mathcal{S}$ sind, folgt aus der Beschreibung von $\mathcal{T}(\mathcal{S})$ in 22.1 direkt, daß $\mathcal{T}$ das System beliebiger Vereinigungen von Mengen aus $\mathcal{S}$ ist, d.h. $\mathcal{S}$ ist eine Basis von $\mathcal{T}$. □

Zur Einübung des Begriffes der Produkttopologie geben wir drei einfache Beispiele:

(i) Es seien $\mathcal{T}_i := \{\emptyset, X_i\}$ die *trivialen Topologien* über $X_i, i = 1, \ldots, n$. Dann ist die Produkttopologie $\mathcal{T}$ über $X_1 \times \ldots \times X_n$ die triviale Topologie $\{\emptyset, X_1 \times \ldots \times X_n\}$ über $X_1 \times \ldots \times X_n$.

(ii) Es seien $\mathcal{T}_i := \mathcal{P}(X_i)$ die *diskreten Topologien* über X_i, $i = 1, \ldots, n$. Dann ist die Produkttopologie $\mathcal{T}$ die diskrete Topologie über $X_1 \times \ldots \times X_n$. Benutze hierzu, daß $\{x_1\} \times \ldots \times \{x_n\} \in \mathcal{T}$ für alle $x_i \in X_i$ ist, und daß nach Definition $\{\langle x_1, \ldots, x_n \rangle\} = \{x_1\} \times \ldots \times \{x_n\}$ gilt (siehe § 5).

(iii) Sei $X_i := \mathbb{R}$ und $\mathcal{T}_i$ die *kanonische Topologie* über $\mathbb{R}$ für $i = 1, \ldots, n$. Dann ist $X_1 \times \ldots \times X_n = \mathbb{R}^n$, und die Produkttopologie $\mathcal{T}$ heißt die *kanonische Topologie* des $\mathbb{R}^n$. Es wird sich herausstellen (siehe 24.26 (i)), daß diese Produkttopologie die gewohnte, von der euklidischen Metrik des $\mathbb{R}^n$ herrührende Topologie ist.

22.4 Beschreibung der Produkttopologie über $X_1 \times \ldots \times X_n$ durch Projektionen

Seien $\langle X_i, \mathcal{T}_i \rangle$ topologische Räume für $i = 1, \ldots, n$. Seien φ_i die *Projektionen* von $X_1 \times \ldots \times X_n$ auf X_i, d.h. $\varphi_i(\langle x_1, \ldots, x_n \rangle) = x_i$.

Dann ist die Produkttopologie über $X_1 \times \ldots \times X_n$ die kleinste Topologie, bzgl. der $\varphi_1, \ldots, \varphi_n$ stetig sind.

Beweis. Sei $\mathcal{T}$ die Produkttopologie, dann ist zu zeigen:

(1) φ_i ist $\mathcal{T},\mathcal{T}_i$-stetig für $i = 1,\dots,n$.

(2) Ist jedes φ_i $\mathcal{T}',\mathcal{T}_i$-stetig bzgl. einer Topologie $\mathcal{T}'$ über $X_1 \times \dots \times X_n$, dann ist $\mathcal{T} \subset \mathcal{T}'$.

Zu (1): Sei $O_i \in \mathcal{T}_i$. Dann ist

$$\varphi_i^{-1}[O_i] = X_1 \times \dots \times X_{i-1} \times O_i \times X_{i+1} \times \dots \times X_n \in \mathcal{T}.$$

Daher ist φ_i $\mathcal{T},\mathcal{T}_i$-stetig (siehe 21.11).

Zu (2): Nach Definition der Produkttopologie genügt es für $\mathcal{T} \subset \mathcal{T}'$ zu zeigen, daß für alle $O_i \in \mathcal{T}_i$, $i = 1,\dots,n$, gilt: $O_1 \times \dots \times O_n \in \mathcal{T}'$. Da φ_i $\mathcal{T}',\mathcal{T}_i$-stetig ist, folgt $\varphi_i^{-1}[O_i] \in \mathcal{T}'$ (siehe 21.11); somit ist $O_1 \times \dots \times O_n = \bigcap_{i=1}^n \varphi_i^{-1}[O_i] \in \mathcal{T}'$. □

Die Beschreibung der Produkttopologie über $X_1 \times \dots \times X_n$ als kleinste Topologie, bzgl. der die Projektionsabbildungen stetig sind, führt direkt zum Begriff der Initialtopologie über einer Menge X als der kleinsten Topologie, bzgl. der vorgegebene Funktionen $\varphi_i, i \in I$, stetig sind. Alle in diesem Paragraphen untersuchten Topologien sind spezielle initiale Topologien.

22.5 Initiale Topologie

Seien $\langle X_i, \mathcal{T}_i \rangle$ topologische Räume für $i \in I$. Sei X eine nicht-leere Menge, und seien $\varphi_i: X \to X_i$ Abbildungen für $i \in I$. Die von

$$\mathcal{S} := \{\varphi_i^{-1}[O_i] : O_i \in \mathcal{T}_i, i \in I\}$$

erzeugte Topologie über X heißt die *initiale Topologie* über X bzgl. der Abbildungen $\varphi_i, i \in I$.

Die initiale Topologie über X ist die kleinste Topologie über X, bzgl. der alle Abbildungen $\varphi_i, i \in I$, stetig sind.

Beweis. Sei $\mathcal{T} := \mathcal{T}(\mathcal{S})$ die betrachtete initiale Topologie. Es ist zu zeigen:

(1) φ_i ist $\mathcal{T},\mathcal{T}_i$-stetig für $i \in I$.

(2) Ist jedes φ_i $\mathcal{T}',\mathcal{T}_i$-stetig für eine Topologie $\mathcal{T}'$ über X, dann ist $\mathcal{T} \subset \mathcal{T}'$.

Zu (1): Sei $O_i \in \mathcal{T}_i$. Dann ist $\varphi_i^{-1}[O_i] \in \mathcal{S} \subset \mathcal{T}$. Daher ist φ_i $\mathcal{T},\mathcal{T}_i$-stetig (siehe 21.11).

Zu (2): Nach Definition der initialen Topologie genügt es für $\mathcal{T} \subset \mathcal{T}'$ zu zeigen, daß $\mathcal{S} \subset \mathcal{T}'$ ist. Dieses folgt direkt, da jedes φ_i $\mathcal{T}',\mathcal{T}_i$-stetig ist (benutze 21.11). □

Ein einfaches Beispiel für eine initiale Topologie ist die in 21.14 eingeführte Teilraumtopologie $\mathcal{T}_{X_0}$ von $\mathcal{T}$ über $X_0 \subset X$; sie ist die initiale Topologie bzgl. der Inklusionsabbildung $i_{X_0}: X_0 \to X$, definiert durch $i_{X_0}(x) = x$ für $x \in X_0$ (siehe auch Aufgabe 1).

Wir geben jetzt eine Nichtstandard-Charakterisierung der initialen Topologie. Die Beschreibung mit Hilfe der Relation des Infinitesimal-Benachbartseins wird sich hier als besonders zweckmäßig und intuitiv erweisen. Für die Nichtstandard-Charakterisierung setzen wir voraus:

$$X, X_i \in \widehat{S} \text{ für } i \in I.$$

Dann sind natürlich auch die in 22.6 betrachteten Funktionen $\varphi_i: X \to X_i$ Elemente des Standard-Universums $\widehat{S}$. Wir schreiben ab jetzt gelegentlich

- $y \approx x$ an Stelle von $y \approx_{\mathcal{T}} x$,

wenn über die zugrundeliegende Topologie kein Zweifel besteht.

22.6 Die Relation $\approx$ bzgl. der initialen Topologie

Seien $\langle X_i, \mathcal{T}_i \rangle$ topologische Räume und $\varphi_i: X \to X_i$ Abbildungen für $i \in I$. Wir betrachten auf X die initiale Topologie bzgl. der Abbildungen $\varphi_i, i \in I$. Dann gilt für $y \in {}^*X$ und $x \in X$:

$$y \approx x \iff (\forall i \in I)\, {}^*\varphi_i(y) \approx_{\mathcal{T}_i} \varphi_i(x).$$

Beweis. Sei $\mathcal{T}$ die initiale Topologie bzgl. $\varphi_i, i \in I$.
„ $\Rightarrow$ “ : Sei $y \approx_{\mathcal{T}} x$. Da φ_i $\mathcal{T}, \mathcal{T}_i$-stetig ist (siehe 22.5), folgt ${}^*\varphi_i(y) \approx_{\mathcal{T}_i} \varphi_i(x)$ (siehe 21.11).
„ $\Leftarrow$ “ : Sei ${}^*\varphi_i(y) \approx_{\mathcal{T}_i} \varphi_i(x)$ für alle $i \in I$. Dann gilt für jedes $i \in I$:

$${}^*\varphi_i(y) \in {}^*O_i \text{ für alle } O_i \in \mathcal{T}_i \text{ mit } \varphi_i(x) \in O_i,$$

d.h. es gilt:

$$y \in ({}^*\varphi_i)^{-1}[{}^*O_i] \underset{7.8}{=} {}^*(\varphi_i^{-1}[O_i]) \text{ für alle } O_i \in \mathcal{T}_i \text{ mit } x \in \varphi_i^{-1}[O_i].$$

Da $\mathcal{S} := \{\varphi_i^{-1}[O_i]: O_i \in \mathcal{T}_i, i \in I\}$ die initiale Topologie $\mathcal{T}$ erzeugt, folgt $y \approx_{\mathcal{T}} x$ nach 22.2. □

Wir werden jetzt die Produkttopologie für eine beliebige Familie topologischer Räume als spezielle Initialtopologie einführen. Hierzu benötigen wir noch einige Bezeichnungen und Begriffe. Wir erinnern hierzu daran, daß B^I die Familie aller Abbildungen von I nach B ist (siehe 5.15).

22.7 Die Produktmenge $\prod_{i \in I} X_i$ und die Projektionen π_i

Sei I eine nicht-leere Menge, und seien X_i nicht-leere Mengen für $i \in I$. Setze $B := \cup_{i \in I} X_i$. Es heißt

$$\prod_{i \in I} X_i := \{x \in B^I : x(i) \in X_i \text{ für alle } i \in I\}$$

die *Produktmenge* von $X_i, i \in I$. Für jedes $i \in I$ setze:

$$\pi_i(x) := x(i) \text{ für } x \in \prod_{j \in I} X_j.$$

Dann heißt die Abbildung $\pi_i: \prod_{j \in I} X_j \to X_i$ die *Projektionsabbildung auf die i-te Koordinate.*

Ist $X_i = B$ für alle $i \in I$, so ist $\prod_{i\in I} X_i = B^I$. Sind $A_i, B_i \subset X_i$ für $i \in I$, so zeigt man direkt:

22.8 $$(\prod_{i\in I} A_i) \cap (\prod_{i\in I} B_i) = \prod_{i\in I}(A_i \cap B_i).$$

Dabei wird $\prod_{i\in I} C_i = \emptyset$ gesetzt, falls eine der Mengen $C_i = \emptyset$ ist.

22.9 Produkttopologie über $\prod_{i\in I} X_i$

Seien $\langle X_i, \mathcal{T}_i\rangle$ topologische Räume für $i \in I$. Die von

$\mathcal{S} := \{\prod_{i\in I} O_i : O_i \in \mathcal{T}_i$ für $i \in I$ und $O_i = X_i$ bis auf endlich viele $i\}$

erzeugte Topologie $\mathcal{T} = \mathcal{T}(\mathcal{S})$ heißt die *Produkttopologie* über $\prod_{i\in I} X_i$. Es gilt:

(i) $\mathcal{S}$ ist eine Basis von $\mathcal{T}$;

(ii) $\mathcal{T}$ ist die initiale Topologie über $\prod_{i\in I} X_i$ bzgl. der Projektionsabbildungen $\pi_i, i \in I$.

Beweis. *(i)* Es ist $\emptyset, X \in \mathcal{S}$ mit $X := \prod_{i\in I} X_i$, und $\mathcal{S}$ enthält alle Durchschnitte endlich vieler Mengen aus $\mathcal{S}$ (siehe 22.8). Daher ist $\mathcal{T} = \mathcal{T}(\mathcal{S})$ das System beliebiger Vereinigungen von Mengen aus $\mathcal{S}$ (siehe 22.1), d.h. $\mathcal{S}$ ist eine Basis von $\mathcal{T}$.

(ii) Setze $\mathcal{S}_1 := \{\pi_i^{-1}[O_i] : O_i \in \mathcal{T}_i, i \in I\}$. Dann besteht $\mathcal{S}$ aus allen endlichen Durchschnitten von Mengen aus $\mathcal{S}_1$. Es folgt $\mathcal{S}_1 \subset \mathcal{S} \subset \mathcal{T}(\mathcal{S}_1)$, und somit gilt $\mathcal{T} = \mathcal{T}(\mathcal{S}) = \mathcal{T}(\mathcal{S}_1)$; $\mathcal{T}(\mathcal{S}_1)$ ist nach 22.5 die initiale Topologie bzgl. $\pi_i, i \in I$. □

In 22.9 und 22.3 sind Produkttopologien eingeführt sowohl auf $\prod_{i\in\{1,\dots,n\}} X_i$ als auch auf $X_1 \times \ldots \times X_n$. Die Mengen $\prod_{i\in\{1,\dots,n\}} X_i$ und $X_1 \times \ldots \times X_n$ sind zwar verschieden, können aber vermittels einer kanonischen bijektiven Abbildung identifiziert werden. Diese kanonische Identifizierung

$$Id : \prod_{i\in\{1,\dots,n\}} X_i \to X_1 \times \ldots \times X_n$$

ordnet jeder Funktion $x \in \prod_{i\in\{1,\dots,n\}} X_i$ das n-Tupel $\langle x(1), \ldots, x(n)\rangle \in X_1 \times \ldots \times X_n$ zu. Da $Id[\prod_{i\in\{1,\dots,n\}} O_i] = O_1 \times \ldots \times O_n$ ist, überführt Id das System der offenen Mengen von $\prod_{i\in\{1,\dots,n\}} X_i$ auf das System der offenen Mengen von $X_1 \times \ldots \times X_n$. Daher können und werden wir auch die beiden Produkttopologien miteinander identifizieren. In diesem Sinne ist 22.3 ein Spezialfall von 22.9. Ergebnisse über die Produkttopologie von $\prod_{i\in I} X_i$ liefern daher direkt auch Ergebnisse über die Produkttopologie von $X_1 \times \ldots \times X_n$.

Der nächste Satz zeigt, daß die Relation des Infinitesimal-Benachbartseins im Produktraum $\prod_{i\in I} X_i$ sich durch das Infinitesimal-Benachbartsein für alle Koordinaten $i \in I$ ausdrücken läßt. Hierzu sei vorausgesetzt:

- $I \subset S$ und $B := \bigcup_{i\in I} X_i \in \widehat{S}$.

Dann ist $B^I \in \widehat{S}$ (siehe 5.15), und es ist $X := \prod_{i\in I} X_i \subset B^I$.

Somit ist ${}^*X \subset {}^*(B^I)$, und daher gilt:

- Jedes $y \in {}^*X$ ist eine interne Abbildung von ${}^*I$ nach ${}^*B$

(siehe 8.16). Wegen $I \subset S$ ist ${}^*i = i$ für $i \in I$, und für jedes $i \in I$ folgt daher aus dem Transfer-Prinzip, daß ${}^*\pi_i(y) = y(i)$ für alle $y \in {}^*X$ ist. Insbesondere gilt daher:

- $y(i) \in {}^*X_i$ für alle $y \in {}^*X$ und alle $i \in I$.

22.10 Die Relation $\approx$ bzgl. der Produkttopologie über $\prod_{i \in I} X_i$

Seien $\langle X_i, \mathcal{T}_i \rangle$ für $i \in I$ topologische Räume. Sei $X := \prod_{i \in I} X_i$ mit der Produkttopologie ausgestattet. Dann gilt für $y \in {}^*X$ und $x \in X$:

$$y \approx x \iff (\forall i \in I) y(i) \approx_{\mathcal{T}_i} x(i).$$

Beweis. Nach 22.9 (ii) ist die Produkttopologie $\mathcal{T}$ die initiale Topologie bzgl. der Abbildungen $\pi_i, i \in I$. Daher gilt nach 22.6:

$$y \approx_{\mathcal{T}} x \iff (\forall i \in I) {}^*\pi_i(y) \approx_{\mathcal{T}_i} \pi_i(x) = x(i).$$

Da ${}^*\pi_i(y) = y(i)$ für $i \in I$ ist, folgt die Behauptung. □

Mit Hilfe von 22.10 läßt sich jetzt direkt das folgende klassische Resultat der Topologie erhalten.

22.11 Satz von Tychonoff

Seien $\langle X_i, \mathcal{T}_i \rangle$ für $i \in I$ topologische Räume, und es sei $\prod_{i \in I} X_i$ mit der Produkttopologie ausgestattet. Dann gilt:

$$X_i \text{ kompakt für alle } i \in I \iff \prod_{i \in I} X_i \text{ kompakt.}$$

Beweis. Setze $X := \prod_{i \in I} X_i$.

„ $\Rightarrow$ ": Sei $y \in {}^*X$, dann ist $y(i) \in {}^*X_i$ für $i \in I$. Da X_i kompakt ist, gibt es ein $x_i \in X_i$ mit $y(i) \approx_{\mathcal{T}_i} x_i$ (siehe 21.7 (iii)). Sei $x \in X$ gegeben durch $x(i) := x_i, i \in I$. Dann folgt $y \approx x$ nach 22.10. Somit ist X kompakt nach 21.7 (iii).

„ $\Leftarrow$ ": Da π_i stetig und X kompakt ist, ist $X_i = \pi_i[X]$ kompakt nach 21.12. □

Besteht über die Topologie $\mathcal{T}$ eines Raumes kein Zweifel und ist $\langle X, \mathcal{T} \rangle$ ein Hausdorff-Raum, so sagen wir auch kürzer, daß X ein Hausdorff-Raum oder hausdorffsch ist. Analoge Sprechweisen benutzen wir im folgenden auch bei anderen Eigenschaften von topologischen Räumen.

22.12 Die Produkttopologie von Hausdorff-Räumen ist hausdorffsch

Seien $\langle X_i, \mathcal{T}_i \rangle$ für $i \in I$ topologische Räume, und es sei $\prod_{i \in I} X_i$ mit der Produkttopologie ausgestattet. Dann gilt:

$$X_i \text{ hausdorffsch für alle } i \in I \Rightarrow \prod_{i \in I} X_i \text{ hausdorffsch.}$$

Beweis. Setze $X := \prod_{i \in I} X_i$. Seien $y \in {}^*X$, $x, x' \in X$ mit $y \approx x$ und $y \approx x'$; zu zeigen ist $x = x'$ (siehe 21.8). Nach 22.10 gilt $y(i) \approx_{\mathcal{T}_i} x(i), y(i) \approx_{\mathcal{T}_i} x'(i)$. Da jedes X_i ein Hausdorff-Raum ist, folgt $x(i) = x'(i)$ für alle $i \in I$, d.h. es ist $x = x'$. □

Die Richtung „ $\Leftarrow$ “ in 22.12 ist ebenfalls gültig; diese Richtung ist jedoch mit Standard-Methoden schneller zu beweisen.

Wir kommen nun zu einer weiteren Anwendung des Begriffs der initialen Topologie: Ist $\langle X, \mathcal{T} \rangle$ ein topologischer Raum, so sei $\mathcal{T}_1$ die initiale Topologie über X bzgl. aller $\mathcal{T}$-stetigen Abbildungen $f: X \to \mathbb{R}$ (zur formalen Einordnung in 22.5 wähle $I := \{f \in \mathbb{R}^X : f\ \mathcal{T}\text{-stetig}\}$ und für $f \in I$ dann $X_f := \mathbb{R}$, $\mathcal{T}_f :=$ kanonische Topologie über $\mathbb{R}$, $\varphi_f := f$).

Es ist also $\mathcal{T}_1$ die kleinste Topologie über X, bzgl. der alle $\mathcal{T}$-stetigen $f: X \to \mathbb{R}$ stetig sind (siehe 22.5). Somit ist $\mathcal{T}_1 \subset \mathcal{T}$, und es gilt:

(I) $$y \approx_{\mathcal{T}_1} x \underset{22.6}{\Longleftrightarrow} ({}^*f(y) \approx f(x) \text{ für alle } \mathcal{T}\text{-stetigen } f: X \to \mathbb{R}).$$

Wir werden nun diejenigen Topologien $\mathcal{T}$ charakterisieren, für die $\mathcal{T}_1 = \mathcal{T}$ ist. Für solche - sogenannten vollständig regulären - Topologien $\mathcal{T}$ läßt sich daher nach (I) die Relation $\approx_{\mathcal{T}}$ des Infinitesimal-Benachbartseins allein durch die reellwertigen $\mathcal{T}$-stetigen Funktionen ausdrücken. Das folgende Lemma dient als Vorbereitung zur Charakterisierung solcher Topologien, und es erweist sich auch später als nützliches Nichtstandard-Kriterium für den Vergleich von Topologien.

22.13 Vergleich von Topologien

Seien $\mathcal{T}_1, \mathcal{T}_2$ Topologien über X. Dann gilt:

(i) $\mathcal{T}_1 \subset \mathcal{T}_2$ genau dann, wenn $(y \approx_{\mathcal{T}_2} x \Rightarrow y \approx_{\mathcal{T}_1} x)$;

(ii) $\mathcal{T}_1 = \mathcal{T}_2$ genau dann, wenn $(y \approx_{\mathcal{T}_1} x \Longleftrightarrow y \approx_{\mathcal{T}_2} x)$.

Beweis. ***(i)*** $\mathcal{T}_1 \subset \mathcal{T}_2$ ist äquivalent dazu, daß die identische Abbildung $id: X \to X$ $\mathcal{T}_2, \mathcal{T}_1$-stetig ist, und aus 21.11 folgt somit (i).

(ii) folgt durch zweimalige Anwendung von (i). □

22.14 Vollständig reguläre Räume

Ein topologischer Raum $\langle X, \mathcal{T} \rangle$ heißt *vollständig regulär*, wenn eine der folgenden äquivalenten Bedingungen erfüllt ist:

(i) $\mathcal{T}$ ist die initiale Topologie bzgl. aller $\mathcal{T}$-stetigen $f: X \to \mathbb{R}$.

(ii) $\mathcal{T}$ ist die initiale Topologie bzgl. aller $\mathcal{T}$-stetigen $f: X \to [0,1]$.

(iii) $({}^*f(y) \approx f(x)$ für alle $\mathcal{T}$-stetigen $f: X \to [0,1]) \Rightarrow y \approx_{\mathcal{T}} x$.

(iv) Ist $x \notin A$ und A abgeschlossen, so existiert ein $\mathcal{T}$-stetiges $f: X \to [0,1]$ mit $f(x) = 0$ und $f(a) = 1$ für $a \in A$.

Beweis. Wir zeigen (i) $\Rightarrow$ (iv) $\Rightarrow$ (iii) $\Rightarrow$ (ii) $\Rightarrow$ (i).
(i) $\Rightarrow$ (iv) Sei $C(X)$ das System aller $\mathcal{T}$-stetigen $g: X \to \mathbb{R}$. Wegen (i) gilt nach 22.6:

(1) $$y \approx_{\mathcal{T}} x \iff ({}^*g(y) \approx g(x) \text{ für alle } g \in C(X)).$$

Sei nun A abgeschlossen und $x \notin A$. Gibt es dann ein $\varepsilon \in \mathbb{R}_+$ und ein $g \in C(X)$ mit
$$|g(a) - g(x)| \geq \varepsilon \text{ für alle } a \in A,$$
so ist $f(z) := \frac{1}{\varepsilon} \cdot \min(|g(z) - g(x)|, \varepsilon)$, $z \in X$, die in (iv) gesuchte Funktion (für $f \in C(X)$ benutze Aufgabe 21.1). Falls es solche ε, g nicht gibt, so würde gelten:

(2) $$A_{\varepsilon,g} := \{a \in A: |g(a) - g(x)| < \varepsilon\} \neq \emptyset \text{ für alle } \varepsilon \in \mathbb{R}_+, g \in C(X);$$

wir zeigen, daß dieses zu einem Widerspruch führt.

Es ist $\{A_{\varepsilon,g}: \varepsilon \in \mathbb{R}_+, g \in C(X)\}$ ein System mit nicht-leeren endlichen Durchschnitten (denn es ist $\emptyset \underset{(2)}{\neq} A_{\varepsilon,g} \subset \bigcap_{i=1}^{n} A_{\varepsilon_i,g_i}$ mit $g(z) := \max_{i=1,\ldots,n} |g_i(z) - g_i(x)|$, $z \in X$ und $\varepsilon := \min_{i=1,\ldots,n} \varepsilon_i$; beachte $g(x) = 0$.) Da * eine starke Nichtstandard-Einbettung ist, existiert ein $y \in {}^*X$ mit
$$y \in {}^*A_{\varepsilon,g} \underset{7.5}{=} \{b \in {}^*A: |{}^*g(b) - g(x)| < \varepsilon\} \text{ für alle } \varepsilon \in \mathbb{R}_+, g \in C(X).$$
Daher ist ${}^*g(y) \approx g(x)$ für alle $g \in C(X)$, und somit ist $y \approx_{\mathcal{T}} x$ nach (1). Da $y \in {}^*A$ und A abgeschlossen ist, folgt $x \in A$ (siehe 21.7 (ii)) im Widerspruch zu $x \notin A$.

(iv) $\Rightarrow$ (iii) Sei indirekt ${}^*g(y) \approx g(x)$ für alle $\mathcal{T}$-stetigen $g: X \to [0,1]$, aber nicht $y \approx_{\mathcal{T}} x$. Dann existiert ein $O \in \mathcal{T}_x$ mit $y \notin {}^*O$. Da $x \notin A := X - O$ und A abgeschlossen ist, gibt es nach (iv) ein $\mathcal{T}$-stetiges $f: X \to [0,1]$ mit $f(x) = 0$ und $f(a) = 1$ für alle $a \in A$. Wegen $y \in {}^*X - {}^*O = {}^*A$ ist nach Transfer ${}^*f(y) = 1$. Somit gilt nicht ${}^*f(y) \approx f(x) (= 0)$ im Widerspruch zur Voraussetzung.

(iii) $\Rightarrow$ (ii) Sei $\mathcal{T}_2$ die in (ii) betrachtete initiale Topologie. Dann gilt:
$$y \approx_{\mathcal{T}_2} x \underset{22.6}{\iff} ({}^*f(y) \approx f(x) \text{ für alle } \mathcal{T}\text{-stetigen } f: X \to [0,1])$$
$$\underset{(iii)}{\Longrightarrow} \; y \approx_{\mathcal{T}} x.$$
Daher ist $\mathcal{T} \underset{22.13(i)}{\subset} \mathcal{T}_2$, und wegen $\mathcal{T}_2 \subset \mathcal{T}$ folgt $\mathcal{T}_2 = \mathcal{T}$, d.h. es gilt (ii).

(ii) $\Rightarrow$ (i) Sei $\mathcal{T}_2$ bzw. $\mathcal{T}_1$ die initiale Topologie in (ii) bzw. (i). Dann gilt $\mathcal{T}_2 \subset \mathcal{T}_1 \subset \mathcal{T} \underset{(ii)}{=} \mathcal{T}_2$. Daher ist $\mathcal{T}_1 = \mathcal{T}$, d.h. es gilt (i). □

In späteren Paragraphen werden wir sehen, daß alle metrischen Räume und sogar alle uniformen Räume vollständig regulär sind.

Die triviale Topologie $\mathcal{T} := \{\emptyset, \mathbb{R}\}$ über $\mathbb{R}$ ist ein Beispiel für eine vollständig reguläre (und kompakte) Topologie, die nicht hausdorffsch ist. Umgekehrt gibt es auch Hausdorff-Topologien, die nicht vollständig regulär sind (siehe 23.6 und Aufgabe 23.3).

22.15 Produkte vollständig regulärer Räume sind vollständig regulär

Seien $\langle X_i, \mathcal{T}_i\rangle$ für $i \in I$ topologische Räume, und es sei $\prod_{i\in I} X_i$ mit der Produkttopologie ausgestattet. Dann gilt:

X_i vollständig regulär für alle $i \in I \Longrightarrow \prod_{i\in I} X_i$ vollständig regulär.

Beweis. Sei $X := \prod_{i\in I} X_i$ und $\mathcal{T}$ die Produkttopologie über X. Zum Nachweis, daß $\langle X, \mathcal{T}\rangle$ vollständig regulär ist, seien $y \in {}^*X, x \in X$ mit

(1) $\quad {}^*f(y) \approx f(x)$ für alle $\mathcal{T}$-stetigen $f: X \to [0,1]$.

Es ist $y \approx_{\mathcal{T}} x$ zu zeigen (siehe 22.14 (iii)). Wir zeigen hierzu für jedes $i \in I$:

(2) $\quad {}^*f_i(y(i)) \approx f_i(x(i))$ für alle $\mathcal{T}_i$-stetigen $f_i: X_i \to [0,1]$.

Da $\langle X_i, \mathcal{T}_i\rangle$ vollständig regulär ist, folgt aus (2) dann $y(i) \approx_{\mathcal{T}_i} x(i)$ (siehe 22.14 (iii)), und somit ist $y \approx_{\mathcal{T}} x$ (siehe 22.10). Also bleibt (2) zu zeigen.

Zu (2): Sei $f_i: X_i \to [0,1]$ $\mathcal{T}_i$-stetig, und setze

(3) $\quad f(x') := f_i(x'(i))$ für $x' \in X$.

Der Transfer von (3) und die $\mathcal{T}_i$-Stetigkeit von f_i führen zu

$$y' \approx_{\mathcal{T}} x' \underset{22.10}{\Longrightarrow} y'(i) \approx_{\mathcal{T}_i} x'(i) \Longrightarrow {}^*f(y') \underset{(3)}{=} {}^*f_i(y'(i)) \underset{21.11}{\approx} f_i(x'(i)) \underset{(3)}{=} f(x'),$$

und daher ist $f: X \to [0,1]$ eine $\mathcal{T}$-stetige Funktion (siehe 21.11). Somit gilt:

$${}^*f_i(y(i)) \underset{(3)}{=} {}^*f(y) \underset{(1)}{\approx} f(x) \underset{(3)}{=} f_i(x(i)),$$

d.h. es gilt (2). □

Die Richtung „ $\Leftarrow$ " ist für 22.15 ebenfalls gültig. Sie wird jedoch hier nicht benötigt.

Mit der im Anschluß an 22.9 beschriebenen Identifizierung von $X_1 \times \ldots \times X_n$ mit $\prod_{i\in\{1,\ldots,n\}} X_i$ erhalten wir aus 22.10 bis 22.12 und 22.15 die folgenden Eigenschaften für die in 22.3 definierte Produkttopologie über $X_1 \times \ldots \times X_n$.

22.16 Korollar

Seien $\langle X_i, \mathcal{T}_i\rangle$ für $i = 1, \ldots, n$ topologische Räume, und sei $X_1 \times \ldots \times X_n$ mit der Produkttopologie ausgestattet. Dann gilt:

(i) Für $y_i \in {}^*X_i$, $x_i \in X_i$ ist

$$\langle y_1, \ldots, y_n\rangle \approx \langle x_1, \ldots, x_n\rangle \Longleftrightarrow y_i \approx x_i \text{ für } i = 1, \ldots, n;$$

(ii) $X_1, \ldots, X_n$ kompakt $\Longleftrightarrow X_1 \times \ldots \times X_n$ kompakt;

(iii) $X_1, \ldots, X_n$ hausdorffsch $\Longrightarrow X_1 \times \ldots \times X_n$ hausdorffsch;

(iv) $X_1, \ldots, X_n$ vollständig regulär $\Longrightarrow X_1 \times \ldots \times X_n$ vollständig regulär.

Das nächste Ziel ist ein Nichtstandard-Beweis für den Satz von Banach-Alaoglu. Hierzu benötigen wir den Begriff des topologischen linearen Raumes, der für die Funktionalanalysis von zentraler Bedeutung ist. Sei hierzu $\langle X, +, \cdot \rangle$ ein linearer Raum über dem Körper K, dann ist $\langle {}^*X, {}^*+, {}^*\cdot \rangle$ ein linearer Raum über dem Körper ${}^*K$ (siehe 18.1). Wir bezeichnen im folgenden die Abbildungen

$${}^*+ : {}^*X \times {}^*X \to {}^*X \quad \text{und} \quad {}^*\cdot : {}^*K \times {}^*X \to {}^*X$$

wieder mit $+$ und $\cdot$. Ab jetzt werden wir der Einfachheit halber $K = \mathbb{R}$ voraussetzen.

22.17 Topologische lineare Räume

Sei $\langle X, +, \cdot \rangle$ ein linearer Raum über $\mathbb{R}$ und $\mathcal{T}$ eine Topologie über X. Dann heißt $\langle X, +, \cdot, \mathcal{T} \rangle$ oder auch $\langle X, \mathcal{T} \rangle$ ein *topologischer linearer Raum*, falls die beiden folgenden Abbildungen stetig sind:

(i) $X \times X \ni \langle x_1, x_2 \rangle \to x_1 + x_2 \in X$;

(ii) $\mathbb{R} \times X \ni \langle \alpha, x \rangle \to \alpha \cdot x \in X$.

Dabei seien $X \times X$ und $\mathbb{R} \times X$ mit den jeweiligen Produkttopologien ausgestattet.

Nach 22.16 (i) und 21.11 bedeuten die beiden Stetigkeitsforderungen in 22.17 das Folgende:

*(i) $(y_1 \approx_{\mathcal{T}} x_1$ und $y_2 \approx_{\mathcal{T}} x_2) \implies y_1 + y_2 \approx_{\mathcal{T}} x_1 + x_2$;

*(ii) $(\beta \approx \alpha$ und $y \approx_{\mathcal{T}} x) \implies \beta \cdot y \approx_{\mathcal{T}} \alpha \cdot x$;

dabei sind $y, y_1, y_2 \in {}^*X$, $x, x_1, x_2 \in X$, $\beta \in {}^*\mathbb{R}$ und $\alpha \in \mathbb{R}$.

Um das Arbeiten in topologischen linearen Räumen einzuüben, zeigen wir die folgenden drei wohlbekannten Eigenschaften, die wir auch in 22.19 noch benutzen werden:

Sei $f: X \to \mathbb{R}$ eine lineare Abbildung und $O \subset X$ eine offene Menge, die das Nullelement von X enthalte. Dann gilt:

(E1) f stetig $\iff f$ stetig in einem Punkt $x_0 \in X$;

(E2) $|f(x)| \le 1$ für alle $x \in O \implies f$ stetig;

(E3) Für jedes $x \in X$ existiert ein $\varepsilon \in \mathbb{R}_+$ mit $\varepsilon \cdot x \in O$.

Beweis. *(E1)* Es ist „ $\Leftarrow$ “ zu zeigen. Sei hierzu $y \approx_{\mathcal{T}} x \in X$. Dann ist $y + {}^*(x_0 - x) \approx_{\mathcal{T}} x + (x_0 - x) = x_0$ nach *(i). Da f in x_0 stetig ist, folgt ${}^*f(y + {}^*(x_0 - x)) \approx f(x_0)$. Da ${}^*f$ ${}^*\mathbb{R}$-linear ist (siehe 18.1 (ii)), erhalten wir ${}^*f(y) \approx f(x)$. Damit ist f in jedem $x \in X$ stetig.

(E2) Nach (E1) reicht es zu zeigen, daß f in $0 \in X$ stetig ist. Sei hierzu $y \approx_{\mathcal{T}} 0$. Dann ist $n \cdot y \approx_{\mathcal{T}} 0$ für jedes $n \in \mathbb{N}$ nach *(ii). Da O eine offene Menge ist, die 0 enthält, gilt $n \cdot y \in {}^*O$. Wegen $|{}^*f(z)| \le 1$ für alle $z \in {}^*O$ folgt $|n \cdot {}^*f(y)| \le 1$ für alle $n \in \mathbb{N}$. Daher ist ${}^*f(y) \approx 0 \in \mathbb{R}$, und damit ist f in $0 \in X$ stetig.

(E3) Sei $n \in {}^*\mathbb{N} - \mathbb{N}$; dann ist $\frac{1}{n} \approx 0$, und daher folgt $\frac{1}{n}{}^*x \underset{*(\mathrm{ii})}{\approx} 0 \cdot x = 0 \in O$. Somit gilt $\frac{1}{n} \cdot {}^*x \in {}^*O$ für alle $n \in {}^*\mathbb{N} - \mathbb{N}$. Daher gibt es ein $n \in \mathbb{N}$ mit $\frac{1}{n} \cdot {}^*x \in {}^*O$ (benutze 9.7 (ii)), d.h. $\frac{1}{n} \cdot x \in O$. □

22.18 Der Dualraum X' mit der schwach'-Topologie

Sei $\langle X, \mathcal{T}\rangle$ ein topologischer linearer Raum über $\mathbb{R}$. Dann heißt

$$X' := \{f \in \mathbb{R}^X : f \text{ linear und stetig}\}$$

der *topologische Dualraum* von X.

Es sei X' ausgestattet mit der initialen Topologie bzgl. der Abbildungen $\varphi_x : X' \to \mathbb{R}$, $x \in X$, mit

$$\varphi_x(f) := f(x) \text{ für } f \in X'.$$

Diese Topologie auf X' heißt die *schwach'-Topologie* über X'.

Es gilt für $g \in {}^*X', f \in X'$:

$$g \approx f \iff (\forall x \in X) g({}^*x) \approx f(x).$$

Beweis. Es gilt nach 22.6

(1) $\quad g \approx f \iff (\forall x \in X)\, {}^*\varphi_x(g) \approx \varphi_x(f) = f(x).$

Für jedes $x \in X$ folgt mit Transfer, daß ${}^*\varphi_x(g) = g({}^*x)$ für alle $g \in {}^*X'$ ist, und (1) liefert daher die Behauptung. □

In der Funktionalanalysis wird X' häufig mit X^* und die schwach'-Topologie dabei als schwach*-Topologie bezeichnet. Aus verständlichen Gründen haben wir diese Schreibweise vermieden.

22.19 Satz von Banach-Alaoglu

Sei $\langle X, \mathcal{T}\rangle$ ein topologischer linearer Raum über $\mathbb{R}$ und O eine offene Menge, die das Nullelement von X enthalte. Dann ist die *Polare*

$$O^P := \{f \in X' : |f(x)| \le 1 \text{ für alle } x \in O\}$$

kompakt bzgl. der schwach'-Topologie über X'.

Beweis. Sei $g \in {}^*O^P$. Dann genügt es zu zeigen:

(1) $\quad$ Es existiert ein $f \in O^P$ mit $g({}^*x) \approx f(x)$ für alle $x \in X$,

denn dann ist $g \approx f \in O^P$ bzgl. der schwach'-Topologie (siehe 22.18), und die Kompaktheit von O^P folgt aus 21.7 (iii).

Zum Nachweis von (1) reicht es nun zu zeigen:

(2) $\quad g({}^*x)$ endlich für jedes $x \in X$;

(3) $\quad f \in O^P$ für $f(x) := st(g({}^*x)), x \in X$.

Zu (2): Sei $x \in X$. Nach (E3) existiert ein $\varepsilon \in \mathbb{R}_+$ mit $\varepsilon \cdot x \in O$. Da $g \in {}^*O^P \underset{7.5}{=} \{h \in {}^*X' : |h(y)| \leq 1$ für alle $y \in {}^*O\}$ ist, folgt $|g({}^*(\varepsilon x))| \leq 1$. Da g ${}^*\mathbb{R}$-linear ist, folgt $|\varepsilon g({}^*x)| \leq 1$, und somit ist $g({}^*x)$ endlich.

Zu (3): Da g ${}^*\mathbb{R}$-linear und $|g({}^*x)| \leq 1$ für $x \in O$ ist, ist f eine $\mathbb{R}$-lineare Funktion mit $|f(x)| \leq 1$ für $x \in O$. Somit ist f nach (E2) auch stetig, und es folgt $f \in O^P$. □

Es sei angemerkt, daß man den Satz von Banach-Alaoglu völlig analog für topologische lineare Räume über $\mathbb{C}$ beweisen kann. Wir haben uns auf den Fall $\mathbb{R}$ beschränkt, weil wir sonst in $\mathbb{C}$ noch den Begriff des finiten Elementes sowie eine geeignete Topologie hätten einführen müssen, was natürlich ohne Schwierigkeiten möglich ist.

Wendet man 22.19 auf normierte Räume $\langle X, \| \ \| \rangle$ an (siehe 24.20), so erhält man, daß die Einheitskugel des Dualraums X' kompakt bzgl. der schwach$'$-Topologie ist. Setze hierzu $O := \{x \in X : \| x \| < 1\}$; dann ist O eine offene Menge, die das Nullelement von X enthält, und es ist $O^P = \{f \in X' : \| f \| \leq 1\}$ mit $\| f \| := \sup_{\|x\|<1} |f(x)|$ die Einheitskugel des Dualraums.

Es soll noch einmal zusammengefaßt werden, wie sich bei den in diesem Paragraphen betrachteten Topologien die Relation $\approx$ des Infinitesimal-Benachbartseins beschreiben läßt. Durch die Relation $\approx$ sind Topologien, wie wir in 22.13 gesehen haben, eindeutig bestimmt.

1. Für die von einem System $\mathcal{S} \subset \mathcal{P}(X)$ erzeugte Topologie $\mathcal{T}(\mathcal{S})$ gilt:
$$y \approx x \Longleftrightarrow (\forall O \in \mathcal{S})(x \in O \Rightarrow y \in {}^*O).$$
2. Sind $\langle X_i, \mathcal{T}_i \rangle$ topologische Räume und $\varphi_i : X \to X_i$, so ist $\mathcal{T}(\mathcal{S})$ aus 1. mit $\mathcal{S} := \{\varphi_i^{-1}[O_i] : O_i \in \mathcal{T}_i, i \in I\}$ die kleinste Topologie über X, bzgl. der alle $\varphi_i, i \in I$, stetig sind. Für diese sogenannte initiale Topologie gilt:
$$y \approx x \Longleftrightarrow (\forall i \in I)\, {}^*\varphi_i(y) \approx_{\mathcal{T}_i} \varphi_i(x).$$
3. Sind $\langle X_i, \mathcal{T}_i \rangle$ topologische Räume, so ist die Produkttopologie über $\prod_{i \in I} X_i$ die initiale Topologie bzgl. der Projektionen π_i. Für die Produkttopologie gilt:
$$y \approx x \Longleftrightarrow (\forall i \in I)\, y(i) \approx_{\mathcal{T}_i} x(i).$$
4. Ist $\langle X, \mathcal{T} \rangle$ ein topologischer Raum und $\emptyset \neq X_0 \subset X$, so gilt für die Teilraumtopologie $\mathcal{T}_{X_0}$:
$$y_0 \approx x_0 \Longleftrightarrow y_0 \approx_{\mathcal{T}} x_0 \quad (y_0 \in {}^*X_0, x_0 \in X_0).$$
Nach Aufgabe 1 läßt sich $\mathcal{T}_{X_0}$ auch als initiale Topologie einführen.
5. Ein topologischer Raum $\langle X, \mathcal{T} \rangle$ ist genau dann vollständig regulär, wenn $\mathcal{T}$ die initiale Topologie bzgl. aller $\mathcal{T}$-stetigen $f : X \to [0,1]$ ist, und es gilt für eine solche Topologie:
$$y \approx x \Longleftrightarrow ({}^*f(y) \approx f(x) \text{ für alle } \mathcal{T}\text{-stetigen } f : X \to [0,1]).$$
Mit Hilfe der Nichtstandard-Charakterisierung der Produkttopologie (siehe 3.) erhält man den Satz von Tychonoff; mit Hilfe von 2. ergibt sich der Satz von Banach-Alaoglu.

Aufgaben

1 Sei $\langle X, \mathcal{T} \rangle$ ein topologischer Raum und $\emptyset \neq X_0 \subset X$. Man zeige, daß die initiale Topologie bzgl. der Inklusionsabbildung $i_{X_0}: X_0 \to X$ (d.h. der Abbildung $i_{X_0}(x) := x$ für $x \in X_0$) die Teilraumtopologie $\mathcal{T}_{X_0}$ ist.

2 Seien $\langle X_i, \mathcal{T}_i \rangle$ für $i \in I$ topologische Räume und $\mathcal{T}$ die Produkttopologie über $X = \prod_{i \in I} X_i$. Man beschreibe die Monaden $m_{\mathcal{T}}(x)$ für $x \in X$.

3 Seien $X, X_1, \ldots, X_n$ topologische Räume und $f_i: X \to X_i$ Funktionen. Sei $f: X \to X_1 \times \ldots \times X_n$ definiert durch $f(x) := \langle f_1(x), \ldots, f_n(x) \rangle$. Man zeige, daß f genau dann stetig ist, wenn alle f_i stetige Funktionen sind.

4 Man zeige, daß die schwach$'$-Topologie über X' die Teilraumtopologie der Produkttopologie von $\mathbb{R}^X$ über X' ist.

5 Sei $\langle X, \mathcal{T} \rangle$ ein topologischer linearer Raum. Es sei $K \subset X$ kompakt und $A \subset X$ abgeschlossen. Man zeige, daß $C := \{k + a : k \in K, a \in A\}$ abgeschlossen ist.

6 Sei $I \subset S$ eine überabzählbare Menge und $X_j := \{x \in \{0,1\}^I : x(i) = j$ bis auf abzählbar viele $i \in I\}, j = 0,1$. Sei $X := X_0 \cup X_1$, versehen mit der Teilraumtopologie der Produkttopologie von $\{0,1\}^I$ ($\{0,1\}$ sei dabei mit der diskreten Topologie versehen). Man zeige:

(i) X_0 ist folgenabgeschlossen, aber nicht abgeschlossen;

(ii) $f: X \to \mathbb{R}$, definiert durch $f(x) := j$ für $x \in X_j$ $(j = 0,1)$, ist folgenstetig, aber nicht stetig;

(iii) X_0 ist folgenkompakt, aber nicht kompakt.

7 Man zeige, daß $\{0,1\}^{\mathbb{R}}$ versehen mit der Produkttopologie der diskreten Topologie über $\{0,1\}$ ein kompakter Raum ist, der nicht folgenkompakt ist.

§ 23 Nichtstandard-Beschreibung weiterer topologischer Begriffe

Sei $* : \widehat{S} \longrightarrow \widehat{{}^*S}$ eine starke Nichtstandard-Einbettung. Als erstes führen wir die aus der reellen Analysis bekannten Begriffe des Berührungspunktes und des Abschlusses einer Menge ein. Anschließend werden drei wichtige Klassen topologischer Räume untersucht.

Ein Punkt $x \in \mathbb{R}$ ist bekanntlich ein Berührungspunkt einer Teilmenge B von $\mathbb{R}$ (siehe § 11), wenn $\{y \in \mathbb{R}: |y - x| < \varepsilon\} \cap B \neq \emptyset$ für jedes $\varepsilon \in \mathbb{R}_+$ ist. Für die kanonische Topologie $\mathcal{T}$ über $\mathbb{R}$ ist dieses äquivalent zu

$$O \cap B \neq \emptyset \text{ für jedes } O \in \mathcal{T}_x.$$

Diese Eigenschaft verwenden wir jetzt zur Definition von Berührungspunkten in beliebigen topologischen Räumen. Um auch eine Nichtstandard-Charakterisierung zu ermöglichen, setzen wir wieder $X \in \widehat{S} - S$ voraus.

23.1 Berührungspunkt

Sei $\langle X, \mathcal{T}\rangle$ ein topologischer Raum. Sei $x \in X$ und $B \subset X$. Dann heißt x *Berührungspunkt von* B, wenn eine der beiden äquivalenten Bedingungen gilt:

(i) $O \cap B \neq \emptyset$ für alle $O \in \mathcal{T}_x$.

(ii) Es gibt ein $y \in {}^*B$ mit $y \approx_{\mathcal{T}} x$ (d.h. es ist $m_{\mathcal{T}}(x) \cap {}^*B \neq \emptyset$).

Beweis. ***(i) ⇒ (ii)*** Wegen (i) ist $\{O \cap B : O \in \mathcal{T}_x\}$ ein System mit nicht-leeren endlichen Durchschnitten. Da * eine starke Nichtstandard-Einbettung ist, folgt hieraus

$$\emptyset \neq \bigcap_{O \in \mathcal{T}_x} {}^*(O \cap B) = \Big(\bigcap_{O \in \mathcal{T}_x} {}^*O\Big) \cap {}^*B = \{y \in {}^*X : y \approx_{\mathcal{T}} x\} \cap {}^*B.$$

(ii) ⇒ (i) Sei $O \in \mathcal{T}_x$. Wegen (ii) ist ${}^*O \cap {}^*B \neq \emptyset$, und damit ist $O \cap B \neq \emptyset$.□

Trivialerweise ist jeder Punkt von B ein Berührungspunkt von B. Nach dem Nichtstandard-Kriterium (23.1 (ii)) ist ein Punkt x genau dann ein Berührungspunkt von B, wenn es einen Punkt von ${}^*B$ gibt, der unendlich nahe bei x liegt. Mit Hilfe dieser Charakterisierung läßt sich in 23.2 der Abschluß einer Menge B sehr einfach aus ${}^*B$ gewinnen.

Ist $\mathcal{T} := \{\emptyset, X\}$ die triviale Topologie, so sind für jedes $B \neq \emptyset$ alle Punkte von X Berührungspunkte von B.

Ist $\mathcal{T} := \mathcal{P}(X)$ die diskrete Topologie, so sind die Berührungspunkte von B genau die Punkte von B.

Man sieht direkt, daß jeder Häufungspunkt der Folge $x_n \in X, n \in \mathbb{N}$ (siehe 21.5 (ii)) ein Berührungspunkt der Menge $\{x_n : n \in \mathbb{N}\}$ ist; die Umkehrung gilt jedoch i.a. nicht.

23.2 Abschluß einer Menge, dichte Teilmenge

Sei $\langle X, \mathcal{T}\rangle$ ein topologischer Raum und $B \subset X$. Dann heißt:

$$B^b := \{x \in X : x \text{ Berührungspunkt von } B\}$$

der *Abschluß* von B. Ist $B^b = X$, so nennt man B eine in X *dichtliegende* Menge. Es gilt:

(i) B^b ist die kleinste abgeschlossene Menge, die B umfaßt, und

$$B^b = \{x \in X : \text{ es gibt ein } y \in {}^*B \text{ mit } y \approx_{\mathcal{T}} x\}.$$

(ii) Ist $B \subset X_0$, so ist $B^b \cap X_0$ der Abschluß von B bzgl. der Teilraumtopologie über X_0.

Beweis. ***(i)*** Die Darstellung von B^b folgt aus 23.1. Da Durchschnitte abgeschlossener Mengen abgeschlossen sind, bleibt für (i) zu zeigen:

$$B^b = \bigcap_{O \in \mathcal{T}, B \subset X - O} (X - O).$$

Sei $x \in B^b$ und $O \in \mathcal{T}$ mit $B \subset X - O$. Dann ist $O \cap B = \emptyset$, und wegen $x \in B^b$ folgt $x \in X - O$ (siehe 23.1 (i)). Sei umgekehrt $x \in X - O$ für alle $O \in \mathcal{T}$ mit $B \subset X - O$, d.h.

(1) $$(O \cap B = \emptyset \text{ und } O \in \mathcal{T}) \Rightarrow x \in X - O.$$

Für $x \in B^b$ ist $O \cap B \neq \emptyset$ für alle $O \in \mathcal{T}_x$ zu zeigen. Sei nun $O \in \mathcal{T}_x$, dann folgt $O \cap B \neq \emptyset$, da andernfalls $x \in X - O$ nach (1) wäre.

(ii) Es ist $B^b \cap X_0 \underset{\text{(i)}}{=} \bigcap_{B \subset A, A \text{ abg.}} A \cap X_0 = \bigcap_{B \subset A \cap X_0, A \text{ abg.}} A \cap X_0$, wobei die zweite Gleichheit wegen $B \subset X_0$ gilt. Damit ist $B^b \cap X_0$ der Abschluß von B bzgl. $\mathcal{T}_{X_0}$ (benutze (i) und 21.14 (i)). □

Da es nach 9.8 (iii) zu jedem $x \in \mathbb{R}$ ein $c \in {}^*\mathbb{Q}$ mit $c \approx x$ gibt, liegt $\mathbb{Q}$ dicht in $\mathbb{R}$. Hierbei ist $\mathbb{R}$ mit der kanonischen Topologie versehen.

Den Abschluß einer Menge B haben wir mit B^b bezeichnet; das oben stehende b soll daran erinnern, daß der Abschluß von B aus allen Berührungspunkten von B besteht. Die üblichere Bezeichnung für den Abschluß von B ist $\overline{B}$; diese Bezeichnung wird jedoch später in der Stochastik für das Komplement von B verwandt.

Auf Grund von 23.2 (i) ist eine Menge genau dann abgeschlossen, wenn sie jeden ihrer Berührungspunkte enthält.

Mit Hilfe der Charakterisierung der Berührungspunkte aus 23.2 läßt sich nun einfach zeigen, daß eine stetige Abbildung auf höchstens eine Weise auf den Abschluß stetig fortsetzbar ist, sofern der Bildraum hausdorffsch ist.

23.3 Eindeutigkeit stetiger Fortsetzungen

Sei $\langle X_1, \mathcal{T}_1 \rangle$ ein topologischer und $\langle X_2, \mathcal{T}_2 \rangle$ ein Hausdorff-Raum. Es sei X_0 eine in X_1 dichtliegende Menge. Sind $f, g: X_1 \to X_2$ stetige Abbildungen, so gilt:

$$(f(x_0) = g(x_0) \text{ für alle } x_0 \in X_0) \Longrightarrow (f(x_1) = g(x_1) \text{ für alle } x_1 \in X_1).$$

Beweis. Sei $x_1 \in X_1$. Dann gibt es ein $y_0 \in {}^*X_0$ mit $y_0 \approx_{\mathcal{T}_1} x_1$ (siehe 23.2). Da f und g stetig sind, folgt nach 21.11:

(1) $${}^*f(y_0) \approx_{\mathcal{T}_2} f(x_1), \quad {}^*g(y_0) \approx_{\mathcal{T}_2} g(x_1).$$

Nun ist ${}^*f(y_0) = {}^*g(y_0)$ nach Transfer der Voraussetzung, und da $\langle X_2, \mathcal{T}_2 \rangle$ hausdorffsch ist, erhält man $f(x_1) = g(x_1)$ (benutze (1) und 21.8 (iii)). □

Bisher wurden i.w. drei Klassen topologischer Räume betrachtet, nämlich vollständig reguläre Räume, Hausdorff-Räume und kompakte Räume. Durch Abschwächung dieser drei Begriffe gelangen wir in diesem Paragraphen zu den jeweils umfassenderen Klassen der regulären Räume, der Prähausdorff-Räume und der lokalkompakten Räume. Wir beginnen mit dem für dieses Buch wichtigsten dieser drei Begriffe, dem des regulären Raumes. In regulären Räumen lassen sich auf Grund von 23.8 insbesondere sogenannte relativ kompakte Mengen sehr einfach mit Nichtstandard-Methoden erkennen. Dieses wird im Beweis des allgemeinen Satzes von Arzelà-Ascoli in § 26 sowie in § 33 bei der schwachen Topologie für Familien von Wahrscheinlichkeitsmaßen entscheidend benutzt.

Für eine Nichtstandard-Charakterisierung der Regularität eines Raumes benötigen wir den Begriff der $\mathcal{T}$-Monade einer Menge B (siehe 23.4). $\mathcal{T}$-Monaden eines Punktes x sind dabei die $\mathcal{T}$-Monaden der Menge $B := \{x\}$; $\mathcal{T}$-Monaden einer Menge $B \neq \emptyset$ sind ihrerseits Monaden eines Filters $\mathcal{F}$ im Sinne von 21.1 (iv) (wähle $\mathcal{F} := \{F \subset X : B \subset O \subset F$ für ein $O \in \mathcal{T}\}$). Mit Hilfe der $\mathcal{T}$-Monaden von Mengen läßt sich zudem die Kompaktheit charakterisieren.

23.4 Die $\mathcal{T}$-Monade einer Menge

Sei $\langle X, \mathcal{T}\rangle$ ein topologischer Raum und $B \subset X$. Dann heißt

$$m_{\mathcal{T}}(B) := \bigcap_{B \subset O \in \mathcal{T}} {}^*O$$

die *$\mathcal{T}$-Monade von B*. Es ist ${}^*B \subset m_{\mathcal{T}}(B)$, und es gilt:

$$K \text{ kompakt} \iff m_{\mathcal{T}}(K) = \bigcup_{x \in K} m_{\mathcal{T}}(x).$$

Beweis. Es ist ${}^*B \subset {}^*O$ für jedes $O \in \mathcal{T}$ mit $B \subset O$, und daher folgt:

$${}^*B \subset m_{\mathcal{T}}(B).$$

„ $\Rightarrow$ “ : Trivialerweise ist lediglich $m_{\mathcal{T}}(K) \subset \bigcup_{x \in K} m_{\mathcal{T}}(x)$ zu zeigen. Sei indirekt $y \in m_{\mathcal{T}}(K)$ mit $y \notin m_{\mathcal{T}}(x)$ für alle $x \in K$. Dann existieren $O_x \in \mathcal{T}_x, x \in K$, mit

(1) $$y \notin {}^*O_x \text{ für alle } x \in K.$$

Da K kompakt und $K \subset \bigcup_{x \in K} O_x$ ist, existiert ein endliches $E \subset K$ mit

(2) $$K \subset \bigcup_{x \in E} O_x =: O \in \mathcal{T}.$$

Nach (1) folgt $y \notin \bigcup_{x \in E} {}^*O_x = {}^*O$ im Widerspruch zu $y \in m_{\mathcal{T}}(K) \underset{(2)}{\subset} {}^*O$.

„ $\Leftarrow$ “ : Sei $y \in {}^*K$. Wegen ${}^*K \subset m_{\mathcal{T}}(K) = \bigcup_{x \in K} m_{\mathcal{T}}(x)$ gibt es ein $x \in K$ mit $y \in m_{\mathcal{T}}(x)$, d.h. mit $y \approx_{\mathcal{T}} x$. Daher ist K kompakt nach 21.7 (iii). □

23.5 Reguläre Räume

Ein topologischer Raum $\langle X, \mathcal{T}\rangle$ heißt *regulärer Raum*, falls eine der folgenden äquivalenten Bedingungen gilt:

(i) $x \notin A$, A abgeschlossen $\Longrightarrow$
$\exists O_1, O_2 \in \mathcal{T}$ disjunkt mit $x \in O_1, A \subset O_2$;

(ii) $O \in \mathcal{T}_x \Longrightarrow \exists O_1 \in \mathcal{T}_x$ mit $O_1^b \subset O$;

(iii) $x \notin A, A$ abgeschlossen $\Longrightarrow m_{\mathcal{T}}(x) \cap m_{\mathcal{T}}(A) = \emptyset$.

Beweis. ***(i)$\Rightarrow$(ii)*** Wegen $O \in \mathcal{T}_x$ ist $A := X - O$ abgeschlossen mit $x \notin A$. Somit existieren nach (i) Mengen $O_1, O_2 \in \mathcal{T}$ mit $x \in O_1, A \subset O_2$

und $O_1 \cap O_2 = \emptyset$. Also gilt $x \in O_1 \subset X - O_2 \subset X - A = O$. Da $X - O_2$ abgeschlossen ist, folgt $O_1^b \underset{23.2(i)}{\subset} X - O_2 \subset O$.

(ii)⇒ (iii) Setze $O := X - A$, dann ist $O \in \mathcal{T}_x$. Nach (ii) existiert ein $O_1 \in \mathcal{T}_x$ mit $O_1^b \subset O$, und wegen $A = X - O \subset X - O_1^b \in \mathcal{T}$ gilt:

$$m_{\mathcal{T}}(x) \cap m_{\mathcal{T}}(A) \subset {}^*O_1 \cap {}^*(X - O_1^b) \subset {}^*O_1 \cap {}^*(X - O_1) = \emptyset.$$

(iii) ⇒ (i) Nach Voraussetzung gilt:

$$\emptyset = m_{\mathcal{T}}(x) \cap m_{\mathcal{T}}(A) = \bigcap_{O_1 \in \mathcal{T}_x, A \subset O_2 \in \mathcal{T}} {}^*O_1 \cap {}^*O_2.$$

Da * eine starke Nichtstandard-Einbettung ist, gibt es $O_{1i} \in \mathcal{T}_x, O_{2i} \in \mathcal{T}$ mit $A \subset O_{2i}$ und $\cap_{i=1}^n (O_{1i} \cap O_{2i}) = \emptyset$. Hieraus folgt (i) mit $O_1 := \cap_{i=1}^n O_{1i}$, $O_2 := \cap_{i=1}^n O_{2i}$. □

Benutzt man den Begriff der Umgebungsbasis (siehe 21.16 (i)), so bedeutet (ii) aus 23.5, daß x eine Umgebungsbasis aus abgeschlossenen Mengen besitzt. Aus den Eigenschaften der Teilraumtopologie (siehe 21.14) und 23.5 (i) folgt direkt, daß Teilräume regulärer Räume regulär sind.

23.6 Vollständig reguläre Räume sind regulär.

Beweis. Sei A abgeschlossen und $x \notin A$. Da X vollständig regulär ist, existiert eine stetige Funktion $f: X \to \mathbb{R}$ mit $f(x) = 0$ und $f(a) = 1$ für alle $a \in A$ (siehe 22.14 (iv)). Setze $O_1 := f^{-1}(]-\infty, \frac{1}{2}[), O_2 := f^{-1}(]\frac{1}{2}, \infty[)$. Dann sind $O_1, O_2 \in \mathcal{T}$ disjunkt mit $x \in O_1, A \subset O_2$; daher ist X regulär nach 23.5 (i). □

Das jetzt folgende Kriterium für Kompaktheit in regulären Räumen wird sich an mehreren Stellen als äußerst hilfreich erweisen.

23.7 Lemma

Sei $\langle X, \mathcal{T} \rangle$ ein regulärer Raum. Dann ist eine Menge $K \subset X$ kompakt, wenn es für jedes System von Mengen $O_x \in \mathcal{T}_x, x \in K$, ein endliches $E \subset K$ gibt mit

$$K \subset \bigcup_{x \in E} O_x^b.$$

Beweis. Sei $\mathcal{O} \subset \mathcal{T}$ und $K \subset \cup_{O \in \mathcal{O}} O$. Dann gibt es für jedes $x \in K$ ein $T_x \in \mathcal{O}$ mit $x \in T_x$. Da X regulär ist, existieren $O_x \in \mathcal{T}_x$ mit $O_x^b \subset T_x, x \in K$. Nach Voraussetzung gibt es daher ein endliches $E \subset K$ mit

$$K \subset \bigcup_{x \in E} O_x^b \subset \bigcup_{x \in E} T_x.$$

Somit ist K kompakt. □

Ersetzt man im Lemma 23.7 die Mengen O_x^b durch O_x, so hat man ein Kriterium für die Kompaktheit von K in beliebigen topologischen Räumen.

Im folgenden Nichtstandard-Kriterium für relative Kompaktheit kann auf die Voraussetzung der Regularität i.a. nicht verzichtet werden (siehe Aufgabe 3).

23.8 Relative Kompaktheit in regulären Räumen

Sei $\langle X, \mathcal{T}\rangle$ ein topologischer Raum. Eine Menge $A \subset X$ heißt *relativ kompakt,* falls der Abschluß A^b kompakt ist.

Ist $\langle X, \mathcal{T}\rangle$ ein regulärer Raum, so gilt:

$$A \text{ relativ kompakt} \iff (\forall y \in {}^*A)(\exists x \in X) y \approx_{\mathcal{T}} x.$$

Beweis. „ $\Rightarrow$ " folgt wegen $A \subset A^b$ mit 21.7 (iii).

„ $\Leftarrow$ ": Sei $O_x \in \mathcal{T}_x$ für $x \in A^b$. Nach Lemma 23.7 reicht es zu zeigen:

(1) $$A^b \subset \bigcup_{x \in E} O_x^b \text{ für ein endliches } E \subset A^b.$$

Wir werden hierzu zeigen:

(2) $${}^*A \subset \bigcup_{x \in A^b} {}^*O_x.$$

Aus (2) folgt dann $A \underset{21.1(\mathrm{i})}{\subset} \cup_{x \in E} O_x \subset \cup_{x \in E} O_x^b$ für ein endliches $E \subset A^b$, und dieses liefert (1), da $\cup_{x \in E} O_x^b$ abgeschlossen und A^b die kleinste A umfassende abgeschlossene Menge ist (siehe 23.2 (i)).

Zu (2): Sei $y \in {}^*A$. Nach Voraussetzung gibt es ein $x \in X$ mit ${}^*A^b \ni y \approx_{\mathcal{T}} x$. Da A^b abgeschlossen ist, folgt $x \in A^b$ (siehe 21.7 (ii)); wegen $y \approx_{\mathcal{T}} x$ und $O_x \in \mathcal{T}_x$ ist zudem $y \in {}^*O_x$. □

Aus der Definition der relativen Kompaktheit folgt, daß jede Teilmenge einer relativ kompakten Menge relativ kompakt ist (benutze hierzu 21.9 (i)).

Der folgende Begriff des Prähausdorff-Raumes verallgemeinert gleichzeitig die Begriffe des Hausdorff-Raumes und des regulären Raumes. Manche Sätze der Topologie, die in der Literatur teilweise getrennt für Hausdorff-Räume und für reguläre Räume bewiesen wurden, lassen sich einheitlich für die umfassendere Klasse der Prähausdorff-Räume zeigen.

23.9 Prähausdorff-Räume

Ein topologischer Raum $\langle X, \mathcal{T}\rangle$ heißt ein *Prähausdorff-Raum*, falls für alle $x_1, x_2 \in X$ eine der beiden äquivalenten Bedingungen gilt:

(i) $m_{\mathcal{T}}(x_1) = m_{\mathcal{T}}(x_2)$ oder $m_{\mathcal{T}}(x_1) \cap m_{\mathcal{T}}(x_2) = \emptyset$;

(ii) $\mathcal{T}_{x_1} = \mathcal{T}_{x_2}$ oder $O_1 \cap O_2 = \emptyset$ für geeignete $O_1 \in \mathcal{T}_{x_1}, O_2 \in \mathcal{T}_{x_2}$.

Beweis. ***(i) $\Rightarrow$ (ii)*** Sei $m_{\mathcal{T}}(x_1) = m_{\mathcal{T}}(x_2)$. Wir zeigen $\mathcal{T}_{x_1} = \mathcal{T}_{x_2}$. Aus Symmetriegründen reicht es, $\mathcal{T}_{x_1} \subset \mathcal{T}_{x_2}$ zu zeigen. Sei hierzu $O_1 \in \mathcal{T}_{x_1}$; zu zeigen ist $x_2 \in O_1$. Aus $m_{\mathcal{T}}(x_1) = m_{\mathcal{T}}(x_2)$ folgt ${}^*x_2 \in m_{\mathcal{T}}(x_1) \subset {}^*O_1$. Somit ist $x_2 \in O_1$.

Sei $m_{\mathcal{T}}(x_1) \neq m_{\mathcal{T}}(x_2)$. Dann ist $m_{\mathcal{T}}(x_1) \cap m_{\mathcal{T}}(x_2) = \emptyset$ nach (i), und daher gilt:

$$\bigcap_{O_1 \in \mathcal{T}_{x_1}} {}^*O_1 \cap \bigcap_{O_2 \in \mathcal{T}_{x_2}} {}^*O_2 = \emptyset.$$

Da $\mathcal{T}_{x_1}, \mathcal{T}_{x_2}$ mit je zwei Mengen auch deren Durchschnitt enthalten und da * eine starke Nichtstandard-Einbettung ist, gibt es dann Mengen $O_1 \in \mathcal{T}_{x_1}$, $O_2 \in \mathcal{T}_{x_2}$ mit $O_1 \cap O_2 = \emptyset$.
Die Richtung *(ii)* $\Rightarrow$ *(i)* ist trivial. □

Hausdorff-Räume sind natürlich Prähausdorff-Räume. Der Raum $\langle X, \mathcal{T}\rangle$ mit $\mathcal{T} := \{\emptyset, X\}$ ist ein Prähausdorff-Raum, aber - wenn X mindestens zwei Elemente enthält - kein Hausdorff-Raum. In Hausdorff-Räumen ist jede kompakte Menge K abgeschlossen, d.h. es gilt $K = K^b$. Dieses ist in Prähausdorff-Räumen i.a. nicht richtig (siehe Aufgabe 5), jedoch ist in ihnen nach 23.10 (i) zumindest mit K auch K^b kompakt.

23.10 Relative Kompaktheit in Prähausdorff-Räumen

Sei $\langle X, \mathcal{T}\rangle$ ein Prähausdorff-Raum und $\langle X_1, \mathcal{T}_1\rangle$ ein topologischer Raum. Dann gilt:

(i) $K \subset X$ kompakt $\Rightarrow K^b$ kompakt;

(ii) $f: X_1 \to X$ stetig, $K_1 \subset X_1$ relativ kompakt $\Rightarrow f[K_1]$ relativ kompakt.

Beweis. *(i)* Sei $\mathcal{O} \subset \mathcal{T}$ und $K^b \subset \cup_{O \in \mathcal{O}} O$. Da K kompakt und $K \subset \cup_{O\in\mathcal{O}} O$ ist, gibt es ein endliches $\mathcal{O}_0 \subset \mathcal{O}$ mit

(1) $$K \subset \bigcup_{O \in \mathcal{O}_0} O =: O_0 \in \mathcal{T}.$$

Für die Kompaktheit von K^b reicht es somit zu zeigen: $K^b \subset O_0$.
Sei hierzu $x \in K^b$. Dann existiert ein $y \in {}^*K$ mit $y \approx_{\mathcal{T}} x$ (siehe 23.2). Da K kompakt und $y \in {}^*K$ ist, existiert ein $x_0 \in K$ mit $y \approx_{\mathcal{T}} x_0$ (siehe 21.7 (iii)). Somit ist $m_{\mathcal{T}}(x) \cap m_{\mathcal{T}}(x_0) \neq \emptyset$. Da X prähausdorffsch ist, folgt $m_{\mathcal{T}}(x) = m_{\mathcal{T}}(x_0)$. Wegen $x_0 \in K \underset{(1)}{\subset} O_0 \in \mathcal{T}$ erhalten wir ${}^*x \in m_{\mathcal{T}}(x) = m_{\mathcal{T}}(x_0) \subset {}^*O_0$. Daher folgt $x \in O_0$.

(ii) K_1 relativ kompakt $\Rightarrow K_1^b$ kompakt $\underset{21.12}{\Rightarrow} f[K_1^b]$ kompakt

$\underset{(i)}{\Rightarrow} f[K_1^b]$ relativ kompakt $\Rightarrow f[K_1]\,(\subset f[K_1^b])$ relativ kompakt. □

Die folgenden Beispiele zeigen, daß in beliebigen topologischen Räumen weder 23.10 (i) noch 23.10 (ii) gelten müssen.
Sei $X := \mathbb{R}$, $\mathcal{T} := \{O \subset \mathbb{R}: 0 \in O\} \cup \{\emptyset\}$ und $K := \{0\}$. Dann ist $\langle X, \mathcal{T}\rangle$ ein topologischer Raum, für den K kompakt und $K^b = \mathbb{R}$ nicht kompakt ist. Betrachtet man zusätzlich $X_1 := \mathbb{R}$, versehen mit der kanonischen Topologie $\mathcal{T}_1$, und die stetige Abbildung $f: X_1 \to X$, definiert durch $f(x) := 0$ für alle $x \in X_1$, so ist $K := \{0\}$ $\mathcal{T}_1$-relativ kompakt, aber $f[K] = \{0\}$ nicht $\mathcal{T}$-relativ kompakt.

23.11 Reguläre Räume sind prähausdorffsch.

Beweis. Sei $\langle X, \mathcal{T}\rangle$ regulär. Zum Nachweis, daß $\langle X, \mathcal{T}\rangle$ prähausdorffsch ist, sei $\mathcal{T}_{x_1} \neq \mathcal{T}_{x_2}$. Dann gibt es o.B.d.A. ein $O \in \mathcal{T}_{x_1}$ mit $O \notin \mathcal{T}_{x_2}$, d.h. $x_2 \notin O$. Da X regulär ist, gibt es ein $O_1 \in \mathcal{T}_{x_1}$ mit $O_1^b \subset O$. Dann ist $O_2 := X - O_1^b \in \mathcal{T}_{x_2}$ mit $O_1 \cap O_2 = \emptyset$, folglich ist X prähausdorffsch nach 23.9 (ii). □

Als letzten der drei Begriffe „vollständig regulär, hausdorffsch, kompakt" schwächen wir den Begriff der Kompaktheit ab, und zwar zum Begriff der Lokalkompaktheit. Lokalkompakte Räume sind Räume, die nicht notwendig selber kompakt sind, die jedoch für alle Punkte kompakte Umgebungen besitzen. Um eine Nichtstandard-Charakterisierung der Lokalkompaktheit zu erhalten (siehe 23.13), benötigen wir den Begriff des Nahezustandard-Punktes und des kompakten Punktes.

Für einen topologischen Raum $\langle X, \mathcal{T}\rangle$ werden wir diejenigen Punkte $y \in {}^*X$ als Nahezustandard-Punkte bezeichnen, die unendlich nahe bei einem Standard-Punkt $x \in X$ liegen. Für $X := \mathbb{R}$ mit der kanonischen Topologie sind dieses genau die finiten Punkte von ${}^*\mathbb{R}$ (siehe 9.5 (i)). Als kompakte Punkte werden die Punkte $y \in {}^*X$ bezeichnet, die im *-Wert einer geeigneten kompakten Teilmenge von X liegen. Kompakte Punkte erweisen sich stets als Nahezustandard-Punkte; genau für die sogenannten lokalkompakten Räume ist umgekehrt auch jeder Nahezustandard-Punkt ein kompakter Punkt.

23.12 Nahezustandard-Punkte und kompakte Punkte

Sei $\langle X, \mathcal{T}\rangle$ ein topologischer Raum. Dann heißt:

$$ns_{\mathcal{T}}({}^*X) := \{y \in {}^*X : y \approx_{\mathcal{T}} x \text{ für ein } x \in X\}$$

die Menge der *Nahezustandard-Punkte* von ${}^*X$ und

$$kpt_{\mathcal{T}}({}^*X) := \bigcup_{K \subset X \text{ kompakt}} {}^*K$$

die Menge der *kompakten Punkte* von ${}^*X$. Es gilt:

(i) $kpt_{\mathcal{T}}({}^*X) \subset ns_{\mathcal{T}}({}^*X) = \bigcup_{x \in X} m_{\mathcal{T}}(x)$;

(ii) $m_{\mathcal{T}}(B) \subset kpt_{\mathcal{T}}({}^*X) \Longrightarrow (\exists O \in \mathcal{T})(\exists K \text{ kompakt}) B \subset O \subset K$;

(iii) X kompakt $\Longleftrightarrow {}^*X = ns_{\mathcal{T}}({}^*X)$.

(iv) Ist $\langle X, \mathcal{T}\rangle$ regulär und $A \subset X$, so gilt:

$$A \text{ relativ kompakt} \Longleftrightarrow {}^*A \subset ns_{\mathcal{T}}({}^*X).$$

Beweis. *(i)* Sei $y \in kpt_{\mathcal{T}}({}^*X)$. Dann gibt es eine kompakte Menge K mit $y \in {}^*K$. Nach 21.7 (iii) folgt $y \approx_{\mathcal{T}} x$ für ein $x \in X$, d.h. es ist $y \in ns_{\mathcal{T}}({}^*X)$. Wegen $m_{\mathcal{T}}(x) \underset{21.3}{=} \{y \in {}^*X : y \approx_{\mathcal{T}} x\}$ folgt $ns_{\mathcal{T}}({}^*X) = \bigcup_{x \in X} m_{\mathcal{T}}(x)$.

(ii) Wegen $m_{\mathcal{T}}(B) \subset kpt_{\mathcal{T}}({}^*X)$ gilt nach Definition von $m_{\mathcal{T}}(B)$ und von $kpt_{\mathcal{T}}({}^*X)$:

$$\bigcap_{B \subset O \in \mathcal{T}} {}^*O \subset \bigcup_{K \in \mathcal{K}} {}^*K, \text{ wobei } \mathcal{K} \text{ das System der kompakten Mengen ist.}$$

Hieraus folgt $\bigcap_{B \subset O \in \mathcal{T}, K \in \mathcal{K}} {}^*(O - K) = \emptyset$. Da * eine starke Nichtstandard-Einbettung ist, existieren $O_j, K_j, j = 1, \ldots, n$ mit $B \subset O_j \in \mathcal{T}, K_j \in \mathcal{K}$ und

$$\cap_{j=1}^n (O_j - K_j) = \emptyset, \text{ d.h. } \cap_{j=1}^n O_j \subset \cup_{j=1}^n K_j.$$

Damit folgt $B \subset O \subset K$ mit $O := \cap_{j=1}^n O_j \in \mathcal{T}$ und $K := \cup_{j=1}^n K_j \in \mathcal{K}$.

(iii) folgt aus 21.7 (iii).

(iv) folgt aus 23.8. □

23.13 Lokalkompakte Räume

Ein topologischer Raum $\langle X, \mathcal{T} \rangle$ heißt *lokalkompakter Raum*, wenn eine der folgenden äquivalenten Bedingungen gilt:

(i) Für jedes $x \in X$ existiert eine kompakte Umgebung von x.

(ii) $kpt_{\mathcal{T}}({}^*X) = ns_{\mathcal{T}}({}^*X)$.

Beweis. (i)⇒ (ii) Wegen $kpt_{\mathcal{T}}({}^*X) \underset{23.12(i)}{\subset} ns_{\mathcal{T}}({}^*X)$ reicht es, $ns_{\mathcal{T}}({}^*X) \subset kpt_{\mathcal{T}}({}^*X)$ zu zeigen. Sei hierzu $y \in ns_{\mathcal{T}}({}^*X)$; dann ist $y \approx_{\mathcal{T}} x$ für ein $x \in X$. Nach (i) existiert eine kompakte Umgebung K von x. Wegen $y \approx_{\mathcal{T}} x$ folgt daher $y \underset{21.15}{\in} {}^*K \subset kpt_{\mathcal{T}}({}^*X)$.

(ii)⇒ (i) Sei $x \in X$. Dann ist

$$m_{\mathcal{T}}(\{x\}) = m_{\mathcal{T}}(x) \subset ns_{\mathcal{T}}({}^*X) \underset{(ii)}{=} kpt_{\mathcal{T}}({}^*X).$$

Nach 23.12 (ii) - angewandt auf $B := \{x\}$ - existieren ein $O \in \mathcal{T}$ und eine kompakte Menge K mit $\{x\} \subset O \subset K$. Also ist K eine kompakte Umgebung von x. □

Da in $\mathbb{R}$ jeder Punkt x eine kompakte Umgebung besitzt (z.B. $[x - 1, x + 1]$), ist $\mathbb{R}$ lokalkompakt, und es gilt somit $kpt_{\mathcal{T}}({}^*\mathbb{R}) = ns_{\mathcal{T}}({}^*\mathbb{R})$. Auch die triviale und die diskrete Topologie sind Beispiele für lokalkompakte Räume. Lokalkompakte Räume spielen in vielen Bereichen der Mathematik, wie z.B. in der Maßtheorie, der Potentialtheorie und der Differentialgeometrie, eine wichtige Rolle. Da in diesem Buch die regulären Räume von zentraler Bedeutung sind, soll die Frage untersucht werden, wann lokalkompakte Räume regulär sind. Das folgende Ergebnis zeigt, daß dieses genau für die Prähausdorff-Räume gilt.

23.14 Lokalkompakte Prähausdorff-Räume sind regulär

Sei $\langle X, \mathcal{T} \rangle$ ein lokalkompakter Raum. Dann sind äquivalent:

(i) $\langle X, \mathcal{T} \rangle$ ist prähausdorffsch.

(ii) $\langle X, \mathcal{T} \rangle$ ist regulär.

(iii) Jeder Punkt besitzt eine Umgebungsbasis aus Mengen, die abgeschlossen und kompakt sind.

Beweis. Aus (iii) folgt (ii). Aus (ii) folgt (i) nach 23.11. Somit bleibt zu zeigen:

(i) ⇒ (iii) Sei $x \in X$. Da X lokalkompakt und prähausdorffsch ist, gibt es nach 23.10 (i) eine kompakte, abgeschlossene Umgebung K_0 von x. Es sei

$$\mathcal{K}_x := \{K \subset X : K \text{ kompakte, abgeschlossene Umgebung von } x\}$$

und $O \in \mathcal{T}_x$. Es ist zu zeigen:

$$K \subset O \text{ für ein } K \in \mathcal{K}_x.$$

Wegen $A \cap B \in \mathcal{K}_x$ für $A, B \in \mathcal{K}_x$ reicht es nach 21.1 (ii) zu zeigen:

$$(1) \qquad \bigcap_{K \in \mathcal{K}_x} {}^*K \subset {}^*O.$$

Sei indirekt

$$(2) \qquad y \in {}^*K \text{ für alle } K \in \mathcal{K}_x \text{ und } y \notin {}^*O.$$

Wegen $K_0 \in \mathcal{K}_x$ ist $y \in {}^*K_0$, und daher gibt es - da K_0 kompakt ist - ein $x_0 \in K_0$ mit (siehe 21.7 (iii))

$$(3) \qquad y \approx_{\mathcal{T}} x_0.$$

Wegen $y \notin {}^*O$ (siehe (2)) und $O \in \mathcal{T}_x$ ist $m_{\mathcal{T}}(x) \neq m_{\mathcal{T}}(x_0)$ nach (3); also ist $\mathcal{T}_x \neq \mathcal{T}_{x_0}$. Da $\langle X, \mathcal{T} \rangle$ prähausdorffsch ist, gibt es

$$O_x \in \mathcal{T}_x, O_{x_0} \in \mathcal{T}_{x_0} \text{ mit } O_x \cap O_{x_0} = \emptyset.$$

Dann ist $O_x \subset X - O_{x_0}$, und es folgt:

$$(4) \qquad O_x^b \cap K_0 \subset O_x^b \subset X - O_{x_0};$$

benutze hierzu die Abgeschlossenheit von $X - O_{x_0}$ und 23.2 (i). Nun ist $O_x^b \cap K_0 \in \mathcal{K}_x$, und somit folgt:

$$y \underset{(2)}{\in} {}^*(O_x^b \cap K_0) \underset{(4)}{\subset} {}^*X - {}^*O_{x_0},$$

im Widerspruch dazu, daß $y \in {}^*O_{x_0}$ nach (3) ist. □

Manche topologischen Räume, wie z.B. $\mathbb{Q}$, sind zwar nicht lokalkompakt (siehe Aufgabe 7); sie besitzen jedoch eine andere nützliche, durch kompakte Mengen beschreibbare Eigenschaft: Sie sind σ-kompakt im Sinne der folgenden Definition. Wir zeigen zudem, daß Räume, die gleichzeitig σ-kompakt und lokalkompakt sind, eine Eigenschaft besitzen, die im Satz von Arzelà-Ascoli (siehe 26.10 und auch 26.9) eine wesentliche Rolle spielen wird.

23.15 σ-kompakte Räume

Ein topologischer Raum $\langle X, \mathcal{T} \rangle$ heißt *σ-kompakt,* wenn es eine Folge $K_k, k \in \mathbb{N}$, kompakter Mengen mit $X = \bigcup_{k=1}^{\infty} K_k$ gibt.

Ist $\langle X, \mathcal{T} \rangle$ σ-kompakt und lokalkompakt, so existieren kompakte Mengen $K_k, k \in \mathbb{N}$, mit

$$K \text{ kompakt} \Longrightarrow (\exists n \in \mathbb{N}) K \subset \bigcup_{k=1}^{n} K_k.$$

Beweis. Da X σ-kompakt ist, gilt $X = \cup_{k=1}^{\infty} B_k$ mit kompakten Mengen B_k. Es reicht nun, für jedes $n \in \mathbb{N}$ Mengen O_n, K_n zu finden mit

(1) $$B_n \subset O_n \subset K_n, \quad O_n \in \mathcal{T}, K_n \text{ kompakt.}$$

Ist dann nämlich K kompakt, so gibt es wegen $K \subset X = \cup_{k=1}^{\infty} B_k \underset{(1)}{\subset} \cup_{k=1}^{\infty} O_k$ ein $n \in \mathbb{N}$ mit $K \subset \cup_{k=1}^{n} O_k \underset{(1)}{\subset} \cup_{k=1}^{n} K_k$.

Zu (1): Da X lokalkompakt und B_n kompakt ist, gilt:

$$m_{\mathcal{T}}(B_n) \underset{23.4}{=} \bigcup_{x \in B_n} m_{\mathcal{T}}(x) \subset ns_{\mathcal{T}}({}^*X) \underset{23.13}{=} kpt_{\mathcal{T}}({}^*X).$$

Dann folgt (1) aus 23.12 (ii). □

Wie vor 23.15 bemerkt, ist $\mathbb{Q}$ ein σ-kompakter Raum, der nicht lokalkompakt ist. $\mathbb{R}$ versehen mit der diskreten Topologie liefert einen lokalkompakten Raum, der nicht σ-kompakt ist.

Es sei darauf hingewiesen, daß in diesem Buch reguläre, vollständig reguläre, lokalkompakte oder kompakte Räume nicht notwendig hausdorffsch sein müssen.

In dem folgenden Schaubild sind die Beziehungen zwischen den wichtigsten der bisher behandelten Klassen topologischer Räume dargestellt:

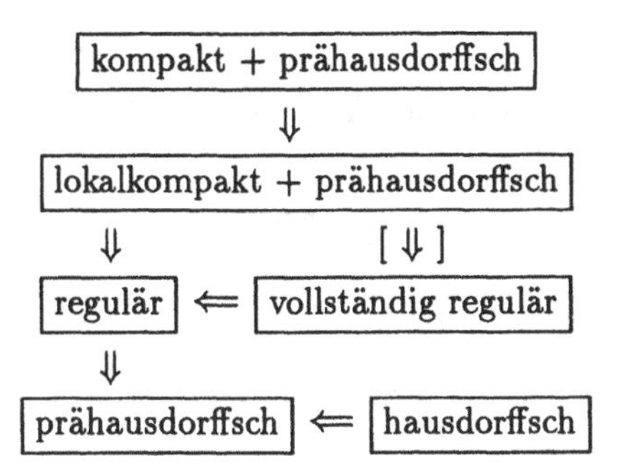

Die eingeklammerte Implikation [⇓] ist richtig, wurde hier aber nicht bewiesen und wird auch nicht benutzt werden.

Für spätere Anwendungen sollte der Leser sich insbesondere die folgenden drei Resultate einprägen:

1. In Prähausdorff-Räumen ist jede kompakte Menge relativ kompakt.
2. Relativ kompakte Mengen A lassen sich in regulären Räumen durch ${}^*A \subset ns_{\mathcal{T}}({}^*X)$ charakterisieren.
3. Lokalkompaktheit ist äquivalent zu $kpt_{\mathcal{T}}({}^*X) = ns_{\mathcal{T}}({}^*X)$.

Aufgaben

1 Sei $\langle X, \mathcal{T}\rangle$ ein topologischer Raum und $\mathcal{K}$ das System der kompakten Mengen. Man zeige:

$$X \text{ lokalkompakter Raum } \iff ns_{\mathcal{T}}({}^*X) \subset K \text{ für ein } K \in {}^*\mathcal{K}.$$

2 Sei $\langle X, \mathcal{T}\rangle$ ein topologischer Raum. Man zeige, daß für $A \subset X$ äquivalent sind:

(i) ${}^*A \subset ns_{\mathcal{T}}({}^*X)$;

(ii) $(\mathcal{O} \subset \mathcal{T} \wedge A^b \subset \bigcup_{O \in \mathcal{O}} O) \Rightarrow (A \subset \bigcup_{O \in \mathcal{O}_0} O$ für ein endliches $\mathcal{O}_0 \subset \mathcal{O})$.

3 Sei $X := [0,1]$ versehen mit der Teilraumtopologie $\mathcal{T}$ der kanonischen Topologie über $\mathbb{R}$. Sei $D \subset [0,1]$, und es liege D und $[0,1] - D$ dicht in $[0,1]$ (z.B. sei D die Menge der rationalen Zahlen aus $[0,1]$). Es sei $\mathcal{T}_1 := \{O_1 \cup (O_2 \cap D): O_1, O_2 \in \mathcal{T}\}$. Dann ist $\mathcal{T}_1$ eine Topologie mit $\mathcal{T} \subset \mathcal{T}_1$ (siehe Aufgabe 21.3). Man zeige: $\langle [0,1], \mathcal{T}_1\rangle$ ist ein Hausdorff-Raum mit abzählbarer Basis, und es gilt:

(i) ${}^*D \subset ns_{\mathcal{T}_1}({}^*X)$;

(ii) $[0,1]$ ist nicht $\mathcal{T}_1$-kompakt;

(iii) $D^b = [0,1]$, wobei D^b der Abschluß von D bzgl. $\mathcal{T}_1$ ist.

Aus (i) - (iii) folgt also, daß $\langle [0,1], \mathcal{T}_1\rangle$ nicht regulär ist und daß auf die Regularität in Satz 23.8 nicht verzichtet werden kann.

4 Sei $\mathcal{T}_1$ eine Hausdorff-Topologie über X und $\mathcal{T}_1 \subset \mathcal{T}_2$. Man zeige:

(i) $ns_{\mathcal{T}_1}({}^*X) = ns_{\mathcal{T}_2}({}^*X) \Rightarrow \mathcal{T}_1 = \mathcal{T}_2$.

(ii) Gilt (i) auch ohne Hausdorff-Eigenschaft von $\mathcal{T}_1$?

5 Man gebe einen Prähausdorff-Raum und eine kompakte Menge K mit $K \neq K^b$ an.

6 Sei $\langle X, \mathcal{T}\rangle$ ein Prähausdorff-Raum, und setze $x_1 \sim^{\mathcal{T}} x_2 \iff \mathcal{T}_{x_1} \subset \mathcal{T}_{x_2}$. Setze ferner $\widetilde{x} := \{y \in X: y \sim^{\mathcal{T}} x\}$ für $x \in X$ und $\widetilde{A} := \{\widetilde{x}: x \in A\}$ für $A \subset X$. Man zeige:

(i) $\sim^{\mathcal{T}}$ ist eine Äquivalenzrelation;

(ii) $\widetilde{\mathcal{T}} := \{\widetilde{O}: O \in \mathcal{T}\}$ ist eine Hausdorff-Topologie über $\widetilde{X}$.

7 Man zeige, daß $\mathbb{Q}$, versehen mit der Teilraumtopologie von $\mathbb{R}$, und $\mathbb{R}^{\mathbb{N}}$, versehen mit der Produkttopologie, nicht lokalkompakt sind.

8 Sei $\langle X, \mathcal{T}\rangle$ ein topologischer Raum und $\emptyset \neq X_0 \subset X$. Man zeige:

(i) X_0 abgeschlossen $\Rightarrow ns_{\mathcal{T}_{X_0}}({}^*X_0) = ns_{\mathcal{T}}({}^*X) \cap {}^*X_0$.

(ii) $\langle X, \mathcal{T}\rangle$ hausdorffsch und $ns_{\mathcal{T}_{X_0}}({}^*X_0) = ns_{\mathcal{T}}({}^*X) \cap {}^*X_0 \Rightarrow X_0$ abgeschlossen.

§ 24 Pseudometrische und normierte Räume

In diesem Paragraphen sei $^* : \widehat{S} \longrightarrow \widehat{{}^*S}$ eine starke Nichtstandard-Einbettung.

Viele wichtige Topologien der Analysis sind Topologien, die von (Pseudo-)Metriken induziert sind. So wird die kanonische Topologie in $\mathbb{R}$ üblicherweise vermittels der Metrik $\rho(x,y) := |x-y|$ eingeführt. Verallgemeinerungen dieser speziellen Metrik führen zu den (Pseudo-)Metriken, die stets in kanonischer Weise eine Topologie induzieren (siehe 24.2).

24.1 Pseudometrische und metrische Räume

Es sei X eine nicht-leere Menge und $\rho: X \times X \to \mathbb{R}$ eine Abbildung. Dann heißt $\langle X, \rho \rangle$ ein *pseudometrischer Raum* und ρ eine *Pseudometrik*, falls für alle $x, y, z \in X$ gilt (hierbei schreiben wir $\rho(x,y)$ an Stelle von $\rho(\langle x,y \rangle)$) :

(i) $\rho(x,x) = 0$;

(ii) $\rho(x,y) = \rho(y,x)$;

(iii) $\rho(x,z) \leq \rho(x,y) + \rho(y,z)$.

Es heißt $\langle X, \rho \rangle$ ein *metrischer Raum* und ρ eine *Metrik*, falls ρ eine Pseudometrik ist mit

(iv) $\rho(x,y) = 0 \Longrightarrow x = y$.

Die Eigenschaft (ii) heißt die Symmetrie von ρ und die Eigenschaft (iii) die Dreiecksungleichung.

Aus den Eigenschaften (i)–(iii) folgt $\rho(x,y) \geq 0$, denn es gilt:

$$0 \underset{(i)}{=} \rho(x,x) \underset{(iii)}{\leq} \rho(x,y) + \rho(y,x) \underset{(ii)}{=} 2\rho(x,y).$$

Man nennt $\rho(x,y)$ auch häufig den Abstand oder die Distanz der Punkte x, y.

Der folgende Satz zeigt, daß man jeder Pseudometrik ρ eine Topologie $\mathcal{T}_\rho$ zuordnen kann. Er beschreibt ferner die offenen Mengen dieser Topologie. Wie 24.2 (iii) zeigt, entsteht die Topologie $\mathcal{T}_\rho$ dabei aus ρ formal analog wie die kanonische Topologie $\mathcal{T}$ über $\mathbb{R}$ aus der Metrik $\rho(x,y) := |x - y|$.

24.2 Die von einer Pseudometrik ρ induzierte Topologie $\mathcal{T}_\rho$

Sei $\langle X, \rho \rangle$ ein pseudometrischer Raum. Sei $\mathcal{T}_\rho$ die von dem System

$$\mathcal{S} := \{U_\varepsilon(x): x \in X, \varepsilon \in \mathbb{R}_+\}$$

erzeugte Topologie, wobei $U_\varepsilon(x) := \{y \in X: \rho(x,y) < \varepsilon\}$ ist.

Dann sind für $O \subset X$ äquivalent:

(i) O ist offen, d.h. $O \in \mathcal{T}_\rho$;

(ii) O ist Vereinigung von Mengen aus $\mathcal{S}$;

(iii) $(\forall x \in O)(\exists \varepsilon \in \mathbb{R}_+)$ mit $U_\varepsilon(x) \subset O$.

Es heißt $\mathcal{T}_\rho$ *die von* ρ *induzierte Topologie.*

Beweis. Es ist $x \in U_\varepsilon(x)$ wegen $\rho(x,x) = 0$ (24.1 (i)). Daher gilt ***(iii)*** $\Rightarrow$ ***(ii)*** (die leere Menge wird dabei als Vereinigung des leeren Systems angesehen); ***(ii)*** $\Rightarrow$ ***(i)*** ist trivial.

(i) $\Rightarrow$ ***(iii)*** Seien $O \in \mathcal{T}_\rho$ und $x \in O$; zu finden ist ein $\varepsilon \in \mathbb{R}_+$ mit $U_\varepsilon(x) \subset O$. Wegen $x \in O \in \mathcal{T}_\rho$ gibt es nach Definition der erzeugten Topologie (siehe 22.1) endlich viele $U_{\varepsilon_i}(x_i) \in \mathcal{S}, i = 1, \ldots, n,$ mit

(1) $$x \in \bigcap_{i=1}^{n} U_{\varepsilon_i}(x_i) \subset O.$$

Setze $\varepsilon := \min_{i=1,\ldots,n} (\varepsilon_i - \rho(x, x_i))$; dann ist $\varepsilon > 0$ wegen $\rho(x, x_i) \underset{(1)}{<} \varepsilon_i$. Wir zeigen $U_\varepsilon(x) \subset O$; nach (1) reicht es, $U_\varepsilon(x) \subset U_{\varepsilon_i}(x_i)$ zu beweisen. Sei hierzu $y \in U_\varepsilon(x)$; dann ist

$$\rho(y, x_i) \leq \rho(y, x) + \rho(x, x_i) < \varepsilon + \rho(x, x_i) \leq \varepsilon_i,$$

und es folgt $y \in U_{\varepsilon_i}(x_i)$. □

$U_\varepsilon(x)$ ist wegen $x \in U_\varepsilon(x) \in \mathcal{T}_\rho$ eine Umgebung von x im Sinne von 21.15; sie heißt die *ε-Umgebung von x*. Das System aller ε-Umgebungen von x bildet daher eine Umgebungsbasis von x (benutze 24.2 (iii)).

Satz 24.2 (ii) besagt, daß das System $\mathcal{S}$ aller ε-Umgebungen eine Basis von $\mathcal{T}_\rho$ ist.

24.3 Beispiele

(i) Sei $\rho(x, y) := 0$ für alle $x, y \in X$. Dann ist $\langle X, \rho \rangle$ ein pseudometrischer Raum, und die von ρ induzierte Topologie $\mathcal{T}_\rho$ ist die triviale Topologie $\{\emptyset, X\}$.

(ii) Sei $\rho(x, x) := 0$ für $x \in X$ und $\rho(x, y) := 1$ für $x, y \in X$ mit $x \neq y$. Dann ist $\langle X, \rho \rangle$ ein metrischer Raum, und die von ρ induzierte Topologie $\mathcal{T}_\rho$ ist die diskrete Topologie.

(iii) Es sei $X := \mathbb{R}$ und $\rho(x, y) := |x - y|$. Dann ist $\langle X, \rho \rangle$ ein metrischer Raum, und die von ρ induzierte Topologie $\mathcal{T}_\rho$ ist die kanonische Topologie über $\mathbb{R}$.

Beweis. Trivialerweise ist ρ in (i) eine Pseudometrik und in (ii) und (iii) eine Metrik.

(i) Für $\varepsilon \in \mathbb{R}_+$ und $x \in X$ ist $U_\varepsilon(x) = X$. Daher folgt $\mathcal{T}_\rho = \{\emptyset, X\}$ nach 24.2.

(ii) Es ist $U_\varepsilon(x) = \{x\}$ für $x \in X$ und $0 < \varepsilon < 1$. Daher folgt $\mathcal{T}_\rho = \mathcal{P}(X)$ nach 24.2.

(iii) $\mathcal{T}_\rho$ ist die kanonische Topologie über $\mathbb{R}$, da die offenen Mengen der kanonischen Topologie von $\mathbb{R}$ wie in 24.2(iii) eingeführt wurden (siehe § 21). □

Neben diesen einfachen Beispielen gibt es viele wichtige Klassen von metrischen und pseudometrischen Räumen. So sind z.B. alle normierten Räume (siehe 24.20) spezielle metrische Räume. Die für die Maßtheorie relevanten Räume der zur p-ten Potenz integrierbaren Funktionen sind Beispiele für pseudometrische Räume, die keine metrischen Räume sind. Es ist auf einfache Weise, und zwar durch Äquivalenzklassenbildung, möglich, aus pseudometrischen Räumen metrische Räume zu gewinnen; dennoch ist es häufig begrifflich einfacher, in den zugrundeliegenden pseudometrischen Räumen zu verbleiben.

Ist $\langle X, \rho \rangle$ ein pseudometrischer Raum und $\emptyset \neq X_0 \subset X$, so ist $\rho_0 := \rho | X_0 \times X_0$ eine Pseudometrik auf X_0, und es ist

- $\mathcal{T}_{\rho_0} = (\mathcal{T}_\rho)_{X_0}$.

Die von der Pseudometrik ρ_0 induzierte Topologie ist also gleich der Teilraumtopologie von $\mathcal{T}_\rho$ über X_0.

Wir werden jetzt pseudometrische Räume mit Nichtstandard-Methoden behandeln. Hierzu setzen wir voraus, daß $X \in \widehat{S}$ ist. Ist dann $\langle X, \rho \rangle$ ein pseudometrischer Raum, so folgt, daß auch $\rho \in \widehat{S}$ ist und daß ${}^*\rho: {}^*X \times {}^*X \to {}^*\mathbb{R}$ die Eigenschaften 24.1 (i) – (iii) besitzt. Weitere einfache Eigenschaften von ${}^*\rho$ notieren wir in 24.4.

24.4 Eigenschaften von ${}^*\rho$

Sei $\langle X, \rho \rangle$ ein pseudometrischer Raum. Dann gilt:

(i) ${}^*\rho({}^*x_1, {}^*x_2) = \rho(x_1, x_2)$ für alle $x_1, x_2 \in X$;

(ii) $|{}^*\rho(y_1, z) - {}^*\rho(y_2, z)| \leq {}^*\rho(y_1, y_2)$ für alle $y_1, y_2, z \in {}^*X$;

(iii) ${}^*\rho(y_1, y_2) \approx 0 \Longrightarrow {}^*\rho(z, y_1) \approx {}^*\rho(z, y_2)$ für alle $z \in {}^*X$;

(iv) ${}^*(U_\varepsilon(x)) = \{y \in {}^*X: {}^*\rho({}^*x, y) < \varepsilon\}$ für alle $x \in X, \varepsilon \in \mathbb{R}_+$.

Beweis. *(i)* $\rho(x_1, x_2) = {}^*(\rho(\langle x_1, x_2 \rangle)) \underset{7.9(\text{iv})}{=} {}^*\rho({}^*\langle x_1, x_2 \rangle) \underset{7.3(\text{ii})}{=} {}^*\rho(\langle {}^*x_1, {}^*x_2 \rangle)$
$= {}^*\rho({}^*x_1, {}^*x_2)$.

(ii) folgt aus der Dreiecksungleichung und der Symmetrie von ${}^*\rho$.

(iii) folgt aus (ii).

(iv) Wegen $U_\varepsilon(x) = \{y \in X: \rho(x, y) < \varepsilon\}$ folgt (iv) aus 7.5. □

Der folgende Satz zeigt, daß sich das Infinitesimal-Benachbartsein bzgl. der von ρ induzierten Topologie $\mathcal{T}_\rho$ in ähnlicher Weise beschreiben läßt, wie wir es in $\mathbb{R}$ gewohnt sind: Ein Punkt y ist infinitesimal benachbart zu x, wenn er von ${}^*x$ einen infinitesimalen Abstand hat. Ist $X \subset S$, dann ist ${}^*x = x$ und die Relation des Infinitesimal-Benachbartseins wird besonders intuitiv.

24.5 Infinitesimal-Benachbartsein bzgl. $\mathcal{T}_\rho$

Sei $\langle X, \rho \rangle$ ein pseudometrischer Raum und $\mathcal{T}_\rho$ die von ρ induzierte Topologie über X. Seien $y \in {}^*X, x \in X$. Dann gilt:

$$y \approx_{\mathcal{T}_\rho} x \Longleftrightarrow {}^*\rho({}^*x, y) \approx 0.$$

Beweis. Es gilt: $y \approx_{\mathcal{T}_\rho} x \underset{21.3}{\Longleftrightarrow} (\forall O \in \mathcal{T}_\rho)(x \in O \Rightarrow y \in {}^*O)$

$\underset{24.2}{\Longleftrightarrow} (\forall \varepsilon \in \mathbb{R}_+) y \in {}^*(U_\varepsilon(x)) \underset{24.4(\text{iv})}{\Longleftrightarrow} (\forall \varepsilon \in \mathbb{R}_+) {}^*\rho({}^*x, y) < \varepsilon \Longleftrightarrow {}^*\rho({}^*x, y) \approx 0.$ □

Die Konvergenz einer Folge $x_n \in X, n \in \mathbb{N}$, gegen $x \in X$ (bzgl. der Topologie $\mathcal{T}_\rho$) läßt sich wie folgt mit Hilfe der Pseudometrik beschreiben:

- $x_n \to x$ bzgl. $\mathcal{T}_\rho \Longleftrightarrow \rho(x_n, x) \to 0$.

Beweis. Setze $a_n := \rho(x_n, x)$ für $n \in \mathbb{N}$. Dann ist ${}^*a_h = {}^*\rho({}^*x_h, {}^*x)$, und es folgt:

$$x_n \to x \text{ bzgl. } \mathcal{T}_\rho \underset{21.5(i)}{\Longleftrightarrow} (\forall h \in {}^*\mathbb{N} - \mathbb{N})\, {}^*x_h \approx_{\mathcal{T}_\rho} x$$

$$\underset{24.5}{\Longleftrightarrow} (\forall h \in {}^*\mathbb{N} - \mathbb{N})\, {}^*a_h = {}^*\rho({}^*x_h, {}^*x) \approx 0 \underset{10.1(i)}{\Longleftrightarrow} a_n = \rho(x_n, x) \to 0. \quad \square$$

Wir notieren jetzt einige grundlegende Eigenschaften von pseudometrischen Räumen; die dabei benutzten topologischen Begriffe beziehen sich stets auf die Topologie $\mathcal{T}_\rho$.

Wir erinnern daran, daß eine Menge $D \subset X$ dicht in X liegt (siehe 23.2), wenn $D^b = X$ ist. Es ist also D genau dann dicht in X, wenn jeder Punkt von X Berührungspunkt von D ist, d.h. wenn es zu allen $x \in X, \varepsilon \in \mathbb{R}_+$ ein $d \in D$ gibt, so daß $\rho(x,d) < \varepsilon$ ist (benutze 23.1 (i) und 24.2 (iii)).

24.6 Eigenschaften von pseudometrischen Räumen

Sei $\langle X, \rho\rangle$ ein pseudometrischer Raum und $\mathcal{T}_\rho$ die von ρ induzierte Topologie. Dann gilt:

(i) $\langle X, \mathcal{T}_\rho\rangle$ ist ein vollständig regulärer Raum.

(ii) $\langle X, \mathcal{T}_\rho\rangle$ Hausdorff-Raum $\Longleftrightarrow \rho$ Metrik.

(iii) Jedes $x \in X$ besitzt eine abzählbare Umgebungsbasis.

(iv) X besitzt genau dann eine abzählbare Basis, wenn X eine abzählbare, dichte Teilmenge enthält.

(v) K kompakt $\Longleftrightarrow K$ folgenkompakt $(K \subset X)$.

Beweis. ***(i)*** Zum Beweis der vollständigen Regularität benutzen wir Kriterium 22.14 (iii). Sei hierzu $x_0 \in X$, und es gelte:

(1) $\qquad {}^*f(y_0) \approx f(x_0)$ für alle $\mathcal{T}_\rho$-stetigen $f: X \to [0,1]$.

Zu zeigen ist $y_0 \approx_{\mathcal{T}_\rho} x_0$, d.h. ${}^*\rho({}^*x_0, y_0) \approx 0$ (siehe 24.5).

Hierzu genügt es zu beweisen, daß die Funktion $f_0: X \to [0,1]$, definiert durch

(2) $\qquad f_0(x) := \min(1, \rho(x_0, x)),$

$\mathcal{T}_\rho$-stetig ist; dann folgt nämlich ${}^*f_0(y_0) \underset{(1)}{\approx} f_0(x_0) \underset{(2)}{=} 0$ und somit wegen ${}^*f_0(y_0)$ $\underset{(2)}{=} \min(1, {}^*\rho({}^*x_0, y_0))$ auch ${}^*\rho({}^*x_0, y_0) \approx 0$. Die $\mathcal{T}_\rho$-Stetigkeit von f_0 folgt nach 21.11 wegen:

$$y_1 \approx_{\mathcal{T}_\rho} x_1 \underset{24.5}{\Longrightarrow} {}^*\rho({}^*x_1, y_1) \approx 0 \underset{24.4(iii)}{\Longrightarrow} {}^*\rho({}^*x_0, y_1) \approx {}^*\rho({}^*x_0, {}^*x_1) \underset{24.4(i)}{=} \rho(x_0, x_1)$$
$$\underset{(2)}{\Longrightarrow} {}^*f_0(y_1) \approx f_0(x_1).$$

(ii) „$\Rightarrow$": Sei $\rho(x_1, x_2) = 0$, d.h. ${}^*\rho({}^*x_1, {}^*x_2) = 0$. Dann ist ${}^*x_2 \approx_{\mathcal{T}_\rho} x_i$ für $i = 1,2$ (siehe 24.5), und es folgt $x_1 = x_2$ nach 21.8.

„$\Leftarrow$": Sei $y \approx_{\mathcal{T}_\rho} x_i$ für $i = 1,2$. Zu zeigen ist $x_1 = x_2$ (siehe 21.8). Es ist ${}^*\rho({}^*x_i, y) \approx 0$ für $i = 1,2$ (siehe 24.5), und daher gilt:

$$\rho(x_1, x_2) \underset{24.4(i)}{=} {}^*\rho({}^*x_1, {}^*x_2) \le {}^*\rho({}^*x_1, y) + {}^*\rho(y, {}^*x_2) \approx 0.$$

Also ist $\rho(x_1, x_2) = 0$. Da ρ eine Metrik ist, folgt daher $x_1 = x_2$.

(iii) Wegen 24.2 (iii) ist $\{U_{1/n}(x) : n \in \mathbb{N}\}$ eine abzählbare Umgebungsbasis von x.

(iv) Sei $\mathcal{T}_0$ eine abzählbare Basis von $\mathcal{T}_\rho$. Wähle $x_T \in T$ für $\emptyset \neq T \in \mathcal{T}_0$; dann ist $D := \{x_T : \emptyset \neq T \in \mathcal{T}_0\}$ eine abzählbare Teilmenge von X. D ist dicht in X, denn für jeden Punkt x und jedes $O \in \mathcal{T}_x$ gibt es ein $T \in \mathcal{T}_0$ mit $x \in T \subset O$ (siehe 21.16). Dann ist $x_T \in T \cap D \subset O \cap D$, d.h. es ist $O \cap D \neq \emptyset$. Daher ist x Berührungspunkt von D (siehe 23.1).

Sei umgekehrt $D \subset X$ eine abzählbare dichte Teilmenge, und setze

$$\mathcal{T}_0 := \{U_\varepsilon(d) : \varepsilon \in \mathbb{Q}_+, d \in D\} \subset \mathcal{T}_\rho.$$

Dann ist $\mathcal{T}_0$ abzählbar. Um einzusehen, daß $\mathcal{T}_0$ eine Basis ist, zeigen wir

$$(3) \qquad x \in O \in \mathcal{T}_\rho \Rightarrow (\exists T \in \mathcal{T}_0) x \in T \subset O.$$

Wegen $x \in O \in \mathcal{T}_\rho$ ist $U_{2\varepsilon}(x) \subset O$ für ein $\varepsilon \in \mathbb{Q}_+$ (benutze 24.2 (iii)). Da D dicht ist, existiert ein $d \in D$ mit $\rho(x, d) < \varepsilon$. Dann gilt mit $T := U_\varepsilon(d) \in \mathcal{T}_0$, daß $x \in T = U_\varepsilon(d) \subset U_{2\varepsilon}(x) \subset O$ ist, d.h. es gilt (3).

(v) „ $\Rightarrow$ “ : erhält man aus 21.17 (ii) unter Beachtung von (iii).

„ $\Leftarrow$ “ : Sei $K \neq \emptyset$. Da K genau dann kompakt bzw. folgenkompakt ist, wenn K bzgl. der Teilraumtopologie $\mathcal{T}_K$ kompakt (siehe 21.14 (ii)) bzw. folgenkompakt ist (benutze 21.5 (i) und 21.14 (iii)), kann man o.B.d.A. $K = X$ annehmen. Sei also X folgenkompakt. Dann reicht es zum Nachweis der Kompaktheit von X zu zeigen, daß X eine abzählbare, dichte Teilmenge besitzt (benutze 21.17 (iv) sowie (iv) dieses Satzes). Hierzu genügt es zu zeigen, daß es für jedes $n \in \mathbb{N}$ ein endliches $E_n \subset X$ gibt mit

$$(4) \qquad (\forall x \in X)(\exists e \in E_n)\rho(x, e) < \tfrac{1}{n};$$

denn dann ist $D = \bigcup_{n=1}^\infty E_n$ eine abzählbare, dichte Teilmenge von X.

Zu (4): Wir nehmen indirekt an, daß es ein $n_0 \in \mathbb{N}$ gibt, so daß (4) für alle endlichen $E_{n_0} \subset X$ nicht gilt. Dann läßt sich induktiv, startend mit beliebigem x_1, zu $x_1, \ldots, x_{n-1}$ ein x_n wählen mit

$$(5) \qquad \rho(x_i, x_n) \geq \tfrac{1}{n_0} \text{ für } i \leq n-1$$

(verwende hierzu, daß (4) für n_0 und $E_{n_0} := \{x_1, \ldots, x_{n-1}\}$ nicht gilt). Aus (5) folgt, daß es zu $x_n, n \in \mathbb{N}$, keine konvergente Teilfolge gibt, im Widerspruch zur Folgenkompaktheit von X. □

Mit Hilfe von 24.6 ist leicht zu sehen, daß viele topologische Räume $\langle X, \mathcal{T} \rangle$ nicht pseudometrisierbar sind, also keine Pseudometrik ρ auf X mit $\mathcal{T} = \mathcal{T}_\rho$ besitzen. So ist jeder topologische Raum X, der nicht regulär ist oder der nicht für jeden Punkt eine abzählbare Umgebungsbasis besitzt, nicht pseudometrisierbar. Ferner ist das topologische Produkt pseudometrischer Räume nicht notwendig pseudometrisierbar (benutze Aufgabe 22.7 und 24.6 (v)).

Mit den Begriffen des finiten und des Prä-Nahezustandard-Punktes, die wir jetzt einführen werden, lassen sich Standard-Eigenschaften wie Beschränktheit, Totalbeschränktheit und Vollständigkeit prägnant beschreiben und untersuchen.

In pseudometrischen Räumen $\langle X, \rho\rangle$ nennen wir einen Punkt $y \in {}^*X$ finit, wenn er von einem Standard-Punkt einen endlichen Abstand hat; wir nennen y einen Prä-Nahezustandard-Punkt, wenn für jedes $\varepsilon \in \mathbb{R}_+$ ein Standard-Punkt ε-nahe bei y liegt. Für $X := \mathbb{R}$ stimmen beide Begriffe - wie wir im Anschluß an 24.8 sehen werden - mit dem schon definierten Begriff des finiten Elementes von ${}^*\mathbb{R}$ überein.

24.7 Finite und Prä-Nahezustandard-Punkte

Sei $\langle X, \rho\rangle$ ein pseudometrischer Raum und $y \in {}^*X$. Dann heißt:

y *finiter Punkt* $\iff (\exists x \in X){}^*\rho({}^*x, y) \in fin({}^*\mathbb{R})$;

y *Prä-Nahezustandard-Punkt* $\iff (\forall \varepsilon \in \mathbb{R}_+)(\exists x \in X){}^*\rho({}^*x, y) < \varepsilon$.

Es bezeichne $fin_\rho({}^*X)$ bzw. $pns_\rho({}^*X)$ die Menge aller finiten Punkte bzw. aller Prä-Nahezustandard-Punkte von ${}^*X$. Es gilt:

$$ns_{\mathcal{T}_\rho}({}^*X) \subset pns_\rho({}^*X) \subset fin_\rho({}^*X).$$

Beweis. Sei $y \in ns_{\mathcal{T}_\rho}({}^*X)$. Dann ist $y \approx_{\mathcal{T}_\rho} x$ für ein $x \in X$ (siehe 23.12), und daher ist ${}^*\rho({}^*x, y) \approx 0$ für ein $x \in X$ nach 24.5. Also ist $y \in pns_\rho({}^*X)$. Somit ist $ns_{\mathcal{T}_\rho}({}^*X) \subset pns_\rho({}^*X)$; der Nachweis von $pns_\rho({}^*X) \subset fin_\rho({}^*X)$ ist trivial. □

Auf Grund der Dreiecksungleichung für ${}^*\rho$ hat ein finites Element $y \in {}^*X$ von allen Standard-Punkten einen finiten Abstand, d.h. es gilt:

24.8 $\qquad y \in fin_\rho({}^*X) \iff (\forall x \in X)\ {}^*\rho({}^*x, y) \in fin({}^*\mathbb{R})$.

Ist speziell $X := \mathbb{R}$ und $\rho(x, y) := |x - y|$ für $x, y \in \mathbb{R}$, so ist ${}^*\rho(x, y) = |x - y|$ für $x, y \in {}^*\mathbb{R}$, und daher ist $fin_\rho({}^*\mathbb{R}) = fin({}^*\mathbb{R})$. Da in diesem Fall die Nahezustandard-Punkte mit den finiten Punkten übereinstimmen, sind für $X = \mathbb{R}$ die drei in 24.7 betrachteten Mengen gleich. Für allgemeine pseudometrische Räume können jedoch alle drei Mengen verschieden sein. Wir werden im folgenden die pseudometrischen Räume charakterisieren, in denen zwei dieser Mengen zusammenfallen, d.h. wir charakterisieren die pseudometrischen Räume mit $ns_{\mathcal{T}_\rho}({}^*X) = fin_\rho({}^*X)$ bzw. $pns_\rho({}^*X) = fin_\rho({}^*X)$ bzw. $ns_{\mathcal{T}_\rho}({}^*X) = pns_\rho({}^*X)$. Diese Mengengleichheiten kennzeichnen wichtige Klassen pseudometrischer Räume.

24.9 Beschränkte und totalbeschränkte Mengen

Sei $\langle X, \rho\rangle$ ein pseudometrischer Raum und $B \subset X$. Es heißt:

B *beschränkt* $\iff (\exists \varepsilon \in \mathbb{R}_+)(\exists x \in X) B \subset U_\varepsilon(x)$;

B *totalbeschränkt* $\iff$

$\qquad (\forall \varepsilon \in \mathbb{R}_+)(B \subset \bigcup_{i=1}^n U_\varepsilon(x_i)$ mit geeigneten $x_1, \ldots, x_n \in X)$.

Es gilt:

(i) $\quad B$ beschränkt $\iff {}^*B \subset fin_\rho({}^*X)$;

(ii) $\quad B$ totalbeschränkt $\iff {}^*B \subset pns_\rho({}^*X)$.

Beweis. *(i)* „$\Rightarrow$“ : Sei $B \subset U_\varepsilon(x)$. Dann folgt $^*B \subset {}^*(U_\varepsilon(x))$, und somit ist $^*\rho(^*x, y) \underset{24.4(\text{iv})}{<} \varepsilon$ für alle $y \in {}^*B$. Also ist $^*B \subset fin_\rho(^*X)$.

„$\Leftarrow$“ : Wähle $x \in X$ und betrachte die interne Formel

$$\psi[\underline{n}] \equiv (\forall \underline{y} \in {}^*B)(^*\rho \upharpoonright \langle ^*x, \underline{y}\rangle < \underline{n}).$$

Wegen $^*B \subset fin_\rho(^*X)$ gilt $\psi[h]$ für alle $h \in {}^*\mathbb{N} - \mathbb{N}$. Daher existiert nach dem Permanenz-Prinzip (siehe 9.7 (ii)) ein $k \in \mathbb{N}$, so daß $\psi[k]$ gültig ist. Somit gilt $B \subset U_k(x)$, und daher ist B beschränkt.

(ii) „$\Rightarrow$“ : Sei $y \in {}^*B$ und $\varepsilon \in \mathbb{R}_+$. Dann gilt $B \subset \bigcup_{i=1}^n U_\varepsilon(x_i)$ für geeignete $x_1, \dots, x_n \in X$. Somit ist $^*B \subset \bigcup_{i=1}^n {}^*(U_\varepsilon(x_i))$. Also ist $y \in {}^*(U_\varepsilon(x))$ für ein geeignetes $x \in X$ und somit $^*\rho(^*x, y) < \varepsilon$ (siehe 24.4 (iv)), d.h. es ist $y \in pns_\rho(^*X)$.

„$\Leftarrow$“ : Sei $\varepsilon \in \mathbb{R}_+$. Dann gilt:

$$^*B \subset pns_\rho(^*X) \subset \bigcup_{x \in X} {}^*(U_\varepsilon(x)),$$

und es gibt daher $x_1, \dots, x_n \in X$ mit $B \subset \bigcup_{i=1}^n U_\varepsilon(x_i)$ (benutze 21.1 (i)). Also ist B totalbeschränkt. □

Trivialerweise ist jede totalbeschränkte Menge $B \subset X$ beschränkt. Im folgenden Satz werden u.a. diejenigen pseudometrischen Räume charakterisiert, in denen auch die Umkehrung gilt.

Wir benötigen hierzu noch eine einfache Eigenschaft pseudometrischer Räume $\langle X, \rho\rangle$.

24.10 $\{y \in X : \rho(x, y) \le \varepsilon\}$ ist abgeschlossen für $\varepsilon \in \mathbb{R}_+, x \in X$.

Beweis. Setze $A := \{y \in X : \rho(x, y) \le \varepsilon\}$. Seien $y \in {}^*A, x_1 \in X$ mit $y \approx_{\mathcal{T}_\rho} x_1$; zu zeigen ist $x_1 \in A$ (siehe 21.7 (ii)). Nun ist $^*\rho(^*x_1, y) \approx 0$ (siehe 24.5). Daher gilt $\rho(x, x_1) = {}^*\rho(^*x, {}^*x_1) \le {}^*\rho(^*x, y) + {}^*\rho(y, {}^*x_1) \approx {}^*\rho(^*x, y) \le \varepsilon$ (beachte $y \in {}^*A$). Somit ist $x_1 \in A$. □

Besteht kein Zweifel über die zugrundeliegende Pseudometrik ρ, so werden wir im folgenden $ns(^*X), pns(^*X)$ bzw. $fin(^*X)$ an Stelle von $ns_{\mathcal{T}_\rho}(^*X), pns_\rho(^*X)$ bzw. $fin_\rho(^*X)$ schreiben. Alle topologischen Begriffe für einen pseudometrischen Raum $\langle X, \rho\rangle$ wie z.B. offen, abgeschlossen, kompakt, vollständig regulär usw. beziehen sich immer auf die induzierte Topologie $\mathcal{T}_\rho$.

24.11 Standard-Charakterisierung von $pns(^*X) = fin(^*X)$ bzw. $ns(^*X) = fin(^*X)$

Sei $\langle X, \rho\rangle$ ein pseudometrischer Raum. Dann gilt:

(i) $pns(^*X) = fin(^*X) \iff$
jede beschränkte Menge ist totalbeschränkt;

(ii) $ns(^*X) = fin(^*X) \iff$
jede abgeschlossene und beschränkte Menge ist kompakt.

Beweis. ***(i)*** „ $\Rightarrow$ “ : Sei $B \subset X$ beschränkt. Dann ist ${}^*B \subset fin({}^*X)$ (siehe 24.9 (i)). Wegen $fin({}^*X) = pns({}^*X)$ ist daher B totalbeschränkt nach 24.9 (ii).

„ $\Leftarrow$ “ : Es reicht zu zeigen: $fin({}^*X) \subset pns({}^*X)$ (siehe 24.7). Sei hierzu $y \in fin({}^*X)$. Dann ist $y \in {}^*(U_\varepsilon(x))$ für ein $\varepsilon \in \mathbb{R}_+$ und ein $x \in X$ (benutze 24.4 (iv)). Da $U_\varepsilon(x)$ beschränkt ist, ist $U_\varepsilon(x)$ nach Voraussetzung totalbeschränkt, und somit gilt $y \in {}^*(U_\varepsilon(x)) \underset{24.9(ii)}{\subset} pns({}^*X)$.

(ii) „ $\Rightarrow$ “ : Sei K abgeschlossen und beschränkt und $y \in {}^*K$. Zum Nachweis, daß K kompakt ist, ist $y \approx_{\mathcal{T}_\rho} x$ für ein $x \in K$ zu zeigen (siehe 21.7 (iii)). Wegen

$$y \in {}^*K \underset{24.9(i)}{\subset} fin({}^*X) = ns({}^*X)$$

ist $y \approx_{\mathcal{T}_\rho} x$ für ein $x \in X$. Da $y \in {}^*K$ und K abgeschlossen ist, folgt hieraus $x \in K$ (siehe 21.7 (ii)).

„ $\Leftarrow$ “ : Zu zeigen reicht $fin({}^*X) \subset ns({}^*X)$ (siehe 24.7). Sei hierzu $y \in fin({}^*X)$. Dann gibt es $x \in X, \varepsilon \in \mathbb{R}_+$ mit

$$y \in {}^*K \text{ für } K := \{z \in X : \rho(x,z) \leq \varepsilon\}.$$

Nun ist K beschränkt und abgeschlossen (siehe 24.10) und folglich nach Voraussetzung kompakt. Wegen $y \in {}^*K$ folgt daher $y \in ns({}^*X)$ (benutze 21.7 (iii)).

□

Als nächstes wird gezeigt, daß $ns({}^*X) = pns({}^*X)$ genau für die vollständigen pseudometrischen Räume gilt. Der Begriff der Vollständigkeit wird in üblicher Weise mit Hilfe von Cauchy-Folgen definiert (siehe 24.15 und 24.13).

In pseudometrischen Räumen läßt sich nun auf natürliche Weise eine Relation $y \approx_\rho z$ des Infinitesimal-Benachbartseins für Punkte $y, z \in {}^*X$ erklären. Diese Relation kann dann - wie 24.12 zeigt - als Fortsetzung der mittels der Topologie $\mathcal{T}_\rho$ definierten Relation $\approx_{\mathcal{T}_\rho}$ aufgefaßt werden.

24.12 Infinitesimal-Benachbartsein in pseudometrischen Räumen

Sei $\langle X, \rho \rangle$ ein pseudometrischer Raum. Wir schreiben für $y, z \in {}^*X$:

$$y \approx_\rho z \text{ an Stelle von } {}^*\rho(y,z) \approx 0.$$

Dann ist $\approx_\rho$ eine Äquivalenzrelation über ${}^*X$, und es gilt für $y \in {}^*X, x \in X$:

$$y \approx_\rho {}^*x \iff y \approx_{\mathcal{T}_\rho} x.$$

Ist $y \approx_\rho z$, so heißt y *unendlich nahe bei* z oder *infinitesimal benachbart zu* z.

Beweis. Da ${}^*\rho$ über ${}^*X \times {}^*X$ die Eigenschaften 24.1 (i) - (iii) besitzt, erhält man, daß $\approx_\rho$ eine Äquivalenzrelation ist. Ferner folgt $y \approx_\rho {}^*x \iff y \approx_{\mathcal{T}_\rho} x$ nach 24.5.

□

Nach 24.12 liegt also y genau dann unendlich nahe bei x im Sinne von 21.3, wenn y unendlich nahe bei ${}^*x$ liegt.

Ist $X := \mathbb{R}$ und $\rho(x,y) := |x-y|$, so gilt:

$$y \approx_\rho z \iff y \approx z,$$

wobei $y \approx z$ für $y, z \in {}^*\mathbb{R}$ wie in 9.1 definiert ist.

Cauchy-Folgen werden in pseudometrischen Räumen nun formal analog wie in $\mathbb{R}$ eingeführt, und wir erhalten auch ein entsprechendes Nichtstandard-Kriterium wie in $\mathbb{R}$ (siehe 10.6 (i)).

24.13 Cauchy-Folgen

Sei $\langle X, \rho \rangle$ ein pseudometrischer Raum. Eine Folge $x_n \in X, n \in \mathbb{N}$, heißt eine *Cauchy-Folge*, wenn eine der drei folgenden äquivalenten Bedingungen erfüllt ist:

(i) $(\forall \varepsilon \in \mathbb{R}_+)(\exists n_0 \in \mathbb{N})\ (\rho(x_n, x_m) \leq \varepsilon$ für alle $n, m \geq n_0)$;

(ii) ${}^*x_h \approx_\rho {}^*x_k$ für alle $h, k \in {}^*\mathbb{N} - \mathbb{N}$;

(iii) $(\exists y \in {}^*X)({}^*x_h \approx_\rho y$ für alle $h \in {}^*\mathbb{N} - \mathbb{N})$.

Beweis. *(ii)* $\iff$ *(iii)* ist trivial, da $\approx_\rho$ eine Äquivalenzrelation ist.

(i) $\Longrightarrow$ *(ii)* Sei $\varepsilon \in \mathbb{R}_+$. Dann gibt es ein $n_0 \in \mathbb{N}$, so daß nach Transfer gilt: ${}^*\rho({}^*x_n, {}^*x_m) \leq \varepsilon$ für alle $n, m \in {}^*\mathbb{N}$ mit $n, m \geq n_0$. Hieraus folgt (ii).

(ii) $\Longrightarrow$ *(i)* Sei $\varepsilon \in \mathbb{R}_+$. Wegen (ii) ist die folgende Aussage gültig (wähle $n_0 \in {}^*\mathbb{N} - \mathbb{N}$; für x siehe die Bezeichnungen vor 21.5):

$$(\exists \underline{n}_0 \in {}^*\mathbb{N})(\forall \underline{m}, \underline{n} \in {}^*\mathbb{N})((\underline{n} \geq \underline{n}_0 \wedge \underline{m} \geq \underline{n}_0) \Rightarrow {}^*\rho({}^*\mathsf{x} \restriction \underline{n}, {}^*\mathsf{x} \restriction \underline{m}) \leq \varepsilon)$$

Das Transfer-Prinzip liefert (i). □

Konvergente Folgen $x_n \in X, n \in \mathbb{N}$, sind insbesondere Cauchyfolgen; sie erfüllen nämlich

(I) ${}^*x_h \approx_\rho y$ für alle $h \in {}^*\mathbb{N} - \mathbb{N}$

mit einem geeigneten Standard-Punkt $y = {}^*x_0$ (benutze 21.5 (i) und 24.12). Die $y \in {}^*X$, die für eine geeignete Folge $x_n, n \in \mathbb{N}$, die Bedingung (I) erfüllen, die also in gewissem Sinne „Grenzwert" einer Cauchy-Folge sind (siehe 24.13), sind auf Grund des folgenden Satzes genau die Prä-Nahezustandard-Punkte.

24.14 Charakterisierung von Prä-Nahezustandard-Punkten

Sei $\langle X, \rho \rangle$ ein pseudometrischer Raum. Dann sind für $y \in {}^*X$ äquivalent:

(i) $y \in pns({}^*X)$.

(ii) Es gibt $x_n \in X, n \in \mathbb{N}$, mit ${}^*x_h \approx_\rho y$ für alle $h \in {}^*\mathbb{N} - \mathbb{N}$.

Beweis. ***(i)*** $\Rightarrow$ ***(ii)*** Sei $y \in pns({}^*X)$. Dann existieren $x_n \in X$ mit

$$ {}^*\rho({}^*x_n, y) < \tfrac{1}{n} \text{ für alle } n \in \mathbb{N}. $$

Mit dem Permanenz-Prinzip 9.7 (i) und der Dreiecksungleichung für ${}^*\rho$ folgt hieraus

(1) $\quad {}^*\rho({}^*x_{h_0}, y) < \frac{1}{h_0}$ für ein $h_0 \in {}^*\mathbb{N} - \mathbb{N}$,

(2) $\quad \rho(x_n, x_m) = {}^*\rho({}^*x_n, {}^*x_m) < \frac{1}{n} + \frac{1}{m}$ für $n, m \in \mathbb{N}$.

Wegen (1) ist ${}^*x_{h_0} \approx_\rho y$; wegen (2) ist $x_n, n \in \mathbb{N}$, eine Cauchy-Folge, und mit 24.13 folgt ${}^*x_h \approx_\rho {}^*x_{h_0} \approx_\rho y$ für alle $h \in {}^*\mathbb{N} - \mathbb{N}$.

(ii) $\Rightarrow$ ***(i)*** Sei $\varepsilon \in \mathbb{R}_+$. Wegen ${}^*\rho({}^*x_h, y) \le \varepsilon$ für alle $h \in {}^*\mathbb{N} - \mathbb{N}$ folgt ${}^*\rho({}^*x_n, y) \le \varepsilon$ für ein $n \in \mathbb{N}$ (siehe 9.7 (ii)). Somit ist $y \in pns({}^*X)$. □

Mit Hilfe von Satz 24.14 und der Nichtstandard-Charakterisierung der Cauchy-Folgen können wir nun zeigen, daß $ns({}^*X) = pns({}^*X)$ genau für die Räume gilt, für die jede Cauchy-Folge konvergent ist.

24.15 $ns({}^*X) = pns({}^*X)$ charakterisiert die Vollständigkeit

Ein pseudometrischer Raum $\langle X, \rho\rangle$ heißt *vollständig*, falls eine der beiden äquivalenten Bedingungen gilt:

(i) Jede Cauchy-Folge ist konvergent.

(ii) $ns({}^*X) = pns({}^*X)$.

Beweis. ***(i)*** $\Rightarrow$ ***(ii)*** Zu zeigen reicht $pns({}^*X) \subset ns({}^*X)$ (siehe 24.7). Sei $y \in pns({}^*X)$. Dann gibt es $x_n \in X, n \in \mathbb{N}$, mit (siehe 24.14)

(1) $\quad {}^*x_h \approx_\rho y$ für alle $h \in {}^*\mathbb{N} - \mathbb{N}$.

Daher ist $x_n, n \in \mathbb{N}$, eine Cauchy-Folge (siehe 24.13), die nach (i) gegen ein $x_0 \in X$ konvergiert. Somit folgt:

(2) $\quad {}^*x_h \approx_\rho {}^*x_0$ für alle $h \in {}^*\mathbb{N} - \mathbb{N}$

(benutze 21.5 (i) und 24.12). Aus (1), (2) erhält man $y \approx_\rho {}^*x_0$, und somit ist $y \in ns_{\mathcal{T}_\rho}({}^*X)$ nach 24.12.

(ii) $\Rightarrow$ ***(i)*** Sei $x_n, n \in \mathbb{N}$, eine Cauchyfolge. Nach 24.13 existiert ein $y \in {}^*X$ mit

(3) $\quad {}^*x_h \approx_\rho y$ für alle $h \in {}^*\mathbb{N} - \mathbb{N}$.

Nach 24.14 folgt hieraus $y \in pns({}^*X)$. Wegen $pns({}^*X) = ns({}^*X)$ ist daher $y \approx_\rho {}^*x_0$ für ein $x_0 \in X$ (beachte 24.12), und somit gilt wegen (3)

$$ {}^*x_h \approx_\rho {}^*x_0 \text{ für alle } h \in {}^*\mathbb{N} - \mathbb{N}. $$

Daher konvergiert $x_n, n \in \mathbb{N}$, gegen x_0 (benutze 24.12 und 21.5 (i)). □

Die Topologie $\mathcal{T}_\rho$ ist nach Definition durch die Pseudometrik ρ eindeutig bestimmt. Die Umkehrung gilt jedoch nicht. So induzieren z.B. ρ und $c\rho$ für $c \in \mathbb{R}_+$ die gleiche Topologie. Dieses läßt sich sofort aus dem folgenden nützlichen Kriterium für die Gleichheit von durch Pseudometriken ρ_1, ρ_2 induzierten Topologien erkennen:

24.16 $\mathcal{T}_{\rho_1} = \mathcal{T}_{\rho_2} \Longleftrightarrow ({}^*\rho_1({}^*x, y) \approx 0 \Longleftrightarrow {}^*\rho_2({}^*x, y) \approx 0)$

(benutze hierzu 22.13 (ii) und 24.5).

Ist $\mathcal{T}_{\rho_1} = \mathcal{T}_{\rho_2}$, so folgt trivialerweise $ns_{\mathcal{T}_{\rho_1}}({}^*X) = ns_{\mathcal{T}_{\rho_2}}({}^*X)$. Wie das folgende Beispiel zeigt, muß jedoch aus $\mathcal{T}_{\rho_1} = \mathcal{T}_{\rho_2}$ weder $pns_{\rho_1}({}^*X) = pns_{\rho_2}({}^*X)$ noch $fin_{\rho_1}({}^*X) = fin_{\rho_2}({}^*X)$ folgen; auch kann in diesem Fall $\langle X, \rho_1\rangle$ vollständig bzw. totalbeschränkt sein und $\langle X, \rho_2\rangle$ nicht.

Die Begriffe Prä-Nahezustandard-Punkt, finiter Punkt, Vollständigkeit und Totalbeschränktheit hängen damit - im Gegensatz zum Begriff des Nahezustandard-Punktes - nicht nur von der induzierten Topologie ab, sondern ganz wesentlich von der speziellen, die Topologie induzierenden Pseudometrik.

24.17 Beispiel

Sei $X := \mathbb{R}$ und $\rho_1(x,y) := |x-y|$ die kanonische Metrik auf $\mathbb{R}$. Setze

$$\rho_2(x,y) := |arc\, tg(x) - arc\, tg(y)|, \quad x, y \in \mathbb{R}.$$

Dann ist ρ_2 eine Metrik, und es gilt:

(i) $\mathcal{T}_{\rho_1} = \mathcal{T}_{\rho_2}$;

(ii) $pns_{\rho_1}({}^*\mathbb{R}) \neq pns_{\rho_2}({}^*\mathbb{R}), fin_{\rho_1}({}^*\mathbb{R}) \neq fin_{\rho_2}({}^*\mathbb{R})$;

(iii) $\langle \mathbb{R}, \rho_1\rangle$ ist vollständig und $\langle \mathbb{R}, \rho_2\rangle$ nicht;

(iv) $\mathbb{R}$ ist totalbeschränkt bzgl. ρ_2, aber nicht bzgl. ρ_1.

Beweis. Da $arc\, tg$ eine injektive Abbildung von $\mathbb{R}$ nach $\mathbb{R}$ ist, sieht man direkt, daß ρ_2 eine Metrik ist.

(i) Nach 24.16 genügt es zu zeigen:

(1) $$y \approx x \Longleftrightarrow {}^*arc\, tg(y) \approx arc\, tg(x) \quad (y \in {}^*\mathbb{R}, x \in \mathbb{R}).$$

Da $arc\, tg$ und tg stetige Funktionen sind, folgt (1) aus:

$$y \approx x \underset{21.11}{\Longrightarrow} {}^*arc\, tg(y) \approx arc\, tg(x)$$
$$\underset{21.11}{\Longrightarrow} y = {}^*tg({}^*arc\, tg(y)) \approx tg(arc\, tg(x)) = x.$$

(ii) Im Anschluß an 24.8 hatten wir gesehen:

(2) $$pns_{\rho_1}({}^*\mathbb{R}) = fin_{\rho_1}({}^*\mathbb{R}) = ns_{\mathcal{T}_{\rho_1}}({}^*\mathbb{R}) = fin({}^*\mathbb{R}).$$

Wir zeigen

(3) $$pns_{\rho_2}({}^*\mathbb{R}) = fin_{\rho_2}({}^*\mathbb{R}) = {}^*\mathbb{R};$$

wegen (2) und $fin({}^*\mathbb{R}) \neq {}^*\mathbb{R}$ folgt hieraus (ii).

Zu (3): Sei $y \in {}^*\mathbb{R}$; wegen $pns_{\rho_2}({}^*\mathbb{R}) \underset{24.7}{\subset} fin_{\rho_2}({}^*\mathbb{R})$ ist $y \in pns_{\rho_2}({}^*\mathbb{R})$ zu zeigen. Da

$$fin({}^*\mathbb{R}) \underset{(2)}{=} ns_{\mathcal{T}_{\rho_1}}({}^*\mathbb{R}) \underset{(i)}{=} ns_{\mathcal{T}_{\rho_2}}({}^*\mathbb{R}) \underset{24.7}{\subset} pns_{\rho_2}({}^*\mathbb{R})$$

ist, sei o.B.d.A. $y \notin fin({}^*\mathbb{R})$. Sei zunächst $y > 0$. Dann ist y positiv unendlich, und wegen $\lim_{x\to\infty} arc\, tg(x) = \frac{\pi}{2}$ gilt dann ${}^*arc\, tg(y) \approx \frac{\pi}{2}$ (siehe auch Aufgabe 11.3 (iii)). Daher erhält man

$$^*\rho_2(y,n) = |^*arc\,tg(y) - arc\,tg(n)| \approx |\tfrac{\pi}{2} - arc\,tg(n)| \underset{n\to\infty}{\longrightarrow} 0.$$

Somit ist $y \in pns_{\rho_2}(^*\mathbb{R})$. Der Fall $y < 0$ verläuft analog.

(iii) $\langle \mathbb{R}, \rho_1\rangle$ ist vollständig wegen (2) nach 24.15. $\langle \mathbb{R}, \rho_2\rangle$ ist nicht vollständig nach 24.15 wegen

$$ns_{\mathcal{T}_{\rho_2}}(^*\mathbb{R}) \underset{(i)}{=} ns_{\mathcal{T}_{\rho_1}}(^*\mathbb{R}) \neq {}^*\mathbb{R} \underset{(3)}{=} pns_{\rho_2}(^*\mathbb{R}).$$

(iv) Wegen (3) ist $\mathbb{R}$ totalbeschränkt bzgl. ρ_2 (siehe 24.9 (ii)). Es ist $\mathbb{R}$ bzgl. ρ_1 nicht beschränkt und somit nicht totalbeschränkt. □

Der nun folgende Satz 24.19 zeigt, daß jeder metrische Raum $\langle X, \rho\rangle$ dicht in einen vollständigen metrischen Raum $\langle X_\rho, \overline{\rho}\rangle$ einbettbar ist. Die Konstruktion ist aus folgenden Gründen besonders durchsichtig:
Der Grundraum X_ρ kann mit Hilfe der Prä-Nahezustandard-Punkte gebildet werden, und als Metrik kann der Standardteil der transferierten Metrik $^*\rho$ gewählt werden. Die Benutzung von $pns(^*X)$ zur Konstruktion von X_ρ liegt nahe, weil genau die $y \in pns(^*X)$ „verallgemeinerte Grenzwerte“ von Cauchy-Folgen in X sind (siehe 24.14 und 24.13).

Zur Konstruktion von X_ρ führen wir für $y \in {}^*X$ folgende Bezeichnungen ein:

- $\widetilde{y} := x$, falls $y \approx_\rho {}^*x$ für ein $x \in X$;
- $\widetilde{y} := \{z \in {}^*X : z \approx_\rho y\}$ für $y \notin ns(^*X)$.

Da ρ eine Metrik ist, ist $\widetilde{y}$ eindeutig definiert (denn: $y \approx_\rho {}^*x_i, i = 1,2 \Rightarrow x_1 = x_2$). Es gilt für $y_1, y_2 \in {}^*X$:

24.18 $\widetilde{y}_1 = \widetilde{y}_2 \iff y_1 \approx_\rho y_2 \iff {}^*\rho(y_1,y_2) \approx 0 \iff st(^*\rho(y_1,y_2)) = 0;$
$y_1 \in pns(^*X) \wedge y_1 \approx_\rho y_2 \Longrightarrow y_2 \in pns(^*X).$

24.19 Vervollständigung metrischer Räume

Sei $\langle X, \rho\rangle$ ein metrischer Raum. Setze

$$X_\rho := \{\widetilde{y} : y \in pns(^*X)\}, \quad \overline{\rho}(\widetilde{y}, \widetilde{z}) := st(^*\rho(y,z)) \text{ für } \widetilde{y}, \widetilde{z} \in X_\rho.$$

Dann ist $X \subset X_\rho$, $\overline{\rho} = \rho$ auf X, und $\langle X_\rho, \overline{\rho}\rangle$ ist ein vollständiger metrischer Raum, in dem X dicht liegt.

Beweis. Es reicht zu zeigen:

(I) $^*\rho(y,z) \in fin(^*\mathbb{R})$ für $y, z \in pns(^*X)$;

(II) $\overline{\rho}$ ist wohldefiniert, d.h. $(\widetilde{y}_1 = \widetilde{y} \wedge \widetilde{z}_1 = \widetilde{z}) \Longrightarrow \overline{\rho}(\widetilde{y}_1, \widetilde{z}_1) = \overline{\rho}(\widetilde{y}, \widetilde{z})$;

(III) $\overline{\rho}$ ist eine Metrik auf X_ρ mit $\overline{\rho} = \rho$ auf X;

(IV) $\langle X_\rho, \overline{\rho}\rangle$ ist vollständig;

(V) X liegt dicht in X_ρ.

Zu (I): Sei $x \in X$. Es ist $^*\rho(y,z) \leq {}^*\rho(y, {}^*x) + {}^*\rho(^*x, z)$, und wegen $y, z \in pns(^*X) \underset{24.7}{\subset} fin(^*X)$ folgt daher $^*\rho(y,z) \in fin(^*\mathbb{R})$ nach 24.8.

Zu (II): Es ist $st({}^*\rho(y_1,z_1)) = st({}^*\rho(y,z))$ zu zeigen. Wegen $\widetilde{y_1} = \widetilde{y}$ und $\widetilde{z_1} = \widetilde{z}$ gilt $st({}^*\rho(y_1,y)) = 0 = st({}^*\rho(z_1,z))$ (siehe 24.18). Mit den Eigenschaften von ${}^*\rho$ und st folgt:

$$st({}^*\rho(y_1,z_1)) \leq st({}^*\rho(y_1,y)) + st({}^*\rho(y,z)) + st({}^*\rho(z,z_1)) = st({}^*\rho(y,z)).$$

Analog folgt $st({}^*\rho(y,z)) \leq st({}^*\rho(y_1,z_1))$.

Zu (III): Aus den Eigenschaften von ${}^*\rho$ und st folgt unmittelbar, daß $\overline{\rho}$ eine Metrik auf X_ρ ist. Seien nun $x_1, x_2 \in X$, dann gilt wegen $\widetilde{{}^*x_i} = x_i$:

$$\overline{\rho}(x_1,x_2) = \overline{\rho}(\widetilde{{}^*x_1},\widetilde{{}^*x_2}) = st({}^*\rho({}^*x_1,{}^*x_2)) = \rho(x_1,x_2).$$

Zu (IV): Sei $\widetilde{y_n} \in X_\rho, n \in \mathbb{N}$, eine $\overline{\rho}$-Cauchy-Folge. Es ist zu zeigen:

(1) $\qquad \overline{\rho}(\widetilde{y_n},\widetilde{y}) \underset{n\to\infty}{\longrightarrow} 0$ für ein $y \in pns({}^*X)$.

Wegen $y_n \in pns({}^*X)$ existieren $x_n \in X$ mit

(2) $\qquad {}^*\rho(y_n,{}^*x_n) \leq \frac{1}{n}, \quad n \in \mathbb{N}.$

Da $\rho(x_n,x_m) \leq {}^*\rho({}^*x_n,y_n) + {}^*\rho(y_n,y_m) + {}^*\rho(y_m,{}^*x_m)$ und da $\widetilde{y_n}$ eine $\overline{\rho}$-Cauchy-Folge ist, folgt aus (2), daß $x_n, n \in \mathbb{N}$, eine ρ-Cauchy-Folge ist. Daher existiert ein $y \in pns({}^*X)$ mit

(3) $\qquad {}^*x_h \approx_\rho y$ für alle $h \in {}^*\mathbb{N} - \mathbb{N}$

(benutze 24.13 und 24.14). Wir zeigen nun, daß das y aus (3) auch (1) erfüllt. Sei hierzu $\varepsilon \in \mathbb{R}_+$. Dann ist ${}^*\rho({}^*x_h,y) \leq \varepsilon$ für alle $h \in {}^*\mathbb{N} - \mathbb{N}$ nach (3), und daher existiert nach dem Permanenz-Prinzip 9.7 (ii) ein $n_0 \in \mathbb{N}$ mit

(4) $\qquad {}^*\rho({}^*x_n,y) \leq \varepsilon$ für alle $n \in \mathbb{N}, n \geq n_0$.

Somit folgt für alle $n \in \mathbb{N}$ mit $n \geq n_0$

$${}^*\rho(y_n,y) \leq {}^*\rho(y_n,{}^*x_n) + {}^*\rho({}^*x_n,y) \underset{(2),(4)}{\leq} \frac{1}{n} + \varepsilon.$$

Dieses liefert $\overline{\rho}(\widetilde{y_n},\widetilde{y}) = st({}^*\rho(y_n,y)) \leq 1/n + \varepsilon$ für $n \geq n_0$. Hieraus folgt (1).

Zu (V): Sei $\widetilde{y} \in X_\rho$. Wegen $y \in pns({}^*X)$ gibt es für jedes $\varepsilon \in \mathbb{R}_+$ ein $x \in X$ mit ${}^*\rho(y,{}^*x) < \varepsilon$. Somit ist $\overline{\rho}(\widetilde{y},x) = \overline{\rho}(\widetilde{y},\widetilde{{}^*x}) = st({}^*\rho(y,{}^*x)) \leq \varepsilon$. Folglich ist X dicht in X_ρ. □

Als Anwendung von 24.19 wollen wir nun zeigen, daß sich normierte Räume zu Banach-Räumen vervollständigen lassen. Wir führen zunächst den Begriff des normierten Raumes (über $\mathbb{R}$) ein und zeigen, daß sich jeder normierte Raum als metrischer Raum auffassen läßt. Andererseits beweisen wir, daß jeder normierte Raum - bzgl. seiner mit Hilfe der zugehörigen Metrik eingeführten Topologie - ein topologischer linearer Raum ist.

24.20 Normierte Räume

Sei $\langle X, +, \cdot \rangle$ ein linearer Raum über $\mathbb{R}$. Eine Abbildung $\| \, \| \colon X \to [0, \infty[$ heißt eine *Norm*, wenn für $x, y \in X$ und $\alpha \in \mathbb{R}$ gilt:

(i) $\|x\| = 0 \iff x = 0$;

(ii) $\|x + y\| \le \|x\| + \|y\|$;

(iii) $\|\alpha x\| = |\alpha| \|x\|$.

Wir nennen dann $\langle X, +, \cdot, \| \, \| \rangle$ einen *normierten Raum* und schreiben auch kurz $\langle X, \| \, \| \rangle$.

Ist $\langle X, \| \, \| \rangle$ ein normierter Raum, so ist durch

$$\rho(x, y) := \|x - y\|, \quad x, y \in X,$$

eine Metrik auf X gegeben. Sie heißt die *durch die Norm* $\| \, \|$ *induzierte Metrik*. Die durch ρ induzierte Topologie $\mathcal{T}_\rho$ über X bezeichnen wir mit $\mathcal{T}_{\| \, \|}$. In normierten Räumen beziehen sich die Bezeichnungen finiter bzw. Prä-Nahezustandard- bzw. Nahezustandard-Punkt stets auf die durch die Norm induzierte Metrik ρ. Ist der normierte Raum bzgl. ρ vollständig, so nennen wir ihn einen *Banach-Raum*. Es ist ${}^*\| \, \| \colon {}^*X \to {}^*[0, \infty[$ eine Abbildung, welche die formal analogen Eigenschaften wie die Abbildung $\| \, \|$ erfüllt (für $x, y \in {}^*X, \alpha \in {}^*\mathbb{R}$), und es gilt:

$${}^*\|y - z\| = {}^*\rho(y, z) \quad \text{für } y, z \in {}^*X.$$

Man erhält hiermit für $y \in {}^*X$:

$$y \in fin({}^*X) \iff {}^*\|y\| \in fin({}^*\mathbb{R});$$

$$y \in pns({}^*X) \iff (\forall \varepsilon \in \mathbb{R}_+)(\exists x \in X){}^*\|y - {}^*x\| < \varepsilon;$$

$$y \in ns({}^*X) \iff (\exists x \in X){}^*\|y - {}^*x\| \approx 0.$$

Ferner gilt für $y \in {}^*X, x \in X$:

$$y \approx_{\mathcal{T}_{\| \, \|}} x \iff y \approx_\rho {}^*x \iff {}^*\|y - {}^*x\| \approx 0.$$

Wir zeigen nun:

24.21 $\langle X, \| \, \| \rangle$ normierter Raum $\Rightarrow$ $\langle X, \mathcal{T}_{\| \, \|} \rangle$ topologischer linearer Raum.

Beweis. Es sind die hinter 22.17 notierten Eigenschaften *(i) und *(ii) zu zeigen.

*Zu *(i):* Seien $y_i \in {}^*X, x_i \in X$ mit $y_i \approx_{\mathcal{T}_{\| \, \|}} x_i$ für $i = 1, 2$. Dann gilt:

$${}^*\|y_1 + y_2 - {}^*(x_1 + x_2)\| \le {}^*\|y_1 - {}^*x_1\| + {}^*\|y_2 - {}^*x_2\| \approx 0,$$

d.h. es ist $y_1 + y_2 \approx_{\mathcal{T}_{\| \, \|}} x_1 + x_2$.

*Zu *(ii):* Sei $\beta \approx \alpha \in \mathbb{R}$ und $y \approx_{\mathcal{T}_{\| \, \|}} x \in X$. Dann ist ${}^*\|y\|$ finit, und es folgt:

$${}^*\|\beta y - {}^*(\alpha x)\| = {}^*\|(\beta - \alpha) y - \alpha({}^*x - y)\| \le |\beta - \alpha| \, {}^*\|y\| + |\alpha| \, {}^*\|{}^*x - y\| \approx 0,$$

d.h. es ist $\beta y \approx_{\mathcal{T}_{\| \, \|}} \alpha x$. □

24.22 Vervollständigung von normierten Räumen

Jeder normierte Raum $\langle X, \| \ \| \rangle$ läßt sich zu einem Banach-Raum vervollständigen. Genauer gilt:
Es existiert ein Banach-Raum $\langle B, \| \ \|_B \rangle$ mit:

(i) X ist ein linearer Teilraum von B;

(ii) $\|x\| = \|x\|_B$ für alle $x \in X$;

(iii) X liegt dicht in B.

Beweis. Sei ρ die durch $\| \ \|$ induzierte Metrik auf X. Setze $B := X_\rho \underset{24.19}{=} \{\widetilde{y} : y \in pns({}^*X)\}$. Dann ist

(1) $$\overline{\rho}(\widetilde{y}, \widetilde{z}) = st({}^*\rho(y,z)) = st({}^*\|y-z\|), \quad \widetilde{y}, \widetilde{z} \in B,$$

und es ist $\langle B, \overline{\rho} \rangle$ ein vollständiger metrischer Raum, in dem X dicht liegt (siehe 24.19). Wir zeigen nun:

(2) $$B = X_\rho \text{ ist ein } \mathbb{R}\text{-linearer Raum.}$$

Es ist ${}^*X$ ein ${}^*\mathbb{R}$-linearer (siehe 18.1 (i)) und damit $\mathbb{R}$-linearer Raum. Man sieht leicht, daß $pns({}^*X)$ ein $\mathbb{R}$-linearer Unterraum ist. Setzt man nun

$$\widetilde{y} + \widetilde{z} := \widetilde{y+z}, \alpha \cdot \widetilde{y} := \widetilde{\alpha \cdot y} \quad (y, z \in pns({}^*X), \alpha \in \mathbb{R}),$$

so sind $+$ und $\cdot$ wohldefiniert, und einfaches Nachrechnen liefert, daß (2) gilt (oder benutze, daß B „im wesentlichen" der Quotientenraum von $pns({}^*X)$ nach $\{y \in pns({}^*X) : y \approx_\rho {}^*0\}$ ist).

Da $X \subset B$ ein linearer Raum ist, und da $+$ und $\cdot$ in B Fortsetzungen von $+$ und $\cdot$ in X sind, gilt (i). Setze ferner

(3) $$\|\widetilde{y}\|_B := st({}^*\|y\|) \text{ für } \widetilde{y} \in B.$$

Dann ist $\| \ \|_B$ eine Norm auf B, welche nach (1) die Metrik $\overline{\rho}$ auf B induziert. Da $\langle B, \overline{\rho} \rangle$ vollständig ist und X dicht in B liegt, ist daher $\langle B, \| \ \|_B \rangle$ ein Banach-Raum, für den (iii) gilt.

Es bleibt (ii) zu zeigen. Sei hierzu $x \in X$, dann ist

$$\|x\|_B = \|\widetilde{{}^*x}\|_B \underset{(3)}{=} st({}^*\|{}^*x\|) = st({}^*(\|x\|)) = \|x\|. \qquad \square$$

Da jeder normierte Raum $\langle X, \| \ \| \rangle$ ein topologischer linearer Raum ist (siehe 24.21), erhalten wir:

24.23 $$\sum_{i=1}^{n} \beta_i {}^*x_i \approx_{\mathcal{T}_{\| \|}} \sum_{i=1}^{n} st(\beta_i) x_i, \quad \text{falls } x_i \in X, \beta_i \in fin({}^*\mathbb{R})$$

(benutze hierzu *(i) und *(ii) hinter 22.17). Wir werden dieses im folgenden Beweis zweimal verwenden.

24.24 $ns({}^*X) = fin({}^*X)$ für endlich-dimensionale Räume

Sei $\langle X, \| \ \| \rangle$ ein endlich-dimensionaler normierter Raum. Dann gilt:

(i) $ns({}^*X) = fin({}^*X)$, und diese Menge ist unabhängig von der jeweiligen Norm auf X;

(ii) $K \subset X$ kompakt $\Longleftrightarrow K$ beschränkt und abgeschlossen;

(iii) $\langle X, \| \ \| \rangle$ ist ein lokalkompakter und σ-kompakter Banach-Raum.

Beweis. *(i)* Sei $x_1, \ldots, x_n$ eine Basis des linearen Raumes X. Wir werden zeigen:

(1) $\qquad fin({}^*X) = \{\sum_{i=1}^n \beta_i {}^*x_i : \beta_i \in fin({}^*\mathbb{R})\}$.

Aus (1) und 24.23 folgt dann $fin({}^*X) \subset ns({}^*X)$, und damit ist $fin({}^*X) = ns({}^*X)$ nach 24.7. Wegen (1) hängt $fin({}^*X)$ ferner nicht von der Norm ab.

Zu (1): Trivialerweise ist nur „ $\subset$ “ zu zeigen. Sei hierzu $y \in fin({}^*X)$. Nach Transfer gilt:

$$y = \beta_1 {}^*x_1 + \ldots + \beta_n {}^*x_n \text{ mit } \beta_1, \ldots, \beta_n \in {}^*\mathbb{R},$$

und es ist daher $\beta_1, \ldots, \beta_n \in fin({}^*\mathbb{R})$ zu zeigen.

Sei nun $j \in \{1, \ldots, n\}$, so daß $|\beta_i| \leq |\beta_j|$ für $i = 1, \ldots, n$ ist. Sei indirekt $|\beta_j| \notin fin({}^*\mathbb{R})$, dann ist $\frac{1}{\beta_j} \approx 0$. Wegen $y \in fin({}^*X)$ ist daher

$${}^*\|\tfrac{1}{\beta_j} y\| = |\tfrac{1}{\beta_j}| {}^*\|y\| \approx 0,$$

und es folgt:

(2) $$\sum_{i=1}^n \frac{\beta_i}{\beta_j} \cdot {}^*x_i = \frac{1}{\beta_j} y \approx_{\mathcal{T}_{\| \|}} 0.$$

Wegen $\frac{\beta_i}{\beta_j} \in fin({}^*\mathbb{R})$ und 24.23 folgt ferner

(3) $$\sum_{i=1}^n \frac{\beta_i}{\beta_j} {}^*x_i \approx_{\mathcal{T}_{\| \|}} \sum_{i=1}^n st(\tfrac{\beta_i}{\beta_j}) x_i.$$

Da $\mathcal{T}_{\| \|}$ hausdorffsch ist, folgt aus (2) und (3), daß $\sum_{i=1}^n st\left(\frac{\beta_i}{\beta_j}\right) x_i = 0$ ist. Da $x_1, \ldots, x_n$ eine Basis bilden, impliziert dieses $st(\frac{\beta_i}{\beta_j}) = 0$ für $i = 1, \ldots, n$ im Widerspruch zu $\frac{\beta_j}{\beta_j} = 1$. Somit ist (1) gezeigt.

(ii) „ $\Rightarrow$ “ : Sei K kompakt, dann ist K abgeschlossen (siehe 21.9 (ii)). Ferner ist ${}^*K \underset{21.7,(i)}{\subset} fin({}^*X)$, und damit ist K beschränkt (siehe 24.9 (i)).

„ $\Leftarrow$ “ : erhält man aus (i) mit 24.11 (ii).

(iii) Aus (i) folgt nach 24.7, daß $ns({}^*X) = pns({}^*X)$ ist. Somit ist X vollständig nach 24.15. Daher ist $\langle X, \| \ \| \rangle$ ein Banach-Raum. Ferner ist für jedes $x_0 \in X$ die Menge $\{x \in X : \|x - x_0\| \leq 1\}$ eine Umgebung, die nach (ii) kompakt ist. Somit ist X lokalkompakt. X ist σ-kompakt, da X die Vereinigung der nach (ii) kompakten Mengen $K_n = \{x \in X : \|x\| \leq n\}, n \in \mathbb{N}$, ist. □

Eine Anwendung von 24.24 (i) liefert nun, daß alle Normen auf einem endlich-dimensionalen Raum dieselbe Topologie induzieren.

24.25 Äquivalenz von Normen auf endlich-dimensionalen Räumen

Sei X ein endlich-dimensionaler linearer Raum, und seien $\| \|_1$ und $\| \|_2$ Normen auf X. Dann gilt:

(i) Es gibt ein $n \in \mathbb{N}$ mit $\|x\|_2 \leq n\|x\|_1$ für alle $x \in X$;

(ii) $\mathcal{T}_{\| \|_1} = \mathcal{T}_{\| \|_2}$.

Beweis. *(i)* Es gilt:

$$^*\{x \in X: \|x\|_1 \leq 1\} \subset fin_{\| \|_1}(^*X) \underset{24.24(i)}{=} fin_{\| \|_2}(^*X) \subset \cup_{n=1}^{\infty} {}^*\{x \in X: \|x\|_2 \leq n\}.$$

Daher existiert ein $n \in \mathbb{N}$ mit

(1) $$\{x \in X: \|x\|_1 \leq 1\} \subset \{x \in X: \|x\|_2 \leq n\}$$

(benutze 21.1 (i)). Sei nun $x \in X$ mit $x \neq 0$. Dann ist $\|\frac{x}{\|x\|_1}\|_1 \leq 1$, und aus (1) folgt $\|\frac{x}{\|x\|_1}\|_2 \leq n$, d.h. es gilt (i).

(ii) Aus (i) folgt $^*\|y\|_2 \leq n\, ^*\|y\|_1$ für alle $y \in {}^*X$, und daher gilt: $y \approx_{\mathcal{T}_{\| \|_1}} x \Rightarrow y \approx_{\mathcal{T}_{\| \|_2}} x$. Dieses liefert $\mathcal{T}_{\| \|_2} \subset \mathcal{T}_{\| \|_1}$ (siehe 22.13 (i)). Aus Symmetriegründen folgt auch $\mathcal{T}_{\| \|_1} \subset \mathcal{T}_{\| \|_2}$. □

Als Spezialfall eines endlich-dimensionalen normierten Raumes betrachten wir nun den $\mathbb{R}^n$ mit der euklidischen Norm.

24.26 Der Raum $\mathbb{R}^n$ mit der euklidischen Norm

Für $x = \langle x_1, \ldots, x_n \rangle \in \mathbb{R}^n$ setze $\|x\| := \sqrt{\sum_{i=1}^n x_i^2}$. Dann ist $\langle \mathbb{R}^n, \| \| \rangle$ ein normierter Raum, und es gilt:

(i) $\mathcal{T}_{\| \|}$ ist die Produkttopologie über $\mathbb{R}^n = \mathbb{R} \times \ldots \times \mathbb{R}$, wobei $\mathbb{R}$ mit der kanonischen Topologie ausgestattet ist;

(ii) $ns(^*\mathbb{R}^n) = fin(^*\mathbb{R}^n)$;

(iii) $K \subset \mathbb{R}^n$ kompakt $\iff K$ beschränkt und abgeschlossen;

(iv) $\mathbb{R}^n$ ist ein lokalkompakter, σ-kompakter Banach-Raum.

Beweis. Aus der reellen Analysis ist bekannt, daß $\| \|$ eine Norm auf $\mathbb{R}^n$ ist. Aus 24.24 folgen *(ii)* , *(iii)* und *(iv)*

(i) Sei $\mathcal{T}$ die in (i) betrachtete Produkttopologie. Um $\mathcal{T} = \mathcal{T}_{\| \|}$ zu beweisen, ist für $y \in {}^*\mathbb{R}^n, x \in \mathbb{R}^n$ zu zeigen: $y \approx_{\mathcal{T}} x \iff y \approx_{\mathcal{T}_{\| \|}} x$ (siehe 22.13 (ii)). Sei hierzu $y = \langle y_1, \ldots, y_n \rangle$ und $x = \langle x_1, \ldots, x_n \rangle$. Dann gilt:

$$y \approx_{\mathcal{T}} x \underset{22.16(i)}{\iff} y_i \approx x_i, \quad i = 1, \ldots, n \iff (y_i - x_i)^2 \approx 0, \quad i = 1, \ldots, n$$

$$\iff {}^*\|y - x\|^2 \approx 0 \iff y \approx_{\mathcal{T}_{\| \|}} x. \qquad □$$

Zum Abschluß dieses Paragraphen konstruieren wir Pseudometriken auf Funktionenräumen. Sei hierzu X_1 eine beliebige Menge und $\langle X_2, \rho_2 \rangle$ ein pseudometrischer Raum. Ist $\mathcal{M}$ ein System von Teilmengen von X_1, so nennen wir eine Folge $f_n \in X_2^{X_1}, n \in \mathbb{N}$, *gleichmäßig konvergent auf allen* $M \in \mathcal{M}$ *gegen* $f \in X_2^{X_1}$, wenn gilt:

(I) $\sup_{x \in M} \rho_2(f_n(x), f(x)) \to 0$ für alle $M \in \mathcal{M}$.

Wir zeigen in 24.28, daß sich unter der in 24.27 angegebenen Bedingung an $\mathcal{M}$ eine Metrik $\rho_{\mathcal{M}}$ auf $X_2^{X_1}$ finden läßt, welche für Folgen die gleichmäßige Konvergenz auf allen $M \in \mathcal{M}$ beschreibt, d.h. für die gilt: $\rho_{\mathcal{M}}(f_n, f) \to 0$ genau dann, wenn (I) erfüllt ist.

24.27 Endlich überdeckende Folgen

Sei $\emptyset \neq \mathcal{M} \subset \mathcal{P}(X_1)$. Wir sagen, daß $\mathcal{M}$ eine *endlich überdeckende Folge* besitzt, wenn es eine Folge $M_k \in \mathcal{M}, k \in \mathbb{N}$, gibt, so daß gilt:

$$M \in \mathcal{M} \Rightarrow (\exists n \in \mathbb{N}) M \subset \cup_{k=1}^{n} M_k.$$

Ist $\mathcal{M}$ eine höchstens abzählbare Menge, so besitzt $\mathcal{M}$ trivialerweise eine endlich überdeckende Folge. Ist $X_1 := \mathbb{R}$ und $\mathcal{M}$ das System aller beschränkten Intervalle, dann ist $M_k := [-k, k], k \in \mathbb{N}$, eine endlich überdeckende Folge.

Ist X ein lokalkompakter, σ-kompakter Raum und $\mathcal{M}$ das System aller kompakten Mengen, dann besitzt $\mathcal{M}$ eine endlich überdeckende Folge (siehe 23.15).

24.28 Eine Pseudometrik der gleichmäßigen Konvergenz auf allen Mengen $M \in \mathcal{M}$

$\mathcal{M} \subset \mathcal{P}(X_1)$ besitze eine endlich überdeckende Folge, und es sei $\langle X_2, \rho_2 \rangle$ ein pseudometrischer Raum.

Dann existiert eine Pseudometrik $\rho_{\mathcal{M}}$ auf $X_2^{X_1}$, für die gilt:

(i) $f_n \to f$ bzgl. $\mathcal{T}_{\rho_{\mathcal{M}}} \iff (\sup_{x \in M} \rho_2(f_n(x), f(x)) \longrightarrow 0$ für alle $M \in \mathcal{M})$;

(ii) Für alle $g, h \in {}^*(X_2^{X_1})$ gilt:

$$(g \approx_{\rho_{\mathcal{M}}} h \iff (g(y) \approx_{\rho_2} h(y) \text{ für alle } y \in \bigcup_{M \in \mathcal{M}} {}^*M)).$$

Ist $\bigcup_{M \in \mathcal{M}} M = X_1$ und ist ρ_2 eine Metrik, dann ist auch $\rho_{\mathcal{M}}$ eine Metrik.

Beweis. Wir werden zunächst für $M \subset X_1$ eine Pseudometrik ρ_M auf $X_2^{X_1}$ konstruieren (siehe (1)), die die gleichmäßige Konvergenz auf M beschreibt (siehe (2)). Ist dann $M_k, k \in \mathbb{N}$, eine endlich überdeckende Folge, so konstruieren wir aus den abzählbar vielen Pseudometriken $\rho_{M_k}, k \in \mathbb{N}$, auf kanonische Weise eine Pseudometrik $\rho_{\mathcal{M}}$ (siehe (5)), die unter den Zusatzbedingungen sogar eine Metrik ist (siehe (6)). Schließlich beweisen wir (i) in (7) und (ii) in (8).

Um für $M \subset X_1$ zu einer Abstandsfunktion ρ_M zu gelangen, beschränken wir die Pseudometrik ρ_2 durch 1, d.h. wir betrachten statt ρ_2 die neue Pseudometrik ρ'_2 auf X_2, die definiert ist durch:

$$\rho'_2(y,z) := \min(1, \rho_2(y,z)).$$

Mit ρ'_2 definieren wir nun eine Pseudometrik ρ_M auf $X_2^{X_1}$, die die gleichmäßige Konvergenz auf M beschreibt. Setze

$$\rho_M(f,g) := \sup_{x \in M} \rho'_2(f(x), g(x)).$$

Wir zeigen:

(1) ρ_M ist eine Pseudometrik auf $X_2^{X_1}$;

(2) $\rho_M(f_n, f) \longrightarrow 0 \iff \sup_{x \in M} \rho_2(f_n(x), f(x)) \longrightarrow 0;$

(3) $g \approx_{\rho_M} h \iff (g(y) \approx_{\rho_2} h(y)$ für alle $y \in {}^*M)$.

Zu (1): Da ρ'_2 eine Pseudometrik (≤ 1) ist, folgt sofort, daß ρ_M die Eigenschaften 24.1 (i), (ii) einer Pseudometrik erfüllt. Zum Nachweis der Dreiecksungleichung 24.1 (iii) seien $f, g, h \in X_2^{X_1}$. Dann gilt für alle $x \in M$:

$$\rho'_2(f(x), h(x)) \leq \rho'_2(f(x), g(x)) + \rho'_2(g(x), h(x)) \leq \rho_M(f,g) + \rho_M(g,h),$$

und somit ist $\rho_M(f,h) \leq \rho_M(f,g) + \rho_M(g,h)$.

Zu (2): Aus der Definition von ρ'_2 und ρ_M erhalten wir unmittelbar (2).

Zu (3): Sei $\varepsilon \in \mathbb{R}_+$ mit $\varepsilon < 1$. Transfer liefert für alle $g, h \in {}^*(X_2^{X_1})$:

(4) ${}^*\rho_M(g,h) \leq \varepsilon \iff ({}^*\rho_2(g(y), h(y)) \leq \varepsilon$ für alle $y \in {}^*M)$.

Hieraus folgt (3).

Für $f, g \in X_2^{X_1}$ setze nun

$$\rho_{\mathcal{M}}(f,g) := \sum_{k=1}^{\infty} \tfrac{1}{2^k} \rho_{M_k}(f,g).$$

Wir zeigen:

(5) $\rho_{\mathcal{M}}$ ist eine Pseudometrik auf $X_2^{X_1}$;

(6) ρ_2 Metrik, $\cup_{k=1}^{\infty} M_k = X_1 \Rightarrow \rho_{\mathcal{M}}$ Metrik;

(7) $\rho_{\mathcal{M}}$ erfüllt (i);

(8) $\rho_{\mathcal{M}}$ erfüllt (ii).

Zu (5): Nach (1) sind alle ρ_{M_k} für $k \in \mathbb{N}$ Pseudometriken auf $X_2^{X_1}$. Wegen $\rho_{M_k} \leq 1$ ist daher auch $\rho_{\mathcal{M}}$ eine Pseudometrik auf $X_2^{X_1}$.

Zu (6): Ist $\rho_{\mathcal{M}}(f,g) = 0$, so folgt $\rho_{M_k}(f,g) = 0$ für alle $k \in \mathbb{N}$. Da ρ_2 eine Metrik ist, gilt somit $f(x) = g(x)$ für alle $x \in M_k$. Da $\cup_{k=1}^{\infty} M_k = X_1$ ist, folgt $f = g$.

Zu (7): „ $\Rightarrow$ " in (i): Sei $\rho_{\mathcal{M}}(f_n, f) \underset{n \to \infty}{\longrightarrow} 0$. Dann gilt $\rho_{M_k}(f_n, f) \underset{n \to \infty}{\longrightarrow} 0$ und somit

$$\sup_{x \in M_k} \rho_2(f_n(x), f(x)) \underset{n \to \infty}{\longrightarrow} 0 \quad \text{(siehe (2))}$$

Da es zu jedem $M \in \mathcal{M}$ ein $n \in \mathbb{N}$ mit $M \subset \cup_{k=1}^{n} M_k$ gibt, folgt somit auch $\sup_{x \in M} \rho_2(f_n(x), f(x)) \underset{n\to\infty}{\longrightarrow} 0$.

„ $\Leftarrow$ " in (i): Aus (2) folgt $\rho_{M_k}(f_n, f) \underset{n\to\infty}{\longrightarrow} 0$ für jedes $k \in \mathbb{N}$. Da $\rho_{M_k} \leq 1$ ist, folgt für jedes $n_0 \in \mathbb{N}$, daß

$$\rho_{\mathcal{M}}(f_n, f) \leq \sum_{k=1}^{n_0} \tfrac{1}{2^k} \rho_{M_k}(f_n, f) + \tfrac{1}{2^{n_0}} \underset{n\to\infty}{\longrightarrow} \tfrac{1}{2^{n_0}}.$$

Mit $n_0 \to \infty$ folgt $\rho_{\mathcal{M}}(f_n, f) \underset{n\to\infty}{\longrightarrow} 0$.

Zu (8): „ $\Rightarrow$ " in (ii): Sei ${}^*\rho_{\mathcal{M}}(g, h) \approx 0$ und $k \in \mathbb{N}$. Dann ist ${}^*\rho_{M_k}(g, h) \approx 0$ (transferiere hierzu $\rho_{M_k} \leq 2^k \rho_{\mathcal{M}}$). Aus (3) folgt dann $g(y) \approx_{\rho_2} h(y)$ für alle $y \in {}^*M_k$. Da $M_k, k \in \mathbb{N}$, eine endlich überdeckende Folge ist, gilt schließlich $g(y) \approx_{\rho_2} h(y)$ für alle $y \in \cup_{M \in \mathcal{M}} {}^*M$.

„ $\Leftarrow$ " in (ii): Sei $\varepsilon \in \mathbb{R}_+, \varepsilon < 1$. Es ist ${}^*\rho_{\mathcal{M}}(g, h) \leq \varepsilon$ zu zeigen. Nach Voraussetzung folgt (benutze (4))

(9) $\qquad {}^*\rho_{M_k}(g, h) \leq \frac{\varepsilon}{2}$ für alle $k \in \mathbb{N}$.

Wähle nun $n_0 \in \mathbb{N}$ mit $\frac{1}{2^{n_0}} \leq \frac{\varepsilon}{2}$. Nach Definition von $\rho_{\mathcal{M}}$ ist dann die folgende Aussage gültig:

$$(\forall \underline{g}, \underline{h} \in X_2^{X_1})((\rho_{M_1}(\underline{g}, \underline{h}) \leq \tfrac{\varepsilon}{2} \wedge \ldots \wedge \rho_{M_{n_0}}(\underline{g}, \underline{h}) \leq \tfrac{\varepsilon}{2}) \Rightarrow \rho_{\mathcal{M}}(\underline{g}, \underline{h}) \leq \varepsilon).$$

Nach Transfer dieser Aussage erhalten wir mit (9), daß ${}^*\rho_{\mathcal{M}}(g, h) \leq \varepsilon$ ist. □

24.29 Nichtstandard-Beschreibung von Konvergenz und Häufungspunkten bzgl. $\rho_{\mathcal{M}}$

$\mathcal{M} \subset \mathcal{P}(X_1)$ besitze eine endlich überdeckende Folge, und es sei $\langle X_2, \rho_2 \rangle$ ein pseudometrischer Raum. Dann gilt für $f, f_n \in X_2^{X_1}, n \in \mathbb{N}$:

(i) f_n konvergiert gleichmäßig gegen f auf allen $M \in \mathcal{M} \Longleftrightarrow$ ${}^*f_h(y) \approx_{\rho_2} {}^*f(y)$ für *alle* $h \in {}^*\mathbb{N} - \mathbb{N}$ und alle $y \in \cup_{M \in \mathcal{M}} {}^*M$.

(ii) f_n besitzt eine Teilfolge, die gleichmäßig gegen f auf allen $M \in \mathcal{M}$ konvergiert $\Longleftrightarrow$ ${}^*f_h(y) \approx_{\rho_2} {}^*f(y)$ für *ein* $h \in {}^*\mathbb{N} - \mathbb{N}$ und alle $y \in \cup_{M \in \mathcal{M}} {}^*M$.

Beweis. *(i)* f_n konvergiert gleichmäßig gegen f auf allen $M \in \mathcal{M} \underset{24.28(i)}{\Longleftrightarrow}$ $f_n \to f$ bzgl. $\mathcal{T}_{\rho_{\mathcal{M}}} \underset{21.5(i)}{\Longleftrightarrow} ({}^*f_h \approx_{\rho_{\mathcal{M}}} {}^*f$ für alle $h \in {}^*\mathbb{N} - \mathbb{N}) \underset{24.28(ii)}{\Longleftrightarrow}$ ${}^*f_h(y) \approx_{\rho_2} {}^*f(y)$ für alle $y \in \cup_{M \in \mathcal{M}} {}^*M$ und alle $h \in {}^*\mathbb{N} - \mathbb{N}$.

(ii) Die linke Seite von (ii) ist nach 24.28 (i) äquivalent zu:

(1) Es gibt eine Teilfolge von $f_n, n \in \mathbb{N}$, die bzgl. $\mathcal{T}_{\rho_{\mathcal{M}}}$ gegen f konvergiert.

Da f bzgl. $\mathcal{T}_{\rho_{\mathcal{M}}}$ eine abzählbare Umgebungsbasis besitzt (siehe 24.6 (iii)), ist (1) äquivalent zu (siehe 21.17 (iii)):

(2) $\qquad f$ ist Häufungspunkt von $f_n, n \in \mathbb{N}$, bzgl. $\mathcal{T}_{\rho_{\mathcal{M}}}$.

Nun ist (2) äquivalent zu (siehe 21.5 (ii)):

(3) $\quad {}^*f_h \approx_{\rho_{\mathcal{M}}} {}^*f$ für ein $h \in {}^*\mathbb{N} - \mathbb{N}$,

und (3) ist äquivalent zur rechten Seite von (ii) (siehe 24.28 (ii)). Damit ist (ii) bewiesen. □

Satz 24.29 enthält als Spezialfall die Sätze 12.1, 17.3 und die Aufgabe 17.6: Für 12.1 wähle $X_1 := D$, $X_2 := \mathbb{R}$ und $\mathcal{M} := \{D\}$. Für 17.3 und Aufgabe 17.6 wähle $X_1 := X_2 := \mathbb{R}$ und $\mathcal{M} := \{I \subset \mathbb{R}: I$ beschränktes Intervall$\}$ und beachte, daß $\bigcup_{M \in \mathcal{M}} {}^*M = fin({}^*\mathbb{R})$ ist, daß $[-k,k], k \in \mathbb{N}$, eine endlich überdeckende Folge von $\mathcal{M}$ ist, und daß $\sup\limits_{x \in M} \rho_2(f(x), g(x)) = \sup\limits_{x \in M} |f(x) - g(x)|$ ist.

Nach 24.28 (i) läßt sich für Folgen die gleichmäßige Konvergenz auf allen $M \in \mathcal{M}$ durch eine Pseudometrik beschreiben, falls $\mathcal{M}$ eine endlich überdeckende Folge besitzt; auf die Voraussetzung an $\mathcal{M}$ kann dabei i.a. nicht verzichtet werden (siehe Aufgabe 6). Im allgemeinen gibt es also *keine* Pseudometrik ρ auf $X_2^{X_1}$ mit:

$$\rho(f_n, f) \to 0 \iff f_n \text{ konv. gegen } f \text{ glm. auf allen } M \in \mathcal{M}.$$

Die Frage, ob sich der Begriff der gleichmäßigen Konvergenz auf allen Mengen $M \in \mathcal{M}$ dem Konvergenzbegriff der Topologie unterordnen läßt, falls $\mathcal{M}$ keine endlich überdeckende Folge besitzt, wird in 26.2 (i) bejahend beantwortet. Es wird nämlich gezeigt, daß es eine Topologie $\mathcal{T}'$ über $X_2^{X_1}$ gibt mit:

$$f_n \longrightarrow f \text{ bzgl. } \mathcal{T}' \iff f_n \text{ konv. gegen } f \text{ glm. auf allen } M \in \mathcal{M}.$$

Für beliebige topologische Räume ist in § 23 die Menge $ns({}^*X)$ der Nahezustandard-Punkte eingeführt worden. In diesem Paragraphen sind für pseudometrische Räume zwei weitere wichtige Teilmengen von ${}^*X$ betrachtet worden, nämlich die Menge $pns({}^*X)$ der Prä-Nahezustandard-Punkte und die Menge $fin({}^*X)$ der finiten Punkte von ${}^*X$. Mit Hilfe dieser Mengen lassen sich viele topologische Eigenschaften prägnant charakterisieren, wie der folgende Überblick zeigt.

Sei $\langle X, \rho \rangle$ ein pseudometrischer Raum. Dann ist

1. $ns({}^*X) \subset pns({}^*X) \subset fin({}^*X) \subset {}^*X$;

und es gilt:

2. $ns({}^*X) = {}^*X \iff X$ kompakt;
3. $pns({}^*X) = {}^*X \iff X$ totalbeschränkt;
4. $fin({}^*X) = {}^*X \iff X$ beschränkt;
5. $ns({}^*X) = fin({}^*X) \iff$ jede abgeschlossene und beschränkte Menge ist kompakt;
6. $pns({}^*X) = fin({}^*X) \iff$ jede beschränkte Menge ist totalbeschränkt;
7. $ns({}^*X) = pns({}^*X) \iff X$ vollständig.

In § 23 war eine weitere nur durch die Topologie bestimmte Teilmenge von $^*X$ betrachtet worden, nämlich die Menge $kpt(^*X)$ der kompakten Punkte. Es ist $kpt(^*X) \subset ns(^*X)$, und Gleichheit gilt genau für die lokalkompakten Räume (siehe 23.12 und 23.13). Daher folgt mit 7.:

8. $kpt(^*X) = pns(^*X) \iff X$ ist lokalkompakt und vollständig.

Da in endlich-dimensionalen normierten Räumen $ns(^*X) = fin(^*X)$ ist, sind in solchen Räumen die kompakten Mengen genau die beschränkten und abgeschlossenen Mengen. Hieraus folgt dann auch, daß solche Räume lokal- und σ-kompakt sind.

Die Menge $pns(^*X)$ ist dann in diesem Paragraphen dazu benutzt worden, um metrische und normierte Räume zu vervollständigen. Vervollständigungen von X erhält man stets durch Äquivalenzklassenbildung in $pns(^*X)$ bzgl. der Relation des Infinitesimalbenachbartseins.

Aufgaben

Sei $\langle X, \rho \rangle$ ein beliebiger pseudometrischer Raum für die Aufgaben 1–4.

1 Man zeige, daß äquivalent sind:

(i) $\langle X, \rho \rangle$ ist vollständig.

(ii) Für jedes $y \notin ns(^*X)$ gibt es ein $r \in \mathbf{R}_+$, so daß gilt:

$^*\rho(y, {}^*x) \geq r$ für alle $x \in X$.

2 Es seien $y_n, n \in {}^*\mathbf{N}$, und $z_n, n \in {}^*\mathbf{N}$, interne Folgen in $^*X$ mit $y_n \approx_\rho z_n$ für alle $n \in \mathbf{N}$. Man zeige, daß es ein $h \in {}^*\mathbf{N} - \mathbf{N}$ mit $y_n \approx_\rho z_n$ für alle $n \leq h$ gibt.

3 Man zeige mit Nichtstandard-Methoden, daß äquivalent sind:

(i) X ist vollständig, und jede beschränkte Menge ist totalbeschränkt.

(ii) Jede abgeschlossene und beschränkte Menge ist kompakt.

4 Man beweise: $fin(^*X) = \bigcup_{B \text{ beschränkt}} {}^*B$

und widerlege: $pns(^*X) = \bigcup_{B \text{ totalbeschr.}} {}^*B$.

5 Setze $\rho(x,y) := |x - y|$ für $x, y \in \mathbf{R}$. Man zeige, daß die von dem System $\mathcal{S} := \{\{y \in \mathbf{R} : \rho(x,y) \leq \varepsilon\} : x \in \mathbf{R}, \varepsilon \in \mathbf{R}_+\}$ erzeugte Topologie die diskrete Topologie über $\mathbf{R}$ ist.

6 Sei $X_1 := \mathbf{R}, X_2 := \{0,1\}$, und sei X_2 mit der Metrik $\rho_2(x,y) := |x - y|$ versehen. Sei $\mathcal{M} := \{\{x\} : x \in X_1\}$. Man zeige, daß für Folgen die gleichmäßige Konvergenz auf allen $M \in \mathcal{M}$ nicht durch eine Pseudometrik beschreibbar ist.

§ 25 Uniforme Räume

In diesem Paragraphen sei $^*: \widehat{S} \longrightarrow \widehat{^*S}$ eine starke Nichtstandard-Einbettung.

Uniforme Räume sind Verallgemeinerungen der pseudometrischen Räume. In ihnen lassen sich wie in pseudometrischen Räumen solch zentrale Begriffe wie Totalbeschränktheit, Vollständigkeit und gleichmäßige Stetigkeit definieren. Neben den pseudometrischen Räumen werden sich z.B. auch alle kompakten Prähausdorff-Räume, alle vollständig regulären Räume und alle kommutativen topologischen Gruppen als uniforme Räume erweisen.

Die uniformen Räume sollen dadurch gekennzeichnet werden, daß in ihnen eine Relation $y \approx z$ des Infinitesimal-Benachbartseins für Punkte $y, z \in {}^*X$ erklärt ist. Eine solche Relation des Infinitesimal-Benachbartseins soll natürlich zumindest eine Äquivalenzrelation sein. Für pseudometrische Räume $\langle X, \rho \rangle$ war dieses auf sehr einfache und intuitive Weise erzielbar (siehe 24.12), nämlich durch:

- $y \approx_\rho z \Longleftrightarrow {}^*\rho(y, z) \approx 0.$

Die obige Äquivalenzrelation $\approx_\rho$ läßt sich nun in einer Form darstellen, die unmittelbar zum Begriff des uniformen Raumes führt. Wir benutzen dabei das in 21.1 (iv) eingeführte Konzept der Filtermonade. Sei hierzu für $\varepsilon \in \mathbb{R}_+$

- $D_\varepsilon := \{\langle x, y \rangle \in X \times X : \rho(x, y) < \varepsilon\},$

und setze

(I) $\quad \mathcal{U}_\rho := \{U \subset X \times X : D_\varepsilon \subset U$ für ein $\varepsilon \in \mathbb{R}_+\}$.

Dann ist $\mathcal{U}_\rho$ ein Filter über $X \times X$, und es gilt für $y, z \in {}^*X$:

(II) $\quad y \approx_\rho z \Longleftrightarrow \langle y, z\rangle \in m_{\mathcal{U}_\rho} = \bigcap_{U \in \mathcal{U}_\rho} {}^*U$.

Beweis. Es ist ${}^*D_\varepsilon \underset{7.5}{=} \{\langle y, z\rangle \in {}^*X \times {}^*X : {}^*\rho(y,z) < \varepsilon\}$, und daher gilt:

$$y \approx_\rho z \Longleftrightarrow {}^*\rho(y,z) \approx 0 \Longleftrightarrow {}^*\rho(y,z) < \varepsilon \text{ für alle } \varepsilon \in \mathbb{R}_+$$
$$\Longleftrightarrow \langle y, z\rangle \in {}^*D_\varepsilon \text{ für alle } \varepsilon \in \mathbb{R}_+ \underset{(I)}{\Longleftrightarrow} \langle y, z\rangle \in \bigcap_{U \in \mathcal{U}_\rho} {}^*U. \qquad \square$$

Alle Filter $\mathcal{U}$ über $X \times X$, die - wie der in (I) definierte spezielle Filter $\mathcal{U}_\rho$ - Filtermonaden $m_\mathcal{U}$ besitzen, die Äquivalenzrelationen sind, werden wir Uniformitäten nennen.

Man beachte im folgenden, daß jedes $U \in \mathcal{U}$ eine Teilmenge von $X \times X$ und somit eine Relation über X ist. Daher sind U^{-1} und $U \circ V$ für $U, V \in \mathcal{U}$ auch wieder Relationen über X (zur Definition der inversen Relation und der Komposition von Relationen siehe 5.11), und es ist für $B \subset X$:

$$U[B] = \{x \in X : \langle b, x\rangle \in U \text{ für ein } b \in B\}.$$

Für $x_1 \in X$ setzen wir $U[x_1] := U[\{x_1\}]$; es ist also

- $U[x_1] = \{x \in X : \langle x_1, x\rangle \in U\}$.

Sind zudem $V, W \in \mathcal{U}$, so zeigt man leicht:

$$U \circ V \circ W := (U \circ V) \circ W = U \circ (V \circ W), \quad (U \circ V)[B] = U[V[B]].$$

Ferner folgt mit 7.8 (iii) und (ii):

$$^*(U^{-1}) \underset{(iii)}{=} ({}^*U)^{-1}, \quad {}^*(U \circ V) \underset{(iii)}{=} {}^*U \circ {}^*V, \quad {}^*(U[x_1]) \underset{(ii)}{=} {}^*U[{}^*x_1].$$

Solche einfachen Rechenregeln über Relationen werden im folgenden ohne Zitat benutzt.

Für Filter $\mathcal{U}$ über $X \times X$ sind die Filtermonaden

- $m_\mathcal{U} = \bigcap_{U \in \mathcal{U}} {}^*U$

Relationen über ${}^*X$, und daher sind sowohl $m_\mathcal{U}^{-1}$ als auch $m_\mathcal{U} \circ m_\mathcal{U}$ wohldefiniert.

25.1 Uniforme Räume und Infinitesimal-Benachbartsein

Sei $\mathcal{U}$ ein Filter über $X \times X$. Für $y, z \in {}^*X$ schreiben wir

$$y \approx_\mathcal{U} z \text{ an Stelle von } \langle y, z\rangle \in m_\mathcal{U}.$$

Dann heißt $\langle X, \mathcal{U}\rangle$ ein *uniformer Raum* und $\mathcal{U}$ eine *Uniformität* für X, wenn eine der folgenden beiden äquivalenten Bedingungen erfüllt ist:

(i) $\approx_\mathcal{U}$ ist eine Äquivalenzrelation über ${}^*X$;

(ii) Für jedes $U \in \mathcal{U}$ gilt:

(α) $\Delta := \{\langle x, x\rangle : x \in X\} \subset U$,

(β) $U^{-1} \in \mathcal{U}$,

(γ) $V \circ V \subset U$ für ein $V \in \mathcal{U}$.

Ist $\langle X, \mathcal{U}\rangle$ ein uniformer Raum und $y \approx_\mathcal{U} z$, so heißt y *unendlich nahe bei* z oder *infinitesimal benachbart zu* z.

Beweis. ***(i)*** $\Rightarrow$ ***(ii)*** Sei $U \in \mathcal{U}$ fest.

(α) Für $\triangle \subset U$ reicht es, ${}^*\triangle \underset{7.5}{=} \{\langle y,y\rangle : y \in {}^*X\} \subset {}^*U$ zu zeigen. Dieses folgt wegen:

$$y \in {}^*X \Longrightarrow y \approx_{\mathcal{U}} y \Longrightarrow \langle y,y\rangle \in m_{\mathcal{U}} \subset {}^*U.$$

(β) Für $U^{-1} \in \mathcal{U}$ genügt es zu zeigen: $m_{\mathcal{U}} \subset {}^*(U^{-1})$ (siehe 21.1 (v) angewandt auf $\mathcal{F} := \mathcal{U}$). Wegen $y \approx_{\mathcal{U}} z \Longleftrightarrow z \approx_{\mathcal{U}} y$ ist $m_{\mathcal{U}} = (m_{\mathcal{U}})^{-1}$; somit gilt:

$$m_{\mathcal{U}} = (m_{\mathcal{U}})^{-1} \subset ({}^*U)^{-1} = {}^*(U^{-1}).$$

(γ) Es reicht nach dem Transfer-Prinzip zu zeigen, daß ein $V \in {}^*\mathcal{U}$ existiert mit $V \circ V \subset {}^*U$. Wir zeigen hierzu:

(1) $\quad V \subset m_{\mathcal{U}}$ für ein $V \in {}^*\mathcal{U}$;

(2) $\quad m_{\mathcal{U}} \circ m_{\mathcal{U}} \subset m_{\mathcal{U}}$;

denn dann ist $V \circ V \underset{(1)}{\subset} m_{\mathcal{U}} \circ m_{\mathcal{U}} \underset{(2)}{\subset} m_{\mathcal{U}} \subset {}^*U$.

Es gilt (1) nach 21.1 (iii) wegen $A \cap B \in \mathcal{U}$ für $A, B \in \mathcal{U}$.
Es gilt (2) wegen $(y_1 \approx_{\mathcal{U}} y_2$ und $y_2 \approx_{\mathcal{U}} y_3) \Longrightarrow y_1 \approx_{\mathcal{U}} y_3$.

(ii) $\Rightarrow$ ***(i)*** Wir beweisen:

$\approx_{\mathcal{U}}$ *ist reflexiv:* Für jedes $U \in \mathcal{U}$ gilt nach dem Transfer von (α), daß $\langle y,y\rangle \in {}^*U$ für alle $y \in {}^*X$ ist. Somit ist $\langle y,y\rangle \in m_{\mathcal{U}}$, d.h. $y \approx_{\mathcal{U}} y$ für jedes $y \in {}^*X$.

$\approx_{\mathcal{U}}$ *ist symmetrisch:* Sei $y \approx_{\mathcal{U}} z$, d.h. $\langle y,z\rangle \in m_{\mathcal{U}}$. Zu zeigen ist $\langle z,y\rangle \in m_{\mathcal{U}}$, d.h. $\langle y,z\rangle \in (m_{\mathcal{U}})^{-1}$. Dieses folgt wegen:

$$m_{\mathcal{U}} = \bigcap_{U \in \mathcal{U}} {}^*U \underset{(\beta)}{\subset} \bigcap_{U \in \mathcal{U}} {}^*(U^{-1}) = \bigcap_{U \in \mathcal{U}} ({}^*U)^{-1} = \Big(\bigcap_{U \in \mathcal{U}} {}^*U\Big)^{-1} = (m_{\mathcal{U}})^{-1}.$$

$\approx_{\mathcal{U}}$ *ist transitiv:* Nach Definition von $\approx_{\mathcal{U}}$ ist zu zeigen:

$$(\langle y_1,y_2\rangle \in m_{\mathcal{U}} \wedge \langle y_2,y_3\rangle \in m_{\mathcal{U}}) \Longrightarrow \langle y_1,y_3\rangle \in m_{\mathcal{U}}.$$

Hierzu ist $m_{\mathcal{U}} \circ m_{\mathcal{U}} \subset m_{\mathcal{U}}$ zu zeigen, d.h.

(3) $\quad m_{\mathcal{U}} \circ m_{\mathcal{U}} \subset {}^*U$ für alle $U \in \mathcal{U}$.

Sei nun $U \in \mathcal{U}$. Nach (γ) gibt es ein $V \in \mathcal{U}$ mit $V \circ V \subset U$. Daher gilt (3) wegen:

$$m_{\mathcal{U}} \circ m_{\mathcal{U}} \subset {}^*V \circ {}^*V = {}^*(V \circ V) \subset {}^*U. \qquad \square$$

Die Nichtstandard-Beschreibung für uniforme Räume in 25.1 wird sich in vielen Fällen der Standard-Beschreibung als deutlich überlegen erweisen. Sie ist intuitiver und handlicher, und sie ermöglicht häufig kürzere und durchsichtigere Beweise.

Für die Äquivalenzrelation $\approx_{\mathcal{U}}$ des Infinitesimal-Benachbartseins gilt:

- $\approx_{\mathcal{U}}$ bestimmt eindeutig den Filter $\mathcal{U}$.

Sind nämlich $\mathcal{U}_1, \mathcal{U}_2$ zwei Filter, welche die gleiche Äquivalenzrelation induzieren, so ist $m_{\mathcal{U}_1} = m_{\mathcal{U}_2}$ und daher $\mathcal{U}_1 = \mathcal{U}_2$ (siehe 21.1 (vii)).

Sei $\langle X, \rho\rangle$ ein pseudometrischer Raum. Betrachtet man den in (I) vor 25.1 definierten Filter $\mathcal{U}_\rho$ über $X \times X$, so gilt wegen (II):

$$(\forall y \in {}^*X)(\forall z \in {}^*X)(y \approx_\rho z \Longleftrightarrow y \approx_{\mathcal{U}_\rho} z).$$

Also ist $\approx_{\mathcal{U}_\rho}$ eine Äquivalenzrelation, und nach 25.1 gilt daher:

$$\langle X, \mathcal{U}_\rho \rangle \text{ ist ein uniformer Raum.}$$

Ist nun $\mathcal{T}_\rho$ die von ρ induzierte Topologie (siehe 24.2), so gilt wegen 24.12 folglich:

(III) $$(\forall y \in {}^*X)(\forall x \in X)(y \approx_{\mathcal{T}_\rho} x \Longleftrightarrow y \approx_{\mathcal{U}_\rho} {}^*x).$$

Wir werden nun jeder Uniformität $\mathcal{U}$ eine Topologie $\mathcal{T}(\mathcal{U})$ zuordnen, so daß ein Analogon zu (III) gilt, d.h.

(IV) $$(\forall y \in {}^*X)(\forall x \in X)(y \approx_{\mathcal{T}(\mathcal{U})} x \Longleftrightarrow y \approx_{\mathcal{U}} {}^*x).$$

Gibt es nun eine Topologie $\mathcal{T}(\mathcal{U})$, die (IV) erfüllt, dann gilt wegen $y \approx_{\mathcal{U}} {}^*x \Longleftrightarrow {}^*x \approx_{\mathcal{U}} y \Longleftrightarrow (\forall U \in \mathcal{U})\langle {}^*x, y\rangle \in {}^*U \Longleftrightarrow y \in \bigcap_{U \in \mathcal{U}} {}^*(U[x])$:

$$\begin{aligned} O \in \mathcal{T}(\mathcal{U}) &\underset{21.7(\mathrm{i})}{\overset{(\mathrm{IV})}{\Longleftrightarrow}} (\forall x \in O)(y \approx_{\mathcal{U}} {}^*x \Rightarrow y \in {}^*O) \\ &\Longleftrightarrow (\forall x \in O) \bigcap_{U \in \mathcal{U}} {}^*(U[x]) \subset {}^*O \\ &\underset{21.1(\mathrm{ii})}{\Longleftrightarrow} (\forall x \in O)(\exists W \in \mathcal{U}) W[x] \subset O. \end{aligned}$$

Wenn es also eine Topologie $\mathcal{T}(\mathcal{U})$ gibt, die (IV) erfüllt, dann ist notwendigerweise $\mathcal{T}(\mathcal{U})$ das System aller $O \subset X$ mit

$$x \in O \Longrightarrow W[x] \subset O \text{ für ein } W \in \mathcal{U},$$

und so werden wir $\mathcal{T}(\mathcal{U})$ daher in 25.2 wählen.

25.2 Die Topologie $\mathcal{T}(\mathcal{U})$ eines uniformen Raumes $\langle X, \mathcal{U} \rangle$

Sei $\langle X, \mathcal{U} \rangle$ ein uniformer Raum.

(i) Dann gibt es genau eine Topologie $\mathcal{T}(\mathcal{U})$ über X, so daß für alle $y \in {}^*X, x \in X$ gilt:

$$y \approx_{\mathcal{T}(\mathcal{U})} x \Longleftrightarrow y \approx_{\mathcal{U}} {}^*x.$$

(ii) Es gilt für alle $A \subset X, x \in X$:

$$A \text{ ist } \mathcal{T}(\mathcal{U})\text{-Umgebung von } x \Longleftrightarrow A = U[x] \text{ für ein } U \in \mathcal{U}.$$

Beweis. Sind $\mathcal{T}_1, \mathcal{T}_2$ zwei Topologien, für die (i) gilt, so ist $y \approx_{\mathcal{T}_1} x \Longleftrightarrow y \approx_{\mathcal{T}_2} x$. Hieraus folgt $\mathcal{T}_1 = \mathcal{T}_2$ (siehe 22.13 (ii)). Somit gibt es höchstens eine Topologie, die (i) erfüllt.

Sei nun $\mathcal{T}(\mathcal{U})$ das System aller $O \subset X$ mit

(1) $$z \in O \Longrightarrow W[z] \subset O \text{ für ein } W \in \mathcal{U}.$$

Man sieht direkt, daß $\mathcal{T}(\mathcal{U})$ eine Topologie ist. Wir zeigen zunächst (ii).

(ii) „ $\Rightarrow$ “ : Da A eine $\mathcal{T}(\mathcal{U})$-Umgebung von x ist, folgt $x \in O \subset A$ für ein $O \in \mathcal{T}(\mathcal{U})$ (siehe 21.15). Wegen (1) existiert dann ein $W \in \mathcal{U}$ mit

$W[x] \subset A$. Setze $U := W \cup (X \times A)$; dann ist $U \in \mathcal{U}$ wegen $W \subset U$, und es gilt $U[x] = A$.

„$\Leftarrow$": Es ist zu zeigen, daß $U[x]$ eine $\mathcal{T}(\mathcal{U})$-Umgebung von x ist, d.h.:

(2) $$x \in O \subset U[x] \text{ für ein } O \in \mathcal{T}(\mathcal{U}).$$

Setze hierzu

(3) $$O := \{z \in X : V[z] \subset U[x] \text{ für ein } V \in \mathcal{U}\}.$$

Dann ist $x \in O \subset U[x]$ (beachte $z \in V[z]$ nach 25.1 (ii) (α)), und für (2) bleibt $O \in \mathcal{T}(\mathcal{U})$ zu zeigen. Sei hierzu $z \in O$; zu zeigen ist nach (1):

(4) $$W[z] \subset O \text{ für ein } W \in \mathcal{U}.$$

Wegen $z \in O$ und (3) gibt es ein V mit

(5) $$V \in \mathcal{U} \text{ und } V[z] \subset U[x].$$

Wähle nun $W \in \mathcal{U}$ mit $W \circ W \subset V$ (benutze 25.1 (ii) (γ)). Dann gilt:

$$y \in W[z] \Longrightarrow W[y] \subset W[W[z]] = (W \circ W)[z] \subset V[z] \underset{(5)}{\subset} U[x] \Longrightarrow W[y] \subset U[x] \underset{(3)}{\Longrightarrow} y \in O.$$

Somit ist $W[z] \subset O$, und damit ist (4) gezeigt.

(i) Es gilt nach (ii):

$$y \approx_{\mathcal{T}(\mathcal{U})} x \underset{(ii)}{\iff} (\forall U \in \mathcal{U})(y \in {}^*(U[x]) = {}^*U[{}^*x]) \iff (\forall U \in \mathcal{U})\langle {}^*x, y\rangle \in {}^*U \iff {}^*x \approx_{\mathcal{U}} y \iff y \approx_{\mathcal{U}} {}^*x.$$ □

Die Topologie $\mathcal{T}(\mathcal{U})$ eines uniformen Raumes $\langle X, \mathcal{U}\rangle$ ist also so eingeführt, daß ein Punkt y bzgl. $\mathcal{T}(\mathcal{U})$ genau dann unendlich nahe bei x liegt, wenn y bzgl. $\mathcal{U}$ unendlich nahe bei ${}^*x$ liegt.

Für einen uniformen Raum $\langle X, \mathcal{U}\rangle$ beziehen sich topologische Begriffe stets auf die in 25.2 eingeführte Topologie $\mathcal{T}(\mathcal{U})$. Dieses führt bei pseudometrischen Räumen $\langle X, \rho\rangle$ zu keiner Zweideutigkeit, da die von ρ induzierte Topologie $\mathcal{T}_\rho$ mit der über die Uniformität $\mathcal{U}_\rho$ eingeführten Topologie $\mathcal{T}(\mathcal{U}_\rho)$ übereinstimmt, denn wegen

$$y \approx_{\mathcal{T}_\rho} x \underset{(III)}{\iff} y \approx_{\mathcal{U}_\rho} {}^*x \underset{25.2(i)}{\iff} y \approx_{\mathcal{T}(\mathcal{U}_\rho)} x$$

folgt nach 22.13 (ii):

- $\mathcal{T}_\rho = \mathcal{T}(\mathcal{U}_\rho)$.

Ein uniformer Raum wird sich nun als regulärer Raum erweisen, er ist aber in der Regel kein Hausdorff-Raum. So ist $\mathcal{U} := \{\mathbb{R} \times \mathbb{R}\}$ eine Uniformität für $\mathbb{R}$, aber $\mathcal{T}(\mathcal{U}) = \{\emptyset, \mathbb{R}\}$ (benutze 25.2 (ii)) ist nicht hausdorffsch.

25.3 Regularität uniformer Räume und ein Kriterium für „hausdorffsch"

Sei $\langle X, \mathcal{U}\rangle$ ein uniformer Raum. Dann gilt:

(i) X ist regulär und somit prähausdorffsch;

(ii) X hausdorffsch $\iff ((\langle x_1, x_2\rangle \in U \text{ für alle } U \in \mathcal{U}) \Rightarrow x_1 = x_2)$.

Beweis. Wir zeigen zunächst:

(1) $\qquad (U, V \in \mathcal{U} \wedge V \circ V \subset U) \Longrightarrow ((V[x])^b \subset U[x] \text{ für alle } x \in X),$

wobei A^b der Abschluß von $A \subset X$ bzgl. der Topologie $\mathcal{T}(\mathcal{U})$ ist. Zum Beweis von (1) sei $x_0 \in (V[x])^b$. Dann gibt es ein $y \in {}^*(V[x])$ mit $y \approx_{\mathcal{T}(\mathcal{U})} x_0$ (siehe 23.2 (i)), d.h. mit $y \approx_{\mathcal{U}} {}^*x_0$ (siehe 25.2 (i)). Also gilt $\langle {}^*x, y\rangle \in {}^*V$ und $\langle y, {}^*x_0\rangle \in {}^*V$, und es folgt $\langle {}^*x, {}^*x_0\rangle \in {}^*V \circ {}^*V \subset {}^*U$. Somit ist $\langle x, x_0\rangle \in U$, d.h. $x_0 \in U[x]$.

(i) Da reguläre Räume prähausdorffsch sind (siehe 23.11), genügt es zu zeigen, daß $\mathcal{T} := \mathcal{T}(\mathcal{U})$ regulär ist. Sei hierzu $O \in \mathcal{T}_x$. Dann ist zu zeigen (siehe 23.5 (ii)):

(2) $\qquad O_1^b \subset O \text{ für ein } O_1 \in \mathcal{T}_x.$

Wegen $O \in \mathcal{T}_x$ ist $O = U[x]$ für ein $U \in \mathcal{U}$ (siehe 25.2 (ii)). Wähle $V \in \mathcal{U}$ mit $V \circ V \subset U$. Da $V[x]$ eine Umgebung von x ist (25.2 (ii)), gibt es ein $O_1 \in \mathcal{T}_x$ mit $O_1 \subset V[x]$, und es folgt $O_1^b \subset (V[x])^b \underset{(1)}{\subset} U[x] = O$, d.h. es gilt (2).

(ii) „ $\Rightarrow$ “ : Sei $\langle x_1, x_2\rangle \in U$ (und damit $\langle {}^*x_1, {}^*x_2\rangle \in {}^*U$) für alle $U \in \mathcal{U}$. Dann ist ${}^*x_2 \approx_{\mathcal{U}} {}^*x_1$ und somit ${}^*x_2 \approx_{\mathcal{T}(\mathcal{U})} x_1$ (siehe 25.2 (i)). Wegen ${}^*x_2 \approx_{\mathcal{T}(\mathcal{U})} x_2$ folgt $x_1 = x_2$ (siehe 21.8 (iii)).

„ $\Leftarrow$ “ : Sei $y \approx_{\mathcal{T}(\mathcal{U})} x_i$ und somit $y \approx_{\mathcal{U}} {}^*x_i$ für $i = 1, 2$. Also gilt ${}^*x_1 \approx_{\mathcal{U}} {}^*x_2$, und daher ist $\langle x_1, x_2\rangle \in U$ für alle $U \in \mathcal{U}$. Somit gilt $x_1 = x_2$ nach Voraussetzung. □

Im folgenden wollen wir untersuchen, wann die Topologie $\mathcal{T}$ eines topologischen Raumes von einer Uniformität $\mathcal{U}$ herrührt, d.h. wann $\mathcal{T} = \mathcal{T}(\mathcal{U})$ ist. Solche Räume nennen wir uniformisierbar. Jede Topologie, die nicht regulär ist, liefert nach 25.3 ein Beispiel für einen topologischen Raum, der nicht uniformisierbar ist. Ist jedoch die Topologie $\mathcal{T}$ uniformisierbar, so gibt es in der Regel mehrere Uniformitäten $\mathcal{U}$ mit $\mathcal{T} = \mathcal{T}(\mathcal{U})$ (siehe hierzu auch Aufgabe 1).

25.4 Uniformisierbarkeit eines topologischen Raumes

Sei $\langle X, \mathcal{T}\rangle$ ein topologischer Raum. Dann heißt $\mathcal{T}$ *uniformisierbar*, wenn es eine Uniformität $\mathcal{U}$ mit $\mathcal{T} = \mathcal{T}(\mathcal{U})$ gibt.

Gibt es genau eine Uniformität $\mathcal{U}$ mit $\mathcal{T} = \mathcal{T}(\mathcal{U})$, dann heißt $\mathcal{T}$ *eindeutig uniformisierbar.*

Satz 25.6 wird zeigen, daß genau diejenigen kompakten Räume uniformisierbar sind, die prähausdorffsch sind. Ferner ist ein kompakter Raum - wenn er überhaupt uniformisierbar ist - auf genau eine Weise uniformisierbar. Der Beweis zeigt außerdem, daß die eindeutige Uniformität aus allen Umgebungen der Diagonalen Δ besteht, d.h. aus all denjenigen Mengen $U \subset X \times X$, zu denen es eine bzgl. der Produkttopologie offene Menge O mit $\Delta \subset O \subset U$ gibt.

Das folgende Lemma ist eine Vorbereitung für Satz 25.6.

25.5 Lemma

Sei $\langle X, \mathcal{T}\rangle$ ein kompakter Raum und $\mathcal{T}\otimes\mathcal{T}$ die Produkttopologie über $X \times X$. Dann ist

$$\mathcal{U} := \{U \subset X \times X : \Delta \subset O \subset U \text{ für ein } O \in \mathcal{T}\otimes\mathcal{T}\}$$

ein Filter, und es gilt:

$$\langle y, z\rangle \in m_{\mathcal{U}} \iff (\exists x \in X) y, z \in m_{\mathcal{T}}(x).$$

Beweis. Man sieht direkt, daß $\mathcal{U}$ ein Filter über $X \times X$ ist.

„$\Rightarrow$": Sei $\langle y, z\rangle \in m_{\mathcal{U}}$, und für jedes $x \in X$ sei indirekt $y \notin m_{\mathcal{T}}(x)$ oder $z \notin m_{\mathcal{T}}(x)$. Dann gibt es für jedes $x \in X$ ein $O_x \in \mathcal{T}_x$ mit

(1) $$y \notin {}^*O_x \text{ oder } z \notin {}^*O_x.$$

Da X kompakt ist, existieren $x_1, \ldots, x_n$ mit $X = \cup_{i=1}^n O_{x_i}$. Somit folgt $\Delta \subset \cup_{i=1}^n (O_{x_i} \times O_{x_i}) =: O \underset{22.3}{\in} \mathcal{T}\otimes\mathcal{T}$. Wegen $\langle y, z\rangle \in m_{\mathcal{U}}$ und $O \in \mathcal{U}$ ist

$$\langle y, z\rangle \in {}^*O = \cup_{i=1}^n ({}^*O_{x_i} \times {}^*O_{x_i});$$

dieses steht im Widerspruch zu (1).

„$\Leftarrow$": Seien $y, z \in m_{\mathcal{T}}(x)$ und $O \in \mathcal{T}\otimes\mathcal{T}$ mit $\Delta \subset O$, zu zeigen ist $\langle y, z\rangle \in {}^*O$. Wegen $\langle x, x\rangle \in \Delta \subset O$ gibt es nach Definition der Produkttopologie $O_1, O_2 \in \mathcal{T}_x$ mit $O_1 \times O_2 \subset O$ (siehe 22.3). Wegen $y, z \in m_{\mathcal{T}}(x)$ gilt $y \in {}^*O_1, z \in {}^*O_2$ und somit $\langle y, z\rangle \in {}^*O_1 \times {}^*O_2 \subset {}^*O$. □

25.6 Eindeutige Uniformisierbarkeit von kompakten Prähausdorff-Räumen

Sei $\langle X, \mathcal{T}\rangle$ ein kompakter topologischer Raum. Dann sind äquivalent:

(i) $\mathcal{T}$ ist prähausdorffsch;

(ii) $\mathcal{T}$ ist uniformisierbar;

(iii) $\mathcal{T}$ ist eindeutig uniformisierbar.

Für die eindeutige Uniformität $\mathcal{U}$ mit $\mathcal{T}(\mathcal{U}) = \mathcal{T}$ gilt für $y, z \in {}^*X$:

$$y \approx_{\mathcal{U}} z \iff y, z \in m_{\mathcal{T}}(x) \text{ für ein } x \in X.$$

Beweis. Es gilt *(iii)* $\Longrightarrow$ *(ii)* $\underset{25.3(i)}{\Longrightarrow}$ *(i)*.

(i) $\Rightarrow$ *(iii)* Sei $\mathcal{U}$ der Filter aus 25.5. Es genügt zu zeigen:

(1) $\mathcal{U}$ ist eine Uniformität;

(2) $\mathcal{T}(\mathcal{U}) = \mathcal{T}$;

(3) $\mathcal{T}(\mathcal{U}_1) = \mathcal{T}$ für eine Uniformität $\mathcal{U}_1 \Longrightarrow \mathcal{U}_1 = \mathcal{U}$.

Zu (1): Nach 25.1 ist zu zeigen, daß $\approx_{\mathcal{U}}$ eine Äquivalenzrelation über ${}^*X$ ist. Nun gilt nach 25.5 :

(4) $\quad y \approx_{\mathcal{U}} z \Longleftrightarrow (\exists x \in X) y, z \in m_{\mathcal{T}}(x)$,

und daher genügt es zu zeigen, daß die Mengen $m_{\mathcal{T}}(x), x \in X$, eine disjunkte Zerlegung von $^*X$ erzeugen, d.h., daß gilt:

(5) $\quad {}^*X = \bigcup_{x \in X} m_{\mathcal{T}}(x)$;

(6) $\quad m_{\mathcal{T}}(x) = m_{\mathcal{T}}(x')$ oder $m_{\mathcal{T}}(x) \cap m_{\mathcal{T}}(x') = \emptyset$ für $x, x' \in X$.

Es folgt (5), da X kompakt ist (siehe 21.7 (iii)).
Es folgt (6), da X prähausdorffsch ist (siehe 23.9 (i)).

Zu (2): Für alle $y \in {}^*X, x \in X$ gilt:

$$y \approx_{\mathcal{T}(\mathcal{U})} x \underset{25.2(\text{i})}{\Longleftrightarrow} y \approx_{\mathcal{U}} {}^*x \underset{(4)}{\Longleftrightarrow} (\exists x' \in X) y, {}^*x \in m_{\mathcal{T}}(x')$$
$$\underset{(6)}{\Longleftrightarrow} y \in m_{\mathcal{T}}(x) \Longleftrightarrow y \approx_{\mathcal{T}} x.$$

Hieraus folgt $\mathcal{T}(\mathcal{U}) = \mathcal{T}$ (benutze 22.13 (ii)).

Zu (3): Wir zeigen für $y, z \in {}^*X$:

(7) $\quad y \approx_{\mathcal{U}} z \Longleftrightarrow y \approx_{\mathcal{U}_1} z$;

dann folgt nämlich $m_{\mathcal{U}} = m_{\mathcal{U}_1}$ und somit $\mathcal{U} = \mathcal{U}_1$ (siehe 21.1 (vii)). Da X kompakt ist, gibt es ein $x \in X$ mit $z \approx_{\mathcal{T}} x$ (21.7 (iii)). Wegen $\mathcal{T} = \mathcal{T}(\mathcal{U}) = \mathcal{T}(\mathcal{U}_1)$ folgt:

(8) $\quad z \approx_{\mathcal{U}} {}^*x, \quad z \approx_{\mathcal{U}_1} {}^*x$

(siehe 25.2 (i)). Somit erhält man (7) aus

$$y \approx_{\mathcal{U}} z \underset{(8)}{\Longleftrightarrow} (y \approx_{\mathcal{U}} {}^*x \wedge z \approx_{\mathcal{U}} {}^*x) \underset{25.2(\text{i})}{\Longleftrightarrow} (y \approx_{\mathcal{T}} x \wedge z \approx_{\mathcal{T}} x)$$
$$\underset{25.2(\text{i})}{\Longleftrightarrow} (y \approx_{\mathcal{U}_1} {}^*x \wedge z \approx_{\mathcal{U}_1} {}^*x) \underset{(8)}{\Longleftrightarrow} y \approx_{\mathcal{U}_1} z.$$

Der Zusatz folgt aus (1), (2) und (4). □

Mit 25.6 läßt sich folgern, daß es uniforme Räume $\langle X, \mathcal{U} \rangle$ gibt, die nicht von einer Pseudometrik induziert werden, d.h. für die es keine Pseudometrik ρ mit $\mathcal{U} = \mathcal{U}_\rho$ gibt: So ist $X := \{0,1\}^{\mathbb{R}}$ versehen mit der Produkttopologie $\mathcal{T}$ ein kompakter Hausdorff-Raum, der nicht folgenkompakt ist (siehe Aufgabe 7 von § 22). Gäbe es eine Pseudometrik ρ, welche die nach 25.6 eindeutig bestimmte Uniformität $\mathcal{U}$ mit $\mathcal{T} = \mathcal{T}(\mathcal{U})$ induzieren würde, so wäre $\mathcal{U} = \mathcal{U}_\rho$ und daher $\mathcal{T} = \mathcal{T}(\mathcal{U}_\rho) = \mathcal{T}_\rho$ im Widerspruch dazu, daß dann X als kompakter pseudometrischer Raum folgenkompakt sein müßte (siehe 24.6 (v)).

Für Abbildungen eines uniformen Raumes X_1 in einen uniformen Raum X_2 läßt sich nun der Begriff der gleichmäßigen Stetigkeit formal analog wie für Abbildungen von $\mathbb{R}$ nach $\mathbb{R}$ einführen. Eine Abbildung f heißt gleichmäßig stetig, wenn $^*f$ infinitesimal benachbarte Punkte von $^*X_1$ auf infinitesimal benachbarte Punkte von $^*X_2$ abbildet.

25.7 Gleichmäßige Stetigkeit

Seien $\langle X_1, \mathcal{U}_1\rangle, \langle X_2, \mathcal{U}_2\rangle$ uniforme Räume. Eine Abbildung $f: X_1 \to X_2$ heißt $\mathcal{U}_1, \mathcal{U}_2$-*gleichmäßig stetig*, wenn eine der äquivalenten Bedingungen erfüllt ist:

(i) $(\forall y_1, y_1' \in {}^*X_1)(y_1 \approx_{\mathcal{U}_1} y_1' \Rightarrow {}^*f(y_1) \approx_{\mathcal{U}_2} {}^*f(y_1'))$.

(ii) Für alle $U_2 \in \mathcal{U}_2$ gibt es ein $U_1 \in \mathcal{U}_1$, so daß gilt:

$$\langle x_1, x_1'\rangle \in U_1 \Rightarrow \langle f(x_1), f(x_1')\rangle \in U_2.$$

Beweis. ***(i) ⇒ (ii)*** Sei $U_2 \in \mathcal{U}_2$ gegeben, dann gilt wegen (i):

(1) $$y_1 \approx_{\mathcal{U}_1} y_1' \Rightarrow \langle {}^*f(y_1), {}^*f(y_1')\rangle \in {}^*U_2.$$

Nun gibt es ein $V \in {}^*\mathcal{U}_1$ mit $V \subset m_{\mathcal{U}_1}$ (siehe 21.1 (iii)). Daher gilt nach (1):

$$(\exists \underline{U}_1 \in {}^*\mathcal{U}_1)(\forall \underline{y}_1, \underline{y}_1' \in {}^*X_1)(\langle \underline{y}_1, \underline{y}_1'\rangle \in \underline{U}_1 \Rightarrow \langle {}^*f \upharpoonright \underline{y}_1, {}^*f \upharpoonright \underline{y}_1'\rangle \in {}^*U_2).$$

Das Transfer-Prinzip liefert nun das gesuchte U_1 von (ii).

(ii) ⇒ (i) Sei $y_1 \approx_{\mathcal{U}_1} y_1'$, und sei $U_2 \in \mathcal{U}_2$ gegeben. Es ist zu zeigen:

(2) $$\langle {}^*f(y_1), {}^*f(y_1')\rangle \in {}^*U_2.$$

Wähle zu U_2 ein U_1 gemäß (ii), so daß gilt:

$$(\forall \underline{y}_1, \underline{y}_1' \in X_1)(\langle \underline{y}_1, \underline{y}_1'\rangle \in U_1 \Rightarrow \langle f \upharpoonright \underline{y}_1, f \upharpoonright \underline{y}_1'\rangle \in U_2).$$

Der Transfer dieser Aussage liefert:

(3) $$\langle y_1, y_1'\rangle \in {}^*U_1 \Rightarrow \langle {}^*f(y_1), {}^*f(y_1')\rangle \in {}^*U_2.$$

Wegen $y_1 \approx_{\mathcal{U}_1} y_1'$ ist $\langle y_1, y_1'\rangle \in {}^*U_1$, und somit folgt (2) aus (3). □

Aus der Nichtstandard-Form der Definition der gleichmäßigen Stetigkeit folgt, daß jede gleichmäßig stetige Abbildung stetig ist. Die Umkehrung gilt natürlich im allgemeinen nicht; sie gilt jedoch, wie der folgende Satz zeigt, für kompakte Urbildräume.

25.8 Gleichmäßige Stetigkeit von stetigen Abbildungen kompakter Räume

Sei $\langle X_1, \mathcal{U}_1\rangle$ ein kompakter uniformer Raum und $\langle X_2, \mathcal{U}_2\rangle$ ein uniformer Raum. Dann gilt:

$$f: X_1 \to X_2 \text{ stetig } \Rightarrow f \text{ gleichmäßig stetig.}$$

Beweis. Zu zeigen ist nach 25.7 für $y_1, y_1' \in {}^*X_1$:

$$y_1 \approx_{\mathcal{U}_1} y_1' \Rightarrow {}^*f(y_1) \approx_{\mathcal{U}_2} {}^*f(y_1').$$

Da X_1 $\mathcal{T}(\mathcal{U}_1)$-kompakt ist, gibt es zu y_1 ein $x_1 \in X_1$ mit $y_1 \approx_{\mathcal{T}(\mathcal{U}_1)} x_1$. Also ist $y_1 \approx_{\mathcal{U}_1} {}^*x_1$ (siehe 25.2 (i)), und es gilt:

$$
\begin{aligned}
y_1 \approx_{\mathcal{U}_1} y_1' &\Rightarrow y_1 \approx_{\mathcal{U}_1} {}^*x_1 \ \wedge\ y_1' \approx_{\mathcal{U}_1} {}^*x_1 \\
&\underset{25.2(\mathrm{i})}{\Longrightarrow} y_1 \approx_{\mathcal{T}(\mathcal{U}_1)} x_1 \ \wedge\ y_1' \approx_{\mathcal{T}(\mathcal{U}_1)} x_1 \\
&\underset{f\ \text{stetig}}{\Longrightarrow} {}^*f(y_1) \approx_{\mathcal{T}(\mathcal{U}_2)} f(x_1) \ \wedge\ {}^*f(y_1') \approx_{\mathcal{T}(\mathcal{U}_2)} f(x_1) \\
&\underset{25.2(\mathrm{i})}{\Longrightarrow} {}^*f(y_1) \approx_{\mathcal{U}_2} {}^*(f(x_1)) \ \wedge\ {}^*f(y_1') \approx_{\mathcal{U}_2} {}^*(f(x_1)) \\
&\Rightarrow {}^*f(y_1) \approx_{\mathcal{U}_2} {}^*f(y_1').
\end{aligned}
$$
□

Wir werden nun den Begriff der initialen Uniformität in Analogie zum Begriff der initialen Topologie einführen. Hierzu erweist sich das folgende Lemma als nützlich.

25.9 Lemma

Sei Z eine nicht-leere Menge und $\emptyset \neq \mathcal{C} \subset \mathcal{P}(Z)$ ein System mit nicht-leeren endlichen Durchschnitten. Dann ist

$$\mathcal{V} := \{V \subset Z : \cap_{C \in \mathcal{C}_0} C \subset V \text{ für ein endliches } \emptyset \neq \mathcal{C}_0 \subset \mathcal{C}\}$$

der kleinste $\mathcal{C}$ umfassende Filter, und es gilt:

$$m_{\mathcal{V}} = \bigcap_{C \in \mathcal{C}} {}^*C.$$

Es heißt $\mathcal{V}$ der *von* $\mathcal{C}$ *erzeugte Filter.*

Beweis. Es ist $\emptyset \notin \mathcal{V}$, da $\mathcal{C}$ ein System mit nicht-leeren endlichen Durchschnitten ist. Die weiteren Filtereigenschaften von $\mathcal{V}$ und der Rest der Behauptung folgen unmittelbar aus der Definition von $\mathcal{V}$. □

Sind $\varphi_i : X \to X_i$ $\mathcal{U},\mathcal{U}_i$-gleichmäßig stetig für $i \in I$, dann folgt mit Hilfe von 25.7 (ii):

$$\{\langle x,y\rangle \in X \times X : \langle \varphi_i(x), \varphi_i(y)\rangle \in U_i\} \in \mathcal{U} \quad \text{für } U_i \in \mathcal{U}_i, i \in I.$$

Diese Feststellung führt im folgenden Satz zur Konstruktion der initialen Uniformität.

25.10 Initiale Uniformität

Seien $\langle X_i, \mathcal{U}_i\rangle$ uniforme Räume für $i \in I$. Sei X eine nicht-leere Menge, und seien $\varphi_i : X \to X_i$ Abbildungen für $i \in I$.

Dann gibt es eine kleinste Uniformität $\mathcal{U}$ für X, bzgl. der alle Abbildungen φ_i $\mathcal{U}$, $\mathcal{U}_i$-gleichmäßig stetig sind. $\mathcal{U}$ heißt die *initiale Uniformität* für X bzgl. $\varphi_i, i \in I$. Es gilt:

(i) $(\forall y, z \in {}^*X)(y \approx_{\mathcal{U}} z \iff (\forall i \in I)\, {}^*\varphi_i(y) \approx_{\mathcal{U}_i} {}^*\varphi_i(z))$.

(ii) $\mathcal{T}(\mathcal{U})$ ist die initiale Topologie bzgl. φ_i, $i \in I$.

(iii) $\mathcal{U}$ ist der vom System

$$\mathcal{C} := \{\{\langle x,y\rangle \in X \times X : \langle \varphi_i(x), \varphi_i(y)\rangle \in U_i\} : U_i \in \mathcal{U}_i, i \in I\}$$

erzeugte Filter.

Beweis. Da $\langle x,x\rangle$ in jeder Menge von $\mathcal{C}$ liegt (benutze $\langle \varphi_i(x),\varphi_i(x)\rangle \in U_i$), ist $\mathcal{C}$ ein System mit nicht-leeren endlichen Durchschnitten und erzeugt daher nach 25.9 einen Filter $\mathcal{U}$. Dann gilt nach Definition von $\mathcal{C}$ für $y,z \in {}^*X$:

$$y \approx_{\mathcal{U}} z \iff \langle y,z\rangle \in m_{\mathcal{U}} \underset{25.9}{\iff} (\langle y,z\rangle \in {}^*C \text{ für alle } C \in \mathcal{C})$$
$$\underset{7.5}{\iff} (\langle {}^*\varphi_i(y), {}^*\varphi_i(z)\rangle \in {}^*U_i \text{ für alle } U_i \in \mathcal{U}_i, i \in I)$$
$$\iff ({}^*\varphi_i(y) \approx_{\mathcal{U}_i} {}^*\varphi_i(z) \text{ für alle } i \in I).$$

Hieraus folgt, daß $\approx_{\mathcal{U}}$ eine Äquivalenzrelation ist (da alle $\approx_{\mathcal{U}_i}$ Äquivalenzrelationen sind), und somit ist $\mathcal{U}$ eine Uniformität (siehe 25.1). Diese Uniformität $\mathcal{U}$ erfüllt (i), und alle φ_i sind $\mathcal{U},\mathcal{U}_i$-gleichmäßig stetig (benutze 25.7 (i)).
Wir zeigen als nächstes, daß $\mathcal{U}$ die kleinste Uniformität ist, bzgl. der alle φ_i $\mathcal{U},\mathcal{U}_i$-gleichmäßig stetig sind. Sei hierzu $\mathcal{U}'$ eine weitere Uniformität, bzgl. der alle φ_i $\mathcal{U}',\mathcal{U}_i$-gleichmäßig stetig sind. Es ist $\mathcal{U} \subset \mathcal{U}'$ zu zeigen. Nun gilt:

$$\langle y,z\rangle \in m_{\mathcal{U}'} \underset{25.7(\mathrm{i})}{\Longrightarrow} {}^*\varphi_i(y) \approx_{\mathcal{U}_i} {}^*\varphi_i(z), i \in I \underset{(\mathrm{i})}{\Longrightarrow} \langle y,z\rangle \in m_{\mathcal{U}};$$

daher ist $m_{\mathcal{U}'} \subset m_{\mathcal{U}}$, und es folgt $\mathcal{U} \subset \mathcal{U}'$ nach 21.1 (vi). Es bleibt somit nur noch (ii) zu zeigen.

(ii) Es bezeichne $\mathcal{T}$ die initiale Topologie bzgl. aller $\varphi_i, i \in I$ (siehe 22.5). Dann gilt für $y \in {}^*X, x \in X$:

$$y \approx_{\mathcal{T}(\mathcal{U})} x \underset{25.2(\mathrm{i})}{\iff} y \approx_{\mathcal{U}} {}^*x \underset{(\mathrm{i})}{\iff} ({}^*\varphi_i(y) \approx_{\mathcal{U}_i} {}^*(\varphi_i(x)) \text{ für alle } i \in I)$$
$$\underset{25.2(\mathrm{i})}{\iff} ({}^*\varphi_i(y) \approx_{\mathcal{T}(\mathcal{U}_i)} \varphi_i(x) \text{ für alle } i \in I) \underset{22.6}{\iff} y \approx_{\mathcal{T}} x.$$

Hieraus folgt $\mathcal{T}(\mathcal{U}) = \mathcal{T}$ (benutze 22.13 (ii)). □

Sei $\langle X,\mathcal{T}\rangle$ ein topologischer linearer Raum und X' der topologische Dualraum von X (siehe 22.18). Dann ist die schwach'-Topologie von X' uniformisierbar, und zwar durch die initiale Uniformität für X' bzgl. aller Abbildungen $\varphi_x : X' \to \mathbb{R}, x \in X$, wobei $\varphi_x(f) := f(x)$ gesetzt ist (benutze 22.18 und 25.10).

Als Anwendung der initialen Uniformität erhalten wir den folgenden Uniformisierungssatz für vollständig reguläre Räume.

25.11 Vollständig reguläre Räume sind uniformisierbar

Sei $\langle X,\mathcal{T}\rangle$ ein vollständig regulärer Raum und $\mathcal{U}$ die initiale Uniformität bzgl. aller stetigen Funktionen $\varphi: X \to [0,1]$.

Dann gilt: $\mathcal{T} = \mathcal{T}(\mathcal{U})$.

Beweis. Nach 25.10 (ii) ist $\mathcal{T}(\mathcal{U})$ die initiale Topologie bzgl. aller stetigen Funktionen $\varphi: X \to [0,1] \subset \mathbb{R}$ (hierbei sei $\mathbb{R}$ mit der von der kanonischen Metrik herrührenden Uniformität versehen). Da $\langle X,\mathcal{T}\rangle$ vollständig regulär ist, folgt $\mathcal{T} = \mathcal{T}(\mathcal{U})$ (siehe 22.14 (ii)). □

Wir wollen darauf hinweisen, daß in 25.11 auch die Umkehrung gilt, d.h. für jeden uniformen Raum $\langle X,\mathcal{U}\rangle$ ist $\mathcal{T}(\mathcal{U})$ vollständig regulär (siehe Preuß (1975),

Seite 353, Satz 9.4.4). Dieses Ergebnis werden wir jedoch im weiteren nicht verwenden.

Durch Spezialisierung der initialen Uniformität erhalten wir nun die Teilraum- und die Produktuniformität. Die Teilraumuniformität wird analog zur Teilraumtopologie eingeführt; sie erweist sich dann als spezielle initiale Uniformität.

25.12 Teilraumuniformität

Sei $\langle X, \mathcal{U}\rangle$ ein uniformer Raum und $\emptyset \neq X_0 \subset X$. Dann ist

$$\mathcal{U}_{X_0} := \{U \cap (X_0 \times X_0) : U \in \mathcal{U}\}$$

eine Uniformität für X_0, die sogenannte *Teilraumuniformität* für X_0. Es gilt:

(i) $y_0 \approx_{\mathcal{U}_{X_0}} y_0' \Longleftrightarrow y_0 \approx_{\mathcal{U}} y_0' \quad (y_0, y_0' \in {}^*X_0)$;

(ii) $\mathcal{T}(\mathcal{U}_{X_0})$ ist die Teilraumtopologie von $\mathcal{T}(\mathcal{U})$ über X_0;

(iii) $\mathcal{U}_{X_0}$ ist die initiale Uniformität bzgl. der Inklusionsabbildung i_{X_0} von X_0 in X.

Beweis. Die initiale Uniformität bzgl. i_{X_0} ist der vom System

$$\{\{\langle x,y\rangle \in X_0 \times X_0 : \langle x,y\rangle \in U\} : U \in \mathcal{U}\} = \mathcal{U}_{X_0}$$

erzeugte Filter (wende 25.10 (iii) an auf $X := X_0$, $X_i := X$, $\mathcal{U}_i := \mathcal{U}$, $\varphi_i := i_{X_0}$). Da $\mathcal{U}_{X_0}$ schon ein Filter (über $X_0 \times X_0$) ist, folgt, daß $\mathcal{U}_{X_0}$ eine Uniformität ist, und daß *(iii)* gilt.

(i) folgt aus (iii) und 25.10 (i) (beachte ${}^*i_{X_0}(y) = y$ für alle $y \in {}^*X_0$).

(ii) Für alle $y_0 \in {}^*X_0, x_0 \in X_0$ gilt:

$$\begin{aligned} y_0 \approx_{\mathcal{T}(\mathcal{U}_{X_0})} x_0 &\underset{25.2(\mathrm{i})}{\Longleftrightarrow} y_0 \approx_{\mathcal{U}_{X_0}} {}^*x_0 \underset{(\mathrm{i})}{\Longleftrightarrow} y_0 \approx_{\mathcal{U}} {}^*x_0 \\ &\underset{25.2(\mathrm{i})}{\Longleftrightarrow} y_0 \approx_{\mathcal{T}(\mathcal{U})} x_0 \underset{21.14(\mathrm{iii})}{\Longleftrightarrow} y_0 \approx_{(\mathcal{T}(\mathcal{U}))_{X_0}} x_0, \end{aligned}$$

und daher folgt $\mathcal{T}(\mathcal{U}_{X_0}) = (\mathcal{T}(\mathcal{U}))_{X_0}$ nach 22.13 (ii). □

Als weitere Spezialisierung der initialen Uniformität erhalten wir die Produktuniformität. Wie schon bei der Einführung der Produkttopologie setzen wir $\bigcup_{i\in I} X_i \in \widehat{S}$ und der einfachen Formulierung wegen $I \subset S$ voraus.

25.13 Produktuniformität für $\prod_{i\in I} X_i$

Seien $\langle X_i, \mathcal{U}_i\rangle$ uniforme Räume für $i \in I$. Die initiale Uniformität $\mathcal{U}$ für $\prod_{i\in I} X_i$ bzgl. der Projektionsabbildungen $\pi_i, i \in I$, heißt die *Produktuniformität*. Es gilt für $y, z \in {}^*(\prod_{i\in I} X_i)$:

(i) $y \approx_{\mathcal{U}} z \Longleftrightarrow (\forall i \in I) y(i) \approx_{\mathcal{U}_i} z(i)$;

(ii) $\mathcal{T}(\mathcal{U})$ ist die Produkttopologie über $\prod_{i\in I} X_i$.

Beweis. Wegen ${}^*\pi_i(y) = y(i), {}^*\pi_i(z) = z(i)$ für $i \in I$ folgt (i) aus 25.10 (i). Nach 25.10 (ii) ist $\mathcal{T}(\mathcal{U})$ die initiale Topologie bzgl. $\pi_i, i \in I$, d.h. $\mathcal{T}(\mathcal{U})$ ist die Produkttopologie (siehe 22.9 (ii)). □

Wir schließen diesen Paragraphen mit einem Uniformisierungssatz für topologische Gruppen.

Man nennt $\langle X, +, \mathcal{T}\rangle$ eine *kommutative topologische Gruppe,* wenn $\langle X, +\rangle$ eine kommutative Gruppe und $\mathcal{T}$ eine Topologie über X ist, so daß die folgenden beiden Abbildungen stetig sind:

$$X \times X \ni \langle x_1, x_2\rangle \to x_1 + x_2 \in X;$$
$$X \ni x \to -x \in X;$$

dabei ist $X \times X$ mit der Produkttopologie versehen.
Jeder topologische lineare Raum ist bzgl. seiner Addition $+$ eine kommutative topologische Gruppe (siehe 22.17).

Wir zeigen jetzt, daß es für jede kommutative topologische Gruppe genau eine Uniformisierung $\mathcal{U}$ gibt, für welche die Addition gleichmäßig stetig ist, d.h.:

(I) $\quad +: X \times X \to X$ ist $\mathcal{U} \otimes \mathcal{U}, \mathcal{U}$-gleichmäßig stetig,

wobei $\mathcal{U}\otimes\mathcal{U}$ die Produktuniformität der uniformen Räume $\langle X_i, \mathcal{U}_i\rangle = \langle X, \mathcal{U}\rangle$, $i = 1, 2$, ist.

Die Bedingung (I) ist äquivalent dazu, daß für $y_i, z_i \in {}^*X$ gilt:

*(I) $\quad y_i \approx_{\mathcal{U}} z_i, i = 1, 2 \quad \Longrightarrow \quad y_1 \,{}^*\!+ y_2 \approx_{\mathcal{U}} z_1 \,{}^*\!+ z_2$

(benutze hierzu 25.13 (i) und 25.7).

25.14 Kommutative topologische Gruppen sind „eindeutig“ uniformisierbar

Sei $\langle X, +, \mathcal{T}\rangle$ eine kommutative topologische Gruppe. Dann existiert eine eindeutig bestimmte Uniformisierung $\mathcal{U}$ von $\mathcal{T}$, so daß die Addition gleichmäßig stetig ist.

Für diese Uniformität $\mathcal{U}$ gilt für alle $y, z \in {}^*X$:

$$y \approx_{\mathcal{U}} z \iff y - z \approx_{\mathcal{T}} 0.$$

Beweis. Es ist $\langle {}^*X, {}^*+\rangle$ eine kommutative Gruppe (siehe 7.11 (ii)). Für ${}^*+$ schreiben wir wieder $+$; die Inversenbildung in X und ${}^*X$ bezeichnen wir mit $-$.

Wir zeigen als erstes, daß eine Uniformität $\mathcal{U}$ für X existiert mit

(1) $\quad y \approx_{\mathcal{U}} z \iff y - z \approx_{\mathcal{T}} 0 \quad (y, z \in {}^*X).$

Man definiere hierzu eine Relation $\approx$ über ${}^*X$ vermöge

$$y \approx z \iff y - z \approx_{\mathcal{T}} 0;$$

dann reicht es nach 25.1 zu zeigen:

(2) $\approx$ ist eine Äquivalenzrelation;

(3) es gibt einen Filter $\mathcal{U}$ über $X \times X$ mit: $\langle y, z\rangle \in m_{\mathcal{U}} \Longleftrightarrow y \approx z$.

Zu (2): Es gilt $y \approx y$ wegen $y - y = {}^*0 \approx_{\mathcal{T}} 0$.
Sei $y_1 \approx y_2$, d.h. $y_1 - y_2 \approx_{\mathcal{T}} 0$. Da $x \to -x$ stetig ist, folgt

$$y_2 - y_1 = -(y_1 - y_2) \approx_{\mathcal{T}} 0,$$

d.h. es ist $y_2 \approx y_1$.
Seien $y_1 \approx y_2$ und $y_2 \approx y_3$, d.h. $y_1 - y_2 \approx_{\mathcal{T}} 0$ und $y_2 - y_3 \approx_{\mathcal{T}} 0$. Aus der Stetigkeit der Addition folgt somit

$$y_1 - y_3 = (y_1 - y_2) + (y_2 - y_3) \approx_{\mathcal{T}} 0 + 0 = 0,$$

d.h. es ist $y_1 \approx y_3$. Damit ist (2) gezeigt.

Zu (3): Es sei $\mathcal{T}_0 := \{T \in \mathcal{T} : 0 \in T\}$ und

(4) $$\mathcal{U} := \{U \subset X \times X : T_- \subset U \text{ für ein } T \in \mathcal{T}_0\}$$

mit $T_- := \{\langle x_1, x_2\rangle \in X \times X : x_1 - x_2 \in T\}$. Man zeigt leicht, daß $\mathcal{U}$ ein Filter über $X \times X$ ist, benutze hierzu:

$$\langle 0, 0\rangle \in T_- \text{ für } T \in \mathcal{T}_0; \quad S, T \in \mathcal{T}_0 \Rightarrow S \cap T \in \mathcal{T}_0; \quad (S \cap T)_- \subset S_- \cap T_-.$$

Nun gilt:

(5) $$^*T_- \underset{7.5}{=} \{\langle y, z\rangle \in {}^*X \times {}^*X : y - z \in {}^*T\},$$

und daher folgt für alle $y, z \in {}^*X$:

$$\langle y, z\rangle \in m_{\mathcal{U}} \Longleftrightarrow (\langle y, z\rangle \in {}^*U \text{ für alle } U \in \mathcal{U}) \underset{(4)}{\Longleftrightarrow} (\langle y, z\rangle \in {}^*T_- \text{ für alle } T \in \mathcal{T}_0)$$
$$\underset{(5)}{\Longleftrightarrow} (y - z \in {}^*T \text{ für alle } T \in \mathcal{T}_0) \Longleftrightarrow y - z \approx_{\mathcal{T}} 0$$
$$\Longleftrightarrow y \approx z.$$

Also sind (2) und (3) bewiesen; d.h. es gibt eine Uniformität $\mathcal{U}$, die (1) erfüllt. Es bleibt nun noch zu zeigen:

(6) $\mathcal{T}(\mathcal{U}) = \mathcal{T}$.

(7) $+ : X \times X \to X$ ist $\mathcal{U} \otimes \mathcal{U}, \mathcal{U}$-gleichmäßig stetig.

(8) Ist $\mathcal{U}_1$ eine Uniformität mit $\mathcal{T}(\mathcal{U}_1) = \mathcal{T}$ und ist $+$ $\mathcal{U}_1 \otimes \mathcal{U}_1, \mathcal{U}_1$-gleichmäßig stetig, so ist $\mathcal{U}_1 = \mathcal{U}$.

Zu (6): Wegen der Stetigkeit der Addition erhalten wir:

$$y \approx_{\mathcal{T}} x \Longleftrightarrow y - {}^*x \approx_{\mathcal{T}} 0 \underset{(1)}{\Longleftrightarrow} y \approx_{\mathcal{U}} {}^*x \underset{25.2(\mathrm{i})}{\Longleftrightarrow} y \approx_{\mathcal{T}(\mathcal{U})} x.$$

Hieraus folgt $\mathcal{T} = \mathcal{T}(\mathcal{U})$ nach 22.13 (ii).

Zu (7): Seien $y_i \approx_{\mathcal{U}} z_i, i = 1, 2$. Zu zeigen ist nach den Vorüberlegungen zu diesem Satz (siehe *(I)), daß $y_1 + y_2 \approx_{\mathcal{U}} z_1 + z_2$ ist. Dieses folgt aus:

$$y_i \approx_{\mathcal{U}} z_i,\ i = 1, 2 \underset{(1)}{\Longrightarrow} y_i - z_i \approx_{\mathcal{T}} 0,\ i = 1, 2 \underset{+\text{ stetig}}{\Longrightarrow} (y_1 - z_1) + (y_2 - z_2) \approx_{\mathcal{T}} 0$$
$$\underset{(1)}{\Longrightarrow} y_1 + y_2 \approx_{\mathcal{U}} z_1 + z_2.$$

Zu (8): Für $\mathcal{U}_1 = \mathcal{U}$ reicht es, $m_{\mathcal{U}_1} = m_{\mathcal{U}}$ zu zeigen (siehe 21.1 (vii)); es ist also nachzuweisen:

(9) $$y \approx_{\mathcal{U}_1} z \iff y \approx_{\mathcal{U}} z \quad (y, z \in {}^*X).$$

Aus der $\mathcal{U}_1 \otimes \mathcal{U}_1, \mathcal{U}_1$-gleichmäßigen Stetigkeit der Addition erhalten wir wegen $z \approx_{\mathcal{U}_1} z$ und $-z \approx_{\mathcal{U}_1} -z$

(10) $$y - z \approx_{\mathcal{U}_1} {}^*0 \iff y \approx_{\mathcal{U}_1} z.$$

Nun ist $\mathcal{T} = \mathcal{T}(\mathcal{U}_1)$ nach Voraussetzung, und (9) folgt aus

$$y \approx_{\mathcal{U}_1} z \underset{(10)}{\iff} y - z \approx_{\mathcal{U}_1} {}^*0 \underset{25.2(\mathrm{i})}{\iff} y - z \approx_{\mathcal{T}(\mathcal{U}_1)} 0 \iff y - z \approx_{\mathcal{T}} 0 \underset{(1)}{\iff} y \approx_{\mathcal{U}} z.$$ □

Die Ergebnisse dieses Paragraphen zeigen insbesondere, daß die Nichtstandard-Theorie häufig in naheliegender und intuitiver Weise Uniformisierungen vorgegebener Topologien ermöglicht:

In 25.6 ergab sich die Uniformisierung eines kompakten Prähausdorff-Raumes $\langle X, \mathcal{T} \rangle$ dadurch, daß man genau die Punkte $y, z \in {}^*X$ als infinitesimal benachbart erklärte, die in derselben $\mathcal{T}$-Monade eines Punktes liegen.

In 25.11 ergab sich die Uniformisierung eines vollständig regulären Raumes dadurch, daß man genau die Punkte $y, z \in {}^*X$ als infinitesimal benachbart erklärte, für die ${}^*\varphi(y)$ und ${}^*\varphi(z)$ für jede stetige Funktion $\varphi: X \to [0,1]$ infinitesimal benachbart sind.

In 25.14 schließlich ergab sich die Uniformisierung einer kommutativen topologischen Gruppe dadurch, daß man genau die Punkte $y, z \in {}^*X$ als infinitesimal benachbart erklärte, für die $y - z$ bzgl. der vorliegenden Topologie infinitesimal benachbart zu 0 ist.

Aufgaben

1 Man gebe zwei verschiedene Uniformisierungen der diskreten Topologie über $\mathbb{R}$ an.

2 Man gebe eine Menge X und eine Äquivalenzrelation über ${}^*X$ an, die von keinem Filter über $X \times X$ herrührt.

3 Sei $\langle X, \mathcal{U} \rangle$ ein uniformer Raum. Man zeige: Jedes $U \in \mathcal{U}$ ist eine Umgebung der Diagonale, d.h. es gibt ein $O \in \mathcal{T}(\mathcal{U}) \otimes \mathcal{T}(\mathcal{U})$ mit $\triangle \subset O \subset U$.

4 Man zeige: Ist $f: X \to Y$ $\mathcal{U}, \mathcal{V}$-, und ist $g: Y \to Z$ $\mathcal{V}, \mathcal{W}$-gleichmäßig stetig, so ist $g \circ f: X \to Z$ $\mathcal{U}, \mathcal{W}$-gleichmäßig stetig.

5 Seien $X, X_1, \ldots, X_n$ uniforme Räume und $f_i: X \to X_i$ Funktionen für $i = 1, \ldots, n$. Sei ferner $f: X \to X_1 \times \ldots \times X_n$ definiert durch $f(x) := \langle f_1(x), \ldots, f_n(x) \rangle$, und $X_1 \times \ldots \times X_n$ versehen mit der Produktuniformität. Zeige, daß f genau dann gleichmäßig stetig ist, wenn alle f_i gleichmäßig stetig sind.

6 Seien $\langle X_i, +_i, \mathcal{T}_i \rangle$ für $i = 1, 2$ kommutative topologische Gruppen, und sei $\varphi: X_1 \to X_2$ ein Homomorphismus (d.h. $\varphi(x_1 +_1 x_1') = \varphi(x_1) +_2 \varphi(x_1')$ für alle $x_1, x_1' \in X_1$). Es seien $\mathcal{U}_1, \mathcal{U}_2$ die zwei Uniformitäten des Satzes 25.14. Man zeige:
$$\varphi \ \mathcal{T}_1, \mathcal{T}_2\text{-stetig} \implies \varphi \ \mathcal{U}_1, \mathcal{U}_2\text{-gleichmäßig stetig}.$$

§ 26 Topologien in Funktionenräumen und der Satz von Arzelà-Ascoli

In diesem Paragraphen sei $^* : \widehat{S} \longrightarrow \widehat{^*S}$ eine starke Nichtstandard-Einbettung.

In § 24 hatten wir gleichmäßige Konvergenz auf allen Mengen eines Mengensystems $\mathcal{M}$ durch eine Pseudometrik beschreiben können, sofern erstens dieses Mengensystem $\mathcal{M}$ eine endlich überdeckende Folge besitzt und zweitens der Bildraum X_2 ein pseudometrischer Raum ist. Von beiden Voraussetzungen werden wir uns nun lösen. Wir stellen keine Bedingung an das Mengensystem und setzen als Bildraum nur einen uniformen Raum voraus. Dann läßt sich für $X_2^{X_1}$ eine Uniformität einführen, die genau die gleichmäßige Konvergenz auf allen Mengen von $\mathcal{M}$ beschreibt (siehe 26.2). Die Einführung der Uniformität $\mathcal{U}_{\mathcal{M}}$ geschieht so, wie es durch das Ergebnis 24.28 (ii) in pseudometrischen Räumen nahegelegt wird.

26.1 Die Uniformität $\mathcal{U}_{\mathcal{M}}$ der gleichmäßigen Konvergenz auf allen Mengen $M \in \mathcal{M}$

Sei $\emptyset \neq \mathcal{M} \subset \mathcal{P}(X_1)$ und $\langle X_2, \mathcal{U}_2 \rangle$ ein uniformer Raum. Dann existiert eine eindeutig bestimmte Uniformität $\mathcal{U}_{\mathcal{M}}$ für $X_2^{X_1}$, so daß für $g, h \in {}^*(X_2^{X_1})$ gilt:

$$g \approx_{\mathcal{U}_{\mathcal{M}}} h \iff (g(y) \approx_{\mathcal{U}_2} h(y) \text{ für alle } y \in \cup_{M \in \mathcal{M}} {}^*M).$$

$\mathcal{U}_{\mathcal{M}}$ heißt die *Uniformität der gleichmäßigen Konvergenz* und

$$\mathcal{T}_{\mathcal{M}} := \mathcal{T}(\mathcal{U}_{\mathcal{M}})$$

die *Topologie der gleichmäßigen Konvergenz auf allen* $M \in \mathcal{M}$.

Beweis. Sei für $M \in \mathcal{M}, U_2 \in \mathcal{U}_2$:

(1) $W(M, U_2) := \{\langle f, g \rangle \in X_2^{X_1} \times X_2^{X_1} : \langle f(x), g(x) \rangle \in U_2 \text{ für alle } x \in M\}$.

Dann ist $\mathcal{C} := \{W(M, U_2) : M \in \mathcal{M}, U_2 \in \mathcal{U}_2\}$ ein System mit nicht-leeren endlichen Durchschnitten, denn für jedes $f \in X_2^{X_1}$ ist $\langle f, f \rangle \in W(M, U_2)$ für alle $M \in \mathcal{M}, U_2 \in \mathcal{U}_2$. Es bezeichne $\mathcal{U}_{\mathcal{M}}$ den (nach 25.9) von $\mathcal{C}$ erzeugten Filter; dann reicht es, (2)–(4) zu zeigen:

(2) $(\forall g, h \in {}^*(X_2^{X_1}))(g \approx_{\mathcal{U}_{\mathcal{M}}} h \iff (g(y) \approx_{\mathcal{U}_2} h(y) \text{ für alle } y \in \bigcup_{M \in \mathcal{M}} {}^*M))$;

(3) $\mathcal{U}_{\mathcal{M}}$ ist eine Uniformität für $X_2^{X_1}$;

(4) $\mathcal{U}_{\mathcal{M}} = \mathcal{V}$ für jede Uniformität $\mathcal{V}$ für $X_2^{X_1}$, die (2) erfüllt.

Zu (2): Es gilt nach Transfer von $W(M, U_2)$ für $g, h \in {}^*(X_2^{X_1})$:

$$\begin{aligned} \langle g, h \rangle \in m_{\mathcal{U}_{\mathcal{M}}} &\underset{25.9}{\iff} (\langle g, h \rangle \in {}^*W(M, U_2) \text{ für alle } M \in \mathcal{M}, U_2 \in \mathcal{U}_2) \\ &\underset{\text{Transfer}}{\iff} (\langle g(y), h(y) \rangle \in {}^*U_2 \text{ für alle } M \in \mathcal{M}, U_2 \in \mathcal{U}_2, y \in {}^*M) \\ &\iff (g(y) \approx_{\mathcal{U}_2} h(y) \text{ für alle } y \in \cup_{M \in \mathcal{M}} {}^*M). \end{aligned}$$

Zu (3): Es ist $\approx_{\mathcal{U}_{\mathcal{M}}}$ nach (2) eine Äquivalenzrelation über ${}^*(X_2^{X_1})$, da $\approx_{\mathcal{U}_2}$ eine Äquivalenzrelation über ${}^*X_2$ ist. Da $\mathcal{U}_{\mathcal{M}}$ ein Filter ist, ist somit $\mathcal{U}_{\mathcal{M}}$ eine Uniformität (siehe 25.1).

Zu (4): Da (2) für die Filter $\mathcal{V}$ und $\mathcal{U}_{\mathcal{M}}$ gilt, stimmen die Relationen $\approx_{\mathcal{U}_{\mathcal{M}}}$ und $\approx_{\mathcal{V}}$ überein. Somit folgt $\mathcal{U}_{\mathcal{M}} = \mathcal{V}$ (siehe 21.1 (vii)). □

Sei $\langle X_2, \rho_2 \rangle$ ein pseudometrischer Raum. Satz 26.2 (i) beantwortet nun die im Anschluß an 24.29 gestellte Frage positiv: Er zeigt nämlich, daß für Folgen die im Sinne von § 24 gleichmäßige Konvergenz auf allen $M \in \mathcal{M}$ die Folgenkonvergenz bzgl. einer Topologie, und zwar der Topologie $\mathcal{T}_{\mathcal{M}}$, ist.

Ist $\mathcal{M} := \{\{x_1\} : x_1 \in X_1\}$, so nennt man $\mathcal{T}_{\mathcal{M}}$ die *Topologie der punktweisen Konvergenz*. Eine Folge $f_n \in X_2^{X_1}$, $n \in \mathbf{N}$, konvergiert nämlich genau dann bzgl. dieser Topologie gegen $f \in X_2^{X_1}$, wenn $f_n(x_1)$, $n \in \mathbf{N}$, für alle $x_1 \in X$ gegen $f(x_1)$ konvergiert, d.h. es gilt (benutze hierzu 26.1 und 21.5):

- $f_n \longrightarrow f$ bzgl. $\mathcal{T}_{\mathcal{M}} \iff (\forall x_1 \in X_1)\, f_n(x_1) \longrightarrow f(x_1)$.

Der Leser mache sich klar, daß sich $\mathcal{T}_{\mathcal{M}}$ auch als Produkttopologie über X_2^I mit $I = X_1$ gewinnen läßt (siehe § 22).

26.2 $\mathcal{T}_{\mathcal{M}}$-Folgenkonvergenz und Metrisierung gewisser $\mathcal{U}_{\mathcal{M}}$

Sei $\emptyset \neq \mathcal{M} \subset \mathcal{P}(X_1)$ und sei $\langle X_2, \rho_2 \rangle$ ein pseudometrischer Raum.
Dann gilt:

(i) $f_n \to f$ bzgl. $\mathcal{T}_{\mathcal{M}} \iff (\sup\limits_{x \in M} \rho_2(f_n(x), f(x)) \to 0$ für alle $M \in \mathcal{M})$.

(ii) Besitzt $\mathcal{M}$ eine endlich überdeckende Folge, dann ist $\mathcal{U}_{\mathcal{M}}$ pseudometrisierbar.
Genauer gilt: Ist $\rho_{\mathcal{M}}$ die Pseudometrik aus 24.28, dann ist

$$\mathcal{U}_{\mathcal{M}} = \mathcal{U}_{\rho_{\mathcal{M}}} \text{ und } \mathcal{T}_{\mathcal{M}} = \mathcal{T}_{\rho_{\mathcal{M}}}.$$

Beweis. *(i)* $f_n \to f$ bzgl. $\mathcal{T}_{\mathcal{M}}$

$\underset{21.5(i)}{\iff}$ $({}^*f_h \approx_{\mathcal{T}_{\mathcal{M}}} f$ für alle $h \in {}^*\mathbb{N} - \mathbb{N})$

$\underset{25.2(i)}{\iff}$ $({}^*f_h \approx_{\mathcal{U}_{\mathcal{M}}} {}^*f$ für alle $h \in {}^*\mathbb{N} - \mathbb{N})$

$\underset{26.1}{\iff}$ $(\forall M \in \mathcal{M})({}^*f_h(y) \approx_{\rho_2} {}^*f(y)$ für alle $h \in {}^*\mathbb{N} - \mathbb{N}$ und alle $y \in {}^*M)$

$\underset{24.29(i)}{\iff}$ $(\forall M \in \mathcal{M}) \sup\limits_{x \in M} \rho_2(f_n(x), f(x)) \to 0$ (wende hierbei 24.29 (i) auf $\mathcal{M} := \{M\}$ für jedes $M \in \mathcal{M}$ an).

(ii) Es sind $\approx_{\mathcal{U}_{\mathcal{M}}}$ und $\approx_{\mathcal{U}_{\rho_{\mathcal{M}}}}$ die gleichen Äquivalenzrelationen (benutze 26.1 und 24.28 (ii)). Somit ist $\mathcal{U}_{\mathcal{M}} = \mathcal{U}_{\rho_{\mathcal{M}}}$, und daher gilt auch

$$\mathcal{T}_{\mathcal{M}} \underset{\text{Def.}}{=} \mathcal{T}(\mathcal{U}_{\mathcal{M}}) = \mathcal{T}(\mathcal{U}_{\rho_{\mathcal{M}}}) = \mathcal{T}_{\rho_{\mathcal{M}}}. \qquad \square$$

Wir betrachten nun einen topologischen Raum $\langle X_1, \mathcal{T}_1 \rangle$ und wählen als $\mathcal{M}$ das System $\mathcal{K}$ aller kompakten Teilmengen von X_1.

Der Beweis des folgenden Satzes von Dini verläuft ähnlich wie der Beweis des Satzes von Dini über einem abgeschlossenen Intervall (siehe 12.2).

26.3 Der Satz von Dini

Sei $\langle X_1, \mathcal{T}_1 \rangle$ ein topologischer Raum. Sei $f_n : X_1 \to \mathbb{R}, n \in \mathbb{N}$, eine monoton fallende Folge stetiger Funktionen, die punktweise gegen 0 konvergiert.
Dann konvergiert f_n gegen die Nullfunktion bzgl. der Topologie der gleichmäßigen Konvergenz auf allen kompakten Mengen.

Beweis. Es ist zu zeigen: ${}^*f_h \approx_{\mathcal{T}_{\mathcal{K}}} 0$ für alle $h \in {}^*\mathbb{N} - \mathbb{N}$ (siehe 21.5 (i)).
Seien hierzu $h \in {}^*\mathbb{N} - \mathbb{N}, K \in \mathcal{K}$, dann ist nachzuweisen (siehe 26.1):

(1) $\qquad {}^*f_h(y) \approx 0$ für alle $y \in {}^*K$.

Da $f_n, n \in \mathbb{N}$, eine monoton fallende Folge ist, folgt nach Transfer:

(2) $$0 \leq {}^*f_h(y) \leq {}^*f_m(y) \text{ für alle } y \in {}^*X_1 \text{ und alle } m \in \mathbb{N}.$$

Zum Nachweis von (1) wähle dann $y \in {}^*K$ und $\varepsilon \in \mathbb{R}_+$. Da K kompakt und $y \in {}^*K$ ist, gibt es ein $x_0 \in K$ mit $y \approx x_0$ (siehe 21.7 (iii)). Da $f_n(x_0)$ monoton fallend gegen 0 konvergiert, gibt es ein $m \in \mathbb{N}$ mit $f_m(x_0) < \varepsilon$. Da f_m stetig ist, folgt ${}^*f_m(y) \approx f_m(x_0)$, und damit ist ${}^*f_m(y) < \varepsilon$. Nach (2) ist folglich $0 \leq {}^*f_h(y) < \varepsilon$. Da dieses für jedes $\varepsilon \in \mathbb{R}_+$ gilt, folgt (1). □

Das Hauptergebnis dieses Paragraphen ist der Satz von Arzelà-Ascoli über allgemeinen topologischen Grundräumen und uniformen Bildräumen. Dieser Satz 26.8 ist eine Verallgemeinerung des Satzes 12.4 von Arzelà-Ascoli für reellwertige Funktionen über einem kompakten Intervall. Er sagt aus, daß ein Funktionensystem, welches gleichgradig stetig ist und einer geeigneten weiteren Bedingung genügt, relativ kompakt bzgl. der Topologie der gleichmäßigen Konvergenz auf allen kompakten Mengen ist. Der nun in 26.4 erklärte Begriff der gleichgradigen Stetigkeit stimmt für den Spezialfall $X_1 := D \subset \mathbb{R}, X_2 := \mathbb{R}$ und $\mathcal{F} := \{f_n : n \in \mathbb{N}\}$ mit dem in 12.3 eingeführten Begriff der gleichgradigen Stetigkeit überein.

26.4 Gleichgradige Stetigkeit

Sei $\langle X_1, \mathcal{T}_1\rangle$ ein topologischer, $\langle X_2, \mathcal{U}_2\rangle$ ein uniformer Raum.

Ein Funktionensystem $\mathcal{F} \subset X_2^{X_1}$ heißt *gleichgradig stetig in* $x_1 \in X_1$, wenn eine der äquivalenten Bedingungen erfüllt ist:

(i) Für jedes $U_2 \in \mathcal{U}_2$ existiert ein $O_1 \in (\mathcal{T}_1)_{x_1}$, so daß für alle $f \in \mathcal{F}$ gilt: $x \in O_1 \Longrightarrow \langle f(x_1), f(x)\rangle \in U_2$;

(ii) $(y_1 \in {}^*X_1 \wedge y_1 \approx_{\mathcal{T}_1} x_1) \Longrightarrow (g(y_1) \approx_{\mathcal{U}_2} g({}^*x_1)$ für alle $g \in {}^*\mathcal{F})$.

$\mathcal{F}$ heißt *gleichgradig stetig,* wenn $\mathcal{F}$ gleichgradig stetig in jedem $x_1 \in X_1$ ist.

Beweis. *(i) ⇒ (ii)* Seien $g \in {}^*\mathcal{F}, y_1 \in {}^*X_1$ mit $y_1 \approx_{\mathcal{T}_1} x_1$ gegeben; es ist $g(y_1) \approx_{\mathcal{U}_2} g({}^*x_1)$ zu zeigen. Sei hierzu $U_2 \in \mathcal{U}_2$. Da $\mathcal{F}$ der Bedingung (i) genügt, gibt es ein $O_1 \in (\mathcal{T}_1)_{x_1}$, so daß nach dem Transfer-Prinzip die folgende Aussage gültig ist:

$$(\forall \underline{g} \in {}^*\mathcal{F})(\forall \underline{y} \in {}^*O_1)\langle \underline{g} \restriction {}^*x_1, \underline{g} \restriction \underline{y}\rangle \in {}^*U_2.$$

Wegen $y_1 \approx_{\mathcal{T}_1} x_1$ und $O_1 \in (\mathcal{T}_1)_{x_1}$ gilt $y_1 \in {}^*O_1$, und es folgt $\langle g({}^*x_1), g(y_1)\rangle \in {}^*U_2$. Da $U_2 \in \mathcal{U}_2$ beliebig war, gilt $g(y_1) \approx_{\mathcal{U}_2} g({}^*x_1)$.

(ii) ⇒ (i) Sei $U_2 \in \mathcal{U}_2$. Da es ein $O_1 \in {}^*(\mathcal{T}_1)_{x_1}$ mit $O_1 \subset m_{\mathcal{T}_1}(x_1)$ gibt (siehe 21.4), gilt nach (ii) daher

$$(\exists \underline{O}_1 \in {}^*(\mathcal{T}_1)_{x_1})(\forall \underline{g} \in {}^*\mathcal{F})(\forall \underline{y} \in \underline{O}_1)\langle \underline{g} \restriction {}^*x_1, \underline{g} \restriction \underline{y}\rangle \in {}^*U_2.$$

Das Transfer-Prinzip liefert (i). □

Ab jetzt sei $\langle X_1, \mathcal{T}_1\rangle$ ein topologischer und $\langle X_2, \mathcal{U}_2\rangle$ ein uniformer Raum. Setze

$$C := C(X_1, X_2) := \{f \in X_2^{X_1} : f \ \mathcal{T}_1, \mathcal{T}(\mathcal{U}_2)\text{ -stetig}\}.$$

Wir betrachten weiterhin die Topologie $\mathcal{T}_{\mathcal{K}}$ der gleichmäßigen Konvergenz auf allen kompakten Mengen von X_1. Dieses ist eine Topologie über $X_2^{X_1}$; die Teilraumtopologie von $\mathcal{T}_{\mathcal{K}}$ über obigem System C aller stetigen Funktionen werden wir wie üblich mit $(\mathcal{T}_{\mathcal{K}})_C$ bezeichnen. Für $g \in {}^*C, f \in C$ gilt (siehe 21.14 (iii)) :

(I) $$g \approx_{\mathcal{T}_{\mathcal{K}}} f \Longleftrightarrow g \approx_{(\mathcal{T}_{\mathcal{K}})_C} f.$$

Da wir im folgenden über $X_2^{X_1}$ nur die Topologie $\mathcal{T}_{\mathcal{K}}$ der gleichmäßigen Konvergenz auf allen kompakten Mengen betrachten werden, schreiben wir für $g \in {}^*(X_2^{X_1}), f \in X_2^{X_1}$ ab jetzt auch $g \approx f$ an Stelle von $g \approx_{\mathcal{T}_{\mathcal{K}}} f$. Wegen (I) beschreibt dann $\approx$ auch die Relation des Unendlich-Naheliegens bzgl. der Teilraumtopologie $(\mathcal{T}_{\mathcal{K}})_C$. Nach 26.1 gilt für alle $g \in {}^*(X_2^{X_1}), f \in X_2^{X_1}$:

26.5 $$g \approx f \Longleftrightarrow (g(y) \approx_{\mathcal{U}_2} {}^*f(y) \text{ für alle } y \in \bigcup_{K \in \mathcal{K}} {}^*K \underset{23.12}{=} kpt_{\mathcal{T}_1}({}^*X_1)).$$

Im folgenden sollen Bedingungen gefunden werden, die sicherstellen, daß eine Familie $\mathcal{F} \subset C(X_1, X_2)$ relativ kompakt in $C(X_1, X_2)$ bzgl. der Topologie der gleichmäßigen Konvergenz auf allen kompakten Mengen ist (d.h. der $(\mathcal{T}_{\mathcal{K}})_C$-Abschluß von $\mathcal{F}$ in $C(X_1, X_2)$ ist $(\mathcal{T}_{\mathcal{K}})_C$-kompakt).

Der folgende Satz liefert für lokalkompaktes X_1 zwei notwendige Bedingungen für die relative Kompaktheit von $\mathcal{F}$. Der Satz von Arzelà-Ascoli zeigt dann, daß diese Bedingungen sogar für beliebiges X_1 hinreichende Bedingungen sind.

26.6 Notwendige Bedingungen für relative Kompaktheit von Teilmengen von $C(X_1, X_2)$

Sei $\langle X_1, \mathcal{T}_1\rangle$ ein lokalkompakter und $\langle X_2, \mathcal{U}_2\rangle$ ein uniformer Raum. Sei $\mathcal{F} \subset C(X_1, X_2)$ relativ kompakt in $C(X_1, X_2)$ bzgl. der Topologie der gleichmäßigen Konvergenz auf allen kompakten Mengen.

Dann gilt:

(i) $\mathcal{F}$ ist gleichgradig stetig;

(ii) $\{f(x_1) : f \in \mathcal{F}\}$ ist für jedes $x_1 \in X_1$ relativ kompakt bzgl. $\mathcal{T}(\mathcal{U}_2)$.

Beweis. *(i)* Sei $g \in {}^*\mathcal{F}$ und $y_1 \approx_{\mathcal{T}_1} x_1$. Nach 26.4 ist zu zeigen:

(1) $$g(y_1) \approx_{\mathcal{U}_2} g({}^*x_1).$$

Da $\mathcal{F} \subset C(X_1, X_2)$ relativ kompakt in $C(X_1, X_2)$ ist, gibt es ein $f_0 \in C(X_1, X_2)$ mit $g \approx f_0$ (benutze 21.7 (iii)), d.h. mit (siehe 26.5):

(2) $$g(y) \approx_{\mathcal{U}_2} {}^*f_0(y) \text{ für alle } y \in kpt_{\mathcal{T}_1}({}^*X_1).$$

Da $\langle X_1, \mathcal{T}_1\rangle$ lokalkompakt ist, gilt $ns_{\mathcal{T}_1}({}^*X_1) = kpt_{\mathcal{T}_1}({}^*X)$ (siehe 23.13), und somit folgt aus (2):

(3) $$g(y) \approx_{\mathcal{U}_2} {}^*f_0(y) \text{ für alle } y \in ns_{\mathcal{T}_1}({}^*X_1).$$

Wegen $f_0 \in C(X_1, X_2)$ und $y_1 \approx_{\mathcal{T}_1} x_1$ ist ${}^*f_0(y_1) \approx_{\mathcal{U}_2} {}^*f_0({}^*x_1)$, und Anwendung von (3) auf $y := y_1$ und $y := {}^*x_1$ liefert wegen $y_1, {}^*x_1 \in ns_{\mathcal{T}_1}({}^*X_1)$:

$$g(y_1) \overset{(3)}{\approx}_{\mathcal{U}_2} {}^*f_0(y_1) \approx_{\mathcal{U}_2} {}^*f_0({}^*x_1) \overset{(3)}{\approx}_{\mathcal{U}_2} g({}^*x_1).$$

Somit gilt (1).

(ii) Sei $x_1 \in X_1$ fest. Betrachte die Abbildung $\widehat{x}_1$ von $C := C(X_1, X_2)$ nach X_2, definiert durch $\widehat{x}_1(f) := f(x_1)$. Dann ist $\widehat{x}_1$ $(\mathcal{T}_\mathcal{K})_C, \mathcal{T}(\mathcal{U}_2)$-stetig, denn es gilt (beachte ${}^*x_1 \in kpt_{\mathcal{T}_1}({}^*X_1)$ bei der Anwendung von 26.5):

$${}^*C \ni g \approx f \in C \Longrightarrow {}^*\widehat{x}_1(g) = g({}^*x_1) \overset{26.5}{\approx}_{\mathcal{T}(\mathcal{U}_2)} f(x_1) = \widehat{x}_1(f).$$

Daher ist $\widehat{x}_1[\mathcal{F}] = \{f(x_1): f \in \mathcal{F}\}$ als stetiges Bild einer relativ kompakten Menge relativ kompakt (siehe 23.10 (ii) und beachte 25.3 (i)). □

Wir werden zeigen, daß umgekehrt (i) und (ii) von 26.6 hinreichend für die relative Kompaktheit von $\mathcal{F}$ sind. Hierzu soll das Nichtstandard-Kriterium für relative Kompaktheit (siehe 23.12 (iv)) angewandt werden, das allerdings nur für reguläre Topologien gilt. Wir weisen hierzu darauf hin, daß $\mathcal{T}_\mathcal{K}$ als Topologie, die von einer Uniformität herrührt, eine reguläre Topologie ist (siehe 25.3 (i)); die Teilraumtopologie $(\mathcal{T}_\mathcal{K})_C$ ist daher ebenfalls regulär. Nach dem Kriterium 23.12 (iv) ist für die relative Kompaktheit von $\mathcal{F}$ (bzgl. $(\mathcal{T}_\mathcal{K})_C$) zu jedem $g_0 \in {}^*\mathcal{F}$ ein $f_0 \in C$ zu finden mit $g_0 \approx f_0$, d.h. mit

$$g_0(y) \approx_{\mathcal{U}_2} {}^*f_0(y) \text{ für alle } y \in \bigcup_{K \in \mathcal{K}} {}^*K$$

(siehe 26.5). Das folgende Lemma zeigt, daß es für gleichgradig stetige Familien $\mathcal{F}$ ausreicht, ein $f_0 \in X_2^{X_1}$ zu finden, so daß lediglich gilt:

$$g_0({}^*x_1) \approx_{\mathcal{U}_2} {}^*f_0({}^*x_1) \text{ für alle } x_1 \in X_1.$$

26.7 Lemma

Sei $\langle X_1, \mathcal{T}_1 \rangle$ ein topologischer und $\langle X_2, \mathcal{U}_2 \rangle$ ein uniformer Raum. Sei $\mathcal{F} \subset C(X_1, X_2)$ gleichgradig stetig. Dann gilt für $g_0 \in {}^*\mathcal{F}$, $f_0 \in X_2^{X_1}$:

$$(g_0({}^*x_1) \approx_{\mathcal{T}(\mathcal{U}_2)} f_0(x_1) \text{ für alle } x_1 \in X_1) \Longrightarrow (f_0 \in C(X_1, X_2) \wedge g_0 \approx f_0).$$

Beweis. Wir zeigen als erstes $f_0 \in C(X_1, X_2)$. Sei hierzu $x_1 \in X_1$ gegeben. Wir beweisen, daß es zu jedem $U_2 \in \mathcal{U}_2$ ein $O_1 \in (\mathcal{T}_1)_{x_1}$ gibt mit

(1) $$\langle f_0(x_1), f_0(x) \rangle \in U_2 \text{ für alle } x \in O_1,$$

denn dann ist $f_0[O_1] \subset U_2[f_0(x_1)]$, und daher ist f_0 in x_1 stetig (benutze 21.10 und 25.2 (ii)). Sei nun $U_2 \in \mathcal{U}_2$ gegeben. Dann gibt es ein $V_2 \in \mathcal{U}_2$ mit $V_2 \circ V_2 \circ V_2 \subset U_2$. (Wähle hierzu $W_2, V_2 \in \mathcal{U}_2$ mit $W_2 \circ W_2 \subset U_2$ und $V_2 \circ V_2 \subset W_2$. Dann gilt: $V_2 \circ V_2 \circ V_2 \subset (V_2 \circ V_2) \circ (V_2 \circ V_2) \subset W_2 \circ W_2 \subset U_2$.) Somit ist

(2) $${}^*V_2 \circ {}^*V_2 \circ {}^*V_2 \subset {}^*U_2.$$

Da $\mathcal{F}$ gleichgradig stetig in x_1 nach Voraussetzung ist, gibt es zu V_2 ein $O_1 \in (\mathcal{T}_1)_{x_1}$, so daß für alle $x \in O_1$ gilt (siehe 26.4):

$$\langle f(x_1), f(x) \rangle \in V_2 \text{ für alle } f \in \mathcal{F}.$$

Der Transfer liefert für alle $x \in O_1$:

(3) $$\langle g({}^*x_1), g({}^*x) \rangle \in {}^*V_2 \text{ für alle } g \in {}^*\mathcal{F}.$$

Nach Voraussetzung und 25.2 (i) gilt $g_0({}^*x) \approx_{\mathcal{U}_2} {}^*f_0({}^*x)$, $g_0({}^*x_1) \approx_{\mathcal{U}_2} {}^*f_0({}^*x_1)$ und somit

(4) $$\langle {}^*f_0({}^*x_1), g_0({}^*x_1) \rangle \in {}^*V_2, \quad \langle g_0({}^*x), {}^*f_0({}^*x) \rangle \in {}^*V_2.$$

Aus (3), (4) und (2) folgt:

(5) $$\langle {}^*f_0({}^*x_1), {}^*f_0({}^*x) \rangle \in {}^*U_2 \text{ für alle } x \in O_1.$$

Da ${}^*\langle f_0(x_1), f_0(x) \rangle = \langle {}^*f_0({}^*x_1), {}^*f_0({}^*x) \rangle$ ist, ergibt sich aus (5) die zu beweisende Relation (1).

Es bleibt $g_0 \approx f_0$ zu zeigen. Hierfür ist für jedes $y_1 \in kpt({}^*X_1)$ nachzuweisen:

(6) $$g_0(y_1) \approx_{\mathcal{U}_2} {}^*f_0(y_1).$$

Sei hierzu $y_1 \in {}^*K_1$ für eine kompakte Menge $K_1 \subset X_1$. Dann gibt es ein $x_1 \in K_1$ mit $y_1 \approx_{\mathcal{T}_1} x_1$. Da f_0 stetig ist, folgt ${}^*f_0(y_1) \approx_{\mathcal{U}_2} {}^*(f_0(x_1))$, und nach Voraussetzung gilt $g_0({}^*x_1) \approx_{\mathcal{U}_2} {}^*(f_0(x_1))$. Da $\mathcal{F}$ gleichgradig stetig und $g_0 \in {}^*\mathcal{F}$ ist, erhält man:

$$g_0(y_1) \overset{26.4}{\approx}_{\mathcal{U}_2} g_0({}^*x_1) \approx_{\mathcal{U}_2} {}^*(f_0(x_1)) \approx_{\mathcal{U}_2} {}^*f_0(y_1).$$

Daher gilt (6). □

26.8 Der Satz von Arzelà-Ascoli

Sei $\langle X_1, \mathcal{T}_1 \rangle$ ein topologischer und $\langle X_2, \mathcal{U}_2 \rangle$ ein uniformer Raum. Für $\mathcal{F} \subset C(X_1, X_2)$ gelte:

(i) $\mathcal{F}$ ist gleichgradig stetig;

(ii) $\{f(x_1): f \in \mathcal{F}\}$ ist für jedes $x_1 \in X_1$ relativ kompakt bzgl. $\mathcal{T}(\mathcal{U}_2)$.

Dann ist $\mathcal{F}$ relativ kompakt in $C(X_1, X_2)$ bzgl. der Topologie der gleichmäßigen Konvergenz auf allen kompakten Mengen.

Beweis. Da $(\mathcal{T}_K)_C$ eine reguläre Topologie ist, reicht es zum Nachweis der relativen Kompaktheit von $\mathcal{F}$, zu jedem $g_0 \in {}^*\mathcal{F}$ ein $f_0 \in C(X_1, X_2)$ mit $g_0 \approx f_0$ zu finden (siehe 23.12 (iv)). Da $\mathcal{F}$ gleichgradig stetig ist, genügt es nach Lemma 26.7 hierzu, ein $f_0 \in X_2^{X_1}$ anzugeben mit

(1) $$g_0({}^*x_1) \approx_{\mathcal{T}(\mathcal{U}_2)} f_0(x_1) \text{ für alle } x_1 \in X_1.$$

Sei $x_1 \in X_1$. Nach (ii) gibt es eine $\mathcal{T}(\mathcal{U}_2)$-kompakte Menge $K_2 \subset X_2$ mit $f(x_1) \in K_2$ für alle $f \in \mathcal{F}$; wegen $g_0 \in {}^*\mathcal{F}$ folgt daher $g_0({}^*x_1) \in {}^*K_2$, und somit existiert ein $x_2 \in K_2$ mit $g_0({}^*x_1) \approx_{\mathcal{T}(\mathcal{U}_2)} x_2$. Setze $f_0(x_1) := x_2$. Dann ist $f_0: X_1 \to X_2$ eine Funktion, die (1) erfüllt. □

Abschließend soll ein Ergebnis bewiesen werden, welches es ermöglicht, aus gewissen Folgen stetiger Funktionen Teilfolgen auszuwählen, die bzgl. der Topologie $(\mathcal{T}_{\mathcal{K}})_C$ der gleichmäßigen Konvergenz auf kompakten Mengen konvergent sind. Als Vorbereitung für diese „Folgenversion" des Satzes von Arzelà-Ascoli geben wir zunächst Bedingungen an, die gewährleisten, daß $(\mathcal{T}_{\mathcal{K}})_C$ pseudometrisierbar ist.

26.9 Metrisierung der gleichmäßigen Konvergenz auf kompakten Mengen

Sei $\langle X_1, \mathcal{T}_1\rangle$ ein σ-kompakter, lokalkompakter Raum und $\langle X_2, \rho_2\rangle$ ein pseudometrischer Raum.

Dann ist $\langle C(X_1, X_2), (\mathcal{T}_{\mathcal{K}})_C\rangle$ pseudometrisierbar.

Beweis. Nach 23.15 besitzt $\mathcal{K}$ eine endlich überdeckende Folge, und $\mathcal{T}_{\mathcal{K}}$ ist somit nach 26.2 (ii) pseudometrisierbar. Also ist auch $(\mathcal{T}_{\mathcal{K}})_C$ pseudometrisierbar. □

26.10 Der Satz von Arzelà-Ascoli für Folgen

Sei $\langle X_1, \mathcal{T}_1\rangle$ ein σ-kompakter, lokalkompakter Raum und $\langle X_2, \rho_2\rangle$ ein pseudometrischer Raum. Seien $f_n \in C(X_1, X_2), n \in \mathbb{N}$, und es gelte:

(i) $\{f_n : n \in \mathbb{N}\}$ ist gleichgradig stetig;

(ii) $\{f_n(x_1) : n \in \mathbb{N}\}$ ist für jedes $x_1 \in X_1$ relativ kompakt bzgl. $\mathcal{T}(\mathcal{U}_{\rho_2})$.

Dann gibt es eine Teilfolge $f_{k(n)}, n \in \mathbb{N}$, und ein $f \in C(X_1, X_2)$, so daß gilt:

$$\sup_{x \in K} \rho_2(f_{k(n)}(x), f(x)) \to 0 \text{ für jede kompakte Menge } K \subset X_1.$$

Beweis. Setze $\mathcal{F} := \{f_n : n \in \mathbb{N}\}$. Dann ist der $(\mathcal{T}_{\mathcal{K}})_C$-Abschluß $\mathcal{F}^b$ von $\mathcal{F}$ eine $(\mathcal{T}_{\mathcal{K}})_C$-kompakte Menge (siehe 26.8). Da $\langle C(X_1, X_2), (\mathcal{T}_{\mathcal{K}})_C\rangle$ pseudometrisierbar ist (siehe 26.9), ist $\mathcal{F}^b$ folgenkompakt (siehe 24.6 (v)). Daher gibt es zu $f_n, n \in \mathbb{N}$, eine Teilfolge $f_{k(n)}, n \in \mathbb{N}$, und ein $f \in \mathcal{F}^b \subset C(X_1, X_2)$ mit $f_{k(n)} \to f$ bzgl. $\mathcal{T}_{\mathcal{K}}$. Die Behauptung folgt dann mit 26.2 (i). □

Satz 26.10 liefert insbesondere die folgende unmittelbare Verallgemeinerung des Satzes 12.4:

Sei X_1 ein kompakter Raum, $\langle X_2, \rho_2\rangle$ ein pseudometrischer Raum. Sei $f_n : X_1 \to X_2, n \in \mathbb{N}$, eine gleichgradig stetige Folge, so daß $\{f_n(x_1) : n \in \mathbb{N}\}$ für jedes $x_1 \in X_1$ relativ kompakt ist. Dann gibt es eine stetige Funktion f und eine Teilfolge von $f_n, n \in \mathbb{N}$, die gleichmäßig gegen f konvergiert.

In diesem Paragraphen wurden Uniformitäten für $X_2^{X_1}$ und für das Teilsystem $C := C(X_1, X_2)$ betrachtet. Die Uniformität für $C(X_1, X_2)$ der gleichmäßigen Konvergenz auf allen kompakten Mengen von X_1 ist der entscheidende Begriff für die Sätze von Dini und Arzelà-Ascoli. Diese Uniformität läßt sich besonders prägnant mit Hilfe der Nichtstandard-Theorie charakterisieren. Zwei Funktionen $g, h \in {}^*C$ sind genau dann infinitesimal benachbart, wenn $g(y_1)$ und $h(y_1)$ für alle kompakten Punkte y_1 von ${}^*X_1$ infinitesimal benachbart sind.

Für lokalkompakte X_1 ist eine Menge $\mathcal{F} \subset C$ genau dann relativ kompakt bzgl. der Topologie der gleichmäßigen Konvergenz auf allen kompakten Mengen, wenn sie gleichgradig stetig und punktweise relativ kompakt ist (siehe 26.6 und 26.8).

Aufgaben

Sei generell $\langle X_1, \mathcal{T}_1 \rangle$ ein topologischer Raum und $\langle X_2, \mathcal{U}_2 \rangle$ ein uniformer Raum.

1 Setze $(K, O) := \{f \in C(X_1, X_2) : f(x) \in O$ für alle $x \in K\}$ und $\mathcal{T}_2 := \mathcal{T}(\mathcal{U}_2)$. Die von $\{(K, O) : K \in \mathcal{K}, O \in \mathcal{T}_2\}$ erzeugte Topologie heißt die kompakt-offene Topologie $\mathcal{T}_{\mathcal{K}, \mathcal{T}_2}$. Man zeige mit Nichtstandard-Methoden:
Die kompakt-offene Topologie stimmt mit der Topologie $(\mathcal{T}_{\mathcal{K}})_C$, also mit der Topologie der gleichmäßigen Konvergenz auf kompakten Mengen über $C(X_1, X_2)$, überein.

2 Sei $\mathcal{U}_2'$ eine weitere Uniformität, und es gelte $\mathcal{T}(\mathcal{U}_2) = \mathcal{T}(\mathcal{U}_2')$. Man zeige, daß die Topologien der gleichmäßigen Konvergenz auf allen kompakten Mengen bzgl. $\mathcal{U}_2$ und $\mathcal{U}_2'$ über $C(X_1, X_2)$ übereinstimmen.

3 Man zeige, daß der $\mathcal{T}_{\mathcal{K}}$-Abschluß einer gleichgradig stetigen Familie $\mathcal{F}$ mit dem $(\mathcal{T}_{\mathcal{K}})_C$-Abschluß von $\mathcal{F}$ übereinstimmt.

4 Man zeige, daß man in 26.10 nicht auf die Voraussetzung der σ-Kompaktheit verzichten kann (siehe auch Aufgabe 7 von § 22).

§ 27 Prä-Nahezustandard-Punkte, Vollständigkeit und Totalbeschränktheit

In diesem Paragraphen sei $^* : \widehat{S} \longrightarrow \widehat{^*S}$ eine starke Nichtstandard-Einbettung.

Das grundlegende Konzept in diesem Paragraphen ist der Begriff des Prä-Nahezustandard-Punktes in uniformen Räumen. Wir werden diesen Begriff formal analog wie in pseudometrischen Räumen einführen. Da pseudometrische Räume genau dann vollständig sind, wenn alle Prä-Nahezustandard-Punkte Nahezustandard-Punkte sind, gelangen wir hierdurch zwangsläufig zum Begriff der Vollständigkeit von uniformen Räumen. Auch der Begriff der Totalbeschränktheit (27.7) läßt sich mit Hilfe von Prä-Nahezustandard-Punkten wie in pseudometrischen Räumen definieren.

In einem pseudometrischen Raum $\langle X, \rho\rangle$ heißt ein Punkt $y \in {}^*X$ ein Prä-Nahezustandard-Punkt (vgl. 24.7), wenn es zu jedem $\varepsilon \in \mathbb{R}_+$ ein $x \in X$ mit ${}^*\rho({}^*x, y) < \varepsilon$ gibt. Dieses ist für die zugehörige Uniformität $\mathcal{U}_\rho$ äquivalent zu:

$$\text{Für jedes } U \in \mathcal{U}_\rho \text{ gibt es ein } x \in X \text{ mit } \langle {}^*x, y\rangle \in {}^*U.$$

Letzteres werden wir jetzt zur Definition von Prä-Nahezustandard-Punkten in beliebigen uniformen Räumen verwenden.

27.1 Prä-Nahezustandard-Punkte und Vollständigkeit

Sei $\langle X,\mathcal{U}\rangle$ ein uniformer Raum und $y \in {}^*X$. Dann heißt:

y *Prä-Nahezustandard-Punkt* $\iff (\forall U \in \mathcal{U})(\exists x \in X)\langle {}^*x, y\rangle \in {}^*U$.

Die Menge der Prä-Nahezustandard-Punkte von ${}^*X$ bezeichnen wir mit $pns_{\mathcal{U}}({}^*X)$. Es gilt:

$$ns_{\mathcal{T}(\mathcal{U})}({}^*X) \subset pns_{\mathcal{U}}({}^*X).$$

Es heißt $\langle X,\mathcal{U}\rangle$ *vollständig*, falls $ns_{\mathcal{T}(\mathcal{U})}({}^*X) = pns_{\mathcal{U}}({}^*X)$ ist.

Eine nicht-leere Teilmenge X_0 von X heißt vollständig, wenn X_0 bzgl. der Teilraumuniformität für X_0 vollständig ist.

Beweis. Es ist $ns_{\mathcal{T}(\mathcal{U})}({}^*X) \subset pns_{\mathcal{U}}({}^*X)$ zu zeigen. Sei hierzu $y \in ns_{\mathcal{T}(\mathcal{U})}({}^*X)$. Dann existiert ein $x \in X$ mit $y \approx_{\mathcal{T}(\mathcal{U})} x$. Somit ist $y \approx_{\mathcal{U}} {}^*x$ (siehe 25.2 (i)), und damit ist ${}^*x \approx_{\mathcal{U}} y$, d.h. es ist $\langle {}^*x, y\rangle \in {}^*U$ für alle $U \in \mathcal{U}$. Daher gilt $y \in pns_{\mathcal{U}}({}^*X)$. □

Wegen $\mathcal{U} = \{U^{-1}: U \in \mathcal{U}\}$ und ${}^*(U^{-1}) = ({}^*U)^{-1}$ gilt auch:

- $y \in pns_{\mathcal{U}}({}^*X) \iff (\forall U \in \mathcal{U})(\exists x \in X)\langle y, {}^*x\rangle \in {}^*U$.

Diese Beziehung werden wir im folgenden ohne Zitat verwenden.

Ist $\langle X,\rho\rangle$ ein pseudometrischer Raum, so ist $\langle X,\rho\rangle$ genau dann vollständig, wenn $\langle X,\mathcal{U}_\rho\rangle$ vollständig ist; dieses folgt wegen $pns_\rho({}^*X) = pns_{\mathcal{U}_\rho}({}^*X)$ und $\mathcal{T}_\rho = \mathcal{T}(\mathcal{U}_\rho)$ unter Benutzung von 24.15.

In 27.15 wird gezeigt, daß der hier mit Nichtstandard-Konzepten eingeführte Begriff der Vollständigkeit der klassische Vollständigkeitsbegriff für uniforme Räume ist.

Der nächste Satz zeigt, daß Prä-Nahezustandard-Punkte mit Hilfe einer gleichmäßig stetigen Abbildung auf Prä-Nahezustandard-Punkte abgebildet werden. Satz 27.3 charakterisiert anschließend die Prä-Nahezustandard-Punkte der initialen Uniformität.

27.2 Gleichmäßig stetige Abbildungen erhalten Prä-Nahezustandard-Punkte

Seien $\langle X_1,\mathcal{U}_1\rangle, \langle X_2,\mathcal{U}_2\rangle$ uniforme Räume. Ist $f: X_1 \to X_2$ gleichmäßig stetig, dann gilt:

$$y_1 \in pns_{\mathcal{U}_1}({}^*X_1) \Rightarrow {}^*f(y_1) \in pns_{\mathcal{U}_2}({}^*X_2).$$

Beweis. Sei $y_1 \in pns_{\mathcal{U}_1}({}^*X_1)$ und $U_2 \in \mathcal{U}_2$. Zu zeigen ist:

(1) $$\langle {}^*x_2, {}^*f(y_1)\rangle \in {}^*U_2 \text{ für ein } x_2 \in X_2.$$

Da f gleichmäßig stetig ist, gibt es zu U_2 ein $U_1 \in \mathcal{U}_1$ mit (siehe 25.7 (ii))

(2) $$\langle x_1, x_1'\rangle \in U_1 \Rightarrow \langle f(x_1), f(x_1')\rangle \in U_2.$$

Wegen $y_1 \in pns_{\mathcal{U}_1}({}^*X_1)$ gibt es ein $x_1 \in X_1$ mit (siehe 27.1)

(3) $$\langle {}^*x_1, y_1 \rangle \in {}^*U_1.$$

Aus (3) folgt mit Transfer von (2): $\langle {}^*f({}^*x_1), {}^*f(y_1)\rangle \in {}^*U_2$. Somit gilt (1) mit $x_2 := f(x_1)$. □

27.3 Prä-Nahezustandard-Punkte bzgl. der initialen Uniformität

Seien $\langle X_i, \mathcal{U}_i\rangle$ uniforme Räume für $i \in I$. Sei X eine nicht-leere Menge, und seien $\varphi_i : X \to X_i$ Abbildungen für $i \in I$. Es sei $\mathcal{U}$ die initiale Uniformität für X bzgl. aller $\varphi_i, i \in I$.
Dann gilt für alle $y \in {}^*X$:

$$y \in pns_{\mathcal{U}}({}^*X) \iff (\forall i \in I)\,{}^*\varphi_i(y) \in pns_{\mathcal{U}_i}({}^*X_i).$$

Beweis. „$\Rightarrow$": erhält man aus 27.2, da jedes φ_i $\mathcal{U},\mathcal{U}_i$-gleichmäßig stetig ist (siehe 25.10).

„$\Leftarrow$": Zum Nachweis von $y \in pns_{\mathcal{U}}({}^*X)$ wähle $U \in \mathcal{U}$. Es ist zu zeigen:

(1) $$\langle {}^*x, y\rangle \in {}^*U \text{ für ein } x \in X.$$

Auf Grund der Beschreibung der initialen Uniformität $\mathcal{U}$ (siehe 25.10 (iii)) können wir zum Nachweis von (1) o.B.d.A. annehmen (beachte 25.9), daß U die folgende Gestalt hat:

$$U = \cap_{i \in I_0}\{\langle x, z\rangle \in X \times X : \langle \varphi_i(x), \varphi_i(z)\rangle \in U_i\},\ \emptyset \neq I_0 \subset I \text{ endlich},\ U_i \in \mathcal{U}_i.$$

Somit ist (1) gezeigt, wenn wir ein $x \in X$ finden mit

(2) $$\langle {}^*\varphi_i({}^*x), {}^*\varphi_i(y)\rangle \in {}^*U_i \text{ für alle } i \in I_0.$$

Zum Nachweis hiervon wähle $W_i \in \mathcal{U}_i$ mit $W_i \circ W_i \subset U_i$ und setze $V_i := W_i \cap W_i^{-1} \in \mathcal{U}_i$ (siehe hierzu 25.1 (ii)). Dann gilt:

$$V_i = V_i^{-1} \text{ und } V_i \circ V_i \subset U_i.$$

Da nach Voraussetzung ${}^*\varphi_i(y) \in pns_{\mathcal{U}_i}({}^*X_i)$ ist, existieren $x_i \in X_i$ mit

(3) $$\langle {}^*x_i, {}^*\varphi_i(y)\rangle \in {}^*V_i \text{ für alle } i \in I_0.$$

Also ist ${}^*\varphi_i(y) \in {}^*V_i[{}^*x_i] = {}^*(V_i[x_i])$ für alle $i \in I_0$, und somit folgt:
$y \in {}^*(\cap_{i \in I_0}\varphi_i^{-1}[V_i[x_i]])$. Daher ist $\cap_{i \in I_0}\varphi_i^{-1}[V_i[x_i]] \neq \emptyset$; wähle nun $x \in \cap_{i \in I_0}\varphi_i^{-1}[V_i[x_i]]$. Dann ist $\langle x_i, \varphi_i(x)\rangle \in V_i$, und wegen $V_i = V_i^{-1}$ folgt:

(4) $$\langle {}^*\varphi_i({}^*x), {}^*x_i\rangle \in {}^*V_i \text{ für alle } i \in I_0.$$

Wegen ${}^*V_i \circ {}^*V_i \subset {}^*U_i$ folgt aus (4) und (3) die Relation (2). □

Als spezielle Anwendung dieses Satzes erhalten wir eine Aussage über die Prä-Nahezustandard-Punkte eines uniformen Teilraumes X_0 von X.

27.4 Prä-Nahezustandard-Punkte von Teilräumen

Sei $\langle X, \mathcal{U} \rangle$ ein uniformer Raum. Sei $\emptyset \neq X_0 \subset X$, und sei $\mathcal{U}_{X_0}$ die Teilraumuniformität für X_0. Dann gilt:

(i) $pns_{\mathcal{U}_{X_0}}({}^*X_0) = pns_{\mathcal{U}}({}^*X) \cap {}^*X_0$;

(ii) $ns_{\mathcal{T}(\mathcal{U}_{X_0})}({}^*X_0) = ns_{\mathcal{T}(\mathcal{U})}({}^*X) \cap {}^*X_0$ für abgeschlossenes X_0.

Beweis. ***(i)*** Sei $i_{X_0}: X_0 \to X$ mit $i_{X_0}(x) := x, x \in X_0$. Dann ist $\mathcal{U}_{X_0}$ die initiale Uniformität bzgl. i_{X_0} (siehe 25.12 (iii)). Sei $y \in {}^*X_0$; wegen ${}^*i_{X_0}(y) = y$ gilt:

$$y \in pns_{\mathcal{U}_{X_0}}({}^*X_0) \underset{27.3}{\Longleftrightarrow} y \in pns_{\mathcal{U}}({}^*X).$$

(ii) Es ist $\mathcal{T}(\mathcal{U}_{X_0}) \underset{25.12(\text{ii})}{=} (\mathcal{T}(\mathcal{U}))_{X_0}$. Daher gilt „ $\subset$ “ nach 21.14 (iii). Zum Beweis von „ $\supset$ “ sei $y \in ns_{\mathcal{T}(\mathcal{U})}({}^*X) \cap {}^*X_0$. Dann gibt es ein $x \in X$ mit $({}^*X_0 \ni)\ y \approx_{\mathcal{T}(\mathcal{U})} x$. Da X_0 abgeschlossen ist, folgt $x \in X_0$, und somit ist $y \approx_{(\mathcal{T}(\mathcal{U}))_{X_0}} x$ (siehe 21.14 (iii)). Also ist $y \in ns_{\mathcal{T}(\mathcal{U}_{X_0})}({}^*X_0)$. □

Wir wollen darauf hinweisen, daß (ii) im Gegensatz zu (i) nicht für alle $X_0 \subset X$ gilt: Ist $\mathcal{T}(\mathcal{U})$ hausdorffsch, so gilt (ii) sogar nur für abgeschlossene Mengen X_0 (siehe Aufgabe 23.8 (ii)).

Die Charakterisierung der Prä-Nahezustandard-Punkte von Teilräumen und der Satz 27.2 sind die entscheidenden Hilfsmittel zum Beweis der beiden folgenden Sätze der klassischen Topologie.

27.5 Vollständigkeit und Abgeschlossenheit von Teilräumen

Sei $\langle X, \mathcal{U} \rangle$ ein uniformer Raum und $\emptyset \neq X_0 \subset X$. Dann gilt:

(i) (X_0 abgeschlossen, X vollständig) $\Longrightarrow$ X_0 vollständig.

(ii) (X_0 vollständig, X hausdorffsch) $\Longrightarrow$ X_0 abgeschlossen.

Beweis. ***(i)*** Es sei $\mathcal{U}_{X_0}$ die Teilraumuniformität für X_0. Dann gilt:

$$pns_{\mathcal{U}_{X_0}}({}^*X_0) \underset{27.4(\text{i})}{=} pns_{\mathcal{U}}({}^*X) \cap {}^*X_0 \underset{27.1}{=} ns_{\mathcal{T}(\mathcal{U})}({}^*X) \cap {}^*X_0 \underset{27.4(\text{ii})}{=} ns_{\mathcal{T}(\mathcal{U}_{X_0})}({}^*X_0),$$

und somit ist $\langle X_0, \mathcal{U}_{X_0} \rangle$ vollständig nach 27.1.

(ii) Sei ${}^*X_0 \ni y \approx_{\mathcal{T}(\mathcal{U})} x$, zu zeigen ist $x \in X_0$. Nun gilt

$$y \underset{27.1}{\in} pns_{\mathcal{U}}({}^*X) \cap {}^*X_0 \underset{27.4(\text{i})}{=} pns_{\mathcal{U}_{X_0}}({}^*X_0) \underset{27.1}{=} ns_{\mathcal{T}(\mathcal{U}_{X_0})}({}^*X_0) \underset{25.12(\text{ii})}{=} ns_{\mathcal{T}(\mathcal{U})_{X_0}}({}^*X_0).$$

Folglich gibt es ein $x_0 \in X_0$ mit $y \approx_{\mathcal{T}(\mathcal{U})_{X_0}} x_0$, und damit ist auch $y \approx_{\mathcal{T}(\mathcal{U})} x_0$ (siehe 21.14 (iii)). Da $\mathcal{T}(\mathcal{U})$ hausdorffsch ist, folgt $x = x_0 \in X_0$ (siehe 21.8). □

Satz 27.5 zeigt insbesondere, daß für einen Teilraum eines vollständigen Hausdorff-Raumes die Begriffe „vollständig“ und „abgeschlossen“ übereinstimmen.

Der folgende Fortsetzungssatz für gleichmäßig stetige Abbildungen ist ein fundamentales Ergebnis der Analysis. Wir werden ihn in § 29 benutzen, um die Eindeutigkeit sogenannter Hausdorff-Vervollständigungen uniformer Räume zu beweisen.

27.6 Existenz gleichmäßig stetiger Fortsetzungen

Sei $\langle X_1, \mathcal{U}_1\rangle$ ein uniformer Raum und $\langle X_2, \mathcal{U}_2\rangle$ ein vollständiger uniformer Raum. Es sei X eine in X_1 dichtliegende Menge, versehen mit der Teilraumuniformität.

Dann läßt sich jede gleichmäßig stetige Abbildung von X in X_2 zu einer gleichmäßig stetigen Abbildung von X_1 in X_2 fortsetzen.

Beweis. Sei $\mathcal{U}$ die Teilraumuniformität von $\mathcal{U}_1$ für X, und sei $f: X \to X_2$ $\mathcal{U},\mathcal{U}_2$-gleichmäßig stetig. Es ist eine $\mathcal{U}_1,\mathcal{U}_2$-gleichmäßig stetige Fortsetzung $\overline{f}: X_1 \to X_2$ von f zu finden. Setze $\overline{f}(x) := f(x)$ für $x \in X$ und betrachte dann $x_1 \in X_1 - X$. Wegen $X^b = X_1$ existiert ein $y(x_1)$ mit

$$(1) \qquad {}^*X \ni y(x_1) \approx_{\mathcal{U}_1} {}^*x_1$$

(siehe 23.2 (i)). Daher ist $y(x_1) \underset{27.1}{\in} pns_{\mathcal{U}_1}({}^*X_1) \cap {}^*X \underset{27.4(i)}{=} pns_{\mathcal{U}}({}^*X)$, und da f $\mathcal{U},\mathcal{U}_2$-gleichmäßig stetig ist und $\langle X_2, \mathcal{U}_2\rangle$ vollständig ist, erhält man

$${}^*f(y(x_1)) \underset{27.2}{\in} pns_{\mathcal{U}_2}({}^*X_2) \underset{27.1}{=} ns_{\mathcal{T}(\mathcal{U}_2)}({}^*X_2).$$

Daher gibt es ein $\overline{f}(x_1) \in X_2$ mit

$$(2) \qquad {}^*f(y(x_1)) \approx_{\mathcal{U}_2} {}^*(\overline{f}(x_1)).$$

Insgesamt ist also $\overline{f}: X_1 \to X_2$ eine eindeutig definierte Fortsetzung von f. Wir zeigen nun, daß $\overline{f}$ $\mathcal{U}_1,\mathcal{U}_2$-gleichmäßig stetig ist. Sei hierzu $U_2 \in \mathcal{U}_2$; zu finden ist ein $U_1 \in \mathcal{U}_1$ mit

$$(3) \qquad \langle x_1, x_1'\rangle \in U_1 \Longrightarrow \langle \overline{f}(x_1), \overline{f}(x_1')\rangle \in U_2.$$

Sei $U_2' \in \mathcal{U}_2$ mit $U_2' \circ U_2' \circ U_2' \subset U_2$. Da f $\mathcal{U},\mathcal{U}_2$-gleichmäßig stetig und $\mathcal{U} \underset{25.12}{=} \{U_1' \cap (X \times X): U_1' \in \mathcal{U}_1\}$ ist, gibt es zu U_2' ein $U_1' \in \mathcal{U}_1$ mit:

$$(4) \qquad \langle x_1, x_1'\rangle \in U_1' \cap (X \times X) \Longrightarrow \langle f(x_1), f(x_1')\rangle \in U_2'.$$

Sei nun $U_1 \in \mathcal{U}_1$ mit $U_1 \circ U_1 \circ U_1 \subset U_1'$. Setze $y(x) := {}^*x$ für $x \in X$. Dann ist $y(x_1)$ für alle $x_1 \in X_1$ definiert, und aus (1) folgt dann:

$$(5) \qquad y(x_1) \in {}^*X \text{ für alle } x_1 \in X_1;$$

$$(6) \qquad \langle {}^*x_1, y(x_1)\rangle, \langle y(x_1), {}^*x_1\rangle \in {}^*U_1 \text{ für alle } x_1 \in X_1.$$

Aus (2) folgt

$$(7) \qquad \langle {}^*(\overline{f}(x_1)), {}^*f(y(x_1))\rangle, \langle {}^*f(y(x_1)), {}^*(\overline{f}(x_1))\rangle \in {}^*U_2' \text{ für alle } x_1 \in X_1.$$

Man erhält nun (3) wegen

$$\begin{aligned}
\langle x_1, x_1'\rangle \in U_1 &\underset{(6)}{\Longrightarrow} \langle y(x_1), y(x_1')\rangle \in {}^*U_1 \circ {}^*U_1 \circ {}^*U_1 \subset {}^*U_1' \\
&\underset{(5)}{\Longrightarrow} \langle y(x_1), y(x_1')\rangle \in {}^*U_1' \cap ({}^*X \times {}^*X) \\
&\underset{{}^*(4)}{\Longrightarrow} \langle {}^*f(y(x_1)), {}^*f(y(x_1'))\rangle \in {}^*U_2' \\
&\underset{(7)}{\Longrightarrow} \langle {}^*(\overline{f}(x_1)), {}^*(\overline{f}(x_1'))\rangle \in {}^*U_2' \circ {}^*U_2' \circ {}^*U_2' \subset {}^*U_2 \\
&\Longrightarrow \langle \overline{f}(x_1), \overline{f}(x_1')\rangle \in U_2.
\end{aligned}$$

□

Ist in 27.6 der Raum $\langle X_2, \mathcal{U}_2\rangle$ hausdorffsch, so ist die gleichmäßig stetige Fortsetzung eindeutig bestimmt (benutze 23.3 und die Tatsache, daß jede gleichmäßig stetige Abbildung stetig ist).

In einem pseudometrischen Raum ist eine Menge $B \subset X$ genau dann totalbeschränkt, wenn ${}^*B \subset pns({}^*X)$ ist (siehe 24.9 (ii)). Dieses benutzen wir nun in uniformen Räumen zur Definition.

27.7 Totalbeschränktheit in uniformen Räumen

Sei $\langle X, \mathcal{U}\rangle$ ein uniformer Raum und $B \subset X$. Dann heißt B ($\mathcal{U}$-) *totalbeschränkt*, wenn eine der beiden äquivalenten Bedingungen gilt:

(i) Für jedes $U \in \mathcal{U}$ gibt es endlich viele $x_1, \ldots, x_n \in X$ mit $B \subset U[x_1] \cup \ldots \cup U[x_n]$.

(ii) ${}^*B \subset pns_{\mathcal{U}}({}^*X)$.

Ist X $\mathcal{U}$-totalbeschränkt, so nennt man auch $\langle X, \mathcal{U}\rangle$ totalbeschränkt und $\mathcal{U}$ eine *totalbeschränkte* Uniformität.

Beweis. *(i)⇒ (ii)* Sei $y \in {}^*B$, zu zeigen ist $y \in pns_{\mathcal{U}}({}^*X)$. Sei hierzu $U \in \mathcal{U}$ gewählt; aus (i) folgt ${}^*B \subset {}^*(U[x_1]) \cup \ldots \cup {}^*(U[x_n])$. Daher ist $y \in {}^*(U[x_i])$ für ein $i = 1, \ldots, n$, d.h. es ist $\langle {}^*x_i, y\rangle \in {}^*U$ für ein $i = 1, \ldots, n$. Also ist $y \in pns_{\mathcal{U}}({}^*X)$.

(ii)⇒ (i) Sei $U \in \mathcal{U}$ gewählt. Dann gilt ${}^*B \underset{\text{(ii)}}{\subset} pns_{\mathcal{U}}({}^*X) \underset{27.1}{\subset} \bigcup_{x \in X} {}^*(U[x])$. Daher gibt es $x_1, \ldots, x_n \in X$ mit $B \subset \bigcup_{i=1}^{n} U[x_i]$ (siehe 21.1 (i)), und somit gilt (i). □

Ist $\langle X, \mathcal{U}\rangle$ ein vollständiger uniformer Raum und ist $B \subset X$, so gilt:

B relativ kompakt $\iff$ B totalbeschränkt;

benutze hierzu 23.12 (iv) und beachte dabei, daß uniforme Räume regulär sind (siehe 25.3 (i)).

Jeder vollständig reguläre Raum ist nach 25.11 uniformisierbar. Die dort konstruierte Uniformität wird sich sogar als totalbeschränkte Uniformität erweisen.

27.8 Vollständig reguläre Räume als totalbeschränkte uniforme Räume

Sei $\langle X, \mathcal{T}\rangle$ ein vollständig regulärer Raum. Dann existiert eine Uniformisierung $\mathcal{U}$ von $\mathcal{T}$, so daß X $\mathcal{U}$-totalbeschränkt ist.

Beweis. Sei $\mathcal{U}$ die initiale Uniformität bzgl. aller stetigen Funktionen $\varphi: X \to [0,1]$. Dann gilt $\mathcal{T} = \mathcal{T}(\mathcal{U})$ (siehe 25.11), und es bleibt zu zeigen (siehe 27.7):

$${}^*X \subset pns_{\mathcal{U}}({}^*X).$$

Sei hierzu $y \in {}^*X$. Dann ist ${}^*\varphi(y) \in {}^*[0,1] \subset pns({}^*\mathbb{R})$ für jede stetige Funktion $\varphi: X \to [0,1]$, und somit ist $y \in pns_{\mathcal{U}}({}^*X)$ nach 27.3. □

Ist $\langle X,\rho\rangle$ ein pseudometrischer Raum und daher ein vollständig regulärer Raum (siehe 24.6 (i)), so existiert nach 27.8 eine totalbeschränkte Uniformität $\mathcal{U}$ für X mit $\mathcal{T}_\rho = \mathcal{T}(\mathcal{U})$. Jedoch ist es i.a. nicht möglich, diese Uniformität $\mathcal{U}$ so zu wählen, daß sie von einer Pseudometrik ρ' herrührt, d.h. daß $\mathcal{U} = \mathcal{U}_{\rho'}$ ist. Zu einem pseudometrischen Raum $\langle X,\rho\rangle$ existiert nämlich i.a. keine Pseudometrik ρ' auf X, so daß X totalbeschränkt (bzgl. ρ') und $\mathcal{T}_\rho = \mathcal{T}_{\rho'}$ ist (siehe Aufgabe 5).

27.9 Produkträume vollständiger bzw. totalbeschränkter Räume

Seien $\langle X_i,\mathcal{U}_i\rangle, i \in I$, uniforme Räume, und sei $\mathcal{U}$ die Produktuniformität für $X := \prod_{i\in I} X_i$. Dann gilt:

(i) X_i vollständig für alle $i \in I \Longrightarrow X$ vollständig;

(ii) X_i totalbeschränkt für alle $i \in I \Longrightarrow X$ totalbeschränkt.

Beweis. Für $y \in {}^*X$ gilt wegen ${}^*\pi_i(y) = y(i)$:

$$y \in pns_{\mathcal{U}}({}^*X) \underset{27.3}{\Longleftrightarrow} (y(i) \in pns_{\mathcal{U}_i}({}^*X_i) \text{ für alle } i \in I);$$

$$y \in ns_{\mathcal{T}(\mathcal{U})}({}^*X) \underset{22.10}{\Longleftrightarrow} (y(i) \in ns_{\mathcal{T}(\mathcal{U}_i)}({}^*X_i) \text{ für alle } i \in I).$$

Hieraus folgt die Behauptung nach Definition der Vollständigkeit und der Totalbeschränktheit. □

Auch die Rückrichtungen von 27.9 lassen sich mit Hilfe von Nichtstandard-Methoden einfach beweisen (siehe hierzu Aufgabe 4).

27.10 Totalbeschränktheit von Teilräumen

Sei $\langle X,\mathcal{U}\rangle$ ein uniformer Raum und $\emptyset \neq X_0 \subset X$. Dann gilt:

(i) X_0 totalbeschränkt $\Longrightarrow X_0^b$ totalbeschränkt;

(ii) X_0 $\mathcal{U}$-totalbeschränkt $\Longleftrightarrow X_0$ $\mathcal{U}_{X_0}$-totalbeschränkt.

Beweis. *(i)* Sei $U \in \mathcal{U}$. Wähle $V \in \mathcal{U}$ mit $V \circ V \subset U$. Da X_0 totalbeschränkt ist, gibt es $x_1,\dots,x_n \in X$ mit $X_0 \subset \bigcup_{i=1}^n V[x_i]$. Somit gilt $X_0^b \subset \bigcup_{i=1}^n (V[x_i])^b \subset \bigcup_{i=1}^n U[x_i]$ (für $(V[x_i])^b \subset U[x_i]$ siehe (1) des Beweises von 25.3).

(ii)
$$X_0 \ \mathcal{U}_{X_0}\text{-totalbeschränkt} \underset{27.7}{\Longleftrightarrow} {}^*X_0 = pns_{\mathcal{U}_{X_0}}({}^*X_0)$$
$$\underset{27.4}{\Longleftrightarrow} {}^*X_0 \subset pns_{\mathcal{U}}({}^*X) \underset{27.7}{\Longleftrightarrow} X_0 \ \mathcal{U}\text{-totalbeschränkt}.$$
□

Das folgende Ergebnis zeigt, daß sich in uniformen Räumen der topologisch definierte Begriff der Kompaktheit durch die nicht topologisch formulierbaren Begriffe Vollständigkeit und Totalbeschränktheit ausdrücken läßt.

27.11 Kompakt $\Longleftrightarrow$ vollständig und totalbeschränkt

Sei $\langle X, \mathcal{U}\rangle$ ein uniformer Raum und $\emptyset \neq X_0 \subset X$. Dann gilt:

$$X_0 \text{ kompakt} \Longleftrightarrow X_0 \text{ vollständig und totalbeschränkt.}$$

Beweis. Da $\mathcal{U}_{X_0}$ die Teilraumuniformität für X_0 ist, ist $\mathcal{T}(\mathcal{U}_{X_0})$ die Teilraumtopologie (25.12 (ii)), und es gilt:

$$\begin{aligned}
X_0 \ \ \mathcal{T}(\mathcal{U})\text{-kompakt} \ &\underset{21.14(ii)}{\Longleftrightarrow} \ X_0 \ \ \mathcal{T}(\mathcal{U}_{X_0})\text{-kompakt} \\
&\underset{23.12(iii)}{\Longleftrightarrow} \ ns_{\mathcal{T}(\mathcal{U}_{X_0})}({}^*X_0) = {}^*X_0 \\
&\underset{27.1}{\Longleftrightarrow} \ ns_{\mathcal{T}(\mathcal{U}_{X_0})}({}^*X_0) = pns_{\mathcal{U}_{X_0}}({}^*X_0) = {}^*X_0 \\
&\underset{27.1,27.7}{\Longleftrightarrow} \ X_0 \ \text{vollständig und } \mathcal{U}_{X_0}\text{-totalbeschränkt} \\
&\underset{27.10}{\Longleftrightarrow} \ X_0 \ \text{vollständig und } \mathcal{U}\text{-totalbeschränkt.}
\end{aligned}$$

□

Um die Bedeutung von 27.11 zu verdeutlichen, betrachten wir zwei verschiedene Uniformitäten $\mathcal{U}$ und $\mathcal{U}'$, welche die gleiche Topologie erzeugen. Eine Menge $X_0 \subset X$ kann dann $\mathcal{U}$-vollständig und nicht $\mathcal{U}'$-vollständig sein, bzw. sie kann $\mathcal{U}$-totalbeschränkt und nicht $\mathcal{U}'$-totalbeschränkt sein (siehe hierzu Beispiel 24.17). Satz 27.11 zeigt jedoch, daß Mengen X_0, die gleichzeitig $\mathcal{U}$-vollständig und $\mathcal{U}$-totalbeschränkt sind, stets auch $\mathcal{U}'$-vollständig und $\mathcal{U}'$-totalbeschränkt sind.

Ziel der folgenden Überlegungen ist es, die Vollständigkeit eines uniformen Raumes auf Standardweise ähnlich wie bei pseudometrischen Räumen zu charakterisieren. Bei einem pseudometrischen Raum gilt $ns({}^*X) = pns({}^*X)$ genau dann, wenn jede Cauchy-Folge konvergent ist. Für einen uniformen Raum wird $pns({}^*X) = ns({}^*X)$ genau dann gelten, wenn jeder „Cauchy-Filter" konvergent ist. Wir werden daher den Begriff des Cauchy-Filters einführen (27.13), hiermit die Prä-Nahezustandard-Punkte eines uniformen Raumes charakterisieren und damit die gewünschte klassische Formulierung der Vollständigkeit erhalten (27.15). Da die klassische Formulierung der Vollständigkeit nicht von der starken Nichtstandard-Einbettung $^* : \widehat{S} \longrightarrow \widehat{{}^*S}$ abhängt, zeigt sich daher insbesondere, daß der Begriff der Vollständigkeit, wie er in 27.1 definiert worden ist, nicht davon abhängt, welche starke Nichtstandard-Einbettung man wählt. Dieses ist ganz allgemein von Bedeutung, wenn ein Begriff für die Standard-Welt mit Hilfe einer Nichtstandard-Beschreibung eingeführt wird. Man muß sich stets überzeugen, daß der Begriff ein Begriff der Standard-Welt ist und nicht etwa von der speziellen Nichtstandard-Einbettung abhängt. Dieses wurde bisher stets dadurch gelöst, daß für den betreffenden Begriff auch eine äquivalente Standard-Beschreibung (siehe z.B. 25.1, 25.7 und 27.7) angegeben wurde.

Zunächst führen wir eine intuitive Schreibweise für Filter $\mathcal{F}$ über X ein. Der Begriff der Konvergenz eines Filters war bereits in 21.20 eingeführt worden.

27.12 Die Bezeichnung $\mathcal{F} \to y$ für $y \in {}^*X$

Sei $\langle X, \mathcal{U}\rangle$ ein uniformer Raum, $\mathcal{F}$ ein Filter über X und $y \in {}^*X$. Wir schreiben $\mathcal{F} \to y$, falls:

$$z \approx_{\mathcal{U}} y \text{ für alle } z \in m_{\mathcal{F}}.$$

Es gilt:

(i) $\mathcal{F} \to {}^*x \iff \mathcal{F}$ ist $\mathcal{T}(\mathcal{U})$-konvergent gegen x;

(ii) $(\mathcal{F} \to y) \Rightarrow (\mathcal{F} \to {}^*x \iff y \approx_{\mathcal{U}} {}^*x)$.

Beweis. *(i)* $\mathcal{F} \to {}^*x \underset{\text{Def.}}{\iff} (\forall z \in m_{\mathcal{F}}) z \approx_{\mathcal{U}} {}^*x \iff (\forall z \in m_{\mathcal{F}}) z \approx_{\mathcal{T}(\mathcal{U})} x$

$\underset{21.20}{\iff} \mathcal{F}$ ist $\mathcal{T}(\mathcal{U})$-konvergent gegen x.

(ii) folgt, da $\approx_{\mathcal{U}}$ eine Äquivalenzrelation und $m_{\mathcal{F}} \neq \emptyset$ ist. □

Der Begriff eines Cauchy-Filters soll nun formal analog zum Begriff einer Cauchy-Folge eines pseudometrischen Raumes eingeführt werden. Sei hierzu x_n, $n \in \mathbb{N}$, eine Folge im pseudometrischen Raum $\langle X, \rho\rangle$, und sei

$$\mathcal{F} := \{F \subset X : \exists n_0 \in \mathbb{N} \text{ mit } x_n \in F \text{ für alle } n \geq n_0\}$$

(siehe 21.19) der von der Folge erzeugte Filter. Bezeichnet $\mathcal{U}_\rho$ die zu ρ gehörige Uniformität, so zeigt 24.13 (i), daß eine Folge genau dann eine Cauchy-Folge ist, wenn gilt:

$$\text{Für jedes } U \in \mathcal{U}_\rho \text{ gibt es ein } F \in \mathcal{F} \text{ mit } F \times F \subset U.$$

Diese Bedingung werden wir nun zur Definition eines Cauchy-Filters für einen beliebigen Filter $\mathcal{F}$ und einen beliebigen uniformen Raum verwenden.

27.13 Cauchy-Filter

Sei $\langle X, \mathcal{U}\rangle$ ein uniformer Raum. Ein Filter $\mathcal{F}$ über X heißt *Cauchy-Filter*, wenn er eine der drei folgenden äquivalenten Bedingungen erfüllt:

(i) $z_1 \approx_{\mathcal{U}} z_2$ für alle $z_1, z_2 \in m_{\mathcal{F}}$.

(ii) Es gibt ein $y \in {}^*X$ mit $\mathcal{F} \to y$.

(iii) Für jedes $U \in \mathcal{U}$ gibt es ein $F \in \mathcal{F}$ mit $F \times F \subset U$.

Beweis. Da $\approx_{\mathcal{U}}$ eine Äquivalenzrelation ist, gilt *(i)* $\iff$ *(ii)* nach Definition von $\mathcal{F} \to y$.

(i) $\Rightarrow$ *(iii)* Sei $U \in \mathcal{U}$. Dann gilt:

$$\bigcap_{F \in \mathcal{F}} {}^*(F \times F) = \bigcap_{F \in \mathcal{F}} {}^*F \times \bigcap_{F \in \mathcal{F}} {}^*F = m_{\mathcal{F}} \times m_{\mathcal{F}} \underset{(i)}{\subset} {}^*U.$$

Daher existieren $F_1, \ldots, F_n \in \mathcal{F}$ mit $\cap_{i=1}^n (F_i \times F_i) \subset U$ (siehe 21.1 (ii)). Sei $F := \cap_{i=1}^n F_i$; dann ist $F \in \mathcal{F}$ und $F \times F \subset \cap_{i=1}^n (F_i \times F_i) \subset U$.

(iii) $\Rightarrow$ *(i)* Seien $z_1, z_2 \in m_{\mathcal{F}}$, und sei $U \in \mathcal{U}$. Nach (iii) gibt es ein $F \in \mathcal{F}$ mit $F \times F \subset U$, und daher folgt $\langle z_1, z_2\rangle \in {}^*F \times {}^*F \subset {}^*U$. Somit ist $z_1 \approx_{\mathcal{U}} z_2$. □

Der folgende Satz charakterisiert die Prä-Nahezustandard-Punkte für uniforme Räume ähnlich wie dieses in 24.14 für pseudometrische Räume geschehen war.

27.14 Charakterisierung von Prä-Nahezustandard-Punkten

Sei $\langle X, \mathcal{U} \rangle$ ein uniformer Raum. Dann sind für $y \in {}^*X$ äquivalent:

(i) $y \in pns_{\mathcal{U}}({}^*X)$;

(ii) $\mathcal{F} \to y$ für einen Filter $\mathcal{F}$ über X.

Beweis. *(i) ⇒ (ii)* Wegen (i) gibt es zu jedem $U \in \mathcal{U}$ ein $x_U \in X$ mit

(1) $$\langle {}^*x_U, y \rangle \in {}^*U, \text{ d.h. } y \in {}^*(U[x_U]).$$

Wegen (1) ist $\{U[x_U]: U \in \mathcal{U}\}$ ein System mit nicht-leeren endlichen Durchschnitten, und daher ist

(2) $$\mathcal{F} := \{F \subset X: \bigcap_{U \in \mathcal{U}_0} U[x_U] \subset F \text{ mit } \emptyset \neq \mathcal{U}_0 \subset \mathcal{U} \text{ endlich}\}$$

ein Filter (siehe 25.9). Sei nun $z \in m_{\mathcal{F}}$, dann reicht es, für $\mathcal{F} \to y$ zu zeigen:

(3) $$\langle z, y \rangle \in {}^*U \text{ für alle } U \in \mathcal{U}.$$

Sei hierzu $U \in \mathcal{U}$. Dann existiert ein $V \in \mathcal{U}$ mit

$$V = V^{-1} \text{ und } V \circ V \subset U.$$

Wegen $z \in m_{\mathcal{F}}$ und $V[x_V] \underset{(2)}{\in} \mathcal{F}$ ist $z \in {}^*(V[x_V])$, d.h. $\langle {}^*x_V, z \rangle \in {}^*V$. Da ${}^*V = {}^*V^{-1}$ ist, folgt:

$$\langle z, {}^*x_V \rangle \in {}^*V.$$

Da ferner $\langle {}^*x_V, y \rangle \underset{(1)}{\in} {}^*V$ ist, folgt $\langle z, y \rangle \in {}^*V \circ {}^*V \subset {}^*U$, d.h. es gilt (3).

(ii) ⇒ (i) Sei $U \in \mathcal{U}$, und wähle $V \in \mathcal{U}$ mit $V \circ V \subset U$. Dann reicht es zu zeigen:

(4) $$\langle {}^*x, y \rangle \in {}^*V \circ {}^*V (\subset {}^*U) \text{ für ein } x \in X.$$

Nach (ii) gibt es ein $F \in \mathcal{F}$ mit $F \times F \subset V$ (siehe 27.13). Wähle $x \in F$. Dann ist (4) bewiesen, wenn wir ein z finden mit

(5) $$\langle {}^*x, z \rangle \in {}^*V \text{ und } \langle z, y \rangle \in {}^*V.$$

Wähle hierzu $z \in m_{\mathcal{F}}$. Dann ist $\langle {}^*x, z \rangle \in {}^*F \times {}^*F \subset {}^*V$. Wegen $\mathcal{F} \to y$ und $z \in m_{\mathcal{F}}$ gilt $z \approx_{\mathcal{U}} y$, und somit ist $\langle z, y \rangle \in {}^*V$. Damit ist (5) gezeigt. □

27.15 Charakterisierung der Vollständigkeit uniformer Räume

Sei $\langle X, \mathcal{U} \rangle$ ein uniformer Raum. Dann sind äquivalent:

(i) Jeder Cauchy-Filter ist konvergent.

(ii) $ns_{\mathcal{T}(\mathcal{U})}({}^*X) = pns_{\mathcal{U}}({}^*X)$.

Beweis. *(i) ⇒ (ii)* Wegen 27.1 reicht es, $pns_{\mathcal{U}}({}^*X) \subset ns_{\mathcal{T}(\mathcal{U})}({}^*X)$ zu zeigen.

Es gilt: $y \in pns_{\mathcal{U}}({}^*X) \underset{27.14}{\Longrightarrow} (\mathcal{F} \to y \text{ für einen Filter } \mathcal{F})$
$\underset{27.13}{\Longrightarrow} (\mathcal{F} \text{ Cauchy-Filter } \wedge \mathcal{F} \to y)$
$\underset{\text{(i)+27.12(i)}}{\Longrightarrow} (\mathcal{F} \to {}^*x \text{ für ein } x \in X \wedge \mathcal{F} \to y)$
$\underset{27.12\text{(ii)}}{\Longrightarrow} y \approx_{\mathcal{U}} {}^*x \underset{25.2\text{(i)}}{\Longrightarrow} y \in ns_{\mathcal{T}(\mathcal{U})}({}^*X)$.

(ii) $\Rightarrow$ *(i)* Sei $\mathcal{F}$ ein Cauchy-Filter. Dann gibt es ein $y \in {}^*X$ mit $\mathcal{F} \to y$ (siehe 27.13), und daher ist $y \underset{27.14}{\in} pns_{\mathcal{U}}({}^*X) \underset{\text{(ii)}}{=} ns_{\mathcal{T}(\mathcal{U})}({}^*X)$. Somit ist $y \approx_{\mathcal{U}} {}^*x$ für ein $x \in X$, und wegen $\mathcal{F} \to y$ folgt $\mathcal{F} \to {}^*x$ (siehe 27.12 (ii)). Also konvergiert $\mathcal{F}$ gegen x (siehe 27.12 (i)). □

Aus 24.15 und 27.15 erhalten wir, daß in einem pseudometrischen Raum, in dem jede Cauchy-Folge konvergent ist, auch jeder Cauchy-Filter konvergent ist. Für beliebige uniforme Räume ist diese Implikation im allgemeinen nicht richtig.

Die wichtigsten Standard-Ergebnisse dieses Paragraphen sind:

1. Eine gleichmäßig stetige Abbildung in einen vollständigen Raum läßt sich gleichmäßig stetig auf den Abschluß fortsetzen (siehe 27.6).
2. Vollständig reguläre Räume besitzen totalbeschränkte Uniformisierungen.
3. Teilmengen uniformer Räume sind genau dann kompakt, wenn sie vollständig und totalbeschränkt sind.

Aufgaben

1 Sei $\langle X_2, \mathcal{U}_2 \rangle$ ein uniformer Raum und $f: X_1 \to X_2$ surjektiv. Es sei $\mathcal{U}_1$ die initiale Uniformität für X_1 bzgl. f. Man zeige:
$$\langle X_1, \mathcal{U}_1 \rangle \text{ vollständig } \Longrightarrow \langle X_2, \mathcal{U}_2 \rangle \text{ vollständig.}$$

2 Es sei $f: \langle X_1, \mathcal{U}_1 \rangle \to \langle X_2, \mathcal{U}_2 \rangle$ gleichmäßig stetig und surjektiv. Man zeige:
$$\langle X_1, \mathcal{U}_1 \rangle \text{ totalbeschränkt } \Longrightarrow \langle X_2, \mathcal{U}_2 \rangle \text{ totalbeschränkt.}$$

3 Man gebe Beispiele an für einen totalbeschränkten Raum, der nicht vollständig, und für einen vollständigen Raum, der nicht totalbeschränkt ist.

4 Man zeige, daß die Rückrichtungen in 27.9 (i) und (ii) gelten.

5 (i) Man zeige: Jeder totalbeschränkte pseudometrische Raum besitzt eine abzählbare dichte Teilmenge.

(ii) Man gebe einen pseudometrischen Raum $\langle X, \rho \rangle$ an, zu dem es keine Pseudometrik ρ' auf X gibt, so daß X totalbeschränkt bzgl. ρ' und $\mathcal{T}_\rho = \mathcal{T}_{\rho'}$ ist.

In den folgenden Aufgaben sei $\langle X, \mathcal{U} \rangle$ ein uniformer Raum.

6 Man zeige: Für $y \in {}^*X$ sind äquivalent:

(i) $y \in pns_{\mathcal{U}}({}^*X)$.

(ii) Es gibt einen Cauchy-Filter $\mathcal{F}$ über X mit $y \in m_{\mathcal{F}}$.

7 Man zeige: $pns_{\mathcal{U}}({}^*X) = \bigcup_{\mathcal{F} \text{ Cauchy-F.}} m_{\mathcal{F}}$.

8 Folgt aus $\mathcal{F} \to y$ auch $y \in m_{\mathcal{F}}$?

§ 28 $\widehat{S}$-kompakte Nichtstandard-Einbettungen und die Standardteil-Abbildung

Starke Nichtstandard-Einbettungen erweisen sich in manchen Bereichen der Topologie, insbesondere aber in der Stochastik, als nicht mehr hinreichend wirkungsvoll. Dieses hat zu einer weiteren Verschärfung der Modellbildung, zu den sogenannten $\widehat{S}$-kompakten oder auch polysaturierten Nichtstandard-Einbettungen (zur Definition siehe 28.1, zur Existenz siehe 36.14) geführt. Vor dieser Begriffsbildung sollen noch einige nützliche Sprechweisen festgelegt werden.

Sei $\widehat{S}$ die Standard-Welt und $\mathbb{R} \subset S$. Man sagt, daß eine nicht-leere Menge $\mathcal{D}$ *höchstens* $\widehat{S}$*-viele Elemente* besitzt oder daß $\mathcal{D}$ *höchstens so mächtig wie* $\widehat{S}$ ist, wenn gilt:

(I) $\qquad \varphi[\widehat{S}] = \mathcal{D}$ für eine Funktion $\varphi: \widehat{S} \to \mathcal{D}$,

d.h. wenn $\widehat{S}$ surjektiv auf $\mathcal{D}$ abbildbar ist. Anderenfalls nennt man $\mathcal{D}$ *mächtiger* oder *von größerer Mächtigkeit als* $\widehat{S}$.

Die Bedingung (I) ist natürlich dazu äquivalent, daß eine Teilmenge von $\widehat{S}$ surjektiv auf $\mathcal{D}$ abbildbar ist oder auch dazu, daß eine Teilmenge von $\widehat{S}$ bijektiv auf $\mathcal{D}$ abbildbar ist.

Jede Teilmenge von $\widehat{S}$ besitzt trivialerweise höchstens $\widehat{S}$-viele Elemente, und auch alle Mengensysteme der Form $\{B_n : n \in \mathbb{N}\}$ oder $\{B_x : x \in \mathbb{R}\}$ besitzen höchstens $\widehat{S}$-viele Elemente (beachte $\mathbb{R} \subset S$).

Starke Nichtstandard-Einbettungen $* : \widehat{S} \longrightarrow \widehat{{}^*S}$ sind dadurch charakterisiert, daß jedes System von Standard-Mengen (d.h. von Mengen der Form ${}^*C$ mit $C \in \widehat{S} - S$), von denen je endlich viele einen nicht-leeren Durchschnitt besitzen, selbst einen nicht-leeren Durchschnitt besitzt. Fordern wir die obige Eigenschaft nun nicht nur für Systeme von Standard-Mengen, sondern stärker für Systeme von internen Mengen, und nehmen weiter an, daß die betrachteten Systeme höchstens so mächtig wie $\widehat{S}$ sind (Systeme von Standard-Mengen sind automatisch höchstens so mächtig wie $\widehat{S}$), so gelangen wir zum Konzept der $\widehat{S}$-kompakten Nichtstandard-Einbettung. Wir fordern dabei für Systeme von höchstens $\widehat{S}$-vielen internen Mengen eine Eigenschaft, die das System der kompakten Mengen eines Hausdorff-Raumes stets besitzt (siehe 21.9 (iii)).

Die Ausdrucksweise:

- $\mathcal{D}$ besteht aus höchstens $\widehat{S}$-vielen internen Mengen

heißt natürlich:

- $\mathcal{D}$ besteht aus höchstens $\widehat{S}$-vielen Elementen, und jedes Element von $\mathcal{D}$ ist eine interne Menge.

28.1 $\widehat{S}$-kompakte Nichtstandard-Einbettungen

Eine Nichtstandard-Einbettung $^* : \widehat{S} \longrightarrow \widehat{^*S}$ heißt *$\widehat{S}$-kompakt* oder *polysaturiert*, falls für jedes System $\mathcal{D}$ mit nicht-leeren endlichen Durchschnitten, welches aus höchstens $\widehat{S}$-vielen internen Mengen besteht, gilt:

$$\bigcap_{D \in \mathcal{D}} D \neq \emptyset.$$

Jede $\widehat{S}$-kompakte Nichtstandard-Einbettung ist eine starke Nichtstandard-Einbettung.

Beweis. Sei $\emptyset \neq \mathcal{C} \subset \widehat{S} - S$ ein System mit nicht-leeren endlichen Durchschnitten, zu zeigen ist nach 15.2:

(1) $$\cap_{C \in \mathcal{C}} {^*C} \neq \emptyset.$$

Nun ist $\mathcal{D} := \{^*C : C \in \mathcal{C}\}$ ein System mit nicht-leeren endlichen Durchschnitten, da $\mathcal{C}$ ein System mit nicht-leeren endlichen Durchschnitten ist. Ferner besteht $\mathcal{D}$ aus höchstens $\widehat{S}$-vielen internen Mengen. Daher folgt (1) aus der $\widehat{S}$-Kompaktheit. □

Die Beziehung zwischen dem Konzept der $\widehat{S}$-kompakten Nichtstandard-Einbettung und der Erfüllbarkeit interner Formeln wird in Aufgabe 6 behandelt.

Das folgende Beispiel zeigt, daß zu jeder Nichtstandard-Einbettung $^* : \widehat{S} \longrightarrow \widehat{^*S}$ ein System $\mathcal{D} \subset \mathfrak{I} - {^*S}$ mit nicht-leeren endlichen Durchschnitten existiert, so daß $\cap_{D \in \mathcal{D}} D = \emptyset$ ist: Wähle hierzu $\mathcal{D} := \{^*\mathbb{N} - \{n\} : n \in {^*\mathbb{N}}\}$. Daher kann man in 28.1 auf eine Forderung an die Mächtigkeit der Systeme $\mathcal{D}$ nicht verzichten.

Die charakterisierende Eigenschaft der $\widehat{S}$-Kompaktheit läßt sich auch wie folgt äquivalent formulieren:

28.2 Für jedes System $\mathcal{D} \neq \emptyset$ von höchstens $\widehat{S}$-vielen internen Mengen gilt:
$$\bigcap_{D \in \mathcal{D}} D = \emptyset \Longrightarrow \Big(\bigcap_{D \in \mathcal{D}_0} D = \emptyset \text{ für ein endliches } \emptyset \neq \mathcal{D}_0 \subset \mathcal{D}\Big).$$

Wir setzen ab jetzt voraus, daß $^* : \widehat{S} \longrightarrow \widehat{^*S}$ eine $\widehat{S}$-kompakte Nichtstandard-Einbettung ist.

Die ersten beiden Eigenschaften des folgenden Satzes entsprechen den (schwächeren) Eigenschaften 21.1 (i) und (ii) einer starken Nichtstandard-Einbettung.

28.3 Eigenschaften von $\widehat{S}$-kompakten Nichtstandard-Einbettungen

Sei D eine interne Menge und $\mathcal{B} \neq \emptyset$ ein System von höchstens $\widehat{S}$-vielen internen Mengen. Dann gilt:

(i) $D \subset \bigcup_{B \in \mathcal{B}} B \Longrightarrow (D \subset \bigcup_{B \in \mathcal{B}_0} B$ für ein endliches $\emptyset \neq \mathcal{B}_0 \subset \mathcal{B})$;

(ii) $\bigcap_{B \in \mathcal{B}} B \subset D \Longrightarrow (\bigcap_{B \in \mathcal{B}_0} B \subset D$ für ein endliches $\emptyset \neq \mathcal{B}_0 \subset \mathcal{B})$;

(iii) D unendlich $\Longrightarrow D$ ist von größerer Mächtigkeit als $\widehat{S}$.

Beweis. *(i)* Es ist $\{D - B: B \in \mathcal{B}\}$ ein System von höchstens $\widehat{S}$-vielen internen Mengen. Somit gilt:

$D \subset \bigcup_{B \in \mathcal{B}} B \Longrightarrow \bigcap_{B \in \mathcal{B}}(D - B) = \emptyset \underset{28.2}{\Longrightarrow} \bigcap_{B \in \mathcal{B}_0}(D - B) = \emptyset$ für ein endliches $\emptyset \neq \mathcal{B}_0 \subset \mathcal{B} \Longrightarrow D \subset \bigcup_{B \in \mathcal{B}_0} B$ für ein endliches $\emptyset \neq \mathcal{B}_0 \subset \mathcal{B}$.

(ii) Es ist $\{B - D: B \in \mathcal{B}\}$ ein System von höchstens $\widehat{S}$-vielen internen Mengen. Somit gilt:

$\bigcap_{B \in \mathcal{B}} B \subset D \Longrightarrow \bigcap_{B \in \mathcal{B}}(B - D) = \emptyset \underset{28.2}{\Longrightarrow} \bigcap_{B \in \mathcal{B}_0}(B - D) = \emptyset$ für ein endliches $\emptyset \neq \mathcal{B}_0 \subset \mathcal{B} \Longrightarrow \bigcap_{B \in \mathcal{B}_0} B \subset D$ für ein endliches $\emptyset \neq \mathcal{B}_0 \subset \mathcal{B}$.

(iii) Wäre D höchstens so mächtig wie $\widehat{S}$, so wäre $\{\{x\}: x \in D\}$ ein System von höchstens $\widehat{S}$-vielen internen Mengen mit $D = \bigcup_{x \in D} \{x\}$. Wegen (i) wäre dann D endlich. □

Aus 28.3 (iii) folgt z.B., daß die *-endlichen Mengen $\{1, \ldots, h\}$ mit $h \in {}^*\mathbb{N} - \mathbb{N}$ von größerer Mächtigkeit als $\widehat{S}$ sind. Ferner folgt aus 28.3 sofort

$$\textbf{28.4} \quad \begin{cases} B_n \text{ intern, } B_n \subsetneq B_{n+1} & \Longrightarrow \quad \bigcup_{n=1}^{\infty} B_n \text{ nicht intern,} \\ B_n \text{ intern, } B_n \supsetneq B_{n+1} & \Longrightarrow \quad \bigcap_{n=1}^{\infty} B_n \text{ nicht intern.} \end{cases}$$

(Wäre nämlich z.B. $D := \bigcup_{n=1}^{\infty} B_n$ intern, so wäre $D = B_n$ für ein $n \in \mathbb{N}$ nach 28.3 (i) im Widerspruch zu $B_n \subsetneq D$.)

Abzählbare Vereinigungen interner Mengen können ferner (benutze 28.3 (i)) nur dann intern sein, wenn sie sich auf endliche Vereinigungen reduzieren lassen. Entsprechendes gilt für Durchschnitte.

Der folgende Satz zeigt, daß man bei $\widehat{S}$-kompakten Nichtstandard-Einbettungen sogar externe Funktionen in der Regel intern fortsetzen kann.

28.5 Interne „Fortsetzung" von Funktionen

Sei $A \in \widehat{S}$ eine Menge und B eine interne Menge. Dann existiert zu jeder Funktion $f: A \to B$ eine interne Funktion $g: {}^*A \to B$ mit

$$g({}^*x) = f(x) \text{ für alle } x \in A.$$

Beweis. Sei $f: A \to B$ fest vorgegeben. Da B intern ist, ist $f(x)$ intern für alle $x \in A$. Daher sind für alle $x \in A$ die Mengen

$$\begin{aligned}\mathcal{D}_x &:= \{g: {}^*A \to B \text{ intern}: \; g({}^*x) = f(x)\} \\ &\underset{13.4,13.2}{=} \{g \in {}^*\mathcal{F} : {}^*\mathcal{D} \upharpoonright g = {}^*A, {}^*\mathcal{W} \upharpoonright g \subset B \wedge g \upharpoonright {}^*x = f(x)\}\end{aligned}$$

interne Mengen (benutze 8.10). Wir zeigen:

(1) $\mathcal{D} := \{\mathcal{D}_x : x \in A\}$ ist ein System mit nicht-leeren endl. Durchschnitten.

Aus (1) folgt die Behauptung: Da $\mathcal{D}$ aus höchstens $\widehat{S}$-vielen internen Mengen besteht (benutze $A \subset \widehat{S}$), folgt aus der $\widehat{S}$-Kompaktheit $\bigcap_{x \in A} \mathcal{D}_x \neq \emptyset$; jedes $g \in \bigcap_{x \in A} \mathcal{D}_x$ besitzt die geforderten Eigenschaften.

Zu (1): Seien $x_1, \ldots, x_n \in A$ und $y \in B$ vorgegeben. Setze für $z \in {}^*A$:

$$g(z) := \begin{cases} f(x_i) & \text{für } z = {}^*x_i,\ i = 1, \ldots, n \\ y & \text{sonst.} \end{cases}$$

Dann ist $g: {}^*A \to B$ eine interne Funktion (benutze 8.10) mit $g({}^*x_i) = f(x_i)$ für $i = 1, \ldots, n$, d.h. es ist $g \in \bigcap_{i=1}^n \mathcal{D}_{x_i}$. □

Ist $A \subset S^n$ für ein $n \in \mathbb{N}$, so ist ${}^*x = x$ für alle $x \in A$, und daher gilt nach 28.5:

$$(B \text{ intern } \wedge f: A \to B) \Rightarrow (\exists g: {}^*A \to B \text{ intern mit } g(x) = f(x) \text{ für } x \in A),$$

in diesem Fall ist g also eine interne Fortsetzung von f. Alle - und damit auch alle externen - Funktionen auf A, deren Wertebereich in eine interne Menge einbettbar ist, besitzen somit interne Fortsetzungen.

Die Standardteil-Relation, die wir jetzt einführen, ist eine Verallgemeinerung der aus $\mathbb{R}$ bekannten Standardteil-Abbildung auf allgemeine topologische Räume. Für $y \in {}^*\mathbb{R}, x \in \mathbb{R}$ gilt: $st(y) = x \iff y \approx x$. Faßt man diese Standardteil-Funktion als Relation über ${}^*\mathbb{R} \times \mathbb{R}$ auf, so gilt für $y \in {}^*\mathbb{R}, x \in \mathbb{R}$:

$$\langle y, x \rangle \in st \iff y \approx x.$$

Eine analoge Schreibweise benutzen wir nun auch in allgemeinen topologischen Räumen. Die so definierte Relation ist dann für hausdorffsche Topologien $\mathcal{T}$ eine Funktion, denn genau für solche $\mathcal{T}$ gilt: $y \approx_{\mathcal{T}} x_i, i = 1, 2 \Rightarrow x_1 = x_2$ (siehe 21.8).

28.6 Die Standardteil-Relation $st_{\mathcal{T}}$

Sei $\langle X, \mathcal{T} \rangle$ ein topologischer Raum. Für $y \in {}^*X, x \in X$ schreiben wir auch

$$\langle y, x \rangle \in st_{\mathcal{T}} \quad \text{an Stelle von} \quad y \approx_{\mathcal{T}} x.$$

Es ist $st_{\mathcal{T}}$ eine Relation mit Definitionsbereich $ns_{\mathcal{T}}({}^*X)$ und Wertebereich X.

Ist $\langle X, \mathcal{T} \rangle$ hausdorffsch, so ist $st_{\mathcal{T}}: ns_{\mathcal{T}}({}^*X) \to X$ eine Funktion.

Da $st_{\mathcal{T}} \subset {}^*X \times X$ eine Relation ist, gilt für jedes $B \subset {}^*X$:

$$st_{\mathcal{T}}[B] = \{x \in X : y \approx_{\mathcal{T}} x \text{ für ein } y \in B\}.$$

Ist $st_{\mathcal{T}}$ eine Funktion, d.h. ist $\mathcal{T}$ hausdorffsch, so gilt zudem

$$st_{\mathcal{T}}[B] = \{st_{\mathcal{T}}(y) : y \in B \cap ns_{\mathcal{T}}({}^*X)\}.$$

Formal ist $st_{\mathcal{T}}$ die Relation $\approx_{\mathcal{T}}$. Man könnte daher auch $\approx_{\mathcal{T}} [B]$ an Stelle von $st_{\mathcal{T}}[B]$ schreiben; diese Schreibweise ist allerdings in der Literatur nicht üblich. Wir bringen zum Abschluß dieses Paragraphen Ergebnisse über den Wertebereich $st_{\mathcal{T}}[B]$ von internen Mengen B. Beim Beweis dieser Ergebnisse wird die $\widehat{S}$-Kompaktheit eine wesentliche Rolle spielen.

28.7 $st_{\mathcal{T}}[B]$ ist abgeschlossen für interne Mengen $B \subset {}^*X$

Sei $\langle X, \mathcal{T} \rangle$ ein topologischer Raum. Dann gilt:

(i) $B \subset {}^*X$ intern $\Rightarrow st_{\mathcal{T}}[B]$ abgeschlossen;

(ii) $st_{\mathcal{T}}[{}^*A] = A^b$ für $A \subset X$.

Beweis. *(i)* Sei $x \in X$ ein Berührungspunkt von $st_{\mathcal{T}}[B]$; zu zeigen ist $x \in st_{\mathcal{T}}[B]$ (benutze 23.2), d.h. $y \approx_{\mathcal{T}} x$ für ein $y \in B$. Wir zeigen hierzu

(1) $${}^*O \cap B \neq \emptyset \text{ für alle } O \in \mathcal{T}_x;$$

dann ist nämlich $\mathcal{D} := \{{}^*O \cap B : O \in \mathcal{T}_x\}$ ein System mit nicht-leeren endlichen Durchschnitten, welches aus höchstens $\widehat{S}$-vielen internen Mengen besteht, und aus der $\widehat{S}$-Kompaktheit folgt $\emptyset \neq \cap_{O \in \mathcal{T}_x} {}^*O \cap B = \{y \in B : y \approx_{\mathcal{T}} x\}$.

Zu (1): Sei $O \in \mathcal{T}_x$. Da x Berührungspunkt von $st_{\mathcal{T}}[B]$ ist, existiert ein $x_0 \in O \cap st_{\mathcal{T}}[B]$. Wegen $x_0 \in st_{\mathcal{T}}[B]$ ist $y_0 \approx_{\mathcal{T}} x_0$ für ein $y_0 \in B$; wegen $x_0 \in O$ folgt dann $y_0 \in {}^*O$. Somit ist $y_0 \in {}^*O \cap B$.

(ii) Es ist $A^b \underset{23.2(i)}{=} \{x \in X : y \approx_{\mathcal{T}} x \text{ für ein } y \in {}^*A\} = st_{\mathcal{T}}[{}^*A]$. □

Für jeden topologischen Raum $\langle X, \mathcal{T} \rangle$ ist also $st_{\mathcal{T}}[B]$ abgeschlossen für interne $B \subset {}^*X$. In regulären Räumen gilt darüber hinaus, daß $st_{\mathcal{T}}[B]$ kompakt für interne $B \subset ns_{\mathcal{T}}({}^*X)$ ist (siehe 28.8). Aufgabe 4 zeigt, daß dieses in beliebigen topologischen Räumen nicht gilt.

28.8 $st_{\mathcal{T}}[B]$ ist kompakt für interne Mengen $B \subset ns_{\mathcal{T}}({}^*X)$

Sei $\langle X, \mathcal{T} \rangle$ ein regulärer topologischer Raum. Dann gilt:

$$B \subset ns_{\mathcal{T}}({}^*X) \text{ intern} \Rightarrow st_{\mathcal{T}}[B] \text{ kompakt}.$$

Beweis. Sei $O_x \in \mathcal{T}_x$ für $x \in st_{\mathcal{T}}[B]$. Nach Lemma 23.7 reicht es zu zeigen:

(1) $$st_{\mathcal{T}}[B] \subset \bigcup_{x \in E} O_x^b \text{ für ein endliches } E \subset st_{\mathcal{T}}[B].$$

Wir zeigen zunächst:

(2) $$B \subset \bigcup_{x \in st_{\mathcal{T}}[B]} {}^*O_x.$$

Sei hierzu $y \in B$. Wegen $B \subset ns_{\mathcal{T}}({}^*X)$ gibt es ein $x \in X$ mit $y \approx_{\mathcal{T}} x$. Daher ist $x \in st_{\mathcal{T}}[B]$ und $y \in {}^*O_x$. Somit ist (2) gezeigt.

Aus (2) folgt dann $B \subset \bigcup_{x \in E} {}^*O_x$ für ein endliches $E \subset st_{\mathcal{T}}[B]$ (siehe 28.3 (i)), und damit gilt $st_{\mathcal{T}}[B] \subset \bigcup_{x \in E} st_{\mathcal{T}}[{}^*O_x] \underset{28.7(\text{ii})}{=} \bigcup_{x \in E} O_x^b$, d.h. es gilt (1). □

Die Ergebnisse aus 28.7 und 28.8 über die Abgeschlossenheit bzw. Kompaktheit von $st_{\mathcal{T}}[B]$ sind für die Maßtheorie und Stochastik von grundlegender Bedeutung.

Aufgaben

1 Seien $\mathcal{B}$ und $\mathcal{C}$ nicht-leere Systeme von höchstens $\widehat{S}$-vielen internen Mengen. Man zeige:

$$\bigcap_{B \in \mathcal{B}} B \subset \bigcup_{C \in \mathcal{C}} C \Rightarrow$$

$$\Big(\bigcap_{B \in \mathcal{B}_0} B \subset \bigcup_{C \in \mathcal{C}_0} C \text{ für geeignete endliche } \emptyset \neq \mathcal{B}_0 \subset \mathcal{B}, \emptyset \neq \mathcal{C}_0 \subset \mathcal{C}\Big).$$

2 Sei $\langle X, \mathcal{T} \rangle$ ein regulärer Raum. Es gebe ein System $A_i, i \in I$, interner Mengen mit $I \in \widehat{S}$ und $ns_{\mathcal{T}}({}^*X) = \cup_{i \in I} A_i$. Man zeige, daß X lokalkompakt ist.

3 Man zeige, daß $\langle X, \mathcal{T} \rangle$ genau dann kompakt ist, wenn es eine *-endliche Menge E mit $\{{}^*x : x \in X\} \subset E \subset ns_{\mathcal{T}}({}^*X)$ gibt. Man gebe ferner eine Standard-Charakterisierung dafür an, daß $ns_{\mathcal{T}}({}^*X)$ eine *-endliche Menge ist.

4 Man gebe einen Hausdorff-Raum $\langle X, \mathcal{T} \rangle$ und eine interne Menge $B \subset ns_{\mathcal{T}}({}^*X)$ an, für die $st_{\mathcal{T}}[B]$ nicht kompakt ist (benutze Aufgabe 23.3).

5 Man zeige, daß jede unendliche interne Menge eine externe Teilmenge besitzt.

6 Ein System $\{\psi[\underline{x}] : \psi \in \Psi\}$ interner Formeln heißt erfüllbar in einer internen Menge C, wenn es ein $c \in C$ gibt, so daß $\psi[c]$ für alle $\psi \in \Psi$ gilt. Sei ${}^* : \widehat{S} \longrightarrow \widehat{{}^*S}$ eine Nichtstandard-Einbettung. Man zeige, daß folgende Bedingungen äquivalent sind:

(i) * ist eine $\widehat{S}$-kompakte Nichtstandard-Einbettung.

(ii) Für jedes System $\{\psi[\underline{x}] : \psi \in \Psi\}$ von höchstens $\widehat{S}$-vielen internen Formeln und für jede interne Menge C gilt:
Ist jedes endliche Teilsystem von $\{\psi[\underline{x}] : \psi \in \Psi\}$ erfüllbar in C, so ist $\{\psi[\underline{x}] : \psi \in \Psi\}$ erfüllbar in C.

§ 29 Vervollständigungen, Kompaktifizierungen und Nichtstandard-Hüllen

In diesem Paragraphen sei ${}^* : \widehat{S} \longrightarrow \widehat{{}^*S}$ eine $\widehat{S}$-kompakte Nichtstandard-Einbettung.

In § 24 wurden metrische Räume vervollständigt (siehe 24.19). In diesem Paragraphen wird zunächst gezeigt, daß sich jeder uniforme Hausdorff-Raum $\langle X, \mathcal{U} \rangle$ vervollständigen läßt. Die Vervollständigung wird sich dabei auf kanonische Weise analog wie bei metrischen Räumen durch Äquivalenzklassenbildung bzgl. der Äquivalenzrelation $\approx_{\mathcal{U}}$ über der Menge $pns_{\mathcal{U}}({}^*X)$ der Prä-Nahezustandard-Punkte ergeben. Diese Vervollständigung erweist sich bis auf X-Isomorphie als eindeutig.

Mit Hilfe solcher Vervollständigungen wird es dann möglich sein, eine Beschreibung sämtlicher Hausdorff-Kompaktifizierungen eines vollständig regulären Hausdorff-Raumes zu erzielen.

Im folgenden heißt $\langle X, \mathcal{U} \rangle$ ein *uniformer Teilraum* des uniformen Raumes $\langle X_1, \mathcal{U}_1 \rangle$, falls $X \subset X_1$ und $\mathcal{U}$ die Teilraumuniformität für X ist. Eine analoge Sprechweise benutzen wir für topologische und normierte Räume.

29.1 X-Isomorphie und Hausdorff-Vervollständigungen

(i) Sei $\langle X,\mathcal{U}\rangle$ ein uniformer Teilraum der uniformen Räume $\langle X_1,\mathcal{U}_1\rangle$ und $\langle X_2,\mathcal{U}_2\rangle$. Dann heißen diese Räume *X-isomorph*, wenn es eine bijektive Abbildung $\varphi: X_1 \to X_2$ gibt mit:

$$\varphi, \varphi^{-1} \text{ gleichmäßig stetig und } \varphi(x) = x \text{ für alle } x \in X.$$

Man nennt φ eine *X-Isomorphie* von $\langle X_1,\mathcal{U}_1\rangle$ und $\langle X_2,\mathcal{U}_2\rangle$.

(ii) Ein vollständiger Hausdorff-Raum $\langle X_1,\mathcal{U}_1\rangle$ heißt *Hausdorff-Vervollständigung* eines uniformen Teilraums $\langle X,\mathcal{U}\rangle$, wenn X dicht in X_1 liegt.

Hausdorff-Vervollständigungen eines uniformen Raumes $\langle X,\mathcal{U}\rangle$ bleiben unter X-Isomorphie erhalten; d.h. ist $\langle X_1,\mathcal{U}_1\rangle$ eine Hausdorff-Vervollständigung von $\langle X,\mathcal{U}\rangle$, die X-isomorph zu $\langle X_2,\mathcal{U}_2\rangle$ ist, so ist auch $\langle X_2,\mathcal{U}_2\rangle$ eine Hausdorff-Vervollständigung von $\langle X,\mathcal{U}\rangle$. Mit Hilfe des Fortsetzungssatzes für gleichmäßig stetige Abbildungen läßt sich nun andererseits zeigen, daß alle Hausdorff-Vervollständigungen eines uniformen Hausdorff-Raumes X zueinander X-isomorph sind.

29.2 Hausdorff-Vervollständigungen sind X-isomorph

Seien $\langle X_1,\mathcal{U}_1\rangle, \langle X_2,\mathcal{U}_2\rangle$ zwei Hausdorff-Vervollständigungen des uniformen Raumes $\langle X,\mathcal{U}\rangle$. Dann sind $\langle X_1,\mathcal{U}_1\rangle$ und $\langle X_2,\mathcal{U}_2\rangle$ X-isomorph.

Beweis. Es bezeichne i_Z die Identität über einer Menge Z. Es ist $i_X: X \to X_2$ eine $\mathcal{U},\mathcal{U}_2$-gleichmäßig stetige Abbildung, da $\langle X,\mathcal{U}\rangle$ uniformer Teilraum von $\langle X_2,\mathcal{U}_2\rangle$ ist (siehe 25.12 (iii)). Da X dicht in X_1 und X_2 vollständig ist, gibt es nach dem Fortsetzungssatz für gleichmäßig stetige Abbildungen (siehe 27.6) eine Abbildung $\varphi: X_1 \to X_2$ mit:

(1) φ gleichmäßig stetig, $\varphi(x) = x$ für alle $x \in X$.

Analog gibt es eine Abbildung $\psi: X_2 \to X_1$ mit:

(2) ψ gleichmäßig stetig, $\psi(x) = x$ für alle $x \in X$.

Um nachzuweisen, daß X_1, X_2 zueinander X-isomorph sind, genügt es wegen (1) und (2) zu zeigen:

(3) φ bijektiv, $\varphi^{-1} = \psi$.

Nach (1), (2) ist $\psi \circ \varphi: X_1 \to X_1$ (bzw. $\varphi \circ \psi: X_2 \to X_2$) eine stetige Abbildung, die auf der in X_1 (bzw. X_2) dichtliegenden Menge X mit i_{X_1} (bzw. i_{X_2}) übereinstimmt. Hieraus folgt, da X_1 und X_2 Hausdorff-Räume sind, daß $\psi \circ \varphi = i_{X_1}$, $\varphi \circ \psi = i_{X_2}$ ist (siehe 23.3). Dieses liefert (3). □

Der folgende Satz ist das zentrale Hilfsmittel für die Konstruktion von Hausdorff-Vervollständigungen uniformer Hausdorff-Räume $\langle X,\mathcal{U}\rangle$. Er zeigt, daß die Menge $^*X$ auf natürliche Weise mit einer vollständigen Uniformität $\mathcal{U}^*$ versehen werden kann. Man beachte, daß die Menge $^*X$, auf welcher die

Uniformität $\mathcal{U}^*$ definiert wird, keine Menge der Standard-Welt $\widehat{S}$ ist. Zum Nachweis, daß $\langle {}^*X, \mathcal{U}^* \rangle$ ein uniformer Raum und daß dieser Raum vollständig ist, kann man daher nicht die Nichtstandard-Kriterien für uniforme Räume und für Vollständigkeit benutzen.

Man beachte, daß $\mathcal{U}^*$ *nicht* der *-Wert ${}^*\mathcal{U}$ des Systems $\mathcal{U}$ ist.

29.3 Uniformitäten für X induzieren vollständige Uniformitäten für ${}^*X$

Sei $\langle X, \mathcal{U} \rangle$ ein uniformer Raum. Setze

$$\mathcal{U}^* := \{V \subset {}^*X \times {}^*X : {}^*U \subset V \text{ für ein } U \in \mathcal{U}\}.$$

Dann ist $\langle {}^*X, \mathcal{U}^* \rangle$ ein vollständiger uniformer Raum.

Beweis. Es ist $\{{}^*U : U \in \mathcal{U}\}$ ein System mit nicht-leeren endlichen Durchschnitten, und $\mathcal{U}^*$ ist der von diesem System erzeugte Filter (siehe 25.9). Um nachzuweisen, daß $\mathcal{U}^*$ eine Uniformität für ${}^*X$ ist, bleibt für jedes $V \in \mathcal{U}^*$ zu zeigen (siehe 25.1 (ii)):

(α) $\quad \{\langle y, y \rangle : y \in {}^*X\} \subset V,$

(β) $\quad V^{-1} \in \mathcal{U}^*,$

(γ) $\quad V_1 \circ V_1 \subset V$ für ein $V_1 \in \mathcal{U}^*.$

Zu (α)–(γ) : Sei $V \in \mathcal{U}^*$. Dann gibt es ein $U \in \mathcal{U}$ mit ${}^*U \subset V$.

Wegen $\{\langle y, y \rangle : y \in {}^*X\} = {}^*\Delta \subset {}^*U \subset V$ gilt (α).
Wegen ${}^*(U^{-1}) = ({}^*U)^{-1} \subset V^{-1}$ folgt (β).
Wegen $U_1 \circ U_1 \subset U$ für ein $U_1 \in \mathcal{U}$ folgt ${}^*U_1 \circ {}^*U_1 \subset {}^*U \subset V$; damit gilt ($\gamma$) mit $V_1 := {}^*U_1$.

Es bleibt zu zeigen, daß $\langle {}^*X, \mathcal{U}^* \rangle$ vollständig ist. Sei $\mathcal{F}$ ein $\mathcal{U}^*$-Cauchy-Filter über ${}^*X$. Es ist zu zeigen (siehe 27.15 und 21.20):

(1) $\quad (\mathcal{T}(\mathcal{U}^*))_y \subset \mathcal{F}$ für ein $y \in {}^*X$.

Da $\mathcal{F}$ ein $\mathcal{U}^*$-Cauchy-Filter ist, gibt es zu jedem $U \in \mathcal{U}$ ein A_U mit

(2) $\quad A_U \in \mathcal{F}$ und $A_U \times A_U \subset {}^*U$.

Wähle nun

(3) $\quad y_U \in A_U$.

Dann ist $A_U \underset{(2),(3)}{\subset} {}^*U[y_U]$. Also gilt:

$$\emptyset \underset{(2)}{\neq} \bigcap_{i=1}^{n} A_{U_i} \subset \bigcap_{i=1}^{n} {}^*U_i[y_{U_i}] \text{ für alle } U_1, \ldots, U_n \in \mathcal{U},$$

und somit ist $\{{}^*U[y_U] : U \in \mathcal{U}\}$ ein System mit nicht-leeren endlichen Durchschnitten, welches aus höchstens $\widehat{S}$-vielen internen Mengen besteht. Auf Grund der $\widehat{S}$-Kompaktheit gibt es ein $y \in {}^*X$ mit

(4) $\quad y \in {}^*U[y_U]$ für alle $U \in \mathcal{U}$.

Wir zeigen, daß (1) mit diesem y gilt. Sei hierzu $B \in (\mathcal{T}(\mathcal{U}^*))_y$. Es ist zu zeigen:

(5) $\qquad B \in \mathcal{F}$.

Wegen $B \in (\mathcal{T}(\mathcal{U}^*))_y$ gilt (benutze 25.2 (ii)):

(6) $\qquad B = V[y]$ für ein $V \in \mathcal{U}^*$.

Nach Definition von $\mathcal{U}^*$ folgt, da $\mathcal{U}$ eine Uniformität ist:

(7) $\qquad {}^*U \circ {}^*U \subset V$ für ein $U \in \mathcal{U}$ mit $U = U^{-1}$

Wir werden zeigen:

(8) $\qquad A_U \subset ({}^*U \circ {}^*U)[y]$;

hieraus folgt dann (5) wegen:

$$\mathcal{F} \underset{(2)}{\ni} A_U \underset{(8)}{\subset} ({}^*U \circ {}^*U)[y] \underset{(7)}{\subset} V[y] \underset{(6)}{=} B.$$

Zum Nachweis von (8) sei $a \in A_U$; es ist zu zeigen:

(9) $\qquad \langle y, a\rangle \in {}^*U \circ {}^*U$.

Da ${}^*U \underset{(7)}{=} {}^*U^{-1}$ ist und $a \in A_U, y_U \underset{(3)}{\in} A_U$ sind, erhält man (9) aus:

$$\langle y, y_U\rangle \underset{(4)}{\in} {}^*U, \qquad \langle y_U, a\rangle \underset{(2)}{\in} {}^*U. \qquad \square$$

Im folgenden sei $\langle X, \mathcal{U}\rangle$ ein uniformer Hausdorff-Raum. Nach 29.3 ist $\langle {}^*X, \mathcal{U}^*\rangle$ ein vollständiger uniformer Raum, der aber in der Regel nicht hausdorffsch ist. Durch Äquivalenzklassenbildung bzgl. der Relation $\approx_{\mathcal{U}}$ des Infinitesimal-Benachbartseins läßt sich nun aus $\langle {}^*X, \mathcal{U}^*\rangle$ ein vollständiger Hausdorff-Raum $\langle \widetilde{{}^*X}, \widetilde{\mathcal{U}^*}\rangle$ gewinnen. Es sei bemerkt, daß diese Konstruktion die übliche Konstruktion eines hausdorffschen uniformen Raumes aus einem (nicht hausdorffschen) uniformen Raum ist, wie sie in der Topologie durchgeführt wird. Der Einfachheit halber werden wir die Äquivalenzklassen der zu ${}^*x$ unendlich benachbarten Elemente sofort durch x ersetzen, um so $X \subset \widetilde{{}^*X}$ zu erreichen.

Man setze also für alle $y \in {}^*X$:

- $\widetilde{y} := x$, falls $y \approx_{\mathcal{U}} {}^*x$ für ein $x \in X$;
- $\widetilde{y} := \{z \in {}^*X : z \approx_{\mathcal{U}} y\}$ für $y \notin ns_{\mathcal{T}(\mathcal{U})}({}^*X)$.

Da $\langle X, \mathcal{T}(\mathcal{U})\rangle$ hausdorffsch ist, ist $\widetilde{y}$ wohldefiniert. Es gilt für alle $y_1, y_2 \in {}^*X$:

$$\widetilde{y}_1 = \widetilde{y}_2 \iff y_1 \approx_{\mathcal{U}} y_2.$$

Setze für $V \subset {}^*X \times {}^*X$:

- $\widetilde{V} := \{\langle \widetilde{y}, \widetilde{z}\rangle : \langle y, z\rangle \in V\}$.

Aus dem folgenden Satz läßt sich unmittelbar eine Hausdorff-Vervollständigung von $\langle X, \mathcal{U}\rangle$ gewinnen (siehe 29.5). Für den Beweis von 29.4 benötigen wir die folgenden Rechenregeln. Für $U \in \mathcal{U}$ und $V \in \mathcal{U}^*$ gilt (zu $\mathcal{U}^*$ siehe 29.3):

(I) $\qquad \widetilde{V}^{-1} = \widetilde{V^{-1}}$;

(II) $\qquad \widetilde{V} \circ \widetilde{V} \subset \widetilde{V \circ V \circ V}$;

(III) $\qquad U \subset \widetilde{{}^*U} \cap (X \times X) \subset U \circ U \circ U$;

(IV) $\qquad \langle\widetilde{y},\widetilde{z}\rangle \in \widetilde{{}^*U} \Longrightarrow \langle y,z\rangle \in {}^*(U\circ U\circ U).$

Exemplarisch beweisen wir (IV): Aus $\langle\widetilde{y},\widetilde{z}\rangle \in \widetilde{{}^*U}$ läßt sich i.a. nicht folgern, daß $\langle y,z\rangle \in {}^*U$ ist; es folgt nach Definition von $\widetilde{{}^*U}$ lediglich, daß ein $\langle y_1,z_1\rangle \in {}^*U$ existiert mit $\widetilde{y}_1=\widetilde{y}$ und $\widetilde{z}_1=\widetilde{z}$. Dann ist $y_1 \approx_{\mathcal{U}} y$, $z_1 \approx_{\mathcal{U}} z$, und es folgt $\langle y,y_1\rangle \in {}^*U, \langle z_1,z\rangle \in {}^*U$, und somit ist $\langle y,z\rangle \in {}^*U\circ{}^*U\circ{}^*U$. (I)–(III) werden in den Übungen bewiesen. □

29.4 Die uniforme Nichtstandard-Hülle $\langle\widetilde{{}^*X},\widetilde{\mathcal{U}^*}\rangle$ eines uniformen Raumes

Sei $\langle X,\mathcal{U}\rangle$ ein uniformer Hausdorff-Raum. Setze

$$\widetilde{{}^*X} := \{\widetilde{y} : y \in {}^*X\} \text{ und } \widetilde{\mathcal{U}^*} := \{\widetilde{V} : V \in \mathcal{U}^*\}.$$

Dann gilt:

(i) $\langle\widetilde{{}^*X},\widetilde{\mathcal{U}^*}\rangle$ ist ein vollständiger Hausdorff-Raum, der $\langle X,\mathcal{U}\rangle$ als uniformen Teilraum enthält.

(ii) Der Abschluß von X in $\widetilde{{}^*X}$ ist die Menge

$$X_{\mathcal{U}} := \{\widetilde{y} : y \in pns_{\mathcal{U}}({}^*X)\}\,.$$

Beweis. Für *(i)* und *(ii)* sind zu zeigen:

(1) $\widetilde{\mathcal{U}^*}$ ist ein Filter über $\widetilde{{}^*X}\times\widetilde{{}^*X}$;

(2) $\widetilde{\mathcal{U}^*}$ ist eine Uniformität;

(3) $\langle X,\mathcal{U}\rangle$ ist uniformer Teilraum von $\langle\widetilde{{}^*X},\widetilde{\mathcal{U}^*}\rangle$;

(4) $\langle\widetilde{{}^*X},\mathcal{T}(\widetilde{\mathcal{U}^*})\rangle$ ist ein Hausdorff-Raum;

(5) $\langle\widetilde{{}^*X},\widetilde{\mathcal{U}^*}\rangle$ ist vollständig;

(6) $X_{\mathcal{U}}$ ist der Abschluß von X in $\widetilde{{}^*X}$.

Zu (1): Es ist $\widetilde{V}\neq\emptyset$ für jedes $V\in\mathcal{U}^*$, und daher reicht es zu zeigen:

a) $(V\in\mathcal{U}^* \text{ und } \widetilde{V}\subset W\subset\widetilde{{}^*X}\times\widetilde{{}^*X}) \Rightarrow W\in\widetilde{\mathcal{U}^*}$;

b) $V_1,V_2\in\mathcal{U}^*\Rightarrow \widetilde{V}_1\cap\widetilde{V}_2\in\widetilde{\mathcal{U}^*}$.

Ist $\widetilde{V}\subset W\subset\widetilde{{}^*X}\times\widetilde{{}^*X}$, so gibt es ein V' mit $W=\widetilde{V'}$ und $V\subset V'\subset{}^*X\times{}^*X$. Wegen $V\in\mathcal{U}^*$ ist $V'\in\mathcal{U}^*$, und damit ist $W=\widetilde{V'}\in\widetilde{\mathcal{U}^*}$; d.h. es gilt a).

Wegen $V_1\cap V_2\in\mathcal{U}^*$ und $\widetilde{V_1\cap V_2}\subset\widetilde{V}_1\cap\widetilde{V}_2$ folgt b) aus a).

Zu (2): Sei $\widetilde{V}\in\widetilde{\mathcal{U}^*}$ mit $V\in\mathcal{U}^*$.

Wegen $\{\langle y,y\rangle : y\in{}^*X\}\subset V$ ist $\{\langle\widetilde{y},\widetilde{y}\rangle : y\in{}^*X\}\subset\widetilde{V}$.

Wegen $V^{-1}\in\mathcal{U}^*$ ist $\widetilde{V}^{-1}\underset{(I)}{=}\widetilde{V^{-1}}\in\widetilde{\mathcal{U}^*}$.

Wegen $V_1 \circ V_1 \circ V_1 \subset V$ für ein $V_1 \in \mathcal{U}^*$ ist $\widetilde{V}_1 \circ \widetilde{V}_1 \underset{(II)}{\subset} \widetilde{V_1 \circ V_1 \circ V_1} \subset \widetilde{V}$ für ein $\widetilde{V}_1 \in \widetilde{\mathcal{U}^*}$.

Zu (3): Wegen ${}^*x = x$ ist $X \subset \widetilde{{}^*X}$, und es ist zu zeigen:

$$\mathcal{U} = \widetilde{\mathcal{U}^*}_X \underset{25.12}{=} \{\widetilde{V} \cap (X \times X) : V \in \mathcal{U}^*\}.$$

Sei $U \in \mathcal{U}$. Dann gibt es ein $U_1 \in \mathcal{U}$ mit $U_1 \circ U_1 \circ U_1 \subset U$, und somit gilt:

$$U \supset U_1 \circ U_1 \circ U_1 \underset{(III)}{\supset} \widetilde{{}^*U_1} \cap (X \times X) \in \widetilde{\mathcal{U}^*}_X.$$

Da $\widetilde{\mathcal{U}^*}_X$ ein Filter über $X \times X$ ist, folgt hieraus $U \in \widetilde{\mathcal{U}^*}_X$.

Zum Nachweis von $\widetilde{\mathcal{U}^*}_X \subset \mathcal{U}$ sei $V \in \mathcal{U}^*$; es ist zu zeigen $\widetilde{V} \cap (X \times X) \in \mathcal{U}$. Wegen $V \in \mathcal{U}^*$ gibt es ein $U \in \mathcal{U}$ mit ${}^*U \subset V$. Somit ist:

$$\widetilde{V} \cap (X \times X) \supset \widetilde{{}^*U} \cap (X \times X) \underset{(III)}{\supset} U \in \mathcal{U}.$$

Da $\mathcal{U}$ ein Filter über $X \times X$ ist, folgt hieraus $\widetilde{V} \cap (X \times X) \in \mathcal{U}$.

Zu (4): Sei $\langle \widetilde{y}, \widetilde{z} \rangle \in \widetilde{V}$ für alle $V \in \mathcal{U}^*$. Es ist zu zeigen, daß $\widetilde{y} = \widetilde{z}$ ist (wende 25.3 (ii) auf $\widetilde{\mathcal{U}^*}$ an). Hierzu ist zu zeigen:

$$\langle y, z \rangle \in {}^*U \text{ für alle } U \in \mathcal{U}.$$

Sei $U \in \mathcal{U}$ gegeben. Wähle dann ein $U_1 \in \mathcal{U}$ mit $U_1 \circ U_1 \circ U_1 \subset U$. Wegen $\langle \widetilde{y}, \widetilde{z} \rangle \in \widetilde{{}^*U_1}$ folgt $\langle y, z \rangle \underset{(IV)}{\in} {}^*(U_1 \circ U_1 \circ U_1) \subset {}^*U$.

Zu (5): Es sei $\sim : {}^*X \to \widetilde{{}^*X}$ die Abbildung, die jedem $y \in {}^*X$ das Element $\widetilde{y} \in \widetilde{{}^*X}$ zuordnet. Da $\langle {}^*X, \mathcal{U}^* \rangle$ ein vollständiger Raum (siehe 29.3) und $\langle \widetilde{{}^*X}, \widetilde{\mathcal{U}^*} \rangle$ ein uniformer Raum ist (siehe (2)), genügt es zu zeigen (benutze Aufgabe 27.1):

(7) $\mathcal{U}^*$ ist die initiale Uniformität bzgl. der surjektiven Abbildung $\sim : {}^*X \to \widetilde{{}^*X}$.

Die von $\sim : {}^*X \to \widetilde{{}^*X}$ erzeugte initiale Uniformität $\mathcal{V}$ ist der vom System

$$\mathcal{C} := \{\{\langle y, z \rangle \in {}^*X \times {}^*X : \langle \widetilde{y}, \widetilde{z} \rangle \in \widetilde{V}\} : V \in \mathcal{U}^*\}$$

über ${}^*X \times {}^*X$ erzeugte Filter (siehe 25.10 (iii)). Es ist daher für (7) zu zeigen:

$$\mathcal{V} = \mathcal{U}^*.$$

Sei $W \in \mathcal{V}$. Dann gibt es ein $V \in \mathcal{U}^*$ und hierzu ein $U \in \mathcal{U}$ mit

$$W \supset \{\langle y, z \rangle \in {}^*X \times {}^*X : \langle \widetilde{y}, \widetilde{z} \rangle \in \widetilde{V}\} \text{ und } {}^*U \subset V.$$

Hieraus folgt:

$$W \supset \{\langle y, z \rangle \in {}^*X \times {}^*X : \langle \widetilde{y}, \widetilde{z} \rangle \in \widetilde{{}^*U}\} \supset {}^*U \in \mathcal{U}^*,$$

und damit ist $W \in \mathcal{U}^*$.

Sei umgekehrt $W \in \mathcal{U}^*$. Dann gibt es ein $U \in \mathcal{U}$ mit ${}^*(U \circ U \circ U) \subset W$, und es folgt daher:

$$\begin{aligned} W &\supset \{\langle y, z \rangle \in {}^*X \times {}^*X : \langle y, z \rangle \in {}^*(U \circ U \circ U)\} \\ &\underset{(IV)}{\supset} \{\langle y, z \rangle \in {}^*X \times {}^*X : \langle \widetilde{y}, \widetilde{z} \rangle \in \widetilde{{}^*U}\} \in \mathcal{V}, \end{aligned}$$

und damit ist $W \in \mathcal{V}$.

Zu (6): Wir bezeichnen den Abschluß von X in $\langle \widetilde{{}^*X}, \mathcal{T}(\widetilde{\mathcal{U}^*})\rangle$ mit X^b. Zu zeigen ist damit:

$$X_{\mathcal{U}} = X^b.$$

Zu „ $\subset$ “: Sei $y \in pns_{\mathcal{U}}({}^*X)$. Es ist zu zeigen, daß $\widetilde{y}$ ein Berührungspunkt von X ist. Sei hierzu $V \in \mathcal{U}^*$. Dann ist nachzuweisen:

$$\widetilde{V}[\widetilde{y}] \cap X \neq \emptyset \tag{8}$$

(benutze 25.2 (ii) und Definition 23.1). Wähle zu V ein $U \in \mathcal{U}$ mit ${}^*U \subset V$. Wegen $y \in pns_{\mathcal{U}}({}^*X)$ gibt es dann ein $x \in X$ mit $\langle y, {}^*x\rangle \in {}^*U$. Somit ist $\langle \widetilde{y}, x\rangle = \langle \widetilde{y}, \widetilde{{}^*x}\rangle \in \widetilde{{}^*U} \subset \widetilde{V}$, d.h. $x \in \widetilde{V}[\widetilde{y}] \cap X$. Also gilt (8).

Zu „ $\supset$ “: Sei $\widetilde{y} \in X^b$. Es genügt, $y \in pns_{\mathcal{U}}({}^*X)$ zu zeigen. Sei hierzu $U \in \mathcal{U}$ und wähle $U_1 \in \mathcal{U}$ mit $U_1 \circ U_1 \circ U_1 \subset U$. Wegen $\widetilde{y} \in X^b$ ist dann $\widetilde{{}^*U_1}[\widetilde{y}] \cap X \neq \emptyset$; es sei $x \in \widetilde{{}^*U_1}[\widetilde{y}] \cap X$. Dann ist $\langle \widetilde{y}, \widetilde{{}^*x}\rangle \in \widetilde{{}^*U_1}$, und es folgt:

$$\langle y, {}^*x\rangle \underset{\text{(IV)}}{\in} {}^*(U_1 \circ U_1 \circ U_1) \subset {}^*U.$$

Also ist $y \in pns_{\mathcal{U}}({}^*X)$. □

29.5 Existenz und Eindeutigkeit von Hausdorff-Vervollständigungen

Sei $\langle X, \mathcal{U}\rangle$ ein uniformer Hausdorff-Raum. Dann ist

$$X_{\mathcal{U}} := \{\widetilde{y} : y \in pns_{\mathcal{U}}({}^*X)\},$$

versehen mit der Teilraumuniformität von $\langle \widetilde{{}^*X}, \widetilde{\mathcal{U}^*}\rangle$, die bis auf X-Isomorphie eindeutig bestimmte Hausdorff-Vervollständigung von $\langle X, \mathcal{U}\rangle$.

Beweis. Da $X_{\mathcal{U}}$ eine abgeschlossene Teilmenge des vollständigen Hausdorff-Raumes $\langle \widetilde{{}^*X}, \widetilde{\mathcal{U}^*}\rangle$ ist (siehe 29.4), ist $X_{\mathcal{U}}$ ein vollständiger Hausdorff-Raum (benutze 27.5 (i)). Da X dicht in $X_{\mathcal{U}}$ liegt (siehe 29.4 (ii)) und $\langle X, \mathcal{U}\rangle$ uniformer Teilraum von $X_{\mathcal{U}}$ ist (benutze 29.4 (i)), ist $X_{\mathcal{U}}$ eine Hausdorff-Vervollständigung von X. Jede andere Hausdorff-Vervollständigung von X ist zu $X_{\mathcal{U}}$ X-isomorph (siehe 29.2). □

Die Vervollständigung von metrischen Räumen (siehe 24.19) hatten wir in § 24 benutzt, um normierte Räume zu Banach-Räumen zu vervollständigen (siehe 24.22). In analoger Weise könnten wir nun die Vervollständigung von uniformen Hausdorff-Räumen benutzen, um topologische lineare Räume oder kommutative topologische Gruppen zu vervollständigen. Wir wollen dieses nicht durchführen, sondern nur die Art des Vorgehens für eine kommutative Gruppe andeuten. Zunächst läßt sich die Topologie der Gruppe durch eine kanonische Uniformität gewinnen (siehe 25.14). Mit dieser Uniformität $\mathcal{U}$ wird die zugehörige Hausdorff-Vervollständigung $X_{\mathcal{U}}$ aus Satz 29.5 gebildet. Da nach Transfer und Definition von $P := pns_{\mathcal{U}}({}^*X)$ folgt, daß P wieder eine kommutative Gruppe ist, erweist sich der Quotientenraum ebenfalls als kommutative Gruppe, die die vorgegebene Gruppe als Untergruppe enthält (vgl. auch den Beweis von 24.22). Man zeigt schließlich, daß $X_{\mathcal{U}}$ bzgl. der durch die Uniformität induzierten

Topologie eine topologische Gruppe ist. Auch diese Vervollständigung erweist sich dann bis auf entsprechende Isomorphie als eindeutig.

Die Eindeutigkeit der Vervollständigung für metrische bzw. normierte Räume wird in den Übungen (siehe Aufgabe 4 und 6) dieses Paragraphen nachgewiesen.

Als nächstes werden wir die Konstruktion der vollständigen uniformen Räume $\langle \widetilde{{}^*X}, \widetilde{\mathcal{U}^*} \rangle$ verwenden, um eine Beschreibung für alle Hausdorff-Kompaktifizierungen eines vollständig regulären Hausdorff-Raumes zu erhalten (siehe 29.8).

29.6 X-Homöomorphie und Hausdorff-Kompaktifizierungen

(i) Sei $\langle X, \mathcal{T} \rangle$ ein topologischer Teilraum der topologischen Räume $\langle X_1, \mathcal{T}_1 \rangle$ und $\langle X_2, \mathcal{T}_2 \rangle$. Dann heißen diese Räume *X-homöomorph*, wenn es eine bijektive Abbildung $\varphi : X_1 \to X_2$ gibt mit:

$$\varphi, \varphi^{-1} \text{ stetig und } \varphi(x) = x \text{ für alle } x \in X.$$

Man nennt φ eine *X-Homöomorphie* von $\langle X_1, \mathcal{T}_1 \rangle$ und $\langle X_2, \mathcal{T}_2 \rangle$.

(ii) Ein kompakter Hausdorff-Raum $\langle X_1, \mathcal{T}_1 \rangle$ heißt *Hausdorff-Kompaktifizierung* eines topologischen Teilraumes $\langle X, \mathcal{T} \rangle$, wenn X dicht in X_1 liegt.

Hausdorff-Kompaktifizierungen eines topologischen Raumes $\langle X, \mathcal{T} \rangle$ bleiben natürlich unter X-Homöomorphien erhalten.

Im Gegensatz zu Vervollständigungen sind Hausdorff-Kompaktifizierungen in der Regel jedoch keineswegs bis auf X-Homöomorphie eindeutig bestimmt. Beispiele hierfür werden in den Übungen dieses Paragraphen (siehe Aufgabe 2 und 3) gegeben.

X-isomorphe Räume sind natürlich X-homöomorph. Das folgende Ergebnis bringt einen Fall, für den auch die Umkehrung gilt.

29.7 X-homöomorphe Hausdorff-Kompaktifizierungen sind X-isomorph

Seien $\langle X_1, \mathcal{T}_1 \rangle$ und $\langle X_2, \mathcal{T}_2 \rangle$ X-homöomorphe Hausdorff-Kompaktifizierungen von $\langle X, \mathcal{T} \rangle$. Sei $\mathcal{U}_i$ die eindeutige Uniformisierung von $\mathcal{T}_i$ (siehe 25.6). Dann gilt:

(i) $\langle X_1, \mathcal{U}_1 \rangle$ ist X-isomorph zu $\langle X_2, \mathcal{U}_2 \rangle$;

(ii) $(\mathcal{U}_1)_X = (\mathcal{U}_2)_X$.

Beweis. *(i)* Sei φ eine X-Homöomorphie von $\langle X_1, \mathcal{T}_1 \rangle$ und $\langle X_2, \mathcal{T}_2 \rangle$. Da $\langle X_1, \mathcal{U}_1 \rangle$ und $\langle X_2, \mathcal{U}_2 \rangle$ kompakte uniforme Räume sind, sind φ und φ^{-1} nach 25.8 gleichmäßig stetig. Daher gilt (i).

(ii) Wegen $\varphi(x) = x$ für alle $x \in X$ ist nach (i) die Identität über X sowohl $(\mathcal{U}_1)_X, (\mathcal{U}_2)_X$- als auch $(\mathcal{U}_2)_X, (\mathcal{U}_1)_X$-gleichmäßig stetig. Hieraus folgt $(\mathcal{U}_1)_X = (\mathcal{U}_2)_X$. □

29.8 Beschreibung aller Hausdorff-Kompaktifizierungen

Sei $\langle X, \mathcal{T}\rangle$ ein vollständig regulärer Hausdorff-Raum. Dann gibt es totalbeschränkte Uniformisierungen von $\mathcal{T}$, und es sind äquivalent:

(i) $\langle X_1, \mathcal{T}_1\rangle$ ist eine Hausdorff-Kompaktifizierung von $\langle X, \mathcal{T}\rangle$;

(ii) $\langle X_1, \mathcal{T}_1\rangle$ ist X-homöomorph zu $\langle \widetilde{{}^*X}, \mathcal{T}(\widetilde{\mathcal{U}^*})\rangle$ für eine totalbeschränkte Uniformisierung $\mathcal{U}$ von $\mathcal{T}$.

Ferner gilt: Die totalbeschränkte Uniformisierung $\mathcal{U}$ von $\mathcal{T}$, die (ii) erfüllt, ist eindeutig bestimmt.

Beweis. Nach 27.8 gibt es Uniformisierungen $\mathcal{U}$ von $\mathcal{T}$, so daß X $\mathcal{U}$-totalbeschränkt ist.

(i) ⇒ (ii) Da $\langle X_1, \mathcal{T}_1\rangle$ ein kompakter Hausdorff-Raum ist, gilt nach 25.6:

$$\mathcal{T}(\mathcal{U}_1) = \mathcal{T}_1 \text{ mit einer Uniformität } \mathcal{U}_1 \text{ für } X_1.$$

Sei

$$\mathcal{U} := (\mathcal{U}_1)_X \text{ die Teilraumuniformität von } \mathcal{U}_1 \text{ für } X.$$

Wir zeigen nun:

(1) $\langle X, \mathcal{U}\rangle$ ist totalbeschränkt mit $\mathcal{T} = \mathcal{T}(\mathcal{U})$;

(2) $\langle X_1, \mathcal{U}_1\rangle$ ist eine Hausdorff-Vervollständigung von $\langle X, \mathcal{U}\rangle$.

Aus (1) und (2) folgt dann (ii): Aus (1) folgt zunächst ${}^*X = pns_{\mathcal{U}}({}^*X)$ (siehe 27.7 (ii)), d.h. es ist $\widetilde{{}^*X} = X_{\mathcal{U}}$. Nach 29.5 und (2) sind daher $\langle \widetilde{{}^*X}, \widetilde{\mathcal{U}^*}\rangle$ und $\langle X_1, \mathcal{U}_1\rangle$ zwei Hausdorff-Vervollständigungen von $\langle X, \mathcal{U}\rangle$; sie sind somit X-isomorph nach 29.2. Also sind $\langle \widetilde{{}^*X}, \mathcal{T}(\widetilde{\mathcal{U}^*})\rangle$ und $\langle X_1, \mathcal{T}(\mathcal{U}_1)\rangle = \langle X_1, \mathcal{T}_1\rangle$ X-homöomorph. Da $\mathcal{U}$ eine totalbeschränkte Uniformisierung von $\mathcal{T}$ ist (siehe (1)), gilt somit (ii).

Zu (1): Da X_1 $\mathcal{T}(\mathcal{U}_1)$-kompakt und damit $\mathcal{U}_1$-totalbeschränkt ist (siehe 27.11), ist X $\mathcal{U}$-totalbeschränkt (siehe 27.10 (ii)). Ferner ist:

$$\mathcal{T} \underset{(i)}{=} (\mathcal{T}_1)_X = (\mathcal{T}(\mathcal{U}_1))_X \underset{25.12(ii)}{=} \mathcal{T}((\mathcal{U}_1)_X) = \mathcal{T}(\mathcal{U}).$$

Zu (2): Da $\langle X_1, \mathcal{T}(\mathcal{U}_1)\rangle$ ein kompakter Hausdorff-Raum ist, ist $\langle X_1, \mathcal{U}_1\rangle$ ein vollständiger Hausdorff-Raum nach 27.11. Es bleibt daher zu zeigen, daß X dicht in $\langle X_1, \mathcal{T}(\mathcal{U}_1)\rangle$ ist. Dieses folgt, da $\langle X_1, \mathcal{T}_1\rangle$ $(= \langle X_1, \mathcal{T}(\mathcal{U}_1)\rangle)$ eine Hausdorff-Kompaktifizierung von $\langle X, \mathcal{T}\rangle$ ist.

(ii) ⇒ (i) Sei $\mathcal{U}$ eine Uniformität für X mit

$$X \text{ ist } \mathcal{U}\text{-totalbeschränkt und } \mathcal{T} = \mathcal{T}(\mathcal{U}).$$

Wir zeigen:

(3) $\langle \widetilde{{}^*X}, \mathcal{T}(\widetilde{\mathcal{U}^*})\rangle$ ist eine Hausdorff-Kompaktifizierung von $\langle X, \mathcal{T}\rangle$.

Aus (3) und (ii) folgt dann (i), denn Hausdorff-Kompaktifizierungen von $\langle X, \mathcal{T}\rangle$ bleiben unter X-Homöomorphien erhalten.

Zu (3): Da X $\mathcal{U}$-totalbeschränkt ist, folgt ${}^*X = pns_{\mathcal{U}}({}^*X)$, und somit ist $\langle \widetilde{{}^*X}, \widetilde{\mathcal{U}^*}\rangle$ eine Hausdorff-Vervollständigung von $\langle X, \mathcal{U}\rangle$ (siehe 29.5). Daher ist X dicht in $\widetilde{{}^*X}$, und es gilt:

$$\mathcal{T} = \mathcal{T}(\mathcal{U}) = \mathcal{T}((\widetilde{\mathcal{U}^*})_X) \underset{25.12(ii)}{=} (\mathcal{T}(\widetilde{\mathcal{U}^*}))_X.$$

Daher bleibt zu zeigen:

(4) $\widetilde{{}^*X}$ ist $\mathcal{T}(\widetilde{\mathcal{U}^*})$-kompakt.

Da X dicht in $\widetilde{{}^*X}$ liegt und X $\mathcal{U}$-totalbeschränkt ist, ist $\widetilde{{}^*X}$ $\widetilde{\mathcal{U}^*}$-totalbeschränkt (siehe 27.10). Da ferner $\widetilde{{}^*X}$ $\widetilde{\mathcal{U}^*}$-vollständig ist, folgt (4) aus 27.11.

Es bleibt noch die Eindeutigkeit der Uniformität $\mathcal{U}$ aus (ii) zu zeigen:

Ist nun $\mathcal{U}$ eine Uniformität, die (ii) erfüllt, so sind $\langle X_1, \mathcal{T}_1\rangle$ und $\langle X_2, \mathcal{T}_2\rangle := \langle \widetilde{{}^*X}, \mathcal{T}(\widetilde{\mathcal{U}^*})\rangle$ X-homöomorphe Hausdorff-Kompaktifizierungen von $\langle X, \mathcal{T}\rangle$ (beachte (ii) $\Rightarrow$ (i)). Sei $\mathcal{U}_1$ die nach 25.6 eindeutig bestimmte Uniformisierung von $\langle X_1, \mathcal{T}_1\rangle$. Dann folgt:

$$(\mathcal{U}_1)_X \underset{29.7(ii)}{=} (\widetilde{\mathcal{U}^*})_X \underset{29.4(i)}{=} \mathcal{U},$$

und daher ist $\mathcal{U}$ eindeutig bestimmt. □

Satz 29.8 zeigt, daß es Hausdorff-Kompaktifizierungen von vollständig regulären Hausdorff-Räumen $\langle X, \mathcal{T}\rangle$ gibt. Ferner sind alle Hausdorff-Kompaktifizierungen bis auf X-Homöomorphie durch das System aller topologischen Räume

- $\langle \widetilde{{}^*X}, \mathcal{T}(\widetilde{\mathcal{U}^*})\rangle$, $\mathcal{U}$ totalbeschränkte Uniformisierung von $\mathcal{T}$,

gegeben; dabei sind für verschiedene totalbeschränkte Uniformisierungen $\mathcal{U}$ von $\mathcal{T}$ die Räume $\langle \widetilde{{}^*X}, \mathcal{T}(\widetilde{\mathcal{U}^*})\rangle$ nicht X-homöomorph. In diesem Sinne sind also alle Hausdorff-Kompaktifizierungen von $\langle X, \mathcal{T}\rangle$ über dem Raum ${}^*X$ auf kanonische Weise mit Hilfe geeigneter Äquivalenzklassenbildung eindeutig repräsentierbar.

Vervollständigungen von $\langle X, \mathcal{U}\rangle$ und damit auch Kompaktifizierungen wurden stets mit $X_{\mathcal{U}} = \widetilde{pns_{\mathcal{U}}({}^*X)}$ gebildet. Ist X nicht $\mathcal{U}$-totalbeschränkt, so ist $X_{\mathcal{U}}$ ein echter Teilraum von $\widetilde{{}^*X}$. Die Vollständigkeit dieses größeren Raumes $\langle \widetilde{{}^*X}, \widetilde{\mathcal{U}^*}\rangle$, d.h. der uniformen Nichtstandard-Hülle von $\langle X, \mathcal{U}\rangle$, wurde hier nur als technisches Hilfsmittel benutzt. Für tieferliegende Untersuchungen der Topologie und der Funktionalanalysis spielen jedoch gerade solche über die Vervollständigungen hinausreichenden Nichtstandard-Hüllen eine wesentliche Rolle.

Ist z.B. $\langle X, \|\ \|\rangle$ ein normierter Raum, so läßt sich in kanonischer Weise ein vollständiger normierter Raum, also ein Banach-Raum, bilden, der für unendlich-dimensionale Räume die Vervollständigung von X echt umfaßt (siehe die Überlegungen im Anschluß an 29.9). Diese sogenannte Nichtstandard-Hülle wird der Raum $\widehat{X} := \widetilde{fin({}^*X)}$ sein; er ist für $X \neq \{0\}$ ein echter Teilraum von $\widetilde{{}^*X}$.

Da ein normierter Raum $\langle X, \|\ \|\rangle$ eine Metrik ρ und damit eine Uniformität $\mathcal{U}_\rho$ erzeugt, und da $y \approx_{\mathcal{U}_\rho} z$ äquivalent zu ${}^*\|z - y\| \approx 0$ ist, lassen sich die mittels $\mathcal{U}_\rho$ gebildeten „Äquivalenzklassen" $\widetilde{y}$ auch wie folgt beschreiben:

$$\widetilde{y} = x, \text{ falls } {}^*\|y - {}^*x\| \approx 0 \text{ für ein } x \in X;$$
$$\widetilde{y} = \{z \in {}^*X : {}^*\|z - y\| \approx 0\} \text{ für } y \notin ns({}^*X).$$

Die Vollständigkeit von $\widehat{X}$ wird in 29.9 direkt bewiesen. Sie läßt sich auch aus 29.4 herleiten.

29.9 Die Nichtstandard-Hülle $\widehat{X}$ eines normierten Raumes X

Sei $\langle X, \| \, \| \rangle$ ein normierter Raum. Setze

$$\widehat{X} := \{\widetilde{y} : y \in fin({}^*X)\} \text{ und } \|\widetilde{y}\| := st({}^*\|y\|) \text{ für } y \in fin({}^*X).$$

Dann ist $\langle \widehat{X}, \| \, \| \rangle$ ein Banach-Raum, der $\langle X, \| \, \| \rangle$ als normierten Teilraum enthält.

Beweis. Es ist ${}^*X$ ein ${}^*\mathbb{R}$-linearer Raum (siehe 18.1 (i)) und damit ein $\mathbb{R}$-linearer Raum. Man sieht einfach, daß $fin({}^*X)$ ein $\mathbb{R}$-linearer Unterraum ist. Durch

$$\widetilde{y} + \widetilde{z} := \widetilde{y+z}, \quad \alpha \cdot \widetilde{y} := \widetilde{\alpha y} \; (y, z \in fin({}^*X), \alpha \in \mathbb{R})$$

wird $\widehat{X}$ ein $\mathbb{R}$-linearer Raum. Da $X \subset \widehat{X}$ ist, und da $+$ und $\cdot$ in $\widehat{X}$ Fortsetzungen von $+$ und $\cdot$ in X sind, ist X ein $\mathbb{R}$-linearer Teilraum von $\widehat{X}$. Aus der Definition von $\|\widetilde{y}\|$ für $y \in fin({}^*X)$ folgt, daß $\| \, \|$ eine Norm auf $\widehat{X}$ ist, welche die Norm auf X fortsetzt. Also ist $\langle \widehat{X}, \| \, \| \rangle$ ein normierter Raum, der $\langle X, \| \, \| \rangle$ als normierten Teilraum enthält.

Es verbleibt die Vollständigkeit von $\langle \widehat{X}, \| \, \| \rangle$ nachzuweisen. Seien hierzu $y_n \in fin({}^*X), n \in \mathbb{N}$, so daß gilt:

$$\|\widetilde{y}_n - \widetilde{y}_m\| = st({}^*\|y_n - y_m\|) \underset{n,m \to \infty}{\longrightarrow} 0.$$

Dann existieren $m(k) \in \mathbb{N}$ für $k \in \mathbb{N}$ mit

(1) $\qquad {}^*\|y_n - y_{m(k)}\| \leq 1/k$ für alle $n \geq m(k)$.

Setze

$$B_k := \{y \in {}^*X : {}^*\|y - y_{m(k)}\| \leq 1/k\}.$$

Dann ist $\{B_k : k \in \mathbb{N}\}$ ein System von (höchstens $\widehat{S}$-vielen) internen Mengen, welches nach (1) nicht-leere endliche Durchschnitte besitzt. Auf Grund der $\widehat{S}$-Kompaktheit gibt es ein $y \in \bigcap_{k=1}^{\infty} B_k$. Es folgt für alle $n \geq m(k)$:

$$^*\|y - y_n\| \leq {}^*\|y - y_{m(k)}\| + {}^*\|y_{m(k)} - y_n\| \underset{(1)}{\leq} 2/k.$$

Folglich ist $y \in fin({}^*X)$, und es gilt $\|\widetilde{y} - \widetilde{y}_n\| \leq 2/k$ für alle $n \geq m(k)$. Also ist $\widetilde{y} \in \widehat{X}$ Grenzwert der Cauchy-Folge $\widetilde{y}_n \in \widehat{X}$. □

Da ${}^*\|y\|$ nur für $y \in fin({}^*X)$ endlich ist, ist $\widehat{X}$ der größte Teilraum von $\widetilde{{}^*X}$, der durch die Festsetzung $\|\widetilde{y}\| := st({}^*\|y\|)$ zu einem normierten Raum gemacht werden kann. Dieses $\widehat{X}$ ist nach 29.9 sogar vollständig, und somit ist die

Nichtstandard-Hülle $\widehat{X}$ der größte X umfassende Banach-Raum innerhalb von $\widetilde{{}^*X}$. Daher wird bei normierten Räumen X die Nichtstandard-Hülle $\widehat{X}$ und nicht die uniforme Nichtstandard-Hülle $\widetilde{{}^*X}$ betrachtet.

Ist X ein endlich-dimensionaler normierter Raum, so gilt $ns({}^*X) = fin({}^*X)$ (siehe 24.24 (i)), und daher ist

$$X = \{\widetilde{y} : y \in ns({}^*X)\} = \{\widetilde{y} : y \in fin({}^*X)\} = \widehat{X}.$$

Im endlich-dimensionalen Fall ist also X gleich seiner Nichtstandard-Hülle $\widehat{X}$.

Ist X ein unendlich-dimensionaler normierter Raum, so gibt es nach Ergebnissen der Funktionalanalysis beschränkte Mengen, die nicht totalbeschränkt sind. Somit ist $pns({}^*X) \subsetneqq fin({}^*X)$ (siehe 24.11 (i)). Hieraus folgt:

$$X \subset \widetilde{pns({}^*X)} \subsetneqq \widetilde{fin({}^*X)} = \widehat{X};$$

die Nichtstandard-Hülle $\widehat{X}$ ist also ein echt größerer Banach-Raum als die Vervollständigung $\widetilde{pns({}^*X)}$ von X.

Jede stetige lineare Abbildung zwischen normierten Räumen läßt sich nun auf kanonische Weise zu einer stetigen linearen Abbildung auf die Nichtstandard-Hüllen unter Erhaltung der Norm fortsetzen.

29.10 Fortsetzung stetiger linearer Abbildungen auf die Nichtstandard-Hüllen

Seien $\langle X_1, \| \|_1\rangle, \langle X_2, \| \|_2\rangle$ normierte Räume, und sei $T : X_1 \to X_2$ eine stetige lineare Abbildung. Setzt man

$$\widetilde{T}(\widetilde{y}_1) := \widetilde{{}^*T(y_1)} \quad \text{für } y_1 \in fin({}^*X),$$

so ist $\widetilde{T} : \widehat{X}_1 \to \widehat{X}_2$ eine stetige lineare Abbildung mit

$$\widetilde{T}(x_1) = T(x_1) \text{ für } x_1 \in X_1 \text{ und } \|\widetilde{T}\| = \|T\|.$$

Beweis. Es ist ${}^*T : {}^*X_1 \to {}^*X_2$ eine ${}^*\mathbb{R}$-lineare (siehe 18.1 (ii)) und somit $\mathbb{R}$-lineare Abbildung. Nach Transfer gilt mit

$$c := \|T\| := \sup\{\|Tx_1\|_2 : \|x_1\|_1 < 1\}$$

(1) $$^*\|{}^*T(y_1)\|_2 \le c\, {}^*\|y_1\|_1 \text{ für alle } y_1 \in {}^*X_1.$$

Also ist ${}^*T$ auch eine $\mathbb{R}$-lineare Abbildung von $fin({}^*X_1)$ in $fin({}^*X_2)$. Die Linearität von $\widetilde{T}$ folgt aus:

$$\widetilde{T}(\alpha_1\widetilde{y}_1 + \alpha_2\widetilde{y}_2) = \widetilde{T}(\widetilde{\alpha_1 y_1 + \alpha_2 y_2}) \underset{\text{Def.}}{=} \widetilde{{}^*T(\alpha_1 y_1 + \alpha_2 y_2)}$$

$$= \widetilde{\alpha_1 {}^*T(y_1) + \alpha_2 {}^*T(y_2)} = \alpha_1 \widetilde{{}^*T(y_1)} + \alpha_2 \widetilde{{}^*T(y_2)} \underset{\text{Def.}}{=} \alpha_1 \widetilde{T}(\widetilde{y}_1) + \alpha_2 \widetilde{T}(\widetilde{y}_2).$$

$\widetilde{T}$ ist eine Fortsetzung von T wegen

$$\widetilde{T}(x_1) = \widetilde{T}(\widetilde{{}^*x_1}) = \widetilde{{}^*T({}^*x_1)} = \widetilde{{}^*(T(x_1))} = T(x_1) \text{ für } x_1 \in X_1.$$

Für $y_1 \in fin({}^*X_1)$ gilt:

$$\|\widetilde{T}(\widetilde{y}_1)\|_2 = \|\widetilde{{}^*T(y_1)}\|_2 = st({}^*\|{}^*T(y_1)\|_2) \underset{(1)}{\leq} c\, st({}^*\|y_1\|_1) = c\|\widetilde{y}_1\|_1,$$

also ist $\|\widetilde{T}\| \leq c = \|T\|$. Da $\widetilde{T}$ eine Fortsetzung von T ist, gilt ferner $\|T\| \leq \|\widetilde{T}\|$. Also ist $\|\widetilde{T}\| = \|T\| < \infty$, und damit ist $\widetilde{T}$ auch stetig. □

Zum Abschluß sollen einige der Gründe angegeben werden, die zur Untersuchung von Nichtstandard-Hüllen geführt haben:

a) Mit Nichtstandard–Hüllen lassen sich neue und interessante Klassen von Banach-Räumen bilden.

b) Manche Probleme für Banach-Räume lassen sich in einfachere Probleme für die zugehörigen Nichtstandard-Hüllen übersetzen und dadurch besser behandeln und lösen.

c) Manche Probleme der Funktionalanalysis lassen sich mit Hilfe der Nichtstandard-Hüllen auf Probleme der endlich-dimensionalen linearen Algebra zurückführen und hierdurch lösen. Dies geschieht in Kurzform nach dem folgenden Schema:

$$X \underset{(1)}{\longrightarrow} H \underset{(2)}{\longrightarrow} \widehat{H} \underset{(3)}{\longrightarrow} X.$$

(1) Bette X in einen geeigneten *-endlich-dimensionalen Raum $H \subset {}^*X$ ein (siehe unten). In H sind dann mittels Transfer die Ergebnisse der endlich-dimensionalen linearen Algebra benutzbar. Löse dann das dem Ausgangsproblem entsprechende Problem in H.

(2) Bilde die Nichtstandard-Hülle $\widehat{H} := \widetilde{fin(H)}$, die selbst wieder ein Banach-Raum ist (siehe unten). Die Lösung aus (1) führt zu einem Ergebnis im Banach-Raum $\widehat{H}$.

(3) Schließe von dem Ergebnis in $\widehat{H}$ auf das gewünschte Ergebnis im Ausgangsraum X, der ein Teilraum von $\widehat{H}$ ist.

Zu (1): Ein Raum $H \subset {}^*X$ heißt *-endlich-dimensionaler Raum, falls $H \in {}^*\mathbb{E}(X)$ ist, wobei $\mathbb{E}(X)$ das System der endlich-dimensionalen Teilräume von X ist. Setzt man

$$\mathbb{E}_x := \{X_0 \in \mathbb{E}(X) : x \in X_0\},$$

so ist $\{\mathbb{E}_x : x \in X\}$ ein System mit nicht-leeren endlichen Durchschnitten, welches aus höchstens $\widehat{S}$-vielen Mengen besteht. Auf Grund der $\widehat{S}$-Kompaktheit gibt es ein $H \in \bigcap_{x \in X} {}^*\mathbb{E}_x$.

Damit ist H ein *-endlich-dimensionaler Raum mit

$$\{{}^*x : x \in X\} \subset H \subset {}^*X.$$

Zu (2): Es ist $fin(H) := \{y \in H : {}^*\|y\| \in fin({}^*\mathbb{R})\}$ sowie $\widetilde{fin(H)} := \{\widetilde{y} : y \in fin(H)\}$. Da H ein ${}^*\mathbb{R}$-linearer Teilraum von ${}^*X$ ist, und da H zudem intern ist, zeigt der Beweis von 29.9, daß $\widetilde{fin(H)}$ ein Banach-Raum ist.

In diesem Paragraphen zeigte sich, daß Mengen wie $pns({}^*X)$ und $fin({}^*X)$, die erst mit Hilfe von Nichtstandard-Einbettungen definiert werden können, zum Ausgangspunkt für die Konstruktion neuer und interessanter Objekte der Standardwelt werden. So gewinnt man mit Hilfe von $pns({}^*X)$ Vervollständigungen sowie Kompaktifizierungen, und mit Hilfe von $fin({}^*X)$ neue Banach-Räume, die sogenannten Nichtstandard-Hüllen von normierten Räumen.

Aufgaben

1 Sei $\langle X, \mathcal{T}\rangle$ ein nicht-kompakter Hausdorff-Raum und $\infty \notin X$. Setze

$$X_\infty := X \cup \{\infty\} \quad \text{und} \quad \mathcal{T}_\infty := \mathcal{T} \cup \{X_\infty - K : K \subset X \text{ kompakt}\}.$$

Man zeige, daß $\langle X_\infty, \mathcal{T}_\infty\rangle$ ein topologischer Raum ist, der $\langle X, \mathcal{T}\rangle$ als Teilraum enthält. Man beschreibe $m_{\mathcal{T}_\infty}(x)$ für $x \in X_\infty$ und benutze dieses zum Beweis von (i) und (ii):

(i) $\langle X_\infty, \mathcal{T}_\infty\rangle$ ist ein kompakter Raum, in dem X dicht liegt;

(ii) $\langle X_\infty, \mathcal{T}_\infty\rangle$ ist eine Hausdorff-Kompaktifizierung von $\langle X, \mathcal{T}\rangle \iff \langle X, \mathcal{T}\rangle$ ist lokalkompakt.

2 Sei $X :=]0,1[$, versehen mit der Teilraumtopologie von $\mathbb{R}$. Man gebe zwei nicht X-homöomorphe Hausdorff-Kompaktifizierungen von X an.

3 Es sei $X :=]0,1[\times]0,1[$, versehen mit der Teilraumtopologie von $\mathbb{R}^2$. Man gebe überabzählbar viele nicht X-homöomorphe Hausdorff-Kompaktifizierungen von X an.

4 Es seien $\langle X, \rho\rangle$ ein metrischer Raum und $\langle X_1, \rho_1\rangle, \langle X_2, \rho_2\rangle$ zwei vollständige metrische Räume. Es sei $X \subset X_i$, $\rho = \rho_i$ auf $X \times X$, und X liege dicht in X_i. Man zeige, daß $\langle X_1, \rho_1\rangle, \langle X_2, \rho_2\rangle$ X-isometrisch sind, d.h., daß es eine bijektive Abbildung φ von X_1 auf X_2 gibt mit $\varphi(x) = x$ für alle $x \in X$ und

$$\rho_2(\varphi(x_1), \varphi(x_1')) = \rho_1(x_1, x_1') \text{ für alle } x_1, x_1' \in X_1.$$

5 Seien $\langle X_1, \mathcal{T}_1\rangle, \langle X_2, \mathcal{T}_2\rangle$ topologische lineare Räume, und sei X_2 hausdorffsch. Es sei $X \subset X_1$ ein linearer Teilraum, der dicht in X_1 liege, und es sei $\varphi : X_1 \to X_2$ stetig. Man zeige:

$$\varphi \text{ linear über } X \implies \varphi \text{ linear.}$$

6 Es seien $\langle X, \|\ \|\rangle$ ein normierter Raum und $\langle X_1, \|\ \|_1\rangle, \langle X_2, \|\ \|_2\rangle$ zwei Banach-Räume. Es gelte $X \subset X_i, \|\ \| = \|\ \|_i$ auf X, und X liege dicht in X_i für $i = 1, 2$. Man zeige, daß es eine X-isometrische und lineare Abbildung von X_1 auf X_2 gibt (verwende Aufgaben 4 und 5).

7 Man beweise die vor 29.4 stehenden Eigenschaften (I)–(III).

8 Sei $\langle X, \mathcal{T}\rangle$ ein vollständig regulärer Raum. Man zeige, daß es eine Hausdorff-Kompaktifizierung $\langle X_1, \mathcal{T}_1\rangle$ von $\langle X, \mathcal{T}\rangle$ gibt, so daß sich jede $\mathcal{T}$-stetige und beschränkte Funktion von X in $\mathbb{R}$ zu einer $\mathcal{T}_1$-stetigen Funktion auf X_1 fortsetzen läßt.

Teil V

Nichtstandard-Stochastik

§ 30 Hilfsmittel aus der Maßtheorie

In §§ 31–35 werden Anwendungen der Nichtstandard-Theorie für die Maß- und Wahrscheinlichkeits-Theorie gegeben. Die hierzu benötigten Begriffe und Sätze der klassischen Maßtheorie werden in diesem Paragraphen bereitgestellt.

Wir erinnern an die in 14.10 gegebene Definition des Inhalts auf einer Algebra. Diese Inhalte werden wir gelegentlich auch klassische Inhalte nennen, um sie von den internen Inhalten zu unterscheiden, die in § 31 eingeführt werden.

30.1 Eigenschaften von Inhalten

Sei $\mathcal{A}$ eine Algebra über Ω und $\mu: \mathcal{A} \to [0, \infty[$ ein Inhalt.

Seien $A_1, \ldots, A_n \in \mathcal{A}$, dann gilt:

(i) $A_1 \subset A_2 \Longrightarrow (\mu(A_1) \leq \mu(A_2) \;\dot{\wedge}\; \mu(A_2 - A_1) = \mu(A_2) - \mu(A_1))$;

(ii) $\mu(A_1) + \mu(A_2) = \mu(A_1 \cup A_2) + \mu(A_1 \cap A_2)$;

(iii) $\mu(\cup_{k=1}^n A_k) \leq \sum_{k=1}^n \mu(A_k)$.

Beweis. ***(i)*** Wegen $A_1 \subset A_2$ ist $A_2 = A_1 \cup (A_2 - A_1)$ und $A_1, A_2 - A_1 \in \mathcal{A}$ sind disjunkt. Da μ additiv ist, gilt $\mu(A_2) = \mu(A_1) + \mu(A_2 - A_1)$. Somit ist $\mu(A_2) - \mu(A_1) = \mu(A_2 - A_1) \geq 0$, und damit gilt (i).

(ii) Aus der Additivität von μ folgt $\mu(A_1 \cup A_2) = \mu(A_1) + \mu(A_2 - A_1)$ und $\mu(A_2) = \mu(A_2 - A_1) + \mu(A_2 \cap A_1)$, und daher gilt:

$$\mu(A_1 \cup A_2) + \mu(A_1 \cap A_2) = \mu(A_1) + \mu(A_2 - A_1) + \mu(A_2 \cap A_1) = \mu(A_1) + \mu(A_2).$$

(iii) Setze $B_1 := A_1$ und $B_k := A_k - \cup_{i<k} A_i$ für $k \geq 2$. Dann sind $B_1, \ldots, B_n \in \mathcal{A}$ paarweise disjunkt mit $\cup_{k=1}^n B_k = \cup_{k=1}^n A_k$ und $B_k \subset A_k$, und daher gilt:

$$\mu(\bigcup_{k=1}^n A_k) = \mu(\bigcup_{k=1}^n B_k) = \sum_{k=1}^n \mu(B_k) \underset{(i)}{\leq} \sum_{k=1}^n \mu(A_k).$$ □

Nahezu alle in der Stochastik auftretenden Inhalte sind auf sogenannten σ-Algebren definiert, welche stärkere Abgeschlossenheitseigenschaften als Algebren besitzen. Die Inhalte selber haben fast immer eine stärkere Additivitätseigenschaft, sie sind σ-additiv, d.h. sie sind Maße im Sinne der folgenden Definition.

30.2 Maße und W-Maße auf σ-Algebren

(i) Es sei Ω eine nicht-leere Menge. Ein System $\mathcal{A} \subset \mathcal{P}(\Omega)$ heißt *σ-Algebra* über Ω, falls gilt:

(α) $\Omega \in \mathcal{A}$;

(β) $A \in \mathcal{A} \Longrightarrow \overline{A} := \Omega - A \in \mathcal{A}$;

(γ) $A_n \in \mathcal{A}, n \in \mathbb{N} \Longrightarrow \cup_{n=1}^\infty A_n \in \mathcal{A}$.

(ii) Ist $\mathcal{A}$ eine σ-Algebra über Ω, so heißt $\mu: \mathcal{A} \to [0, \infty[$ ein *Maß* auf $\mathcal{A}$, falls μ *σ-additiv* ist, d.h. falls gilt:

$A_n \in \mathcal{A}, n \in \mathbb{N}$, disjunkt $\Longrightarrow$ $\mu(\cup_{n=1}^\infty A_n) = \sum_{n=1}^\infty \mu(A_n)$.

(iii) Ein Maß P auf einer σ-Algebra $\mathcal{A}$ mit $P(\Omega) = 1$ heißt *Wahrscheinlichkeitsmaß (W-Maß)*.

Wir weisen ausdrücklich darauf hin, daß wir für Maße wie schon für Inhalte den Wert $+\infty$ nicht zulassen. Wir betrachten damit ausschließlich sogenannte endliche Inhalte und endliche Maße.

Ist $\mathcal{A}$ eine σ-Algebra und $\mu: \mathcal{A} \to [0, \infty[$ ein Maß, so gilt:

(i) $\emptyset \in \mathcal{A}$ und $\mu(\emptyset) = 0$;

(ii) $\mathcal{A}$ ist eine Algebra und μ ein Inhalt;

(iii) $A_n \in \mathcal{A}, n \in \mathbb{N} \Longrightarrow \cap_{n=1}^\infty A_n \in \mathcal{A}$.

Beweis. *(i)* Es ist $\Omega \in \mathcal{A}$; damit ist $\emptyset = \Omega - \Omega \in \mathcal{A}$. Es ist $\emptyset = \emptyset \cup \emptyset \cup \ldots$, und aus der σ-Addititát von μ folgt $\mathbb{R} \ni \mu(\emptyset) = \mu(\emptyset) + \mu(\emptyset) + \ldots$ und daher $\mu(\emptyset) = 0$.

(ii) Seien $A_1, A_2 \in \mathcal{A}$. Wegen $\emptyset \in \mathcal{A}$ folgt $A_1 \cup A_2 = A_1 \cup A_2 \cup \emptyset \cup \emptyset \cup \ldots \in \mathcal{A}$, und somit ist $\mathcal{A}$ eine Algebra. Es ist μ additiv, da für disjunkte $A_1, A_2 \in \mathcal{A}$ gilt:

$$\mu(A_1 \cup A_2) = \mu(A_1) + \mu(A_2) + \mu(\emptyset) + \mu(\emptyset) + \ldots = \mu(A_1) + \mu(A_2).$$

(iii) folgt wegen $\cap_{n=1}^\infty A_n = \Omega - \cup_{n=1}^\infty (\Omega - A_n)$. □

Ist Ω eine nicht-leere Menge, so sind $\{\emptyset, \Omega\}$ und $\mathcal{P}(\Omega)$ σ-Algebren über Ω.

Von großer Bedeutung für die Stochastik sind die sogenannten Borel-σ-Algebren und die auf ihnen definierten Borel-Maße (siehe 30.4).

Eine wichtige Klasse von Maßen bilden die *diskreten Maße* auf der σ-Algebra $\mathcal{P}(\Omega)$. Sei hierzu $\Omega_0 \subset \Omega$ abzählbar, und für $\omega \in \Omega_0$ sei

$$c(\omega) \in [0, \infty[\text{ mit } \textstyle\sum_{\omega \in \Omega_0} c(\omega) < \infty.$$

Setzt man

$$\mu(A) := \textstyle\sum_{\omega \in A \cap \Omega_0} c(\omega), \quad A \subset \Omega$$

(dabei sei $\mu(A) := 0$, falls $A \cap \Omega_0 = \emptyset$ ist), so ist $\mu: \mathcal{P}(\Omega) \to [0, \infty[$ ein Maß. Man nennt μ das diskrete Maß mit der Masse $c(\omega)$ im Punkte $\omega \in \Omega_0$.

Jedes Maß ist ein Inhalt und besitzt daher natürlich alle Eigenschaften von Inhalten. Darüber hinaus besitzen Maße die folgenden drei Eigenschaften, die nicht generell für Inhalte gelten.

Wir schreiben im folgenden $A_n \uparrow$ (bzw. $A_n \downarrow$), wenn $A_n \subset A_{n+1}$ (bzw. $A_n \supset A_{n+1}$) für $n \in \mathbb{N}$ ist.

30.3 Eigenschaften von Maßen

Sei $\mathcal{A}$ eine σ-Algebra über Ω und $\mu: \mathcal{A} \to [0, \infty[$ ein Maß. Dann gilt für $A_n \in \mathcal{A}, n \in \mathbb{N}$:

(i) $A_n \uparrow \;\Rightarrow\; \lim_{n\to\infty} \mu(A_n) = \mu(\bigcup_{n=1}^{\infty} A_n)$;

(ii) $A_n \downarrow \;\Rightarrow\; \lim_{n\to\infty} \mu(A_n) = \mu(\bigcap_{n=1}^{\infty} A_n)$;

(iii) $\mu(\bigcup_{n=1}^{\infty} A_n) \leq \sum_{n=1}^{\infty} \mu(A_n)$.

Beweis. ***(i)*** Setze $B_1 := A_1$ und $B_n := A_n - A_{n-1}$ für $n \geq 2$. Dann sind $B_n \in \mathcal{A}, n \in \mathbb{N}$, disjunkt, und es gilt:

$$\textstyle\bigcup_{n=1}^{\infty} B_n = \bigcup_{n=1}^{\infty} A_n \quad \text{und} \quad \bigcup_{i=1}^{n} B_i = A_n.$$

Da μ ein Maß ist, folgt:

$$\begin{aligned}\mu(\textstyle\bigcup_{n=1}^{\infty} A_n) &= \mu(\textstyle\bigcup_{n=1}^{\infty} B_n) = \textstyle\sum_{n=1}^{\infty} \mu(B_n) = \lim_{n\to\infty} \textstyle\sum_{i=1}^{n} \mu(B_i) \\ &= \lim_{n\to\infty} \mu(\textstyle\bigcup_{i=1}^{n} B_i) = \lim_{n\to\infty} \mu(A_n).\end{aligned}$$

(ii) Es ist $\overline{A_n} := \Omega - A_n \uparrow$, und aus (i) folgt:

$$\lim_{n\to\infty} \mu(\overline{A_n}) \underset{(i)}{=} \mu(\textstyle\bigcup_{n=1}^{\infty} \overline{A_n}) = \mu(\overline{\bigcap_{n=1}^{\infty} A_n}).$$

Wegen $\mu(\overline{A}) = \mu(\Omega) - \mu(A)$ für $A \in \mathcal{A}$ liefert dieses (ii).

(iii) Es ist $\bigcup_{i=1}^{n} A_i \uparrow$, und daher folgt:

$$\mu(\textstyle\bigcup_{n=1}^{\infty} A_n) \underset{(i)}{=} \lim_{n\to\infty} \mu(\bigcup_{i=1}^{n} A_i) \underset{30.1(iii)}{\leq} \sum_{i=1}^{\infty} \mu(A_i).$$

□

Ist $\mu: \mathcal{A} \to [0, \infty[$ ein Maß und sind $A, A_n \in \mathcal{A}, n \in \mathbb{N}$, so folgt aus 30.1 (i) und 30.3 (iii) unmittelbar:

- $A \subset \bigcup_{n=1}^{\infty} A_n \Rightarrow \mu(A) \leq \sum_{n=1}^{\infty} \mu(A_n)$.

Diese leichte Verschärfung von 30.3 (iii) werden wir im folgenden häufig benutzen.

Es soll nun jedem topologischen Raum $\langle X, \mathcal{T}\rangle$ eine geeignete σ-Algebra über X zugeordnet werden - die sogenannte Borel-σ-Algebra - welche alle topologisch relevanten Mengen enthält. Man beachte zunächst, daß das System $\mathcal{T}$ der offenen Mengen i.a. keine σ-Algebra ist, da Komplemente von offenen Mengen i.a. nicht offen sind. Da nun wenigstens alle offenen Mengen zur Borel-σ-Algebra gehören sollen und andererseits die Borel-σ-Algebra durch $\mathcal{T}$ in einfacher Weise bestimmt werden soll, wählt man als Borel-σ-Algebra die kleinste $\mathcal{T}$ umfassende σ-Algebra. Daß eine solche kleinste σ-Algebra existiert, zeigen die folgenden allgemeineren Überlegungen für beliebige Systeme $\mathcal{S} \subset \mathcal{P}(X)$ an Stelle der Topologie $\mathcal{T} \subset \mathcal{P}(X)$:

Sei hierzu $\mathcal{M} := \{\mathcal{A} \subset \mathcal{P}(X) : \mathcal{A}\ \sigma\text{-Algebra mit } \mathcal{S} \subset \mathcal{A}\}$ und setze

$$\sigma(\mathcal{S}) := \bigcap_{\mathcal{A} \in \mathcal{M}} \mathcal{A}.$$

Wegen $\mathcal{P}(X) \in \mathcal{M}$ ist $\mathcal{M} \neq \emptyset$, und $\sigma(\mathcal{S})$ ist als nicht-leerer Durchschnitt von $\mathcal{S}$ umfassenden σ-Algebren selbst eine $\mathcal{S}$ umfassende σ-Algebra. Auf Grund der Definition von $\sigma(\mathcal{S})$ ist $\sigma(\mathcal{S}) \subset \mathcal{A}$ für jede $\mathcal{S}$ umfassende σ-Algebra $\mathcal{A}$. Daher gilt:

- $\sigma(\mathcal{S})$ ist die kleinste $\mathcal{S}$ umfassende σ-Algebra.

Man nennt $\sigma(\mathcal{S})$ die von $\mathcal{S}$ *erzeugte σ-Algebra.* Es sei darauf hingewiesen, daß man die von $\mathcal{S}$ erzeugte σ-Algebra $\sigma(\mathcal{S})$ nicht auf ähnlich einfache Art konstruktiv aus $\mathcal{S}$ gewinnen kann wie die von $\mathcal{S}$ erzeugte Topologie $\mathcal{T}(\mathcal{S})$.

30.4 Die Borel-σ-Algebra und Borel-Maße

Sei $\langle X, \mathcal{T}\rangle$ ein topologischer Raum. Dann heißt die von $\mathcal{T}$ erzeugte σ-Algebra $\sigma(\mathcal{T})$ die *Borel-σ-Algebra* von $\langle X, \mathcal{T}\rangle$ und wird mit $\mathcal{B}(X)$ oder $\mathcal{B}$ bezeichnet. Die Elemente von $\mathcal{B}$ heißen *Borel-Mengen.*

Jedes Maß $\mu : \mathcal{B} \to [0, \infty[$ heißt *Borel-Maß.*

Das bekannteste Beispiel für ein Borel-Maß ist das Lebesgue-Maß auf der Borel-σ-Algebra eines Intervalles $[a, b]$.

Die Borel-σ-Algebra $\mathcal{B}$ enthält natürlich stets alle abgeschlossenen Mengen. Ist die zugrundeliegende Topologie hausdorffsch, so gehören auch alle kompakten Mengen zu $\mathcal{B}$, da in Hausdorff-Räumen kompakte Mengen abgeschlossen sind (siehe 21.9 (ii)).

In Räumen, die keine Hausdorff-Räume sind, liegen i.a. die kompakten Mengen nicht in $\mathcal{B}$: Sei z.B. $\mathcal{T} := \{\emptyset, X\}$ die triviale Topologie über X; dann ist $\mathcal{B} = \{\emptyset, X\}$, aber jedes $K \subset X$ ist kompakt.

Es sei darauf hingewiesen, daß die Borel-σ-Algebra fast nie die gesamte Potenzmenge ist; so ist z.B. die Borel-σ-Algebra von $\mathbb{R}$ sogar von kleinerer Mächtigkeit als die Potenzmenge von $\mathbb{R}$. Borel-Maße sind somit nicht - wie diskrete Maße - auf der gesamten Potenzmenge definiert, und sie können in der Regel auch nicht zu Maßen auf die Potenzmenge fortgesetzt werden.

Es sollen nun wichtige Teilklassen von Borel-Maßen eingeführt werden. Hierzu benötigen wir den Begriff des gerichteten Mengensystems.

30.5 Gerichtete Mengensysteme und deren Grenzwerte

Sei $\mathcal{R} \subset \mathcal{P}(X)$. Wir nennen $\mathcal{R}$ *nach oben gerichtet* und schreiben $\mathcal{R}\uparrow$, falls gilt:

$$R_1, R_2 \in \mathcal{R} \Rightarrow (\exists R_3 \in \mathcal{R})(R_1 \subset R_3 \wedge R_2 \subset R_3).$$

Wir nennen $\mathcal{R}$ *nach unten gerichtet* und schreiben $\mathcal{R}\downarrow$, falls gilt:

$$R_1, R_2 \in \mathcal{R} \Rightarrow (\exists R_3 \in \mathcal{R})(R_3 \subset R_1 \wedge R_3 \subset R_2).$$

Ist $D \subset X$, so schreiben wir ferner:

$$\mathcal{R} \uparrow D, \text{ falls } \mathcal{R}\uparrow \text{ und } D = \cup_{R\in\mathcal{R}} R \text{ ist;}$$

$$\mathcal{R} \downarrow D, \text{ falls } \mathcal{R}\downarrow \text{ und } D = \cap_{R\in\mathcal{R}} R \text{ ist.}$$

Natürlich ist jedes System, welches mit je zwei Mengen auch deren Vereinigung enthält, ein nach oben gerichtetes Mengensystem. Analog ist jedes System, welches mit je zwei Mengen auch deren Durchschnitt enthält, ein nach unten gerichtetes Mengensystem. Daher sind Filter, Algebren und Topologien stets nach oben gerichtete und nach unten gerichtete Mengensysteme.

Ist $\mathcal{R}\uparrow$, so zeigt man induktiv:

$$R_1, \ldots, R_n \in \mathcal{R} \Rightarrow (\exists R \in \mathcal{R}) \cup_{i=1}^n R_i \subset R.$$

Analoges gilt für $\mathcal{R}\downarrow$.

Sind $A_n, n \in \mathbb{N}$, Mengen mit $A_n \uparrow$, so ist $\{A_n : n \in \mathbb{N}\}$ nach oben gerichtet, und es gilt $\{A_n : n \in \mathbb{N}\} \uparrow \cup_{n=1}^\infty A_n$. Analog gilt im Falle $A_n \downarrow$, daß $\{A_n : n \in \mathbb{N}\} \downarrow \cap_{n=1}^\infty A_n$.

Bei der jetzt folgenden Definition der τ-Stetigkeit beachte man, daß $\cup_{O_1\in\mathcal{T}_1} O_1$ für alle $\mathcal{T}_1 \subset \mathcal{T}$ eine offene Menge ist. Unter der Schreibweise $\sup_{A\subset B \text{ abg.}} \mu(A)$ versteht man das Supremum der Menge $\{\mu(A) : A \subset B, A \text{ abgeschlossen}\}$.

30.6 Reguläre, τ-stetige und Radon-Maße

Sei $\langle X, \mathcal{T}\rangle$ ein topologischer Raum mit Borel-σ-Algebra $\mathcal{B}$ und μ ein Borel-Maß. Dann heißt:

(i) μ *regulär*, falls für alle $B \in \mathcal{B}$ gilt: $\mu(B) = \sup\limits_{A\subset B \text{ abg.}} \mu(A)$;

(ii) μ *Radonsch*, falls für alle $B \in \mathcal{B}$ gilt: $\mu(B) = \sup\limits_{K\subset B, K\in\mathcal{K}_a} \mu(K)$

mit $\mathcal{K}_a := \{K \subset X : K \text{ kompakt und abgeschlossen}\}$;

(iii) μ *τ-stetig*, falls für $\mathcal{T}_1 \subset \mathcal{T}$ gilt:

$$\mathcal{T}_1 \uparrow \Rightarrow \sup_{O_1\in\mathcal{T}_1} \mu(O_1) = \mu\Big(\bigcup_{O_1\in\mathcal{T}_1} O_1\Big).$$

Da aus $\mathcal{T}_1 \uparrow$ folgt $\mathcal{T}_1 \uparrow O$ mit $O = \cup_{O_1 \in \mathcal{T}_1} O_1$, läßt sich die τ-Stetigkeit von μ auch äquivalent auf folgende Weise formulieren:

$$\mathcal{T} \supset \mathcal{T}_1 \uparrow O \Longrightarrow \mu(O) = \sup_{O_1 \in \mathcal{T}_1} \mu(O_1).$$

Natürlich ist jedes Radon-Maß regulär. In Hausdorff-Räumen sind alle kompakten Mengen abgeschlossen; dadurch vereinfacht sich in diesen Räumen die Definition des Radon-Maßes.

Es gibt große Klassen topologischer Räume, in denen alle Borel-Maße regulär bzw. τ-stetig bzw. Radonsch sind. Für den regulären und τ-stetigen Fall wird dieses in 30.8 und für den Radonschen Fall in 32.10 gezeigt. Als Vorbereitung zeigen wir zunächst, daß ein Borel-Maß schon dann regulär ist, wenn jede offene Menge beliebig gut von innen durch abgeschlossene Mengen dem Maße nach approximierbar ist.

30.7 Bedingungen für die Regularität von Borel-Maßen

Sei $\langle X, \mathcal{T} \rangle$ ein topologischer Raum mit Borel-σ-Algebra $\mathcal{B}$ und μ ein Borel-Maß. Dann ist μ regulär, wenn eine der folgenden äquivalenten Bedingungen gilt:

(i) $\mu(O) = \sup_{A \subset O \text{ abg.}} \mu(A)$ für alle offenen Mengen O;

(ii) $\mu(A) = \inf_{A \subset O \in \mathcal{T}} \mu(O)$ für alle abgeschlossenen Mengen A.

Beweis. Wir zeigen zunächst *(i)* $\Longleftrightarrow$ *(ii)* , und hierfür nur „ $\Rightarrow$ “, da „ $\Leftarrow$ “ analog verläuft. Sei A_1 abgeschlossen. Dann ist $X - A_1$ offen, und nach (i) gilt: $\mu(X - A_1) = \sup_{A \subset X - A_1 \text{ abg.}} \mu(A)$. Hieraus folgt (benutze 30.1 (i)):

$$\mu(A_1) = \mu(X) - \sup_{A \subset X - A_1 \text{ abg.}} \mu(A) = \inf_{A_1 \subset X - A \in \mathcal{T}} \mu(X - A) = \inf_{A_1 \subset O \in \mathcal{T}} \mu(O),$$

d.h. es gilt (ii).

Es gelte nun (i). Es ist zu zeigen, daß μ regulär ist. Setze hierzu (mit $\overline{B} := X - B$)

$$\mathcal{C} := \left\{ B \in \mathcal{B} : \mu(B) = \sup_{A \subset B \text{ abg.}} \mu(A), \quad \mu(\overline{B}) = \sup_{A \subset \overline{B} \text{ abg.}} \mu(A) \right\} \subset \mathcal{B}.$$

Es ist $\mathcal{B} \subset \mathcal{C}$ zu zeigen. Da $\mathcal{T} \subset \mathcal{C}$ nach (i) ist, und da $\mathcal{B}$ die kleinste σ-Algebra ist, die $\mathcal{T}$ enthält, reicht es hierfür zu zeigen, daß $\mathcal{C}$ eine σ-Algebra ist. Nun gilt $X \in \mathcal{C}$, und es ist $\overline{B} \in \mathcal{C}$ für $B \in \mathcal{C}$; daher bleibt nach Definition von σ-Algebren zu zeigen:

(1) $$B_n \in \mathcal{C}, n \in \mathbb{N} \Longrightarrow \cup_{n=1}^{\infty} B_n \in \mathcal{C}.$$

Seien hierzu $B_n \in \mathcal{C}, n \in \mathbb{N}$, und $\varepsilon \in \mathbb{R}_+$. Dann ist $\cup_{n=1}^{\infty} B_n \in \mathcal{B}$, und zum Nachweis von (1) sind daher Mengen A, A' zu finden mit:

(2) $A \subset \cup_{n=1}^{\infty} B_n$, A abgeschlossen und $\mu(\cup_{n=1}^{\infty} B_n - A) \leq \varepsilon$;

(3) $A' \subset \overline{\cup_{n=1}^{\infty} B_n} = \cap_{n=1}^{\infty} \overline{B_n}$, A' abgeschlossen und $\mu(\cap_{n=1}^{\infty} \overline{B_n} - A') \leq \varepsilon$.

Wegen $B_n \in \mathcal{C}$ existieren Mengen A_n, A'_n mit

(4) $A_n \subset B_n$, A_n abgeschlossen und $\mu(B_n - A_n) \le \varepsilon/2^{n+1}$;

(5) $A'_n \subset \overline{B_n}$, A'_n abgeschlossen und $\mu(\overline{B_n} - A'_n) \le \varepsilon/2^n$.

Zu (2): Wegen $\cup_{n=1}^{\infty} A_n - \cup_{k=1}^{n} A_k \downarrow \emptyset$ gibt es nach 30.3 (ii) ein $n_0 \in \mathbb{N}$ mit

(6) $\mu(\cup_{n=1}^{\infty} A_n - \cup_{k=1}^{n_0} A_k) \le \varepsilon/2$.

Dann ist $A := \bigcup_{k=1}^{n_0} A_k \underset{(4)}{\subset} \bigcup_{n=1}^{\infty} B_n$ abgeschlossen, und es gilt:

$$\mu(\bigcup_{n=1}^{\infty} B_n - A) = \mu(\bigcup_{n=1}^{\infty} B_n - \bigcup_{n=1}^{\infty} A_n) + \mu(\bigcup_{n=1}^{\infty} A_n - \bigcup_{k=1}^{n_0} A_k)$$
$$\underset{30.1(i),(6)}{\le} \mu(\bigcup_{n=1}^{\infty}(B_n - A_n)) + \varepsilon/2 \underset{30.3(iii)}{\le} \sum_{n=1}^{\infty} \mu(B_n - A_n) + \varepsilon/2 \underset{(4)}{\le} \varepsilon.$$

Zu (3): Es ist $A' := \bigcap_{n=1}^{\infty} A'_n \underset{(5)}{\subset} \bigcap_{n=1}^{\infty} \overline{B_n}$ abgeschlossen, und es gilt:

$$\mu(\bigcap_{n=1}^{\infty} \overline{B_n} - A') \underset{30.1(i)}{\le} \mu(\bigcup_{n=1}^{\infty}(\overline{B_n} - A'_n)) \underset{30.3(iii)}{\le} \sum_{n=1}^{\infty} \mu(\overline{B_n} - A'_n) \underset{(5)}{\le} \varepsilon. \quad \square$$

30.8 Zusammenhang der Begriffe regulär, τ-stetig und Radonsch

Sei $\langle X, \mathcal{T}\rangle$ ein topologischer Raum mit Borel-σ-Algebra $\mathcal{B}$ und μ ein Borel-Maß. Dann gilt:

(i) μ Radonsch $\Rightarrow \mu$ τ-stetig und regulär;

(ii) (μ τ-stetig und $\langle X, \mathcal{T}\rangle$ regulär) $\Rightarrow \mu$ regulär;

(iii) $\langle X, \mathcal{T}\rangle$ besitzt abzählbare Basis $\Rightarrow \mu$ τ-stetig;

(iv) $\langle X, \rho\rangle$ pseudometrisch $\Rightarrow \mu$ regulär.

Beweis. ***(i)*** Zu zeigen ist die τ-Stetigkeit. Sei $\mathcal{T} \supset \mathcal{T}_1 \uparrow O$ und $\varepsilon \in \mathbb{R}_+$. Es genügt zu zeigen:

(1) Es gibt $O' \in \mathcal{T}_1$ mit $\mu(O') \ge \mu(O) - \varepsilon$.

Da μ ein Radon-Maß ist, existiert zu O eine Menge $K \in \mathcal{K}_a$ mit

(2) $K \subset O$ und $\mu(K) \ge \mu(O) - \varepsilon$.

Da nun $K \underset{(2)}{\subset} O = \bigcup_{O_1 \in \mathcal{T}_1} O_1$, $\mathcal{T}_1 \subset \mathcal{T}$ und K kompakt ist, existieren $O'_1, \dots, O'_n \in \mathcal{T}_1$ mit $K \subset \cup_{i=1}^{n} O'_i$. Da $\mathcal{T}_1$ nach oben gerichtet ist, existiert ein $O' \in \mathcal{T}_1$ mit $\cup_{i=1}^{n} O'_i \subset O'$. Somit ist $K \subset O'$, und daher gilt $\mu(O') \ge \mu(K) \underset{(2)}{\ge} \mu(O) - \varepsilon$. Also ist (1) erfüllt.

(ii) Sei $\emptyset \ne O \in \mathcal{T}$ und $\varepsilon \in \mathbb{R}_+$. Nach 30.7 (i) genügt es zum Nachweis der Regularität von μ, eine Menge A zu finden mit:

(3) A abgeschlossen, $A \subset O$ und $\mu(A) \ge \mu(O) - \varepsilon$.

Da $\langle X, \mathcal{T}\rangle$ regulär ist, gibt es zu jedem $x \in O$ ein $O_x \in \mathcal{T}_x$ mit (siehe 23.5 (ii)):

(4) $$O_x^b \subset O.$$

Dann gilt:
$$\mathcal{T} \supset \mathcal{T}_1 := \{ \bigcup_{x \in E} O_x : \emptyset \neq E \subset O \text{ endlich} \} \uparrow O.$$

Da μ τ-stetig ist, gibt es eine endliche Menge $E \subset O$ mit

(5) $$\mu(\bigcup_{x \in E} O_x) \geq \mu(O) - \varepsilon.$$

Setze $A := \bigcup_{x \in E} O_x^b$. Dann ist $A \underset{(4)}{\subset} O$ abgeschlossen, und es gilt $\mu(A) \geq \mu(\bigcup_{x \in E} O_x)$ $\underset{(5)}{\geq} \mu(O) - \varepsilon$, d.h. es gilt (3).

(iii) Sei $\mathcal{T} \supset \mathcal{T}_1 \uparrow O$. Es reicht zu zeigen, daß es Mengen O_n gibt mit

(6) $$O_n \in \mathcal{T}_1, \qquad O = \cup_{n=1}^{\infty} O_n,$$

denn aus (6) folgt unter Benutzung von $\mathcal{T}_1 \uparrow O$

$$\mu(O) \underset{30.3(\text{i})}{=} \lim_{n \to \infty} \mu(\bigcup_{i=1}^{n} O_i) \underset{\mathcal{T}_1 \uparrow}{\leq} \sup_{O_1' \in \mathcal{T}_1} \mu(O_1') \leq \mu(O),$$

d.h. μ ist τ-stetig.

Wähle zum Nachweis von (6) eine abzählbare Basis $\mathcal{T}_0$. Dann ist

$$\{T \in \mathcal{T}_0 : T \subset O_1' \text{ für ein } O_1' \in \mathcal{T}_1\}$$

ein abzählbares System, das wir mit $\{T_n : n \in \mathbb{N}\}$ bezeichnen. Da $\mathcal{T}_0$ eine Basis ist, gilt $\cup_{n=1}^{\infty} T_n = \cup_{O_1' \in \mathcal{T}_1} O_1' = O$. Zu T_n gibt es nach Definition $O_n \in \mathcal{T}_1$ mit $T_n \subset O_n \subset O$. Wegen $\cup_{n=1}^{\infty} T_n = O$ gilt daher (6).

(iv) Es reicht nach 30.7 (ii) zu zeigen, daß für jede abgeschlossene Menge $A \neq \emptyset$ gilt:
$$\mu(A) = \inf_{A \subset O \in \mathcal{T}} \mu(O).$$

Hierzu reicht es (nach 30.3 (ii)), Mengen $O_n, n \in \mathbb{N}$, zu finden mit

(7) $$O_n \in \mathcal{T},\ O_n \downarrow A.$$

Setze hierzu $O_n := \{x \in X : \rho(x, a) < 1/n \text{ für ein } a \in A\}$. Dann gilt:

$$O_n = \bigcup_{a \in A} U_{1/n}(a) \in \mathcal{T} \text{ mit } A \subset O_n \downarrow.$$

Da A abgeschlossen ist, folgt $\cap_{n=1}^{\infty} O_n = A$ (denn $x \in \cap_{n=1}^{\infty} O_n \Rightarrow \rho(x, a_n) < \frac{1}{n}$ mit $a_n \in A \underset{A \text{ abg.}}{\Longrightarrow} x \in A$). Somit gilt (7). □

In Satz 30.8 (i) gilt nicht die Umkehrung. Es gibt also τ-stetige, reguläre Borel-Maße (sogar auf metrischen Räumen mit abzählbarer Basis), die keine Radon-Maße sind (siehe Aufgabe 3 von § 32). In Satz 30.8 (ii) kann selbst für Hausdorff-Räume auf die Regularität des Raumes nicht verzichtet werden (siehe Aufgabe 5(iv)).

In § 32 und § 33 werden wir den folgenden Hilfssatz benötigen.

30.9 Übereinstimmung von regulären Maßen

Sei $\langle X, \mathcal{T} \rangle$ ein topologischer Raum mit Borel-σ-Algebra $\mathcal{B}$. Zwei Borel-Maße μ_1 und μ_2 mit $\mu_1(X) = \mu_2(X)$ sind gleich, wenn gilt:

(i) μ_1 ist regulär;

(ii) $\mu_1(A) \leq \mu_2(A)$ für jede abgeschlossene Menge A.

Beweis. Da μ_1 nach (i) regulär ist, gilt für alle $B \in \mathcal{B}$:

$$\mu_1(B) \underset{(i)}{=} \sup_{A \subset B \text{ abg.}} \mu_1(A) \underset{(ii)}{\leq} \sup_{A \subset B \text{ abg.}} \mu_2(A) \leq \mu_2(B).$$

Es ist $\mu_1(B) + \mu_1(\overline{B}) = \mu_1(X) = \mu_2(X) = \mu_2(B) + \mu_2(\overline{B})$, und somit erhält man aus $\mu_1(B) \leq \mu_2(B)$ und $\mu_1(\overline{B}) \leq \mu_2(\overline{B})$, daß $\mu_1(B) = \mu_2(B)$ für alle $B \in \mathcal{B}$ ist. □

Aufgaben

1 Sei $\mathcal{A}$ eine unendliche Algebra. Man zeige, daß es eine Folge disjunkter nichtleerer Mengen aus $\mathcal{A}$ gibt.

2 Sei $\mathcal{T}_1$ die von dem System $\{[a, b[: a < b \in \mathbb{R}\}$ erzeugte Topologie und $\mathcal{T}$ die kanonische Topologie. Man zeige, daß $\sigma(\mathcal{T}_1) = \sigma(\mathcal{T})$ ist.

3 Man gebe einen Inhalt auf einer geeigneten Borel-σ-Algebra an, der kein Maß ist.

4 Sei μ ein Borel-Maß. Man zeige: μ ist genau dann regulär, wenn

$$\mu(B) = \inf\{\mu(O) : B \subset O \in \mathcal{T}\} \text{ für alle } B \in \mathcal{B} \text{ ist.}$$

5 (Vgl. auch Aufgaben 21.3 und 23.3). Sei $X := [0,1]$, versehen mit der Teilraumtopologie $\mathcal{T}$ der kanonischen Topologie über $\mathbb{R}$. Sei $\mathcal{B} = \sigma(\mathcal{T})$ die zugehörige Borel-σ-Algebra und λ das Lebesgue-Maß auf $\mathcal{B}$. Es sei $D \subset [0,1]$ eine Menge von innerem Lebesgue-Maß 0 und äußerem Lebesgue-Maß 1. Die Existenz einer solchen Menge, sowie die Tatsache, daß

$$\mu_1(B \cap D) := \lambda(B), \quad B \in \mathcal{B}$$

ein eindeutig definiertes Maß auf $\mathcal{B} \cap D$ liefert, entnehme man z.B. Halmos 1964, Seite 70, Theorem E, und Seite 75, Theorem A. Für eine solche Menge sind D und $[0,1] - D$ dicht in $[0,1]$. Setze $\mathcal{T}_1 := \{O_1 \cup (O_2 \cap D) : O_1, O_2 \in \mathcal{T}\}$.

Nach Aufgabe 23.3 ist $\langle X, \mathcal{T}_1 \rangle$ ein Hausdorff-Raum mit abzählbarer Basis, der nicht regulär ist. Man zeige:

(i) $\sigma(\mathcal{T}_1) = \{(B_1 \cap D) \cup (B_2 \cap \overline{D}) : B_1, B_2 \in \sigma(\mathcal{T})\} =: \mathcal{B}_1$;

(ii) μ, definiert durch $\mu((B_1 \cap D) \cup (B_2 \cap \overline{D})) := \mu_1(B_1 \cap D)(= \lambda(B_1))$, ist ein W-Maß auf $\mathcal{B}_1$;

(iii) $\overline{D} \subset O \in \mathcal{T}_1 \Rightarrow \mu(O) = 1$;

(iv) μ ist ein τ-stetiges Maß auf $\mathcal{B}_1$, welches nicht regulär und somit insbesondere nicht Radonsch ist.

§ 31 Interne Inhalte und Loeb-Maße

In diesem und in allen folgenden Paragraphen setzen wir $^* : \widehat{S} \longrightarrow \widehat{{}^*S}$ als $\widehat{S}$-kompakte Nichtstandard-Einbettung voraus.

In diesem Paragraphen wird das Konzept der Loeb-Maße entwickelt. Loeb-Maße gehören zu den wichtigsten Hilfsmitteln beim Einsatz von Nichtstandard-Methoden im Bereich der Stochastik, und sie spielen bei sämtlichen Anwendungen, die wir im weiteren Verlauf dieses Buches noch geben werden, die zentrale Rolle. Mit Hilfe der Loeb-Maße werden wir unter anderem Zerlegungs- und Darstellungssätze für Maße, die Kompaktheitssätze von Tøpsøe und von Prohorov, die Existenz einer Brownschen Bewegung und das Invarianzprinzip der Wahrscheinlichkeitstheorie beweisen.

Die nun eingeführten internen Inhalte sind der Ausgangspunkt der weiteren Betrachtungen; aus ihnen entstehen die Loeb-Maße, welche Maße im Sinne der Definition 30.2 (ii) sind.

31.1 Interne Inhalte ν

Sei $\mathcal{C}$ eine Algebra über einer Menge Y. Eine Abbildung $\nu: \mathcal{C} \to {}^*[0, \infty[$ heißt *interner Inhalt,* falls ν intern und additiv ist. Dabei heißt ν ***additiv,*** falls gilt:

$$C_1, C_2 \in \mathcal{C} \text{ disjunkt } \Rightarrow \nu(C_1 \cup C_2) = \nu(C_1) + \nu(C_2).$$

Ist zudem $\nu(Y)$ finit, so heißt ν ein *finiter interner Inhalt.*

Ist $\nu: \mathcal{C} \to {}^*[0, \infty[$ ein interner Inhalt, so gilt:

(i) Y ist intern;

(ii) $A \in \mathcal{C} \Rightarrow A$ interne Teilmenge von Y;

(iii) $\mathcal{C}$ ist intern.

Beweis. Es gilt (iii), da $\mathcal{C}$ als Definitionsbereich einer internen Funktion intern ist (siehe 8.13 (i)). Hieraus folgt (ii), da Elemente interner Mengen intern sind (siehe 8.6 (i)). Wegen $Y \in \mathcal{C}$ folgt (i) aus (ii). □

Klassische Inhalte (d.h. Inhalte im Sinne der Definition 14.10) nehmen nur Werte aus $[0, \infty[$ an; daher sind interne Inhalte in der Regel keine klassischen Inhalte, denn sie nehmen Werte aus ${}^*[0, \infty[$ an. Interne Inhalte besitzen jedoch analoge Eigenschaften wie klassische Inhalte, so gelten z.B. die Eigenschaften aus 30.1 auch für interne Inhalte. Jeder interne Inhalt ist somit monoton, und daher gilt $0 \leq \nu(C) \leq \nu(Y)$ für jedes $C \in \mathcal{C}$. Also nimmt jeder finite interne Inhalt nur finite Werte an.

Am Ende dieses Paragraphen werden wir sehen, daß die internen Inhalte in natürlicher Weise aus dem System aller klassischen Inhalte entstehen, der *-Wert dieses Systems liefert genau die internen Inhalte (siehe 31.14).

Wir geben jetzt wichtige Beispiele interner Inhalte an:

Beispiele interner Inhalte

(I) Sei $\mathcal{A}$ eine Algebra über einer Menge $X \in \widehat{S}$ und $\mu: \mathcal{A} \to [0, \infty[$ ein Inhalt. Dann gilt:

$${}^*\mu: {}^*\mathcal{A} \to {}^*[0, \infty[\text{ ist ein finiter interner Inhalt.}$$

(II) Sei $H \neq \emptyset$ eine *-endliche Menge, und setze

$$\nu_1(E) := |E|, \quad \nu_2(E) := \tfrac{|E|}{|H|} \text{ für jedes *-endliche } E \subset H,$$

wobei $|E|$ die *-Elementeanzahl von E ist. Dann gilt:

$\nu_1: {}^*\mathcal{P}(H) \to {}^*[0, \infty[$ ist ein interner Inhalt, der i.a. nicht finit ist;

$\nu_2: {}^*\mathcal{P}(H) \to {}^*[0, 1]$ ist ein finiter interner Inhalt.

Beweis. (I) Es ist ${}^*\mu: {}^*\mathcal{A} \to {}^*[0, \infty[$ eine interne Abbildung (benutze 7.9 (i)), und man zeigt mit Transfer, daß ${}^*\mathcal{A}$ eine Algebra über $Y := {}^*X$ ist (benutze dabei 13.3). Ferner folgt mit Transfer die Additivität von ${}^*\mu$ aus der Additivität von μ. Somit ist ${}^*\mu$ ein interner Inhalt. Wegen ${}^*\mu({}^*X) \underset{7.9(\text{iv})}{=} {}^*(\mu(X)) = \mu(X) \in [0, \infty[$ ist dann ${}^*\mu$ ein finiter interner Inhalt.

(II) Es ist ${}^*\mathcal{P}(H)$ eine interne Menge, die aus allen internen Teilmengen von H besteht (siehe 13.1). Da H intern ist, ist somit ${}^*\mathcal{P}(H)$ eine Algebra über H (benutze 8.11). Da H *-endlich ist, ist ${}^*\mathcal{P}(H)$ das System aller *-endlichen Teilmengen von H (siehe 14.4 (ii)). Daher ist ν_1 die Einschränkung von ${}^*\#$ (siehe 14.6) auf die interne Menge ${}^*\mathcal{P}(H)$, und somit ist ν_1 intern. Die Additivität von ν_1 folgt aus der Additivität der *-Elementeanzahl (siehe 14.7 (i)). Somit ist ν_1 ein interner Inhalt. Ist H nicht endlich, so ist $\nu_1(H) = |H| \in {}^*\mathbb{N} - \mathbb{N}$, und daher ist ν_1 dann kein finiter Inhalt.
Wegen $\nu_2(E) = \frac{1}{|H|}\nu_1(E)$ ist ν_2 ein interner Inhalt, der wegen $\nu_2(H) = 1$ finit ist. □

Die internen Inhalte ${}^*\mu$ aus Beispiel (I) spielen die entscheidende Rolle bei der Untersuchung von Borel-Maßen in § 32. Der interne Inhalt ν_2 auf ${}^*\mathcal{P}(H)$ aus Beispiel (II) ist das fundamentale Hilfsmittel für die Konstruktion und Untersuchung der Brownschen Bewegung in § 34. Man nennt ν_2 auch das normierte Zählmaß auf H, weil $\nu_2(E)$ für jedes *-endliche $E \subset H$ die Anzahl der Punkte von E geteilt durch die Anzahl der Punkte von H angibt.

In 15.6 war gezeigt worden, daß jeder stetige Wahrscheinlichkeits-Inhalt P auf einer Algebra $\mathcal{A}$ mit Hilfe des normierten Zählmaßes ν_2 auf ${}^*\mathcal{P}(H)$ mit einer geeigneten *-endlichen Menge H darstellbar ist. Genauer gilt:

$$P(A) = st(\nu_2({}^*A \cap H)) \text{ für alle } A \in \mathcal{A},$$

wobei st die Standardteil-Abbildung auf $fin({}^*\mathbb{R})$ bezeichnet.

Im folgenden werden wir zunächst jedem finiten internen Inhalt ν auf $\mathcal{C}$ mit Hilfe der Standardteil-Abbildung einen Inhalt ν^L auf $\mathcal{C}$ zuordnen.

31.2 Die klassischen Inhalte ν^L auf $\mathcal{C}$

Sei $\mathcal{C}$ eine Algebra über Y und $\nu: \mathcal{C} \to {}^*[0, \infty[$ ein finiter interner Inhalt. Setze

$$\nu^L(C) := st(\nu(C)), \quad C \in \mathcal{C}.$$

Dann ist $\nu^L: \mathcal{C} \to [0, \infty[$ ein Inhalt.

Beweis. Es ist $0 \le \nu^L(C) < \infty$, da $0 \le \nu(C) \le \nu(Y)$ und $\nu(Y)$ finit ist. Seien nun $C_1, C_2 \in \mathcal{C}$ disjunkt. Dann ist $\nu(C_1 \cup C_2) = \nu(C_1) + \nu(C_2)$, und es folgt:

$$\nu^L(C_1 \cup C_2) = st(\nu(C_1 \cup C_2)) = st(\nu(C_1)) + st(\nu(C_2)) = \nu^L(C_1) + \nu^L(C_2).$$

Somit ist ν^L ein Inhalt. □

Die Mengenfunktion $\nu^L: \mathcal{C} \to [0, \infty[$ ist zwar ein Inhalt, i.a. jedoch kein interner Inhalt, da ν^L mit der externen Abbildung st gebildet wurde. Als externes Objekt kann ν^L daher nicht in internen Formeln vorkommen.

Mit Hilfe von ν^L auf $\mathcal{C}$ werden nun zwei äußerst nützliche Mengenfunktionen $\underline{\nu}, \overline{\nu}$ auf $\mathcal{P}(Y)$ eingeführt, welche für $B \subset Y$ die ν^L-Approximation der Menge B von innen bzw. von außen durch Mengen aus $\mathcal{C}$ beschreiben.

31.3 Die Mengenfunktionen $\underline{\nu}$ und $\overline{\nu}$

Sei $\mathcal{C}$ eine Algebra über Y und $\nu: \mathcal{C} \to {}^*[0,\infty[$ ein finiter interner Inhalt. Setze

$$\underline{\nu}(D) := \sup_{D \supset C \in \mathcal{C}} \nu^L(C), \quad D \subset Y;$$
$$\overline{\nu}(D) := \inf_{D \subset C \in \mathcal{C}} \nu^L(C), \quad D \subset Y.$$

Dann sind $\underline{\nu}, \overline{\nu}: \mathcal{P}(Y) \to [0,\infty[$ monoton, und es gilt:

(i) $\underline{\nu}(D) \leq \overline{\nu}(D)$ für $D \subset Y$;

(ii) $\underline{\nu}(C) = \overline{\nu}(C) = \nu^L(C)$ für $C \in \mathcal{C}$;

(iii) $\underline{\nu}(D) + \overline{\nu}(Y - D) = \nu^L(Y)$ für $D \subset Y$.

Beweis. ***(i),(ii)*** und die Monotonie von $\underline{\nu}, \overline{\nu}$ folgen unmittelbar aus der Definition von $\underline{\nu}, \overline{\nu}$ und der Monotonie von ν^L auf $\mathcal{C}$.

(iii) Wegen $\nu^L(C) = \nu^L(Y) - \nu^L(Y - C), C \in \mathcal{C}$, folgt:

$$\underline{\nu}(D) = \sup_{D \supset C \in \mathcal{C}} (\nu^L(Y) - \nu^L(Y - C)) = \nu^L(Y) - \inf_{D \supset C \in \mathcal{C}} \nu^L(Y - C),$$

und daher genügt es zu zeigen:

$$\inf_{D \supset C \in \mathcal{C}} \nu^L(Y - C) = \overline{\nu}(Y - D).$$

Dieses folgt wegen $D \supset C \in \mathcal{C} \iff Y - D \subset Y - C \in \mathcal{C}$ aus der Definition von $\overline{\nu}$. □

Die Mengenfunktionen $\underline{\nu}, \overline{\nu}$ sind, da sie mit Hilfe der externen Abbildung ν^L definiert werden, i.a. selbst externe Objekte. Sie können daher, wie die Abbildung ν^L, nicht in internen Formeln vorkommen. Auf Formeln, in denen ν^L oder $\underline{\nu}$ oder $\overline{\nu}$ auftreten, kann daher das Prinzip der internen Definition nicht angewandt werden.

Die Mengenfunktionen $\underline{\nu}, \overline{\nu}: \mathcal{P}(Y) \to [0,\infty[$ sind auf der σ-Algebra $\mathcal{P}(Y)$ i.a. nicht additiv und daher insbesondere keine Maße. Sie besitzen jedoch, wie der folgende Satz zeigt, viele der für Maße gültigen Eigenschaften.

31.4 Eigenschaften der Mengenfunktionen $\underline{\nu}$ und $\overline{\nu}$

Sei $\mathcal{C}$ eine Algebra über Y und $\nu: \mathcal{C} \to {}^*[0,\infty[$ ein finiter interner Inhalt. Dann gilt für beliebige $D_n \subset Y, n \in \mathbb{N}$:

(i) $D_n \uparrow \ \Rightarrow \lim_{n\to\infty} \overline{\nu}(D_n) = \overline{\nu}(\bigcup_{n=1}^{\infty} D_n)$;

(ii) $D_n \downarrow \ \Rightarrow \lim_{n\to\infty} \underline{\nu}(D_n) = \underline{\nu}(\bigcap_{n=1}^{\infty} D_n)$;

(iii) $\overline{\nu}(\bigcup_{n=1}^{\infty} D_n) \leq \sum_{n=1}^{\infty} \overline{\nu}(D_n)$;

(iv) $\sum_{n=1}^{\infty} \underline{\nu}(D_n) \leq \underline{\nu}(\bigcup_{n=1}^{\infty} D_n)$, falls $D_n, n \in \mathbb{N}$, disjunkt sind.

Beweis. *(i)* Sei

(1) $$a := \lim_{n\to\infty}\overline{\nu}(D_n).$$

Da $\overline{\nu}$ monoton ist, gilt $a \underset{(1)}{\leq} \overline{\nu}(\cup_{n=1}^{\infty} D_n)$. Somit reicht es, für jedes $\varepsilon \in \mathbb{R}_+$ zu zeigen:

(2) $$\overline{\nu}(\cup_{n=1}^{\infty} D_n) \leq a + \varepsilon.$$

Sei nun $\varepsilon \in \mathbb{R}_+$ fest und wähle C_n mit

(3) $$D_n \subset C_n \in \mathcal{C} \text{ und } \nu^L(C_n) \leq \overline{\nu}(D_n) + \varepsilon 2^{-n}.$$

Wir zeigen zunächst induktiv:

(4) $$\nu^L(\cup_{i=1}^{n} C_i) \leq \overline{\nu}(D_n) + \varepsilon \textstyle\sum_{i=1}^{n} 2^{-i}.$$

Wegen (3) gilt (4) für $n = 1$. Es gelte nun (4) für n. Da ν^L auf $\mathcal{C}$ ein Inhalt ist (siehe 31.2) und da $C_i \in \mathcal{C}$ sind, erhalten wir

$$\begin{aligned}
\nu^L(\cup_{i=1}^{n+1} C_i) &\underset{30.1(\text{ii})}{=} \nu^L(\cup_{i=1}^{n} C_i) + \nu^L(C_{n+1}) - \nu^L(\cup_{i=1}^{n} C_i \cap C_{n+1}) \\
&\underset{(4),(3)}{\leq} \overline{\nu}(D_n) + \varepsilon \textstyle\sum_{i=1}^{n} 2^{-i} + \overline{\nu}(D_{n+1}) + \varepsilon 2^{-(n+1)} - \nu^L(C_n \cap C_{n+1}) \\
&= \overline{\nu}(D_{n+1}) + \varepsilon \textstyle\sum_{i=1}^{n+1} 2^{-i} + (\overline{\nu}(D_n) - \nu^L(C_n \cap C_{n+1})) \\
&\leq \overline{\nu}(D_{n+1}) + \varepsilon \textstyle\sum_{i=1}^{n+1} 2^{-i} \text{ , wobei die letzte Ungleichung}
\end{aligned}$$

wegen $D_n \underset{(3)}{\subset} C_n \cap C_{n+1}$ und der Definition von $\overline{\nu}$ folgt.

Aus (4) und (1) folgt:

(5) $$\nu^L(\cup_{i=1}^{n} C_i) < a + \varepsilon \text{ für alle } n \in \mathbb{N}.$$

Zum Nachweis von (2) setze man

(6) $$\mathcal{C}_n := \{C \in \mathcal{C} : \cup_{i=1}^{n} C_i \subset C, \nu(C) \leq a + \varepsilon\} \text{ für } n \in \mathbb{N}.$$

Da $\cup_{i=1}^{n} C_i$ und ν intern sind, ist $\mathcal{C}_n$ intern nach dem Prinzip der internen Definition. Wegen (5) ist $\{\mathcal{C}_n : n \in \mathbb{N}\}$ ein System mit nicht-leeren endlichen Durchschnitten. Da * eine $\widehat{S}$ -kompakte Nichtstandard-Einbettung ist, existiert somit ein $C \in \cap_{n=1}^{\infty} \mathcal{C}_n$. Dann folgt wegen $\cup_{n=1}^{\infty} D_n \underset{(3)}{\subset} \cup_{n=1}^{\infty} C_n \underset{(6)}{\subset} C$:

$$\overline{\nu}(\cup_{n=1}^{\infty} D_n) \leq \nu^L(C) \underset{(6)}{\leq} a + \varepsilon,$$

d.h. es gilt (2).

(ii) Wegen $\underline{\nu}(D) \underset{31.3(\text{iii})}{=} \nu^L(Y) - \overline{\nu}(Y - D)$ für alle $D \subset Y$ und $Y - D_n \uparrow$ folgt:

$$\begin{aligned}
\lim_{n\to\infty}\underline{\nu}(D_n) &= \nu^L(Y) - \lim_{n\to\infty}\overline{\nu}(Y - D_n) \underset{(\text{i})}{=} \nu^L(Y) - \overline{\nu}(\cup_{n=1}^{\infty}(Y - D_n)) \\
&= \nu^L(Y) - \overline{\nu}(Y - \cap_{n=1}^{\infty} D_n) = \underline{\nu}(\cap_{n=1}^{\infty} D_n).
\end{aligned}$$

(iii) Wegen $\overline{\nu}(\cup_{n=1}^{\infty} D_n) \underset{(\text{i})}{=} \lim_{k\to\infty}\overline{\nu}(\cup_{n=1}^{k} D_n)$ reicht es zu zeigen:

(7) $$\overline{\nu}(\cup_{n=1}^{k} D_n) \leq \textstyle\sum_{n=1}^{k} \overline{\nu}(D_n).$$

Sei hierzu $\varepsilon \in \mathbb{R}_+$. Nach Definition von $\overline{\nu}$ gibt es $C_n \in \mathcal{C}$ mit $D_n \subset C_n$ und

(8) $$\nu^L(C_n) \leq \overline{\nu}(D_n) + \varepsilon 2^{-n}, \quad n = 1, \ldots, k.$$

Dann ist $\bigcup_{n=1}^k D_n \subset \bigcup_{n=1}^k C_n \in \mathcal{C}$, und da ν^L ein Inhalt auf $\mathcal{C}$ ist, folgt:

$$\overline{\nu}(\bigcup_{n=1}^k D_n) \leq \nu^L(\bigcup_{n=1}^k C_n) \underset{30.1(\text{iii})}{\leq} \sum_{n=1}^k \nu^L(C_n) \underset{(8)}{\leq} \sum_{n=1}^k \overline{\nu}(D_n) + \varepsilon.$$

Da $\varepsilon \in \mathbb{R}_+$ beliebig war, folgt hieraus (7).

(iv) Sei $\varepsilon \in \mathbb{R}_+$. Nach Definition von $\underline{\nu}$ gibt es $C_n \in \mathcal{C}$ mit $C_n \subset D_n$ und

(9) $$\underline{\nu}(D_n) \leq \nu^L(C_n) + \varepsilon 2^{-n}, \quad n \in \mathbb{N}.$$

Dann sind $C_n \in \mathcal{C}, n \in \mathbb{N}$, disjunkt, und da ν^L ein Inhalt auf $\mathcal{C}$ ist, folgt für $k \in \mathbb{N}$:

$$\begin{aligned}\sum_{n=1}^k \underline{\nu}(D_n) &\underset{(9)}{\leq} \sum_{n=1}^k \nu^L(C_n) + \varepsilon \\ &= \nu^L(\bigcup_{n=1}^k C_n) + \varepsilon \leq \underline{\nu}(\bigcup_{n=1}^\infty D_n) + \varepsilon.\end{aligned}$$

Da dieses für alle $k \in \mathbb{N}$, $\varepsilon \in \mathbb{R}_+$ gilt, folgt (iv). □

Bevor wir das Konzept der Loeb-Maße entwickeln, wollen wir noch auf zwei Eigenschaften eingehen, die auf den ersten Blick recht verblüffend erscheinen:

(I) ($\mathcal{C}$ interne Algebra und $\#\mathcal{C} = \infty$) $\Longrightarrow$ $\mathcal{C}$ ist keine σ-Algebra;

(II) ($\mathcal{C}$ interne Algebra und $\mu: \mathcal{C} \to [0, \infty[$ Inhalt) $\Longrightarrow$ μ σ-additiv.

Beweis. (I) Da nach Voraussetzung $\mathcal{C}$ eine unendliche Algebra ist, existieren paarweise disjunkte $C_n \in \mathcal{C}, n \in \mathbb{N}$, mit $C_n \neq \emptyset$ für alle $n \in \mathbb{N}$ (siehe Aufgabe 30.1). Da $\mathcal{C}$ intern ist, sind alle C_n intern, und folglich ist $\bigcup_{n=1}^\infty C_n$ nicht intern (benutze 28.4 mit $B_n := \bigcup_{i=1}^n C_i$). Also ist $\bigcup_{n=1}^\infty C_n \notin \mathcal{C}$, d.h. $\mathcal{C}$ ist keine σ-Algebra.

(II) Seien $C_n \in \mathcal{C}, n \in \mathbb{N}$, disjunkt mit $\bigcup_{n=1}^\infty C_n \in \mathcal{C}$. Nach den Überlegungen in (I) ist dann $C_n \neq \emptyset$ für höchstens endlich viele n; sei n_0 das Maximum dieser n. Da μ ein Inhalt ist, folgt:

$$\mu(\bigcup_{n=1}^\infty C_n) = \mu(\bigcup_{n=1}^{n_0} C_n) = \sum_{n=1}^{n_0} \mu(C_n) = \sum_{n=1}^\infty \mu(C_n),$$

d.h. μ ist σ-additiv. □

Will man Maßtheorie in der Nichtstandard-Welt betreiben, so erscheint Eigenschaft (I) als ein Hindernis, da unendliche σ-Algebren in der internen Welt (nach (I)) überhaupt nicht existieren, und σ-Algebren andererseits auf Grund der σ-Additivität von Maßen die kanonischen Definitionsbereiche für Maße sind. Dieser vermeintliche Nachteil wird durch die aus (I) folgende Eigenschaft (II) geradezu in einen Vorteil verwandelt:

Ist nämlich ν ein finiter interner Inhalt auf $\mathcal{C}$, dann ist ν^L ein Inhalt auf $\mathcal{C}$ (siehe 31.2) und kann wegen (II) daher nach einem klassischen Satz der Maßtheorie - der jedoch im folgenden nicht benutzt wird - zu einem Maß auf eine $\mathcal{C}$ umfassende σ-Algebra fortgesetzt werden. Das dadurch entstehende sogenannte Loeb-Maß ist dann ein Maß auf einer σ-Algebra, welches besonders nützliche Approximations- und Stetigkeitseigenschaften besitzt. Ferner besteht ein ungewohnter und ganz enger Zusammenhang zwischen ν^L auf $\mathcal{C}$ und seiner Maßerweiterung.

Zur Definition des Loeb-Maßes werden die Mengen $D \subset Y$ betrachtet, deren innere und äußere ν^L -Approximation durch Mengen aus $\mathcal{C}$ übereinstimmen, für die also gilt:

$$\underline{\nu}(D) = \overline{\nu}(D).$$

Wir benutzen in 31.6 die folgende einfache Charakterisierung dieser Mengen:

31.5 $\underline{\nu}(D) = \overline{\nu}(D) \iff \inf_{C \subset D \subset E;\, C,E \in \mathcal{C}} \nu^L(E - C) = 0.$

Beweis. „ $\Rightarrow$ “ : Sei $\varepsilon \in \mathbb{R}_+$. Nach Definition von $\underline{\nu}, \overline{\nu}$ existieren $C, E \in \mathcal{C}$ mit $C \subset D \subset E$ und

$$\underline{\nu}(D) \leq \nu^L(C) + \varepsilon/2, \quad \nu^L(E) \leq \overline{\nu}(D) + \varepsilon/2.$$

Da ν^L ein Inhalt auf $\mathcal{C}$ und $\underline{\nu}(D) = \overline{\nu}(D)$ ist, folgt:

$$\nu^L(E - C) \underset{30.1(\mathrm{i})}{=} \nu^L(E) - \nu^L(C) \leq \overline{\nu}(D) + \varepsilon/2 - \underline{\nu}(D) + \varepsilon/2 = \varepsilon.$$

Da $\varepsilon \in \mathbb{R}_+$ beliebig war, ist „ $\Rightarrow$ “ gezeigt.

Für „ $\Leftarrow$ “ sei $\varepsilon \in \mathbb{R}_+$. Nach Voraussetzung existieren $C, E \in \mathcal{C}$ mit $C \subset D \subset E$ und $\nu^L(E - C) < \varepsilon$. Hieraus folgt:

$$0 \leq \overline{\nu}(D) - \underline{\nu}(D) \leq \nu^L(E) - \nu^L(C) = \nu^L(E - C) < \varepsilon.$$

Da $\varepsilon \in \mathbb{R}_+$ beliebig war, liefert dieses $\underline{\nu}(D) = \overline{\nu}(D)$. □

Bei der folgenden Definition von ν^L beachte man, daß für $C \in \mathcal{C}$ die hier gegebene Definition von $\nu^L(C)$ mit der von 31.2 übereinstimmt.

31.6 Die Loeb-σ-Algebra $\mathcal{L}(\nu)$ und das Loeb-Maß ν^L

Sei $\mathcal{C}$ eine Algebra über Y und $\nu: \mathcal{C} \to {}^*[0, \infty[$ ein finiter interner Inhalt. Setze

$$\mathcal{L}(\nu) := \{D \subset Y : \underline{\nu}(D) = \overline{\nu}(D)\};$$

$$\nu^L(D) := \overline{\nu}(D) = \underline{\nu}(D) \text{ für } D \in \mathcal{L}(\nu).$$

Dann gilt:

(i) $\mathcal{L}(\nu)$ ist eine σ-Algebra mit $\mathcal{C} \subset \mathcal{L}(\nu)$;

(ii) $\nu^L: \mathcal{L}(\nu) \to [0, \infty[$ ist ein Maß mit $\nu^L(C) = st(\nu(C))$ für $C \in \mathcal{C}$.

$\mathcal{L}(\nu)$ heißt das System der *Loeb-meßbaren Mengen* (bzgl. ν), und ν^L heißt das *Loeb-Maß* auf $\mathcal{L}(\nu)$.

Beweis. Setze $\mathcal{L} := \mathcal{L}(\nu)$; dann ist $\mathcal{C} \subset \mathcal{L}$ (siehe 31.3), und es gilt $\nu^L(C) = st(\nu(C))$ für $C \in \mathcal{C}$. Wir werden zeigen:

(1) $D \in \mathcal{L} \Longrightarrow \overline{D} := Y - D \in \mathcal{L}$;

(2) $D_1, D_2 \in \mathcal{L} \Longrightarrow D_1 \cup D_2 \in \mathcal{L}$;

(3) $D_n \in \mathcal{L}$, $n \in \mathbb{N}$, disjunkt $\Longrightarrow \bigcup_{n=1}^{\infty} D_n \in \mathcal{L}$, $\nu^L(\bigcup_{n=1}^{\infty} D_n) = \sum_{n=1}^{\infty} \nu^L(D_n)$.

Aus (1)-(3) erhält man wie folgt *(i)* und *(ii)* : Wegen (1), (2) und $Y \in \mathcal{L}$ ist $\mathcal{L}$ eine Algebra, die dann nach (3) eine σ-Algebra ist (denn $D_n' \in \mathcal{L}, n \in \mathbb{N}$ $\Rightarrow D_n := D_n' - \bigcup_{k<n} D_k' \in \mathcal{L}$, $n \in \mathbb{N}$, disjunkt $\Rightarrow \bigcup_{n=1}^{\infty} D_n' = \bigcup_{n=1}^{\infty} D_n \underset{(3)}{\in} \mathcal{L}$). Wegen (3) ist schließlich ν^L ein Maß auf $\mathcal{L}$.

Somit reicht es, (1)-(3) zu zeigen; wir benutzen hierzu die Charakterisierung von $\underline{\nu}(D) = \overline{\nu}(D)$ aus 31.5. Daher gilt wegen $\mathcal{L} = \{D \subset Y : \underline{\nu}(D) = \overline{\nu}(D)\}$:

(4) $$D \in \mathcal{L} \Longleftrightarrow \inf_{C \subset D \subset E;\, C,E \in \mathcal{C}} \nu^L(E - C) = 0.$$

Zu (1): Sei $D \in \mathcal{L}$ und $\varepsilon \in \mathbb{R}_+$. Wegen (4) existieren $C, E \in \mathcal{C}$ mit $C \subset D \subset E$ und $\nu^L(E - C) < \varepsilon$. Hieraus folgt:

$$\overline{E} \subset \overline{D} \subset \overline{C} \text{ mit } \overline{C}, \overline{E} \in \mathcal{C} \text{ und } \nu^L(\overline{C} - \overline{E}) = \nu^L(E - C) < \varepsilon,$$

und daher ist $\overline{D} \in \mathcal{L}$ nach (4).

Zu (2): Seien $D_1, D_2 \in \mathcal{L}$ und $\varepsilon \in \mathbb{R}_+$. Wegen (4) existieren C_i, E_i mit

$$C_i \subset D_i \subset E_i \text{ und } C_i, E_i \in \mathcal{C} \text{ sowie } \nu^L(E_i - C_i) < \varepsilon/2 \text{ für } i = 1, 2.$$

Setze $C := C_1 \cup C_2$ und $E := E_1 \cup E_2$; dann gilt:

(5) $$C, E \in \mathcal{C} \text{ und } C \subset D_1 \cup D_2 \subset E.$$

Wegen $E - C \subset (E_1 - C_1) \cup (E_2 - C_2)$ folgt:

(6) $$\nu^L(E - C) \le \nu^L(E_1 - C_1) + \nu^L(E_2 - C_2) < \varepsilon.$$

Aus (5) und (6) folgt $D_1 \cup D_2 \in \mathcal{L}$ nach (4).

Zu (3): Seien $D_n \in \mathcal{L}, n \in \mathbb{N}$, disjunkt. Dann folgt nach 31.4 (iv), (iii):

(7) $$\sum_{n=1}^{\infty} \overline{\nu}(D_n) = \sum_{n=1}^{\infty} \underline{\nu}(D_n) \underset{(iv)}{\le} \underline{\nu}\Big(\bigcup_{n=1}^{\infty} D_n\Big) \le \overline{\nu}\Big(\bigcup_{n=1}^{\infty} D_n\Big) \underset{(iii)}{\le} \sum_{n=1}^{\infty} \overline{\nu}(D_n).$$

Somit gilt stets die Gleichheit in (7). Daher folgt $\bigcup_{n=1}^{\infty} D_n \in \mathcal{L}$ und somit

$$\nu^L(\cup_{n=1}^{\infty} D_n) = \overline{\nu}(\cup_{n=1}^{\infty} D_n) \underset{(7)}{=} \textstyle\sum_{n=1}^{\infty} \overline{\nu}(D_n) = \sum_{n=1}^{\infty} \nu^L(D_n).$$ □

Im folgenden bezeichne $D \triangle C := (D - C) \cup (C - D)$ die *symmetrische Differenz* der Mengen D, C.

31.7 Eigenschaften des Loeb-Maßes ν^L

Sei $\mathcal{C}$ eine Algebra über Y und $\nu: \mathcal{C} \to {}^*[0, \infty[$ ein finiter interner Inhalt. Es gilt:

(i) ν^L ist das einzige Maß auf $\mathcal{L}(\nu)$ mit $\nu^L(C) = st(\nu(C))$ für $C \in \mathcal{C}$;

(ii) $(D \subset N \in \mathcal{L}(\nu) \wedge \nu^L(N) = 0) \Longrightarrow D \in \mathcal{L}(\nu)$;

(iii) $D \in \mathcal{L}(\nu) \Longrightarrow (\nu^L(D \triangle C) = 0$ für ein $C \in \mathcal{C})$.

Beweis. ***(i)*** Nach 31.6 (ii) ist ν^L ein Maß auf $\mathcal{L}(\nu)$ mit $\nu^L(C) = st(\nu(C))$ für $C \in \mathcal{C}$. Sei nun μ ein weiteres solches Maß, und sei $D \in \mathcal{L}(\nu)$; es ist $\nu^L(D) = \mu(D)$ zu zeigen. Wegen $\mu(C) = st(\nu(C)) = \nu^L(C)$ für $C \in \mathcal{C}$ folgt dieses aus:

$$\begin{aligned} \nu^L(D) &\underset{31.6}{=} \underline{\nu}(D) \underset{31.3}{=} \sup_{D \supset C \in \mathcal{C}} \nu^L(C) = \sup_{D \supset C \in \mathcal{C}} \mu(C) \\ &\le \mu(D) \le \inf_{D \subset C \in \mathcal{C}} \mu(C) = \inf_{D \subset C \in \mathcal{C}} \nu^L(C) \underset{31.3}{=} \overline{\nu}(D) \underset{31.6}{=} \nu^L(D). \end{aligned}$$

(ii) Es ist $0 \le \underline{\nu}(D) \le \overline{\nu}(D) \le \overline{\nu}(N) = \nu^L(N) = 0$. Daher ist $\underline{\nu}(D) = \overline{\nu}(D)$, d.h. es ist $D \in \mathcal{L}(\nu)$.

(iii) Sei $D \in \mathcal{L}(\nu) = \{D \subset Y : \underline{\nu}(D) = \overline{\nu}(D)\}$. Nach 31.5 existieren $C_n, E_n \in \mathcal{C}$ mit

(1) $$C_n \subset D \subset E_n \text{ und } \nu^L(E_n - C_n) \leq \tfrac{1}{n}.$$

Es reicht zu zeigen, daß es ein C gibt mit

(2) $$C \in \mathcal{C} \text{ und } C_n \subset C \subset E_n \text{ für alle } n \in \mathbb{N}.$$

Dann folgt nämlich $D \triangle C \subset E_n - C_n$ (benutze (1) und (2)), und somit erhält man $\nu^L(D \triangle C) \leq \nu^L(E_n - C_n) \underset{(1)}{\leq} \frac{1}{n}$ für alle $n \in \mathbb{N}$; also ist $\nu^L(D \triangle C) = 0$.

Zu (2): Setze für $n \in \mathbb{N}$:

$$\mathcal{H}_n := \{C \in \mathcal{C} : C_n \subset C \subset E_n\};$$

für (2) genügt es, $\bigcap_{n=1}^{\infty} \mathcal{H}_n \neq \emptyset$ zu zeigen. Dieses folgt aus der $\widehat{S}$-Kompaktheit, da $\{\mathcal{H}_n : n \in \mathbb{N}\}$ ein System interner Mengen (benutze 8.10) mit nicht-leeren endlichen Durchschnitten ist (denn es ist $\bigcup_{i=1}^{n} C_i \in \bigcap_{j=1}^{n} \mathcal{H}_j$ wegen $\mathcal{C} \ni \bigcup_{i=1}^{n} C_i \underset{(1)}{\subset} D \underset{(1)}{\subset} E_j$). □

Für Leser, die mit Ergebnissen und der Terminologie der Maßtheorie vertraut sind, sei darauf hingewiesen, daß das Loeb-Maß ν^L auf $\mathcal{L}(\nu)$ die übliche Carathéodorysche Maßerweiterung von ν^L auf $\mathcal{C}$ ist. Das Loeb-Maß besitzt jedoch viele wichtige Eigenschaften, die für Carathéodorysche Maßerweiterungen *nicht* generell gelten. Beim Loeb-Maß sind z.B. die Mengen der σ-Algebra $\mathcal{L}(\nu)$ durch die Mengen der Algebra $\mathcal{C}$ beliebig gut von innen und von außen approximierbar; eine Eigenschaft, die für Carathéodorysche Maßerweiterungen nicht generell gilt. Ferner sind die Mengen der σ-Algebra $\mathcal{L}(\nu)$ bzgl. der symmetrischen Differenz durch Mengen der Algebra bis auf Nullmengen approximierbar (siehe 31.7 (iii)) und nicht nur wie sonst bis auf Mengen beliebig kleinen Maßes.

Im folgenden Satz 31.8 bringen wir weitere Eigenschaften von Loeb-Maßen, die für beliebige Maße nicht generell gelten.

Wegen $\underline{\nu} = \overline{\nu} = \nu^L$ auf $\mathcal{L}(\nu)$ folgt aus 31.4 (i) und (ii) für *abzählbare* $\mathcal{R} \subset \mathcal{L}(\nu)$:

(I) $$\mathcal{R} \uparrow \implies \sup_{R \in \mathcal{R}} \nu^L(R) = \nu^L\Big(\bigcup_{R \in \mathcal{R}} R\Big);$$

(II) $$\mathcal{R} \downarrow \implies \inf_{R \in \mathcal{R}} \nu^L(R) = \nu^L\Big(\bigcap_{R \in \mathcal{R}} R\Big)$$

(beachte hierzu, daß wegen $\mathcal{R} \uparrow$ und wegen der Abzählbarkeit von $\mathcal{R}$ eine Folge $D_n \in \mathcal{R}, n \in \mathbb{N}$, existiert mit $D_n \uparrow$ und $\bigcup_{n=1}^{\infty} D_n = \bigcup_{R \in \mathcal{R}} R$; analoges gilt für den Fall $\mathcal{R} \downarrow$). Diese sogenannte aufsteigende und absteigende Stetigkeit gilt nach 30.3 nicht nur für das Loeb-Maß ν^L, sondern generell für Maße. Die folgende $\widehat{S}$-Stetigkeit ist dahingegen eine spezielle Eigenschaft der Loeb-Maße; sie besagt, daß (I) und (II) für alle Systeme $\mathcal{R}$ gelten, die höchstens so mächtig wie $\widehat{S}$ sind, jedoch muß dabei $\mathcal{R} \subset \mathcal{C}$ (und nicht nur $\mathcal{R} \subset \mathcal{L}(\nu)$) vorausgesetzt werden. Die $\widehat{S}$-Stetigkeit entspricht formal in etwa der τ-Stetigkeit von Borel-Maßen (vgl. 30.6).

Es sei noch einmal daran erinnert, daß $\underline{\nu}, \overline{\nu}$ und ν^L externe Objekte sind. Daher kann im folgenden Beweis bei der Definition von $\mathcal{F}_R$ nicht ν durch

ν^L (oder $\underline{\nu}, \overline{\nu}$) ersetzt werden, da die dann entstehenden Mengen in der Regel nicht intern sind.

31.8 $\widehat{S}$-Stetigkeit von ν^L

Sei $\mathcal{C}$ eine Algebra über Y und $\nu: \mathcal{C} \to {}^*[0, \infty[$ ein finiter interner Inhalt. Dann gilt für jedes System $\mathcal{R} \subset \mathcal{C}$ von höchstens $\widehat{S}$-vielen Mengen:

(i) $\bigcup_{R \in \mathcal{R}} R, \bigcap_{R \in \mathcal{R}} R \in \mathcal{L}(\nu)$;

(ii) $\mathcal{R} \uparrow \implies \sup_{R \in \mathcal{R}} \nu^L(R) = \nu^L(\bigcup_{R \in \mathcal{R}} R)$;

(iii) $\mathcal{R} \downarrow \implies \inf_{R \in \mathcal{R}} \nu^L(R) = \nu^L(\bigcap_{R \in \mathcal{R}} R)$.

Beweis. ***(i)*** Für $\bigcup_{R \in \mathcal{R}} R \in \mathcal{L}(\nu)$ reicht es, $\overline{\nu}(\bigcup_{R \in \mathcal{R}} R) \leq \underline{\nu}(\bigcup_{R \in \mathcal{R}} R)$ zu beweisen. Hierfür genügt es zu zeigen, daß zu jedem $\varepsilon \in \mathbb{R}_+$ eine Menge C existiert mit:

(1) $$\bigcup_{R \in \mathcal{R}} R \subset C \in \mathcal{C} \text{ und } \nu(C) \leq \underline{\nu}(\bigcup_{R \in \mathcal{R}} R) + \varepsilon.$$

Setze hierzu

(2) $$\alpha := \underline{\nu}(\bigcup_{R \in \mathcal{R}} R) + \varepsilon,$$

und

$$\mathcal{F}_R := \{C \in \mathcal{C}: R \subset C,\ \nu(C) \leq \alpha\}, \quad R \in \mathcal{R}.$$

Wir zeigen:

(3) $$\bigcap_{R \in \mathcal{R}} \mathcal{F}_R \neq \emptyset;$$

jedes $C \in \bigcap_{R \in \mathcal{R}} \mathcal{F}_R$ erfüllt dann nämlich (1). Da $\{\mathcal{F}_R: R \in \mathcal{R}\}$ ein System interner Mengen ist (benutze 8.10), welches höchstens so mächtig wie $\widehat{S}$ ist, genügt es wegen der $\widehat{S}$ -Kompaktheit für (3) zu zeigen:

(4) $\{\mathcal{F}_R: R \in \mathcal{R}\}$ besitzt nicht-leere endliche Durchschnitte.

Seien hierzu $R_1, \ldots, R_n \in \mathcal{R}$. Dann ist $\bigcup_{i=1}^n R_i \in \mathcal{C}$, und es ist $\nu(\bigcup_{i=1}^n R_i) \leq \alpha$ wegen $\nu^L(\bigcup_{i=1}^n R_i) \leq \underline{\nu}(\bigcup_{R \in \mathcal{R}} R) \underset{(2)}{=} \alpha - \varepsilon$. Folglich ist $\bigcup_{i=1}^n R_i \in \bigcap_{i=1}^n \mathcal{F}_{R_i}$, d.h. es gilt (4). Somit haben wir $\bigcup_{R \in \mathcal{R}} R \in \mathcal{L}(\nu)$ nachgewiesen.

Da auch $\{\overline{R}: R \in \mathcal{R}\} \subset \mathcal{C}$ höchstens $\widehat{S}$-viele Elemente besitzt, gilt - wie gerade gezeigt - $\bigcup_{R \in \mathcal{R}} \overline{R} \in \mathcal{L}(\nu)$, und damit folgt: $\bigcap_{R \in \mathcal{R}} R = Y - \bigcup_{R \in \mathcal{R}} \overline{R} \in \mathcal{L}(\nu)$.

(ii) Es reicht, „ $\geq$ “ zu zeigen. Da $\bigcup_{R \in \mathcal{R}} R \in \mathcal{L}(\nu)$ nach (i) ist und da $\underline{\nu} = \nu^L$ auf $\mathcal{L}(\nu)$ ist, haben wir somit zu zeigen:

$$\sup_{R \in \mathcal{R}} \nu^L(R) \geq \underline{\nu}(\bigcup_{R \in \mathcal{R}} R).$$

Sei hierzu $C \in \mathcal{C}$ mit $C \subset \bigcup_{R \in \mathcal{R}} R$; es ist zu zeigen:

(5) $$\sup_{R \in \mathcal{R}} \nu^L(R) \geq \nu^L(C).$$

Auf Grund der $\widehat{S}$-Kompaktheit erhält man $C \subset \cup_{R_0 \in \mathcal{R}_0} R_0$ für ein endliches $\mathcal{R}_0 \subset \mathcal{R}$ (benutze 28.3 (i)); wegen $\mathcal{R} \uparrow$ ist $\cup_{R_0 \in \mathcal{R}_0} R_0 \subset R$ für ein $R \in \mathcal{R}$. Somit ist $C \subset R$ für ein $R \in \mathcal{R}$, und es folgt (5).

(iii) Ist $\mathcal{R} \downarrow$, so ist $\{\overline{R}: R \in \mathcal{R}\} \uparrow$, und es folgt wegen $\bigcap_{R \in \mathcal{R}} R, \bigcup_{R \in \mathcal{R}} \overline{R} \underset{(i)}{\in} \mathcal{L}(\nu)$:

$$\begin{aligned} \nu^L(\bigcap_{R \in \mathcal{R}} R) &= \nu^L(Y) - \nu^L(\bigcup_{R \in \mathcal{R}} \overline{R}) \underset{(ii)}{=} \nu^L(Y) - \sup_{R \in \mathcal{R}} \nu^L(\overline{R}) \\ &= \inf_{R \in \mathcal{R}} (\nu^L(Y) - \nu^L(\overline{R})) = \inf_{R \in \mathcal{R}} \nu^L(R). \end{aligned}$$ □

Es sei angemerkt, daß (i)–(iii) im allgemeinen nicht für Systeme $\mathcal{R} \subset \mathcal{L}(\nu)$ (an Stelle von $\mathcal{R} \subset \mathcal{C}$) und für $\mathcal{R} \subset \mathcal{C}$ nicht ohne Mächtigkeitsvoraussetzung gelten (siehe hierzu Aufgabe 4 dieses Paragraphen für (ii) und (iii) sowie Aufgabe 4 von § 32 für (i)).

Die durch 31.8 (i) gewährleistete Reichhaltigkeit der Loeb-σ-Algebra $\mathcal{L}(\nu)$ ermöglicht es häufig, in der Nichtstandard-Welt Konzepte einzuführen, die in der Standard-Welt nicht definierbar sind.

Sei z.B. μ ein Maß auf einer σ-Algebra $\mathcal{A} \in \widehat{S}$, und sei

$$\mathcal{N} := \{A \in \mathcal{A}: \mu(A) = 0\}$$

das System aller μ-Nullmengen. Üblicherweise ist dann $\cup_{A \in \mathcal{N}} A \notin \mathcal{A}$, aber selbst wenn $\cup_{A \in \mathcal{N}} A \in \mathcal{A}$ ist, gilt i.a. nicht $\cup_{A \in \mathcal{N}} A \in \mathcal{N}$. Ein klassisches Maß besitzt daher i.a. keine größte Nullmenge. Betrachtet man nun aber den internen Inhalt ${}^*\mu$ auf ${}^*\mathcal{A}$, so gilt:

$$N := \cup_{A \in \mathcal{N}} {}^*A \in \mathcal{L}({}^*\mu) \quad \text{und} \quad {}^*\mu^L(N) = 0$$

(benutze 31.8 (i) und (ii)). Es ist also N in dem Sinne eine „größte Nullmenge", als sie den *-Wert jeder μ-Nullmenge umfaßt (natürlich gilt dieses völlig analog für jeden Inhalt auf einer Algebra und nicht nur für Maße auf σ-Algebren). Dieses Konzept der größten Nullmenge erlaubt es z.B., den für die Statistik wichtigen Satz von Halmos-Savage sehr einfach und einsichtig zu beweisen.

Als nächstes beweisen wir in 31.9 bis 31.11 weitere Eigenschaften der inneren und äußeren Mengenfunktion $\underline{\nu}$ und $\overline{\nu}$. Diese Eigenschaften sind entscheidende Hilfsmittel zum Beweis der Ergebnisse über Borel-Maße in § 32 und § 33.

31.9 $\underline{\nu}$ und $\overline{\nu}$ sind Maße auf $\mathcal{L}(\nu) \cap Y_0$

Sei $\mathcal{C}$ eine Algebra über Y und $\nu: \mathcal{C} \to {}^*[0, \infty[$ ein finiter interner Inhalt.

Sei $Y_0 \subset Y$, und seien $D_n \in \mathcal{L}(\nu)$, so daß $D_n \cap Y_0, n \in \mathbb{N}$, disjunkte Mengen sind. Dann gilt:

(i) $\underline{\nu}(\cup_{n=1}^{\infty}(D_n \cap Y_0)) = \sum_{n=1}^{\infty} \underline{\nu}(D_n \cap Y_0)$;

(ii) $\overline{\nu}(\cup_{n=1}^{\infty}(D_n \cap Y_0)) = \sum_{n=1}^{\infty} \overline{\nu}(D_n \cap Y_0)$;

d.h. $\underline{\nu}, \overline{\nu}$ sind (für $Y_0 \neq \emptyset$) Maße auf der σ-Algebra

$$\mathcal{L}(\nu) \cap Y_0 := \{D \cap Y_0: D \in \mathcal{L}(\nu)\} \text{ über } Y_0.$$

Beweis. *(i)* Es reicht, „ $\leq$ " zu zeigen (siehe 31.4 (iv)). Sei hierzu $C \in \mathcal{C}$ mit $C \subset \bigcup_{n=1}^{\infty}(D_n \cap Y_0)$; es ist zu zeigen:

$$\nu^L(C) \leq \sum_{n=1}^{\infty} \underline{\nu}(D_n \cap Y_0).$$

Wegen $C \subset \bigcup_{n=1}^{\infty}(D_n \cap C), D_n \cap C \in \mathcal{L}(\nu)$, und da $\underline{\nu} = \nu^L$ ein Maß auf $\mathcal{L}(\nu)$ ist, erhält man dieses wie folgt:

$$\nu^L(C) = \underline{\nu}(C) \leq \sum_{n=1}^{\infty} \underline{\nu}(D_n \cap C) \underset{C \subset Y_0}{\leq} \sum_{n=1}^{\infty} \underline{\nu}(D_n \cap Y_0).$$

(ii) Es reicht, „ $\geq$ " zu zeigen (siehe 31.4 (iii)). Sei hierzu $C \in \mathcal{C}$ mit $\bigcup_{n=1}^{\infty}(D_n \cap Y_0) \subset C$; es ist zu zeigen:

(1) $$\nu^L(C) \geq \sum_{n=1}^{\infty} \overline{\nu}(D_n \cap Y_0).$$

Setze $C_n := (D_n - \bigcup_{\nu<n} D_\nu) \cap C$. Dann sind $C_n \in \mathcal{L}(\nu), n \in \mathbb{N}$, disjunkt, und es gilt, da $D_n \cap Y_0, n \in \mathbb{N}$, disjunkt sind:

(2) $$D_n \cap Y_0 \subset C_n \subset C.$$

Da $\overline{\nu} = \nu^L$ ein Maß auf $\mathcal{L}(\nu)$ ist, folgt:

$$\sum_{n=1}^{\infty} \overline{\nu}(D_n \cap Y_0) \underset{(2)}{\leq} \sum_{n=1}^{\infty} \overline{\nu}(C_n) = \overline{\nu}(\bigcup_{n=1}^{\infty} C_n) \underset{(2)}{\leq} \nu^L(C),$$

d.h. es gilt (1). □

31.10 Korollar

Sei $\mathcal{C}$ eine Algebra über Y und $\nu: \mathcal{C} \to {}^*[0, \infty[$ ein finiter interner Inhalt. Dann gilt für $Y_0 \subset Y$:

(i) $\underline{\nu}(Y_0) = \underline{\nu}(Y) \Rightarrow \underline{\nu}(D \cap Y_0) = \underline{\nu}(D)$ für alle $D \in \mathcal{L}(\nu)$;

(ii) $\overline{\nu}(Y_0) = \overline{\nu}(Y) \Rightarrow \overline{\nu}(D \cap Y_0) = \overline{\nu}(D)$ für alle $D \in \mathcal{L}(\nu)$.

Beweis. *(i)* Sei $D \in \mathcal{L}(\nu)$. Dann gilt:

$$\underline{\nu}(D \cap Y_0) + \underline{\nu}(\overline{D} \cap Y_0) \underset{31.9(i)}{=} \underline{\nu}(Y_0) = \underline{\nu}(Y) \underset{31.9(i)}{=} \underline{\nu}(D) + \underline{\nu}(\overline{D}).$$

Wegen $\underline{\nu}(D \cap Y_0) \leq \underline{\nu}(D)$ und $\underline{\nu}(\overline{D} \cap Y_0) \leq \underline{\nu}(\overline{D})$ folgt hieraus $\underline{\nu}(D \cap Y_0) = \underline{\nu}(D)$.
(ii) folgt analog mit Hilfe von 31.9 (ii). □

31.11 $\widehat{S}$-Stetigkeit von $\underline{\nu}$ und $\overline{\nu}$

Sei $\mathcal{C}$ eine Algebra über Y und $\nu: \mathcal{C} \to {}^*[0, \infty[$ ein finiter interner Inhalt. Sei $\mathcal{R} \subset \mathcal{C}$ ein System von höchstens $\widehat{S}$-vielen Mengen, und sei $Y_0 \subset Y$. Dann gilt:

(i) $\mathcal{R} \uparrow \;\Rightarrow\; \sup_{R \in \mathcal{R}} \underline{\nu}(R \cap Y_0) = \underline{\nu}(\bigcup_{R \in \mathcal{R}} (R \cap Y_0))$;

(ii) $\mathcal{R}\uparrow \implies \sup_{R\in\mathcal{R}} \overline{\nu}(R\cap Y_0) = \overline{\nu}(\bigcup_{R\in\mathcal{R}}(R\cap Y_0))$;

(iii) $\mathcal{R}\downarrow \implies \inf_{R\in\mathcal{R}} \underline{\nu}(R\cap Y_0) = \underline{\nu}(\bigcap_{R\in\mathcal{R}}(R\cap Y_0))$;

(iv) $\mathcal{R}\downarrow \implies \inf_{R\in\mathcal{R}} \overline{\nu}(R\cap Y_0) = \overline{\nu}(\bigcap_{R\in\mathcal{R}}(R\cap Y_0))$.

Beweis. ***(i)*** Es reicht, „ $\geq$ " in (i) zu zeigen. Sei hierzu

$$C\in\mathcal{C} \text{ mit } C\subset \bigcup_{R\in\mathcal{R}}(R\cap Y_0);$$

dann ist zu zeigen:

(1) $$\sup_{R\in\mathcal{R}} \underline{\nu}(R\cap Y_0) \geq \nu^L(C).$$

Wegen $C\subset \bigcup_{R\in\mathcal{R}} R\in\mathcal{C}$, $\mathcal{R}\uparrow$ und da $\mathcal{R}$ höchstens so mächtig wie $\widehat{S}$ ist, folgt aus der $\widehat{S}$-Kompaktheit: $C\subset R$ für ein $R\in\mathcal{R}$ (benutze 28.3 (i)). Somit ist $C\subset R\cap Y_0$ für ein $R\in\mathcal{R}$, und es folgt (1) wegen $\nu^L(C)=\underline{\nu}(C)$.

(ii) Es reicht, „ $\geq$ " in (ii) zu zeigen. Ist $Y_0\subset C\in\mathcal{C}$, so ist $\{R\cap C: R\in\mathcal{R}\}\subset\mathcal{C}$ nach oben gerichtet, und es gilt:

$$\sup_{R\in\mathcal{R}} \overline{\nu}(R\cap C) \underset{31.8(\text{ii})}{=} \overline{\nu}(\bigcup_{R\in\mathcal{R}}(R\cap C)) \underset{Y_0\subset C}{\geq} \overline{\nu}(\bigcup_{R\in\mathcal{R}}(R\cap Y_0)).$$

Zum Nachweis von „ $\geq$ " in (ii) reicht es daher, für jedes $\varepsilon\in\mathbb{R}_+$ ein $C\in\mathcal{C}$ mit $Y_0\subset C$ zu finden, so daß gilt:

(2) $$\overline{\nu}(R\cap C)\leq \overline{\nu}(R\cap Y_0)+\varepsilon \text{ für alle } R\in\mathcal{R}.$$

Sei nun $\varepsilon\in\mathbb{R}_+$, und wähle $C\in\mathcal{C}$ mit $Y_0\subset C$ und $\nu^L(C)=\overline{\nu}(C)\leq \overline{\nu}(Y_0)+\varepsilon$. Dann gilt für alle $R\in\mathcal{R}$:

$$\begin{aligned}\overline{\nu}(R\cap C) &\underset{31.6(\text{ii})}{=} \overline{\nu}(C)-\overline{\nu}(\overline{R}\cap C) \leq \overline{\nu}(Y_0)-\overline{\nu}(\overline{R}\cap C)+\varepsilon\\ &\underset{31.9(\text{ii})}{=} \overline{\nu}(R\cap Y_0)+\overline{\nu}(\overline{R}\cap Y_0)-\overline{\nu}(\overline{R}\cap C)+\varepsilon\\ &\underset{Y_0\subset C}{\leq} \overline{\nu}(R\cap Y_0)+\varepsilon.\end{aligned}$$

Somit gilt (2) und damit (ii).

(iii) Aus $\mathcal{C}\supset\mathcal{R}\downarrow$ folgt $\mathcal{C}\supset\{\overline{R}: R\in\mathcal{R}\}\uparrow$; ferner ist $\bigcap_{R\in\mathcal{R}} R \underset{31.8(\text{i})}{\in} \mathcal{L}(\nu)$, und daher erhalten wir:

$$\begin{aligned}\underline{\nu}(\bigcap_{R\in\mathcal{R}} R\cap Y_0) &\underset{31.9}{=} \underline{\nu}(Y_0)-\underline{\nu}(Y_0-\bigcap_{R\in\mathcal{R}} R)\\ &= \underline{\nu}(Y_0)-\underline{\nu}(\bigcup_{R\in\mathcal{R}}(Y_0\cap\overline{R})) \underset{(\text{i})}{=} \underline{\nu}(Y_0)-\sup_{R\in\mathcal{R}}\underline{\nu}(Y_0\cap\overline{R})\\ &= \inf_{R\in\mathcal{R}}(\underline{\nu}(Y_0)-\underline{\nu}(Y_0\cap\overline{R})) \underset{31.9}{=} \inf_{R\in\mathcal{R}}\underline{\nu}(R\cap Y_0).\end{aligned}$$

(iv) beweist man analog zu (iii), indem man stets $\underline{\nu}$ durch $\overline{\nu}$ ersetzt. □

Die Loeb-σ-Algebra $\mathcal{L}(\nu)$ ist eine $\mathcal{C}$ umfassende σ-Algebra, die natürlich vom speziellen internen Inhalt ν auf $\mathcal{C}$ abhängt. Andererseits gilt (vgl. 31.8 (i)), daß Vereinigungen und Durchschnitte von höchstens $\widehat{S}$-vielen Mengen aus $\mathcal{C}$ zu jeder Loeb-σ-Algebra gehören. Dieses gibt Anlaß zu folgender Definition.

31.12 Universell Loeb-meßbare Mengen

Sei $\mathcal{C}$ eine interne Algebra über Y. Dann heißt eine Menge $D \subset Y$ *universell Loeb-meßbar* (bzgl. $\mathcal{C}$), falls gilt:

$$D \in \mathcal{L}(\nu) \text{ für jeden finiten internen Inhalt } \nu \text{ auf } \mathcal{C}.$$

Das System aller universell Loeb-meßbaren Mengen wird mit $\mathcal{L}_U(\mathcal{C})$ bezeichnet.

Da jedes $\mathcal{L}(\nu)$ eine σ-Algebra ist (siehe 31.6(i)), ist auch $\mathcal{L}_U(\mathcal{C})$ eine σ-Algebra. Nach 31.8 (i) gilt für jedes System $\mathcal{R} \subset \mathcal{C}$ von höchstens $\widehat{S}$-vielen Mengen:

$$\bigcup_{R\in\mathcal{R}} R \in \mathcal{L}_U(\mathcal{C}) \quad \text{und} \quad \bigcap_{R\in\mathcal{R}} R \in \mathcal{L}_U(\mathcal{C}).$$

Es wird nun gezeigt, daß viele für die Topologie wichtige Mengen universell Loeb-meßbar bzgl. einer geeigneten internen Algebra sind. Sei hierzu $\mathcal{B}$ die Borel-σ-Algebra eines topologischen Raumes $\langle X, \mathcal{T}\rangle$ (siehe 30.4). Dann ist ${}^*\mathcal{B}$ eine interne Algebra über ${}^*X$, und wir werden zeigen, daß für viele topologische Räume die Mengen der kompakten Punkte, der Nahezustandard- bzw. Prä-Nahezustandard-Punkte universell meßbare Mengen bzgl. ${}^*\mathcal{B}$, d.h. Elemente von $\mathcal{L}_U({}^*\mathcal{B})$, sind.

31.13 Universelle Loeb-Meßbarkeit von $kpt({}^*X), ns({}^*X), pns({}^*X)$

Sei $\langle X, \mathcal{T}\rangle$ ein topologischer Raum mit Borel-σ-Algebra $\mathcal{B}$. Dann gilt:

(i) $m(X_0) \in \mathcal{L}_U({}^*\mathcal{B})$ für jedes $X_0 \subset X$;

(ii) $kpt({}^*X) \in \mathcal{L}_U({}^*\mathcal{B})$ für Prähausdorff-Räume;

(iii) $ns({}^*X) \in \mathcal{L}_U({}^*\mathcal{B})$ für lokalkompakte Prähausdorff-Räume, für σ-kompakte Räume und für vollständige pseudometrische Räume;

(iv) $pns({}^*X) \in \mathcal{L}_U({}^*\mathcal{B})$ für pseudometrische Räume.

Beweis. ***(i)*** Es gilt $m(X_0) \underset{23.4}{=} \bigcap_{X_0 \subset O \in \mathcal{T}} {}^*O \underset{31.8(i)}{\in} \mathcal{L}_U({}^*\mathcal{B})$.

(ii) Sei $K \subset X$ kompakt. Dann ist K^b kompakt, da X prähausdorffsch ist (siehe 23.10 (i)). Als abgeschlossene Menge ist $K^b \in \mathcal{B}$, d.h. ${}^*K^b \in {}^*\mathcal{B}$, und man erhält

$$kpt({}^*X) = \bigcup_{K \text{ kompakt}} {}^*K = \bigcup_{K \text{ kompakt}} {}^*K^b \underset{31.8(i)}{\in} \mathcal{L}_U({}^*\mathcal{B}).$$

(iv) Sei ρ eine Pseudometrik auf X. Dann gilt mit
$U_\varepsilon(x) := \{y \in X : \rho(x,y) < \varepsilon\} \underset{24.2}{\in} \mathcal{T}_\rho \subset \mathcal{B}$:

$$pns_\rho({}^*X) \underset{24.7}{=} \bigcap_{n=1}^{\infty} \bigcup_{x\in X} {}^*(U_{1/n}(x)) \underset{31.8(i)}{\in} \mathcal{L}_U({}^*\mathcal{B}).$$

(iii) Ist $\langle X, \mathcal{T}\rangle$ ein lokalkompakter Prähausdorff-Raum, so gilt:

$$ns({}^*X) \underset{23.13}{=} kpt({}^*X) \underset{\text{(ii)}}{\in} \mathcal{L}_U({}^*\mathcal{B}).$$

Ist X σ-kompakt, dann existieren kompakte Mengen K_n mit $X = \cup_{n=1}^{\infty} K_n$ (siehe 23.15), und es folgt:

$$ns({}^*X) = \bigcup_{n=1}^{\infty} \bigcup_{x \in K_n} m(x) \underset{23.4}{=} \bigcup_{n=1}^{\infty} m(K_n) \underset{\text{(i)}}{\in} \mathcal{L}_U({}^*\mathcal{B}).$$

Ist X ein vollständiger pseudometrischer Raum, so gilt:

$$ns({}^*X) \underset{24.15}{=} pns({}^*X) \underset{\text{(iv)}}{\in} \mathcal{L}_U({}^*\mathcal{B}).$$

□

In § 32 (Aufgabe 3) werden wir sehen, daß metrische Räume mit abzählbarer Basis existieren, für die $ns({}^*X) \notin \mathcal{L}_U({}^*\mathcal{B})$ ist.

Interne Inhalte waren der Ausgangspunkt für die Betrachtungen dieses Paragraphen. Das folgende Ergebnis zeigt, daß das System aller internen Inhalte i.w. der *-Wert des Systems aller Inhalte ist. Daher übertragen sich Eigenschaften für klassische Inhalte mit Hilfe des Transfer-Prinzips direkt auf interne Inhalte.

Man beachte im folgenden Satz, daß $\mathcal{C}$ und Y als Definitionsbereich und Grundmenge eines internen Inhalts automatisch intern sind (siehe 31.1 ff). Für die Einschränkung $\Omega \subset S_n$ verweisen wir auf die Bemerkungen im Anschluß an 13.4.

31.14 Der *-Wert des Systems „aller" Inhalte

Sei $n \in \mathbb{N}$ beliebig, aber fest. Es sei *Inh* das System aller Inhalte auf Algebren $\mathcal{A}$ über Ω mit $\Omega \subset S_n$.

Dann ist **Inh* das System aller internen Inhalte auf Algebren $\mathcal{C}$ über Y mit $Y \subset {}^*S_n$.

Beweis. Wegen $\mu \in Inh \Rightarrow \mu \subset \mathcal{A} \times [0,\infty[\subset \mathcal{P}(S_n) \times [0,\infty[$ (d.h. $\mu \in \mathcal{P}(\mathcal{P}(S_n) \times [0,\infty[\,)$) ist $Inh \subset \mathcal{P}(\mathcal{P}(S_n) \times [0,\infty[\,)$. Daher ist $Inh \in \widehat{S}$ (benutze 5.8), und somit kann **Inh* gebildet werden.

Beschreibt man nun $\mu \in Inh$ für $\mu \in \mathcal{P}(\mathcal{P}(S_n) \times [0,\infty[\,)$ mit Hilfe der Formel

$$\underline{\mu} \text{ Funktion } \wedge (\exists \underline{\Omega} \subset S_n)(\exists \underline{\mathcal{A}} \subset \mathcal{P}(\underline{\Omega}))(\mathcal{D} \upharpoonright \underline{\mu} = \underline{\mathcal{A}} \wedge \mathcal{W} \upharpoonright \underline{\mu} \subset [0,\infty[\\ \wedge \underline{\mathcal{A}} \text{ Algebra } \wedge \underline{\mu} \text{ additiv}),$$

so erhält man mit Hilfe des Transfer-Prinzips die behauptete Beschreibung von **Inh*. □

Ausgehend von einem finiten internen Inhalt ν auf $\mathcal{C}$ sind in diesem Paragraphen definiert worden

$$\begin{aligned} \underline{\nu}(D) &:= \sup\{st(\nu(C)) : D \supset C \in \mathcal{C}\}; \\ \overline{\nu}(D) &:= \inf\{st(\nu(C)) : D \subset C \in \mathcal{C}\}; \\ \mathcal{L}(\nu) &:= \{D \subset Y : \underline{\nu}(D) = \overline{\nu}(D)\}; \\ \nu^L(D) &:= \underline{\nu}(D) = \overline{\nu}(D) \quad \text{für } D \in \mathcal{L}(\nu). \end{aligned}$$

Damit ist $\mathcal{L}(\nu)$ eine $\mathcal{C}$ enthaltende σ-Algebra und ν^L ist ein Maß, und zwar das einzige Maß auf $\mathcal{L}(\nu)$ mit

$$\nu^L(C) = st(\nu(C)) \text{ für } C \in \mathcal{C}.$$

Ferner ist ν^L $\widehat{S}$-stetig.

Außerdem sind $\underline{\nu}$ und $\overline{\nu}$ Maße auf $\mathcal{L}(\nu) \cap Y_0$, die $\widehat{S}$-stetig sind.

Ist $\mu: \mathcal{A} \to [0,\infty[$ ein Inhalt auf der Algebra $\mathcal{A}$, so ist ${}^*\mu : {}^*\mathcal{A} \to {}^*[0,\infty[$ ein finiter interner Inhalt (siehe Beispiel (I) hinter 31.1). Somit sind $\underline{{}^*\mu}, \overline{{}^*\mu}$ und ${}^*\mu^L$ definiert und für $A \in \mathcal{A}$ gilt:

$$\mu(A) \underset{7.9(\text{iv})}{=} {}^*\mu({}^*A) \underset{31.2}{=} {}^*\mu^L({}^*A) \underset{31.3(\text{ii})}{=} \overline{{}^*\mu}({}^*A) = \underline{{}^*\mu}({}^*A).$$

Diese Beziehungen werden im folgenden häufig benutzt.

Aufgaben

1 Sei μ ein Maß auf $\mathcal{P}(\mathbb{N})$. Man zeige, daß $\mathcal{L}({}^*\mu) = \mathcal{P}({}^*\mathbb{N})$ ist.

2 Sei μ ein Inhalt auf $\mathcal{P}(\mathbb{N})$. Man zeige: μ ist Maß $\iff \overline{{}^*\mu}(\mathbb{N}) = \mu(\mathbb{N})$.

3 Sei ν ein finiter interner Inhalt auf $\mathcal{C}$, und sei $C_n \in \mathcal{C}, n \leq h \in {}^*\mathbb{N}$, eine interne Folge. Man zeige, daß gilt:

(i) $\bigcup_{n=1}^h C_n, \bigcap_{n=1}^h C_n \in \mathcal{C}$;

(ii) $\nu(\bigcup_{n=1}^h C_n) = \sum_{n=1}^h \nu(C_n)$, falls $C_n, n \leq h$, paarweise disjunkt sind.

Die folgende Aufgabe zeigt, daß in Satz 31.8 (ii) (und damit auch in (iii)) keine der beiden Voraussetzungen an $\mathcal{R}$ entbehrlich ist.

4 Man zeige, daß für interne Inhalte ν auf $\mathcal{C}$ sowohl (i) als auch (ii) i.a. *nicht* gelten:

(i) $(\mathcal{R} \uparrow Y$ und $\mathcal{R} \subset \mathcal{C}) \Rightarrow \nu^L(Y) = \sup_{R\in\mathcal{R}} \nu^L(R)$;

(ii) $\mathcal{R} \uparrow Y$ und $\mathcal{R} \subset \mathcal{L}(\nu)$ besitzt höchstens $\widehat{S}$-viele Elemente

$\Rightarrow \nu^L(Y) = \sup_{R\in\mathcal{R}} \nu^L(R)$.

Wähle z.B. $\nu := {}^*\lambda$ auf ${}^*\mathcal{B}$, wobei λ das Lebesgue-Maß auf der Borel-σ-Algebra $\mathcal{B}$ über $[0,1]$ bezeichne, und $\mathcal{R} := \{E \subset {}^*[0,1]: E \text{ endlich}\}$ für (i) sowie $\mathcal{R} := \{\bigcup_{x\in E} m(x): E \subset [0,1] \text{ endlich}\}$ für (ii).

§ 32 Darstellung und Zerlegung von Borel-Maßen

In diesem Paragraphen sei $^* : \widehat{S} \longrightarrow \widehat{^*S}$ eine $\widehat{S}$-kompakte Nichtstandard-Einbettung.

Mit Hilfe der Standardteil-Relation eines topologischen Raumes $\langle X, \mathcal{T} \rangle$ werden wir im folgenden τ-stetige und Radonsche Borel-Maße charakterisieren und anschließend Anwendungen für die klassische Maßtheorie geben.

Da in diesem Paragraphen $\mathcal{T}$ stets eine fest vorgegebene Topologie über X ist, werden wir ab jetzt an vielen Stellen die Abhängigkeit von $\mathcal{T}$ nicht mehr zum Ausdruck bringen. So schreiben wir st an Stelle von $st_{\mathcal{T}}$ sowie auch $ns(^*X)$, $m(x)$ bzw. $y \approx x$ an Stelle von $ns_{\mathcal{T}}(^*X)$, $m_{\mathcal{T}}(x)$ bzw. $y \approx_{\mathcal{T}} x$.

Wir erinnern daran, daß in 28.6 die Standardteil-Relation $st \subset {}^*X \times X$ durch

- $\langle y, x \rangle \in st \iff y \approx x$

eingeführt wurde. Dann ist auch $st^{-1} \subset X \times {}^*X$ eine Relation, und für jedes $B \subset X$ und $y \in {}^*X$ gilt die Beziehung

- $st^{-1}[B] = \{y \in {}^*X : y \approx x \text{ für ein } x \in B\} = \bigcup_{x \in B} m(x) \subset {}^*X,$

die ohne Zitat benutzt werden wird. Insbesondere gilt:

- $st^{-1}[X] = ns(^*X).$

Die Relation st ist in Hausdorff-Räumen eine Funktion.

Ist nun ν ein finiter interner Inhalt auf ${}^*\mathcal{B}$, so lassen sich mit Hilfe der Standardteil-Relation st auf natürliche Weise zwei reellwertige Mengenfunktionen auf der Borel-σ-Algebra $\mathcal{B}$ definieren, nämlich:

(I) $\mathcal{B} \ni B \to \underline{\nu}(st^{-1}[B]) \in [0, \infty[$,

(II) $\mathcal{B} \ni B \to \overline{\nu}(st^{-1}[B]) \in [0, \infty[$;

dabei sind $\underline{\nu}, \overline{\nu}$ die in 31.3 eingeführten Mengenfunktionen auf $\mathcal{P}({}^*X)$ (mit $Y := {}^*X$ und $\mathcal{C} = {}^*\mathcal{B}$). Es wird sich herausstellen, daß unter gewissen Bedingungen die in (I) und (II) betrachteten Mengenfunktionen Borel-Maße sind. Dies wird für § 32 und § 33 von entscheidender Bedeutung sein.

Ferner benutzen wir häufig die folgende triviale Beziehung:

- $st^{-1}[\cup_{i \in I} A_i] = \cup_{i \in I} st^{-1}[A_i]$ für $A_i \subset X$.

Da $\underline{\nu}, \overline{\nu}$ auf $\mathcal{L}(\nu) \cap ns({}^*X)$ Maße sind (siehe 31.9 mit $Y_0 = ns({}^*X)$), erhält man direkt, daß die Mengenfunktionen aus (I) und (II) Maße sind, sofern die folgenden beiden Bedingungen erfüllt sind:

(III) $st^{-1}[B_1] \cap st^{-1}[B_2] = \emptyset$ für disjunkte $B_1, B_2 \in \mathcal{B}$;

(IV) $st^{-1}[B] \in \mathcal{L}(\nu) \cap ns({}^*X)$ für alle $B \in \mathcal{B}$.

Es wird sich zeigen, daß (III) in allen Prähausdorff-Räumen (siehe 32.1) und (IV) in allen regulären Räumen (siehe 32.2 (ii)) gilt. Insbesondere sind daher (III) *und* (IV) in allen regulären Räumen erfüllt.

Es sei darauf hingewiesen, daß für $y \in {}^*X, x \in X$, die folgenden vier äquivalenten Schreibweisen zur Verfügung stehen:

- $y \approx x$; $y \in m(x)$; $\langle y, x\rangle \in st$; $\langle x, y\rangle \in st^{-1}$;

sie werden je nach Bedarf benutzt.

32.1 Eigenschaften von st^{-1} in Prähausdorff-Räumen

Sei $\langle X, \mathcal{T}\rangle$ ein Prähausdorff-Raum mit Borel-σ-Algebra $\mathcal{B}$. Dann gilt:

(i) $st^{-1}[B_1] \cap st^{-1}[B_2] = \emptyset$ für disjunkte $B_1, B_2 \in \mathcal{B}$;

(ii) $st[st^{-1}[B]] = B$ für $B \in \mathcal{B}$.

Beweis. Wir zeigen zunächst, daß für alle $B \in \mathcal{B}$ und alle $x_1, x_2 \in X$ gilt:

(1) $$(x_1 \in B \wedge m(x_1) = m(x_2)) \Longrightarrow x_2 \in B.$$

Sei hierzu $\mathcal{S}$ das System aller $B \subset X$, die (1) erfüllen. Dann ist $X \in \mathcal{S}$, und es gilt $B \in \mathcal{S} \Rightarrow X - B \in \mathcal{S}$ sowie $B_n \in \mathcal{S}, n \in \mathbb{N} \Rightarrow \cup_{n=1}^{\infty} B_n \in \mathcal{S}$. Somit ist $\mathcal{S}$ eine σ-Algebra, und es genügt zu zeigen:

(2) $$\mathcal{T} \subset \mathcal{S},$$

denn dann ist $\mathcal{B} = \sigma(\mathcal{T}) \subset \mathcal{S}$, und damit gilt (1) für alle $B \in \mathcal{B}$.

Zu (2): Sei $O \in \mathcal{T}$. Sei nun $x_1 \in O$ und $m(x_1) = m(x_2)$. Dann gilt ${}^*x_2 \in m(x_1) \subset {}^*O$, d.h. $x_2 \in O$. Also ist $O \in \mathcal{S}$, d.h. es gilt (2).

(i) Seien $B_1, B_2 \in \mathcal{B}$ disjunkt, und es existiere indirekt ein $y \in {}^*X$ mit
$$y \in st^{-1}[B_1] \cap st^{-1}[B_2].$$
Dann gibt es $x_i \in B_i$ mit $y \approx x_i$, und daher ist $m(x_1) \cap m(x_2) \neq \emptyset$. Da X prähausdorffsch ist, folgt $m(x_1) = m(x_2)$ (siehe 23.9). Wegen $x_1 \in B_1 \in \mathcal{B}$ und (1) liefert dieses $x_2 \in B_1$ im Widerspruch zu $x_2 \in B_2$ und $B_1 \cap B_2 = \emptyset$.

(ii) Die Richtung „ $\supset$ " ist trivial. Für „ $\subset$ " sei $x_2 \in st[st^{-1}[B]]$. Dann gibt es ein $y \in st^{-1}[B]$ mit $\langle y, x_2 \rangle \in st$, d.h. mit

(3) $\quad y \in m(x_2)$.

Wegen $y \in st^{-1}[B]$ existiert ein $x_1 \in B$ mit $y \approx x_1$. Somit gilt:

(4) $\quad y \in m(x_1)$.

Aus (3) und (4) folgt $m(x_1) = m(x_2)$, da X prähausdorffsch ist. Wegen $x_1 \in B \in \mathcal{B}$ und (1) liefert dieses $x_2 \in B$, und damit ist „ $\subset$ " gezeigt. □

Da st in Hausdorff-Räumen eine Funktion ist, gelten in Hausdorff-Räumen (i) und (ii) aus 32.1 sogar für alle Teilmengen von X und nicht nur für Borel-Mengen. Der entscheidende Grund dafür, daß wir uns nicht auf Hausdorff-Räume beschränken, ist der folgende: Viele wichtige Ergebnisse der topologischen Maßtheorie (wie z.B. 32.12, 33.9, 33.13) gelten für beliebige reguläre Räume; solche Räume sind zwar stets prähausdorffsch (23.11), aber nicht notwendig hausdorffsch.

Satz 32.2 gibt in Teil (i) für abgeschlossene Mengen A in regulären Räumen eine Beschreibung von $st^{-1}[A]$, die i.a. in Hausdorff-Räumen nicht gültig ist (siehe Aufgabe 2 (iv)). Mit Hilfe dieser Beschreibung läßt sich dann zeigen, daß Bedingung (IV) vor 32.1 erfüllt ist. Es sei darauf hingewiesen, daß auch die Bedingung (IV), d.h. 32.2 (ii), für Hausdorff-Räume i.a. nicht gilt (siehe Aufgabe 2 (iii)).

32.2 „Meßbarkeit" der Standardteil-Relation in regulären Räumen

Sei $\langle X, \mathcal{T} \rangle$ ein regulärer Raum mit Borel-σ-Algebra $\mathcal{B}$. Dann gilt:

(i) $st^{-1}[A] = m(A) \cap ns({}^*X)$ für *abgeschlossene* Mengen $A \subset X$;

(ii) $st^{-1}[B] \in \mathcal{L}_U({}^*\mathcal{B}) \cap ns({}^*X)$ für *Borel-Mengen* $B \subset X$;

(iii) $st^{-1}[K] \in \mathcal{L}_U({}^*\mathcal{B})$ für *kompakte* Mengen $K \subset X$.

Beweis. *(i)* „ $\subset$ ": Sei $y \in st^{-1}[A]$. Dann gibt es ein $x \in A$ mit $y \approx x$, und es folgt $y \in m(x) \underset{x \in A}{\subset} m(A) \cap ns({}^*X)$.

„ $\supset$ ": Sei $y \in m(A) \cap ns({}^*X)$. Wegen $y \in ns({}^*X)$ existiert ein $x \in X$ mit $y \in m(x)$. Zum Nachweis von $y \in st^{-1}[A]$ reicht es daher, $x \in A$ zu zeigen. Sei indirekt $x \notin A$. Da A abgeschlossen und $\langle X, \mathcal{T} \rangle$ regulär ist, gilt $m(x) \cap m(A) = \emptyset$ (siehe 23.5 (iii)), im Widerspruch zu $y \in m(x) \cap m(A)$.

(ii) Sei $\mathcal{S}$ das System aller $B \in \mathcal{B}$ mit
$$st^{-1}[B] \in \mathcal{L}_U({}^*\mathcal{B}) \cap ns({}^*X).$$

Da $\mathcal{B}$ auch die kleinste σ-Algebra ist, die das System aller abgeschlossenen Mengen enthält (beachte: A abgeschlossen $\iff X - A \in \mathcal{T}$), genügt es für (ii) zu zeigen:

(1) $\quad \mathcal{S}$ ist eine σ-Algebra über X;

(2) $\quad A \in \mathcal{S}$ für jede abgeschlossene Menge A.

Zu (1): (α) Es ist $X \in \mathcal{S}$ wegen $st^{-1}[X] = {}^*X \cap ns({}^*X)$ und ${}^*X \in \mathcal{L}_U({}^*\mathcal{B})$.

(β) Sei $B \in \mathcal{S}$. Dann ist $st^{-1}[B] \in \mathcal{L}_U({}^*\mathcal{B}) \cap ns({}^*X)$, und da $\mathcal{L}_U({}^*\mathcal{B}) \cap ns({}^*X)$ eine σ-Algebra über $ns({}^*X)$ ist, folgt:

$$st^{-1}[X - B] \underset{32.1(\mathrm{i})}{=} st^{-1}[X] - st^{-1}[B] = ns({}^*X) - st^{-1}[B] \in \mathcal{L}_U({}^*\mathcal{B}) \cap ns({}^*X),$$

und daher ist $X - B \in \mathcal{S}$.

(γ) Seien $B_n \in \mathcal{S}, n \in \mathbb{N}$. Dann ist $st^{-1}[B_n] \in \mathcal{L}_U({}^*\mathcal{B}) \cap ns({}^*X)$, und da $\mathcal{L}_U({}^*\mathcal{B}) \cap ns({}^*X)$ eine σ-Algebra ist, folgt:

$$st^{-1}[\cup_{n=1}^{\infty} B_n] = \cup_{n=1}^{\infty} st^{-1}[B_n] \in \mathcal{L}_U({}^*\mathcal{B}) \cap ns({}^*X),$$

und daher ist $\cup_{n=1}^{\infty} B_n \in \mathcal{S}$.

Aus (α) – (γ) folgt, daß $\mathcal{S}$ eine σ-Algebra ist.

Zu (2): Für abgeschlossene Mengen A gilt:

$$st^{-1}[A] \underset{(\mathrm{i})}{=} m(A) \cap ns({}^*X) \underset{31.13(\mathrm{i})}{\in} \mathcal{L}_U({}^*\mathcal{B}) \cap ns({}^*X).$$

(iii) Für kompakte Mengen K gilt:

$$st^{-1}[K] = \bigcup_{x \in K} m(x) \underset{23.4}{=} m(K) \underset{31.13(\mathrm{i})}{\in} \mathcal{L}_U({}^*\mathcal{B}).$$ □

Das folgende Ergebnis ist eine unmittelbare Folgerung aus dem Nichtstandard-Kriterium für abgeschlossene Mengen A bzw. offene Mengen O in beliebigen topologischen Räumen. Es stellt häufig benutzte Beziehungen zwischen ${}^*A$ und $st^{-1}[A]$ bzw. ${}^*O$ und $st^{-1}[O]$ bereit.

32.3 Beziehungen zwischen ${}^*C$ und $st^{-1}[C]$

Sei $\langle X, \mathcal{T} \rangle$ ein topologischer Raum. Dann gilt:

(i) $\quad {}^*A \cap ns({}^*X) \subset st^{-1}[A]$ für abgeschlossene Mengen $A \subset X$;

(ii) $\quad st^{-1}[O] \subset {}^*O \cap ns({}^*X)$ für offene Mengen $O \subset X$.

Beweis. ***(i)*** Sei $y \in {}^*A \cap ns({}^*X)$. Dann ist $y \approx x$ für ein $x \in X$, und es folgt $x \in A$, da A abgeschlossen ist (siehe 21.7 (ii)). Somit ist $y \in st^{-1}[A]$.

(ii) Sei $y \in st^{-1}[O]$. Dann ist $y \approx x$ für ein $x \in O$. Wegen $O \in \mathcal{T}_x$ folgt $y \in {}^*O \cap ns({}^*X)$. □

Der folgende Satz 32.4 ist grundlegend für die weiteren Betrachtungen in § 32 und § 33. Er zeigt, daß *jeder* finite interne Inhalt ν auf ${}^*\mathcal{B}$ vermittels der Standardteil-Relation st und der in § 31 eingeführten inneren Approximation

$\underline{\nu}$ ein Radonsches und bzgl. der äußeren Approximation $\overline{\nu}$ ein τ-stetiges Borel-Maß erzeugt.

In diesem Paragraphen wird Satz 32.4 angewandt, um Charakterisierungs- und Zerlegungssätze für Borel-Maße zu erhalten. In § 33 wird Satz 32.4 genutzt, um Kompaktheitskriterien bzgl. der schwachen Topologie für Familien von Maßen zu gewinnen.

32.4 Interne Inhalte erzeugen τ-stetige Maße und Radon-Maße

Sei $\langle X, \mathcal{T}\rangle$ ein topologischer Raum mit Borel-σ-Algebra $\mathcal{B}$. Sei

$$\nu : {}^*\mathcal{B} \to {}^*[0,\infty[\text{ ein finiter interner Inhalt,}$$

und setze für $B \in \mathcal{B}$:

$$\overline{\nu}_{st}(B) := \overline{\nu}(st^{-1}[B]); \quad \underline{\nu}_{st}(B) := \underline{\nu}(st^{-1}[B]).$$

Ist $\langle X, \mathcal{T}\rangle$ ein regulärer Raum, so gilt:

(i) $\overline{\nu}_{st}$ ist ein τ-stetiges Borel-Maß;

(ii) $\underline{\nu}_{st}$ ist ein Radon-Maß;

(iii) $\underline{\nu}_{st} = \overline{\nu}_{st} \iff ns({}^*X) \in \mathcal{L}(\nu)$.

Beweis. Sei $\langle X, \mathcal{T}\rangle$ ein regulärer Raum. Wir zeigen zunächst, daß $\overline{\nu}_{st}$ und $\underline{\nu}_{st}$ Maße auf $\mathcal{B}$ sind. Seien hierzu $B_n \in \mathcal{B}, n \in \mathbb{N}$, disjunkt. Dann sind

$$st^{-1}[B_n] \underset{32.2(\text{ii})}{\in} \mathcal{L}_U({}^*\mathcal{B}) \cap ns({}^*X), n \in \mathbb{N}, \text{ disjunkt (siehe 32.1 (i)).}$$

Da ferner $\overline{\nu}$ ein Maß auf $\mathcal{L}_U({}^*\mathcal{B}) \cap ns({}^*X)$ ist (siehe 31.9 (ii)), folgt:

$$\begin{aligned} \overline{\nu}_{st}(\cup_{n=1}^{\infty} B_n) &= \overline{\nu}(st^{-1}[\cup_{n=1}^{\infty} B_n]) = \overline{\nu}(\cup_{n=1}^{\infty} st^{-1}[B_n]) \\ &\underset{31.9}{=} \textstyle\sum_{n=1}^{\infty} \overline{\nu}(st^{-1}[B_n]) = \sum_{n=1}^{\infty} \overline{\nu}_{st}(B_n). \end{aligned}$$

Somit ist $\overline{\nu}_{st}$ σ-additiv, d.h. ein Maß. Die σ-Additivität von $\underline{\nu}_{st}$ folgt analog mit 31.9 (i).

(i) Um zu zeigen, daß $\overline{\nu}_{st}$ τ-stetig ist, sei $\mathcal{R} \subset \mathcal{T}$ mit $\mathcal{R} \uparrow O$. Es genügt zu zeigen:

(1) $$\overline{\nu}_{st}(O) \le \sup_{R \in \mathcal{R}} \overline{\nu}_{st}(R).$$

Sei hierzu

(2) $$\mathcal{V} := \{V \in \mathcal{T} : V^b \subset R \text{ für ein } R \in \mathcal{R}\}.$$

Wir zeigen später:

(3) $$\mathcal{V} \uparrow O.$$

Aus (3) folgt dann:

(4) $$st^{-1}[O] \underset{(3)}{=} \bigcup_{V \in \mathcal{V}} st^{-1}[V] \underset{32.3(\text{ii})}{\subset} \bigcup_{V \in \mathcal{V}} ({}^*V \cap ns({}^*X)).$$

Da ferner

(5) $$^*\mathcal{B} \supset \{^*V : V \in \mathcal{V}\} \uparrow,$$

und da $\{^*V : V \in \mathcal{V}\}$ höchstens $\widehat{S}$-viele Mengen enthält, folgt mit 31.11 (ii):

$$\begin{aligned}\overline{\nu}_{st}(O) &= \overline{\nu}(st^{-1}[O]) \underset{(4)}{\leq} \overline{\nu}(\bigcup_{V\in\mathcal{V}}(^*V \cap ns(^*X))) \underset{31.11}{=} \sup_{V\in\mathcal{V}} \overline{\nu}(^*V \cap ns(^*X)) \\ &\leq \sup_{V\in\mathcal{V}} \overline{\nu}(^*V^b \cap ns(^*X)) \underset{32.3(i)}{\leq} \sup_{V\in\mathcal{V}} \overline{\nu}(st^{-1}[V^b]) = \sup_{V\in\mathcal{V}} \overline{\nu}_{st}(V^b) \\ &\underset{(2)}{\leq} \sup_{R\in\mathcal{R}} \overline{\nu}_{st}(R),\end{aligned}$$

d.h. es gilt (1). Es bleibt also (3) zu zeigen; hierfür genügt es zu zeigen:

(6) $$O = \cup_{V\in\mathcal{V}} V;$$

(7) $$V_1, V_2 \in \mathcal{V} \Longrightarrow V_1 \cup V_2 \in \mathcal{V}.$$

Zu (6): Es gilt „ $\supset$ " nach Definition von $\mathcal{V}$ wegen $O = \cup_{R\in\mathcal{R}} R$. Für „ $\subset$ " sei $x \in O$. Dann ist $x \in R$ für ein $R \in \mathcal{R}$. Da $\langle X, \mathcal{T}\rangle$ regulär und $R \in \mathcal{T}_x$ ist, gibt es ein $V \in \mathcal{T}_x$ mit $V^b \subset R$ (siehe 23.5 (ii)); daher ist $x \in V \underset{(2)}{\in} \mathcal{V}$.

Zu (7): Nach (2) existieren $R_1, R_2 \in \mathcal{R}$ mit $V_1^b \subset R_1$ und $V_2^b \subset R_2$. Wegen $\mathcal{R} \uparrow$ gibt es ein $R \in \mathcal{R}$ mit $R_1 \cup R_2 \subset R$. Somit ist $(V_1 \cup V_2)^b = V_1^b \cup V_2^b \subset R$, d.h. $V_1 \cup V_2 \in \mathcal{V}$.

(ii) Sei $\mathcal{K}_a$ das System der kompakten, abgeschlossenen Mengen $K \subset X$. Um zu zeigen, daß $\underline{\nu}_{st}$ Radonsch ist, reicht es für $B \in \mathcal{B}$ nachzuweisen:

(8) $$\underline{\nu}(st^{-1}[B]) \leq \sup_{\mathcal{K}_a \ni K \subset B} \underline{\nu}(st^{-1}[K]).$$

Nach Definition von $\underline{\nu}$ und da $\underline{\nu} = \nu^L$ auf $^*\mathcal{B}$ ist (siehe 31.3 (ii)), gilt:

$$\underline{\nu}(st^{-1}[B]) = \sup_{st^{-1}[B] \supset C \in {}^*\mathcal{B}} \underline{\nu}(C).$$

Nun ist $C \subset st^{-1}[st[C]]$ für jedes $C \subset st^{-1}[X] = ns(^*X)$, und daher folgt:

(9) $$\underline{\nu}(st^{-1}[B]) \leq \sup_{st^{-1}[B] \supset C \in {}^*\mathcal{B}} \underline{\nu}(st^{-1}[st[C]]).$$

Wir zeigen nun:

(10) $$st^{-1}[B] \supset C \in {}^*\mathcal{B} \Longrightarrow K := st[C] \in \mathcal{K}_a \text{ und } K \subset B;$$

aus (9) und (10) folgt dann (8).

Zu (10): Sei $C \in {}^*\mathcal{B}$ mit $C \subset st^{-1}[B]$. Dann ist C intern mit $C \subset ns(^*X)$. Daher ist $K := st[C]$ kompakt (siehe 28.8) und abgeschlossen (siehe 28.7 (i)), d.h. es ist $K \in \mathcal{K}_a$. Wegen $C \subset st^{-1}[B]$ und $B \in \mathcal{B}$ gilt ferner $K = st[C] \subset st[st^{-1}[B]] \underset{32.1(ii)}{=} B$.

(iii) „ $\Rightarrow$ ": Aus $\underline{\nu}_{st} = \overline{\nu}_{st}$ folgt $\underline{\nu}_{st}(X) = \overline{\nu}_{st}(X)$. Da $ns(^*X) = st^{-1}[X]$ ist, gilt somit

$$\underline{\nu}(ns(^*X)) = \underline{\nu}(st^{-1}[X]) = \underline{\nu}_{st}(X) = \overline{\nu}_{st}(X) = \overline{\nu}(ns(^*X)),$$

d.h. es ist $ns(^*X) \in \mathcal{L}(\nu)$.

„ $\Leftarrow$ ": Ist $ns(^*X) \in \mathcal{L}(\nu)$, dann gilt $st^{-1}[B] \in \mathcal{L}(\nu)$ für alle $B \in \mathcal{B}$ (siehe 32.2 (ii)). Somit ist $\underline{\nu}(st^{-1}[B]) = \overline{\nu}(st^{-1}[B])$, d.h. $\underline{\nu}_{st}(B) = \overline{\nu}_{st}(B)$ für alle $B \in \mathcal{B}$. □

Für die in 32.4 notierten Ergebnisse ist die Voraussetzung über die Regularität des Raumes wesentlich: Selbst für Hausdorff-Räume und Standard-Inhalte $\nu = {}^*\mu$ ist unter Umständen $\overline{\nu}_{st}$ nicht einmal ein Inhalt und $\underline{\nu}_{st}$ kein Radon-Maß (siehe Aufgabe 2 (i) und (ii)).

Als Folgerung aus 32.4 erhalten wir nun Kriterien dafür, wann $\mu = \overline{\nu}_{st}$ bzw. $\mu = \underline{\nu}_{st}$ für ein vorgegebenes Borel-Maß μ und einen vorgegebenen finiten internen Inhalt ν gilt. Da ein solches μ notwendigerweise τ-stetig bzw. Radonsch (siehe 32.4 (i) und (ii)) und daher insbesondere regulär ist (siehe 30.8 (i) und (ii)), setzen wir im folgenden μ als regulär voraus.

Die Charakterisierungen für $\mu = \overline{\nu}_{st}$ bzw. $\mu = \underline{\nu}_{st}$ aus 32.5 bzw. 32.6 werden im folgenden benutzt:

a) Zur Nichtstandard-Charakterisierung von τ -stetigen bzw. Radon-Maßen.
b) Zur Nichtstandard-Behandlung der schwachen Topologie über der Menge der τ -stetigen bzw. Radonschen Wahrscheinlichkeitsmaße. So wird ν genau dann bzgl. dieser Topologie unendlich nahe bei einem τ -stetigen bzw. Radonschen μ liegen, wenn $\overline{\nu}_{st} = \mu$ bzw. $\underline{\nu}_{st} = \mu$ ist.

32.5 Charakterisierung von $\mu = \overline{\nu}_{st}$

Sei $\langle X, \mathcal{T}\rangle$ ein regulärer Raum mit Borel-σ-Algebra $\mathcal{B}$. Sei μ ein reguläres Borel-Maß und $\nu : {}^*\mathcal{B} \to {}^*[0,\infty[$ ein finiter interner Inhalt mit $\mu(X) = \nu^L({}^*X)$. Dann sind äquivalent:

(i) $\mu = \overline{\nu}_{st}$;

(ii) μ τ-stetig und $\mu(O) \leq \nu^L({}^*O)$ für alle $O \in \mathcal{T}$;

(iii) $\mu(X) = \overline{\nu}(ns({}^*X))$ und $\mu(O) \leq \nu^L({}^*O)$ für alle $O \in \mathcal{T}$.

Beweis. ***(i) ⇒ (ii)*** Nach 32.4 (i) ist μ τ-stetig. Ferner gilt für $O \in \mathcal{T}$:

$$\mu(O) \underset{(i)}{=} \overline{\nu}_{st}(O) = \overline{\nu}(st^{-1}[O]) \underset{32.3(ii)}{\leq} \overline{\nu}({}^*O) = \nu^L({}^*O).$$

(ii) ⇒ (iii) Wegen $\overline{\nu}(ns({}^*X)) \leq \overline{\nu}({}^*X) = \mu(X)$ bleibt $\overline{\nu}(ns({}^*X)) \geq \mu(X)$ zu zeigen. Sei hierzu $C \in {}^*\mathcal{B}$ mit $ns({}^*X) \subset C$; dann ist nach Definition von $\overline{\nu}$ nachzuweisen:

(1) $$\nu^L(C) \geq \mu(X).$$

Wegen $ns({}^*X) \subset C$ gilt $m(x) = \bigcap_{O \in \mathcal{T}_x} {}^*O \subset C$ für jedes $x \in X$. Da C intern ist, existieren dann $O_x \in \mathcal{T}_x$ mit ${}^*O_x \subset C$ (benutze 28.3 (ii)), und man erhält für jedes endliche $E \subset X$:

(2) $$\nu^L(C) \geq \nu^L(\bigcup_{x \in E} {}^*O_x) = \nu^L({}^*(\bigcup_{x\in E} O_x)) \underset{(ii)}{\geq} \mu(\bigcup_{x\in E} O_x).$$

Wegen $\mathcal{T} \supset \mathcal{T}_1 := \{\bigcup_{x\in E} O_x : E \subset X \text{ endlich}\} \uparrow X$ folgt aus der τ-Stetigkeit von μ :

(3) $$\sup_{E \subset X \text{endlich}} \mu(\bigcup_{x\in E} O_x) = \mu(X).$$

Aus (2) und (3) erhält man (1).

(iii) ⇒ (i) Wir zeigen:

(4) $\mu(A) \leq \overline{\nu}_{st}(A)$ für jede abgeschlossene Menge A.

Hieraus folgt $\mu = \overline{\nu}_{st}$ nach 30.9, da $\overline{\nu}_{st}$ ein Borel-Maß, $\mu(X) \underset{(iii)}{=} \overline{\nu}(ns(^*X)) = \overline{\nu}_{st}(X)$ und μ regulär ist.

Zu (4): Sei $A \subset X$ abgeschlossen. Wegen

$$\overline{\nu}(ns(^*X)) \underset{(iii)}{=} \mu(X) = \nu^L(^*X) = \overline{\nu}(^*X)$$

folgt nach 31.10 (ii), angewandt auf $Y_0 := ns(^*X)$

$$\begin{aligned} \mu(A) &\leq \inf_{A \subset O \in \mathcal{T}} \mu(O) \underset{(iii)}{\leq} \inf_{A \subset O \in \mathcal{T}} \overline{\nu}(^*O) \\ &\underset{31.10(ii)}{=} \inf_{A \subset O \in \mathcal{T}} \overline{\nu}(^*O \cap ns(^*X)) \\ &\underset{31.11(iv)}{=} \overline{\nu}(\bigcap_{A \subset O \in \mathcal{T}} (^*O \cap ns(^*X))) \\ &= \overline{\nu}(m(A) \cap ns(^*X)) \underset{32.2(i)}{=} \overline{\nu}(st^{-1}[A]) = \overline{\nu}_{st}(A). \end{aligned}$$

□

32.6 Charakterisierung von $\mu = \underline{\nu}_{st}$

Sei $\langle X, \mathcal{T} \rangle$ ein regulärer Raum mit Borel-σ-Algebra $\mathcal{B}$. Sei μ ein reguläres Borel-Maß und $\nu : {}^*\mathcal{B} \to {}^*[0, \infty[$ ein finiter interner Inhalt mit $\mu(X) = \nu^L(^*X)$. Dann sind äquivalent:

(i) $\mu = \underline{\nu}_{st}$;

(ii) μ Radonsch und $\mu(O) \leq \nu^L(^*O)$ für alle $O \in \mathcal{T}$;

(iii) $\mu(X) = \underline{\nu}(ns(^*X))$ und $\mu(O) \leq \nu^L(^*O)$ für alle $O \in \mathcal{T}$.

Beweis. *(i) ⇒ (ii)* Nach 32.4 (ii) ist μ Radonsch. Ferner gilt für $O \in \mathcal{T}$:

$$\mu(O) \underset{(i)}{=} \underline{\nu}_{st}(O) = \underline{\nu}(st^{-1}[O]) \underset{32.3(ii)}{\leq} \underline{\nu}(^*O) = \nu^L(^*O).$$

(ii) ⇒ (iii) Wegen $\underline{\nu}(ns(^*X)) \leq \underline{\nu}(^*X) = \mu(X)$ bleibt $\mu(X) \leq \underline{\nu}(ns(^*X))$ zu zeigen. Da μ Radonsch ist, genügt es hierzu nachzuweisen:

$$\mu(K) \leq \underline{\nu}(ns(^*X)) \text{ für alle } K \in \mathcal{K}_a.$$

Dieses erhält man für $K \in \mathcal{K}_a$ wie folgt:

$$\begin{aligned} \mu(K) &\leq \inf_{K \subset O \in \mathcal{T}} \mu(O) \underset{(ii)}{\leq} \inf_{K \subset O \in \mathcal{T}} \nu^L(^*O) \\ &\underset{31.8(iii)}{=} \nu^L(m(K)) \underset{23.4}{=} \nu^L(\bigcup_{x \in K} m(x)) \leq \underline{\nu}(ns(^*X)). \end{aligned}$$

(iii) ⇒ (i) Wegen $\mu(X) = \underline{\nu}(ns(^*X)) \leq \overline{\nu}(ns(^*X)) \leq \nu^L(^*X) = \mu(X)$ folgt

$$\mu(X) = \overline{\nu}(ns(^*X)), \quad ns(^*X) \in \mathcal{L}(\nu).$$

Daher gilt $\mu \underset{32.5}{=} \overline{\nu}_{st} \underset{32.4(iii)}{=} \underline{\nu}_{st}$. □

Die folgenden beiden Sätze zeigen, daß jedes τ-stetige Maß bzw. jedes Radonsche Maß in der Form $\mu = \overline{\nu}_{st}$ bzw. $\mu = \underline{\nu}_{st}$ dargestellt werden kann, und zwar mit $\nu = {}^*\mu$. Man beachte dabei, daß jedes Borel-Maß μ einen finiten internen Inhalt ${}^*\mu$ auf ${}^*\mathcal{B}$ liefert (siehe Beispiel (I) hinter 31.1), und daß somit die Mengenfunktionen ${}^*\mu^L, {}^*\underline{\mu}$ und $\overline{{}^*\mu}$ gebildet werden können.

Für alle $B \in \mathcal{B}$ gilt:

- $\mu(B) \underset{7.9(iv)}{=} {}^*\mu({}^*B) \underset{31.2}{=} {}^*\mu^L({}^*B) \underset{31.3(ii)}{=} \overline{{}^*\mu}({}^*B) = {}^*\underline{\mu}({}^*B);$

diese Gleichheiten werden wir häufig ohne Zitat verwenden.

32.7 Nichtstandard-Charakterisierung von τ-stetigen Maßen

Sei $\langle X, \mathcal{T} \rangle$ ein regulärer Raum mit Borel-σ-Algebra $\mathcal{B}$ und μ ein reguläres Borel-Maß. Dann sind die folgenden Bedingungen äquivalent:

(i) $\mu = \overline{{}^*\mu}_{st}$;

(ii) μ ist τ-stetig;

(iii) $\mu(X) = \overline{{}^*\mu}(ns({}^*X))$.

Beweis. Die Behauptung folgt aus 32.5 mit $\nu := {}^*\mu$: Es ist nämlich ν ein finiter interner Inhalt auf ${}^*\mathcal{B}$, und für alle $O \in \mathcal{T}$ - und damit auch für $O = X$ - gilt:

$$\mu(O) = {}^*\mu({}^*O) = \nu({}^*O) = \nu^L({}^*O).$$ □

32.8 Nichtstandard-Charakterisierung von Radon-Maßen

Sei $\langle X, \mathcal{T} \rangle$ ein regulärer Raum mit Borel-σ-Algebra $\mathcal{B}$ und μ ein reguläres Borel-Maß. Dann sind die folgenden Bedingungen äquivalent:

(i) $\mu = {}^*\underline{\mu}_{st}$;

(ii) μ ist ein Radon-Maß;

(iii) $\mu(X) = {}^*\underline{\mu}(ns({}^*X))$;

(iv) μ ist τ-stetig und $ns({}^*X) \in \mathcal{L}({}^*\mu)$.

Beweis. Die Äquivalenz der drei ersten Bedingungen folgt aus 32.6, angewandt auf $\nu := {}^*\mu$.

(ii) ∧ (iii) ⇒ (iv) Als Radon-Maß ist μ τ-stetig (siehe 30.8 (i)), und es folgt ${}^*\underline{\mu}(ns({}^*X)) \underset{(iii)}{=} \mu(X) \underset{32.7}{=} \overline{{}^*\mu}(ns({}^*X))$. Also ist $ns({}^*X) \in \mathcal{L}({}^*\mu)$.

(iv) ⇒ (i) Wegen $ns({}^*X) \in \mathcal{L}({}^*\mu)$ ist ${}^*\underline{\mu}_{st} = \overline{{}^*\mu}_{st}$ (siehe 32.4 (iii)). Da μ τ-stetig ist, gilt $\overline{{}^*\mu}_{st} = \mu$ (siehe 32.7), und es folgt (i). □

Ist in einem regulären Raum jedes τ-stetige Maß Radonsch, so gilt nach Satz 32.8 ((ii) ⇒ (iv)):

$$ns({}^*X) \in \mathcal{L}({}^*\mu) \text{ für alle } \tau\text{-stetigen } \mu.$$

Der folgende Satz zeigt, daß dann sogar gilt:

$$ns({}^*X) \in \mathcal{L}(\nu) \text{ für alle finiten internen } \nu \text{ auf } {}^*\mathcal{B}.$$

32.9 Korollar

Sei $\langle X, \mathcal{T}\rangle$ ein regulärer Raum mit Borel-σ-Algebra $\mathcal{B}$. Dann sind äquivalent:

(i) Jedes τ-stetige Borel-Maß ist ein Radon-Maß.

(ii) $ns({}^*X) \in \mathcal{L}_U({}^*\mathcal{B})$.

Beweis. *(ii) ⇒ (i)* folgt aus 32.8 (iv) ⇒ (ii).

(i) ⇒ (ii) Sei ν auf ${}^*\mathcal{B}$ ein finiter interner Inhalt. Es ist $ns({}^*X) \in \mathcal{L}(\nu)$ zu zeigen. Hierzu genügt es zu beweisen:

$$(1) \qquad \overline{\nu}(ns({}^*X)) \leq \underline{\nu}(ns({}^*X)).$$

Es ist $\overline{\nu}_{st}$ ein τ-stetiges Maß (siehe 32.4 (i)) und daher nach (i) auch ein Radon-Maß. Somit folgt:

$$(2) \qquad \overline{\nu}(ns({}^*X)) = \overline{\nu}_{st}(X) = \sup_{K \in \mathcal{K}_a} \overline{\nu}_{st}(K).$$

Da $st^{-1}[K] \in \mathcal{L}_U({}^*\mathcal{B})$ für $K \in \mathcal{K}_a$ ist (siehe 32.2 (iii)), gilt:

$$(3) \qquad \overline{\nu}_{st}(K) = \overline{\nu}(st^{-1}[K]) = \underline{\nu}(st^{-1}[K]) = \underline{\nu}_{st}(K).$$

Daher folgt:

$$\overline{\nu}(ns({}^*X)) \underset{(2)}{=} \sup_{K \in \mathcal{K}_a} \overline{\nu}_{st}(K) \underset{(3)}{=} \sup_{K \in \mathcal{K}_a} \underline{\nu}_{st}(K) \leq \underline{\nu}_{st}(X) = \underline{\nu}(ns({}^*X)),$$

d.h. es gilt (1). □

Da in 31.13 (iii) Klassen topologischer Räume angegeben wurden, in denen die Menge $ns({}^*X)$ universell-Loeb-meßbar ist, erhält man aus 32.9 unmittelbar zwei wichtige Ergebnisse über Borel-Maße (siehe 32.10).

Andererseits folgt aus 32.9, daß immer dann $ns({}^*X) \notin \mathcal{L}_U({}^*\mathcal{B})$ ist, wenn ein τ-stetiges, nicht Radonsches Borel-Maß existiert. Daher kann selbst für metrische Räume mit abzählbarer Basis $ns({}^*X) \notin \mathcal{L}_U({}^*\mathcal{B})$ sein (siehe Aufgabe 3).

32.10 Räume, in denen jedes Maß bzw. τ-stetige Maß Radonsch ist

(i) In einem vollständigen pseudometrischen Raum mit abzählbarer Basis ist jedes Borel-Maß ein Radon-Maß.

(ii) In einem vollständigen pseudometrischen Raum, in einem lokalkompakten Prähausdorff-Raum und in einem σ-kompakten regulären Raum ist jedes τ-stetige Borel-Maß ein Radon-Maß.

Beweis. *(i)* Ein pseudometrischer Raum ist regulär (siehe 24.6 (i) und 23.6). In einem Raum mit abzählbarer Basis ist jedes Borel-Maß τ-stetig (siehe 30.8 (iii)). In einem vollständigen pseudometrischen Raum ist $ns({}^*X) \in \mathcal{L}_U({}^*\mathcal{B})$ (siehe 31.13 (iii)). Damit folgt (i) aus 32.9.

(ii) folgt direkt aus 32.9, da für die in (ii) betrachteten Räume $ns({}^*X) \in \mathcal{L}_U({}^*\mathcal{B})$ ist (siehe 31.13 (iii) und beachte, daß nach 23.14 jeder lokalkompakte Prähausdorff-Raum regulär ist). □

Sind ρ und μ Borel-Maße, so heißt ρ ein *Minorant* von μ, wenn gilt

$$\rho(B) \leq \mu(B) \text{ für alle } B \in \mathcal{B}.$$

Wir schreiben dann auch $\rho \leq \mu$.

Das folgende Ergebnis gibt für reguläre Borel-Maße μ denjenigen Minoranten von μ explizit an, welcher in der Klasse aller τ-stetigen Maße (bzw. aller Radon-Maße) der größte Minorant von μ ist.

32.11 Größte τ-stetige bzw. Radonsche Minoranten

Sei $\langle X, \mathcal{T}\rangle$ ein regulärer Raum mit Borel-σ-Algebra $\mathcal{B}$ und μ ein reguläres Borel-Maß. Dann gilt:

(i) $\overline{{}^*\mu}_{st}$ ist der größte τ-stetige Minorant von μ;

(ii) $\underline{{}^*\mu}_{st}$ ist der größte Radonsche Minorant von μ.

Beweis. Es ist $\overline{{}^*\mu}_{st}$ ein τ-stetiges Maß und $\underline{{}^*\mu}_{st}$ ein Radon-Maß (siehe 32.4 (i) und (ii)). Somit bleibt zu zeigen:

(1) $$\overline{{}^*\mu}_{st} \leq \mu, \quad \underline{{}^*\mu}_{st} \leq \mu;$$

(2) $$(\rho \ \tau\text{-stetiges Maß} \wedge \rho \leq \mu) \Rightarrow \rho \leq \overline{{}^*\mu}_{st};$$

(3) $$(\rho \ \text{Radon-Maß} \wedge \rho \leq \mu) \Rightarrow \rho \leq \underline{{}^*\mu}_{st}.$$

Zu (1): Es ist $st^{-1}[O] \subset {}^*O$ für alle $O \in \mathcal{T}$, und daher gilt für alle $O \in \mathcal{T}$:

(4) $$\overline{{}^*\mu}_{st}(O) = \overline{{}^*\mu}(st^{-1}[O]) \leq \overline{{}^*\mu}({}^*O) = \mu(O).$$

Da μ regulär ist, folgt für alle $B \in \mathcal{B}$ nach 30.7 (siehe auch Aufgabe 4 von § 30):

$$\overline{{}^*\mu}_{st}(B) \leq \inf_{B\subset O\in\mathcal{T}} \overline{{}^*\mu}_{st}(O) \underset{(4)}{\leq} \inf_{B\subset O\in\mathcal{T}} \mu(O) \underset{30.7}{=} \mu(B).$$

Somit ist $\overline{{}^*\mu}_{st} \leq \mu$; wegen $\underline{{}^*\mu}_{st} \leq \overline{{}^*\mu}_{st}$ gilt daher auch $\underline{{}^*\mu}_{st} \leq \mu$.

Zu (2): Da ρ τ-stetig ist, gilt $\rho = \overline{{}^*\rho}_{st}$ (siehe 32.7 und benutze 30.8 (ii)); wegen $\rho \leq \mu$ folgt

$$\overline{{}^*\rho}_{st} \leq \overline{{}^*\mu}_{st}.$$

Zu (3): Da ρ Radonsch ist, gilt $\rho = \underline{{}^*\rho}_{st}$ (siehe 32.8); wegen $\rho \leq \mu$ folgt

$$\underline{{}^*\rho}_{st} \leq \underline{{}^*\mu}_{st}.$$ □

Ist das Borel-Maß μ *nicht* regulär, so ist Satz 32.11 i.a. nicht mehr richtig, da dann $\underline{{}^*\mu}_{st}$ und somit erst recht $\overline{{}^*\mu}_{st}$ kein Minorant von μ sein muß: Wähle hierzu einen kompakten Hausdorff-Raum $\langle X, \mathcal{T}\rangle$ (ein solcher Raum ist regulär nach 23.14) und ein Borel-Maß μ, welches nicht regulär ist (siehe Halmos 1964, S. 231). Dann gibt es eine abgeschlossene Menge $A \subset X$ mit

$$\mu(A) < \inf_{A\subset O\in\mathcal{T}} \mu(O)$$

(benutze 30.7). Da X kompakt ist, gilt ${}^*X = ns({}^*X)$, und es folgt

$$st^{-1}[A] \underset{32.2(\mathrm{i})}{=} m(A) = \bigcap_{A\subset O\in\mathcal{T}} {}^*O.$$

Somit erhält man:

$$\begin{aligned}\underline{{}^*\mu}_{st}(A) &= \underline{{}^*\mu}\Big(\bigcap_{A\subset O\in\mathcal{T}} {}^*O\Big) \underset{31.8(\mathrm{i})}{=} {}^*\mu^L\Big(\bigcap_{A\subset O\in\mathcal{T}} {}^*O\Big)\\ &\underset{31.8(\mathrm{iii})}{=} \inf_{A\subset O\in\mathcal{T}} {}^*\mu^L({}^*O) = \inf_{A\subset O\in\mathcal{T}} \mu(O) > \mu(A).\end{aligned}$$

Daher ist $\underline{{}^*\mu}_{st}$ kein Minorant von μ. □

Mit Hilfe von $\overline{{}^*\mu}_{st}$ und $\underline{{}^*\mu}_{st}$ läßt sich nun recht einfach eine additive Zerlegung für reguläre Borel-Maße μ beweisen (siehe 32.12). Wir benutzen bei der Formulierung die folgenden beiden Begriffe.

Sei $\langle X, \mathcal{T}\rangle$ ein regulärer Raum mit Borel-σ-Algebra $\mathcal{B}$. Ein Borel-Maß μ heißt

(i) *rein regulär*, falls μ regulär ist und das Nullmaß der einzige τ-stetige Minorant von μ ist;

(ii) *rein τ-stetig*, falls μ τ-stetig ist und das Nullmaß der einzige Radonsche Minorant von μ ist.

Rein reguläre Maße besitzen also keinen nicht-trivialen τ-stetigen Minoranten und rein τ-stetige Maße besitzen keinen nicht-trivialen Radonschen Minoranten.

Für den folgenden Satz beachte man, daß mit regulären (τ-stetigen, Radonschen) Maßen μ_1, μ_2 auch $\mu_1 + \mu_2$ wieder ein reguläres (τ-stetiges, Radonsches) Maß ist. Ist zusätzlich $\mu_1 \leq \mu_2$, so ist auch $\mu_2 - \mu_1$ ein reguläres (τ-stetiges, Radonsches) Maß.

32.12 Eindeutige Zerlegung von regulären Borel-Maßen

Sei $\langle X, \mathcal{T}\rangle$ ein regulärer Raum mit Borel-σ-Algebra $\mathcal{B}$ und μ ein reguläres Borel-Maß. Dann gibt es eine eindeutige Zerlegung

$$\mu = \mu_R + \mu_\tau + \mu_{re}$$

wobei μ_R ein Radon-Maß, μ_τ ein rein τ-stetiges Maß und μ_{re} ein rein reguläres Maß ist.

Beweis. Betrachte die folgenden Mengenfunktionen auf $\mathcal{B}$:

$$\mu_R := \underline{{}^*\mu}_{st}; \qquad \mu_\tau := \overline{{}^*\mu}_{st} - \underline{{}^*\mu}_{st}; \qquad \mu_{re} := \mu - (\mu_R + \mu_\tau).$$

Dann ist $\mu = \mu_R + \mu_\tau + \mu_{re}$, und für die Existenz der behaupteten Zerlegung ist zu zeigen:

(1) μ_R ist ein Radon-Maß;

(2) μ_τ ist ein rein τ-stetiges Maß;

(3) μ_{re} ist ein rein reguläres Maß.

Zu (1): (1) folgt aus 32.4 (ii).

Zu (2): Es ist $\overline{{}^*\mu}_{st}$ ein τ-stetiges Maß nach 32.4 (i). Es ist $\underline{{}^*\mu}_{st}$ ein Radon-Maß (siehe 32.4 (ii)) und damit ein τ-stetiges Maß (siehe 30.8 (i)). Wegen

$\underline{{}^*\mu}_{st} \leq \overline{{}^*\mu}_{st}$ ist daher $\mu_\tau = \overline{{}^*\mu}_{st} - \underline{{}^*\mu}_{st}$ ein τ-stetiges Maß. Um zu zeigen, daß μ_τ rein τ-stetig ist, sei ρ ein Radon-Maß mit $\rho \leq \mu_\tau$. Dann folgt

(4) $$\mu_R + \rho \text{ Radon-Maß}, \ \mu_R + \rho \leq \mu_R + \mu_\tau = \overline{{}^*\mu}_{st} \underset{32.11(\mathrm{i})}{\leq} \mu.$$

Da $\mu_R = \underline{{}^*\mu}_{st}$ der größte Radonsche Minorant von μ ist (siehe 32.11 (ii)), folgt aus (4), daß $\rho = 0$ ist. Somit ist μ_τ rein τ-stetig.

Zu (3): Es ist $\mu_R + \mu_\tau = \overline{{}^*\mu}_{st}(\leq \mu)$ ein τ-stetiges und damit reguläres Maß (siehe 30.8 (ii)). Somit ist auch $\mu_{re} = \mu - (\mu_R + \mu_\tau)$ ein reguläres Maß. Um zu zeigen, daß μ_{re} rein regulär ist, sei ρ ein τ-stetiges Maß mit $\rho \leq \mu_{re}$. Dann gilt:

(5) $$\overline{{}^*\mu}_{st} + \rho \ \tau\text{-stetiges Maß}, \ \overline{{}^*\mu}_{st} + \rho = \mu_R + \mu_\tau + \rho \leq \mu_R + \mu_\tau + \mu_{re} = \mu.$$

Da $\overline{{}^*\mu}_{st}$ der größte τ-stetige Minorant von μ ist (siehe 32.11 (i)), folgt aus (5), daß $\rho = 0$ ist. Somit ist μ_{re} rein regulär.

Es bleibt die Eindeutigkeit der Zerlegung zu zeigen. Sei hierzu:

(6) $$\rho_R + \rho_\tau + \rho_{re} = \mu = \mu_R + \mu_\tau + \mu_{re}$$

eine weitere Zerlegung von μ mit den geforderten Eigenschaften.

Da $\mu_R = \underline{{}^*\mu}_{st}$ der größte Radonsche Minorant und $\mu_R + \mu_\tau = \overline{{}^*\mu}_{st}$ der größte τ-stetige Minorant von μ ist, folgt:

(7) $$\rho_R \leq \mu_R, \quad \rho_R + \rho_\tau \leq \mu_R + \mu_\tau.$$

Also gilt:
$$0 \underset{(7)}{\leq} (\mu_R + \mu_\tau) - (\rho_R + \rho_\tau) \underset{(6)}{\leq} \mu - (\rho_R + \rho_\tau) \underset{(6)}{=} \rho_{re}.$$

Damit ist $(\mu_R + \mu_\tau) - (\rho_R + \rho_\tau)$ ein τ-stetiger Minorant des rein regulären Maßes ρ_{re}, und somit gilt:

(8) $$\mu_R + \mu_\tau = \rho_R + \rho_\tau.$$

Ferner gilt $0 \underset{(7)}{\leq} \mu_R - \rho_R \underset{(8)}{\leq} \rho_\tau$ und damit ist $\mu_R - \rho_R$ ein Radonscher Minorant des rein τ-stetigen Maßes ρ_τ. Hieraus folgt $\mu_R = \rho_R$. Aus (8) erhält man dann $\mu_\tau = \rho_\tau$, und somit $\mu_{re} = \rho_{re}$ aus (6). □

Für Leser, die mit der Theorie der Baire-Maße vertraut sind, sei darauf hingewiesen, daß mit den in diesem Paragraphen entwickelten Methoden jedes τ-stetige Baire-Maß μ_0 in einem vollständig regulären Raum zu einem τ-stetigen Borel-Maß fortgesetzt werden kann. Genauer ist $(\overline{{}^*\mu_0})_{st}$ auf $\mathcal{B}$ eine τ-stetige Fortsetzung von μ_0. Die Beweisidee soll kurz geschildert werden: Es bezeichne $\mathcal{B}_0$ die Baire-σ-Algebra. Man kann 32.2 (ii) verschärfen zu $st^{-1}[B] \in \mathcal{L}_U({}^*\mathcal{B}_0) \cap ns({}^*X)$ für alle Borel-Mengen $B \subset X$, und man erhält dann (ähnlich wie in 32.4 (i)), daß $(\overline{{}^*\mu_0})_{st}$ auf $\mathcal{B}$ ein τ-stetiges Borel-Maß ist. Die τ-Stetigkeit von μ_0 liefert $\mu_0(X) = \overline{{}^*\mu}_0(ns({}^*X))$; dieses ergibt zusammen mit der Regularität eines Baire-Maßes, daß $(\overline{{}^*\mu_0})_{st}$ auf $\mathcal{B}_0$ mit μ_0 übereinstimmt (vgl. den Beweis 32.5 (iii) $\Rightarrow$ (i) mit $\nu := {}^*\mu$).

Die wichtigsten Konzepte dieses Paragraphen sind die Mengenfunktionen $\overline{\nu}_{st}$ und $\underline{\nu}_{st}$. In regulären Räumen ist

$$st^{-1}[B] \in \mathcal{L}(\nu) \cap ns({}^*X) \quad \text{für} \quad B \in \mathcal{B},$$

und hiermit wurde gezeigt:

$$\overline{\nu}_{st} \text{ und } \underline{\nu}_{st} \text{ sind Borel-Maße.}$$

Darüberhinaus gilt:

$$\overline{\nu}_{st} \text{ ist } \tau\text{-stetig}, \quad \underline{\nu}_{st} \text{ ist Radonsch;}$$
$$\underline{\nu}_{st} = \overline{\nu}_{st} \iff ns({}^*X) \in \mathcal{L}(\nu).$$

Für reguläre Borel-Maße μ ist $\overline{{}^*\mu}_{st}$ der größte τ-stetige Minorant von μ, und ${}^*\underline{\mu}_{st}$ der größte Radonsche Minorant von μ, woraus sich ein Zerlegungssatz für reguläre Borel-Maße herleiten läßt.

Aufgaben

1 Sei $\langle X, \mathcal{T}\rangle$ ein topologischer Raum mit Borel-σ-Algebra $\mathcal{B}$, und sei μ ein τ-stetiges Borel-Maß. Man zeige:

$$\overline{{}^*\mu}_{st}(X_0) = \inf_{X_0 \subset O \in \mathcal{T}} \mu(O) \quad \text{für alle } X_0 \subset X.$$

2 Es seien $\langle X, \mathcal{T}_1\rangle$ der topologische Hausdorff-Raum mit Borel-σ-Algebra $\mathcal{B}_1$ und μ das Borel-Maß der Aufgabe 30.5. Es sei $st := st_{\mathcal{T}_1}$. Man zeige:

(i) $\overline{{}^*\mu}_{st}$ ist kein Inhalt;

(ii) ${}^*\underline{\mu}_{st}$ ist kein Radon-Maß;

(iii) $st^{-1}[B] \notin \mathcal{L}_U({}^*\mathcal{B}_1) \cap ns_{\mathcal{T}_1}({}^*X)$ für gewisse Borel-Mengen $B \in \mathcal{B}_1$;

(iv) $st^{-1}[A] \neq m(A) \cap ns_{\mathcal{T}_1}({}^*X)$ für gewisse $\mathcal{T}_1$-abgeschlossene Mengen A.

Man zeige hierzu $\overline{{}^*\mu}_{st}(D) = \overline{{}^*\mu}_{st}(\overline{D}) = {}^*\underline{\mu}_{st}(X) = 1$ und ${}^*\underline{\mu}_{st}(K) = 0$ für $\mathcal{T}_1$-kompakte Mengen K; man benutze Aufgabe 1.

3 Sei $\mu_1 : \mathcal{B} \cap D \to [0, \infty[$ das Maß aus Aufgabe 30.5. Man zeige:

(i) $\mathcal{B} \cap D$ ist die Borel-σ-Algebra $\mathcal{B}(D)$ des metrischen Teilraumes D von $[0,1]$;

(ii) μ_1 ist ein reguläres, τ-stetiges Borel-Maß, aber kein Radon-Maß.

(iii) Man folgere aus (ii), daß $ns({}^*D) \notin \mathcal{L}({}^*\mu_1)$ ist.

Die folgende Aufgabe zeigt, daß in Satz 31.8 (i) keine der beiden Voraussetzungen an $\mathcal{R}$ entbehrlich ist.

4 Man zeige, daß für interne Inhalte ν auf $\mathcal{C}$ i.a. weder (i) noch (ii) gilt:

(i) $\mathcal{R} \subset \mathcal{C} \Rightarrow \bigcup_{R \in \mathcal{R}} R \in \mathcal{L}(\nu)$.

(ii) $\mathcal{R} \subset \mathcal{L}(\nu)$ besitzt höchstens $\widehat{S}$-viele Elemente $\Rightarrow \bigcup_{R \in \mathcal{R}} R \in \mathcal{L}(\nu)$.

Sei D wie in Aufgabe 30.5, und sei $\nu := {}^*\lambda$ auf ${}^*\mathcal{B}$, wobei λ das Lebesgue-Maß auf der Borel-σ-Algebra über $X := [0,1]$ bezeichne. Wähle

$$\mathcal{R} := \{E \subset {}^*[0,1] : E \subset st^{-1}[D], E \text{ endlich}\} \quad \text{für (i)}$$
$$\text{sowie } \mathcal{R} := \{\textstyle\bigcup_{x \in E} m(x) : E \subset D \text{ endlich}\} \quad \text{für (ii)}.$$

5 Man zeige, daß sowohl 32.1 (i) als auch (ii) nicht für alle topologischen Räume gelten.

§ 33 Die schwache Topologie über der Familie aller τ-stetigen W-Maße

In diesem Paragraphen sei $^* : \widehat{S} \longrightarrow \widehat{^*S}$ eine $\widehat{S}$-kompakte Nichtstandard-Einbettung. Es sei $\langle X, \mathcal{T} \rangle$ ein topologischer Raum mit Borel-σ-Algebra $\mathcal{B}$. Ein Borel-Maß P heißt ein Wahrscheinlichkeitsmaß, kurz W-Maß, falls $P(X) = 1$ ist. Es bezeichne

- $\mathcal{W}_\tau$ das System aller τ-stetigen W-Maße.

Ist $\langle X, \mathcal{T} \rangle$ ein regulärer Raum, so ist jedes $P \in \mathcal{W}_\tau$ ein reguläres W-Maß (siehe 30.8 (ii)).

Über $\mathcal{W}_\tau$ als Grundraum wird jetzt eine Topologie eingeführt, die sogenannte schwache Topologie. Diese Topologie spielt eine wichtige Rolle in der Wahrscheinlichkeitstheorie. Zentrale Grenzwertsätze und Invarianzprinzipien sind Konvergenzaussagen bzgl. der schwachen Topologie (siehe § 35).

Das wesentliche Ziel dieses Paragraphen ist es, hinreichende Bedingungen zu finden, unter denen eine Familie $\mathcal{P}$ von W-Maßen relativ kompakt bzgl. der schwachen Topologie ist. Die Bedingungen an $\mathcal{P}$ implizieren dabei stets, daß $\mathcal{P} \subset \mathcal{W}_\tau$ ist. Daher legen wir als Grundraum für die schwache Topologie die

Menge $\mathcal{W}_\tau$ und nicht die Familie aller W-Maße zugrunde. In vielen Räumen - z.B. denen mit abzählbarer Basis - ist ohnehin $\mathcal{W}_\tau$ die Familie aller W-Maße auf $\mathcal{B}$ (siehe 30.8 (iii)).

Wir führen die schwache Topologie über $\mathcal{W}_\tau$ als kleinste Topologie ein, die ein geeignetes System $\mathcal{S} \subset \mathcal{P}(\mathcal{W}_\tau)$ umfaßt (siehe hierzu 22.1). Wie üblich werden wir dabei diese Topologie dadurch charakterisieren, daß wir beschreiben, wann ein Punkt $Q \in {}^*\mathcal{W}_\tau$ infinitesimal benachbart zu einem Punkt $P \in \mathcal{W}_\tau$ ist. Man beachte dabei, daß nach dem Transfer-Prinzip jedes $Q \in {}^*\mathcal{W}_\tau$ ein interner Inhalt auf ${}^*\mathcal{B}$ mit $Q({}^*X) = 1$ ist.

33.1 Die schwache Topologie über $\mathcal{W}_\tau$

Sei $\langle X, \mathcal{T} \rangle$ ein topologischer Raum. Für $O \in \mathcal{T}, r \in \mathbb{R}$ setze

$$\mathcal{P}_{O,r} := \{P \in \mathcal{W}_\tau : P(O) > r\}.$$

Die vom System $\mathcal{S} := \{\mathcal{P}_{O,r} : O \in \mathcal{T}, r \in \mathbb{R}\}$ über $\mathcal{W}_\tau$ erzeugte Topologie heißt die *schwache Topologie* über $\mathcal{W}_\tau$ und wird mit $\mathcal{T}_s$ bezeichnet. Wir schreiben

$$Q \approx_s P \text{ an Stelle von } Q \approx_{\mathcal{T}_s} P \quad \text{für } Q \in {}^*\mathcal{W}_\tau, P \in \mathcal{W}_\tau.$$

Es gilt:

(i) $Q \approx_s P \iff (P(O) \leq Q^L({}^*O)$ für alle $O \subset X$ offen);

(ii) $Q \approx_s P \iff (Q^L({}^*A) \leq P(A)$ für alle $A \subset X$ abgeschlossen).

Beweis. *(i)* Da $\mathcal{T}_s$ die vom System $\mathcal{S} \subset \mathcal{P}(\mathcal{W}_\tau)$ über $\mathcal{W}_\tau$ induzierte Topologie ist, gilt nach 22.2:

$$Q \approx_s P \iff (Q \in {}^*\mathcal{P}_{O,r} \text{ für alle } O \in \mathcal{T}, r \in \mathbb{R} \text{ mit } P \in \mathcal{P}_{O,r}).$$

Wegen ${}^*\mathcal{P}_{O,r} \underset{7.5}{=} \{Q \in {}^*\mathcal{W}_\tau : Q({}^*O) > r\}$ liefert dieses:

$$\begin{aligned} Q \approx_s P &\iff (Q({}^*O) > r \text{ für alle } O \in \mathcal{T}, r \in \mathbb{R} \text{ mit } P(O) > r) \\ &\iff (Q^L({}^*O) \geq P(O) \text{ für alle } O \in \mathcal{T}). \end{aligned}$$

(ii) folgt direkt aus (i), angewandt auf alle $O := X - A$; beachte dabei $Q({}^*X) = P(X) = 1$. □

Wegen $\emptyset, \mathcal{W}_\tau \in \mathcal{S}$ ist das System aller Mengen

$$\bigcap_{i=1}^{n} \mathcal{P}_{O_i, r_i} \text{ mit } O_i \in \mathcal{T}, \quad r_i \in \mathbb{R}$$

eine Basis von $\mathcal{T}_s$ (benutze 22.1, 21.16 (ii)). Für jedes $P_0 \in \mathcal{W}_\tau$ ist dann das System aller solcher Mengen, die P_0 enthalten, eine Umgebungsbasis von P_0 (siehe 21.16 (ii)).

Das nächste Ergebnis bringt zwei bekannte Äquivalenzen zur schwachen Konvergenz einer Folge von W-Maßen, die gelegentlich auch zur Definition der schwachen Konvergenz benutzt werden.

Beide Äquivalenzen erhält man direkt mit Hilfe von 33.1 und den folgenden Eigenschaften für reelle Zahlenfolgen. Sei $a_n \in \mathbb{R}, n \in \mathbb{N}$, eine Folge und $a_0 \in \mathbb{R}$. Dann gilt (zur Definition von $st(x)$ für unendliche x siehe 10.8):

(I) $\underline{\lim}_{n\to\infty} a_n \geq a_0 \iff (st({}^*a_h) \geq a_0$ für alle $h \in {}^*\mathbb{N} - \mathbb{N})$.

Beweis. „$\Rightarrow$“: Sei $\varepsilon \in \mathbb{R}_+$. Dann existiert ein $n_0 \in \mathbb{N}$ mit $a_n \geq a_0 - \varepsilon$ für alle $n \geq n_0$. Transfer liefert ${}^*a_h \geq a_0 - \varepsilon$ für alle $h \in {}^*\mathbb{N} - \mathbb{N}$, und damit ist $st({}^*a_h) \geq a_0$ für alle $h \in {}^*\mathbb{N} - \mathbb{N}$.
„$\Leftarrow$“: Für jedes $\varepsilon \in \mathbb{R}_+$ ist ${}^*a_h \geq a_0 - \varepsilon$ für alle $h \in {}^*\mathbb{N} - \mathbb{N}$ und mit dem Permanenzprinzip folgt, daß ein $n_0 \in \mathbb{N}$ existiert mit $a_n \geq a_0 - \varepsilon$ für alle $n \geq n_0$. Dieses liefert $\underline{\lim}_{n\to\infty} a_n \geq a_0$. □

In 33.2 fassen wir wie gewohnt eine Folge $P_n \in \mathcal{W}_\tau, n \in \mathbb{N}$, als Abbildung $\mathsf{P}: \mathbb{N} \to \mathcal{W}_\tau$ auf. Dann ist ${}^*\mathsf{P}: {}^*\mathbb{N} \to {}^*\mathcal{W}_\tau$, und wir schreiben ${}^*P_h$ an Stelle von ${}^*\mathsf{P}(h)$ für alle $h \in {}^*\mathbb{N}$. Ist $n \in \mathbb{N}, B \in \mathcal{B}$, so gilt ${}^*P_n({}^*B) = P_n(B)$.

33.2 Folgenkonvergenz in $\mathcal{W}_\tau$

Sei $\langle X, \mathcal{T}\rangle$ ein topologischer Raum, und seien $P_n \in \mathcal{W}_\tau$ für $n \in \mathbb{N}_0$. Dann sind äquivalent:

(i) $P_n \to P_0$ bzgl. $\mathcal{T}_s$;

(ii) $\underline{\lim}_{n\to\infty} P_n(O) \geq P_0(O)$ für alle offenen Mengen $O \subset X$;

(iii) $\overline{\lim}_{n\to\infty} P_n(A) \leq P_0(A)$ für alle abgeschlossenen Mengen $A \subset X$.

An Stelle von $P_n \to P_0$ bzgl. $\mathcal{T}_s$ schreiben wir auch: $P_n \to P_0$ *schwach.*

Beweis. Es gilt *(i)* $\iff$ *(ii)* wegen

$$\text{(i)} \underset{21.5(\text{i})}{\iff} ({}^*P_h \approx_s P_0 \text{ für alle } h \in {}^*\mathbb{N} - \mathbb{N})$$
$$\underset{33.1(\text{i})}{\iff} (({}^*P_h)^L({}^*O) \geq P_0(O) \text{ für alle } h \in {}^*\mathbb{N} - \mathbb{N} \text{ und alle } O \in \mathcal{T})$$
$$\underset{(\text{I})}{\iff} (\underline{\lim}_{n\to\infty} P_n(O) \geq P_0(O) \text{ für alle } O \in \mathcal{T}),$$

wobei die letzte Äquivalenz folgt, indem man (I) für jedes $O \in \mathcal{T}$ auf die reelle Zahlenfolge $a_n := P_n(O), n \in \mathbb{N}$, und auf $a_0 := P_0(O)$ anwendet.
(ii) $\iff$ *(iii)* folgt, da alle P_n W-Maße sind, aus: O offen $\iff A = X - O$ abgeschlossen. □

Es gibt eine Reihe weiterer wichtiger Äquivalenzen zur schwachen Konvergenz einer Folge von Maßen. Wir wollen sie nicht notieren, da sie hier nicht benötigt werden. Alle Ergebnisse über die schwache Topologie werden mit Hilfe der Relation des Unendlich-Naheliegens gewonnen, die sich auch für diese Topologie als ein leicht zu handhabendes und äußerst schlagkräftiges Hilfsmittel der Nichtstandard-Theorie erweist.

Sei nun $\mathcal{P} \subset \mathcal{W}_\tau$. Ziel der folgenden Überlegungen ist der Nichtstandard-Beweis des Satzes von Topsøe (33.9), in welchem für reguläre Räume X eine notwendige und hinreichende Bedingung dafür angegeben wird, daß $\mathcal{P}$ eine $\mathcal{T}_s$-relativ kompakte Teilmenge von $\mathcal{W}_\tau$ ist.

Wir zeigen hierzu zunächst, daß für reguläre X auch $\mathcal{W}_\tau$ bzgl. $\mathcal{T}_s$ ein regulärer Raum ist. Dieses ermöglicht es dann, die Nichtstandard-Charakterisierung relativ kompakter Mengen (siehe 23.12 (iv)) auf Mengen $\mathcal{P} \subset \mathcal{W}_\tau$ anzuwenden.

Wir benutzen im Beweis von 33.4 die folgende Eigenschaft von *τ-stetigen* W-Maßen P in *regulären* Räumen:

33.3 $$P(O) = \sup_{T \in \mathcal{T}, T^b \subset O} P(T) \quad \text{für alle } O \in \mathcal{T}.$$

Beweis. Sei $\emptyset \neq O \in \mathcal{T}$. Da X regulär ist, gibt es (vgl. 23.5 (ii)) zu jedem $x \in O$ ein $T_x \in \mathcal{T}_x$ mit $T_x^b \subset O$. Dann gilt:

$$\mathcal{T} \supset \{\cup_{x \in E} T_x : E \subset O \text{ endlich}\} \uparrow O,$$

und aus der τ-Stetigkeit von P folgt daher

$$P(O) = \sup_{E \subset O \text{ endl.}} P(\bigcup_{x \in E} T_x).$$

Wegen $\cup_{x \in E} T_x \in \mathcal{T}$ und $(\cup_{x \in E} T_x)^b = \cup_{x \in E} T_x^b \subset O$ für jedes endliche $E \subset X$ folgt hieraus 33.3. □

33.4 $\mathcal{W}_\tau$ ist regulär für reguläre Räume

Sei $\langle X, \mathcal{T} \rangle$ ein regulärer Raum. Dann ist auch $\mathcal{W}_\tau$, ausgestattet mit der schwachen Topologie $\mathcal{T}_s$, ein regulärer Raum.

Beweis. Sei $P_0 \in \mathcal{W}_\tau$ und $\mathcal{P}_0 \in (\mathcal{T}_s)_{P_0}$ (d.h. $\mathcal{P}_0 \in \mathcal{T}_s$ und $P_0 \in \mathcal{P}_0$); zu finden ist ein $\mathcal{P}_1 \subset \mathcal{W}_\tau$ mit

(1) $$\mathcal{P}_1 \in (\mathcal{T}_s)_{P_0} \text{ und } \mathcal{P}_1^b \subset \mathcal{P}_0.$$

(siehe 23.5 (ii)). Aufgrund der Überlegungen nach 33.1 können wir o.B.d.A. annehmen, daß $\mathcal{P}_0$ die folgende Form besitzt:

(2) $$\mathcal{P}_0 = \cap_{i=1}^n \{P \in \mathcal{W}_\tau : P(O_i) > r_i\}$$

mit geeigneten $O_1, \ldots, O_n \in \mathcal{T}, r_1, \ldots, r_n \in \mathbb{R}$. Wegen $P_0 \in \mathcal{P}_0$ gibt es ein $\varepsilon \in \mathbb{R}_+$ mit $P_0(O_i) > r_i + \varepsilon$, $i = 1, \ldots, n$. Daher existieren T_i (siehe 33.3) mit

(3) $$T_i \in \mathcal{T},\ T_i^b \subset O_i \text{ und } P_0(T_i) > r_i + \varepsilon, \quad i = 1, \ldots, n.$$

Setze:

(4) $$\mathcal{P}_1 := \cap_{i=1}^n \{P \in \mathcal{W}_\tau : P(T_i) > r_i + \varepsilon\}.$$

Dann ist $P_0 \underset{(3)}{\in} \mathcal{P}_1$, und wegen $\mathcal{P}_1 \underset{(3)}{\in} \mathcal{T}_s$ ist daher $\mathcal{P}_1 \in (\mathcal{T}_s)_{P_0}$. Für (1) bleibt daher zu zeigen:

(5) $$\mathcal{P}_1^b \subset \mathcal{P}_0.$$

Sei hierzu $P \in \mathcal{P}_1^b$. Dann existiert ein $Q \in {}^*\mathcal{P}_1$ mit $Q \approx_s P$ (siehe 23.2 (i)), und somit folgt für $i = 1, \ldots, n$:

$$P(O_i) \underset{(3)}{\geq} P(T_i^b) \underset{33.1(\text{ii})}{\geq} Q^L({}^*T_i^b) \geq Q^L({}^*T_i) \underset{(4)}{\geq} r_i + \varepsilon,$$

wobei das letzte $\geq$ wegen $Q \in {}^*\mathcal{P}_1$ gilt. Somit ist $P \underset{(2)}{\in} \mathcal{P}_0$, und (5) ist bewiesen. □

Ist $\langle X, \mathcal{T}\rangle$ ein regulärer Raum, dann ist auch $\mathcal{W}_\tau$ regulär (siehe 33.4). Somit ist eine Familie $\mathcal{P} \subset \mathcal{W}_\tau$ genau dann relativ kompakt bzgl. der schwachen Topologie (siehe 23.12 (iv)), falls gilt:

$$^*\mathcal{P} \subset ns(^*\mathcal{W}_\tau).$$

Somit liefert eine Charakterisierung der Nahezustandardpunkte von $^*\mathcal{W}_\tau$ unmittelbar ein Kriterium für die relative Kompaktheit von Familien von W-Maßen $\mathcal{P} \subset \mathcal{W}_\tau$ (siehe 33.6).

33.5 Charakterisierung von $\approx_s$ in $\mathcal{W}_\tau$

Sei $\langle X, \mathcal{T}\rangle$ ein regulärer Raum. Dann gilt für $Q \in {}^*\mathcal{W}_\tau, P \in \mathcal{W}_\tau$:

(i) $Q \approx_s P \Longleftrightarrow \overline{Q}_{st} = P$;

(ii) $Q \in ns(^*\mathcal{W}_\tau) \Longleftrightarrow \overline{Q}(ns(^*X)) = 1$.

Beweis. *(i)* Nach 33.1 (i) gilt:

(1) $$Q \approx_s P \Longleftrightarrow (P(O) \leq Q^L(^*O) \text{ für alle } O \in \mathcal{T}).$$

Da P τ-stetig und damit regulär ist (siehe 30.8 (ii)), und da $P(X) = 1 = Q^L(^*X)$ ist, folgt aus 32.5, angewandt auf $\mu := P$ und $\nu := Q$:

(2) $$P = \overline{Q}_{st} \Longleftrightarrow (P(O) \leq Q^L(^*O) \text{ für alle } O \in \mathcal{T}).$$

Aus (1) und (2) folgt (i).

(ii) „$\Rightarrow$“: Sei $Q \in ns(^*\mathcal{W}_\tau)$, d.h. $Q \approx_s P$ für ein $P \in \mathcal{W}_\tau$. Es folgt

$$\overline{Q}(ns(^*X)) = \overline{Q}_{st}(X) \underset{(i)}{=} P(X) = 1.$$

„$\Leftarrow$“: Setze $P := \overline{Q}_{st}$. Dann ist P ein τ-stetiges Maß nach 32.4 (i), und es ist $P(X) = \overline{Q}_{st}(^*X) = \overline{Q}(ns(^*X)) = 1$. Somit ist $P \in \mathcal{W}_\tau$, und es folgt $Q \approx_s P$ nach (i). Also ist $Q \in ns(^*\mathcal{W}_\tau)$. □

Aus 33.5 folgt insbesondere, daß $\langle \mathcal{W}_\tau, \mathcal{T}_s\rangle$ für reguläres X ein Hausdorff-Raum ist, denn $Q \approx_s P_i \underset{33.5}{\Longrightarrow} P_1 = \overline{Q}_{st} = P_2$, und daher ist $\mathcal{W}_\tau$ hausdorffsch nach 21.8.

33.6 Nichtstandard-Kriterium für schwache Kompaktheit in $\mathcal{W}_\tau$

Es sei $\langle X, \mathcal{T}\rangle$ ein regulärer Raum und $\mathcal{P} \subset \mathcal{W}_\tau$. Dann sind äquivalent:

(i) $\mathcal{P}$ ist relativ kompakt bzgl. der schwachen Topologie;

(ii) $\overline{Q}(ns(^*X)) = 1$ für alle $Q \in {}^*\mathcal{P}$.

Beweis. Da $\langle \mathcal{W}_\tau, \mathcal{T}_s\rangle$ regulär ist (siehe 33.4), gilt:

$$\text{(i)} \underset{23.12(\text{iv})}{\Longleftrightarrow} {}^*\mathcal{P} \subset ns_{\mathcal{T}_s}(^*\mathcal{W}_\tau) \underset{33.5}{\Longleftrightarrow} \text{(ii)}.$$ □

Der folgende Hilfssatz gibt ein nützliches Nichtstandard-Kriterium, welches wir in 33.8, 33.12 und 33.14 verwenden werden.

33.7 Lemma

Sei $\langle X, \mathcal{T}\rangle$ ein topologischer Raum mit Borel-σ-Algebra $\mathcal{B}$. Seien $\mathcal{R} \subset \mathcal{B}$ mit $\mathcal{R} \uparrow$ und $\mathcal{P} \subset \mathcal{W}_\tau$. Dann sind äquivalent:

(i) $\sup_{R\in\mathcal{R}} \inf_{P\in\mathcal{P}} P(R) = 1$;

(ii) $Q^L(\cup_{R\in\mathcal{R}} {}^*R) = 1$ für alle $Q \in {}^*\mathcal{P}$.

Beweis. *(i) ⇒ (ii)* Sei $\varepsilon \in \mathbb{R}_+$. Nach (i) existiert ein $R \in \mathcal{R}$ mit $P(R) \geq 1-\varepsilon$ für alle $P \in \mathcal{P}$. Daher ist $Q({}^*R) \geq 1-\varepsilon$ für alle $Q \in {}^*\mathcal{P}$, und es folgt (ii).
(ii) ⇒ (i) Sei $\varepsilon \in \mathbb{R}_+$. Für (i) ist zu zeigen, daß es ein $R \in \mathcal{R}$ gibt mit

(1) $$P(R) \geq 1-\varepsilon \text{ für alle } P \in \mathcal{P}.$$

Wegen $\{{}^*R: R \in \mathcal{R}\} \uparrow$ gilt

$$\sup_{R\in\mathcal{R}} Q^L({}^*R) \underset{31.8(\text{ii})}{=} Q^L(\bigcup_{R\in\mathcal{R}} {}^*R) \underset{(\text{ii})}{=} 1 \text{ für alle } Q \in {}^*\mathcal{P},$$

und daher folgt

$${}^*\mathcal{P} \subset \bigcup_{R\in\mathcal{R}} \{Q \in {}^*\mathcal{P}: Q({}^*R) \geq 1-\varepsilon\} \underset{7.5}{=} \bigcup_{R\in\mathcal{R}} {}^*\{P \in \mathcal{P}: P(R) \geq 1-\varepsilon\}.$$

Wegen $\mathcal{R} \uparrow$ existiert somit ein $R \in \mathcal{R}$ mit $\mathcal{P} \subset \{P \in \mathcal{P}: P(R) \geq 1-\varepsilon\}$ (benutze 21.1 (i)), d.h. es gilt (1). □

Wir wenden nun 33.7 an, um ein Kriterium für die gleichmäßige τ-Stetigkeit einer Familie von τ-stetigen W-Maßen zu gewinnen. Hieraus folgt dann unmittelbar, daß die gleichmäßig τ-stetigen genau die bzgl. der schwachen Topologie relativ kompakten Familien sind (Satz von Topsøe, 33.9).

33.8 Gleichmäßig τ-stetige Familien von W-Maßen

Es sei $\langle X, \mathcal{T}\rangle$ ein topologischer Raum und $\mathcal{P} \subset \mathcal{W}_\tau$. Dann sind äquivalent:

(i) $\mathcal{P}$ ist *gleichmäßig τ-stetig (in X)*, d.h.:
$$\mathcal{T} \supset \mathcal{R} \uparrow X \implies \sup_{R\in\mathcal{R}} \inf_{P\in\mathcal{P}} P(R) = 1;$$

(ii) $\overline{Q}(ns({}^*X)) = 1$ für alle $Q \in {}^*\mathcal{P}$.

Beweis. *(i) ⇒ (ii)* Sei $ns({}^*X) \subset B \in {}^*\mathcal{B}$. Dann reicht es zu zeigen:

(1) $$Q(B) > 1-\varepsilon \text{ für alle } Q \in {}^*\mathcal{P} \text{ und alle } \varepsilon \in \mathbb{R}_+.$$

Sei $\varepsilon \in \mathbb{R}_+$ fest. Wegen $\bigcap_{O\in\mathcal{T}_x} {}^*O = m(x) \subset B$ existiert für jedes $x \in X$ eine Menge O_x mit

(2) $$O_x \in \mathcal{T}_x \text{ und } {}^*O_x \subset B,$$

(siehe 28.3 (ii)). Dann ist:

$$\mathcal{T} \underset{(2)}{\supset} \mathcal{R} := \{\bigcup_{x\in E} O_x : E \subset X \text{ endlich}\} \uparrow X,$$

und nach (i) existiert daher ein endliches $E \subset X$, so daß gilt:

$$P(\cup_{x\in E} O_x) > 1-\varepsilon \text{ für alle } P \in \mathcal{P}.$$

Nach dem Transfer-Prinzip folgt $Q({}^*(\bigcup_{x\in E} O_x)) > 1-\varepsilon$ für alle $Q \in {}^*\mathcal{P}$, und wegen $B \underset{(2)}{\supset} {}^*(\bigcup_{x\in E} O_x)$ erhält man (1).

(ii) $\Rightarrow$ *(i)* Sei $\mathcal{T} \supset \mathcal{R} \uparrow X$. Dann ist $ns({}^*X) \subset \bigcup_{R\in\mathcal{R}} {}^*R$, und es folgt:

$$Q^L(\bigcup_{R\in\mathcal{R}} {}^*R) = \overline{Q}(\bigcup_{R\in\mathcal{R}} {}^*R) \underset{\text{(ii)}}{=} 1 \quad \text{für alle} \quad Q \in {}^*\mathcal{P}.$$

Daher ist $\sup_{R\in\mathcal{R}} \inf_{P\in\mathcal{P}} P(R) = 1$ nach 33.7. □

33.9 Der Satz von Topsøe

Sei $\langle X, \mathcal{T}\rangle$ ein regulärer Raum und $\mathcal{P} \subset \mathcal{W}_\tau$. Dann sind äquivalent:

(i) $\mathcal{P}$ ist relativ kompakt bzgl. der schwachen Topologie;

(ii) $\mathcal{P}$ ist gleichmäßig τ-stetig in X.

Beweis. Direkte Folgerung aus 33.6 und 33.8. □

An Stelle von τ-stetigen Maßen betrachten wir im Rest dieses Paragraphen Radon-Maße. Es bezeichne hierzu $\mathcal{W}_R$ das System aller Radonschen W- Maße auf der Borel-σ-Algebra $\mathcal{B}$ eines topologischen Raumes $\langle X, \mathcal{T}\rangle$. Es ist $\mathcal{W}_R \subset \mathcal{W}_\tau$ (siehe 30.8 (i)). Der Teilraum $\mathcal{W}_R$ von $\langle \mathcal{W}_\tau, \mathcal{T}_s\rangle$ wird mit der Teilraumtopologie ausgestattet, d.h. mit der Topologie

$$\mathcal{T}_{s,R} := \{\mathcal{P} \cap \mathcal{W}_R : \mathcal{P} \in \mathcal{T}_s\};$$

diese Topologie heißt die schwache Topologie über $\mathcal{W}_R$. Für alle $Q \in {}^*\mathcal{W}_R$, $P \in \mathcal{W}_R$ gilt (siehe 21.14 (iii)):

$$Q \approx_{\mathcal{T}_{s,R}} P \Longleftrightarrow Q \approx_{\mathcal{T}_s} P,$$

und wir können daher wieder die Schreibweise $Q \approx_s P$ benutzen.

An Stelle von $\mathcal{P} \subset \mathcal{W}_\tau$ betrachten wir jetzt also Familien $\mathcal{P} \subset \mathcal{W}_R$ und untersuchen ihre $\mathcal{T}_{s,R}$-relative Kompaktheit, d.h. die relative Kompaktheit bzgl. der schwachen Topologie über $\mathcal{W}_R$. Dabei starten wir wieder von einem regulären topologischen Raum $\langle X, \mathcal{T}\rangle$. Dann ist $\langle \mathcal{W}_R, \mathcal{T}_{s,R}\rangle$ als Teilraum des (nach 33.4) regulären Raumes $\langle \mathcal{W}_\tau, \mathcal{T}_s\rangle$ regulär, und somit gilt:

(I) $\qquad \mathcal{P} \subset \mathcal{W}_R \quad \mathcal{T}_{s,R}$-relativ kompakt $\underset{23.12(\text{iv})}{\Longleftrightarrow} {}^*\mathcal{P} \subset ns({}^*\mathcal{W}_R)$.

Wegen $ns({}^*\mathcal{W}_R) \subset ns({}^*\mathcal{W}_\tau)$ (benutze 21.14) ist somit jedes $\mathcal{T}_{s,R}$-relativ kompakte $\mathcal{P} \subset \mathcal{W}_R$ auch $\mathcal{T}_s$-relativ kompakt in $\mathcal{W}_\tau$. Die Umkehrung gilt jedoch i.a. nicht; relativ kompakte Mengen sind nicht notwendig relativ kompakt in Teilräumen (so ist z.B. jedes dichte $D \subsetneqq [0,1]$ zwar relativ kompakt in $[0,1]$, aber nicht im Teilraum D).

Wegen (I) erhält man ein Nichtstandard-Kriterium für $\mathcal{T}_{s,R}$-relativ kompakte Mengen (siehe 33.11) direkt aus der folgenden Charakterisierung der Nahezu-standard-Punkte von ${}^*\mathcal{W}_R$.

33.10 Charakterisierung von $\approx_s$ in $\mathcal{W}_R$

Sei $\langle X, \mathcal{T}\rangle$ ein regulärer Raum. Dann gilt für $Q \in {}^*\mathcal{W}_R, P \in \mathcal{W}_R$:

(i) $Q \approx_s P \Longleftrightarrow \underline{Q}_{st} = P$;

(ii) $Q \in ns({}^*\mathcal{W}_R) \Longleftrightarrow \underline{Q}(ns({}^*X)) = 1$.

Beweis. *(i)* Es ist P Radonsch und damit regulär, und es ist $P(X) = 1 = Q^L({}^*X)$; daher gilt:

$$P = \underline{Q}_{st} \underset{32.6}{\Longleftrightarrow} (P(O) \leq Q^L({}^*O) \text{ für alle } O \in \mathcal{T}) \underset{33.1(i)}{\Longleftrightarrow} Q \approx_s P.$$

(ii) „$\Rightarrow$": Sei $Q \in ns({}^*\mathcal{W}_R)$, d.h. $Q \approx_s P$ für ein $P \in \mathcal{W}_R$. Es folgt:

$$\underline{Q}(ns({}^*X)) = \underline{Q}_{st}(X) \underset{(i)}{=} P(X) = 1.$$

„$\Leftarrow$": Setze $P := \underline{Q}_{st}$ auf $\mathcal{B}$. Dann ist P ein Radon-Maß nach 32.4 (ii), und es ist $P(X) = \underline{Q}_{st}(X) = \underline{Q}(ns({}^*X)) = 1$. Somit ist $P \in \mathcal{W}_R$, und es folgt $Q \approx_s P$ nach (i). Also ist $Q \in ns({}^*\mathcal{W}_R)$. □

33.11 Nichtstandard-Kriterium für schwache Kompaktheit in $\mathcal{W}_R$

Sei $\langle X, \mathcal{T}\rangle$ ein regulärer Raum und $\mathcal{P} \subset \mathcal{W}_R$. Dann sind äquivalent:

(i) $\mathcal{P}$ ist relativ kompakt bzgl. der schwachen Topologie über $\mathcal{W}_R$;

(ii) $\underline{Q}(ns({}^*X)) = 1$ für alle $Q \in {}^*\mathcal{P}$.

Beweis. Da $\langle \mathcal{W}_R, \mathcal{T}_s\rangle$ regulär ist, gilt: (i) $\underset{23.12(iv)}{\Longleftrightarrow} {}^*\mathcal{P} \subset ns({}^*\mathcal{W}_R) \underset{33.10}{\Longleftrightarrow}$ (ii). □

Es sei auf die folgende formale Analogie hingewiesen: Die Sätze 33.10 und 33.11 für $\mathcal{W}_R$ entsprechen den Sätzen 33.5 und 33.6 für $\mathcal{W}_\tau$; für $\mathcal{W}_R$ übernimmt dabei $\underline{Q}$ die Rolle, die $\overline{Q}$ für $\mathcal{W}_\tau$ gespielt hat.

Für τ-stetige W-Maße hatten wir die gleichmäßig τ-stetigen Familien eingeführt und im Satz von Topsøe gesehen, daß dieses *genau* die $\mathcal{T}_s$-relativ kompakten Familien in $\mathcal{W}_\tau$ liefert. Analog führen wir nun für Radonsche W-Maße die gleichmäßig Radonschen Familien ein. Wir werden sehen, daß gleichmäßig Radonsche Familien stets $\mathcal{T}_{s,R}$-relativ kompakte Familien in $\mathcal{W}_R$ sind (33.13), die Umkehrung jedoch nur für spezielle Räume gilt (siehe 33.14).

Wir erinnern daran, daß $\mathcal{K}_a$ das System der Teilmengen von X bezeichnet, die sowohl kompakt als auch abgeschlossen sind.

33.12 Gleichmäßig Radonsche Familien von W-Maßen

Es sei $\langle X, \mathcal{T}\rangle$ ein regulärer Raum und $\mathcal{P} \subset \mathcal{W}_R$. Dann sind äquivalent:

(i) $\mathcal{P}$ ist *gleichmäßig Radonsch* (*in* X), d.h. es ist:

$$\sup_{K\in\mathcal{K}_a} \inf_{P\in\mathcal{P}} P(K) = 1;$$

(ii) $Q^L(kpt({}^*X)) = 1$ für alle $Q \in {}^*\mathcal{P}$.

Beweis. Da mit K_0 auch $K := K_0^b$ kompakt ist (siehe 23.10 und 23.11), gilt $kpt({}^*X) = \bigcup_{K\in\mathcal{K}_a} {}^*K$. Da $\mathcal{K}_a \subset \mathcal{B}$ und $\mathcal{K}_a \uparrow$, folgt die Behauptung aus 33.7. □

Gleichmäßig Radonsche Familien werden in der Literatur häufig straffe Familien (tight families) genannt.

33.13 Der Satz von Prohorov in regulären Räumen

Sei $\langle X, \mathcal{T}\rangle$ ein regulärer Raum. Dann ist jede gleichmäßig Radonsche Familie $\mathcal{P} \subset \mathcal{W}_R$ relativ kompakt bzgl. der schwachen Topologie über $\mathcal{W}_R$.

Beweis. Da $\mathcal{P}$ gleichmäßig Radonsch ist, gilt nach 33.12: $\underline{Q}(kpt({}^*X)) = 1$ für alle $Q \in {}^*\mathcal{P}$. Wegen $kpt({}^*X) \underset{23.12(i)}{\subset} ns({}^*X)$ folgt $\underline{Q}(ns({}^*X)) = 1$ für alle $Q \in {}^*\mathcal{P}$, und die Behauptung folgt aus 33.11. □

33.14 Spezielle Prohorov-Räume

Lokalkompakte Prähausdorff-Räume sowie vollständige pseudometrische Räume sind *Prohorov-Räume,* d.h. für $\mathcal{P} \subset W_R$ sind äquivalent:

(i) $\mathcal{P}$ ist gleichmäßig Radonsch;

(ii) $\mathcal{P}$ ist relativ kompakt bzgl. der schwachen Topologie über $\mathcal{W}_R$.

Beweis. Sei zunächst X ein lokalkompakter Prähausdorff-Raum. Dann ist X regulär (siehe 23.14), und es ist $kpt({}^*X) = ns({}^*X)$. Daher ist *(i)* $\iff$ *(ii)* nach 33.11 und 33.12.

Sei nun $\langle X, \rho\rangle$ ein vollständiger pseudometrischer Raum. Dann gilt *(i)* $\Rightarrow$ *(ii)* nach 33.13, da jeder pseudometrische Raum regulär ist.

(ii) $\Rightarrow$ *(i)* Sei $\varepsilon \in \mathbb{R}_+$. Da X vollständig ist, reicht es, eine totalbeschränkte und abgeschlossene Menge K zu finden (denn dann ist K kompakt nach 27.5 (i) und 27.11) mit

(1) $$\inf_{P\in\mathcal{P}} P(K) \geq 1 - \varepsilon.$$

Für $\delta \in \mathbb{R}_+, x \in X$, bezeichne

$$K_\delta(x) := \{z \in X : \rho(x, z) \leq \delta\}$$

die abgeschlossene δ-Kugel um x. Setze

$$\mathcal{R}_n := \{\bigcup_{x\in E} K_{1/n}(x) : \emptyset \neq E \subset X \text{ endlich}\}.$$

Wir zeigen, daß es Mengen $A_n \in \mathcal{R}_n$ gibt mit

(2) $$P(A_n) \geq 1 - \frac{\varepsilon}{2^n} \text{ für alle } P \in \mathcal{P}.$$

Hieraus folgt dann (1): die Menge $K := \bigcap_{n=1}^{\infty} A_n$ ist nämlich abgeschlossen (benutze 24.10) und totalbeschränkt, und es gilt für alle $P \in \mathcal{P}$:

$$P(\overline{K}) = P(\bigcup_{n=1}^{\infty} \overline{A_n}) \underset{30.3(\text{iii})}{\leq} \sum_{n=1}^{\infty} P(\overline{A_n}) \underset{(2)}{\leq} \sum_{n=1}^{\infty} \frac{\varepsilon}{2^n} = \varepsilon,$$

d.h. es gilt (1).

Sei nun $n \in \mathbb{N}$ fest; es bleibt ein $A_n \in \mathcal{R} := \mathcal{R}_n$ mit (2) zu finden. Wegen (ii) gilt nach 33.11:

$$\underline{Q}(ns({}^*X)) = 1 \text{ für alle } Q \in {}^*\mathcal{P}.$$

Daher folgt für alle $Q \in {}^*\mathcal{P}$ wegen $\bigcup_{R \in \mathcal{R}} {}^*R = \bigcup_{x \in X} {}^*K_{1/n}(x) \supset ns({}^*X)$:

$$Q^L(\bigcup_{R \in \mathcal{R}} {}^*R) \underset{31.8(\text{i})}{=} \underline{Q}(\bigcup_{R \in \mathcal{R}} {}^*R) \geq \underline{Q}(ns({}^*X)) = 1.$$

Wegen $\mathcal{R} \subset \mathcal{B}$ und $\mathcal{R} \uparrow$ gilt somit $\sup_{R \in \mathcal{R}} \inf_{P \in \mathcal{P}} P(R) = 1$ (siehe 33.7). Folglich existiert ein $A_n \in \mathcal{R}$ mit (2). □

Sei $\langle X, \mathcal{T} \rangle$ ein regulärer Raum und $\mathcal{T}_s$ bzw. $\mathcal{T}_{s,R}$ die schwache Topologie über $\mathcal{W}_\tau$ bzw. $\mathcal{W}_R$. Wir haben in diesem Paragraphen gezeigt:

1. Für $\mathcal{P} \subset \mathcal{W}_\tau$ sind äquivalent:
   (i) $\mathcal{P}$ $\mathcal{T}_s$-relativ kompakt;
   (ii) $\mathcal{P}$ gleichmäßig τ-stetig;
   (iii) $(\forall Q \in {}^*\mathcal{P})\overline{Q}(ns({}^*X)) = 1$.
2. Für $\mathcal{P} \subset \mathcal{W}_R$ gilt:
   $\mathcal{P}$ $\mathcal{T}_{s,R}$-relativ kompakt $\iff (\forall Q \in {}^*\mathcal{P})\underline{Q}(ns({}^*X)) = 1$;
   $\mathcal{P}$ gleichmäßig Radonsch $\iff (\forall Q \in {}^*\mathcal{P})\underline{Q}(kpt({}^*X)) = 1$.

Wegen $kpt({}^*X) \subset ns({}^*X)$ sind also gleichmäßig Radonsche Familien stets $\mathcal{T}_{s,R}$-relativ kompakt. Räume, in denen die Umkehrung gilt, heißen Prohorov-Räume. Lokalkompakte Prähausdorff-Räume und vollständige pseudometrische Räume sind Prohorov-Räume, σ-kompakte metrische Räume i.a. aber nicht. Preiss (1973, Remark 2, Seite 115) hat nämlich bewiesen, daß selbst der σ-kompakte metrische Raum $\mathbb{Q}$ der rationalen Zahlen kein Prohorov-Raum ist.

Aufgaben

1 Sei $\langle X, \mathcal{T} \rangle$ ein kompakter Prähausdorff-Raum. Man zeige, daß $\mathcal{W}_R$ bzgl. der schwachen Topologie kompakt ist.

2 Sei $\mathcal{T}_\ell$ die linke Ordnungstopologie über $\mathbb{R}$, d.h. die von $\{]r, \infty[: r \in \mathbb{R}\}$ erzeugte Topologie. Setze $y \underset{\approx}{>} x$, falls $y > x$ oder $y \approx x$ ist. Man zeige für $y \in {}^*\mathbb{R}, x \in \mathbb{R}$:

$$y \approx_{\mathcal{T}_\ell} x \iff y \underset{\approx}{>} x.$$

3 Sei $\langle X, \mathcal{T} \rangle$ ein topologischer Raum. Man zeige, daß die folgenden drei Bedingungen für eine Funktion $f: X \to \mathbf{R}$ äquivalent sind:

(i) Für jedes $r \in \mathbf{R}$ ist $\{x \in X: f(x) > r\}$ offen;

(ii) f ist $\mathcal{T}, \mathcal{T}_\ell$-stetig;

(iii) $y \approx_{\mathcal{T}} x \Rightarrow {}^*f(y) \gtrapprox f(x)$.

Eine Funktion f, die eine dieser drei Bedingungen erfüllt, heißt *von unten halbstetig.*

4 Man zeige, daß die schwache Topologie $\mathcal{T}_s$ die kleinste Topologie über $\mathcal{W}_\tau$ ist, bzgl. der für alle $O \in \mathcal{T}$ die Abbildungen

$$\mathcal{W}_\tau \ni P \to P(O) \in \mathbf{R}$$

von unten halbstetig sind.

§ 34 Brownsche Bewegung

In diesem Paragraphen sei $^*: \widehat{S} \longrightarrow \widehat{^*S}$ eine $\widehat{S}$-kompakte Nichtstandard-Einbettung.

Wir setzen in diesem und dem nächsten Paragraphen einige wenige Grundkonzepte und Sätze der Stochastik voraus. Hierzu zählen der Begriff der Unabhängigkeit von Zufallsvariablen (d.h. von reellwertigen meßbaren Funktionen), die Begriffe Mittelwert und Varianz von Zufallsvariablen, sowie der zentrale Grenzwertsatz und die Levysche Ungleichung. Die benötigten Kenntnisse der Stochastik findet man etwa im Kapitel 1 zusammen mit § 1 des Kapitels 4 des Buches von Gänßler-Stute (1977).

In einer homogenen, ruhenden Flüssigkeit führt ein kleines Teilchen eine sehr unregelmäßige Bewegung aus. Diese Bewegung kommt durch das Zusammenstoßen des Teilchens mit Molekülen der Flüssigkeit zustande und wurde von dem Botaniker Brown 1827 entdeckt und nach ihm benannt. Einstein schlug 1906 als erster ein stochastisches Modell für diese sogenannte Brownsche Bewegung vor. Wiener spezifizierte 1923 das stochastische Modell und führte die weiteren mathematischen Untersuchungen durch. Beobachtet man den Vorgang während einer Zeiteinheit, so ist mathematisch die Brownsche Bewegung durch einen stochastischen Prozeß $\mathbb{B}^3: \Omega \times [0,1] \rightarrow \mathbb{R}^3$ über einem Wahrscheinlichkeitsraum $\langle \Omega, \mathcal{A}, P \rangle$ gegeben. Hierbei stellen $[0,1] \ni t \rightarrow \mathbb{B}^3(\omega, t)$ die möglichen Bewegungen des Teilchens dar. Das W-Maß P liefert dabei die Information über das stochastische Verhalten; so gibt z.B. $P(\{\omega \in \Omega: \mathbb{B}^3(\omega, t) \in B\})$ die Wahrscheinlichkeit dafür an, daß das Teilchen sich zum Zeitpunkt t in der Menge $B \subset \mathbb{R}^3$ befindet. Dieses Modell kann auch auf andere Situationen übertragen werden und besitzt dann Anwendungen in der reinen und angewandten Mathematik, sowie der Physik und den Wirtschaftswissenschaften.

In diesem Paragraphen wird eine Brownsche Bewegung mit Hilfe eines Loeb-Maßes über einer *-endlichen Menge konstruiert. Eine analoge Nichtstandard-Konstruktion der Brownschen Bewegung wird das entscheidende Hilfsmittel sein, um in § 35 das sogenannte Invarianz-Prinzip der Wahrscheinlichkeitstheorie zu beweisen.

Wir beschränken uns im folgenden auf die eindimensionale Brownsche Bewegung. Diese gibt die Bewegung des Teilchens für eine der drei Raumkoordinaten an. Die Brownsche Bewegung im $\mathbb{R}^3$ erhält man dann durch drei unabhängige eindimensionale Brownsche Bewegungen (siehe auch die Aufgabe am Ende des Paragraphen).

Bevor wir zur exakten Definition der Brownschen Bewegung kommen, benötigen wir noch einige Bezeichnungen. Sei $\langle \Omega, \mathcal{A}, P \rangle$ ein W-Raum, d.h. es seien $\mathcal{A}$ eine σ-Algebra über Ω und $P: \mathcal{A} \to [0,1]$ ein W-Maß. Ist eine Funktion $f: \Omega \to \mathbb{R}$ $\mathcal{A}$-meßbar (d.h. $\{\omega \in \Omega: f(\omega) < r\} \in \mathcal{A}$ für alle $r \in \mathbb{R}$, siehe auch 16.11), so ist $f^{-1}[B] \in \mathcal{A}$ für jede Borel-Menge $B \subset \mathbb{R}$, und es heißt P_f, definiert durch

- $P_f(B) := P(f^{-1}[B]), \quad B \in \mathcal{B}(\mathbb{R}),$

die *Verteilung* von f bzgl. P.

Ist b eine Funktion über $\Omega \times T$, so schreiben wir

- $b(\cdot, t)$ für die Funktion $\Omega \ni \omega \to b(\omega, t)$

und analog

- $b(\omega, \cdot)$ für die Funktion $T \ni t \to b(\omega, t)$.

Es bezeichne $N(0;t)$ die Normalverteilung mit Mittelwert 0 und Varianz $t \in \mathbb{R}_+$. Die zu $N(0;1)$ gehörige Verteilungsfunktion wird mit Φ bezeichnet; es ist also

$$\Phi(y) := \frac{1}{\sqrt{2\pi}} \int_{-\infty}^{y} e^{-\frac{x^2}{2}} dx \quad \text{für } y \in \mathbb{R}.$$

Ferner bezeichne ε_0 das im Nullpunkt konzentrierte W-Maß auf $\mathcal{B}(\mathbb{R})$, d.h. es gilt:

- $\varepsilon_0(B) = 1$, falls $0 \in B$, und $\varepsilon_0(B) = 0$, falls $0 \notin B$.

34.1 Brownsche Bewegung

Es sei $\langle \Omega, \mathcal{A}, P \rangle$ ein W-Raum und $\mathbb{B}: \Omega \times [0,1] \to \mathbb{R}$. Dann heißt $\mathbb{B}$ eine *Brownsche Bewegung* (*bzgl.* $\langle \Omega, \mathcal{A}, P \rangle$), falls die folgenden Bedingungen erfüllt sind:

(i) $\mathbb{B}(\cdot, t)$ ist $\mathcal{A}$-meßbar für jedes $t \in [0,1]$;

(ii) $P_{\mathbb{B}(\cdot,0)} = \varepsilon_0$ und $P_{\mathbb{B}(\cdot,t)-\mathbb{B}(\cdot,s)} = N(0; t-s)$ für $0 \le s < t \le 1$;

(iii) $\mathbb{B}(\cdot, t_i) - \mathbb{B}(\cdot, t_{i-1})$, $i = 1, \ldots, n$, sind P-unabhängig für $0 = t_0 < t_1 < \ldots < t_n \le 1$;

(iv) $\mathbb{B}(\omega, \cdot)$ ist stetig für jedes $\omega \in \Omega$.

Es soll nun eine Konstruktion einer Brownschen Bewegung mit Hilfe der Nichtstandard-Theorie gegeben werden. Die folgenden heuristischen Überlegungen dienen hierzu als Vorbereitung.

Sei $n \in \mathbb{N}$ „groß“; später werden wir an Stelle eines großen $n \in \mathbb{N}$ ein $h \in {}^*\mathbb{N} - \mathbb{N}$ wählen. Ein Teilchen bewege sich im Zeitintervall $[0,1]$ eindimensional auf folgende Weise: Es starte zum Zeitpunkt 0 im Nullpunkt und springe in jedem Zeitpunkt $\frac{i}{n}, i = 1, \ldots, n$, mit Wahrscheinlichkeit $1/2$ um einen „kleinen Schritt“ $\delta = \delta(n)$ nach rechts bzw. nach links (homogenes Medium). Setzt man $\omega_i = +1$ bzw. $\omega_i = -1$, falls das Teilchen im Zeitpunkt $\frac{i}{n}$ nach rechts bzw. nach links springt, so befindet sich das Teilchen zum Zeitpunkt $t \in [\frac{k}{n}, \frac{k+1}{n}[$ an der Stelle

$$\delta(n) \sum_{i=1}^{k} \omega_i = \delta(n) \sum_{i=1}^{[nt]} \omega_i,$$

wobei $[x] := \max\{k \in \mathbb{N}_0 : k \leq x\}$ für $0 \leq x \in \mathbb{R}$ und $\sum_{i=1}^{0} x_i := 0$ gesetzt sind.

Da die Bewegung des Teilchens somit eindeutig durch die Werte $\omega_1, \ldots, \omega_n \in \{-1, 1\}$ beschrieben ist, wählen wir als Grundraum für unser Wahrscheinlichkeitsmodell die Menge

$$\Omega_n := \{-1, 1\}^n.$$

Da das Teilchen zum Zeitpunkt $\frac{i}{n}$ unabhängig von der vorangegangenen Bewegung nach rechts bzw. links springen soll, und dieses jeweils mit der Wahrscheinlichkeit $1/2$, ist für die wahrscheinlichkeitstheoretische Beschreibung der Bewegung ein W-Maß P_n über Ω_n zu finden, so daß gilt:

$$\Omega_n \ni \omega = \langle \omega_1, \ldots, \omega_n \rangle \to \omega_i,\ i = 1, \ldots, n, \text{ sind } P_n\text{-unabhängige Funktionen,}$$
$$P_n(\{\omega \in \Omega_n : \omega_i = 1\}) = P_n(\{\omega \in \Omega_n : \omega_i = -1\}) = \tfrac{1}{2} \text{ für } i = 1, \ldots, n.$$

Das einzige W-Maß, welches dieses leistet, ist das normierte Zählmaß Z_n über Ω_n, welches definiert ist durch

$$Z_n(A) := \frac{\#(A)}{\#(\Omega_n)} \text{ für } A \subset \Omega_n.$$

Für große n soll nun

$$\mathfrak{b}_n(\omega, t) := \delta(n) \sum_{i=1}^{[nt]} \omega_i$$

eine Approximation der Brownschen Bewegung $\mathbb{B}(\omega, t)$ sein. Hierzu muß insbesondere die Verteilung von $\omega \to \mathfrak{b}_n(\omega, 1) = \delta(n) \sum_{i=1}^{n} \omega_i$ angenähert eine Normalverteilung mit Varianz 1 sein. Also muß die Varianz von $\mathfrak{b}_n(\cdot, 1)$ angenähert 1 werden. Da $\mathfrak{b}_n(\cdot, 1)$ die Varianz $\delta^2(n) \cdot n$ besitzt, ist dieses mit $\delta(n) = \frac{1}{\sqrt{n}}$ erreichbar. Wir betrachten damit

- $$\mathfrak{b}_n(\omega, t) := \frac{1}{\sqrt{n}} \sum_{i=1}^{[nt]} \omega_i \text{ für } \omega \in \Omega_n,\ t \in [0, 1]$$

für großes n. In der Standard-Theorie scheitert nun der Versuch, die Ausdrucksweise „großes n“ durch Grenzwertbildung von $\mathfrak{b}_n(\omega, t)$ für $n \to \infty$ zu ersetzen, da dieser Grenzwert „fast nie“ existiert. In der Nichtstandard-Theorie bietet es sich an, „großes n“ durch $h \in {}^*\mathbb{N} - \mathbb{N}$ zu ersetzen, d.h. man betrachtet

$$\frac{1}{\sqrt{h}} \sum_{i=1}^{[ht]} \omega_i \text{ an Stelle von } \frac{1}{\sqrt{n}} \sum_{i=1}^{[nt]} \omega_i.$$

Das folgende Ergebnis zeigt, daß man mittels Standardteilbildung aus diesen *-endlichen Summen eine Brownsche Bewegung über einer *-endlichen Menge erhält; zur Definition von *-endlichen Summen siehe 16.1.

Zum besseren Verständnis sei daran erinnert, daß ${}^*\mathcal{P}(\Omega)$ für eine *-endliche Menge Ω das System aller *-endlichen Teilmengen von Ω ist (siehe 13.1 und 14.4 (ii)), und

- $Z(A) := \frac{|A|}{|\Omega|}$ für $A \in {}^*\mathcal{P}(\Omega)$

das interne normierte Zählmaß ist (siehe Beispiel (II) nach 31.1). Es ist also $Z: {}^*\mathcal{P}(\Omega) \to {}^*[0,1]$ ein interner Inhalt mit $Z(\Omega) = 1$, und Z^L bezeichnet das zugehörige Loeb-Maß auf der Loeb-σ-Algebra $\mathcal{L}(Z)$. Ferner sei

$$[x] := \max\{k \in {}^*\mathbb{N}_0 : k \leq x\} \text{ für } 0 \leq x \in {}^*\mathbb{R}.$$

34.2 Brownsche Bewegungen über *-endlichen Mengen

Sei $h \in {}^*\mathbb{N} - \mathbb{N}$ und Ω die *-endliche Menge aller internen $(\omega_i)_{i \leq h}$ mit $\omega_i \in \{-1, 1\}$. Sei Z das interne normierte Zählmaß auf ${}^*\mathcal{P}(\Omega)$. Dann gibt es eine Brownsche Bewegung $\mathbb{B}$ bzgl. $\langle \Omega, \mathcal{L}(Z), Z^L \rangle$, so daß für Z^L-fast alle $\omega = (\omega_i)_{i \leq h} \in \Omega$ gilt:

$$\mathbb{B}(\omega, t) = st\left(\frac{1}{\sqrt{h}} \sum_{i=1}^{[ht]} \omega_i\right) \text{ für alle } t \in [0,1].$$

Wir werden Satz 34.2 als Spezialfall eines allgemeineren Ergebnisses über sogenannte Dreiecksschemata erhalten (siehe 34.4 (ii)).

Bei allgemeinen Dreiecksschemata betrachtet man für jedes $n \in \mathbb{N}$ einen W-Raum $\langle \Omega_n, \mathcal{A}_n, P_n \rangle$ und P_n-unabhängige Zufallsvariable

$$\xi_{1n}, \ldots, \xi_{nn} : \Omega_n \to \mathbb{R}.$$

Zusätzlich wird angenommen, daß ξ_{in} für alle $i = 1, \ldots, n$ und alle $n \in \mathbb{N}$ die gleiche Verteilung mit Mittelwert 0 und Varianz 1 besitzen. Wir betrachten dann für jedes $n \in \mathbb{N}$ die Bewegungen

$$\frac{1}{\sqrt{n}} \sum_{i=1}^{[nt]} \xi_{in}(\omega) \text{ für } \omega \in \Omega_n, t \in [0,1].$$

Satz 34.4 (ii) zeigt, daß für $h \in {}^*\mathbb{N} - \mathbb{N}$ die transferierten Bewegungen

$$\frac{1}{\sqrt{h}} \sum_{i=1}^{[ht]} {}^*\xi_{ih}(\omega) \text{ für } \omega \in {}^*\Omega_h, t \in {}^*[0,1]$$

zu Brownschen Bewegungen führen. Die W-Maße, bzgl. derer diese Brownschen Bewegungen definiert sind, sind dabei die von den internen W-Inhalten ${}^*P_h$ auf ${}^*\mathcal{A}_h$ abgeleiteten Loeb-Maße. Dabei entstehen

$${}^*\Omega_h, \qquad {}^*\mathcal{A}_h, \qquad {}^*P_h, \qquad ({}^*\xi_{ih})_{i \leq h}$$

durch Transfer der auf $\mathbb{N}$ definierten Abbildungen

$$n \to \Omega_n, \quad n \to \mathcal{A}_n, \quad n \to P_n, \quad n \to (\xi_{in})_{i \leq n}.$$

Für $h \in {}^*\mathbb{N} - \mathbb{N}$ gilt dann:

$^*\mathcal{A}_h$ ist eine Algebra über $^*\Omega_h$,

$^*P_h$ ist ein interner W-Inhalt auf $^*\mathcal{A}_h$, d.h. ein interner Inhalt mit $^*P_h(^*\Omega_h) = 1$.

Ferner sind

$$^*\xi_{ih}: {}^*\Omega_h \to {}^*\mathbb{R} \quad \text{intern für } i \leq h.$$

Die Eigenschaften von $^*\xi_{ih}$ erhält man durch Transfer der Eigenschaften von $\xi_{in}, i \leq n, n \in \mathbb{N}$, unter Benutzung der Abbildung $\mathbb{N} \ni n \to (\xi_{in})_{i \leq n}$. Da für jedes n die Zufallsvariablen $\xi_{in}, i = 1, \dots, n$, P_n-unabhängig sind und die gleiche Verteilung besitzen, folgt z.B. für alle $h \in {}^*\mathbb{N} - \mathbb{N}, j < k \leq h, \varepsilon \in {}^*\mathbb{R}_+$:

34.3
$$\begin{aligned} &{}^*P_h(\{\omega \in {}^*\Omega_h : \max_{j<l\leq k} |\frac{1}{\sqrt{h}} \sum_{i=j+1}^{l} {}^*\xi_{ih}(\omega)| \geq \varepsilon\}) \\ &= {}^*P_h(\{\omega \in {}^*\Omega_h : \max_{1 \leq l \leq k-j} |\frac{1}{\sqrt{h}} \sum_{i=1}^{l} {}^*\xi_{ih}(\omega)| \geq \varepsilon\}). \end{aligned}$$

Der in 34.2 betrachtete Fall läßt sich auf folgende Weise durch ein Dreiecksschema beschreiben. Setze

$$\Omega_n := \{(\omega_i)_{i \leq n} : \omega_i \in \{-1, 1\} \text{ für } i = 1, \dots, n\}, \ \mathcal{A}_n := \mathcal{P}(\Omega_n),$$
$$P_n := Z_n, \text{ und } \xi_{in}(\omega) := \omega_i \text{ für } \omega \in \Omega_n, \ i = 1, \dots, n.$$

Dann sind für jedes $n \in \mathbb{N}$

$$\xi_{1n}, \dots, \xi_{nn} : \Omega_n \to \mathbb{R} \quad P_n\text{-unabhängig.}$$

Ferner besitzen alle ξ_{in} für $i = 1, \dots, n$ und $n \in \mathbb{N}$ die gleiche Verteilung mit Mittelwert 0 und Varianz 1.

Der Transfer der auf $\mathbb{N}$ definierten Abbildungen $n \to \Omega_n, n \to \mathcal{A}_n, n \to P_n$, $n \to (\xi_{in})_{i \leq n}$ liefert dann für $h \in {}^*\mathbb{N} - \mathbb{N}$:

$$^*\Omega_h = \{(\omega_i)_{i \leq h} \text{ intern: } \omega_i \in \{-1, 1\} \text{ für } i = 1, \dots, h\},$$
$$^*\mathcal{A}_h = {}^*\mathcal{P}(^*\Omega_h),$$
$$^*P_h = \text{ internes normiertes Zählmaß auf } {}^*\mathcal{P}(^*\Omega_h)$$

sowie

$$\frac{1}{\sqrt{h}} \sum_{i=1}^{[ht]} {}^*\xi_{ih}(\omega) = \frac{1}{\sqrt{h}} \sum_{i=1}^{[ht]} \omega_i.$$

Daher folgt 34.2 aus 34.4 (ii), denn es ist $\Omega = {}^*\Omega_h, {}^*\mathcal{P}(\Omega) = {}^*\mathcal{A}_h$ und $Z := {}^*P_h$.

Der folgende Satz dient, wie wir gerade gesehen haben, einerseits zur Konstruktion einer Brownschen Bewegung über einer *-endlichen Menge, und ist andererseits auch ein wichtiges Hilfsmittel für den Nichtstandard-Beweis des Invarianzprinzips in § 35.

Wir erinnern daran, daß eine Funktion $g: {}^*[0,1] \to {}^*\mathbb{R}$ $\approx$stetig heißt, falls für alle $s, t \in {}^*[0,1]$ mit $s \approx t$ auch $g(s) \approx g(t)$ ist (siehe auch § 17).

34.4 Konstruktion Brownscher Bewegungen aus Dreiecksschemata

Für jedes $n \in \mathbb{N}$ seien $\langle \Omega_n, \mathcal{A}_n, P_n \rangle$ W-Räume und $\xi_{1n}, \ldots, \xi_{nn}$: $\Omega_n \to \mathbb{R}$ P_n-unabhängige Zufallsvariable. Es besitze ξ_{in} für alle $i = 1, \ldots, n$ und alle $n \in \mathbb{N}$ die gleiche Verteilung mit Mittelwert 0 und Varianz 1. Sei $h \in {}^*\mathbb{N} - \mathbb{N}$ fest. Dann gilt:

(i) Es existiert eine ${}^*P_h^L$-Nullmenge N mit

$$ {}^*[0,1] \ni t \to \frac{1}{\sqrt{h}} \sum_{i=1}^{[ht]} {}^*\xi_{ih}(\omega) \text{ ist } \approx \text{stetig für } \omega \notin N. $$

(ii) $$\mathbb{B}(\omega, t) := \begin{cases} st\Big(\frac{1}{\sqrt{h}} \sum_{i=1}^{[ht]} {}^*\xi_{ih}(\omega)\Big) & \text{für } \omega \notin N, t \in [0,1] \\ 0 & \text{für } \omega \in N, t \in [0,1] \end{cases}$$

ist eine Brownsche Bewegung bzgl. $\langle {}^*\Omega_h, \mathcal{L}({}^*P_h), {}^*P_h^L \rangle$.

Beweis. *(i)* Setze

(1) $$b(\omega, t) := \frac{1}{\sqrt{h}} \sum_{i=1}^{[ht]} {}^*\xi_{ih}(\omega) \quad \text{für } \omega \in {}^*\Omega_h, t \in {}^*[0,1].$$

Für $n \in \mathbb{N}$ und $\varepsilon \in \mathbb{R}_+$ sei

(2) $$C_n(\varepsilon) := \bigcup_{j=1}^{n} \{\omega \in {}^*\Omega_h : \sup_{\frac{j-1}{n} \le s,t \le \frac{j}{n}} |b(\omega, t) - b(\omega, s)| \ge \varepsilon\},$$

und setze

(3) $$N := \bigcup_{m=1}^{\infty} \bigcap_{n=1}^{\infty} C_n(\tfrac{1}{m}).$$

Für (i) genügt es dann zu zeigen:

(4) $$b(\omega, \cdot) \text{ ist } \approx \text{stetig für } \omega \notin N;$$

(5) $$N \in \mathcal{L}({}^*P_h) \text{ und } {}^*P_h^L(N) = 0.$$

Zu (4): Sei $\omega \notin N$. Dann gibt es zu jedem $m \in \mathbb{N}$ ein $n(m) \in \mathbb{N}$ mit $\omega \notin C_{n(m)}(\frac{1}{m})$, d.h. für jedes $j = 1, \ldots, n(m)$ gilt:

(6) $$\Big(s, t \in {}^*[0,1] \wedge \tfrac{j-1}{n(m)} \le s, t \le \tfrac{j}{n(m)}\Big) \Longrightarrow |b(\omega, t) - b(\omega, s)| < \tfrac{1}{m}.$$

Sind nun $s, t \in {}^*[0,1]$ mit $|s - t| \le \frac{1}{n(m)}$ und $s \le t$, so gibt es ein $j \in \{1, \ldots, n(m)\}$ mit

$$\Big(\tfrac{j-1}{n(m)} \le s, t \le \tfrac{j}{n(m)}\Big) \text{ oder } \Big(\tfrac{j-1}{n(m)} \le s \le \tfrac{j}{n(m)} \le t \le \tfrac{j+1}{n(m)}\Big).$$

Daher folgt nach (6) für jedes $m \in \mathbb{N}$:

(7) $$\Big(s, t \in {}^*[0,1] \wedge |s - t| \le \tfrac{1}{n(m)}\Big) \Longrightarrow |b(\omega, t) - b(\omega, s)| < \tfrac{2}{m}.$$

Somit ist $b(\omega, \cdot)$ $\approx$stetig.

Zu (5): Wir zeigen

(8) $$\overline{{}^*P_h}(C_n(\varepsilon)) \underset{n\to\infty}{\longrightarrow} 0 \text{ für alle } \varepsilon \in \mathbb{R}_+.$$

Hieraus folgt dann $\overline{{}^*P_h}(\cap_{n=1}^{\infty} C_n(\varepsilon)) = 0$, und somit

$$0 \le {}^*\underline{P_h}(N) \le \overline{{}^*P_h}(N) \underset{31.4(\text{iii})}{\le} \sum_{m=1}^{\infty} \overline{{}^*P_h}\Big(\bigcap_{n=1}^{\infty} C_n\left(\tfrac{1}{m}\right)\Big) = 0;$$

daher ist $N \in \mathcal{L}({}^*P_h)$ und ${}^*P_h^L(N) = 0$. Also bleibt (8) zu zeigen.

Um eine Abschätzung für $\overline{{}^*P_h}(C_n(\varepsilon))$ in (8) zu gewinnen, sei $n \in \mathbb{N}$ mit $n \ge 2$ fest gewählt. Seien $s, t \in {}^*[0,1]$. O.B.d.A. sei $s < t$; dann gilt:

(9) $$|b(\omega,t) - b(\omega,s)| \underset{(1)}{=} \frac{1}{\sqrt{h}} \sum_{i=[hs]+1}^{[ht]} {}^*\xi_{ih}(\omega).$$

Setze

(10) $$h_j := [h\tfrac{j}{n}] \text{ für } j = 0,\dots,n.$$

Aus $\frac{j-1}{n} \le s < t \le \frac{j}{n}$ folgt $h_{j-1} \underset{(10)}{\le} [hs] \le [ht] \underset{(10)}{\le} h_j$. Daher erhalten wir:

$$\begin{aligned}\sup_{\frac{j-1}{n}\le s,t\le\frac{j}{n}} |b(\omega,t) - b(\omega,s)| &\underset{(9)}{\le} \max_{h_{j-1}\le k<l\le h_j} \Big|\frac{1}{\sqrt{h}} \sum_{i=k+1}^{l} {}^*\xi_{ih}(\omega)\Big| \\ &\le 2 \max_{h_{j-1}<l\le h_j} \Big|\frac{1}{\sqrt{h}} \sum_{i=h_{j-1}+1}^{l} {}^*\xi_{ih}(\omega)\Big|.\end{aligned}$$

Daher gilt nach (2):

$$C_n(\varepsilon) \subset \bigcup_{j=1}^{n} \{\omega \in {}^*\Omega_h\colon \max_{h_{j-1}<l\le h_j} \Big|\frac{1}{\sqrt{h}} \sum_{i=h_{j-1}+1}^{l} {}^*\xi_{ih}(\omega)\Big| \ge \varepsilon/2\},$$

und wir erhalten:

(11) $$\begin{aligned}\overline{{}^*P_h}(C_n(\varepsilon)) &\le \sum_{j=1}^{n} \overline{{}^*P_h}(\{\omega \in {}^*\Omega_h\colon \max_{h_{j-1}<l\le h_j} \Big|\frac{1}{\sqrt{h}} \sum_{i=h_{j-1}+1}^{l} {}^*\xi_{ih}(\omega)\Big| \ge \tfrac{\varepsilon}{2}\}) \\ &\underset{34.3}{=} \sum_{j=1}^{n} \overline{{}^*P_h}(\{\omega \in {}^*\Omega_h\colon \max_{1\le l\le h_j-h_{j-1}} \Big|\frac{1}{\sqrt{h}} \sum_{i=1}^{l} {}^*\xi_{ih}(\omega)\Big| \ge \tfrac{\varepsilon}{2}\}).\end{aligned}$$

Setze nun $$k(n) := \max_{1\le j\le n} (h_j - h_{j-1}) \underset{(10)}{=} \max_{1\le j\le n} ([h\tfrac{j}{n}] - [h\tfrac{j-1}{n}]);$$

dann ist $\frac{1}{2}\frac{h}{n} \le \frac{h}{n} - 1 \le k(n) \le \frac{h}{n} + 1 \le 2\frac{h}{n}$, und somit gilt:

(12) $$\frac{n}{2} \le \frac{h}{k(n)} \le 2n;$$

(13) $$\sqrt{h} \le k(n) \le h.$$

Ferner ist

$$\begin{aligned}\overline{{}^*P_h}(C_n(\varepsilon)) &\underset{(11)}{\le} n\overline{{}^*P_h}(\{\omega \in {}^*\Omega_h : \max_{1\le l\le k(n)} \Big|\frac{1}{\sqrt{h}} \sum_{i=1}^{l} {}^*\xi_{ih}(\omega)\Big| \ge \varepsilon/2\}) \\ &= n\overline{{}^*P_h}(\{\omega \in {}^*\Omega_h : \max_{1\le l\le k(n)} \Big|\frac{1}{\sqrt{k(n)}} \sum_{i=1}^{l} {}^*\xi_{ih}(\omega)\Big| \ge \tfrac{\varepsilon}{2}\sqrt{\tfrac{h}{k(n)}}\});\end{aligned}$$

und da $\frac{\varepsilon}{2}\sqrt{\frac{h}{k(n)}} \underset{(12)}{\geq} 2\sqrt{2}$ für alle hinreichend großen n ist, folgt für alle hinreichend großen n (beachte (13) für die Anwendung von 34.6 und 34.7):

$$\text{(14)}\quad \begin{aligned} \overline{{}^*P_h}(C_n(\varepsilon)) &\underset{34.6}{\leq} n \cdot 2\, \overline{{}^*P_h}\Big(\Big\{\omega \in {}^*\Omega_h : \Big|\frac{1}{\sqrt{k(n)}} \sum_{i=1}^{k(n)} {}^*\xi_{ih}(\omega)\Big| \geq \frac{\varepsilon}{4}\sqrt{\frac{h}{k(n)}}\Big\}\Big) \\ &\underset{34.7(\text{ii})}{\approx} n \cdot 2 \cdot 2\Big(1 - {}^*\Phi\Big(\frac{\varepsilon}{4}\sqrt{\frac{h}{k(n)}}\Big)\Big) \underset{(12)}{\leq} 4n\Big(1 - \Phi\Big(\frac{\varepsilon}{4}\sqrt{\frac{n}{2}}\Big)\Big). \end{aligned}$$

Wegen $n(1-\Phi(c\sqrt{n})) \underset{n\to\infty}{\longrightarrow} 0$ für alle $c \in \mathbb{R}_+$ (benutze $1 - \Phi(x) \leq \frac{1}{x}e^{-\frac{1}{2}x^2}$ für $x \in \mathbb{R}_+$; siehe Gänßler-Stute, 1977, S. 105, 1.19.2) folgt aus (14) die zu beweisende Relation (8).

(ii) Wir zeigen, daß $\mathbb{B}$ den Bedingungen (i)–(iv) von 34.1 genügt.

Zu 34.1 (iv): Es ist zu zeigen, daß $\mathbb{B}(\omega, \cdot)$ für $\omega \notin N$ eine stetige Funktion ist. Wegen $b(\omega, 0) = 0$ und (7) ist $b(\omega, t)$ endlich für alle $\omega \notin N, t \in [0,1]$. Aus (6) folgt dann ferner, daß $[0,1] \ni t \to \mathbb{B}(\omega, t) = st(b(\omega, t))$ für jedes $\omega \notin N$ stetig ist.

Zu 34.1(i): Sei $t \in [0,1]$. Für die Meßbarkeit von $\mathbb{B}(\cdot, t)$ reicht es wegen ${}^*P_h^L(N) = 0$ zu zeigen (beachte 31.7 (ii)):

$$\{\omega \notin N : \mathbb{B}(\omega, t) < r\} \in \mathcal{L}({}^*P_h) \quad \text{für } r \in \mathbb{R}.$$

Nach Transfer ist $\{\omega \in {}^*\Omega_h : \frac{1}{\sqrt{h}} \sum_{i=1}^{[ht]} {}^*\xi_{ih}(\omega) < r\} \in {}^*\mathcal{A}_h$, und nach Definition von $\mathbb{B}$ folgt daher:

$$\{\omega \notin N : \mathbb{B}(\omega, t) < r\} = \overline{N} \cap \bigcup_{k=1}^{\infty} \Big\{\omega \in {}^*\Omega_h : \frac{1}{\sqrt{h}} \sum_{i=1}^{[ht]} {}^*\xi_{ih}(\omega) < r - \frac{1}{k}\Big\} \in \mathcal{L}({}^*P_h).$$

Zu 34.1 (ii): Wegen $\mathbb{B}(\cdot, 0) \equiv 0$ ist $({}^*P_h^L)_{\mathbb{B}(\cdot,0)} = \varepsilon_0$.

Sei $0 \leq s < t \leq 1$. Dann gilt für alle $r \in \mathbb{R}$ (vgl. auch 34.3):

$$\text{(15)}\quad \begin{aligned} {}^*P_h^L(\{b(\cdot,t) - b(\cdot,s) \leq r\}) &\underset{(1)}{=} {}^*P_h^L\Big(\Big\{\frac{1}{\sqrt{h}} \sum_{i=[hs]+1}^{[ht]} {}^*\xi_{ih} \leq r\Big\}\Big) \\ &= {}^*P_h^L\Big(\Big\{\frac{1}{\sqrt{h}} \sum_{i=1}^{[ht]-[hs]} {}^*\xi_{ih} \leq r\Big\}\Big). \end{aligned}$$

Setze $k := [ht] - [hs]$; dann gilt wegen $h \in {}^*\mathbb{N} - \mathbb{N}$:

$$\text{(16)}\quad \frac{k}{h} \approx t - s \quad \text{und} \quad \sqrt{h} \leq k \leq h.$$

Es folgt für alle $r \in \mathbb{R}$:

$$\text{(17)}\quad \begin{aligned} {}^*P_h^L(\{b(\cdot,t) - b(\cdot,s) \leq r\}) &\underset{(15)}{=} {}^*P_h^L\Big(\Big\{\frac{1}{\sqrt{k}} \sum_{i=1}^{k} {}^*\xi_{ih} \leq r\sqrt{\frac{h}{k}}\Big\}\Big) \\ &\underset{34.7(\text{i}),(16)}{=} st\Big({}^*\Phi\Big(r\sqrt{\frac{h}{k}}\Big)\Big) \underset{(16)}{=} \Phi\Big(r\frac{1}{\sqrt{t-s}}\Big) \\ &= N(0; t-s)\,(]-\infty, r]). \end{aligned}$$

Daher gilt für alle $r \in \mathbb{R}, \varepsilon \in \mathbb{R}_+$:

$$\begin{aligned} N(0;t-s)\,(]-\infty,r]) &\underset{(17)}{=} {}^*P_h^L(\{b(\cdot,t)-b(\cdot,s)\le r\}) \\ &\le {}^*P_h^L(\{\mathbb{B}(\cdot,t)-\mathbb{B}(\cdot,s)\le r\}) \\ &\le {}^*P_h^L(\{b(\cdot,t)-b(\cdot,s)\le r+\varepsilon\}) \underset{(17)}{=} N(0;t-s)\,(]-\infty,r+\varepsilon]). \end{aligned}$$

Mit $\varepsilon \to 0$ folgt hieraus ${}^*P_h^L(\{\mathbb{B}(\cdot,t)-\mathbb{B}(\cdot,s)\le r\}) = N(0;t-s)\,(]-\infty,r])$ für alle $r \in \mathbb{R}$, und daher ist $({}^*P_h^L)_{\mathbb{B}(\cdot,t)-\mathbb{B}(\cdot,s)} = N(0;t-s)$.

Zu 34.1 (iii): Seien $k_j \in {}^*\mathbb{N}_0$ mit $\frac{k_j}{h} \le t_j < \frac{k_j+1}{h}$. Wegen $[ht_j] = k_j$ gilt:

$$b(\omega,t_j) - b(\omega,t_{j-1}) \underset{(1)}{=} \frac{1}{\sqrt{h}}\sum\nolimits_{i=k_{j-1}+1}^{k_j} {}^*\xi_{ih}(\omega).$$

Da für jedes $n \in \mathbb{N}$ die Funktionen $\xi_{1n},\dots,\xi_{nn}$ $\mathcal{A}_n$-meßbar und P_n-unabhängig sind, folgt mit Hilfe des Transfer-Prinzips, daß die Funktionen

$$g_j(\omega) := b(\omega,t_j) - b(\omega,t_{j-1}),\quad \omega \in {}^*\Omega_h, j = 1,\dots,n,$$

den Bedingungen (i) und (ii) aus anschließendem Hilfssatz 34.5 (mit $\langle Y,\mathcal{C},Q\rangle = \langle {}^*\Omega_h, {}^*\mathcal{A}_h, {}^*P_h\rangle$) genügen. Daher sind $st(g_1),\dots,st(g_n)$ ${}^*P_h^L$-unabhängig (siehe 34.5). Wegen $st(g_j) = \mathbb{B}(\cdot,t_j) - \mathbb{B}(\cdot,t_{j-1})$ ${}^*P_h^L$-f.ü. sind somit auch $\mathbb{B}(\cdot,t_j) - \mathbb{B}(\cdot,t_{j-1}), j = 1,\dots,n,$ ${}^*P_h^L$-unabhängig. □

Setze im folgenden $st(x) := +\infty$ bzw. $= -\infty$ für positiv unendliche bzw. negativ unendliche $x \in {}^*\mathbb{R}$.

34.5 Standardteile von Q-unabhängigen Funktionen sind Q^L-unabhängig

Sei $\mathcal{C}$ eine Algebra über Y und $Q:\mathcal{C} \to {}^*[0,\infty[$ ein interner Inhalt mit $Q(Y) = 1$. Seien $g_1,\dots,g_n: Y \to {}^*\mathbb{R}$, und es gelte für alle $r_1,\dots,r_n \in \mathbb{R}$:

(i) $\{y \in Y: g_i(y) < r_i\} \in \mathcal{C}$ für $i = 1,\dots,n$;

(ii) $Q(\cap_{i=1}^n \{y \in Y: g_i(y) < r_i\}) = \prod_{i=1}^n Q(\{y \in Y: g_i(y) < r_i\})$.

Dann sind $st(g_1),\dots,st(g_n)$ Q^L-unabhängig.

Beweis. Setze $f_i := st(g_i)$ für $i = 1,\dots,n$. Dann gilt für alle $r \in \mathbb{R}$:

$$\{y \in Y: f_i(y) < r\} = \cup_{k=1}^\infty \{y \in Y: g_i(y) < r - 1/k\} \underset{(i)}{\in} \sigma(\mathcal{C}) \subset \mathcal{L}(Q).$$

Somit sind alle f_i $\mathcal{L}(Q)$-meßbar. Es gilt:

$$\begin{aligned} Q^L(\{f_1 < r_1,\dots,f_n < r_n\}) &= Q^L(\cup_{k=1}^\infty \{g_1 < r_1 - \tfrac{1}{k},\dots,g_n < r_n - \tfrac{1}{k}\}) \\ &= \lim\nolimits_{k\to\infty} Q^L(\{g_1 < r_1 - \tfrac{1}{k},\dots,g_n < r_n - \tfrac{1}{k}\}) \\ &= \lim\nolimits_{k\to\infty} st(Q(\{g_1 < r_1 - \tfrac{1}{k},\dots,g_n < r_n - \tfrac{1}{k}\})) \\ &\underset{(ii)}{=} \lim\nolimits_{k\to\infty} st(\textstyle\prod_{j=1}^n Q(\{g_j < r_j - \tfrac{1}{k}\})) = \lim\nolimits_{k\to\infty} \prod_{j=1}^n Q^L(\{g_j < r_j - \tfrac{1}{k}\}) \\ &= \textstyle\prod_{j=1}^n \lim\nolimits_{k\to\infty} Q^L(\{g_j < r_j - \tfrac{1}{k}\}) = \prod_{j=1}^n Q^L(\{f_j < r_j\}). \end{aligned}$$

Also sind $f_1,\dots,f_n$ Q^L-unabhängig. □

Im Beweis von 34.4 haben wir die transferierte Levysche Ungleichung und eine Folgerung aus dem Transfer des zentralen Grenzwertsatzes benutzt. Es seien hierzu für $\xi_{in}, i = 1, \ldots, n,\ n \in \mathbb{N}$, die Voraussetzungen von 34.4 erfüllt. Dann besagt die Levysche Ungleichung (siehe z.B. Billingsley 1968, S. 69), daß für alle $n \in \mathbb{N}, k \leq n$ und $x \geq 2\sqrt{2}$ gilt:

$$\begin{aligned} &P_n(\{\omega \in \Omega_n : \max_{1 \leq l \leq k} |\tfrac{1}{\sqrt{k}} \textstyle\sum_{i=1}^{l} \xi_{in}(\omega)| \geq x\}) \\ &\leq 2\ P_n(\{\omega \in \Omega_n : |\tfrac{1}{\sqrt{k}} \textstyle\sum_{i=1}^{k} \xi_{in}(\omega)| \geq \tfrac{x}{2}\}). \end{aligned}$$

Der Transfer liefert für alle $k \leq h \in {}^*\mathbb{N}, {}^*\mathbb{R} \ni x \geq 2\sqrt{2}$:

34.6
$$\begin{aligned} &{}^*P_h(\{\omega \in {}^*\Omega_h : \max_{1 \leq l \leq k} |\tfrac{1}{\sqrt{k}} \sum_{i=1}^{l} {}^*\xi_{ih}(\omega)| \geq x\}) \\ &\leq 2\,{}^*P_h(\{\omega \in {}^*\Omega_h : |\tfrac{1}{\sqrt{k}} \sum_{i=1}^{k} {}^*\xi_{ih}(\omega)| \geq \tfrac{x}{2}\}). \end{aligned}$$

Es sei $Q := (P_n)_{\xi_{in}}$ die gemeinsame Verteilung aller ξ_{in}. Da $\xi_{1n}, \ldots, \xi_{nn}$ P_n-unabhängig sind, gilt mit dem Produktmaß $Q^{\mathbb{N}}$ über $\mathbb{R}^{\mathbb{N}}$:

(I) $$P_n(\{\omega \in \Omega_n : \tfrac{1}{\sqrt{k}} \textstyle\sum_{i=1}^{k} \xi_{in}(\omega) < x\}) = Q^{\mathbb{N}}(\{y \in \mathbb{R}^{\mathbb{N}} : \tfrac{1}{\sqrt{k}} \textstyle\sum_{i=1}^{k} y_i < x\})$$ für $k = 1, \ldots, n$.

Da $y_i, i \in \mathbb{N}$, $Q^{\mathbb{N}}$-unabhängige identisch verteilte Zufallsvariable mit Mittelwert 0 und Varianz 1 sind, gilt nach dem zentralen Grenzwertsatz (siehe z.B. Gänßler-Stute 1977, S. 158, 4.1.10 und S. 140, 3.1.13):

$$\sup_{x \in \mathbb{R}} |Q^{\mathbb{N}}(\{y \in \mathbb{R}^{\mathbb{N}} : \tfrac{1}{\sqrt{l}} \textstyle\sum_{i=1}^{l} y_i < x\} - \Phi(x)| \underset{l \to \infty}{\longrightarrow} 0.$$

Hieraus folgt:

(II) $$\sup_{x \in \mathbb{R}, \sqrt{n} \leq k \leq n} |Q^{\mathbb{N}}(\{y \in \mathbb{R}^{\mathbb{N}} : \tfrac{1}{\sqrt{k}} \textstyle\sum_{i=1}^{k} y_i < x\}) - \Phi(x)| \underset{n \to \infty}{\longrightarrow} 0.$$

Aus (I) und (II) erhält man:

$$a_n := \sup_{x \in \mathbb{R}, \sqrt{n} \leq k \leq n} |P_n(\{\omega \in \Omega_n : \tfrac{1}{\sqrt{k}} \textstyle\sum_{i=1}^{k} \xi_{in}(\omega) < x\}) - \Phi(x)| \underset{n \to \infty}{\longrightarrow} 0.$$

Hieraus folgt ${}^*a_h \approx 0$ für alle $h \in {}^*\mathbb{N} - \mathbb{N}$, und die Berechnung von ${}^*a_h$ liefert:

34.7 (i) Ist $h \in {}^*\mathbb{N} - \mathbb{N}, x \in {}^*\mathbb{R}, k \in {}^*\mathbb{N}$ mit $\sqrt{h} \leq k \leq h$, so gilt:
$${}^*P_h(\{\omega \in {}^*\Omega_h : \tfrac{1}{\sqrt{k}} \textstyle\sum_{i=1}^{k} {}^*\xi_{ih}(\omega) < x\}) \approx {}^*\Phi(x).$$

Da diese Beziehung auch für $\leq x$ an Stelle von $< x$ gilt, und da nach Transfer ${}^*\Phi(-x) = 1 - {}^*\Phi(x)$ ist, erhält man:

34.7 (ii) Ist $h \in {}^*\mathbb{N} - \mathbb{N}, x \in {}^*\mathbb{R}, k \in {}^*\mathbb{N}$ mit $\sqrt{h} \leq k \leq h$, so gilt:
$${}^*P_h(\{\omega \in {}^*\Omega_h : |\tfrac{1}{\sqrt{k}} \textstyle\sum_{i=1}^{k} {}^*\xi_{ih}(\omega)| \geq x\}) \approx 2(1 - {}^*\Phi(x)).$$

Aufgabe

Man definiere eine $\mathbb{R}^n$-wertige Brownsche Bewegung und konstruiere eine solche, unter Benutzung der Existenz einer $\mathbb{R}$-wertigen Brownschen Bewegung.

§ 35 Das Invarianzprinzip in $D[0,1]$

In diesem Paragraphen sei $^*: \widehat{S} \longrightarrow \widehat{{}^*S}$ eine $\widehat{S}$-kompakte Nichtstandard-Einbettung.

Sei $\langle \Omega, \mathcal{A}, P \rangle$ ein W-Raum, und seien $\xi_i: \Omega \to \mathbb{R}$, $i \in \mathbb{N}$, P-unabhängige, identisch verteilte Zufallsvariable mit Mittelwert 0 und Varianz 1. In § 34 wurden (im allgemeineren Rahmen der Dreiecksschemata) die Bewegungen

$$\mathfrak{b}_n(\omega, t) = \frac{1}{\sqrt{n}} \sum_{i=1}^{[nt]} \xi_i(\omega) \quad \text{für} \quad \omega \in \Omega, t \in [0,1]$$

betrachtet. Für jedes $\omega \in \Omega$ ist dann $\mathfrak{b}_n(\omega, \cdot)$ eine rechtsseitig stetige und beschränkte Funktion über $[0,1]$. Der Raum der rechtsseitig stetigen und beschränkten Funktionen über $[0,1]$ wird mit D bezeichnet und mit der Borel-σ-Algebra $\mathcal{B}(D)$ bzgl. der Supremumsmetrik ausgestattet (siehe 35.1). Setzt man dann

$$W_n(B) := P(\{\omega \in \Omega : \mathfrak{b}_n(\omega, \cdot) \in B\}) \quad \text{für} \quad B \in \mathcal{B}(D),$$

so werden wir zeigen, daß W_n eine Folge von Radon-Maßen auf $\mathcal{B}(D)$ ist. Das sogenannte Invarianzprinzip besagt, daß W_n stets gegen das gleiche Grenzmaß bzgl. der schwachen Topologie konvergiert (siehe 35.10). Dieses Grenzmaß ist also „invariant" gegenüber der Verteilung der vorgegebenen $\xi_i, i \in \mathbb{N}$. Das Grenzmaß ist zudem die Verteilung der Brownschen Bewegung (siehe 35.7), die man das Wiener-Maß nennt.

Die Bedeutung des Invarianzprinzips besteht darin, daß sich mit seiner Hilfe die Grenzverteilungen vieler für die Statistik wichtiger Funktionale des Summenprozesses $S_k = \sum_{i=1}^k \xi_i, k \in \mathbb{N}$, angeben lassen, wie z.B. die Grenzverteilungen von $\frac{1}{\sqrt{n}} \max_{0 \leq k \leq n} S_k$ oder von $\frac{1}{n^2} \sum_{k=1}^{n-1} S_k^2$ (siehe 35.12). Auch diese Grenzverteilungen hängen dann nicht mehr von der Ausgangsverteilung der $\xi_i, i \in \mathbb{N}$, ab, und können zudem mit Hilfe des Wiener-Maßes berechnet werden.

Wir nennen im folgenden eine Teilmenge X_0 eines metrischen Raumes X *separabel,* wenn es eine abzählbare Teilmenge von X_0 gibt, die in X_0 dicht liegt. X_0 ist also genau dann separabel, wenn es ein abzählbares $T \subset X_0$ mit $X_0 \subset T^b$ gibt (siehe 23.2). Ferner gilt nach 24.6 (iv):

- X_0 separabel $\iff X_0$ besitzt abzählbare Basis.

Hieraus folgt:

- $(X_0$ separabel $\wedge X_1 \subset X_0) \Rightarrow X_1$ separabel.

35.1 Der Raum $\langle D[0,1], \rho_\infty \rangle$

Sei $D := D[0,1]$ der Raum aller rechtsseitig stetigen und beschränkten Funktionen $f: [0,1] \to \mathbb{R}$, und es sei

$$\rho_\infty(f,g) := \sup_{t \in [0,1]} |f(t) - g(t)| \quad \text{für } f,g \in D$$

die Supremumsmetrik auf D. Dann gilt:

(i) $\langle D[0,1], \rho_\infty \rangle$ ist ein vollständiger metrischer Raum, der nicht separabel ist.

(ii) $C[0,1]$ ist eine abgeschlossene Teilmenge von $D[0,1]$, die separabel ist.

Beweis. ***(i)*** Seien $f_n \in D$ mit $\rho_\infty(f_n, f_m) \underset{n,m \to \infty}{\longrightarrow} 0$. Setze nun $f(t) := \lim_{n \to \infty} f_n(t)$. Dann gilt $\sup_{t \in [0,1]} |f_n(t) - f(t)| \underset{n \to \infty}{\longrightarrow} 0$, und f ist als gleichmäßiger Limes einer Folge von rechtsseitig stetigen und beschränkten Funktionen rechtsseitig stetig und beschränkt. Also ist $f \in D$, und es gilt $\rho_\infty(f_n, f) \to 0$. Daher ist $\langle D, \rho_\infty \rangle$ vollständig.

Um zu zeigen, daß D keine abzählbare, dichte Teilmenge besitzt, genügt es, disjunkte, offene Mengen $D_x \neq \emptyset, x \in [0,1]$, anzugeben (denn eine dichte Menge muß von jedem D_x wenigstens ein Element enthalten und kann daher nicht abzählbar sein). Setze hierzu

(1) $$D_x := \{f \in D : \rho_\infty(f, f_x) < \tfrac{1}{2}\} \text{ mit } f_x(t) := 1_{[x,1]}(t).$$

Dann sind $D_x \neq \emptyset$ offene Mengen, die wegen $\rho_\infty(f_x, f_y) = 1$ für $x \neq y$ disjunkt sind.

(ii) Da der gleichmäßige Limes einer Folge stetiger Funktionen stetig ist, ist $C[0,1]$ abgeschlossen. Da die Menge der Polynome mit rationalen Koeffizienten abzählbar ist und ρ_∞-dicht in $C[0,1]$ liegt (für ρ_∞-dicht benutze den Weierstraßschen Approximationssatz, siehe Walter, Analysis II, Seite 263, Satz 7.24), ist $C[0,1]$ separabel. □

Der Raum $D[0,1]$ ist offensichtlich ein linearer Raum, und die Metrik ρ_∞ entsteht aus der Supremumsnorm $\|f\|_\infty := \sup_{0\le t\le 1} |f(t)|$. Da $\langle D[0,1], \rho_\infty\rangle$ ein vollständiger, metrischer Raum ist (siehe 35.1 (i)), ist daher $\langle D[0,1], \|\ \|_\infty\rangle$ ein Banach-Raum.

Für die weiteren Betrachtungen benötigt man die folgenden Begriffe: Ist $\mathcal{A}$ eine σ-Algebra über Ω und $\mathcal{A}_1$ eine σ-Algebra über Ω_1, so heißt eine Abbildung $\psi: \Omega \to \Omega_1$ $\mathcal{A}, \mathcal{A}_1$ *-meßbar,* falls gilt:

$$\psi^{-1}[A_1] \in \mathcal{A} \text{ für alle } A_1 \in \mathcal{A}_1.$$

Ist zusätzlich P ein W-Maß auf $\mathcal{A}$, so ist P_ψ, definiert durch

$$P_\psi(A_1) := P(\psi^{-1}[A_1]) \text{ für } A_1 \in \mathcal{A}_1,$$

ein W-Maß auf $\mathcal{A}_1$ und heißt die *Verteilung* von ψ (bzgl. P).

Sei nun $\mathcal{B}(D)$ die Borel- σ-Algebra des metrischen Raumes $\langle D, \rho_\infty\rangle$. Zu Beginn dieses Paragraphen hatten wir

$$W_n(B) := P(\{\omega: \mathfrak{b}_n(\omega,\cdot) \in B\}) \text{ für } B \in \mathcal{B}(D)$$

gesetzt. Hierzu ist es natürlich erforderlich, daß die Abbildung $\psi: \Omega \to D$, definiert durch $\psi(\omega) := \mathfrak{b}_n(\omega,\cdot), \omega \in \Omega$, eine $\mathcal{A}, \mathcal{B}(D)$-meßbare Abbildung ist; in diesem Fall ist dann W_n die Verteilung von ψ bzgl. P. Zur Untersuchung der $\mathcal{A}, \mathcal{B}(D)$-Meßbarkeit erweist sich die im folgenden eingeführte σ-Algebra $\sigma(\pi^D)$ als nützlich. Sie ist zwar eine (echte) Teil-σ-Algebra von $\mathcal{B}(D)$, dennoch impliziert in vielen Fällen die $\mathcal{A}, \sigma(\pi^D)$-Meßbarkeit schon die gewünschte $\mathcal{A}, \mathcal{B}(D)$-Meßbarkeit (siehe 35.3). Die $\mathcal{A}, \sigma(\pi^D)$-Meßbarkeit läßt sich dabei in der Regel einfach nachprüfen.

Wir erinnern daran, daß für $\mathcal{S} \subset \mathcal{P}(D)$ mit $\sigma(\mathcal{S})$ die kleinste $\mathcal{S}$ umfassende σ-Algebra über D bezeichnet wird (siehe auch § 30).

35.2 Vergleich von $\sigma(\pi^D)$ mit der Borel-σ-Algebra $\mathcal{B}(D)$

Für jedes $t \in [0,1]$ sei $\pi_t^D: D[0,1] \to \mathbb{R}$ definiert durch

$$\pi_t^D(f) := f(t) \text{ für } f \in D.$$

Über $D[0,1]$ betrachte die folgende σ-Algebra

$$\sigma(\pi^D) := \sigma(\{(\pi_t^D)^{-1}[B]: B \in \mathcal{B}(\mathbb{R}), t \in [0,1]\}).$$

Dann gilt:

(i) $\sigma(\pi^D) \subset \mathcal{B}(D)$;

(ii) $D_0 \subset D$ abgeschlossen, separabel
$$\Rightarrow B \cap D_0 \in \sigma(\pi^D) \text{ für } B \in \mathcal{B}(D).$$

Beweis. *(i)* gilt, da jedes $\pi_t^D: D \to \mathbb{R}$ eine ρ_∞-stetige und damit $\mathcal{B}(D)$-meßbare Funktion ist.

(ii) Wir zeigen zunächst:

(1) $$B \cap D_0 \in \sigma(\pi^D) \text{ für abgeschlossene } B \subset D.$$

Mit D_0 ist $B \cap D_0$ eine separable Menge; daher gibt es $f_n \in B \cap D_0, n \in \mathbb{N}$, so daß $\{f_n : n \in \mathbb{N}\}$ dicht in $B \cap D_0$ liegt. Da $B \cap D_0$ abgeschlossen ist, folgt dann:

$$B \cap D_0 = \bigcap_{k=1}^{\infty} \bigcup_{n=1}^{\infty} A_{1/k}(f_n) \quad \text{mit} \quad A_\varepsilon(f_0) := \{f \in D : \rho_\infty(f_0, f) \le \varepsilon\}.$$

Für $B \cap D_0 \in \sigma(\pi^D)$ reicht es daher zu zeigen:

$$A_\varepsilon(f_0) \in \sigma(\pi^D) \quad \text{für } f_0 \in D, \varepsilon \in \mathbb{R}_+.$$

Setze hierzu $\mathbb{Q}_0 := \mathbb{Q} \cap [0,1]$. Da alle $f \in D$ rechtsseitig stetig sind, gilt mit $B_t := [f_0(t) - \varepsilon, f_0(t) + \varepsilon] \in \mathcal{B}(\mathbb{R})$:

$$\begin{aligned} A_\varepsilon(f_0) = \{f \in D : \sup_{t \in \mathbb{Q}_0} |f(t) - f_0(t)| \le \varepsilon\} &= \bigcap_{t \in \mathbb{Q}_0} \{f \in D : |f(t) - f_0(t)| \le \varepsilon\} \\ = \bigcap_{t \in \mathbb{Q}_0} \{f \in D : |\pi_t^D(f) - f_0(t)| \le \varepsilon\} &= \bigcap_{t \in \mathbb{Q}_0} (\pi_t^D)^{-1}[B_t] \in \sigma(\pi^D). \end{aligned}$$

Damit ist (1) gezeigt. Da nun

$$\{B \in \mathcal{B}(D) : B \cap D_0 \in \sigma(\pi^D)\}$$

eine σ-Algebra ist (beachte $D_0 \in \sigma(\pi^D)$ nach (1)), die nach (1) jede abgeschlossene Menge enthält, folgt $B \cap D_0 \in \sigma(\pi^D)$ für jedes $B \in \mathcal{B}(D)$. □

35.3 $\mathcal{A}, \sigma(\pi^D)$-Meßbarkeit und $\mathcal{A}, \mathcal{B}(D)$-Meßbarkeit

Sei $\mathcal{A}$ eine σ-Algebra über Ω und $\psi : \Omega \to D[0,1]$. Dann gilt:

(i) ψ $\mathcal{A}, \sigma(\pi^D)$-meßbar $\iff$ ($\pi_t^D \circ \psi$ $\mathcal{A}$-meßbar für alle $t \in [0,1]$);

(ii) ($\psi[\Omega]$ separabel und ψ $\mathcal{A}, \sigma(\pi^D)$-meßbar) $\Longrightarrow$ ψ $\mathcal{A}, \mathcal{B}(D)$-meßbar.

Beweis. ***(i)*** „ ⇒ “: Sei $B \in \mathcal{B}(\mathbb{R})$, dann gilt wegen $(\pi_t^D)^{-1}[B] \in \sigma(\pi^D)$:

$$(\pi_t^D \circ \psi)^{-1}[B] = \psi^{-1}[(\pi_t^D)^{-1}[B]] \in \mathcal{A}.$$

„ ⇐ “: Da $\{(\pi_t^D)^{-1}[B] : B \in \mathcal{B}(\mathbb{R}), t \in [0,1]\}$ die σ-Algebra $\sigma(\pi^D)$ erzeugt, reicht es für die $\mathcal{A}, \sigma(\pi^D)$-Meßbarkeit von ψ zu zeigen:

(1) $$\psi^{-1}[(\pi_t^D)^{-1}[B]] \in \mathcal{A} \quad \text{für } B \in \mathcal{B}(\mathbb{R}),\ t \in [0,1].$$

Nun ist $\psi^{-1}[(\pi_t^D)^{-1}[B]] = (\pi_t^D \circ \psi)^{-1}[B]$, und (1) folgt aus der $\mathcal{A}$-Meßbarkeit von $\pi_t^D \circ \psi$.

(ii) Sei $B \in \mathcal{B}(D)$; es ist $\psi^{-1}[B] \in \mathcal{A}$ zu zeigen. Sei hierzu $D_0 := (\psi[\Omega])^b$; dann ist D_0 abgeschlossen und separabel, und es gilt:

(2) $$\psi^{-1}[B] = \psi^{-1}[B \cap D_0].$$

Wegen $B \cap D_0 \in \sigma(\pi^D)$ (siehe 35.2 (ii)) und der $\mathcal{A}, \sigma(\pi^D)$-Meßbarkeit von ψ folgt $\psi^{-1}[B \cap D_0] \in \mathcal{A}$; also ist $\psi^{-1}[B] \in \mathcal{A}$ nach (2). □

Das Wiener-Maß auf $\mathcal{B}(D)$ wird als Verteilung von Brownschen Bewegungen eingeführt (siehe 35.7). Um zu zeigen, daß diese Verteilung nicht von der ausgewählten Brownschen Bewegung abhängt, benötigen wir den Satz 35.4; um zu zeigen, daß diese Verteilung ein Radon-Maß ist, dienen Satz 35.5 und 35.6.

Für den folgenden Satz beachte man, daß $(\pi_{t_0}^D, \ldots, \pi_{t_n}^D): D[0,1] \to \mathbb{R}^{n+1}$, definiert durch

$$(\pi_{t_0}^D, \ldots, \pi_{t_n}^D)(f) := \langle f(t_0), \ldots, f(t_n) \rangle,$$

eine $\mathcal{B}(D), \mathcal{B}(\mathbb{R}^{n+1})$-meßbare Abbildung ist, und daher $W_{(\pi_{t_0}^D, \ldots, \pi_{t_n}^D)}$ und $W'_{(\pi_{t_0}^D, \ldots, \pi_{t_n}^D)}$ Maße auf $\mathcal{B}(\mathbb{R}^{n+1})$ sind.

35.4 Übereinstimmung von W-Maßen auf $\mathcal{B}(D)$

Seien W, W' zwei W-Maße auf $\mathcal{B}(D)$, und es gelte:

(i) $W(D_0) = 1$ für eine abgeschlossene, separable Menge $D_0 \subset D$;

(ii) $W_{(\pi_{t_0}^D, \ldots, \pi_{t_n}^D)} = W'_{(\pi_{t_0}^D, \ldots, \pi_{t_n}^D)}$ für alle $0 = t_0 < \ldots < t_n \leq 1$.

Dann ist $W = W'$.

Beweis. Wir zeigen zunächst

(1) $$W = W' \text{ auf } \sigma(\pi^D).$$

Sei hierzu

$$\mathcal{S} := \{(\pi_{t_0}^D, \ldots, \pi_{t_n}^D)^{-1}[B] : 0 = t_0 < \ldots < t_n \leq 1, B \in \mathcal{B}(\mathbb{R}^{n+1}), n \in \mathbb{N}\}.$$

Dann ist $\sigma(\mathcal{S}) = \sigma(\pi^D)$, und es gilt $D \in \mathcal{S}$ sowie $(D_1, D_2 \in \mathcal{S} \Rightarrow D_1 \cap D_2 \in \mathcal{S})$. Da nach Voraussetzung $W = W'$ auf $\mathcal{S}$ ist, folgt (1) nach dem Eindeutigkeitssatz für Maße (siehe z.B. Gänßler-Stute 1977, S. 28, 1.4.10).

Sei nun $B \in \mathcal{B}(D)$. Dann ist $B \cap D_0 \in \sigma(\pi^D)$ (siehe 35.2 (ii)), und es folgt wegen $W(D_0) = 1$:

$$W(B) = W(B \cap D_0) \underset{(1)}{=} W'(B \cap D_0) \leq W'(B).$$

Da dieses für alle $B \in \mathcal{B}(D)$ (und damit auch für $\Omega - B$) gilt, folgt $W(B) = W'(B)$. □

35.5 Separable W-Maße auf $\mathcal{B}(D)$ sind Radonsch

Sei W ein W-Maß auf $\mathcal{B}(D)$ mit $W(D_0) = 1$ für eine abgeschlossene separable Menge $D_0 \subset D$. Dann ist W ein Radon-Maß.

Beweis. Wegen $D_0 \in \mathcal{B}(D)$ ist $\mathcal{B}(D_0) \subset \mathcal{B}(D)$, und somit ist W auf $\mathcal{B}(D_0)$ ein Maß. Da D_0 ein separabler metrischer Raum ist, der als abgeschlossene Teilmenge eines vollständigen Raumes vollständig ist (siehe 27.5 (i)), ist W auf $\mathcal{B}(D_0)$ ein Radon-Maß nach 32.10 (i). Wegen $W(D_0) = 1$ und $B \cap D_0 \in \mathcal{B}(D_0)$ für alle $B \in \mathcal{B}(D)$ folgt:

$$\begin{aligned} W(B) &\geq \sup_{K \subset B \text{ komp.}} W(K) \geq \sup_{K \subset B \cap D_0 \text{ komp.}} W(K) \\ &= W(B \cap D_0) = W(B); \end{aligned}$$

daher ist W ein Radon-Maß. □

35.6 Auf $\mathcal{B}(D)$ induzierte Verteilungen

Sei $\langle \Omega, \mathcal{A}, P\rangle$ ein W-Raum. Sei $\mathfrak{b}: \Omega \times [0,1] \to \mathbb{R}$ und sei $D_0 \subset D$ abgeschlossen und separabel. Es sei:

(i) $\mathfrak{b}(\cdot, t)$ $\mathcal{A}$-meßbar für alle $t \in [0,1]$;

(ii) $\mathfrak{b}(\omega, \cdot) \in D_0$ für alle $\omega \in \Omega$.

Dann gilt:

$$\{\omega \in \Omega: \mathfrak{b}(\omega, \cdot) \in B\} \in \mathcal{A} \quad \text{für alle } B \in \mathcal{B}(D)$$

und W, definiert durch

$$W(B) := P(\{\omega \in \Omega: \mathfrak{b}(\omega, \cdot) \in B\}) \quad \text{für } B \in \mathcal{B}(D),$$

ist ein Radon-Maß mit $W(D_0) = 1$.

Beweis. Setze $\psi(\omega) := \mathfrak{b}(\omega, \cdot), \omega \in \Omega$. Nach (ii) ist $\psi: \Omega \to D_0 \subset D$, und es ist zu zeigen:

(1) ψ ist $\mathcal{A}, \mathcal{B}(D)$ -meßbar,

(2) $W = P_\psi$ ist ein Radon-Maß mit $W(D_0) = 1$.

Es folgt (1) aus 35.3, da $\pi_t^D \circ \psi = \mathfrak{b}(\cdot, t)$ $\mathcal{A}$-meßbar ist (siehe (i)) und da $\psi[\Omega]$ als Teilmenge der separablen Menge D_0 separabel ist.
Es folgt (2) aus 35.5, da W ein W-Maß auf $\mathcal{B}(D)$ ist, mit

$$W(D_0) = P_\psi(D_0) = P(\psi^{-1}[D_0]) \underset{\text{(ii)}}{=} P(\Omega) = 1.$$

□

35.7 Verteilungen Brownscher Bewegungen liefern das Wiener-Maß

Sei $\langle \Omega, \mathcal{A}, P\rangle$ ein W-Raum und $\mathbb{B}$ eine Brownsche Bewegung bzgl. $\langle \Omega, \mathcal{A}, P\rangle$. Setze

$$\mathbf{W}(B) := P(\{\omega \in \Omega: \mathbb{B}(\omega, \cdot) \in B\}) \quad \text{für } B \in \mathcal{B}(D).$$

Dann gilt:

(i) $\mathbf{W}$ ist ein Radon-Maß mit $\mathbf{W}(C[0,1]) = 1$;

(ii) $\mathbf{W}_{\pi_0^D} = \varepsilon_0$ und $\mathbf{W}_{\pi_t^D - \pi_s^D} = N(0; t-s)$ für $0 \le s < t \le 1$;

(iii) $\pi_{t_i}^D - \pi_{t_{i-1}}^D, i = 1, \ldots, n,$ sind $\mathbf{W}$-unabhängig für $0 = t_0 < \ldots < t_n \le 1$;

(iv) Das W-Maß $\mathbf{W}$ auf $\mathcal{B}(D)$ ist durch (ii) und (iii) eindeutig bestimmt. Das Maß $\mathbf{W}$ heißt das *Wiener-Maß*.

Beweis. ***(i)*** Wir wenden 35.6 mit $\mathfrak{b} := \mathbb{B}$ und $D_0 := C := C[0,1]$ an; nach 35.1 (ii) ist D_0 eine abgeschlossene, separable Menge. Da $\mathbb{B}$ eine Brownsche Bewegung ist, ist $\mathbb{B}(\cdot, t)$ $\mathcal{A}$-meßbar, und es gilt $\mathbb{B}(\omega, \cdot) \in D_0$ für alle $\omega \in \Omega$ (siehe 34.1 (i),(iv)). Nach 35.6 ist daher $\mathbf{W}$ ein Radon Maß mit $\mathbf{W}(C) = 1$.

Für den Rest des Beweises setze

$$\psi(\omega) := \mathbb{B}(\omega, \cdot) \text{ für alle } \omega \in \Omega.$$

Dann ist $\psi: \Omega \to D[0,1]$ $\mathcal{A}, \mathcal{B}(D)$-meßbar (siehe 35.6), und es gilt:

(1) $$P_\psi = \mathbf{W},$$

(2) $$\pi_t^D \circ \psi = \mathbb{B}(\cdot, t) \text{ für } t \in [0,1].$$

(ii) Es ist

$$\varepsilon_0 \underset{34.1(\text{ii})}{=} P_{\mathbb{B}(\cdot,0)} \underset{(2)}{=} P_{\pi_0^D \circ \psi} = (P_\psi)_{\pi_0^D} \underset{(1)}{=} \mathbf{W}_{\pi_0^D},$$

und für alle $0 \leq s < t \leq 1$ gilt:

$$\begin{aligned} N(0; t-s) &\underset{34.1(\text{ii})}{=} P_{\mathbb{B}(\cdot,t)-\mathbb{B}(\cdot,s)} \underset{(2)}{=} P_{(\pi_t^D - \pi_s^D)\circ\psi} \\ &= (P_\psi)_{\pi_t^D - \pi_s^D} \underset{(1)}{=} \mathbf{W}_{\pi_t^D - \pi_s^D}. \end{aligned}$$

(iii) Setze $\varphi_i := \pi_{t_i}^D - \pi_{t_{i-1}}^D$. Dann sind $\varphi_i \circ \psi (\underset{(2)}{=} \mathbb{B}(\cdot, t_i) - \mathbb{B}(\cdot, t_{i-1}))$, $i = 1, \ldots, n$, P-unabhängig (siehe 34.1 (iii)), und daher folgt für $B_1, \ldots, B_n \in \mathcal{B}(\mathbb{R})$:

$$\begin{aligned} \mathbf{W}(\cap_{i=1}^n \varphi_i^{-1}[B_i]) &\underset{(1)}{=} P(\psi^{-1}[\cap_{i=1}^n \varphi_i^{-1}[B_i]]) = P(\cap_{i=1}^n (\varphi_i \circ \psi)^{-1}[B_i]) \\ &= \prod_{i=1}^n P((\varphi_i \circ \psi)^{-1}[B_i]) = \prod_{i=1}^n P(\psi^{-1}[\varphi_i^{-1}[B_i]]) \\ &\underset{(1)}{=} \prod_{i=1}^n \mathbf{W}(\varphi_i^{-1}[B_i]). \end{aligned}$$

(iv) Da es eine Brownsche Bewegung gibt (siehe 34.2), gibt es ein W-Maß $\mathbf{W}$ auf $\mathcal{B}(D)$ mit $\mathbf{W}(C) = 1$, welches (ii) und (iii) erfüllt. Sei W' ein weiteres W-Maß auf $\mathcal{B}(D)$, welches (ii) und (iii) erfüllt. Es ist zu zeigen:

$$W' = \mathbf{W}.$$

Da $\mathbf{W}(C) = 1$ ist, reicht es zu zeigen (siehe 35.4 und setze $\pi_t := \pi_t^D$):

(3) $$\mathbf{W}_{(\pi_{t_0},\ldots,\pi_{t_n})} = W'_{(\pi_{t_0},\ldots,\pi_{t_n})} \text{ für alle } 0 = t_0 < \ldots < t_n \leq 1.$$

Nun ist

(4) $$(\pi_{t_0}, \ldots, \pi_{t_n}) = S \circ (\pi_{t_0}, \pi_{t_1} - \pi_{t_0}, \ldots, \pi_{t_n} - \pi_{t_{n-1}})$$

mit $S: \mathbb{R}^{n+1} \to \mathbb{R}^{n+1}$, definiert durch

$$S(\langle x_0, \ldots, x_n \rangle) := \langle x_0, x_0 + x_1, \ldots, x_0 + \ldots + x_n \rangle.$$

Wegen (4) genügt es für (3) zu zeigen (denn es ist $W_{(\pi_{t_0},\pi_{t_1},\ldots,\pi_{t_n})} = (W_{(\pi_{t_0},\pi_{t_1}-\pi_{t_0},\ldots,\pi_{t_n}-\pi_{t_{n-1}})})_S$):

(5) $$\mathbf{W}_{(\pi_{t_0},\pi_{t_1}-\pi_{t_0},\ldots,\pi_{t_n}-\pi_{t_{n-1}})} = W'_{(\pi_{t_0},\pi_{t_1}-\pi_{t_0},\ldots,\pi_{t_n}-\pi_{t_{n-1}})}.$$

Da (ii) für $\mathbf{W}$ und für W' gilt, erhält man (beachte $t_0 = 0$)

(6) $$\mathbf{W}_{\pi_{t_0}} = W'_{\pi_{t_0}} = \varepsilon_0 \text{ und } \mathbf{W}_{\pi_{t_i}-\pi_{t_{i-1}}} = W'_{\pi_{t_i}-\pi_{t_{i-1}}} \text{ für } i = 1, \ldots, n.$$

Daher ist $\pi_{t_0} = 0$ $\mathbf{W}$-f.ü. und W'-f.ü., und man erhält, da (iii) für $\mathbf{W}$ und W' gilt:

(7) $\pi_{t_0}, \pi_{t_1} - \pi_{t_0}, \ldots, \pi_{t_n} - \pi_{t_{n-1}}$ sind $\mathbf{W}$-unabhängig und W'-unabhängig.

Aus (6) und (7) folgt (5). □

Das wichtigste Ergebnis der bisherigen Überlegungen dieses Paragraphen war die Existenz des Wiener-Maßes; der Beweis beruhte dabei auf der Existenz einer Brownschen Bewegung, die wir in § 34 mit Nichtstandard-Methoden nachgewiesen haben. Das Ziel dieses Paragraphen ist ein Nichtstandard-Beweis des Invarianzprinzips, d.h. ein Nichtstandard-Beweis dafür, daß die in der Einleitung definierten W-Maße W_n schwach gegen das Wiener-Maß $\mathbf{W}$ konvergieren. Um nun die schwache Konvergenz von W_n gegen $\mathbf{W}$ zu beweisen, ist zu zeigen:

$$^*W_h \approx_{\mathcal{T}_s} \mathbf{W} \text{ für alle } h \in {}^*\mathbb{N} - \mathbb{N},$$

wobei $\mathcal{T}_s$ die schwache Topologie in der Familie $\mathcal{W}_\tau(D) \underset{32.10(ii)}{=} \mathcal{W}_R(D)$ aller τ-stetigen W-Maße auf $\mathcal{B}(D)$ ist.

Der folgende Satz ist eine Vorbereitung für das Invarianzprinzip. Er zeigt, daß man für $\approx$ stetige $g \in {}^*D[0,1]$ den Standardteil

$$st_D(g) := st_{\mathcal{T}_{\rho\infty}}(g)$$

durch punktweise Standardteilbildung von $g(t)$ erhält.

35.8 Nahezustandard-Punkte in $^*D[0,1]$

Sei $g \in {}^*D[0,1]$ eine $\approx$ stetige Funktion, und es sei $g(0)$ endlich. Dann ist $g \in ns({}^*D[0,1])$ mit $st_D(g) \in C[0,1]$, und es gilt:

$$(st_D g)(t) = st(g(t)) \text{ für alle } t \in [0,1].$$

Beweis. Setze

(1) $$f(t) := st(g(t)), t \in [0,1].$$

Wir zeigen:

(2) $$f \in C[0,1];$$

(3) $$g(s) \approx {}^*f(s) \text{ für alle } s \in {}^*[0,1].$$

Aus (3) folgt $g \approx_{\mathcal{T}_{\rho\infty}} f \underset{(2)}{\in} C[0,1]$ (siehe z.B. 24.28 (ii) mit $\mathcal{M} := \{[0,1]\}$); damit ist $g \in ns({}^*D)$ mit $f = st_D(g) \in C$, und es gilt somit:

$$(st_D g)(t) = f(t) \underset{(1)}{=} st(g(t)) \text{ für alle } t \in [0,1].$$

Zu (2): Sei $\varepsilon \in \mathbb{R}_+$. Da $g \approx$ stetig ist, ist die folgende interne Formel

$$(\forall \underline{s}, \underline{t} \in {}^*[0,1])(|\underline{s} - \underline{t}| \leq \tfrac{1}{\underline{n}} \Rightarrow |g \upharpoonright \underline{s} - g \upharpoonright \underline{t}| \leq \varepsilon)$$

für alle $n \in {}^*\mathbb{N} - \mathbb{N}$ gültig. Nach dem Permanenzprinzip gilt sie somit für ein $n(\varepsilon) \in \mathbb{N}$, und man erhält:

(4) $$s, t \in [0,1], |s - t| \leq \tfrac{1}{n(\varepsilon)} \Rightarrow |g(s) - g(t)| \leq \varepsilon.$$

Da $g(0)$ endlich ist, folgt aus (4), daß $g(t)$ für alle $t \in [0,1]$ endlich ist. Da (4) für jedes $\varepsilon \in \mathbb{R}_+$ gilt, erhält man die Stetigkeit von $t \to st(g(t)) \underset{(1)}{=} f(t)$.

Zu (3): Sei $s \in {}^*[0,1]$, dann ist $s \approx t$ für ein $t \in [0,1]$. Da $g \approx$stetig und f stetig ist, folgt:

$$g(s) \approx g(t) \underset{(1)}{\approx} f(t) \underset{21.11}{\approx} {}^*f(s).$$ □

Der folgende Satz ergibt sich durch Spezialisierung von 34.4 zusammen mit den Sätzen 35.7 und 35.8.

35.9 Konstruktion des Wiener-Maßes W mit Hilfe von st_D

Sei $\langle\Omega, \mathcal{A}, P\rangle$ ein W-Raum. Seien $\xi_i: \Omega \to \mathbb{R}, i \in \mathbb{N}$, P-unabhängige, identisch verteilte Zufallsvariable mit Mittelwert 0 und Varianz 1. Sei $h \in {}^*\mathbb{N} - \mathbb{N}$ fest. Für jedes $\omega \in {}^*\Omega$ sei $b(\omega): {}^*[0,1] \to {}^*\mathbb{R}$ definiert durch

$$b(\omega)(t) := \frac{1}{\sqrt{h}} \sum_{i=1}^{[ht]} {}^*\xi_i(\omega) \quad \text{für } t \in {}^*[0,1].$$

Dann ist $b(\omega) \in {}^*D$ für alle $\omega \in {}^*\Omega$, und es gilt:

$${}^*P^L(\{\omega \in {}^*\Omega: st_D(b(\omega)) \in B\}) = \mathbf{W}(B) \text{ für alle } B \in \mathcal{B}(D).$$

Beweis. Durch Transfer erhält man $b(\omega) \in {}^*D$ für jedes $\omega \in {}^*\Omega$. Wir werden eine Brownsche Bewegung $\mathbb{B}$ bzgl. $\langle{}^*\Omega, \mathcal{L}({}^*P), {}^*P^L\rangle$ angeben, für die gilt:

(1) $$\mathbb{B}(\omega, \cdot) = st_D(b(\omega)) \text{ für } {}^*P^L\text{-fast alle } \omega \in {}^*\Omega.$$

Da $\mathbb{B}$ eine Brownsche Bewegung ist, folgt dann aus 35.7, angewandt auf $\langle\Omega, \mathcal{A}, P\rangle := \langle{}^*\Omega, \mathcal{L}({}^*P), {}^*P^L\rangle$:

$${}^*P^L(\{\omega \in {}^*\Omega: \mathbb{B}(\omega, \cdot) \in B\}) = \mathbf{W}(B) \text{ für } B \in \mathcal{B}(D),$$

und wegen (1) liefert dieses die Behauptung (beachte dabei 31.7 (ii), d.h. die „Vollständigkeit" von ${}^*P^L$).

Zur Konstruktion des gesuchten $\mathbb{B}$ wenden wir 34.4 an auf $\langle\Omega_n, \mathcal{A}_n, P_n\rangle := \langle\Omega, \mathcal{A}, P\rangle$ und $\xi_{in} := \xi_i$ für $i = 1, \ldots, n$. Dann ist $\langle{}^*\Omega_h, \mathcal{L}({}^*P_h), {}^*P_h^L\rangle = \langle{}^*\Omega, \mathcal{L}({}^*P), {}^*P^L\rangle$ und

$$\frac{1}{\sqrt{h}} \sum_{i=1}^{[ht]} {}^*\xi_{ih}(\omega) = b(\omega)(t).$$

Nach 34.4 gibt es eine ${}^*P^L$-Nullmenge N und eine Brownsche Bewegung $\mathbb{B}$ bzgl. $\langle{}^*\Omega, \mathcal{L}({}^*P), {}^*P^L\rangle$, so daß gilt:

(2) $$b(\omega) \text{ ist } \approx\text{stetig für } \omega \notin N;$$

(3) $$\mathbb{B}(\omega, t) = st(b(\omega)(t)) \text{ für } t \in [0,1] \text{ und } \omega \notin N.$$

Sei nun $\omega \notin N$. Dann ist $g := b(\omega) \in {}^*D[0,1]$ mit $g(0) = 0$, und es folgt nach 35.8 wegen (2):

$$(st_D b(\omega))(t) \underset{35.8}{=} st(b(\omega)(t)) \underset{(3)}{=} \mathbb{B}(\omega, t) \text{ für } t \in [0,1].$$

Damit ist (1) und somit die Behauptung gezeigt. □

35.10 Invarianzprinzip für den Summenprozeß in $D[0,1]$

Sei $\langle \Omega, \mathcal{A}, P\rangle$ ein W-Raum, und seien $\xi_i : \Omega \to \mathbb{R}, i \in \mathbb{N}$, P-unabhängige, identisch verteilte Zufallsvariable mit Mittelwert 0 und Varianz 1. Setze

$$\mathfrak{b}_n(\omega, t) := \frac{1}{\sqrt{n}} \sum_{i=1}^{[nt]} \xi_i(\omega) \quad \text{für} \quad \omega \in \Omega, t \in [0,1];$$

$$W_n(B) := P(\{\omega \in \Omega : \mathfrak{b}_n(\omega, \cdot) \in B\}) \quad \text{für} \quad B \in \mathcal{B}(D).$$

Dann ist $W_n, n \in \mathbb{N}$, eine Folge von Radon-Maßen, die schwach gegen das Wiener-Maß $\mathbf{W}$ konvergiert.

Beweis. Wendet man für festes $n \in \mathbb{N}$ den Satz 35.6 auf $\mathfrak{b} := \mathfrak{b}_n$ und auf die abgeschlossene, separable Menge

$$D_0 := \{f \in D[0,1] : f \text{ konstant über } [\tfrac{j-1}{n}, \tfrac{j}{n}[\text{ für jedes } j = 1, \ldots, n\}$$

an, so folgt, daß W_n ein Radon-Maß ist. Zum Nachweis der schwachen Konvergenz von W_n gegen $\mathbf{W}$ ist für jedes $h \in {}^*\mathbb{N} - \mathbb{N}$ zu zeigen, daß ${}^*W_h \approx_s \mathbf{W}$ ist. Es ist also nachzuweisen (siehe 33.1 (i)):

(1) $\mathbf{W}(O) \le {}^*W_h^L({}^*O)$ für offene $O \subset D[0,1]$ und $h \in {}^*\mathbb{N} - \mathbb{N}$.

Nach Transfer gilt nun für offenes $O \subset D[0,1]$ und $h \in {}^*\mathbb{N}$:

(2) ${}^*W_h({}^*O) = {}^*P(\{\omega \in {}^*\Omega : {}^*\mathfrak{b}_h(\omega, \cdot) \in {}^*O\})$,

(3) ${}^*\mathfrak{b}_h(\omega, t) = \frac{1}{\sqrt{h}} \sum_{i=1}^{[ht]} {}^*\xi_i(\omega)$ für $\omega \in {}^*\Omega, t \in {}^*[0,1]$.

Zum Nachweis von (1) sei $h \in {}^*\mathbb{N} - \mathbb{N}$ und $O \subset D[0,1]$ offen. Setze

(4) $(b(\omega))(t) := {}^*\mathfrak{b}_h(\omega, t) \underset{(3)}{=} \frac{1}{\sqrt{h}} \sum_{i=1}^{[ht]} {}^*\xi_i(\omega)$ für $\omega \in {}^*\Omega, t \in {}^*[0,1]$.

Da O offen ist, gilt:

(5) $st_D(b(\omega)) \in O \Longrightarrow b(\omega) \in {}^*O$,

und wir erhalten (1) wie folgt:

$$\begin{aligned} \mathbf{W}(O) &\underset{(4),35.9}{=} {}^*P^L(\{\omega \in {}^*\Omega : st_D(b(\omega)) \in O\}) \\ &\underset{(5)}{\le} \overline{{}^*P}(\{\omega \in {}^*\Omega : b(\omega) \in {}^*O\}) = st({}^*P(\{\omega \in {}^*\Omega : b(\omega) \in {}^*O\})) \\ &\underset{(4),(2)}{=} st({}^*W_h({}^*O)) = {}^*W_h^L({}^*O). \end{aligned}$$ □

Für die Anwendungen des Invarianzprinzips benötigen wir den folgenden einfachen Hilfssatz über die schwache Konvergenz von Folgen τ-stetiger W-Maße.

35.11 Schwache Konvergenz von Verteilungen

Seien $\langle X_i, \mathcal{T}_i \rangle$ topologische Räume für $i = 1,2$, und sei $\psi: X_1 \to X_2$ $\mathcal{T}_1, \mathcal{T}_2$-stetig. Sind dann P_n für $n \in \mathbb{N}_0$ τ-stetige W-Maße auf $\mathcal{B}(X_1)$, so sind $(P_n)_\psi$ τ-stetige W-Maße auf $\mathcal{B}(X_2)$, und es gilt:

$$P_n \to P_0 \text{ schwach } \Rightarrow (P_n)_\psi \to (P_0)_\psi \text{ schwach.}$$

Beweis. Als stetige Funktion ist ψ $\mathcal{B}(X_1), \mathcal{B}(X_2)$ -meßbar. Daher sind $(P_n)_\psi$ W-Maße auf $\mathcal{B}(X_2)$, die offensichtlich τ-stetig sind (benutze P_n τ-stetig und ψ stetig). Sei nun $O_2 \in \mathcal{T}_2$, dann ist $\psi^{-1}[O_2] \in \mathcal{T}_1$. Da P_n schwach gegen P_0 konvergiert, folgt:

$$\underline{\lim}_{n\to\infty}(P_n)_\psi(O_2) = \underline{\lim}_{n\to\infty} P_n(\psi^{-1}[O_2]) \underset{33.2}{\geq} P_0(\psi^{-1}[O_2]) = (P_0)_\psi(O_2).$$

Somit gilt $(P_n)_\psi \to (P_0)_\psi$ schwach nach 33.2. □

35.12 Anwendungen des Invarianzprinzips

Sei $\langle \Omega, \mathcal{A}, P \rangle$ ein W-Raum, und seien $\xi_i: \Omega \to \mathbb{R}, i \in \mathbb{N}$, P-unabhängige, identisch verteilte Zufallsvariable mit Mittelwert 0 und Varianz 1. Setze

$$S_0 := 0 \text{ und } S_k := \sum_{i=1}^k \xi_i \text{ für } k \in \mathbb{N}.$$

Dann konvergieren für $n \to \infty$ die Verteilungen von

(i) $\frac{1}{\sqrt{n}} \max\limits_{0\leq k\leq n} S_k$ schwach gegen $\mathbf{W}_{\psi_1}$ mit $\psi_1(f) := \sup\limits_{0\leq t\leq 1} f(t)$;

(ii) $\frac{1}{n} \max\limits_{0\leq k\leq n} S_k^2$ schwach gegen $\mathbf{W}_{\psi_2}$ mit $\psi_2(f) := \sup\limits_{0\leq t\leq 1} f^2(t)$;

(iii) $\frac{1}{n^2} \sum_{k=1}^{n-1} S_k^2$ schwach gegen $\mathbf{W}_{\psi_3}$ mit $\psi_3(f) := \int_0^1 f^2(t)dt$;

(iv) $\frac{1}{n^{3/2}} \sum_{k=1}^{n-1} |S_k|$ schwach gegen $\mathbf{W}_{\psi_4}$ mit $\psi_4(f) := \int_0^1 |f(t)|dt$.

Beweis. Es sind $\psi_1, \ldots, \psi_4: D[0,1] \to \mathbb{R}$ ρ_∞-stetige Funktionen, und mit

$$\mathfrak{b}_n(\omega, t) := \frac{1}{\sqrt{n}} \sum_{i=1}^{[nt]} \xi_i(\omega)$$

gilt:

(1) $\psi_1(\mathfrak{b}_n(\omega, \cdot)) = \frac{1}{\sqrt{n}} \max\limits_{0\leq k\leq n} S_k(\omega)$;

(2) $\psi_2(\mathfrak{b}_n(\omega, \cdot)) = \frac{1}{n} \max\limits_{0\leq k\leq n} S_k^2(\omega)$;

(3) $\psi_3(\mathfrak{b}_n(\omega, \cdot)) = \frac{1}{n} \int_0^1 (S_{[nt]}(\omega))^2 dt = \frac{1}{n^2} \sum_{k=1}^{n-1} S_k^2(\omega)$;

(4) $\psi_4(\mathfrak{b}_n(\omega, \cdot)) = \frac{1}{\sqrt{n}} \int_0^1 |S_{[nt]}(\omega)| dt = \frac{1}{n^{3/2}} \sum_{k=1}^{n-1} |S_k(\omega)|$.

Aus 35.10 und 35.11 folgt für $i = 1, \ldots, 4$:

(5) $(W_n)_{\psi_i} \to \mathbf{W}_{\psi_i}$ schwach.

Wegen (1)–(4) und

$$(W_n)_{\psi_i}(B) \underset{35.10}{=} P(\{\omega \in \Omega: \psi_i(\mathfrak{b}_n(\omega,\cdot)) \in B\})$$

erhält man (i)–(iv) aus (5). □

In 35.12 wurden nur spezielle stetige Funktionen $\psi_1, \ldots, \psi_4 : D \to \mathbb{R}$ betrachtet, die jeweils mit Hilfe des Invarianzprinzips zu Grenzwertaussagen für Funktionale des Summenprozesses $S_k, k \in \mathbb{N}$, führten. Mit anderen stetigen Funktionen $\psi: D \to \mathbb{R}$ lassen sich viele weitere Grenzwertaussagen für Funktionale des Summenprozesses gewinnen (siehe auch Aufgabe 1).

Zur Berechnung der jeweiligen Grenzverteilung stehen zwei Methoden zur Verfügung:

(a) die direkte Berechnung der Verteilung $\mathbf{W}_\psi$ aus dem Wiener-Maß $\mathbf{W}$,

(b) die Berechnung der Grenzverteilung für spezielle Zufallsvariable wie z.B. für unabhängige, identisch verteilte ξ_i, $i \in \mathbb{N}$, mit $P(\{\xi_i = -1\}) = P(\{\xi_i = +1\}) = \frac{1}{2}$.

Beide Methoden führen zum gleichen Ergebnis (siehe (5) aus 35.12), und die Grenzverteilung in (b) hängt nicht von der Verteilung der ξ_i ab.

Aufgaben

1 Sei $\xi_i: \Omega \to \mathbb{R}, i \in \mathbb{N}$, eine Folge von P-unabhängigen, identisch verteilten Zufallsvariablen mit Mittelwert 0 und Varianz 1. Sei $g: \mathbb{R} \to \mathbb{R}$ stetig mit $g(0) = 0$ und setze $S_k := \sum_{i=1}^k \xi_i$. Man zeige:

(i) die Verteilung von $\frac{1}{n}\sum_{k=1}^{n-1} g(\frac{S_k}{\sqrt{n}})$ konvergiert schwach gegen die Verteilung von $\mathbf{W}_\psi$ mit $\psi(f) := \int_0^1 g(f(t))dt$.

(ii) Man leite aus (i) Satz 35.12 (iii) und (iv) her.

2 Gebe $\mathbf{W}_{\psi_1}$ (aus 35.12 (i)) an. Benutze, daß für unabhängige Bernoulli-verteilte Zufallsvariable ξ_i, $i \in \mathbb{N}$, gilt:

$$P(\{\omega \in \Omega: \tfrac{1}{\sqrt{n}} \max_{0 \le k \le n} S_k \le r\}) \to \sqrt{\tfrac{2}{\pi}} \int_0^r e^{-x^2/2} dx \quad \text{für } r \ge 0.$$

Teil VI

Die Existenz von Nichtstandard-Einbettungen und die interne Mengenlehre

§ 36 Konstruktion von Nichtstandard-Einbettungen

Dieser Paragraph kann im Anschluß an § 8 gelesen werden. Für 36.12 benötigt man zusätzlich Definition 15.2 und für 36.14 Definition 28.1.

Es sei S eine nicht-leere Menge von Urelementen und $\widehat{S} = \cup_{\nu=0}^{\infty} S_\nu$ die zugehörige Superstruktur (siehe 5.1). Für die sogenannte Standard-Welt $\widehat{S}$ wird in diesem Paragraphen eine Nichtstandard-Einbettung und damit auch eine Nichtstandard-Welt konstruiert. Hierzu sind eine weitere Menge W von Urelementen und eine geeignete satztreue Einbettung $^* : \widehat{S} \longrightarrow \widehat{W}$ anzugeben (siehe 7.1 und 8.1). Wir werden diese Konstruktion durchführen, indem wir die Techniken verfeinern, die wir in § 3 benutzt haben, um den Erweiterungskörper $^*\mathbb{R}$ von $\mathbb{R}$ zu erhalten. Dort starteten wir mit einem Ultrafilter über $\mathbb{N}$, jetzt starten wir mit einem Ultrafilter $\mathcal{F}$ über einer beliebigen nicht-leeren Menge I. Jedem solchen Paar $\langle I, \mathcal{F}\rangle$ wird zunächst eine Menge W und eine satztreue Einbettung $^* : \widehat{S} \longrightarrow \widehat{W}$ zugeordnet. Durch eine geeignete Wahl von $\langle I, \mathcal{F}\rangle$ gelangt man dann zu einer Nichtstandard-Einbettung (siehe 36.11). Andere spezielle Wahlen von $\langle I, \mathcal{F}\rangle$ ermöglichen es zudem, starke Nichtstandard-Einbettungen sowie $\widehat{S}$-kompakte Nichtstandard-Einbettungen anzugeben (siehe 36.12 und 36.14).

Ab jetzt setzen wir voraus:

- $\mathcal{F}$ sei ein Ultrafilter über einer Menge I.

Wir werden jetzt ähnlich wie in 3.6 die suggestive Sprechweise „fast überall" (= f.ü.) einführen, die bei der Konstruktion von Nichtstandard-Einbettungen sehr hilfreich sein wird.

Es seien $f, g : I \to \widehat{S}$. Wir schreiben:

$$f(i) = g(i) \text{ f.ü., falls } \{i \in I : f(i) = g(i)\} \in \mathcal{F} \text{ ist,}$$
$$f(i) \neq g(i) \text{ f.ü., falls } \{i \in I : f(i) \neq g(i)\} \in \mathcal{F} \text{ ist.}$$

Analog benutzen wir

$$f(i) \in g(i) \text{ f.ü. bzw. } f(i) \notin g(i) \text{ f.ü..}$$

Damit sind für $a \in \widehat{S}$ bzw. $A \in \widehat{S} - S$ z.B. auch folgende Schreibweisen definiert:

- $f(i) = a$ f.ü. bzw. $f(i) \notin A$ f.ü.;

setze hierzu $g(i) := a$ bzw. $g(i) := A$ für alle $i \in I$.

Da $\mathcal{F}$ ein Ultrafilter ist, gilt nach 2.6 für jedes $I_0 \subset I$:

- $I_0 \notin \mathcal{F} \Longleftrightarrow I - I_0 \in \mathcal{F}$.

Diese Eigenschaft werden wir in diesem Paragraphen mehrfach benutzen. Insbesondere erhält man aus dieser Eigenschaft für $f, g \in \widehat{S}^I$:

$$f(i) = g(i) \text{ f.ü. oder } f(i) \neq g(i) \text{ f.ü.;}$$
$$f(i) \in g(i) \text{ f.ü. oder } f(i) \notin g(i) \text{ f.ü.;}$$

setze hierzu $I_0 := \{i \in I : f(i) = g(i)\}$ bzw. $I_0 := \{i \in I : f(i) \in g(i)\}$. Im folgenden werden ferner Schlüsse verwandt, die 2.7 benutzen. So erhält man z.B.:

$$f(i) \in g(i) \text{ f.ü. } \wedge \ g(i) = h(i) \text{ f.ü. } \Rightarrow f(i) \in h(i) \text{ f.ü.}$$

durch Anwendung von 2.7 (i) auf $A_1 := \{i \in I : f(i) \in g(i)\}, A_2 := \{i \in I : g(i) = h(i)\}, A := \{i \in I : f(i) \in h(i)\}$.

Die nun in 36.1 eingeführten Teilmengen von $\widehat{S}^I$ spielen für die Konstruktion von Nichtstandard-Einbettungen eine wichtige Rolle.

36.1 Die Mengen Z_ν und Z_∞

Setze für jedes $\nu \in \mathbb{N}_0$

$$Z_\nu := \{f \in \widehat{S}^I : f(i) \in S_\nu \text{ f.ü.}\},$$

und setze ferner

$$Z_\infty := \bigcup_{\nu=0}^{\infty} Z_\nu.$$

(i) Für jedes $f \in Z_\infty - Z_0$ gibt es genau ein $\nu \in \mathbb{N}$ mit

$$f \in Z_\nu - Z_{\nu-1}.$$

Dann ist $f(i) \in S_\nu - S_{\nu-1}$ f.ü., und daher ist $f(i) \notin S$ f.ü..

(ii) Ist $f \in Z_\nu - Z_0$ und $k \in \widehat{S}^I$, so gilt:

$$k(i) \in f(i) \text{ f.ü. } \Rightarrow k \in Z_{\nu-1}.$$

Beweis. *(i)* Sei $f \in Z_\infty - Z_0$. Wegen $S_{\nu-1} \subset S_\nu$ ist $Z_{\nu-1} \subset Z_\nu$, und somit ist $Z_\infty - Z_0 = \bigcup_{\nu=1}^{\infty} (Z_\nu - Z_{\nu-1})$. Da $Z_\nu - Z_{\nu-1}$ für $\nu \in \mathbb{N}$ paarweise disjunkte Mengen sind, gibt es genau ein $\nu \in \mathbb{N}$ mit

$$f \in Z_\nu - Z_{\nu-1}.$$

Wegen $f \in Z_\nu$ ist dann $f(i) \in S_\nu$ f.ü.. Wegen $f \notin Z_{\nu-1}$ gilt nicht „$f(i) \in S_{\nu-1}$ f.ü." und somit gilt „$f(i) \notin S_{\nu-1}$ f.ü.". Also ist $f(i) \in S_\nu - S_{\nu-1}$ f.ü..

(ii) Wegen $f \in Z_\nu - Z_0$ ist $f(i) \in S_\nu - S_0$ f.ü.. Nun gilt:

$f(i) \in S_\nu - S_0 \underset{5.7(i)}{\Longrightarrow} f(i) \subset S_{\nu-1}$, und aus $k(i) \in f(i)$ f.ü. folgt somit, daß $k(i) \in S_{\nu-1}$ f.ü. ist (benutze 2.7 (i)). Daher ist $k \in Z_{\nu-1}$. □

Für die Definition der Menge W, die später $^*S$ wird, gehen wir zunächst wie in § 3 bei der Definition der Menge $^*\mathbb{R}$ vor.

Nach 36.1 ist Z_0 die Menge aller $f \in \widehat{S}^I$ mit $f(i) \in S_0 = S$ f.ü.. Setze nun für $f \in Z_0$ (beachte für (I): $f(i) = s$ f.ü. und $f(i) = s'$ f.ü. $\Rightarrow s = s'$) :

(I) $\overline{f} := s$, falls $f(i) = s$ f.ü. für ein $s \in S$ ist;

(II) $\overline{f} := \{k \in Z_0 : k(i) = f(i) \text{ f.ü.}\}$ sonst.

Dann gilt für $f, g \in Z_0$ (siehe auch den Beweis von 3.1 (i)):

(III) $\overline{f} = \overline{g} \Longleftrightarrow f(i) = g(i)$ f.ü. .

Die Elemente von S sind nach Voraussetzung Urelemente. Nach (I) gilt (beachte $s \in S, f(i) = s$ für $i \in I \Longrightarrow f \in Z_0$) : $S \subset \{\overline{f} : f \in Z_0\}$.

Die Menge $\{\overline{f} : f \in Z_0\}$ soll nun i.w. die Rolle von W übernehmen. Da die Menge W Ausgangspunkt einer neuen Superstruktur $\widehat{W} = \bigcup_{\nu=0}^{\infty} W_\nu$ werden soll, müssen alle Elemente von W Urelemente sein. Daher ersetzen wir alle $\overline{f} \notin S$ - die nach (I) und (II) sämtlich Mengen sind - in eineindeutiger Weise durch Urelemente, die wir mit $\widetilde{f}$ bezeichnen, und die nicht in S liegen sollen. Ist $\overline{f} \in S$, so setze man $\widetilde{f} := \overline{f}$. Nach Festsetzung gilt daher

(IV) $\overline{f} \in S \Longleftrightarrow \widetilde{f} \in S$;

(V) $\overline{f} = \overline{g} \Longleftrightarrow \widetilde{f} = \widetilde{g}$.

Die gesuchte Menge W soll nun aus allen $\widetilde{f}$ bestehen.

36.2 Die Menge W

Es sei

$$W := \{\widetilde{f} : f \in Z_0\}$$

die Menge der gerade eingeführten Urelemente. Dann gilt für $f, g \in Z_0$ und $s \in S$:

(i) $\widetilde{f} = s \Longleftrightarrow f(i) = s$ f.ü.;

(ii) $\widetilde{f} = \widetilde{g} \Longleftrightarrow f(i) = g(i)$ f.ü.;

(iii) $S \subset W$.

Beweis. *(i)* Es gilt: $\widetilde{f} = s \underset{(IV)}{\Longleftrightarrow} \overline{f} = s \underset{(I),(II)}{\Longleftrightarrow} f(i) = s$ f.ü..

(ii) folgt aus (V) und (III).

(iii) Sei $s \in S$ und $f(i) := s$ für alle $i \in I$. Dann ist $s \underset{(i)}{=} \widetilde{f} \in W$. □

36.3 Induktive Definition von $\widetilde{f}$ für $f \in Z_\infty$

Es ist $\widetilde{f}$ für $f \in Z_0$ schon definiert. Es sei $\nu \in \mathbb{N}$, und es sei $\widetilde{f}$ für $f \in Z_{\nu-1}$ definiert. Setze für $f \in Z_\nu - Z_{\nu-1}$

$$\widetilde{f} := \{\widetilde{k}: k \in Z_{\nu-1} \text{ und } k(i) \in f(i) \text{ f.ü.}\}.$$

Durch 36.3 ist jedem $f \in Z_\infty$ eindeutig ein $\widetilde{f}$ zugeordnet, da $Z_\infty - Z_0$ die Vereinigung der paarweise disjunkten Mengen $Z_\nu - Z_{\nu-1}$ für $\nu \in \mathbb{N}$ ist. Die Elemente $\widetilde{f}$ mit $f \in Z_\infty$ werden die internen Elemente der später eingeführten Nichtstandard-Einbettung sein.

Aus 36.2 und 36.3 erhält man für $f \in Z_\infty$ die folgenden Beziehungen:

- $f \in Z_0 \Longleftrightarrow \widetilde{f}$ Urelement $\Longleftrightarrow \widetilde{f} \in W$,
- $f \notin Z_0 \Longleftrightarrow \widetilde{f}$ Menge $\Longleftrightarrow \widetilde{f} \notin W$.

Diese Beziehungen werden wir ab jetzt ohne Zitat benutzen.

Für den folgenden Beweis sei mit Nachdruck darauf hingewiesen, daß man aus $\widetilde{k} \in \widetilde{f}$ allein auf Grund der Definition von $\widetilde{f}$ nicht unmittelbar folgern kann, daß $k(i) \in f(i)$ f.ü. ist (obwohl die Schreibweise in 36.3 dieses nahelegt). Man kann aus $\widetilde{k} \in \widetilde{f}$ zunächst nur folgern, daß es ein $h \in Z_{\nu-1}$ gibt mit $\widetilde{h} = \widetilde{k}$ und $h(i) \in f(i)$ f.ü.. Erst der aufwendige Beweis des folgenden Satzes erlaubt es, auch $k(i) \in f(i)$ f.ü. zu erschließen.

36.4 Eigenschaften der Elemente $\widetilde{f}$ für $f \in Z_\infty$

Für $f, g \in Z_\infty$ gilt:

(i) $f \notin Z_0 \Longrightarrow \widetilde{f} = \{\widetilde{k}: k \in Z_\infty \text{ und } k(i) \in f(i) \text{ f.ü.}\}$;

(ii) $\widetilde{f} = \widetilde{g} \Longleftrightarrow f(i) = g(i)$ f.ü.;

(iii) $\widetilde{g} \in \widetilde{f} \Longleftrightarrow g(i) \in f(i)$ f.ü..

Beweis. *(i)* „ $\subset$ “ ist nach Definition von $\widetilde{f}$ (siehe 36.3) trivial.

„ $\supset$ “ : Wegen $f \in Z_\infty - Z_0$ gibt es nach 36.1 (i) ein $\nu \in \mathbb{N}$ mit

$$(1) \qquad f \in Z_\nu - Z_{\nu-1}.$$

Sei $k \in Z_\infty$ mit $k(i) \in f(i)$ f.ü.. Wegen (1) ist $k \underset{36.1(ii)}{\in} Z_{\nu-1}$. Also ist $\widetilde{k} \in \widetilde{f}$ nach (1) und Definition 36.3.

(ii) „ $\Rightarrow$ “ : Wegen $Z_\infty = \bigcup_{\nu=0}^{\infty} Z_\nu$ und $Z_\nu \subset Z_{\nu+1}$ reicht es zu zeigen, daß für alle $\nu \in \mathbb{N}_0$ gilt:

(2) $$f, g \in Z_\nu, \widetilde{f} = \widetilde{g} \Longrightarrow f(i) = g(i) \text{ f.ü..}$$

Wir zeigen (2) induktiv über $\nu \in \mathbb{N}_0$. Der Fall $\nu = 0$ folgt aus 36.2 (ii). Es gelte nun (2) für $\nu - 1$ mit $\nu \in \mathbb{N}$. Seien $f, g \in Z_\nu$ mit $\widetilde{f} = \widetilde{g}$. Ist $\widetilde{f} = \widetilde{g}$ ein Urelement, so sind $f, g \in Z_0$, und es gilt $f(i) = g(i)$ f.ü.. Sei nun $\widetilde{f} = \widetilde{g}$ eine Menge, d.h. $f, g \notin Z_0$. Damit gilt (benutze 36.1 (i) für (4)):

(3) $$f, g \in Z_\nu - Z_0;$$

(4) $$f(i) \notin S \text{ f.ü. und } g(i) \notin S \text{ f.ü..}$$

Sei nun indirekt nicht richtig, daß $f(i) = g(i)$ f.ü. ist. Dann ist $f(i) \neq g(i)$ f.ü., und wegen (4) folgt (benutze 2.7 (i) und (ii)): $f(i) - g(i) \neq \emptyset$ f.ü. oder $g(i) - f(i) \neq \emptyset$ f.ü.. Es sei o.B.d.A.

(5) $$f(i) - g(i) \neq \emptyset \text{ f.ü..}$$

Wegen (5) gibt es ein $h \in \widehat{S}^I$ mit

(6) $$h(i) \in f(i) \text{ f.ü., } h(i) \notin g(i) \text{ f.ü..}$$

Nun ist $f \underset{(3)}{\in} Z_\nu - Z_0$, und es folgt aus (6) nach 36.1 (ii):

(7) $$h \in Z_{\nu-1}.$$

Somit ist $h \in Z_\infty$ mit $h(i) \in f(i)$ f.ü. (siehe (6)), und es folgt $\widetilde{h} \underset{(i)}{\in} \widetilde{f}$. Da nach Voraussetzung $\widetilde{f} = \widetilde{g}$ ist, erhält man $\widetilde{h} \in \widetilde{g}$. Wegen $g \underset{(3)}{\notin} Z_0$ gibt es nach (i) ein $k \in Z_\infty$ mit

(8) $$\widetilde{h} = \widetilde{k} \text{ und } k(i) \in g(i) \text{ f.ü..}$$

Wegen $g \underset{(3)}{\in} Z_\nu - Z_0$ und (8) folgt nach 36.1 (ii):

(9) $$k \in Z_{\nu-1}.$$

Aus (7), (8) und (9) erhält man nach Induktionsannahme $h(i) = k(i)$ f.ü.. Aus (8) folgt daher $h(i) \in g(i)$ f.ü.; dieses ist ein Widerspruch zu (6).

„ $\Leftarrow$ “ : Sei $f(i) = g(i)$ f.ü.. Ist $f \in Z_0$, so ist auch $g \in Z_0$, und es folgt $\widetilde{f} = \widetilde{g}$ nach 36.2 (ii). Ist $f \notin Z_0$, so ist auch $g \notin Z_0$, und es folgt $\widetilde{f} = \widetilde{g}$ nach (i).

(iii) „ $\Rightarrow$ “ : Wegen $\widetilde{g} \in \widetilde{f}$ ist $f \notin Z_0$, und nach (i) gibt es ein $k \in Z_\infty$ mit $k(i) \in f(i)$ f.ü. und $\widetilde{g} = \widetilde{k}$. Aus (ii) folgt $g(i) = k(i)$ f.ü., und somit ist $g(i) \in f(i)$ f.ü..

„ $\Leftarrow$ “ : Wegen $g(i) \in f(i)$ f.ü. ist $f \notin Z_0$, und es folgt $\widetilde{g} \in \widetilde{f}$ nach (i). □

36.5 Die Abbildung * und das System $\mathfrak{I}$

Für jedes $a \in \widehat{S}$ sei $a_I : I \to \widehat{S}$ definiert durch

$$a_I(i) := a \text{ für alle } i \in I.$$

Dann ist $a_I \in Z_\infty$. Setze

$$^*a := \widetilde{a_I} \text{ für } a \in \widehat{S}.$$

Setze ferner

$$\mathfrak{I} := \{\widetilde{f} : f \in Z_\infty\}.$$

Dann gilt:

(i) $\mathfrak{I}$ ist transitiv mit $\mathfrak{I} \subset \widehat{W}$;

(ii) $^* : \widehat{S} \to \widehat{W}$;

(iii) $^*s = s$ für alle $s \in S$;

(iv) $^*\emptyset = \emptyset$ und $^*S = W$.

Beweis. ***(i)*** Wir zeigen zunächst induktiv für $\nu \in \mathbb{N}_0$:

(1) $$f \in Z_\nu \Longrightarrow \widetilde{f} \in W_\nu;$$

hieraus folgt dann nach Definition von $\mathfrak{I}$ und $\widehat{W}$, daß $\mathfrak{I} \subset \widehat{W}$ ist.
Wegen $W_0 = W \underset{36.2}{=} \{\widetilde{f} : f \in Z_0\}$ gilt (1) für $\nu = 0$. Es gelte nun (1) für $\nu - 1$ mit $\nu \in \mathbb{N}$. Sei $f \in Z_\nu$; zu zeigen ist $\widetilde{f} \in W_\nu$. Sei zunächst $f \in Z_{\nu-1}$, dann folgt nach Induktionsannahme $\widetilde{f} \in W_{\nu-1} \subset W_\nu$. Sei nun $f \in Z_\nu - Z_{\nu-1}$. Dann folgt nach der Definition von $\widetilde{f}$ in 36.3 und der Induktionsannahme, daß $\widetilde{f} \underset{36.3}{\subset} \{\widetilde{k} : k \in Z_{\nu-1}\} \subset W_{\nu-1}$, und somit ist $\widetilde{f} \in \mathcal{P}(W_{\nu-1}) \subset W_\nu$. Damit ist (1) für ν gezeigt.
Es bleibt zu zeigen, daß $\mathfrak{I}$ transitiv ist. Sei hierzu $\widetilde{f} \in \mathfrak{I}$ eine Menge; zu zeigen reicht $\widetilde{f} \subset \mathfrak{I}$ (siehe die Bemerkung nach 5.4). Da $\widetilde{f}$ eine Menge ist, ist $f \notin Z_0$, und es folgt $\widetilde{f} \underset{36.4(i)}{\subset} \{\widetilde{k} : k \in Z_\infty\} = \mathfrak{I}$.

(ii) Sei $a \in \widehat{S}$. Dann ist $^*a = \widetilde{a_I} \in \mathfrak{I} \underset{(i)}{\subset} \widehat{W}$.

(iii) Für $s \in S$ ist $^*s = \widetilde{s_I} \underset{36.2(i)}{=} s$.

(iv) Wegen $\emptyset_I, S_I \notin Z_0$ gilt:

$$^*\emptyset = \widetilde{\emptyset_I} \underset{36.4(i)}{=} \{\widetilde{k} : k \in Z_\infty \text{ und } k(i) \in \emptyset \text{ f.ü.}\} = \emptyset;$$

$$^*S = \widetilde{S_I} \underset{36.4(i)}{=} \{\widetilde{k} : k \in Z_\infty \text{ und } k(i) \in S \text{ f.ü.}\} = \{\widetilde{k} : k \in Z_0\} \underset{36.2}{=} W.$$ □

Wir werden als nächstes zeigen, daß die Abbildung $^* : \widehat{S} \longrightarrow \widehat{W}$ das Transfer-Prinzip (siehe 7.1) erfüllt. Zum Nachweis des Transfer-Prinzips benötigen wir die Hilfssätze 36.6, 36.7 sowie den Satz von Lôs (siehe 36.8). Durch den Satz von Lôs wird die Gültigkeit von Aussagen über Elemente $\widetilde{f_1}, \ldots, \widetilde{f_n} \in \mathfrak{I}$ darauf zurückgeführt, daß die entsprechenden Aussagen über die Elemente $f_1(i), \ldots, f_n(i) \in \widehat{S}$ fast überall gültig sind.

Für $f, g \in Z_\infty$ sind $\widetilde{f}, \widetilde{g} \in \mathfrak{I} \subset \widehat{W}$ (siehe 36.5). Daher sind auch die Elemente $\{\widetilde{f}, \widetilde{g}\}$, $\langle \widetilde{f}, \widetilde{g} \rangle$ und $\widetilde{f} \upharpoonright \widetilde{g}$ in $\widehat{W}$ (siehe 5.8 (vi) und 5.17 (i)). Das folgende Ergebnis zeigt u.a., daß diese Elemente schon in $\mathfrak{I}$ liegen. Zur Definition der Operationen $\langle\ ,\ \rangle$ und $\upharpoonright$ siehe 5.6 und 5.17.

36.6 Darstellung der Elemente $\{\widetilde{f}, \widetilde{g}\}$, $\langle \widetilde{f}, \widetilde{g} \rangle$ und $\widetilde{f} \upharpoonright \widetilde{g}$

Seien $f, g \in Z_\infty$. Dann gilt:

(i) $h(i) := \{f(i), g(i)\},\ i \in I \;\Rightarrow h \in Z_\infty$ und $\widetilde{h} = \{\widetilde{f}, \widetilde{g}\}$;

(ii) $k(i) := \langle f(i), g(i) \rangle,\ i \in I \;\Rightarrow k \in Z_\infty$ und $\widetilde{k} = \langle \widetilde{f}, \widetilde{g} \rangle$;

(iii) $l(i) := f(i) \upharpoonright g(i),\ i \in I \;\Rightarrow l \in Z_\infty$ und $\widetilde{l} = \widetilde{f} \upharpoonright \widetilde{g}$.

Insbesondere folgt daher $\{\widetilde{f}, \widetilde{g}\}$, $\langle \widetilde{f}, \widetilde{g} \rangle$, $\widetilde{f} \upharpoonright \widetilde{g} \in \mathfrak{I}$.

Beweis. Wir zeigen als erstes:

(1) $\qquad h, k, l \in Z_\infty$.

Wegen $f(i), g(i) \in \widehat{S}$ sind $h(i), k(i), l(i) \in \widehat{S}$ (benutze 5.8 (vi) und 5.17 (i)). Wegen $f, g \in Z_\infty = \cup_{\nu=0}^{\infty} Z_\nu$ und $Z_\nu \subset Z_{\nu+1}$ existiert ein $\nu \in \mathbb{N}$ mit $f, g \in Z_\nu$. Nach Definition von Z_ν folgt daher

(2) $\qquad f(i), g(i) \in S_\nu$ f.ü..

Aus (2) erhalten wir $h(i), k(i) \in S_{\nu+2}$ f.ü. (siehe 5.7), und somit sind $h, k \in Z_{\nu+2} \subset Z_\infty$. Wir zeigen nun $l \in Z_\infty$. Nach Definition der Operation $\upharpoonright$ folgt für alle $i \in I$: $l(i) = \emptyset \in S_\nu$ oder $\langle g(i), l(i) \rangle \in f(i)$. Da $f(i) \in S_\nu$ f.ü. ist (siehe (2)) und da S_ν transitiv ist, gilt damit nach 5.6 (ii): $l(i) \in S_\nu$ f.ü.. Somit ist $l \in Z_\infty$.

(i) Es ist $h \notin Z_0$, und somit ist $h \underset{(1)}{\in} Z_\infty - Z_0$. Nach 36.4 (i) reicht es daher zu zeigen, daß für alle $\widetilde{u}$ mit $u \in Z_\infty$ gilt:

(3) $\qquad \widetilde{u} \in \widetilde{h} \Longleftrightarrow (\widetilde{u} = \widetilde{f}$ oder $\widetilde{u} = \widetilde{g})$.

Sei also $u \in Z_\infty$. Dann gilt:

$$\widetilde{u} \in \widetilde{h} \underset{36.4(\text{iii})}{\Longleftrightarrow} u(i) \in h(i) \text{ f.ü.} \underset{2.7(\text{ii})}{\Longleftrightarrow} (u(i) = f(i) \text{ f.ü. oder } u(i) = g(i) \text{ f.ü.})$$

$$\underset{36.4(\text{ii})}{\Longleftrightarrow} (\widetilde{u} = \widetilde{f} \text{ oder } \widetilde{u} = \widetilde{g}).$$

Somit ist (3) und damit (i) gezeigt.

(ii) Setze $u(i) := \{f(i)\}$, $v(i) := \{f(i), g(i)\}$ für $i \in I$. Dann ist

$$k(i) = \langle f(i), g(i) \rangle \underset{5.6}{=} \{u(i), v(i)\}.$$

Es sind $u, v \underset{(\text{i})}{\in} Z_\infty$ mit $\widetilde{u} \underset{(\text{i})}{=} \{\widetilde{f}\}$, $\widetilde{v} \underset{(\text{i})}{=} \{\widetilde{f}, \widetilde{g}\}$. Es folgt:

$$\widetilde{k} \underset{(\text{i})}{=} \{\widetilde{u}, \widetilde{v}\} = \left\{\{\widetilde{f}\}, \{\widetilde{f}, \widetilde{g}\}\right\} \underset{5.6}{=} \langle \widetilde{f}, \widetilde{g} \rangle.$$

(iii) Für jedes $i \in I$ tritt nach Definition der Operation $\upharpoonleft$ (siehe 5.17) einer der drei folgenden Fälle ein:

(α) $\langle g(i), l(i)\rangle \in f(i)$, und $l(i)$ ist hierdurch eindeutig bestimmt;

(β) $\langle g(i), l_\rho(i)\rangle \in f(i)$, $\rho = 1,2$ mit $l_1(i) \neq l_2(i)$; dann ist $l(i) = \emptyset$;

(γ) $\langle g(i), a\rangle \in f(i)$ für kein a; dann ist $l(i) = \emptyset$.

Sei $A_\alpha(A_\beta, A_\gamma)$ die Menge der $i \in I$, für die Fall $\alpha(\beta,\gamma)$ gilt. Dann ist $A_\alpha \cup A_\beta \cup A_\gamma = I \in \mathcal{F}$, und daher gilt $A_\alpha \in \mathcal{F}$ oder $A_\beta \in \mathcal{F}$ oder $A_\gamma \in \mathcal{F}$ (siehe 2.7 (ii)). Wir zeigen, daß für jede dieser drei Möglichkeiten $\widetilde{l} = \widetilde{f} \upharpoonleft \widetilde{g}$ ist.

Es sei $A_\alpha \in \mathcal{F}$: Dann gilt $k_0(i) := \langle g(i), l(i)\rangle \in f(i)$ f.ü., und wegen $g \in Z_\infty$ und $l \underset{(1)}{\in} Z_\infty$ folgt:

$$\langle \widetilde{g}, \widetilde{l}\rangle \underset{\text{(ii)}}{=} \widetilde{k}_0 \underset{36.4\text{(iii)}}{\in} \widetilde{f}.$$

Nach Definition von $\upharpoonleft$ gilt dann $\widetilde{l} = \widetilde{f} \upharpoonleft \widetilde{g}$, wenn wir zeigen:

$$\text{(4)} \qquad \langle \widetilde{g}, w\rangle \in \widetilde{f} \Longrightarrow w = \widetilde{l}.$$

Da $\langle \widetilde{g}, w\rangle \in \widetilde{f} \in \mathfrak{I}$ und da $\mathfrak{I}$ nach 36.5 (i) transitiv ist, erhalten wir $w \in \mathfrak{I}$ mit 5.6 (ii). Daher existiert nach Definition von $\mathfrak{I}$ ein $v \in Z_\infty$ mit $w = \widetilde{v}$. Somit ist $\langle \widetilde{g}, \widetilde{v}\rangle \in \widetilde{f}$, und mit $m(i) := \langle g(i), v(i)\rangle, i \in I$, folgt $\widetilde{m} \underset{\text{(ii)}}{\in} \widetilde{f}$. Daher ist $m(i) \in f(i)$ f.ü. (siehe 36.4 (iii)), und somit gilt:

$$\langle g(i), v(i)\rangle \in f(i) \text{ f.ü..}$$

Wegen $A_\alpha \in \mathcal{F}$ folgt $v(i) = l(i)$ f.ü., und somit ist $w = \widetilde{v} \underset{36.4\text{(ii)}}{=} \widetilde{l}$. Damit ist (4) gezeigt.

Es sei $A_\beta \in \mathcal{F}$: Für alle $i \in A_\beta$ existieren $l_1(i), l_2(i)$ mit

$$\text{(5)} \qquad l_1(i) \neq l_2(i) \text{ und } \langle g(i), l_\rho(i)\rangle \in f(i) \in \widehat{S} \text{ für } \rho = 1,2.$$

Für $i \in I - A_\beta$ setze $l_1(i) := l_2(i) := \emptyset$. Dann sind $l_1(i), l_2(i) \in \widehat{S}$ nach 5.6 (ii), da $\widehat{S}$ transitiv ist. Da (5) für alle $i \in A_\beta \in \mathcal{F}$ gilt, folgt

$$\text{(6)} \qquad l_1(i) \neq l_2(i) \text{ f.ü. ;}$$

$$\text{(7)} \qquad \langle g(i), l_\rho(i)\rangle \in f(i) \text{ f.ü. für } \rho = 1,2.$$

Aus (7), (2) und der Transitivität von S_ν folgt zunächst $\langle g(i), l_\rho(i)\rangle \in S_\nu$ f.ü. und dann $l_\rho(i) \in S_\nu$ f.ü. (benutze 5.6 (ii)). Somit sind $l_1, l_2 \in Z_\infty$. Aus (6) und 36.4 (ii) folgt:

$$\text{(8)} \qquad \widetilde{l}_1 \neq \widetilde{l}_2.$$

Aus (7), (ii) und 36.4 (iii) folgt:

$$\text{(9)} \qquad \langle \widetilde{g}, \widetilde{l}_\rho\rangle \in \widetilde{f} \text{ für } \rho = 1,2.$$

Nach (8), (9) und der Definition von $\upharpoonleft$ ist $\widetilde{f} \upharpoonleft \widetilde{g} = \emptyset$. Zu zeigen bleibt also $\widetilde{l} = \emptyset$. Wegen $l(i) = \emptyset = \emptyset_I(i)$ für alle $i \in A_\beta \in \mathcal{F}$ folgt $\widetilde{l} \underset{36.4\text{(ii)}}{=} \widetilde{\emptyset_I} = {}^*\emptyset \underset{36.5\text{(iv)}}{=} \emptyset$.

Es sei $A_\gamma \in \mathcal{F}$: Dann ist $l(i) = \emptyset$ f.ü., und somit ist wieder $\widetilde{l} = \emptyset$. Wir zeigen nun, daß $\langle \widetilde{g}, w\rangle \in \widetilde{f}$ für kein w gilt; dann folgt $\widetilde{f} \upharpoonright \widetilde{g} = \emptyset = \widetilde{l}$. Wäre nämlich $\langle \widetilde{g}, w\rangle \in \widetilde{f}$ für ein w, so folgt wie im Beweis von (4), daß $w = \widetilde{v}$ für ein $v \in Z_\infty$ und $\langle g(i), v(i)\rangle \in f(i)$ f.ü. wäre, und somit wäre

$$\emptyset = A_\gamma \cap \{i \in I : \langle g(i), v(i)\rangle \in f(i)\} \in \mathcal{F}. \qquad \square$$

Es sei τ ein Term (siehe 6.1), in dem nur Variablen, aber keine Elemente einer Superstruktur auftreten. Dann ist τ ein Term in jeder Superstruktur. Es seien $\underline{x}_1, \ldots, \underline{x}_n$ Variable, unter denen alle in τ auftretenden Variablen vorkommen, eventuell aber auch solche, die nicht in τ vorkommen. Wir schreiben dann auch $\tau(\underline{x}_1, \ldots, \underline{x}_n)$ an Stelle von τ; diese Schreibweise ermöglicht in den folgenden Beweisen eine technisch übersichtlichere Darstellung von Termen. Man beachte jedoch den Unterschied zu der in § 6 eingeführten Schreibweise $\varphi[\underline{x}_1, \ldots, \underline{x}_n]$; hier waren $\underline{x}_1, \ldots, \underline{x}_n$ genau die in φ vorkommenden freien Variablen.
Setzt man nun in $\tau(\underline{x}_1, \ldots, \underline{x}_n)$ für die Variablen $\underline{x}_\nu$ Elemente a_ν einer Superstruktur ein, so entsteht der Term $\tau(a_1, \ldots, a_n)$ ohne Variablen, der damit ein Element der Superstruktur ergibt (siehe § 6). Ist zum Beispiel $\tau(\underline{x}_1, \underline{x}_2, \underline{x}_3)$ der Term $(\underline{x}_1 \upharpoonright \langle \underline{x}_1, \underline{x}_3\rangle)$, so ergibt $\tau(a_1, a_2, a_3)$ das Element $a_1 \upharpoonright \langle a_1, a_3\rangle$ der betrachteten Superstruktur.
Seien nun $f_1, \ldots, f_n \in Z_\infty$, und sei $i \in I$. Dann sind $f_1(i), \ldots, f_n(i) \in \widehat{S}$, und damit ist $f(i) := \tau(f_1(i), \ldots, f_n(i)) \in \widehat{S}$ für $i \in I$. Ferner sind $\widetilde{f}_1, \ldots, \widetilde{f}_n \in \widehat{W}$ (siehe 36.5 (i)), und damit ist $\tau(\widetilde{f}_1, \ldots, \widetilde{f}_n) \in \widehat{W}$. Das folgende Ergebnis zeigt nun, daß die oben definierte Funktion f in Z_∞ liegt, und daß $\tau(\widetilde{f}_1, \ldots, \widetilde{f}_n) = \widetilde{f}$ $(\in \Im)$ ist.

36.7 Darstellung des Elementes $\tau(\widetilde{f}_1, \ldots, \widetilde{f}_n)$

Sei τ ein Term, in dem höchstens die Variablen $\underline{x}_1, \ldots, \underline{x}_n$, aber keine Elemente einer Superstruktur vorkommen; wir schreiben dann auch $\tau(\underline{x}_1, \ldots, \underline{x}_n)$ an Stelle von τ. Seien $f_1, \ldots, f_n \in Z_\infty$, und setze

$$f(i) := \tau(f_1(i), \ldots, f_n(i)), \quad i \in I.$$

Dann gilt:

(i) $f \in Z_\infty$ und $\widetilde{f} = \tau(\widetilde{f}_1, \ldots, \widetilde{f}_n)$.

Ist ferner $g \in \widehat{S}^I$, so erhalten wir:

(ii) $g(i) \in \tau(f_1(i), \ldots, f_n(i))$ f.ü. $\Longleftrightarrow g \in Z_\infty \wedge \widetilde{g} \in \tau(\widetilde{f}_1, \ldots, \widetilde{f}_n)$.

Beweis. *(i)* Wir führen den Beweis per Induktion über die Gesamtanzahl $N(\tau)$ des Auftretens der Symbole $\langle$ und $\upharpoonright$ in Termen τ der betrachteten Art.
Sei $N(\tau) = 0$. Da in τ keine Elemente vorkommen, folgt $\tau \equiv \underline{x}_\nu$ für ein $1 \le \nu \le n$. Damit ist $f(i) = f_\nu(i)$, $\tau(\widetilde{f}_1, \ldots, \widetilde{f}_n) = \widetilde{f}_\nu$, und es folgt $f = f_\nu \in Z_\infty$ sowie $\widetilde{f} = \widetilde{f}_\nu = \tau(\widetilde{f}_1, \ldots, \widetilde{f}_n)$.

Sei $k \in \mathbb{N}$. Per Induktionsannahme sei die Behauptung richtig für alle Terme σ der betrachteten Struktur mit $N(\sigma) < k$. Sei nun τ ein Term der betrachteten Struktur mit $N(\tau) = k$. Dann gilt für τ nach Definition 6.1:

$$\tau \equiv \langle \rho, \eta \rangle \text{ bzw. } \tau \equiv (\rho \upharpoonright \eta).$$

Dabei sind ρ, η Terme ohne Elemente mit $N(\rho) < k$ und $N(\eta) < k$. Ferner kommen in ρ und η höchstens die Variablen $\underline{x}_1, \ldots, \underline{x}_n$ vor; wir schreiben daher auch

$$\rho(\underline{x}_1, \ldots, \underline{x}_n) \text{ bzw. } \eta(\underline{x}_1, \ldots, \underline{x}_n) \text{ an Stelle von } \rho \text{ bzw. } \eta.$$

Setze

(1) $$g(i) := \rho(f_1(i), \ldots, f_n(i)) \text{ und } h(i) := \eta(f_1(i), \ldots, f_n(i)).$$

Nach Induktionsannahme gilt:

(2) $$g, h \in Z_\infty \text{ und } \widetilde{g} = \rho(\widetilde{f}_1, \ldots, \widetilde{f}_n),\ \widetilde{h} = \eta(\widetilde{f}_1, \ldots, \widetilde{f}_n).$$

Sei nun zunächst $\tau \equiv \langle \rho, \eta \rangle$. Dann ist für $i \in I$:

$$f(i) = \tau(f_1(i), \ldots, f_n(i)) = \langle \rho(f_1(i), \ldots, f_n(i)),\ \eta(f_1(i), \ldots, f_n(i)) \rangle \underset{(1)}{=} \langle g(i), h(i) \rangle.$$

Wegen $g, h \underset{(2)}{\in} Z_\infty$ folgt $f \in Z_\infty$ (siehe 36.6 (ii)), und es gilt:

$$\widetilde{f} \underset{36.6(\text{ii})}{=} \langle \widetilde{g}, \widetilde{h} \rangle \underset{(2)}{=} \langle \rho(\widetilde{f}_1, \ldots, \widetilde{f}_n), \eta(\widetilde{f}_1, \ldots, \widetilde{f}_n) \rangle = \tau(\widetilde{f}_1, \ldots, \widetilde{f}_n).$$

Der Fall $\tau \equiv (\rho \upharpoonright \eta)$ verläuft analog unter Benutzung von 36.6 (iii) an Stelle von 36.6 (ii).

(ii) „ $\Rightarrow$ “ : Nach (i) ist $f \in Z_\nu$ für ein $\nu \in \mathbb{N}$, und nach Voraussetzung gilt $g(i) \in f(i)$ f.ü.. Daher ist $f \notin Z_0$, und wegen $g \in \widehat{S}^I$ folgt $g \underset{36.1(\text{ii})}{\in} Z_{\nu-1} \subset Z_\infty$. Somit sind $f, g \in Z_\infty$ mit $g(i) \in f(i)$ f.ü., und daher ist

$$\widetilde{g} \underset{36.4(\text{iii})}{\in} \widetilde{f} \underset{(\text{i})}{=} \tau(\widetilde{f}_1, \ldots, \widetilde{f}_n).$$

„ $\Leftarrow$ “: Nach (i) ist $\widetilde{g} \in \widetilde{f}$. Wegen $f, g \in Z_\infty$ folgt daher:

$$g(i) \in f(i) = \tau(f_1(i), \ldots, f_n(i)) \text{ f.ü. (benutze 36.4 (iii)).} \qquad \square$$

Es sei φ eine Formel, die keine Elemente einer Superstruktur enthält. Dann ist φ eine Formel in jeder Superstruktur. Sind $\underline{x}_1, \ldots, \underline{x}_n$ Variable, unter denen alle freien Variablen von φ vorkommen, so schreiben wir - analog wie bei Termen - auch $\varphi(\underline{x}_1, \ldots, \underline{x}_n)$ an Stelle von φ. Sind $a_1, \ldots, a_n$ Elemente einer gegebenen Superstruktur und setzt man bei jedem freien Auftreten von $\underline{x}_\nu$ in φ das Element a_ν ein, so erhält man eine Aussage $\varphi(a_1, \ldots, a_n)$ in der betrachteten Superstruktur.

Sind nun $f_1, \ldots, f_n \in Z_\infty$, so sind $\widetilde{f}_1, \ldots, \widetilde{f}_n \in \widehat{W}$ und $f_1(i), \ldots, f_n(i) \in \widehat{S}$ für $i \in I$. Somit gilt:

$\varphi(\widetilde{f}_1, \ldots, \widetilde{f}_n)$ ist eine Aussage in $\widehat{W}$;

$\varphi(f_1(i), \ldots, f_n(i))$ ist eine Aussage in $\widehat{S}$ für jedes $i \in I$.

Das folgende Ergebnis zeigt, daß $\varphi(\widetilde{f}_1, \ldots, \widetilde{f}_n)$ genau dann gültig ist, wenn $\varphi(f_1(i), \ldots, f_n(i))$ gültig f.ü. ist. Hierbei benutzen wir für Aussagen $\psi_i, i \in I$, die folgende Sprechweise:

- ψ_i ist gültig f.ü. $\iff \{i \in I : \psi_i \text{ ist gültig}\} \in \mathcal{F}$.

Der nun folgende Satz von Lös ist das entscheidende Hilfsmittel zum Beweis des Transfer-Prinzips.

36.8 Gültigkeit von Aussagen $\varphi(\widetilde{f}_1, \ldots, \widetilde{f}_n)$ (Satz von Lõs)

Sei φ eine Formel, die keine Elemente einer Superstruktur enthält. Es seien $\underline{x}_1, \ldots, \underline{x}_n$ Variable, unter denen alle freien Variablen von φ vorkommen; wir schreiben dann auch $\varphi(\underline{x}_1, \ldots, \underline{x}_n)$ an Stelle von φ.

Dann gilt für alle $f_1, \ldots, f_n \in Z_\infty$:

$$\varphi(f_1(i), \ldots, f_n(i)) \text{ ist gültig f.ü.} \iff \varphi(\widetilde{f}_1, \ldots, \widetilde{f}_n) \text{ ist gültig.}$$

Beweis. Der Beweis verläuft per Induktion über die Gesamtanzahl $lo(\varphi)$ des Auftretens der logischen Symbole $\neg$, $\wedge$, $\forall$ in Formeln φ, die keine Elemente einer Superstruktur enthalten.

Sei $lo(\varphi) = 0$. Dann ist φ von der Form $\tau = \rho$ bzw. $\tau \in \rho$ mit Termen τ, ρ ohne Elemente (siehe 6.2). Ferner treten in τ und ρ höchstens die Variablen $\underline{x}_1, \ldots, \underline{x}_n$ auf; wir schreiben daher auch $\tau(\underline{x}_1, \ldots, \underline{x}_n)$ und $\rho(\underline{x}_1, \ldots, \underline{x}_n)$ an Stelle von τ, ρ. Sei zunächst φ von der Form $\tau = \rho$. Dann gilt:

$$\begin{aligned} &\varphi(f_1(i), \ldots, f_n(i)) \text{ ist gültig f.ü.} \\ &\iff \tau(f_1(i), \ldots, f_n(i)) = \rho(f_1(i), \ldots, f_n(i)) \text{ f.ü.} \\ &\underset{36.7, 36.4(\text{ii})}{\iff} \tau(\widetilde{f}_1, \ldots, \widetilde{f}_n) = \rho(\widetilde{f}_1, \ldots, \widetilde{f}_n) \iff \varphi(\widetilde{f}_1, \ldots, \widetilde{f}_n) \text{ ist gültig.} \end{aligned}$$

Der Fall, daß φ von der Form $\tau \in \rho$ ist, verläuft analog unter Benutzung von 36.7 und 36.4 (iii). Damit ist die Behauptung für den Fall $lo(\varphi) = 0$ gezeigt.

Wir nehmen nun induktiv an, daß die Behauptung für alle Formeln ohne Elemente mit weniger als $k \in \mathbf{N}$ logischen Symbolen richtig ist. Sei nun $lo(\varphi) = k$. Dann besitzt φ nach 6.2 eine der drei folgenden Formen:

(α) $\varphi \equiv \neg\psi$ mit einer Formel ψ;

(β) $\varphi \equiv (\psi \wedge \chi)$ mit Formeln ψ, χ;

(γ) $\varphi \equiv (\forall \underline{x} \in \tau)\phi$ mit einem Term τ ohne $\underline{x}$ und einer Formel ϕ.

Da in φ keine Elemente auftreten, kommen auch in ψ, χ, τ, ϕ keine Elemente vor. Wir zeigen jetzt die Behauptung für die Fälle (α) bis (γ).

Zu (α) : Wegen $lo(\psi) < k$ gilt nach Induktionsvoraussetzung (= I.V.):

$$\begin{aligned} &\varphi(f_1(i), \ldots, f_n(i)) \text{ ist gültig f.ü.} \\ &\iff \{i \in I : \neg\psi(f_1(i), \ldots, f_n(i)) \text{ ist gültig}\} \in \mathcal{F} \\ &\underset{2.6}{\iff} \text{es gilt nicht: } \{i \in I : \psi(f_1(i), \ldots, f_n(i)) \text{ ist gültig}\} \in \mathcal{F} \\ &\iff \text{es gilt nicht: } \psi(f_1(i), \ldots, f_n(i)) \text{ ist gültig f.ü.} \\ &\underset{\text{I.V.}}{\iff} \text{es gilt nicht: } \psi(\widetilde{f}_1, \ldots, \widetilde{f}_n) \text{ ist gültig} \\ &\iff \varphi(\widetilde{f}_1, \ldots, \widetilde{f}_n) \text{ ist gültig.} \end{aligned}$$

Zu (β) : Da eine Variable an einer Stelle von $\varphi \equiv (\psi \wedge \chi)$, welche im Teilstück ψ bzw. χ liegt, genau dann frei auftritt, wenn sie an der betrachteten Stelle in ψ bzw. χ frei auftritt (siehe auch Aufgabe 6.2), können wir $\psi(\underline{x}_1, \ldots, \underline{x}_n)$, $\chi(\underline{x}_1, \ldots, \underline{x}_n)$ an Stelle von ψ, χ schreiben, und für alle Elemente $a_1, \ldots, a_n$ einer Superstruktur gilt daher:

(1) $$\varphi(a_1, \ldots, a_n) \equiv (\psi(a_1, \ldots, a_n) \wedge \chi(a_1, \ldots, a_n)).$$

Wegen $lo(\psi), lo(\chi) < k$ gilt dann nach Induktionsvoraussetzung:

$\varphi(f_1(i), \ldots, f_n(i))$ ist gültig f.ü.

$\underset{(1)}{\Longleftrightarrow} \psi(f_1(i), \ldots, f_n(i))$ ist gültig f.ü. und $\chi(f_1(i), \ldots, f_n(i))$ ist gültig f.ü.

$\underset{\text{I.V.}}{\Longleftrightarrow} \psi(\widetilde{f}_1, \ldots, \widetilde{f}_n)$ ist gültig und $\chi(\widetilde{f}_1, \ldots, \widetilde{f}_n)$ ist gültig

$\underset{(1)}{\Longleftrightarrow} \varphi(\widetilde{f}_1, \ldots, \widetilde{f}_n)$ ist gültig.

Zu (γ) : Da in φ höchstens die Variablen $\underline{x}_1, \ldots, \underline{x}_n$ frei auftreten, kommen in τ höchstens die Variablen $\underline{x}_1, \ldots, \underline{x}_n$ vor und in ϕ höchstens die Variablen $\underline{x}$, $\underline{x}_1, \ldots, \underline{x}_n$ frei vor. Daher können wir $\tau(\underline{x}_1, \ldots, \underline{x}_n)$, $\phi(\underline{x}, \underline{x}_1, \ldots, \underline{x}_n)$ an Stelle von τ, ϕ schreiben. Da zudem eine Variable $\underline{x}_\nu$ an einer Stelle von $\varphi \equiv (\forall \underline{x} \in \tau)\phi$ genau dann frei auftritt, wenn die betrachtete Stelle in τ liegt oder, falls die Stelle in ϕ liegt, $\underline{x}_\nu$ an der betrachteten Stelle in ϕ frei auftritt, gilt für alle Elemente $a_1, \ldots, a_n$ einer Superstruktur

(2) $$\varphi(a_1, \ldots, a_n) \equiv (\forall \underline{x} \in \tau(a_1, \ldots, a_n))\phi(\underline{x}, a_1, \ldots, a_n).$$

Es ist also zu zeigen, daß

(I) $$(\forall \underline{x} \in \tau(f_1(i), \ldots, f_n(i)))\phi(\underline{x}, f_1(i), \ldots, f_n(i)) \text{ ist gültig f.ü.}$$

äquivalent ist zu

(II) $$(\forall \underline{x} \in \tau(\widetilde{f}_1, \ldots, \widetilde{f}_n))\phi(\underline{x}, \widetilde{f}_1, \ldots, \widetilde{f}_n) \text{ ist gültig.}$$

(I)⇒ (II) Ist $\tau(\widetilde{f}_1, \ldots, \widetilde{f}_n) = \emptyset$ oder keine Menge, dann ist (II) nach Definition des Gültigkeitsbegriffs (siehe $6.7(\gamma)_3$) erfüllt.

Sei nun $\tau(\widetilde{f}_1, \ldots, \widetilde{f}_n)$ eine nicht-leere Menge. Um (II) zu zeigen, wähle

(3) $$x \in \tau(\widetilde{f}_1, \ldots, \widetilde{f}_n)$$

beliebig. Da $\tau(\widetilde{f}_1, \ldots, \widetilde{f}_n) \underset{36.7}{\in} \mathfrak{I}$ und da $\mathfrak{I}$ transitiv ist (siehe 36.5 (i)), folgt $x \in \mathfrak{I}$, und damit gilt:

(4) $$x = \widetilde{g} \text{ für ein } g \in Z_\infty.$$

Für (II) ist also zu zeigen, daß $\phi(\widetilde{g}, \widetilde{f}_1, \ldots, \widetilde{f}_n)$ gültig ist. Wegen $lo(\phi) < k$ reicht es hierfür nach Induktionsvoraussetzung zu zeigen:

(5) $$\phi(g(i), f_1(i), \ldots, f_n(i)) \text{ ist gültig f.ü..}$$

Wegen (3) und (4) ist $g \in Z_\infty$ mit $\widetilde{g} \in \tau(\widetilde{f}_1, \ldots, \widetilde{f}_n)$. Aus 36.7 (ii) folgt dann:

(6) $$g(i) \in \tau(f_1(i), \ldots, f_n(i)) \text{ f.ü..}$$

Aus (I) und (6) erhält man (5).

(II) ⇒ (I) Es sei indirekt (I) nicht richtig. Dann folgt, da $\mathcal{F}$ ein Ultrafilter ist (benutze 2.6):

$A := \{i \in I : (\forall \underline{x} \in \tau(f_1(i), \ldots, f_n(i)))\phi(\underline{x}, f_1(i), \ldots, f_n(i))$ nicht gültig$\} \in \mathcal{F}$.

Daher gibt es für jedes $i \in A$ ein $x = g(i) \in \tau(f_1(i), \ldots, f_n(i))$, so daß $\phi(g(i), f_1(i), \ldots, f_n(i))$ nicht gültig ist; setze $g(i) := \emptyset$ für $i \in I - A$. Dann folgt wegen $A \in \mathcal{F}$:

(7) $\qquad g(i) \in \tau(f_1(i), \ldots, f_n(i))$ f.ü. ;

(8) $\qquad$ es gilt nicht: $\phi(g(i), f_1(i), \ldots, f_n(i))$ gültig f.ü..

Da $g \in \widehat{S}^I$ ist, folgt aus (7) und 36.7 (ii), daß $\widetilde{g} \in \tau(\widetilde{f}_1, \ldots, \widetilde{f}_n)$ ist. Nach (II) ist dann $\phi(\widetilde{g}, \widetilde{f}_1, \ldots, \widetilde{f}_n)$ gültig, und wegen $lo(\phi) < k$ ist damit also auch $\phi(g(i), f_1(i), \ldots, f_n(i))$ gültig f.ü. nach Induktionsvoraussetzung. Dieses widerspricht (8). □

36.9 Existenz satztreuer Einbettungen

Die Abbildung $^* : \widehat{S} \longrightarrow \widehat{W}$ aus 36.5 ist eine satztreue Einbettung, und es gilt:

$$\Im = \bigcup_{A \in \widehat{S} - S} {}^*A.$$

Beweis. Nach 36.5 ist $^* : \widehat{S} \longrightarrow \widehat{W}$ eine Abbildung mit $^*s = s$ für $s \in S$ und $^*S = W$. Um zu zeigen, daß * eine satztreue Einbettung ist, bleibt das Transfer-Prinzip nachzuweisen (siehe 7.1).

Sei hierzu ψ eine Aussage in $\widehat{S}$ und $^*\psi$ die zugehörige Aussage in $\widehat{W}$. Es ist zu zeigen:

(1) $\qquad \psi$ ist genau dann gültig, wenn $^*\psi$ gültig ist.

Es seien $a_1, \ldots, a_n \in \widehat{S}$ die in der Aussage ψ auftretenden Elemente von $\widehat{S}$, und es seien $\underline{x}_1, \ldots, \underline{x}_n$ Variable, die nicht in ψ vorkommen. Um (1) auf 36.8 zurückführen zu können, ersetzen wir jedes Auftreten von a_ν in der Formel ψ durch $\underline{x}_\nu$. Dann entsteht eine Formel φ ohne Elemente, deren freie Variablen genau $\underline{x}_1, \ldots, \underline{x}_n$ sind; wir schreiben daher auch $\varphi(\underline{x}_1, \ldots, \underline{x}_n)$ an Stelle von φ. Dann gilt:

(2) $\qquad \psi \equiv \varphi(a_1, \ldots, a_n)$ und $^*\psi \equiv \varphi(^*a_1, \ldots, ^*a_n)$.

Setze nun $f_\nu := (a_\nu)_I$ für $\nu = 1, \ldots, n$. Dann ist $f_\nu \in Z_\infty$ und $\widetilde{f}_\nu \underset{36.5}{=} {}^*a_\nu$. Daher gilt nach 36.8:

(3) $\qquad \varphi(f_1(i), \ldots, f_n(i))$ ist gültig f.ü. $\iff \varphi(^*a_1, \ldots, ^*a_n)$ ist gültig.

Wegen $f_\nu(i) = a_\nu$ für alle $i \in I$ gilt ferner:

(4) $\qquad \varphi(a_1, \ldots, a_n)$ ist gültig $\iff \varphi(f_1(i), \ldots, f_n(i))$ ist gültig f.ü..

Aus (4), (3) und (2) folgt somit (1). Somit ist gezeigt, daß * eine satztreue Einbettung ist.

Es bleibt zu zeigen (beachte, daß $^*A$ für $A \in \widehat{S} - S$ nach 7.2(iii) eine Menge ist):

(5) $$\Im = \bigcup_{A \in \widehat{S} - S} {}^*A.$$

Sei zunächst $a \in \mathfrak{I}$ gegeben. Dann gibt es ein $f \in Z_\infty$ mit $a = \widetilde{f}$ (siehe 36.5). Wegen $f \in Z_\infty$ existiert ein $\nu \in \mathbb{N}_0$ mit $f(i) \in S_\nu$ f.ü.. Setze $A := S_\nu$. Dann ist $A \in \widehat{S} - S$, und es ist $f(i) \in A_I(i)$ f.ü.. Wegen $A_I \in Z_\infty$ folgt somit $a = \widetilde{f} \underset{36.4(\text{iii})}{\in} \widetilde{A_I} \underset{36.5}{=} {}^*A$. Damit ist „ $\subset$ “ in (5) gezeigt.

Für „ $\supset$ “ seien $A \in \widehat{S} - S$ und $b \in {}^*A$ gegeben. Da ${}^*A \underset{36.5}{\in} \mathfrak{I}$ und $\mathfrak{I}$ transitiv ist (siehe 36.5 (i)), folgt $b \in \mathfrak{I}$. Damit ist auch „ $\supset$ “ in (5) gezeigt. □

Bei der Konstruktion von ${}^*\mathbb{R}$ in § 3 haben wir mit einem Ultrafilter $\mathcal{F}$ über $\mathbb{N}$ gearbeitet, der den Filter der koendlichen Teilmengen enthält. Dann ist

$$I_n := I - \{1, \ldots, n\} \in \mathcal{F} \quad \text{mit} \quad \cap_{n=1}^{\infty} I_n = \emptyset.$$

Dieser Filter ist also ein δ-unvollständiger Ultrafilter im Sinne der folgenden Definition.

36.10 δ-unvollständige Ultrafilter

Ein Ultrafilter $\mathcal{F}$ über I heißt *δ-unvollständig*, wenn es eine Folge $I_n \in \mathcal{F}, n \in \mathbb{N}$, mit $\bigcap\limits_{n=1}^{\infty} I_n = \emptyset$ gibt.

Ist $\mathcal{F}$ ein δ-unvollständiger Ultrafilter, so gibt es, da $\mathcal{F}$ mit zwei Mengen auch deren Durchschnitt enthält, eine Folge $I_n, n \in \mathbb{N}$, mit

$$I_n \in \mathcal{F}, \; I_1 = I, \; I_n \supset I_{n+1} \; \text{und} \; \cap_{n=1}^{\infty} I_n = \emptyset.$$

Starten wir nun bei unserer Konstruktion von W, *, $\mathfrak{I}$ (siehe 36.2 und 36.5) mit einem δ-unvollständigen Ultrafilter, so gelangen wir nach 36.11 zu einer Nichtstandard-Einbettung. Da δ-unvollständige Ultrafilter nach der Vorüberlegung zu 36.10 existieren, gewährleistet 36.11 die Existenz von Nichtstandard-Einbettungen.

36.11 Existenz von Nichtstandard-Einbettungen

Sei S eine Menge von Urelementen mit $\mathbb{R} \subset S$. Sei $\mathcal{F}$ ein δ-unvollständiger Ultrafilter über einer Menge I. Dann gilt:

(i) $\quad {}^* : \widehat{S} \longrightarrow \widehat{W}$ ist eine Nichtstandard-Einbettung;

(ii) $\quad \mathfrak{I}$ ist das zugehörige System der internen Elemente.

Beweis. *(i),(ii)* Nach 36.9 und der Definition einer Nichtstandard-Einbettung (siehe 8.1) sowie des Systems der internen Elemente (siehe 8.3) bleibt $\mathbb{R} \neq {}^*\mathbb{R}$ zu zeigen. Wir geben hierzu ein $f \in Z_0$ an mit

(1) $$\widetilde{f} \in {}^*\mathbb{R} - \mathbb{R}.$$

Da $\mathcal{F}$ ein δ-unvollständiger Ultrafilter ist, gibt es I_n für $n \in \mathbb{N}$ mit:

(2) $$I_n \in \mathcal{F}, I_1 = I, I_n \supset I_{n+1} \; \text{und} \; \cap_{n=1}^{\infty} I_n = \emptyset.$$

Zum Nachweis von (1) setze

(3) $$f(i) := n \text{ für } i \in I_n - I_{n+1}.$$

Wegen (2) ist I die disjunkte Vereinigung von $I_n - I_{n+1}$ für $n \in \mathbb{N}$, und somit ist $f(i)$ für alle $i \in I$ eindeutig definiert. Wegen $\mathbb{R} \subset S$ ist $f \in Z_0$. Da $f(i) \in \mathbb{R}_I(i) = \mathbb{R}$ überall ist, gilt:

(4) $$\widetilde{f} \underset{36.4(\text{iii})}{\in} \widetilde{\mathbb{R}_I} \underset{36.5}{=} {}^*\mathbb{R}.$$

Wäre $\widetilde{f} = r$ für ein $r \in \mathbb{R}$, so wäre $f(i) = r$ f.ü. (siehe 36.2 (i)). Wegen $f[I] \subset \mathbb{N}$ folgt $n := r \in \mathbb{N}$; also gilt:

$$I_n - I_{n+1} \underset{(3)}{=} \{i \in \mathbb{N} : f(i) = n\} \in \mathcal{F}.$$

Da $I_{n+1} \underset{(2)}{\in} \mathcal{F}$ ist, erhalten wir den Widerspruch $\emptyset = (I_n - I_{n+1}) \cap I_{n+1} \in \mathcal{F}$.

Also ist $\widetilde{f} \notin \mathbb{R}$, und mit (4) folgt (1). □

36.12 Existenz von starken Nichtstandard-Einbettungen

Sei S eine Menge von Urelementen mit $\mathbb{R} \subset S$. Dann gibt es eine starke Nichtstandard-Einbettung $^* : \widehat{S} \longrightarrow \widehat{W}$.

Beweis. Wir setzen zunächst nicht $\mathbb{R} \subset S$ voraus. Dieses geschieht im Hinblick auf die Übungsaufgaben dieses Paragraphen.

Es sei
$$\mathbb{D} := \{\mathcal{C} \subset \widehat{S} - S : \mathcal{C} \text{ besitzt nicht-leere endliche Durchschnitte}\}.$$

Durch eine spezielle Wahl des Paares $\langle I, \mathcal{F}\rangle$ werden wir erreichen, daß die satztreue Einbettung $^* : \widehat{S} \longrightarrow \widehat{W}$ von 36.9 der folgenden Bedingung genügt:

(A) $$\mathcal{C}_0 \in \mathbb{D} \Rightarrow \bigcap_{C \in \mathcal{C}_0} {}^*C \neq \emptyset.$$

Ist zusätzlich $\mathbb{R} \subset S$, so ist dann * eine starke Nichtstandard-Einbettung (siehe Definition 15.2).

Zur Konstruktion von $\langle I, \mathcal{F}\rangle$ setze zunächst

$$I := \{i \in \mathbb{D}^{\mathbb{D}} : i(\mathcal{C}) \subset \mathcal{C} \text{ und } i(\mathcal{C}) \text{ endlich für alle } \mathcal{C} \in \mathbb{D}\}.$$

Es ist $I \neq \emptyset$: Wähle hierzu z.B. für jedes $\mathcal{C} \in \mathbb{D}$ ein $C \in \mathcal{C}$, und setze $i(\mathcal{C}) := \{C\}$, dann ist $i \in I$.

Als Vorbereitung zur Wahl von $\mathcal{F}$ setze für $j \in I$

(1) $$F_j := \{i \in I : i(\mathcal{C}) \supset j(\mathcal{C}) \text{ für alle } \mathcal{C} \in \mathbb{D}\}.$$

Wir zeigen nun:

(2) $$\mathcal{F}_0 := \{A \subset I : F_j \subset A \text{ für ein } j \in I\} \text{ ist ein Filter.}$$

Es ist $\emptyset \notin \mathcal{F}_0$ wegen $j \in F_j$. Es ist $\mathcal{F}_0 \neq \emptyset$ wegen $I \in \mathcal{F}_0$. Da trivialerweise $A \in \mathcal{F}_0$, $A \subset B \subset I \Rightarrow B \in \mathcal{F}_0$, bleibt somit für (2) zu zeigen:

$$A, B \in \mathcal{F}_0 \Rightarrow A \cap B \in \mathcal{F}_0.$$

Nach Definition von $\mathcal{F}_0$ existieren $k, l \in I$ mit $F_k \subset A$, $F_l \subset B$. Setze

$$m(\mathcal{C}) := k(\mathcal{C}) \cup l(\mathcal{C}) \text{ für alle } \mathcal{C} \in \mathbb{D}.$$

Dann ist $m \in I$ und $F_m \underset{(1)}{=} F_k \cap F_l \subset A \cap B$. Daher folgt $A \cap B \in \mathcal{F}_0$. Somit ist (2) gezeigt.

Wähle nun $\mathcal{F}$, so daß gilt:

(3) $$\mathcal{F} \text{ Ultrafilter über } I \text{ mit } \mathcal{F}_0 \subset \mathcal{F};$$

ein solcher Ultrafilter existiert nach 2.5. Dieser Ultrafilter $\mathcal{F}$ besitzt nun die folgende Eigenschaft:

(4) $$\mathcal{C}_0 \in \mathbb{D} \wedge C \in \mathcal{C}_0 \Longrightarrow A := \{i \in I : C \in i(\mathcal{C}_0)\} \in \mathcal{F};$$

nach Definition von I und wegen $C \in \mathcal{C}_0$ existiert nämlich ein $j \in I$ mit $j(\mathcal{C}_0) = \{C\}$. Somit gilt:

$$\mathcal{F}_0 \underset{(2)}{\ni} F_j \underset{(1)}{\subset} \{i \in I : i(\mathcal{C}_0) \supset j(\mathcal{C}_0)\} = \{i \in I : C \in i(\mathcal{C}_0)\};$$

und daher ist $\{i \in I : C \in i(\mathcal{C}_0)\} \in \mathcal{F}_0 \underset{(3)}{\subset} \mathcal{F}$. Folglich gilt (4).

Mit dieser speziellen Wahl von $\langle I, \mathcal{F} \rangle$ weisen wir nun (A) nach.
Sei hierzu $\mathcal{C}_0 \in \mathbb{D}$ gegeben. Nach Definition von $\mathbb{D}$ und I gilt:

(5) $$i \in I \Longrightarrow \emptyset \neq i(\mathcal{C}_0) \subset \mathcal{C}_0 \wedge i(\mathcal{C}_0) \text{ endlich.}$$

Nun ist $\mathcal{C}_0$ ein System mit nicht-leeren endlichen Durchschnitten; daher gilt nach (5):

$$\bigcap_{B \in i(\mathcal{C}_0)} B \neq \emptyset \text{ für jedes } i \in I.$$

Wähle nun für jedes $i \in I$ ein Element

(6) $$g(i) \in \cap_{B \in i(\mathcal{C}_0)} B \quad (\subset \widehat{S}).$$

Für (A) reicht es nun zu zeigen:

(B) $$g \in Z_\infty \text{ und } \widetilde{g} \in {}^*C \text{ für alle } C \in \mathcal{C}_0.$$

Sei $C \in \mathcal{C}_0$ fest. Nach (4) und (6) ist $g(i) \in C$ für $i \in A$. Wegen $A \underset{(4)}{\in} \mathcal{F}$ folgt $g(i) \in C$ f.ü.. Da ferner $C \in \widehat{S}$ und $g \underset{(6)}{\in} \widehat{S}^I$ sind, erhält man $g \in Z_\infty$ und somit $\widetilde{g} \underset{36.4(\text{iii})}{\in} \widetilde{C_I} \underset{36.5}{=} {}^*C$. Damit ist (B) gezeigt. □

Eine weitere spezielle Wahl des Paares $\langle I, \mathcal{F} \rangle$ wird es nun ermöglichen (siehe 36.14), mit Hilfe von 36.11 die Existenz $\widehat{S}$-kompakter Nichtstandard-Einbettungen zu zeigen. Wir erinnern daran (siehe 28.1), daß eine Nichtstandard-Einbettung $^* : \widehat{S} \longrightarrow \widehat{W}$ *$\widehat{S}$-kompakt* heißt, falls für jedes System $\mathcal{D} \subset \Im - W$ mit nicht-leeren endlichen Durchschnitten, welches höchstens $\widehat{S}$-viele Mengen enthält, gilt: $\cap_{D \in \mathcal{D}} D \neq \emptyset$. Jede $\widehat{S}$-kompakte Nichtstandard-Einbettung ist bekanntlich eine starke Nichtstandard-Einbettung (siehe 28.1). Wir haben dennoch in 36.12 einen von 36.14 unabhängigen Beweis für die Existenz einer starken Nichtstandard-Einbettung gegeben, da im Existenzbeweis für $\widehat{S}$-kompakte Nichtstandard-Einbettungen ein tiefliegendes Ergebnis der Ultrafiltertheorie über die Existenz sogenannter $\widehat{S}$-guter Ultrafilter benutzt wird. Das Konzept des $\widehat{S}$-guten Ultrafilters stammt von Keisler.

Sei hierzu X eine unendliche Menge, dann bezeichne

$$koe(X) := \{A \subset X : X - A \text{ endlich}\}$$

den Filter der koendlichen Teilmengen von X.

Eine Abbildung $\varphi : koe(X) \to \mathcal{P}(I)$ heißt *monoton*, falls gilt:

$$A, B \in koe(X),\ A \subset B \implies \varphi(A) \subset \varphi(B).$$

36.13 $\widehat{S}$-gute Ultrafilter

Sei $\mathcal{F}$ ein Ultrafilter über einer Menge I. Dann heißt $\mathcal{F}$ *$\widehat{S}$-gut*, falls für jede unendliche Menge X von höchstens $\widehat{S}$-vielen Elementen gilt:
Für jedes monotone $\varphi : koe(X) \to \mathcal{F}$ existiert ein $\psi : koe(X) \to \mathcal{F}$ mit

$$\psi(A) \subset \varphi(A),\quad \psi(A \cap B) = \psi(A) \cap \psi(B) \quad \text{für alle } A, B \in koe(X).$$

Für den Existenzbeweis von $\widehat{S}$-kompakten Nichtstandard-Einbettungen benötigen wir das folgende Ergebnis, das zunächst von Keisler unter Benutzung der Kontinuumshypothese und sodann von Kunen allgemein gezeigt wurde.

> Für jede Menge S existiert ein $\widehat{S}$-guter, δ-unvollständiger Ultrafilter $\mathcal{F}$ über einer geeigneten Menge I.

Der Beweis dieses Ergebnisses erfordert tiefere Kenntnisse der Ordinal- und Kardinalzahltheorie und würde daher den Rahmen dieses Buches sprengen. Ein gut lesbarer Beweis findet sich in Lindström (1988, S. 87).

36.14 Existenz von $\widehat{S}$-kompakten Nichtstandard-Einbettungen

Sei S eine Menge von Urelementen mit $\mathbb{R} \subset S$. Dann existiert eine $\widehat{S}$-kompakte Nichtstandard-Einbettung $^* : \widehat{S} \longrightarrow \widehat{W}$.

Beweis. Sei $\mathcal{F}$ ein $\widehat{S}$-guter, δ-unvollständiger Ultrafilter über einer Menge I. Es seien W, *, $\mathfrak{I}$ wie in 36.2 und 36.5 gewählt. Dann ist $^* : \widehat{S} \longrightarrow \widehat{W}$ eine Nichtstandard-Einbettung, und $\mathfrak{I}$ ist das zugehörige System der internen Mengen (siehe 36.11). Es ist

$$\mathfrak{I} - W = \{\widetilde{f} : f \in Z_\infty - Z_0\}$$

(beachte, daß für $f \in Z_\infty$ gilt: $f \notin Z_0 \iff \widetilde{f} \notin W$). Es bleibt daher zu zeigen, daß für jedes $X \subset Z_\infty - Z_0$ von höchstens $\widehat{S}$-vielen Elementen gilt:

(1) Ist $\bigcap_{f \in E} \widetilde{f} \neq \emptyset$ für alle nicht-leeren endlichen $E \subset X$, so folgt $\bigcap_{f \in X} \widetilde{f} \neq \emptyset$.

O.B.d.A. sei hierzu X eine unendliche Menge. Wegen $X \subset Z_\infty - Z_0$ können wir ferner o.B.d.A. für alle $f \in X$ annehmen (benutze 36.1 (i) und 36.4 (ii)): $f(i) \in \widehat{S} - S$ für alle $i \in I$. Somit gilt:

$$f(i) \text{ sind Mengen für } i \in I, f \in X.$$

Sei nun $E \subset X$ endlich mit $E \neq \emptyset$. Da $\mathfrak{I}$ transitiv ist und da $\widetilde{f} \in \mathfrak{I}$ für alle $f \in X$ eine Menge ist, gilt $\bigcap_{f \in E} \widetilde{f} \subset \mathfrak{I}$. Daher existiert nach der Voraussetzung in (1) ein $g \in Z_\infty$ mit $\widetilde{g} \in \bigcap_{f \in E} \widetilde{f}$. Damit ist

$$g(i) \in f(i) \text{ f.ü. für jedes } f \in E$$

(benutze 36.4 (iii)). Da E endlich ist, folgt hieraus $g(i) \in \bigcap_{f \in E} f(i)$ f.ü., und somit ist

(2) $\qquad \{i \in I: \bigcap_{f \in E} f(i) \neq \emptyset\} \in \mathcal{F}$ für endliches nicht-leeres $E \subset X$.

Wir konstruieren nun endliche Mengen $E_i \subset X$ für $i \in I$ mit

(A) $\qquad \bigcap_{f \in E_i} f(i) \neq \emptyset$, falls $E_i \neq \emptyset$ ist;

(B) $\qquad \{i \in I: f \in E_i\} \in \mathcal{F}$ für jedes $f \in X$.

Aus (A) und (B) folgt die Behauptung: Aus (B) folgt zunächst $E_i \neq \emptyset$ f.ü.. Ist $E_i \neq \emptyset$, so existiert nach (A) ein $g(i) \in \bigcap_{f \in E_i} f(i)$; setze sonst $g(i) := \emptyset$. Für jedes feste $f \in X$ ist dann:

$$\mathcal{F} \underset{(B)}{\ni} \{i \in I : f \in E_i\} \subset \{i \in I : g(i) \in f(i)\};$$

und daher ist $g(i) \in f(i)$ f.ü.. Es folgt $g \in Z_\infty$ und $\widetilde{g} \in \widetilde{f}$ (benutze 36.7 (ii) mit $\tau(\underline{x}_1) \equiv \underline{x}_1$). Da dies für jedes $f \in X$ gilt, ist also $\bigcap_{f \in X} \widetilde{f} \neq \emptyset$.

Somit verbleibt es zu zeigen, daß es endliche Mengen $E_i \subset X$ für $i \in I$ gibt, die (A) und (B) erfüllen. Da $\mathcal{F}$ δ-unvollständig ist, existieren $I_n \subset I$ für $n \in \mathbb{N}$ mit

(3) $$I_n \in \mathcal{F},\ I_n \supset I_{n+1} \text{ und } \bigcap_{n=1}^{\infty} I_n = \emptyset.$$

Zur Wahl der E_i konstruieren wir nun eine geeignete monotone Abbildung

$$\varphi: koe(X) \to \mathcal{F}$$

und benutzen anschließend, daß $\mathcal{F}$ ein $\widehat{S}$-guter Ultrafilter ist. Sei $\emptyset \neq E \subset X$ endlich und $n(E)$ die Elementeanzahl von E. Setze

(4) $$\varphi(X - E) := I_{n(E)} \cap \{i \in I: \bigcap_{f \in E} f(i) \neq \emptyset\}.$$

Dann ist $\varphi(X - E) \underset{(3),(2)}{\in} \mathcal{F}$, und somit ist $\varphi: koe(X) \to \mathcal{F}$, wenn wir noch $\varphi(X) := I$ setzen. Ferner gilt für endliche $E_1, E_2 \subset X$:

$$\begin{aligned} X - E_1 \subset X - E_2 &\Rightarrow E_1 \supset E_2, n(E_1) \geq n(E_2) \\ &\underset{(4),(3)}{\Rightarrow} \varphi(X - E_1) \subset \varphi(X - E_2). \end{aligned}$$

Also ist $\varphi: koe(X) \to \mathcal{F}$ eine monotone Abbildung. Da $\mathcal{F}$ ein $\widehat{S}$-guter Ultrafilter ist und X nach Voraussetzung höchstens $\widehat{S}$-viele Elemente enthält, existiert somit nach Definition 36.13 eine Funktion $\psi: koe(X) \to \mathcal{F}$ mit

(5) $\psi(A) \subset \varphi(A)$ für $A \in koe(X)$;

(6) $\psi(A \cap B) = \psi(A) \cap \psi(B)$ für $A, B \in koe(X)$.

Setze nun
$$E_i := \{f \in X : i \in \psi(X - \{f\})\} \text{ für } i \in I.$$

Dann gilt für $f \in X, i \in I$:

(7) $$f \in E_i \iff i \in \psi(X - \{f\}).$$

Wir zeigen nun, daß die Mengen E_i die Bedingung (B) erfüllen, daß sie endlich sind und (A) erfüllen.

Zu (B): Für $f \in X$ gilt:
$$\mathcal{F} \ni \psi(X - \{f\}) \underset{(7)}{=} \{i \in I : f \in E_i\}, \text{ d.h. es ist (B) erfüllt.}$$

Zur Endlichkeit von E_i : Sei hierzu $i \in I$ fest. Dann gilt für jedes endliche, nicht-leere $E \subset E_i$:

(8)
$$\begin{aligned} i \underset{(7)}{\in} \bigcap_{f \in E} \psi(X - \{f\}) &\underset{(6)}{=} \psi(X - E) \underset{(5)}{\subset} \varphi(X - E) \\ &\underset{(4)}{=} I_{n(E)} \cap \{j \in I : \bigcap_{f \in E} f(j) \neq \emptyset\}. \end{aligned}$$

Wäre nun E_i nicht endlich, so gäbe es zu jedem $k \in \mathbf{N}$ eine Menge $E \subset E_i$ mit $n(E) = k$, und aus (8) folgte $i \in I_{n(E)} = I_k$, d.h. es wäre $\bigcap_{k=1}^{\infty} I_k \neq \emptyset$ im Widerspruch zu (3).

Zu (A): Sei $E_i \neq \emptyset$. Wendet man (8) auf die endliche Menge $E = E_i$ an, so folgt:
$$i \in \{j \in I : \bigcap_{f \in E_i} f(j) \neq \emptyset\}.$$

Somit ist $\bigcap_{f \in E_i} f(i) \neq \emptyset$, d.h. es gilt (A). □

Aufgaben

Die Aufgaben dieses Kapitels sollen zeigen, daß man aus dem angeordneten Körper $\langle \mathbf{Q}, +, \cdot, \leq \rangle$ mit Hilfe von Nichtstandard-Methoden einen angeordneten, ordnungsvollständigen Körper, d.h. $\langle \mathbf{R}, +, \cdot, \leq \rangle$, konstruieren kann.

Sei $S := \mathbf{Q}$. Der Beweis von 36.12 zeigt, daß es eine satztreue Einbettung $^*: \widehat{S} \to \widehat{^*S}$ gibt, so daß gilt:

> Ist $\mathcal{C} \subset \widehat{S} - S$ ein System mit nicht-leeren endlichen Durchschnitten, so ist $\bigcap_{C \in \mathcal{C}} {}^*C \neq \emptyset$.

Eine solche satztreue Einbettung sei im folgenden fest gewählt. Man zeige nun, ohne die Existenz von $\mathbf{R}$ vorauszusetzen, daß $\mathbf{N} \neq {}^*\mathbf{N}$ ist und daß gilt:

1 $\langle {}^*\mathbf{Q}, {}^*+, {}^*\cdot, {}^*\leq \rangle$ ist ein angeordneter Körper. ${}^*+, {}^*\cdot, {}^*\leq$ sind Fortsetzungen von $+, \cdot, \leq$.

2 $fin({}^*\mathbb{Q}) := \{x \in {}^*\mathbb{Q} : |x| \leq n$ für ein $n \in \mathbb{N}\}$ bildet bzgl. $+, \cdot$ einen Unterring von ${}^*\mathbb{Q}$, jedoch keinen Körper.

3 Die Menge $\mathfrak{i} := \{\varepsilon \in {}^*\mathbb{Q} : |\varepsilon| \leq 1/n$ für alle $n \in \mathbb{N}\}$ der infinitesimalen Elemente von ${}^*\mathbb{Q}$ bildet ein Ideal in $fin({}^*\mathbb{Q})$, nicht jedoch in ${}^*\mathbb{Q}$.

4 Der Quotientenring $fin({}^*\mathbb{Q})/\mathfrak{i}$ bildet einen Körper bzgl. der abgeleiteten Operationen, die mit $\oplus$ und $\odot$ bezeichnet werden.

5 Seien $[x], [y] \in fin({}^*\mathbb{Q})/\mathfrak{i}$. Setze $[x] \leq [y] \iff (x < y$ oder $x \approx y)$. Man zeige:

(i) $\leq$ ist eine totale Ordnung auf $fin({}^*\mathbb{Q})/\mathfrak{i}$;

(ii) $\langle fin({}^*\mathbb{Q})/\mathfrak{i}, \oplus, \odot, \leq \rangle$ ist ein angeordneter Körper.

6 Seien $A, B \subset \mathbb{Q}$ nicht-leer, und es gelte $a \leq b$ für alle $a \in A$, $b \in B$. Dann gibt es ein $c \in fin({}^*\mathbb{Q})$ mit $a \leq c \leq b$ für alle $a \in A$, $b \in B$.

7 Man zeige mit Aufgabe 6, daß $\langle fin({}^*\mathbb{Q})/\mathfrak{i}, \oplus, \odot, \leq \rangle$ ordnungsvollständig ist.

§ 37 Nelsonsche Nichtstandard-Analysis

Bisher ist in diesem Buch die Nichtstandard-Analysis in einer Form entwickelt worden, wie sie im wesentlichen auf Robinson und Luxemburg zurückzuführen ist; wir nennen sie die Robinsonsche Nichtstandard-Analysis.

Einen grundlegend anderen Ansatz der Nichtstandard-Analysis hat Nelson in seiner Arbeit im Jahre 1977 gegeben. Da der Robinsonsche und der Nelsonsche Zugang zur Nichtstandard-Analysis sehr unterschiedlich sind, entstehen Schwierigkeiten, Ergebnisse der beiden Theorien miteinander zu vergleichen. Beide Ansätze besitzen jedoch ihre Vorteile, und daher soll es den Lesern dieses Buches ermöglicht werden, auch die Nelsonsche Nichtstandard-Analysis zu verstehen und mit ihr umgehen zu können. Hierzu werden in § 37 der Nelsonsche Ansatz und einige seiner Folgerungen vorgestellt. In § 38 wird die Nelsonsche Nichtstandard-Analysis mit der Robinsonschen Nichtstandard-Analysis verglichen.

Da wir im folgenden häufig die Zermelo-Fraenkelsche Mengenlehre (= ZF) erwähnen, wollen wir den Leser, der nicht mit der ZF vertraut ist, zunächst dahingehend beruhigen, daß eine genauere Kenntnis der ZF für das Verständnis der weiteren Ausführungen nicht erforderlich ist. Wichtig ist nur, daß die ZF als mengentheoretische Basis genommen werden kann, um die klassische Mathematik aufzubauen und zu beschreiben. Die dem Leser vertraute Mathematik kann auf dem Fundament der ZF durchgeführt werden. In Vorlesungen und Büchern der Mathematik wird in der Regel stillschweigend vorausgesetzt, in einem Bereich von Mengen zu arbeiten, der den Zermelo-Fraenkelschen Axiomen genügt.

Der Leser besitzt daher - ohne es vielleicht zu ahnen - ein jahrelanges Training im praktischen Umgang mit der ZF. Auf die Axiome der ZF wollen wir nicht näher eingehen und nur erwähnen, daß sie unter anderem die übliche Bildung von Mengen wie z.B. der Vereinigungsmenge, der Durchschnittsmenge, der Potenzmenge, der leeren Menge und der Menge der reellen Zahlen gewährleisten.

Die Nelsonsche Nichtstandard-Analysis beruht nun darauf, daß den Axiomen der Zermelo-Fraenkelschen Mengenlehre drei weitere Axiome hinzugefügt werden:

- das Axiom I vom idealen Punkt;
- das Axiom S für die Bildung von Standard-Mengen;
- das Axiom T, welches einen Transfer beschreibt.

Die Nelsonsche Nichtstandard-Analysis wird auch interne Mengenlehre oder IST (= Internal Set Theory) genannt. In Kurzform kann sie charakterisiert werden durch

- IST = ZF + Axiom I + Axiom S + Axiom T.

Da die Axiome der Zermelo-Fraenkelschen Mengenlehre nicht abgeändert werden und mit ihr die gesamte klassische Mathematik beschreibbar ist, bleiben in der Nelsonschen Nichtstandard-Analysis alle Resultate der klassischen Mathematik unverändert gültig. Hinzugefügt wird lediglich eine Eigenschaft, die Mengen besitzen oder nicht besitzen, nämlich die Eigenschaft, „Standard-Menge" zu sein. Die Gesetzmäßigkeiten dieser neuen Eigenschaft werden in den drei zusätzlichen Axiomen I + S + T beschrieben. Alle Begriffe der klassischen Mathematik behalten ihre Bedeutung, d.h. die formale Definition der Begriffe bleibt unverändert. So heißt z.B. eine Menge E weiterhin endlich, wenn jede injektive Abbildung von E in sich surjektiv ist.

Bevor wir nun die Axiome I + S + T formulieren, möchten wir schon jetzt darauf hinweisen, daß das System $\mathfrak{J}$ der internen Elemente, welches zu einer $\widehat{S}$-kompakten Nichtstandard-Einbettung gehört, ein Bereich ist, der in etwa den Axiomen der Nelsonschen Nichtstandard-Analysis genügt. Dabei spielen die internen Mengen die Rolle der Mengen der Nelsonschen Nichtstandard-Analysis und die Standard-Mengen von $\mathfrak{J}$ die Rolle der Standard-Mengen der Nelsonschen Nichtstandard-Analysis. Im Detail wird hierauf in § 38 eingegangen.

Der Leser kann natürlich zu diesem Zeitpunkt von den Standard-Mengen der Nelsonschen Nichtstandard-Analysis noch keine Vorstellung besitzen; ihre Eigenschaften werden erst jetzt durch die drei Axiome I + S + T beschrieben. Es ist jedoch hilfreich, an die angegebene Veranschaulichung in $\mathfrak{J}$ zu denken.

Zur Verdeutlichung der Nelsonschen Nichtstandard-Analysis gehen wir im folgenden von einem Bereich $\mathcal{N}$ von Mengen aus, in dem die Axiome der ZF gelten und nehmen an, daß ein Teilbereich von $\mathcal{N}$ ausgezeichnet sei. Die Mengen dieses Teilbereiches heißen Standard-Mengen, die übrigen Mengen von $\mathcal{N}$ heißen Nichtstandard-Mengen. Aussagen über Standard-Mengen werden in den Axiomen I + S + T gemacht. Diese Axiome werden insbesondere sicherstellen, daß alle in der klassischen Mathematik explizit eingeführten Mengen Standard-Mengen sind.

Zur Formulierung der Axiome I + S + T müssen wir zunächst definieren, was wir unter einer Formel in $\mathcal{N}$ verstehen. Der Aufbau dieser Formeln enspricht dabei im wesentlichen dem Formelaufbau aus § 6. Formeln in $\mathcal{N}$ werden wie Formeln aus § 6 mit Hilfe von Termen gebildet.

Terme in $\mathcal{N}$ sind wie Terme aus 6.1 definiert, wenn man dort „Element von $\widehat{V}$" durch „Element von $\mathcal{N}$" ersetzt. Terme in $\mathcal{N}$ entstehen also in endlich vielen Schritten aus den Elementen von $\mathcal{N}$ und Variablen mit Hilfe der Paarbildung $\langle\, ,\rangle$ und des Zeichens $\upharpoonright$.

Der grundlegende Unterschied beim Aufbau der Formeln in $\mathcal{N}$ gegenüber dem Formelaufbau aus § 6 wird das Auftreten eines neuen Zeichens $\mathfrak{s}$ sein. Das Zeichen $\mathfrak{s}$ wird beim Gültigkeitsbegriff zur Kennzeichnung der Standard-Mengen benutzt. Auf die genaue Bedeutung des beim Formelaufbau auftretenden $\mathfrak{s}(\tau)$ wird im Anschluß an 37.1 eingegangen.

Ein weiterer Unterschied zum Formelaufbau in § 6 ist das unbeschränkte Quantifizieren in der Form $\forall \underline{x}$ an Stelle des beschränkten Quantifizierens in der Form $\forall \underline{x} \in \tau$. Die beschränkte Quantifizierung kann dabei als Spezialfall der unbeschränkten Quantifizierung angesehen werden, wenn man

$$(\forall \underline{x} \in \tau)\psi \quad \text{als Abkürzung für} \quad (\forall \underline{x})(\underline{x} \in \tau \Rightarrow \psi)$$

auffaßt.

37.1 Formeln in $\mathcal{N}$

(i) Sind τ, ρ Terme in $\mathcal{N}$, so sind

$$\tau = \rho; \quad \tau \in \rho; \quad \mathfrak{s}(\tau)$$

Formeln in $\mathcal{N}$.

(ii) Sind ψ, χ Formeln in $\mathcal{N}$ und ist $\underline{x}$ eine Variable, so sind

$$\neg\psi; \quad (\psi \wedge \chi); \quad (\forall \underline{x})\psi$$

Formeln in $\mathcal{N}$.

(iii) Genau die Zeichenreihen sind *Formeln* in $\mathcal{N}$, die sich in endlich vielen Schritten mit Hilfe von (i) und (ii) erzeugen lassen.

Interne Formeln in $\mathcal{N}$ sind Formeln, in denen das Zeichen $\mathfrak{s}$ nicht vorkommt; die anderen Formeln heißen *externe Formeln.*

Standard-Formeln in $\mathcal{N}$ sind interne Formeln in $\mathcal{N}$, in denen alle vorkommenden Elemente Standard-Elemente sind.

Freies und gebundenes Auftreten einer Variablen in Formeln sowie der Begriff Aussage (d.h. Formel ohne freie Variablen) werden analog zu § 6 definiert. Ferner werden die Abkürzungen $\vee$; $\Longrightarrow$; $\Longleftrightarrow$; $\exists$; $\neq$; $\notin$; $\forall \underline{x}_1, \ldots, \underline{x}_k$ wie in § 6 eingeführt.

Die Objekte von $\mathcal{N}$ werden wir ab jetzt sowohl Mengen als auch Elemente nennen, weil die sprachliche Formulierung der Nelsonschen Nichtstandard-Analysis dadurch häufig verständlicher wird.

Die Gültigkeit von Aussagen in $\mathcal{N}$ läßt sich nun festlegen, wenn man die Gültigkeit von $\mathfrak{s}(\tau)$ für Elemente τ von $\mathcal{N}$ sowie die Gültigkeit von $(\forall \underline{x})\psi$ für eine Formel $\psi[\underline{x}]$ definiert. Wir setzen hierzu:

- $\mathfrak{s}(\tau)$ ist gültig genau dann, wenn τ ein Standard-Element ist;
- $(\forall \underline{x})\psi$ ist gültig genau dann, wenn $\psi[b]$ für alle Elemente b von $\mathcal{N}$ gültig ist.

Mit Hilfe dieser beiden Festsetzungen führt man induktiv wie in 6.7 den Gültigkeitsbegriff für Aussagen in $\mathcal{N}$ ein. Der Leser überzeuge sich, daß dieses wie in § 6 problemlos durchführbar ist.

Das folgende Axiom I sichert die Existenz von sogenannten idealen Punkten, wie z.B. von unendlich großen natürlichen Zahlen (siehe 37.13). In diesem Axiom I wird der Begriff „endliche Menge" verwandt. Nach der in der ZF üblichen Definition heißt eine Menge E endlich, wenn jede injektive Abbildung von E in sich surjektiv ist; die hierbei betrachteten Abbildungen müssen natürlich zu $\mathcal{N}$ gehören.

37.2 Axiom I vom idealen Punkt

Sei $\psi[\underline{x}, \underline{y}]$ eine interne Formel in $\mathcal{N}$. Dann sind äquivalent:

(i) Für jede endliche Standard-Menge E gibt es ein Element y von $\mathcal{N}$, so daß $\psi[e, y]$ für alle $e \in E$ gültig ist.

(ii) Es gibt ein Element y von $\mathcal{N}$, so daß $\psi[x, y]$ für alle Standard-Elemente x gültig ist.

Man beachte, daß ψ im Axiom I eine interne Formel sein muß und nicht eine beliebige Formel sein darf. Im folgenden Axiom S hingegen darf χ auch eine externe Formel sein.

37.3 Axiom S der Standard-Mengen-Bildung

Sei A eine Standard-Menge und $\chi[\underline{x}]$ eine Formel in $\mathcal{N}$. Dann gibt es eine Standard-Menge ${}^{\chi}A$, deren Standard-Elemente genau die Standard-Elemente $a \in A$ sind, für die $\chi[a]$ gültig ist.

Die Menge ${}^{\chi}A$ aus Axiom S ist eine Standard-Menge, von der wir im Anschluß an 37.10 zeigen werden, daß sie durch A und χ eindeutig bestimmt ist, und daß sie Teilmenge von A ist.

Das folgende Axiom macht eine Aussage über Standard-Formeln, d.h. über interne Formeln, in denen alle vorkommenden Mengen Standard-Mengen sind (siehe Definition 37.1).

37.4 Axiom T des Transfers

Sei $\psi[\underline{x}]$ eine Standard-Formel in $\mathcal{N}$. Gilt dann $\psi[\underline{x}]$ für ein Element von $\mathcal{N}$, so gilt $\psi[\underline{x}]$ auch für ein Standard-Element von $\mathcal{N}$.

Wir nehmen ab jetzt an:

- $\mathcal{N}$ sei ein Bereich, der den Axiomen der ZF und den Axiomen I + S + T genügt. Dann nennt man $\mathcal{N}$ ein *Modell* der Nelsonschen Nichtstandard-Analysis.

Zur Existenz eines solchen Modells sei auf die Ausführungen am Ende von § 38 verwiesen.

In der Mathematik stellt man sich in der Regel vor, in einem Modell der ZF zu arbeiten, d.h. in einem Bereich $\mathcal{Z}$, in dem die Zermelo-Fraenkelschen Axiome gelten. Es sind also $\mathcal{N}$ und $\mathcal{Z}$ beides Modelle der ZF, wobei für $\mathcal{N}$ die zusätzlichen Axiome I + S + T gelten. Modelle für ein vorgegebenes Axiomensystem können, wie Modelle für angeordnete Körper, sehr verschiedenartig sein. Zusätzliche Axiome erfordern in der Regel neue Modelle. So bilden die rationalen Zahlen ein Modell für einen angeordneten Körper; fordert man als zusätzliches Axiom die Ordnungsvollständigkeit, so bilden die reellen Zahlen ein Modell für dieses erweiterte Axiomensystem, die rationalen Zahlen aber nicht.

Da $\mathcal{N}$ den Zermelo-Fraenkelschen Axiomen genügt, läßt sich schlagwortartig sagen:

Man kann in $\mathcal{N}$ wie gewohnt Mathematik betreiben, solange das Zeichen „$\mathfrak{s}$“ und das Wort „Standard“ nicht auftreten.

So gibt es in $\mathcal{N}$ zu Mengen A, B die folgenden eindeutig bestimmten Mengen:

- die Vereinigungsmenge $A \cup B$;
- die Durchschnittsmenge $A \cap B$;
- die Differenzmenge $A - B$;
- die Potenzmenge $\mathcal{P}(A)$;
- die Menge $\{A\}$.

Mengenbildungen wie z.B. $A \cup B$ oder $\mathcal{P}(A)$, die für alle Mengen definiert sind, sind damit insbesondere natürlich für Standard-Mengen erklärt.

Ferner sind alle internen Aussagen, die in der klassischen Mathematik gültig sind, auch in $\mathcal{N}$ gültig. Interne Aussagen sind dabei interne Formeln, die Aussagen sind; in ihnen kommt also das Zeichen $\mathfrak{s}$ nicht vor. So erhält man also auch für $\mathcal{N}$ die folgenden gültigen Aussagen:

- E endlich $\Longrightarrow \mathcal{P}(E)$ endlich;
- E endlich, $A \subset E \Longrightarrow A$ endlich;
- E_1, E_2 endlich $\Longrightarrow E_1 \cup E_2$ endlich.

Aussagen, in denen das Wort „Standard“ oder das Zeichen „$\mathfrak{s}$“ auftritt, können allerdings nicht mehr allein mit den Zermelo-Fraenkelschen Axiomen behandelt werden, hier werden zusätzlich die Axiome I + S + T benötigt.

Wir werden jetzt Konsequenzen aus den Axiomen I + S + T ziehen. Eine Veranschaulichung dieser Konsequenzen sowie auch der Axiome im System $\mathfrak{I}$ werden wir in § 38 geben.

Aus dem Axiom T folgt :

(T1) Gilt eine Standard-Formel $\psi[\underline{x}]$ in $\mathcal{N}$ für alle Standard-Elemente, dann gilt sie für alle Elemente von $\mathcal{N}$.

(T2) Jede nicht-leere Standard-Menge A enthält wenigstens ein Standard-Element.

(T3) Gilt eine Standard-Formel $\psi[\underline{x}]$ für genau eine Menge von $\mathcal{N}$, so ist diese Menge eine Standard-Menge.

Beweis. Für (T1) wende Axiom T auf die Standard-Formel $\neg\psi$ an. Für (T2) wende Axiom T auf die Standard-Formel $\psi[\underline{x}] \equiv \underline{x} \in A$ an. (T3) folgt unmittelbar aus Axiom T. □

Als nächstes ziehen wir Folgerungen aus dem Axiom I vom idealen Punkt. Sie sichern insbesondere die Existenz von Nichtstandard-Elementen, d.h. von Elementen, die keine Standard-Elemente sind. Mit Hilfe des Axioms T des Transfers erhalten wir die Existenz von Standard-Elementen, und zwar werden sich alle klassischen Objekte der Mathematik als Standard-Elemente erweisen wie z.B. $\emptyset$ oder $1, 2, 3, \ldots$. Da es im anschaulichen Sinne also unendlich viele verschiedene Standard-Elemente gibt, erscheint der folgende Satz auf den ersten Blick als falsch. Wir werden in § 38 dieses Paradoxon auflösen.

37.5 Es gibt eine endliche Menge, die alle Standard-Elemente enthält.

Beweis. Zur Anwendung von Axiom I (siehe 37.2) betrachten wir die folgende Formel:

$$\psi[\underline{x}, \underline{y}] \equiv \underline{x} \in \underline{y} \wedge \underline{y} \text{ endlich.}$$

Hierbei steht „ $\underline{y}$ endlich“ als Abkürzung für eine Formel in $\mathcal{N}$, welche die Endlichkeit von $\underline{y}$ beschreibt (man formalisiere hierzu: jede injektive Abbildung von $\underline{y}$ in sich ist surjektiv). Es gilt nun 37.2 (i): wähle hierzu $y := E$ für jede endliche Standard-Menge E. Dann folgt nach 37.2 (ii) die Existenz einer Menge y, so daß $\psi[x, y]$ für alle Standard-Elemente x gilt. Somit ist y eine endliche Menge, die alle Standard-Elemente enthält. □

37.6 Zu jeder Menge B gibt es eine endliche Teilmenge, die alle Standard-Elemente von B enthält.

Beweis. Sei E die nach 37.5 existierende endliche Menge, die alle Standard-Elemente enthält. Dann ist $B \cap E$ die gesuchte endliche Teilmenge von B. □

37.7 Jede nicht-endliche Menge enthält Nichtstandard-Elemente.

Beweis. Sei B eine Menge, die nicht endlich ist. Nach 37.6 gibt es eine endliche Menge $E \subset B$, die alle Standard-Elemente von B enthält. Dann enthält die unendliche (d.h. nicht-endliche) Menge $B - E$ nur Nichtstandard-Elemente. □

Die nächsten drei Sätze sind Folgerungen aus dem Transfer-Axiom.

37.8 Erzeugung von Standard-Mengen aus Standard-Mengen

Seien A, B Standard-Mengen. Dann gilt:

(i) $\mathcal{P}(A)$ ist eine Standard-Menge;

(ii) $A \cup B, A \cap B, A - B$ sind Standard-Mengen;

(iii) $\{A\}$ ist eine Standard-Menge.

Beweis. *(i)* Da A eine Standard-Menge ist, ist

$$\psi[\underline{P}] \equiv (\forall \underline{B})(\underline{B} \in \underline{P} \Longleftrightarrow (\forall \underline{x} \in \underline{B})\, \underline{x} \in A)$$

eine Standard-Formel. Diese gilt genau für $\mathcal{P}(A)$. Daher ist $\mathcal{P}(A)$ eine Standard-Menge nach (T3).

(ii) Wir zeigen exemplarisch, daß $A \cup B$ eine Standard-Menge ist. Da A, B Standard-Mengen sind, ist

$$\psi[\underline{C}] \equiv (\forall \underline{x})(\underline{x} \in \underline{C} \Longleftrightarrow \underline{x} \in A \vee \underline{x} \in B)$$

eine Standard-Formel. Diese gilt genau für $A \cup B$. Daher ist $A \cup B$ eine Standard-Menge nach (T3).

(iii) Da A eine Standard-Menge ist, ist

$$\psi[\underline{C}] \equiv (\forall \underline{y})(\underline{y} \in \underline{C} \Longleftrightarrow \underline{y} = A)$$

eine Standard-Formel. Diese gilt genau für $\{A\}$. Daher ist $\{A\}$ eine Standard-Menge nach (T3). □

37.9 Erzeugung von Standard-Mengen mit Standard-Formeln

Sei A eine Standard-Menge und $\psi[\underline{x}]$ eine Standard-Formel in $\mathcal{N}$. Dann ist

$$\{b \in A : \psi[b] \text{ ist gültig}\}$$

eine Standard-Menge.

Beweis. Da A eine Standard-Menge und $\psi[\underline{x}]$ eine Standard-Formel ist, ist auch

$$\psi_1[\underline{B}] \equiv (\forall \underline{x})(\underline{x} \in \underline{B} \Longleftrightarrow \underline{x} \in A \wedge \psi[\underline{x}])$$

eine Standard-Formel. Diese gilt genau für die Menge $B := \{b \in A : \psi[b]$ ist gültig$\}$. Daher folgt die Behauptung nach (T3). □

37.10 Gleichheit von Standard-Mengen

Seien A, B Standard-Mengen. Dann gilt:

(i) Ist jedes Standard-Element von A Element von B, so ist $A \subset B$.

(ii) Enthalten A, B dieselben Standard-Elemente, so ist $A = B$.

Beweis. *(i)* Da A, B Standard-Mengen sind, ist

$$\psi[\underline{x}] \equiv (\underline{x} \in A \Longrightarrow \underline{x} \in B)$$

eine Standard-Formel, die nach Voraussetzung für alle Standard-Elemente x gilt. Daher gilt sie nach (T1) für alle x. Somit ist $A \subset B$.
(ii) folgt durch zweimalige Anwendung von (i). □

Aus 37.10 folgt nun, daß die Menge ${}^{\times}A$ aus Axiom S (siehe 37.3) eindeutig bestimmt ist und eine Teilmenge von A ist:
Da nach 37.10 (ii) eine Standard-Menge durch die in ihr liegenden Standard-Elemente eindeutig bestimmt ist, ist ${}^{\times}A$ eindeutig bestimmt. Da jedes Standard-Element der Standard-Menge ${}^{\times}A$ in der Standard-Menge A liegt, folgt ${}^{\times}A \subset A$ nach 37.10 (i).

37.11 Charakterisierung endlicher Standard-Mengen

Für jede Menge A gilt:

A endliche Standard-Menge $\Longleftrightarrow$ alle $a \in A$ sind Standard-Elemente.

Beweis. Zur Anwendung von Axiom I betrachten wir die folgende interne Formel:

$$\psi[\underline{x}, \underline{y}] \equiv \underline{y} \in A \wedge \underline{y} \neq \underline{x}.$$

Dann sind nach Axiom I äquivalent:

(i) Für jede endliche Standard-Menge E gibt es ein y mit $y \in A$ und $y \neq e$ für alle $e \in E$; d.h. A ist nicht Teilmenge einer endlichen Standard-Menge.

(ii) Es gibt ein y mit $y \in A$ und $y \neq x$ für alle Standard-Elemente x; d.h. A enthält ein Nichtstandard-Element.

Durch Negation von (i) und (ii) erhält man die Äquivalenz von:

(i)' A ist Teilmenge einer endlichen Standard-Menge.

(ii)' Alle Elemente von A sind Standard-Elemente.

Aus (i)' $\Rightarrow$ (ii)' erhält man (wegen $A \subset A$) direkt die Richtung „ $\Rightarrow$ " in 37.11.
Zu „ $\Leftarrow$ ": Nach (ii)' $\Rightarrow$ (i)' gilt $A \subset E$, d.h. $A \in \mathcal{P}(E)$, für eine endliche Standard-Menge E. Folglich ist A endlich, und es bleibt zu zeigen, daß A eine Standard-Menge ist. Da mit E auch $\mathcal{P}(E)$ eine endliche Standard-Menge ist (benutze 37.8 (i)), sind wegen (i)' $\Rightarrow$ (ii)' (angewandt auf $\mathcal{P}(E)$ an Stelle von A) alle Elemente von $\mathcal{P}(E)$ Standard-Elemente. Wegen $A \in \mathcal{P}(E)$ ist somit A eine Standard-Menge. □

Beim Beweis des nächsten Ergebnisses wird erstmals in diesem Paragraphen Axiom S angewandt.

37.12 Standardisierung ^sB von Mengen B

Sei B eine Menge, die Teilmenge einer Standard-Menge ist. Dann gibt es eine eindeutig bestimmte Standard-Menge ^sB, so daß B und ^sB dieselben Standard-Elemente enthalten.

Beweis. Da zwei Standard-Mengen, die beide dieselben Standard-Elemente wie B enthalten, übereinstimmen (siehe 37.10 (ii)), reicht es, eine Standard-Menge zu finden, welche dieselben Standard-Elemente wie B enthält. Nach Voraussetzung existiert nun eine Standard-Menge A mit $B \subset A$. Sei $\chi[\underline{x}] \equiv \underline{x} \in B$. Dann ist χ eine Formel und $^{\chi}A$ eine Standard-Menge, so daß $^{\chi}A$ und B die gleichen Standard-Elemente enthalten (benutze 37.3). □

Mit Hilfe der bisherigen Ergebnisse können wir nun eine Reihe von Mengen von $\mathcal{N}$ als Standard-Mengen erkennen. So ist in der ZF die leere Menge $\emptyset$ die einzige Menge in $\mathcal{N}$, für die die Standard-Formel $\psi[\underline{x}] \equiv (\forall \underline{y})\underline{y} \notin \underline{x}$ gilt; $\emptyset$ ist daher nach (T3) eine Standard-Menge. Nach 37.8 (iii) sind dann $\{\emptyset\}, \{\{\emptyset\}\}$ usw. Standard-Mengen. Ferner ist eine Menge A nach (T3) stets dann eine Standard-Menge, wenn sie die einzige Menge ist, die eine Standard-Formel erfüllt.

Da $\mathcal{N}$ auch ein Modell der ZF ist, findet man in $\mathcal{N}$ wie in jedem Modell der ZF einen - bis auf Isomorphie eindeutig bestimmten - angeordneten ordnungsvollständigen Körper vor. Da man nun die Eigenschaft, angeordneter ordnungsvollständiger Körper zu sein, durch eine interne Formel, in der keine Elemente von $\mathcal{N}$ vorkommen, - und damit durch eine Standard-Formel - beschreiben kann, läßt sich mit Axiom T zeigen, daß ein angeordneter ordnungsvollständiger Körper $\langle \mathbb{R}_{\mathcal{N}}, +, \cdot, \leq \rangle$ existiert, so daß $\mathbb{R}_{\mathcal{N}}, +, \cdot$ und $\leq$ Standard-Mengen von $\mathcal{N}$ sind. $\mathbb{R}_{\mathcal{N}}$ heißt der Körper der reellen Zahlen im Modell $\mathcal{N}$.

Die Menge der natürlichen Zahlen in $\mathcal{N}$, die wir mit $\mathbb{N}_{\mathcal{N}}$ bezeichnen, läßt sich wie in jedem Modell der ZF wie folgt charakterisieren:

> $\mathbb{N}_{\mathcal{N}}$ ist die kleinste Menge von $\mathcal{N}$, die Teilmenge von $\mathbb{R}_{\mathcal{N}}$ ist, die das Einselement 1 von $\mathbb{R}_{\mathcal{N}}$ enthält und mit einem x auch $x+1$ enthält.

Mit Hilfe des Axioms T läßt sich beweisen, daß $\mathbb{N}_{\mathcal{N}}$ eine Standard-Menge ist, daß 1 ein Standard-Element von $\mathbb{N}_{\mathcal{N}}$ und mit jedem Standard-Element $n \in \mathbb{N}_{\mathcal{N}}$ auch $n+1$ ein Standard-Element von $\mathbb{N}_{\mathcal{N}}$ ist.

Das folgende Ergebnis zeigt, daß es natürliche Zahlen gibt, die größer als alle Standard-natürlichen Zahlen sind und die daher selber keine Standard-natürlichen Zahlen sind.

37.13 Existenz unendlich großer Elemente

Es gibt ein $h \in \mathbb{N}_{\mathcal{N}}$ mit $h > n$ für alle Standard-Elemente $n \in \mathbb{N}_{\mathcal{N}}$.

Beweis. Wir wenden Axiom I an auf die interne Formel:

$$\psi[\underline{x}, \underline{y}] \equiv (\underline{y} \in \mathbb{N}_{\mathcal{N}}) \wedge (\underline{x} \in \mathbb{N}_{\mathcal{N}} \Rightarrow \underline{y} > \underline{x}).$$

Nun gibt es für jede endliche Menge E ein Element y, so daß $\psi[e, y]$ für alle $e \in E$ gültig (wähle hierzu z.B. y als ein Element von $\mathbb{N}_{\mathcal{N}}$, das größer als alle Elemente der endlichen Menge $E \cap \mathbb{N}_{\mathcal{N}}$ ist). Daher gibt es nach Axiom I ein Element $y \in \mathbb{N}_{\mathcal{N}}$ mit $y > x$ für jedes Standard-Element $x \in \mathbb{N}_{\mathcal{N}}$. □

Wir haben für $\mathbb{R}_{\mathcal{N}}$ und $\mathbb{N}_{\mathcal{N}}$ die Abhängigkeit vom Modell $\mathcal{N}$ aus folgendem Grund zum Ausdruck gebracht: Bei der in diesem Buch vorgestellten Robinsonschen Nichtstandard-Analysis sind wir, wie in der Mathematik üblich und ohne es ausdrücklich zu erwähnen, von einem Modell $\mathcal{Z}$ der ZF ausgegangen. In $\mathcal{Z}$ gibt es dann wie in $\mathcal{N}$ einen angeordneten Körper, der ordnungsvollständig ist und den wir mit $\mathbb{R}_{\mathcal{Z}}$ bezeichnen. Analog wie in $\mathcal{N}$ ist die Menge $\mathbb{N}_{\mathcal{Z}}$ der natürlichen Zahlen eingeführt.

Die Bezeichnungen $\mathbb{R}$ und $\mathbb{N}$ werden wir in § 38 wie schon bis zum § 36 für $\mathbb{R}_{\mathcal{Z}}$ und $\mathbb{N}_{\mathcal{Z}}$ verwenden. Obwohl die Objekte $\mathbb{R}_{\mathcal{N}}$ und $\mathbb{R}(= \mathbb{R}_{\mathcal{Z}})$ aus verschiedenen Mengenwelten stammen, verläuft das Rechnen in ihnen gleich, und beide Körper haben die gleichen klassischen, d.h. in ZF formulierbaren, Eigenschaften.

§ 38 Beziehungen zwischen der Nelsonschen und der Robinsonschen Nichtstandard-Analysis

38.1 Veranschaulichung der Ergebnisse von § 37 in $\mathfrak{I}$

38.2 Nichtexistenz gewisser Mengen

38.4 Der Schatten $^\circ x$ eines finiten $x \in \mathbb{R}_{\mathcal{N}}$

38.5 Der Schatten $^\circ B$ einer Menge $B \subset \mathbb{R}_{\mathcal{N}}$

Die in § 37 angegebenen Axiome I + S + T der Nelsonschen Nichtstandard-Analysis sind ungewohnter, weniger intuitiv und komplexer als die Axiome der ZF. Sie implizierten zudem Ergebnisse, die höchst verblüffend, ja geradezu paradox sind.

In diesem Paragraphen gehen wir von einer $\widehat{S}$-kompakten Nichtstandard-Einbettung $^* : \widehat{S} \longrightarrow \widehat{^*S}$ aus (zur Definition siehe 28.1, zur Existenz § 36); der zugehörige Bereich der internen Elemente wird wie gewohnt mit $\mathfrak{I}$ bezeichnet.

Es ist das Ziel, zu zeigen, daß man viele Ergebnisse und Begriffe der Nelsonschen Nichtstandard-Welt $\mathcal{N}$ recht gut in der dem Leser vertrauten Robinsonschen Nichtstandard-Welt $\mathfrak{I}$ veranschaulichen kann. Dazu wird ein Übertragungsmechanismus angegeben, der zwischen den beiden Nichtstandard-Welten vermittelt. Wir gehen dabei wie folgt vor:

(1) Begriffe von $\mathcal{N}$ werden durch formal analoge Begriffe von $\mathfrak{I}$ ersetzt (siehe (E1) bis (E8)).

(2) Mit Hilfe dieser Ersetzungen werden die Ergebnisse über $\mathcal{N}$ aus § 37 nach $\mathfrak{I}$ übertragen und dort überprüft; fast alle Übertragungen erweisen sich als gültig (siehe 38.1).

(3) Mit Hilfe der Ersetzungen werden die Axiome I + S + T nach $\mathfrak{I}$ übertragen; sie erweisen sich dort im wesentlichen als gültig.

(4) Mit Hilfe der Ersetzungen werden dann umgekehrt Ergebnisse bzw. Begriffe von $\mathfrak{I}$ nach $\mathcal{N}$ übertragen und dort überprüft bzw. diskutiert.

Bei der Durchführung von Punkt (1) ist zu beachten, daß der Bereich $\mathcal{N}$ ausschließlich aus Mengen besteht, wogegen $\mathfrak{I}$ aus Urelementen und Mengen besteht. Während die Begriffe Menge und Element von $\mathcal{N}$ zusammenfallen, muß man in $\mathfrak{I}$ zwischen den Mengen von $\mathfrak{I}$ (d.h. den Elementen von $\mathfrak{I} - {}^*S$) und den Elementen von $\mathfrak{I}$ unterscheiden. In den Axiomen und Sätzen aus § 37 haben wir die Veranschaulichung in $\mathfrak{I}$ in der folgenden Weise vorbereitet:

Es wurde in § 37 das Wort „Menge" benutzt, wenn es bei der Veranschaulichung in $\mathfrak{I}$ durch „Menge von $\mathfrak{I}$" (d.h. interne Menge) zu ersetzen ist, und das Wort „Element", wenn es bei der Veranschaulichung in $\mathfrak{I}$ durch „Element von $\mathfrak{I}$" zu ersetzen ist. Ist τ ein Element von $\mathcal{N}$, so war „$\mathfrak{s}(\tau)$ ist gültig" interpretiert worden durch:

- τ ist ein Standard-Element.

In $\mathfrak{I}$ werden wir dieses veranschaulichen durch:

- τ ist von der Gestalt $^*a$ mit $a \in \widehat{S}$,

d.h. durch „τ ist ein Standard-Element von $\mathfrak{I}$". Entsprechend ist der Begriff „τ ist Standard-Menge von $\mathcal{N}$" durch „Standard-Menge von $\mathfrak{I}$" zu veranschaulichen. In allen Axiomen und Ergebnissen aus § 37 soll also die Veranschaulichung in $\mathfrak{I}$ gemäß der folgenden Vorschrift vorgenommen werden; man ersetze:

(E1)	Menge von $\mathcal{N}$	durch	Menge von $\mathfrak{I}$;
(E2)	Element von $\mathcal{N}$	durch	Element von $\mathfrak{I}$;
(E3)	Standard-Menge von $\mathcal{N}$	durch	Standard-Menge von $\mathfrak{I}$;
(E4)	Standard-Element von $\mathcal{N}$	durch	Standard-Element von $\mathfrak{I}$.

In den Axiomen und Sätzen des § 37 für den Bereich $\mathcal{N}$ treten folgende Mengen auf: Die Potenzmenge $\mathcal{P}(A)$ einer Menge A von $\mathcal{N}$, die Menge $\mathbb{R}_{\mathcal{N}}$ der reellen Zahlen, die Menge $\mathbb{N}_{\mathcal{N}}$ der natürlichen Zahlen sowie endliche Mengen. Wir wollen jetzt zeigen, daß man diese Mengen bei der Veranschaulichung in $\mathfrak{I}$ gemäß der folgenden Vorschrift zu ersetzen hat; man ersetze:

(E5)	$\mathcal{P}(A)$ für eine Menge A von $\mathcal{N}$	durch	$^*\mathcal{P}(A)$ für eine Menge A von $\mathfrak{I}$;
(E6)	die Menge $\mathbb{R}_{\mathcal{N}}$ der reellen Zahlen von $\mathcal{N}$	durch	$^*\mathbb{R}$;
(E7)	die Menge $\mathbb{N}_{\mathcal{N}}$ der natürlichen Zahlen von $\mathcal{N}$	durch	$^*\mathbb{N}$;
(E8)	die endlichen Mengen von $\mathcal{N}$	durch	die *-endlichen Mengen.

Zu (E5): Da in $\mathcal{N}$ die Zermelo-Fraenkelschen Axiome gelten, gilt in $\mathcal{N}$ das Potenzmengenaxiom. Es gibt also zu jeder Menge A von $\mathcal{N}$ genau eine Menge $\mathcal{P}(A)$ von $\mathcal{N}$ mit

$$B \in \mathcal{P}(A) \Longleftrightarrow (B \text{ Menge von } \mathcal{N} \text{ und } B \subset A).$$

Ist A nun eine Menge von $\mathfrak{I}$, so ist $^*\mathcal{P}(A)$ die eindeutig bestimmte Menge von $\mathfrak{I}$ mit

$$B \in {}^*\mathcal{P}(A) \Longleftrightarrow (B \text{ Menge von } \mathfrak{I} \text{ und } B \subset A)$$

(siehe 13.1). Bei der Veranschaulichung in $\mathfrak{I}$ entspricht also $^*\mathcal{P}(A)$ dem Begriff „Potenzmenge von A" in $\mathcal{N}$.

Zu (E6): Es ist $\mathbb{R}_{\mathcal{N}}$ ein angeordneter Körper. Die Ordnungsvollständigkeit von $\mathbb{R}_{\mathcal{N}}$ besagt: Ist A nicht-leere Menge von $\mathcal{N}$ und ist $A \subset \mathbb{R}_{\mathcal{N}}$ nach oben beschränkt, so besitzt A eine kleinste obere Schranke in $\mathbb{R}_{\mathcal{N}}$. Nun ist

$^*\mathbb{R} \in \mathfrak{I}$ ein angeordneter Körper (siehe 7.12), welcher in dem Sinne ordnungsvollständig ist, daß er obige Eigenschaft für $\mathfrak{I}$ an Stelle von $\mathcal{N}$ besitzt (siehe Aufgabe 4 von § 9).

Zu (E7): Es ist $^*\mathbb{N} \in \mathfrak{I}$, und zwar - wie man leicht mit Transfer zeigt - die kleinste Menge von $\mathfrak{I}$, die Teilmenge von $^*\mathbb{R}$ ist, die das Einselement von $^*\mathbb{R}$ enthält und mit einem x auch $x+1$ enthält. Daher besitzt $^*\mathbb{N}$ im Bereich $\mathfrak{I}$ dieselbe Eigenschaft, die $\mathbb{N}_{\mathcal{N}}$ im Bereich $\mathcal{N}$ besitzt (siehe die Charakterisierung von $\mathbb{N}_{\mathcal{N}}$ in § 37).

Zu (E8): Eine Menge E von $\mathfrak{I}$ ist *-endlich genau dann, wenn jede injektive Abbildung von E in sich surjektiv ist (siehe Aufgabe 3 von § 14); die hierbei auftretende Abbildung muß dabei in $\mathfrak{I}$ liegen, also eine interne Abbildung sein. Daher entspricht der Endlichkeit in $\mathcal{N}$ (siehe die Definition der Endlichkeit vor 37.2) die *-Endlichkeit in $\mathfrak{I}$. □

Bei (E6) und (E7) beachte man für die Bedeutung von $\mathbb{N}$ bzw. $\mathbb{R}$ die Ausführungen am Ende von § 37.

Wir wollen jetzt die Ergebnisse aus § 37 - bis auf 37.9 - mit Hilfe der Ersetzungsvorschriften (E1) – (E8) für $\mathfrak{I}$ notieren, und untersuchen, ob die in dieser Weise formulierten Ergebnisse gültig sind. Auf 37.9 werden wir erst nach einer Diskussion des Formelbegriffs eingehen.

38.1 Veranschaulichung der Ergebnisse von § 37 in $\mathfrak{I}$

Die folgenden Veranschaulichungen $(37.6)_{\mathfrak{I}}$ bis $(37.13)_{\mathfrak{I}}$ sind gültig:

$(37.6)_{\mathfrak{I}}$ Zu jeder Menge $B \in \mathfrak{I}$ gibt es eine *-endliche Menge $H \subset B$, die alle Standard-Elemente von B enthält.

$(37.7)_{\mathfrak{I}}$ Jede nicht-*-endliche Menge von $\mathfrak{I}$ enthält Nichtstandard-Elemente.

$(37.8)_{\mathfrak{I}}$ Sind A, B Standard-Mengen von $\mathfrak{I}$, so sind auch $^*\mathcal{P}(A)$, $A \cup B$, $A \cap B$, $A - B$, $\{A\}$ Standard-Mengen von $\mathfrak{I}$.

$(37.10)_{\mathfrak{I}}$ Sind A, B Standard-Mengen von $\mathfrak{I}$ und ist jedes Standard-Element von A Element von B, so ist $A \subset B$.

$(37.11)_{\mathfrak{I}}$ Eine Menge $A \in \mathfrak{I}$ ist genau dann eine *-endliche Standard-Menge, wenn alle Elemente von A Standard-Elemente sind.

$(37.12)_{\mathfrak{I}}$ Sei $B \in \mathfrak{I}$ eine Menge, die Teilmenge einer Standard-Menge von $\mathfrak{I}$ ist. Dann gibt es eine eindeutig bestimmte Standard-Menge $^sB \in \mathfrak{I}$, so daß B und ^sB dieselben Standard-Elemente enthalten.

$(37.13)_{\mathfrak{I}}$ Es gibt ein $h \in {}^*\mathbb{N}$ mit $h > n$ für jedes Element n von $^*\mathbb{N}$, das ein Standard-Element ist.

Die folgende Veranschaulichung $(37.5)_{\mathfrak{I}}$ ist nicht gültig:

$(37.5)_{\mathfrak{I}}$ Es gibt eine *-endliche Menge von $\mathfrak{I}$, die alle Standard-Elemente von $\mathfrak{I}$ enthält.

Beweis. *Zu (37.6)*$_{\mathfrak{I}}$: Setze $A := \{a \in \widehat{S} : {}^*a \in B\}$. Wegen $B \in {}^*S_\nu$ für ein $\nu \in \mathbb{N}$ folgt auf Grund der Transitivität von ${}^*S_\nu$, daß ${}^*a \in {}^*S_\nu$ für alle $a \in A$ ist. Somit ist $a \in S_\nu$ für alle $a \in A$, und es folgt $A \in \widehat{S}$. Nun gibt es eine *-endliche Menge H_1 mit

$$\{{}^*a : a \in \widehat{S}\} \cap B = \{{}^*a : a \in A\} \underset{15.3}{\subset} H_1 .$$

Dann ist $H := H_1 \cap B \subset B$ eine *-endliche Menge, die alle Standard-Elemente von B enthält.

Zu (37.7)$_{\mathfrak{I}}$: $(37.7)_{\mathfrak{I}}$ ist eine unmittelbare Folgerung aus $(37.6)_{\mathfrak{I}}$ (siehe auch den Beweis von 37.7).

Zu (37.8)$_{\mathfrak{I}}$: Da A, B Standard-Mengen in $\mathfrak{I}$ sind, gibt es $A_0, B_0 \in \widehat{S}$ mit $A = {}^*A_0$ und $B = {}^*B_0$. Dann folgt die Behauptung wegen

$${}^*\mathcal{P}(A) = {}^*\mathcal{P} \upharpoonright {}^*A_0 \underset{7.3(\text{iii})}{=} {}^*(\mathcal{P}(A_0)), \; A \cup B \underset{7.7}{=} {}^*(A_0 \cup B_0),$$

$$A \cap B \underset{7.7}{=} {}^*(A_0 \cap B_0), \; A - B \underset{7.7}{=} {}^*(A_0 - B_0) \text{ und } \{A\} = {}^*\{A_0\}.$$

Zu (37.10)$_{\mathfrak{I}}$: Seien $A = {}^*A_0$ und $B = {}^*B_0$ mit $A_0, B_0 \in \widehat{S}$. Nach Voraussetzung gilt für jedes $a \in \widehat{S}$:

$${}^*a \in {}^*A_0 \Longrightarrow {}^*a \in {}^*B_0, \text{ d.h. } a \in A_0 \Longrightarrow a \in B_0 .$$

Somit ist $A_0 \subset B_0$ und damit $A = {}^*A_0 \subset {}^*B_0 = B$.

Zu (37.11)$_{\mathfrak{I}}$: Es ist die folgende Äquivalenz für $A \in \mathfrak{I}$ zu zeigen:

$$(A = {}^*A_0 \text{ und } {}^*A_0 \text{ *-endlich}) \Longleftrightarrow A \text{ besitzt nur Elemente der Form } {}^*a.$$

„ $\Longrightarrow$ “ : Nach 14.4 (iii) ist A_0 endlich, und somit gilt:

$$A = {}^*A_0 \underset{7.4(\text{ii})}{=} \{{}^*a : a \in A_0\}.$$

„ $\Longleftarrow$ “ : Dieses erhält man nach Aufgabe 10 von § 8.

Zu (37.12)$_{\mathfrak{I}}$: Sei $B \subset {}^*A_0$ mit $A_0 \in \widehat{S}$. Dann ist ${}^sB := {}^*\{a \in A_0 : {}^*a \in B\}$ eine Standard-Menge in $\mathfrak{I}$, welche dieselben Standard-Elemente wie B enthält. Sie ist hierdurch eindeutig bestimmt nach $(37.10)_{\mathfrak{I}}$.

Zu (37.13)$_{\mathfrak{I}}$: Wegen ${}^*a \in {}^*\mathbb{N} \Longleftrightarrow a \in \mathbb{N}$ sind die Standard-Elemente von ${}^*\mathbb{N}$ die Elemente von $\mathbb{N}$. Die Behauptung folgt daher aus 9.2 (i).

Zu (37.5)$_{\mathfrak{I}}$: Würde $(37.5)_{\mathfrak{I}}$ gelten, so gäbe es eine *-endliche Menge $E \in \mathfrak{I}$ mit ${}^*a \in E$ für alle $a \in \widehat{S}$. Wegen $E \in \mathfrak{I}$ ist $E \in {}^*S_\nu$ für ein $\nu \in \mathbb{N}$. Da ${}^*S_\nu$ transitiv ist, folgt ${}^*a \in {}^*S_\nu$ und damit $a \in S_\nu$ für alle $a \in \widehat{S}$. Also wäre $\widehat{S} \subset S_\nu$ und damit $\widehat{S} \in S_{\nu+1} \subset \widehat{S}$ im Widerspruch zu 5.8 (ii). □

Bei der Veranschaulichung in $\mathfrak{I}$ gelten, wie wir gerade gesehen haben, i.w. die Ergebnisse aus § 37. Der entscheidende Grund hierfür ist, daß sogar die Axiome I + S + T i.w. bei der Veranschaulichung in $\mathfrak{I}$ gelten. Ersetzt man im Formelaufbau in 37.1 den Bereich $\mathcal{N}$ durch den Bereich $\mathfrak{I}$, so hat man die Axiome I + S + T bei der Veranschaulichung in $\mathfrak{I}$ für „Formeln in $\mathfrak{I}$“ nachzuweisen.

Es gilt Axiom S in $\mathfrak{I}$:

Beweis. Sei $A = {}^*A_0$ (mit $A_0 \in \widehat{S}$) eine Standard-Menge von $\mathfrak{I}$ und $\chi[\underline{x}]$ eine Formel in $\mathfrak{I}$. Es ist eine Standard-Menge ${}^{\chi}A$ von $\mathfrak{I}$ zu finden, deren Standard-Elemente genau die Standard-Elemente ${}^*a \in A$ sind, für die $\chi[{}^*a]$ gültig ist. Setze hierzu

$$A_1 := \{a \in A_0 : \chi[{}^*a] \text{ ist gültig}\} \in \widehat{S}.$$

Dann ist ${}^{\chi}A := {}^*A_1$ eine Standard-Menge von $\mathfrak{I}$, und für alle Standard-Elemente ${}^*a$ gilt:

$$\begin{aligned} {}^*a \in {}^{\chi}A &\iff {}^*a \in {}^*A_1 \iff a \in A_1 \\ &\iff a \in A_0 \wedge \chi[{}^*a] \text{ gültig} \\ &\iff {}^*a \in A\,(= {}^*A_0) \wedge \chi[{}^*a] \text{ gültig.} \end{aligned}$$ □

In den anderen Axiomen I + T treten interne Formeln von $\mathcal{N}$ auf, im Axiom T nur Standard-Formeln von $\mathcal{N}$. Da wir bis § 36 aber ausschließlich Formeln mit beschränkter Quantifizierung verwandt haben, betrachten wir

a) Axiom I nur für interne Formeln in $\mathfrak{I}$ mit beschränkter Quantifizierung;
b) Axiom T nur für Standard-Formeln in $\mathfrak{I}$ mit beschränkter Quantifizierung.

Interne Formeln in $\mathfrak{I}$ mit beschränkter Quantifizierung sind auf Grund von 37.1 genau die in 8.9 definierten internen Formeln.
Standard-Formeln in $\mathfrak{I}$ mit beschränkter Quantifizierung sind genau die Formeln ${}^*\varphi$, wobei φ eine Formel in $\widehat{S}$ gemäß 6.2 ist.

Es gilt Axiom T in $\mathfrak{I}$:

Sei $\psi[\underline{x}]$ eine Standard-Formel in $\mathfrak{I}$ mit beschränkter Quantifizierung. Gilt dann $\psi[\underline{x}]$ für ein Element von $\mathfrak{I}$, so gilt $\psi[\underline{x}]$ auch für ein Standard-Element von $\mathfrak{I}$.

Beweis. Nach der Vorüberlegung ist $\psi[\underline{x}]$ von der Gestalt ${}^*\varphi[\underline{x}]$, wobei φ eine Formel in $\widehat{S}$ gemäß 6.2 ist. Da ${}^*\varphi[\underline{x}]$ nach Voraussetzung für ein Element von $\mathfrak{I} = \cup_{\nu=0}^{\infty} {}^*S_\nu$ gilt, gibt es ein $\nu \in \mathbb{N}_0$, so daß die folgende Aussage gültig ist:

$$(\exists \underline{x} \in {}^*S_\nu)\, {}^*\varphi[\underline{x}].$$

Nach dem Transfer-Prinzip gibt es daher ein $a \in S_\nu$, so daß $\varphi[a]$ gilt. Daher ist $\psi[{}^*a] \equiv {}^*\varphi[{}^*a]$ gültig (benutze das Transfer-Prinzip). Also gilt $\psi[\underline{x}]$ für ein Standard-Element von $\mathfrak{I}$. □

Der obige Beweis zeigt, daß Axiom T für $\mathfrak{I}$ im wesentlichen das Transfer-Prinzip ist.

Es bleibt das Axiom I für $\mathfrak{I}$ zu untersuchen. Wir betrachten in diesem Axiom interne Formeln in $\mathfrak{I}$ mit beschränkter Quantifizierung; dieses sind die internen Formeln aus 8.9. Da 37.5, wie wir gesehen haben, nicht für $\mathfrak{I}$ gilt, andererseits aber für $\mathcal{N}$ eine direkte Folgerung aus Axiom I war (siehe den Beweis von 37.5), ist es nicht erstaunlich, daß Axiom I in $\mathfrak{I}$ nicht generell gilt. Betrachte hierzu die interne Formel (im Sinne von 8.9):

$$\psi[\underline{x}, \underline{y}] \equiv \underline{x} \in \underline{y}.$$

Dann ist die Bedingung (i) aus Axiom I (siehe 37.2) für $\mathfrak{I}$ mit $y := E$ erfüllt. Andererseits ist die Bedingung (ii) aus Axiom I für $\mathfrak{I}$ nicht erfüllt, da es kein internes Element gibt, das alle Standard-Elemente $^*a$ enthält.

Axiom I kann daher für interne Formeln nur in einem eingeschränkten Sinne gelten. Diese Einschränkung wird darin bestehen, daß wir uns für die Äquivalenz von (i) und (ii) in Axiom I in geeignetem Sinne jeweils auf eine feste interne Menge B einschränken.

Es gilt das folgende eingeschränkte Axiom I in $\mathfrak{I}$:

Sei $\psi[\underline{x}, \underline{y}]$ eine interne Formel im Sinne von 8.9 und B eine interne Menge. Dann sind äquivalent:

(i) Für jede *-endliche Standard-Menge $E \subset B$ gibt es ein $y \in B$, so daß $\psi[e, y]$ für alle $e \in E$ gilt.

(ii) Es gibt ein $y \in B$, so daß $\psi[x, y]$ für alle Standard-Elemente $x \in B$ gilt.

Beweis. ***(ii) ⇒ (i)*** Es sind *-endliche Standard-Mengen E von der Form $\{^*a_1, \ldots, ^*a_n\}$ (benutze 14.4 (iii)). Daher ist jedes Element einer *-endlichen Standard-Menge $E \subset B$ ein Standard-Element $^*a \in B$, und somit gilt (ii)$\Rightarrow$(i).
(i) ⇒ (ii) Setze für Standard-Elemente $x \in B$:

$$B_x := \{y \in B : \psi[x, y] \text{ ist gültig}\}.$$

Dann ist $\{B_x : x \in B \text{ Standard-Element}\}$ ein System von höchstens $\widehat{S}$-vielen Mengen, die nach dem Prinzip der internen Definition intern sind. Nach (i) ist dieses System ein System mit nicht-leeren endlichen Durchschnitten. Auf Grund der $\widehat{S}$-Kompaktheit gibt es somit ein Element y, welches in jedem B_x für alle Standard-Elemente $x \in B$ liegt. Also ist $y \in B$, und $\psi[x, y]$ ist gültig für alle Standard-Elemente $x \in B$. Somit gilt (ii). □

Wie der Beweis zeigt, ist das eingeschränkte Axiom I für $\mathfrak{I}$ eine Folgerung aus der $\widehat{S}$-Kompaktheit.

In 38.1 haben wir die Ergebnisse aus § 37 bis auf 37.9 veranschaulicht. Die Veranschaulichung von 37.9 geschieht erst jetzt, nachdem wir die Übertragung des Formelbegriffs erläutert haben. Wir zeigen nun, daß $(37.9)_{\mathfrak{I}}$ gültig ist:

$(37.9)_{\mathfrak{I}}$ Sei A eine Standard-Menge und $\psi[\underline{x}]$ eine Standard-Formel in $\mathfrak{I}$ mit beschränkter Quantifizierung. Dann ist

$$\{b \in A : \psi[b] \text{ ist gültig}\}$$

eine Standard-Menge.

Beweis. Es ist $A = {}^*A_0$ mit $A_0 \in \widehat{S}$, und es ist $\psi[\underline{x}]$ von der Gestalt $^*\varphi[\underline{x}]$ mit einer Formel φ in $\widehat{S}$ gemäß 6.2. Somit ist
$\{b \in A : \psi[b] \text{ ist gültig}\} = \{b \in {}^*A_0 : {}^*\varphi[b] \text{ ist gültig}\} \underset{7.5}{=} {}^*\{a \in A_0 : \varphi[a] \text{ ist gültig}\}$
eine Standard-Menge von $\mathfrak{I}$. □

Die Überlegungen dieses Paragraphen haben gezeigt, daß bei der Veranschaulichung der Nelsonschen Nichtstandard-Analysis in $\mathfrak{I}$ die Axiome I + S + T weitgehend erfüllt sind und auch fast alle der in § 37 notierten Ergebnisse der Nelsonschen Nichtstandard-Analysis bei der Veranschaulichung in $\mathfrak{I}$ gültig sind. Es sind jedoch nicht alle Ergebnisse der Nichtstandard-Analysis bei der Veranschaulichung in $\mathfrak{I}$ gültig (siehe z.B. 37.5). Daher können umgekehrt auch nicht alle Ergebnisse von $\mathfrak{I}$ mit den in (E1) bis (E8) angegebenen Ersetzungsvorschriften von $\mathfrak{I}$ auf $\mathcal{N}$ übertragen werden (betrachte hierzu das für $\mathfrak{I}$ gültige Ergebnis: Es gibt keine interne Menge, die alle Standard-Elemente enthält).

Für die Beziehung zwischen den beiden Ansätzen der Nichtstandard-Analysis, d.h. für die Beziehung zwischen Ergebnissen in $\mathcal{N}$ und $\mathfrak{I}$, wollen wir das folgende Prinzip formulieren.

> **Ersetzungsprinzip:**
>
> Ergebnisse des einen Ansatzes führen mit Hilfe der Ersetzungsvorschriften (E1) bis (E8) zu begründeten Vermutungen im jeweils anderen Ansatz.

Man beachte, daß die Richtigkeit dieser durch das Ersetzungsprinzip entstehenden Vermutungen stets überprüft werden muß. Das Ersetzungsprinzip ist also kein Beweisprinzip, sondern nur ein „Vermutungsprinzip".

Wir werden das Ersetzungsprinzip im folgenden nur noch in einer Richtung anwenden; wir werden aus Ergebnissen in $\mathfrak{I}$ Vermutungen über Ergebnisse in $\mathcal{N}$ gewinnen, und diese Vermutungen dann für $\mathcal{N}$ beweisen.

Betrachte z.B. das folgende im Bereich $\mathfrak{I}$ gültige Ergebnis:

Es gibt keine interne Menge, deren Elemente genau die Standard-Elemente von ${}^*\mathbb{R}$ sind (siehe 9.10 (i)), und es gibt ebenfalls keine interne Menge, deren Elemente genau die Standard-Elemente von $\mathfrak{I}$ sind.

Nach dem Ersetzungsprinzip erhält man für die Nelsonsche Nichtstandard-Analysis die folgende Vermutung:

38.2 Nichtexistenz gewisser Mengen

(i) Es gibt keine Menge von $\mathcal{N}$, deren Elemente genau die Standard-Elemente von $\mathbb{R}_{\mathcal{N}}$ sind.

(ii) Es gibt keine Menge von $\mathcal{N}$, deren Elemente genau die Standard-Elemente von $\mathcal{N}$ sind.

Beweis. ***(i)*** Sei indirekt T eine Menge von $\mathcal{N}$, die genau aus den Standard-Elementen von $\mathbb{R}_{\mathcal{N}}$ besteht. Nach 37.6 gibt es dann eine endliche Menge $E \subset \mathbb{R}_{\mathcal{N}}$ mit $T \subset E$. Damit ist T eine endliche Menge, die nur aus Standard-Elementen besteht, und sie ist damit eine Standard-Menge nach 37.11. Da auch $\mathbb{R}_{\mathcal{N}}$ eine Standard-Menge ist, ist $\mathbb{R}_{\mathcal{N}} - T$ eine Standard-Menge (siehe 37.8 (ii)). Es ist $\mathbb{R}_{\mathcal{N}} - T$ nicht-leer, da T eine endliche und $\mathbb{R}_{\mathcal{N}}$ keine endliche Menge ist. Somit ist $\mathbb{R}_{\mathcal{N}} - T$ eine nicht-leere Standard-Menge und enthält daher ein Standard-Element nach (T2) aus § 37. Dieses widerspricht der Annahme, daß T alle Standard-Elemente von $\mathbb{R}_{\mathcal{N}}$ enthält.

(ii) Gäbe es eine Menge ST von $\mathcal{N}$, die genau aus den Standard-Elementen von $\mathcal{N}$ besteht, so wäre $ST \cap \mathbb{R}_{\mathcal{N}}$ eine Menge von $\mathcal{N}$, die genau aus den Standard-Elementen von $\mathbb{R}_{\mathcal{N}}$ besteht. Eine solche Menge gibt es aber nach (i) nicht. □

Mit Hilfe von 38.2 soll nun gezeigt werden, daß man bei der Mengenbildung in der Nelsonschen Nichtstandard-Analysis sehr vorsichtig vorgehen muß. In der Nelsonschen Nichtstandard-Analysis gelten alle Axiome der ZF, also auch das Mengenbildungsaxiom. Das Mengenbildungsaxiom besagt, daß es für jede Menge A von $\mathcal{N}$ und jede interne Formel $\psi[\underline{x}]$ in $\mathcal{N}$ genau eine Menge B von $\mathcal{N}$ gibt mit

$$x \in B \Longleftrightarrow x \in A \wedge \psi[x] \text{ ist gültig;}$$

diese Menge B wird dann wie üblich mit

$$\{x \in A : \psi[x] \text{ ist gültig}\}$$

bezeichnet. Im Mengenbildungsaxiom sind also nur interne Formeln und nicht externe Formeln wie z.B. $\mathfrak{s}(\underline{x})$ zugelassen. 38.2 (i) zeigt nun, daß man externe Formeln in der Tat zur Mengenbildung in $\mathcal{N}$ auch nicht verwenden darf; es gibt nämlich *keine* Menge B von $\mathcal{N}$ mit

$$x \in B \Longleftrightarrow x \in \mathbb{R}_{\mathcal{N}} \wedge \mathfrak{s}(x) \text{ ist gültig.}$$

Man muß also bei der Mengenbildung in $\mathcal{N}$ stets darauf achten, daß man keine externen Formeln verwendet. Analog können - wie wir schon gesehen haben - externe Formeln in $\mathfrak{J}$ auch nicht zur Mengenbildung in $\mathfrak{J}$ benutzt werden.

Beim Beweis von Axiom S in $\mathfrak{J}$ war nun aber bei der Bildung von $A_1 = \{a \in A_0 : \chi[{}^*a] \text{ ist gültig}\}$ eine möglicherweise auch externe Formel χ in $\mathfrak{J}$ zur Mengenbildung benutzt worden. Man beachte hierbei, daß man in der Tat solche Formeln in $\mathfrak{J}$ im folgenden Sinne zur Mengenbildung benutzen kann:

Alle bis § 36 auftretenden Mengen, also z.B. auch $\widehat{S}, \mathfrak{J}, \widehat{{}^*S}$ usw., waren - ohne daß wir dieses ausdrücklich erwähnt haben - Elemente eines Bereiches $\mathcal{Z}$, der den ZF-Axiomen genügt (das Problem, welches die Urelemente hervorrufen, bleibe unberücksichtigt). Dann ist auch das System $ST := \{{}^*a : a \in \widehat{S}\}$ der Standard-Elemente von $\mathfrak{J}$ ein Element von $\mathcal{Z}$ und kann daher in Formeln von $\mathcal{Z}$ verwendet werden. Folglich ist auch jede externe Formel in $\mathfrak{J}$ eine Formel in $\mathcal{Z}$ (ersetze $\mathfrak{s}(\tau)$ durch $\tau \in ST$), und sie kann daher zur Mengenbildung in $\mathcal{Z}$ benutzt werden. Die entstehenden Mengen von $\mathcal{Z}$ liegen jedoch in der Regel *nicht* in $\mathfrak{J}$.

Zusammenfassend gilt also:

1. Externe Formeln in $\mathcal{N}$ können in der Regel nicht zur Bildung von Mengen von $\mathcal{N}$ benutzt werden.
2. Externe Formeln in $\mathfrak{J}$ können in der Regel nicht zur Bildung von Mengen von $\mathfrak{J}$ benutzt werden.
3. Externe Formeln in $\mathfrak{J}$ können zur Bildung von Mengen von $\mathcal{Z}$ benutzt werden.

Als nächstes wollen wir auf den merkwürdig anmutenden Satz 37.5 eingehen. Nach 37.5 gilt:

Es gibt eine endliche Menge E von $\mathcal{N}$, die alle Standard-Elemente enthält.

Da nun $1, 2, 3$ usw. „unendlich viele" verschiedene Standard-Elemente von $\mathcal{N}$ sind, ist die Existenz einer endlichen Menge E von $\mathcal{N}$, die alle Standard-Elemente enthält, paradox. Diese Paradoxie entsteht dadurch, daß man den Begriff „unendlich viele" Standard-Elemente im intuitiven Sinn und den Begriff „endliche Menge E " im präzisen Sinne von $\mathcal{N}$ gebraucht. Man veranschauliche sich dieses in $\mathfrak{I}$:

Auch hier kann eine im Sinne von $\mathfrak{I}$ endliche (d.h. *-endliche) Menge wie z.B. $\{n \in {}^*\mathbb{N}: n \leq h\}$ mit $h \in {}^*\mathbb{N} - \mathbb{N}$ „unendlich viele" Standard-Elemente enthalten, nämlich alle Elemente von $\mathbb{N}$.

Versucht man nun aber, den Begriff „unendlich viele" Standard-Elemente im präzisen Sinn von $\mathcal{N}$ zu gebrauchen, und fragt, ob der „Bereich aller Standard-Elemente" eine endliche oder unendliche Menge ist, so ist dieses aus folgendem Grunde keine sinnvolle Frage: Der Bereich aller Standard-Elemente ist nach 38.2 (ii) keine Menge von $\mathcal{N}$; die Begriffe endlich und unendlich sind jedoch nur für Mengen von $\mathcal{N}$ erklärt.

Zum Abschluß dieses Paragraphen soll gezeigt werden, wie man einige wichtige Konzepte der Robinsonschen Nichtstandard-Analysis auch in der Nelsonschen Nichtstandard-Analysis gewinnen kann. Als erstes sollen die Begriffe finites und infinitesimales Element von $\mathbb{R}_{\mathcal{N}}$ eingeführt werden.

Wir nennen hierzu im folgenden ein Element von $\mathbb{N}_{\mathcal{N}}$ bzw. $\mathbb{R}_{\mathcal{N}}$, welches ein Standard-Element ist, eine *Standard-natürliche* bzw. *Standard-reelle Zahl.* Bei der Veranschaulichung in $\mathfrak{I}$ sind daher (da die Standard-Elemente von ${}^*\mathbb{N}$ bzw. ${}^*\mathbb{R}$ genau die Elemente von $\mathbb{N}$ bzw. $\mathbb{R}$ sind) zu ersetzen:

- Standard-natürliche Zahl durch Element von $\mathbb{N}$.
- Standard-reelle Zahl durch Element von $\mathbb{R}$.

Wendet man daher das Ersetzungsprinzip auf die Definition von finiten und infinitesimalen Elementen (siehe 9.1) an, so gelangt man für die Nelsonsche Nichtstandard-Analysis zu den folgenden Konzepten.

38.3 Finit, infinitesimal und $\approx$

Seien $x, y \in \mathbb{R}_{\mathcal{N}}$. Dann heißt

(i) x *finit*, falls es eine Standard-natürliche Zahl n mit $|x| \leq n$ gibt;

(ii) x *infinitesimal*, falls $|x| \leq \frac{1}{n}$ für jede Standard-natürliche Zahl n ist;

(iii) x *unendlich nahe bei* y oder x *infinitesimal benachbart zu* y, in Zeichen $x \approx y$, falls $x - y$ infinitesimal ist.

Satz 37.13 zeigt, daß es in $\mathbb{R}_{\mathcal{N}}$ Elemente x gibt mit $x > n$ für jede Standard-natürliche Zahl n. Somit ist $1/x$ ein von Null verschiedenes infinitesimales Element.

Für die Nichtstandard-Behandlung der Analysis hatten sich insbesondere die Konzepte des Standardteils einer reellen Zahl und des Standardteils einer Menge als fruchtbar erwiesen, Begriffe, von denen nicht unmittelbar klar ist, ob sie sich auch in der Nelsonschen Nichtstandard-Analysis einführen lassen. Das Ersetzungsprinzip legt nun die passende Übertragung nahe. In der Robinsonschen Nichtstandard-Analysis gibt es nämlich zu jedem Element von ${}^*\mathbb{R}$, welches finit ist, ein eindeutig bestimmtes Element ${}^\circ x$ von $\mathbb{R}$ mit $x \approx {}^\circ x$. Das Ersetzungsprinzip führt zu 38.4.

Bevor wir 38.4 beweisen, wollen wir daran erinnern, daß $\mathbb{N}_{\mathcal{N}}, \mathbb{R}_{\mathcal{N}}$ sowie $+, \cdot, \leq$ Standard-Mengen sind. Hieraus läßt sich herleiten, daß auch $-, <, >$ und $|\,|$ Standard-Mengen sind. Bei der Veranschaulichung in $\mathfrak{I}$ entsprechen z.B. $+, \cdot, \leq$ den Standard-Elementen ${}^*+, {}^*\cdot, {}^*\leq$ von $\mathfrak{I}$.

38.4 Der Schatten ${}^\circ x$ eines finiten $x \in \mathbb{R}_{\mathcal{N}}$

Ist $x \in \mathbb{R}_{\mathcal{N}}$ finit, so existiert eine eindeutig bestimmte Standard-reelle Zahl ${}^\circ x$ mit $x \approx {}^\circ x$. Man nennt ${}^\circ x$ den *Schatten* oder den *Standardteil* von x.

Beweis. Wir zeigen als erstes:

(1a) x_1, x_2 Standard-reelle Zahlen, $x_1 \neq x_2 \Longrightarrow x_1 \not\approx x_2$.

Wegen $x_1 \neq x_2$ ist die Standard-Formel

$$\psi[\underline{n}] \equiv \underline{n} \in \mathbb{N}_{\mathcal{N}} \wedge (|x_1 - x_2| > \tfrac{1}{\underline{n}})$$

für ein Element n von $\mathbb{N}_{\mathcal{N}}$ gültig. Nach Axiom T gibt es daher auch ein Standard-Element n, für welches $\psi[n]$ gültig ist. Daher ist $x_1 \not\approx x_2$.

Aus (1a) folgt nun, daß es höchstens eine Standard-reelle Zahl ${}^\circ x$ mit $x \approx {}^\circ x$ geben kann.

Zum Beweis der Existenz von ${}^\circ x$ setze

$$B := \{y \in \mathbb{R}_{\mathcal{N}}: y \leq x\}.$$

Es reicht nun zu zeigen:

(1) ${}^sB$ ist nach oben beschränkt und nicht-leer;

(2) ${}^\circ x := \sup {}^sB$ ist eine Standard-reelle Zahl;

(3) $x \approx {}^\circ x$.

Für ein Verständnis des Beweisansatzes siehe die Veranschaulichung von ${}^sB$ in $\mathfrak{I}$ und den Beweis von 9.5 (i).

Zu (1): Da $x \in \mathbb{R}_{\mathcal{N}}$ finit ist, gibt es eine Standard-natürliche Zahl n mit $|x| \leq n$. Da B dieselben Standard-Elemente wie ${}^sB$ enthält (siehe 37.12), gilt:

(4) $y \leq n$ für jedes Standard-Element y von ${}^sB$.

Da n eine Standard-natürliche Zahl ist, ist $\{y \in \mathbb{R}_{\mathcal{N}}: y \leq n\}$ eine Standard-Menge (siehe 37.9). Wegen (4) folgt daher nach 37.10 (i):

$${}^sB \subset \{y \in \mathbb{R}_{\mathcal{N}}: y \leq n\}.$$

Also ist ${}^sB$ nach oben beschränkt. Wegen $-n \leq x$ ist $-n \in B$. Also ist $-n \in {}^sB$, und daher ist ${}^sB$ nicht-leer.

Zu (2): Da ${}^sB$ eine Standard-Menge ist, zeigt man mit Hilfe von (T3) aus § 37, daß das wegen (1) existierende Supremum von ${}^sB$ eine Standard-reelle Zahl ist.

Zu (3): Sei n eine Standard-natürliche Zahl; es ist zu zeigen:

$${}^\circ x - 1/n \leq x \leq {}^\circ x + 1/n.$$

Nun ist ${}^\circ x + 1/n$ ein Standard-Element, welches nach (2) nicht in ${}^sB$ liegt. Daher ist ${}^\circ x + 1/n \notin B$, und es folgt $x \leq {}^\circ x + 1/n$. Ferner ist ${}^\circ x - 1/n$ keine obere Schranke von ${}^sB$. Somit gibt es ein $y \in \mathbb{R}_{\mathcal{N}}$, welches die Standard-Formel

$$\psi[\underline{y}] \equiv (\underline{y} \in {}^sB \wedge {}^\circ x - 1/n \leq \underline{y})$$

erfüllt. Daher gibt es nach Axiom T ein Standard-Element $y \in {}^sB$ mit ${}^\circ x - 1/n \leq y$. Dann ist $y \in B$, und es folgt ${}^\circ x - 1/n \leq x$. □

In 38.5 wird der Schatten einer Menge $B \subset \mathbb{R}_{\mathcal{N}}$ so definiert, daß er in $\mathfrak{J}$ der Menge ${}^*(st[B])$ einer Menge $B \subset {}^*\mathbb{R}$ entspricht:

Die Menge ${}^*(st[B])$ in $\mathfrak{J}$ läßt sich auf folgende Weise charakterisieren:

${}^*(st[B])$ ist eine Standard-Menge, und für jedes $x \in \mathbb{R}$ gilt:

$$x \in {}^*(st[B]) \iff \exists y \in B \text{ mit } y \approx x;$$

für die Äquivalenz beachte, daß $x = {}^*x$ für $x \in \mathbb{R}$ ist, und daß gilt:

$${}^*x \in {}^*(st[B]) \iff x \in st[B].$$

Die Übertragung dieses Begriffs liefert in der Nelsonschen Nichtstandard-Analysis den Schatten ${}^\circ B$ einer Menge $B \subset \mathbb{R}_{\mathcal{N}}$.

38.5 Der Schatten ${}^\circ B$ einer Menge $B \subset \mathbb{R}_{\mathcal{N}}$

Zu jeder Menge $B \subset \mathbb{R}_{\mathcal{N}}$ gibt es eine eindeutige Standard-Menge ${}^\circ B \subset \mathbb{R}_{\mathcal{N}}$, so daß für jede Standard-reelle Zahl x gilt:

$$x \in {}^\circ B \iff \exists y \in B \text{ mit } y \approx x.$$

${}^\circ B$ heißt der *Schatten* oder *Standardteil der Menge* B.

Beweis. Nach 37.10 (ii) kann es höchstens eine solche Standard-Menge ${}^\circ B$ geben. Setze ${}^\circ B := {}^\chi\mathbb{R}_{\mathcal{N}}$ mit folgender externen Formel χ:

$$\chi[\underline{x}] \equiv (\exists \underline{y} \in B)(\forall \underline{n} \in \mathbb{N}_{\mathcal{N}})(\mathfrak{s}(\underline{n}) \Rightarrow |\underline{y} - \underline{x}| \leq 1/\underline{n}).$$

Dann ist ${}^\circ B$ eine Standard-Menge (siehe 37.3), die der gewünschten Bedingung genügt. □

In der Robinsonschen Nichtstandard-Analysis ließen sich viele Begriffe der Analysis auf sehr intuitive Weise ausdrücken. Der folgende Satz zeigt nun, wie z.B. die entsprechende Formulierung der Stetigkeit in der Nelsonschen Nichtstandard-Analysis lautet.

38.6 Nelsonsche Formulierung der Stetigkeit

Sei $f: \mathbb{R}_{\mathcal{N}} \to \mathbb{R}_{\mathcal{N}}$ eine Standard-Funktion und x_0 eine Standard-reelle Zahl. Dann sind äquivalent:

(i) f ist stetig in x_0;

(ii) $x \approx x_0 \Longrightarrow f(x) \approx f(x_0)$.

Beweis. ***(i) ⇒ (ii)*** Sei $x \approx x_0$ und n eine Standard-natürliche Zahl. Nach der klassischen Definition der Stetigkeit ist wegen (i) die Formel

$$\psi[\underline{m}] \equiv (\underline{m} \in \mathbb{N}_{\mathcal{N}}) \wedge (\forall \underline{x} \in \mathbb{R}_{\mathcal{N}})(|\underline{x} - x_0| \leq 1/\underline{m} \Longrightarrow |f \restriction \underline{x} - f(x_0)| \leq 1/n)$$

für ein m gültig. Da $\psi[\underline{m}]$ eine Standard-Formel ist, gibt es nach Axiom T ein Standard-Element m, für welches $\psi[m]$ gilt. Wegen $m \in \mathbb{N}_{\mathcal{N}}$ und $x \approx x_0$ gilt $|x - x_0| \leq 1/m$, und es folgt $|f(x) - f(x_0)| \leq 1/n$. Daher gilt (ii).

(ii) ⇒ (i) Es ist

$B := \{n \in \mathbb{N}_{\mathcal{N}}: (\exists \underline{\delta} \in (\mathbb{R}_{\mathcal{N}})_+)(\forall \underline{x} \in \mathbb{R}_{\mathcal{N}})(|\underline{x} - x_0| \leq \underline{\delta} \Longrightarrow |f \restriction \underline{x} - f(x_0)| \leq \frac{1}{n})\}$

eine Standard-Menge (benutze 37.9), welche wegen (ii) dieselben Standard-Elemente wie die Standard-Menge $\mathbb{N}_{\mathcal{N}}$ enthält (wähle hierzu $\delta := \frac{1}{h}$ mit einem unendlich großen $h \in \mathbb{N}_{\mathcal{N}}$; ein solches h existiert nach 37.13). Dann ist $B = \mathbb{N}_{\mathcal{N}}$ nach 37.10 (ii), und es folgt (i). □

Es sei darauf hingewiesen, daß in 38.6 für den Fall, daß f keine Standard-Funktion ist, i.a. weder (i) ⇒ (ii) noch (ii) ⇒ (i) gelten muß. Auch wenn f eine Standard-Funktion ist, x_0 jedoch keine Standard-reelle Zahl ist, gelten i.a. weder (i) ⇒ (ii) noch (ii) ⇒ (i). Zum Nachweis hierzu interpretiere man in der Nelsonschen Nichtstandard-Analysis die vier Beispiele aus 17.11.

Während man also mit Hilfe der Robinsonschen Nichtstandard-Analysis für die Standard-Welt ein Stetigkeitskriterium für alle Funktionen und alle Stellen erhält, gilt dieses Kriterium in der Nelsonschen Nichtstandard-Analysis nur für Standard-Funktionen und Standard-Stellen. Andererseits kann man aber in der Nelsonschen Nichtstandard-Analysis die Stetigkeit an der Funktion selbst ablesen und muß nicht ihren *-Wert bilden.

Ganz allgemein kann man sagen, daß Nichtstandard-Charakterisierungen klassischer Konzepte in der Nelsonschen Nichtstandard-Analysis stets nur Charakterisierungen für Standard-Objekte sind. So erhält man eine Nichtstandard-Charakterisierung der Differenzierbarkeit nur für Standard-Funktionen an Standard-Stellen, eine Nichtstandard-Charakterisierung der Folgenkonvergenz nur für Standard-Folgen oder eine Nichtstandard-Charakterisierung der Kompaktheit nur für Standard-Mengen.

Man könnte daher den Eindruck gewinnen, daß sich klassische Aussagen mit Nelsonschen Nichtstandard-Methoden nur für Standard-Objekte beweisen lassen. Dieses ist jedoch nicht der Fall, da mit dem Axiom T des Transfers die

Aussagen in der Regel von den Standard-Objekten auf alle betrachteten Objekte übertragbar sind. So beweist man die klassische Aussage, daß eine Teilmenge von $\mathbb{R}_{\mathcal{N}}$ genau dann kompakt ist, wenn sie beschränkt und abgeschlossen ist, mit Nichtstandard-Methoden der Nelsonschen Nichtstandard-Analysis wie folgt: Man zeigt diese Aussage zunächst für alle Standard-Teilmengen von $\mathbb{R}_{\mathcal{N}}$ mit Hilfe geeigneter Nichtstandard-Charakterisierungen für die Kompaktheit und Abgeschlossenheit von Standard-Mengen. Das Axiom T liefert dann, daß obige Aussage für alle Teilmengen von $\mathbb{R}_{\mathcal{N}}$ gilt.

Auch in allgemeinen topologischen Räumen und in uniformen Räumen läßt sich Nichtstandard-Analysis mit Hilfe der Nelsonschen Theorie betreiben. Dies liegt insbesondere daran, daß sich für topologische Standard-Räume auch in der Nelsonschen Nichtstandard-Analysis erklären läßt, wann ein Punkt infinitesimal benachbart zu einem Standard-Punkt ist, oder wann in uniformen Standard-Räumen zwei Punkte infinitesimal benachbart sind.

Generell kann man sagen, daß sich die meisten Nichtstandard-Konzepte sowohl in der Robinsonschen Nichtstandard-Analysis als auch in der Nelsonschen Nichtstandard-Analysis formulieren lassen. Unter einem Nichtstandard-Konzept verstehen wir ein Konzept, das in der klassischen Mathematik nicht auftritt, wie z.B. Standardteil einer Zahl oder einer Menge, Nahezustandard-Punkt usw.. Gewisse Nichtstandard-Konzepte der Robinsonschen Nichtstandard-Analysis wie z.B. die Standardteil-Abbildung oder das Loeb-Maß oder die Nichtstandard-Hülle, bei welchen es sich um externe Objekte handelt, können in der Nelsonschen Nichtstandard-Analysis nicht definiert werden, gleichwohl sind gewisse Modifikationen möglich, mit denen Aspekte dieser Begriffe beschrieben werden können.

In diesem Paragraphen haben wir ein Modell $\mathcal{N}$ der Nelsonschen Nichtstandard-Analysis mit Hilfe des Bereichs $\mathfrak{I}$, der auf der Zermelo-Fraenkelschen Mengenlehre basiert, veranschaulicht. Viele ungewohnte und überraschende Ergebnisse der Nelsonschen Nichtstandard-Analysis sollten dadurch dem Leser, der mit der Robinsonschen Nichtstandard-Analysis vertraut ist, plausibel gemacht werden. Andererseits gilt z.B. das Axiom I in der Robinsonschen Nichtstandard-Welt $\mathfrak{I}$ nicht in vollem Umfang. Es stellt sich daher die Frage, ob es überhaupt ein Modell $\mathcal{N}$ für die Nelsonsche Nichtstandard-Analysis gibt. Es konnte nun in der Arbeit von Nelson (1977) gezeigt werden, daß die Nelsonsche Nichtstandard-Analysis genau dann widerspruchsfrei ist, wenn die Zermelo-Fraenkelsche Mengenlehre widerspruchsfrei ist. Nach einem Satz von Gödel ist die Widerspruchsfreiheit der ZF nicht beweisbar; dennoch sind die meisten Mathematiker von ihrer Widerspruchsfreiheit überzeugt.

Ist nun aber die ZF und damit auch die Nelsonsche Nichtstandard-Analysis widerspruchsfrei, so gibt es nach dem sogenannten Gödelschen Vollständigkeitssatz ein Modell $\mathcal{N}$ für die Nelsonsche Nichtstandard-Analysis. In diesem Sinne ist es also erlaubt, wie es auch in § 37 und § 38 geschehen ist, von einem Modell der Nelsonschen Nichtstandard-Analysis auszugehen.

Teil VII

Anhang

Lösungen bzw. Anleitungen zu den Aufgaben

2-1 Es ist $\mathbb{R}^n \in \mathcal{F}$ sowie $x_0 \in A$ für jedes $A \in \mathcal{F}$. Somit gilt 2.1 (i) für $\mathcal{F}$. Da der Durchschnitt zweier Kugeln mit Mittelpunkt x_0 eine Kugel mit Mittelpunkt x_0 ist, gilt 2.1 (ii) für $\mathcal{F}$. Da auch 2.1 (iii) für $\mathcal{F}$ gilt, ist $\mathcal{F}$ ein Filter.

2-2 Es ist $\emptyset \notin \mathcal{H}$, da sonst $\mathcal{F} \subset \mathcal{G}$ wäre. Da mit $B \in \mathcal{G}$ auch $A \cup B \in \mathcal{G}$ ist, gilt $\mathcal{G} \subset \mathcal{H}$, und somit insbesondere $I \in \mathcal{H}$. Da mit $A \cup B_1, A \cup B_2 \in \mathcal{G}$ auch $A \cup (B_1 \cap B_2) \in \mathcal{G}$ gilt, ist 2.1 (ii) für $\mathcal{H}$ erfüllt. 2.1 (iii) ist trivial.

2-3 Sei $i_0 \in \bigcap_{A \in \mathcal{F}} A$. Es ist $\mathcal{G} := \{A \subset I : i_0 \in A\}$ nach 2.2 (ii) ein Ultrafilter, für den nach Definition $\mathcal{F} \subset \mathcal{G}$ gilt. Da $\mathcal{F}$ ein Ultrafilter ist, folgt $\mathcal{F} = \mathcal{G}$.

2-4 *(i) ⇒ (ii)* Es reicht, $I - B \in \mathcal{F}$ für alle endlichen Teilmengen $B = \{i_1, \ldots, i_n\}$ von I zu zeigen. Da $\mathcal{F}$ frei ist, existieren $A_\nu \in \mathcal{F}$ mit $i_\nu \notin A_\nu$. Wegen $\mathcal{F} \ni \bigcap_{\nu=1}^n A_\nu \subset I - B$ folgt $I - B \in \mathcal{F}$.

(ii) ⇒ (i) Sei $\mathcal{F}_0$ der Filter der koendlichen Teilmengen von I. Aus $\mathcal{F}_0 \subset \mathcal{F}$ folgt $\bigcap_{A \in \mathcal{F}} A \subset \bigcap_{A \in \mathcal{F}_0} A = \emptyset$.

2-5 *(i)* Da jeder Filter I enthält, gilt $P(I) = 1$. Sind A, B disjunkt und ist $A \in \mathcal{F}$ (bzw. $B \in \mathcal{F}$), dann folgt, da $\mathcal{F}$ ein Filter ist, $B \notin \mathcal{F}$ und $A \cup B \in \mathcal{F}$ (bzw. $A \notin \mathcal{F}$ und $A \cup B \in \mathcal{F}$). Also gilt in diesen Fällen $P(A \cup B) = P(A) + P(B)$. Sind $A, B \notin \mathcal{F}$, dann gilt, da $\mathcal{F}$ ein Ultrafilter ist, $A \cup B \notin \mathcal{F}$ (siehe 2.7 (ii)) und somit ebenfalls $P(A \cup B) = P(A) + P(B)$.

(ii) Setze $\mathcal{F} := \{A \subset I : P(A) = 1\}$. Zeige, daß $\mathcal{F}$ ein Filter ist; beweise hierzu $P(\emptyset) = 0, A \subset B \Rightarrow P(A) \leq P(B)$ (benutze $B = A \cup (B - A)$) und $P(A \cap B) = P(A) + P(B) - P(A \cup B)$ (benutze $A = (A \cap B) \cup (A - B)$ und $A \cup B = B \cup (A - B)$). Beweise die Ultrafiltereigenschaft mit 2.6; benutze hierzu $1 = P(A) + P(I - A)$. Zeige $P = P_{\mathcal{F}}$ und aus $P = P_{\mathcal{F}'}$ folgt $\mathcal{F} = \mathcal{F}'$.

2-6 Setze $\mathcal{F} := \{C \subset \mathbf{N} : A \cap B \subset C$ für eine koendliche Menge $B \subset \mathbf{N}\}$. Dann ist $\mathcal{F}$ ein Filter, der A und alle koendlichen Mengen enthält. Die Behauptung folgt nun aus 2.5.

3-1 Betrachte $\alpha_1(i) := 1/i, \beta_1(i) := 0$ sowie $\alpha_2(i) := \beta_2(i) := i$ für alle $i \in \mathbf{N}$. Dann gilt $\overline{\alpha}_1 \approx 0 = \overline{\beta}_1$ und $\overline{\alpha}_2 = \overline{\beta}_2$, aber $\overline{\alpha}_1 \cdot \overline{\alpha}_2 \not\approx 0 = \overline{\beta}_1 \cdot \overline{\beta}_2$.

3-2 Ist $\mathcal{F}$ kein Ultrafilter, so gibt es eine Menge $A \subset \mathbf{N}$ mit $A, \mathbf{N} - A \notin \mathcal{F}$. Setze $f(i) := 1$ für $i \in A$ bzw. 0 für $i \in \mathbf{N} - A$. Setze ferner $g := 1 - f$. Dann ist $\overline{f}\,{}^*\!\cdot\, \overline{g} = 0$, aber $\overline{f} \neq 0$ und $\overline{g} \neq 0$. Also kann $\mathbb{R}^{\mathbf{N}}/\mathcal{F}$ kein Körper sein.

3-3 Für den Nachweis, daß ${}^*\!\leq$ eine partielle Ordnung ist und daß 3.2 (x) und 3.2 (xi) gelten, siehe den Beweis von Satz 3.5. Ferner gilt:

$$r \leq s \Longleftrightarrow \{i \in \mathbf{N} : r_{\mathbf{N}}(i) \leq s_{\mathbf{N}}(i)\} \in \mathcal{F} \Longleftrightarrow \overline{r_{\mathbf{N}}}\ {}^*\!\leq \overline{s_{\mathbf{N}}} \Longleftrightarrow r\ {}^*\!\leq s.$$

3-4 Ist $\mathcal{F}$ kein Ultrafilter, so wähle f, g wie in Aufgabe 3-2. Dann gilt weder $\overline{f}\ {}^*\!\leq \overline{g}$ noch $\overline{g}\ {}^*\!\leq \overline{f}$.

3-5 „ $\Rightarrow$ “: Sei $\alpha(i) := i$. Dann existiert nach Voraussetzung ein $r \in \mathbf{R}$ mit $\overline{\alpha} = r$. Somit gilt $\alpha(i) = r$ f.ü.. Folglich ist $r = i_0 \in \mathbf{N}$ und damit $\{i_0\} = \{i \in \mathbf{N}: \alpha(i) = r\} \in \mathcal{F}$.

„ $\Leftarrow$ “: Sei $\alpha \in \mathbf{R}^{\mathbf{N}}$. Dann gilt $\{i \in \mathbf{N}: \alpha(i) = \alpha(i_0)\} \supset \{i_0\} \in \mathcal{F}$ und somit $\overline{\alpha} = \alpha(i_0) \in \mathbf{R}$.

3-6 *(i)* $\Rightarrow$ *(ii)* Sei $\overline{\alpha}$ ein unendliches Element mit o.B.d.A. $\overline{\alpha} \geq 0$. Sei $E \subset \mathbf{N}$ eine beliebige endliche Menge. Wähle zu E ein $n \in \mathbf{N}$ mit $n > \alpha(i)$ für alle $i \in E$. Wegen $\overline{\alpha} \geq n$ ist $(\mathbf{N} - E \supset)\{i \in \mathbf{N}: \alpha(i) \geq n\} \in \mathcal{F}$.

(ii) $\Rightarrow$ *(i)* Wähle $\alpha(i) := i$, dann ist $\overline{\alpha}$ unendlich.

(ii) $\Rightarrow$ *(iii)* Wähle $\alpha(i) := 1/i$, dann ist $0 \neq \overline{\alpha}$ infinitesimal.

(iii) $\not\Rightarrow$ *(i)* Setze $\mathcal{F} := \{A \subset \mathbf{N}: 1 \in A \text{ und } \mathbf{N} - A \text{ endlich}\}$. Dann ist $\mathcal{F}$ ein Filter, der $\mathbf{N} - \{1\}$ nicht enthält. Wegen (ii) $\Leftrightarrow$ (i) gilt daher (i) nicht. Setzt man $\alpha(1) := 0$ und $\alpha(i) := 1/i$ sonst, dann ist $\overline{\alpha} \neq 0$ ein infinitesimales Element.

3-7 Wir setzen als bekannt voraus, daß K bzgl. der „punktweisen“ Addition und Multiplikation ein Körper ist. Offensichtlich ist $\leq$ reflexiv, transitiv und erfüllt 3.2 (x) und 3.2 (xi). Wir zeigen, daß für $R = P/Q \in K$ gilt:

(1) $(R \leq 0 \text{ und } R \geq 0) \Rightarrow R = 0$;

(2) $R \leq 0$ oder $R \geq 0$.

Aus (1) und (2) folgt dann wegen 3.2 (x), daß K ein angeordneter Körper ist.

Zu (1), (2): Da Q nicht das Nullpolynom ist, gibt es ein x_0 mit $Q(x) > 0$ für $x \geq x_0$ oder $Q(x) < 0$ für $x \geq x_0$. Ist P nicht das Nullpolynom, dann ist P ab einer Stelle $x_1 \geq x_0$ beständig > 0 oder beständig < 0, und somit gilt dieses auch für R. Aus dieser Überlegung folgen (1) und (2).

Man sieht sofort, daß $+, \cdot, \leq$ in K Fortsetzungen von $+, \cdot, \leq$ in $\mathbf{R}$ sind.

Das Polynom $P(x) := x$ ist ein unendliches und die rationale Funktion $R(x) := 1/x$ ist ein infinitesimales Element von K.

4-1 Sei $x \approx x_0$ mit $x \neq x_0$. Dann ist $0 \neq dx := x - x_0 \approx 0$, und es gilt mit einem $\varepsilon \approx 0$ nach 4.7:

$$^*f(x) = {}^*f(x_0 + dx) \underset{4.7}{=} f(x_0) + f'(x_0)dx + \varepsilon\, dx \approx f(x_0).$$

4-2 Sei $0 \neq dx \approx 0$ und $dy := {}^*f(x_0 + dx) - f(x_0)$. Dann ist $dy \approx 0$ nach Aufgabe 4-1, und es gilt:

$$\frac{^*(g \circ f)(x_0 + dx) - (g \circ f)(x_0)}{dx} \underset{4.2}{=} \frac{^*g(^*f(x_0 + dx)) - g(f(x_0))}{dx}$$

$$= \left\{ \begin{array}{ll} \frac{^*g(f(x_0) + dy) - g(f(x_0))}{dy} \cdot \frac{dy}{dx} & \text{, falls } 0 \neq dy \\ 0 & \text{, falls } 0 = dy \end{array} \right\} \underset{3.11}{\overset{4.7}{\approx}} g'(f(x_0))f'(x_0).$$

4-3 Seien $x, y \in {}^*\mathbf{R}$ mit $x \approx y$. Dann gilt $^*f(x) \approx {}^*f(y)$ und $^*g(x) \approx {}^*g(y)$ nach 4.6. Somit folgt die Behauptung nach 4.6 aus:

$$^*(f \pm g)(x) \underset{4.2}{=} {}^*f(x) \pm {}^*g(x) \underset{3.11}{\approx} {}^*f(y) \pm {}^*g(y) \underset{4.2}{=} {}^*(f \pm g)(y).$$

4-4 *(i)* $\Rightarrow$ *(ii)* Sei $\varepsilon \in \mathbf{R}$ und $\varepsilon > 0$. Dann gibt es ein $\delta \in \mathbf{R}$ mit $\delta > 0$, so daß die folgende Aussage gilt:

$$\varphi \equiv (\forall \underline{x} \in \mathbf{R})(|\underline{x} - x_0| \leq \delta \Rightarrow |f(\underline{x}) - f(x_0)| \leq \varepsilon).$$

Nach dem Transfer-Prinzip gilt dann:

$$^*\varphi \equiv (\forall \underline{x} \in {}^*\mathbf{R})(|\underline{x} - x_0| \leq \delta \Rightarrow |{}^*f(\underline{x}) - {}^*f(x_0)| \leq \varepsilon).$$

Aus $x \approx x_0$ folgt $|x - x_0| \leq \delta$ und somit $|{}^*f(x) - f(x_0)| \leq \varepsilon$. Da ε beliebig war, folgt $^*f(x) \approx f(x_0)$.

(ii) ⇒ *(i)* Sei $\varepsilon \in \mathbf{R}$ und $\varepsilon > 0$. Dann ist zu zeigen:

$$(\exists \underline{\delta} \in \mathbf{R})(\underline{\delta} > 0 \wedge (\forall \underline{x} \in \mathbf{R})(|\underline{x} - x_0| \leq \underline{\delta} \Rightarrow |f(\underline{x}) - f(x_0)| \leq \varepsilon)).$$

Nach dem Transfer-Prinzip reicht es hierfür zu zeigen:

$$(\exists \underline{\delta} \in {}^*\mathbf{R})(\underline{\delta} > 0 \wedge (\forall \underline{x} \in {}^*\mathbf{R})(|\underline{x} - x_0| \leq \underline{\delta} \Rightarrow |{}^*f(\underline{x}) - f(x_0)| \leq \varepsilon)).$$

Zum Nachweis der Gültigkeit dieser Aussage wähle ein infinitesimales $\delta > 0$. Ist dann $x \in {}^*\mathbf{R}$ mit $|x - x_0| \leq \delta$, so ist $x \approx x_0$, und somit folgt ${}^*f(x) \approx f(x_0)$ nach (ii). Also gilt $|{}^*f(x) - f(x_0)| \leq \varepsilon$.

5-1 *(i)* folgt aus $\cap_{n=1}^{\infty} A_n \subset A_1 \in \widehat{V}$ und 5.8 (iv).

(ii) Aus $\cup_{n=1}^{\infty} A_n \in \widehat{V}$ folgt $\cup_{n=1}^{\infty} A_n \in V_\nu$ für ein geeignetes $\nu \in \mathbf{N}$; somit ist $A_n \in V_\nu, n \in \mathbf{N}$, nach 5.7 (iii). Die Rückrichtung folgt aus 5.7 (iv).

5-2 Es sind $\cup, \cap$ Abbildungen von $\mathcal{P}(\mathcal{P}(\Omega)) - \{\emptyset\}$ nach $\mathcal{P}(\Omega)$. Die Behauptung folgt nach 5.14 (i) mit 5.8 (iii) und (iv).

5-3 Es ist $[0,\infty]^{\mathbf{N}}$ die Menge aller Folgen mit Werten in $[0,\infty]$. Daher ist der Reihenwert $\sum$ als Abbildung von $[0,\infty]^{\mathbf{N}}$ in $[0,\infty]$ interpretierbar. Nach 5.14 (i) ist somit $\sum \in \widehat{V}$, da $[0,\infty] \in \widehat{V}$ und nach 5.15 auch $[0,\infty]^{\mathbf{N}} \in \widehat{V}$ ist.

5-4 Sei $a \in V$. Setze $f := g := \{\langle a,a \rangle\}$. Dann gilt $f \upharpoonright (g \upharpoonright a) = f \upharpoonright a = a \neq \emptyset$, aber $f \upharpoonright g = \emptyset$ und somit $(f \upharpoonright g) \upharpoonright a = \emptyset$.

5-5 Aus $A \times B \in \widehat{V}$ folgt $A \times B \in V_{\nu+1}$ für ein $\nu \in \mathbf{N}$. Sei $a \in A$ und wähle $b \in B$ $(\neq \emptyset)$ fest. Aus $\langle a,b \rangle \in A \times B \in V_{\nu+1}$ folgt $\langle a,b \rangle \in V_{\nu+1}$, da $V_{\nu+1}$ transitiv ist. Nach 5.7 (vi) folgt $a \in V_{\nu-1}$. Daher ist $A \subset V_{\nu-1}$, und es folgt $A \in \widehat{V}$. $B \in \widehat{V}$ folgt analog, da $A \neq \emptyset$ ist.

5-6 Seien $a, b \in \widehat{V}$ mit $a \neq b$ und $a \neq \emptyset$. Setze $g := \{\langle a,a \rangle, \langle b,a \rangle, \langle b,b \rangle\}$. Dann ist g keine Funktion, aber $g \upharpoonright a = a \neq \emptyset$.

5-7 Sei indirekt $f \in \widehat{V}$. Dann ist $\{V_n : n \in \mathbf{N}\} = \mathcal{W}(f) \underset{5.10(\mathrm{ii})}{\in} \widehat{V}$, und damit ist $\{V_n : n \in \mathbf{N}\} \in V_\nu$ für ein $\nu \in \mathbf{N}$. Es folgt $\{V_n : n \in \mathbf{N}\} \underset{5.5(\mathrm{ii})}{\subset} V_\nu$ und $\widehat{V} = \bigcup_{n=1}^{\infty} V_n \underset{5.7(\mathrm{iv})}{\in} V_\nu \subset \widehat{V}$ im Widerspruch zu $\widehat{V} \notin \widehat{V}$.

6-1 Nach dem Aufbau von Formeln existieren ein Term τ und eine Formel ψ, so daß $(\forall \underline{x} \in \tau)\psi$ ein Teilstück von φ ist, welches an der $(j-1)$-ten Stelle von φ beginnt. Sei $(\forall \underline{x} \in \tau_1)\psi_1$ ein weiteres Teilstück, welches an der $(j-1)$-ten Stelle von φ beginnt, wobei τ_1 ein Term und ψ_1 eine Formel ist. Dann ist τ ein Anfangsstück von τ_1 oder umgekehrt. Nach 6.5 (i) gilt $\tau \equiv \tau_1$. Somit ist ψ ein Anfangsstück von ψ_1 oder umgekehrt. Nach 6.5 (ii) folgt $\psi \equiv \psi_1$.

6-2 Sei $\underline{x}$ eine Variable, die an der j-ten Stelle von $(\psi \wedge \chi)$ auftritt. Es ist zu zeigen, daß $\underline{x}$ an dieser Stelle in $(\psi \wedge \chi)$ genau dann gebunden auftritt, wenn $\underline{x}$ an der betrachteten Stelle in ψ bzw. χ gebunden auftritt. Die Richtung „ ⇐ " folgt unmittelbar. Die Richtung „ ⇒ " erhält man wie im Beweis von 6.6 „zu (2)".

6-3 *(i)* $(\forall \underline{x} \in \mathbf{R})(\exists \underline{n} \in \mathbf{N})\,(\underline{n} > \underline{x})$. *(ii)* $(\forall \underline{x} \in \mathbf{R})(\underline{x} \in \mathbf{N})$.

6-4 Sei $\mathbf{R}_+ := \{x \in \mathbf{R} : x > 0\}, I :=]0,1[$ und $f : \mathbf{R}_+ \times \mathbf{N} \to \mathbf{R}$ die Funktion $f(\langle a,n \rangle) := a^n$. Es sei $<$ die Kleiner-Relation in $\mathbf{R}$. Es sind $I, \mathbf{R}_+, \mathbf{N}, \mathbf{R}, <, f$ Elemente von $\widehat{\mathbf{R}}$, und man erhält z.B. folgende Formalisierung:

$$(\forall \underline{a} \in I)(\forall \underline{\varepsilon} \in \mathbf{R}_+)(\exists \underline{n} \in \mathbf{N})\; f \upharpoonright \langle \underline{a}, \underline{n} \rangle < \underline{\varepsilon}.$$

Man kann statt $\underline{a}, \underline{\varepsilon}, \underline{n}$ auch andere Variablen wählen oder die Reihenfolge von $(\forall \underline{a} \in I)$ und $(\forall \underline{\varepsilon} \in \mathbb{R}_+)$ vertauschen. Man beachte, daß $\underline{a}^{\underline{n}}$ kein zulässiger Term ist, und daher nicht in einer Formel benutzt werden kann.

6-5 Es ist $A = \emptyset$ oder es ist $A \neq \emptyset$ und $B \subset C$.

6-6 Es sind *(i)* und *(ii)* nicht gültig, wogegen *(iii)* und *(iv)* gültig sind. Beachte, daß für (i) zu zeigen ist: Für alle $b \in \mathbb{R}$ ist die Aussage $\psi[b] \equiv (\exists \underline{y} \in b)2 = 2$ gültig. Es ist $\psi[b]$ jedoch für kein $b \in \mathbb{R}$ gültig, da alle $b \in \mathbb{R}$ Urelemente sind.

6-7 *(i)* Keine der Variablen ist eine freie Variable. *(ii)* $\underline{x}$ ist eine freie Variable, sie kommt nur an der viertletzten Stelle frei vor. *(iii)* $\underline{y}$ ist eine freie Variable, sie kommt nur an der achten Stelle frei vor.

7-1 Sei $\nu \in \mathbb{N}$ fest. Man transferiere die nach 5.7 (i) gültige Aussage:

$$(\forall \underline{A} \in S_\nu)(\forall \underline{a} \in \underline{A})\underline{a} \in S_{\nu-1}.$$

7-2 Es ist $=_S$ als Relation über S eine Teilmenge von $S \times S$, und zwar ist $=_S = \{\langle a,b\rangle \in S \times S : a = b\}$. Es folgt mit 7.5 und 7.7 (iv):

$$^*(=_S) = \{\langle a,b\rangle \in {}^*S \times {}^*S : a = b\};$$

die rechte Menge ist die Gleichheitsrelation $=_{*S}$ über $^*S$.

7-3 Wir zeigen nur *(i)* . Wegen $f \in \widehat{S}$ ist $f \in S_\nu$ für ein $\nu \in \mathbb{N}$, und damit ist $^*f \in {}^*S_\nu$ (siehe 7.2 (ii)). Hieraus folgt $^*f \subset {}^*S_\nu \times {}^*S_\nu$ (benutze hierzu: $^*f$ Funktion und $\langle a,b\rangle \in {}^*f \underset{7.2(v)}{\Rightarrow} \langle a,b\rangle \in {}^*S_\nu \underset{5.6(ii)}{\Rightarrow} a,b \in {}^*S_\nu$). Somit ist $f \subset S_\nu \times S_\nu$ (siehe 7.2 (iv) und 7.7 (iv)). Da $^*f$ eine Funktion ist, ist die folgende Aussage gültig: $(\forall \underline{a},\underline{b},\underline{c} \in {}^*S_\nu)(\langle \underline{a},\underline{b}\rangle \in {}^*f \wedge \langle \underline{a},\underline{c}\rangle \in {}^*f \Rightarrow \underline{b} = \underline{c})$. Das Transfer-Prinzip liefert wegen $f \subset S_\nu \times S_\nu$, daß f eine Funktion ist.

7-4 Es ist $[a,b] = \{c \in \mathbb{R} : \varphi[c]$ ist gültig$\}$ mit $\varphi[\underline{x}] \equiv (a \leq \underline{x}) \wedge (\underline{x} \leq b)$, und somit ist $^*[a,b] \underset{7.5}{=} \{d \in {}^*\mathbb{R} : {}^*\varphi[d]$ ist gültig$\} = \{d \in {}^*\mathbb{R} : a \leq d \leq b\}$.

7-5 Direkte Anwendung des Transfer-Prinzips. Z.B. für die Existenz des inversen Elementes auf $(\forall \underline{x} \in K)(\underline{x} \neq 0 \Rightarrow (\exists \underline{y} \in K)(\underline{x} \cdot \underline{y} = 1))$.

8-1 Es ist $R \subset \mathcal{D}(R) \times \mathcal{W}(R)$ mit nach 8.13 (i) internen Mengen $\mathcal{D}(R)$ und $\mathcal{W}(R)$.

8-2 Es ist $T = \{x \in {}^*\mathbb{R} : \psi[x]\}$ mit $\psi[\underline{x}] \equiv (\exists \underline{n} \in {}^*\mathbb{N})(\underline{n} \leq h \wedge \underline{x} = \underline{n} : h)$. Da ψ intern ist, ist T intern nach 8.10.

8-3 Da $^*S$ intern ist, ist $^*S - A$ mit A intern nach 8.11. Ist umgekehrt $^*S - A$ intern, dann ist wiederum nach 8.11 auch $A = {}^*S - ({}^*S - A)$ intern.

8-4 Es ist $B \subset {}^*S_\nu$ für ein $\nu \in \mathbb{N}$ (siehe 8.5 (iii)). Dann gilt nach 8.7:

$$\mathcal{P} = \{A \in {}^*(\mathcal{P}(S_\nu)) : \varphi[A] \text{ ist gültig}\} \text{ mit } \varphi[\underline{A}] \equiv (\forall \underline{x} \in \underline{A})\underline{x} \in B.$$

Nach dem Prinzip der internen Definition (siehe 8.10) ist $\mathcal{P}$ intern.

8-5 Sei $A_n := \{n\}$. Dann ist $A_n \in \mathfrak{I}$ für $n \in \mathbb{N}$, und $\cup_{n=1}^\infty A_n = \mathbb{N} \notin \mathfrak{I}$ (siehe 8.14 (iii)).

8-6 Es existiert ein $\nu \in \mathbb{N}$ mit $A, B \subset {}^*S_\nu$. Sei $\mathcal{F} := \{f : f$ interne Funktion von A nach $B\}$. Dann folgt nach 8.7:

$$f \in \mathcal{F} \Leftrightarrow f \in {}^*(\mathcal{P}(S_\nu \times S_\nu)) \wedge f \subset A \times B \text{ Funktion mit } A = \mathcal{D}(f).$$

Somit ist $\mathcal{F} = \{f \in {}^*(\mathcal{P}(S_\nu \times S_\nu)) : \varphi[f]$ ist gültig$\}$ mit der internen Formel

$$\varphi[\underline{f}] \equiv (\forall \underline{a},\underline{b},\underline{c} \in {}^*S_\nu)((\langle \underline{a},\underline{b}\rangle \in \underline{f} \wedge \langle \underline{a},\underline{c}\rangle \in \underline{f}) \Rightarrow (\underline{a} \in A \wedge \underline{b} \in B \wedge \underline{b} = \underline{c})) \wedge (\forall \underline{a} \in A)(\exists \underline{b} \in B)\langle \underline{a},\underline{b}\rangle \in \underline{f}.$$

Nach 8.10 ist daher $\mathcal{F}$ intern.

8-7 Es sind $\mathcal{W}(f), \mathcal{W}(g)$ intern (siehe 8.13 (i)), und daher ist $C := A \times (\mathcal{W}(f) \times \mathcal{W}(g))$ intern (siehe 8.11). Somit gilt:

$$(f,g) = \{\langle a,b\rangle \in C : \varphi[a,b] \text{ ist gültig}\}$$

mit $\varphi[\underline{a},\underline{b}] \equiv \underline{b} = \langle f \upharpoonright \underline{a}, g \upharpoonright \underline{a}\rangle$. Nach 8.10 ist daher (f,g) intern.

8-8 Es ist $\alpha f + \beta g = \{\langle a,b\rangle \in A \times {}^*\mathbf{R} : \varphi[a,b] \text{ ist gültig}\}$ mit $\varphi[\underline{a},\underline{b}] \equiv \underline{b} = \alpha \cdot f \upharpoonright \underline{a} + \beta \cdot g \upharpoonright \underline{a}$. Daher ist $\alpha f + \beta g$ intern nach 8.10. Der Fall $f \cdot g$ verläuft analog.

8-9 Wegen $B_i = {}^*A_i$ reicht es, $A_1 = A_2$ zu zeigen. Sei $x \in A_1$. Dann ist ${}^*x \in {}^*A_1$, und nach Voraussetzung folgt ${}^*x \in {}^*A_2$. Daher ist $x \in A_2$. Somit ist $A_1 \subset A_2$; $A_2 \subset A_1$ folgt aus Symmetriegründen.

8-10 Nach Voraussetzung ist $B = \{{}^*a : a \in A\}$ mit $A \subset \widehat{S}$. Wegen $B \subset {}^*S_\nu$ für ein $\nu \in \mathbf{N}$ folgt ${}^*a \in {}^*S_\nu$ für $a \in A$, und somit ist $A \subset S_\nu$. Daher ist $A \in \widehat{S}$, und wegen $B = \{{}^*a : a \in A\}$ ist A endlich nach 8.14 (i). Somit ist $B = {}^*A$ nach 7.4 (ii).

8-11 Es ist ${}^*\mathcal{C}$ das System aller Mengen $\{x \in {}^*\mathbf{R} : a \le x \le b\}$ mit $a, b \in {}^*\mathbf{R}, a < b$; da diese Mengen intern sind, folgt dies aus 7.5 und 8.7 wegen $\mathcal{C} = \{B \in \mathcal{P}(\mathbf{R}) : \varphi[B] \text{ ist gültig}\}$ mit

$$\varphi[\underline{B}] \equiv (\exists \underline{a} \in \mathbf{R})(\exists \underline{b} \in \mathbf{R})(\underline{a} < \underline{b} \wedge (\forall \underline{x} \in \mathbf{R})(\underline{x} \in \underline{B} \Longleftrightarrow (\underline{a} \le \underline{x} \wedge \underline{x} \le \underline{b}))).$$

9-1 Ist B beschränkt, so existiert ein $r \in \mathbf{R}$, so daß folgende Aussage gültig ist: $(\forall \underline{x} \in B)|\underline{x}| \le r$. Transfer liefert, daß jedes $x \in {}^*B$ finit ist. Sei umgekehrt jedes $x \in {}^*B$ finit. Betrachte die interne Formel $\psi[\underline{n}] \equiv (\forall \underline{x} \in {}^*B)|\underline{x}| \le \underline{n}$. Dann ist $\psi[h]$ für alle $h \in {}^*\mathbf{N} - \mathbf{N}$ gültig, und daher existiert nach dem Permanenz-Prinzip 9.7 (ii) ein $n \in \mathbf{N}$, so daß $\psi[n]$ gültig ist. Wegen $B \subset {}^*B$ folgt $|x| \le n$ für alle $x \in B$.

9-2 Es ist ${}^*\mathbf{R} - \mathit{fin}({}^*\mathbf{R}) \in \widehat{{}^*S}$ extern wegen 8.12 (ii) und 9.10 (iii).

9-3 Es ist $st \subset {}^*\mathbf{R} \times {}^*\mathbf{R}$ und somit $st \in \widehat{{}^*S}$. Wäre st intern, dann müßte $\mathcal{D}(st) = \mathit{fin}({}^*\mathbf{R})$ intern sein nach 8.13 (i), im Widerspruch zu 9.10 (iii).

9-4 *(i)* Sei $\underline{A} \le \underline{r}$ eine Abkürzung für $(\forall \underline{x} \in \underline{A})\underline{x} \le \underline{r}$ und sei $\mathcal{P}_0 := \mathcal{P}(\mathbf{R}) - \{\emptyset\}$. Nun ist die folgende Aussage gültig:

$(\forall \underline{A} \in \mathcal{P}_0)((\exists \underline{r} \in \mathbf{R})\underline{A} \le \underline{r} \Rightarrow ((\exists \underline{s} \in \mathbf{R})\underline{A} \le \underline{s} \wedge (\forall \underline{s}' \in \mathbf{R})(\underline{A} \le \underline{s}' \Rightarrow \underline{s} \le \underline{s}')))$.

Diese Aussage beschreibt, daß es für jede durch ein $r \in \mathbf{R}$ nach oben beschränkte nicht-leere Menge $A \subset \mathbf{R}$ eine kleinste obere Schranke s gibt. Der Transfer dieser Aussage liefert (i); beachte dabei, daß ${}^*\mathcal{P}_0 = {}^*(\mathcal{P}(\mathbf{R})) - \{\emptyset\}$ aus allen nicht-leeren internen Teilmengen von ${}^*\mathbf{R}$ besteht (siehe 8.7).

(ii) Betrachte z.B. $\mathbf{N}$ oder $\{x \in {}^*\mathbf{R} : x \approx 0\}$.

9-5 Betrachte $\psi[\underline{n}] \equiv (\exists \underline{a} \in A)\underline{a} > \underline{n}$. Nach Voraussetzung ist $\psi[n]$ für alle $n \in \mathbf{N}$ gültig, und somit gilt $\psi[h]$ für ein $h \in {}^*\mathbf{N} - \mathbf{N}$ (siehe 9.7 (i)); also existieren $a \in A, h \in {}^*\mathbf{N} - \mathbf{N}$ mit $a > h$. Sei $h_0 \in {}^*\mathbf{N} - \mathbf{N}$ fest und $A := \{n \in {}^*\mathbf{N} : n \le h_0\}$, dann ist A intern und zu $h := h_0 + 1$ existiert kein $a \in A$ mit $a > h$.

9-6 Zeige: A intern $\Rightarrow A - x := \{a - x : a \in A\}$ intern, und benutze, daß $\{y \in {}^*\mathbf{R} : y \approx x\} - x = m(0)$ extern ist.

10-1 Es gilt *(i)* $\Rightarrow$ *(ii)* und *(i)* $\Rightarrow$ *(iii)* nach 10.1 (i).

(ii) $\Rightarrow$ *(i)* Sei $\varepsilon \in \mathbf{R}_+$ fest. Nach (ii) ist folgende Aussage gültig: $(\exists \underline{k} \in {}^*\mathbf{N})(\forall \underline{h} \in {}^*\mathbf{N})(\underline{h} \ge \underline{k} \Rightarrow |{}^*a \upharpoonright \underline{h} - a| \le \varepsilon)$. Das Transfer-Prinzip liefert (i).

(iii) $\Rightarrow$ *(i)* Sei $\varepsilon \in \mathbf{R}_+$ fest, und sei $k \in {}^*\mathbf{N} - \mathbf{N}$ mit ${}^*a_h \approx a$ für alle $h \in {}^*\mathbf{N} - \mathbf{N}, h \le k$. Betrachte $\psi[\underline{n}] \equiv (\underline{n} \le k \Rightarrow |{}^*a \upharpoonright \underline{n} - a| \le \varepsilon)$; es ist $\psi[n]$ für alle $n \in {}^*\mathbf{N} - \mathbf{N}$ gültig, und daher existiert ein $m \in \mathbf{N}$, so daß $\psi[n]$ für alle $n \ge m$ gilt (siehe 9.7 (ii)); dieses zeigt (i).

10-2 Man erhält „ $\Rightarrow$ “ analog wie in 10.1 (i). Für „ $\Leftarrow$ “ sei $\varepsilon \in \mathbf{R}_+$ fest und betrachte $\psi[\underline{k}] \equiv (\forall \underline{m}, \underline{n} \in {}^*\mathbf{N})(\underline{m} \geq \underline{k} \wedge \underline{n} \geq \underline{k} \Rightarrow |{}^*\mathfrak{a} \upharpoonright \langle \underline{m}, \underline{n} \rangle - a| \leq \varepsilon)$. Dann ist $\psi[k]$ für alle $k \in {}^*\mathbf{N} - \mathbf{N}$ gültig und damit für ein $k \in \mathbf{N}$ (siehe 9.7 (ii)); dieses zeigt „ $\Leftarrow$ “.

10-3 Betrachte $\psi[\underline{k}] \equiv (\forall \underline{n} \in {}^*\mathbf{N})|\mathfrak{b} \upharpoonright \underline{n}| \leq \underline{k}$. Dann ist $\psi[k]$ für alle $k \in {}^*\mathbf{N} - \mathbf{N}$ gültig und damit auch für ein $k \in \mathbf{N}$; also ist $|b_n| \leq k$ für alle $n \in {}^*\mathbf{N}$.

10-4 Betrachte $\psi[\underline{k}] \equiv (\forall \underline{n}, \underline{m} \in {}^*\mathbf{N})(\underline{n} \geq \underline{k} \wedge \underline{m} \geq \underline{k} \Rightarrow |\mathfrak{b} \upharpoonright \underline{n} - \mathfrak{b} \upharpoonright \underline{m}| \leq \varepsilon)$ mit $\varepsilon \in \mathbf{R}_+$. Nach Voraussetzung ist $\psi[k]$ für alle $k \in {}^*\mathbf{N} - \mathbf{N}$ gültig und daher für ein $k_0 \in \mathbf{N}$. Wegen b_n finit folgt $|st(b_n) - st(b_m)| \leq \varepsilon$ für alle $n, m \geq k_0$. Also ist $st(b_n), n \in \mathbf{N}$, Cauchy-konvergent und daher konvergent.

10-5 Setze $a_n := -1$ für $n = 3k, k = 1, 2, \ldots$ und $a_n := +1$ sonst. Sei $b_n := a_n$ $(= +1)$ für $n = 3k + 1, k = 0, 1, 2, \ldots$ und $b_n := -a_n$ sonst. Dann ist $\ell_\varepsilon(\mathfrak{a}) = \ell_\varepsilon(\mathfrak{b}) = 1 - 2\varepsilon$ und $\ell_\varepsilon(\mathfrak{a} + \mathfrak{b}) = (1 - \varepsilon)2$, also ist $\ell_\varepsilon(\mathfrak{a} + \mathfrak{b}) \neq \ell_\varepsilon(\mathfrak{a}) + \ell_\varepsilon(\mathfrak{b})$ für $\varepsilon \in]0, 1]$. Der Fall $\varepsilon = 0$ ist noch einfacher.

11-1 Zu zeigen reicht $f'(x_0) = 0$ für $x_0 \in]a, b[$. Dies folgt aus 11.6 mit $c := 0$ wegen $x \approx x_0, x \neq x_0 \Rightarrow x \in m(x_0), x \neq x_0 \Rightarrow \frac{{}^*f(x) - f(x_0)}{x - x_0} = 0$.

11-2 Transferiere die (in 11.3 (ii) bewiesene) Aussage, daß eine stetige Funktion $f: [a, b] \to \mathbf{R}$ ein Minimum und Maximum besitzt.

11-3 *(i)* ist äquivalent zur Stetigkeit von f.
(ii) ist äquivalent dazu, daß $\lim_{x \to \infty} f(x)$ existiert und endlich ist. Beim Nachweis der Äquivalenz benutze das Cauchy-Kriterium für die Existenz von $\lim_{x \to \infty} f(x)$.
(iii) ist äquivalent dazu, daß $\lim_{x \to \infty} f(x) = c$ ist.

11-4 „ $\Rightarrow$ “ : Ist f außerhalb eines beschränkten Intervalles beschränkt, dann gibt es ein $n \in \mathbf{N}$, so daß gilt $(\forall \underline{x} \in \mathbf{R})(|\underline{x}| \geq n \Rightarrow |f \upharpoonright \underline{x}| \leq n)$.
Der Transfer dieser Aussage zeigt, daß ${}^*f(x)$ finit für alle unendlichen x ist.
„ $\Leftarrow$ “ : Ist ${}^*f$ finit für alle unendlichen x, dann gilt die folgende Aussage (für $h \in {}^*\mathbf{N} - \mathbf{N}$): $(\exists \underline{h} \in {}^*\mathbf{N})(\forall \underline{x} \in {}^*\mathbf{R})(|\underline{x}| \geq \underline{h} \Rightarrow |{}^*f \upharpoonright \underline{x}| \leq \underline{h})$. Anwendung des Transfer-Prinzips liefert, daß f außerhalb eines geeigneten beschränkten Intervalles beschränkt ist.

11-5 Sei $0 \neq dx \approx 0$. Dann gilt für $n \geq 2$:
$$ {}^*f(x_0 + dx) = (x_0 + dx)^n = \sum_{\nu=0}^{n} \binom{n}{\nu} x_0^\nu (dx)^{n-\nu} \quad \text{und somit} $$
$$ \begin{aligned} \frac{{}^*f(x_0 + dx) - f(x_0)}{dx} &= \sum_{\nu=0}^{n-1} \binom{n}{\nu} x_0^\nu (dx)^{(n-1)-\nu} \\ &= n x_0^{n-1} + \left(\sum_{\nu=0}^{n-2} \binom{n}{\nu} x_0^\nu (dx)^{(n-2)-\nu}\right) dx \approx n x_0^{n-1}. \end{aligned} $$
Also ist $f'(x_0) = n x_0^{n-1}$ für $n \geq 2$ nach 11.6.

11-6 Setze $\psi[\underline{\varepsilon}] \equiv (\forall \underline{x}, \underline{y} \in {}^*\mathbf{R})(\underline{x} \leq \underline{y} \leq \underline{x} + \underline{\varepsilon} \Rightarrow {}^*f \upharpoonright \underline{x} \leq {}^*f \upharpoonright \underline{y})$. Nach Voraussetzung gilt: $(\exists \underline{\varepsilon} \in {}^*\mathbf{R}_+)\psi[\underline{\varepsilon}]$. Das Transfer-Prinzip liefert dann die Behauptung.

11-7 Sei $f: [0, 1] \to \mathbf{R}$ Riemann-integrierbar. Dann gilt $\lim_{n \to \infty} s_n = \int_0^1 f(x)dx$, und es folgt ${}^*s_h \approx \int_0^1 f(x)dx$ (siehe 10.1 (i)); also ist $L(f) = \int_0^1 f(x)dx$. Die Positivität und Linearität von L folgt aus den Rechenregeln über die Standardteil-Abbildung unter Benutzung von 10.2.

12-1 *(i)* Wende den Satz von Dini (siehe 12.2) auf $f - f_n$ an.
(ii) Sei $[a, b] := [0, 1]$ und sei $f_n(x) := -x^n$. Dann gilt $f_n \uparrow f$ mit $f(1) = -1$ und $f(x) = 0$ für $x < 1$. Also konvergiert $f_n, n \in \mathbf{N}$, nicht gleichmäßig gegen f, da sonst f nach Aufgabe 12-3 stetig wäre.

12-2 Folgt direkt aus 12.3, da es zu $x, y \in {}^*[a,b]$ mit $x \approx y$ ein $x_0 \in [a,b]$ gibt, so daß $x \approx x_0$ und $y \approx x_0$ ist.

12-3 Sei ${}^*D \ni x \approx x_0 \in D$, zu zeigen ist ${}^*f(x) \approx f(x_0)$. Nach 12.1 (i) gilt ${}^*f_h(x) \approx {}^*f(x)$ und ${}^*f_h(x_0) \approx f(x_0)$ für alle $h \in {}^*\mathbf{N} - \mathbf{N}$. Da alle f_n stetig sind, gilt ${}^*f_n(x) \approx f_n(x_0)$ für alle $n \in \mathbf{N}$ und mit Hilfe des Permanenz-Prinzips dann auch für ein $h_0 \in {}^*\mathbf{N}-\mathbf{N}$ (betrachte $\psi[\underline{n}] \equiv |({}^*\mathrm{f} \upharpoonright \underline{n}) \upharpoonright x - ({}^*\mathrm{f} \upharpoonright \underline{n}) \upharpoonright x_0| \leq \frac{1}{\underline{n}}$). Es folgt ${}^*f(x) \approx {}^*f_{h_0}(x) \approx {}^*f_{h_0}(x_0) \approx f(x_0)$.

13-1 Beweis von 13.2* (ii): Sei $R \subset {}^*S_\nu \times {}^*S_\nu$ intern. Es ist die folgende Aussage gültig: $(\forall \underline{R} \in \mathcal{P}(S_\nu \times S_\nu))(\forall \underline{y} \in S_\nu)(\underline{y} \in \mathcal{W} \upharpoonright \underline{R} \iff (\exists \underline{x} \in S_\nu)\langle \underline{x}, \underline{y}\rangle \in \underline{R})$.
Hieraus folgt mit dem Transfer-Prinzip ${}^*\mathcal{W} \upharpoonright R = \mathcal{W}(R)$ (siehe auch den Beweis von 13.2* (i)).
Zum Nachweis von 13.3 für $\cap$ seien $A, B \in {}^*S_\nu^-$ und transferiere für $\cap$:

$$(\forall \underline{A}, \underline{B} \in S_\nu^-)(\forall \underline{x} \in \underline{A} \cap \underline{B})(\underline{x} \in \underline{A} \wedge \underline{x} \in \underline{B});$$
$$(\forall \underline{A}, \underline{B} \in S_\nu^-)(\forall \underline{x} \in A)(\underline{x} \in \underline{B} \Rightarrow \underline{x} \in \underline{A} \cap \underline{B}).$$

Der Beweis für $-$ verläuft analog.

13-2 Nach Definition von $\circ$ wird Teilmengen R_1, R_2 von $S_\nu \times S_\nu$ die Teilmenge $R_2 \circ R_1$ von $S_\nu \times S_\nu$ zugeordnet. Daher ist ${}^*\circ$ eine Abbildung, die internen Teilmengen R_1, R_2 von ${}^*S_\nu \times {}^*S_\nu$ die interne Teilmenge ${}^*\circ \upharpoonright \langle R_1, R_2\rangle$ von ${}^*S_\nu \times {}^*S_\nu$ zuordnet (siehe 7.9 (i) und 8.7). Die Behauptung folgt durch Transfer von:

$$(\forall \underline{R}_1, \underline{R}_2 \in \mathcal{P}(S_\nu \times S_\nu))(\forall \underline{x}, \underline{z} \in S_\nu)(\langle \underline{x}, \underline{z}\rangle \in \circ \upharpoonright \langle \underline{R}_1, \underline{R}_2\rangle \iff$$
$$(\exists \underline{y} \in S_\nu)(\langle \underline{x}, \underline{y}\rangle \in \underline{R}_1 \wedge \langle \underline{y}, \underline{z}\rangle \in \underline{R}_2)).$$

13-3 Es ist $\subset$ eine Teilmenge von $S_\nu^- \times S_\nu^-$ und daher ein Element von $\widehat{S}$. Es gilt:

$\subset = \{\langle A, B\rangle \in S_\nu^- \times S_\nu^- : \varphi[A, B] \text{ ist gültig}\}$ mit $\varphi[\underline{A}, \underline{B}] \equiv (\forall \underline{x} \in \underline{A})\underline{x} \in \underline{B}$.

Nach 7.5 folgt ${}^*\subset = \{\langle A, B\rangle \in {}^*S_\nu^- \times {}^*S_\nu^- : A \subset B\}$.

13-4 Es ist $\in_{\mathbf{R}}$ als Teilmenge von $\mathbf{R} \times \mathcal{P}(\mathbf{R})$ ein Element von $\widehat{S}$. Es gilt:

$\in_{\mathbf{R}} = \{\langle a, A\rangle \in \mathbf{R} \times \mathcal{P}(\mathbf{R}) : \varphi[a, A] \text{ ist gültig}\}$ mit $\varphi[\underline{a}, \underline{A}] \equiv \underline{a} \in \underline{A}$.

Nach 7.5 und 8.7 folgt ${}^*\in_{\mathbf{R}} = \{\langle a, A\rangle : a \in A, A \subset {}^*\mathbf{R} \text{ intern}\}$.

13-5 Es ist $\times$ eine Abbildung von $S_\nu^- \times S_\nu^-$ in $S_{\nu+2}^-$ (benutze 5.7 (vii)) und daher ein Element von $\widehat{S}$ (siehe 5.14 (i)). Es sind folgende beiden Aussagen gültig:

$$(\forall \underline{A}, \underline{B} \in S_\nu^-)(\forall \underline{z} \in \times \upharpoonright \langle \underline{A}, \underline{B}\rangle)(\exists \underline{x} \in \underline{A})(\exists \underline{y} \in \underline{B})\underline{z} = \langle \underline{x}, \underline{y}\rangle;$$
$$(\forall \underline{A}, \underline{B} \in S_\nu^-)(\forall \underline{x} \in \underline{A})(\forall \underline{y} \in \underline{B})\langle \underline{x}, \underline{y}\rangle \in \times \upharpoonright \langle \underline{A}, \underline{B}\rangle.$$

Für $A, B \in {}^*S_\nu^-$ liefert der Transfer der ersten Aussage ${}^*\times \upharpoonright \langle A, B\rangle \subset A \times B$ und der Transfer der zweiten Aussage $A \times B \subset {}^*\times \upharpoonright \langle A, B\rangle$.

13-6 Es ist $\cup : \mathcal{P}(\mathcal{P}(\Omega)) \to \mathcal{P}(\Omega)$, und daher ist

$$\cup \in \widehat{S} \text{ und } {}^*\cup : {}^*(\mathcal{P}(\mathcal{P}(\Omega))) \to {}^*(\mathcal{P}(\Omega)).$$

Dabei ordnet ${}^*\cup$ jedem internen System $\mathcal{S} \subset {}^*(\mathcal{P}(\Omega))$ die (interne) Menge $\cup_{A \in \mathcal{S}} A$ zu (transferiere hierzu: $(\forall \mathcal{S} \in \mathcal{P}(\mathcal{P}(\Omega)))(\forall \underline{x} \in \Omega)(\underline{x} \in \cup \upharpoonright \underline{\mathcal{S}} \iff (\exists \underline{A} \in \underline{\mathcal{S}})\underline{x} \in \underline{A})$).

14-1 Sei $T(i) := H_i$ für $i \in {}^*\mathbf{N}$. Da T intern ist, gilt $\mathcal{W}(T) \in {}^*S_\nu$ für ein $\nu \in \mathbf{N}$. Wegen $H_i \in \mathcal{W}(T)$ folgt $H_i \in {}^*S_\nu$ und damit $H_i \subset {}^*S_\nu$. Da H_i *-endlich ist, ist $T(i) \in {}^*E_\nu$, und es folgt $T \in {}^*(E_\nu^{\mathbf{N}})$ (benutze 8.16). Nun ist folgende Aussage gültig:

$$(\forall \underline{T} \in E_\nu^{\mathbf{N}})(\forall \underline{n} \in \mathbf{N})(\exists \underline{B} \in E_\nu)(\forall \underline{x} \in S_\nu)(\underline{x} \in \underline{B} \iff (\exists \underline{i} \in \mathbf{N})(\underline{i} \leq \underline{n} \wedge \underline{x} \in \underline{T} \restriction \underline{i}))$$

(wähle zu T und n die Menge $B := \cup_{i=1}^n T(i)$). Der Transfer dieser Aussage liefert wegen $T \in {}^*(E_\nu^{\mathbf{N}})$, daß für jedes $h \in {}^*\mathbf{N}$ die Menge $B = \cup_{i=1}^h T(i) \in {}^*E_\nu$ und damit *-endlich ist.

14-2 Es ist ${}^*\mathcal{P}(H)$ eine Algebra (benutze 8.11 und 13.1). Zeige mit Transfer: $|B| \leq |H|$ für jedes $B \in {}^*\mathcal{P}(H)$. Somit ist $0 \leq st(\frac{|B|}{|H|}) \leq 1$ und $st(\frac{|H|}{|H|}) = 1$. Sind $B_1, B_2 \in {}^*\mathcal{P}(H)$ disjunkt, so folgt mit 14.7 (i) :

$$st(\tfrac{|B_1 \cup B_2|}{|H|}) = st(\tfrac{|B_1|}{|H|}) + st(\tfrac{|B_2|}{|H|}).$$

14-3 Sei $E \in {}^*S_\nu^-$. Die Behauptung folgt durch Transfer der gültigen Aussage $(\forall \underline{E} \in S_\nu^-)(\underline{E} \in E_\nu \iff (\forall \underline{f} \in \mathcal{F}_{inj})(\mathcal{D} \restriction \underline{f} = \underline{E} \wedge \mathcal{W} \restriction \underline{f} \subset \underline{E} \Rightarrow \mathcal{W} \restriction \underline{f} = \underline{E}))$ unter Benutzung von 14.2, 13.4 und 13.2.

14-4 Da g eine *-endliche Relation ist, existiert ein $\nu \in \mathbf{N}$, so daß $g \in {}^*\mathcal{R}$ mit $\mathcal{R} := \{E \subset S_\nu \times S_\nu : E \text{ endlich}\}$ (benutze 14.2). Dann folgt die Behauptung durch Transfer der gültigen Aussage: $(\forall \underline{g} \in \mathcal{R})(\underline{g} \in \mathcal{F} \Rightarrow (\mathcal{D} \restriction \underline{g} \in E_\nu \wedge \mathcal{W} \restriction \underline{g} \in E_\nu \wedge \# \restriction (\mathcal{W} \restriction \underline{g}) \leq \# \restriction \underline{g} \wedge \# \restriction (\mathcal{D} \restriction \underline{g}) = \# \restriction \underline{g}))$ unter Benutzung von 13.4, 13.2 und 14.6.

14-5 Sei $H \in {}^*E_\nu$ und $f \in {}^*\mathcal{F}$. Transferiere die gültige Aussage: $(\forall \underline{f} \in \mathcal{F})((\mathcal{D} \restriction \underline{f} \in E_\nu \wedge \mathcal{W} \restriction \underline{f} \in \mathcal{P}(\mathbf{R})) \Rightarrow (\exists \underline{x} \in \mathcal{D} \restriction \underline{f})(\forall \underline{y} \in \mathcal{D} \restriction \underline{f})(\underline{f} \restriction \underline{y} \leq \underline{f} \restriction \underline{x}))$.

14-6 Gäbe es eine *-endliche Menge H mit ${}^*\mathbf{N} \subset H$, dann wäre $H \in {}^*E_\nu$ für ein geeignetes ν und damit die folgende Aussage gültig:

$$(\exists \underline{H} \in {}^*E_\nu)(\forall \underline{x} \in {}^*\mathbf{N})(\underline{x} \in \underline{H}).$$

Nach Transfer wäre $\mathbf{N}$ Teilmenge einer endlichen Menge.

15-1 Sei $\mathcal{C} \subset \widehat{S} - S$ ein System mit nicht-leeren endlichen Durchschnitten. Sei $I \in \widehat{S} - S$ mit o.B.d.A. $C \subset I$ für alle $C \in \mathcal{C}$ (betrachte sonst das System $\{C \cap I : C \in \mathcal{C}\}$ mit einem $I \in \mathcal{C}$). Setze $\mathcal{F} := \{A \subset I : \exists \mathcal{C}_0 \subset \mathcal{C}$ endlich mit $\cap_{C \in \mathcal{C}_0} C \subset A\}$. Dann ist $\mathcal{F} \in \widehat{S}$ und $\mathcal{F}$ ist Filter, da $\mathcal{C}$ nicht-leere endliche Durchschnitte besitzt. Wegen $\cap_{C \in \mathcal{C}} {}^*C \supset \cap_{A \in \mathcal{F}} {}^*A \neq \emptyset$ folgt die Behauptung.

15-2 *(i) ⇒ (ii)* Da R endlich erfüllbar ist, besitzt das System aller Mengen $\{b \in \mathcal{W}(R) : \langle a, b \rangle \in R\}, a \in \mathcal{D}(R)$, nicht-leere endliche Durchschnitte. Aus (i) folgt $\cap_{a \in \mathcal{D}(R)} {}^*\{b \in \mathcal{W}(R) : \langle a, b \rangle \in R\} \neq \emptyset$. Hieraus folgt (ii) mit 7.5.

(ii) ⇒ (i) Sei $\mathcal{C}$ ein System mit nicht-leeren endlichen Durchschnitten. Sei $\emptyset \neq C_0 \in \widehat{S}$ mit o.B.d.A. $C \subset C_0$ für alle $C \in \mathcal{C}$. Dann ist $R := \{\langle C, c \rangle \in \mathcal{C} \times C_0 : c \in C\}$ eine endlich erfüllbare Relation mit $\mathcal{D}(R) = \mathcal{C}$. Nach (ii) existiert ein $b \in {}^*(\mathcal{W}(R))$ mit $\langle {}^*C, b \rangle \in {}^*R$ für alle $C \in \mathcal{C}$. Wegen ${}^*R \underset{7.5}{=} \{\langle D, d \rangle \in {}^*\mathcal{C} \times {}^*C_0 : d \in D\}$ folgt $b \in {}^*C$ für alle $C \in \mathcal{C}$.

(i) ⇒ (iii) nach Satz 15.3.

(iii) ⇒ (i) Sei $\mathcal{C} \subset \widehat{S} - S$ ein System mit nicht-leeren endlichen Durchschnitten; zu zeigen ist: $\cap_{C \in \mathcal{C}} {}^*C \neq \emptyset$. Sei hierzu o.B.d.A. $C \subset C_0 \in \widehat{S}$ für alle $C \in \mathcal{C}$. Dann ist $\mathcal{C} \in \widehat{S}$, und es existiert somit eine *-endliche Menge H_0 mit $\{{}^*C : C \in \mathcal{C}\} \subset H_0 \subset {}^*\mathcal{C}$. Zu zeigen reicht: $\cap_{D \in H_0} D \neq \emptyset$. Setze hierzu $\mathcal{E} := \{E \in \mathcal{P}(\mathcal{C}) : \emptyset \neq E \text{ endlich}\}$. Dann ist ${}^*\mathcal{E} = \{H \in {}^*(\mathcal{P}(\mathcal{C})) : \emptyset \neq H\ {}^*\text{-endlich}\}$. Man zeige mit Transfer: $\cap_{D \in H} D \neq \emptyset$ für jedes $H \in {}^*\mathcal{E}$ und beachte $H_0 \in {}^*\mathcal{E}$.

15-3 Wegen ${}^*A \subset \bigcup_{i\in I} {}^*A_i$ gilt $\bigcap_{i\in I} {}^*(A-A_i) = \emptyset$. Somit gibt es ein endliches $I_0 \subset I$ mit $\bigcap_{i\in I_0}(A - A_i) = \emptyset$. Daher folgt $A \subset \bigcup_{i\in I_0} A_i$ und somit ${}^*A \subset \bigcup_{i\in I_0} {}^*A_i$.

15-4 Sei $\mathcal{A} := \{A \subset \mathbf{N}: A$ endlich oder $\mathbf{N} - A$ endlich$\}$. Dann ist $\mathcal{A}$ eine unendliche Algebra. Setze $P(A) := 0$ bzw. 1 falls A bzw. $\mathbf{N} - A$ endlich ist. Dann ist P ein stetiger W-Inhalt auf $\mathcal{A}$ und mit $H := \{h\}$ für $h \in {}^*\mathbf{N} - \mathbf{N}$ gilt die Darstellung in 15.6.

16-1 Sei $\nu \in \mathbf{N}$, so daß $H \subset {}^*S_\nu$ ist. Es ist die folgende Aussage gültig:

$$(\forall \underline{a}, \underline{b} \in \mathfrak{A})(\mathcal{D} \upharpoonright \underline{a} = \mathcal{D} \upharpoonright \underline{b} \Rightarrow \sum \upharpoonright (+ \upharpoonright \langle \underline{a}, \underline{b} \rangle) = \sum \upharpoonright \underline{a} + \sum \upharpoonright \underline{b}),$$

wobei das erste $+$ die Abbildung ist, die je zwei Funktionen aus $\mathfrak{A}$ mit gleichem Definitionsbereich die Summenfunktion zuordnet. Wegen $a, b \in {}^*\mathfrak{A}$ (siehe 16.1) und $\mathcal{D}(a) = \mathcal{D}(b) = H$ folgt die Behauptung mit Hilfe des Transfer-Prinzips.

16-2 Seien ν und $\mathfrak{A}$ wie in Aufgabe 16-1 gewählt. Dann erhält man 16.6 (i) und (iii) durch Transfer der folgenden gültigen Aussagen:

$$(\forall \underline{a}, \underline{b} \in \mathfrak{A})((\mathcal{D} \upharpoonright \underline{a} = \mathcal{D} \upharpoonright \underline{b} \wedge (\forall \underline{i} \in \mathcal{D} \upharpoonright \underline{a})\, \underline{a} \upharpoonright \underline{i} \leq \underline{b} \upharpoonright \underline{i}) \Rightarrow \sum \upharpoonright \underline{a} \leq \sum \upharpoonright \underline{b});$$

$$(\forall \underline{a} \in \mathfrak{A})(\forall \underline{\alpha} \in \mathbf{R}) \sum \upharpoonright (\cdot \upharpoonright \langle \underline{\alpha}, \underline{a} \rangle) = \underline{\alpha} \cdot \sum \upharpoonright \underline{a}.$$

16-3 „$\Rightarrow$" gilt wegen $A_i = \bigcup_{j: B_j \subset A_i} B_j$. Die Richtung „$\Leftarrow$" ist trivial.

16-4 Für $i_j \in \mathcal{D}(\mathbf{A}^{(j)}), j = 1, \ldots, k$, setze $B(i_1, \ldots, i_k) := \bigcap_{j=1}^k \mathbf{A}^{(j)}(i_j) \in \mathcal{A}$. Dann ist Ω die disjunkte Vereinigung aller $B(i_1, \ldots, i_k)$. Durch die $B(i_1, \ldots, i_k) \neq \emptyset$ wird daher eine endliche $\mathcal{A}$-Zerlegung $\mathbf{B}$ von Ω geliefert, die eine Verfeinerung von $\mathbf{A}^{(1)}, \ldots, \mathbf{A}^{(k)}$ ist.

16-5 Seien $f_1, f_2 \in L^b(\mu)$. Dann existiert zu $\varepsilon \in \mathbf{R}_+$ eine Zerlegung $\mathbf{B} \in \mathcal{Z}(\mathcal{A})$ mit

(1) $O(f_i, \mathbf{B}) - U(f_i, \mathbf{B}) \leq \varepsilon/2$, $i = 1, 2$ (benutze 16.9 und 16.8);

(2) $O(f_1 + f_2, \mathbf{B}) \leq O(f_1, \mathbf{B}) + O(f_2, \mathbf{B})$;

(3) $U(f_1 + f_2, \mathbf{B}) \geq U(f_1, \mathbf{B}) + U(f_2, \mathbf{B})$.

Aus (1)–(3) folgt $O(f_1 + f_2, \mathbf{B}) - U(f_1 + f_2, \mathbf{B}) \leq \varepsilon$, d.h. $f_1 + f_2 \in L^b(\mu)$. Wegen (2) und (3) gilt ferner:

$$U(f_1, \mathbf{B}) + U(f_2, \mathbf{B}) \leq \int f_1 d\mu + \int f_2 d\mu \leq O(f_1, \mathbf{B}) + O(f_2, \mathbf{B}),$$

$$U(f_1, \mathbf{B}) + U(f_2, \mathbf{B}) \leq \int (f_1 + f_2) d\mu \leq O(f_1, \mathbf{B}) + O(f_2, \mathbf{B}),$$

und somit nach (1), daß $\int (f_1 + f_2) d\mu = \int f_1 d\mu + \int f_2 d\mu$ ist. Zum Nachweis von $\alpha \cdot f \in L^b(\mu)$ und $\int \alpha f d\mu = \alpha \int f d\mu$ für $\alpha \in \mathbf{R}, f \in L^b(\mu)$ reicht es, dieses für $\alpha > 0$ und $\alpha = -1$ zu beweisen. Dieses folgt dann aus: $O(\alpha f, \mathbf{B}) = \alpha O(f, \mathbf{B})$, $U(\alpha f, \mathbf{B}) = \alpha U(f, \mathbf{B})$ für $\alpha > 0$ sowie $O(-f, \mathbf{B}) = -U(f, \mathbf{B})$. Die Positivität des Integrals folgt aus $U(f, \mathbf{A}) \geq 0$ für $f \geq 0$.
Zum Nachweis von $1_A \in L^b(\mu)$ und $\mu(A) = \int 1_A d\mu$ für $A \in \mathcal{A}$ betrachte die Zerlegung $\mathbf{A}$ mit $\mathbf{A}(i) \in \{A, \overline{A}\}$. Die Behauptung folgt aus $U(1_A, \mathbf{A}) = \mu(A) = O(1_A, \mathbf{A})$.

16-6 Setze für beschränkte $f: [a, b] \to \mathbf{R}$ und für $a =: a_0 < a_1 < \ldots < a_n := b$

$$U(f; a_1, \ldots, a_n) := \sum_{i=1}^n \inf_{x \in [a_{i-1}, a_i]} f(x) \cdot (a_i - a_{i-1});$$

$$O(f; a_1, \ldots, a_n) := \sum_{i=1}^n \sup_{x \in [a_{i-1}, a_i]} f(x) \cdot (a_i - a_{i-1}).$$

Es ist f genau dann Riemann-integrierbar, wenn gilt:

$$\sup U(f; a_1, \ldots, a_n) = \inf O(f; a_1, \ldots, a_n),$$

wobei sup und inf über alle $a = a_0 < a_1 < \ldots < a_n = b, n \in \mathbf{N}$, genommen

werden; der gemeinsame Wert ist dann $\int_a^b f(t)dt$. Die Behauptung folgt aus
$\sup U(f;a_1,\dots,a_n) = \sup_{\mathbf{A}\in\mathcal{Z}} U(f,\mathbf{A})$, $\inf O(f;a_1,\dots,a_n) = \inf_{\mathbf{A}\in\mathcal{Z}} O(f,\mathbf{A})$.

16-7 Wende 16.17 auf $f(t) := t^2$ an. Dann gilt für $h \in {}^*\mathbf{N} - \mathbf{N}$:

$$\tfrac{1}{3} = \int_0^1 t^2 dt = st(\tfrac{1}{h}\sum_{i=1}^h \tfrac{i^2}{h^2}) = st(\sum_{i=1}^h \tfrac{i^2}{h^3}).$$

17-1 Sei g $\approx$stetig in $x_0 \in {}^*\mathbf{R}$ und $\varepsilon \in \mathbf{R}_+$. Betrachte die interne Formel

$$\psi[\underline{n}] \equiv (\forall \underline{x} \in {}^*\mathbf{R})(|\underline{x} - x_0| \le 1/\underline{n} \Rightarrow |g \upharpoonright \underline{x} - g(x_0)| \le \varepsilon).$$

Dann ist $\psi[n]$ für alle $n \in {}^*\mathbf{N} - \mathbf{N}$ gültig und daher nach dem Permanenz-Prinzip für ein $n \in \mathbf{N}$. Wähle $\delta := 1/n$. Die Umkehrung ist trivial.

17-2 Nach Aufgabe 17-1, angewandt auf $x_0 \in \mathbf{R}$, gilt wegen $\mathbf{R} \subset {}^*\mathbf{R}$, daß es zu jedem $\varepsilon \in \mathbf{R}_+$ ein $\delta \in \mathbf{R}_+$ gibt mit: $x \in \mathbf{R}, |x - x_0| \le \delta \Rightarrow |g(x) - g(x_0)| \le \varepsilon$. Da $g(x)$ für alle $x \in \mathbf{R}$ endlich ist, folgt aus dieser Implikation auch: $x \in \mathbf{R}, |x - x_0| \le \delta \Rightarrow |f(x) - f(x_0)| \le \varepsilon$, und somit ist f in x_0 stetig. Also ist $f: \mathbf{R} \to \mathbf{R}$ eine stetige Funktion mit $g(x_0) \approx f(x_0)$ für alle $x_0 \in \mathbf{R}$. Ist $x \in fin({}^*\mathbf{R})$, dann gibt es ein $x_0 \in \mathbf{R}$ mit $x \approx x_0$. Die $\approx$Stetigkeit von g in x_0 und die Stetigkeit von f in x_0 liefern: $g(x) \approx g(x_0) \approx f(x_0) \approx {}^*f(x)$.

17-3 Nein; betrachte z.B. $g(x) := 1$ für $x \approx 0$ und 0 sonst.

17-4 Sei $h \in {}^*\mathbf{N} - \mathbf{N}$. Dann ist ${}^*\sin(hx) \in {}^*C(\mathbf{R})$ und damit *-stetig; jedoch ist ${}^*\sin(hx)$ nirgends $\approx$stetig. Ferner gilt $|{}^*\sin(hx)| \le 1$ für alle $x \in {}^*\mathbf{R}$.

17-5 Wähle zu $f(x) := 1$ für $x \in \mathbf{Q}, f(x) := 0$ für $x \in \mathbf{R} - \mathbf{Q}$ ein *-endliches Polynom g mit $g(x) = f(x)$ für $x \in \mathbf{R}$ (siehe 17.7).

17-6 *(i) ⇒ (ii)* Sei $g_n := f_{k(n)}$ mit $k(n) < k(n+1)$ eine Teilfolge von f_n, die gleichmäßig auf allen beschränkten Intervallen gegen f konvergiert. Dann gibt es ein $h \in {}^*\mathbf{N} - \mathbf{N}$ mit ${}^*g_h(x) \approx {}^*f(x)$ für alle $x \in fin({}^*\mathbf{R})$ (siehe 17.3). Da ${}^*g_h = {}^*f_{{}^*k(h)}$ mit $h \le {}^*k(h)$ ist (Transfer), folgt (ii).

(ii) ⇒ (i) Folgende interne Aussage gilt für alle $n \in \mathbf{N}$:

$$(\exists \underline{h} \in {}^*\mathbf{N})(\underline{h} \ge n \wedge (\forall \underline{x} \in {}^*\mathbf{R})(|\underline{x}| \le n \Rightarrow |({}^*\mathrm{f} \upharpoonright \underline{h}) \upharpoonright \underline{x} - {}^*f \upharpoonright \underline{x}| \le \tfrac{1}{n})).$$

Der Transfer zeigt, daß es zu jedem $n \in \mathbf{N}$ ein $k(n) \ge n$ gibt mit $|f_{k(n)}(x) - f(x)| \le 1/n$ für alle $|x| \le n$. Hiermit lassen sich induktiv $k'(n)$ mit $k'(1) := k(1), k'(n-1) < k'(n)$ und $|f_{k'(n)}(x) - f(x)| \le 1/n$ für alle $|x| \le n$ bestimmen. Also ist $f_{k'(n)}$ eine Teilfolge von f_n, die auf allen beschränkten Intervallen gleichmäßig gegen f konvergiert.

17-7 Es ist ${}^*f_h$ für $h \in {}^*\mathbf{N}$ $\approx$stetig in $x_0 \in \mathbf{R}$ (benutze 12.3) und endlich. Setze für $h_0 \in {}^*\mathbf{N} - \mathbf{N}$: $f(x_0) := st({}^*f_{h_0}(x_0))$ für $x_0 \in \mathbf{R}$. Dann ist $f: \mathbf{R} \to \mathbf{R}$ eine stetige Funktion mit ${}^*f_{h_0}(x) \approx {}^*f(x)$ für $x \in fin({}^*\mathbf{R})$ (benutze Aufgabe 17-2). Die Behauptung folgt nun aus Aufgabe 17-6.

18-1 Sei indirekt $\delta(x) \le c \in \mathbf{R}_+$ für $x \in m(0)$. Dann gilt für infinitesimale $\varepsilon > 0$: ${}^*\int_{-\varepsilon}^{\varepsilon} \delta(x)dx \le c\,2\,\varepsilon \approx 0$ im Widerspruch zu 18.5 (ii).

18-2 $\psi(\underline{n}) \equiv (\forall \underline{x} \in {}^*\mathbf{R})(|x| \ge \underline{n} \Rightarrow g \upharpoonright \underline{x} = 0)$ ist eine interne Formel, die für alle $n \in {}^*\mathbf{N} - \mathbf{N}$ und somit für ein $n_0 \in \mathbf{N}$ gilt. Also gilt $g(x) = 0$ für $x \in {}^*\mathbf{R}$ mit $|x| \ge n_0$. Es reicht nach dem Permanenz-Prinzip zu zeigen ${}^*\int_{-1/n}^{1/n} g(x)dx \ge 1 - 1/n$ für alle $n \in \mathbf{N}$, und somit wegen ${}^*\int g(x)dx = 1$, daß ${}^*\int_{|x|\ge 1/n} g(x)dx \le 1/n$ ist. Dieses folgt wegen $g(x) = 0$ für $|x| \ge n_0$ und $g(x) \approx 0$ für $|x| \ge 1/n$.

18-3 Es reicht zu zeigen ${}^*\!\int_{-1/n}^{1/n} g(x)dx \geq 1-\frac{1}{n}$ für alle $n \in \mathbf{N}$. Wäre ${}^*\!\int_{-1/n_0}^{1/n_0} g(x)dx \leq 1 - 1/n_0$ für ein $n_0 \in \mathbf{N}$, dann erhielte man auf folgende Weise einen Widerspruch: Wähle ein $\varphi \in C_0^{(\infty)}$ mit $\varphi(0) = 1, 0 \leq \varphi \leq 1$ und $\varphi(x) = 0$ für $|x| > 1/n_0$. Dann gilt ${}^*\!\int g(x)^*\varphi(x)dx \approx \varphi(0) = 1$ und ${}^*\!\int g(x)^*\varphi(x)dx = {}^*\!\int_{-1/n_0}^{1/n_0} g(x)^*\varphi(x)dx \leq {}^*\!\int_{-1/n_0}^{1/n_0} g(x)dx \leq 1 - 1/n_0$ mit Widerspruch.

18-4 Wähle δ-Funktionen $\delta_1, \delta_2, \delta_3$ mit $\delta_1(x) = 0$ für $x \leq 0$ und $x \geq 1/h$, $\delta_2(x) = 0$ für $x \geq 0$ und $\delta_3(x) = 1$ für $0 \leq x \leq 1/h$, $h \in {}^*\mathbf{N}-\mathbf{N}$ (siehe hierzu auch 18.6).

19-1 Setze $D_n := C^{(n)} - C^{(\infty)}$. Dann besitzt $\mathcal{D} := \{D_n : n \in \mathbf{N}\}$ nicht-leere endliche Durchschnitte, und somit gilt $\emptyset \neq \bigcap_{n=1}^{\infty} {}^*D_n = \bigcap_{n=1}^{\infty} {}^*C^{(n)} - {}^*C^{(\infty)}$.

19-2 Sei $\varphi \in C_0^{(\infty)}$ und $\varepsilon \in \mathbf{R}_+$. Dann gilt: $|g_1(x)^*\varphi(x) - g_2(x)^*\varphi(x)| \leq \varepsilon |{}^*\varphi(x)|$ für $x \in {}^*\mathbf{R}$. Daher folgt $|{}^*\!\int g_1{}^*\varphi dx - {}^*\!\int g_2{}^*\varphi dx| \leq \varepsilon \int |\varphi| dx$, und somit gilt: ${}^*\!\int g_1{}^*\varphi dx \approx {}^*\!\int g_2{}^*\varphi\, dx$. Also ist $g_2 \in \mathfrak{e}({}^*C^{(0)})$ und $[g_1] = [g_2]$.

19-3 Für $\varphi \in C_0^{(\infty)}$ gilt: $[\delta]^{(n)}(\varphi) = (-1)^n[\delta](\varphi^{(n)}) = (-1)^n\varphi^{(n)}(0)$.

19-4 Benutze Aufgabe 18-4.

19-5 Mit den Bezeichnungen von 19.11 ist zu zeigen:

$$g(x) = {}^*\!\int_0^x {}^*f(x-t)k(t)dt \approx 0 \quad \text{für} \quad x \in fin({}^*\mathbf{R}).$$

Nach Voraussetzung gilt:

(I) $\qquad K(x) := {}^*\!\int_0^x k(t)dt \approx 0$ für $x \in fin({}^*\mathbf{R})$.

Es ist $K(0) = 0, K'(x) = k(x)$, und daher folgt mit partieller Integration für $x \in fin({}^*\mathbf{R})$:

$$g(x) = {}^*\!\int_0^x {}^*f(x-t)K'(t)dt = {}^*\!\int_0^x {}^*f'(x-t)K(t)dt + f(0)K(x) - {}^*f(x)K(0)$$
$$\underset{(I)}{\approx} {}^*\!\int_0^x {}^*f'(x-t)K(t)dt \underset{(I)}{\approx} 0.$$

19-6 Es ist ${}^*\sin(x)$ eine Lösung der internen Differentialgleichung $y'' + y = 0$, $y(0) = 0$, $y'(0) = 1$. Wende für *(i)* Satz 19.11 an auf $k_1(x) := A\,{}^*\sin(\alpha x)$ und $k_2(x) := 0$, $x \in {}^*\mathbf{R}$. Wende für *(ii)* Aufgabe 19-5 auf dieselben Funktionen k_1, k_2 an.

19-7 Zeige, daß es einen Repräsentanten g_2 von $[0]$ gibt mit $g_2(x_0) = r - g(x_0)$. Setze dann $g_1 := g + g_2$.

19-8 Würde $[\delta](0)$ existieren, so gäbe es ein $g \in \mathfrak{e}({}^*C^{(0)})$ mit $[g] = [\delta]$, welches in 0 $\approx$stetig und finit ist. Hieraus folgte mit Hilfe des Permanenz-Prinzips $|g(x)| \leq c$ für $|x| < \varepsilon$ mit geeignetem $\varepsilon \in \mathbf{R}_+$. Somit gilt:

$${}^*\!\int_{-1/n_0}^{1/n_0} |g(x)|dx \leq 1 - 1/n_0 \quad \text{für ein } n_0 \in \mathbf{N},$$

und man erhält durch Wahl der in der Lösung der Aufgabe 18-3 angegebenen Funktion φ einen Widerspruch zu $[g] = [\delta]$.

19-9 Es sei o.B.d.A. g in x_0 $\approx$stetig und endlich (siehe 19.12). Dann ist ${}^*f \cdot g$ in x_0 $\approx$stetig, und es gilt $st({}^*f \cdot g)(x_0) = st({}^*f(x_0))\, st(g(x_0)) = f(x_0) \cdot [g](x_0)$. Also ist $(f \cdot [g])(x_0) = [{}^*fg](x_0) = f(x_0) \cdot [g](x_0)$.

19-10 Man zeigt: $g'(x) = \int_0^x f'(x-t)\widetilde{k}(t)dt + f(0)\widetilde{k}(x)$ (benutze $g(y) - g(x) = \int_0^x (f(y-t) - f(x-t))\widetilde{k}(t)dt + \int_x^y f(y-t)\widetilde{k}(t)dt$ und berechne $\lim_{y \to x} \frac{g(y)-g(x)}{y-x}$). Dann folgt induktiv wegen $f^{(j)}(0) = 0$ für $0 \leq j \leq n-2$ und $f^{(n-1)}(0) = 1$:

(1) $\qquad g^{(\nu)}(x) = \int_0^x f^{(\nu)}(x-t)\widetilde{k}(t)dt$ für $0 \leq \nu \leq n-1$;

(2) $\qquad g^{(n)}(x) = \int_0^x f^{(n)}(x-t)\widetilde{k}(t)dt + \widetilde{k}(x)$.

Da f eine Lösung der homogenen Differentialgleichung ist, gilt:

$$(f^{(n)}(x-t)+a_{n-1}f^{(n-1)}(x-t)+\ldots+a_0f(x-t))\widetilde{k}(t)=0.$$

Daher folgt:

$$\int_0^x f^{(n)}(x-t)\widetilde{k}(t)dt+a_{n-1}\int_0^x f^{(n-1)}(x-t)\widetilde{k}(t)dt+\ldots+a_0\int_0^x f(x-t)\widetilde{k}(t)dt=0.$$

Einsetzen von (1) und (2) in diese Gleichung liefert die Behauptung.

20-1 Setze $f(x):=x\cdot 1_{[0,\infty[}(x)$. Es ist $f\in C^{(0)}(\mathbf{R})-C^{(1)}(\mathbf{R})$, und daher ist $ord[^*f]'=1$ nach 20.4 (ii). Nun gilt $[^*f]'=\ell$ wegen $[^*f]'(\varphi)\underset{19.6}{=}-[^*f](\varphi')\underset{19.7}{=}-\int f(x)\varphi'(x)dx=-\int_0^\infty x\varphi'(x)dx=\int_0^\infty\varphi(x)dx=\ell(\varphi)$.

20-2 Sei $\ell=[g]$ mit $g\in\mathfrak{e}(^*C^{(0)})$, wobei g ≈stetig und finit in allen $x_0\in\mathbf{R}$ ist. Setze $f(x_0)=st(g(x_0))$ für $x_0\in\mathbf{R}$. Dann ist f stetig in allen $x_0\in\mathbf{R}$ mit $^*f(x)\approx g(x)$ für alle finiten x (siehe Aufgabe 17-2). Hieraus folgt nach Aufgabe 19-2: $[^*f]=[g]=\ell$. Also ist ℓ eine Distribution der Ordnung 0. Die Umkehrung folgt aus der Definition der Ordnung einer Distribution und dem Nichtstandard-Kriterium für Stetigkeit.

20-3 Man zeigt wie in 20.4 (iii), daß $\ell(\varphi)=\varphi(x_0)$ eine Distribution der Ordnung 2 ist. Nach 19.6 (i) gilt $\ell^{(n)}(\varphi)=(-1)^n\ell(\varphi^{(n)})=(-1)^n\varphi^{(n)}(x_0)$, und somit folgt die Behauptung aus 20.4 (i).

20-4 Seien $f_i\in C(\mathbf{R})$ mit $[g_i]=[^*f_i]^{(n_i)}$ und $n_i=ord[g_i]$. Sei o.B.d.A. $n_1\le n_2$. Dann gibt es ein $F_1\in C^{(n_2-n_1)}(\mathbf{R})$ mit $F_1^{(n_2-n_1)}=f_1$. Also ist $[g_1]=[^*F_1]^{(n_2)}$, und es gilt $\alpha_1[g_1]+\alpha_2[g_2]=[^*(\alpha_1F_1+\alpha_2f_2)]^{(n_2)}$.

20-5 Ist $\varphi\in C_0^{(\infty)}$, so ist $\varphi^{(n)}(n)=0$ für alle genügend großen n. Daher ist $\ell(\varphi)\in\mathbf{R}$ wohldefiniert, und ℓ ist linear. Sei nun $f\in C_0^{(\infty)}$. Wähle $n_0\in\mathbf{N}$ mit $f(x)=0$ für $|x|\ge n_0$. Dann gilt: $(f\cdot\ell)[\varphi]\underset{19.10}{=}\ell[f\cdot\varphi]=\sum_{n=1}^{n_0}(f\cdot\varphi)^{(n)}(n)$, und somit ist $f\cdot\ell$ eine Distribution endlicher Ordnung. (Benutze Aufgaben 20-3, 20-4 und 20.5). Also ist ℓ eine Distribution.

Zu zeigen bleibt, daß ℓ nicht von endlicher Ordnung ist. Sei indirekt $\ell=[^*f]^{(n_0)}$ mit $f\in C(\mathbf{R})$. Dann gilt $|\ell(\varphi)|=|\int f\varphi^{(n_0)}dx|$ für $\varphi\in C_0^{(\infty)}$ (benutze 19.6 (i), 19.7 (i)). Für $\varphi\in C_0^{(\infty)}$ mit $\varphi(x)=0$ für $|x-(n_0+1)|\ge 1$

gilt $\quad\ell(\varphi)=\varphi^{(n_0+1)}(n_0+1)$

und $\quad|\ell(\varphi)|=|\int f\varphi^{(n_0)}dx|\le\int_{n_0}^{n_0+2}|f(x)|\cdot\sup_{t\in[n_0,n_0+2]}|\varphi^{(n_0)}(t)|dx$.

Wählt man nun $\varphi\in C_0^{(\infty)}$ mit $\varphi(x)=0$ für $|x-(n_0+1)|\ge 1$ sowie $|\varphi^{(n_0)}(x)|\le 1$ für $x\in[n_0,n_0+2]$ und $\varphi^{(n_0+1)}(n_0+1)>\int_{n_0}^{n_0+2}|f(x)|dx$, so folgt $\ell(\varphi)>|\ell(\varphi)|$.

21-1 Der Beweis verläuft wie der von 4.4. Benutze dabei 21.11 und 9.4. Zur Stetigkeit von $|f|$ benutze: $y\approx x\Rightarrow|y|\approx|x|$. Zur Stetigkeit von $\max(f,g)$ benutze die Darstellung: $\max(f,g)=(f+g+|f-g|)/2$.

21-2 Zum Nachweis, daß $\mathcal{T}$ eine Topologie ist, zeige, daß das System aller Vereinigungen von den Mengen der Form $[a,b[$ auch 21.2 (ii) erfüllt. Ferner gilt: $y\approx_{\mathcal{T}}x\Longleftrightarrow(y\approx x$ und $x\le y)$.

21-3 Setze $\overline{D}:=X-D$. Wegen $\mathcal{T}_1=\{(O\cap D)\cup(O'\cap\overline{D}):\mathcal{T}\ni O\supset O'\in\mathcal{T}\}$ ergibt sich direkt (i). Aus dieser Darstellung folgt

für $x\in\overline{D}$: $\quad m_{\mathcal{T}_1}(x)=\bigcap_{x\in O'\in\mathcal{T}}{}^*(O'\cap D\cup O'\cap\overline{D})=m_{\mathcal{T}}(x)$;

für $x\in D$: $\quad m_{\mathcal{T}_1}(x)=\bigcap_{x\in O\in\mathcal{T}}{}^*(O\cap D)=m_{\mathcal{T}}(x)\cap{}^*D$.

21-4 Es ist $\{U_{1/n}(x): x \in \mathbf{Q}, n \in \mathbf{N}\}$ ein abzählbares System von offenen Teilmengen der kanonischen Topologie, welches eine Basis bildet.

21-5 *(i)* Wende Kriterium 21.10 (i) an und benutze 21.14 (iii).
(ii) Betrachte z.B. $X_0 := \mathbf{Q}, X_1 := \mathbf{R}$ und $f(x) := 1$ für $x \in \mathbf{Q}$ und 0 sonst.

21-6 „ $\Rightarrow$ " gilt nach Definition der Konvergenz von Folgen für jeden topologischen Raum. „ $\Leftarrow$ ": Zu zeigen ist: $A := X - O$ ist abgeschlossen; hierzu reicht es, die Folgenabgeschlossenheit von A zu zeigen (siehe 21.17 (i)). Sei also $x_n \in A, n \in \mathbf{N}$, mit $x_n \to x$. Wäre $x \notin A$, und somit $x \in O$, dann würde x_n ab einer Stelle in O liegen, mit Widerspruch.

22-1 Die initiale Topologie bzgl. i_{X_0} ist nach 22.5 die von $\{i_{X_0}^{-1}[O]: O \in \mathcal{T}\}$ erzeugte Topologie. Wegen $i_{X_0}^{-1}[O] = O \cap X_0$ ist dieses System eine Topologie über X_0, und zwar die Teilraumtopologie $\mathcal{T}_{X_0}$.

22-2 $m_{\mathcal{T}}(x) \underset{22.10}{=} \{y \in {}^*X: y(i) \approx_{\mathcal{T}_i} x(i) \text{ für alle } i \in I\} = \bigcap_{i \in I} {}^*\pi_i^{-1}[m_{\mathcal{T}_i}(x(i))]$.

22-3 Nach Transfer gilt ${}^*f(y) = \langle {}^*f_1(y), \dots, {}^*f_n(y)\rangle$ für alle $y \in {}^*X$. Die Behauptung folgt daher aus 21.11 unter Anwendung von 22.16 (i).

22-4 Für $g \in ({}^*X)'$ und $f \in X' \subset \mathbf{R}^X$ gilt:

$g \approx f$ bzgl. der schwach$'$-Topologie $\underset{22.18}{\Longleftrightarrow}$ $(\forall x \in X)\ g({}^*x) \approx f(x)$;

$g \approx f$ bzgl. der Teilraumtopologie der Produkttopologie $\underset{21.14(\text{iii})}{\Longleftrightarrow}$

$g \approx f$ bzgl. der Produkttopologie $\underset{22.10}{\Longleftrightarrow}$ $(\forall x \in X)\ g({}^*x) \approx f(x)$

(beachte, daß $I := X$ nicht notwendig Teilmenge von S ist). Beide in 22-4 betrachteten Topologien stimmen daher nach 22.13 (ii) überein.

22-5 Sei $y \in {}^*C$ und $y \approx_{\mathcal{T}} x$. Dann gibt es $k_1 \in {}^*K, a_1 \in {}^*A$ mit $y = k_1 + a_1$. Da K kompakt ist, gibt es ein $k' \in K$ mit $k_1 \approx_{\mathcal{T}} k'$. Somit gilt $a_1 \approx_{\mathcal{T}} x - k'$. Da A abgeschlossen ist, folgt $x - k'(=: a') \in A$. Also ist $x = k' + a' \in C$; somit ist C abgeschlossen.

22-6 Seien $x_n, x \in X$. Dann gilt nach Definition der Produkttopologie $x_n \to x$ genau dann, wenn $x_n(i) \to x(i)$ für alle $i \in I$. Hieraus folgt für $j = 0, 1$:

(1) $x_n \in X_j$ und $x_n \to x \in X \Rightarrow x \in X_j$;

(2) $x_n \to x \in X_j \Rightarrow x_n \in X_j$ bis auf endlich viele $n \in \mathbf{N}$.

(i) Wegen (1) ist X_0 folgenabgeschlossen. Es ist X_0 nicht abgeschlossen: Zeige hierzu, daß es ein $y \in {}^*X_0$ gibt mit $y(i) = 1$ für alle $i \in I$ (betrachte $C_i := \{y \in X_0: y(i) = 1\}$ und zeige $\bigcap_{i \in I} {}^*C_i \neq \emptyset$). Dann ist $y \approx x \notin X_0$ mit $x(i) = 1$ für alle $i \in I$.

(ii) Wegen (2) ist f folgenstetig. Es ist f nicht stetig, da $f^{-1}[\{0\}] = X_0$ nicht abgeschlossen ist.

(iii) Sei $x_n \in X_0, n \in \mathbf{N}$. Dann gibt es eine abzählbare Menge $I_0 \subset I$ mit $x_n(i) = 0$ für alle $n \in \mathbf{N}, i \notin I_0$. Setze $x(i) := 0$ für $i \notin I_0$ und wähle mit Diagonalfolgenargumenten eine Teilfolge $k(n)$, so daß $x_{k(n)}(i), n \in \mathbf{N}$, für $i \in I_0$ konvergent ist; setze $x(i) := \lim_{n \to \infty} x_{k(n)}(i)$ für $i \in I_0$. Dann gilt $x_{k(n)} \to x \in X_0$. Daher ist X_0 folgenkompakt. X_0 ist nicht kompakt, da X hausdorffsch und X_0 nicht abgeschlossen ist (benutze 21.9 (ii)).

22-7 Es ist $\{0,1\}^{\mathbf{R}}$ nach 22.11 kompakt. Zum Nachweis, daß $\{0,1\}^{\mathbf{R}}$ nicht folgenkompakt ist, wähle eine surjektive Abbildung $\mathbf{R} \ni x \to A_x$ von $\mathbf{R}$ auf die abzählbaren, unendlichen Teilmengen von $\mathbf{N}$ und setze $f_n(x) := 0$ für

$n \notin A_x$ und $f_n(x)$ für $n \in A_x$ alternierend gleich 0 bzw. 1. Die Annahme, es gäbe eine Teilfolge $f_{k(n)}, n \in \mathbf{N}$, die in allen Punkten $x \in \mathbf{R}$ konvergiert, führt auf folgende Weise zu einem Widerspruch: wähle $x_1 \in \mathbf{R}$ mit $A_{x_1} = \{k(n) : n \in \mathbf{N}\}$, dann ist $f_{k(n)}, n \in \mathbf{N}$, offensichtlich nicht konvergent.

23-1 „ $\Rightarrow$ “ : Für $L \in \mathcal{K}$ setze $\mathcal{S}_L := \{K \in \mathcal{K} : L \subset K\}$. Dann ist $\{\mathcal{S}_L : L \in \mathcal{K}\}$ ein System mit nicht-leeren endlichen Durchschnitten, und somit folgt $\emptyset \neq \bigcap_{L \in \mathcal{K}} {}^*\mathcal{S}_L \underset{7.5}{=} \bigcap_{L \in \mathcal{K}} \{K \in {}^*\mathcal{K} : {}^*L \subset K\}$. Ist $K \in \bigcap_{L \in \mathcal{K}} {}^*\mathcal{S}_L$, dann ist $K \in {}^*\mathcal{K}$ mit $kpt_{\mathcal{T}}({}^*X) \subset K$. Da X lokalkompakt ist, gilt $ns_{\mathcal{T}}({}^*X) = kpt_{\mathcal{T}}({}^*X) \subset K$.
„ $\Leftarrow$ “ : Sei $x \in X$. Nach Voraussetzung existiert ein $K \in {}^*\mathcal{K}$ mit $m_{\mathcal{T}}(x) \subset K$. Nach 21.4 existiert ein $O \in {}^*\mathcal{T}_x$ mit $O \subset m_{\mathcal{T}}(x)$. Somit gilt $(\exists \underline{O} \in {}^*\mathcal{T}_x)(\exists \underline{K} \in {}^*\mathcal{K}) \underline{O} \subset \underline{K}$. Das Transfer-Prinzip liefert $O \in \mathcal{T}_x, K \in \mathcal{K}$ mit $O \subset K$, d.h. K ist eine kompakte Umgebung von x.

23-2 *(i)* $\Rightarrow$ *(ii)* Sei $A^b \subset \bigcup_{O \in \mathcal{O}} O$ für $\mathcal{O} \subset \mathcal{T}$. Ist $y \in {}^*A$, dann gilt $y \approx x \in X$ nach (i). Es ist daher $x \in A^b$ und somit $y \in {}^*O$ für ein geeignetes $O \in \mathcal{O}$. Also gilt ${}^*A \subset \bigcup_{O \in \mathcal{O}} {}^*O$. Die Behauptung folgt aus 21.1 (i).
(ii) $\Rightarrow$ *(i)* Sei indirekt $y \in {}^*A$ mit $y \notin ns_{\mathcal{T}}({}^*X)$. Dann gibt es für jedes $x \in X$ ein $O_x \in \mathcal{T}_x$ mit $y \notin {}^*O_x$. Somit gilt $A^b \subset \bigcup_{x \in X} O_x$, und (ii) liefert $A \subset \bigcup_{x \in X_0} O_x$ für ein endliches $X_0 \subset X$. Somit ist ${}^*A \subset \bigcup_{x \in X_0} {}^*O_x$ im Widerspruch zu $y \in {}^*A$ und $y \notin {}^*O_x$ für alle $x \in X$.

23-3 Da $\mathcal{T}$ hausdorffsch und $\mathcal{T} \subset \mathcal{T}_1$ ist, ist $\mathcal{T}_1$ hausdorffsch. Da die kanonische Topologie über $\mathbf{R}$ eine abzählbare Basis hat (siehe Aufgabe 21-4), hat auch $\mathcal{T}$ und dann nach Definition von $\mathcal{T}_1$ auch $\mathcal{T}_1$ eine abzählbare Basis.
(i) Nach Aufgabe 21-3 (ii) gilt $m_{\mathcal{T}}(x) \cap {}^*D \subset m_{\mathcal{T}_1}(x)$, und somit ist

$${}^*D \underset{23.12(\text{iii})}{=} {}^*D \cap ns_{\mathcal{T}}({}^*X) \subset ns_{\mathcal{T}_1}({}^*X).$$

(ii) Wegen $D \in \mathcal{T}_1$ wäre $[0,1] - D$ $\mathcal{T}_1$-abgeschlossen und somit $\mathcal{T}_1$-kompakt, wenn $[0,1]$ $\mathcal{T}_1$-kompakt wäre. Wegen $\mathcal{T} \subset \mathcal{T}_1$ wäre dann auch $[0,1] - D$ $\mathcal{T}$-kompakt und daher $\mathcal{T}$-abgeschlossen. Also wäre $[0,1] - D = [0,1]$, d.h. $D = \emptyset$ mit Widerspruch.
(iii)

$$D^b \underset{23.2}{=} \{x \in [0,1] : \exists y \in {}^*D \text{ mit } y \approx_{\mathcal{T}_1} x\} = \{x \in [0,1] : {}^*D \cap m_{\mathcal{T}_1}(x) \neq \emptyset\}$$
$$\underset{A.21-3(\text{ii})}{=} \{x \in [0,1] : {}^*D \cap m_{\mathcal{T}}(x) \neq \emptyset\} = [0,1],$$

wobei die letzte Gleichheit folgt, da D $\mathcal{T}$-dicht in $[0,1]$ ist.

23-4 *(i)* Nach 22.13 (i) reicht es zu zeigen: $y \approx_{\mathcal{T}_1} x \Longrightarrow y \approx_{\mathcal{T}_2} x$. Es gilt:

$$y \approx_{\mathcal{T}_1} x \Longrightarrow y \in ns_{\mathcal{T}_1}({}^*X) = ns_{\mathcal{T}_2}({}^*X) \Longrightarrow y \approx_{\mathcal{T}_2} x' \underset{\mathcal{T}_1 \subset \mathcal{T}_2}{\Longrightarrow} y \approx_{\mathcal{T}_1} x'.$$

Da $\langle X, \mathcal{T}_1 \rangle$ hausdorffsch ist, folgt $x' = x$ und somit $y \approx_{\mathcal{T}_2} x$.
(ii) Nein. Wähle z.B. $X := [0,1]$ mit der Relativtopologie von $\mathbf{R}$ und $\mathcal{T}_1 := \{\emptyset, X\}$.

23-5 Wähle z.B. $X := \mathbf{R}, \mathcal{T} := \{\emptyset, X\}$ und K als nicht-leere Teilmenge von X.

23-6 *(i)* $\sim^{\mathcal{T}}$ ist offenbar eine reflexive und transitive Relation. Ist $\langle X, \mathcal{T} \rangle$ ein Prähausdorff-Raum, dann folgt aus $\mathcal{T}_{x_1} \subset \mathcal{T}_{x_2}$ auch $\mathcal{T}_{x_1} = \mathcal{T}_{x_2}$; also ist $\sim^{\mathcal{T}}$ dann auch symmetrisch. Somit ist $\sim^{\mathcal{T}}$ eine Äquivalenzrelation.
(ii) Da mit $\widetilde{x} \in \widetilde{O}$ auch $x \in O$ für $O \in \mathcal{T}$ folgt, gilt $\widetilde{O}_1 \cap \widetilde{O}_2 = \widetilde{O_1 \cap O_2}$ für $O_1, O_2 \in \mathcal{T}$. Hiermit sieht man, daß $\widetilde{\mathcal{T}}$ eine Topologie über $\widetilde{X}$ ist. Aus $\widetilde{x}_1 \neq \widetilde{x}_2$ folgt, da $\langle X, \mathcal{T} \rangle$ prähausdorffsch ist, $O_1 \cap O_2 = \emptyset$ für geeignete $O_i \in \mathcal{T}_{x_i}, i = 1,2$. Dann sind $\widetilde{O}_i \in \widetilde{\mathcal{T}}$ disjunkte offene Mengen mit $\widetilde{x}_i \in \widetilde{O}_i$, d.h. $\langle \widetilde{X}, \widetilde{\mathcal{T}} \rangle$ ist ein Hausdorff-Raum.

23-7 Wir nehmen indirekt an, daß $\mathbf{Q}$ bzgl. der Teilraumtopologie lokalkompakt ist. Dann gibt es eine kompakte und somit folgenkompakte Umgebung U von 0 in $\mathbf{Q}$. Es ist $\{x \in \mathbf{Q} : |x| < \varepsilon\} \subset U$ für ein $\varepsilon \in \mathbf{R}_+$. Wähle r irrational mit $|r| < \varepsilon$ sowie $x_n \in \mathbf{Q}$ mit $|x_n| < \varepsilon$ und $x_n \to r$. Wir erhalten nun einen Widerspruch, da es keine Teilfolge von $x_n \in U$ geben kann, die gegen ein Element von U konvergiert.

Wir nehmen indirekt an, daß $\mathbf{R}^{\mathbf{N}}$ bzgl. der Produkttopologie lokalkompakt ist. Dann gibt es eine kompakte Umgebung K von $0 \in \mathbf{R}^{\mathbf{N}}$. Nach Definition der Produkttopologie gibt es $\varepsilon_1, \ldots, \varepsilon_n \in \mathbf{R}_+$ und $j_i \in \mathbf{N}$ mit $\bigcap_{i=1}^{n} \{f \in \mathbf{R}^{\mathbf{N}} : |f(j_i)| < \varepsilon_i\} \subset K$. Für $k \neq j_1, \ldots, j_n$ folgt dann, daß $\mathbf{R} = \pi_k(K)$ kompakt ist, also ein Widerspruch.

23-8 *(i)* Ist $y \in ns_{\mathcal{T}_{X_0}}({}^*X_0)$, so gibt es ein $x_0 \in X_0$ mit $y \approx_{\mathcal{T}_{X_0}} x_0$ und daher mit $y \approx_{\mathcal{T}} x_0$ (siehe 21.14 (iii)). Also ist $y \in ns_{\mathcal{T}}({}^*X) \cap {}^*X_0$. Ist umgekehrt $y \in {}^*X_0$ mit $y \in ns_{\mathcal{T}}({}^*X)$, dann folgt $y \approx_{\mathcal{T}} x \in X$. Ist nun X_0 abgeschlossen, dann gilt $x \in X_0$, und daher ist $y \approx_{\mathcal{T}_{X_0}} x$. Also ist $y \in ns_{\mathcal{T}_{X_0}}({}^*X_0)$.

(ii) Sei $y \in {}^*X_0$ mit $y \approx_{\mathcal{T}} x$. Nach Voraussetzung gilt nun $y \in ns_{\mathcal{T}_{X_0}}({}^*X_0)$. Also ist $y \approx_{\mathcal{T}_{X_0}} x_0 \in X_0$ und daher $y \approx_{\mathcal{T}} x_0$. Da $\langle X, \mathcal{T} \rangle$ hausdorffsch ist, folgt $x = x_0 \in X_0$, d.h. X_0 ist abgeschlossen.

24-1 Nach Definition von $pns({}^*X)$ gilt für $y \in {}^*X$:

$$y \notin pns({}^*X) \iff (\exists r \in \mathbf{R}_+) \text{ mit } {}^*\rho(y, {}^*x) \geq r \text{ für alle } x \in X.$$

Also ist (ii) äquivalent zu: $y \notin ns({}^*X) \Rightarrow y \notin pns({}^*X)$, d.h. $pns({}^*X) \subset ns({}^*X)$. Die Äquivalenz von (i) mit (ii) folgt daher mit 24.15 (benutze 24.7).

24-2 Setze $a_n := {}^*\rho(y_n, z_n), n \in {}^*\mathbf{N}$. Dann ist $a_n, n \in {}^*\mathbf{N}$, intern mit $a_n \leq 1/n$ für alle $n \in \mathbf{N}$. Das Permanenz-Prinzip liefert die Behauptung.

24-3 *(i)* ist äquivalent zu $ns({}^*X) = pns({}^*X)$ (siehe 24.15) und $pns({}^*X) = fin({}^*X)$ (siehe 24.11 (i)), also zu $ns({}^*X) = fin({}^*X)$ (siehe 24.7) und damit zu *(ii)* nach 24.11 (ii).

24-4 Aus 24.9 (i) folgt: $\bigcup_{B \text{ beschränkt}} {}^*B \subset fin_\rho({}^*X)$. Aus $y \in fin_\rho({}^*X)$ folgt: ${}^*\rho(y, x) < \varepsilon$ für ein $\varepsilon \in \mathbf{R}_+, x \in X$. Somit ist $y \in {}^*U_\varepsilon(x)$ mit beschränkter Menge $U_\varepsilon(x)$. Also gilt: $\bigcup_{B \text{ beschränkt}} {}^*B = fin_\rho({}^*X)$.

Betrachte für den zweiten Teil z.B. $X := \mathbf{R}^{\mathbf{N}}$, versehen mit der Produkttopologie. Setzt man $\mathcal{M} := \{\{n\} : n \in \mathbf{N}\}$, dann folgt, daß $\mathbf{R}^{\mathbf{N}}$, versehen mit der Produkttopologie, metrisierbar durch $\rho := \rho_{\mathcal{M}}$ ist (benutze 22.10 und 24.28 (ii)). Da $\mathbf{R}^{\mathbf{N}}$ bzgl. ρ vollständig ist (benutze die Vollständigkeit von $\mathbf{R}$), gilt ${}^*B \subset ns_\rho({}^*X)$ für jede totalbeschränkte Menge B (siehe 24.15). Also sind alle totalbeschränkten Mengen relativ kompakt (siehe 23.12 (iv)). Wäre nun $pns_\rho({}^*X) = \bigcup_{B \text{ totalbeschr.}} {}^*B$, dann würde gelten: $ns_\rho({}^*X) = pns_\rho({}^*X) \subset kpt_\rho({}^*X)$. Somit wäre $\mathbf{R}^{\mathbf{N}}$ lokalkompakt (siehe 23.13) im Widerspruch zu Aufgabe 23-7.

24-5 Es ist für jedes $x \in \mathbf{R}$ und $\varepsilon \in \mathbf{R}_+$:

$$\{x\} = \{y \in \mathbf{R} : \rho(x - \varepsilon, y) \leq \varepsilon\} \cap \{y \in \mathbf{R} : \rho(x + \varepsilon, y) \leq \varepsilon\} \in \mathcal{T}(\mathcal{S}).$$

24-6 $\{0,1\}^{\mathbb{R}}$, versehen mit der Produkttopologie $\mathcal{T}$, ist ein kompakter Hausdorff-Raum (siehe 22.11 und 22.12). Sei $\mathcal{M} := \{\{x\}: x \in \mathbb{R}\}$ und sei indirekt ρ eine Pseudometrik auf $\{0,1\}^{\mathbb{R}}$, welche für Folgen die gleichmäßige Konvergenz auf allen $M \in \mathcal{M}$ beschreibt, d.h.: $\rho(f_n, f) \to 0 \iff f_n(x) \to f(x)$ für alle $x \in \mathbb{R}$. Zeige $\mathcal{T} \subset \mathcal{T}_\rho$ (benutze 21.17 (i)), und $X_0 := \{f \in \{0,1\}^{\mathbb{R}} : f(x) = 0$ bis auf abzählbar viele $x \in \mathbb{R}\}$ ist ρ-folgenkompakt. Daher ist X_0 ρ-kompakt (siehe 24.6 (v)) und somit $\mathcal{T}$-kompakt. Daher ist X_0 auch $\mathcal{T}$-abgeschlossen mit Widerspruch (siehe hierzu Aufgabe 22-6 (i)).

25-1 Wähle $\mathcal{U}_1 := \{U_1 : \Delta \subset U_1 \subset \mathbb{R} \times \mathbb{R}\}$ und $\mathcal{U}_2 := \{U_2 : \Delta \cup \{\langle x,y \rangle : x > r, y > r\} \subset U_2$ für ein $r \in \mathbb{R}\}$. Dies sind zwei Uniformitäten für $\mathbb{R}$, die wegen $\Delta \notin \mathcal{U}_2$ verschieden sind. Da $\Delta[x_0] = \{x_0\}$ ist und $U_2[x_0] = \{x_0\}$ für $U_2 := \Delta \cup \{\langle x,y \rangle : x > x_0, y > x_0\}$ gilt, sind beide Topologien $\mathcal{T}_{\mathcal{U}_1}$ und $\mathcal{T}_{\mathcal{U}_2}$ diskret.

25-2 Wähle z.B. $X := \mathbb{R}$ und setze: $y_1 \approx y_2 \iff (y_1, y_2 \in \mathbb{R}$ oder $y_1, y_2 \in {}^*\mathbb{R} - \mathbb{R})$. Dann ist $\approx$ eine Äquivalenzrelation, die von keinem Filter über $X \times X$ herrührt: Sei indirekt $\mathcal{U}$ ein Filter über $\mathbb{R} \times \mathbb{R}$ mit $y_1 \approx y_2 \iff \langle y_1, y_2 \rangle \in m_{\mathcal{U}}$. Dann gilt für $U \in \mathcal{U}$, daß $\mathbb{R} \times \mathbb{R} \subset {}^*U$ ist. Also ist $\mathbb{R} \times \mathbb{R} = {}^*U \cap (\mathbb{R} \times \mathbb{R}) = U$ und somit ${}^*U = {}^*\mathbb{R} \times {}^*\mathbb{R}$ für alle $U \in \mathcal{U}$. Daher ist $m_{\mathcal{U}} = {}^*\mathbb{R} \times {}^*\mathbb{R}$ mit Widerspruch zur Definition von $\approx$.

25-3 Sei $U \in \mathcal{U}$ und $x \in X$. Wähle $V \in \mathcal{U}$ mit $V \circ V \subset U$ und $V = V^{-1}$. Dann ist $V[x]$ eine $\mathcal{T}(\mathcal{U})$-Umgebung von x mit $V[x] \times V[x] \subset U$. Wähle $O_x \in \mathcal{T}(\mathcal{U})$ mit $x \in O_x \subset V[x]$. Dann ist

$$O := \cup_{x \in X}(O_x \times O_x) \in \mathcal{T}(\mathcal{U}) \otimes \mathcal{T}(\mathcal{U}) \text{ sowie } \Delta \subset O \subset U.$$

25-4 Sei $y_1 \approx_{\mathcal{U}} y_2$. Da f $\mathcal{U},\mathcal{V}$-gleichmäßig stetig ist, gilt ${}^*f(y_1) \approx_{\mathcal{V}} {}^*f(y_2)$. Da g $\mathcal{V},\mathcal{W}$-gleichmäßig stetig ist, gilt ${}^*(g \circ f)(y_1) = {}^*g({}^*f(y_1)) \approx_{\mathcal{W}} {}^*g({}^*f(y_2)) = {}^*(g \circ f)(y_2)$, d.h. $g \circ f$ ist $\mathcal{U},\mathcal{W}$-gleichmäßig stetig.

25-5 Da $X_1 \times \ldots \times X_n$ mit der Produktuniformität versehen ist, gilt nach 25.13 (i):

$${}^*f(y_1) \approx {}^*f(y_2) \iff ({}^*f_i(y_1) \approx {}^*f_i(y_2) \text{ für } i = 1, \ldots, n).$$

Die Behauptung folgt mit 25.7 (i).

25-6 $y_1 \approx_{\mathcal{U}_1} y_2 \underset{25.14}{\Longrightarrow} y_1 - y_2 \approx_{\mathcal{T}_1} 0 \implies {}^*\varphi(y_1) - {}^*\varphi(y_2) = {}^*\varphi(y_1 - y_2) \approx_{\mathcal{T}_2} 0 \underset{25.14}{\Longrightarrow} {}^*\varphi(y_1) \approx_{\mathcal{U}_2} {}^*\varphi(y_2)$. Also ist φ $\mathcal{U}_1,\mathcal{U}_2$-gleichmäßig stetig.

26-1 Für $g \in {}^*C(X_1,X_2), f \in C(X_1,X_2)$ gilt nach 26.5:

(I) $\quad g \approx_{(\mathcal{T}_\mathcal{K})_C} f \iff g(y) \approx_{\mathcal{U}_2} {}^*f(y)$ für $y \in kpt_{\mathcal{T}_1}({}^*X_1)$.

Andererseits gilt für die kompakt-offene Topologie $\mathcal{T}_{\mathcal{K},\mathcal{T}_2}$ (siehe 22.2):

(II) $\quad g \approx_{\mathcal{T}_{\mathcal{K},\mathcal{T}_2}} f \iff (\forall K \in \mathcal{K})(\forall O \in \mathcal{T}_2)(f \in (K,O) \Rightarrow g \in {}^*(K,O))$.

Für die Übereinstimmung von $(\mathcal{T}_\mathcal{K})_C$ und $\mathcal{T}_{\mathcal{K},\mathcal{T}_2}$ ist für $g \in {}^*C(X_1,X_2)$ und $f \in C(X_1,X_2)$ wegen (I) und (II) zu zeigen (siehe 22.13 (ii)):

$$g(y) \approx_{\mathcal{U}_2} {}^*f(y) \text{ für alle } y \in kpt_{\mathcal{T}_1}({}^*X_1)$$
$$\iff (\forall K \in \mathcal{K})(\forall O \in \mathcal{T}_2)(f[K] \subset O \Rightarrow g[{}^*K] \subset {}^*O).$$

„ $\Rightarrow$ “ : Seien $K \in \mathcal{K}, O \in \mathcal{T}_2$ mit $f[K] \subset O$ gegeben. Sei $y \in {}^*K$. Zu zeigen ist $g(y) \in {}^*O$. Da K kompakt ist, gibt es ein $x \in K$ mit $y \approx_{\mathcal{T}_1} x$. Nach Voraussetzung und wegen $f \in C(X_1,X_2)$ gilt $g(y) \approx_{\mathcal{U}_2} {}^*f(y) \approx_{\mathcal{U}_2} {}^*f({}^*x)$. Also ist $g(y) \approx_{\mathcal{T}(\mathcal{U}_2)} f(x) \in O$, und daher gilt $g(y) \in {}^*O$.

„$\Leftarrow$“: Sei $y \in {}^*K$ für ein $K \in \mathcal{K}$. Zu zeigen ist $g(y) \approx_{\mathcal{U}_2} {}^*f(y)$. Da K kompakt ist, gibt es ein $x \in K$ mit $y \approx_{\mathcal{T}_1} x$, und somit ist ${}^*f(y) \approx_{\mathcal{U}_2} {}^*f({}^*x)$. Es reicht daher zu zeigen: $g(y) \in {}^*O$ für jede offene Menge $O \in \mathcal{T}_2$ mit $f(x) \in O$. Wähle hierzu zu $O \in \mathcal{T}_2$ mit $f(x) \in O$ ein $O_2 \in \mathcal{T}_2$ mit $f(x) \in O_2 \subset O_2^b \subset O$ (benutze 25.3 (i)). Dann gibt es ein $O_1 \in (\mathcal{T}_1)_x$ mit $f[O_1] \subset O_2$. Nun ist $K_1 := K \cap O_1^b$ kompakt mit $f[K_1] \subset f[O_1^b] \subset O_2^b \subset O$. Nach Voraussetzung gilt daher $g[{}^*K_1] \subset {}^*O$. Wegen $y \in {}^*K, y \approx_{\mathcal{T}_1} x \in O_1 \in \mathcal{T}_1$ ist $y \in {}^*K \cap {}^*(O_1^b) = {}^*K_1$; also ist $g(y) \in {}^*O$.

26-2 Nach Aufgabe 26-1 sind die Topologien durch $\mathcal{T}_{\mathcal{K},\mathcal{T}(\mathcal{U}_2)}$ bzw. $\mathcal{T}_{\mathcal{K},\mathcal{T}(\mathcal{U}_2')}$ gegeben. Wegen $\mathcal{T}(\mathcal{U}_2) = \mathcal{T}(\mathcal{U}_2')$ folgt die Behauptung.

26-3 Sei f' aus dem $\mathcal{T}_{\mathcal{K}}$-Abschluß von $\mathcal{F}$. Dann gibt es ein $g \in {}^*\mathcal{F}$ mit $g \approx_{\mathcal{T}_{\mathcal{K}}} f'$, d.h. $g(y) \approx {}^*f'(y)$ für $y \in kpt_{\mathcal{T}_1}({}^*X_1)$. Daher ist $f' \in C(X_1, X_2)$ (siehe 26.7), und somit gilt $g \approx_{(\mathcal{T}_{\mathcal{K}})_C} f'$, d.h. f' ist aus dem $(\mathcal{T}_{\mathcal{K}})_C$-Abschluß von $\mathcal{F}$.

26-4 $X_1 := \mathbf{R}$, versehen mit der diskreten Topologie, ist ein lokalkompakter Raum, und $X_2 := \{0, 1\}$, versehen mit der diskreten Metrik, ist ein kompakter metrischer Raum. Die Voraussetzungen (i) und (ii) aus Satz 26.10 sind für jede Folge erfüllt. Betrachte nun die Folge f_n aus der Lösung von Aufgabe 22-7. Dann gibt es keine Teilfolge von f_n, die in allen Punkten konvergent ist.

27-1 Sei $y_2 \in pns_{\mathcal{U}_2}({}^*X_2)$. Da f surjektiv ist, gibt es ein $y_1 \in {}^*X_1$ mit $y_2 = {}^*f(y_1)$. Somit ist $y_1 \in pns_{\mathcal{U}_1}({}^*X_1)$ (siehe 27.3), und wegen der Vollständigkeit von X_1 gibt es ein $x_1 \in X_1$ mit $y_1 \approx_{\mathcal{T}(\mathcal{U}_1)} x_1$. Also ist $y_2 = {}^*f(y_1) \approx_{\mathcal{T}(\mathcal{U}_2)} f(x_1)$, d.h. $y_2 \in ns_{\mathcal{T}(\mathcal{U}_2)}({}^*X_2)$. Somit ist $\langle X_2, \mathcal{U}_2 \rangle$ vollständig.

27-2 Es ist X_2 totalbeschränkt wegen

$$ {}^*X_2 = {}^*f[{}^*X_1] \underset{27.7}{=} {}^*f[pns_{\mathcal{U}_1}({}^*X_1)] \underset{27.2}{\subset} pns_{\mathcal{U}_2}({}^*X_2). $$

27-3 $]0,1[$ ist ein totalbeschränkter, aber nicht vollständiger Raum; $\mathbf{R}$ ist ein vollständiger, aber nicht totalbeschränkter Raum.

27-4 Zum Nachweis der Rückrichtung von 27.9 (i) sei $y_j \in pns_{\mathcal{U}_j}({}^*X)$ für ein festes $j \in I$. Wähle $y \in pns_{\mathcal{U}}({}^*X)$ mit $y(j) = y_j$. (Wähle z.B. $x_i \in X_i$ und hiermit $x := (x_i)_{i \in I}$ sowie $y(i) := {}^*x(i)$ für $i \neq j$ und $y(j) := y_j$. Wende dann 27.3 an.) Da $\langle X, \mathcal{U} \rangle$ vollständig ist, gilt $y \in ns_{\mathcal{T}(\mathcal{U})}({}^*X)$, und somit ist $y_j = y(j) \in ns_{\mathcal{T}(\mathcal{U}_j)}({}^*X_j)$. Die Rückrichtung von 27.9 (ii) folgt mit Aufgabe 27-2, da $f := \pi_j$ gleichmäßig stetig und surjektiv ist.

27-5 *(i)* Zu $k \in \mathbf{N}$ gibt es $x_1^{(k)}, \ldots, x_{n_k}^{(k)}$ mit $X = \cup_{i=1}^{n_k} U_{1/k}(x_i^{(k)})$. Dann ist $D := \{x_1^{(k)}, \ldots, x_{n_k}^{(k)} : k \in \mathbf{N}\}$ eine abzählbare Teilmenge. D ist dichtliegend: Ist nämlich $x \in X$ und $O \in \mathcal{T}_x$, dann ist $U_{1/k}(x) \subset O$ für ein $k \in \mathbf{N}$. Nun gibt es ein $d \in D$ mit $x \in U_{1/k}(d)$. Somit ist $d \in U_{1/k}(x) \subset O$, d.h. $O \cap D \neq \emptyset$. Also ist x ein Berührungspunkt von D.
(ii) Wähle einen metrischen Raum $\langle X, \rho \rangle$, der keine abzählbare $\mathcal{T}_\rho$-dichte Teilmenge besitzt, z.B. $\mathbf{R}$ mit der diskreten Metrik ρ. Nach (i) kann es keine totalbeschränkte Pseudometrik ρ' auf X mit $\mathcal{T}_\rho = \mathcal{T}_{\rho'}$ geben.

27-6 *(i) $\Rightarrow$ (ii)* Ist $y \in pns_{\mathcal{U}}({}^*X)$, so gibt es zu jedem $U \in \mathcal{U}$ ein $x_U \in X$ mit $y \in {}^*(U[x_U])$. Daher ist $\{U[x_U]: U \in \mathcal{U}\}$ ein System mit nicht-leeren endlichen Durchschnitten, und daher ist

$$ \mathcal{F} := \{F \subset X : \cap_{U \in \mathcal{U}_0} U[x_U] \subset F \text{ mit } \emptyset \neq \mathcal{U}_0 \subset \mathcal{U} \text{ endlich}\} $$

ein Filter. Man zeige $\mathcal{F} \to y$ sowie $y \in m_{\mathcal{F}}$ (siehe den Beweis 27.14 (i)$\Rightarrow$(ii)).

(ii) ⇒ (i) Ist $\mathcal{F}$ ein Cauchy-Filter mit $y \in m_{\mathcal{F}}$, so folgt $\mathcal{F} \to y$, d.h. $y \in pns_{\mathcal{U}}({}^*X)$.

27-7 Unmittelbare Folgerung aus Aufgabe 27-6.

27-8 Nein. Wähle z.B. $\mathcal{F} := \{F \subset \mathbb{R} :]0, r[\subset F$ für ein $r \in \mathbb{R}_+\}$. Dann gilt $\mathcal{F} \to 0$, aber $0 \notin m_{\mathcal{F}}$.

28-1 Betrachte das System $\mathcal{D} := \{B - C : B \in \mathcal{B}, C \in \mathcal{C}\}$ von höchstens $\widehat{S}$-vielen internen Mengen. Dann gilt:

$$\bigcap_{D \in \mathcal{D}} D = \bigcap_{B \in \mathcal{B}, C \in \mathcal{C}} (B - C) = \bigcap_{B \in \mathcal{B}} B - \bigcup_{C \in \mathcal{C}} C = \emptyset.$$

Also gilt für ein endliches $\mathcal{D}_0$, daß $\bigcap_{D \in \mathcal{D}_0} D = \emptyset$ ist. Somit folgt die Behauptung.

28-2 Sei $x \in X$ und $\mathcal{V}$ das System aller abgeschlossenen Umgebungen von x. Dann gilt, da X regulär ist, daß $m_{\mathcal{T}}(x) = \bigcap_{V \in \mathcal{V}} {}^*V$ ist. Nach Voraussetzung ist daher $\bigcap_{V \in \mathcal{V}} {}^*V \subset \bigcup_{i \in I} A_i$. Also gibt es nach Aufgabe 28-1 ein $V \in \mathcal{V}$ mit ${}^*V \subset \bigcup_{i \in I} A_i = ns_{\mathcal{T}}({}^*X)$. Daher ist V relativ kompakt (siehe 23.12 (iv)) und als abgeschlossene Menge somit kompakt, also eine kompakte Umgebung von x.

28-3 Nach Satz 15.3 gibt es eine *-endliche Menge E mit $\{{}^*x : x \in X\} \subset E \subset {}^*X$. Ist X kompakt, d.h. ${}^*X = ns_{\mathcal{T}}({}^*X)$, so ist $E \subset ns_{\mathcal{T}}({}^*X)$. Sei umgekehrt E eine *-endliche und somit interne Menge mit $\{{}^*x : x \in X\} \subset E \subset ns_{\mathcal{T}}({}^*X)$, und sei ferner $\mathcal{O}$ eine offene Überdeckung von X. Dann gilt $E \subset \bigcup_{O \in \mathcal{O}} {}^*O$ und somit $E \subset \bigcup_{O \in \mathcal{O}_0} {}^*O$ für ein endliches $\mathcal{O}_0 \subset \mathcal{O}$. Hieraus folgt $X \subset \bigcup_{O \in \mathcal{O}_0} O$, d.h. X ist kompakt.
Ist X endlich, dann ist X kompakt und $ns_{\mathcal{T}}({}^*X)(= {}^*X)$ *-endlich. Ist umgekehrt $ns_{\mathcal{T}}({}^*X)$ *-endlich, dann ist X nach dem ersten Teil der Aufgabe kompakt. Also ist ${}^*X = ns_{\mathcal{T}}({}^*X)$ *-endlich, d.h. X ist endlich.

28-4 Sei $\langle X, \mathcal{T} \rangle := \langle [0,1], \mathcal{T}_1 \rangle$ aus Aufgabe 23-3. Wähle $B := {}^*D$, dann ist ${}^*D$ eine interne Menge mit ${}^*D \subset ns_{\mathcal{T}_1}({}^*[0,1])$ (siehe Aufgabe 23-3 (i)). Es ist $st_{\mathcal{T}_1}[{}^*D] \underset{28.7(\text{ii})}{=} D^b \underset{A.23-3(\text{iii})}{=} [0,1]$, aber $[0,1]$ ist nach Aufgabe 23-3 (ii) nicht $\mathcal{T}_1$-kompakt.

28-5 Sei M eine unendliche interne Menge. Dann existieren $a_n \in M$ für $n \in \mathbb{N}$ mit $a_n \neq a_m$ für $n \neq m$. Es sind $A_n := \{a_1, \ldots, a_n\}$ interne Teilmengen von M mit $A_n \subsetneq A_{n+1}$. Daher ist $B := \bigcup_{n=1}^{\infty} A_n$ eine externe Teilmenge (siehe 28.4).

28-6 *(i) ⇒ (ii)* Es ist $\mathcal{D} := \{\{c \in C : \psi[c]$ gültig$\} : \psi \in \Psi\}$ ein System mit nicht-leeren endlichen Durchschnitten, welches aus höchstens $\widehat{S}$-vielen internen Mengen besteht. Wegen (i) gibt es ein $c_0 \in \bigcap_{D \in \mathcal{D}} D$; dann ist $c_0 \in C$, und es gilt $\psi[c_0]$ für alle $\psi \in \Psi$.
(ii) ⇒ (i) Sei $\mathcal{D}$ ein System mit nicht-leeren endlichen Durchschnitten, welches aus höchstens $\widehat{S}$-vielen internen Mengen besteht; o.B.d.A. seien alle $D \in \mathcal{D}$ Teilmenge einer internen Menge C. Dann ist $\Psi := \{\underline{x} \in D : D \in \mathcal{D}\}$ ein System von höchstens $\widehat{S}$-vielen internen Formeln, und jedes endliche Teilsystem von Ψ ist erfüllbar in C. Nach (ii) ist dann Ψ erfüllbar in C, d.h. es gibt ein $c \in C$, welches in allen $D \in \mathcal{D}$ liegt.

29-1 Zeige $O \in \mathcal{T}_\infty \Rightarrow O \cap X \in \mathcal{T}$. Zeige hiermit, daß $\langle X_\infty, \mathcal{T}_\infty \rangle$ ein topologischer Raum ist, der $\langle X, \mathcal{T} \rangle$ als Teilraum besitzt; benutze dabei, daß eine endliche Vereinigung kompakter Mengen kompakt ist, und daß ein beliebiger Durchschnitt kompakter Mengen eines Hausdorff-Raumes ebenfalls kompakt ist. Nach Definition von $\mathcal{T}_\infty$ gilt:

$$m_{\mathcal{T}_\infty}(x) = m_{\mathcal{T}}(x) \text{ für } x \in X; \; m_{\mathcal{T}_\infty}(\infty) = {}^*X_\infty - kpt_{\mathcal{T}}({}^*X).$$

(i) Wegen $kpt_{\mathcal{T}}({}^*X) \subset ns_{\mathcal{T}}({}^*X)$ ist daher ${}^*X_\infty \subset \bigcup_{z \in X_\infty} m_{\mathcal{T}_\infty}(z)$, d.h. X_∞ ist kompakt.
Es ist $m_{\mathcal{T}_\infty}(\infty) \cap {}^*X = {}^*X - kpt_{\mathcal{T}}({}^*X) \supset {}^*X - ns_{\mathcal{T}}({}^*X) \neq \emptyset$, da X nicht kompakt ist. Also ist ∞ Berührungspunkt von X, d.h. X liegt dicht in X_∞.
(ii) Da $\langle X, \mathcal{T} \rangle$ hausdorffsch und $m_{\mathcal{T}_\infty}(x) = m_{\mathcal{T}}(x)$ für $x \in X$ gilt, folgt $m_{\mathcal{T}_\infty}(x_1) \cap m_{\mathcal{T}_\infty}(x_2) = \emptyset$ für $x_1, x_2 \in X$ mit $x_1 \neq x_2$. Somit gilt: $\langle X_\infty, \mathcal{T}_\infty \rangle$ hausdorffsch (und damit nach (i) eine Hausdorff-Kompaktifizierung von $\langle X, \mathcal{T} \rangle$) $\iff m_{\mathcal{T}_\infty}(\infty) \cap m_{\mathcal{T}_\infty}(x) = \emptyset$ für $x \in X \iff ({}^*X_\infty - kpt_{\mathcal{T}}({}^*X)) \cap ns_{\mathcal{T}}({}^*X) = \emptyset \iff ns_{\mathcal{T}}({}^*X) \subset kpt_{\mathcal{T}}({}^*X) \iff X$ lokalkompakt.

29-2 Betrachte z.B. die Einpunktkompaktifizierung von Aufgabe 29-1 (ii) und die Kompaktifizierung $[0,1] (\subset \mathbb{R})$ von $]0,1[$.

29-3 Versehe $X_x :=]0,1[\times]0,1[\cup (]0,x[\times \{0\})$ für $x \in]0,1[$ mit der Teilraumtopologie von $\mathbb{R}^2$. Dann ist X_x lokalkompakt und hausdorffsch. Betrachte die zugehörigen Einpunktkompaktifizierungen $(X_x)_\infty$ nach 29-1 und zeige, daß es sich um Hausdorff-Kompaktifizierungen von X handelt, die nicht X-homöomorph sind.

29-4 Nach Satz 27.6 gibt es gleichmäßig stetige Abbildungen $\varphi: X_1 \to X_2$ und $\psi: X_2 \to X_1$ mit $(\varphi \circ \psi)(x) = (\psi \circ \varphi)(x) = x$ für $x \in X$. Nach dem Eindeutigkeitssatz 23.3 gilt daher $\varphi \circ \psi = id_{X_2}$ und $\psi \circ \varphi = id_{X_1}$, d.h. φ ist bijektiv mit $\varphi(x) = x$ für $x \in X$. Da X dicht in X_1 liegt, gibt es zu $x_1, x_1' \in X_1$ Elemente $y, y' \in {}^*X$ mit $y \approx_{\mathcal{T}_{\rho_1}} x_1$ bzw. $y' \approx_{\mathcal{T}_{\rho_1}} x_1'$. Da φ stetig auf X_1, ${}^*\rho_1 = {}^*\rho_2$ auf ${}^*X \times {}^*X$ und ${}^*\varphi(z) = z$ auf ${}^*X$ ist, folgt:

$$\begin{aligned}\rho_2(\varphi(x_1), \varphi(x_1')) &\approx {}^*\rho_2({}^*\varphi(y), {}^*\varphi(y')) = {}^*\rho_2(y, y') = {}^*\rho_1(y, y') \\ &\approx {}^*\rho_1({}^*x_1, {}^*x_1') = \rho_1(x_1, x_1').\end{aligned}$$

29-5 Seien $x_1, x_1' \in X_1$ und $\alpha, \beta \in \mathbb{R}$. Da X dicht in X_1 liegt, gibt es $y_1, y_1' \in {}^*X$ mit $y_1 \approx x_1, y_1' \approx x_1'$, und somit ist $\alpha y_1 + \beta y_1' \approx \alpha x_1 + \beta x_1'$. Da φ stetig ist, folgt ${}^*\varphi(y_1) \approx \varphi(x_1), {}^*\varphi(y_1') \approx \varphi(x_1')$ und ${}^*\varphi(\alpha y_1 + \beta y_1') \approx \varphi(\alpha x_1 + \beta x_1')$. Da ${}^*\varphi$ linear über ${}^*X$ ist, gilt ${}^*\varphi(\alpha y_1 + \beta y_1') = \alpha {}^*\varphi(y_1) + \beta {}^*\varphi(y_1')$. Aus $\alpha {}^*\varphi(y_1) + \beta {}^*\varphi(y_1') \approx \alpha\varphi(x_1) + \beta\varphi(x_1')$ folgt somit, da $\mathcal{T}_2$ hausdorffsch ist: $\varphi(\alpha x_1 + \beta x_1') = \alpha\varphi(x_1) + \beta\varphi(x_1')$.

29-6 $\langle X_i, \| \, \|_i \rangle, i = 1, 2,$ sind bzgl. der abgeleiteten Metrik zwei vollständige metrische Räume, in denen X dicht liegt; bzgl. der abgeleiteten Topologie sind sie hausdorffsche topologische Räume. Die Abbildung φ aus Aufgabe 29-4 ist daher X-isometrisch und somit stetig. Nach Aufgabe 29-5 ist φ auch linear.

29-7 *Zu (I):* $\langle \widetilde{y}_1, \widetilde{y}_2 \rangle \in \widetilde{V}^{-1} \iff \langle \widetilde{y}_2, \widetilde{y}_1 \rangle \in \widetilde{V}$

$$\begin{aligned}&\iff \langle y_2', y_1' \rangle \in V \text{ mit geeigneten } y_i' \text{ mit } \widetilde{y_i'} = \widetilde{y}_i, i = 1,2 \\ &\iff \langle y_1', y_2' \rangle \in V^{-1} \text{ mit geeigneten } y_i' \text{ mit } \widetilde{y_i'} = \widetilde{y}_i, i = 1,2 \\ &\iff \langle \widetilde{y}_1, \widetilde{y}_2 \rangle \in \widetilde{V^{-1}}.\end{aligned}$$

Zu (II): Aus $\langle \widetilde{x}, \widetilde{z} \rangle \in \widetilde{V} \circ \widetilde{V}$ folgt $\langle \widetilde{x}, \widetilde{y} \rangle, \langle \widetilde{y}, \widetilde{z} \rangle \in \widetilde{V}$ für geeignetes $\widetilde{y}$. Also gibt es x_1, y_1, y_2, z_1 mit $\langle x_1, y_1 \rangle \in V, \langle y_2, z_1 \rangle \in V$ und $\widetilde{x}_1 = \widetilde{x}, \widetilde{y}_1 = \widetilde{y} = \widetilde{y}_2$, $\widetilde{z}_1 = \widetilde{z}$. Dann ist $y_1 \approx_{\mathcal{U}} y_2$; da ${}^*U \subset V$ für ein geeignetes $U \in \mathcal{U}$ ist, gilt somit auch $\langle y_1, y_2 \rangle \in V$. Also ist $\langle x_1, z_1 \rangle \in V \circ V \circ V$, und daher gilt $\langle \widetilde{x}, \widetilde{z} \rangle \in \widetilde{V \circ V \circ V}$.
Zu (III): Wegen $\widetilde{{}^*x} = x$ für $x \in X$ folgt $U \subset \widetilde{{}^*U} \cap (X \times X)$. $\widetilde{{}^*U} \cap (X \times X) \subset U \circ U \circ U$ folgt wie das vor 29.4 bewiesene (IV).

29-8 Sei $\mathcal{U}$ die initiale Uniformität bzgl. aller $\mathcal{T}$-stetigen und beschränkten Funktionen von X in $\mathbb{R}$. Dann ist $\mathcal{U}$ totalbeschränkt (siehe den Beweis von 27.8). Es ist $\langle X_1, \mathcal{T}_1\rangle := \langle \widetilde{{}^*X}, \mathcal{T}(\widetilde{\mathcal{U}^*})\rangle$ eine Hausdorff-Kompaktifizierung von $\langle X, \mathcal{T}\rangle$ (siehe 29.8). Nach Definition von $\mathcal{U}$ ist jede $\mathcal{T}$-stetige und beschränkte Funktion $\mathcal{U}$-gleichmäßig stetig. Da $\mathcal{U}$ ferner die Teilraumuniformität von $\widetilde{\mathcal{U}^*}$ ist, folgt die Behauptung aus 27.6.

30-1 Sei $B \in \mathcal{A}$ mit $\emptyset \neq B \neq \Omega$. Dann ist $\mathcal{A}\cap B := \{A \cap B : A \in \mathcal{A}\}$ oder $\mathcal{A}\cap(\Omega - B)$ unendlich. Es gibt also eine Menge $\emptyset \neq A_1 \in \mathcal{A}$, so daß $\mathcal{A} \cap (\Omega - A_1)$ eine unendliche Algebra über $\Omega - A_1$ ist. Seien induktiv $A_1, \ldots, A_n \in \mathcal{A}$ paarweise disjunkt und nicht-leer, so daß $\mathcal{A} \cap (\Omega - (A_1 \cup \ldots \cup A_n))$ eine unendliche Algebra über $\Omega - (A_1 \cup \ldots \cup A_n)$ ist. Dann gibt es nach dem ersten Schritt ein $\emptyset \neq A_{n+1} \in \mathcal{A} \cap (\Omega - (A_1 \cup \ldots \cup A_n)) \subset \mathcal{A}$, so daß $\mathcal{A}\cap((\Omega-(A_1\cup\ldots\cup A_n))-A_{n+1}) = \mathcal{A}\cap(\Omega-(A_1\cup\ldots\cup A_{n+1}))$ unendlich ist. Also sind $A_1, \ldots, A_{n+1} \in \mathcal{A}$ nicht-leere paarweise disjunkte Mengen, und es ist $\mathcal{A} \cap (\Omega - (A_1 \cup \ldots \cup A_{n+1}))$ unendlich.

30-2 Da jede Menge von $\mathcal{T}$ abzählbare Vereinigung von Intervallen der Form $]c,d[$ und ferner $]c,d[\ = \bigcup_{n=1}^{\infty}[c + \frac{1}{n}, d[$ ist, gilt $\mathcal{T} \subset \sigma(\mathcal{T}_1)$ und somit $\sigma(\mathcal{T}) \subset \sigma(\mathcal{T}_1)$. Für $\sigma(\mathcal{T}_1) \subset \sigma(\mathcal{T})$ ist $\mathcal{T}_1 \subset \sigma(\mathcal{T})$ zu zeigen. Sei nun $T_1 \in \mathcal{T}_1$, dann gilt $T_1 = \bigcup_{i\in I}[a_i, b_i[$. Nun ist $T := \bigcup_{i\in I}]a_i, b_i[\ \in \mathcal{T}$ und für $T_1 \in \sigma(\mathcal{T})$ reicht es zu zeigen, daß $T_1 - T$ abzählbar ist: Für $x \in T_1 - T$ gibt es ein $i(x) \in I$ mit $a_{i(x)} = x$; dann sind $]a_{i(x)}, b_{i(x)}[, x \in T_1 - T$, paarweise disjunkte Intervalle, und daher ist $T_1 - T$ abzählbar.

30-3 Sei $\mathcal{F}$ ein Ultrafilter über $\mathbb{N}$, der den Filter der koendlichen Mengen enthält. Dann ist $P_{\mathcal{F}}$ aus Aufgabe 2-5 ein Inhalt auf $\mathcal{P}(\mathbb{N})$. Wegen $P_{\mathcal{F}}(\{n\}) = 0$ für jedes $n \in \mathbb{N}$ ist $P_{\mathcal{F}}$ kein Maß. $\mathcal{P}(\mathbb{N})$ ist die Borel-σ-Algebra bzgl. der diskreten Topologie über $\mathbb{N}$.

30-4 Durch Übergang zu Komplementen ist die betrachtete Bedingung äquivalent zur Regularität (siehe auch den Beweis (i) $\iff$ (ii) von 30.7).

30-5 *(i)* Zeige, daß $\mathcal{B}_1$ eine σ-Algebra ist, die $\mathcal{T}_1$ und damit $\sigma(\mathcal{T}_1)$ enthält. Es gilt $\sigma(\mathcal{T}) \subset \sigma(\mathcal{T}_1)$ und $D, \overline{D} \in \sigma(\mathcal{T}_1)$. Also ist auch $\mathcal{B}_1 \subset \sigma(\mathcal{T}_1)$.
(ii) Da aus $(B_1 \cap D)\cup(B_2 \cap \overline{D}) = (B_1' \cap D)\cup(B_2' \cap \overline{D})$ folgt, daß $B_1 \cap D = B_1' \cap D$ gilt, ist μ auf $\mathcal{B}_1$ eindeutig definiert und ein W-Maß, da μ_1 ein W-Maß auf $\mathcal{B} \cap D$ ist.
(iii) Aus $\overline{D} \subset O_1 \cup (O_2 \cap D) =: O$ mit $O_1, O_2 \in \mathcal{T}$ folgt $\overline{D} \subset O_1$ und somit $\lambda(O_1) = 1$. Daher ist $\mu(O_1) = 1$ und somit auch $\mu(O) = 1$.
(iv) Nach 30.8 (iii) ist μ τ-stetig. Wegen $\mu(\overline{D}) = 0$ und (iii) ist μ nicht regulär (siehe auch Aufgabe 30-4).

31-1 Sei $A \subset {}^*\mathbb{N}$. Dann ist $A = (A \cap \mathbb{N}) \cup (A \cap ({}^*\mathbb{N} - \mathbb{N}))$. Da $\{n\} = {}^*\{n\} \in {}^*(\mathcal{P}(\mathbb{N}))$ für $n \in \mathbb{N}$ ist, sind $A \cap \mathbb{N}, \mathbb{N} \in \sigma({}^*(\mathcal{P}(\mathbb{N})))$. Also ist auch ${}^*\mathbb{N} - \mathbb{N} \in \sigma({}^*(\mathcal{P}(\mathbb{N})))$ mit ${}^*\mu^L({}^*\mathbb{N} - \mathbb{N}) = \mu(\mathbb{N}) - \sum_{n=1}^{\infty} {}^*\mu^L(\{n\}) = \mu(\mathbb{N}) - \sum_{n=1}^{\infty} \mu(\{n\}) = 0$. Daher ist $A \cap ({}^*\mathbb{N} - \mathbb{N}) \in \mathcal{L}({}^*\mu)$ (siehe 31.7 (ii)), und damit ist insgesamt auch $A \in \mathcal{L}({}^*\mu)$.

31-2 „ $\Rightarrow$ “ : Nach 31.6 und Aufgabe 31-1 ist ${}^*\mu^L$ ein Maß auf $\mathcal{P}({}^*\mathbb{N})$, und es gilt daher:

$$\overline{{}^*\mu}(\mathbb{N}) = {}^*\mu^L(\mathbb{N}) = \textstyle\sum_{n=1}^{\infty} {}^*\mu^L(\{n\}) = \sum_{n=1}^{\infty} \mu(\{n\}) = \mu(\mathbb{N}).$$

„ $\Leftarrow$ “ : Es ist $\mathbb{N} \in \mathcal{L}({}^*\mu)$ (siehe den Beweis von Aufgabe 31-1). Nach Voraussetzung ist daher ${}^*\mu^L(\mathbb{N}) = \mu(\mathbb{N})$, und somit gilt: ${}^*\mu^L({}^*\mathbb{N} - \mathbb{N}) = 0$. Daher ist für $A \subset \mathbb{N} : \mu(A) = {}^*\mu^L({}^*A) = {}^*\mu^L({}^*A \cap \mathbb{N}) = {}^*\mu^L(A)$. Da ${}^*\mu^L$ auf $\mathcal{P}(\mathbb{N})(\subset \mathcal{L}({}^*\mu))$ σ-additiv ist, ist somit μ ein Maß auf $\mathcal{P}(\mathbb{N})$.

31-3 Man kann die Aussagen mit interner Induktion oder mit Transfer beweisen. Zum Beweis von *(i)* mit interner Induktion setze $A := \{n \in {}^*\mathbb{N} : n > h \vee \bigcup_{k=1}^{n} C_k \in \mathcal{C}\}$. Dann ist A eine interne Menge, die 1 und mit n auch $n+1$ enthält. Somit ist $A = {}^*\mathbb{N}$. Zum Beweis von *(ii)* mittels Transfer verwende 31.14 und transferiere, daß jedes $\mu \in \mathit{Inh}$ endlich additiv ist.

31-4 *(i)* Es ist $\bigcup_{R \in \mathcal{R}} R = {}^*[0,1]$ und somit ${}^*\lambda^L(\bigcup_{R \in \mathcal{R}} R) = \lambda([0,1]) = 1$, aber ${}^*\lambda^L(E) = 0$ für alle $E \in \mathcal{R}$.
(ii) Es ist $\bigcup_{R \in \mathcal{R}} R = \bigcup_{x \in [0,1]} m(x) = {}^*[0,1]$, aber ${}^*\lambda^L(\bigcup_{x \in E} m(x)) = 0$ für endliches $E \subset [0,1]$, da gilt:
${}^*\lambda^L(m(x)) \le {}^*\lambda^L({}^*]x - 1/n, x + 1/n[\cap {}^*[0,1]) \le \lambda(]x - 1/n, x + 1/n[) \le 2/n$.

32-1 „$\le$“ gilt wegen $X_0 \subset O \in \mathcal{T} \Rightarrow st^{-1}[X_0] \subset st^{-1}[O] \subset {}^*O$.
„$\ge$“ Sei $st^{-1}[X_0] \subset C \in {}^*\mathcal{B}$. Dann ist $m_{\mathcal{T}}(x) \subset C$ für $x \in X_0$, und daher existieren $O_x \in \mathcal{T}_x$ mit ${}^*O_x \subset C, x \in X_0$. Dann ist $X_0 \subset \bigcup_{x \in X_0} O_x =: O \in \mathcal{T}$, und es gilt:

$$ {}^*\mu^L(C) \ge {}^*\mu^L(\bigcup_{x \in X_0} {}^*O_x) \underset{31.8}{=} \sup_{E \subset X_0 \text{ endlich}} {}^*\mu^L({}^*(\bigcup_{x \in E} O_x)) = \mu(O), $$

wobei die letzte Gleichheit aus der τ-Stetigkeit folgt. Daher gilt:

$$ \overline{{}^*\mu}_{st}(X_0) = \inf_{st^{-1}[X_0] \subset C \in {}^*\mathcal{B}} {}^*\mu^L(C) \ge \inf_{X_0 \subset O \in \mathcal{T}} \mu(O). $$

32-2 *(i), (iii), (iv)* Nach Aufgabe 30-5 ist μ ein τ-stetiges Borel-Maß auf der Borel-σ-Algebra $\mathcal{B}_1$. Für dieses gilt $\mu(D) = 1$ sowie: $\overline{D} \subset O \in \mathcal{T}_1 \Rightarrow \mu(O) = 1$. Daher folgt aus Aufgabe 32-1 (mit $\mathcal{T} = \mathcal{T}_1$ und $X_0 = D$ bzw. $\overline{D}$), daß $\overline{{}^*\mu}_{st}(D) = 1 = \overline{{}^*\mu}_{st}(\overline{D})$. Daher ist $\overline{{}^*\mu}_{st}$ kein Inhalt auf $\mathcal{B}_1$, und somit folgt (iii) (benutze 31.9 (ii) angewandt auf $\nu|\mathcal{C} := {}^*\mu|\mathcal{B}$ und $Y_0 := ns_{\mathcal{T}}({}^*X)$). Aus (iii) folgt (iv), denn: $(st^{-1}[A] = m(A) \cap ns_{\mathcal{T}_1}({}^*X) \underset{31.13(i)}{\in} \mathcal{L}_U({}^*\mathcal{B}_1) \cap ns_{\mathcal{T}_1}({}^*X))$ für alle $\mathcal{T}_1$-abgeschlossenen $A) \Longrightarrow st^{-1}[B] \in \mathcal{L}_U({}^*\mathcal{B}_1) \cap ns_{\mathcal{T}_1}({}^*X)$ für alle $B \in \mathcal{B}_1$ (siehe den Beweis von 32.2 (ii)).
(ii) Wegen ${}^*D \subset ns_{\mathcal{T}_1}({}^*X)$ (siehe Aufgabe 23-3 (i)) ist $\underline{{}^*\mu}_{st}(X) = 1$. Sei K $\mathcal{T}_1$-kompakt; es reicht $\underline{{}^*\mu}_{st}(K) = 0$ zu zeigen. Es ist $K \cap \overline{D}$ $\mathcal{T}_1$-kompakt und somit $\mathcal{T}$-kompakt (beachte $\mathcal{T} \subset \mathcal{T}_1$). Da $\overline{D}$ inneres λ-Maß 0 besitzt, folgt $\lambda(K \cap \overline{D}) = 0$. Somit gilt: $\underline{{}^*\mu}_{st}(K) \le \overline{{}^*\mu}_{st}(K) \underset{31.10(ii)}{=} \overline{{}^*\mu}_{st}(K \cap \overline{D})$

$$ \underset{\text{A. 32-1}}{\le} \inf_{K \cap \overline{D} \subset O_1 \in \mathcal{T}_1} \mu(O_1) \le \inf_{K \cap \overline{D} \subset O \in \mathcal{T}} \mu(O) = \inf_{K \cap \overline{D} \subset O \in \mathcal{T}} \lambda(O) = \lambda(K \cap \overline{D}) = 0. $$

32-3 *(i)* Es ist $\mathcal{B}(D) \subset \mathcal{B} \cap D$, da $\mathcal{T}_D \subset \mathcal{B} \cap D$ und $\mathcal{B} \cap D$ eine σ-Algebra über D ist. Es ist $\mathcal{B} \cap D \subset \mathcal{B}(D)$, da $\{B \in \mathcal{B} : B \cap D \in \mathcal{B}(D)\}$ eine σ-Algebra über X ist, die $\mathcal{T}$ enthält.
(ii) Da D ein metrischer Raum mit abzählbarer Basis ist, ist μ_1 regulär und τ-stetig (siehe 30.8 (iii) und (iv)). Da jede $\mathcal{T}_D$-kompakte Menge $K \subset D$ auch $\mathcal{T}$-kompakt ist und da D das innere λ-Maß Null besitzt, folgt $\mu_1(K) = \lambda(K) = 0$. Daher ist μ_1 nicht Radonsch.
(iii) folgt aus (ii) und 32.8 (ii) $\Longleftrightarrow$ (iv).

32-4 Da bei der angegebenen Wahl von $\mathcal{R}$ sowohl für (i) als auch für (ii) $st^{-1}[D] = \bigcup_{R \in \mathcal{R}} R$ ist, genügt es, $\underline{{}^*\lambda}(st^{-1}[D]) = 0$ und $\overline{{}^*\lambda}(st^{-1}[D]) = 1$ nachzuweisen. Es ist $\overline{{}^*\lambda}(st^{-1}[D]) = \overline{{}^*\lambda}_{st}(D) = 1$ nach Aufgabe 32-1, da D äußeres λ-Maß 1 besitzt. Analog ist $\overline{{}^*\lambda}(st^{-1}[\overline{D}]) = 1$, da $\overline{D}$ äußeres λ-Maß 1 besitzt. Hieraus folgt $\underline{{}^*\lambda}(st^{-1}[D]) = 0$ wegen $\underline{{}^*\lambda}(st^{-1}[D]) + \overline{{}^*\lambda}({}^*X - st^{-1}[D]) \underset{31.3(iii)}{=} 1$ und ${}^*X - st^{-1}[D] = st^{-1}[\overline{D}]$.

32-5 Sei $X := \{0,1\}$ und $\mathcal{T} := \{\emptyset, \{1\}, X\}$. Dann ist $st^{-1}[\{1\}] \cap st^{-1}[\{0\}] = \{1\}$ und $st[st^{-1}[\{0\}]] = \{0,1\}$.

33-1 Es ist $\langle X, \mathcal{T}\rangle$ ein regulärer Raum (siehe 23.14). $\mathcal{W}_R$ ist relativ kompakt bzgl. der schwachen Topologie in $\mathcal{W}_R$ (siehe 33.13) und somit kompakt.

33-2 Für $y \in {}^*\mathbf{R}, x \in \mathbf{R}$ gilt:
$y \approx_{\mathcal{T}_\ell} x \underset{22.2}{\Longleftrightarrow} y \in {}^*]r,\infty[$, falls $x > r \in \mathbf{R} \Longleftrightarrow (x > r \in \mathbf{R} \Rightarrow y > r) \Longleftrightarrow$ $y \underset{\approx}{>} x$.

33-3 Die Äquivalenz von (i) und (ii) folgt nach 21.11, da $\mathcal{T}(\{]r,\infty[: r \in \mathbf{R}\}) = \mathcal{T}_\ell$ ist. Die Äquivalenz von (ii) und (iii) folgt nach 21.11 und Aufgabe 33-2.

33-4 Die kleinste Topologie, bzgl. der alle Abbildungen $\mathcal{W}_\tau \ni P \to P(O), O \in \mathcal{T}$, von unten halbstetig sind, ist nach Aufgabe 33-3 die vom System
$$\{\{P \in \mathcal{W}_\tau : P(O) > r\} : O \in \mathcal{T}, r \in \mathbf{R}\}$$
erzeugte Topologie, und sie ist daher die Topologie $\mathcal{T}_s$ nach 33.1.

34 Sei $\mathbf{B} : \Omega \times [0,1] \to \mathbf{R}$ eine Brownsche Bewegung bzgl. $\langle \Omega, \mathcal{A}, P\rangle$. Für $\omega = \langle \omega_1, \ldots, \omega_n\rangle \in \Omega^n$ und $t \in [0,1]$ setze
$$\mathbf{B}^{(n)}(\omega, t) := \langle \mathbf{B}(\omega_1, t), \ldots, \mathbf{B}(\omega_n, t)\rangle.$$
Dann ist $\mathbf{B}^{(n)}: \Omega^n \times [0,1] \to \mathbf{R}^n$ eine n-dimensionale Brownsche Bewegung bzgl. $\langle \Omega^n, \mathcal{A}^n, P^n\rangle$, d.h.

(i) $\mathbf{B}^{(n)}(\cdot, t)$ ist $\mathcal{A}^n, \mathcal{B}(\mathbf{R}^n)$-meßbar für jedes $t \in [0,1]$;

(ii) $P^n_{\mathbf{B}^{(n)}(\cdot,0)} = \varepsilon_{(0,\ldots,0)}$ und $P^n_{\mathbf{B}^{(n)}(\cdot,t) - \mathbf{B}^{(n)}(\cdot,s)} = N(0; (t-s)I_n)$ für $0 \le s < t \le 1$, wobei I_n die Einheitsmatrix des $\mathbf{R}^n$ ist;

(iii) $\mathbf{B}^{(n)}(\cdot, t_i) - \mathbf{B}^{(n)}(\cdot, t_{i-1}), i = 1, \ldots, m$, sind P^n-unabhängig für $0 =: t_0 < t_1 < \ldots < t_m \le 1$;

(iv) $\mathbf{B}^{(n)}(\omega, \cdot)$ ist stetig für jedes $\omega \in \Omega^n$.

35-1 *(i)* $\psi : D[0,1] \to \mathbf{R}$ ist eine ρ_∞-stetige Funktion. Nach 35.10 und 35.11 konvergiert daher $(W_n)_\psi$ schwach gegen $\mathbf{W}_\psi$. Nun folgt (i) wegen
$$(W_n)_\psi(B) = P\{\omega : \psi(\mathfrak{b}_n(\omega, \cdot)) \in B\}$$
und
$$\psi(\mathfrak{b}_n(\omega, \cdot)) = \int_0^1 g(\mathfrak{b}_n(\omega, t))dt = \tfrac{1}{n}\sum_{k=1}^{n-1} g(\tfrac{S_k(\omega)}{\sqrt{n}}).$$
(ii) Wende (i) auf $g(t) := t^2$ für 35.12 (iii) und $g(t) := |t|$ für 35.12 (iv) an.

35-2 Nach 35.12 (i) konvergiert die Verteilung von $\frac{1}{\sqrt{n}} \max_{0 \le k \le n} S_k$ schwach gegen $\mathbf{W}_{\psi_1}$ und andererseits - nach dem angegebenen Ergebnis - gegen das durch die Verteilungsfunktion F (wobei $F(r) := \sqrt{\frac{2}{\pi}} \int_0^r e^{-x^2/2}dx$ für $r \ge 0$ und $F(r) := 0$ für $r < 0$) bestimmte W-Maß. Wegen der Eindeutigkeit des Grenzmaßes besitzt also $\mathbf{W}_{\psi_1}$ die Verteilungsfunktion F.

36 Zum Nachweis von $\mathbf{N} \ne {}^*\mathbf{N}$ betrachte $\mathcal{C} := \{\mathbf{N} - n : n \in \mathbf{N}\}$.

36-1 Folgt aus 7.11 (iv) und 7.10 (iii) und (iv).

36-2 Sind $x_1, x_2 \in fin({}^*\mathbf{Q})$, so gibt es $n_i \in \mathbf{N}$ mit $|x_i| \le n_i$. Dann ist $|x_1 - x_2| \le n_1 + n_2$ und $|x_1 \cdot x_2| \le n_1 \cdot n_2$, d.h. es sind $x_1 - x_2, x_1 \cdot x_2 \in fin({}^*\mathbf{Q})$. Also ist $fin({}^*\mathbf{Q})$ ein Unterring von ${}^*\mathbf{Q}$. Sei $h \in {}^*\mathbf{N} - \mathbf{N}$; dann ist $\frac{1}{h} \in fin({}^*\mathbf{Q})$, aber für das bzgl. der Multiplikation inverse Element h gilt, daß $h \notin fin({}^*\mathbf{Q})$ ist. Also ist $fin({}^*\mathbf{Q})$ kein Körper.

36-3 Mit $i_1, i_2 \in \mathfrak{i}$ gilt $i_1 - i_2 \in \mathfrak{i}$ und $r \cdot i_1 \in \mathfrak{i}$ für $r \in fin({}^*\mathbf{Q})$, d.h. $\mathfrak{i}$ ist ein Ideal in $fin({}^*\mathbf{Q})$. Da mit $h \in {}^*\mathbf{N} - \mathbf{N}$ gilt $\frac{1}{h} \in \mathfrak{i}$, aber $h \cdot \frac{1}{h} \notin \mathfrak{i}$, ist $\mathfrak{i}$ kein Ideal in ${}^*\mathbf{Q}$.

36-4 Da $\mathfrak{i}$ ein Ideal in $fin({}^*\mathbf{Q})$ und $fin({}^*\mathbf{Q})$ ein kommutativer Ring mit Einselement ist, ist $fin({}^*\mathbf{Q})/\mathfrak{i}$ bzgl. der abgeleiteten Operationen $\oplus$ und $\odot$ ein kommutativer Ring mit Einselement. Zu zeigen bleibt: Ist $[x] \in fin({}^*\mathbf{Q})/\mathfrak{i}$ mit $[x] \neq [0] = \mathfrak{i}$, so gibt es ein inverses Element. Wegen $[x] \neq \mathfrak{i}$ gilt $x \notin \mathfrak{i}$; somit ist $\frac{1}{x} \in fin({}^*\mathbf{Q})$. Dann ist $[\frac{1}{x}] \in fin({}^*\mathbf{Q})/\mathfrak{i}$ mit $[x] \odot [\frac{1}{x}] = [1]$.

36-5 *(i)* Wir schreiben $x \underset{\approx}{<} y$ genau dann, wenn $x < y$ oder $x \approx y$ ist. Wegen „$(x_1 \approx x \wedge x \underset{\approx}{<} y \wedge y \approx y_1) \Rightarrow x_1 \underset{\approx}{<} y_1$" ist die Definition von $\leq$ in $fin({}^*\mathbf{Q})/\mathfrak{i}$ nicht von der Wahl der Vertreter abhängig. Wegen $x \underset{\approx}{<} x$ gilt $[x] \leq [x]$. Aus $[x] \leq [y], [y] \leq [x]$ folgen $x \underset{\approx}{<} y$ sowie $y \underset{\approx}{<} x$. Also ist $x \approx y$, d.h. $[x] = [y]$. Aus $[x] \leq [y], [y] \leq [z]$ folgen $x \underset{\approx}{<} y$ sowie $y \underset{\approx}{<} z$ und somit $x \underset{\approx}{<} z$, d.h. $[x] \leq [z]$. Also ist $\leq$ eine partielle Ordnung auf $fin({}^*\mathbf{Q})/\mathfrak{i}$. Es ist $\leq$ auch eine totale Ordnung, da für $[x], [y]$ wegen $x \underset{\approx}{<} y$ bzw. $y \underset{\approx}{<} x$ auch $[x] \leq [y]$ bzw. $[y] \leq [x]$ gilt.

(ii) Sei $[x] \leq [y]$, d.h. $x \underset{\approx}{<} y$. Dann ist $x + z \underset{\approx}{<} y + z$, und es folgt $[x] \oplus [z] = [x + z] \leq [y + z] = [y] \oplus [z]$. Ist zusätzlich $[z] \geq 0$, so ist $xz \underset{\approx}{<} yz$, und es folgt $[x] \odot [z] = [x \cdot z] \leq [y \cdot z] = [y] \odot [z]$.

36-6 Sei $C_{a,b} := \{c \in \mathbf{Q} : a \leq c \leq b\}$. Dann ist $\mathcal{C} := \{C_{a,b} : a \in A, b \in B\}$ ein System mit nicht-leeren endlichen Durchschnitten. Somit ist $\bigcap_{C \in \mathcal{C}} {}^*C \neq \emptyset$. Jedes $c \in \bigcap_{C \in \mathcal{C}} {}^*C$ genügt der Bedingung.

36-7 Sei $T := \{[d] : d \in D\} \subset fin({}^*\mathbf{Q})/\mathfrak{i}$ eine nach oben beschränkte nicht-leere Menge. Dann ist $\emptyset \neq D \subset fin({}^*\mathbf{Q})$ eine nach oben beschränkte Menge. Setze $A := \{a \in \mathbf{Q} : a \leq d \text{ für ein } d \in D\}$ und $B := \{b \in \mathbf{Q} : b > d \text{ für jedes } d \in D\}$. Es sind $A \neq \emptyset$ und $B \neq \emptyset$, da es ein $n \in \mathbf{N}$ gibt mit $|d| \leq n$ für alle $d \in D$. Wähle $c \in fin({}^*\mathbf{Q})$ nach Aufgabe 36-6. Wir zeigen: $[c]$ ist das Supremum der Menge T. Wir zeigen zunächst: Zu $c_1, c_2 \in fin({}^*\mathbf{Q})$ mit $c_1 \leq c_2$ und $c_1 \not\approx c_2$ gibt es ein $q \in \mathbf{Q}$ mit $c_1 < q < c_2$. Es ist $c_2 - c_1 > 2/n$ für ein $n \in \mathbf{N}$; teile dann $fin({}^*\mathbf{Q})$ in Intervalle der Länge $1/n$ ein und berücksichtige, daß in jedem solchen Intervall ein Punkt von $\mathbf{Q}$ liegt.

Wir zeigen: $[c]$ ist eine obere Schranke zu T. Sei indirekt $d \in D$ mit $d \geq c + 1/n$ für ein $n \in \mathbf{N}$. Dann gibt es ein $q \in \mathbf{Q}$ mit $c < q < d$. Also ist $q \in A$ und somit $q \leq c$ im Widerspruch zu $c < q$.

Sei $[c']$ eine obere Schranke zu T. Zu zeigen ist $[c] \leq [c']$. Andernfalls gilt $c - c' > \frac{3}{n}$ für ein $n \in \mathbf{N}$. Es gibt daher ein $q \in \mathbf{Q}$ mit $c' + 1/n < q < c$. Dann gilt $d < q$ für alle $d \in D$, d.h. $q \in B$ und somit $c \leq q$ im Widerspruch zu $q < c$.

Symbolverzeichnis

Literaturverzeichnis

Im Text zitierte Literatur

Billingsley, P.: Convergence of probability measures. John Wiley & Sons, New York London Toronto 1968

Davis, M.: Applied nonstandard analysis. John Wiley & Sons, New York London Sidney 1977

Ebbinghaus, H. D. et al.: Zahlen. 2. Auflage Springer, Berlin New York Tokyo 1988

Friedrichsdorf, U.; Prestel, A.: Mengenlehre für den Mathematiker. Friedr. Vieweg & Sohn, Braunschweig Wiesbaden 1985

Gänssler, P.; Stute, W.: Wahrscheinlichkeitstheorie. Springer, Berlin Heidelberg New York 1977

Hahn, H.: Über die nichtarchimedischen Groszensysteme. S.-B. Wiener Akad. Math.-Natur. Kl. 116 (Abt. II a), 601–655, 1907

Halmos, P. R.: Measure Theory. Ninth Printing D. van Nostrand Company, Princeton London New York 1964

Laugwitz, D.: Eine Einführung der δ-Funktionen. Bayer. Akad. Wiss. Math.-Nat. Kl. S.-B., 41–59, 1959

Laugwitz, D.: Anwendungen unendlich kleiner Zahlen I, II. J. reine und angewandte Math. *207*, 53–60 und *208*, 22–34, 1961

Laugwitz, D.; Schmieden, C.: Eine Erweiterung der Infinitesimalrechnung. Math. Z. *69*, 1–39, 1958

Lindstrøm, T.: An invitation to nonstandard analysis. In nonstandard analysis and its applications, edited by Nigel Cutland, Cambridge University Press 1988

Loeb, P. A.: Conversion from nonstandard to standard measure spaces and applications in probability theory. Trans. Amer. Math. Soc. *211*, 113–122, 1975

Loeb, P. A.: An introduction to nonstandard analysis and hyperfinite probability theory. Probabilistic analysis and related topics Vol. 2, edited by A.T. Bharucha-Reid, Academic Press, New York 1979

Luxemburg, W. A. J.: Non-standard analysis, lectures on A. Robinson's Theory of infinitesimal and infinitely large numbers. Caltech Bookstore, Pasadena 1962

Luxemburg, W. A. J.: Applications of model theory to algebra, analysis and probability. Holt, New York 1969

Nelson, E.: Internal set theory, a new approach to nonstandard analysis. Bull. Amer. Math. Soc. *83*, 1165–1198, 1977

Preiss, D.: Metric spaces in which Prohorov's theorem is not valid. Z. Wahrscheinlichkeitstheorie verw. Geb. *27*, 109–116, 1973

Preuß, G.: Allgemeine Topologie. 2. Auflage Springer, Berlin Heidelberg New York 1975

Robinson, A.: Non-standard analysis. Proc. Roy. Acad. Amsterdam Ser. A *64*, 432–440, 1961

Walter, W.: Analysis I. 2. Auflage Springer, Berlin Heidelberg New York 1990

Walter, W.: Analysis II. Springer, Berlin Heidelberg New York 1990

Bücher

[1] Albeverio, S.; Fenstad, J.E.; Høegh-Krohn, R.; Lindstrøm, T.: Nonstandard methods in stochastic analysis and mathematical physics. Academic Press, Orlando San Diego New York 1986

[2] van den Berg, I.: Nonstandard asymptotic analysis. Lecture Notes in Mathematics *1249*, Springer, Berlin New York 1987

[3] Diener, F.; Reeb, G.: Analyse non standard. Hermann Éditeurs des sciences et des arts, Paris 1989

[4] Henle, J.M.; Kleinberg, E.M.: Infinitesimal Calculus. MIT Press, Cambridge, Massachusetts 1979

[5] Hurd, A.E.; Loeb, P.A.: An introduction to nonstandard real analysis. Academic Press, Orlando San Diego New York 1985

[6] Keisler, H.J.: An infinitesimal approach to stochastic analysis. Mem. Amer. Math. Soc *297*, Providence, Rhode Island 1984

[7] Laugwitz, D.: Infinitesimalkalkül. Bibliographisches Inst., Mannheim 1978

[8] Laugwitz, D.: Zahlen und Kontinuum. Wissenschaftliche Buchgesellschaft, Darmstadt 1986

[9] Lutz, R.; Goze, M.: Nonstandard analysis. Lecture Notes in Mathematics *881*, Springer, Berlin New York 1981

[10] Machover, M.; Hirschfeld, J.: Lectures on nonstandard analysis. Lecture Notes in Mathematics *94*, Springer, Berlin New York 1969

[11] Nelson, E.: Radically elementary probability theory. Princeton University Press, Princeton, New Jersey 1987

[12] Richter, M.M.: Ideale Punkte, Monaden und Nichtstandard-Methoden. Vieweg, Braunschweig Wiesbaden 1982

[13] Robert, A.: Nonstandard analysis. John Wiley & Sons, New York Chichester Brisbane 1988

[14] Stroyan, K.D.; Bayod, J.M.: Foundations of infinitesimal stochastic analysis. North-Holland, Amsterdam 1986

[15] Stroyan, K.D.; Luxemburg, W.A.J.: Introduction to the theory of infinitesimals. Academic Press, New York San Francisco London 1976

Die Bücher [2], [3], [9], [11], [12], [13] behandeln die Nelsonsche Nichtstandard-Analysis. Ausführliche Angaben zur Originalliteratur findet man in den Büchern [1], [5], [15] und in dem von Nigel Cutland herausgegebenen Buch:

Nonstandardanalysis and its applications, Cambridge University Press 1988.

Sachverzeichnis

Springer-Verlag und Umwelt

Als internationaler wissenschaftlicher Verlag sind wir uns unserer besonderen Verpflichtung der Umwelt gegenüber bewußt und beziehen umweltorientierte Grundsätze in Unternehmensentscheidungen mit ein.

Von unseren Geschäftspartnern (Druckereien, Papierfabriken, Verpackungsherstellern usw.) verlangen wir, daß sie sowohl beim Herstellungsprozeß selbst als auch beim Einsatz der zur Verwendung kommenden Materialien ökologische Gesichtspunkte berücksichtigen.

Das für dieses Buch verwendete Papier ist aus chlorfrei bzw. chlorarm hergestelltem Zellstoff gefertigt und im pH-Wert neutral.

Wie können wir unsere Lehrbücher noch besser machen?

Diese Frage können wir nur mit Ihrer Hilfe beantworten. Zu den unten angesprochenen Themen interessiert uns Ihre Meinung ganz besonders. Natürlich sind wir auch für weitergehende Kommentare und Anregungen dankbar.

Unter allen Einsendern der ausgefüllten Karten aus **Springer-Lehrbüchern** verlosen wir pro Semester **Überraschungspreise** im Wert von insgesamt **DM 5000.- !**

(Der Rechtsweg ist ausgeschlossen)

Springer-Verlag

Damit wir noch besser auf Ihre Wünsche eingehen können, bitten wir Sie, uns Ihre persönliche Meinung zu diesem Springer-Lehrbuch mitzuteilen.

Bitte kreuzen Sie an:	++		0		– –
Didaktische Gestaltung	❑	❑	❑	❑	❑
Qualität der Abbildungen	❑	❑	❑	❑	❑
Eräuterung der Formeln	❑	❑	❑	❑	❑
Sachverzeichnis	❑	❑	❑	❑	❑

	mehr		gerade richtig		weniger
Aufgaben	❑	❑	❑	❑	❑
Beispiele	❑	❑	❑	❑	❑
Abbildungen	❑	❑	❑	❑	❑
Index	❑	❑	❑	❑	❑
Symbolverzeichnis	❑	❑	❑	❑	❑

Zu welchem Zweck haben Sie dieses Buch gekauft?

❑ zur Prüfungsvorbereitung im Prüfungsfach ______________

❑ Verwendung neben einer Vorlesung

❑ zur Nachbereitung einer Vorlesung

❑ zum Selbststudium

❑ ______________________

Anregungen:

____

____

____

____

____

Landers · Rogge:
Nichtstandard Analysis

Absender: ______________________

____

____

Ich bin:

- ❑ Student/in im ______-ten Fachsemester
- ❑ Grund-　　❑ Hauptstudium
- ❑ Diplomand/in　　❑ Doktorand/in
- ❑ ______________________

____

Fachrichtung

- ❑ Mathematik　　❑ Physik
- ❑ Informatik　　❑ ______________

Hochschule/Universität

____

❑ FH　　❑ TH　　❑ TU　　❑ U

Bitte
freimachen

Antwort

An den
Springer-Verlag
Planung Mathematik
Tiergartenstraße 17

D-69121 Heidelberg

9 783540 571155